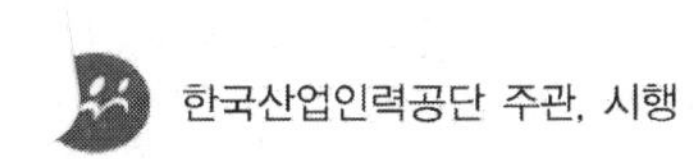
한국산업인력공단 주관, 시행

2023
위험물기능사필기

최근 8개년 기출문제 (기본서 포함)

테스트나라검정연구회(위험물) 편저
감수 김인수 (한양대 화학공학)

이노books

2023 위험물기능사 필기 최근 8년간 기출문제(기본서 포함)

발행일 2023년 05월 31일
편저자 테스트나라검정연구회(위험물)
감수 김인수_한양대 화학공학(위험물산업기사)
발행인 송주환
발행처 이노Books
출판등록 301-2011-082
주소 서울시 중구 퇴계로 180-15(필동1가 21-9번지 뉴동화빌딩 119호)
전화 (02) 2269-5815
팩스 (02) 2269-5816
홈페이지 www.innobooks.co.kr
ISBN 979-11-91567-12-0 [13570]
정가 18,000원

목 차

PART 01 | 시험 전 반드시 챙겨야 할 핵심 요약

PART 02 | 분야별 요약

03 제조소등 위험물 저장 및 취급

04 위험물 기술기준

05 위험물안전관리법상 행정사항

PART 03 I 최근 8년간(2022~2015) 기출문제

01

시험 전 반드시 챙겨야 할

핵심 요약

00 주요 원소의 명칭

	본문	다른 명칭
1	시아눌산 예) 염소화이소시아눌산	시아누르산 예) 염소화이소시아누르산
2	아지드화합물 예) 아지드화나트륨(NaN_3),	아자이드화합물 예) 아자이드화나트륨(NaN_3),
3	불소(F)	플루오린(F)
4	브롬(Br)	브로민(Br)
5	요오드(I) 예) 요오드화칼륨(KI)	아이오딘(I) 예) 아이오딘화칼륨(KI)
6	알곤(Ar)	아르곤(Ar)
7	제논(Xe)	크세논(Xe)
8	망간(Mn) 예) 과망간산칼륨($KMnO_4$)	망가니즈(Mn) 예) 과망가니즈산칼륨($KMnO_4$)
9	디- 예) 디에틸에테르($C_2H_5OC_2H_5$)	다이- 예) 다이에틸에테르($C_2H_5OC_2H_5$)
10	크실렌($C_6H_4(CH_3)_2$)	자일렌($C_6H_4(CH_3)_2$)
11	니트로- 예) 니트로벤젠($C_6H_5NO_2$)	나이트로- 예) 나이트로벤젠($C_6H_5NO_2$)
12	히드- 예) 아세트알데히드(CH_3CHO)	하이드- 예) 아세트알데하이드(CH_3CHO)
13	폼- 예) 폼산(HCOOH)	포름- 포름산(HCOOH), 개미산
14	스티렌($C_6H_5CHCH_2$)	스타이렌($C_6H_5CHCH_2$)
15	비닐- 예) 비닐벤젠($C_6H_5CHCH_2$)=스타이렌	바이닐- 예) 바이닐벤젠($C_6H_5CHCH_2$)=스타이렌
16	에스테르류 예) 질산에스테르류	에스터류 예) 질산에스터류

01 화재 예방과 소화방법

1	가연되기 쉬운 조건	·산소와의 친화력이 클 것 ·발열량이 클 것 ·열전도율(열을 전달하는 정도)이 적을 것 → (기체 〉 액체 〉 고체) ·표면적이 넓을 것 (공기와의 접촉면이 크다) → (기체 〉 액체 〉 고체) ·활성에너지(화학반응을 이루는데 필요한 에너지)가 작을 것 ·연쇄반응을 일으킬 수 있을 것
2	고체의 연소	① 표면연소 : 목탄, 코크스, 금속 등 ② 분해연소 : 석탄, 목재, 종이, 섬유, 플라스틱 등 ③ 증발연소 : 유황, 파라핀(양초), 나프탈렌 등 ④ 자기연소 : 제5류 위험물 중 고체(니트로화합물, 질산에스테르류)
3	인화점	① 점화원이 있을 때 인화되는 최저의 온도를 말한다. ② ·아세톤(CH_3COCH_3), 트리메틸알루미늄 : -18℃ ·벤젠(C_6H_6) : -11℃ ·이황화탄소(CS_2) : -30℃ ·톨루엔 : 4.5℃ ·아세트알데히드(CH_3CHO) :-38℃ ·디에틸에테르($C_2H_5OC_2H_5$) : -45℃
4	발화점 (착화점=발화온도)	① 가연성 물질이 점화원 없이 발화하거나 폭발을 일으키는 최저온도 ② 아세톤 : 465℃, 유황 : 232.2℃, 황린 : 34℃
5	연소범위 (폭발범위)	① 가연성 혼합기의 연소 하한계와 상한계 간을 이르며, 혼합기의 발화에 필요한 조성 범위를 표시 → (단위 : 용량백분율(v%)) ② 아세톤(CH_3COCH_3 : 2~13, 아세틸렌(C_2H_2) : 2.5~82, 휘발유 : 1.4~7.6, 메틸알코올(CH_3OH) : 7~37
6	화재의 분류	(아래 표 참조)

급수	종류	색상	소화방법	가연물
A급	일반화재	백색	냉각소화	일반가연물(목재, 종이, 섬유, 석탄, 플라스틱 등)
B급	유류, 가스 화재	황색	질식소화	가연성 액체(각종 유류 및 가스, 페인트)
C급	전기화재	청색	질식소화	전기기기, 기계, 전선 등
D급	금속화재	무색	피복에 의한 질식소화	가연성 금속(철분, 마그네슘, 나트륨, 금속분, Al분말 등)

※ E급 : 가스화재, F급 : 식용유화재

7 소화의 종류

소화의 종류	제거 요소	사용 약제	소화형태
냉각소화	점화원 제거	물	물리적 소화
제거소화	가연물 제거	없음	
질식소화	산소 제거(농도)	CO_2, 마른모래	
억제소화 (부촉매 효과)	연속적 관계(가연물, 산소공급원, 점화원, 연쇄반응) 차단	할로겐원소 (할론 1301, 할론 1211, 할론 2402 등)	화학적 소화

8 할론의 구조

Halon 1 3 0 1 → CF_3Br

- 브롬(Br) 1개 → Br
- 염소(Cl) 0개 →
- 불소(F) 3개 → F_3
- 탄소(C) 1개 → C

9 분말소화약제

종류	주성분	착색	적용 화재
제1종 분말	탄산수소나트륨 ($NaHCO_3$)	백색	B, C급
	분해반응식: $2NaHCO_3 \rightarrow Na_2CO_3 + H_2O + CO_2$ (탄산수소나트륨) (탄산나트륨) (물) (이산화탄소)		
제2종 분말	탄산수소칼륨 ($KHCO_3$)	담회색 (보라색)	B, C급
	분해반응식: $2KHCO_3 \rightarrow K_2CO_3 + H_2O + CO_2$ (탄산수소칼륨) (탄산칼륨) (물) (이산화탄소)		
제3종 분말	인산암모늄 ($NH_4H_2PO_4$)	담홍색, 황색	A, B, C급
	분해반응식: $NH_4H_2PO_4 \rightarrow HPO_3 + NH_3 + H_2O$ (인산암모늄) (메타인산) (암모니아)(물)		
제4종 분말	제2종과 요소를 혼합한 것 $KHCO_3 + (NH_2)_2CO$	회색	B, C급
	분해반응식: $2KHCO_3 + (NH_2)_2CO \rightarrow K_2CO_3 + 2NH_3 + 2CO_2$ (탄산수소칼륨) (요소) (탄산칼륨) (암모니아) (이산화탄소)		

10 할로겐화합물 소화약제

Halon의 번호	분자식	소화기	적용 화재
1011	CH_2ClBr	CB	BC급
1211	CF_2ClBr	BCF	ABC급
1301	CF_3Br	BTM	BC급
104	CCl_4	CTC	BC급
2402	$C_2F_4Br_2$	FB	BC급

<table>
<tr><td>11</td><td>소화시설의
1소요단위</td><td>
<table>
<tr><th>종류</th><th>내화구조</th><th>비내화구조</th></tr>
<tr><td>위험물 제조소 및 취급소</td><td>100m²</td><td>50m²</td></tr>
<tr><td>위험물 저장소</td><td>150m²</td><td>75m²</td></tr>
<tr><td>위험물</td><td colspan="2">지정수량×10</td></tr>
</table>
</td></tr>
<tr><td>12</td><td>소요단위 계산</td><td>
① $소요단위(제조소, 취급소, 저장소) = \frac{연면적(m^2)}{기준면적(m^2)}$
② $소요단위(위험물) = \frac{저장수량}{1소요단위} = \frac{저장수량}{지정수량 \times 10}$
</td></tr>
<tr><td>13</td><td>소화설비의
능력단위</td><td>
<table>
<tr><th>소화설비</th><th>용량</th><th>능력단위</th></tr>
<tr><td>소화전용(轉用)물통</td><td>8L</td><td>0.3</td></tr>
<tr><td>수조(소화전용 물통 3개 포함)</td><td>80L</td><td>1.5</td></tr>
<tr><td>수조(소화전용 물통 6개 포함)</td><td>190L</td><td>2.5</td></tr>
<tr><td>마른모래(삽 1개 포함)</td><td>50L</td><td>0.5</td></tr>
<tr><td>팽창질석 또는 팽창진주암(삽 1개 포함)</td><td>160L</td><td>1.0</td></tr>
</table>
</td></tr>
<tr><td>14</td><td>소화설비의 종류
① 옥내소화전
② 옥외소화전
③ 스프링클러
④ 물분무등소화설비
·물분무소화설비
·포소화설비
·이산화탄소 소화설비
·할로겐화합물 소화설비
·분말소화설비</td><td>
① 옥내소화전 설비
<table>
<tr><td>방수량</td><td>260L/min 이상</td></tr>
<tr><td>수원의 수량</td><td>설치개수(최대 5)×7.8m³</td></tr>
<tr><td>비상전원</td><td>45분 이상 작동할 것</td></tr>
<tr><td>방수압력</td><td>350kPa(0.35MPa) 이상</td></tr>
<tr><td>방수구(호스)의 구경</td><td>40mm</td></tr>
</table>
② 옥외소화전 설비
<table>
<tr><td>방수량</td><td>450L/min 이상</td></tr>
<tr><td>수원의 수량</td><td>설치개수(최대4)×13.5m³</td></tr>
<tr><td>비상전원</td><td>45분 이상 작동할 것</td></tr>
<tr><td>방수압력</td><td>350kPa(0.35MPa) 이상</td></tr>
<tr><td>방수구(호스)의 구경</td><td>65mm</td></tr>
<tr><td>소화전과 소화전함과의 거리</td><td>5m 이내</td></tr>
</table>
</td></tr>
<tr><td>15</td><td>경보설비</td><td>
① 설치기준 : 지정수량 10배 이상의 위험물을 저장·취급하는 곳 (이동탱크저장소 제외)
② 자동화재탐지설비, 비상경보설비, 확장장치(휴대용확성기), 비상방송설비 중 1종 이상
</td></tr>
<tr><td>16</td><td>자동화재탐지설비
설치기준</td><td>
① 지정수량 10배 이상의 위험물을 저장·취급하는 곳
② 제조소 및 일반취급소의 연면적 500m² 이상인 곳
③ 500m² 이하의 범위 안에서는 2개 층을 하나의 경계구역으로 할 수 있다.
④ 하나의 경계구역의 면적은 600m² 이하로 할 것
⑤ 주요한 출입구에서 그 내부의 전체를 볼 수 있는 경우에 있어서는 그 면적을 1,000m² 이하로 할 수 있다.
</td></tr>
</table>

17	피난설비(유도등)	① 주유취급소 중 건축물의 2층 이상의 부분을 점포 · 휴게음식점 또는 전시장의 용도로 사용하는 것에 있어서는 당해 건축물의 2층 이상으로부터 주유취급소의 부지 밖으로 통하는 출입구와 당해 출입구로 통하는 통로 · 계단 및 출입구에 유도등을 설치하여야 한다. ② 유도등에는 비상전원을 설치하여야 한다.
18	소화설비의 적응성	[전기설비에 적응성이 있는 소화설비] ·물분무소화설비 ·불활성가스소화설비 ·분말소화설비(인산염류등, 탄산수소염류등) ·무상수(霧狀水)소화기 ·무상강화액소화기 [제3류 위험물 금수성 물질에 적응성이 있는 소화설비] ·탄산수소염류 분말소화약제 ·마른모래, 팽창질석, 팽창진주암 [제5류 위험물에 적응성이 있는 소화설비] ·옥내소화전 또는 옥외소화전설비 ·스프링클러설비 ·물분무소화설비 ·포소화설비 ·봉상수(棒狀水)소화기 ·포소화기 ·건조사

02 위험물의 성질 및 취급

<table>
<tr><td>19</td><td>위험물의 구분</td><td>① 제1류 위험물 : 산화성 고체
② 제2류 위험물 : 가연성 고체
③ 제3류 위험물 : 자연발화성 물질 및 금수성 물질
④ 제4류 위험물 : 인화성 액체
⑤ 제5류 위험물 : 자기반응성 물질
⑥ 제6류 위험물 : 산화성 액체</td></tr>
<tr><td>20</td><td>지정수량</td><td>① 위험물 종류별로 위험성을 고려하여 대통령령으로 정하는 수량
② 계산값(배수)$=\frac{A\text{품명의 저장수량}}{A\text{품명의 지정수량}}+\frac{B\text{품명의 저장수량}}{B\text{품명의 지정수량}}+\cdots\cdots$
③ 단위는 kg 및 L를 사용한다.</td></tr>
<tr><td>21</td><td>제1류 위험물의
일반적인 성질</td><td>① 무색결정 또는 백색 분말의 고체이다
② 자신은 불연성(인화점 없음), 조연성(지연성), 강산화제(강한 산화성), 조해성이다.
③ 비중이 1보다 크다.
④ 위험성 : 알칼리금속의 과산화물은 물과 반응하여 산소를 발생하며 발열한다.</td></tr>
<tr><td>22</td><td>제1류 위험물의
종류별 분류</td><td>
<table>
<tr><th>유별 및
성질</th><th>위험
등급</th><th colspan="2">품명</th><th>지정수량</th></tr>
<tr><td rowspan="5">제1류
산화성 고체</td><td>Ⅰ</td><td colspan="2">1. 아염소산염류
2. 염소산염류
3. 과염소산염류
4. 무기과산화물</td><td>50kg</td></tr>
<tr><td>Ⅱ</td><td colspan="2">5. 브롬산염류
6. 요오드산염류
7. 질산염류</td><td>300kg</td></tr>
<tr><td>Ⅲ</td><td colspan="2">8. 과망간산염류
9. 중크롬산염류</td><td>1,000kg</td></tr>
<tr><td rowspan="2">Ⅰ~Ⅲ</td><td>10. 그 밖의 행정안전부령이 정하는 것</td><td>① 과요오드산염
② 과요오드산
③ 크로뮴, 납 또는 요오드의 산화물
④ 아질산염류
⑤ 차아염소산염류
⑥ 염소화이소시아눌산
⑦ 퍼옥소이황산염류
⑧ 퍼옥소붕산염류</td><td rowspan="2">50kg－Ⅰ등급
300kg－Ⅱ등급
1,000kg－Ⅲ등급</td></tr>
<tr><td colspan="2">11. 제1호 내지 제10호의 1에 해당하는 어느 하나 이상을 함유한 것</td></tr>
</table>
</td></tr>
</table>

<table>
<tr><td>23</td><td>제2류 위험물의 일반적인 성질</td><td>① 가연성 고체로 비교적 낮은 온도에서 착화하기 쉬운 가연물
② 비중이 1보다 크다.
③ 물에 녹지 않는다.
④ 산화되기 쉽고 산소와 쉽게 결합을 이룬다.
⑤ 위험성
·분진 폭발의 위험이 있다.
·금속분, 철분, 마그네슘은 물, 습기, 산과 접촉 시 발열한다.
⑤ 위험물의 기준
㉠ 유황(황)(S) : 순도 60wt% 이상의 것이 위험물이다.
㉡ 마그네슘(Mg) : 직경 2mm의 체를 통과하지 아니하는 덩어리 상태, 직경 2mm 이상의 막대 모양은 제외
㉢ 철분(Fe) : 위험물로서 철분은 53마이크로미터 표준체를 통과하는 것이 50wt% 이상일 것
㉣ 금속분 : 구리분, 니켈분 제외하고 150마이크로미터의 체를 통과하는 것이 50wt% 이상인 것</td></tr>
<tr><td>24</td><td>제2류 위험물의 종류별 분류</td><td>
<table>
<tr><th>유별 및 성질</th><th>위험등급</th><th>품명</th><th>지정수량</th></tr>
<tr><td rowspan="4">제2류
가연성 고체</td><td>Ⅱ</td><td>1. 황화린
2. 적린
3. 유황(황)</td><td>100kg</td></tr>
<tr><td>Ⅲ</td><td>4. 마그네슘
5. 철분
6. 금속분</td><td>500kg</td></tr>
<tr><td>Ⅱ~Ⅲ</td><td>7. 그 밖에 행정안전부령이 정하는 것
8. 제1호 내지 제7호에 해당하는 어느 하나 이상을 함유한 것</td><td>100kg 또는 500kg</td></tr>
<tr><td>Ⅲ</td><td>9. 인화성 고체</td><td>1,000kg</td></tr>
</table>
</td></tr>
<tr><td>25</td><td>제3류 위험물의 일반적인 성질</td><td>① 대부분 무기물의 고체 → (알킬알루미늄은 액체 위험물)
② 황린을 제외하고 물과 접촉 시 발열반응 및 가연성 가스를 발생한다.
③ 위험성
㉠ 산화제와의 혼합 시 충격 등에 의해 폭발의 위험이 있다.
㉡ 황린을 제외하고 물과 접촉하면 가연성 가스를 발생한다.
④ 물과 반응하여 발생하는 기체
㉠ 금속류 : 수소
㉡ 트리메틸알루미늄 : 메탄
㉢ 트리에틸알루미늄 : 에탄
㉣ 금속의 수소화물 : 수소
㉤ 인화칼슘 : 포스핀(인화수소)
㉥ 탄화칼슘 : 아세틸렌
㉦ 탄화알루미늄 : 메탄</td></tr>
</table>

26 제3류 위험물의 종류별 분류

유별 및 성질	위험등급	품명	지정수량
제3류 자연발화성 물질 및 금수성 물질	Ⅰ	1. 칼륨 2. 나트륨 3. 알킬알루미늄 4. 알킬리튬	10kg
		5. 황린	20kg
	Ⅱ	6. 알칼리금속(칼륨 및 나트륨 제외) 및 알칼리토금속 7. 유기금속화합물(알킬알루미늄 및 알킬리튬 제외)	50kg
	Ⅲ	8. 금속의 수소화물 9. 금속의 인화물 10. 칼슘 또는 알루미늄의 탄화물	300kg
	11. 그 밖의 행정안전부령으로 정하는 것 ① 염소화규소화합물 ($SiCl_4$, Si_2Cl_6, Si_3Cl_8 등)		10kg / Ⅰ
	12. 제1호 내지 제11호의 1에 해당하는 어느 하나 이상을 함유한 것		20kg / Ⅰ 50kg / Ⅱ 300kg / Ⅲ

27 제4류 위험물의 일반적인 성질

① 인화되기 매우 쉬운 액체이다.
② 착화온도가 낮은 것은 위험하다.
③ 물보다 가볍고 물에 녹기 어렵다.
④ 증기는 공기보다 무거운 것이 대부분이다.
⑤ 전기의 부도체로서 정전기 축적이 용이하다.
⑥ 제4류 위험물의 기준
  ㉠ 특수인화물 : 1기압에서 액체로 되는 것으로서 인화점이 -20℃ 이하, 비점이 40℃ 이하이거나 착화점이 100℃ 이하인 것을 말한다.
  ㉡ 제1석유류 : 1기압 상온에서 액체로 인화점이 21℃ 미만인 것을 말한다.
  ㉢ 알코올류 : 1분자를 구성하는 탄소원자수가 $C_1 \sim C_3$인 포화 1가 알코올을 말한다.
  ㉣ 제2석유류 : 1기압 상온에서 액체로 인화점이 21℃ 이상 70℃ 미만인 것을 말한다.
  ㉤ 제3석유류 : 1기압 상온에서 액체로 인화점이 70℃ 이상 200℃ 미만인 것을 말한다.
  ㉥ 제4석유류 : 1기압 상온에서 액체로 인화점이 200℃ 이상인 것을 말한다.
  ㉦ 동·식물유류 : 동물의 지육 등 또는 식물의 종자나 과육으로부터 추출한 것으로서 1기압에서 인화점이 250℃ 미만인 것을 말한다.

번호	항목	내용
28	제4류 위험물의 종류별 분류	(아래 표)

유별 및 성질	위험등급	품명	지정수량	
제4류 인화성 액체	Ⅰ	1. 특수인화물	50L	
	Ⅱ	2. 제1석유류	비수용성 액체	200L
			수용성 액체	400L
		3. 알코올류	400L	
	Ⅲ	4. 제2석유류	비수용성 액체	1,000L
			수용성 액체	2,000L
		5. 제3석유류	비수용성 액체	2,000L
			수용성 액체	4,000L
		6. 제4석유류	6,000L	
		7. 동·식물유류	10,000L	

번호	항목	내용
29	제5류 위험물의 일반적인 성질	① 물질 자체에 산소를 포함하고 있다. ② 물에 불용이며 물과의 반응성도 없다. ③ 유기화합물 ④ 비중이 1보다 크다.
30	제5류 위험물의 종류별 분류	(아래 표)

유별 및 성질	위험등급	품명	지정수량
제5류 자기반응성 물질	Ⅰ	1. 유기과산화물 2. 질산에스테르류	10kg
	Ⅱ	3. 니트로화합물 4. 니트로소화합물 5. 아조화합물 6. 디아조화합물 7. 히드라진 유도체	200kg
		8. 히드록실아민 9. 히드록실아민염류	100kg
	Ⅰ Ⅱ	10. 그 밖의 행정안전부령으로 정하는 것 ① 금속의 아지드화합물(NaN_3 등) ② 질산구아니딘[$HNO_3 \cdot C(NH)(NH_2)_2$] 11. 제1호 내지 제10호 1에 해당하는 어느 하나 이상을 함유한 것	·10kg (위험등급 Ⅰ) ·100kg 또는 200kg (위험등급 Ⅱ)

번호	항목	내용
31	제6류 위험물의 일반적인 성질	① 불연성, 조연성이며, 무기화합물로서 부식성 및 유독성이 강한 강산화제이다. ② 비중이 1보다 커서 물보다 무거우며 물에 잘 녹는다. ③ 모두 지정수량 300kg, 위험등급 Ⅰ등급 ④ 위험물의 기준 ㉠ 질산(HNO_3) : 비중 1.49 이상은 위험물에 속한다. ㉡ 과산화수소(H_2O_2) : 농도가 36wt% 이상은 위험물에 속한다.

<table>
<tr>
<td>32</td>
<td>제6류 위험물의 종류별 분류</td>
<td>
<table>
<tr><th>유별 및 성질</th><th>위험등급</th><th>품명</th><th>지정수량</th></tr>
<tr><td rowspan="2">제6류 산화성 액체</td><td>I</td><td>1. 질산
2. 과산화수소
3. 과염소산</td><td>300kg</td></tr>
<tr><td>I</td><td>4. 그 밖에 행정안전부령이 정하는 것
① 할로겐간화합물(BrF_3, BrF_5, IF_5 ICl, IBr 등)
5. 1내지 4의 ①에 해당하는 어느 하나 이상을 함유한 것</td><td>300kg</td></tr>
</table>
</td>
</tr>
</table>

03 위험물 안전관리기준

33	위험물의 용어	① 위험물 : 인화성 또는 발화성 등의 성질을 가지는 것으로서 대통령령이 정하는 물품(제1류~제6류 위험물)을 말한다. ② 지정수량 : 위험물의 종류별로 위험성을 고려하여 대통령령이 정하는 수량(제1류~제6류 위험물의 수량)으로서 제조소등의 설치허가 등에 있어서 최저의 기준이 되는 수량을 말한다. ③ 제조소 : 위험물을 제조할 목적으로 지정수량 이상의 위험물을 취급하기 위하여 허가를 받은 장소를 말한다. ④ 저장소 : 지정수량 이상의 위험물을 저장하기 위한 대통령령이 정하는 장소로서 허가를 받은 장소를 말한다. ⑤ 취급소 : 지정수량 이상의 위험물을 제조 외의 목적으로 취급하기 위한 대통령령이 정하는 장소로서 허가를 받은 장소를 말한다. ⑥ 제조소등 : 제조소·저장소 및 취급소를 말한다.
34	위험물안전관리법의 적용 제외	이 법은 항공기·선박·철도 및 궤도에 의한 위험물의 저장·취급 및 운반에 있어서는 위험물안전관리법을 적용하지 아니한다.
35	위험물 유형, 주의사항, 게시판, 덮개	(아래 표)

유별	종류	주의사항, 게시판, 피복
제1류 위험물	알칼리금속의 과산화물 또는 이를 함유한 것	화기·충격주의 물기엄금 및 가연물접촉주의 ① 게시판 : 물기엄금 ② 피복 : 방수성, 차광성
	그 밖의 것	화기·충격주의 및 가연물접촉주의 ① 게시판 : 없음 ② 피복 : 차광성
제2류 위험물	철분, 금속분, 마그네슘 또는 이들 중 어느 하나 이상을 함유한 것	화기주의 및 물기엄금 ① 게시판 : 화기주의 ② 피복 : 방수성
	인화성 고체	① 게시판 : 화기엄금
	그 밖의 것	① 게시판 : 화기주의
제3류 위험물	자연발화성 물질	화기엄금 및 공기접촉엄금 ① 게시판 : 화기엄금 ② 덮개 : 차광성
	금수성 물질	① 게시판 : 물기엄금 ② 덮개 : 방수성
제4류 위험물		① 게시판 : 화기엄금 ② 피복 : 차광성
제5류 위험물		화기엄금 및 충격주의 ① 게시판 : 화기엄금 ② 피복 : 차광성
제6류 위험물		가연물접촉주의 ① 게시판 : 없음 ② 피복 : 차광성

<table>
<tr><td>36</td><td>위험물의 수납률</td><td>① 고체 위험물 : 95% 이하
② 액체 위험물 : 98% 이하
③ 알킬리튬, 알킬알루미늄 : 90% 이하, 50℃의 온도에서 5% 이상의 공간용적을 유지</td></tr>
<tr><td>37</td><td>운송책임자의 감독 또는 지원의 방법</td><td>① 운송경로를 미리 파악하고 관할소방관서 또는 관련업체(비상대응에 관한 협력을 얻을 수 있는 업체를 말한다)에 대한 연락체계를 갖추는 것
② 이동탱크저장소의 운전자에 대하여 수시로 안전 확보 상황을 확인하는 것
③ 비상시의 응급처치에 관하여 조언을 하는 것
④ 그 밖에 위험물의 운송 중 안전 확보에 관하여 필요한 정보를 제공하고 감독 또는 지원하는 것</td></tr>
<tr><td>38</td><td>유별을 달리하는 위험물의 혼재기준</td><td><table>
<tr><th>위험물의 구분</th><th>제1류</th><th>제2류</th><th>제3류</th><th>제4류</th><th>제5류</th><th>제6류</th></tr>
<tr><td>제1류</td><td></td><td>X</td><td>X</td><td>X</td><td>X</td><td>O</td></tr>
<tr><td>제2류</td><td>X</td><td></td><td>X</td><td>O</td><td>O</td><td>X</td></tr>
<tr><td>제3류</td><td>X</td><td>X</td><td></td><td>O</td><td>X</td><td>X</td></tr>
<tr><td>제4류</td><td>X</td><td>O</td><td>O</td><td></td><td>O</td><td>X</td></tr>
<tr><td>제5류</td><td>X</td><td>O</td><td>X</td><td>O</td><td></td><td>X</td></tr>
<tr><td>제6류</td><td>O</td><td>X</td><td>X</td><td>X</td><td>X</td><td></td></tr>
</table>
※지정수량의 $\frac{1}{10}$ 이하의 위험물에 대하여는 적용하지 아니한다.</td></tr>
<tr><td>39</td><td>위험물의 운송 기준 (알킬알루미늄, 알킬리튬)</td><td>대통령령이 정하는 위험물(알킬알루미늄, 알킬리튬 또는 이 두 물질을 함유하는 위험물)의 운송에 있어서는 운송책임자(위험물 운송의 감독 또는 지원을 하는 자를 말한다)의 감독 또는 지원을 받아 이를 운송하여야 한다.</td></tr>
<tr><td>40</td><td>위험물의 저장기준</td><td>① 유별을 달리하는 위험물을 동일한 저장소(내화구조의 격벽으로 완전히 구획된 실이 2 이상 있는 저장소에 있어서는 동일한 실)에 저장하지 아니하여야 한다.
② 1m 이상의 간격을 두는 경우에는 그러하지 아니하다.
㉠ 제1류 위험물(알칼리금속의 과산화물 또는 이를 함유한 것을 제외한다)과 제5류 위험물을 저장하는 경우
㉡ 제1류 위험물과 제6류 위험물을 저장하는 경우
㉢ 제1류 위험물과 제3류 위험물 중 자연발화성물질(황린 또는 이를 함유한 것에 한한다)을 저장하는 경우
㉣ 제2류 위험물 중 인화성고체와 제4류 위험물을 저장하는 경우
㉤ 제3류 위험물 중 알킬알루미늄등과 제4류 위험물(알킬알루미늄 또는 알킬리튬을 함유한 것에 한한다)을 저장하는 경우
㉥ 제4류 위험물 중 유기과산화물 또는 이를 함유하는 것과 제5류 위험물 중 유기과산화물 또는 이를 함유한 것을 저장하는 경우</td></tr>
</table>

41	위험물 운송 시 2명 이상 운전자	장거리(고속도로에 있어서는 340km 이상, 그 밖에 있어서는 200km 이상을 말한다)에 걸치는 운송을 하는 때에는 2명 이상의 운전자로 할 것 → 다만, 다음의 1에 해당하는 경우에는 그러하지 아니하다. 1. 운송책임자가 함께 동승하는 경우 2. 운송하는 위험물이 제2류 위험물, 제3류 위험물(칼슘 또는 알루미늄의 탄화물과 이것만을 함유한 것에 한한다.) 또는 제4류 위험물(특수인화물 제외)인 경우 3. 운송도중에 2시간마다 20분 이상씩 휴식하는 경우
42	위험물 안전카드 휴대	위험물(제4류 위험물에 있어서는 특수인화물 및 제1석유류에 한한다)을 운송하게 하는 자는 위험물안전카드를 위험물운송자로 하여금 휴대하게 할 것
43	위험물 안전교육 대상자	① 안전관리자로 선임된 자 ② 탱크시험자의 기술 인력으로 종사하는 자 ③ 위험물운송자로 종사하는 자 ④ 위험물 운반자

04 위험물 기술기준

<table>
<tr><td>44</td><td>위험물 제조소
안전거리</td><td>① 주택 : 10m 이상
② 학교, 병원, 극장 및 이와 유사한 300명 이상 인원을 수용 : 30m 이상
③ 유형문화재와 기념물 중 지정문화재 : 50m 이상
④ 고압가스, 액화석유가스, 도시가스를 저장·취급하는 시설 : 20m 이상
⑤ 7,000V 초과 35000V 이하의 특고압가공전선 : 3m 이상
⑥ 35,000V를 초과하는 특고압가공전선 : 5m 이상</td></tr>
<tr><td>45</td><td>위험물 제조소
보유공지</td><td><table><tr><th>취급하는 위험물의 최대수량</th><th>공지의 너비</th></tr><tr><td>지정수량 10배 이하</td><td>3m 이상</td></tr><tr><td>지정수량 10배 초과</td><td>5m 이상</td></tr></table></td></tr>
<tr><td>46</td><td>위험물 제조소
주의사항 및
게시판</td><td>① 크기 : 0.3m 이상 × 0.6m 이상
② 종류별 바탕색 및 문자 색<table><tr><th>종류</th><th>바탕색</th><th>문자색</th></tr><tr><td>위험물 제조소</td><td>백색</td><td>흑색</td></tr><tr><td>위험물</td><td>흑색</td><td>황색반사도료</td></tr><tr><td>주유 중 엔진정지</td><td>황색</td><td>흑색</td></tr><tr><td>화기엄금, 화기주의</td><td>적색</td><td>백색</td></tr><tr><td>물기엄금</td><td>청색</td><td>백색</td></tr></table></td></tr>
<tr><td>47</td><td>위험물 제조소
환기설비</td><td>① 실의 바닥면적 $150m^2$ 마다 1개 이상
② 급기구의 크기는 $800cm^2$ 이상으로 할 것</td></tr>
<tr><td>48</td><td>위험물 제조소
배출설비</td><td>배출능력은 1시간당 배출장소 용적의 20배 이상인 것으로 하여야 한다.</td></tr>
<tr><td>49</td><td>위험물 제조소
정전기 제거설비</td><td>① 접지에 의한 방법
② 공기 중의 상대습도를 70% 이상으로 하는 방법
③ 공기를 이온화하는 방법
④ 위험물 이송 시 유속 1m/s 이하로 할 것</td></tr>
<tr><td>50</td><td>위험물 제조소
방유제 설치</td><td>① 하나의 취급 탱크 : 탱크용량의 50% 이상 → (탱크용량×0.5)
② 2 이상의 취급 탱크 : 당해 탱크 중 용량이 최대인 것의 50%에 나머지 탱크용량 합계의 10%를 가산한 양 이상이 되게 할 것.
→ (최대 탱크용량×0.5+나머지용량×0.1)</td></tr>
<tr><td>51</td><td>위험물 옥외저장소
설비기준</td><td>[덩어리 유황을 저장 또는 취급하는 것]
① 하나의 경계표시의 내부의 면적 : $100m^2$ 이하
② 2 이상의 경계표시를 설치하는 경우 : $1,000m^2$ 이하
③ 경계표시의 높이 : 1.5m 이하</td></tr>
</table>

<table>
<tr><td>52</td><td>위험물
옥내탱크저장소
설비기준</td><td>① 옥내저장탱크의 상호간 간격 : 0.5m 이상
② 옥내저장탱크의 용량은 지정수량의 40배 이하
→ (제4석유류 및 동식물유류 외의 제4류 위험물에 있어서 당해 수량이 20,000L를 초과할 때에는 20,000L)</td></tr>
<tr><td>53</td><td>위험물
옥외탱크저장소
설비기준</td><td>① 보유공지
<table>
<tr><th>저장 또는 취급하는 위험물의 최대수량</th><th>공지의 너비</th></tr>
<tr><td>지정수량의 500배 이하</td><td>3m 이상</td></tr>
<tr><td>지정수량의 500배 초과 1,000배 이하</td><td>5m 이상</td></tr>
<tr><td>지정수량의 1,000배 초과 2,000배 이하</td><td>9m 이상</td></tr>
<tr><td>지정수량의 2,000배 초과 3,000배 이하</td><td>12m 이상</td></tr>
<tr><td>지정수량의 3,000배 초과 4,000배 이하</td><td>15m 이상</td></tr>
<tr><td>지정수량의 4,000배 초과</td><td>당해 탱크의 수평단면의 최대지름(가로형인 경우에는 긴 변)과 높이 중 큰 것과 같은 거리 이상. 다만, 30m 초과의 경우에는 30m 이상으로 할 수 있고, 15m 미만의 경우에는 15m 이상으로 하여야 한다.</td></tr>
</table>
② 제6류 위험물 저장 시의 보유공지 : 보유공지$\times\frac{1}{3}$
③ 제6류 위험물 2개 이상 인접 설치 시 보유공지 : 보유공지$\times\frac{1}{3}\times\frac{1}{3}$</td></tr>
<tr><td>54</td><td>통기관</td><td>① 밸브 없는 통기관
㉠ 지름은 30mm 이상일 것
㉡ 끝부분은 수평면보다 45도 이상 구부려 빗물 등의 침투를 막는 구조
㉢ 인화점이 38℃ 미만인 위험물만을 저장 또는 취급하는 탱크에는 화염방지장치 설치
㉣ 탱크에 설치하는 통기관에는 40메쉬(mesh) 이상의 구리망 또는 동등 이상의 성능을 가진 인화방지장치를 설치할 것
② 대기밸브부착 통기관
㉠ 평소에는 닫혀있지만, 5kPa 이하의 압력차이로 작동할 수 있을 것</td></tr>
<tr><td>55</td><td>옥외탱크저장소
방유제
(인화성액체위험물)</td><td>① 방유제 안에 설치된 탱크가 하나인 때 : 그 탱크 용량의 110% 이상
② 2기 이상인 때 : 그 탱크 중 용량이 최대인 것의 용량의 110% 이상</td></tr>
<tr><td>56</td><td>위험물 탱크의
공간적</td><td>① 탱크의 공간용적은 탱크의 내용적의 $\frac{5}{100}$ 이상, $\frac{10}{100}$ 이하의 용적으로 한다.
→ 다만, 소화설비를 설치하는 탱크의 공간용적은 당해 소화설비의 소화약제 방출구 아래의 0.3m 이상 1m 미만 사이의 면으로부터 윗부분의 용적으로 한다.
② 암반탱크에 있어서는 용출하는 7일간의 지하수의 양에 상당하는 용적과 당해 탱크 내용적의 $\frac{1}{100}$의 용적 중에서 보다 큰 용적을 공간용적으로 한다.</td></tr>
</table>

57	위험물 탱크의 내용적

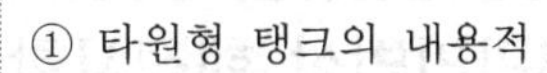
① 타원형 탱크의 내용적

㉠ 양쪽이 볼록한 것 → 내용적$=\dfrac{\pi ab}{4}\left(l+\dfrac{l_1+l_2}{3}\right)$

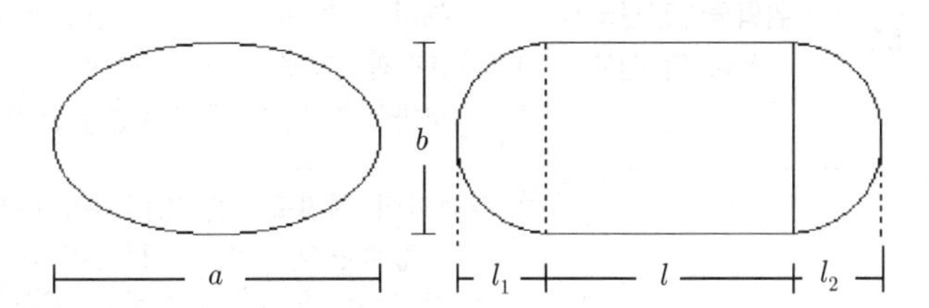

㉡ 한쪽은 볼록하고 다른 한쪽은 오목한 것 → 내용적$=\dfrac{\pi ab}{4}\left(l+\dfrac{l_1-l_2}{3}\right)$

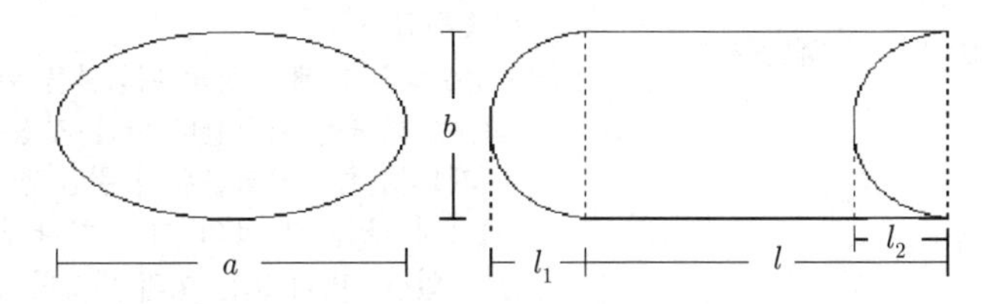

② 원통형 탱크의 내용적

㉠ 횡으로 설치한 것 → 내용적$=\pi r^2\left(l+\dfrac{l_1+l_2}{3}\right)$

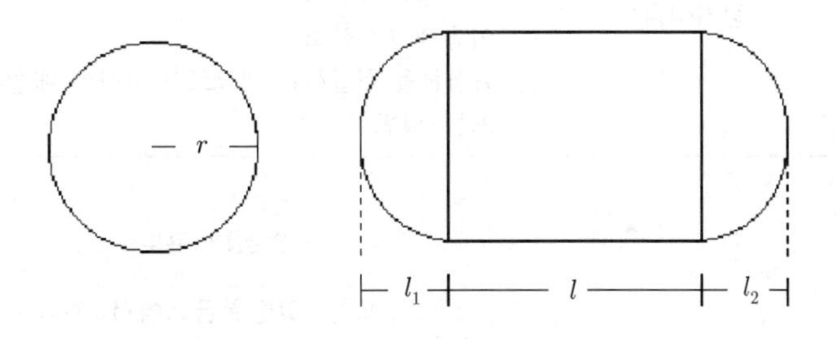

㉡ 종으로 설치한 것 → 내용적$=\pi r^2 l$

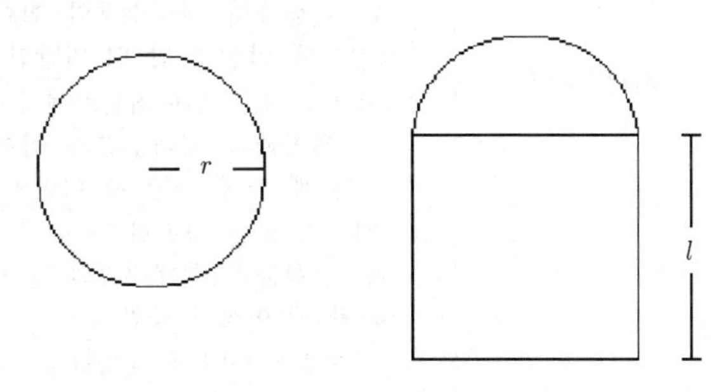

05 위험물안전관리법상 행정사항

<table>
<tr><td>58</td><td>위험물안전관리자
선임 및 신고</td><td>① 안전관리자를 해임하거나 안전관리자가 퇴직한 때에는 해임하거나 퇴직한 날부터 30일 이내에 다시 안전관리자를 선임하여야 한다.
② 안전관리자를 선임한 경우에는 선임한 날부터 14일 이내에 행정안전부령으로 정하는 바에 따라 소방본부장 또는 소방서장에게 신고하여야 한다.</td></tr>
<tr><td>59</td><td>예방규정</td><td>관계인이 예방규정을 정하여야 하는 제조소등
① 지정수량의 10배 이상의 위험물을 취급하는 제조소
② 지정수량의 100배 이상의 위험물을 저장하는 옥외저장소
③ 지정수량의 150배 이상의 위험물을 저장하는 옥내저장소
④ 지정수량의 200배 이상의 위험물을 저장하는 옥외탱크저장소
⑤ 암반탱크저장소
⑥ 이송취급소
⑦ 지정수량의 10배 이상의 위험물을 취급하는 일반취급소. 다만, 제4류 위험물(특수인화물을 제외한다)만을 지정수량의 50배 이하로 취급하는 일반취급소(제1석유류 · 알코올류의 취급량이 지정수량의 10배 이하인 경우에 한한다)로서 다음 각 목의 어느 하나에 해당하는 것을 제외한다.
㉠ 보일러 · 버너 또는 이와 비슷한 것으로서 위험물을 소비하는 장치로 이루어진 일반취급소
㉡ 위험물을 용기에 옮겨 담거나 차량에 고정된 탱크에 주입하는 일반취급소</td></tr>
<tr><td>60</td><td>정기점검</td><td>① 연 1회 이상
② 예방규정을 정하여야 하는 제조소등 (①~⑦)
③ 지하탱크저장소
④ 이동탱크저장소
⑤ 위험물을 취급하는 탱크로서 지하에 매설된 탱크가 있는 제조소 · 주유취급소 또는 일반취급소</td></tr>
<tr><td>61</td><td>자체소방대</td><td>
<table>
<tr><th>사업소의 구분</th><th>화학소방자동차</th><th>자체소방대원의 수</th></tr>
<tr><td>1. 제조소 또는 일반취급소에서 취급하는 위험물 최대수량의 합이 지정수량의 3천배 이상 12만 배 미만인 사업소</td><td>1대</td><td>5인</td></tr>
<tr><td>2. 제조소 또는 일반취급소에서 취급하는 제4류 위험물의 최대수량의 합이 지정수량의 12만 배 이상 24만 배 미만인 사업소</td><td>2대</td><td>10인</td></tr>
<tr><td>3. 제조소 또는 일반취급소에서 취급하는 제4류 위험물의 최대수량의 합이 지정수량의 24만 배 이상 48만 배 미만인 사업소</td><td>3대</td><td>15인</td></tr>
<tr><td>4. 제조소 또는 일반취급소에서 취급하는 제4류 위험물의 최대수량의 합이 지정수량의 48만 배 이상인 사업소</td><td>4대</td><td>20인</td></tr>
<tr><td>5. 옥외탱크저장소에 저장하는 제4류 위험물의 최대수량이 지정수량의 50만배 이상인 사업소</td><td>2대</td><td>10인</td></tr>
</table>
</td></tr>
</table>

02

분야 별 핵심 요약

01 화재 예방과 소화방법

1장 일반화학

핵심 01 물질의 정의

일반적인 정의로는 물체를 이루고 있는 재료, 또는 그 본바탕을 말하고, 물리·화학적인 정의로 표현하면 원자나 분자의 집합체라고 표현

1 원자

(1) 원자의 구조 및 특성

- 원소의 화학적 상태를 특징짓는 최소 기본 단위
- 양성자는 '+' 전하, 전자는 '−' 전하
- 중성자는 전하가 없다.
- 양성자와 전자의 수는 동일
- 원자는 전기적으로 중성이 된다.
- 원자번호=양성자수=전자수
- 질량수=양성자수(원자번호)+중성자수

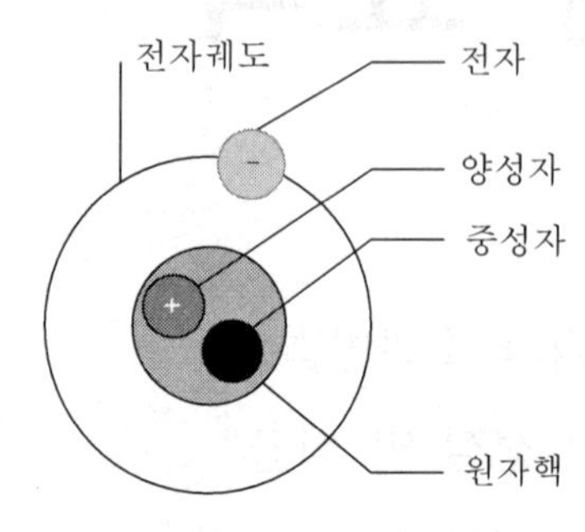

[원자 모형]

- 원자
  - 원자핵
    - 양성자
      - 전하 : $+1.602 \times 10^{-19}$[C]
      - 질량 : 1.673×10^{-27}[kg]
    - 중성자
      - 전하 : 없다(0)
      - 질량 : 1.675×10^{-27}[kg]
  - 전 자
    - 전하 : -1.602×10^{-19}[C]
    - 질량 : 9.107×10^{-31}[kg]

[원자를 구성하는 요소의 질량 및 전하량]

참고 방사선의 붕괴

① α붕괴 : 원자번호 2가 감소, 질량수 4가 감소
② β붕괴 : 원자번호 1 증가, 질량수 변화가 없다.
③ γ붕괴 : 핵의 내부 에너지만 감소한다.

(2) 원자량

① 원자 질량 단위(amu : atomic mass unit)

- 1원자 질량 단위는 탄소의 질량수를 12로 하고 이것을 기준으로 1/12에 해당하는 질량 → (원자량 단위 없음)
- $1amu=1.66\times10^{-24}g$ → (물질 1몰이 있을 때 g을 붙인다)

② 주요 원소의 원자량 단위(amu : atomic mass unit)

원소	원자량	원소	원자량
수소(H)	1	산소(O)	16
탄소(C)	12	나트륨(Na)	23
질소(N)	14	알루미늄(Al)	27

참고 1~20번 원자의 원자량 구하는 방법

① 원자번호가 홀수일 때 : 원자번호×2+1

【예】 나트륨(Na) : 11번 원소 → 11×2+1=23

② 원자번호가 짝수일 때 : 원자번호×2

【예】 탄소(C) : 6번 원소 → 6×2=12

※위의 방법이 맞지 않는 예외 원소는 5가지, 그 원자량은 다음과 같다.

1. 수소(H) : 1
2. 베릴륨(Be) : 9
3. 질소(N) : 14
4. 염소(Cl) : 35.5
5. 알곤(아르곤)(Ar) : 40

(3) 원자에 관한 법칙

① 일정성분비의 법칙 : 화합물을 구성하는 각 성분원소의 질량비는 항상 일정하다는 법칙 → (프랑스, 프루스트)

② 배수비례의 법칙 : 2종류의 원소가 여러 화합물을 만들 때, 한 원소의 일정량과 결합하는 다른 원소의 질량비는 항상 간단한 정수비를 나타낸다는 법칙 → (영국, 돌턴)

③ 질량보존의 법칙 : 화학반응의 전후에서 반응물질의 전질량과 생성물질의 전질량은 같다고 하는 법칙, 즉 화학반응의 전후에서 원물질을 구성하는 성분은 모두 생성물질을 구성하는 성분으로 변할 뿐이며, 물질이 소멸하거나 또는 무(無)에서 물질이 생기지 않는다는 것이다. → (프랑스, 라부아지에)

2 분자

(1) 분자의 구조 및 특성

- 몇 개의 원자가 화학적으로 결합된 원자의 결합체
- 물질 고유의 성질을 가진 최소 단위이다.
- 비활성 기체의 경우, 단원자가 분자를 이룰 수도 있다.

→ (예 : Ar은 그 자체로 원자이며, 분자이다.)

(2) 분자량

① 분자를 이루고 있는 원자들의 원자량의 합

② 원소의 원자수를 그 원소의 원자량에 곱하고 모든 원자를 합하여 계산

- H_2O의 분자량 : H의 원자량(1)×2+O의 원자량(16)=18
- NO_2의 분자량 : N의 원자량(14)+O의 원자량(16)×2=46

참고

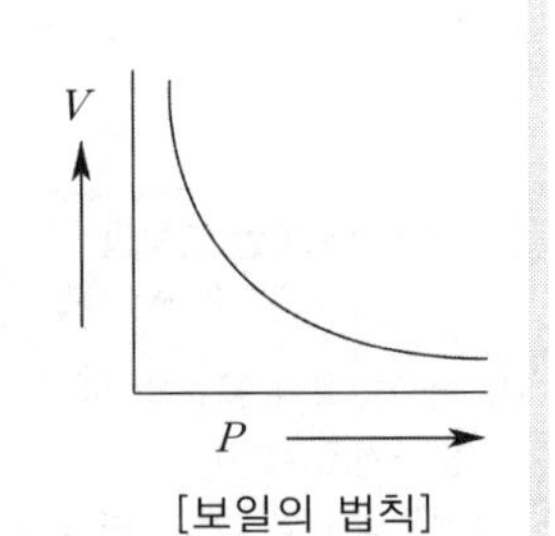

[보일의 법칙]

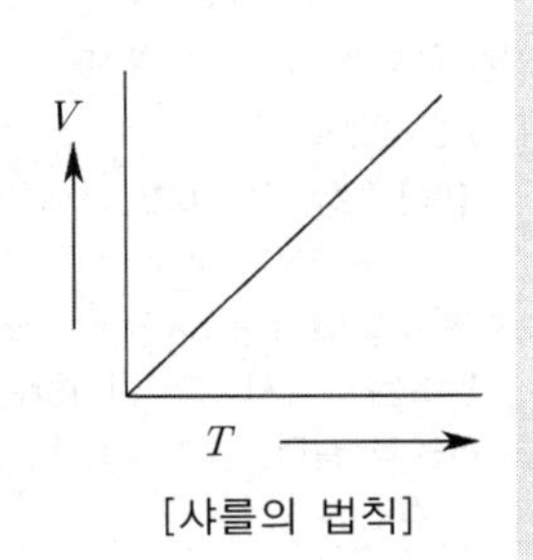

[샤를의 법칙]

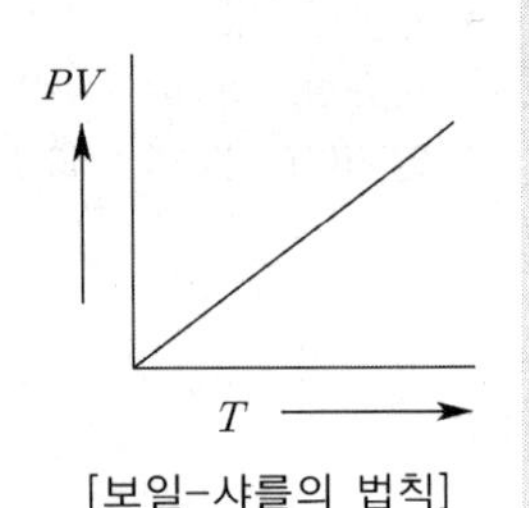

[보일-샤를의 법칙]

(3) 분자에 관한 법칙

① 보일의 법칙 : 기체의 온도가 일정하면 기체의 압력과 부피는 반비례한다는 법칙

$P \propto \frac{1}{V}$ 또는 $PV=k$

여기서, P : 기체의 압력, V : 기체의 부피, k : 상수

② 샤를의 법칙 : 기체의 압력이 일정하다고 가정하였을 때 온도와 부피의 비례 관계를 설명한 것

$V_t = V_0(1+\frac{1}{273}\times t) = \frac{V_0}{273}(273+t)$

③ 보일샤를의 법칙 : 일정량의 기체의 체적은 압력에 반비례하고, 절대 온도에 정비례한다는 법칙

$PV=GRT$

여기서, P : 기체의 압력(kg/m^2), V : 기체의 체적(m^3)
G : 기체의 중량, R : 기체상수
T : 절대온도(K)

④ 이상기체상태방정식 : 이상기체의 상태를 나타내는 양들, 즉 압력 P, 부피 V, 온도 T 간의 상관관계를 기술하는 방정식

$PV=nRT=\frac{W}{M}RT \rightarrow M=\frac{\rho RT}{P}$

여기서, P : 기체의 압력(kg/m^2), V : 기체의 체적(m^3)
n : mol수, M : 분자량, W : 무게
R : 기체상수 (0.08205L·atm/mol · K)
T : 절대온도(K) → (T=273+℃)

3 몰

① 정의 : 원자, 분자, 이온과 같이 물질의 기본 단위 입자를 묶어 그 개수를 세는 단위이다. → (예) 연필 12개를 1다스, 마늘 100개를 1접

② 몰수

$$몰수 = \frac{질량(g)}{분자량} = \frac{분자수}{6.02\times 10^{23}} = \frac{기체의\ 부피(L)}{22.4}(0℃,\ 1기압)$$

→ 아보가드로의 법칙 : 표준상태(0℃, 1기압)에서 모든 기체 1몰의 부피는 22.4L이다

1. 산소(O_2) : 분자량($16\times 2=32$), 부피(22.4L)
2. 물(H_2O) : 분자량($1\times 2+16=18$), 부피(22.4L)

핵심 02 화학반응식

(1) 화학반응식의 정의

화학반응이 일어날 때 반응하는 물질과 생성되는 물질을 간단한 화학식을 사용하여 화학 반응을 나타낸 식

① 분자로 존재하는 물질의 표현 : O_2, H_2O

→ (분자를 이루는 원자의 종류와 계수를 이용해 표현)

② 분자로 존재하지 않는 물질의 표현 : Cu, NaCl

→ (물질을 이루는 원자의 종류와 계수비를 이용해 표현)

(2) 화학 반응식의 표현법

물(H_2O) 생성 반응을 예로 한다.

① 1단계

- 반응물질을 왼쪽, 생성물질 오른쪽, 그 사이 화살표(→)를 넣는다.
- 반응물질이나 생성물질이 여러 개인 경우 + 기호로 연결

즉, 수소(H_2) + 산소(O_2) → 물(H_2O)

(수소(H_2) + 산소(O_2): 반응물질, 물(H_2O): 생성물질)

② 2단계 : 반응물질과 생성물질을 화학식으로 나타낸다.

즉, 수소 : H_2, 산소 : O_2, 물 : H_2O

$H_2 + O_2 \rightarrow H_2O$

③ 3단계 : 반응 전후 원자의 종류와 계수가 같도록 계수를 맞춘다.

→ 산소 원자의 계수를 같게 맞추기 위해 H_2O 앞에 2를 붙인다.

즉, $\underset{(1+1)}{\underline{H_2}} + \underset{(1+1)}{\underline{O_2}} \rightarrow \underset{2((1+1)+1)}{\underline{2H_2O}}$

→ 수소 원자의 계수를 같게 맞추기 위해 H_2 앞에 2를 붙인다.

즉, $\underset{2(1+1)}{\underline{2H_2}} + \underset{(1+1)}{\underline{O_2}} \rightarrow \underset{2((1+1)+(1))}{\underline{2H_2O}}$

반응물[H(4), O(2)] 생성물[H(4), O(2)]

핵심 03 산과 염기

1 산

산은 신맛을 띠며 리트머스의 색을 청색에서 적색으로 변화시키는 특성을 갖는다.

2 염기

- 염기는 쓴맛을 띠며 리트머스의 색을 적색에서 청색으로 변화시킨다.
- 미끈미끈한 성질을 가지며 수용액 상태에서는 전류를 잘 통한다.

용어 계수

반응물과 생성물의 앞에 표시하여 각각의 몰 수를 의미하는 것이다.

참고 화학반응식의 기본조건

① 화살표를 기준으로 왼쪽과 오른쪽의 원소의 종류가 동일해야 한다.

② 화살표를 기준으로 왼쪽과 오른쪽의 원소의 계수가 동일해야 한다.

참고 화학반응의 종류

① 결합반응 : A+B → C

② 분해반응 : C → A+B

③ 치환반응 : A+BC → AC+B

④ 복분해반응 : AB+CD → AD+CB

3 산과 염기의 이론적 정의

(1) 아레니우스의 정의

① 산(Acid)

㉠ 수용액에서 이온화 : $H^+(H_3O^+)$

㉡ 구조 : $HA \rightarrow H^+ + A^-$ $(HCl \rightarrow H^+ + Cl^-)$

② 염기(Base)

㉠ 이온화 : 수산화이온(OH^-)을 냄

㉡ 구조 : MOH(금속+ OH) → $(NaOH \rightarrow Na^+ + OH^-)$

(2) 브뢴스태드-로우리의 정의

① 산(Acid)

양성자(H^+) 내는 분자나 이온

→ $HCl + H_2O \Leftrightarrow H_3O^+ + Cl^-$

② 염기(Base)

양성자 받는 분자나 이온

→ $NH_3 + H_2O \Leftrightarrow NH_4^+ + OH^-$

4 수소 이온 농도 지수

- 수소 이온(H^+)의 해리 농도를 역수의 로그를 취해 나타낸 값으로, 단위는 pH를 사용한다.
- 화학에서 물질의 산과 염기의 강도를 나타내는 척도로서 사용된다.
- pH의 값이 7보다 낮으면 산성, 7보다 높으면 염기성이라고 부른다.

$$pH = \log\frac{1}{[H^+]} = -\log[H^+]$$

참고 산과 염기의 세기

① 아레니우스의 이론에 의하면 수용액 속에 H^+ 이나 OH^-이 많이 존재할수록 산성이나 염기성이 강하다.
② 브뢴스테드-로우리의 이론에 의하면 H^+를 주고 받는 경향이 클수록 산과 염기의 세기가 크다.

5 이온화도(α)

- 이온화 평형을 이루는 전해질 수용액에서 용해된 전해질의 전체 몰수에 대한 이온화된 전해질의 몰수의 비
- 같은 전해질 수용액일지라도 온도가 높을수록, 농도가 낮을수록 이온화도는 커진다.
- 동일한 온도와 농도에서 같은 전해질의 이온화도는 일정하다.

$$이온화도(\alpha) = \frac{이온화된\ 전해질의\ 몰수}{용해된\ 전해질의\ 총몰수} \rightarrow (0 < \alpha < 1)$$

핵심 04 산화와 환원

1 산화

(1) 정의

어느 물질이 산소와 화합하는 것, 또는 수소를 함유하는 화합물이 수소를 잃는 것

(2) 산화제

① 다른 물질을 산화시킬 수 있는, 혹은 상대 물질의 전자를 잃게 하는 능력을 갖는 물질 → (자신은 환원)

② 종류 : 산소, 오존, 염소, 과산화수소, 질산, 할로겐 등

2 환원

(1) 정의

산화된 물질을 원래의 상태로 되돌리는 것

(2) 환원제

① 자신은 산화되면서 같은 반응 내 다른 물질을 환원시켜주는 물질

② 종류 : 수소, 일산화탄소, 황화수소, 탄소, 아연, 수소화붕소나트륨, 수소화알루미늄, 리튬 등

3 산화 및 환원의 정리

	산화	환원
산소	·산소와 결합할 때 → (산소 원자를 얻는다)	·산소 원자를 잃는다.
수소	·수소 원자를 잃는다.	·수소와 결합할 때 → (수소 원자를 얻는다)
전자	·전자를 잃는다.	·전자를 얻는다.
산화수	·산화수가 증가한다,	·산화수가 감소한다,

핵심 05 용액의 농도

1 질량 퍼센트(백분율=wt%) 농도

용액 전체의 양을 100으로 할 때 용질이 나타내는 양

$$\%농도(wt\%) = \frac{용질의\ 질량}{용액의\ 질량} \times 100$$

2 몰 농도(M)

몰 농도란 용액 1L에 녹아 있는 용질의 몰수

$$M = \frac{10 \times 비중 \times 농도}{분자량} = \frac{용질의\ 몰수(mol)}{용액의\ 부피(L)}$$

① 용액의 온도가 변할 경우 부피가 변화하게 되므로 몰 농도도 변하게 된다.

② 온도가 올라갈 경우 용액이 부피가 실제보다 크게 나오므로 용액의 몰 농도는 실제보다 작게 나오며, 반대로 온도가 낮을 경우에는 실제보다 크게 나온다.

3 몰랄 농도(m)

용매 1kg 속에 녹아 있는 용질의 몰수를 말한다.

$$m = \frac{용질의\ 몰수(mol)}{용매의\ 질량(kg)}$$

4 노르말 농도(n)

용액 1L 속에 녹아 있는 용질의 g당량수를 나타낸 농도

$$n = \frac{\dfrac{용액의\ 질량(g)}{1g당량}}{\dfrac{용액의\ 부피(ml)}{1000[ml]}}$$

용어

① 용질 : 어떤 액체에 녹아 있는 물질

② 용매 : 용질을 녹여서 용액을 만드는 액체

→ 고체와 액체의 혼합물에서는 액체가 용매이고 고체가 용질이다.

→ 액체끼리 혼합된 용액에서는 더 많은 물질이 용매이고 적은 물질이 용질이다.

㉠ 극성 용매 : 메탄올, 에탄올, 프로판올, 아세트산, 글리세린, 아세톤, 피리딘

㉡ 비극성 용매 : 클로로폼, 헥세인, 에테르, 톨루엔, 벤젠, 사염화탄소, 이황화탄소

㉢ 무기용매 : 물, 수은, 암모니아, 이산화탄소

③ 용액 : 두 가지 이상의 물질이 균질하게 섞인 혼합물

용어 ppm

물질의 농도나 그 존재비를 나타내는 단위. 1ppm은 100만분의 1(10^{-6})에 해당하는 농도를 나타낸다. 1%는 10,000ppm과 같은 농도가 된다.

핵심 06 유기화합물과 무기화합물

1 유기화합물

(1) 정의

- 홑원소 물질인 탄소, 산화탄소, 금속의 탄산염, 시안화물 · 탄화물 등을 제외한 탄소화합물의 총칭 → (홑원소 물질 : 단 1종의 원소로 되어 있는 물질)
- 생물체의 구성성분을 이루는 화합물, 또는 생물에 의하여 만들어지는 화합물 → (광물체로부터 얻어지는 무기화합물)

참고 당량 및 원자량

① $당량 = \frac{원자량}{원자가}$

② 원자량=당량×원자가

(2) 유기화합물의 주요 특징

- 탄소끼리 결합해서 사슬모양, 고리모양의 화합물을 형성
- 이성질체가 많아서 화합물의 수는 약 300만 개 이상
- 분자 사이의 힘이 약해서 융점, 비등점이 낮고 보통 공유결합을 하고 있어서 대부분 비전해질 이다.
- 대부분 쉽게 연소되어 가연성(타기 쉬운 성질)이고, 불완전연소 시 유독가스를 많이 발생시키는 특징이 있다.
- 산소가 없으면 열분해 되어서 탄소가 떨어져 나가게 된다. 그을음 같은 게 많이 발생한다.
- 물에 잘 녹지 않고, 알코올, 벤젠, 아세톤, 에테르 같은 유기용매와 잘 섞인다.

참고 가연성, 조연성, 불연성

1. 가연성가스 : 자기 자신이 타는 가스들이다.
   수소(H_2), 메탄(CH_4), 일산화탄소(CO), 에탄(C_2H_6), 암모니아(NH_3), 부탄(C_4H_{10})
2. 조연성가스 : 자신은 타지 않고 연소를 도와주는 가스
   산소(O_2), 공기, 오존(O_3), 불소(F), 염소(Cl)
3. 불연성가스 : 스스로 연소하지 못하며, 다른 물질을 연소시키는 성질도 갖지 않는 가스, 즉 연소와 무관한 가스
   수증기(H_2O), 질소(N_2), 알곤(아르곤)(Ar), 이산화탄소(CO_2), 프레온

2 무기화합물

(1) 정의

- 유기화합물을 제외한 모든 화합물
- 탄소가 포함되어 있지 않다.

→ (탄소를 포함하고 있는 화합물 중에 이산화탄소, 일산화탄소, 다이아몬드, 탄화칼슘 등도 무기화합물로 분류한다)

- 구조적으로 단순하다.
- 물, 소금, 산, 염기 등이 있다.

참고 예외적으로 탄소를 포함한 무기화합물

- CO_2 (이산화탄소)
- HCO_3 (탄산수소염)
- H_2CO_3 (탄산)

(2) 무기화합물의 주요 특징

- 무기화합물은 주기율표 전체를 아우르는 대단히 다양한 결합과 분자 구조의 반응을 다루게 된다.
- 산업적 수요가 높을 뿐만 아니라 공업적으로 사용되는 촉매의 대다수 역시 무기화합물이어서 산업적으로 중요한 분야이다.

핵심 07 주기율표

용어 주기율표 용어

① 주기(Period) : 주기율표에서 가로줄을 말하며, 1~7주기가 있다.

② 족(Group) : 주기율표에서 세로줄을 말하며, 1~18족이 있다.

1 주기표의 정의

- 화학적 원소를 (원자핵 속에 들어있는 양성자수인) 원자 번호와, 전자 배열, 그리고 화학적 특성에 따라 배열한 것
- 단주기형과 장주기형이 있다.
- 주기율표상의 원소들은 크게 전형원소, 전이원소, 금속원소, 비금속원소로 분류된다.

2 주기율표

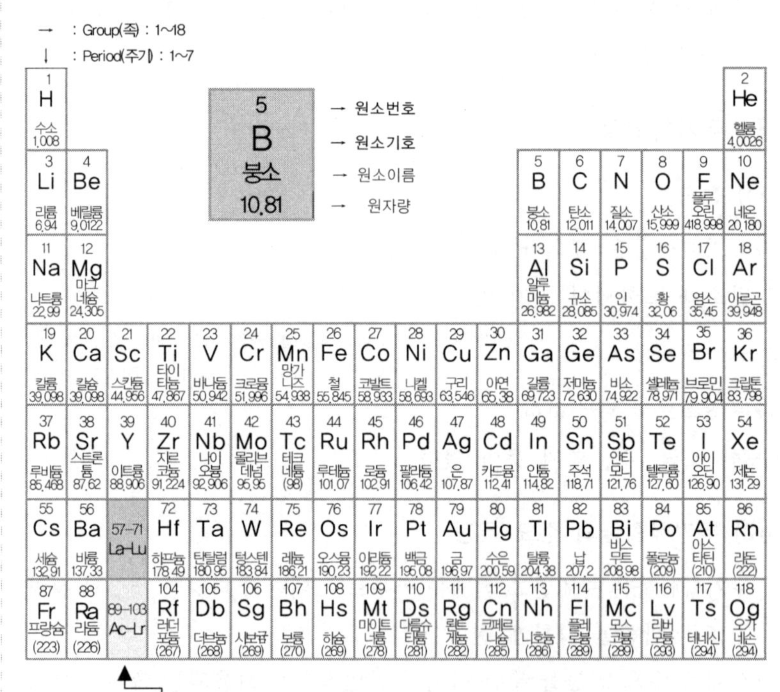

① 알칼리금속(1족, 수소제외) : 물과 반응하여 수소 발생 및 수산화물을 형성하여 강한 염기성을 보이는 것

② 알칼리토금속(2족) : 알칼리금속보다는 반응이 완만하지만 물과 반응하여 수소를 발생한다.

③ 할로겐원소(17족) : 비금속 원소이며, 반응성이 매우 센 물질이다.

④ 비활성기체(18족, 0족) : 보통 조건에서 반응성이 아주 낮고, 무색무취의 단원자 기체로 존재한다. 불활성기체라고도 한다.

참고 물과 반응 시 생성되는 기체

① 수산화나트륨 → 수소
② 인화칼슘 → 포스핀(인화수소)
③ 탄화칼슘 → 아세틸렌
④ 탄화알루미늄 → 메탄
⑤ 트리메틸알루미늄 → 메탄
⑥ 트리에틸알루미늄 → 에탄
⑦ 알칼리금속의 과산화물 → 산소
⑧ 대부분의 금속류 → 수소

2장 연소 및 발화

핵심 01 연소 이론

1 연소의 정의

가연 물질이 산소와 반응하여 발열과 빛을 수반하는 급격한 산화현상

> **참고**
> ① 발열이나 빛만을 내는 것은 연소라 하지 않는다.
> ② 산화
> ·산소와 화학 결합하는 것
> ·수소를 잃는 것
> ·전자를 잃는 것
> ·원자가(산화수)가 증가하는 것
> ③ 환원 : 산화의 반대 현상

2 연소의 3대 요소

가연물, 산소 공급원, 점화원을 연소의 3요소라 한다.

① 가연물 : 산소와 반응하여 발열하는 물질, 목재, 종이 등

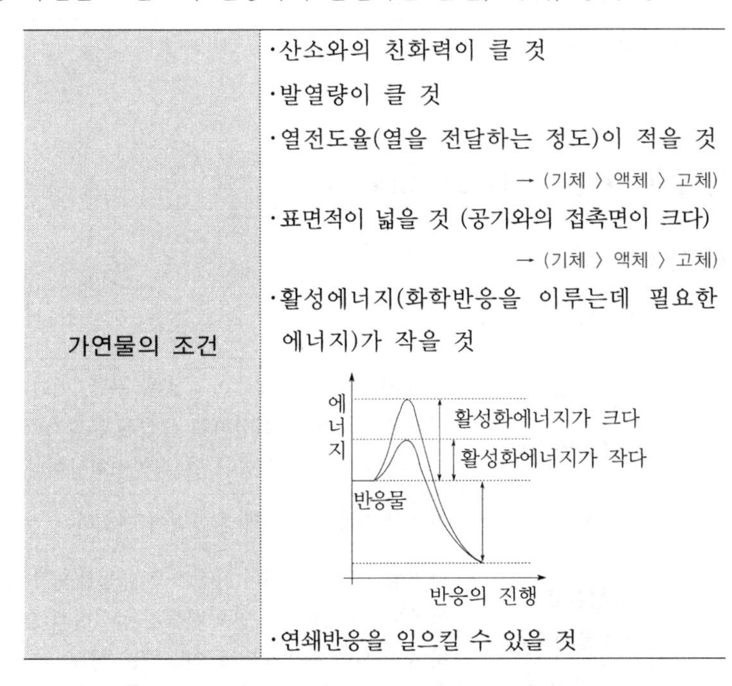

가연물의 조건	
	·산소와의 친화력이 클 것
	·발열량이 클 것
	·열전도율(열을 전달하는 정도)이 적을 것 → (기체 〉 액체 〉 고체)
	·표면적이 넓을 것 (공기와의 접촉면이 크다) → (기체 〉 액체 〉 고체)
	·활성에너지(화학반응을 이루는데 필요한 에너지)가 작을 것
	·연쇄반응을 일으킬 수 있을 것

② 산소공급원 : 산소, 공기, 산화제, 자기반응성 물질(내부 연소성 물질)

③ 점화원 : 화기는 물론, 전기불꽃, 정전기불꽃, 충격에 의한 불꽃, 마찰에 의한 불꽃(마찰열), 단열 압축열, 나화 및 고온 표면 등

[점화원의 종류]

화학적 에너지	연소열, 산화열, 분해열, 용해열, 중합열
전기적 에너지	저항열, 유도열, 유전열, 아크열, 정전기불꽃 낙뢰, 아크
기계적(물리적) 에너지	마찰열, 압축열, 마찰 스파크
원자력 에너지	핵분열, 핵융합

> **참고** 연소의 4대 요소
> ① 가연물 ② 산소 공급원
> ③ 점화원 ④ 연쇄반응

> **참고** 가연물이 될 수 없는 물질
> ① 산소와 더 이상 화학반응을 일으키지 않는 물질(물, 이산화탄소, 산화알루미늄, 산화안티몬 등)
> ② 흡열반응물질(질소, 질소산화물)
> ③ 18족 원소(헬륨, 네온, 알곤, 크립톤, 라돈)

> **참고** 전기불꽃에너지 공식
> $E = \frac{1}{2}QV = \frac{1}{2}CV^2$
> → $(Q = CV)$
> (E : 전기불꽃에너지
> Q : 전기량(전하량)
> V : 방전전압, C : 정전용량)

> **참고**
> ① **발광** : 빛을 냄
> ② **적열** : 물체를 가열할 때 가열 물체가 500℃ 부근에서 적색을 보임
> ③ **백열** : 물체가 1000℃ 이상 가열할 때의 색깔

3 발광에 따른 온도 측정

① 적열 상태 : 500℃ 부근

② 백열 상태 : 1000℃ 이상

4 고체의 색과 온도

색	온도	색	온도
담암적색	522℃	황적색	1100℃
암적색	700℃	백적색(백색)	1300℃
적색	850℃	휘백색	1500℃ 이상
휘적색(주황색)	950℃		

※ 암(暗 : 어두울 암) : 어두움, 휘(輝 : 빛날 휘) : 밝음

> **참고**
> ① **황적색** : 보일러 내부의 색
> ② **백적색** : 도자기 가마의 내부 색
> ③ **휘백색** : 유리 용융로의 내부

핵심 02 연소의 형태

1 연소의 형태

① 기체의 연소

확산연소 (불꽃연소)	공기보다 가벼운 수소, 아세틸렌, 부탄, 메탄 등의 가연성 가스가 확산하여 생성된 혼합가스가 연소하는 것으로 위험이 없는 연소현상이다.
정상연소	가연성 기체가 산소와 혼합되어 연소하는 형태
비정상연소 (폭발연소)	가연성 기체와 공기의 혼합가스가 밀폐용기 중에 있을 때 점화되며 연소 온도가 급격하게 증가하여 일시에 폭발적으로 연소하는 형태

② 액체의 연소(액체가 타는 것이 아니라 발생된 증기가 연소하는 형태)

증발연소	아세톤, 알코올, 에테르, 휘발유, 석유, 등유, 경유 등과 같은 액체표면에서 증발하는 가연성 증기와 공기가 혼합되어 연소하는 형태
액적연소 (분무연소)	점도가 높은 벙커C유에서 연소를 일으키는 형태로 가열하면 점도가 낮아져 버너 등을 사용하여 액체의 입자를 안개 모양으로 분출하며 액체의 표면적을 넓혀 연소하는 형태

③ 고체의 연소

표면연소	가연성물질 표면에서 산소와 반응해서 연소하는 것이며, 목탄, 코크스, 금속 등
분해연소	분해열로서 발생하는 가연성가스가 공기 중의 산소와 화합해서 일어나는 연소이며 석탄, 목재, 종이, 섬유, 플라스틱 등
증발연소	가연성물질을 가열했을 때 분해열을 일으키지 않고 그대로 증발한 증기가 연소하는 것이며 유황, 파라핀(양초), 나프탈렌 등
자기연소	화약, 폭약의 원료인 제5류 위험물 TNT, 니트로셀룰로오스, 질화면 등 그 물질이 가연물과 산소를 동시에 가지고 있는 가연물이 연소하는 형태

핵심 03 인화점 및 발화점

1 인화점

① 기체 또는 휘발성 액체에서 발생하는 증기가 공기와 섞여서 가연성 또는 완폭발성 혼합기체를 형성하고, 여기에 불꽃을 가까이 댔을 때 순간적으로 섬광을 내면서 연소하는, 즉 인화되는 최저의 온도를 말한다.

② 물질에 따라 특유한 값을 보이며, 주로 액체의 인화성을 판단하는 수치로서 중요하다.

③ 주요 가연물의 인화점

물질명	인화점(℃)	물질명	인화점(℃)
이소펜탄(C_5H_{12})	-51	에틸벤젠(C_8H_{10})	15
디에틸에테르 ($C_2H_5OC_2H_5$)	-45	피리딘(C_5H_5N)	20
가솔린(휘발유)	-43~-21	클로로벤젠(C_6H_5Cl)	32
아세트알데히드 (CH_3CHO)	-38	테레핀유	35
산화프로필렌	-37	클로로아세톤	35
이황화탄소(CS_2)	-30	초산(CH_3COOH)	40
아세톤(CH_3COCH_3) 트리메틸알루미늄	-18	등유	30~60
벤젠(C_6H_6)	-11	경유	50~70
메틸에틸케톤	-1	아닐린(C_6H_7N)	70
톨루엔(C_6H_8)	4.5	니트로벤젠($C_6H_5NO_2$)	88
메틸알코올(CH_3OH)	11	에틸렌글리콜 ($HO(CH_2)_2OH$)	111
에틸알코(C_2H_5OH)	13	중유	60~150

참고 인화점 측정기의 종류

① 태그밀폐식 인화점 측정기
② 신속평형법 인화점 측정기
③ 클리브랜드 개방법 인화점 측정기
④ 펜스키마텐스밀폐식 인화점 측정기

용어

① **발열량** : 단위 질량(1kg)의 연료가 완전 연소했을 때 방출하는 열량(kcal)

② **열전도율** : 구체적인 크기와 모양을 가진 물체가 실제로 열을 전달하는 정도

2 발화점 (착화점=발화온도)

① 정의 : 가연성 물질이 점화원 없이 발화하거나 폭발을 일으키는 최저온도

② 발화점이 낮아지는 조건

- ·산소와 친화력이 클 때
- ·산소의 농도가 높을 때
- ·발열량이 클 때
- ·압력이 클 때
- ·화학적 활성도가 클 때
- ·분자구조가 복잡할 때
- ·습도 및 가스압이 낮을 때
- ·열전도율이 낮을 때

③ 주요 가연물의 발화점

물질명	발화점℃	물질명	발화점℃
마그네슘	482	아세트알데히드	185
아세톤	465	니트로셀룰로오스, 디에틸에테르	180
아세트산	427	오황화린	142
가솔린, 피크린산	300	이황화탄소, 삼황화린	100
적린	260	황린	34
유황	232.2		

3 연소점

공기 중에서 열을 받아 연소가 계속되기 위한 온도를 말하며 대략 인화점보다 5~10℃ 정도 높은 온도를 말한다.

참고 연소속도(=산화속도)

① 정의 : 가연료가 착화하여 연소하고, 화염이 미연 가스와 화학 반응을 일으키면서 차례로 퍼져 나가는 속도를 말한다.

② 연소 속도에 영향을 미치는 요인으로는 가연물의 온도, 산소가 가연물질과 접촉하는 속도, 산화반응을 일으키는 속도, 촉매, 압력 등이 있다.

4 연소범위 (폭발범위)

① 정의 : 가연성 혼합기의 연소 하한계와 상한계 간을 이르며, 혼합기의 발화에 필요한 조성 범위를 표시한다. 가연범위, 폭발범위라고도 하지만 최근에는 가연범위, 가연한계가 많이 사용되고 있다.

② 단위 : 용량백분율(V%)

③ 위험도

- ·하한계가 낮을수록, 상한계가 높을수록 위험하다.
- ·연소범위가 넓을수록 위험하다.
- ·온도나 압력이 높을수록 위험하다.
- ·위험도 $H=\frac{U-L}{L}$

(U : 연소범위 상한계, L : 연소범위 하한계)

※위험도의 단위는 없다.

④ 주요 위험물의 연소범위

물질명	연소범위 (vol%)	물질명	연소범위 (vol%)
아세틸렌(C_2H_2)	2.5~82	암모니아(NH_3)	15.7~27.4
수소(H_2)	4.1~75	아세톤(CH_3COCH_3)	2~13
이황화탄소(CS_2)	1.0~44	메탄(CH_4)	5.0~15
일산화탄소(CO)	12.5~75	에탄(C_2H_6)	3.0~12.5
에틸에테르 ($C_2H_5OC_2H_5$)	1.7~48	프로판(C_3H_8)	2.1~9.5
에틸렌(C_2H_4)	3.0~33.5	부탄(C_4H_{10})	1.8~8.4
메틸알코올(CH_3OH)	7~37	휘발유	1.4~7.6
에틸알코올(C_2H_5OH)	3.5~20	시안화수소(HCN)	12.8~27

참고 연소범위 외우기

위험도 구하는 문제 출제 시 연소범위가 주어지지 않을 경우도 있으므로 중요한 것 몇 개는 외워둔다. (아세톤, 휘발유, 아세틸렌)

참고 wt%, vol%, mol%

1. wt% : 무게로 생각했을 때의 농도
   → $\frac{\text{용질의 무게}}{\text{전체의 무게}}$
2. vol% : 부피로 생각했을 때의 농도
   → $\frac{\text{용질의 리터}}{\text{전체의 리터}}$
3. mol% : 물질량(몰)로 생각했을 때의 농도
   → $\frac{\text{용질의 몰}}{\text{전체의 몰}}$

핵심 04 자연발화

1 정의 및 원인

물질이 공기 중에서 발화온도보다 상당히 낮은 온도(상온)에서 자연히 발열하고 그 열이 장기간 축적되어서 발화점에 도달하여 결국에는 연소하기에 이르는 현상

2 원인

자연발화를 일으키는 원인에는 물질의 산화열, 분해열, 흡착열, 중합열, 발효열 등이 있다.

산화열에 의한 발화	석탄, 고무분말, 건성유 등에 의한 발화
분해열에 의한 발화	셀룰로이드, 니트로셀룰로오스 등에 의한 발화
흡착열에 의한 발화	목탄, 활성탄 등에 의한 발화
중합열에 의한 발화	시안화수소, 산화에틸렌 등에 의한 발화
미생물에 의한 발화	퇴비, 먼지 속에 들어 있는 혐기성 미생물에 의한 발화

> **참고** 습도가 낮을 때 자연발화 되지 않는 이유
>
> 습도가 낮으면 건조하여 정전기가 발생하고 정전기에 의한 점화가 이루어질 수 있지만, 자연발화에서는 습도가 높은 조건에서 미생물이 번식할 수 있고 미생물의 활동이 활발해지면서 열이 발생하여 발화할 수 있다.

> **참고** 【촉매】
>
> 자기 자신은 반응에 참여하지 않으면서 반응속도에 영향을 주는 물질
>
> ① 정촉매 : 반응속도 빠르게
>
> ② 부촉매 : 반응속도 느리게

> **참고** 【혼합발화】
>
> 위험물을 두 가지 이상으로 서로 혼합 접촉하였을 때 발열·발화하는 현상으로 혼재 위험성은 다음과 같다.
>
> ① 폭발성 화합물을 생성하는 경우
>
> ② 폭발성 혼합물을 생성하는 경우
>
> ③ 가연성 가스를 발생하는 경우
>
> ④ 시간이 경과하거나 바로 분해 또는 발화하는 경우

3 자연발화에 영향을 주는 인자

온도	주위의 온도가 높을수록 자연발화가 쉽다.
습도	습도가 높으면 자연발화가 쉽다. → (수분의 촉매 역할로 반응속도 가속)
표면적	표면적이 넓으면 자연발화가 쉽다. → (산소와 접촉면이 넓기 때문)
발열량	발열량이 클수록 자연발화가 쉽다. → (열의 축적이 크다.)
열전도율	열전도율이 작을수록 자연발화가 쉽다.
열의 축적	열의 축적이 클수록 자연발화가 쉽다.
퇴적방법	열 축적이 용이하게 적재되어 있으면 자연발화가 쉽다.
공기의 유동	통풍이 잘 되지 않으면 열 축적이 용이하여 자연발화가 쉽다.

4 자연발화의 방지법

① 습도를 낮게 유지한다.

② 저장실의 온도를 낮출 것

③ 통풍을 잘 시킬 것

④ 퇴적 및 수납할 때에 열이 쌓이지 않게 할 것 (열의 축적을 방지한다.)

⑤ 정촉매 작용을 하는 물질을 피한다.

핵심 05 준자연발화

1 정의 및 원인

가연물이 공기 또는 물과 접촉 반응하여 급격히 발열·발화하는 현상

2 종류

① 황린(P_4) : 공기와 반응하여 발화하며 피부와 접촉하면 화상을 입는다.
→ (보호액 : 물)

② 금속칼륨(K), 금속나트륨(Na) : 물 또는 습기와 접촉 시 급격히 발화하며 피부와 접촉하면 화상을 입는다.
→ (보호액 : 석유(등유, 경유, 파라핀 등)

③ 알킬알루미늄 : 공기 또는 물과 반응하여 발화하며 피부와 접촉하면 화상을 입는다. → (희석액 : 벤젠, 헥산(Hexane))

3장 폭발 및 화재, 소화

핵심 01 폭발

1 폭발의 정의

① 물질이 급격한 화학 변화나 물리 변화를 일으켜 부피가 몹시 커져 폭발음이나 파괴 작용이 따름. 또는 그런 현상

② 가연성 기체 또는 액체 열의 발생속도가 열의 일산(逸散)속도를 상회하는 현상으로 화염의 전파속도는 0.1 ~ 10m/s에 달한다.

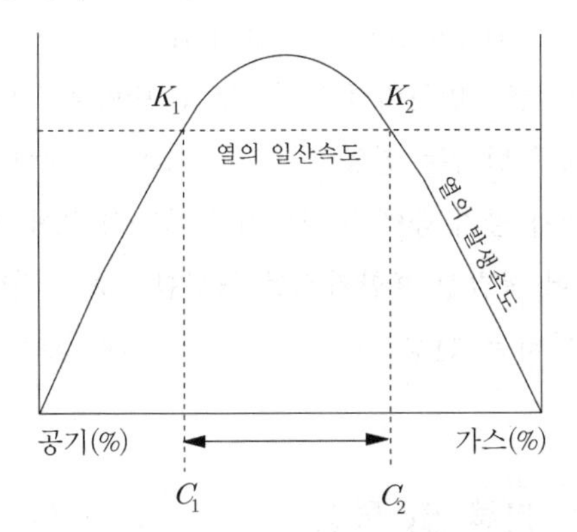

$C_1 \sim C_2$: 연소범위 (폭발범위)
K_1, K_2 : 착화온도

용어

① **열의 일산(逸散)속도** : 축적된 열을 순간적으로 발산할 때의 속도

② **착화온도** : 연료가 공기의 존재 하에서 연소를 일으킬 수 있는 온도의 하한 값

참고 【폭발위험장소의 등급구분】

1. 0종 장소 : 상시 폭발한계 내의 농도가 되는 장소
2. 1종 장소 : 빈번하게 한계농도범위가 될 수 있는 장소
3. 2종 장소 : 사고로 또는 드물게 위험하게 되거나, 앞의 장소와 비교적 근접된 장소

2 폭굉(데토네이션(Detonation))

① 정의 : 니트로글리세린과 같은 폭약이나 화약류에 강한 충격, 또는 급하게 고온을 가하면 격렬한 폭음과 함께 폭발하는 현상으로, 이 경우 불꽃의 전파 속도는 급격히 상승하여 1,000~3,500m/sec까지 달한다.

② 폭굉 유도거리(DID)가 짧아지는 요건은 다음과 같다.

- 정상의 연소속도가 큰 혼합가스일 경우
- 관경이 가늘수록
- 압력이 높을수록
- 점화원에 에너지가 강할수록
- 관속에 방해물이 있을 경우

용어 【폭굉유도거리(DID)】

연소(폭연)가 격렬한 폭굉으로 발전할 때까지의 거리를 말한다.

3 폭발의 유형

① 분진폭발(물리적 폭발)

- 공기 중에 떠도는 농도 짙은 분진이 에너지를 받아 열과 압력을 발생하면서 갑자기 연소 · 폭발하는 현상
- 먼지폭발, 분체폭발이라고도 한다.

참고 【분진 폭발을 일으키지 않는 물질】

석회석가루(생석회), 시멘트가루, 대리석가루, 탄산칼슘

[폭발성 분진의 분류]

탄소제품	석탄, 목탄, 코크스, 활성탄
비료	생선가루, 혈분 등
식료품	전분, 설탕, 밀가루, 커피, 분유, 곡분, 건조 효모 등
금속류	알루미늄(Al), 마그네슘(Mg), 아연(Zn), 철(Fe), 니켈(Ni), 실리콘(Si), 티타늄(Ti), 지르코늄(Zr)

② 분해폭발 : 물질의 구성분자의 결합이 그다지 안정되지 못하기 때문에, 때로는 분해반응을 일으키며, 반응 자체에 의한 발열원에 의해서 진행하는 폭발현상을 말한다.

→ (산화에틸렌(C_2H_2O), 아세틸렌(C_2H_2), 히드라진(N_2H_4))

용어 【단량체】

중합 반응을 거쳐 만들어지는 중합체의 단위 구조 분자를 말한다. 단량체가 2, 3, 4개 결합한 것을 각각 이량체(dimer), 삼량체(trimer), 사량체(tetramer)라고 하고 여러 개로 이루어지는 것을 올리고머(oligomer)라고 한다.

③ 중합폭발 : 초산비닐(바이닐), 염화비닐 등의 원료인 단량체, 시안화수소 등 중합열에 의해 폭발하는 현상 → (염화비닐, 시안화수소)

④ 산화폭발 : 가연성 가스가 공기 중에 누설되거나 인화성 액체 저장탱크에 공기가 혼합되어 폭발성 혼합가스를 형성함으로써 점화원에 의해 착화되어 폭발하는 현상 → (LPG, LNG 등)

핵심 02 화재의 분류 및 특성

참고 【화재의 분류 외우기】

1. A급 - 일반화재
2. B급 - 유류·가스화재
3. C급 - 전기화재
4. D급 - 금속화재

※외우기 : A급부터 첫 자만 외운다. → 일유전금

1 화재의 분류

급수	종류	색상	소화방법	가연물
A급	일반화재	백색	냉각소화	일반가연물(목재, 종이, 섬유, 석탄, 플라스틱 등)
B급	유류, 가스 화재	황색	질식소화	가연성 액체(각종 유류 및 가스, 페인트)
C급	전기화재	청색	질식소화	전기기기, 기계, 전선 등
D급	금속화재	무색	피복에 의한 질식소화	가연성 금속(철분, 마그네슘, 나트륨, 금속분, Al분말 등)

※ E급 : 가스화재, F급 : 식용유화재

용어

① **유류화재** : 제4류 위험물의 화재

② **질식소화** : 가연물이 연소할 때 공기 중 산소의 농도가 약 21%를 15% 이하로 떨어뜨려 산소공급을 차단하여 연소를 중단시키는 방법

③ **냉각소화** : 연소물을 냉각하면 착화온도 이하가 되어서 연소할 수 없도록 하는 소화방법

2 일반화재의 주요 성상

① 「발화기 → 성장기 → 플래시오버 → 최성기 → 감쇠기」 순으로 진행

② 목조건축물

- 고온 단기형
- 진행시간 30~40분
- 최고온도 1100~1300℃

③ 내화건축물

- 저온 장기형
- 진행시간 2~3시간
- 최고온도 800~900℃

3 화재의 특수 현상

① 유류저장탱크에서 일어나는 현상

보일오버	① 고온층이 형성된 유류화재의 탱크 저부로 침강하여 저부에 물이 고여 있는 경우, 화재의 진행에 따라 바닥의 물이 급격히 증발하여 대량의 수증기가 상층의 유류를 밀어 올려 다량의 기름을 분출시키는 위험현상 ② 연소 중인 탱크로부터 원유의 작은 입자들이 연소되면서 방출하는 열기가 수분과 접촉하게 될 경우, 탱크 내용물 가운데 일부가 거품의 형태로 격렬하게 방출되는 현상이다. ③ 탱크 바닥에 물 또는 기름의 에멀션 층이 있는 경우 발생 → 방지대책 1. 탱크 하부에 배수관을 설치하여 탱크 밑면의 수층을 방지한다. 2. 적당한 시기에 모래나 팽창질석, 비등석을 넣어 물의 과열을 방지한다. 3. 탱크 내용물의 기계적 교반을 통하여 에멀션 상태로 하여 수층 형성을 방지한다.
슬롭오버	① 유류화재 발생 시 유류의 액표면 온도가 물의 비점 이상으로 상승할 때 소화용수가 연소유의 뜨거운 액표면에 유입되면서 탱크의 잔존 기름이 갑자기 외부로 분출하는 현상 ② 유류화재 시 물이나 포소화약재를 방사할 경우 발생
프로스오버	탱크속의 물이 점성이 뜨거운 기름 표면 아래서 끓을 때 화재를 수반하지 않고 기름이 용기에서 넘쳐흐르는 현상

② 가스저장탱크에서 일어나는 현상

블레비 현상 (BLEVE)	가연성 액화가스 저장탱크 주위에 화재가 발생하여 누설로 부유 또는 확산 된 액화가스가 착화원과 접촉하여 액화가스가 공기 중으로 확산·폭발하는 현상 → 영향 인자 : 저장물의 종류, 저장용기의 재질, 내용물의 인화성 및 독성여부, 주위 온도와 압력상태

용어 【에멀션】

두 액체를 혼합할 때 한쪽 액체가 미세한 입자로 되어 다른 액체 속에 분산해 있는 계

플래시오버	① 화재로 발생한 가연성 분해가스가 천장 부근에 모이고 갑자기 불꽃이 폭발적으로 확산하여 창문이나 방문으로부터 연기나 불꽃이 뿜어 나오는 현상 → (연료지배형 화재에서 환기지배형 화재로의 전이) ② 내장재의 종류와 개구부의 크기에 영향을 받는다. ③ 플래시오버를 촉진시키는 조건 ·열전도율이 작은 내장재를 사용 ·가연재를 사용하고 개구부를 크게 설치 ·두께가 얇은 내장재를 사용 ·벽보다 천장재가 크게 영향을 받는다.

핵심 03 소화 이론

참고 【연소의 3요소 제거】
① 가연물 제거 → 제거소화
② 산소공급원 제거 → 질식소화
③ 점화원 제거 → 냉각소화

1 소화의 정의

① 연소의 3요소 중의 어느 하나를 제거해 화재를 진화하는 것
② 화재를 진화하는 행위로 방법에 따라 냉각소화, 질식소화, 제거소화가 있다,
③ 영향을 미치는 요인으로는 가연물의 온도, 산소가 가연물질과 접촉하는 속도, 산화반응을 일으키는 속도, 촉매, 압력 등이 있다.

2 소화 방법

① 물리적 소화법 : 연소의 3요소(가연물, 산소, 점화원)을 제어하는 방법
→ 냉각소화, 제거소화, 질식소화
② 화화적 소화법 : 화재의 연쇄반응을 중단시켜 소화하는 방법
→ 억제소화

냉각소화	물을 주수하여 연소물로부터 열을 빼앗아 발화점 이하의 온도로 냉각하는 소화 → · 유류화재 시 화재 면이 확대될 우려가 있다. · 금속화재 시 물과 반응하여 수소를 발생시킨다.
제거소화	가연물을 연소구역에서 제거해 주는 소화 방법 ① 소멸 : 불붙은 원유를 질소폭약 투하하여 화염을 소멸시키는 방법 ② 격리 · 가스화재 시 가스용기의 중간 밸브 폐쇄 · 산불화재 시 화재 진행방향의 나무 제거 · 촛불화재 시 입김으로 가연성 증기를 날려 보냄 ③ 희석 : 다량의 이산화탄소를 분사하여 가연물을 연소범위 이하로 낮추는 방법

질식소화	· 가연물이 연소할 때 공기 중 산소의 농도가 약 21%를 15% 이하로 떨어뜨려 산소공급을 차단하여 연소를 중단시키는 방법 · 대표적인 소화약제 : 포, 수성막포, CO_2, 할론, 분말, 불활성기체, 마른모래 · 유류화재(제4류 위험물)에 효과적이다.
억제소화 (부촉매 효과)	· 부촉매를 활용하여 활성에너지를 높여 반응속도를 낮추어 연쇄반응을 느리게 한다. · 소화약재 : 할론 1301, 할론 1211, 할론 2402 등 · 할론, 분말, 할로겐화합물, 산 알칼리, 화학포, 강화액 소화기 등이 대표적이다.

참고 【질식소화】

① 포말소화기 : AB급
② 분말소화기 : BC급 및 ABC급
③ 탄산가스소화기 : BC급
④ 간이소화제

4장 소화약제 및 소화기

핵심 01 소화약제의 종류 및 특성

소화의 목적을 효율적으로 달성할 목적으로 사용하는 것으로 그의 성상과 기능은 다음과 같다.

구분	종류
수제 소화약제	① 물 소화약제 ② 포소화약제 ③ 강화액 소화약제 ④ 산-알칼리 소화약제
가스제 소화약제	① 이산화탄소 소화약제 ② 할로겐화합물 소화약제 ③ 청정 소화약제 ④ 분말소화약제

1 물 소화약제

냉각소화, 질식소화, 유화소화, 희석소화 등이 사용된다.

(1) 물 소화약제 장·단점

① 장점

- ·구입이 용이하고, 사용하기가 쉬우며, 인체에 무해하다.
- ·기화열을 이용한 냉각효과가 크다.
- ·비열과 잠열이 크다.
- ·장기간 보관할 수 있고, 가격이 저렴하다.

② 단점

- ·0℃ 이하에서 동파의 위험이 있다.
- ·전기가 통하는 도체이며 방사 후 2차 피해의 우려가 있다.
- ·표면장력이 커 심부화재에는 비효과적이다.
- ·유류화재 시 화재 면이 확대되기 때문에 위험하다.
- ·소화소요 시간이 길다.

참고 【증발(기화)잠열】

온도 변화 없이 1g의 액체를 증기로 변화시키는데 필요한 열량

① 물 : 539cal/g

② 이산화탄소 : 137.8cal/g (576kJ/kg)

② 할론1301 : 28.4cal/g (119kJ/kg)

※물의 증발잠열이 가장 크다.

(2) 물 소화약제 방시방법

주수방법	정의	적용 소화설비
봉상주수	·굵은 물줄기를 가연물에 직접 주수하는 방법으로 열용량이 큰 일반 고체가연물의 대규모 화재에 유효하다. ·A급 화재	·물소화기 ·옥내소화전 ·옥외소화전 ·연결송수관

주수방법	정의	적용 소화설비
적상주수	·스프링클러 소화설비 헤드의 주수형태로 일반적으로 실내 고체가연물에 적용된다. ·A, B급 화재	·스프링클러 ·연결살수설비
무상주수	물분무 소화설비 헤드나 고압으로 방수할 때 나타나는 안개형태의 주수형태	·분무노즐을 사용하는 물 소화기, 옥내소화전, 옥외소화전 ·물분무 소화설비

(3) 물의 첨가제

① 강화액

- ·강화액은 알칼리금속염(탄산칼륨, 인산암모늄)을 주성분으로 한 것으로 황색 또는 무색의 점성이 있는 수용액이다.
- ·물의 기본적인 소화효과에 강화액의 부촉매효과를 더해 소화효과를 강화시킨다.

② 침투제

- ·물의 침투성을 높이기 위해 첨가하는 계면활성제의 총칭이다.
- ·물의 표면장력을 낮추어 물의 침투성을 높인다.

③ 유화제

- ·고비점 유류에 사용 가능하도록 첨가하는 첨가제이다.
- ·가연물과 에멀션을 형성하여 유화층 형성을 돕는 약제로 중질유 화재에 효과적이다.

④ 중점제

- ·물의 점도를 높여주는 첨가제이다.
- ·물의 유실을 방지할 수 있고 건물, 임야 등의 입체면에 오랫동안 잔류할 수 있다.
- ·산림화재용으로 많이 사용된다.

⑤ 부동제

- ·물이 저온에서 동결되는 단점을 보완하기 위해 첨가하는 액체이다.

2 포소화약제

물과 포소화약제를 일정한 비율로 혼합한 수용액을 공기로 발포시켜 형성된 미세한 기포의 집합체가 연소물의 표면을 차단하는 방법이다.

(1) 포소화약제 장·단점

① 장점

- ·인체에 무해하다.
- ·방사 후 독성가스의 발생 우려가 없다.
- ·유류화재 시 질식·냉각효과를 나타낸다.

② 단점

- 동절기에는 유동성을 상실하여 소화효과가 저하된다.
- 정기적으로 교체 충전해야 한다.
- 약제 방사 후 약제의 잔유물이 남는다.

(2) 포소화약제의 종류 및 성상

① 기계포소화약제 (공기포소화약제) : 질식, 냉각, 유화, 희석작용

구분	내용
단백포	·유류화재의 소화용으로 개발 ·포의 유동성이 작아서 소화속도가 늦은 반면 안정성이 커서 제연방지에 효과적이다.
불화단백포	·단백포에 불소계 계면활성제를 소량 첨가한 것 ·단백포의 단점인 유동성과 열안정성을 보완한 것 ·착화율이 낮고 가격이 비싸다.
합성계면활성제포	·특수합성계면활성제를 바탕으로 한다. ·팽창범위가 넓어 고체 및 기체 연료 등 사용범위가 넓다. ·유동성이 좋은 반면 내유성이 약하다. ·포가 빨리 소멸되는 것이 단점이다. ·고압가스, 액화가스, 위험물저장소에 적용된다.
수성막포	·불소계 계면활성제를 바탕으로 한다. ·보존성 및 내약품성이 우수하다. ·성능은 단백포소화약제에 비해 300% 효과가 있다. ·수성막이 장기간 지속되므로 재착화 방지에 효과적이다. ·내약품성이 좋아 다른 소화약제와 겸용이 가능하다. ·대형화재 또는 고온화재 표면 막 생성이 곤란한 단점
알코올포	·특수계면활성제를 원료로 한다. ·수용성 액체 위험물의 소화에 효과적이다. ·알코올, 에스테르류 같이 수용성인 용제에 적합하다.

② 화학포소화약제 : 황산알루미늄($Al_2(SO_4)_3$)과 탄산수소나트륨($NaHCO_3$)의 화학작용으로 발생한 CO_2 거품으로 소화

→ (질식·냉각작용)

구분	내용
황산알루미늄	·혼합 시 이산화탄소를 발생하여 거품 생성 ·내약제
탄산수소나트륨	·혼합 시 이산화탄소를 발생하여 거품 생성 ·외약제
기포안정제	·가수분해단백질, 사포닌, 계면활성제, 젤라틴, 카제인 ·외약제

화학식 :

$$6NaHCO_3 + Al_2(SO_4)_3 + 18H_2O \rightarrow 6CO_2 + 3Na_2SO_4 + 2Al(OH)_3 + 18H_2O$$

(탄산수소나트륨) (황산알루미늄)(물) (이산화탄소)(황산나트륨)(수산화알루미늄)(물)

3 강화액 소화약제

(1) 소화원리 및 특징

① 물의 소화능력을 향상 시키고, 겨울철에 사용할 수 있도록 어는점을 낮추기 위해 물에 탄산칼륨(K_2CO_3)을 보강시켜 만든 소화약제
② 알칼리성(pH12)으로 응고점이 낮아 잘 얼지 않는다.
③ 물보다 1.4배 무겁고, 한랭지역에 많이 쓰인다.

4 이산화탄소 소화약제

(1) 소화원리

① 질식효과 : 공기 중의 산소 농도 21%를 15% 이하로 저하
② 냉각효과 : 주위의 기화열을 흡수하여 소화
③ 피복효과 : 이산화탄소가 공기보다 무거워 가연물이나 화염표면을 덮어 공기 공급을 차단
④ CO_2의 이론 최소 소화농도

$$CO_2 \text{ 이론소화농도}(vol\%) = \frac{21 - \text{한계산소농도}(\%)}{21} \times 100$$

여기서, 21 : 공기 중 산소농도 21%

(2) 주요 특징

① 무색무취의 기체로 비중은 1.529(공기 1)로 공기보다 약 1.5배 무겁고 승화점이 -78.5℃, 임계온도 약 31℃이다.
② 줄·톰슨효과에 의해 드라이아이스 생성
③ 저장용기의 충전비 → (충전비 = $\frac{\text{용기의 용량(L)}}{CO_2\text{의 무게(kg)}}$)
　㉠ 고압식 : 1.5 이상 1.9이하
　㉡ 저압식 : 1.1 이상 1.4 이하
④ 수분함량이 0.05%를 초과할 수 없다. 초과 시 수분이 동결되어 관이 막힌다.

> 참고 【이산화탄소의 특징】
> ① 무색무취의 불연성 기체
> ② 비전도성
> ③ 냉각, 압축에 의해 액화가 용이
> ④ 과량 존재 시 질식할 수 있다.
> ⑤ 더 이상 산소와 반응하지 않는다.

> 참고 【공기 중 산소농도】
> 문제에서 산소농도가 21%가 아닌 다르게 주어질 수도 있으므로 주의해야 함

> 참고 【줄·톰슨 효과】
> 압축한 기체를 단열된 좁은 구멍으로 분출시키면 온도가 급강하하는 현상이다.

5 할론 소화약제

(1) 소화원리

- 연쇄반응을 차단시켜 화재를 소화한다. 이러한 소화를 부촉매소화(억제소화)라 하며 이는 화학적 소화에 해당된다.
- 각종 할론(Halon)은 상온, 상압에서 기체 또는 액체 상태로 존재하나 저장하는 경우는 액화시켜 저장한다.
- 유류화재(B급 화재), 전기화재(C급 화재)에 적합하다.

(2) 할론(Halon)의 구조

- 할론은 지방족 탄화수소인 메탄(CH_4)이나 에탄(C_2H_6) 등의 수소 원자 일부 또는 전부가 할로겐 원소(F, Cl, Br, I)로 치환된 화합물로 이들의 물리·화학적 성질은 메탄이나 에탄과는 다르다.
- 할론 번호의 숫자는 탄소(C), 불소(F), 염소(Cl), 브롬(브로민)(Br)의 개수를 나타낸다.

【예】 Halon 1 3 0 1 → CF_3Br

브롬(Br) 1개 → Br
염소(Cl) 0개 →
불소(F) 3개 → F_3
탄소(C) 1개 → C

(3) 할론(Halon)의 종류 및 특징

Halon의 번호	분자식	소화기	적용 화재
1001	CH_3Br	MTB	
10001	CH_3I		
1011	CH_2ClBr	CB	BC급
1202	CF_2Br_2		
1211	CF_2ClBr	BCF	ABC급
1301	CF_3Br	BTM	BC급
104	CCl_4	CTC	BC급
2402	$C_2F_4Br_2$	FB	BC급

① 할론 1301 소화약제

- BTM 소화제라고도 한다.
- 상온에서 무색무취의 기체로 비전도성이다.
- 공기보다 무겁다(비중 5.1). → (공기=1)
- 저장용기에 액체로 보존한다.
- 비점이 낮아서(비점 -57.8) 기화가 용이하다.
- 독성이 약하고 B급(유류), C급(전기) 화재에 적합하다.

② 할론 1211 소화약제

- BCF 소화제라고도 한다.
- 상온에서 액체이며 공기보다 5.7배 무겁다.
- 비점은 -3.4이고 B급(유류), C급(전기) 화재에 적합하다.

③ 할론 1011 소화약제

- CB 소화제라고도 한다.

참고 【할론의 소화능력 순서】

1301 〉 1211 〉 2402 〉 1011 〉 104

참고 【오존층 파괴지수(ODP)】

① Halon 1301 → 10
② Halon 2402 → 6
③ Halon 1211 → 3

용어

① 비점(boiling point)/끓는점
액체를 어떠한 압력으로 가열시켰을 때 도달하는 최고 온도로, 대기압에서 물의 비점은 100℃이다.

② 융점(melting point)/녹는점
일정한 압력하에서 고체 물질이 그 액체와 평형이 되어 존재할 때의 온도. 녹는점이라고도 한다.

- 무색투명한 불연성 액체이다.
- 부식성이 강하다.
- B급(유류), C급(전기) 화재에 적합하다.

④ 할론 2402 소화약제

- FB 소화제라고도 한다.
- 기체 비중이 9.0으로 가장 높은 소화약제이다.
- B급(유류), C급(전기) 화재에 적합하다.

(4) 할론(Halon)의 구비 조건

- 기화되기 쉬운 저 비점(끓는점) 물질 일 것
- 공기보다 무겁고 불연성일 것
- 증발 잔유물이 없어야 할 것

6 분말소화약제

(1) 소화원리

- 불꽃과 반응하여 열분해를 일으키며 이때 생성되는 물질에 의한 연소반응차단(부촉매효과, 억제), 질식효과 등에 의해 소화하는 약제
- 약제의 주성분으로 제1종 분말, 제2종 분말, 제3종 분말, 제4종 분말로 분류된다.
- 일반적으로 소화기에 사용되는 분말은 제3종 분말(ABC급 적용)을 사용한다.

참고 분말소화약제의 소화효과

제1종 〈 제2종 〈 제3종

참고 소화효과 증대

수성막포와 분말소화약제를 병용하면 소화효과를 증대시킬 수 있다.

(2) 종류 및 특성

종류	주성분	착색	적용 화재	소화 효과
제1종 분말	탄산수소나트륨을 주성분으로 한 것, ($NaHCO_3$)	백색	B, C급	질식 냉각 부촉매
제2종 분말	탄산수소칼륨을 주성분으로 한 것, ($KHCO_3$)	담회색 (보라색)	B, C급	질식 냉각 부촉매
제3종 분말	인산암모늄을 주성분으로 한 것, ($NH_4H_2PO_4$)	담홍색 황색	A, B, C급	질식 냉각 방진
제4종 분말	제2종과 요소를 혼합한 것, $KHCO_3+(NH_2)_2CO$	회색	B, C급	질식 냉각 부촉매

(3) 소화효과

① 질식효과 : 이산화탄소와 수증기에 의한 산소차단에 의한 질식효과

② 냉각효과 : 이산화탄소와 수증기 발생 시 흡수열에 의한 냉각효과

③ 부촉매효과 : 나트륨염(Na^+), 칼륨염(K^+)의 금속이온에 의한 부촉매효과

(4) 열분해 반응식

종류	열분해 반응식
제1종 분말	$2NaHCO_3 \rightarrow Na_2CO_3 + H_2O + CO_2$ (탄산수소나트륨) (탄산나트륨) (물) (이산화탄소)
제2종 분말	$2KHCO_3 \rightarrow K_2CO_3 + H_2O + CO_2$ (탄산수소칼륨) (탄산칼륨) (물) (이산화탄소)
제3종 분말	$NH_4H_2PO_4 \rightarrow HPO_3 + NH_3 + H_2O$ (인산암모늄) (메타인산) (암모니아)(물)
제4종 분말	$2KHCO_3 + (NH_2)_2CO \rightarrow K_2CO_3 + 2NH_3 + 2CO_2$ (탄산수소칼륨) (요소) (탄산칼륨)(암모니아)(이산화탄소)

(5) 주요 특성

·소화 성능이 우수하다.

·온도 변화에 무관하다.

·별도의 추진 가스가 필요하다.

·차고, 주차장 등에 설치하는 소화약제는 제3종 분말로 한다.

(6) 사용 제한 장소

·전기·전자 장비가 설치되어 있는 장소

·산소를 함유하고 있는 자기반응성 물질

·가연성 금속(Na, K, Mg, Al, Ti, Zr 등)

참고 간이 소화약제

① 마른모래(건조사)

② 팽창질석 : 발화점이 낮은 알킬알루미늄 등의 화재에 사용하는 불연성 고체

③ 중조톱밥 : 중조와 톱밥의 혼합물

7 불활성기체 소화약제

(1) 정의

·He, Ne, Ar, N_2 중 하나 이상의 원소를 기본 성분으로 한다.

·질식효과로 소화한다.

(2) 불활성기체 소화약제의 종류 및 가스 혼합비율

종류	가스 혼합비율
IG-01	Ar : 100%
IG-55	N_2 : 50%, Ar : 50%
IG-100	N_2 : 100%
IG-541	N_2 : 52%, Ar : 40%, CO_2 : 8%

핵심 02 소화기의 종류 및 특성

1 소화능력에 따른 분류

① 소형 소화기 : A급 화재용 소화기 또는 B급 화재용 소화기는 능력 단위의 수치가 1단위 이상이어야 한다.

② 대형 소화기 : A급 화재에 사용하는 소화기는 10단위 이상, B급 화재에 사용하는 소화기는 20단위 이상이어야 한다.

소화기 종류	중량	소화기 종류	중량
물소화기	80L 이상	CO_2 소화기	50kg 이상
강화액소화기	60L 이상	분말 소화기	20kg 이상
할로겐화합물 소화기	30kg 이상	포 소화기	20L 이상

2 가압방식에 따른 분류

① 가스가압식 소화기

- 용기의 재질은 철제이다.
- 봄베이식 이라고도 한다.
- 방출 용기 본체 내부 또는 외부에 설치된 가스 봄베이에서 방출된 가스 압으로 소화약제를 방출하는 소화기

② 축약식 소화기

- 용기의 재질은 철제이다.
- 소화약제를 채운 용기에 공기 또는 질소가스를 축압시켜 방출하며 압력지시계의 압력은 7.0~9.8kg/cm^2이다.

3 소화약제에 따른 분류

(1) 물소화기

① 수동 펌프식 : 수조에 공기실을 가진 수동펌프를 설치해 물을 상하로 움직여서 수조 내의 물이 공기실에서 가압되어 방출 호스의 끝에 설치된 방사노즐을 통하여 방사하는 방식

② 축압식 : 수조에 압축공기와 함께 충전되어 물과 공기를 축압시킨 것을 방사하는 방식

③ 가압식 : 본체 용기와는 별도로 가압용 가스(탄산가스)를 이용하여 그 가스 압력으로 물을 방출하는 방식으로 대형 소화기에 사용된다.

참고 물소화기 취급 시 주의사항

① 0℃ 이하에서 동결방지 조치가 되어 있는지
② 적응 소방 대상물에 설치되어 있는지 확인한다.
③ 소화수가 규정선까지 차 있는지 확인한다.
④ 피스톤이 상·하로 원활히 움직이는지 확인한다.

참고 산 · 알칼리 소화기

① 전도식 : 외통 용기에 탄산나트륨 수용액, 유리제의 내통 용기에 황산을 각각 충전하고, 사용할 때에 전도시켜 약제가 화합해서 탄산가스가 발생하며 그 압력에 의해 노즐에서 소화액이 방사된다

② 파병식 : 탄산나트륨의 분말과 황산을 이중 기구의 유리병 속에 각각 봉입한 것을 본 용기의 꼭지쇠에 매단 구조

참고 소화기 사용방법

1. 적응 화재에 따라 사용할 것
2. 불과 가까이 가서 사용할 것
3. 성능에 따라 방출거리 내에서 사용할 것
4. 바람을 등지고 풍상에서 풍하의 방향으로 사용할 것
5. 양옆으로 비로 쓸 듯이 방사할 것

(2) 산·알칼리 소화기

① 탄산수소나트륨과 황산의 화학반응으로 생긴 탄산가스의 압력으로 물을 방출하는 소화기

② 반응식 : $2NaHCO_3 + H_2SO_4 \rightarrow Na_2SO_4 + 2CO_2 + 2H_2O$
(탄산수소나트륨) (황산) (황산나트륨) (탄산가스) (물)

(3) 강화액소화기

① 물의 소화능력을 향상 시키고, 겨울철에 사용할 수 있도록 어는점을 낮추기 위해 물에 탄산칼륨(K_2CO_3)를 보강시켜 만든 소화기. 강알칼리성, 냉각소화원리

② 반응식 : $K_2CO_3 + H_2SO_4 \rightarrow K_2SO_4 + H_2O + CO_2$
(탄산칼륨) (황산) (황산칼륨) (물) (이산화탄소)

③ 방출용액의 pH 12

④ 축압식, 가스가압식이 있다.

(4) 할로겐화합물 소화기

① 할로겐족의 원소를 치환시켜 만든 물질. 증발성이 강한 액체를 화재 면에 뿌리면 열을 흡수하며 액체를 증발시키며, 이때 증발된 증기는 불연성이고 공기보다 무거워 공기의 출입을 차단하는 질식소화 효과가 있다.

② 종류 : 수동펌프식, 수동 축압식, 축압식 등이 있다.

③ 소화제의 효과 : 억제효과, 희석효과, 냉각효과

④ 사용 시 주의 사항
- 발생가스(유독)를 흡입해서는 안 된다.
- 사용 후 바로 환기해야 한다.
- 지하층이나 밀폐된 공간에서 사용해서는 안 된다.

⑤ 할론 소화기 구입 조건
- 기화되기 쉬운 저비점 물질일 것
- 공기보다 무겁고 불연성일 것
- 증발 잔여물이 없어야 할 것

⑥ 할로겐 소화기의 종류

종류	약재량	능력단위	방사시간	방사거리
할론 1211	0.5~1.3kg	B-1, C-적용	20~30초	4~6m
할론 2402	0.4~1kg	B-1, C-적용 B-2, C-적용	약 15초	3~6m
할론 1301	1~2kg	B-1, C-적용 B-2, C-적용	약 14초	1~3m

(5) 이산화탄소 소화기

① 용기에 충전된 액화탄산가스를 줄·톰슨 효과에 의하여 드라이아이스를 방출하는 소화기이다. → (드라이아이스 온도 -80~-78℃)

② 질식 및 냉각효과이며 유류화재, 전기화재에 적당하다.

③ 종류로는 소형(레버식), 대형(핸들식)이 있다.

④ 이산화탄소 소화기의 특징

- 소화약제에 의한 오손이 거의 없다.
- 냉각효과가 우수하다.
- 전기절연성이 좋아 전기화재에 적합하다.
- 장기간 사용해도 물성의 변화가 없다.
- 약제방출시 소음이 매우 크다.
- 무겁고 고압가스의 취급이 불편하다.

⑤ 이산화탄소 소화기 설치 금지 장소

- 금속 수소화합물을 저장하는 곳
- Na, K, Ti을 저장하는 곳
- 물질 자체에 산소 공급을 다량 함유하고 있고 자기 연소성 물질(제5류 위험물)을 저장·취급하는 곳

(6) 포말소화기

① 외통 용기에 탄산수소나트륨, 내통용기에 황산알루미늄을 물에 용해해서 충전하고, 사용할 때는 양 용기의 약제가 화합되어 탄산가스가 발생하며, 거품을 발생해서 방사하는 방식

② A, B급 화재에 적합하다.

③ 조작방식은 전도식이다.

④ 종류로는 화학포 소화기와 기계포 소화기가 있다.

⑤ 포말의 조건

- 비중이 적고(기름보다 가벼울 것) 화재 면에 부착성이 양호할 것
- 바람에 견디는 응집성과 안정성이 있을 것
- 열에 대한 강한 막을 유지하며 유동성이 좋을 것
- 독성이 적을 것

⑥ 포말 소화기 사용 시 주의 사항

- 동절기에 얼지 않도록 관리해야 한다.
- 사용 후 깨끗이 청소한 후 보관해야 하고, 반드시 국가검정에 합격한 소화약제를 충전해 사용해야 한다.
- 넘어지지 않게 안전한 장소에 보관해야 한다.

참고 포말소화기 종류

① 화학포 : 외약제인 탄산수소나트륨과 내약제인 황산알루미늄이 서로 화학반응을 일으켜 가압원인 CO_2를 압력원으로 해서 약제를 방출시키는 방식

② 기계포 : 단백질 분해물, 계면활성제인 것을 발포장치에 공기와 혼합시킨 것을 말한다.

핵심 03 소화기 설치 및 관리

1 소화기의 설치 기준

① 수동식 소화기는 각 층마다 설치

② 소방대상물의 각 부분으로부터 1개의 수동식 소화기까지의 보행거리

㉮ 소형 수동식 소화기 : 보행거리 20m 이내가 되도록 배치

㉯ 대형 소화기 : 보행거리 30m 이내가 되도록 배치

③ 전기설비가 설치된 경우 당해 장소의 면적 $100m^2$ 마다 소형 수동식 1대 이상 설치

④ 바닥으로부터 설치 높이는 1.5m이며, '소화기'라고 표시한 표지를 할 것.

⑤ 통행 또는 피난에 지장이 없고, 사용할 때 쉽게 꺼낼 수 있는 장소.

2 소화기 외부 표시 사항

① 소화기의 명칭

② 적응 화재 표시

③ 충전된 소화약제의 주성분 및 중량 표시

④ 사용방법

⑤ 취급 시 주의 사항

⑥ 소화능력단위

⑦ 제조 연월일 및 제조번호

⑧ 제조업체명

5장 소방시설의 설치 및 운영

핵심 01 소화설비의 설치 및 운영

1 소화설비의 설치기준

① 전기설비의 소화설비 : 제조소 등에 전기설비(전기배선, 조명기구 등은 제외한다)가 설치된 경우에는 당해 장소의 면적 $100m^2$마다 소형 수동식소화기를 1개 이상 설치할 것

② 소요단위 및 능력단위

㉮ 소요단위 : 소화설비의 설치대상이 되는 건축물 그 밖의 공작물의 규모 또는 위험물의 양의 기준단위

㉯ 능력단위 : '㉮'의 소요단위에 대응하는 소화설비의 소화능력의 기준단위

③ 1소요단위

종류	내화구조	비(非) 내화구조
위험물 제조소 및 취급소	$100m^2$	$50m^2$
위험물 저장소	$150m^2$	$75m^2$
위험물	지정수량×10	

④ 소요단위 계산

㉮ 소요단위(제조소, 취급소, 저장소)$= \dfrac{\text{연면적}(m^2)}{\text{기준면적}(m^2)}$

㉯ 소요단위(위험물)$= \dfrac{\text{저장수량}}{\text{1소요단위}} = \dfrac{\text{저장수량}}{\text{지정수량} \times 10}$

⑤ 소화설비의 능력단위

㉮ 수동식 소화기의 능력단위는 수동식 소화기의 형식승인 및 검정기술기준에 의하여 형식승인 받은 수치로 할 것

㉯ 기타 소화설비의 능력단위는 다음의 표에 의할 것

소화설비	용량	능력단위
소화전용(轉用)물통	8L	0.3
수조(소화전용 물통 3개 포함)	80L	1.5
수조(소화전용 물통 6개 포함)	190L	2.5
마른모래(삽 1개 포함)	50L	0.5
팽창질석 또는 팽창진주암(삽 1개 포함)	160L	1.0

참고 소화기 표시 의미

A - 2
↓ ↓
적용화재 능력단위

2 소방시설의 종류

① 소화설비

- 건물 내 초기적 단계의 화재를 소화하는 설비
- 소화기구, 옥내소화전설비, 옥외소화전설비, 스프링클러설비, 물 분무 등 소화설비 등

② 경보설비

- 설비, 장치, 기기의 고장, 장소, 방 등의 재해(화재, 수재 등), 불법 침입, 도난 등의 각종 불편을 소리의 발신, 빛의 점멸, 화상 등의 기법으로 이용자 및 관리자에게 알리기 위한 시설 또는 설비 시스템
- 자동화재탐지설비 및 시각경보기, 자동화재속보설비, 비상경보설비, 누전경보기, 가스설비경보기 등

③ 피난구조설비

- 화재 등의 재해가 발생하였을 때 피난을 위해 쓰이는 기계 · 기구 및 설비
- 피난기구, 유도등 및 유도표지, 인명구조기구, 비상조명 등

④ 소화용수설비

- 화재를 진압하는 데 필요한 물을 공급하거나 저장하는 설비
- 상수도소화용수설비, 소화수조, 저수조 등과 그 밖의 소화용수설비 등의 설비

⑤ 소화활동설비

- 소화활동의 첫걸음은 연소반응을 억제해서 인위적으로 제어하는 것이며, 다음은 반응을 종결시키는 활동으로 옮기게 된다.
- 연결송수관설비, 연결살수설비, 재연설비, 비상콘센트설비, 무선통신보조설비, 연소방지설비 등

3 소화설비의 종류별 특징

(1) 소화기구

- 소화기나 물양동이 등의 간이소화기구는 화재가 일어난 초기에 화재를 발견한 자 또는 그 현장에 있던 자가 조작하여 소화작업을 할 수 있게 만든 수동식 기구이다.
- 수동식 소화기, 자동식 소화기, 캐비닛형 자동소화기, 소화제에 의한 간이소화용구 등

(2) 옥내소화전설비

- 화재 발생 시 신속하게 진화할 수 있도록 건물 내에 설치하는 고정설비
- 수원(물탱크), 가압송수장치(펌프), 배관, 제어반, 방수구, 호스, 노즐 등으로 구성

(3) 옥외소화전설비

- 일반적으로 대상물의 화단이나 정원 등에 배치
- 소화범위는 주로 1·2층에 한한다.
- 1·2층 외에 인접건물로의 연소방지에도 사용한다.
- 수원(물탱크), 가압송수장치(펌프), 배관, 개폐밸브, 옥외소화전 및 옥외소화전함으로 구성

(4) 스프링클러설비, 물분무 소화설비

- 물을 방수하여 소화하는 자동소화설비
- 천장 면에 설치된 스프링클러 헤드에서 자동 방수하여 실내 및 바닥 등의 일반 가연물의 화재(A급 화재)를 소화하는 고정식의 소화설비
- 중기화재의 소화를 목적으로 한 것이다.

(5) 포·분말·이산화탄소 소화설비

- 물로 소화가 어렵거나 물로 인해 화재가 확대될 위험이 있는 액체 위험물이나 장치 등을 소화할 목적
- 가압용 지로가스를 이용하여 분말소화약제를 방출하는 소화설비
- 질식소화 및 냉각의 상승효과

(6) 할로겐화합물 소화설비

- 불소(플루오린), 염소, 브롬(브로민) 또는 요오드(아이오딘) 중 하나 이상의 원소를 포함하고 있는 유기화합물을 기본 성분으로 하는 소화설비
- 질식소화, 억제소화, 희석·냉각 상승효과를 이용하여 소화하는 설비

용어

① 고가수조 : 구조물 또는 지형지물 등에 설치하여 자연 낙차의 압력으로 급수하는 수조를 말한다.
② 압력수조 : 소화용수와 공기를 채우고 일정 압력 이상으로 가압하여 그 압력으로 급수하는 수조를 말한다.
③ 충압펌프 : 배관 내 압력손실에 따른 주펌프의 빈번한 기동을 방지하기 위하여 충압 역할을 하는 펌프를 말한다.
④ 정격토출량 : 정격토출압력에서의 펌프의 토출량을 말한다.
⑤ 정격토출압력 : 정격토출량에서의 펌프의 토출측 압력을 말한다.
⑥ 체절운전 : 펌프의 성능시험을 목적으로 펌프토출측의 개폐밸브를 닫은 상태에서 펌프를 운전하는 것을 말한다.
⑦ 가압수조 : 가압원인 압축공기 또는 불연성 고압기체에 따라 소방용수를 가압시키는 수조를 말한다.
⑧ 전양정 : 물을 낮은 곳에서 높은 곳으로 양수할 때 펌프가 물에 주어야 하는 압력(수두)의 총합

참고 옥내소화전 – 배관

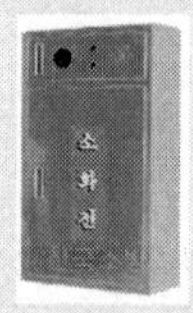

배관은 배관용 탄소강관(KS D 3507)을 사용하고, 주 배관 중 입상 배관은 50mm(호스릴 : 32mm) 이상으로 한다.

4 각 소화설비의 설치기준

(1) 옥내소화전설비의 설치기준 (위험물 제조소 등 전용)

① 소방대상물과 옥내소화전 방수구와의 거리는 수평거리 25m 이하
② 바닥으로부터 방수구까지의 설치 높이는 1.5m 이하
③ 용량은 옥내소화전설비를 유효하게 45분 이상 작동시키는 것이 가능할 것
④ 건축물의 경우 각 층의 출입구 부근에 1개 이상 설치할 것
⑤ 옥내소화전설비의 수원
옥내소화전설비의 수원은 그 저수량이 옥내소화전의 설치개수가 가장 많은 층의 설치개수(5개 이상 설치된 경우에는 5개)에 $7.8m^3$를 곱한 양 이상이 되도록 하여야 한다.
⑥ 소화전 1개가 확보하여야 할 수원의 양
방수량(260L/min)을 30분간 방출할 수 있는 양
즉, $260L/min \times 30 = 7800L = 7.8m^3$
⑦ 펌프를 이용한 가압송수장치의 전양정
$H = h_1 + h_2 + h_3 + 35(m)$
여기서, H : 펌프의 전양정(m)
h_1 : 소방용 호스의 마찰손실수두(m)
h_2 : 배관의 마찰손실수두(m)
h_3 : 낙차(m)
35 : 노즐선단 방사압력 환산수두(m)
· 펌프의 토출량이 정격토출량의 150%인 경우에는 전양정은 정격전양정의 65% 이상일 것
· 펌프는 전용으로 할 것
⑧ 압력수조를 이용한 가압송수장치의 필요 압력
$P = p_1 + p_2 + p_3 + 0.35(MPa)$
여기서, P : 압력수조의 압력[MPa]
p_1 : 소방용 호스의 마찰손실수두압력[MPa]
p_2 : 배관의 마찰손실수두압력[MPa]
p_3 : 낙차의 환산수두압[MPa]
0.35 : 노즐선단의 수두압력(MPa)

⑨ 옥내소화전설비의 요약

방수량	260l/min 이상
수원의 수량	설치개수(최대 5)×7.8m^3
비상전원	45분 이상 작동할 것
방수압력	350kPa(0.35MPa) 이상
방수구(호스)의 구경	40mm
표시등	적색으로 소화전함 상부에 부착 (부착 면에서 15° 이상 범위 안에서 10m 이내의 어느 곳에서도 식별될 것)

(2) 옥외소화전 설비의 기준 (위험물 제조소 등 전용)

① 소방대상물과 호스접결구까지의 거리는 수평거리 40m 이하

② 습식으로 하고 동결방지조치를 할 것

③ 건축물의 경우 당해 건축물의 1층 및 2층의 소화에 한함

④ 옥외소화전설비의 수원

옥외소화전설비의 수원은 그 저수량이 옥외소화전의 설치개수(옥외소화전이 4개 이상 설치된 경우에는 4개)에 13.5m^3를 곱한 양 이상이 되도록 하여야 한다.

즉, 수원의 수량=설치개수(최대4)×13.5m^3

⑤ 소화전 1개가 확보하여야 할 수원의 양

방수량(450L/min)을 30분간 방출할 수 있는 양

즉, 450L/min×30=13500L=13.5m^3

⑥ 옥외소화전설비에는 비상전원을 설치할 것

⑦ 옥외소화전설비의 요약

방수량	450L/min 이상
수원의 수량	설치개수(최대4)×13.5m^3
비상전원	45분 이상 작동할 것
방수압력	350kPa(0.35MPa) 이상
방수구(호스)의 구경	65mm
소화전과 소화전함과의 거리	5m 이내

(3) 스프링클러설비의 기준 (위험물 제조소 등 전용)

① 종류 : 폐쇄형과 개방형으로 분류

② 구성 : 수원, 펌프, 배관, 밸브, 헤드, 사이렌, 기동장치 등

③ 소화작용 : 질식작용, 냉각작용, 희석작용

참고 옥외소화전

참고 스프링클러의 종류

① 폐쇄형

㉮ 습식 : 배관 내를 항상 만수 가압해 둔다. 일반적인 스프링클러

㉯ 건식 : 평상시에는 배관 속에 압축공기를 저장시켜 두었다가 화재 발생 시 공기를 방출한 다음 물이 분출되도록 한 것이다

② 개방형 : 방수구가 항시 개방되어 있는 일제살수식 설비

④ 스프링클러의 수원

㉮ 폐쇄형 스프링클러 헤드를 사용하는 것은 30(헤드의 설치개수가 30 미만인 방호대상물인 경우에는 당해 설치개수)

㉯ 개방형 스프링클러헤드를 사용하는 것은 스프링클러 헤드가 가장 많이 설치된 방사구역의 스프링클러 헤드 설치개수에 $2.4m^3$를 곱한 양 이상이 되도록 설치할 것

즉, 수원의 수량=가장 많이 설치된 방사구역의 헤드 수$\times 2.4m^3$

⑤ 스프링클러 설치기준

㉮ 폐쇄형

㉠ 헤드의 반사판과 헤드의 부착면의 거리는 0.3m 이하일 것

㉡ 급배기용 덕트 등의 긴 변의 길이가 1.2m를 초과하는 것이 있는 경우에는 당해 덕트 등의 아랫면에도 헤드를 설치할 것

㉢ 스프링클러 헤드의 표시 온도

부착장소의 최고 주위온도(℃)	표시온도(℃)
28 미만	58 미만
28 이상 39 미만	58 이상 79 미만
39 이상 64 미만	79 이상 121 미만
64 이상 106 미만	121 이상 162 미만
106 이상	162 이상

㉯ 개방형

㉠ 헤드의 반사판으로부터 하방으로 0.45m, 수평방향으로 0.3m의 공간을 보유할 것

㉡ 헤드는 부착면에 대해 직각이 되도록 설치할 것

⑥ 소화전 1개가 확보하여야 할 수원의 양 : 방수량(80L/min)을 30분간 방출할 수 있는 양, 즉 $80L/min \times 30 = 2400L = 2.4m^3$

⑦ 스프링클러설비의 요약

수원의 수량	폐쇄형	30(헤드의 설치개수가 30 미만인 방호대상물인 경우에는 당해 설치개수)
	개방형	가장 많이 설치된 방사구역의 헤드 수에 $\times 2.4m^3$
방수량		80L/min 이상
비상전원		45분 이상 작동할 것
방수압력		100kPa 이상
제어밸브의 높이		바닥으로부터 0.8m 이상 1.5m 이하

⑧ 스프링클러설비의 장·단점

장점	단점
·화재의 초기 진압에 효율적이다. ·사용약제를 쉽게 구할 수 있다. ·자동으로 화재를 감지하고 소화할 수 있다.	다른 소화설비에 비해 구조가 복잡하고 시설비가 많이 든다.

(4) 물분무소화설비의 기준

① 물을 물분무 헤드로부터 안개상의 미립자로 해서 방사하여, 연소면을 덮어 냉각 작용에 의해 소화하는 설비

② 건축물, 가타 공작물, 전기설비 및 금수성 이외의 위험물을 저장·취급하는 곳에 설치한다.

③ 물분무소화설비에는 비상전원을 설치할 것

④ 물분무소화설비의 주요 특성

방사구역의 면적	150m^2 이상
비상전원	45분 이상 작동할 것
수원의 수량	방사구역 표면적 1m^{2}당 1분에 20L의 비율로 계산한 양으로 30분간 방사할 수 있는 양 이상
방수압력	350kPa 이상
제어밸브의 높이	바닥으로부터 0.8m 이상 1.5m 이하

(5) 포소화설비의 기준

① 고정식 포방출구방식

㉮ 위험물 저장탱크 등의 화재를 유효하게 진압

㉯ 탱크의 구조 및 크기에 따라 일수의 포방출구를 탱크 측면 또는 내부에 설치한다.

㉰ 고정식 포방출구방식의 종류

Ⅰ형 방출구 (상부포주입법)	고정지붕 구조의 탱크에 상부포주입법을 이용하는 것
Ⅱ형 방출구 (상부포주입법)	고정지붕 구조 또는 부상덮개부착 고정지붕 구조의 탱크에 상부포주입법을 이용하는 것
특형 방출구 (상부포주입법)	부상지붕 구조의 탱크에 상부포주입법을 이용하는 것
Ⅲ형 방출구 (하부포주입법)	고정지붕 구조의 탱크에 하부포주입법(탱크 액면하에 설치된 포 방출구로부터 포를 탱크 내에 주입하는 방법)을 이용하는 것
Ⅳ형 방출구 (하부포주입법)	고정지붕 구조의 탱크에 하부포주입법을 이용하는 것

㉱ 고정식 포방출구방식의 설치방법

- 탱크 주위에 균등하게 설치한다.
- 탱크 측면에 고정하여 설치한다.
- 방출구에는 납, 주석, 유리, 석면 등 방출에 의하여 용이하게 깨질 수 있는 봉판을 설치할 것

(6) 이산화탄소 소화설비의 기준

① 전역방출방식의 이산화탄소 소화설비 분사헤드의 방사압력 및 방사시간

	고압식	저압식
방사압력	2.1MPa	1.05MPa
방사시간	60초 이내	60초 이내

② 국소방출방식의 이산화탄소 소화설비의 분사헤드

- 분사헤드는 방호대상물의 모든 표면이 부사헤드의 유효사정 내에 있도록 설치할 것
- 정해진 소화약제의 양을 30초 이내에 균일하게 방사할 것

(7) 할로겐화합물 소화설비의 기준

① 저장용기의 종류 : 가압식, 축압식

② 전역·국소방출방식 분사헤드의 방사압력 및 방사시간

약제	방사압력	방사시간
할론 2402	0.1MPa 이상	30초 이내
할론 1211	0.2MPa 이상	
할론 1301	0.9MPa 이상	
HFC-227ea	0.3MPa 이상	10초 이내
HFC-23	0.9MPa 이상	
HFC-125	0.9MPa 이상	

③ 저장용기의 압력

㉮ 가압식 저장용기에 설치하는 압력조정기의 조정압력 : 2MPa 이하

㉯ 축압식 저장용기의 질소가스 충전압력(21℃)

약제	방사압력
할론 1211	1MPa 또는 2.5MPa
할론 1301 HFC-227ea	5MPa 또는 4.2MPa

④ 저장용기의 충전비

약제의 종류		충전비
가압식	할론 2402	0.51 이상 0.67 이하
축압식	할론 2402	0.67 이상 2.75 이하
	할론 1211	0.7 이상 1.4 이하
	할론 1301 HFC-227ea	0.9 이상 1.6 이하
HFC-23 또는 HFC-125		1.2 이상

(8) 분말소화설비의 기준

① 분말소화약제 저장용기의 충전비

소화약제의 종별	방사압력
제1종 분말 ($NaHCO_3$: 탄산수소나트륨)	0.8 이상 1.45 이하
제2종 분말 ($KHCO_3$: 탄산수소칼륨)	1.05 이상 1.75 이하
제3종 분말 ($NH_4H_2PO_4$: 인산암모늄)	
제4종 분말 [$KHCO_3 \cdot (NH_2)_2CO$] (제2종과 요소를 혼합)	1.50 이상 2.50 이하

참고 축압식 분말소화기 압력계의 지침

① 과충전(0.98MPa 이상) : 적색
② 정상(0.7MPa~0.98MPa) : 녹색
③ 재충전(0.70MPa 미만) : 적색

② 분말소화설비의 분사헤드

㉮ 전역방출방식의 분사헤드의 방사압력 : 0.1MPa 이상

㉯ 전역방출방식 : 30초 이내 방사 → (소화약제 저장량을)

㉰ 국소방출방식 : 30초 이내 방사 → (소화약제 저장량을)

③ 노즐 하나의 소화약제량 및 1분당 방사량

소화약제의 종별	소화약제의 양	분당 방사량
제1종 분말	50kg	45kg
제2종 분말 및 제3종 분말	30kg	27kg
제4종 분말	20kg	18kg

핵심 02 경보 및 피난설비의 종류 및 특성

1 경보설비의 종류 및 설치기준

(1) 경보설비의 종류 및 설치기준

시설	저장·취급하는 위험물 종류 및 수량	해당 경보설비
1. 제조소 일반취급소	·연면적 $500m^2$ 이상인 곳 ·옥내에서 지정수량 100배 이상의 위험물을 저장·취급하는 곳(고인화점위험물만을 100℃ 미만의 온도에서 취급하는 것은 제외한다) ·일반취급소로 사용되는 부분 외의 부분이 있는 건축물에 설치된 일반취급소(일반취급소와 일반취급소 외의 부분이 내화구조의 바닥 또는 벽으로 개구부 없이 구획된 것은 제외한다)	자동화재탐지설비
2. 옥내저장소	· 지정수량의 100배 이상을 저장 또는 취급하는 것(고인화점위험물만을 저장 또는 취급하는 것은 제외한다) · 저장창고의 연면적이 $150m^2$를 초과하는 것[연면적 $150m^2$ 이내마다 불연재료의 격벽으로 개구부 없이 완전히 구획된 저장창고와 제2류 위험물(인화성고체는 제외한다) 또는 제4류 위험물(인화점이 70℃ 미만인 것은 제외한다)만을 저장 또는 취급하는 저장창고는 그 연면적이 $500m^2$ 이상인 것을 말한다] · 처마 높이가 6m 이상인 단층 건물의 것 · 옥내저장소로 사용되는 부분 외의 부분이 있는 건축물에 설치된 옥내저장소[옥내저장소와 옥내저장소 외의 부분이 내화구조의 바닥 또는 벽으로 개구부 없이 구획된 것과 제2류(인화성고체는 제외한다) 또는 제4류의 위험물(인화점이 70℃ 미만인 것은 제외한다)만을 저장 또는 취급하는 것은 제외한다]	

시설	저장·취급하는 위험물 종류 및 수량	해당 경보설비
3. 옥내탱크저장소	단층 건물 외의 건축물에 설치된 옥내탱크저장소로서 소화난이도 등급 I에 해당하는 것	자동화재탐지설비
4. 주유취급소	옥내 주유취급소	
5. 옥외탱크 저장소	특수인화물, 제1석유류 및 알코올류를 저장 또는 취급하는 탱크의 용량이 1,000만L 이상인 것	· 자동화재탐지설비 · 자동화재속보설비
6. 1~5까지의 규정에 따른 자동화재탐지설비 설치 대상 제조소등에 해당하지 않는 제조소등(이송취급소는 제외한다)	지정수량 10배 이상의 위험물을 저장·취급하는 곳	·자동화재탐지설비 ·비상경보설비 ·확장장치 (휴대용확성기) ·비상방송설비 중 1종 이상

참고 소방신호

① 훈련신호 (타종)
- ·타종 : 연 3타 반복
- ·사이렌 : 10초 간격을 1분씩 3회

② 경계신호
- ·타종 : 1타와 연2타를 반복
- ·사이렌 : 5초 간격을 두고 30초씩 3회

③ 발화신호
- ·타종 : 난타
- ·사이렌 : 5초 간격을 두고 5초씩 3회

④ 해제신호
- ·타종 : 상당한 간격을 두고 1타씩 반복
- ·사이렌 : 1분간 1회

(2) 자동화재탐지 설비의 설치기준

① 구성

1. 감지기 : 열, 연기, 불꽃을 초기에 탐지하여 신호를 보낸다.
2. 발신기 : 화재를 발견한 사람이 화재신호를 보낸다.
3. 수신기 : 감지기나 발신기에서 보내 온 신호를 수신하여 장소를 표시하거나 필요한 신호를 제어한다.
4. 경보장치 : 화재발생을 통보해 준다.
5. 이외에도 배선, 전원 등으로 구성

② 설치기준

1. 자동화재탐지설비의 경계구역(화재가 발생한 구역을 다른 구역과 구분하여 식별할 수 있는 최소 단위의 구역을 말한다.)은 건축물 그 밖의 공작물의 2 이상의 층에 걸치지 아니하도록 할 것
   → 다만, 하나의 경계구역의 면적이 $500m^2$ 이하이면서 당해 경계구역이 두 개의 층에 걸치는 경우이거나 계단 · 경사로 · 승강기의 승강로 그 밖에 이와 유사한 장소에 연기감지기를 설치하는 경우에는 그러하지 아니하다.
2. 하나의 경계구역의 면적은 $600m^2$ 이하로 하고 그 한 변의 길이는 50m(광전식분리형 감지기를 설치할 경우에는 100m) 이하로 할 것
   → 다만, 당해 건축물 그 밖의 공작물의 주요한 출입구에서 그 내부의 전체를 볼 수 있는 경우에 있어서는 그 면적을 $1,000m^2$ 이하로 할 수 있다.

3. 자동화재탐지설비의 감지기(옥외탱크저장소에 설치하는 자동화재탐지설비의 감지기는 제외한다)는 지붕(상층이 있는 경우에는 상층의 바닥) 또는 벽의 옥내에 면한 부분(천장이 있는 경우에는 천장 또는 벽의 옥내에 면한 부분 및 천장의 뒷부분)에 유효하게 화재의 발생을 감지할 수 있도록 설치할 것

4. 자동화재탐지설비에는 비상전원을 설치할 것

[자동화재 탐지 설비 일반 점검표]

점검항목	점검내용	점검방법
감지기	변형 · 손상의 유무	육안
	감지장해의 유무	육안
	기능의 적부	작동확인
중계기	변형 · 손상의 유무	육안
	표시의 적부	육안
	기능의 적부	작동확인
수신기 (통합조작반)	변형 · 손상의 유무	육안
	표시의 적부	육안
	경계구역일람도의 적부	육안
	기능의 적부	작동확인
주음향장치 지구음향장치	변형 · 손상의 유무	육안
	기능의 적부	작동확인
발신기	변형 · 손상의 유무	육안
	기능의 적부	작동확인
비상전원	변형 · 손상의 유무	육안
	전환의 적부	작동확인
배선	변형 · 손상의 유무	육안
	접속단자의 풀림 · 탈락의 유무	육안

(3) 비상경보 설비

① 종류 : 비상벨설비, 자동식사이렌설비

② 설치기준

㉮ 부식성 가스 또는 습기 등으로 인하여 부식의 우려가 없는 장소에 설치할 것

㉯ 설치 높이는 바닥으로부터 0.8m 이상 1.5m 이하

(4) 비상방송 설비의 설치기준

① 설치된 층의 각 부분으로부터 하나의 확성기까지의 수평거리는 25m 이하로 할 것

② 음성 입력 : 3W 이상 → (실내의 경우 1W 이상)

③ 음성조정기 배선 : 3선식

④ 조작부의 조작위치는 0.8m 이상 1.5m 이하에 설치

⑤ 화재신고를 수신한 후 필요한 음량으로 방송이 개시될 때까지의 시간은 10초 이하일 것

2 피난설비의 설치기준

(1) 피난설비의 종류

① 피난기구

・층마다 설치

→ 단, ・숙박시설, 의료시설로 사용하는 층은 바닥면적 $500m^2$ 마다

・위락시설, 문화집회 및 운동시설, 판매시설로 사용되는 층은 그 층의 바닥면적 $800m^2$마다

・계단실형 아파트는 각 세대마다

・그 밖의 용도의 층에 있어서는 그 층의 바닥면적 $1000m^2$ 마다 1개 이상 설치할 것

② 유도등 및 유도표시

시설장소	유도등 및 유도표시의 종류
1. 공연장, 집회장, 관람장, 운동시설 2. 유흥주점	・대형피난구유도등 ・통로유도등 ・객석유도등
3. 위락시설, 판매시설, 운수시설	・대형피난구유도등 ・통로유도등
4. 숙박시설, 오피스텔 5. 1에서 3호까지의 외의 건축물로 지하층, 무창층 또는 층수가 11층 이상인 특정소방대상물	・중형피난구유도등 ・통로유도등
6. 1에서 5호까지의 외의 건축물로 그린생활시설, 업무시설, 발전시설, 종교시설, 교육연구시설, 수련시설, 공장창고시설, 군사시설, 기숙사, 자동차정비공장, 운전학원 및 정비학원, 다중이용업소, 복합건축물, 아파트	・소형피난구유도증 ・통로유도등
7. 그 밖의 것	・피난구유도표시 ・통로유도표시

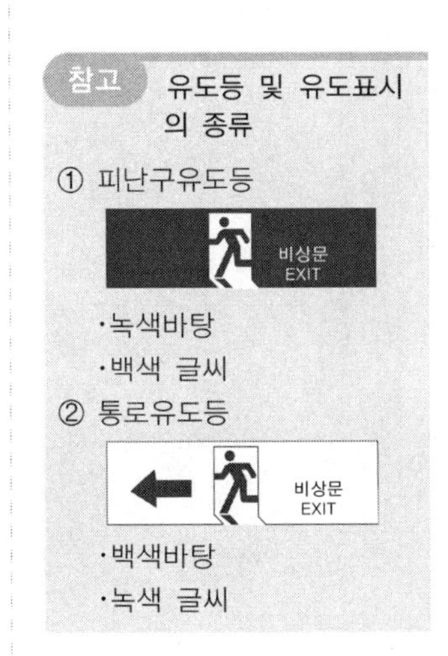

③ 인명구조기구

・화재 시 쉽게 반출, 사용할 수 있는 장소에 비치할 것

・보기 쉬운 곳에 '인명구조기구'라는 축광식 표지를 할 것

④ 비상조명등 및 휴대용 비상조명등

・복도, 계단 및 그 밖의 통로에 설치할 것

・설치된 장소의 바닥에서 조도가 1lx 이상일 것

・점검할 수 있는 점검스위치를 설치할 것

・유효하게 작동할 수 있는 용량의 축전지 및 예비전원으로부터 전력공급이 가능하게 할 것

핵심 03 소화난이도 등급

1 소화난이도등급 Ⅰ의 제조소 등 및 소화설비

① 소화난이등급 Ⅰ에 해당하는 제조소 등

제조소 등의 구분	제조소등의 규모, 저장 또는 취급하는 위험물의 품명 및 최대수량 등
제조소 일반취급소	연면적 1,000m^2 이상인 것
	지정수량의 100배 이상인 것(고인화점 위험물만을 100℃ 미만의 온도에서 취급하는 것은 제외)
	지반면으로부터 6m 이상의 높이에 위험물 취급설비가 있는 것(고인화점 위험물만을 100℃ 미만의 온도에서 취급하는 것은 제외)
	일반취급소로 사용되는 부분 외의 부분을 갖는 건축물에 설치된 것(내화구조로 개구부 없이 구획 된 것, 고인화점위험물만을 100℃ 미만의 온도에서 취급하는 것은 제외)
주유취급소	면적의 합이 500m^2를 초과하는 것
옥내저장소	지정수량의 150배 이상인 것(고인화점 위험물만을 저장하는 것은 제외)
	연면적 150m^2를 초과하는 것(150m^2 이내마다 불연재료로 개구부 없이 구획된 것 및 인화성고체 외의 제2류 위험물 또는 인화점 70℃ 이상의 제4류 위험물만을 저장하는 것은 제외)
	처마높이가 6m 이상인 단층건물의 것
	옥내저장소로 사용되는 부분 외의 부분이 있는 건축물에 설치된 것(내화구조로 개구부 없이 구획된 것 및 인화성고체 외의 제2류 위험물 또는 인화점 70℃ 이상의 제4류 위험물만을 저장하는 것은 제외)
옥외 탱크저장소	액표면적이 40m^2 이상인 것(제6류 위험물을 저장하는 것 및 고인화점 위험물만을 100℃ 미만의 온도에서 저장하는 것은 제외)
	지반면으로부터 탱크 옆판의 상단까지 높이가 6m 이상인 것(제6류 위험물을 저장하는 것 및 고인화점 위험물만을 100℃ 미만의 온도에서 저장하는 것은 제외)
	지중탱크 또는 해상탱크로서 지정수량의 100배 이상인 것(제6류 위험물을 저장하는 것 및 고인화점 위험물만을 100℃ 미만의 온도에서 저장하는 것은 제외)
	고체위험물을 저장하는 것으로서 지정수량의 100배 이상인 것

핵심 소화난이도등급 Ⅰ

① 제조소, 일반취급소 : 연면적 1000m^2
② 옥내저장소 : 처마높이가 6m 이상인 단층 건물
③ 옥외저장소 : Ⅲ의 위험물을 저장하는 것으로서 지정수량의 100배 이상인 것

제조소 등의 구분	제조소등의 규모, 저장 또는 취급하는 위험물의 품명 및 최대수량 등
옥내 탱크저장소	액표면적이 $40m^2$ 이상인 것(제6류 위험물을 저장하는 것 및 고인화점 위험물만을 100℃ 미만의 온도에서 저장하는 것은 제외)
	바닥면으로부터 탱크 옆판의 상단까지 높이가 6m 이상인 것(제6류 위험물을 저장하는 것 및 고인화점 위험물만을 100℃ 미만의 온도에서 저장하는 것은 제외)
	탱크전용실이 단층건물 외의 건축물에 있는 것으로서 인화점 38℃ 이상 70℃ 미만의 위험물을 지정수량의 5배 이상 저장하는 것(내화구조로 개구부없이 구획된 것은 제외한다)
옥외저장소	덩어리 상태의 유황을 저장하는 것으로서 경계표시 내부의 면적(2 이상의 경계표시가 있는 경우에는 각 경계표시의 내부의 면적을 합한 면적)이 $100m^2$ 이상인 것
	「위험물안전관리법 시행규칙」별표 11 Ⅲ의 위험물을 저장하는 것으로서 지정수량의 100배 이상인 것
암반 탱크저장소	액표면적이 $40m^2$ 이상인 것(제6류 위험물을 저장하는 것 및 고인화점위험물만을 100℃ 미만의 온도에서 저장하는 것은 제외)
	고체위험물만을 저장하는 것으로서 지정수량의 100배 이상인 것
이송취급소	모든 대상

【비고】 제조소등의 구분별로 오른쪽란에 정한 제조소등의 규모, 저장 또는 취급하는 위험물의 수량 및 최대수량 등의 어느 하나에 해당하는 제조소등은 소화난이도등급Ⅰ에 해당하는 것으로 한다.

② 소화난이도등급Ⅰ의 제조소등에 설치하여야 하는 소화설비

제조소 등의 구분	소화설비
제조소 및 일반취급소	옥내소화전설비, 옥외소화전설비, 스프링클러설비 또는 물분무등소화설비(화재발생시 연기가 충만할 우려가 있는 장소에는 스프링클러설비 또는 이동식 외의 물분무등소화설비에 한한다)
주유취급소	스프링클러설비(건축물에 한정한다), 소형수동식소화기등(능력단위의 수치가 건축물 그 밖의 공작물 및 위험물의 소요단위의 수치에 이르도록 설치할 것)

참고 【물분무 등 소화설비의 종류】

- 물분무소화설비
- 미분무소화설비
- 포소화설비
- 불활성가스소화설비
- 할로겐화합물소화설비
- 청정 소화약제 소화설비
- 분말소화설비
- 강화액소화설비

제조소 등의 구분			소화설비
옥내저장소	처마높이가 6m 이상인 단층건물 또는 다른 용도의 부분이 있는 건축물에 설치한 옥내저장소		스프링클러설비 또는 이동식 외의 물분무등소화설비
	그 밖의 것		옥외소화전설비, 스프링클러설비, 이동식 외의 물분무등소화설비 또는 이동식 포소화설비(포소화전을 옥외에 설치하는 것에 한한다)
옥외탱크저장소	지중탱크 또는 해상탱크 외의 것	유황만을 저장 취급하는 것	물분무소화설비
		인화점 70℃ 이상의 제4류 위험물만을 저장취급하는 것	물분부소화설비 또는 고정식 포소화설비
		그 밖의 것	고정식 포소화설비(포소화설비가 적응성이 없는 경우에는 분말소화설비)
	지중탱크		고정식 포소화설비, 이동식 이외의 불활성가스소화설비 또는 이동식 이외의 할로겐화합물소화설비
	해상탱크		고정식 포소화설비, 물분무소화설비, 이동식 이외의 불활성가스소화설비 또는 이동식 이외의 할로겐화합물소화설비
옥내탱크저장소	유황만을 저장취급하는 것		물분무소화설비
	인화점 70℃ 이상의 제4류 위험물만을 저장취급하는 것		물분무소화설비, 고정식 포소화설비, 이동식 이외의 불활성가스(헬륨, 네온, 알곤(아르곤), 크립톤, 제논(크세논), 라돈, 질소, 이산화탄소, 프레온 및 공기)소화설비, 이동식 이외의 할로겐화합물소화설비 또는 이동식 이외의 분말소화설비
	그 밖의 것		고정식 포소화설비, 이동식 이외의 불활성가스소화설비, 이동식 이외의 할로겐화합물소화설비 또는 이동식 이외의 분말소화설비
옥외저장소 및 이송취급소			옥내소화전설비, 옥외소화전설비, 스프링클러설비 또는 물분무등소화설비(화재발생시 연기가 충만할 우려가 있는 장소에는 스프링클러설비 또는 이동식 이외의 물분무등소화설비에 한한다)

제조소 등의 구분		소화설비
암반 탱크 저장소	유황만을 저장 · 취급하는 것	물분무소화설비
	인화점 70℃ 이상의 제4류 위험물만을 저장 · 취급하는 것	물분부소화설비 또는 고정식 포소화설비
	그 밖의 것	고정식 포소화설비(포소화설비가 적응성이 없는 경우에는 분말소화설비)

【비고】

1. 위 표 오른쪽 란의 소화설비를 설치함에 있어서는 당해 소화설비의 방사범위가 당해 제조소, 일반취급소, 옥내저장소, 옥외탱크저장소, 옥내탱크저장소, 옥외저장소, 암반탱크저장소(암반탱크에 관계되는 부분을 제외한다) 또는 이송취급소(이송기지 내에 한한다)의 건축물, 그 밖의 공작물 및 위험물을 포함하도록 하여야 한다. 다만, 고인화점위험물만을 100℃ 미만의 온도에서 취급하는 제조소 또는 일반취급소의 경우에는 당해 제조소 또는 일반취급소의 건축물 및 그 밖의 공작물만 포함하도록 할 수 있다.
2. 고인화점위험물만을 100℃ 미만의 온도에서 취급하는 제조소 또는 일반취급소의 위험물에 대해서는 대형수동식소화기 1개 이상과 당해 위험물의 소요단위에 해당하는 능력단위의 소형수동식소화기를 설치하여야 한다. 다만, 당해 제조소 또는 일반취급소에 옥내 · 외소화전설비, 스프링클러설비 또는 물분무등소화설비를 설치한 경우에는 당해 소화설비의 방사능력범위 내에는 대형수동식소화기를 설치하지 아니할 수 있다.
3. 가연성증기 또는 가연성미분이 체류할 우려가 있는 건축물 또는 실내에는 대형수동식소화기 1개 이상과 당해 건축물, 그 밖의 공작물 및 위험물의 소요단위에 해당하는 능력단위의 소형수동식소화기 등을 추가로 설치하여야 한다.
4. 제4류 위험물을 저장 또는 취급하는 옥외탱크저장소 또는 옥내탱크저장소에는 소형수동식소화기 등을 2개 이상 설치하여야 한다.
5. 제조소, 옥내탱크저장소, 이송취급소, 또는 일반취급소의 작업공정상 소화설비의 방사능력 범위 내에 당해 제조소등에서 저장 또는 취급하는 위험물의 전부가 포함되지 아니하는 경우에는 당해 위험물에 대하여 대형수동식소화기 1개 이상과 당해 위험물의 소요단위에 해당하는 능력단위의 소형수동식소화기 등을 추가로 설치하여야 한다.

2 소화난이도등급 II의 제조소 등 및 소화설비

① 소화난이도등급 Ⅱ에 해당하는 제조소등

제조소 등의 구분	제조소등의 규모, 저장 또는 취급하는 위험물의 품명 및 최대수량 등
제조소 일반취급소	연면적 600m^2 이상인 것
	지정수량의 10배 이상인 것(고인화점위험물만을 100℃ 미만의 온도에서 취급하는 것 및 제48조의 위험물을 취급하는 것은 제외)
	일반취급소로서 소화난이도등급 Ⅰ의 제조소등에 해당하지 아니하는 것(고인화점위험물만을 100℃ 미만의 온도에서 취급하는 것은 제외)
옥내저장소	단층 건물 이외의 것
	「위험물안전관리법 시행규칙」 별표 5 Ⅱ 또는 Ⅳ제1호의 옥내저장소
	지정수량의 10배 이상인 것(고인화점 위험물만을 저장하는 것 및 제48조의 위험물을 저장하는 것은 제외)
	연면적 150m^2 초과인 것
	「위험물안전관리법 시행규칙」 별표 5 Ⅲ의 옥내저장소로서 소화난이도등급 Ⅰ의 제조소등에 해당하지 아니하는 것
옥외탱크저장소 옥내탱크저장소	소화난이도등급 Ⅰ의 제조소등 외의 것(고인화점 위험물만을 100℃ 미만의 온도로 저장하는 것 및 제6류 위험물만을 저장하는 것은 제외)
옥외저장소	덩어리 상태의 유황을 저장하는 것으로서 경계표시 내부의 면적(2 이상의 경계표시가 있는 경우에는 각 경계표시의 내부의 면적을 합한 면적)이 5m^2 이상 100m^2 미만인 것
	「위험물안전관리법 시행규칙」 별표 11 Ⅲ의 위험물을 저장하는 것으로서 지정수량의 10배 이상 100배 미만인 것
	지정수량의 100배 이상인 것(덩어리 상태의 유황 또는 고인화점 위험물을 저장하는 것은 제외)
주유취급소	옥내주유취급소로서 소화난이도등급 Ⅰ의 제조소등에 해당하지 아니하는 것
판매취급소	제2종 판매취급소

【비고】 제조소등의 구분별로 오른쪽 란에 정한 제조소등의 규모, 저장 또는 취급하는 위험물의 수량 및 최대수량 등의 어느 하나에 해당하는 제조소등은 소화난이도등급 Ⅱ에 해당하는 것으로 한다.

핵심 소화난이도등급 II

① 제조소, 일반취급소 : 연면적 600m^2 이상
② 옥내저장소 : 지정수량 10배 이상
③ 옥외저장소 : 「위험물안전관리법 시행규칙」 별표 11 Ⅲ의 위험물을 저장하는 것으로서 지정수량의 10배 이상 100배 미만인 것

② 소화난이도등급Ⅱ의 제조소등에 설치하여야 하는 소화설비

제조소 등의 구분	소화설비
제조소 옥내저장소 옥외저장소 주유취급소 판매취급소 일반취급소	방사능력 범위 내에 당해 건축물, 그 밖의 공작물 및 위험물이 포함되도록 대형수동식소화기를 설치하고, 당해 위험물의 소요단위의 1/5 이상에 해당되는 능력단위의 소형수동식소화기 등을 설치할 것
옥외탱크저장소 옥내탱크저장소	대형수동식소화기 및 소형수동식소화기 등을 각각 1개 이상 설치할 것

【비고】 1. 옥내소화전설비, 옥외소화전설비, 스프링클러설비 또는 물분무 등 소화설비를 설치한 경우에는 당해 소화설비의 방사능력 범위 내의 부분에 대해서는 대형수동식소화기를 설치하지 아니할 수 있다.
2. 소형수동식소화기 등이란 제4호의 규정에 의한 소형수동식소화기 또는 기타 소화설비를 말한다.

3 소화난이도등급 Ⅲ의 제조소 등 및 소화설비

① 소화난이도등급Ⅲ에 해당하는 제조소등

제조소 등의 구분	제조소등의 규모, 저장 또는 취급하는 위험물의 품명 및 최대수량 등
제조소 일반취급소	「위험물안전관리법 시행규칙」 제48조의 위험물을 취급하는 것
	「위험물안전관리법 시행규칙」 제48조의 위험물 외의 것을 취급하는 것으로서 소화난이도등급 Ⅰ 또는 소화난이도등급Ⅱ의 제조소등에 해당하지 아니하는 것
옥내저장소	「위험물안전관리법 시행규칙」 제48조의 위험물을 취급하는 것
	「위험물안전관리법 시행규칙」 제48조의 위험물 외의 것을 취급하는 것으로서 소화난이도등급 Ⅰ 또는 소화난이도등급Ⅱ의 제조소등에 해당하지 아니하는 것
지하탱크저장소 간이탱크저장소 이동탱크저장소	모든 대상
옥외저장소	덩어리 상태의 유황을 저장하는 것으로서 경계표시 내부의 면적(2 이상의 경계표시가 있는 경우에는 각 경계표시의 내부의 면적을 합한 면적)이 5㎡ 미만인 것
	덩어리 상태의 유황 외의 것을 저장하는 것으로서 소화난이도등급Ⅰ 또는 소화난이도등급Ⅱ의 제조소등에 해당하지 아니하는 것

제조소 등의 구분	제조소등의 규모, 저장 또는 취급하는 위험물의 품명 및 최대수량 등
주유취급소	옥내주유취급소 외의 것으로서 소화난이도등급 I 의 제조소등에 해당하지 아니하는 것
제1종 판매취급소	모든 대상

【비고】 제조소 등의 구분별로 오른쪽 란에 정한 제조소등의 규모, 저장 또는 취급하는 위험물의 수량 및 최대수량 등의 어느 하나에 해당하는 제조소등은 소화난이도등급Ⅲ에 해당하는 것으로 한다.

② 소화난이도등급Ⅲ의 제조소등에 설치하여야 하는 소화설비

제조소 등의 구분	소화설비	설치기준	
지하탱크 저장소	소형수동식 소화기 등	능력단위의 수치가 3 이상	2개 이상
이동탱크 저장소	자동차용 소화기	무상의 강화액 8L 이상	2개 이상
		이산화탄소 3.2킬로그램 이상	
		일브롬화일염화이플루오르화메탄 (CF_2CIBr) 2L 이상	
		일브롬화삼플루오르화메탄 (CF_3Br) 2L 이상	
		이브롬화사플루오르화에탄 ($C_2F_4Br_2$) 1L 이상	
		소화분말 3.3킬로그램 이상	
	마른모래 및 팽창질석 또는 팽창진주암	마른모래 150L 이상	
		팽창질석 또는 팽창진주암 640L 이상	
그 밖의 제조소등	소형수동식 소화기등	능력단위의 수치가 건축물 그 밖의 공작물 및 위험물의 소요단위의 수치에 이르도록 설치할 것 → 다만, 옥내소화전설비, 옥외소화전설비, 스프링클러설비, 물분무등소화설비 또는 대형수동식소화기를 설치한 경우에는 당해 소화설비의 방사능력범위 내의 부분에 대하여는 수동식소화기 등을 그 능력단위의 수치가 당해 소요단위의 수치의 1/5 이상이 되도록 하는 것으로 족하다	

【비고】 알킬알루미늄 등을 저장 또는 취급하는 이동탱크저장소에 있어서는 자동차용소화기를 설치하는 외에 마른모래나 팽창질석 또는 팽창진주암을 추가로 설치하여야 한다.

핵심 04 소화설비의 적응성

소화설비의 구분 \ 대상			대상물 구분											
			건축물·그 밖의 공작물	전기설비	제1류 위험물		제2류 위험물			제3류 위험물		제4류 위험물	제5류 위험물	제6류 위험물
					알칼리금속과산화물 등	그 밖의 것	철분·금속분·마그네슘 등	인화성고체	그 밖의것	금수성물품	그 밖의 것			
옥내소화전 또는 옥외소화전설비			○			○		○	○		○		○	○
스프링클러설비			○			○		○	○		○	△	○	○
물분무등소화설비	물분무소화설비		○	○		○		○	○		○	○	○	○
물분무등소화설비	포소화설비		○			○		○	○		○	○	○	○
물분무등소화설비	불활성가스소화설비			○				○				○		
물분무등소화설비	할로겐화합물소화설비			○				○				○		
물분무등소화설비	분말소화설비	인산염류등	○	○		○		○	○			○		○
물분무등소화설비	분말소화설비	탄산수소염류등		○	○		○	○		○		○		
물분무등소화설비	분말소화설비	그 밖의 것			○		○			○				
대형소형수동식소화기	봉상수(棒狀水)소화기		○			○		○	○		○		○	○
대형소형수동식소화기	무상수(霧狀水)소화기		○	○		○		○	○		○		○	○
대형소형수동식소화기	봉상강화액소화기		○			○		○	○		○		○	○
대형소형수동식소화기	무상강화액소화기		○	○		○		○	○		○	○	○	○
대형소형수동식소화기	포소화기		○			○		○	○		○	○	○	○
대형소형수동식소화기	이산화탄소소화기			○				○				○		△
대형소형수동식소화기	할로겐화합물소화기			○				○				○		
대형소형수동식소화기	분말소화기	인산염류소화기	○	○		○		○	○			○		○
대형소형수동식소화기	분말소화기	탄산수소염류소화기		○	○		○	○		○		○		
대형소형수동식소화기	분말소화기	그 밖의 것			○		○			○				
기타	물통 또는 수조		○			○		○	○		○		○	○
기타	건조사				○	○	○	○	○	○	○	○	○	○
기타	팽창질석 또는 팽창진주암				○	○	○	○	○	○	○	○	○	○

【비고】

1. "○"표시는 당해 소방대상물 및 위험물에 대하여 소화설비가 적응성이 있음을 표시하고, "△"표시는 제4류 위험물을 저장 또는 취급하는 장소의 살수기준면적에 따라 스프링클러설비의 살수밀도가 다음 표에 정하는 기준 이상인 경우에는 당해 스프링클러설비가 제4류 위험물에 대하여 적응성이 있음을, 제6류 위험물을 저장 또는 취급하는 장소로서 폭발의 위험이 없는 장소에 한하여 이산화탄소 소화기가 제6류 위험물에 대하여 적응성이 있음을 각각 표시한다.

살수기준 면적(m^2)	방사밀도(L/m^2분)		비고
	인화점 38℃ 미만	인화점 38℃ 이상	
279 미만	16.3 이상	12.2 이상	살수기준 면적은 내화구조의 벽 및 바닥으로 구획된 하나의 실의 바닥면적을 말하고, 하나의 실의 바닥면적이 465m^2 이상인 경우의 살수기준면적은 465m^2로 한다. 다만, 위험물의 취급을 주된 작업내용으로 하지 아니하고 소량의 위험물을 취급하는 설비 또는 부분이 넓게 분산되어 있는 경우에는 방사밀도는 8.2L/m^2분 이상, 살수기준 면적은 279m^2 이상으로 할 수 있다.
279 이상 372 미만	15.5 이상	11.8 이상	
372 이상 465 미만	13.9 이상	9.8 이상	
465 이상	12.2 이상	8.1 이상	

2. 인산염류 등은 인산염류, 황산염류 그 밖에 방염성이 있는 약제를 말한다.
3. 탄산수소염류 등은 탄산수소염류 및 탄산수소염류와 요소의 반응생성물을 말한다.
4. 알칼리금속과산화물 등은 알칼리금속의 과산화물 및 알칼리금속의 과산화물을 함유한 것을 말한다.
5. 철분 · 금속분 · 마그네슘 등은 철분 · 금속분 · 마그네슘과 철분 · 금속분 또는 마그네슘을 함유한 것을 말한다.

02 위험물의 성질 및 취급

1장 위험물의 종류 및 성질

핵심 01 위험물 관련 개념 정의

1 위험물의 정의

위험물이라 함은 인화성 또는 발화성 등의 성질을 가지는 것으로서 대통령령이 정하는 물품이다.

2 위험물의 구분

화학적·물리적 성질에 따라 제1류에서 제6류로 구분하여 정하고 있다.

(1) 제1류 위험물 (산화성 고체)

- 강산화성 물질로 상온에서 고체 상태이고 마찰충격으로 많은 산소를 방출할 수 있는 물질로 이루어진 위험물을 말한다.
- 산화력의 잠재적인 위험성 또는 충격에 대한 민감성을 판단하기 위하여 소방청장이 정하여 고시하는 성질과 상태를 나타내는 것

(2) 제2류 위험물 (가연성 고체)

- 환원성 물질이며 상온에서 고체이고 특히 산화제와 접촉하면 마찰 또는 충격으로 급격히 폭발할 수 있는 위험물을 말한다.
- 낮은 온도에서 발화하기 쉬운 가연성 고체 위험물과 인화성 고체 위험물을 말한다.

(3) 제3류 위험물 (자연발화성 물질 및 금수성 물질)

고체 및 액체이며 공기 중에서 자연발화하거나 물과 접촉하여 가연성 가스를 발생하는 것과 혹은 물과 접촉하여 급격히 발화하는 것 등의 위험물을 말한다.

(4) 제4류 위험물 (인화성 액체)

- 가연성 물질로서 인화성 증기를 발생하는 액체위험물로 흔히 기름이라 말하는 것으로 액체연료 및 여러 물질을 녹이는 용제 등으로 일상생활 및 산업분야 등에 많이 이용되고 있다.

참고 【위험물의 일반적인 성질 외우기】

1. 제1류 위험물 - 산화성 고체
2. 제2류 위험물 - 가연성 고체
3. 제3류 위험물 - 자연발화성 물질 및 금수성 물질
4. 제4류 위험물 - 인화성 액체
5. 제5류 위험물 - 자기반응성 물질
6. 제6류 위험물 - 산화성 액체

※외우기 : 일반적인 성질의 첫 자만 외운다.
→ 산가자 인자산

·액체 표면에서 증발된 가연성 증기와의 혼합기체에 의하여 폭발 위험성을 가지는 물질이다.

(5) 제5류 위험물 (자기반응성 물질)

·자기연소성 물질 또는 내부연소성 물질이라 하며 가연물인 동시에 자체 내에 산소공급체가 공존하는 것으로서 화약의 원료 등으로 많이 이용되고 있다.
·폭발의 위험성과 가열 분해의 격렬함을 갖고 있는 위험물이다.

(6) 제6류 위험물 (산화성 액체)

·강산성 물질이라 하며 강한 부식성을 갖는 물질 및 많은 산소를 함유하고 있는 물질 등으로 이루어져 있다.
·산화력의 잠재적인 위험성을 갖고 있다.

(7) 복수 성상(2가지 이상의 성상) 위험물

① 산화성 고체의 성상 및 가연성 고체의 성상 : 가연성 고체의 품명
② 산화성 고체의 성상 및 자기반응성 물질의 성상 : 자기반응성 물질의 품명
③ 가연성 고체의 성상과 자연발화성 물질의 성상 및 금수성 물질의 성상 : 자연발화물질 및 금수성 물질의 품명
④ 자연발화성 물질의 성상, 금수성 물질의 성상 및 인화성 액체의 성상 : 자연발화성 물질 및 금수성 물질의 품명
⑤ 인화성 액체의 성상 및 자기반응성 물질의 성상 : 자기반응성 물질의 품명

핵심 【복수성상 위험물】

① 제1류+제2류 → 제2류
② 제1류+제5류 → 제5류
③ 제2류+제3류 → 제3류
④ 제3류+제4류 → 제3류
⑤ 제4류+제5류 → 제5류

3 지정수량

(1) 정의

① 위험물 종류별로 위험성을 고려하여 대통령령으로 정하는 수량
② 제조소 등의 설치허가 등에 있어서 최저의 기준이 되는 수량
③ 계산값(배수) $= \frac{A\text{품명의 저장수량}}{A\text{품명의 지정수량}} + \frac{B\text{품명의 저장수량}}{B\text{품명의 지정수량}} + \cdots\cdots$

㉮ 계산값 ≥1 : 위험물 (위험물 안전관리법 규제)
㉯ 계산값 〈 1 : 소량 위험물 (시·도 조례 규제)

(2) 단위

① kg 및 L를 사용한다.
② 제4류 위험물은 산화성액체로써 "L"을 사용한다.
③ 자기반응성물질과 산화성물질은 액체와 고체의 구분에 관계없이 "kg"을 사용한다.

용어

① 품명 : 위험물의 유별에 해당하는 물품의 명칭을 분류한 것
② 위험등급 : 위험물에 따라 위험한 정도를 나타낸 등급으로 Ⅰ등급일수록 위험하다.

2장 제1류 위험물 → (산화성 고체)

핵심 01 제1류 위험물의 성질

1 제1류 위험물의 품명 및 지정수량

유별 및 성질	위험등급	품명	지정수량
제1류 산화성 고체	Ⅰ	1. 아염소산염류 : 아염소산나트륨, 아염소산칼륨 2. 염소산염류 : 염소산칼륨, 염소산나트륨, 염소산암모늄 3. 과염소산염류 : 과염소산칼륨, 과염소산나트륨, 과염소산암모늄 4. 무기과산화물 : 과산화나트륨, 과산화칼륨, 과산화바륨, 과산화마그네슘	50kg
	Ⅱ	5. 브롬(브로민)산염류 : 브롬산칼륨, 브롬산나트륨 6. 요오드산염류 : 요오드산칼륨, 요오드산칼슘, 요오드산나트륨 7. 질산염류 : 질산칼륨, 질산나트륨, 질산암모늄, 질산은	300kg
	Ⅲ	8. 과망간산염류 : 과망간산칼륨, 과망간산나트륨, 과망간산칼슘 9. 중크롬산염류 : 중크롬산칼륨, 중크롬산나트륨, 중크롬산암모늄	1000kg
	Ⅰ~Ⅲ	10. 그 밖의 행정안전부령이 정하는 것 : ① 과요오드산염 ② 과요오드산 ③ 크로뮴, 납 또는 요오드의 산화물 ④ 아질산염류 ⑤ 차아염소산염류 ⑥ 염소화이소시아눌산 ⑦ 퍼옥소이황산염류 ⑧ 퍼옥소붕산염류 11. 제1호 내지 제10호의 1에 해당하는 어느 하나 이상을 함유한 것	50kg-Ⅰ등급 300kg-Ⅱ등급 1000kg-Ⅲ등급

참고 【제1류 위험물 암기】

질산나트륨, 중크롬산나트륨, 과염소산마그네슘, 과염소산칼륨, 과산화나트륨, 염소산암모늄, 과망간산칼륨, 퍼옥소이황산염류

2 제1류 위험물의 일반적인 성질

> **용어** 【조해성】
> 공기 중에 노출되어 있는 고체가 수분을 흡수하여 녹는 현상

- 무색결정 또는 백색 분말의 고체이다
- 자신은 불연성(인화점 없음), 조연성(지연성), 강산화제(강한 산화성), 조해성이 있다.
- 비중이 1보다 크다.
- 분자 내에 산소를 함유하고 있어, 분해 시 많은 산소를 발생하여 가연물의 연소를 돕는다.
- 농도가 진한 용액은 가연성 물질과 접촉 시 혼촉 발화 위험이 있다.
- 폭약의 원료가 된다.

3 위험성

- 가연물과 혼합 시 연소 또는 폭발의 위험이 있다.
- 가열, 충격, 마찰 등에 의해 분해될 수 있다.
- 알칼리금속의 과산화물은 물과 반응하여 산소를 발생하며 발열한다.

4 제1류 위험물의 저장 및 취급방법

- 조해성이 있으므로 습기에 주의한다.
- 다른 약품류 및 가연물과 접촉 및 혼합을 피한다.
- 용기는 밀폐하여 서늘하고 환기가 잘 되는 곳에 보관한다.
- 알칼리금속의 과산화물은 물과 접촉을 피한다.
- 강산류와 접촉을 절대 금한다.
- 가열, 충격, 마찰 등을 금한다.

5 소화방법

① 제1류 위험물 : 다량의 물을 방사하여 냉각소화 한다.

② 알칼리금속의 과산화물(금수성 물질) : 물에 의한 소화는 절대 금지

→ (탄산수소염류 분말소화약제, 마른모래, 팽창질석, 팽창진주암)

핵심 02 제1류 위험물의 이해

1 아염소산염류

> **참고** 【아염소산염류】
> ① 지정수량 : 50kg
> ② 위험등급 : Ⅰ등급

(1) 일반적인 성질

- 황색 또는 적색의 고체
- Ag(은), Pb(납), Hg(수은)의 염 외의 것은 어느 것이나 물에 잘 녹인다.
- 기폭약류 및 표백제로 많이 사용된다.

(2) 종류

① **아염소산나트륨**($NaClO_2$) → (분자량 90.5)

- 분해온도 350℃ 이상

→ (수분이 포함될 경우 분해온도는 120~130℃이다.)

- 무색의 결정선 분말로 물에 잘 녹는다.

㉮ 위험성 : 산을 가할 경우 유독가스(이산화염소(ClO_2))가 발생한다.

㉯ 저장법 : 온도가 낮고 어두운 장소에 보관

㉰ 소화방법 : 소화방법으로는 주수소화가 가장 좋다.

분해 반응식 : $NaClO_2 \rightarrow NaCl + O_2 \uparrow$
(아염소산나트륨) (염화나트륨) (산소)

② **아염소산칼륨**($KClO_2$) → (분자량 106.5)

- 분해온도 160℃ 이상
- 무색의 결정성 분말, 조해성 및 부식성이 있다.

㉮ 위험성 : 가열, 마찰, 충격에 의한 폭발 가능성이 있다.

㉯ 저장법 : 직사광선을 피하고 환기가 잘 되는 냉암소에 저장

㉰ 소화방법 : 소화방법으로는 주수소화가 가장 좋다.

2 염소산염류

참고 【염소산염류】
① 지정수량 : 50kg
② 위험등급 : Ⅰ등급

(1) 일반적인 성질

- 어느 것이나 가열, 충격, 강산의 첨가로 폭발 위험성이 있다.
- 특히 산화되기 쉬운 물질(황, 목탄, 마그네슘, 알루미늄분말 또는 차아인산염, 유기물질 등)과 혼합되어 있을 경우 급격한 연소 및 폭발을 일으킬 위험성이 크다.

(2) 종류

① **염소산칼륨**($KClO_3$) → (분자량 122.5)

비중	융점(℃)	분해온도(℃)
2.34	368.4	400

- 무색의 단사정계 판상결정 또는 백색 분말로 인체에 유독하다.
- 온수, 글리세린에는 잘 녹으나 냉수 및 알코올에는 녹기 어렵다.
- 불꽃놀이, 폭약제조, 의약품 등에 사용된다.

㉮ 위험성 : 가연물과 접촉 시 연소 및 폭발의 위험이 있다.

㉯ 저장법 : 환기가 잘 되는 냉암소에 저장

㉰ 소화방법 : 소화방법으로는 주수소화가 가장 좋다.

1. 염소산칼륨의 완전 분해 반응식 : $2KClO_3 \rightarrow 2KCl + 3O_2$
(염소산칼륨) (염화칼륨) (산소)

2. 400℃일 때의 분해 반응식 : $2KClO_3 \rightarrow KClO_4 + KCl + O_2 \uparrow$
(염소산칼륨) (과염소산칼륨) (염화칼륨) (산소)

3. 540~560℃일 때의 분해 반응식 : $KClO_4 \rightarrow KCl + 2O_2 \uparrow$
(과염소산칼륨) (염화칼륨) (산소)

② **염소산나트륨**($NaClO_3$) → (분자량 106)

비중	융점(℃)	분해온도(℃)
2.5	248	300

- 무색무취의 입방정계 주상결정, 인체에 유독하다.
- 알코올, 에테르, 물에는 잘 녹으며 조해성이 크다.
- 철제를 부식시키므로 보관 시 철제용기 사용금지
- 섬유, 나무조각, 먼지 등에 침투하기 쉽다.

㉮ 위험성 : 산과 반응하여 유독한 폭발성 이산화염소(ClO_2)를 발생하고 폭발 위험이 있다.
㉯ 저장법 : 철제용기를 피하고, 환기가 잘 되는 냉암소에 저장
㉰ 소화방법 : 소화방법으로는 주수소화가 가장 좋다.

1. 300℃ 분해 반응식 : $2NaClO_3 \rightarrow 2NaCl + 3O_2 \uparrow$
(염소산나트륨) (염화나트륨) (산소)

2. 산과의 반응식 : $2NaClO_3 + 2HCl \rightarrow 2NaCl + H_2O_2 + 2ClO_2 \uparrow$
(염소산나트륨) (염화수소) (염화나트륨) (과산화수소) (이산화염소)

③ **염소산암모늄**(NH_4ClO_3) → (분자량 101.5)

- 분해온도 130℃
- 물보다 무거운 무색의 결정
- 부식성, 폭발성, 조해성 등의 특징이 있고 수용액은 산성이다.
- 화약, 불꽃의 원료로 사용된다.
- 소화방법으로는 주수소화가 가장 좋다.

분해 반응식 : $2NH_4ClO_3 \rightarrow N_2 + 4H_2O + Cl_2 + O_2 \uparrow$
(염소산암모늄) (질소) (물) (염소) (산소)

3 과염소산염류

참고 【과염소산염류】
① 지정수량 : 50kg
② 위험등급 : Ⅰ등급

(1) 일반적인 성질

- 무색무취의 결정성 분말
- 타물질의 연소를 촉진한다.
- 수용액은 화학적으로 안정하며 불용성의 염 이외에는 조해성이 있다.

(2) 종류

① **과염소산칼륨**($KClO_4$) → (분자량 138.5)

비중	융점(℃)	분해온도(℃)
2.52	610	400

· 무색무취의 사방정계 결정의 강산화제이다.
· 물에는 약간 녹고, 알코올, 에테르에는 잘 녹지 않는다.
· 진한 황산과 접촉하면 폭발한다.
· 수산화나트륨과는 안정하다.
· 400℃에서 분해를 시작하여 610℃에서 완전 분해된다.

㉮ 위험성 : 인, 황, 탄소, 유기물 등과 혼합되었을 때 가열, 충격, 마찰에 의하여 폭발한다.

㉯ 저장법 : 직사광선을 피하고 환기가 잘 되는 냉암소에 저장

㉰ 소화방법 : 소화방법으로는 주수소화가 가장 좋다.

분해 반응식 : $KClO_4 \rightarrow KCl + 2O_2 \uparrow$
(과염소산칼륨) (염화칼륨) (산소)

② **과염소산나트륨**($NaClO_4$) → (분자량 122.5)

비중	융점(℃)	분해온도(℃)
2.50	482	400

· 무색무취의 조해되기 쉬운 결정으로 물보다 무겁다.
· 물, 알코올, 아세톤에 잘 녹고, 에테르에 녹지 않는다.
· 산화제이며, 수용액은 강한 산화성이 있다.
· 수용성이며, 조해성이 있다.

㉮ 위험성 : 가열하면 분해하여 산소가 발생, 진한 황산과 접촉 시 폭발

㉯ 저장법 : 직사광선을 피하고 환기가 잘 되는 냉암소에 저장

㉰ 소화방법 : 소화방법으로는 주수소화가 가장 좋다.

분해 반응식 : $NaClO_4 \rightarrow NaCl + 2O_2 \uparrow$
(과염소산나트륨) (염화나트륨) (산소)

③ **과염소산암모늄**(NH_4ClO_4) → (분자량 117.5)

비중	분해온도(℃)
1.87	130

· 무색무취의 수용성 결정
· 물, 알코올, 아세톤에 잘 녹고, 에테르에 녹지 않는다.
· 폭약이나 성냥의 원료로 사용된다.

㉮ 위험성 : 열분해하면 산소를 방출, 160℃에서 분해 시작하여 300℃에서 분해가 급격히 진행하여 폭발한다.

㉯ 소화방법 : 소화방법으로는 주수소화가 가장 좋다.

분해 반응식 : $2NH_4ClO_4 \rightarrow N_2+Cl_2+2O_2+4H_2O \uparrow$
(과염소산암모늄) (질소) (염소) (산소) (물)

4 무기과산화물

참고 【무기과산화물】
① 지정수량 : 50kg
② 위험등급 : Ⅰ등급

(1) 일반적인 성질

· 과산화수소의 수소이온이 떨어져 나가고 금속 또는 다른 원자단으로 치환된 화합물로 산화성 고체이다.

· 무기화합물 중 알칼리금속의 과산화물은 물과 접촉하여 발열과 함께 산소 가스가 발생하므로 주수소화는 적합하지 못하다.

· 분자속에 −O−O−를 갖는 물질을 말한다.

· 마른모래, 암분, 탄산수소염류분말 소화제 등을 사용한다.

(2) 종류

① **과산화나트륨**(Na_2O_2) → (분자량 78)

비중	융점(℃)	비점(℃)	분해온도(℃)
2.8	460	657	460

· 순수한 것은 백색의 정방정계 분말
· 일반적인 것은 황백색 정방정계 분말, 조해성 물질
· 에틸알코올(에탄올)에는 잘 녹지 않는다.

㉮ 위험성 : · 물과 반응하여 수산화나트륨과 산소를 발생한다.
· 산과 반응하여 과산화수소를 발생한다.
· 가열분해하여 산소를 발생한다.

㉯ 저장법 : 유기물, 가연물, 황 등의 혼입을 막고, 가열, 충격을 피한다.

㉰ 소화방법 : 소화방법으로는 마른모래, 분말소화제, 소다회, 석회 등 사용 → (주수소화는 위험)

1. 물과 반응식 : $2Na_2O_2 + 2H_2O \rightarrow 4NaOH + O_2 \uparrow$
(과산화나트륨) (물) (수산화나트륨) (산소)

2. 가열분해 반응식 : $2Na_2O_2 \rightarrow 2Na_2O + O_2 \uparrow$
(과산화나트륨) (수산화나트륨) (산소)

3. 이산화탄소와의 반응식 : $2Na_2O_2+2CO_2 \rightarrow 2Na_2CO_3+O_2 \uparrow$
(과산화나트륨) (이산화탄소) (탄산나트륨) (산소)

4. 염산과 반응식 : $Na_2O_2+2HCl \rightarrow 2NaCl+H_2O_2$
(과산화나트륨) (염산) (염화나트륨) (과산화수소)

5. 초산과 반응식 : $Na_2O_2+2CH_3COOH \rightarrow 2CH_3COONa+H_2O_2 \uparrow$
(과산화나트륨) (초산) (초산나트륨) (과산화수소)

② 과산화칼륨(K_2O_2) → (분자량 110)

비중	융점(℃)	분해온도(℃)
2.9	490	490

- 무색 또는 오렌지색의 비정계 분말
- 불연성 물질로 물에 쉽게 분해된다.
- 물과 반응하여 산소를 발생하며 발열한다.
- 산과 반응하여 과산화수소를 발생한다.
- 분해하여 산소를 발생한다.
- 에틸알코올에 용해되고, 양이 많을 경우 주수에 의하여 폭발 위험

㉮ 위험성 : 가연물과 혼합되어 있을 경우 마찰 또는 약간의 물의 접촉으로 발화한다. → (물과 반응 시 산소 발생)

㉯ 저장법 : 밀폐하여 투명한 용기에 서늘하고 환기가 잘 되는 곳에 보관한다.

㉰ 소화방법 : 마른모래, 암분, 소다회, 탄산수소염류분말소화제 → (주수소화는 위험)

1. 물과 반응식 : $2K_2O_2 + 2H_2O \rightarrow 4KOH+O_2 \uparrow$
(과산화칼륨) (물) (수산화칼륨) (산소)

2. 가열분해 반응식 : $2K_2O_2 \rightarrow 2K_2O + O_2 \uparrow$
(과산화칼륨) (산화칼륨) (산소)

3. 탄산가스와의 반응식 : $2K_2O_2+2CO_2 \rightarrow 2K_2CO_3+O_2 \uparrow$
(과산화칼륨) (이산화탄소) (탄산칼륨) (산소)

4. 염산과 반응식 : $K_2O_2+2HCl \rightarrow 2KCl+H_2O_2$
(과산화칼륨) (염산) (염화칼륨) (과산화수소)

5. 초산과 반응식 : $K_2O_2+2CH_3COOH \rightarrow 2CH_3COOK+H_2O_2$
(과산화칼륨) (아세트산(초산)) (초산칼륨) (과산화수소)

③ **과산화바륨**(BaO_2) → (분자량 169)

비중	융점(℃)	분해온도(℃)
4.96	450	840

·백색의 정방정계 분말로 알칼리금속의 과산화물 중 제일 안정하다.

·냉수에 약간 녹고, 알코올, 에테르에는 녹지 않는다.

㉮ 위험성 : ·염산과 반응하여 과산화수소(H_2O_2) 발생

·온수에서 분해하여 산소를 발생한다.

㉯ 소화방법 : 마른모래, 분말소화제가 효과적이다.

→ (주수소화는 위험)

1. 온수와 반응식 : $2BaO_2 + 2H_2O \rightarrow 2Ba(OH)_2 + O_2 \uparrow$
(과산화바륨) (물) (수산화바륨) (산소)

2. 가열분해 반응식 : $2BaO_2 \rightarrow 2BaO + O_2 \uparrow$
(과산화바륨) (산화바륨) (산소)

3. 탄산가스와의 반응식 : $2BaO_2 + 2CO_2 \rightarrow 2BaCO_3 + O_2 \uparrow$
(과산화바륨) (이산화탄소) (탄산바륨) (산소)

4. 염산과 반응식 : $Ba_2O_2 + 2HCl \rightarrow BaCl_2 + H_2O_2$
(과산화바륨) (염산) (염화바륨) (과산화수소)

5. 황산과 반응식 : $BaO_2 + H_2SO_4 \rightarrow BaSO_4 + H_2O_2$
(과산화바륨) (황산) (황산바륨) (과산화수소)

④ **과산화마그네슘**(MgO_2) → (분자량 56.3g/mol)

밀도	융점(℃)	비점(℃)
3g/㎤	223	350

·무색무취의 백색 분말

·시판품의 MgO_2 함유량은 15~25% 정도이다.

·물에 녹지 않는다.

·산화제, 표백제, 살균제 등으로 사용된다.

㉮ 위험성 : ·산과 반응하여 과산화수소를 발생한다.

·가열하면 분해하여 산소를 발생한다.

㉯ 소화방법 : 마른모래에 의한 피복소화가 적절하다.

1. 분해 반응식 : $2MgO_2 \rightarrow 2MgO + O_2 \uparrow$
(과산화마그네슘) (산화마그네슘) (산소)

2. 물과 반응식 : $MgO_2 + 2H_2O \rightarrow 2Mg(OH)_2 + O_2 \uparrow$
(과산화마그네슘) (물) (수산화마그네슘) (산소)

3. 염산과 반응식 : $MgO_2 + 2HCl \rightarrow MgCl_2 + H_2O_2 \uparrow$
(과산화마그네슘) (염산) (염화마그네슘) (과산화수소)

5 요오드산염류(옥소산염류)

참고 【요오드산염류(옥소산염류)】
① 지정수량 : 300kg
② 위험등급 : II등급

(1) 일반적인 성질

·대부분 무색 결정성 분말

·염소산염류, 브롬(브로민)산염류보다 안정하지만 산화력이 강하고 탄소 등 유기물과 섞어서 가열하면 폭발한다.

(2) 종류

① **요오드산칼륨**(KIO_3) → (분자량 214)

비중	융점(℃)
3.89	560

·광택이 있는 무색 결정성 분말

·물, 진한 황산에는 녹고, 알코올에는 녹지 않는다.

·염소산칼륨보다 안정하다.

㉮ 위험성 : ·융점 이상으로 가열하면 산소(O_2)를 방출한다.
·가연물과 혼합하여 가열하면 폭발한다.

㉯ 저장법 : 용기를 밀봉하고 환기가 잘 되는 냉암소에 저장

분해 반응식 : $2KIO_3 \rightarrow 2KI + 3O_2 \uparrow$
(요오드산칼륨) (요오드화칼륨) (산소)

② **요오드산칼슘**[$(Ca(IO_3)_2 \cdot 6H_2O)$]

융점(℃)	무수물의 융점(℃)
42	575

·백색, 조해성 결정

·물에 잘 녹는다.

6 브롬(브로민)산염류 (취소산염류)

> **참고** 브롬산염류(취소산염류)
> ① 지정수량 : 300kg
> ② 위험등급 : II등급

(1) 일반적인 성질

- 브롬(브로민)산($HBrO_3$)의 수소이온이 떨어져 나가고 금속 또는 원자단으로 치환된 화합물
- 무색 또는 백색의 결정으로 물에 잘 녹는다.
- 가열하면 분해하여 산소(O_2)를 발생한다.

(2) 종류

① **브롬(브로민)산칼륨**($KBrO_3$) → (분자량 167)

비중	융점(℃)	분해온도(℃)
3.27	438	370

- 백색 능면체 결정 또는 결정성 분말
- 물에 잘 녹고 알코올과 에테르에는 녹지 않는다.
- 염소산칼륨보다 안정하다.

㉮ 위험성 : 유황, 숯, 마그네슘 등과 다른 가연물과 혼합되어 있으면 위험

㉯ 저장법 : 환기가 잘 되는 냉암소에 저장

㉰ 소화방법 : 주수소화가 효과적이다.

> 370℃에서 열분해 반응식 : $2KBrO_3 \rightarrow 2KBr + 3O_2 \uparrow$
> (브로민산칼륨) (브로민화칼륨) (산소)

② **브롬(브로민)산나트륨**($NaBrO_3$) → (분자량 151)

비중	융점(℃)	분해온도(℃)
3.3	381	381

- 무색 결정 또는 결정성 분말
- 물에 잘 녹는다.

㉮ 위험성 : ·가연물과 혼합하여 가열하면 폭발한다.
　　　　　·열분해하면서 산소를 방출한다.

㉯ 소화방법 : 주수소화가 효과적이다.

7 질산염류

(1) 일반적인 성질

· 질산(HNO_3)의 수소이온이 떨어져 나가고 금속 또는 원자단으로 치환된 화합물
· 무색 또는 백색의 결정, 조해성이 풍부하고 물에 잘 녹는다.
· 화약, 폭약의 원료로 사용된다.

(2) 종류

① 질산칼륨(KNO_3) → (분자량 101.1)

비중	융점(℃)	용해도	분해온도(℃)
2.098	336	26(15℃)	400

· 무색 또는 백색 결정 또는 분말로 초석이라고 부른다.
· 물, 글리세린에 잘 녹고 알코올, 에테르에는 난용이고 조해성이 있으며 흡습성은 없다.
· 숯가루, 유황가루를 혼합하여 흑색화약제조 및 불꽃놀이 등에 사용
㉮ 위험성 : 가연물과 접촉 또는 혼합되어 있으면 위험하다.
㉯ 저장법 : · 유기물 및 강산에 보관하면 위험
· 환기가 잘 되는 냉암소에 저장
㉰ 소화방법 : 소화방법에는 주수소화가 효과적이다.

1. 열분해 반응식 : $2KNO_3 \rightarrow 2KNO_2 + O_2 \uparrow$
(질산칼륨) (아질산칼륨) (산소)

2. 흑색화학의 폭발반응식 : $2KNO_3 + S + 3C$
(질산칼륨) (유황) (탄소)

$\rightarrow K_2S + 3CO_2 + N_2 \uparrow$
(황화칼륨) (이산화탄소) (질소)

3. 황산과의 반응식 : $2KNO_3 + H_2SO_4 \rightarrow K_2SO_4 + 2HNO_3$
(질산칼륨) (황산) (황산칼륨) (질산)

② 질산나트륨($NaNO_3$) → (분자량 84.99)

비중	융점(℃)	용해도	분해온도(℃)
2.26	308	73	380

· 무색무취의 투명한 결정 또는 분말로 칠레초석이라고도 부른다.
· 조해성이 있고 물, 글리세린에 잘 녹고 무수알코올에 난용성이다.
㉮ 위험성 : 유기물 또는 치아황산나트륨을 혼합하여 가열하면 폭발 위험
㉯ 소화방법 : 주수소화가 효과적이다.

열분해 반응식 : $2NaNO_3 \rightarrow 2NaNO_2 + O_2 \uparrow$
(질산나트륨) (아질산나트륨) (산소)

참고 질산염류
① 지정수량 : 300kg
② 위험등급 : Ⅱ등급

③ **질산암모늄**(NH_4NO_3) → (분자량 80.043)

비중	융점(℃)	분해온도(℃)
1.72	169.5	220

- 무색무취의 백색 결정 고체
- 조해성 및 흡수성이 크다.
- 물, 알코올, 알칼리에 잘 녹는다. → (물에 용해 시 흡열반응)
- 경유와 혼합하여 안포(ANFO)폭약을 제조한다.

㉮ 위험성 : 단독으로 급격한 가열, 충격으로 분해, 폭발한다.

㉯ 소화방법 : 주수소화가 효과적이다.

1. 열분해 반응식 : $NH_4NO_3 \rightarrow N_2O \uparrow + 2H_2O$
   (질산암모늄) (아산화질소) (물)

2. 재가열 반응식 : $2N_2O \rightarrow 2N_2 + O_2 \uparrow$
   (아산화질소) (질소) (산소)

3. 분해, 폭발 반응식 : $2NH_4NO_3 \rightarrow 2N_2 + 4H_2O + O_2 \uparrow$
   (질산암모늄) (질소) (물) (산소)

용어 안포(ANFO)폭약
(ammonium nitrate fuel oil explosive)
값싼 질산암모늄과 경유 등의 연료유를 혼합하여 만드는 폭약이다.
혼합물을 현장에서 만드는 것과 혼합물이 약포로 되어 있는 것이 있고, 또 기폭에 다이너마이트를 사용하는 것과 활성제를 혼합하여 뇌관으로 기폭하는 것이 있다.
1950년대에 미국에서 처음으로 생산

8 과망간산염류

(1) 일반적인 성질

과망간산($HMnO_4$)의 수소이온이 떨어져 나가고 금속 또는 원자단으로 치환된 화합물

참고 과망간산염류
① 지정수량 : 1,000kg
② 위험등급 : Ⅲ등급

(2) 종류

① **과망간산칼륨**($KMnO_4$) → (분자량 158)

비중	분해온도(℃)
2.7	240

- 단맛의 흑자색(진한 보라색) 결정
- 물, 아세톤, 알코올에 녹아 진한 보라색을 나타낸다.
- 강한 산화력과 살균력이 있다.
  → (수용액은 무좀 등의 치료재로 사용된다.)
- 알코올, 에테르, 글리세린 등 유기물과 접촉을 금한다.

㉮ 위험성 : 목탄, 황 등의 환원성 물질과 접촉 시 폭발 위험성

㉯ 저장법 : 갈색 유리병에 넣어 냉암소에 저장

㉰ 소화방법 : 다량의 주수소화 또는 마른모래에 의한 피복소화가 효과적이다.

용어 용어 (정식 명칭 변경)
과망간산 → 과망가니즈산

1. 가열에 의한 분해 반응식 : $2KMnO_4 \rightarrow K_2MnO_4 + MnO_2 + O_2 \uparrow$
(과망간산칼륨) (망간산칼륨) (이산화망간) (산소)

2. 묽은 황산과의 반응식 : $4KMnO_4 + 6H_2SO_4$
(과망간산칼륨) (황산)

$\rightarrow 2K_2SO_4 + 4MnSO_4 + 6H_2O + 5O_2 \uparrow$
(황산칼륨) (황산망간) (물) (산소)

3. 진한 황산과의 반응식 : $4KMnO_4 + 2H_2SO_4$
(과망간산칼륨) (황산)

$\rightarrow 2K_2SO_4 + 4MnO_2 + 2H_2O + 3O_2 \uparrow$
(황산칼륨) (이산화망간) (물) (산소)

② **과망간산나트륨**($NaMnO_4 \cdot 3H_2O$) → (분자량 142)

비중	분해온도(℃)
2.7	170

- 적자색의 결정, 물에 작 녹고 조해성이 있다.
- 가열 시 산소를 발생한다.
- 강력한 산화재로 폭발성이 있다.

③ **과망간산칼슘**[$Ca(MnO_4)_2 \cdot 4H_2O$]

- 비중 2.4
- 적자색의 결정으로 수용성이다.

9 중크롬산염류

(1) 일반적인 성질

- 중크롬산($H_2Cr_2O_7$)의 수소가 떨어져 나가고 금속 또는 원자단으로 치환된 화합물
- 적색의 결정
- 대부분은 물에 잘 녹는다.

> **참고** 중크롬산염류
> ① 지정수량 : 1,000kg
> ② 위험등급 : Ⅲ등급

(2) 종류

① **중크롬산칼륨**($K_2Cr_2O_7$) → (분자량 294)

비중	융점(℃)	분해온도(℃)
2.69	398	500

- 쓴맛의 동적색의 판상결정
- 물, 글리세린에 잘 녹고 알코올, 에테르에는 잘 녹지 않는다.
- 가열, 충격, 마찰을 피한다.

·의약품으로 사용되기도 한다.

㉮ 위험성 : ·가연물과 접촉 시 연소 또는 폭발 가능성이 있다.
·열분해하며 산소를 방출한다.

㉯ 저장법 : 환기가 잘 되는 냉암소에 저장

㉰ 소화방법 : 주수소화가 효과적이다.

분해 반응식 : $4K_2Cr_2O_7 \rightarrow 4K_2CrO_4 + 2Cr_2O_3 + 3O_2 \uparrow$
(중크롬산칼륨) (크롬산칼륨) (산화크롬) (산소)

② 중크롬산나트륨($Na_2Cr_2O_7 \cdot 2H_2O$) → (분자량 262)

비중	융점(℃)	분해온도(℃)
2.25	356	400

·동적색의 단사정계 결정으로 흡습성이 있다.

·물에 잘 녹고 알코올에는 녹지 않는다.

㉮ 위험성 : 단독으로 안정하나 유기물과 혼합되면 마찰, 충격에 의해 발화, 폭발한다.

㉯ 소화방법 : 주수소화가 효과적이다.

③ 중크롬산암모늄[$(NH_4)_2Cr_2O_7$] → (분자량 252)

비중	분해온도(℃)
2.15	185

·적색 침상의 결정(단사결정)

·물, 알코올에 녹고 아세톤에는 녹지 않는다.

㉮ 위험성 : ·열분해 시 질소가스(N_2)를 발생한다.
·강산과 반응하여 자연 발화한다.

㉯ 소화방법 : 주수소화가 효과적이다.

분해 반응식 : $(NH_4)_2Cr_2O_7 \rightarrow N_2 + 4H_2O + Cr_2O_3 \uparrow$
(중크롬산암모늄) (질소) (물) (산화크롬)

3장 제2류 위험물 → (가연성 고체)

핵심 01 제2류 위험물의 성질

1 제2류 위험물의 품명 및 지정수량

유별 및 성질	위험등급	품명	지정수량
제2류 가연성 고체	Ⅱ	1. 황화린 : 삼황화린, 오황화린, 칠황화린 2. 적린 3. 유황(황) : 사방정계, 단사정계, 비정계	100kg
	Ⅲ	4. 마그네슘 5. 철분 6. 금속분 : 알루미늄분, 아연분, 안티몬	500kg
	Ⅱ~Ⅲ	7. 그 밖에 행정안전부령이 정하는 것 8. 제1호 내지 제7호에 해당하는 어느 하나 이상을 함유한 것	100kg 또는 500kg
	Ⅲ	9. 인화성 고체 : 락카퍼티, 고무풀	1000kg

2 제2류 위험물의 일반성질

① 가연성 고체로 비교적 낮은 온도에서 착화하기 쉬운 가연물(환원성)이다.

② 대부분 비중이 1보다 크다.

③ 물에 녹지 않는다.

④ 산화되기 쉽고 산소와 쉽게 결합을 이루는 대부분 무기화합물이다.

⑤ 연소속도가 대단히 빠른 고체(이연성, 속연성)이다.

⑥ 유독한 것 또는 연소 시 유독 가스를 발생하는 것도 있다.

3 위험성

① 강산화성 물질과 혼합 시 충격 등에 의하여 폭발의 위험이 있다.

② 금속분, 철분은 밀폐된 공간에서 분진폭발의 위험이 있다.

→ (분진 폭발하는 물질 : 황(유황), 알루미늄분, 마그네슘분, 금속분, 밀가루, 커피 등)

→ (분진 폭발의 위험이 없는 것 : 돌가루, 석회가루, 시멘트 등)

③ 금속분, 철분, 마그네슘은 물, 습기, 산과 접촉 시 발열한다.

참고 3장에서 반드시 암기할 내용

① 제2류 위험물의 정의
② 제2류 위험물의 품명 및 지정수량
③ 제2류 위험물의 저장 및 취급방법
④ 제2류 위험물의 일반성질

참고 제2류 위험물 암기

마그네슘, 적린, 유황, 황화린

참고 제2류 위험물

환원제이므로 산화제와의 접촉을 피하여야 한다.

참고 【위험물 기준】

① 유황(S) : 순도 60wt% 이상의 것
② 철분(Fe) : 철의 분말로서 53마이크로미터의 표준체를 통과하는 것이 50wt% 미만은 제외된다.
③ 금속분 : 구리분, 니켈분 및 150마이크로미터의 체를 통과하는 것이 50wt% 미만인 것은 위험물에서 제외한다.
④ 마그네슘(Mg) : 직경 2mm 미만의 마그네슘은 위험물
→ 직경 2mm의 체를 통과하지 않는 것 제외, 직경 2mm 이상의 막대 모양 제외

4 저장 및 취급방법

·점화원으로부터 멀리하고 가열을 피한다.

·용기 파손으로 위험물 유출에 주의할 것

·산화제(제1류 위험물, 제6류 위험물)와의 접촉을 피한다.

·금속분, 철분, 마그네슘은 물, 습기, 산과 접촉을 피할 것

·저장용기를 밀봉하고 통풍에 잘 되는 냉암소에 보관·저장할 것

5 소화방법

① 황화린, 철분, 금속분, 마그네슘 : 주수하면 급격한 수증기 또는 물과 반응 시 발생하는 수소에 의한 폭발위험이 있으므로 마른모래, 건조분말, 이산화탄소 등을 이용한 질식소화가 효과적이다.

② 적린, 유황 : 물에 의한 냉각소화가 효과적이다.

핵심 02 제2류 위험물의 이해

1 황화린

> **참고** 황화린
> ① 지정수량 : 100kg
> ② 위험등급 : II등급

(1) 일반적인 성질

·가연성 고체로 열에 의해 연소하기 쉽고 경우에 따라 폭발한다.

·습한 공기 중에서 분해하여 황화수소(H_2S)를 발생한다.

·산화제, 알칼리, 알코올, 과산화물, 강산, 금속분과 접촉을 피한다.

·삼황화린(P_4S_3), 오황화린(P_2S_5), 칠황화린(P_4S_7) 등 3종류가 있다.

(2) 종류

> **참고** 이산화황(SO_2)
> ·분자량 64.07, 밀도 1.46, 녹는점 -75.5℃, 끓는점 -10.0℃, 비중 2.263
> ·무색의 달걀 썩는 자극성 냄새가 나는 기체이다.
> ·액체는 여러 가지 무기화합물과 유기화합물을 녹일 수 있으며 용매로도 쓰일 수 있다.

① **삼황화린(P_4S_3)** → (분자량 220)

착화점(℃)	비중	비점(℃)	융점(℃)
100	2.03	407	172.5

·담황색 결정으로 조해성이 없다.

·차가운 물, 염산, 황산에 녹지 않으며 끓는 물에서 분해한다.

·질산, 알칼리, 이황화탄소에는 잘 녹는다.

㉮ 위험성 : ·과산화물, 과망간산염, 금속분과 공존하고 있을 때 자연발화
·연소 시 오산화인과 이산화황을 생성한다.

㉯ 저장법 : 직사광선을 피해 건조한 장소에 저장한다.

㉰ 소화방법 : 주수소화가 효과적이다.

연소 반응식 : $P_4S_3 + 8O_2 \rightarrow 2P_2O_5 \uparrow + 3SO_2 \uparrow$
(삼황화린) (산소) (오산화인) (이산화황(아황산가스))

② 오황화린(P_2S_5) → (분자량 222)

착화점(℃)	비중	비점(℃)	융점(℃)
142	2.09	514	290

- 담황색 결정, 조해성, 흡습성이 있는 물질
- 알코올 및 이황화탄소(CS_2)에 잘 녹는다.

㉮ 위험성 : 물, 알칼리와 분해하여 유독성인 황화수소(H_2S), 인산(H_3PO_4)이 된다.

㉯ 저장법 : 직사광선을 피하고 환기가 잘 되는 냉암소에 저장

1. 물과 분해 반응식 : $P_2S_5 + 8H_2O \rightarrow 5H_2S + 2H_3PO_4$
   (오황화린) (물) (황화수소) (인산)

2. 연소 반응식 : $2P_2S_5 + 15O_2 \rightarrow 2P_2O_5 + 10SO_2$
   (오황화린) (산소) (오산화인) (이산화황)

③ 칠황화린(P_4S_7) → (분자량 348)

착화점(℃)	비중	비점(℃)	융점(℃)
250	2.19	523	310

- 담황색 결정으로 조해성이 있는 물질
- 이황화탄소에(CS_2)에 약간 녹는다.

㉮ 위험성 : 냉수에서는 서서히, 온수에서는 급격히 분해하여 유독성인 황화수소(H_2S), 인산(H_3PO_4)을 발생한다.

물과 분해 반응식 : $P_4S_7 + 13H_2O \rightarrow 7H_2S + H_3PO_4 + 3H_3PO_3$
(칠황화린) (물) (황화수소) (인산) (아인산)

참고 황화린의 특징

① 삼황화린 : 물과 반응하지 않음

② 오황화린, 칠황화린 : 물과 반응하여 폭발, 주수금지

2 적린(P) → (원자량 31)

(1) 일반적인 성질

착화점(℃)	비중	비점(℃)	융점(℃)
260	2.2	514	600

- 암적색 무취의 분말, 비금속 원소
- 황린의 동소체, 황린에 비해 안정하며 독성이 없다.
- 산화제인 염소산염류와의 혼합을 절대 금한다.

  → (강산화제와 혼합하면 충격, 마찰에 의해 발화할 수 있다.)
- 물, 알칼리, 이황화탄소, 에테르, 암모니아에 녹지 않는다.
- 염산염류, 질산염류, 이황화탄소, 유황과 접촉하면 발화한다.

참고 적린(P)

① 지정수량 : 100kg

② 위험등급 : Ⅱ등급

용어 동소체

같은 원소를 가진 물질

(2) 위험성

• 연소 생성물은 흰색의 오산화인(P_2O_5)이다.

연소 반응식 : $4P + 5O_2 \rightarrow 2P_2O_5$
(적린) (산소) (오산화인)

(3) 소화방법

소화방법으로는 다량의 주수소화가 효과적이다.

[황린과 적린의 비교]

구분	황린(P_4)	적린(P)
분류	제3류 위험물	제2류 위험물
외관	백색 또는 담황색의 자연발화성 고체	암적색 무취의 분말
안정성	불안정하다.	안정하다.
착화온도	34℃ → (pH 9 물속에 저장)	260℃ → (산화제 접촉 금지)
자연발화유무	자연 발화한다.	자연 발화하지 않는다.
화학적 활성	화학적 활성이 크다.	화학적 활성이 작다.
물 용해	불용해(×)	불용해(×)

참고 유황(S)
① 지정수량 : 100kg
② 위험등급 : II등급

3 유황(황)(S)

(1) 일반적인 성질

• 황색의 결정 또는 분말로 물에 잘 녹지 않는다.
• 전기절연재료로 사용되며, 사방정계, 단사정계, 비정계 등 3종류가 있다.
• 순도 60wt% 이상의 것이 위험물이다.
• 분말 상태인 경우 분진폭발의 위험성이 있다.
• 공기 중에서 푸른색 불꽃을 내며 타서 이산화황(유독성)을 생성한다.
• 황은 환원성 물질이므로 산화성 물질과 접촉을 피해야 한다.
• 물속에 저장하여 가연성 증기 발생을 억제한다.
• 소화방법으로는 다량의 주수소화가 효과적이다.

연소 반응식(푸른 불꽃): $S + O_2 \rightarrow SO_2$
(황) (산소) (이산화황)

(2) 종류

① 사방정계의 황 → (분자량 32)

인화점(℃)	착화점(℃)	비중	융점(℃)
201.6	232.2	2.07	113

• 물에 녹지 않고 이황화탄소(CS_2)에 녹는다.
• 전기의 불량도체이다.
• 산화제, 목탄가루와 혼합되었을 때 약간의 가열, 충격으로 착화폭발

② 단사정계의 황 → (원자량 32)

비중	융점(℃)
1.96	119

- 상방정계의 황을 95.5℃로 가열해 얻는다.
- 물에 녹지 않고 이황화탄소(CS_2)에 녹는다.
- 160℃에서 갈색, 250℃에서는 흑색으로 불투명(유동성)을 갖는다.

③ 비정계의 황

- 140~170℃의 용융황을 물에 넣어 급랭시킨 것이다.
- 물, 이황화탄소(CS_2)에 녹지 않는다.

4 마그네슘(Mg) → (원자량 24.3)

(1) 일반적인 성질

착화점(℃) (불순물 존재 시)	비중	융점(℃)	비점(℃)
400	1.74	650	1102

은백색의 광택이 나는 경금속 분말로 알칼리토금속에 속한다.

① 위험성 : • 열전도율 및 전기전도도가 크고, 산 및 더운물과 반응하여 수소를 발생한다.
→ (알루미늄보다 열전도율, 전기전도도가 낮다.)
• 공기 중 습기에 발열되어 자연 발화의 위험성이 있다.

② 저장법 : 산화제 및 할로겐 원소와의 접촉을 피하고 물과 닿지 않도록 건조한 냉소에 보관한다.

③ 소화방법 : 마른모래나 금속화재용 분말소화약제(탄산수소염류) 등을 사용한다. → (이산화탄소를 이용한 질식소화는 위험하다.)

1. 연소 반응식 : $2Mg + O_2 \rightarrow 2MgO + 2 \times 143.7kcal$
(마그네슘) (산소) (산화마그네슘) (반응열)

2. 탄산가스와 반응식 : $2Mg + CO_2 \rightarrow 2MgO + C$
(마그네슘) (이산화탄소) (산화마그네슘) (탄소)

3. 온수와의 화학 반응식 : $Mg + 2H_2O \rightarrow Mg(OH)_2 + H_2 \uparrow$
(마그네슘) (물) (수산화마그네슘) (수소)

4. 염산과의 반응식 : $Mg + 2HCl \rightarrow MgCl_2 + H_2 \uparrow$
(마그네슘) (염산) (염화마그네슘) (수소)

참고 마그네슘(Mg)

① 지정수량 : 500kg
② 위험등급 : Ⅲ등급

참고 마그네슘(Mg)의 위험물 기준

직경 2mm 미만의 마그네슘은 위험물
→ 직경 2mm의 체를 통과하지 않는 것 제외, 직경 2mm 이상의 막대 모양 제외

참고 철분(Fe)

① 지정수량 : 500kg
② 위험등급 : Ⅲ등급

5 철분(Fe) → (원자량 55.9)

(1) 일반적인 성질

비중	융점(℃)
7.86	1530

·회백색 금속광택을 띤 연한 금속분말이다.
·위험물로서 철분은 분말로서 53마이크로미터의 표준체를 통과하는 것이 50wt% 미만인 것은 제외한다.

① 위험성 : 물과 반응하여 수소를 발생하며 폭발한다.
② 저장법 : 물과 닿지 않도록 건조한 냉소에 보관한다.
③ 소화방법 : 주수소화를 금하고 마른모래 등으로 피복소화 한다.

1. 염산과의 반응식 : $Fe + 2HCl \rightarrow FeCl_2 + H_2 \uparrow$
(철) (염산) (산화제1철) (수소)

2. 철분과 물의 반응식 : $3Fe + 4H_2O \rightarrow Fe_3O_4 + 4H_2 \uparrow$
(철) (물) (자철광) (수소)

참고 금속분

① 지정수량 : 500kg
② 위험등급 : Ⅲ등급

참고 위험물로서 금속분

알칼리금속, 알칼리토금속, 철 및 마그네슘 이외의 금속의 분말을 말하고, 구리분, 니켈분 및 150마이크로미터의 체를 통과하는 것이 50wt% 미만인 것은 위험물에서 제외한다.

6 금속분

(1) 종류

① 알루미늄분(Al) → (원자량 27)

비중	융점(℃)	비점(℃)
2.7	660	2000

·은백색의 광택을 띤 경금속
·열전도율 및 전기전도도가 크며, 진성·연성이 풍부하다.
·염산, 황산, 묽은 질산에 침식당하기 쉬우며, 진한 질산에는 부동태

㉮ 위험성 : ·끓는 물, 산, 알칼리수용액에 녹아 수소를 발생한다.
·습기와 수분에 의해 자연발화하기도 한다.
·할로겐 원소(F, Cl, Br, I)와 접촉하면 자연발화 위험
·산화제와의 혼합물은 가열, 충격, 마찰로 발화 위험

㉯ 저장법 : 유리병(밀폐용기)에 넣어 건조한 곳에 저장하고, 분진폭발할 위험이 있으므로 화기에 주의해야 한다.

㉰ 소화방법 : 마른모래, 멍석 등으로 피복소화가 효과적이다.
→ (주수소화는 수소가스가 발생하므로 위험하다.)

1. 수증기와의 반응식 : $2Al + 6H_2O \rightarrow 2Al(OH)_3 + 3H_2 \uparrow$
(알루미늄) (물) (수산화알루미늄) (수소)

2. 염산의 반응식 : $2Al + 6HCl \rightarrow 2AlCl_3 + 3H_2 \uparrow$
(알루미늄) (염산) (염화알루미늄) (수소)

② 아연분(Zn) → (원자량 65)

비중	융점(℃)	비점(℃)
7.14	419	907

- 은백색의 광택이 있는 분말이다.
- 공기 중에서 가열 시 쉽게 연소된다.

㉮ 위험성 : 산, 알칼리와 반응하여 수소를 발생한다.

㉯ 저장법 : 유리병(밀폐용기)에 넣어 건조한 곳에 저장하고, 직사광선, 고열을 피하고 냉암소에 보관한다.

㉰ 소화방법 : 마른모래, 멍석 등으로 피복소화가 효과적이다.

→ (주수소화는 수소가스가 발생하므로 위험하다.)

1. 물의 반응식 : $Zn + 2H_2O \rightarrow Zn(OH)_2 + H_2 \uparrow$
   (아연) (물) (수산화아연) (수소)
2. 염산의 반응식 : $Zn + 2HCl \rightarrow ZnCl_2 + H_2 \uparrow$
   (아연) (염산) (염화아연) (수소)

③ 안티몬(Sb) → (원자량 121.76)

비중	융점(℃)	비점(℃)
6.69	630	1590

- 은백색의 분말
- 융점 이상으로 가열하면 발화한다.

7 인화성 고체

(1) 일반적인 성질

고형알코올 또는 1기압에서 인화점이 40℃ 미만인 고체를 말한다.

(2) 종류

① 락카퍼티

- 인화점 21℃ 미만
- 락카에니멜의 기초 도료
- 백색의 진탕상태로서 공기 중에서 쉽게 고체가 된다.

② 고무풀

- 인화점 -21℃ 이하
- 생고무에 인화성 용제를 가공하여 풀과 같은 상태에 있는 것

참고 인화성 고체

① 지정수량 : 1000kg
② 위험등급 : Ⅲ등급

참고 인화점이 40℃ 미만인 것

① 고형알코올 : 인화점 30℃
② 메타알데히드 : 인화점 36℃
③ 제3부틸알코올 : 인화점 11.1℃

4장 제3류 위험물 → (자연발화성 및 금수성 물질)

핵심 01 제3류 위험물의 성질

참고 4장에서 반드시 암기할 내용

① 제3류 위험물의 정의
② 제3류 위험물의 품명 및 지정수량
③ 제3류 위험물의 저장 및 취급방법
④ 제3류 위험물의 일반성질

참고 제3류 위험물 암기

칼륨, 나트륨, 알킬알루미늄, 알킬리튬, 황린, 알칼리금속(칼륨 및 나트륨 제외) 및 알칼리토금속, 유기금속화합물(알킬알루미늄, 알칼리튬 제외), 금속인화합물, 금속수소화합물, 칼슘 또는 알루미늄의 탄화물류 및 행정안전부령이 정하는 것 등의 성질

참고 금수성 물질

1. 제1류 위험물 : 무기과산화물류(과산화나트륨, 과산화칼륨, 과산화마그네슘, 과산화칼슘, 과산화바륨, 과산화리튬, 과산화베릴륨 등)
2. 제2류 위험물 : 마그네슘, 철분, 금속분, 황화린
3. 제3류 위험물 : 칼륨, 나트륨, 알킬알루미늄, 알킬리튬, 알칼리금속 및 알칼리토금속류, 유기금속화합물류, 금속수소화합물류, 금속인화물류, 칼슘 또는 알루미늄의 탄화물류 등
4. 제6류 위험물 : 과염소산, 과산화수소, 황산, 질산
5. 특수인화물 : 디에틸에테르, 콜로디온 등

1 제3류 위험물의 품명 및 지정수량

(1) 정의

① 자연발화성 : 고체 또는 액체로 공기 중에서 발화의 위험성이 있다.
② 금수성물질 : 물과 접촉하여 발화하거나 가연성 가스를 발생하는 위험성이 있은 것을 말한다. → (리튬, 나트륨, 칼륨)

(2) 종류 및 주요 특성

유별 및 성질	위험등급	품명	지정수량
제3류 자연발화성 물질 및 금수성 물질	I	1. 칼륨 2. 나트륨 3. 알킬알루미늄 4. 알킬리튬	10kg
		5. 황린	20kg
	II	6. 알칼리금속(칼륨 및 나트륨 제외) 및 알칼리토금속 : 리튬(Li), 칼슘(Ca) 7. 유기금속화합물(알킬알루미늄 및 알킬리튬 제외) : 디메틸아연, 디에틸아연	50kg
	III	8. 금속의 수소화물 : 수소화리튬, 수소화나트륨, 수소화칼슘, 수소화칼륨, 수소화알루미늄리튬 9. 금속의 인화물 : 인화석회/인화칼슘, 인화알루미늄 10. 칼슘 또는 알루미늄의 탄화물 : 탄화칼슘, 탄화알루미늄, 탄화망간(망가니즈), 탄화마그네슘	300kg
	11. 그 밖의 행정안전부령으로 정하는 것 ① 염소화규소화합물 ($SiCl_4$, Si_2Cl_6, Si_3Cl_8 등)		10kg / I 20kg / I 50kg / II 300kg / III
	12. 제1호 내지 제11호의 1에 해당하는 어느 하나 이상을 함유한 것		

2 제3류 위험물의 일반성질

- 대부분 무기물의 고체 → (알킬알루미늄은 액체 위험물)
- 금수성 물질은 물과 접촉 시 발열반응 및 가연성 가스를 발생한다. → (황린 제외)

· 대부분 금수성 및 불연성 물질(황린, 칼슘, 나트륨, 알킬알루미늄 제외)이다.
· 황린, 칼륨, 나트륨, 알킬알루미늄은 연소하고 나머지는 연소하지 않는다.

3 위험성

· 산화제와의 혼합 시 충격 등에 의해 폭발의 위험이 있다.
· 황린을 제외하고 물과 접촉하면 가연성 가스를 발생한다.
· 일부는 물과 접촉 시 발화하고, 공기 중에 노출되면 자연발화를 일으킨다.

4 저장 및 취급방법

· 저장 용기 파손 및 부식에 주의하며 완전 밀폐하여 공기와의 접촉을 방지하고 물과 수분의 침투 및 접촉을 금하여야 한다.
· 산화성 물질과 강산류와의 혼합을 방지한다.
· 보호액에 위험물을 저장할 경우 위험물이 보호액 표면에 노출되지 않게 한다.
· 대량을 저장할 경우 화재 발생에 대비하여 희석제를 혼합하거나 소분하여 저장한다.
· 황린은 물속에 저장한다.

5 소화방법

· 물에 의한 주수소화는 절대 금한다.
단, 황린은 금수성이 아니므로 주수소화가 가능하다.
· 마른모래, 금속 화재용 분말약제로 소화한다.
· 알킬알루미늄 화재는 팽창질석 또는 팽창진주암으로 소화한다.

핵심 02 제3류 위험물의 이해

1 칼륨(K) → (원자량 39)

참고 칼륨(K)
① 지정수량 : 10kg
② 위험등급 : Ⅰ등급

(1) 일반적인 성질

비중	융점(℃)	비점(℃)
0.857	63.5	762

· 은백색 광택의 무른 경금속으로 불꽃반응은 보라색
· 흡습성, 조해성이 있다.
· 피부와 접촉하면 화상을 입는다.
① 위험성 : · 에틸알코올과 반응하여 수소(H_2)를 만든다.
· 공기 중에서 수분과 반응하여 수소를 발생한다.

② 저장법 : 비중이 작아 석유(파라핀, 경유, 등유) 속에 소량으로 저장한다.

③ 소화방법 : 마른모래 및 탄산수소염류 분말소화약제가 효과적이다.

→ (주수소화와 사염화탄소(CCl_4)와는 폭발반응을 하므로 절대 금한다.)

(2) 반응식

1. 물과 반응식 : $2K + 2H_2O \rightarrow 2KOH + H_2 \uparrow + 92.8kcal$
(칼륨) (물) (수산화칼륨) (수소) (반응열)

2. 에틸알코올과 반응식 : $2K + 2C_2H_5OH \rightarrow 2C_2H_5OK + H_2 \uparrow$
(칼륨) (에틸알코올) (칼륨에틸레이트) (수소)

3. 공기와의 반응식 : $4K + O_2 \rightarrow 2K_2O$
(칼륨) (산소) (산화칼륨)

2 나트륨(금조, 금속소다, 소듐, Na) → (원자량 23)

참고 나트륨(Na)
① 지정수량 : 10kg
② 위험등급 : Ⅰ등급

참고 나트륨(Na)의 별명
금조, 금속소다, 소듐

(1) 일반적인 성질

비중	융점(℃)	비점(℃)
0.97	97.8	880

·은백색 광택의 무른 경금속으로 불꽃반응은 노란색

·흡습성, 조해성, 피부와 접촉하면 화상을 입는다.

① 위험성 : ·공기 중에서 수분과 반응하여 수소를 발생한다.
·알코올과 반응하여 수소(H_2)를 만든다.

② 저장법 : 비중이 작으므로 석유(파라핀, 경유, 등유) 속에 저장한다.

③ 소화방법 : 마른모래, 건조된 소금, 탄산칼슘 분말의 혼합물로 피복하여 질식소화가 효과적이다. → (주수소화를 절대 금한다.)

(2) 반응식

1. 물과 반응식 : $2Na + 2H_2O \rightarrow 2NaOH + H_2 \uparrow + 88.2kcal$
(나트륨) (물) (수산화나트륨) (수소) (반응열)

2. 에틸알코올과 반응식 : $2Na + 2C_2H_5OH \rightarrow 2C_2H_5ONa + H_2 \uparrow$
(나트륨) (에틸알코올) (나트륨에틸레이트) (수소)

3. 공기와의 반응식 : $4Na + O_2 \rightarrow 2Na_2O$
(나트륨) (산소) (산화나트륨)

4. 이산화탄소와의 반응식 : $4Na + 3CO_2 \rightarrow 2Na_2CO_3 + C$
(나트륨) (이산화탄소) (탄산나트륨) (탄소)

3 알킬알루미늄(R_3Al)

참고 알킬알루미늄(R_3Al)
① 지정수량 : 10kg
② 위험등급 : Ⅰ등급

(1) 일반적인

·알킬기(C_nH_{2n+1})와 알루미늄(Al)이 결합된 화합물

·무색의 액체

·희석제로는 벤젠, 헥산(제1석유류) 등이 있다.

① 위험성 : ·공기 또는 물과 접촉하여 자연 발화한다.
·탄소 $C_1 \sim C_4$까지는 자연 발화의 위험성이 있다.
→ (탄소가 5가 이상이면 점화, 연소하지 않는다.)

② 저장법 : ·저장 시 용기는 완전 밀봉하고 공기 및 물과의 접촉을 피한다.
·저장 시 용기 상부는 불연성 가스로 봉입한다.

③ 소화방법 : 팽창질석, 팽창진주암, 마른모래가 효과적이다.
→ (주수소화와 절대 금한다.)

(2) 종류

종류	트리에틸알루미늄	트리메틸알루미늄
화학식	$(C_2H_5)_3Al$	$(CH_3)_3Al$
외관	무색투명한 액체	무색투명한 액체
분자량	114	72
위험성	·물과 반응하여 에탄 발생 ·공기와 접촉 시 자연발화	·물과 반응하여 메탄 발생 ·공기와 접촉 시 자연발화
저장	·완전 밀봉하고 용기 상부는 불연성가스(질소, 알곤, 이산화탄소) 로 봉입한다. ·희석재로는 벤젠, 헥산, 톨루엔	·완전 밀봉하고 용기 상부는 불연성가스(질소, 알곤, 이산화탄소)로 봉입한다. ·희석재로는 벤젠, 헥산, 톨루엔

(3) 반응식

1. 물과 반응식

① 트리메틸알루미늄

$$(CH_3)_3Al + 3H_2O \rightarrow Al(OH)_3 + 3CH_4 \uparrow$$
(트리메틸알루미늄) (물) (수산화알루미늄) (메탄)

② 트리에틸알루미늄

$$(C_2H_5)_3Al + 3H_2O \rightarrow Al(OH)_3 + 3C_2H_6 \uparrow$$
(트리에틸알루미늄) (물) (수산화알루미늄) (에탄)

2. 공기와 반응식

$$2(C_2H_5)_3Al + 21O_2 \rightarrow 12CO_2 + Al_2O_3 + 15H_2O + 1470.4kcal$$
(트리메틸알루미늄) (산소) (탄산가스) (산화알루미늄) (물) (반응열)

4 알킬리튬(RLi) → (R은 알칼기 : CH_3, C_2H_5, C_3H_7, C_4H_9 등)

(1) 일반적인 성질

·알킬기(C_nH_{2n+1})와 리튬(Li)이 결합된 화합물

·가연성의 액체

① 위험성 : 리튬과 물의 접촉 시 심한 발열과 가연성 수소가스 발생
② 저장법 : 물과의 접촉을 피한다.
③ 소화방법 : 팽창질석, 팽창진주암 등으로 피복소화가 효과적이다.
→ (주수소화와 절대 금한다.)

참고 알킬리튬(RLi)

① 지정수량 : 10kg
② 위험등급 : Ⅰ등급

(2) 종류

종류	메틸리튬	에틸리튬	부틸리튬
화학식	CH_3Li	C_2H_5Li	C_4H_9Li
지정수량	10kg		
외관	무채색 액체	-	무색무취의 액체
분자량	22	36	64
비중	0.9	-	0.765
비점	-	-	80℃

(3) 반응식

1. 물과 반응식

① $2CH_3Li + H_2O \rightarrow LiOH + CH_4 \uparrow$
(메틸리튬) (물) (수산화리튬) (메탄)

② $C_2H_5Li + H_2O \rightarrow LiOH + C_2H_6 \uparrow$
(에틸리튬) (물) (수산화리튬) (에탄)

③ $C_4H_9Li + H_2O \rightarrow LiOH + C_4H_{10} \uparrow$
(부틸리튬) (물) (수산화리튬) (에탄)

2. 공기와 반응식

① $2CH_3Li + 4O_2 \rightarrow 2CO_2 + 3H_2O + Li_2O \uparrow$
(메틸리튬) (산소) (이산화탄소) (물) (산화리튬)

② $C_2H_5Li + 7O_2 \rightarrow 4CO_2 + 5H_2O + Li_2O \uparrow$
(에틸리튬) (산소) (이산화탄소) (물) (산화리튬)

5 황린(P_4) → (분자량 124)

참고 황린(P_4)
① 지정수량 : 20kg
② 위험등급 : Ⅰ등급

(1) 일반적인 성질

착화점(℃) (미분상)	착화점(℃) (고형상)	비중	증기비중	비점(℃)	융점(℃)
34	60	1.82	4.4	280	44

- 환원력이 강한 백색 또는 담황색 고체로 백린이라고도 한다.
- 물에 녹지 않고, 어두운 곳에서 인광을 발한다.
- 벤젠, 알코올에 적게 녹고, 이황화탄소, 염화황, 염화화인에 잘 녹는다.
- 공기를 차단하고 약 260℃ 정도로 가열하면 적린(동소체)이 된다.
- 마늘 냄새가 나는 맹독성 물질이다. → (대인 치사량 0.02~0.05g)
- 피부와 접촉하면 화상을 입는다.

① 위험성 : 발화점이 낮고 화학적 활성이 커 자연 발화할 수 있다.
② 저장법 : 자연 발화성이므로 보호액(pH9의 물) 속에 저장한다.
→ (포스핀(PH_3) 생성 방지를 위해)

참고 고압 주수소화의 문제점
황린을 비산시켜 화점을 분산시키는 위험이 있다.

③ 소화방법 : 마른모래, 주수소화가 효과적이다.

→ (소화 시 유독가스(오산화인(P_2O_5))에 대비하여 보호장구를 착용한다.)

(2) 반응식

1. 연소 반응식 : $P_4 + 5O_2 \rightarrow 2P_2O_5$
(황린) (산소) (오산화인(백색))

2. 물과 반응식 : $P_4 + 3NaOH + 3H_2O \rightarrow 3NaHPO_2 + PH_3 \uparrow$
(황린) (수산화나트륨) (물) (차아인산나트륨) (인화수소(포스핀))

6 알칼리금속(칼륨(K), 나트륨(Na) 제외) 및 알칼리토금속

(1) 리튬(Li) → (원자량 7)

비중	융점(℃)	비점(℃)
0.537	180	1336

- 불꽃반응은 빨간색
- 은백색의 무른 경금속 → (금속 중 가장 가볍다.)

① 위험성 : 물, 산, 알코올과 반응하여 수소를 발생한다.

② 저장법 : 물이 닿지 않도록 건조한 냉소에 저장한다.

③ 소화방법 : 마른모래를 이용한 피복소화가 효과적이다.

물과 반응식 : $2Li + 2H_2O \rightarrow 2LiOH + H_2 \uparrow + 105.4kcal$
(리튬) (물) (수산화리튬) (수소) (반응열)

(2) 칼슘(Ca) → (원자량 40)

비중	융점(℃)	비점(℃)
1.55	851	1484

- 불꽃반응은 황적색
- 은백색의 알칼리토금속으로 결합력이 강하다.

① 위험성 : 물, 산, 알코올과 반응하여 수소를 발생한다.

② 저장법 : 물이 닿지 않도록 건조한 냉소에 저장한다.

③ 소화방법 : 마른모래를 이용한 피복소화가 효과적이다.

물과 반응식 : $Ca + 2H_2O \rightarrow Ca(OH)_2 + H_2 \uparrow + 102kcal$
(칼슘) (물) (수산화칼슘) (수소) (반응열)

7 유기금속화합물(알킬알루미늄 및 알킬리튬 제외)

(1) 디메틸아연[$(CH_3)_2Zn$]

비중	융점(℃)	비점(℃)
1.386	-42.2	46

참고 인화수소(PH_3, 포스핀)

① 순수한 포스핀은 무색무취

② 산업용으로 쓰이는 포스핀은 치환된 화합물이나 다이포스페인(P_2H_4) 때문에 마늘이나 썩은 생선 같은 악취

③ 태울 경우 흰색의 인산이 생성된다.
$PH_3 + 2O_2 \rightarrow H_3PO_4$

④ 제법 : 백린을 수산화칼륨(또는 수산화나트륨)과 반응시키면 생성된다.
$3H_3PO_3 \rightarrow PH_3 + 3H_3PO_4$

참고 알칼리금속 및 알칼리토금속

① 지정수량 : 50kg

② 위험등급 : Ⅱ등급

참고 불꽃반응 시 색상

① 나트륨(Na) : 노란색

② 칼륨(K) : 보라색

③ 칼슘(Ca) : 주황색

④ 구리(Cu) : 청록색

⑤ 바륨(Ba) : 황록색

⑥ 리튬(Li) : 빨간색

참고 유기금속화합물

① 지정수량 : 50kg

② 위험등급 : Ⅱ등급

·무색투명한 유동성 액체

① 위험성 : ·공기중에서 발화하며 탄산가스(CO_2)와도 발화한다.

·물과 만나 메탄(CH_4)을 발생하며 분해한다.

② 소화방법 : 팽창질석, 팽창진주암, 마른모래가 효과적이다.

물과 반응식 : $(CH_3)_2Zn + H_2O \rightarrow ZnO + 2CH_4 \uparrow$
(디메틸아연) (물) (산화아연) (메탄)

(2) 디에틸아연[$(C_2H_5)_2Zn$]

비중	융점(℃)	비점(℃)
1.196	-30	117.6

·무색투명한 액체

① 위험성 : ·공기 중에서 발화한다.

·물과 만나 에탄(C_2H_6)을 발생하며 분해한다.

② 소화방법 : 팽창질석, 팽창진주암, 마른모래가 효과적이다.

물과 반응식 : $(C_2H_5)_2Zn + H_2O \rightarrow ZnO + 2C_2H_6 \uparrow$
(디메틸아연) (물) (산화아연) (에탄)

참고 기타 유기금속화합물

① 트리메틸칼륨[$(CH_3)_3Ga$]
② 트리에틸칼륨[$(C_2H_5)_3Ga$]
③ 트리메틸인듐[$(CH_3)_3In$]
④ 트리에틸인듐[$(C_2H_5)_3In$]
⑤ 테트라메틸주석[$(CH_3)_4Sn$]

8 금속의 수소화물

(1) 수소화리튬(LiH) → (분자량 8)

비중	융점(℃)
0.82	680

·유리 모양의 투명한 고체

·알코올에 녹지 않으며, 알칼리금속의 수소화물 중 안정성이 가장 크다.

·질소와 직접 결합하여 생성물로 질화리튬을 만든다.

① 위험성 : 물과 반응하여 수산화리튬과 수소를 발생한다.

② 소화방법 : 마른모래, 팽창질석, 팽창진주암 등으로 피복소화
→ (물 및 포약제의 소화는 금한다.)

물과 반응식 : $LiH + H_2O \rightarrow LiOH + H_2 \uparrow$
(수소화리튬) (물) (수산화리튬) (수소)

참고 금속의 수소화물

① 지정수량 : 300kg
② 위험등급 : Ⅲ등급

용어 수소화물

수소화합물로써 지정되어 있는 것은 알칼리금속과 알칼리토금속이며 알칼리토금속에서는 Be(베릴륨), Mg(마그네슘)은 제외된다. 물과 접촉하여 수소와 수산화물을 만든다.
① M′ : 원자가 1가의 금속
② M″ : 원자가 2가의 금속

(2) 수소화나트륨(NaH) → (분자량 24)

비중	분해온도(℃)	융점(℃)
0.92	800	300

·회색 입방정계의 결정

① 위험성 : 물과 반응하여 수산화나트륨과 수소를 발생한다.

② 소화방법 : 마른모래, 팽창질석, 팽창진주암 등으로 피복소화

→ (물 및 포약제의 소화는 금한다.)

물과 반응식 : $NaH + H_2O \rightarrow NaOH + H_2 \uparrow + 21kcal$
(수소화나트륨) (물) (수산화나트륨) (수소) (반응열)

(3) 수소화칼슘(CaH_2) → (원자량 42)

비중	융점(℃)	분해온도(℃)
1.9	814~816	675

·무색의 결정

① 위험성 : 물과 반응하여 수산화칼슘과 수소를 발생한다.

② 소화방법 : 마른모래, 팽창질석, 팽창진주암 등으로 피복소화

→ (물 및 포약제의 소화는 금한다.)

물과 반응식 : $CaH_2 + 2H_2O \rightarrow Ca(OH)_2 + 2H_2 \uparrow + 48kcal$
(수소화칼슘) (물) (수산화칼슘) (수소) (반응열)

(4) 수소화칼륨(KH)

·회백색의 결정성 분말

① 위험성 : ·물과 반응하여 수산화칼륨과 수소를 발생한다.
·암모니아와 고온에서 칼륨아마이드와 수소를 생성한다.

1. 물과 반응식 : $KH + H_2O \rightarrow KOH + 2H_2 \uparrow$
(수소화칼륨) (물) (수산화칼륨) (수소)
2. 암모니아와 고온에서의 반응식 : $KH + NH_3 \rightarrow KNH_2 + H_2 \uparrow$
(수소화칼륨) (암모니아) (칼륨아마이드) (수소)

(5) 수소화알루미늄리튬($LiAlH_4$) → (분자량 37.95)

비중	융점(℃)	분해온도(℃)
0.92	125	125~150

·회백색의 결정성 분말

① 위험성 : ·물, 산과 반응하여 수소를 발생한다.
·열분해하여 리튬(Li), 알루미늄(Al), 수소(H_2)로 분해한다.

물과 반응식 : $LiAlH_4 + 4H_2O \rightarrow LiOH + Al(OH)_3 + 4H_2 \uparrow$
(수소화알루미늄리튬) (물) (수산화리튬) (수산화알루미늄) (수소)

9 금속의 인화물

(1) 인화석회/인화칼슘(Ca_3P_2) → (분자량 182)

비중	융점(℃)
2.51	1600

참고 금속의 인화물

① 지정수량 : 300kg
② 위험등급 : Ⅲ등급

·적갈색 괴상의 고체, 수중 조명등으로 사용

① 위험성 : 물, 약산과 반응하여 인화수소(포스핀가스(PH_3))를 발생

② 소화방법 : 마른모래 등으로 피복하여 자연 진화를 기다린다.

→ (물 및 포약제의 소화는 금한다.)

·물과 반응식 : Ca_3P_2 (인화칼슘) + $6H_2O$ (물) → $3Ca(OH)_2$ (수산화칼슘) + $2PH_3$ ↑ (인화수소(포스핀))

·포스핀의 연소 반응식 : $2PH_3$ (포스핀) + $4O_2$ (산소) → P_2O_5 (오산화인) + $3H_2O$ (물)

·약산과의 반응식 : Ca_3P_2 (인화칼슘) + $6HCl$ (염산) → $3CaCl_2$ (염화칼슘) + $2PH_3$ ↑ (인화수소(포스핀))

(2) 인화알루미늄(AlP) → (분자량 58)

비중	융점(℃)
2.4~2.8	1000

·황색 또는 암회색 결정, 살충제의 원료

① 위험성 : 물, 산, 알칼리와 반응하여 유독한 포스핀가스(PH_3) 발생

② 저장법 : 물과 닿지 않도록 냉소에 저장한다.

③ 소화방법 : 마른모래, 탄산가스, 소화분말, 사염화탄소 등으로 한다.

→ (주수소화는 금한다.)

물과 반응식 : AlP (인화알루미늄) + $3H_2O$ (물) → $Al(OH)_3$ (수산화알루미늄) + PH_3 ↑ (포스핀)

10 칼슘 또는 알루미늄의 탄화물(카바이드)

(1) 탄화칼슘(CaC_2) → (분자량 44)

착화점(℃)	비중	융점(℃)	비점(℃)	연소범위(vol%)
335	2.28	2160	2300	2.5~81

·백색 입방체의 결정

·낮은 온도에서는 정방체계이며 시판품은 회색 또는 회흑색의 불규칙한 괴상으로 카바이드라고도 부른다.

① 위험성 : 물과 반응하여 수산화칼슘(소석회)과 아세틸렌가스를 발생

② 저장법 : 밀폐용기에 저장하는 것이 가장 좋으며, 장기간 저장 시에는 불연성 가스(질소가스, 알곤(아르곤)가스 등)를 충전한다.

③ 소화방법 : 마른모래, 팽창질석, 탄산수소염료 분말소화약제 등으로 한다. → (주수소화는 금한다.)

참고 칼슘 또는 알루미늄 탄화물

① 지정수량 : 300kg

② 위험등급 : Ⅲ등급

참고 카바이드

금속의 탄화물의 총칭

1. 물과 반응식 : $CaC_2 + 2H_2O \rightarrow Ca(OH)_2 \uparrow + C_2H_2 + 27.8kcal$
(탄화칼슘) (물) (수산화칼슘) (아세틸렌) (반응열)

2. 약 700℃에서 질소와의 반응식 :

$CaC_2 + N_2 \rightarrow CaCN_2 \uparrow + C + 74.6kcal$
(탄화칼슘) (질소) (칼슘시안아마이드) (탄소) (반응열)

(2) 탄화알루미늄(Al_4C_3) → (분자량 143.95)

비중	분해온도(℃)
2.36	1400

·무색 또는 황색의 단단한 결정

① 위험성 : 물과 반응하여 수산화알루미늄과 메탄(3몰)가스를 발생한다.

② 저장법 : 직사광선을 피하고 건조한 장소에 보관한다.

③ 소화방법 : 마른모래, 팽창질석, 팽창진주암 등으로 피복소화

→ (물 및 포약제의 소화는 금한다.)

물과 반응식 : $Al_4C_3 + 12H_2O \rightarrow 4Al(OH)_3 \uparrow + 3CH_4 + 360kcal$
(탄화알루미늄) (물) (수산화알루미늄) (메탄) (반응열)

(3) 탄화망간(망가니즈)(Mn_3C)

① 위험성 : 물과 반응하여 메탄과 수소를 발생한다.

물과 반응식 : $Mn_3C + 6H_2O \rightarrow 3Mn(OH)_2 \uparrow + CH_4 + H_2 \uparrow$
(탄화망간) (물) (수산화망간) (메탄) (수소)

(4) 탄화마그네슘(Mg_2C_2)

① 위험성 : 물과 반응하여 수산화마그네슘과 프로핀이 발생한다.

물과 반응식 : $Mg_2C_2 + 4H_2O \rightarrow 2Mg(OH)_2 \uparrow + C_3H_4 \uparrow$
(탄화마그네슘) (물) (수산화마그네슘) (프로핀)

(5) 탄화물이 물과 반응 시 생성 가스

탄화물	가스명
탄화칼슘(CaC_2)	아세틸렌가스(C_2H_2)
탄화칼륨(K_2C_2)	
탄화나트륨(Na_2C_2)	
탄화리튬(Ni_2C_2)	
탄화알루미늄(Al_4C_3)	메탄(CH_4)
탄화베릴륨(Be_2C)	
탄화망간(망가니즈)(Mn_3C)	메탄(CH_4), 수소(H_2)

5장 제4류 위험물 → (인화성 액체)

핵심 01 제4류 위험물의 성질

> **참고** 5장에서 반드시 암기할 내용
> ① 제4류 위험물의 정의
> ② 제4류 위험물의 품명 및 지정수량
> ③ 제4류 위험물의 저장 및 취급방법
> ④ 제4류 위험물의 일반성질

1 제4류 위험물의 품명 및 지정수량

(1) 정의

고체 또는 액체로 공기 중에서 발화의 위험성이 있거나 물과 접촉하여 발화하거나 가연성 가스를 발생하는 위험성이 있은 것을 말한다.

(2) 종류 및 주요 특성

① 품명 및 위험등급

유별 및 성질	위험등급	품명	지정수량	
제4류 인화성 액체	Ⅰ	1. 특수인화물	50L	
	Ⅱ	2. 제1석유류	비수용성 액체	200L
			수용성 액체	400L
		3. 알코올류	400L	
	Ⅲ	4. 제2석유류	비수용성 액체	1,000L
			수용성 액체	2,000L
		5. 제3석유류	비수용성 액체	2,000L
			수용성 액체	4,000L
		6. 제4석유류	6,000L	
		7. 동·식물유류	10,000L	

> **참고** 제4류 위험물의 지정품목
> ① 특수인화물 : 이황화탄소, 디에틸에테르
> ② 제1석유류 : 아세톤, 휘발유
> ③ 제2석유류 : 등유, 경유
> ④ 제3석유류 : 주유, 그레오소오트유
> ⑤ 제4석유류 : 기어유, 실린더유

② 품명 및 성질

품명	성질	
특수인화물	1기압에서 액체로 되는 것으로서 인화점이 -20℃ 이하, 비점이 40℃ 이하이거나 착화점이 100℃ 이하인 것을 말한다.	
	이황화탄소, 디에틸에테르, 아세트알데히드, 산화프로필렌	
제1석유류	1기압 상온에서 액체로 인화점이 21℃ 미만인 것을 말한다.	
	비수용성	휘발유, 메틸에틸케톤, 톨루엔, 벤젠, 초산에스테르류(초산 메틸, 초산 에틸)
	수용성	시안화수소, 아세톤, 피리딘
알코올류	1분자를 구성하는 탄소원자수가 $C_1 \sim C_3$인 포화 1가 알코올을 말한다.	
	메틸알코올, 에틸알코올, 프로필알코올	

품명	성질	
제2석유류	1기압 상온에서 액체로 인화점이 21℃ 이상 70℃ 미만인 것을 말한다. → (가연성 액체량이 40wt% 이하이면서 인화점이 40℃ 이상인 동시에 연소점이 60℃ 이상인 것은 제외)	
	비수용성	등유, 경유, 스티렌, 크실렌(자일렌), 클로로벤젠 테레핀유(송정유)
	수용성	아세트산, 아크릴산, 폼산, 히드라진
제3석유류	1기압 상온에서 액체로 인화점이 70℃ 이상 200℃ 미만인 것을 말한다. → (가연성 액체량이 40wt% 이하인 것은 제외)	
	비수용성	크레오소트유, 중유, 아닐린, 니트로벤젠
	수용성	글리세린, 에틸렌글리콜
제4석유류	1기압 상온에서 액체로 인화점이 200 ° C 이상 250℃ 미만인 것을 말한다. → (가연성 액체량이 40wt% 이하인 것은 제외)	
	윤활유, 기어유, 실린더유, 가소제(DOA)	
동·식물유류	동물의 지육 등 또는 식물의 종자나 과육으로부터 추출한 것으로서 1기압에서 인화점이 250℃ 미만인 것을 말한다. → (건성유, 반건성유, 불건성유)	

2 제4류 위험물의 일반성질

- 인화되기 매우 쉬운 액체이다.
- 착화온도가 낮은 것은 위험하다.
- 물보다 가볍고 물에 녹기 어렵다.
  → (이황화탄소는 물보다 무겁고, 알코올은 물에 잘 녹는다.)
- 증기는 공기보다 무거운 것이 대부분이다(낮은 곳에 체류).
  → (전기콘센트를 1.5m 이상 높이에 설치하는 이유)

1. $증기비중 = \frac{측정물질의\ 분자량}{평균대기\ 분자량(약\ 29)}$

2. $증기밀도 = \frac{1(g)\ 분자량(g/mol)}{22.4L/mol}$

- 공기와 혼합된 증기는 연소의 우려가 있다.
- 전기의 부도체로서 정전기 축적이 용이하다.

참고 인화성 액체의 인화점 측정시험

1. 태크(Tag)밀폐식 인화점측정기로 측정한다.
2. 신속평형법 인화점 측정방법
   → 인화점이 0℃이상 80℃ 미만
3. 클리브랜드 개방컵 인화점 측정
   → 인화점이 섭씨 80℃를 초과하는 경우

3 저장 및 취급방법

- 인화점 이하로 유지한 상태로 화기 및 점화원으로부터 멀리 저장·취급한다.
- 저장 용기는 밀전 밀봉하여 통풍이 잘 되는 냉암소에 저장한다.
- 증기나 액체가 누설되지 않도록 한다.
- 이송 및 혼합 시 정전기 방지를 위한 접지를 한다.
- 증기는 가급적 높은 곳으로 배출할 것
- 정전기의 발생에 주의하여 저장 및 취급할 것

용어 밀전

용기의 주입구를 마개를 사용하여 닫음

4 소화방법

- 일반적으로 포약제에 의한 소화방법이 가장 효과적이다.

→ (제4류 위험물은 비중이 물보다 작기 때문에 주수소화는 유증기 발생 우려 및 화재 면을 확대시킬 수 있으므로 절대 금한다.)

- 수용성 위험물에는 알코올포를 사용하거나 다량의 물로 희석시켜 가연성 증기의 발생을 억제하여 소화한다.
- 소량의 위험물의 연소 시에는 물을 제외한 소화약제로 CO_2, 분말, 할로겐화합물로 질식소화 하는 것이 효과적이다.
- 대량의 경우에는 포에 의한 질식소화가 효과적이다.

핵심 02 제4류 위험물의 이해

1 특수인화물

> 참고 특수인화물
> ① 지정수량 : 50L
> ② 위험등급 : Ⅰ등급

(1) 정의 및 특성

① 정의 : 1기압에서 액체로 되는 것으로서 인화점이 -20℃ 이하, 비점이 40℃ 이하이거나 착화점이 100℃ 이하인 것을 말한다.

② 특성 : · 비점이 낮다. · 인화점이 낮다.
· 연소 하한 값이 낮다. · 증기압이 높다.

(2) 이황화탄소(CS_2, 2유화탄소) → (분자량 76)

인화점(℃)	착화점(℃)	비중	증기비중	비점(℃)	연소범위(vol%)
-30	100	1.26	2.62	46.25	1~44

- 무색투명한 휘발성 액체(불쾌한 냄새)이나 일광을 쬐이면 황색으로 변색한다.
- 제4류 위험물 중 착화온도가 가장 낮다.
- 물에 녹지 않고 알코올, 에테르, 벤젠 등의 유기용제에는 잘 녹는다.
- 황, 황린, 수지, 고무 등을 잘 녹인다.

① 위험성 : 연소 시 이산화탄소와 유독성 가스인 이산화황을 발생한다.

② 저장법 : 물보다 무거워 물속(물탱크, 수조)에 저장한다.

→ (물속에 넣어 가연성 증기의 발생을 억제한다.)

> 참고 제4류 위험물임에도 주수소화가 가능한 이유
> 물보다 비중이 커서 물속에 가라앉으므로 질식소화가 효과가 있다.

③ 소화방법 : 포말, 분말, CO_2, 할로겐화합물 소화기 등을 사용한 질식소화

1. 연소 반응식(100℃) : $CS_2 + 3O_3 \rightarrow CO_2\uparrow + 2SO_2\uparrow$
(이황화탄소) (산소) (이산화탄소) (아황산가스(이산화황))

2. 물과 가열 반응식(150℃) : $CS_2 + 2H_2O \rightarrow CO_2\uparrow + 2H_2S\uparrow$
(이황화탄소) (물) (이산화탄소) (황화수소)

(3) 디에틸에테르($C_4H_{10}O$, 에틸에테르/에테르) → (분자량 74)

일반식	구조식
R-O-R' (R 및 R'는 알칼리를 의미)	H-C(H)(H)-C(H)(H)-O-C(H)(H)-C(H)(H)-H

인화점(℃)	착화점(℃)	비중	증기비중	비점(℃)	연소범위(vol%)
-45	180	0.72	2.6	34.6	1.9~48

- 무색투명한 휘발성이 강한 액체, 증기는 마취성이 있다.
- 인화성이 강하고 물에 잘 녹지 않으며, 알코올에는 잘 녹는다.
- 전기의 부도체이므로 정전기가 발생하기 쉽다.

① 위험성

- 장시간 공기와 접촉하면 과산화물이 생성될 수 있다.
- 가열, 충격, 마찰에 의해 폭발할 수 있다.
- 인화성이며 과산화물이 생성되면 5류 위험물과 같은 위험성

㉮ 과산화물 검출시약 : 요오드화칼륨(KI) 10% 수용액

→ 황색 변화(과산화물 존재)

㉯ 과산화물 제거시약 : 황산제1철($FeSO_4$)

㉰ 과산화물 생성방지 : 40메시 구리망을 넣거나 5% 용량의 물을 넣는다.

② 저장법 : 용기는 밀봉하여 갈색병을 사용하여 냉암소에 저장한다.

㉮ 보관 시 5~10% 이상의 공간용적을 확보한다.

㉯ 보관 시 정전기 생성 방지를 위하여 염화칼슘($CaCl_2$)을 넣어준다.

③ 소화방법 : 이산화탄소에 의한 질식소화가 가장 효과적이다.

1. 제조법(에테르)

$$C_2H_5OH + C_2H_5OH \xrightarrow{C-H_2SO_4(\text{황산})} C_2H_5OC_2H_5\uparrow + H_2O\uparrow$$

(에틸알코올) (에틸알코올) (축합반응) (디에틸에테르) (물)

2. 연소 반응식 : $C_2H_5OC_2H_5 + 6O_2 \rightarrow 4CO_2\uparrow + 5H_2O\uparrow$

(디에틸에테르) (산소) (이산화탄소) (물)

(4) 아세트알데히드(CH_3CHO, 초산알데히드) → (분자량 44)

구조식	H-C(H)(H)-C(=O)-H

인화점(℃)	착화점(℃)	비중	증기비중	비점(℃)	연소범위(vol%)
-38	185	0.78	1.52	21	4.1~57

- 휘발성이 강한 무색투명한 액체 → (자극성 과일향)

·물, 알코올, 에테르에 잘 녹는다.
·과망간산칼륨에 의해 쉽게 산화되는 유기화합물이다.
·환원성이 강하여 은거울 반응, 펠링용액의 환원반응을 한다.

① 위험성 : ·산과 접촉하면 중합하여 발열, 폭발한다.
·구리(Cu), 마그네슘(Mg), 은(Ag), 수은(Hg) 또는 이들의 합금과 반응하여 아세틸라이더 생성

② 저장법 : ·구리, 마그네슘, 은, 수은 또는 이의 합금으로 된 용기사용 금지
·용기는 폭발 방지를 위하여 불연성 가스(질소(N_2), 이산화탄소(CO_2) 등) 또는 수증기를 봉입시켜야 한다.

③ 소화방법 : 안개모양의 물, CO_2, 분말 등 질식소화가 효과적이다.

참고

【은거울반응】
① 환원성 유기화합물을 검출하는 반응의 하나
② 내면을 깨끗하게 한 유리 용기 속에 시료용액을 넣고 질산은암모니아용액을 가하여 가열하면 은이온이 환원되어 유리 용기가 은도금된다.

【펠링반응】
① 글루코스 등의 환원당이나 알데히드처럼 환원력이 강한 물질을 검출하는데 쓰이는 반응
② 알데히드나 환원당을 용액에 넣고 가열하면 용액이 붉은색으로 변하게 된다.

1. 연소반응식 : $2CH_3CHO + 5O_2 \rightarrow 4CO_2 \uparrow + 4H_2O \uparrow$
(아세트알데히드) (산소) (이산화탄소) (물)

2. 산화반응식 : $2CH_3CHO + O_2 \rightarrow 2CH_3COOH$
(아세트알데히드) (산소) (아세트산)

3. 환원반응식 : $CH_3CHO + H_2 \rightarrow C_2H_5OH$
(아세트알데히드) (수소) (에탄올)

(5) 산화프로필렌(OCH_2CHCH_3, 프로필렌옥사이드) → (분자량 58)

구조식

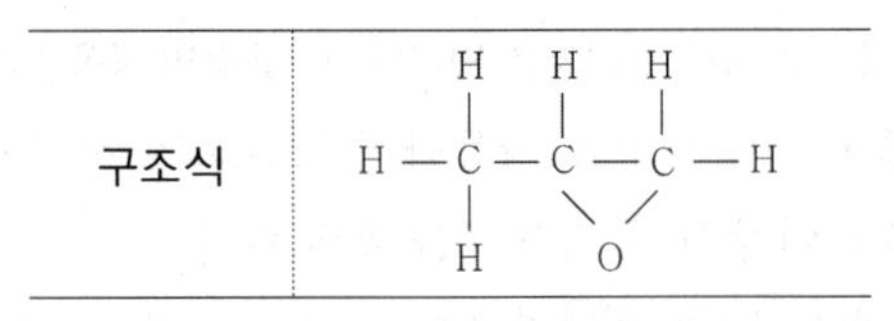

인화점(℃)	착화점(℃)	비중	증기비중	비점(℃)	연소범위(vol%)
-37	465	0.83	2	34	2.5~38.5

·무색투명한 액체 (에테르향)
·물, 알코올, 에테르, 벤젠에 잘 녹는다.

① 위험성 : ·증기 및 액체는 인체에 해롭다.
·구리(Cu), 마그네슘(Mg), 은(Ag), 수은(Hg) 또는 이들의 합금과 반응하여 아세틸라이더 생성
·제4류 중 증기압(45mmHg)이 가장 크고, 기화되기 쉽다.

② 저장법 : ·저장 시 용기는 폭발 방지를 위하여 불연성 가스(N_2) 또는 수증기를 봉입시켜야 한다.
·구리, 마그네슘, 은, 수은 또는 이의 합금으로 된 용기사용 금지

③ 소화방법 : CO_2, 분말, 할로겐화합물 소화기를 사용한다.
→ (포말은 소포되므로 사용하지 못한다.)

연소반응식 : $OCH_2CHCH_3 + 4O_2 \rightarrow 3CO_2 \uparrow + 3H_2O$
(산화프로필렌) (산소) (이산화탄소) (물)

2 제1석유류

(1) 정의 및 일반적 성질

① 정의 : 1기압 상온에서 액체로 인화점이 21℃ 미만인 것을 말한다.

② 일반적인 성질

- 물보다 가볍고 물에 녹지 않는다.
- 알카인(C_nH_{2n+2}) 또는 알켄(C_nH_{2n})계 탄화수소이다.
- 증기는 공기보다 무거워 낮은 곳에 체류한다.

(2) 아세톤(CH_3COCH_3, 디메틸케톤) → (분자량 58)

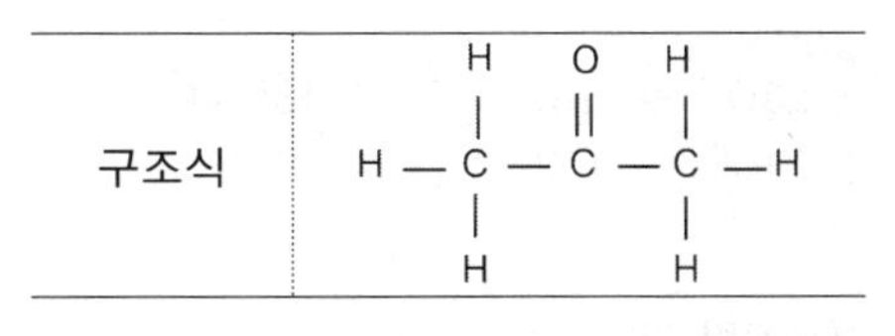

인화점(℃)	착화점(℃)	비중	증기비중	비점(℃)	연소범위(vol%)
-18	538	0.79	2.0	56.5	2.6~12.8

- 무색투명하고 수용성, 휘발성, 액체다.
- 액체는 물보다 가볍고, 증기는 공기보다 무겁다.
- 물, 알코올, 에테르에 잘 녹는다.
- 일광에 분해되고, 보관 중 황색으로 변한다.
- 피부에 닿으면 탈지작용을 일으킨다.
- 요오드폼반응을 한다.

① 위험성 : 인화점이 낮아 겨울철에도 인화의 위험성이 있다.

② 저장법 : 저장은 밀봉하여 건조하고 서늘한 장소에 저장한다.

③ 소화방법 : 수용성이므로 분무소화가 가장 효과적이며 질식소화기가 좋고, 화학포는 소포되므로 알코올포소화기를 사용한다.

연소반응식 : $CH_3COCH_3 + 4O_2 \rightarrow 3CO_2\uparrow + 3H_2O$
(디메틸케톤) (산소) (이산화탄소) (물)

(3) 휘발유(가솔린) → (분자량 58)

인화점(℃)	착화점(℃)	비중	증기비중	비점(℃)	연소범위(vol%)
-43~-20	300	0.65~0.80	3~4	30~210	1.4~7.6

- 지정수량(비수용성) 200L
- 포화·불포화탄화가스가 주성분
- 물보다 가볍고 물에 잘 녹지 않는다.
- 전기의 불량도체로서 정전기 축적이 용이하다.

참고 제1석유류

① 지정수량 : 비수용성 200L
수용성 400L

② 위험등급 : II등급

용어

【탈지작용】

피부의 지방층을 녹여 피부에 하얀 분비물이 생기는 현상

【요오드(아이오딘)폼반응】

아세틸기를 가진 물질에 요오드와 수산화나트륨 수용액을 가하면 요오드폼의 노란색 침전물이 생기는 반응. 아세톤, 에틸알코올, 아세트알데히드 등을 검출할 때 이용한다.

참고 【석유의 분별 증류】

원유는 가열하면 끓는점 차이에 의해 다음 순으로 분류된다.

① 석유가스 : 30℃ 이하
② 가솔린 : 30~80℃
③ 나프타 : 85~180℃
④ 등유 : 180~240℃)
⑤ 경유 : 240~340℃)
⑥ 중유 : 340℃ 이상
⑦ 윤활유 : 잔여물
⑧ 아스팔트 : 잔여물

·공업용은 무색, 자동차용은 노란색(무연), 고급은 녹색이다.
·증기는 공기보다 무거워 낮은 곳에 체류하기 쉽다.
·가솔린의 첨가물 :
  1. 유연가솔린 : 사에틸납[$(C_2H_5)_4Pb$]
  2. 무연가솔린 : MTBE(메틸터셔리부틸에테르), 메탄올 등
·휘발성의 측정치 : 옥탄가(옥탄값)
·제조법으로는 직류법(분류법), 열분해법(크래킹), 접촉개질법(리포밍)
① 위험성 : 인화성이 매우 강하다.
② 저장법 : 직사광선을 피하고 통풍이 잘 되는 곳에 저장한다.
③ 소화방법 : 포소화약제, 분말소화약제에 의한 소화가 효과적이다.

용어 【옥탄값(옥탄가)】
① 가솔린이 연소할 때 이상 폭발을 일으키지 않는 정도를 나타내는 수치를 말한다. 옥탄가가 높은 가솔린일수록 이상폭발을 일으키지 않고 잘 연소하기 때문에 고급 휘발유로 평가된다.
② iSO(아이소)옥탄을 100, n(노멀)헵탄을 0으로 하여 가솔린의 품질을 정하는 기준

연소반응식 : $2C_8H_{18} + 25O_2 \rightarrow 16CO_2 \uparrow + 18H_2O$
(옥탄) (산소) (이산화탄소) (물)

(4) 벤젠(C_6H_6, 벤졸) → (분자량 78)

구조식	(벤젠 구조식)

인화점 (℃)	착화점 (℃)	비중	증기비중	비점 (℃)	융점 (℃)	연소범위 (vol%)
-11	562	0.879	2.69	80	5.5	1.4~7.1

·무색투명한 휘발성, 독성이 있는 액체
·물에 잘 녹지 않고 알코올, 아세톤, 에테르에 잘 녹는다.
·증기는 공기보다 무거워 낮은 곳에 체류하므로 주의한다.
① 위험성 : 증기(1급 발암물질)는 유독하여 흡입하면 위험하다.
② 저장법 : 직사광선을 피하고 통풍이 잘 되는 곳에 저장한다.
③ 소화방법 : 대량일 경우 포말소화기가 가장 좋고, 질식소화기(CO_2, 분말)도 좋다.

연소반응식 : $2C_6H_6 + 15O_2 \rightarrow 12CO_2 \uparrow + 6H_2O$
(벤젠) (산소) (이산화탄소) (물)

(5) 톨루엔($C_6H_5CH_3$, 메틸벤젠) → (분자량 92)

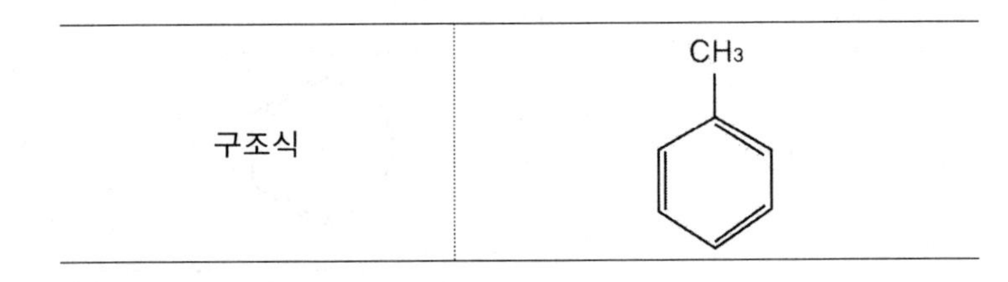

인화점(℃)	착화점(℃)	비중	증기비중	비점(℃)	연소범위(vol%)
4	552	0.871	3.14	110.6	1.4~6.7

· 무색투명한 휘발성이 있는 가연성 액체로 벤젠향과 같은 독특한 냄새
· 물에 잘 녹지 않지만, 알코올, 에테르, 벤젠 등과 잘 섞인다.
· 증기는 공기보다 무거워 낮은 곳에 체류하므로 주의한다.
· 벤젠보다 독성이 약하다. → (벤젠의 1/10)
· T.N.T(트리니트로톨루엔, 제5류 위험물)의 원료

① 위험성 : 인화성이 강하고, 연소하여 이산화탄소와 물이 생성된다.
② 저장법 : 마찰, 충격, 화기를 피해 저장한다.
③ 소화방법 : 소화분말, 포에 의한 질식소화가 효과적이다.

연소반응식 : $2C_6H_6$ (벤젠) + $15O_2$ (산소) → $12CO_2$↑ (이산화탄소) + $6H_2O$ (물)

(6) 메틸에틸케톤($CH_3COC_2H_5$, MEK) → (분자량 72)

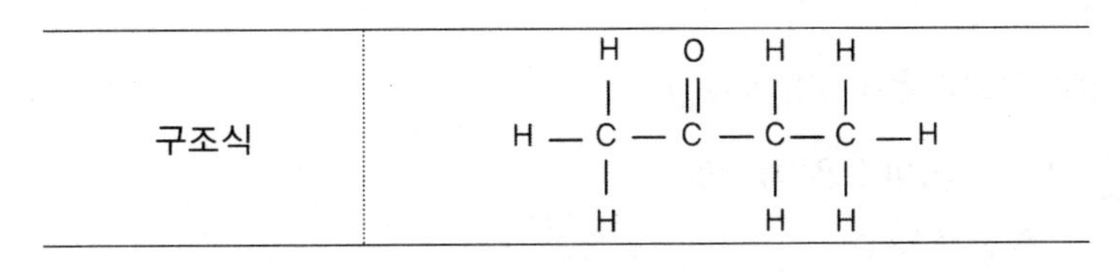

인화점(℃)	착화점(℃)	비중	증기비중	비점(℃)	연소범위(vol%)
-1	516	0.81	2.48	80	1.8~11.5

· 냄새가 있는 휘발성 무색의 액체
· 물, 알코올, 에테르에 잘 녹는다.
→ (※메틸에틸케톤은 수용성이지만 비수용성으로 분류된다.)
· 피부에 닿으면 탈지작용을 일으킨다.

① 위험성 : 인화점이 0℃보다 낮아 화재 위험이 크다.
② 소화방법 : 수용성이므로 분무소화가 가장 효과적이며 질식소화기가 좋고, 화학포는 소포되므로 알코올포소화기를 사용한다.

연소반응식 : $2CH_3COC_2H_5$ (메틸에틸케톤) + $11O_2$ (산소) → $8CO_2$↑ (이산화탄소) + $8H_2O$ (물)

(7) 피리딘(C_5H_5N, 아딘) → (분자량 79.1)

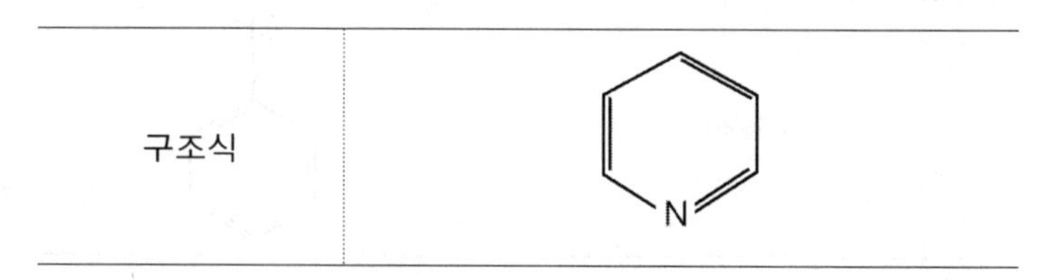

인화점(℃)	착화점(℃)	비중	증기비중	비점(℃)	연소범위(vol%)
20	482	0.98	2.73	115	1.8~12.4

- 지정수량(수용성) 400L
- 무색투명(순수한 것) 또는 담황색(불순물 포함)의 약 알칼리성 액체
- 물, 알코올, 에테르에 잘 녹고 흡습성이 강하고 질산과 함께 가열해도 폭발하지 않는다.
- 악취와 독성을 가진다.
- 최대 허용 농도 5ppm

① 위험성 : ·상온에서 인화의 위험이 있다.
·수용액에서 인화의 위험성이 있으므로 화기에 주의한다.
·공기보다 무겁고 증기폭발의 가능성이 있다.

연소반응식 : $4C_5H_5N + 29O_2 \rightarrow 20CO_2\uparrow + 10H_2O + 4NO_2\uparrow$
(피리딘) (산소) (이산화탄소) (물) (이산화질소)

(8) 콜로디온($C_{12}H_{16}N_4O_{18}$)

- 지정수량(비수용성) 200L
- 인화점 -18℃
- 무색투명한 끈기 있는 액체
- 질화도가 낮은 질화면을 에틸알코올 3과 디에틸에테르 1의 비율로 혼합액에 녹인 것

① 위험성 : 연소 시 용제가 휘발한 후에 폭발적으로 연소한다.
② 소화방법 : 알코올포, 이산화탄소, 분무주수 등으로 소화한다.

(9) 헥산(C_5H_{14}, 헥세인) → (분자량 86.18)

- 지정수량(비수용성) 200L
- 무색투명한 휘발성 액체
- 물에 녹지 않고 알코올, 에테르에 녹는다.

(10) 초산에스테르류(아세트산에스테르류)

① 초산메틸(CH_3COOCH_3, 아세트산메틸)

구조식	H—C(H)(H)—C(=O)—O—C(H)(H)—H

인화점(℃)	착화점(℃)	비중	비점(℃)	연소범위(vol%)
-10	454	0.93	60	3.1~16

- 지정수량(비수용성) 200L
- 초산과 메틸알코올의 축합물로 가수분해하면 초산과 메틸알코올로 된다.
- 마취성 및 독성이 있는 향기나는 액체로 초산에스테르류 중 수용성이 가장 크다.
- 탈지작용을 한다.

㉮ 위험성 : 휘발성, 인화성이 강하다.

㉯ 소화방법 : 알코올포를 사용하고 강산화제와 접촉을 금한다.

연소반응식 : $2CH_3COOCH_3 + 7O_2 \rightarrow 6CO_2\uparrow + 6H_2O$
(초산메틸) (산소) (이산화탄소) (물)

② 초산에틸($CH_3COOC_2H_5$, 아세트산에틸) → (분자량 88.11)

인화점(℃)	착화점(℃)	비중	비점(℃)	연소범위(vol%)
-4	427	0.9	77	2.5~9.6

- 지정수량(비수용성) 200L
- 무색투명한 액체로 과일향기가 난다. → (과일에센스(파인애플)로 사용)
- 수용성이 비교적 적다.

③ 초산프로필($CH_3COOC_3H_7$, 아세트산프로필)

인화점(℃)	착화점(℃)	비중	비점(℃)	연소범위(vol%)
14	449	0.887	102	2.5~9.6

- 지정수량(비수용성) 200L
- 무색의 액체
- 인화·폭발성이 있다.

(11) 시안화수소(HCN, 청산) → (분자량 65.12)

인화점(℃)	착화점(℃)	비중	증기비중	비점(℃)	연소범위(vol%)
−17	538	0.69	0.932	26	5.6~40

- 지정수량(수용성) 400L
- 무색의 액체로 특유한 냄새가 난다.
- 물, 알코올에 잘 녹고 수용액은 약산성이다.
- 강한 독성(맹독) 및 폭발성을 가진다.
- 제4류 위험물 중 유일하게 증기가 공기보다 가볍다.

① 위험성 : 휘발성이 매우 높아 인화의 위험성이 크다.

② 저장법 : 저장 중 수분 또는 알칼리와 접촉되지 않도록 용기는 밀봉한다.

연소반응식 : $4HCN + 5O_2 \rightarrow 2N_2\uparrow + 4CO_2\uparrow + 2H_2O$
(시안화수소) (산소) (질소) (이산화탄소) (물)

(12) 의산에스테르류

① 의산메틸($HCOOCH_3$, 개미산메틸, 폼산메틸)

구조식	H—C(=O)—O—C(H)(H)—H

인화점(℃)	착화점(℃)	비중	용해도	비점(℃)	연소범위(vol%)
−19	449	0.98	23.3	32	5~20

- 지정수량(수용성) 400L
- 마취성 및 독성을 가지고 있으며 럼주와 같은 냄새를 내며 수용성
- 의산과 메틸알코올의 축합물로서 가수분해하여 의산과 메틸알코올로 된다.
- 소화방법에는 수용성이므로 알코올포를 사용한다.

연소반응식 : $HCOOCH_3 + 2O_2 \rightarrow 2CO_2\uparrow + 2H_2O$
(의산메틸) (산소) (이산화탄소) (물)

② 의산에틸($HCOOC_2H_5$, 개미산에틸, 폼산에틸)

인화점(℃)	착화점(℃)	비중	용해도	비점(℃)	연소범위(vol%)
−20	578	0.9	13.6	54	2.7~13.5

- 지정수량(비수용성) 200L
- 증기는 약간의 마취성이 있으나 독성은 없다.

·복숭아향이 나는 수용성이다.
·에테르, 벤젠에 잘 녹으며 물에는 약간 녹는다.
·의산과 메틸알코올의 축합물로서 가수분해하여 의산과 메틸알코올로 된다.
·휘발하기 쉽다.
·니트로셀룰로오스용 용제로 사용된다.

3 알코올류

(1) 정의

1분자를 구성하는 탄소원자수가 $C_1 \sim C_3$인 포화 1가 알코올(변성알코올 포함)을 말한다.

(2) 메틸알코올(CH_3OH, 메탄올, 목정) → (분자량 32)

일반식	R-OH (R은 알킬기)
구조식	H—C(H)(H)—O—H

인화점(℃)	착화점(℃)	비중	증기비중	비점(℃)	연소범위(vol%)
11	464	0.8	1.1	65	7.3~36

·무색투명한 휘발성 액체
·물, 에테르에 잘 녹고 알코올류 중에서 수용성이 가장 높다.
·목재 건류의 유출액으로 목정이라고도 한다.
·산화되면 폼알데히드를 거쳐 최종적으로 폼산(개미산)이 된다.
·연소범위를 좁게 하기 위해 불활성기체(질소, 이산화탄소, 아르곤 등)를 첨가한다.

① 위험성 : 독성이 있어 30~100ml 복용 시 실명 또는 치사에 이른다.
② 저장법 : 직사광선을 피하고 통풍이 잘 되는 서늘한 곳에 저장
③ 소화방법 : 각종 소화기를 사용, 만약 포말소화기를 사용할 경우 화학포·기계포는 소포되므로 특수포인 알코올포를 사용한다.

1. 연소반응식 : $2CH_3OH + 3O_2 \rightarrow 2CO_2\uparrow + 4H_2O$
(메틸알코올) (산소) (이산화탄소) (물)

2. 산화·환원반응식 : $CH_3OH \underset{환원(+2H)}{\overset{산화(-2H)}{\rightleftarrows}} HCHO \underset{환원(-O)}{\overset{산화(+O)}{\rightleftarrows}} HCOOH$
(메틸알코올) (폼알데히드) (폼산)

참고 알코올류
① 지정수량 : 400L
② 위험등급 : II등급

참고 1차, 2차, 3차 알코올
① **1차 알코올**: 히드록실기(-OH기)가 연결된 탄소에 직접 붙어있는 알킬기(R-)의 수가 1개
② **2차 알코올**: 히드록실기(-OH기)가 연결된 탄소에 직접 붙어있는 알킬기(R-)의 수가 2개
③ **3차 알코올**: 히드록실기(-OH기)가 연결된 탄소에 직접 붙어있는 알킬기(R-)의 수가 3개

참고 변성알코올
에틸알코올에 메틸알코올을 소량 참가하여 음료로 사용하지 못하며 공업용으로 사용되는 값이 싼 알코올

참고 증기비중
대기중에서 공기와의 무게의 비
$= \frac{기체의\ 분자량}{공기의\ 분자량(29)}$

참고 【산화·환원】

	산화	환원
산소	+(증가)	-(감소)
수소	-(감소)	+(증가)
전자	-(감소)	+(증가)
산화수	+(증가)	-(감소)

(3) 에틸알코올(C_2H_5OH, 에탄올, 1가 알코올, 주정) → (분자량 46)

일반식	R-OH (R은 알킬기)
구조식	$H-\underset{H}{\overset{H}{C}}-\underset{H}{\overset{H}{C}}-O-H$

인화점(℃)	착화점(℃)	비중	증기비중	비점(℃)	연소범위(vol%)
13	423	0.8	1.59	79	4.3~19

- 무색투명한 휘발성 액체로 수용성, 술에 포함되어 있어 주정이라고도 한다.
- 유기 용제로 연소 시 주간에는 불꽃이 잘 보이지 않는다.
- 검출법으로 요오드(아이오딘화)폼반응으로 황색침전이 생성된다.
- 산화되면 아세트알데히드를 거쳐 최종적으로 아세트산(초산)이 된다.
- 진한 황산과 혼합하여 140℃로 가열하면 디에틸에테르와 물이 나오며, 160℃로 가열하면 에틸렌가스와 물이 생성된다.

① 위험성 : 인화의 위험성이 강하다.

② 저장법 : 직사광선을 피하고 통풍이 잘 되는 서늘한 곳에 저장

③ 소화방법 : 질식소화(이산화탄소 소화설비, 포·분말소화설비)

1. 연소반응식 : $C_2H_5OH + 3O_2 \rightarrow 2CO_2\uparrow + 3H_2O$
   (에틸알코올) (산소) (이산화탄소) (물)

2. 산화·환원반응식 : $C_2H_5OH \underset{환원(+2H)}{\overset{산화(-2H)}{\rightleftarrows}} CH_3CHO \underset{환원(-O)}{\overset{산화(+O)}{\rightleftarrows}} HC_3COOH$
   (에틸알코올) (아세트알데히드) (아세트산)

3. 140℃에서 진한 황산과 반응식
   $2C_2H_5OH \xrightarrow[탈수축합]{C-H_2SO_4} 2C_2H_5OC_2H_5 + H_2O$
   (에틸알코올) (디에틸에테르) (물)

4. 160℃에서 진한 황산과 반응식
   $C_2H_5OH \xrightarrow[160℃\ 탈수]{C-H_2SO_4} 2C_2H_4\uparrow + H_2O$
   (에틸알코올) (에틸렌) (물)

(4) 프로필알코올(C_3H_7OH, 프로판올) → (분자량 60.1)

구조식	$H-\underset{H}{\overset{H}{C}}-\underset{OH}{\overset{H}{C}}-\underset{H}{\overset{H}{C}}-H$

인화점(℃)	비중	비점(℃)	연소범위(vol%)
15	0.835	97.2	2.1~13.5

- 물에 잘 섞이며, 아세톤, 에테르 등 유기 용제에 잘 녹는다.
- 산화되면 아세톤이 생성되고 탈수하면 프로필렌이 생성된다.

·소화방법에는 각종 소화기를 사용하며 수용성이므로 알코올포를 사용한다.

4 제2석유류

(1) 정의

1기압 상온에서 액체로 인화점이 21℃ 이상 70℃ 미만인 것을 말한다.
→ (가연성 액체량이 40wt% 이하이면서 인화점이 40℃ 이상인 동시에 연소점이 60℃ 이상인 것은 제외)

> 참고 제2석유류
> ① 지정수량 : 비수용성 1000L
> 수용성 2000L
> ② 위험등급 : Ⅲ등급

(2) 등유(C_{10} ~ C_{15}, 케로신)

인화점(℃)	착화점(℃)	비중	증기비중	연소범위(%)
40~70	220	0.79~0.85	4.5	1.1~6.0

·지정수량(비수용성) 1000L
·물에 잘 녹지 않고 유기용제에 잘 녹는다.
·탄소수 C_9 ~ C_{18}가 되는 포화·불포화탄화수소가 주성분인 혼합물이다.
·소화방법에는 포소화약제, 분말소화약제에 의한 소화가 효과적이다.

(3) 경유(C_{15} ~ C_{20}, 디젤유)

인화점(℃)	착화점(℃)	비중	증기비중	연소범위(%)
50~70	200	0.83~0.88	4.5	1~6

·지정수량(비수용성) 1000L
·비수용성의 담황색 액체로 등유와 비슷하다.
·물에 잘 녹지 않고 유기용제에 잘 녹는다.
·탄소수 C_{15} ~ C_{20}가 되는 포화·불포화탄화수소가 주성분인 혼합물이다.
·소화방법에는 포소화약제, 분말소화약제에 의한 소화가 효과적이다.

(4) 의산(CHOOH, 개미산, 폼산) → (분자량 46)

일반식	R-COOH (R은 알킬기)
구조식	H—C(=O)—O—H

인화점(℃)	착화점(℃)	비중	증기비중	연소범위(%)
69	601	1.218	1.59	18~51

·지정수량(수용성) 2000L
·무색투명한 자극성은 갖는 액체
·물, 알코올, 에테르에 잘 녹으며 물보다 무겁다.

·초산보다 강산이며 알데히드와 같은 강한 환원력을 가진다.

① 위험성 : 피부와 접촉하면 수포상의 화상을 입는다.

② 저장법 : 저장 시 산성이므로 내산성 용기를 사용한다.

③ 소화방법 : CO_2, 분말, 할로겐화합물소화기 및 알코올폼 소화기를 사용한다.

연소반응식 : $2CHCOOH + O_2 \rightarrow 2CO_2\uparrow + 2H_2O$
(의산) (산소) (이산화탄소) (물)

(5) 초산(CH_3COOH, 빙초산, 아세트산) → (분자량 60)

일반식	R-COOH (R은 알킬기)
구조식	H-C(H)(H)-C(=O)-O-H

인화점(℃)	착화점(℃)	비중	증기비중	연소범위(%)
40	427	1.05	2.07	5.4~16

·지정수량(수용성) 2000L

·물에 잘 녹으며 물보다 무겁다.

·식초는 3~5% 정도의 수용액이다.

① 위험성 : 피부와 접촉하면 수포상의 화상을 입는다.

② 저장법 : 저장 시 산성이므로 내산성 용기를 사용한다.

③ 소화방법 : 알코올포소화기, CO_2, 분말, 할로겐화합물소화기 사용

연소반응식 : $CH_3COOH + 2O_2 \rightarrow 2CO_2\uparrow + 2H_2O$
(초산) (산소) (이산화탄소) (물)

참고 초산 (빙초산)

융점이 16.6℃ 이하이므로 겨울에는 얼음상태로 존재한다. 따라서 별명으로 빙초산이라고도 한다.

(6) 테레핀유($C_{10}H_{16}$, 타펜유, 송정유)

인화점(℃)	착화점(℃)	비중	증기비중	연소범위(%)
35	240	0.86	4.7	0.8 이상

·지정수량(비수용성) 1000L

·무색의 담황색의 액체로 공기 중 산화가 쉽고 독성이 있다.

·피넨($C_{10}H_{16}$)이 80~90% 함유된 소나무과 식물에 함유된 수지(나무의 진)를 수증기로 증류하여 얻는다.

·물에 녹지 않으며 알코올, 에테르, 벤젠, 클로로폼에는 잘 녹는다.

① 위험성 : 종이나 헝겊 등에 스며들어 자연 발화한다.

② 소화방법 : 대량일 경우 포말소화기가 가장 좋고, 질식소화기(CO_2, 분말)도 효과적이다.

(7) 스티렌($C_6H_5CHCH_2$, 스티놀, 비닐(바이닐)벤젠) → (분자량 104.16)

구조식	

인화점(℃)	착화점(℃)	비중	증기비중	연소범위(%)
32	490	0.807	3.59	1.1~6.1

- 지정수량(비수용성) 1000L
- 무색의 독특한 냄새가 나는 액체이다.
- 물에 녹지 않으며 알코올, 에테르, 이황화탄소에는 녹는다.
- 스티렌의 중합체를 폴리스티렌이라 한다.

① 위험성 : 피부접촉 시 염증을 일으킬 수 있으며, 증기는 유독성이다.

② 소화방법 : 대량일 경우 포말소화기가 가장 좋고, 질식소화기(CO_2, 분말)도 효과적이다.

연소반응식 : $C_6H_5CHCH_2 + 10O_2 \rightarrow 8CO_2\uparrow + 4H_2O$
(스티렌) (산소) (이산화탄소) (물)

(8) 클로로벤젠(C_6H_5Cl, 클로로벤졸, 염화페닐) → (분자량 112.6)

구조식	

인화점(℃)	착화점(℃)	비중	증기비중	연소범위(%)
32	593	1.11	3.88	1.3~7.1

- 지정수량(비수용성) 1000L
- 무색의 액체로 물보다 무겁다.
- 증기는 공기보다 무겁고 마취성이 있다.
- 물에 녹지 않으며 알코올 등 유기용제에는 녹는다.
- DDT의 원료로 사용된다.
- 연소를 하면 염화수소가스를 발생한다.

연소반응식 : $2C_6HCl + 14O_2 \rightarrow 6CO_2\uparrow + 2H_2O + HCl\uparrow$
(클로로벤젠) (산소) (이산화탄소) (물) (염화수소)

(9) 크실렌([$C_6H_4(CH_3)_2$], 디메틸벤젠, 자일렌) → (분자량 106.16)

- 지정수량(비수용성) 1000L
- 벤젠의 수소원자 2개가 메틸기(CH_3)로 치환된 것이다.
- 무색투명하며 톨루엔과 비슷한 성질을 가진다.
- 물에 녹지 않으며 알코올, 에테르, 벤젠 등 유기용제에는 잘 녹는다.
- 이성질체로는 o-크실렌(자일렌), m-크실렌, p-크실렌이 있다.
- 소화방법에는 대량일 경우 포말소화기가 가장 좋고, 질식소화기(CO_2, 분말)도 효과적이다.

연소반응식 : $2C_6H_4(CH_3)_2 + 21O_2 \rightarrow 16CO_2\uparrow + 10H_2O$
(크실렌(자일렌)) (산소) (이산화탄소) (물)

용어 이성질체

분자식은 같으나 구조식이 다른 물질을 말한다.

[크실렌(자일렌)의 이성질체]

명칭	o-크실렌	m-크실렌	p-크실렌
구조식	CH3, CH3	CH3, CH3	CH3, CH3
희랍어	o : ortho(기본)	m : meta(중간)	p : para(반대)
한국어	오쏘자일렌	메타자일렌	파라자일렌
인화점	32℃	25℃	25℃
착화점	464℃	528℃	529℃
비중	0.88	0.86	0.86
증기비중	3.66	3.66	3.66

(10) 장뇌유(백색유, 적색유, 감색유)

- 지정수량(비수용성) 1000L, 인화점 47℃
- 장뇌를 분리한 기름으로 방향성 액체이다.
- 물에 녹지 않으며 유기용제에는 잘 녹는다.

① 사용되는 곳 : ㉮ 백색유 : 방부제
㉯ 적색유 : 비누향료
㉰ 감색유(곤색) : 선광유

② 소화방법 : 대량일 경우 포말소화기가 가장 좋고, 질식소화기(CO_2, 분말)도 효과적이다.

(11) 송근유

인화점(℃)	착화점(℃)	비점(℃)
54~78	355	155~180

- 지정수량(비수용성) 1000L
- 황갈색의 독특한 냄새가 나는 액체이다.
- 소화방법에는 대량일 경우 포말소화기가 가장 좋고, 질식소화기(CO_2, 분말)도 효과적이다.

(12) 에틸셀로솔브($C_2H_5OC_2H_4OH$)

구조식	H–C(H)(H)–C(H)(H)–O–C(H)(H)–C(H)(H)–OH

인화점(℃)	착화점(℃)	비중	비점(℃)	연소범위(%)
40	238	0.93	135	1.8~14

- 무색의 수용성 액체
- 용제 및 유리의 청결제 등으로 쓰인다.
- 가수분해하여 에탄올 및 에틸렌글리콜을 만든다.

(13) 메틸셀로솔브($CH_3OCH_2CH_2OH$)

- 지정수량(수용성) 2000L
- 무색의 휘발성 액체로 물, 아세톤, 에테르에 용해된다.
- 저장용기로 철제 사용을 금하고 스테인리스 용기를 사용한다.

(14) 히드라진(N_2H_4, 하이드라진) → (분자량 32)

인화점(℃)	착화점(℃)	비중	증기비중	연소범위(%)
38	270	1.011	1.59	1.8~14

- 지정수량(수용성) 2000L
- 무색의 수용성 액체
- 상온에서 암모니아와 비슷한 냄새
- 알코올, 물 등의 용매에 잘 녹는다.
- 로켓 연료로 사용
- 약알칼리성으로 180℃에서 암모니아와 질소로 분해된다.

연소반응식 : $N_2H_4 + O_2 \rightarrow N_2\uparrow + 2H_2O$
(히드라진) (산소) (질소) (물)

5 제3석유류

(1) 정의

1기압 상온에서 액체로 인화점이 70℃ 이상 200℃ 미만인 것을 말한다.

→ (가연성 액체량이 40wt% 이하인 것은 제외)

> **참고** 제3석유류
> ① 지정수량 : 비수용성 2000L
> 수용성 4000L
> ② 위험등급 : Ⅲ등급

(2) 중유(C_{20} ~ C_{50})

인화점(℃)	착화점(℃)	비중	증기비중	연소범위(%)
40	427	1.05	2.07	5.4~16

① 직류중유

인화점(℃)	착화점(℃)	비중	유출온도(℃)
60~150	254~405	0.85	300~350

- 지정수량(비수용성) 2000L
- 300~350℃ 이상의 중유의 잔류물과 경유의 혼합물이다.
- 비중과 점도가 낮고 분무성이 좋으며, 착화가 잘 된다.
- 주로 디젤기관의 연료로 사용된다.

② 분해중유

인화점(℃)	착화점(℃)	비중
70~150	380	0.98

- 지정수량(비수용성) 2000L
- 가솔린의 제조 잔유와 분해경유의 혼합물이다.
- 점도에 따라서 벙커A유, 벙커B유, 벙커C유로 나뉜다.

㉮ 위험성 : ·종이 및 헝겊에 스며들며 자연 발화의 위험이 있다.
·약 80℃로 예열하여 사용하기 때문에 인화 위험성이 있다.
·화재 시 보일오버 현상이 발생할 수 있어 주의해야 한다.

㉯ 소화방법 : 질식소화기를 사용하며 포말 및 수분함유 물질의 소화는 시간이 지연되면 안 좋다.

> **참고** 유류탱크 화재 시 일어나는 현상
> ① 보일오버(Boil Over) : 점성이 큰 유류탱크 화재 시 기름 하부의 물이 비등하여 불붙은 기름이 분출되어 화재가 확대되는 현상
> ② 슬롭오버(Slop Over) : 유류탱크 화재 시 소화를 목적으로 공급한 물이 급격히 비등하면서 불붙은 기름과 함께 비산하는 현상
> ③ 프로스오버(Froth Over) : 탱크에 불이 붙지 않고 탱크 안에 이미 존재하던 물이 유입되는 뜨거운 점성 오일과 만났을 때 갑작스럽거나 격렬한 반응 없이 지속적이면서 느리게 거품이 탱크 위로 넘쳐흐르는 현상을 말한다.
> ④ 블레비(Bleve) : 가연성 액체 저장탱크 주위의 화재로 탱크 강판의 강도가 약해진 부분의 파열로 인하여 탱크 내부의 가열된 액화가스가 급격히 유출 팽창되어 화구를 형성하여 폭발하는 현상

(3) 크레오소트유(타르유)

인화점(℃)	착화점(℃)	비중	비점(℃)
74	336	1.05	194~400

- 지정수량(비수용성) 2000L
- 황록색 또는 암갈색의 액체로 타르유, 액체 피치유라고도 한다.

· 비수용성으로 알코올, 에테르, 벤젠, 톨루엔에 잘 녹는다.
· 목재의 방부제, 살충제의 원료로 사용된다.

① 위험성 : 물보다 무겁고 독성이 있다.

② 저장법 : 타르산이 함유되어 용기를 부식하기 때문에 내산성 용기를 사용해야 한다.

③ 소화방법 : 질식소화기를 사용하며 포말 및 수분함유 물질의 소화는 시간이 지연되면 안 좋다.

(4) 니트로벤젠($C_6H_5NO_2$, 니트로벤졸) → (분자량 46)

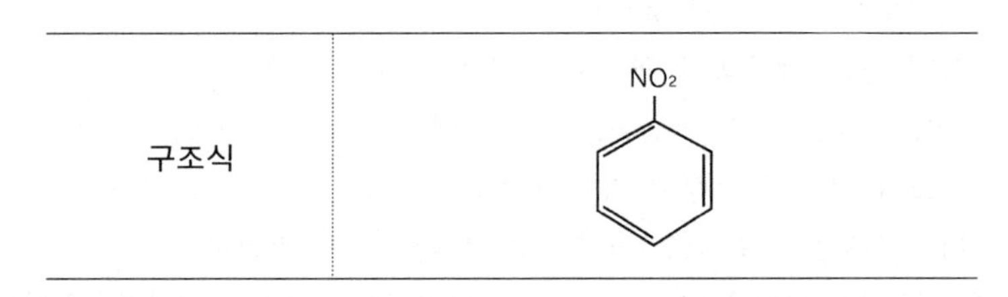

인화점(℃)	착화점(℃)	비중	증기비중	비점(℃)
88	482	1.2	1.59	211

· 지정수량(비수용성) 2000L
· 갈색, 암황색의 액체
· 물보다 무겁고 독성이 강하며 불용성이다.
· 물에는 잘 녹지 않지만, 알코올, 에테르, 벤젠에 녹는다.
· 니트로화재로는 진한 황산과 진산 질산이 사용된다.

① 위험성 : 피부에 흡수되기 쉬우므로 취급 시 주의

③ 소화방법 : 질식소화기를 사용한다.

연소반응식 : $4C_6H_5NO_2 + 29O_2 \rightarrow 24CO_2\uparrow + 10H_2O + 4NO_2\uparrow$
(니트로벤젠) (산소) (이산화탄소) (물) (이산화질소)

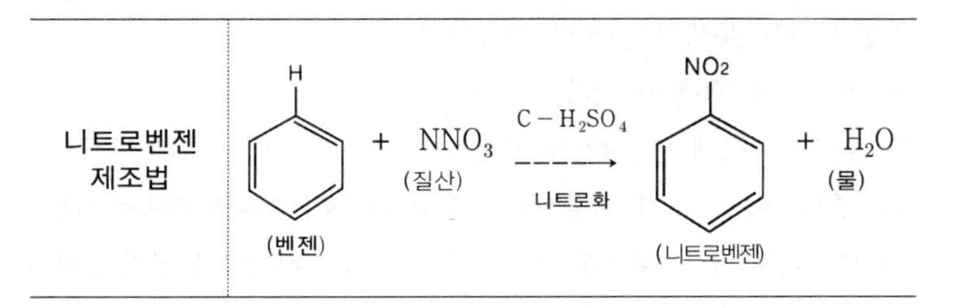

참고 [니트로화]란?
유기화합물 분자 중 수소원자를 니트로기(NO_2)로 바꾸는 것

(5) 아닐린($C_6H_5NH_2$, 아미노벤젠) → (분자량 46)

구조식	HH2 (benzene ring structure)

인화점(℃)	착화점(℃)	비중	증기비중	비점(℃)
75	538	1.002	1.59	184

- 지정수량(비수용성) 2000L
- 황색 또는 담황색의 액체로 특유의 냄새를 가진다.
- 물에는 약간 녹고, 에탄올, 에테르, 벤젠 등 유기용매에는 잘 녹는다.
- 물보다 무겁고 독성이 강하다.
- 니트로벤젠을 주석(철)과 염산으로 환원하여 만든다.

① 위험성 : ·알칼리금속, 알칼리토금속과 반응하여 수소 및 아닐리드를 발생
·인화점보다 높은 상태에서 공기와 혼합하여 폭발성 가스를 생성

연소반응식 : $4C_6H_5NH_2 + 33O_2 \rightarrow 24CO_2\uparrow + 14H_2O + 4NO\uparrow$
(아닐린) (산소) (이산화탄소) (물) (일산화질소)

(6) 에틸렌글리콜($C_2H_4(OH)_2$, 아미노벤젠) → (분자량 62)

구조식	H-C(H)(OH)-C(H)(OH)-H

인화점(℃)	착화점(℃)	비중	증기비중	비점(℃)
111	413	1.113	2.14	197

- 지정수량(수용성) 4000L
- 단맛이 나는 무색의 수용성 액체이다.
- 2가 알코올로 독성이 있다.
- 물, 알코올, 아세톤에 잘 녹는다.
- 물과 혼합하여 자동차용 부동액의 주원료 니트로글리콜의 원료로 사용
- 소화방법에는 질식소화기를 사용하며 포말 및 수분함유 물질의 소화는 시간이 지연되면 안 좋다.

연소반응식 : $2C_3H_4(OH)_2 + 5O_2 \rightarrow 4CO_2\uparrow + 6H_2O$
(에틸렌글리콜) (산소) (이산화탄소) (물)

(7) 글리세린($C_6H_5(OH)_3$) → (분자량 92)

구조식	H—C(H)(OH)—C(H)(OH)—C(H)(OH)—H

인화점(℃)	착화점(℃)	비중	증기비중	비점(℃)
160	393	1.26	3.17	290

- 지정수량(수용성) 4000L
- 무색무취의 흡습성이 강한 수용성 액체로 강한 단맛(감유)
- 3가 알코올로 물보다 무겁다.
- 물, 알코올에 잘 녹는다.
- 인체에 독성이 없어 화장품, 세척제 등의 원료로 사용된다.
- 소화방법에는 질식소화기를 사용하며 포말 및 수분함유 물질의 소화는 시간이 지연되면 안 좋다.

연소반응식 : $2C_3H_5(OH)_3 + 7O_2 \rightarrow 6CO_2\uparrow + 8H_2O$
(글리세린) (산소) (이산화탄소) (물)

(8) 메타크레졸($C_6H_4CH_3OH$)

구조식	(벤젠고리에 CH_3, OH가 메타 위치로 결합)

- 지정수량(비수용성) 2000L
- 인화점 86℃, 융점 4℃
- 크레졸의 이성질체로는 오쏘, 메타, 파라 형태의 이성질체가 존재한다.

6 제4석유류

(1) 정의

1기압 상온에서 액체로 인화점이 200°C 이상인 것을 말한다.
→ (가연성 액체량이 40wt% 이하인 것은 제외)

① 윤활유 : 기계유, 실린더유, 스핀들유, 터빈유, 기어유, 엔진오일, 콤프레셔 오일 등
② 가소제(DOA)

참고 제4석유류
① 지정수량 : 6000L
② 위험등급 : Ⅲ등급

> **참고**
>
> [윤활유]란?
>
> 기계의 마찰을 많이 받는 부분의 마찰을 줄이기 위한 사용한다.
>
> [가소제(DOA)]란?
> 물질의 가공성을 향상시키기 위한 첨가제

> **용어** [소성]이란?
>
> 물질에 힘이 작용하면 상태가 변하며 힘이 제거되면 변한 상태로 유지되는 성질
> → (반대 : 탄성)

> **용어** [요오드값]이란?
>
> ① 기름, 지방, 왁스의 불포화도를 측정하는 분석화학적 방법
> ② 100g의 기름, 지방, 왁스에 흡수되는 요오드의 양(g 단위로 표시)으로 표시한다.
> ③ 요오드값이 높을수록 자연발화의 위험이 높다.

(2) 종류

① 윤활유

- 윤활유의 종류로는 석유계윤활유, 합성윤활유, 혼성윤활유, 지방성윤활유 등이 있다.
- 석유계 윤활유로는 기어유, 실린더유, 터빈유, 머신유(기계유), 모터유, 스핀들유 등이 있다.

② 가소제(DOA)

- 인화점 200℃ 이상 250℃ 미만
- 소성을 가능하게 하는 물질
- 종류로는 DOP(프탈산디옥틸), DIDP(프탈산디이소데실), TCP(프탈산트리크레실) 등이 있다.
- 휘발성이 적은 용제로 합성수지, 합성고무 등에 가소성을 주는 기름이다.

③ 기타 제4석유류

㉮ 방청유 : 수분의 침투를 방지하여 금속에 녹이 스는 것을 막기 위하여 바르는 기름

㉯ 담금질유 : 철강의 담금질에 사용되는 기름

→ (인화점 200℃ 이상 250℃ 미만의 것)

㉰ 전기절연유 : 전기절연의 목적으로 사용되는 기름

→ (변압기 등에 쓰이는 광물유)

㉱ 절삭유 : 금속 재료를 절삭 가공할 경우, 절삭 공구부를 냉각시키고 윤활하게 해서 공구의 수명을 연장하거나 다듬질 면을 깨끗이 하기 위해 사용하는 윤활유

(3) 소화방법

① 소규모 화재 : 물분무기가 효과적이다.

② 대규모 화재 : 포소화약제에 의한 질식소화가 효과적이다.

7 동·식물유류

(1) 정의

- 동물의 지육 등 또는 식물의 종자나 과육으로부터 추출한 것으로서 1기압에서 인화점이 250℃ 미만인 것을 말한다.
- 요오드가에 따라 다음과 같이 나뉜다.

① 건성유 : 요오드(아이오딘)값 130 이상

② 반건성유 : 요오드(아이오딘)값 100~130

③ 불건성유 : 요오드(아이오딘)값 100 이하

→ (요오드(아이오딘)값이 크면 자연발화하기 쉽다.)

(2) 종류별 특성

① 건성유(요오드값 130 이상)

- 건조성이 강하며 요오드값 130 이상인 것을 말한다.

  → (건성유 중 요오드값이 가장 큰 것은 들기름(192~208))
- 종이, 섬유류 등에 흡수되어 공기 중에서 자연발화의 위험이 있다.
- 다공성 가연물은 발화할 수 있으므로 접촉을 피한다.
- 공기 중에서 단단한 피막을 만든다.

㉮ 동물유 : 정어리유, 대구유, 상어유

㉯ 식물유 : 해바라기유, 오동유(동유), 아마인유, 들기름

② 반건성유(요오드값 100~130)

- 요오드값 100~130인 것을 말한다.
- 서서히 산화하여 점성도가 증가하나 건조는 안 되는 지방유
- 건성유에 비해 공기 중에서 만드는 피막아 얇다.
- 채종유, 면실유, 참기름, 옥수수기름, 콩기름, 쌀겨기름, 청어유 등이 있다.

③ 불건성유(요오드값 100 이하)

- 요오드값 100 이하인 것을 말한다.

  → (불건성유 중 요오드값이 가장 작은 것은 야자유(7~10))
- 산소와 화합하기 어려워 공기 속에 방치하여도 수지상으로 고화 · 건조하지 않는 기름
- 건성유, 반건성유처럼 공기 중에서 피막을 만들지 않고 안정된 기름

㉮ 동물유 : 쇠기름, 돼지기름, 고래기름

㉯ 식물유 : 피마자유, 올리브유, 팜유, 땅콩기름(낙화생유), 야자유

(3) 위험성

① 상온에서 인화위험은 없으나 가열하면 연소위험이 증가한다.

→ (인화점은 200도 이상 250도 미만)

② 발생 증기는 공기보다 무겁고, 연소범위 하한이 낮아 인화위험이 높다. → (비중은 물보다 약간 가볍다.)

③ 아마인유는 건성유이므로 자연발화 위험이 있다.

④ 화재 시 액온이 높아 소화가 곤란하다

(4) 저장 및 취급

① 화기에 주의하여야 하며 발생 증기는 인화되지 않도록 한다.

② 건성유의 경우 자연발화 위험이 있으므로 다공성 가연물과 접촉을 피한다.

참고 빈출 예시 외우기

① 건성유(요오드값 130 이상)

㉠ 동물유 : 정어리유

㉡ 식물유 : 해바라기유, 아마인유, 들기름 → 해아들

② 반건성유(요오드값 100~130)

㉠ 참기름, 옥수수기름, 콩기름, 청어유 → 참옥콩청

③ 불건성유(요오드값 100 이하)

$PH_3 + 2O_2 \rightarrow H_3PO_4$

㉠ 식물유 : 피마자유, 올리브유, 야자유 → 피올야

6장 제5류 위험물 → (자기반응성 물질)

핵심 01 제5류 위험물의 성질

1 제5류 위험물의 품명 및 지정수량

(1) 정의

·자기반응성 유기질 화합물로 자기연소성 물질 또는 내부연소성 물질
·가연물인 동시에 자체 내에 산소공급체가 공존하는 것
·화약의 원료 등으로 많이 이용되고 있다.

(2) 종류 및 주요 특성

① 품명 및 위험등급

유별 및 성질	위험등급	품명	지정수량
제5류 자기 반응성 물질	Ⅰ	1. 유기과산화물 : 과산화벤조일, 과산화메틸에틸케톤 2. 질산에스테르류 : : 질산메틸, 질산에틸, 니트로글리세린, 니트로글리콜, 셀룰로이드, 니트로셀룰로오스, 펜트리트	10kg
	Ⅱ	3. 니트로화합물 : 트리니트로톨루엔, 트리니트로페놀, 디니트로톨루엔 4. 니트로소화합물 : 파라디니트로소벤젠, 디니트로소레조르신 5. 아조화합물 : 아조벤젠, 히드록시아조벤젠 6. 디아조화합물 : 디아조메탄, 디아조카르복실산에틸 7. 히드라진 유도체 : 페닐히드라진, 히드라조벤젠	200kg
		8. 히드록실아민 9. 히드록실아민염류	100kg
	Ⅰ Ⅱ	10. 그 밖의 행정안전부령으로 정하는 것 ① 금속의 아지드화합물 : 아지드화나트륨(NaN_3), 아지드화납(질산납)($Pb(N_3)_2$), 아지드화은(AgN_3) ② 질산구아니딘[$HNO_3 \cdot C(NH)(NH_2)_2$] 11. 제1호 내지 제10호 1에 해당하는 어느 하나 이상을 함유한 것	·10kg (위험등급 Ⅰ) ·100kg 또는 200kg (위험등급 Ⅱ)

2 제5류 위험물의 일반성질

- 자기연소성(내부연소)성 물질이다.
- 비중이 1보다 크고, 연소속도가 매우 빠르다.
- 대부분 물에 불용이며 물과의 반응성도 없다.
- 유기화합물로 가연성 액체 또는 고체로 가열, 마찰, 충격에 의해 폭발의 위험이 있으므로 장기 저장하는 것은 위험하다.
- 대부분 물질 자체에 산소를 포함하고 있다.

  → (아조화합물, 디아조화합물의 일부는 산소를 함유하지 않는다.)
- 시간의 경과에 따라 자연발화의 위험성을 갖는다.
- 연소 시 소화가 어렵다.

3 제5류 위험물의 저장 및 취급방법

- 점화원 및 분해를 촉진시키는 물질로부터 멀리하고 저장 시 가열, 마찰, 충격에 의한 용기의 파손 및 균열에 주의한다.

  → (저장 시 용기는 밀전·밀병한다.)
- 강산화제, 강산류, 기타 물질이 혼입되지 않도록 한다.
- 직사광선을 파하고, 실온, 습기, 통풍에 주의한다.
- 화재 발생 시 소화가 어려우므로 가능하면 소분하여 저장한다.

4 소화방법

- 화재 초기 또는 소형화재 이외에는 소화가 어렵다.
- 화재 초기 다량의 물로 냉각소화 하는 것이 가장 효과적이다.

  → (자기반응성 물질(물질 자체가 산소 포함)이므로 질식소화는 적당하지 않다.)
- 밀폐 공간 내에서 화재가 발생했을 경우 공기호흡기를 착용하고 바람의 위쪽에서 소화 작업을 한다.

참고 질식소화의 종류

① 물분무소화설비
② 포소화설비
③ 할론소화설비
④ 할로겐화합물 및 불활성기체소화설비
⑤ 분말소화설비

핵심 02 제5류 위험물의 이해

1 유기과산화물

참고 유기과산화물

① 지정수량 : 10kg
② 위험등급 : Ⅰ등급

(1) 과산화벤조일[$(C_6H_5CO)_2O_2$, 벤조일퍼옥사이드] → (분자량 242)

구조식	O = C − O − O − C = O (각 C에 벤젠고리 결합)

착화점(℃)	비중	융점(℃)	함유율(wt%) (석유 함유비율)
125	1.33	103~105	35.5 이상

- 무색무취의 백색 분말 또는 결정, 비수용성이다.
- 상온에서 안정된 물질로 강한 산화성 물질이다.

→ (산화제이므로 유기물, 환원성 물질과의 접촉을 피한다.)

- 물에 녹지 않고 알코올에는 약간 녹으며 에테르 등 유기용제에는 잘 녹는다.
- 가열하면 100℃에서 흰연기를 내며 분해한다.
- 건조 방지를 위한 희석제로는 물, 프탈산디메틸, 프탈산디부틸등 사용
- 용도로는 소맥분 및 압맥의 표백제, 유지 등의 표백제, 의약, 화장품 등

① 위험성 : 건조한 상태에서 마찰, 충격 등으로 폭발 위험성이 있다.
② 저장법 : 70~80℃에서 오래 있으면 분해의 위험이 있으므로 직사광선을 피해 가급적 소분하여 냉암소에 보관한다.
③ 소화방법 : ·소량일 경우에는 마른모래, 분말, 탄산가스가 효과적
·대량일 경우에는 주수소화가 효과적

(2) 과산화메틸에틸케톤[$(CH_3COC_2H_5)_2O_2$] → (분자량 176)

구조식	CH_3 O–O CH_3 / C C / C_2H_5 O–O C_2H_5

착화점(℃)	비중	융점(℃)	함유율(wt%) (석유 함유비율)	분해온도(℃)
205	1.33	-20	60 이상	40

- 무색의 독특한 냄새가 나는 기름 형태의 액체이다.
- 물에 약간 녹고, 알코올, 에테르, 케톤류에는 잘 녹는다.
- 40℃ 이상에서 분해가 시작되어 110℃ 이상이면 발열하고 분해가스가 연소한다.
- 희석제로는 프탈산디메틸, 프탈산디부틸

→ (시중 판매용은 희석제로 희석하여 순도가 50~60% 정도이다.)

2 질산에스테르류

(1) 질산메틸(CH_3ONO_2) → (분자량 77)

비중	증기비중	융점(℃)	비점(℃)
1.22	2.65	-82.3	66

- 무색, 투명하고 향긋한 냄새가 나는 액체로 단맛이 난다.

참고 질산에스테르류

① 지정수량 : 10kg
② 위험등급 : Ⅰ등급

·비수용성, 인화성, 방향성이 있다.
·물에 녹지 않고 알코올, 에테르에는 녹는다.
·용제, 폭약 등에 이용된다.

① 위험성 : 비점 이상 가열하면 위험하며, 제4류 위험물과 같은 위험성을 갖는다.

② 소화방법 : 분무상의 물, 알코올 폼 등을 사용한다.

(2) 질산에틸($C_2H_5ONO_2$) → (분자량 91)

인화점(℃)	비중	증기비중	융점℃)	비점(℃)
10	1.11	3.14	−94.6	88

·무색투명한 액체로 단맛이 난다.
·비수용성이며 방향성이 있고 알코올, 에테르에 녹는다.

① 위험성 : 아질산과 같이 있으면 폭발하며, 제4류 위험물 제1석유류와 같은 위험성을 갖는다. → (휘발성이 크므로 증기의 인화성에 주의해야 한다.)

② 소화방법 : 분무상의 물, 알코올 폼 등을 사용한다.

질산과 반응식 : $C_2H_5OH + HNO_3 \rightarrow C_2H_5ONO_2 + H_2O$
(에탄올) (질산) (질산에틸) (물)

(3) 니트로글리세린[$C_3H_5(ONO_2)_3$] → (분자량 227)

구조식

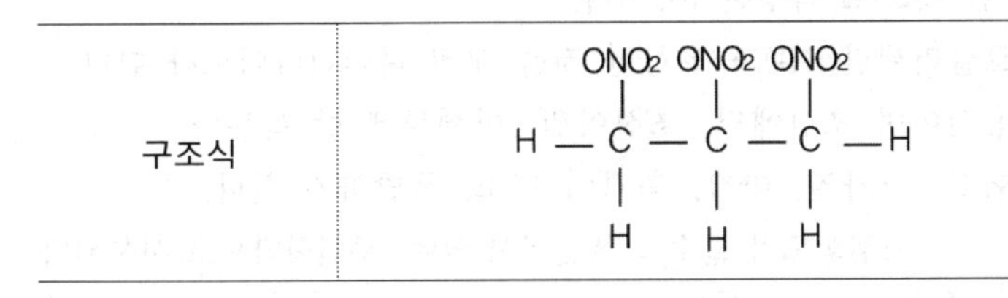

발화점(℃)	비중	증기비중	융점℃)	비점(℃)
210	1.6	7.83	10	88

·상온에서 무색(공업용 담황색), 투명한 기름 형태의 액체
→ (겨울철에는 동결)
·비수용성이며 알코올, 메탄올, 에테르 등 유기용제에는 잘 녹는다.
·혓바닥을 찌르는 듯한 단맛이 있으며 유독하므로 피부와 호흡기에 주의해야 한다.

① 위험성 : ·가열, 마찰, 충격에 민감하여 폭발하기 쉽다.
·규조토에 흡수시켜 다이너마이트를 제조한다.
·연소 시 폭굉을 일으키므로 접근하지 않도록 한다.

② 소화방법 : 주수소화가 효과적이다.

분해 반응식 : $4C_3H_5(ONO_2)_3 \rightarrow 12CO_2\uparrow + 10H_2O\uparrow + 6N_2\uparrow + O_2\uparrow$
(니트로글리세린) (이산화탄소) (물) (질소) (산소)

(4) 니트로글리콜[$C_2H_4(ONO_2)_2$] → (분자량 152)

발화점(℃)	비중	증기비중	융점℃)	비점(℃)
217	1.49	5.24	−22.8	75

- 순수한 것은 무색의 액체이나 공업용은 담황색 또는 분홍색의 액체이다.
- 니트로글리세린보다 휘발성이 강하며 연소 시 연기는 독성이 강하다.
- 비수용성이며 메탄올, 에테르에 잘 녹는다.
- 니트로글리세린과 혼합하여 다이너마이트의 원료로 상용된다.
  → (잘 얼지 않는 다이너마이트를 제조하기 위해)

① 위험성 : 독성이 매우 강하고 폭약의 원료이며 폭발성이 매우 크다.
② 소화방법 : 주수소화가 효과적이다.

(5) 니트로셀룰로오스{$[C_6H_7O_2(ONO_2)_3]_n$, 질화면, 면화약}

발화점(℃)	비중	분해온도(℃)
180	1.5	130

- 무색 또는 백색의 고체이다.
- 셀룰로오스에 진한 질산과 진한 황산을 3:1의 비율로 혼합 작용시켜 제조한 것으로 약칭은 NC이다.
- 니트로글리세린(NG)과 융합한 것을 교질 다이너마이트라 한다.
- 비수용성이며 초산에틸, 초산아밀, 아세톤에 잘 녹는다.

① 위험성 : ·가열, 마찰, 충격에 연소, 폭발하기 쉽다.
·질화도가 클수록 폭발성이 크며, 무연화약으로 사용된다.

㉮ 강면약 : 에테르와 에틸알코올의 혼합액에 녹지 않는 것
→ (질화도 N 〉 12.7%)
㉯ 약면약 : 에테르와 에틸알코올의 혼합액에 녹는 것
→ (질화도 N 〈 10.18~12.76%)

용어 질화도
니트로셀룰로오스 속에 함유된 질소의 함유량
① 강면약 : 질화도 N 〉 12.76%
② 약면약 :
질화도 N 〈 10.86~12.76%

② 저장법 : 건조 상태에서는 폭발 위험이 크므로 저장 중에 물(20%) 또는 알코올(30%)로 습윤시켜 저장한다. 장기보관하면 위험하다.
③ 소화방법 : 주수소화가 효과적이다.

분해 반응식 : $2C_{24}H_{29}(ONO_2)_{11} \xrightarrow{\Delta}$
(니트로셀룰로오스)

$24CO\uparrow + 24CO_2\uparrow + 17H_2\uparrow + 12H_2O\uparrow + 11N_2$
(일산화탄소) (이산화탄소) (수소) (물) (질소)

3 니트로화합물

(1) 트리니트로톨루엔[T.N.T, $C_6H_2CH_3(NO_2)_3$] → (분자량 227)

구조식	

인화점(℃)	발화점(℃)	비중	융점℃)	비점(℃)	폭발속도
167	300	1.66	81	280	7000m/s

- 담황색의 결정이며, 일광에 다갈색으로 변한다.
- 약칭은 T.N.T 이다.
- 충격 감도는 피크르산(PA)보다 약하며, 폭성도 약간 떨어진다.
- 비수용성으로 조해성과 흡습성이 없다.
- 물에 녹지 않고 아세톤, 벤젠, 알코올, 에테르에는 잘 녹는다.
- 제조방법은 톨루엔에 니트로화제(황산과 질산의 혼산)를 혼합하여 만든다.

① 위험성 : 강력한 폭약이며 폭발력의 표준으로 사용된다.
② 저장법 : 자연분해의 위험성이 적어 장기간 저장이 가능하다.
③ 소화방법 : 연소속도가 빨라 소화가 불가능하여 주위 소화를 생각하는 것이 좋다. 주수소화

분해 반응식 : $2C_6H_2CH_3(NO_2)_3 \xrightarrow{\triangle} 12CO\uparrow + 5H_2\uparrow + 2C\uparrow + 3N_2\uparrow$
(T.N.T) (일산화탄소) (수소) (탄소) (질소)

> **참고** 니트로화합물
> ① 지정수량 : 200kg
> ② 위험등급 : II등급

(2) 트리니트로페놀[T.N.P, 피크린산, $C_6H_2OH(NO_2)_3$] → (분자량 229)

구조식	

인화점(℃)	발화점(℃)	비중	융점℃)	비점(℃)	폭발속도
150	300	1.8	122.5	255	7000m/s

> **참고** 피크르산(피크린산)
> ① 화학식 : $C_6H_3N_3O_7$
> ② 분자량 229.1, 녹는점(융점) 122.5℃, 끓는점(비점) 255℃, 비중 1.767(측정온도 19℃), 발화점 320℃, 폭발열 4,200kJ/kg
> ③ 페놀에 황산을 작용시켜 얻은 물질을 다시 진한 질산과 반응시켜 만든 누런색 고체로 급한 열이나 충격에는 폭발한다.
> ④ 소화방법으로는 주수소화가 효과적이다.

- 광택이 있는 황색의 침상결상으로 피크르산(PA)이라고도 하며 쓴맛과 독성이 있다.
- 단독으로 마찰, 가열, 충격에 안정하고 구리, 납, 아연과 피크르산염을 만든다.
- 찬물에는 약간 녹으나 더운물, 알코올, 에테르, 벤젠에는 잘 녹는다.
- 연소 시 검은 연기를 내지만 폭발하지는 않는다.
- 황색 염료로 사용되며 약칭은 T.N.P 이다.

① 위험성 : 금속염과 혼합은 폭발이 심하며 가솔린, 알코올, 요오드, 황과 혼합하면 마찰, 충격에 의하여 폭발한다.
② 소화방법 : 주수소화가 효과적이다.

분해 반응식 : $2C_6H_2OH(NO_2)_3 \xrightarrow{\Delta} 6CO + 4CO_2 + 3H_2 + 3N_2 + 2C$
(트리니트로페놀) (일산화탄소)(이산화탄소)(수소) (질소) (탄소)

(3) 디니트로톨루엔[D.N.T, $C_6H_3CH_3(NO_2)_2$] → (분자량 242)

발화점(℃)	비중	융점℃)
125	1.5	70.5

- 백색의 결정
- 물에 녹지 않고 알코올, 에테르, 벤젠에 녹음
- 연소할 경우 유독의 질소산화물 발생
- 폭발 에너지는 T.N.T의 약 85%

4 니트로소화합물

> **참고** 니트로소화합물
> ① 지정수량 : 200kg
> ② 위험등급 : II등급

(1) 파라디니트로소벤젠[$C_6H_4(NO)_2$]

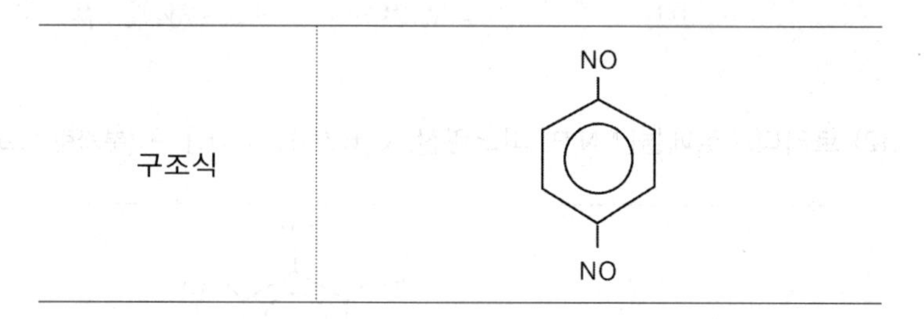

- 회흑색의 결정이다.
- 불안정하며 연소속도가 빠르다.
- 가열, 충격, 마찰 등에 의해 폭발한다.
- 고무가황제의 원료로 사용된다.

(2) 디니트로소레조르신[$C_6H_2(OH)_2$]

구조식	(구조식: 벤젠 고리에 OH, NO, OH, NO 치환)

- 불안정하며 연소속도가 빠르다.
- 가열, 충격, 마찰 등에 의해 폭발한다.
- 목면의 나염에 사용된다.

5 아조화합물

(1) 일반적인 성질

- 지정수량 200kg
- 황색, 오렌지색, 적색 계통의 색상을 띤다.
- 아조기(-N=N-)가 탄화수소의 탄소원자와 결합되어 있는 화합물이다.

(2) 종류

① 아조벤젠($C_6H_5N=NC_6H_5$)

- 동적색의 결정으로 융점 68℃, 비점 293℃
- 트랜스형과 시스형이 있다.

② 히드록시아조벤젠($C_6H_5N=NC_6H_4OH$)

- 등적색 바늘 모양 결정(에테르에서 재결정)으로 융점 71℃
- 물에 조금 녹고 유기용매에 녹는다.

7장 제6류 위험물 → (산화성 액체)

핵심 01 제6류 위험물의 성질

1 제6류 위험물의 품명 및 지정수량

(1) 정의

강산성 물질이라 하며 강한 부식성을 갖는 물질 및 많은 산소를 함유하고 있는 물질 등으로 이루어져 있다.

(2) 종류 및 주요 특성

① 품명 및 위험등급

유별 및 성질	위험등급	품명	지정수량
제6류 산화성 액체	I	1. 질산 2. 과산화수소 3. 과염소산	300kg
	I	4. 그 밖에 행정안전부령이 정하는 것 ① 할로겐간화합물(BrF_3, BrF_5, IF_5 ICl, IBr 등) 5. 1내지 4의 ①에 해당하는 어느 하나 이상을 함유한 것	300kg

2 제6류 위험물의 일반성질

- 불연성, 조연성 물질이며, 무기화합물로서 부식성 및 유독성이 강한 강산화제이다.
- 비중이 1보다 커서 물보다 무거우며 물에 잘 녹는다.
- 물과 접촉 시 발열한다.
- 가연물 및 분해를 촉진하는 약품과 접촉하면 분해 폭발한다.
- 모두 지정수량 300kg, 위험등급 I이다.

3 제6류 위험물의 저장 및 취급방법

- 저장용기는 내산성이어야 한다.
- 직사광선 및 화기를 피해 저장한다.
- 강환원제, 유기물질, 가연성 위험물과 접촉을 피한다.
- 물, 염기성물질, 제1류 위험물과의 접촉을 피한다.
- 저장용기는 밀전·밀봉하고, 파손과 위험물의 누설에 주의한다.

4 소화방법

·화재 시 가연물과 격리하도록 한다.

·화재방법으로는 마른모래, 탄산가스, 팽창질석으로 소화한다.

→ (이산화탄소, 할로겐 등 질식소화는 부적합하다.)

핵심 02 제6류 위험물의 이해

1 질산(HNO_3) → (분자량 63)

(1) 일반적인 성질

비중	증기비중	융점(℃)	비점(℃)	용해열
1.49	2.17	-42	86	7.8kcal/mol

→ (※질산의 비중 1.49 이상은 위험물에 속한다.)

·무색의 무거운 불연성 액체 → (보관 중 담황색으로 변한다.)

·흡습성이 강하여 습한 공기 중에서 발열한다.

·자극성, 조연성, 부식성이 강한 강산이다.
다만, 백금, 금, 이리듐, 로듐만은 부식시키지 못한다.

·수용성으로 물과 반응하여 강산 산성을 나타낸다.

·진한 질산은 Fe(철), Ni(니켈), Cr(크롬), Al(알루미늄), Co(코발트) 등과 반응하여 부동태를 형성한다.

·질산과 염산을 1:3 비율로 제조한 것을 왕수라고 한다.

·단백질과는 크산토프로테인 반응을 일으켜 노란색으로 반응한다.

분해 반응식 : $4HNO_3 \rightarrow 4NO_2\uparrow + O_2\uparrow + 2H_2O$
(질산) (이산화질소) (산소) (물)

(2) 위험성

·물과 반응하여 발열한다.

·환원성 물질(탄화수소, 황화수소, 이황화수소 등)과 반응하여 발화, 폭발

·구리와 묽은 질산이 반응하여 일산화질소를 발생한다.

반응식 : $3Cu + 8HNO_3 \rightarrow 3Cu(NO_3)_2 + 2NO + 4H_2O$
(구리) (묽은 질산) (질산구리) (일산화질소) (물)

·구리와 진한 질산이 반응하여 이산화질소를 발생한다.

반응식 : $Cu + 4HNO_3 \rightarrow Cu(NO_3)_2 + 2NO_2 + 2H_2O$
(구리) (진한 질산) (질산구리) (이산화질소) (물)

참고 질산(HNO_3)

① 지정수량 : 300kg
② 위험등급 : Ⅰ등급

용어

[부동태화]
금속의 부식 생성물이 표면을 피복함으로써 부식을 억제하는 경우의 현상을 부동태화라고 한다.

[왕수]
연금술이 많이 시행되던 시대에 연금술사들에 의해 발견되어, 금이나 백금과 같은 귀금속을 녹일 수 있다는 점 때문에 이런 이름이 붙여졌다.

용어 크산토프로테인반응

단백질의 발색반응 중 하나. 검출이나 정성(물질의 성질을 밝힘)에 이용되지만, 단백질의 정량에는 적당하지 않다. 시료에 질산을 가하고 가열하여 이에 알칼리를 가하면 황색 또는 오렌지색을 띤다. 이 반응은 티로신, 페닐알라닌, 트립토판의 존재에 근거하는 것으로, 이들을 함유하는 대부분의 단백질이 발색을 하게 된다.

(3) 저장 및 취급방법

- 공기 중 또는 직사일광에 분해되어 유독한 증기인 이산화질소(NO_2)가 발생하므로 갈색병에 넣어 냉암소에 저장한다.
- 유기물관의 접촉을 피한다.

(4) 소화방법

① 소량 화재 시 : 다량의 물로 희석 소화한다.
② 다량 화재 시 : 안전거리를 확보한 후 포나 마른모래 등으로 소화한다.

2 과산화수소(H_2O_2) → (분자량 34)

(1) 일반적인 성질

참고 과산화수소(H_2O_2)
① 지정수량 : 300kg
② 위험등급 : Ⅰ등급

착화점(℃)	비중	증기비중	융점(℃)	비점(℃)
80.2	1.465	1.17	-0.89	80.2

- 순수한 것은 무색투명한 점성이 있는 액체이다. → (양이 많을 경우 청색)
- 분해 시 산소(O_2)를 발생하므로 안정제로 인산, 요산, 요소, 인산나트륨, 글리세린 등을 사용한다.
- 물, 알코올, 에테르에는 녹고, 벤젠, 석유에는 녹지 않는다.
- 강산화제 및 환원제로 사용되며 표백 및 살균작용을 한다.
- 농도가 36wt% 이상은 위험물에 속한다.

(2) 위험성

- 열, 햇빛에 의해서 분해가 촉진된다.
- Ag, Pt 등의 금속분말과 이산화망간(MnO_2), AgO, PbO 등과 같은 산화물과 혼합하면 급격히 반응하여 산소를 발생하여 폭발하기도 한다.
- 히드라진(N_2H_4)과 접촉 시 분해 작용으로 폭발위험이 있다.
- 농도 60wt% 이상의 고농도에서 단독으로 분해·폭발한다.
- 진한 것이 피부에 닿으면 화상을 입는다.

(3) 저장 및 취급방법

- 직사광선을 피하고 환기가 잘 되는 냉암소에 저장한다.
- 용기는 밀전하지 말고 통풍을 위해 뚜껑에 작은 구멍을 뚫어 갈색의 착색용기에 보관한다.
- 농도가 클수록 위험성이 크므로 분해방지 안정제로 인산, 요산 등의 분해방지 안정제를 넣어 분해를 억제시킨다,

(4) 소화방법

- 피부와의 접촉을 막기 위해 보호의를 착용한다.
- 다량의 물로 주수소화 하는 것이 좋다.
- 연소의 상황에 따라 분무주수도 효과적이다.

분해 반응식 : $4H_2O_2$ → H_2O + [O] (발생기 산소 : 표백작용)
(과산화수소) (물) (산소)

3 과염소산($HClO_4$) → (분자량 100.5)

(1) 일반적인 성질

비중	증기비중	융점(℃)	비점(℃)
1.76	3.46	-112	39

- 무색의 염소 냄새가 나는 불연성 액체로 공기 중에서 강하게 연기를 낸다.
- 흡습성이 강하며 휘발성이 있고 독성이 강하다.
- 수용성으로 물과 접촉 시 심한 열이 발생하며 과염소산의 고체 수화물(6종류)을 만든다.

참고 과염소산($HClO_4$)

① 지정수량 : 300kg
② 위험등급 : Ⅰ등급

참고 과염소산의 고체 수화물

- $HClO_4 \cdot H_2O$
- $HClO_4 \cdot 2H_2O$
- $HClO_4 \cdot 2.5H_2O$
- $HClO_4 \cdot 3H_2O$ (2종류)
- $HClO_4 \cdot 3.5H_2O$

(2) 위험성

- 방치하면 분해하고 가열하면 폭발한다.
- 강산으로 산화력이 강하고 종이, 나무조각 등 유기물과 접촉하면 연소와 동시 폭발한다.
- 피부에 닿으면 위험하다.

(3) 저장 및 취급방법

- 직사광선을 피해 통풍이 잘 되는 곳에 밀폐용기(내산성용기)에 저장
- 물과의 접촉을 피하고 강산화제, 환원제, 알코올류, 염화바륨, 알칼리와 격리하여 저장한다.
- 저장 시 충격, 마찰을 주지 않도록 한다.

(4) 소화방법

- 다량의 물로 분무주수하거나 분말소화약제를 사용한다.
- 유기물이 있으면 폭발할 수 있으므로 주의한다.

분해 반응식 : $HClO_4$ → HCl + $2O_2$
(과염소산) (염화수소) (산소)

4 할로겐화합물

명칭	분자식	색상	상태	비중	비점
삼플루오린화 브로민	BrF_3	무색	액체	1.76	39℃
오플루오린화 브로민	BrF_5	무색	액체	1.76	39℃
오플루오린화 요오드(아이오딘)	IF_5	무색 노란색	액체	1.76	39℃

03 제조소등 위험물 저장 및 취급

1장 위험물 저장·취급·운반·운송기준

핵심 01 위험물안전관리법

1 용어정리

① 위험물 : 인화성 또는 발화성 등의 성질을 가지는 것으로서 대통령령이 정하는 물품(제1류~제6류 위험물)을 말한다.

② 지정수량 : 위험물의 종류별로 위험성을 고려하여 대통령령이 정하는 수량(제1류~제6류 위험물의 수량)으로서 제조소등의 설치허가 등에 있어서 최저의 기준이 되는 수량을 말한다.

③ 제조소 : 위험물을 제조할 목적으로 지정수량 이상의 위험물을 취급하기 위하여 허가를 받은 장소를 말한다.

④ 저장소 : 지정수량 이상의 위험물을 저장하기 위한 대통령령이 정하는 장소로서 허가를 받은 장소를 말한다.

⑤ 취급소 : 지정수량 이상의 위험물을 제조 외의 목적으로 취급하기 위한 대통령령이 정하는 장소로서 허가를 받은 장소를 말한다.

⑥ 제조소등 : 제조소·저장소 및 취급소를 말한다.

⑦ 위험물 저장소의 구분(8가지)

지정수량 이상의 위험물을 저장하기 위한 장소	저장소의 구분
1. 옥내에 저장하는 장소	옥내저장소
2. 옥외에 있는 탱크에 위험물을 저장하는 장소	옥외탱크저장소
3. 옥내에 있는 탱크에 위험물을 저장하는 장소	옥내탱크저장소
4. 지하에 매설한 탱크에 위험물을 저장하는 장소	지하탱크저장소
5. 간이탱크에 위험물을 저장하는 장소	간이탱크저장소
6. 차량에 고정된 탱크에 위험물을 저장하는 장소	이동탱크저장소

지정수량 이상의 위험물을 저장하기 위한 장소	저장소의 구분
7. 옥외에 다음 각목의 1에 해당하는 위험물을 저장하는 장소 가. 제2류 위험물 중 유황 또는 인화성고체 나. 제4류 위험물 중 제1석유류·알코올류·제2석유류·제3석유류·제4석유류 및 동식물유류 다. 제6류 위험물 라. 제2류 위험물 및 제4류 위험물중 특별시·광역시 또는 도의 조례에서 정하는 위험물 마. 「국제해사 기구에 관한 협약」에 의하여 설치된 국제해사기구가 채택한 「국제해상위험물규칙」(IMDG Code)에 적합한 용기에 수납된 위험물	옥외저장소
8. 암반 내의 공간을 이용한 탱크에 액체의 위험물을 저장하는 장소	암반탱크저장소

⑧ 위험물 취급소의 구분 4가지

위험물을 제조 외의 목적으로 취급하기 위한 장소	취급소의 구분
1. 고정된 주요설비	주유취급소
2. 점포에서 위험물을 용기에 담아 판매하기 위하여 지정수량의 40배 이하의 위험물을 취급하는 장소	판매취급소
3. 배관 및 이에 부속된 설비에 의하여 위험물을 이송하는 장소	이송취급소
4. 제1호 내지 제3호의 장소	일반취급소

2 위험물안전관리법의 적용제외

이 법은 항공기·선박·철도 및 궤도에 의한 위험물의 저장·취급 및 운반에 있어서는 위험물안전관리법을 적용하지 아니한다.

3 지정수량 미만인 위험물의 저장·취급

지정수량 미만인 위험물의 저장 또는 취급에 관한 기술상의 기준은 특별시·광역시·특별자치시·도 및 특별자치도의 조례로 정한다.

핵심 02 위험물 저장기준

1 위험물의 저장 및 취급의 제한

① 지정수량 이상의 위험물을 저장소가 아닌 장소에서 저장하거나 제조소등이 아닌 장소에서 취급하여서는 아니 된다.

② 다음 각 호의 어느 하나에 해당하는 경우에는 제조소 등이 아닌 장소에서 지정수량 이상의 위험물을 취급할 수 있다. 이 경우 임시로 저장 또는 취급하는 장소에서의 저장 또는 취급의 기준과 임시로 저장 또는 취급하는 장소의 위치·구조 및 설비의 기준은 시·도의 조례로 정한다.

1. 시·도의 조례가 정하는 바에 따라 관할소방서장의 승인을 받아 지정수량 이상의 위험물을 90일 이내의 기간 동안 임시로 저장 또는 취급하는 경우
2. 군부대가 지정수량 이상의 위험물을 군사목적으로 임시로 저장 또는 취급하는 경우

③ 제조소등에서의 위험물의 저장 또는 취급에 관하여는 다음 각 호의 중요기준 및 세부기준에 따라야 한다.

1. 중요기준 : 화재 등 위해의 예방과 응급조치에 있어서 큰 영향을 미치거나 그 기준을 위반하는 경우 직접적으로 화재를 일으킬 가능성이 큰 기준으로서 행정안전부령이 정하는 기준
2. 세부기준 : 화재 등 위해의 예방과 응급조치에 있어서 중요기준보다 상대적으로 적은 영향을 미치거나 그 기준을 위반하는 경우 간접적으로 화재를 일으킬 수 있는 기준 및 위험물의 안전관리에 필요한 표시와 서류 · 기구 등의 비치에 관한 기준으로서 행정안전부령이 정하는 기준

2 유별을 달리하는 위험물 저장기준

유별을 달리하는 위험물은 동일한 저장소(내화구조의 격벽으로 완전히 구획된 실이 2 이상 있는 저장소에 있어서는 동일한 실)에 저장하지 아니하여야 한다.

→ 다만, 옥내저장소 또는 옥외저장소에 있어서 다음의 각목의 규정에 의한 위험물을 저장하는 경우로서 위험물을 유별로 정리하여 저장하는 한편, 서로 1m 이상의 간격을 두는 경우에는 그러하지 아니하다(중요기준).

1. 제1류 위험물(알칼리금속의 과산화물 또는 이를 함유한 것을 제외한다)과 제5류 위험물을 저장하는 경우
2. 제1류 위험물과 제6류 위험물을 저장하는 경우
3. 제1류 위험물과 제3류 위험물 중 자연발화성물질(황린 또는 이를 함유한 것에 한한다)을 저장하는 경우
4. 제2류 위험물 중 인화성고체와 제4류 위험물을 저장하는 경우
5. 제3류 위험물 중 알킬알루미늄등과 제4류 위험물(알킬알루미늄 또는 알킬리튬을 함유한 것에 한한다)을 저장하는 경우

6. 제4류 위험물 중 유기과산화물 또는 이를 함유하는 것과 제5류 위험물 중 유기과산화물 또는 이를 함유한 것을 저장하는 경우

3 위험물 저장기준

① 제3류 위험물 중 황린 그 밖에 물속에 저장하는 물품과 금수성물질은 동일한 장소에서 저장하지 아니하여야 한다.

② 옥내저장소에 있어서 위험물은 규정에 의한 바에 따라 용기에 수납하여 저장하여야 한다. 다만, 덩어리 상태의 유황과 「총포·도검·화약류 등의 안전관리에 관한 법률」에 따른 화약류에 해당하는 위험물에 있어서는 그러하지 아니하다.

③ 옥내저장소에서 동일 품명의 위험물이더라도 자연발화 우려가 있는 위험물 또는 재해가 현저하게 증대할 우려가 있는 위험물을 다량 저장하는 경우에는 10배 이하마다 구분하여 상호간 0.3m 이상의 간격을 두어 저장하여야 한다. 다만, 「총포·도검·화약류 등의 안전관리에 관한 법률」에 따른 화약류에 해당하는 위험물 또는 기계에 의하여 하역하는 구조로 된 용기에 수납한 위험물에 있어서는 그러하지 아니하다.

④ 옥내저장소에서 위험물을 저장하는 경우에는 다음 각목의 규정에 의한 높이를 초과하여 용기를 겹쳐 쌓지 아니하여야 한다.

1. 기계에 의하여 하역하는 구조로 된 용기만을 겹쳐 쌓는 경우에 있어서는 6m
2. 제4류 위험물 중 제3석유류, 제4류석유류 및 동식물유류를 수납하는 용기만을 겹쳐 쌓는 경우에 있어서는 4m
3. 그 밖의 경우에 있어서는 3m

⑤ 옥내저장소에서는 용기에 수납하여 저장하는 위험물의 온도가 55℃를 넘지 아니하도록 필요한 조치를 강구하여야 한다.

4 알킬알루미늄등, 아세트알데히드등 및 디에틸에테르등(디에틸에테르 또는 이를 함유한 것을 말한다)의 저장기준

알킬알루미늄등, 아세트알데히드등 및 디에틸에테르등(디에틸에테르 또는 이를 함유한 것을 말한다)의 저장기준은 일부 규정에 의하는 외에 다음 각 목과 같다.

① 옥외저장탱크 또는 옥내저장탱크 중 압력탱크(최대상용압력이 대기압을 초과하는 탱크를 말한다)에 있어서는 알킬알루미늄등의 취출에 의하여 당해 탱크내의 압력이 사용압력 이하로 저하하지 아니하도록, 압력탱크 외의 탱크에 있어서는 알킬알루미늄등의 취출이나 온도의 저하에 의한 공기의 혼입을 방지할 수 있도록 불활성의 기체를 봉입할 것

② 옥외저장탱크·옥내저장탱크 또는 이동저장탱크에 새롭게 알킬알루미늄등을 주입하는 때에는 미리 당해 탱크안의 공기를 불활성기체와 치환하여 둘 것

③ 이동저장탱크에 알킬알루미늄등을 저장하는 경우에는 20kPa 이하의 압력으로 불활성의 기체를 봉입하여 둘 것

④ 옥외저장탱크·옥내저장탱크·지하저장탱크 또는 이동저장탱크에 새롭게 아세트알데히드등을 주입하는 때에는 미리 당해 탱크안의 공기를 불활성기체와 치환하여 둘 것

⑤ 이동저장탱크에 아세트알데히드등을 저장하는 경우에는 항상 불활성의 기체를 봉입하여 둘 것

⑥ 옥외저장탱크·옥내저장탱크 또는 지하저장탱크 중 압력탱크 외의 탱크에 저장하는 디에틸에테르등 또는 아세트알데히드등의 온도는 산화프로필랜과 이를 함유한 것 또는 디에틸에테르등에 있어서는 30℃ 이하로, 아세트알데히드 또는 이를 함유한 것에 있어서는 15℃ 이하로 각각 유지할 것

⑦ 옥외저장탱크·옥내저장탱크 또는 지하저장탱크 중 압력탱크에 저장하는 아세트알데히드등 또는 디에틸에테르등의 온도는 40℃ 이하로 유지할 것

⑧ 보냉장치가 있는 이동저장탱크에 저장하는 아세트알데히드등 또는 디에틸에테르등의 온도는 당해 위험물의 비점 이하로 유지할 것

단위

킬로파스칼(kPa) → 기압(atm)

1kPa=0.009869atm
=1000파스칼(Pa)
=10헥토파스칼(hPa)
=1킬로파스칼(kPa)

핵심 03 위험물의 취급의 기준

1 위험물의 취급 중 제조에 관한 취급의 기준

① 증류공정에 있어서는 위험물을 취급하는 설비의 내부압력의 변동 등에 의하여 액체 또는 증기가 새지 아니하도록 할 것

② 추출공정에 있어서는 추출관의 내부압력이 비정상으로 상승하지 아니하도록 할 것

③ 건조공정에 있어서는 위험물의 온도가 부분적으로 상승하지 아니하는 방법으로 가열 또는 건조할 것

④ 분쇄공정에 있어서는 위험물의 분말이 현저하게 부유하고 있거나 위험물의 분말이 현저하게 기계·기구 등에 부착하고 있는 상태로 그 기계·기구를 취급하지 아니할 것

2 위험물의 취급 중 소비에 관한 취급의 기준

① 분사도장작업은 방화상 유효한 격벽 등으로 구획된 안전한 장소에서 실시할 것
② 담금질 또는 열처리작업은 위험물이 위험한 온도에 이르지 아니하도록 하여 실시할 것
③ 버너를 사용하는 경우에는 버너의 역화를 방지하고 위험물이 넘치지 아니하도록 할 것

3 주유취급소(항공기주유취급·선박주유취급 및 철도주유취급소를 제외한다)에서의 취급기준

① 자동차 등에 주유할 때에는 고정주유설비를 사용하여 직접 주유할 것
② 자동차 등에 인화점 40℃ 미만의 위험물을 주유할 때에는 자동차 등의 원동기를 정지시킬 것.
→ 다만, 연료탱크에 위험물을 주유하는 동안 방출되는 가연성 증기를 회수하는 설비가 부착된 고정주유설비에 의하여 주유하는 경우에는 그러하지 아니하다.
③ 이동저장탱크에 급유할 때에는 고정급유설비를 사용하여 직접 급유할 것
④ 고정주유설비 또는 고정급유설비에 접속하는 탱크에 위험물을 주입할 때에는 당해 탱크에 접속된 고정주유설비 또는 고정급유설비의 사용을 중지하고, 자동차 등을 당해 탱크의 주입구에 접근시키지 아니할 것
⑤ 고정주유설비 또는 고정급유설비에는 해당 설비에 접속한 전용탱크 또는 간이탱크의 배관 외의 것을 통하여서는 위험물을 공급하지 아니할 것

4 이동탱크저장소(컨테이너식 이동탱크저장소를 제외한다)에서의 취급기준

① 이동저장탱크로부터 위험물을 저장 또는 취급하는 탱크에 액체의 위험물을 주입할 경우에는 그 탱크의 주입구에 이동저장탱크의 주입호스를 견고하게 결합할 것
→ 다만, 주입호스의 끝부분에 수동개폐장치를 한 주입노즐(수동개폐장치를 개방상태로 고정하는 장치를 한 것을 제외한다)을 사용하여 지정수량 미만의 양의 위험물을 저장 또는 취급하는 탱크에 인화점이 40℃ 이상인 위험물을 주입하는 경우에는 그러하지 아니하다.

② 이동저장탱크로부터 액체위험물을 용기에 옮겨 담지 아니할 것
③ 이동저장탱크로부터 위험물을 저장 또는 취급하는 탱크에 인화점이 40℃ 미만인 위험물을 주입할 때에는 이동탱크저장소의 원동기를 정지시킬 것

핵심 04 위험물의 운반·운송의 기준

1 위험물의 운반에 관한 기준

위험물의 운반은 그 용기, 적재방법 및 운반방법에 관한 기준에 따라 행하여야 한다.

(1) 운반용기

① 운반용기의 재질은 강판·알루미늄판·양철판·유리·금속·종이·플라스틱·섬유판·고무류·합성섬유·삼·짚 또는 나무로 한다.
② 운반용기는 견고하여 쉽게 파손될 우려가 없고, 그 입구로부터 수납된 위험물이 샐 우려가 없도록 하여야 한다.
③ 운반용기의 최대용적 또는 중량

【고체 위험물】

운반 용기				수납 위험물의 종류									
내장용기		외장용기		제1류			제2류		제3류			제5류	
용기의 종류	최대 용적 또는 중량	용기의 종류	최대 용적 또는 중량	I	II	III	II	III	I	II	III	I	II
유리용기 또는 플라스틱용기	10L	나무상자 또는 플라스틱	125kg	O	O	O	O	O	O	O	O	O	O
			225kg		O	O		O		O	O		O
		파이버판상자	40kg	O	O	O	O	O	O	O	O	O	O
			55kg		O	O		O		O	O		O
금속제용기	30L	나무상자 또는 플라스틱상자	125kg	O	O	O	O	O	O	O	O	O	O
			225kg		O	O		O		O	O		O
		파이버판상자	40kg	O	O	O	O	O	O	O	O	O	O
			55kg		O	O		O		O	O		O

운반 용기				수납 위험물의 종류									
내장용기		외장용기		제1류			제2류		제3류			제5류	
용기의 종류	최대 용적 또는 중량	용기의 종류	최대 용적 또는 중량	I	II	III	II	III	I	II	III	I	II
플라스틱필름 포대 또는 종이 포대	5kg	나무상자 또는 플라스틱 상자	50kg	O	O	O	O	O		O	O	O	O
	50kg		50kg	O	O	O	O						O
	125kg		125kg		O	O	O	O					
	225kg		225kg			O		O					
	5kg	파이버 판상자	40kg	O	O	O	O	O		O	O	O	O
	40kg		40kg	O	O	O	O	O					O
	55kg		55kg			O		O					

【비고】 1. 'O'표시는 수납위험물의 종류별 각 란에 정한 위험물에 대하여 해당 각 란에 운반용기가 적응성이 있음을 표시한다.
2. 내장용기는 외장용기에 수납하여야 하는 용기로서 위험물을 직접 수납하기 위한 것을 말한다.
3. 내장용기의 용기의 종류란이 빈칸인 것은 외장용기에 위험물을 직접 수납하거나 유리용기, 플라스틱용기, 금속제용기, 폴리에틸렌포대 또는 종이포대를 내장용기로 할 수 있음을 표시한다.

【액체 위험물】

운반 용기				수납 위험물의 종류								
내장용기		외장용기		제3류			제4류			제5류		제6류
용기의 종류	최대 용적 또는 중량	용기의 종류	최대 용적 또는 중량	I	II	III	I	II	III	I	II	I
유리 용기	5L	나무상자 또는 플라스틱	75kg	O	O	O	O	O	O	O	O	O
	10L		125kg		O	O		O	O		O	
			225kg						O			
	5L	파이버 판상자	40kg	O	O	O	O	O	O	O	O	O
	10L		55kg						O			
플라스틱용기	10L	나무상자 또는 플라스틱상자	75kg	O	O	O	O	O	O	O	O	O
			125kg		O	O		O	O		O	
			225kg						O			
		파이버 판상자	40kg	O	O	O	O	O	O	O	O	O
			55kg						O			
금속제 용기	30L	나무상자 또는 플라스틱 상자	125kg	O	O	O	O	O	O	O	O	O
			225kg						O			
		파이버 판상자	40kg	O	O	O	O	O	O	O	O	O
			55kg		O	O		O	O		O	

(2) 적재방법

① 위험물은 규정에 의한 운반용기에 다음 각목의 기준에 따라 수납하여 적재하여야 한다. 다만, 덩어리 상태의 유황을 운반하기 위하여 적재하는 경우 또는 위험물을 동일구내에 있는 제조소등의 상호간에 운반하기 위하여 적재하는 경우에는 그러하지 아니하다.

1. 위험물이 온도변화 등에 의하여 누설되지 아니하도록 운반용기를 밀봉하여 수납할 것
2. 수납하는 위험물과 위험한 반응을 일으키지 아니하는 등 당해 위험물의 성질에 적합한 재질의 운반용기에 수납할 것
3. 고체위험물은 운반용기 내용적의 95% 이하의 수납률로 수납할 것
4. 액체위험물은 운반용기 내용적의 98% 이하의 수납률로 수납하되, 55도의 온도에서 누설되지 아니하도록 충분한 공간용적을 유지하도록 할 것
5. 제3류 위험물은 다음의 기준에 따라 운반용기에 수납할 것
   가. 자연발화성물질에 있어서는 불활성기체를 봉입하여 밀봉하는 등 공기와 접하지 아니하도록 할 것
   나. 자연발화성물질 외의 물품에 있어서는 파라핀, 경유, 등유 등의 보호액으로 채워 밀봉하거나 불활성기체를 봉입하는 등 수분과 접하지 아니하도록 할 것
   다. 자연발화성 물질 중 알킬알루미늄등은 운반용기의 내용적의 90% 이하의 수납률로 수납하되, 50℃의 온도에서 5% 이상의 공간용적을 유지하도록 할 것,

② 위험물은 당해 위험물이 용기 밖으로 쏟아지거나 위험물을 수납한 운반용기가 전도 · 낙하 또는 파손되지 아니하도록 적재하여야 한다.

③ 운반용기는 수납구를 위로 향하게 하여 적재하여야 한다

④ 적재하는 위험물의 성질에 따라 일광의 직사 또는 빗물의 침투를 방지하기 위하여 유효하게 피복하는 등 다음 각목에 정하는 기준에 따른 조치를 하여야 한다.

1. 제1류 위험물, 제3류 위험물 중 자연발화성 물질, 제4류 위험물 중 특수 인화물, 제5류 위험물 또는 제6류 위험물은 차광성이 있는 피복으로 가릴 것
2. 제1류 위험물 중 알칼리금속의 과산화물 또는 이를 함유한 것, 제2류 위험물 중 철분, 금속분, 마그네슘 또는 이들 중 어느 하나 이상을 함유한 것 또는 제3류 위험물 중 금수성물질은 방수성이 있는 피복으로 덮을 것

핵심 위험물 수납률

① 고체 위험물 : 95% 이하
② 액체 위험물 : 98% 이하
③ 알킬리튬, 알킬알루미늄 : 90% 이하, 50℃의 온도에서 5% 이상의 공간용적을 유지

3. 제5류 위험물 중 55℃ 이하의 온도에서 분해될 우려가 있는 것은 보냉 컨테이너에 수납하는 등 적정한 온도관리를 할 것
4. 액체 위험물 또는 위험등급Ⅱ의 고체 위험물을 기계에 의하여 하역하는 구조로 된 운반용기에 수납하여 적재하는 경우에는 당해 용기에 대한 충격 등을 방지하기 위한 조치를 강구할 것.
→ 다만, 위험등급Ⅱ의 고체위험물을 플렉서블의 운반용기, 파이버판제의 운반용기 및 목제의 운반용기 외의 운반용기에 수납하여 적재하는 경우에는 그러하지 아니하다.

⑤ 위험물은 다음 각목의 규정에 의한 바에 따라 종류를 달리하는 그 밖의 위험물 또는 재해를 발생시킬 우려가 있는 물품과 함께 적재하지 아니하여야 한다.
1. 부표의 규정에서 혼재가 금지되고 있는 위험물
2. 「고압가스 안전관리법」에 의한 고압가스(소방청장이 정하여 고시하는 것을 제외한다)

⑥ 위험물을 수납한 운반용기를 겹쳐 쌓는 경우에는 그 높이를 3m 이하로 하고, 용기의 상부에 걸리는 하중은 당해 용기 위에 당해 용기와 동종의 용기를 겹쳐 쌓아 3m의 높이로 하였을 때에 걸리는 하중 이하로 하여야 한다.

핵심 위험물 피복
① 차광성 피복 : 분해 위험 또는 인화점 및 방화점이 낮은 위험물에 필요
② 방수성 피복 : 물기엄금 위험물에 필요

⑦ 위험물은 그 운반용기의 외부에 다음 각목에 정하는 바에 따라 위험물의 품명, 수량 등을 표시하여 적재하여야 한다.
→ 다만, UN의 위험물 운송에 관한 권고(RTDG)에서 정한 기준 또는 소방청장이 정하여 고시하는 기준에 적합한 표시를 한 경우에는 그러하지 아니하다.
1. 위험물의 품명 · 위험등급 · 화학명 및 수용성("수용성" 표시는 제4류 위험물로서 수용성인 것에 한한다)
2. 위험물의 수량
3. 수납하는 위험물에 따라 다음의 규정에 의한 주의사항

유별	종류	주의사항
제1류 위험물	알칼리금속의 과산화물 또는 이를 함유한 것	① 주의 : 화기·충격주의 물기엄금 및 가연물접촉주의 ② 게시판 : 물기엄금 ③ 피복 : 방수성, 차광성
	그 밖의 것	① 주의 : 화기·충격주의 및 가연물접촉주의 ② 게시판 : 없음 ③ 피복 : 차광성
제2류 위험물	철분, 금속분, 마그네슘 또는 이들 중 어느 하나 이상을 함유한 것	① 주위 : 화기주의 및 물기엄금 ② 게시판 : 화기주의 ③ 피복 : 방수성
	인화성 고체	① 화기엄금 ② 게시판 : 화기엄금
	그 밖의 것	① 주의 : 화기주의 ② 게시판 : 화기주의

유별	종류	주의사항
제3류 위험물	자연발화성 물질	① 주의 : 화기엄금 및 공기접촉엄금 ② 게시판 : 화기엄금 ③ 피복 : 차광성
	금수성 물질	① 주의 : 물기엄금 ② 게시판 : 물기엄금 ③ 피복 : 방수성
제4류 위험물		① 주의 : 화기엄금 ② 게시판 : 화기엄금 ③ 피복 : 차광성
제5류 위험물		① 주의 : 화기엄금 및 충격주의 ② 게시판 : 화기엄금 ③ 피복 : 차광성
제6류 위험물		① 주의 : 가연물접촉주의 ② 게시판 : 없음 ③ 피복 : 차광성

⑧ 유별을 달리하는 위험물의 혼재기준

위험물의 구분	제1류	제2류	제3류	제4류	제5류	제6류
제1류		X	X	X	X	O
제2류	X		X	O	O	X
제3류	X	X		O	X	X
제4류	X	O	O		O	X
제5류	X	O	X	O		X
제6류	O	X	X	X	X	

【비고】 1. 'X'표시는 혼재할 수 없음을 표시한다.
2. 'O'표시는 혼재할 수 있음을 표시한다.
3. 이 표는 지정수량의 $\frac{1}{10}$ 이하의 위험물에 대하여는 적용하지 아니한다.

핵심 혼재 가능 위험물

① 제4류 위험물 : 제2류, 제3류
② 제5류 위험물 : 제2류, 제4류
③ 제6류 위험물 : 제1류
※ 암기 방법 423, 524, 61

(3) 운반방법

① 위험물 또는 위험물을 수납한 운반용기가 현저하게 마찰 또는 동요를 일으키지 아니하도록 운반하여야 한다.

② 지정수량 이상의 위험물을 차량으로 운반하는 경우에는 해당 차량에 소방청장이 정하여 고시하는 바에 따라 운반하는 위험물의 위험성을 알리는 표지를 설치하여야 한다.

1. 한 변의 길이가 0.3m 이상, 다른 한 변의 길이가 0.6m 이상인 직사각형의 판으로 할 것
2. 바탕은 흑색으로 하고, 황색의 반사도료로 「위험물」이라고 표시할 것
3. 표지는 이동탱크저장소의 경우 전면 상단 및 후면 상단, 위험물 운반차량의 경우 전면 및 후면 위치에 부착할 것

③ 지정수량 이상의 위험물을 차량으로 운반하는 경우에 있어서 다른 차량에 바꾸어 싣거나 휴식·고장 등으로 차량을 일시 정차시킬 때에는 안전한 장소를 택하고 운반하는 위험물의 안전 확보에 주의하여야 한다.

④ 지정수량 이상의 위험물을 차량으로 운반하는 경우에는 당해 위험물에 적응성이 있는 소형수동식소화기를 당해 위험물의 소요단위에 상응하는 능력 단위 이상 갖추어야 한다.

⑤ 위험물의 운반도중 위험물이 현저하게 새는 등 재난 발생의 우려가 있는 경우에는 응급조치를 강구하는 동시에 가까운 소방관서 그 밖의 관계기관에 통보하여야 한다.

(4) 위험물의 위험등급

위험등급	종류
위험등급 Ⅰ	1. 제1류 위험물 중 아염소산염류, 염소산염류, 과염소산염류, 무기과산화물 그 밖에 지정수량이 50kg인 위험물
	2. 제3류 위험물 중 칼륨, 나트륨, 알킬알루미늄, 알킬리튬, 황린 그 밖에 지정수량 10kg 또는 20kg인 위험물
	3. 제4류 위험물 중 특수인화물
	4. 제5류 위험물 중 유기과산화물, 질산에스테르류 그 밖에 지정수량이 10kg인 위험물
	5. 제6류 위험물
위험등급 Ⅱ	1. 제1류 위험물 중 브롬(브로민)산염류, 질산염류, 요오드산염류 그 밖에 지정수량 300kg인 위험물
	2. 제2류 위험물 중 황화린, 적린, 유황 그 밖에 지정수량 100kg인 위험물
	3. 제3류 위험물 중 알칼리금속(칼륨 및 나트륨을 제외한다) 및 알칼리토금속, 유기금속화합물(알킬알루미늄 및 알킬리튬을 제외한다) 그 밖에 지정수량 50kg인 위험물
	4. 제4류 위험물 중 제1석유류 및 알코올류
	5. 제5류 위험물 중 Ⅰ등급의 4에서 정하는 위험물 외의 것
위험등급 Ⅲ	위험등급 Ⅰ, Ⅱ를 제외한 위험물

2 위험물의 운송 기준

(1) 위험물의 운송

① 이동탱크저장소에 의하여 위험물을 운송하는 자는 다음 각 호의 어느 하나에 해당하는 요건을 갖추어야 한다.

1. 「국가기술자격법」에 따른 위험물 분야의 자격을 취득할 것
2. 안전관리자·탱크시험자·위험물운반자·위험물운송자 등 위험물의 안전관리와 관련된 업무를 수행하는 자로서 대통령령이 정하는 자는 해당 업무에 관한 능력의 습득 또는 향상을 위하여 소방청장이 실시하는 교육을 받아야 한다.

② 대통령령이 정하는 위험물(알킬알루미늄, 알킬리튬 또는 이 두 물질을 함유하는 위험물)의 운송에 있어서는 운송책임자(위험물 운송의 감독 또는 지원을 하는 자를 말한다.)의 감독 또는 지원을 받아 이를 운송하여야 한다. 운송책임자의 범위, 감독 또는 지원의 방법 등에 관한 구체적인 기준은 행정안전부령으로 정한다.

(2) 운송책임자의 감독 또는 지원의 방법

① 운송책임자가 이동탱크저장소에 동승하여 운송 중인 위험물의 안전 확보에 관하여 운전자에게 필요한 감독 또는 지원을 하는 방법.
→ 다만, 운전자가 운송책임자의 자격이 있는 경우에는 운송책임자의 자격이 없는 자가 동승할 수 있다.

② 운송의 감독 또는 지원을 위하여 마련한 별도의 사무실에 운송책임자가 대기하면서 다음의 사항을 이행하는 방법

1. 운송경로를 미리 파악하고 관할소방관서 또는 관련업체(비상대응에 관한 협력을 얻을 수 있는 업체를 말한다)에 대한 연락체계를 갖추는 것
2. 이동탱크저장소의 운전자에 대하여 수시로 안전 확보 상황을 확인하는 것
3. 비상시의 응급처치에 관하여 조언을 하는 것
4. 그 밖에 위험물의 운송 중 안전 확보에 관하여 필요한 정보를 제공하고 감독 또는 지원하는 것

(3) 이동탱크저장소에 의한 위험물의 운송 시에 준수하여야 하는 기준

① 위험물운송자는 운송의 개시 전에 이동저장탱크의 배출밸브 등의 밸브와 폐쇄장치, 맨홀 및 주입구의 뚜껑, 소화기 등의 점검을 충분히 실시할 것

참고

1. 알킬알루미늄
- 트리메틸알루미늄($(CH_3)_3Al$)
- 트리에틸알루미늄($(C_2H_5)_3Al$)
- 트리이소부틸알루미늄 ($(C_4H_9)_3Al$)
- 디에틸알루미늄클로라이드 ($(C_2H_5)_2AlCl$)

2. 알킬리튬
- 메틸리튬(CH_3Li)
- 에틸리튬(C_2H_5Li)
- 부틸리튬(C_4H_9Li)

② 위험물운송자는 장거리(고속도로에 있어서는 340km 이상, 그 밖에 있어서는 200km 이상을 말한다)에 걸치는 운송을 하는 때에는 2명 이상의 운전자로 할 것

→ 다만, 다음의 1에 해당하는 경우에는 그러하지 아니하다.

1. 운송책임자가 함께 동승하는 경우
2. 운송하는 위험물이 제2류 위험물, 제3류 위험물(칼슘 또는 알루미늄의 탄화물과 이것만을 함유한 것에 한한다.) 또는 제4류 위험물(특수인화물 제외)인 경우
3. 운송도중에 2시간마다 20분 이상씩 휴식하는 경우

③ 위험물운송자는 이동탱크저장소를 휴식·고장 등으로 일시 정차시킬 때에는 안전한 장소를 택하고 당해 이동탱크저장소의 안전을 위한 감시를 할 수 있는 위치에 있는 등 운송하는 위험물의 안전확보에 주의할 것

④ 위험물운송자는 이동저장탱크로부터 위험물이 현저하게 새는 등 재해발생의 우려가 있는 경우에는 재난을 방지하기 위한 응급조치를 강구하는 동시에 소방관서 그 밖의 관계기관에 통보할 것

⑤ 위험물(제4류 위험물에 있어서는 특수인화물 및 제1석유류에 한한다)을 운송하게 하는 자는 위험물안전카드를 위험물운송자로 하여금 휴대하게 할 것

04 위험물 기술기준

1장 위험물 제조소

핵심 01 제조소의 위치·구조 및 설비의 기준

1 제조소의 안전거리

제조소는 공작물의 외측으로부터 당해 제조소의 외벽 또는 이에 상당하는 공작물의 외측까지의 사이에 다음 수평거리(안전거리)를 두어야 한다. 단, 제6류 위험물을 취급하는 제조소는 제외

① 주거용으로 사용되는 것 : 10m 이상

→ (제조소가 설치된 부지 내에 있는 것을 제외)

② 학교, 병원, 극장 및 이와 유사한 300명 이상 인원을 수용할 수 있는 것, 복지지설 및 그 밖에 이와 유사한 20명 이상 인원을 수용할 수 있는 것 : 30m 이상

③ 유형문화재와 기념물 중 지정문화재 : 50m 이상

④ 고압가스, 액화석유가스, 도시가스를 저장 · 취급하는 시설 : 20m 이상

⑤ 7000V 초과 35000V 이하의 특고압가공전선 : 3m 이상

⑥ 35000V를 초과하는 특고압가공전선 : 5m 이상

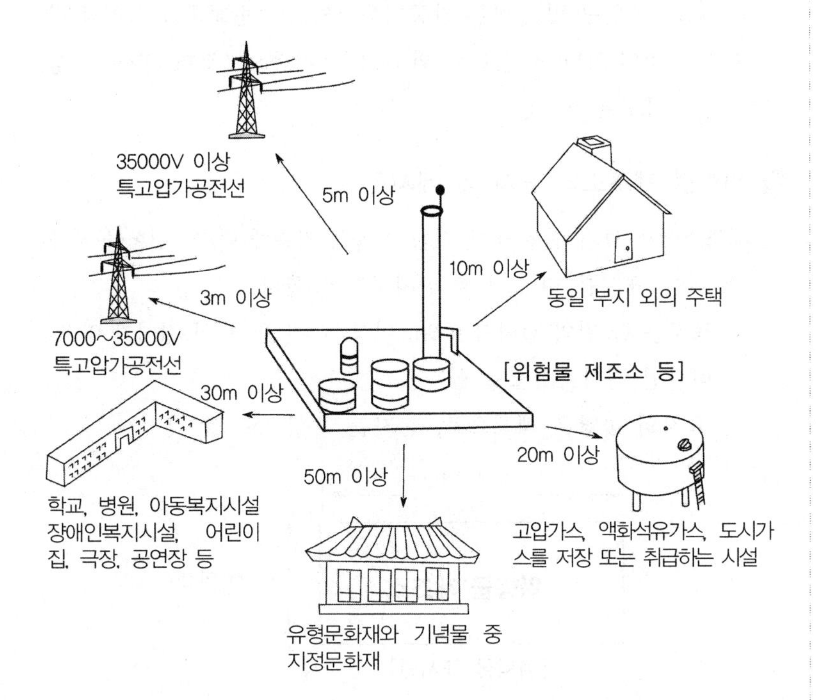

참고 【안전거리 규제 대상 및 미대상】

① 규제대상 : 제조소(6류 제외), 일반취급소, 옥내저장소, 옥외저장소, 옥외탱크저장소

② 미대상 : 옥내탱크저장소, 지하탱크저장소, 이동탱크저장소, 간이탱크저장소, 암반탱크저장소, 판매취급소, 주유취급소, 이송취급소

> **용어** 「보유공지」란?
> 1. 의미 : 위험물제조소의 주변에 확보해야 하는 절대공간을 말한다. 절대공간이란 어떤 물건 등도 놓여 있어서는 안 되는 공간이라는 의미이다.
> 2. 목적 : 화재, 폭발 등 재해 시 위험물시설 주변 공지를 두어 안전을 확보하는 것
> 3. 대상 : 제조소, 옥내저장소, 옥외탱크저장소, 옥외저장소, 일반취급소, 간이탱크저장소(옥외)

2 제조소의 보유공지

① 위험물을 취급하는 건축물 그 밖의 시설의 주위에는 그 취급하는 위험물의 최대수량에 따라 다음 표에 의한 너비의 공지를 보유하여야 한다.

취급하는 위험물의 초대수량	공지의 너비
지정수량 10배 이하	3m 이상
지정수량 10배 초과	5m 이상

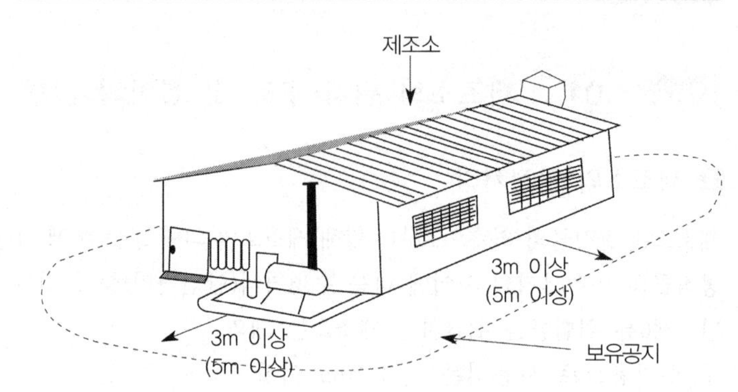

② 주위에 공지를 두게 되면 그 제조소의 작업에 현저한 지장이 생길 우려가 있는 경우 당해 제조소와 다른 작업장 사이에 다음 각목에 기준에 따라 방화상 유효한 격벽을 설치할 때에는 당해 제조소와 다른 작업장 사이에 규정에 의한 공지를 보유하지 아니할 수 있다.

1. 방화벽은 내화구조로 할 것
2. 방화벽에 설치하는 출입구 및 창 등의 개구부는 가능한 한 최소로 하고, 출입구 및 창에는 자동폐쇄식의 갑종방화문을 설치할 것
3. 방화벽의 양단 및 상단이 외벽 또는 지붕으로부터 50cm 이상 돌출하도록 할 것

3 위험물 제조소의 표지 및 게시판

① 제조소에는 보기 쉬운 곳에 다음 각목의 기준에 따라 「위험물 제조소」라는 표시를 한 표지를 설치하여야 한다.

1. 표지는 한 변의 길이가 0.3m 이상, 다른 한 변의 길이가 0.6m 이상인 직사각형으로 할 것
2. 표지의 바탕은 백색으로, 문자는 흑색으로 할 것

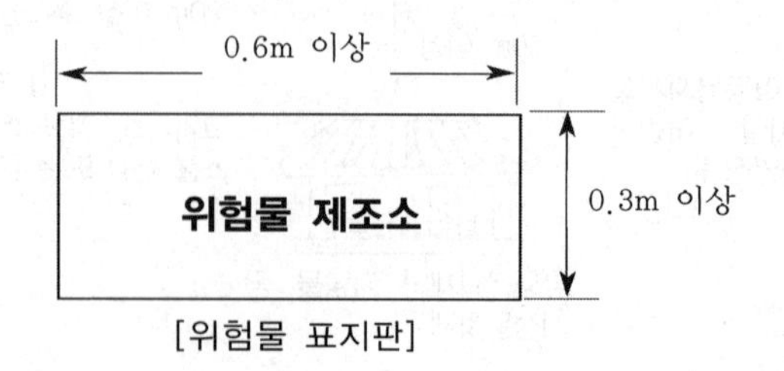

[위험물 표지판]

② 제조소에는 보기 쉬운 곳에 다음 각목의 기준에 따라 방화에 관하여 필요한 사항을 게시한 게시판을 설치하여야 한다.

1. 게시판은 한 변의 길이가 0.3m 이상, 다른 한 변의 길이가 0.6m 이상인 직사각형으로 할 것
2. 게시판에는 저장 또는 취급하는 위험물의 유별·품명 및 저장최대수량 또는 취급최대수량, 지정수량의 배수 및 안전관리자의 성명 또는 직명을 기재할 것
3. 게시판의 바탕은 백색으로, 문자는 흑색으로 할 것

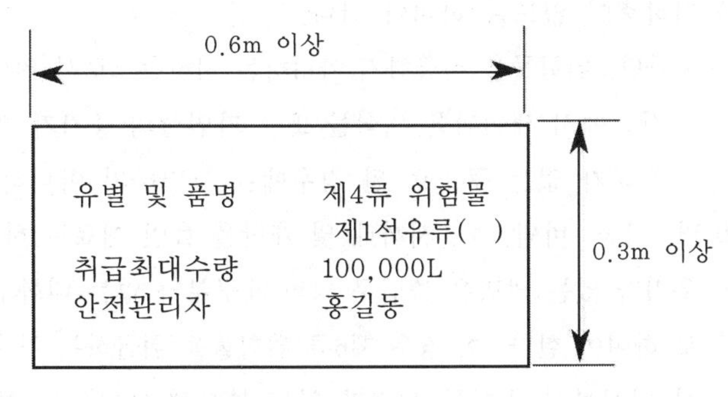

[위험물 게시판]

4. ②목의 게시판 외에 저장 또는 취급하는 위험물에 따라 다음의 규정에 의한 주의사항을 표시한 게시판을 설치할 것
   가. 제1류 위험물 중 알칼리금속의 과산화물과 이를 함유한 것 또는 제3류 위험물 중 금수성 물질에 있어서는 「물기엄금」
   나. 제2류 위험물(인화성고체를 제외한다)에 있어서는 「화기주의」
   다. 제2류 위험물 중 인화성고체, 제3류 위험물 중 자연발화물질, 제4류 위험물 또는 제5류 위험물에 있어서는 「화기엄금」

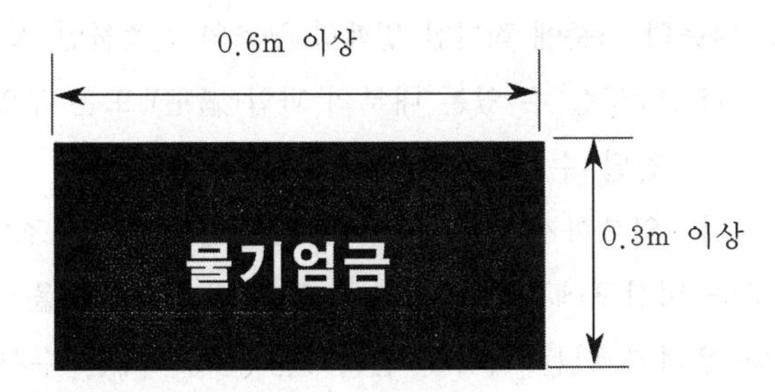

※바탕 : 청색, 문자 : 백색

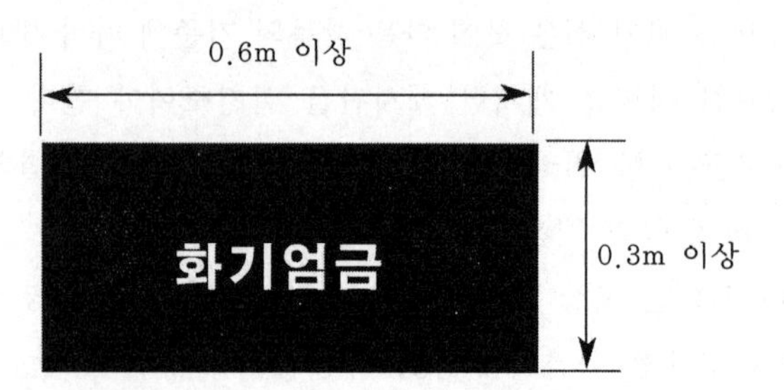

※바탕 : 적색, 문자 : 백색

4 건축물의 구조

① 지하층이 없도록 하여야 한다.

→ 다만, 위험물을 취급하지 아니하는 지하층으로서 위험물의 취급장소에서 새어나온 위험물 또는 가연성의 증기가 흘러 들어갈 우려가 없는 구조로 된 경우에는 그러하지 아니하다.

② 벽, 기둥, 바닥, 보, 서까래 및 계단을 불연 재료로 하고, 연소의 우려가 있는 외벽은 출입구 외의 개구부가 없는 내화구조의 벽으로 하여야 한다. 이 경우 제6류 위험물을 취급하는 건축물에 있어서 위험물이 스며들 우려가 있는 부분에 대하여는 아스팔트 그 밖에 부식되지 아니하는 재료로 피복하여야 한다.

③ 지붕(작업공정상 제조기계시설 등이 2층 이상에 연결되어 설치된 경우에는 최상층의 지붕을 말한다)은 폭발력이 위로 방출될 정도의 가벼운 불연 재료로 덮어야 한다.

→ 다만, 위험물을 취급하는 건축물이 다음 각목의 1에 해당하는 경우에는 그 지붕을 내화구조로 할 수 있다.

1. 제2류 위험물(분말상태의 것과 인화성고체를 제외한다), 제4류 위험물 중 제4석유류 · 동식물유류 또는 제6류 위험물을 취급하는 건축물인 경우
2. 다음의 기준에 적합한 밀폐형 구조의 건축물인 경우
   가. 발생할 수 있는 내부의 과압(過壓) 또는 부압(負壓)에 견딜 수 있는 철근콘크리트조일 것
   나. 외부화재에 90분 이상 견딜 수 있는 구조일 것

④ 출입구와 비상구에는 갑종방화문 또는 을종방화문을 설치하되, 연소의 우려가 있는 외벽에 설치하는 출입구에는 수시로 열 수 있는 자동폐쇄식의 갑종방화문을 설치하여야 한다.

⑤ 위험물을 취급하는 건축물의 창 및 출입구에 유리를 이용하는 경우에는 망입유리(두꺼운 판유리에 철망을 넣은 것)로 하여야 한다.

⑥ 액체의 위험물을 취급하는 건축물의 바닥은 위험물이 스며들지 못하는 재료를 사용하고, 적당한 경사를 두어 그 최저부에 집유설비를 하여야 한다.

> **참고** 위험물 제조소의 배관
>
> 1. 배관의 재질은 강관 그 밖에 이와 유사한 금속성으로 하여야 한다.
> 2. 배관은 지하에 매설할 것. 다만, 화재 등 열에 의하여 쉽게 변형될 우려가 없는 재질이거나 화재 등 열에 의한 악영향을 받을 우려가 없는 장소에 설치되는 경우에는 그러하지 아니하다.
> 3. 배관에 걸리는 최대상용압력의 1.5배 이상의 압력으로 내압시험을 실시하여 누설 그 밖의 이상이 없는 것으로 하여야 한다.
> 4. 배관을 지상에 설치하는 경우에는 지면에 닿지 아니하도록 하고 배관의 외면에 부식방지를 위한 도장을 하여야 한다.
> 5. 배관을 지하에 매설하는 경우 접합부분에는 점검구를 설치하여야 한다.

5 채광·조명 및 환기설비

① 채광설비는 불연재료로 하고, 연소의 우려가 없는 장소에 설치하되 채광 면적을 최소로 할 것

② 조명설비는 다음의 기준에 적합하게 설치할 것

1. 가연성 가스 등이 체류할 우려가 있는 장소의 조명등은 방폭등으로 할 것
2. 전선은 내화·내열전선으로 할 것
3. 점멸스위치는 출입구 바깥부분에 설치할 것

③ 환기설비는 다음의 기준에 의할 것

1. 환기는 자연배기방식으로 할 것
2. 급기구는 당해 급기구가 설치된 실의 바닥면적 150m^2 마다 1개 이상으로 하되, 급기구의 크기는 800cm^2 이상으로 할 것.
   → 다만, 바닥면적이 150m^2 미만인 경우에는 다음의 크기로 하여야 한다.

바닥면적	급기구의 면적
60m² 미만	150㎠ 이상
60m² 이상 90m² 미만	300㎠ 이상
90m² 이상 120m² 미만	450㎠ 이상
120m² 이상 150m² 미만	600㎠ 이상

3. 급기구는 낮은 곳에 설치하고 가는 눈의 구리망 등으로 인화방지망을 설치할 것
4. 환기구는 지붕 위 또는 지상 2m 이상의 높이에 회전식 고정 벤틸레이터 또는 루프팬 방식으로 설치할 것

용어 루프팬(roof fan)
지붕에 설치하는 배기장치

6 위험물제조소의 배출설비

① 배출설비는 국소방식으로 하여야 한다.

→ 다만, 다음 각 목의 1에 해당하는 경우에는 전역방식으로 할 수 있다.

1. 위험물취급설비가 배관이음 등으로만 된 경우
2. 건축물의 구조 · 작업장소의 분포 등의 조건에 의하여 전역방식이 유효한 경우

② 배출설비는 배풍기(오염된 공기를 뽑아내는 통풍기)·배출 덕트(공기 배출 통로)·후드 등을 이용하여 강제적으로 배출하는 것으로 해야 한다.

③ 배출능력은 1시간당 배출장소 용적의 20배 이상인 것으로 하여야 한다.

→ 다만, 전역방식의 경우에는 바닥면적 $1m^2$ 당 $18m^3$ 이상으로 할 수 있다.

④ 배출설비의 급기구 및 배출구는 다음 각 목의 기준에 의하여야 한다.

1. 급기구는 높은 곳에 설치하고, 가는 눈의 구리망 등으로 인화방지망을 설치할 것
2. 배출구는 지상 2m 이상으로서 연소의 우려가 없는 장소에 설치하고, 배출 덕트가 관통하는 벽부분의 바로 가까이에 화재 시 자동으로 폐쇄되는 방화댐퍼(화재 시 연기 등을 차단하는 장치)를 설치할 것

⑤ 배풍기는 강제배기방식으로 하고, 옥내 덕트의 내압이 대기압 이상이 되지 아니하는 위치에 설치하여야 한다.

7 옥외설비의 바닥

옥외에서 액체위험물을 취급하는 설비의 바닥은 다음 각 호의 기준에 의하여야 한다.

① 바닥의 둘레에 높이 0.15m 이상의 턱을 설치하는 등 위험물이 외부로 흘러나가지 아니하도록 하여야 한다.

② 바닥은 콘크리트 등 위험물이 스며들지 아니하는 재료로 하고, 제1호의 턱이 있는 쪽이 낮게 경사지게 하여야 한다.

③ 바닥의 최저부에 집유설비를 하여야 한다.

④ 위험물(온도 20℃의 물 100g에 용해되는 양이 1g 미만인 것에 한한다)을 취급하는 설비에 있어서는 당해 위험물이 직접 배수구에 흘러들어가지 아니하도록 집유설비에 유분리장치를 설치하여야 한다.

8 압력계 및 안전장치

위험물을 가압하는 설비 또는 그 취급하는 위험물의 압력이 상승할 우려가 있는 설비에는 압력계 및 다음 각목의 1에 해당하는 안전장치를 설치하여야 한다.

① 자동적으로 압력의 상승을 정지시키는 장치

② 감압측에 안전밸브를 부착한 감압밸브

③ 안전밸브를 겸하는 경보장치

④ 파괴판 : 위험물의 성질에 따라 안전밸브의 작동이 곤란한 가압설비에 한한다.

9 위험물 제조소의 정전기 제거설비

위험물을 취급함에 있어서 정전기가 발생할 우려가 있는 설비에는 다음 각 목의 1에 해당하는 방법으로 정전기를 유효하게 제거할 수 있는 설비를 설치하여야 한다.

① 접지에 의한 방법

② 공기 중의 상대습도를 70% 이상으로 하는 방법

③ 공기를 이온화하는 방법

④ 위험물 이송 시 유속 1m/s 이하로 할 것

10 피뢰설비

지정수량 10배 이상의 위험물을 취급하는 제조소(제6류 위험물을 취급하는 위험물제조소를 제외한다)에는 피뢰침을 설치하여야 한다.

11 위험물제조소의 옥외에 있는 위험물취급탱크의 방유제 설치

옥외에 있는 위험물취급탱크로서 액체위험물(이황화탄소를 제외한다)을 취급하는 것의 주위에는 다음의 기준에 의하여 방유제를 설치할 것

① 하나의 취급탱크 주위에 설치하는 방유제의 용량은 당해 탱크용량의 50% 이상으로 한다.

즉, 탱크용량×0.5

② 2 이상의 취급탱크 주위에 방유제를 설치하는 경우 그 방유제의 용량은 당해 탱크 중 용량이 최대인 것의 50%에 나머지 탱크용량 합계의 10%를 가산한 양 이상이 되게 할 것.

즉, 탱크최대용량×0.5+나머지 탱크용량×0.1

③ 이 경우 방유제의 용량은 당해 방유제의 내용적에서 용량이 최대인 탱크 외의 탱크의 방유제 높이 이하 부분의 용적, 당해 방유제 내에 있는 모든 탱크의 지반면 이상 부분의 기초의 체적, 간막이 둑의 체적 및 당해 방유제 내에 있는 배관 등의 체적을 뺀 것으로 한다.

12 위험물의 성질에 따른 제조소의 특례

① 위험물의 성질에 따른 특례기준 대상 위험물

1. 제3류 위험물 중 알킬알루미늄, 알킬리튬 또는 이중 어느 하나 이상을 함유하는 것
2. 제4류 위험물 중 특수인화물질의 아세트알데히드, 산화프로필렌 또는 이중 어느 하나 이상을 함유하는 것
3. 제5류 위험물 중 히드록실아민, 히드록실아민염류 또는 이중 어느 하나 이상을 함유하는 것

② 알킬알루미늄 등을 취급하는 제조소의 특례

1. 알킬알루미늄 등을 취급하는 설비의 주위에는 누설범위를 국한하기 위한 설비와 누설된 알킬알루미늄 등을 안전한 장소에 설치된 저장실에 유입시킬 수 있는 설비를 갖출 것
2. 알킬알루미늄 등을 취급하는 설비에는 불활성기체를 봉입하는 장치를 갖출 것

③ 아세트알데히드 등을 취급하는 제조소의 특례

1. 아세트알데히드 등을 취급하는 설비는 은, 수은, 동, 마그네슘 또는 이들을 성분으로 하는 합금으로 만들지 아니할 것
2. 아세트알데히드 등을 취급하는 설비에는 연소성 혼합기체의 생성에 의한 폭발을 방지하기 위한 불활성기체 또는 수증기를 봉입하는 장치를 갖출 것
3. 아세트알데히드 등을 취급하는 탱크에는 냉각장치 또는 저온을 유지하기 위한 장치 및 연소성 혼합기체의 생성에 의한 폭발을 방지하기 위한 불활성기체를 봉입하는 장치를 갖출 것
   → 다만, 지하에 있는 탱크가 아세트알데히드 등의 온도를 저온으로 유지할 수 있는 구조인 경우에는 냉각장치 및 보냉장치를 갖추기 아니할 수 있다.

④ 히드록실아민 등을 취급하는 제조소의 특례

1. 지정수량 이상의 히드록실아민등을 취급하는 제조소의 위치는 건축물의 벽 또는 이에 상당하는 공작물의 외측으로부터 당해 제조소의 외벽 또는 이에 상당하는 공작물의 외측까지의 사이에 다음 식에 의하여 요구되는 거리 이상의 안전거리를 둘 것

   $D = 51.1\sqrt[3]{N}$

   여기서, D : 안전거리, N : 취급하는 히드록실아민의 지정수량의 배수
2. 제조소 주위에는 다음에 정하는 기준으로 담 또는 토제를 설치할 것
   가. 담 또는 토제는 당해 제조소의 외벽 또는 이에 상당하는 공작물의 외측으로부터 2m 이상 떨어진 장소에 설치할 것
   나. 담 또는 토제 높이는 당해 제조소에 있어서 히드록실아민 등을 취급하는 부분의 높이 이상으로 할 것
   다. 담은 두께 15cm 이상의 철근콘크리트조, 철골철근콘크리트조 또는 두께 20cm 이상의 보강콘크리트블록조로 할 것
   라. 토제의 경사면의 경사도는 60도 미만으로 할 것
3. 히드록실아민 등을 취급하는 설비에는 히드록실아민 등의 온도 및 농도의 상승에 의한 위험한 반응을 방지하기 위한 조치를 강구할 것
4. 히드록실아민 등을 취급하는 설비에는 철이온 등의 혼입에 의한 위험한 반응을 방지하기 위한 조치를 강구할 것

2장 위험물 저장소

핵심 01 옥내저장소의 위치·구조 설비기준

1 옥내저장장소의 안전거리

옥내저장소는 제조소 규정에 준하는 안전거리를 두어야 한다.

→ 다만, 다음 각목의 1에 해당하는 옥내저장소는 안전거리를 두지 아니할 수 있다.

① 제4석유류 또는 동식물유류의 위험물을 저장 또는 취급하는 옥내저장소로서 그 최대수량이 20배 미만인 것

② 제6류 위험물을 저장 또는 취급하는 옥내저장소

③ 지정수량의 20배(하나의 저장창고의 바닥면적이 150m^2 이하인 경우에는 50배) 이하의 위험물을 저장 또는 취급하는 옥내저장소로서 다음의 기준에 적합한 것

1. 저장창고의 벽 · 기둥 · 바닥 · 보 및 지붕이 내화구조인 것
2. 저장창고의 출입구에 수시로 열 수 있는 자동폐쇄방식의 갑종방화문이 설치되어 있을 것
3. 저장창고에 창을 설치하지 아니할 것

참고 안전거리가 같은 분야

① 제조소
② 옥내저장소
③ 옥외저장소

2 옥내저장소의 보유공지

옥내저장소의 보유공지를 보유하여야 한다.

→ 다만, 지정수량의 20배를 초과하는 옥내저장소와 동일한 부지내에 있는 다른 옥내저장소와의 사이에는 동표에 정하는 공지의 너비의 3분의 1(당해 수치가 3m 미만인 경우에는 3m)의 공지를 보유할 수 있다.

저장 또는 취급하는 위험물의 최대수량	공지의 너비	
	벽 · 기둥 및 바닥이 내화구조로 된 건축물	그 밖의 건축물
지정수량의 5배 이하		0.5m 이상
지정수량의 5배 초과 10배 이하	1m 이상	1.5m 이상
지정수량의 10배 초과 20배 이하	2m 이상	3m 이상
지정수량의 20배 초과 50배 이하	3m 이상	5m 이상
지정수량의 50배 초과 200배 이하	5m 이상	10m 이상
지정수량의 200배 초과	10m 이상	15m 이상

3 옥내저장소 건축물의 구조

① 저장창고는 위험물의 저장을 전용으로 하는 독립된 건축물로 하여야 한다.

② 저장창고는 지면에서 처마까지의 높이가 6m 미만인 단층 건물로 하고 그 바닥을 지반면보다 높게 하여야 한다.

→ 다만, 제2류 또는 제4류의 위험물만을 저장하는 창고로서 다음 각목의 기준에 적합한 창고의 경우에는 20m 이하로 할 수 있다.

1. 벽 · 기둥 · 보 및 바닥을 내화구조로 할 것
2. 출입구에 갑종방화문을 설치할 것
3. 피뢰침을 설치할 것

→ 다만, 주위상황에 의하여 안전상 지장이 없는 경우에는 그러하지 아니하다.

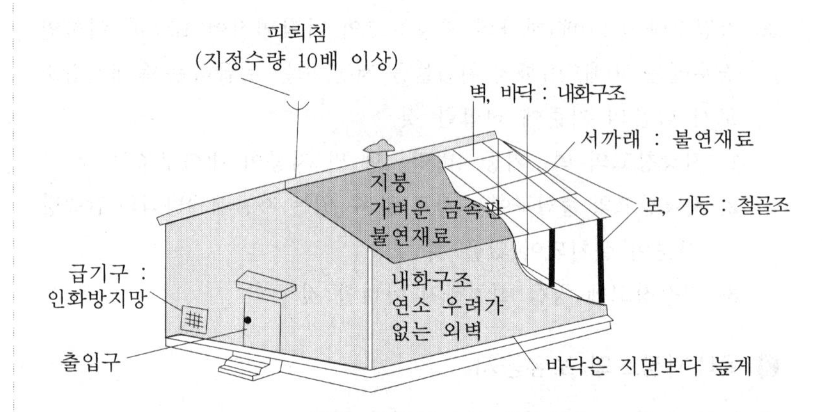

[옥내저장소 구조도]

③ 하나의 저장창고의 바닥면적(2 이상의 구획된 실이 있는 경우에는 각 실의 바닥면적의 합계)은 다음 각목의 구분에 의한 면적 이하로 하여야 한다. 이 경우 가목의 위험물과 나목의 위험물을 같은 저장창고에 저장하는 때에는 가목의 위험물을 저장하는 것으로 보아 그에 따른 바닥면적을 적용한다.

1. 다음의 위험물을 저장하는 창고 : 1,000㎡

가. 제1류 위험물 중 아염소산염류, 염소산염류, 과염소산염류, 무기과산화물 그 밖에 지정수량이 50㎏인 위험물

나. 제3류 위험물 중 칼륨, 나트륨, 알킬알루미늄, 알킬리튬 그 밖에 지정수량이 10㎏인 위험물 및 황린

다. 제4류 위험물 중 특수인화물, 제1석유류 및 알코올류

라. 제5류 위험물 중 유기과산화물, 질산에스테르류 그 밖에 지정수량이 10㎏인 위험물

마. 제6류 위험물

2. 1목의 위험물 외의 위험물을 저장하는 창고 : 2,000㎡
3. 1목의 위험물과 2목의 위험물을 내화구조의 격벽으로 완전히 구획된 실에 각각 저장하는 창고 : 1,500㎡(1목의 위험물을 저장하는 실의 면적은 500㎡를 초과할 수 없다)

④ 저장창고의 벽 · 기둥 및 바닥은 내화구조로 하고, 보와 서까래는 불연재료로 하여야 한다. 다만, 지정수량의 10배 이하의 위험물의 저장창고 또는 제2류 위험물(인화성고체는 제외한다)과 제4류의 위험물(인화점이 70℃ 미만인 것은 제외한다)만의 저장창고에 있어서는 연소의 우려가 없는 벽 · 기둥 및 바닥은 불연재료로 할 수 있다.

⑤ 저장창고는 지붕을 폭발력이 위로 방출될 정도의 가벼운 불연재료로 하고, 천장을 만들지 않아야 한다. 다만, 제2류 위험물(분말상태의 것과 인화성고체를 제외한다)과 제6류 위험물만의 저장창고에 있어서는 지붕을 내화구조로 할 수 있고, 제5류 위험물만의 저장창고에 있어서는 당해 저장창고내의 온도를 저온으로 유지하기 위하여 난연재료 또는 불연재료로 된 천장을 설치할 수 있다.

⑥ 저장창고의 출입구에는 갑종방화문 또는 을종방화문을 설치하되, 연소의 우려가 있는 외벽에 있는 출입구에는 수시로 열 수 있는 자동폐쇄식의 갑종방화문을 설치하여야 한다.

⑦ 저장창고의 창 또는 출입구에 유리를 이용하는 경우에는 망입유리로 하여야 한다.

⑧ 제1류 위험물 중 알칼리금속의 과산화물 또는 이를 함유하는 것, 제2류 위험물 중 철분 · 금속분 · 마그네슘 또는 이중 어느 하나 이상을 함유하는 것, 제3류 위험물 중 금수성물질 또는 제4류 위험물의 저장창고의 바닥은 물이 스며 나오거나 스며들지 아니하는 구조로 하여야 한다.

⑨ 액상의 위험물의 저장창고의 바닥은 위험물이 스며들지 아니하는 구조로 하고, 적당하게 경사지게 하여 그 최저부에 집유설비를 하여야 한다.

⑩ 지정수량의 10배 이상의 저장창고(제6류 위험물의 저장창고를 제외한다)에는 피뢰침을 설치하여야 한다. 다만, 저장창고의 주위의 상황에 따라 안전상 지장이 없는 경우에는 피뢰침을 설치하지 아니할 수 있다.

4 다층건물의 옥내저장소의 기준

① 저장창고는 각층의 바닥을 지면보다 높게 하고, 바닥면으로부터 상층의 바닥까지의 높이를 6m 미만으로 하여야 한다.

② 하나의 저장창고의 바닥면적 합계는 1,000m^2 이하로 하여야 한다.

③ 저장창고의 벽 · 기둥 · 바닥 및 보를 내화구조로 하고, 계단을 불연재료로 하며, 연소의 우려가 있는 외벽은 출입구외의 개구부를 갖지 아니하는 벽으로 하여야 한다.

④ 2층 이상의 층의 바닥에는 개구부를 두지 아니하여야 한다.
→ 다만, 내화구조의 벽과 갑종방화문 또는 을종방화문으로 구획된 계단실에 있어서는 그러하지 아니하다.

5 복합용도 건축물의 옥내저장소의 기준

옥내저장소중 지정수량의 20배 이하의 것(옥내저장소외의 용도로 사용하는 부분이 있는 건축물에 설치하는 것에 한한다)의 위치 · 구조 및 설비의 기술기준은 다음 각 호의 기준에 의하여야 한다.

① 옥내저장소는 벽 · 기둥 · 바닥 및 보가 내화구조인 건축물의 1층 또는 2층의 어느 하나의 층에 설치하여야 한다.

② 옥내저장소의 용도에 사용되는 부분의 바닥은 지면보다 높게 설치하고 그 층고를 6m 미만으로 하여야 한다.

③ 옥내저장소의 용도에 사용되는 부분의 바닥면적은 75㎡ 이하로 하여야 한다.

④ 옥내저장소의 용도에 사용되는 부분은 벽 · 기둥 · 바닥 · 보 및 지붕(상층이 있는 경우에는 상층의 바닥)을 내화구조로 하고, 출입구 외의 개구부가 없는 두께 70mm 이상의 철근콘크리트조 또는 이와 동등 이상의 강도가 있는 구조의 바닥 또는 벽으로 당해 건축물의 다른 부분과 구획되도록 하여야 한다.

⑤ 옥내저장소의 용도에 사용되는 부분의 출입구에는 수시로 열 수 있는 자동폐쇄방식의 갑종방화문을 설치하여야 한다.

⑥ 옥내저장소의 용도에 사용되는 부분에는 창을 설치하지 아니하여야 한다.

⑦ 옥내저장소의 용도에 사용되는 부분의 환기설비 및 배출설비에는 방화상 유효한 댐퍼 등을 설치하여야 한다.

6 위험물의 성질에 따른 옥내저장소의 특례(지정과산화물)

지정과산화물의 담 또는 토제는 저장창고의 외벽으로부터 2m 이상 떨어진 장소에 설치할 것. 다만, 담 또는 토제와 당해 저장창고와의 간격은 당해 옥내저장소의 공지의 너비의 5분의 1을 초과할 수 없다.

① 저장창고는 150m^2 이내마다 격벽으로 완전하게 구획할 것. 이 경우 당해 격벽은 두께 30cm 이상의 철근콘크리트조 또는 철골철근콘크리트조로 하거나 두께 40cm 이상의 보강콘크리트블록조로 하고, 당해 저장창고의 양측의 외벽으로부터 1m 이상, 상부의 지붕으로부터 50cm 이상 돌출하게 하여야 한다.

② 저장창고의 외벽은 두께 20cm 이상의 철근콘크리트조나 철골철근콘크리트조 또는 두께 30cm 이상의 보강콘크리트블록조로 하고, 당해 저장창고의 양측의 외벽으로부터 1m 이상, 상부의 지붕으로부터 50cm 이상 돌출하게 하여야 한다.

③ 저장창고의 출입구에는 갑종방화문을 설치할 것

④ 저장창고의 창은 바닥면으로부터 2m 이상의 높이에 두되, 하나의 벽면에 두는 창의 면적의 합계를 당해 벽면의 면적의 80분의 1 이내로 하고, 하나의 창의 면적을 0.4m^2 이내로 할 것

용어 【지정과산화물】

제5류 위험물 중 유기과산화물 또는 이를 함유하는 것으로서 지정수량이 10kg인 것

핵심 02 옥외저장소의 위치·구조 설비기준

1 안전거리

옥외저장소의 안전거리는 「제조소의 안전거리」를 준용한다.

2 보유공지

옥외저장소는 다음 표에 의한 너비의 공지를 보유할 것.

→ 다만, 제4류 위험물 중 제4석유류와 제6류 위험물을 저장 또는 취급하는 옥외저장소의 보유공지는 다음 표에 의한 공지의 너비의 3분의 1 이상의 너비로 할 수 있다.

저장 또는 취급하는 위험물의 최대수량	공지의 너비
지정수량의 10배 이하	3m 이상
지정수량의 10배 초과 20배 이하	5m 이상
지정수량의 20배 초과 50배 이하	9m 이상
지정수량의 50배 초과 200배 이하	12m 이상
지정수량의 200배 초과	15m 이상

3 덩어리 유황을 저장 또는 취급하는 것

① 하나의 경계표시의 내부의 면적은 $100m^2$ 이하일 것

② 2 이상의 경계표시를 설치하는 경우에 있어서는 각각의 경계표시 내부의 면적을 합산한 면적은 $1,000m^2$ 이하

③ 경계표시는 불연재료로 만드는 동시에 유황이 새지 아니하는 구조로 할 것

④ 경계표시의 높이는 1.5m 이하로 할 것

⑤ 경계표시에는 유황이 넘치거나 비산하는 것을 방지하기 위한 천막 등을 고정하는 장치를 설치하되, 천막 등을 고정하는 장치는 경계표시의 길이 2m마다 한 개 이상 설치할 것

⑥ 유황을 저장 또는 취급하는 장소의 주위에는 배수구와 분리장치를 설치할 것

4 옥외저장소에 저장할 수 있는 위험물

① 제2류 위험물중 유황 또는 인화성고체(인화점이 섭씨 0도 이상인 것에 한한다)

② 제4류 위험물중 제1석유류(인화점이 섭씨 0도 이상인 것에 한한다) · 알코올류 · 제2석유류 · 제3석유류 · 제4석유류 및 동식물유류

③ 제6류 위험물

④ 제2류 위험물 및 제4류 위험물중 특별시 · 광역시 또는 도의 조례에서 정하는 위험물

⑤ 「국제해사기구에 관한 협약」에 의하여 설치된 국제해사기구가 채택한 「국제해상위험물규칙」(IMDG Code)에 적합한 용기에 수납된 위험물

핵심 03 옥외탱크저장소의 위치·구조 설비기준

1 안전거리

옥외저장탱크의 안전거리는 「제조소의 안전거리」를 준용한다.

2 보유공지

옥외저장탱크의 주위에는 그 저장 또는 취급하는 위험물의 최대수량에 따라 옥외저장탱크의 측면으로부터 다음 표에 의한 너비의 공지를 보유하여야 한다.

저장 또는 취급하는 위험물의 최대수량	공지의 너비
지정수량의 500배 이하	3m 이상
지정수량의 500배 초과 1,000배 이하	5m 이상
지정수량의 1,000배 초과 2,000배 이하	9m 이상
지정수량의 2,000배 초과 3,000배 이하	12m 이상
지정수량의 3,000배 초과 4,000배 이하	15m 이상
지정수량의 4,000배 초과	당해 탱크의 수평단면의 최대지름(가로형인 경우에는 긴 변)과 높이 중 큰 것과 같은 거리 이상. 다만, 30m 초과의 경우에는 30m 이상으로 할 수 있고, 15m 미만의 경우에는 15m 이상으로 하여야 한다.

참고 옥외탱크저장소 표지 및 게시판

① 표지는 한 변의 길이가 0.3m 이상, 다른 한 변의 길이가 0.6m 이상인 직사각형으로 할 것
② 표지의 바탕은 백색으로, 문자는 흑색으로 할 것
③ 게시판에는 "옥외저장탱크 주입구"라고 표시하는 것 외에 저장 또는 취급하는 위험물의 유별 · 품명 및 저장최대수량 또는 취급최대수량, 지정수량의 배수 및 안전관리자의 성명 또는 직명을 기재할 것

3 특정옥외저장탱크의 기초 및 지반

① 옥외탱크저장소 중 그 저장 또는 취급하는 액체위험물의 최대수량이 100만L 이상의 것의 옥외저장탱크의 기초 및 지반은 당해 기초 및 지반상에 설치하는 특정옥외저장탱크 및 그 부속설비의 자중, 저장하는 위험물의 중량 등의 하중에 의하여 발생하는 응력에 대하여 안전한 것으로 하여야 한다.

② 기초 및 지반은 다음 각목에 정하는 기준에 적합하여야 한다.

1. 지반은 암반의 단층, 절토(땅깎기) 및 성토(흙쌓기)에 걸쳐 있는 등 활동(미끄러져 움직임)을 일으킬 우려가 있는 경우가 아닐 것
2. 지반은 다음의 하나에 적합할 것

가. 소방청장이 정하여 고시하는 범위 내에 있는 지반이 표준관입시험 및 평판재하시험에 의하여 각각 표준관입시험치가 20 이상 및 평판재하시험값이 1m^3당 100MN 이상의 값일 것

→ (5mm 침하 시의 시험치(K30치)로 한다.)

나. 소방청장이 정하여 고시하는 범위 내에 있는 지반이 다음의 기준에 적합할 것

㉠ 탱크하중에 대한 지지력 계산에 있어서의 지지력안전율 및 침하량 계산에 있어서의 계산침하량이 소방청장이 정하여 고시하는 값일 것

㉡ 기초(소방청장이 정하여 고시하는 것에 한한다)의 표면으로부터 3m 이내의 기초직하의 지반부분이 기초와 동등 이상의 견고성이 있고, 지표면으로부터의 깊이가 15m까지의 지질(기초의 표면으로부터 3m 이내의 기초직하의 지반부분을 제외한

용어 평판재하시험

평평한 재하판에 하중을 가하고, 그 하중의 크기와 재하면의 변위 관계를 통해 지반의 지지력 등을 구하는 시험

다)이 소방청장이 정하여 고시하는 것 외의 것일 것

4 준특정 옥외저장탱크의 기초 및 지반

① 옥외탱크저장소 중 그 저장 또는 취급하는 액체위험물의 최대수량이 50만L 이상 100만L 미만의 것의 옥외저장탱크의 기초 및 지반은 법에서 정하는 바에 따라 견고하게 하여야 한다.

② 기초 및 지반은 탱크하중에 의하여 발생하는 응력에 대하여 안전한 것으로 하여야 한다.

5 옥외저장탱크의 외부구조 및 설비

① 옥외저장탱크는 특정옥외저장탱크 및 준특정옥외저장탱크 외에는 두께 3.2㎜ 이상의 강철판 또는 소방청장이 정하여 고시하는 규격에 적합한 재료로, 특정옥외저장탱크 및 준특정옥외저장탱크는 소방청장이 정하여 고시하는 규격에 적합한 강철판 또는 이와 동등 이상의 기계적 성질 및 용접성이 있는 재료로 틈이 없도록 제작하여야 하고, 압력탱크(최대상용압력이 대기압을 초과하는 탱크를 말한다) 외의 탱크는 충수시험, 압력탱크는 최대상용압력의 1.5배의 압력으로 10분간 실시하는 수압시험에서 각각 새거나 변형되지 아니하여야 한다.

② 특정옥외저장탱크의 용접부는 소방청장이 정하여 고시하는 바에 따라 실시하는 방사선투과시험, 진공시험 등의 비파괴시험에 있어서 소방청장이 정하여 고시하는 기준에 적합한 것이어야 한다.

③ 옥외저장탱크중 압력탱크(최대상용압력이 부압 또는 정압 5kPa을 초과하는 탱크를 말한다)외의 탱크(제4류 위험물의 옥외저장탱크에 한한다)에 있어서는 밸브없는 통기관 또는 대기밸브부착 통기관을 다음 각목에 정하는 바에 의하여 설치하여야 하고, 압력탱크에 있어서는 규정에 의한 안전장치를 설치하여야 한다.

1. 밸브 없는 통기관
   가. 지름은 $30mm$ 이상일 것
   나. 끝부분은 수평면보다 45도 이상 구부려 빗물 등의 침투를 막는 구조로 할 것
   다. 인화점이 38℃ 미만인 위험물만을 저장 또는 취급하는 탱크에 설치하는 통기관에는 화염방지장치를 설치하고, 그 외의 탱크에 설치하는 통기관에는 40메쉬(mesh) 이상의 구리망 또는 동등 이상의 성능을 가진 인화방지장치를 설치할 것. 다만, 인화점이 70℃ 이상인 위험물만을 해당 위험물의 인화점 미만의 온도로 저장 또는 취급하는 탱크에 설치하는

통기관에는 인화방지장치를 설치하지 않을 수 있다.

라. 가연성의 증기를 회수하기 위한 밸브를 통기관에 설치하는 경우에 있어서는 당해 통기관의 밸브는 저장탱크에 위험물을 주입하는 경우를 제외하고는 항상 개방되어 있는 구조로 하는 한편, 폐쇄하였을 경우에 있어서는 10kPa 이하의 압력에서 개방되는 구조로 할 것. 이 경우 개방된 부분의 유효단면적은 777.15mm² 이상이어야 한다.

2. 대기밸브 부착 통기관

가. 평소에는 닫혀있지만, 5kPa 이하의 압력차이로 작동할 수 있을 것

나. 밸브 없는 통기관의 인화방지장치 기준에 적합할 것

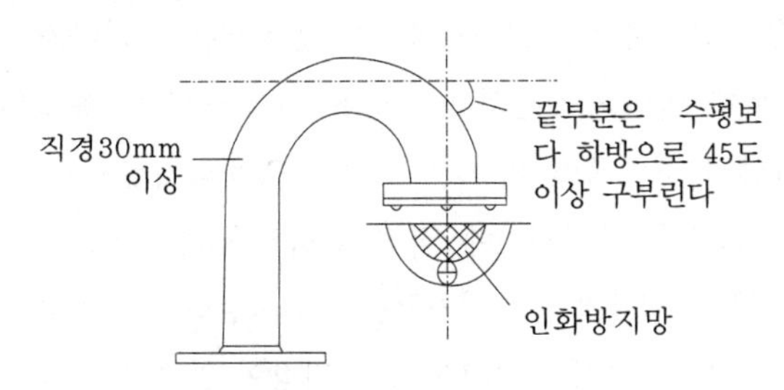

[밸브없는 통기관]

참고 대기밸브 부착 통기관

[대기밸브 부착 통기관]

④ 이황화탄소의 옥외저장탱크는 벽 및 바닥의 두께가 0.2m 이상이고 누수가 되지 아니하는 철근콘크리트의 수조에 넣어 보관하여야 한다. 이 경우 보유공지·통기관 및 자동계량장치는 생략할 수 있다.

6 특정옥외저장탱크의 구조

특정옥외저장탱크는 주하중(탱크하중, 탱크와 관련되는 내압, 온도변화의 영향 등에 의한 것을 말한다) 및 종하중(적설하중, 풍하중, 지진의 영향 등에 의한 것을 말한다)에 의하여 발생하는 응력 및 변형에 대하여 안전한 것으로 하여야 한다.

참고 특정옥외저장탱크의 $1m^2$당 풍하중(q)

$q = 0.588k\sqrt{h}$

k : 풍력계수
(원통형 탱크의 경우 0.7,
그 밖의 탱크 1)
h : 지면으로부터 높이(m)

7 방유제

인화성액체위험물(이황화탄소를 제외한다)의 옥외탱크저장소의 탱크 주위에는 다음 각목의 기준에 의하여 방유제를 설치하여야 한다.

① 방유제의 용량

1. 방유제안에 설치된 탱크가 하나인 때 : 그 탱크 용량의 110% 이상

2. 2기 이상인 때 : 그 탱크 중 용량이 최대인 것의 용량의 110% 이상

이 경우 방유제의 용량은 당해 방유제의 내용적에서 용량이 최대인 탱크 외의 탱크의 방유제 높이 이하 부분의 용적, 당해 방유제내에 있는 모든 탱크의 지반면 이상 부분의 기초의 체적, 간막이 둑의

체적 및 당해 방유제 내에 있는 배관 등의 체적을 뺀 것으로 한다.

② 방유제는 높이 0.5m 이상 3m 이하, 두께 0.2m 이상, 지하매설깊이 1m 이상으로 할 것.

→ 다만, 방유제와 옥외저장탱크 사이의 지반면 아래에 불침윤성(수분 흡수를 막는 성질) 구조물을 설치하는 경우에는 지하매설깊이를 해당 불침윤성 구조물까지로 할 수 있다.

③ 방유제 내의 면적은 8만㎡ 이하로 할 것

④ 방유제 내의 설치하는 옥외저장탱크의 수는 10(방유제내에 설치하는 모든 옥외저장탱크의 용량이 20만L 이하이고, 당해 옥외저장탱크에 저장 또는 취급하는 위험물의 인화점이 70℃ 이상 200℃ 미만인 경우에는 20) 이하로 할 것. 다만, 인화점이 200℃ 이상인 위험물을 저장 또는 취급하는 옥외저장탱크에 있어서는 그러하지 아니하다.

⑤ 방유제 외면의 2분의 1 이상은 자동차 등이 통행할 수 있는 3m 이상의 노면폭을 확보한 구내도로(옥외저장탱크가 있는 부지 내의 도로를 말한다.)에 직접 접하도록 할 것

→ 다만, 방유제내에 설치하는 옥외저장탱크의 용량합계가 20만L 이하인 경우에는 소화활동에 지장이 없다고 인정되는 3m 이상의 노면폭을 확보한 도로 또는 공지에 접하는 것으로 할 수 있다.

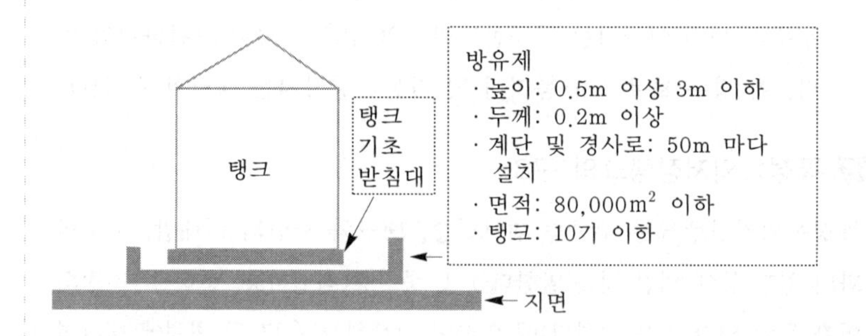

⑥ 방유제는 옥외저장탱크의 지름에 따라 그 탱크의 옆판으로부터 다음에 정하는 거리를 유지할 것.

→ 다만, 인화점이 200℃ 이상인 위험물을 저장 또는 취급하는 것에 있어서는 그러하지 아니하다.

1. 지름이 15m 미만인 경우에는 탱크 높이의 3분의 1 이상
2. 지름이 15m 이상인 경우에는 탱크 높이의 2분의 1 이상

⑦ 용량이 1,000만L 이상인 옥외저장탱크의 주위에 설치하는 방유제에는 다음의 규정에 따라 당해 탱크마다 간막이 둑을 설치할 것

1. 간막이 둑의 높이는 0.3m(방유제내에 설치되는 옥외저장탱크의 용량의 합계가 2억L를 넘는 방유제에 있어서는 1m) 이상으로 하되, 방유제의 높이보다 0.2m 이상 낮게 할 것

2. 간막이 둑은 흙 또는 철근콘크리트로 할 것
3. 간막이 둑의 용량은 간막이 둑 안에 설치된 탱크의 용량의 10% 이상일 것

8 옥외저장탱크의 펌프설비

① 펌프설비의 주위에는 너비 3m 이상의 공지를 보유할 것
→ 다만, 방화상 유효한 격벽을 설치하는 경우와 제6류 위험물 또는 지정수량의 10배 이하 위험물의 옥외저장탱크의 펌프설비에 있어서는 그러하지 아니하다.
② 펌프설비로부터 옥외저장탱크까지의 사이에는 당해 옥외저장탱크의 보유공지 너비의 3분의 1 이상의 거리를 유지할 것
③ 펌프설비는 견고한 기초 위에 고정할 것
④ 펌프 및 이에 부속하는 전동기를 위한 건축물 그 밖의 공작물(이하 "펌프실"이라 한다)의 벽 · 기둥 · 바닥 및 보는 불연재료로 할 것
⑤ 펌프실의 지붕을 폭발력이 위로 방출될 정도의 가벼운 불연재료로 할 것
⑥ 펌프실의 창 및 출입구에는 갑종방화문 또는 을종방화문을 설치할 것
⑦ 펌프실의 창 및 출입구에 유리를 이용하는 경우에는 망입유리로 할 것
⑧ 펌프실의 바닥의 주위에는 높이 0.2m 이상의 턱을 만들고 바닥은 콘크리트 등 위험물이 스며들지 아니하는 재료로 적당히 경사지게 하여 그 최저부에는 집유설비를 설치할 것
⑨ 펌프실에는 위험물을 취급하는데 필요한 채광, 조명 및 환기의 설비를 설치할 것
⑩ 가연성 증기가 체류할 우려가 있는 펌프실에는 그 증기를 옥외의 높은 곳으로 배출하는 설비를 설치할 것
⑪ 펌프실외의 장소에 설치하는 펌프설비에는 그 직하의 지반면의 주위에 높이 0.15m 이상의 턱을 만들고 당해 지반면은 콘크리트 등 위험물이 스며들지 아니하는 재료로 적당히 경사지게 하여 그 최저부에는 집유설비를 할 것. 이 경우 제4류 위험물(온도 20℃의 물 100g에 용해되는 양이 1g 미만인 것에 한한다)을 취급하는 펌프설비에 있어서는 당해 위험물이 직접 배수구에 유입하지 아니하도록 집유설비에 유분리장치를 설치하여야 한다.

핵심 04 옥내탱크저장소의 위치·구조 설비기준

1 옥내탱크저장소의 기준

① 위험물을 저장 또는 취급하는 옥내탱크는 단층건축물에 설치된 탱크전용실에 설치할 것

② 옥내저장탱크와 탱크전용실의 벽과의 사이 및 옥내저장탱크의 상호간에는 0.5m 이상의 간격을 유지할 것

→ 다만, 탱크의 점검 및 보수에 지장이 없는 경우에는 그러하지 아니하다.

③ 옥내탱크저장소에는 보기 쉬운 곳에 「위험물 옥내탱크저장소」라는 표시를 한 표지와 동표를 방화에 관하여 필요한 사항을 게시한 게시판을 설치하여야 한다.

④ 옥내저장탱크의 용량은 지정수량의 40배(제4석유류 및 동식물유류 외의 제4류 위험물에 있어서 당해 수량이 20,000L를 초과할 때에는 20,000L) 이하일 것

⑤ 탱크전용실은 벽 · 기둥 및 바닥을 내화구조로 하고, 보를 불연재료로 하며, 연소의 우려가 있는 외벽은 출입구 외에는 개구부가 없도록 할 것.

→ 다만, 인화점이 70℃ 이상인 제4류 위험물만의 옥내저장탱크를 설치하는 탱크전용실에 있어서는 연소의 우려가 없는 외벽 · 기둥 및 바닥을 불연재료로 할 수 있다.

⑥ 탱크전용실은 지붕을 불연재료로 하고, 천장을 설치하지 아니할 것

⑦ 탱크전용실의 창 및 출입구에는 갑종방화문 또는 을종방화문을 설치하는 동시에, 연소의 우려가 있는 외벽에 두는 출입구에는 수시로 열 수 있는 자동폐쇄식의 갑종방화문을 설치할 것

2 옥내탱크저장소 중 탱크 전용실을 단층 건물 외의 건축물에 설치하는 것의 위치 · 구조 및 설비의 기술기준

탱크전용실을 단층건물 외의 건축물에 설치하는 옥내탱크저장소의 옥내저장탱크는 탱크 전용실에 설치한다. 이 경우 다음의 위험물의 탱크 전용실은 건축물의 1층 또는 지하층에 설치하여야 한다.

① 제2류 위험물 중 황화린 · 적린 및 덩어리 유황

② 제3류 위험물 중 황린

③ 제6류 위험물 중 질산

④ 제4류 위험물 중 인화점이 38℃ 이상인 위험물

핵심 05 지하탱크저장소의 위치·구조 설비기준

1 지하탱크저장소의 기준

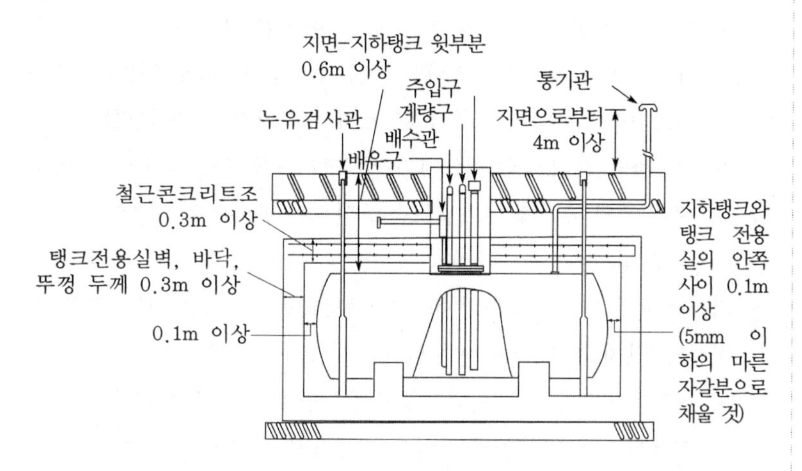

① 위험물을 저장 또는 취급하는 지하탱크는 지면 하에 설치된 탱크전용실에 설치하여야 한다.

→ 다만, 제4류 위험물의 지하저장탱크가 다음의 기준에 적합한 때에는 그러하지 아니하다.

1. 당해 탱크를 지하철 · 지하가 또는 지하터널로부터 수평거리 10m 이내의 장소 또는 지하건축물내의 장소에 설치하지 아니할 것
2. 당해 탱크를 그 수평투영의 세로 및 가로보다 각각 0.6m 이상 크고 두께가 0.3m 이상인 철근콘크리트조의 뚜껑으로 덮을 것
3. 뚜껑에 걸리는 중량이 직접 당해 탱크에 걸리지 아니하는 구조일 것
4. 당해 탱크를 견고한 기초 위에 고정할 것
5. 당해 탱크를 지하의 가장 가까운 벽 · 피트 · 가스관 등의 시설물 및 대지경계선으로부터 0.6m 이상 떨어진 곳에 매설할 것

② 탱크전용실은 지하의 가장 가까운 벽 · 피트 · 가스관 등의 시설물 및 대지경계선으로부터 0.1m 이상 떨어진 곳에 설치하고, 지하저장탱크와 탱크전용실의 안쪽과의 사이는 0.1m 이상의 간격을 유지하도록 하며, 당해 탱크의 주위에 마른모래 또는 습기 등에 의하여 응고되지 아니하는 입자지름 5mm 이하의 마른 자갈분을 채워야 한다.

③ 지하저장탱크의 윗부분은 지면으로부터 0.6m 이상 아래에 있어야 한다.

④ 지하저장탱크를 2 이상 인접해 설치하는 경우에는 그 상호간에 1m(당해 2 이상의 지하저장탱크의 용량의 합계가 지정수량의 100배 이하인 때에는 0.5m) 이상의 간격을 유지하여야 한다.

→ 다만, 그 사이에 탱크전용실의 벽이나 두께 20cm 이상의 콘크리트 구조물이 있는 경우에는 그러하지 아니하다.

> **용어** 누유검사관
>
> 지하저장탱크의 주위에는 당해 탱크로부터의 액체위험물의 누설을 검사하기 위한 관으로 4개소 이상 적당한 위치에 설치해야 한다.

> **용어** 피트(pit)
>
> 인공지하구조물

⑤ 탱크전용실은 벽 · 바닥 및 뚜껑을 다음의 기준에 적합한 철근콘크리트구조 또는 이와 동등 이상의 강도가 있는 구조로 설치하여야 한다.

1. 벽 · 바닥 및 뚜껑의 두께는 0.3m 이상일 것
2. 벽 · 바닥 및 뚜껑의 내부에는 지름 9mm부터 13mm까지의 철근을 가로 및 세로로 5cm부터 20cm까지의 간격으로 배치할 것
3. 벽 · 바닥 및 뚜껑의 재료에 수밀콘크리트를 혼입하거나 벽 · 바닥 및 뚜껑의 중간에 아스팔트층을 만드는 방법으로 적정한 방수조치를 할 것

⑥ 지하저장탱크에는 다음의 하나에 해당하는 방법으로 과충전을 방지하는 장치를 설치하여야 한다.

1. 탱크용량을 초과하는 위험물이 주입될 때 자동으로 그 주입구를 폐쇄하거나 위험물의 공급을 자동으로 차단하는 방법
2. 탱크용량의 90%가 찰 때 경보음을 울리는 방법

용어 수밀

액체가 새지 않도록 밀봉되어 있는 상태

핵심 06 간이탱크저장소의 위치·구조 설비기준

1 간이탱크저장소의 설치기준

① 하나의 간이탱크저장소에 설치하는 간이저장탱크는 그 수를 3 이하로 하고, 동일한 품질의 위험물의 간이저장탱크를 2 이상 설치하지 아니하여야 한다.

② 간이탱크저장소에는 보기 쉬운 곳에 「위험물 간이탱크저장소」라는 표시를 한 표지와 방화에 관하여 필요한 사항을 게시한 게시판을 설치하여야 한다.

③ 간이저장탱크는 움직이거나 넘어지지 아니하도록 지면 또는 가설대에 고정시키되, 옥외에 설치하는 경우에는 그 탱크의 주위에 너비 1m 이상의 공지를 두고, 전용실 안에 설치하는 경우에는 탱크와 전용실의 벽과의 사이에 0.5m 이상의 간격을 유지하여야 한다.

④ 간이저장탱크의 용량은 600L 이하이어야 한다.

⑤ 간이저장탱크는 두께 3.2mm 이상의 강판으로 흠이 없도록 제작하여야 하며, 70kPa 압력으로 10분간의 수압시험을 실시하여 새거나 변형되지 아니하여야 한다.

⑥ 간이저장탱크의 외면에는 녹을 방지하기 위한 도장을 하여야 한다.

→ 다만, 탱크의 재질이 부식의 우려가 없는 스테인레스 강판 등인 경우에는 그러하지 아니하다.

2 밸브 없는 통기관 설치기준

① 통기관의 지름은 25mm 이상으로 할 것

② 통기관은 옥외에 설치하되, 그 끝부분의 높이는 지상 1.5m 이상으로 할 것

③ 통기관의 끝부분은 수평면에 대하여 아래로 45° 이상 구부려 빗물 등이 침투하지 아니하도록 할 것

④ 가는 눈의 구리망 등으로 인화방지장치를 할 것.

→ 다만, 인화점 70℃ 이상의 위험물만을 해당 위험물의 인화점 미만의 온도로 저장 또는 취급하는 탱크에 설치하는 통기관에 있어서는 그러하지 아니하다.

핵심 07 이동탱크저장소의 위치·구조 설비기준

1 상치장소

이동탱크저장소의 상치장소는 다음의 기준에 적합하여야 한다.

① 옥외에 있는 상치장소는 화기를 취급하는 장소 또는 인근의 건축물로부터 5m 이상(인근의 건축물이 1층인 경우에는 3m 이상)의 거리를 확보하여야 한다.

→ 다만, 하천의 공지나 수면, 내화구조 또는 불연재료의 담 또는 벽 그 밖에 이와 유사한 것에 접하는 경우를 제외한다.

② 옥내에 있는 상치장소는 벽 · 바닥 · 보 · 서까래 및 지붕이 내화구조 또는 불연재료로 된 건축물의 1층에 설치하여야 한다.

2 이동저장탱크의 구조

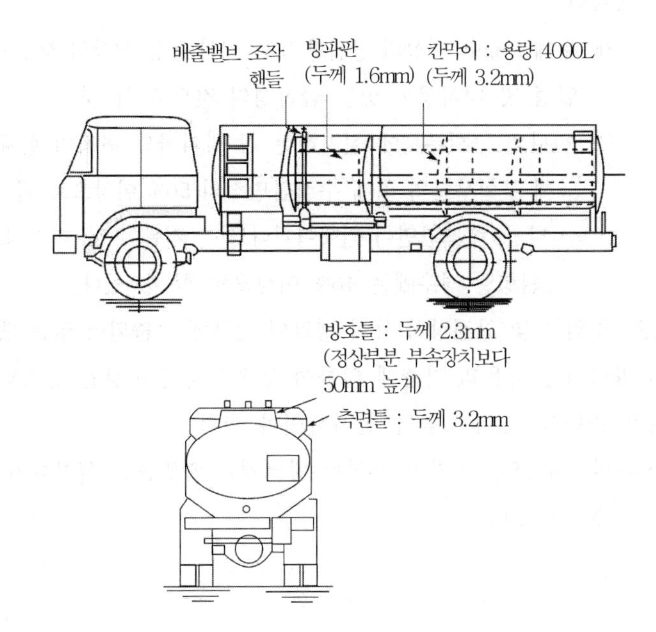

① 이동저장탱크의 구조는 다음의 기준에 의하여야 한다.

1. 탱크(맨홀 및 주입관의 뚜껑을 포함한다)는 두께 3.2mm 이상의 강철판 또는 이와 동등 이상의 강도 · 내식성 및 내열성이 있다고 인정하여 소방청장이 정하여 고시하는 재료 및 구조로 위험물이 새지 아니하게 제작할 것
2. 압력탱크(최대상용압력이 46.7kPa 이상인 탱크를 말한다) 외의 탱크는 70kPa 압력으로, 압력탱크는 최대상용압력의 1.5배의 압력으로 각각 10분간의 수압시험을 실시하여 새거나 변형되지 아니할 것. 이 경우 수압시험은 용접부에 대한 비파괴시험과 기밀시험으로 대신할 수 있다.

② 이동저장탱크는 그 내부에 4,000L 이하마다 3.2mm 이상의 강철판 또는 이와 동등 이상의 강도 · 내열성 및 내식성이 있는 금속성의 것으로 칸막이를 설치하여야 한다.

→ 다만, 고체인 위험물을 저장하거나 고체인 위험물을 가열하여 액체 상태로 저장하는 경우에는 그러하지 아니하다.

③ 칸막이로 구획된 각 부분마다 맨홀과 다음의 기준에 의한 안전장치 및 방파판을 설치하여야 한다.

→ 다만, 칸막이로 구획된 부분의 용량이 2,000L 미만인 부분에는 방파판을 설치하지 아니할 수 있다.

1. 안전장치 : 상용압력이 20kPa 이하인 탱크에 있어서는 20kPa 이상 24kPa 이하의 압력에서, 상용압력이 20kPa를 초과하는 탱크에 있어서는 상용압력의 1.1배 이하의 압력에서 작동하는 것으로 할 것
2. 방파판
   가. 두께 1.6mm 이상의 강철판 또는 이와 동등 이상의 강도 · 내열성 및 내식성이 있는 금속성의 것으로 할 것
   나. 하나의 구획부분에 설치하는 각 방파판의 면적의 합계는 당해 구획부분의 최대 수직단면적의 50% 이상으로 할 것.
   → 다만, 수직단면이 원형이거나 짧은 지름이 1m 이하의 타원형일 경우에는 40% 이상으로 할 수 있다.

④ 맨홀, 주입구 및 안전장치 등이 탱크의 상부에 돌출되어 있는 탱크에 있어서는 다음의 기준에 의하여 부속장치의 손상을 방지하기 위한 측면틀 및 방호틀을 설치하여야 한다.

→ 다만, 피견인자동차에 고정된 탱크에는 측면틀을 설치하지 아니할 수 있다.

1. 측면틀

가. 탱크 뒷부분의 입면도에 있어서 측면틀의 최외측과 탱크의 최외측을 연결하는 직선의 수평면에 대한 내각이 75도 이상이 되도록 하고, 최대수량의 위험물을 저장한 상태에 있을 때의 당해 탱크중량의 중심점과 측면틀의 최외측을 연결하는 직선과 그 중심점을 지나는 직선중 최외측선과 직각을 이루는 직선과의 내각이 35도 이상이 되도록 할 것

나. 탱크상부의 네 모퉁이에 당해 탱크의 전단 또는 후단으로부터 각각 1m 이내의 위치에 설치할 것

2. 방호틀

가. 두께 2.3mm 이상의 강철판 또는 이와 동등 이상의 기계적 성질이 있는 재료로써 산모양의 형상으로 하거나 이와 동등 이상의 강도가 있는 형상으로 할 것

나. 정상부분은 부속장치보다 50mm 이상 높게 하거나 이와 동등 이상의 성능이 있는 것으로 할 것

3 표지

① 설치위치 : 이동탱크저장소의 탱크 외부에는 소방청장이 정하여 고시하는 바에 따라 도장 등을 하여 쉽게 식별할 수 있도록 하고, 보기 쉬운 곳에 상치장소의 위치를 표시하여야 한다.

② 규격 및 형상 : 직사각형(횡형 사각형, 한 변의 길이가 0.6m 이상, 다른 한 변의 길이가 0.3m)

③ 색상 및 문자 : 흑색 바탕에 황색의 반사도료로 「위험물」이라고 표시

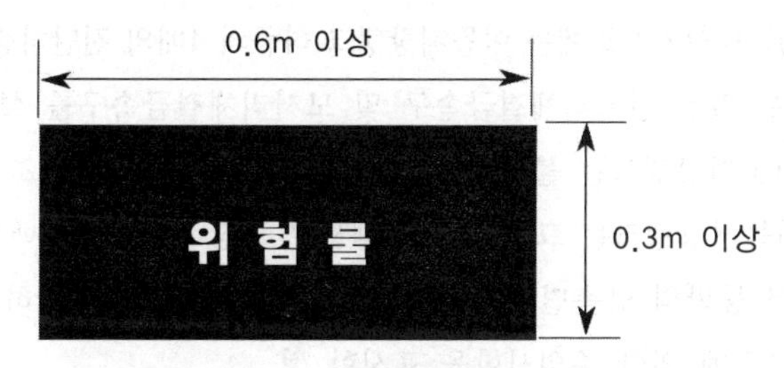

*바탕 : 흑색, 문자 : 황색의 반사도료

4 이동저장탱크의 외부도장

유별	도장의 색상	비고
제1류	회색	1. 탱크의 앞면과 뒷면을 제외한 면적의 40% 이내의 면적은 다른 유별의 색상 외의 색상으로 도장하는 것이 가능하다. 2. 제4류에 대해서는 도장의 색상 제한이 없으나 적색을 권장한다.
제2류	적색	
제3류	청색	
제5류	황색	
제6류	청색	

5 위험물의 성질에 따른 이동탱크저장소의 특례

① 알킬알루미늄 등을 저장 또는 취급하는 이동탱크저장소는 기본적인 기준에 의하되, 당해 위험물의 성질에 따라 강화되는 기준은 다음 각목에 의하여야 한다.

1. 이동저장탱크는 두께 10mm 이상의 강판 또는 이와 동등 이상의 기계적 성질이 있는 재료로 기밀하게 제작되고 1MPa 이상의 압력으로 10분간 실시하는 수압시험에서 새거나 변형하지 아니하는 것일 것
2. 이동저장탱크의 용량은 1,900L 미만일 것
3. 안전장치는 이동저장탱크의 수압시험의 압력의 3분의 2를 초과하고 5분의 4를 넘지 아니하는 범위의 압력으로 작동할 것
4. 이동저장탱크의 맨홀 및 주입구의 뚜껑은 두께 10mm 이상의 강판 또는 이와 동등 이상의 기계적 성질이 있는 재료로 할 것
5. 이동저장탱크의 배관 및 밸브 등은 당해 탱크의 윗부분에 설치할 것
6. 이동탱크저장소에는 이동저장탱크 하중의 4배의 전단하중에 견딜 수 있는 걸고리체결금속구 및 모서리체결금속구를 설치할 것
7. 이동저장탱크는 불활성의 기체를 봉입할 수 있는 구조로 할 것
8. 이동저장탱크는 그 외면을 적색으로 도장하는 한편, 백색문자로서 동판의 양측면 및 경판(동체의 양 끝부분에 부착하는 판)에 규정에 의한 주의사항을 표시할 것

② 아세트알데히드 등을 저장 또는 취급하는 이동탱크저장소는 당해 위험물의 성질에 따라 강화되는 기준은 다음 각목에 의하여야 한다.

1. 이동저장탱크는 불활성의 기체를 봉입할 수 있는 구조로 할 것
2. 이동저장탱크 및 그 설비는 은, 수은, 동, 마그네슘 또는 이들을 성분으로 하는 합금으로 만들지 아니할 것

참고 이동탱크 저장소의 비치품목

① 완공검사필증 및 정기점검기록
② 알킬알루미늄등을 저장 또는 취급하는 이동탱크저장소의 비치 품목
- 긴급시의 연락처
- 응급조치에 필요한 사항을 기재한 서류
- 방호복
- 고무장갑
- 밸브 등을 죄는 결합공구 및 휴대용 확성기

핵심 08 암반탱크저장소의 위치·구조 설비기준

1 암반탱크

① 암반탱크저장소의 암반탱크는 다음의 기준에 의하여 설치하여야 한다.

1. 암반탱크는 암반투수계수가 1초당 10만분의 1m 이하인 천연암반 내에 설치할 것
2. 암반탱크는 저장할 위험물의 증기압을 억제할 수 있는 지하수면하에 설치할 것
3. 암반탱크의 내벽은 암반균열에 의한 낙반(갱내 천장이나 벽의 암석이 떨어지는 것)을 방지할 수 있도록 볼트 · 콘크리크 등으로 보강할 것

② 암반탱크는 다음의 기준에 적합한 수리조건을 갖추어야 한다.

1. 암반탱크 내로 유입되는 지하수의 양은 암반내의 지하수 충전량보다 적을 것
2. 암반탱크의 상부로 물을 주입하여 수압을 유지할 필요가 있는 경우에는 수벽공을 설치할 것
3. 암반탱크에 가해지는 지하수압은 저장소의 최대운영압보다 항상 크게 유지할 것

3장 위험물 취급소

핵심 01 주유취급소의 위치·구조 설비기준

1 주유공지 및 급유공지

① 주유취급소의 고정주유설비의 주위에는 주유를 받으려는 자동차 등이 출입할 수 있도록 너비 15m 이상, 길이 6m 이상의 콘크리트 등으로 포장한 공지(주유공지)를 보유하여야 하고, 고정급유설비를 설치하는 경우에는 고정급유설비의 호스기기의 주위에 필요한 공지(급유공지)를 보유하여야 한다.

② 주유취급소의 공지의 바닥은 주위 지면보다 높게 하고, 그 표면을 적당하게 경사지게 하여 새어나온 기름 그 밖의 액체가 공지의 외부로 유출되지 아니하도록 배수 · 집유설비 및 유분리장치를 하여야 한다.

2 주유취급소의 표지 및 게시판

1. 주유취급소에는 보기 쉬운 곳에 다음 각목의 기준에 따라 「위험물 주유취급소」, 「주유중엔진정지」라는 표시를 한 표지를 설치하여야 한다.
2. 표지는 한 변의 길이가 0.3m 이상, 다른 한 변의 길이가 0.6m 이상인 직사각형으로 할 것
3. 표지의 바탕 및 문자 색상
   ① 「위험물 주유취급소」 : 바탕은 백색으로, 문자는 흑색으로 할 것
   ② 「주유 중 엔진정지」 : 바탕은 황색으로, 문자는 흑색으로 할 것

주유 중 엔진정지

※바탕 : 황색, 문자 : 흑색

3 주유 취급소의 저장 또는 취급 가능한 탱크

① 자동차 등에 주유하기 위한 고정주유설비에 직접 접속하는 전용탱크로서 50,000L 이하의 것

② 고정급유설비에 직접 접속하는 전용탱크로서 50,000L 이하의 것

③ 보일러 등에 직접 접속하는 전용탱크로서 10,000L 이하의 것

④ 자동차 등을 점검 · 정비하는 작업장 등(주유취급소안에 설치된 것에 한한다)에서 사용하는 폐유, 윤활유 등의 위험물을 저장하는 탱크로서 2000L 이하의 것

⑤ 고정주유설비 또는 고정급유설비에 직접 접속하는 3기 이하의 간이탱크

4 고정주유설비 등

① 주유취급소에는 자동차 등의 연료탱크에 직접 주유하기 위한 고정주유설비를 설치하여야 한다.

② 고정주유설비 최대배출량

1. 제1석유류 : 분당 50L 이하
2. 경유 : 분당 180L 이하
3. 등유 : 분당 80L 이하

→ 다만, 이동저장탱크에 주입하기 위한 고정급유설비의 펌프기기는 최대배출량이 분당 300L 이하인 것으로 할 수 있으며, 분당 배출량이 200L 이상인 것의 경우에는 주유설비에 관계된 모든 배관의 안지름을 40mm 이상으로 하여야 한다.

③ 고정주유설비 또는 고정급유설비는 다음 각목의 기준에 적합한 위치에 설치하여야 한다.

1. 고정주유설비의 중심선을 기점으로 하여 도로경계선까지 4m 이상, 부지경계선 · 담 및 건축물의 벽까지 2m(개구부가 없는 벽까지는 1m) 이상의 거리를 유지하고, 고정급유설비의 중심선을 기점으로 하여 도로경계선까지 4m 이상, 부지경계선 및 담까지 1m 이상, 건축물의 벽까지 2m(개구부가 없는 벽까지는 1m) 이상의 거리를 유지할 것
2. 고정주유설비와 고정급유설비의 사이에는 4m 이상의 거리를 유지할 것

참고 셀프용 고정주유설비

① 1회 연속주유량
  ㉠ 휘발유 : 100L 이하
  ㉠ 경유 : 200L 이하
② 주유시간 상한 4분 이하

5 건축물 등의 제한 등

주유취급소에는 주유 또는 그에 부대하는 업무를 위하여 사용되는 다음 각목의 건축물 또는 시설 외에는 다른 건축물 그 밖의 공작물을 설치할 수 없다.

① 주유 또는 등유 · 경유를 옮겨 담기 위한 작업장

② 주유취급소의 업무를 행하기 위한 사무소

③ 자동차 등의 점검 및 간이정비를 위한 작업장

④ 자동차 등의 세정을 위한 작업장

⑤ 주유취급소에 출입하는 사람을 대상으로 한 점포 · 휴게음식점 또는 전시장

⑥ 주유취급소의 관계자가 거주하는 주거시설
⑦ 전기자동차용 충전설비

6 주유 취급소의 담 또는 벽

① 주유취급소의 주위에는 자동차 등이 출입하는 쪽 외의 부분에 높이 2m 이상의 내화구조 또는 불연재료의 담 또는 벽을 설치하되, 주유취급소의 인근에 연소의 우려가 있는 건축물이 있는 경우에는 소방청장이 정하여 고시하는 바에 따라 방화상 유효한 높이로 하여야 한다.

② 제①호에도 불구하고 다음 각 목의 기준에 모두 적합한 경우에는 담 또는 벽의 일부분에 방화상 유효한 구조의 유리를 부착할 수 있다.

1. 유리를 부착하는 위치는 주입구, 고정주유설비 및 고정급유설비로부터 4m 이상 거리를 둘 것
2. 유리를 부착하는 방법은 다음의 기준에 모두 적합할 것
   가. 주유취급소 내의 지반면으로부터 70cm를 초과하는 부분에 한하여 유리를 부착할 것
   나. 하나의 유리판의 가로의 길이는 2m 이내일 것
   다. 유리판의 테두리를 금속제의 구조물에 견고하게 고정하고 해당 구조물을 담 또는 벽에 견고하게 부착할 것
   라. 유리의 구조는 접합유리(두 장의 유리를 두께 0.76mm 이상의 폴리비닐부티랄 필름으로 접합한 구조를 말한다)로 하되, 「유리구획 부분의 내화시험방법(KS F 2845)」에 따라 시험하여 비차열 30분 이상의 방화성능이 인정될 것
3. 유리를 부착하는 범위는 전체의 담 또는 벽의 길이의 10분의 2를 초과하지 아니할 것

7 캐노피

주유취급소에 캐노피를 설치하는 경우에는 다음의 기준에 의하여야 한다.

① 배관이 캐노피 내부를 통과할 경우에는 1개 이상의 점검구를 설치할 것
② 캐노피 외부의 점검이 곤란한 장소에 배관을 설치하는 경우에는 용접이음으로 할 것
③ 캐노피 외부의 배관이 일광열의 영향을 받을 우려가 있는 경우에는 단열재로 피복할 것

8 고속국도주유취급소의 특례

고속국도의 도로변에 설치된 주유취급소에 있어서는 탱크의 용량을 60,000L까지 할 수 있다.

핵심 02 판매취급소의 위치·구조 설비기준

1 제1종 판매취급소(지정수량이 20배 이하)의 기준

저장 또는 취급하는 위험물의 수량이 지정수량의 20배 이하인 판매취급소의 위치 · 구조 및 설비의 기준은 다음 각목과 같다.

① 제1종 판매취급소는 건축물의 1층에 설치할 것

② 제1종 판매취급소의 용도로 사용하는 건축물의 부분은 보를 불연재료로 하고, 천장을 설치하는 경우에는 천장을 불연재료로 할 것

③ 제1종 판매취급소의 용도로 사용하는 부분의 창 및 출입구에는 갑종방화문 또는 을종방화문을 설치할 것

④ 위험물을 배합하는 실은 다음에 의할 것

1. 바닥면적은 $6m^2$ 이상 $15m^2$ 이하로 할 것
2. 내화구조 또는 불연재료로 된 벽으로 구획할 것
3. 바닥은 위험물이 침투하지 아니하는 구조로 하여 적당한 경사를 두고 집유설비를 할 것
4. 출입구에는 수시로 열 수 있는 자동폐쇄식의 갑종방화문을 설치할 것
5. 출입구 문턱의 높이는 바닥면으로부터 0.1m 이상으로 할 것
6. 내부에 체류한 가연성의 증기 또는 가연성의 미분을 지붕 위로 방출하는 설비를 할 것

참고 판매취급소 지정수량

① 제1종 판매취급소 : 20배 이하

② 제2종 판매취급소 : 40배 이하

2 제2종 판매취급소(지정수량이 40배 이하)의 기준

① 제2종 판매취급소의 용도로 사용하는 부분은 벽 · 기둥 · 바닥 및 보를 내화구조로 하고, 천장이 있는 경우에는 이를 불연재료로 하며, 판매취급소로 사용되는 부분과 다른 부분과의 격벽은 내화구조로 할 것

② 제2종 판매취급소의 용도로 사용하는 부분에 상층이 있는 경우에 있어서는 상층의 바닥을 내화구조로 하는 동시에 상층으로의 연소를 방지하기 위한 조치를 강구하고, 상층이 없는 경우에는 지붕을 내화구조로 할 것

③ 제2종 판매취급소의 용도로 사용하는 부분중 연소의 우려가 없는 부분에 한하여 창을 두되, 당해 창에는 갑종방화문 또는 을종방화문을 설치할 것

④ 제2종 판매취급소의 용도로 사용하는 부분의 출입구에는 갑종방화문 또는 을종방화문을 설치할 것. 다만, 해당 부분 중 연소의 우려가 있는 벽에 설치하는 출입구에는 수시로 열 수 있는 자동폐쇄식의 갑종방화문을 설치해야 한다.

핵심 03 이송취급소의 위치·구조 설비기준

1 설치장소

이송취급소는 다음 각목의 장소 외의 장소에 설치하여야 한다.

① 철도 및 도로의 터널 안

② 고속국도 및 자동차전용도로의 차도 · 갓길 및 중앙분리대

③ 호수 · 저수지 등으로서 수리의 수원이 되는 곳

④ 급경사지역으로서 붕괴의 위험이 있는 지역

2 배관을 지상에 설치하는 경우

① 배관이 지표면에 접하지 아니하도록 할 것

② 배관은 다음의 기준에 의한 안전거리를 둘 것

1. 철도(화물수송용으로만 쓰이는 것을 제외한다) 또는 도로 (공업지역 또는 전용공업지역에 있는 것을 제외한다)의 경계선으로부터 25m 이상
2. 종합병원, 병원, 치과병원, 한방병원, 요양병원, 공연장, 영화상영관, 복지시설 등 시설로부터 45m 이상
3. 유형문화재, 지정문화재 시설로부터 65m 이상
4. 고압가스, 액화석유가스 또는 도시가스를 저장 또는 취급하는 시설로서 시설로부터 35m 이상
5. 「국토의 계획 및 이용에 관한 법률」에 의한 공공공지 또는 「도시공원법」에 의한 도시공원으로부터 45m 이상
6. 판매시설 · 숙박시설 · 위락시설 등 불특정다중을 수용하는 시설 중 연면적 1,000m^2 이상인 것으로부터 45m 이상
7. 1일 평균 20,000명 이상 이용하는 기차역 또는 버스터미널로부터 45m 이상
8. 「수도법」에 의한 수도시설 중 위험물이 유입될 가능성이 있는 것으로부터 300m 이상

참고 차이점

① 이동탱크저장소 : 차량에 탱크를 달고 위험물을 운반하는 것
② 이송취급소 : 배관 및 이에 부속하는 설비에 의하여 위험물을 이송하는 취급소로서 일종의 파이프라인 시설

참고 이송취급소 밸브 설치

교체밸브 · 제어밸브 등은 다음 각목의 기준에 의하여 설치하여야 한다.

① 밸브는 원칙적으로 이송기지 또는 전용부지 내에 설치할 것
② 밸브는 그 개폐상태가 당해 밸브의 설치장소에서 쉽게 확인할 수 있도록 할 것
③ 밸브를 지하에 설치하는 경우에는 점검상자 안에 설치할 것
④ 밸브는 당해 밸브의 관리에 관계하는 자가 아니면 수동으로 개폐할 수 없도록 할 것

9. 주택 또는 다수의 사람이 출입하거나 근무하는 것으로부터 25m 이상

③ 하천 또는 수로의 밑에 배관을 매설하는 경우에는 배관의 외면과 계획하상[계획하상이 최심하상(하천의 가장 깊은 곳)보다 높은 경우에는 최심하상]과의 거리는 다음의 규정에 의한 거리 이상으로 하되, 호안 그 밖에 하천관리시설의 기초에 영향을 주지 아니하고 하천바닥의 변동 · 패임 등에 의한 영향을 받지 아니하는 깊이로 매설하여야 한다.

1. 하천을 횡단하는 경우 : 4.0m 이상
2. 수로를 횡단하는 경우
   가. 하수도(상부가 개방되는 구조로 된 것에 한한다) 또는 운하 : 2.5m
   나. 가의 규정에 의한 수로에 해당되지 아니하는 좁은 수로(용수로 그 밖에 유사한 것을 제외한다) : 1.2m 이상

3 비파괴시험

① 배관 등의 용접부는 비파괴시험을 실시하여 합격할 것. 이 경우 이송기지내의 지상에 설치된 배관 등은 전체 용접부의 20% 이상을 발췌하여 시험할 수 있다.

② 비파괴시험의 방법, 판정기준 등은 소방청장이 정하여 고시하는 바에 의할 것

4 경보설비

① 이송기지에는 비상벨장치 및 확성장치를 설치할 것

② 가연성증기를 발생하는 위험물을 취급하는 펌프실 등에는 가연성증기 경보설비를 설치할 것

4장 위험물 탱크의 내용적 및 공간용적

핵심 01 탱크의 내용적

1 탱크의 내용적 계산방법

① 타원형 탱크의 내용적

가. 양쪽이 볼록한 것

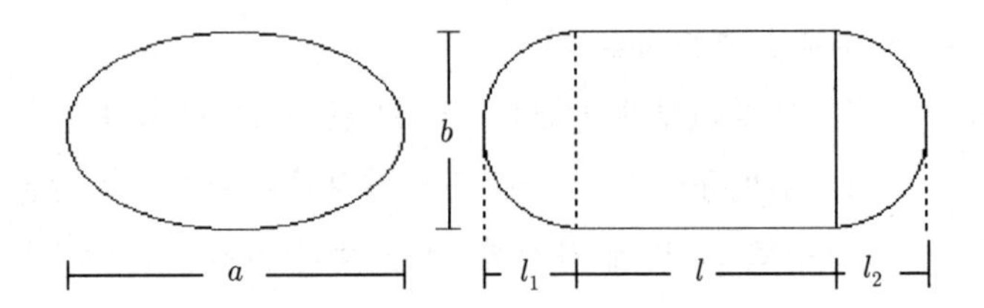

→ 내용적$=\frac{\pi ab}{4}\left(l+\frac{l_1+l_2}{3}\right)$

나. 한쪽은 볼록하고 다른 한쪽은 오목한 것

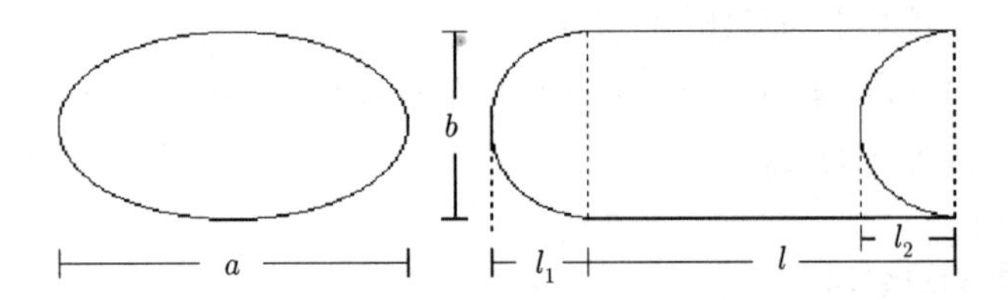

→ 내용적$=\frac{\pi ab}{4}\left(l+\frac{l_1-l_2}{3}\right)$

② 원통형 탱크의 내용적

가. 횡으로 설치한 것

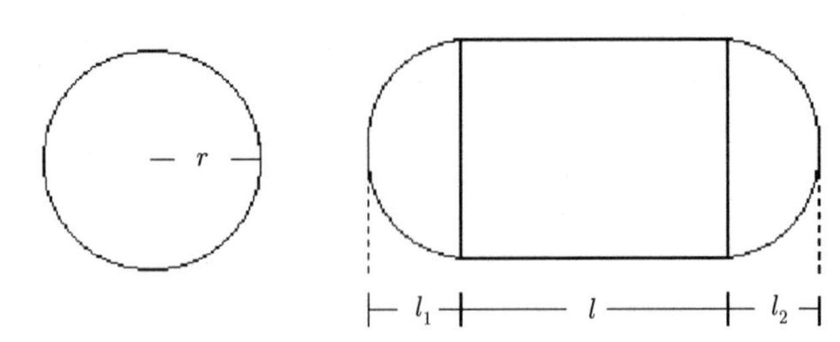

→ 내용적$=\pi r^2\left(l+\frac{l_1+l_2}{3}\right)$

나. 종으로 설치한 것

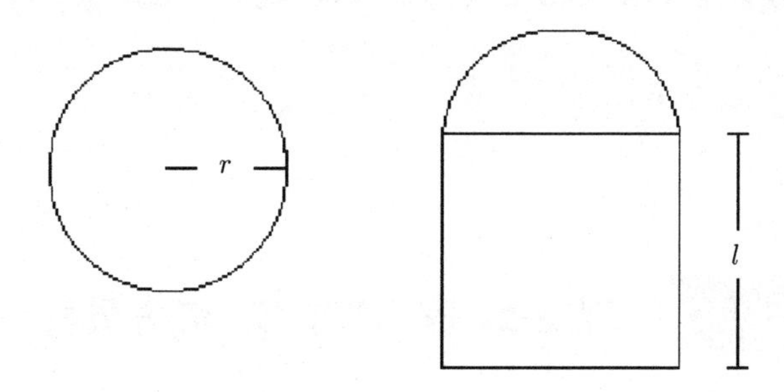

→ 내용적 = $\pi r^2 l$

③ 그 밖의 탱크 : 통상의 수학적 계산방법에 의할 것

→ 다만, 쉽게 그 내용적을 계산하기 어려운 탱크에 있어서는 당해 탱크의 내용적의 근사계산에 의할 수 있다.

핵심 02 탱크의 공간용적

1 공간용적

① 탱크의 공간용적은 탱크의 내용적의 $\frac{5}{100}$ 이상, $\frac{10}{100}$ 이하의 용적으로 한다.

→ 다만, 소화설비를 설치하는 탱크의 공간용적은 당해 소화설비의 소화약제방출구 아래의 0.3m 이상 1m 미만 사이의 면으로부터 윗부분의 용적으로 한다.

② 암반탱크에 있어서는 용출하는 7일간의 지하수의 양에 상당하는 용적과 당해 탱크 내용적의 $\frac{1}{100}$의 용적 중에서 보다 큰 용적을 공간용적으로 한다.

참고 【탱크의 용량 구하기】

탱크의 용량=
탱크의 내용적 - 공간용적

공간용적=
내용적×($\frac{5}{100}$ ~ $\frac{10}{100}$)

05 위험물안전관리법상 행정사항

1장 제조소 등 설치 및 후속절차

핵심 01 제조소 등 허가 및 신고

1 위험물시설의 설치 및 변경 등

① 제조소등을 설치하고자 하는 자는 대통령령이 정하는 바에 따라 그 설치장소를 관할하는 특별시장 · 광역시장 · 특별자치시장 · 도지사 또는 특별자치도지사의 허가를 받아야 한다. 제조소등의 위치 · 구조 또는 설비 가운데 행정안전부령이 정하는 사항을 변경하고자 하는 때에도 또한 같다.

② 제조소등의 위치 · 구조 또는 설비의 변경 없이 당해 제조소등에서 저장하거나 취급하는 위험물의 품명 · 수량 또는 지정수량의 배수를 변경하고자 하는 자는 변경하고자 하는 날의 1일 전까지 행정안전부령이 정하는 바에 따라 시 · 도지사에게 신고하여야 한다.

③ 제1항 및 제2항의 규정에 불구하고 다음 각 호의 어느 하나에 해당하는 제조소등의 경우에는 허가를 받지 아니하고 당해 제조소등을 설치하거나 그 위치 · 구조 또는 설비를 변경할 수 있으며, 신고를 하지 아니하고 위험물의 품명 · 수량 또는 지정수량의 배수를 변경할 수 있다.

1. 주택의 난방시설(공동주택의 중앙난방시설을 제외한다)을 위한 저장소 또는 취급소
2. 농예용 · 축산용 또는 수산용으로 필요한 난방시설 또는 건조시설을 위한 지정수량 20배 이하의 저장소

2 제조소 등 완공검사 및 완공검사 신청

① 제조소등에 대한 완공검사를 받으려는 자는 다음 각 호의 서류를 첨부하여 시 · 도지사 또는 소방서장(완공검사를 기술원에 위탁하는 제조소등의 경우에는 기술원)에게 제출해야 한다.

1. 배관에 관한 내압시험, 비파괴시험 등에 합격하였음을 증명하는 서류
2. 소방서장, 기술원 또는 탱크시험자가 교부한 탱크검사합격확인증 또는 탱크시험합격확인증
3. 재료의 성능을 증명하는 서류(이중벽탱크에 한한다)

② 기술원은 완공검사를 실시한 경우에는 완공검사결과서를 소방서장에게 송부하고, 검사대상명·접수일시·검사일·검사번호·검사자·검사결과 및 검사결과서 발송일 등을 기재한 완공검사업무대장을 작성하여 10년간 보관하여야 한다.

③ 완공검사를 받아 규정에 따른 기술기준에 적합하다고 인정받은 후가 아니면 이를 사용하여서는 아니 된다.

④ 설치 또는 변경을 마친 후 그 일부를 미리 사용하고자 하는 경우에는 당해 제조소 등의 일부에 대하여 완공검사를 받을 수 있다.

3 이동탱크저장소에 있어서 변경허가를 받아야 하는 경우

① 상치장소의 위치를 이전하는 경우(같은 사업장 또는 같은 울안에서 이전하는 경우는 제외한다)

② 이동저장탱크를 보수(탱크본체를 절개하는 경우에 한한다)하는 경우

③ 이동저장탱크의 노즐 또는 맨홀을 신설하는 경우(노즐 또는 맨홀의 지름이 250mm 초과하는 경우에 한한다)

④ 이동저장탱크의 내용적을 변경하기 위하여 구조를 변경하는 경우

⑤ 펌프설비를 신설하는 경우

핵심 02 탱크안전성능검사

1 탱크안전성능검사

탱크안전성능검사를 받아야 하는 위험물탱크는 다음 각 호의 어느 하나에 해당하는 탱크로 한다.

① 기초 · 지반검사 : 옥외탱크저장소의 액체위험물탱크 중 그 용량이 100만리터 이상인 탱크

② 충수(充水) · 수압검사 : 액체위험물을 저장 또는 취급하는 탱크
→ 다만, 다음 각 목의 어느 하나에 해당하는 탱크는 제외한다.
  1. 제조소 또는 일반취급소에 설치된 탱크로서 용량이 지정수량 미만인 것
  2. 「고압가스 안전관리법」에 따른 특정설비에 관한 검사에 합격한 탱크

참고 【탱크시험자】

1. 탱크시험자의 등록신청 서류
   ① 기술능력자 연명부 및 기술자격증
   ② 안전성능시험장비의 명세서
   ③ 보유장비 및 시험방법에 대한 기술검토를 기술원으로부터 받은 경우에는 그에 대한 자료
   ④ 「원자력안전법」에 따른 방사성동위원소이동사용허가증 또는 방사선발생장치이동사용허가증의 사본 1부
   ⑤ 사무실의 확보를 증명할 수 있는 서류
2. 탱크시험자가 갖추어야 할 장비
① 필수장비
  · 자기탐상시험기
  · 초음파두께측정기
② 둘 중 하나
  · 영상초음파탐상시험기
  · 방사선투과시험기 및 초음파탐상시험기

3. 「산업안전보건법」에 따른 안전인증을 받은 탱크

③ 용접부검사 : ①의 규정에 의한 탱크

→ 다만, 탱크의 저부에 관계된 변경공사시에 행하여진 정기검사에 의하여 용접부에 관한 사항이 행정안전부령으로 정하는 기준에 적합하다고 인정된 탱크를 제외한다.

④ 암반탱크검사 : 액체위험물을 저장 또는 취급하는 암반내의 공간을 이용한 탱크

2 탱크안전성능검사의 면제

① 규정에 의하여 시 · 도지사가 면제할 수 있는 탱크안전성능검사는 충수 · 수압검사로 한다.

② 위험물탱크에 대한 충수 · 수압검사를 면제받고자 하는 자는 위험물탱크안전성능시험자(탱크시험자) 또는 기술원으로부터 충수 · 수압검사에 관한 탱크안전성능시험을 받아 규정에 따른 완공검사를 받기 전(지하에 매설하는 위험물탱크에 있어서는 지하에 매설하기 전)에 해당 시험에 합격하였음을 증명하는 서류(탱크시험합격확인증)를 시 · 도지사에게 제출해야 한다.

핵심 03 제조소 등의 지위승계

1 제조소등 설치자의 지위승계

① 제조소 등의 설치자가 사망하거나 그 제조소등을 양도 · 인도한 때 또는 법인인 제조소등의 설치자의 합병이 있는 때에는 그 상속인, 제조소 등을 양수 · 인수한 자 또는 합병 후 존속하는 법인이나 합병에 의하여 설립되는 법인은 그 설치자의 지위를 승계한다.

② 「민사집행법」에 의한 경매, 「채무자 회생 및 파산에 관한 법률」에 의한 환가, 국세징수법 · 관세법 또는 「지방세징수법」에 따른 압류재산의 매각과 그 밖에 이에 준하는 절차에 따라 제조소등의 시설의 전부를 인수한 자는 그 설치자의 지위를 승계한다.

③ 제①항 또는 제②항의 규정에 따라 제조소등의 설치자의 지위를 승계한 자는 행정안전부령이 정하는 바에 따라 승계한 날부터 30일 이내에 시 · 도지사에게 그 사실을 신고하여야 한다.

2 지위승계의 신고

제조소등의 설치자의 지위승계를 신고하려는 자는 신고서(전자문서로 된 신고서를 포함한다)에 제조소 등의 완공검사합격확인증과 지위승계를 증명하는 서류(전자문서를 포함한다)를 첨부하여 시 · 도지사 또는 소방서장에게 제출해야 한다.

핵심 04 제조소 등의 용도폐지

1 제조소 등의 폐지

제조소 등의 관계인(소유자 · 점유자 또는 관리자)은 당해 제조소 등의 용도를 폐지한 때에는 행정안전부령이 정하는 바에 따라 제조소등의 용도를 폐지한 날부터 14일 이내에 시 · 도지사에게 신고하여야 한다.

2 용도폐지의 신고

① 제조소 등의 용도폐지신고를 하려는 자는 신고서(전자문서로 된 신고서를 포함한다)에 제조소 등의 완공검사합격확인증을 첨부하여 시 · 도지사 또는 소방서장에게 제출해야 한다.

② 신고서를 접수한 시 · 도지사 또는 소방서장은 당해 제조소 등을 확인하여 위험물시설의 철거 등 용도폐지에 필요한 안전조치를 한 것으로 인정하는 경우에는 당해 신고서의 사본에 수리사실을 표시하여 용도폐지신고를 한 자에게 통보하여야 한다.

2장 행정처분

핵심 01 제조소 등 사용정지, 허가취소

1 제조소 등 설치허가의 취소와 사용정지 등 → (위험물안전관리법 제12조)

시 · 도지사는 제조소 등의 관계인이 다음 각 호의 어느 하나에 해당하는 때에는 행정안전부령이 정하는 바에 따라 규정에 따른 허가를 취소하거나 6월 이내의 기간을 정하여 제조소등의 전부 또는 일부의 사용정지를 명할 수 있다.

① 변경허가를 받지 아니하고 제조소 등의 위치 · 구조 또는 설비를 변경한 때

→ 행정처분

1차 : 경고 또는 사용정지 15일 | 2차 : 사용정지 60일

3차 : 허가 취소

② 완공검사를 받지 아니하고 제조소 등을 사용한 때

→ 행정처분

1차 : 사용정지 15일 | 2차 : 사용정지 60일 | 3차 : 허가 취소

③ 수리 · 개조 또는 이전의 명령을 위반한 때

→ 행정처분

1차 : 사용정지 30일 | 2차 : 사용정지 90일 | 3차 : 허가 취소

④ 위험물안전관리자를 선임하지 아니한 때

→ 행정처분

1차 : 사용정지 15일 | 2차 : 사용정지 60일 | 3차 : 허가 취소

⑤ 대리자를 지정하지 아니한 때

→ 행정처분

1차 : 사용정지 10일 | 2차 : 사용정지 30일 | 3차 : 허가 취소

⑥ 정기점검을 하지 아니한 때

→ 행정처분

1차 : 사용정지 10일 | 2차 : 사용정지 30일 | 3차 : 허가 취소

⑦ 따른 정기검사를 받지 아니한 때

→ 행정처분

1차 : 사용정지 10일 | 2차 : 사용정지 30일 | 3차 : 허가 취소

⑧ 저장 · 취급기준 준수명령을 위반한 때

→ 행정처분

1차 : 사용정지 30일 | 2차 : 사용정지 60일 | 3차 : 허가 취소

2 제조소 등에 대한 긴급 사용정지명령 등

① 시 · 도지사, 소방본부장 또는 소방서장은 탱크시험자에 대하여 당해 업무를 적정하게 실시하게 하기 위하여 필요하다고 인정하는 때에는 감독상 필요한 명령을 할 수 있다. → (위험물안전관리법 제23조)

② 시 · 도지사, 소방본부장 또는 소방서장은 위험물에 의한 재해를 방지하기 위하여 규정(제6조 제1항)에 따른 허가를 받지 아니하고 지정수량 이상의 위험물을 저장 또는 취급하는 자(규정(제6조제3항)에 따라 허가를 받지 아니하는 자를 제외한다)에 대하여 그 위험물 및 시설의 제거 등 필요한 조치를 명할 수 있다. → (위험물안전관리법 제24조)

③ 시 · 도지사, 소방본부장 또는 소방서장은 공공의 안전을 유지하거나 재해의 발생을 방지하기 위하여 긴급한 필요가 있다고 인정하는 때에는 제조소등의 관계인에 대하여 당해 제조소 등의 사용을 일시정지하거나 그 사용을 제한할 것을 명할 수 있다. → (위험물안전관리법 제25조)

핵심 02 과징금처분

1 과징금처분 → (위험물안전관리법 제13조)

① 시 · 도지사는 「위험물안전관리법」 제12조 각 호의 어느 하나에 해당하는 경우로서 제조소 등에 대한 사용의 정지가 그 이용자에게 심한 불편을 주거나 그 밖에 공익을 해칠 우려가 있는 때에는 사용정지처분에 갈음하여 2억원 이하의 과징금을 부과할 수 있다.

② 제①항의 규정에 따른 과징금을 부과하는 위반행위의 종별 · 정도 등에 따른 과징금의 금액 그 밖의 필요한 사항은 행정안전부령으로 정한다.

③ 시 · 도지사는 제①항의 규정에 따른 과징금을 납부하여야 하는 자가 납부기한까지 이를 납부하지 아니한 때에는 「지방행정제재 · 부과금의 징수 등에 관한 법률」에 따라 징수한다.

3장 안전관리사항

핵심 01 유지 · 관리

1 위험물안전관리자 → (위험물안전관리법 제15조)

① 제조소 등의 관계인은 위험물의 안전관리에 관한 직무를 수행하게 하기 위하여 제조소 등마다 대통령령이 정하는 위험물의 취급에 관한 자격이 있는 자(위험물취급자격자)를 위험물안전관리자(안전관리자)로 선임하여야 한다.

② 제①항의 규정에 따라 안전관리자를 선임한 제조소 등의 관계인은 그 안전관리자를 해임하거나 안전관리자가 퇴직한 때에는 해임하거나 퇴직한 날부터 30일 이내에 다시 안전관리자를 선임하여야 한다.

③ 제조소 등의 관계인은 제①항 및 제②항에 따라 안전관리자를 선임한 경우에는 선임한 날부터 14일 이내에 행정안전부령으로 정하는 바에 따라 소방본부장 또는 소방서장에게 신고하여야 한다.

④ 제조소 등의 관계인이 안전관리자를 해임하거나 안전관리자가 퇴직한 경우 그 관계인 또는 안전관리자는 소방본부장이나 소방서장에게 그 사실을 알려 해임되거나 퇴직한 사실을 확인받을 수 있다.

⑤ 제①항의 규정에 따라 안전관리자를 선임한 제조소등의 관계인은 안전관리자가 여행 · 질병 그 밖의 사유로 인하여 일시적으로 직무를 수행할 수 없거나 안전관리자의 해임 또는 퇴직과 동시에 다른 안전관리자를 선임하지 못하는 경우에는 국가기술자격법에 따른 위험물의 취급에 관한 자격취득자 또는 위험물안전에 관한 기본지식과 경험이 있는 자로서 행정안전부령이 정하는 자를 대리자로 지정하여 그 직무를 대행하게 하여야 한다. 이 경우 대리자가 안전관리자의 직무를 대행하는 기간은 30일을 초과할 수 없다.

⑥ 안전관리자는 위험물을 취급하는 작업을 하는 때에는 작업자에게 안전관리에 관한 필요한 지시를 하는 등 행정안전부령이 정하는 바에 따라 위험물의 취급에 관한 안전관리와 감독을 하여야 하고, 제조소등의 관계인과 그 종사자는 안전관리자의 위험물 안전관리에 관한 의견을 존중하고 그 권고에 따라야 한다.

⑦ 제조소 등에 있어서 위험물취급자격자가 아닌 자는 안전관리자 또는 제⑤항에 따른 대리자가 참여한 상태에서 위험물을 취급하여야 한다.

⑧ 다수의 제조소 등을 동일인이 설치한 경우에는 제1항의 규정에 불구하고 관계인은 대통령령이 정하는 바에 따라 1인의 안전관리자를 중복하여 선임할 수 있다. 이 경우 대통령령이 정하는 제조소 등의 관계인은 제⑤항에 따른 대리자의 자격이 있는 자를 각 제조소등별로 지정하여 안전관리자를 보조하게 하여야 한다.

⑨ 제조소 등의 종류 및 규모에 따라 선임하여야 하는 안전관리자의 자격은 대통령령으로 정한다.

2 위험물안전관리자의 책무 → (위험물안전관리법 시행규칙 제55조)

안전관리자는 위험물의 취급에 관한 안전관리와 감독에 관한 다음 각 호의 업무를 성실하게 수행하여야 한다.

① 위험물의 취급 작업에 참여하여 당해 작업이 규정에 의한 저장 또는 취급에 관한 기술기준과 예방규정에 적합하도록 해당 작업자(당해 작업에 참여하는 위험물취급자격자를 포함한다)에 대하여 지시 및 감독하는 업무

② 화재 등의 재난이 발생한 경우 응급조치 및 소방관서 등에 대한 연락 업무

③ 위험물시설의 안전을 담당하는 자를 따로 두는 제조소 등의 경우에는 그 담당자에게 다음 각목의 규정에 의한 업무의 지시, 그 밖의 제조소 등의 경우에는 다음 각목의 규정에 의한 업무

1. 제조소 등의 위치 · 구조 및 설비를 법 제5조제4항의 기술기준에 적합하도록 유지하기 위한 점검과 점검상황의 기록 · 보존
2. 제조소 등의 구조 또는 설비의 이상을 발견한 경우 관계자에 대한 연락 및 응급조치
3. 화재가 발생하거나 화재발생의 위험성이 현저한 경우 소방관서 등에 대한 연락 및 응급조치
4. 제조소 등의 계측장치 · 제어장치 및 안전장치 등의 적정한 유지 · 관리
5. 제조소 등의 위치 · 구조 및 설비에 관한 설계도서 등의 정비 · 보존 및 제조소등의 구조 및 설비의 안전에 관한 사무의 관리

④ 화재 등의 재해의 방지와 응급조치에 관하여 인접하는 제조소 등과 그 밖의 관련되는 시설의 관계자와 협조체제의 유지

⑤ 위험물의 취급에 관한 일지의 작성 · 기록

⑥ 그 밖에 위험물을 수납한 용기를 차량에 적재하는 작업, 위험물설비를 보수하는 작업 등 위험물의 취급과 관련된 작업의 안전에 관하여 필요한 감독의 수행

3 제조소 등의 종류 및 규모에 따라 선임하여야 하는 위험물안전관리자의 자격 → (위험물안전관리법 시행령 제13조 [별표 6])

<table>
<tr><th colspan="3">제조소 등의 종류 및 규모</th><th>안전관리자의 자격</th></tr>
<tr><td rowspan="2">제조소</td><td colspan="2">1. 제4류 위험물만을 취급하는 것으로서 지정수량 5배 이하의 것</td><td>위험물기능장, 위험물산업기사, 위험물기능사, 안전관리자교육이수자 또는 소방공무원경력자</td></tr>
<tr><td colspan="2">2. 제1호에 해당하지 아니하는 것</td><td>위험물기능장, 위험물산업기사 또는 2년 이상의 실무경력이 있는 위험물기능사</td></tr>
<tr><td rowspan="12">저장소</td><td rowspan="2">1. 옥내저장소</td><td>제4류 위험물만을 저장하는 것으로서 지정수량 5배 이하의 것</td><td rowspan="12">위험물기능장, 위험물산업기사, 위험물기능사, 안전관리자교육이수자 또는 소방공무원경력자</td></tr>
<tr><td>제4류 위험물 중 알코올류 · 제2석유류 · 제3석유류 · 제4석유류 · 동식물유류만을 저장하는 것으로서 지정수량 40배 이하의 것</td></tr>
<tr><td rowspan="2">2. 옥외탱크저장소</td><td>제4류 위험물만 저장하는 것으로서 지정수량 5배 이하의 것</td></tr>
<tr><td>제4류 위험물 중 제2석유류 · 제3석유류 · 제4석유류 · 동식물유류만을 저장하는 것으로서 지정수량 40배 이하의 것</td></tr>
<tr><td rowspan="2">3. 옥내탱크저장소</td><td>제4류 위험물만을 저장하는 것으로서 지정수량 5배 이하의 것</td></tr>
<tr><td>제4류 위험물 중 제2석유류 · 제3석유류 · 제4석유류 · 동식물유류만을 저장하는 것</td></tr>
<tr><td rowspan="2">4. 지하탱크저장소</td><td>제4류 위험물만을 저장하는 것으로서 지정수량 40배 이하의 것</td></tr>
<tr><td>제4류 위험물 중 제1석유류 · 알코올류 · 제2석유류 · 제3석유류 · 제4석유류 · 동식물유류만을 저장하는 것으로서 지정수량 250배 이하의 것</td></tr>
<tr><td colspan="2">5. 간이탱크저장소로서 제4류 위험물만을 저장하는 것</td></tr>
<tr><td colspan="2">6. 옥외저장소 중 제4류 위험물만을 저장하는 것으로서 지정수량의 40배 이하의 것</td></tr>
<tr><td colspan="2">7. 보일러, 버너 그 밖에 이와 유사한 장치에 공급하기 위한 위험물을 저장하는 탱크저장소</td></tr>
<tr><td colspan="2">8. 선박주유취급소, 철도주유취급소 또는 항공기주유취급소의 고정주유설비에 공급하기 위한 위험물을 저장하는 탱크저장소로서 지정수량의 250배(제1석유류의 경우에는 지정수량의 100배)이하의 것</td></tr>
</table>

<table>
<tr><th colspan="3">제조소 등의 종류 및 규모</th><th>안전관리자의 자격</th></tr>
<tr><td>저장소</td><td colspan="2">9. 제1호 내지 제8호에 해당하지 아니하는 저장소</td><td>위험물기능장, 위험물산업기사 또는 2년 이상의 실무경력이 있는 위험물기능사</td></tr>
<tr><td rowspan="8">취급소</td><td colspan="2">1. 주유취급소</td><td rowspan="7">위험물기능장, 위험물산업기사, 위험물기능사, 안전관리자교육이수자 또는 소방공무원경력자</td></tr>
<tr><td rowspan="2">2. 판매취급소</td><td>제4류 위험물만을 취급하는 것으로서 지정수량 5배 이하의 것</td></tr>
<tr><td>제4류 위험물 중 제1석유류 · 알코올류 · 제2석유류 · 제3석유류 · 제4석유류 · 동식물유류만을 취급하는 것</td></tr>
<tr><td colspan="2">3. 제4류 위험물 중 제1류 석유류 · 알코올류 · 제2석유류 · 제3석유류 · 제4석유류 · 동식물유류만을 지정수량 50배 이하로 취급하는 일반취급소(제1석유류 · 알코올류의 취급량이 지정수량의 10배 이하인 경우에 한한다)로서 다음 각목의 어느 하나에 해당하는 것
가. 보일러, 버너 그 밖에 이와 유사한 장치에 의하여 위험물을 소비하는 것
나. 위험물을 용기 또는 차량에 고정된 탱크에 주입하는 것</td></tr>
<tr><td colspan="2">4. 제4류 위험물만을 취급하는 일반취급소로서 지정수량 10배 이하의 것</td></tr>
<tr><td colspan="2">5. 제4류 위험물 중 제2석유류 · 제3석유류 · 제4석유류 · 동식물유류만을 취급하는 일반취급소로서 지정수량 20배 이하의 것</td></tr>
<tr><td colspan="2">6. 「농어촌 전기공급사업 촉진법」에 따라 설치된 자가발전시설에 사용되는 위험물을 취급하는 일반취급소</td></tr>
<tr><td colspan="2">7. 제1호 내지 제6호에 해당하지 아니하는 취급소</td><td>위험물기능장, 위험물산업기사 또는 2년 이상의 실무경력이 있는 위험물기능사</td></tr>
</table>

핵심 02 예방규정

1 예방규정 → (위험물안전관리법 제17조)

① 대통령령으로 정하는 제조소등의 관계인은 해당 제조소등의 화재예방과 화재 등 재해발생시의 비상조치를 위하여 행정안전부령으로 정하는 바에 따라 예방규정을 정하여 해당 제조소등의 사용을 시작하기 전에 시 · 도지사에게 제출하여야 한다. 예방규정을 변경한 때에도 또한 같다.

② 시 · 도지사는 제①항에 따라 제출한 예방규정이 규정에 따른 기준에 적합하지 아니하거나 화재예방이나 재해발생시의 비상조치를 위하여 필요하다고 인정하는 때에는 이를 반려하거나 그 변경을 명할 수 있다.

③ 제①항에 따른 제조소등의 관계인과 그 종업원은 예방규정을 충분히 잘 익히고 준수하여야 한다.

2 관계인이 예방규정을 정하여야 하는 제조소등

→ (위험물안전관리법 시행령 제15조)

"대통령령이 정하는 제조소 등"이라 함은 다음 각 호의 1에 해당하는 제조소등을 말한다.

① 지정수량의 10배 이상의 위험물을 취급하는 제조소
② 지정수량의 100배 이상의 위험물을 저장하는 옥외저장소
③ 지정수량의 150배 이상의 위험물을 저장하는 옥내저장소
④ 지정수량의 200배 이상의 위험물을 저장하는 옥외탱크저장소
⑤ 암반탱크저장소
⑥ 이송취급소
⑦ 지정수량의 10배 이상의 위험물을 취급하는 일반취급소

→ 다만, 제4류 위험물(특수인화물을 제외한다)만을 지정수량의 50배 이하로 취급하는 일반취급소(제1석유류 · 알코올류의 취급량이 지정수량의 10배 이하인 경우에 한한다)로서 다음 각목의 어느 하나에 해당하는 것을 제외한다.

1. 보일러 · 버너 또는 이와 비슷한 것으로서 위험물을 소비하는 장치로 이루어진 일반취급소
2. 위험물을 용기에 옮겨 담거나 차량에 고정된 탱크에 주입하는 일반취급소

3 예방규정의 작성 등 → (위험물안전관리법 시행규칙 제63조)

① 위험물의 안전관리업무를 담당하는 자의 직무 및 조직에 관한 사항
② 안전관리자가 여행 · 질병 등으로 인하여 그 직무를 수행할 수 없을 경우 그 직무의 대리자에 관한 사항
③ 자체소방대를 설치하여야 하는 경우에는 자체소방대의 편성과 화학소방자동차의 배치에 관한 사항
④ 위험물의 안전에 관계된 작업에 종사하는 자에 대한 안전교육 및 훈련에 관한 사항
⑤ 위험물시설 및 작업장에 대한 안전순찰에 관한 사항

참고

【안전교육】
안전교육 대상자는 해당 업무에 관한 능력의 습득 또는 향상을 위하여 소방청장이 실시하는 교육을 받아야 한다.

【안전교육 대상자】
① 안전관리자로 선임된 자
② 탱크시험자의 기술인력으로 종사하는 자
③ 위험물운송자로 종사하는 자
④ 위험물 운반자

⑥ 위험물시설 · 소방시설 그 밖의 관련시설에 대한 점검 및 정비에 관한 사항
⑦ 위험물시설의 운전 또는 조작에 관한 사항
⑧ 위험물 취급작업의 기준에 관한 사항
⑨ 이송취급소에 있어서는 배관공사 현장책임자의 조건 등 배관공사 현장에 대한 감독체제에 관한 사항과 배관주위에 있는 이송취급소 시설 외의 공사를 하는 경우 배관의 안전확보에 관한 사항
⑩ 재난 그 밖의 비상시의 경우에 취하여야 하는 조치에 관한 사항
⑪ 위험물의 안전에 관한 기록에 관한 사항
⑫ 제조소 등의 위치 · 구조 및 설비를 명시한 서류와 도면의 정비에 관한 사항
⑬ 그 밖에 위험물의 안전관리에 관하여 필요한 사항

핵심 03 정기점검 및 정기검사

1 정기점검 및 정기검사

① 대통령령이 정하는 제조소 등의 관계인은 그 제조소 등에 대하여 연 1회 행정안전부령이 정하는 바에 따라 규정에 따른 기술기준에 적합한지의 여부를 정기적으로 점검하고 점검결과를 기록하여 보존하여야 한다.
② 제①항에 따라 정기점검을 한 제조소 등의 관계인은 점검을 한 날부터 30일 이내에 점검결과를 시 · 도지사에게 제출하여야 한다.
③ 제①항에 따른 정기점검의 대상이 되는 제조소 등의 관계인 가운데 대통령령으로 정하는 제조소 등의 관계인은 행정안전부령으로 정하는 바에 따라 소방본부장 또는 소방서장으로부터 해당 제조소 등이 규정에 따른 기술기준에 적합하게 유지되고 있는지의 여부에 대하여 정기적으로 검사를 받아야 한다.

2 정기점검의 대상인 제조소 등 → (위험물안전관리법 시향령 제16조)

“대통령령이 정하는 제조소 등”이라 함은 다음 각 호의 1에 해당하는 제조소 등을 말한다.

① 지정수량의 10배 이상의 위험물을 취급하는 제조소
② 지정수량의 100배 이상의 위험물을 저장하는 옥외저장소
③ 지정수량의 150배 이상의 위험물을 저장하는 옥내저장소
④ 지정수량의 200배 이상의 위험물을 저장하는 옥외탱크저장소

⑤ 암반탱크저장소

⑥ 이송취급소

⑦ 지정수량의 10배 이상의 위험물을 취급하는 일반취급소

→ 다만, 제4류 위험물(특수인화물을 제외한다)만을 지정수량의 50배 이하로 취급하는 일반취급소(제1석유류 · 알코올류의 취급량이 지정수량의 10배 이하인 경우에 한한다)로서 다음 각목의 어느 하나에 해당하는 것을 제외한다.

1. 보일러 · 버너 또는 이와 비슷한 것으로서 위험물을 소비하는 장치로 이루어진 일반취급소
2. 위험물을 용기에 옮겨 담거나 차량에 고정된 탱크에 주입하는 일반취급소

⑧ 지하탱크저장소

⑨ 이동탱크저장소

⑩ 위험물을 취급하는 탱크로서 지하에 매설된 탱크가 있는 제조소 · 주유취급소 또는 일반취급소

3 정기검사의 대상인 제조소 등

"대통령령으로 정하는 제조소 등"이란 액체위험물을 저장 또는 취급하는 50만 리터 이상의 옥외탱크저장소를 말한다.

핵심 04 자체소방대

1 자체소방대 → (위험물안전관리법 제19조)

다량의 위험물을 저장 · 취급하는 제조소 등으로서 대통령령이 정하는 제조소 등이 있는 동일한 사업소에서 대통령령이 정하는 수량 이상의 위험물을 저장 또는 취급하는 경우 당해 사업소의 관계인은 대통령령이 정하는 바에 따라 당해 사업소에 자체소방대를 설치하여야 한다.

2 자체소방대를 설치하여야 하는 사업소 → (위험물안전관리법 시행령 제18조)

① "대통령령이 정하는 제조소 등"이란 다음 각 호의 어느 하나에 해당하는 제조소등을 말한다.

1. 제4류 위험물을 취급하는 제조소 또는 일반취급소. 다만, 보일러로 위험물을 소비하는 일반취급소 등 행정안전부령으로 정하는 일반취급소는 제외한다.
2. 제4류 위험물을 저장하는 옥외탱크저장소

② "대통령령이 정하는 수량 이상"이란 다음 각 호의 구분에 따른 수량을 말한다.

1. 제①항 제1호에 해당하는 경우 : 제조소 또는 일반취급소에서 취급하는 제4류 위험물의 최대수량의 합이 지정수량의 3,000배 이상
2. 제①항 제2호에 해당하는 경우 : 옥외탱크저장소에 저장하는 제4류 위험물의 최대수량이 지정수량의 50만배 이상

③ 규정에 의하여 자체소방대를 설치하는 사업소의 관계인은 [표1]의 규정에 의하여 자체소방대에 화학소방자동차 및 자체소방대원을 두어야 한다.

→ 다만, 화재 그 밖의 재난발생시 다른 사업소 등과 상호응원에 관한 협정을 체결하고 있는 사업소에 있어서는 행정안전부령이 정하는 바에 따라 [표1]의 범위 안에서 화학소방자동차 및 인원의 수를 달리할 수 있다.

【표1】 자체소방대에 두는 화학소방자동차 및 인원

사업소의 구분	화학소방자동차	자체소방대원의 수
1. 제조소 또는 일반취급소에서 취급하는 제4류 위험물의 최대수량의 합이 지정수량의 3천 배 이상 12만 배 미만인 사업소	1대	5인
2. 제조소 또는 일반취급소에서 취급하는 제4류 위험물의 최대수량의 합이 지정수량의 12만 배 이상 24만 배 미만인 사업소	2대	10인
3. 제조소 또는 일반취급소에서 취급하는 제4류 위험물의 최대수량의 합이 지정수량의 24만 배 이상 48만 배 미만인 사업소	3대	15인
4. 제조소 또는 일반취급소에서 취급하는 제4류 위험물의 최대수량의 합이 지정수량의 48만 배 이상인 사업소	4대	20인
5. 옥외탱크저장소에 저장하는 제4류 위험물의 최대수량이 지정수량의 50만 배 이상인 사업소	2대	10인

【비고】 ※ 화학소방자동차에는 행정안전부령으로 정하는 소화능력 및 설비를 갖추어야 하고, 소화활동에 필요한 소화약제 및 기구(방열복 등 개인장구를 포함한다)를 비치하여야 한다.
※ 포수용액을 방사하는 화학소방자동차의 대수는 규정에 의한 화학소방자동차의 대수의 3분의 2 이상으로 하여야 한다.

→ (위험물안전관리법 시행규칙 제75조 제2항)

핵심 자체소방대 설치 기준

① 제4류 위험물 취급하는 제조소 또는 일반취급소
② 제4류 위험물의 최대수량의 합이 지정수량의 3,000배 이상
③ 제4류 위험물을 저장하는 옥외탱크저장소
④ 옥외탱크저장소에 저장하는 제4류 위험물의 최대수량이 지정수량의 50만배 이상

【표2】 화학소방자동차에 갖추어야 하는 소화능력 및 설비의 기준

→ (위험물안전관리법 시행규칙 제75조 제1항 별표 23)

화학소방자동차의 구분	소화능력 및 설비의 기준
포수용액 방사차	포수용액의 방사능력이 매분 2,000L 이상일 것
	소화약액탱크 및 소화약액혼합장치를 비치할 것
	10만L 이상의 포수용액을 방사할 수 있는 양의 소화약제를 비치할 것
분말 방사차	분말의 방사능력이 매초 35kg 이상일 것
	분말탱크 및 가압용 가스설비를 비치할 것
	1,400kg 이상의 분말을 비치할 것
할로겐화합물 방사차	할로겐화합물의 방사능력이 매초 40kg 이상일 것
	할로겐화합물탱크 및 가압용 가스설비를 비치할 것
	1,000kg 이상의 할로겐화합물을 비치할 것
이산화탄소 방사차	이산화탄소의 방사능력이 매초 40kg 이상일 것
	이산화탄소저장용기를 비치할 것
	3,000kg 이상의 이산화탄소를 비치할 것
제독차	가성소오다 및 규조토를 각각 50kg 이상 비치할 것

4장 행정감독

핵심 01 출입 · 검사

1 출입 · 검사 등 → (위험물안전관리법 제22조)

소방청장, 시 · 도지사, 소방본부장 또는 소방서장은 위험물의 저장 또는 취급에 따른 화재의 예방 또는 진압대책을 위하여 필요한 때에는 위험물을 저장 또는 취급하고 있다고 인정되는 장소의 관계인에 대하여 필요한 보고 또는 자료제출을 명할 수 있으며, 관계공무원으로 하여금 당해 장소에 출입하여 그 장소의 위치 · 구조 · 설비 및 위험물의 저장 · 취급상황에 대하여 검사하게 하거나 관계인에게 질문하게 하고 시험에 필요한 최소한의 위험물 또는 위험물로 의심되는 물품을 수거하게 할 수 있다.

→ 다만, 개인의 주거는 관계인의 승낙을 얻은 경우 또는 화재발생의 우려가 커서 긴급한 필요가 있는 경우가 아니면 출입할 수 없다.

핵심 02 각종 행정명령

1 탱크시험자에 대한 명령 → (위험물안전관리법 제23조)

시 · 도지사, 소방본부장 또는 소방서장은 탱크시험자에 대하여 당해 업무를 적정하게 실시하게 하기 위하여 필요하다고 인정하는 때에는 감독상 필요한 명령을 할 수 있다.

2 무허가장소의 위험물에 대한 조치명령 → (위험물안전관리법 제24조)

시 · 도지사, 소방본부장 또는 소방서장은 위험물에 의한 재해를 방지하기 위하여 규정(위험물안전관리법 제6조제1항)에 따른 허가를 받지 아니하고 지정수량 이상의 위험물을 저장 또는 취급하는 자(위험물안전관리법 제6조제3항의 규정에 따라 허가를 받지 아니하는 자를 제외한다)에 대하여 그 위험물 및 시설의 제거 등 필요한 조치를 명할 수 있다.

3 제조소 등에 대한 긴급 사용정지명령 등 → (위험물안전관리법 제25조)

시 · 도지사, 소방본부장 또는 소방서장은 공공의 안전을 유지하거나 재해의 발생을 방지하기 위하여 긴급한 필요가 있다고 인정하는 때에는 제조소 등의 관계인에 대하여 당해 제조소 등의 사용을 일시정지하거나 그 사용을 제한할 것을 명할 수 있다.

4 저장 · 취급기준 준수명령 등 → (위험물안전관리법 제26조)

① 시 · 도지사, 소방본부장 또는 소방서장은 제조소 등에서의 위험물의 저장 또는 취급이 위험물안전관리법 제5조제3항의 규정에 위반된다고 인정하는 때에는 당해 제조소 등의 관계인에 대하여 동항의 기준에 따라 위험물을 저장 또는 취급하도록 명할 수 있다.

② 시 · 도지사, 소방본부장 또는 소방서장은 관할하는 구역에 있는 이동탱크저장소에서의 위험물의 저장 또는 취급이 위험물안전관리법 제5조제3항의 규정에 위반된다고 인정하는 때에는 당해 이동탱크저장소의 관계인에 대하여 동항의 기준에 따라 위험물을 저장 또는 취급하도록 명할 수 있다.

③ 시 · 도지사, 소방본부장 또는 소방서장은 위험물안전관리법 제2항의 규정에 따라 이동탱크저장소의 관계인에 대하여 명령을 한 경우에는 행정안전부령이 정하는 바에 따라 위험물안전관리법 제6조제1항의 규정에 따라 당해 이동탱크저장소의 허가를 한 시 · 도지사, 소방본부장 또는 소방서장에게 신속히 그 취지를 통지하여야 한다.

5 응급조치 · 통보 및 조치명령 → (위험물안전관리법 제27조)

제조소 등의 관계인은 당해 제조소 등에서 위험물의 유출 그 밖의 사고가 발생한 때에는 즉시 그리고 지속적으로 위험물의 유출 및 확산의 방지, 유출된 위험물의 제거 그 밖에 재해의 발생방지를 위한 응급조치를 강구하여야 한다.

핵심 03 벌칙 및 과태료

1 10년 이하의 징역 등 → (위험물안전관리법 제33조)

① 제조소등 또는 제6조제1항에 따른 허가를 받지 않고 지정수량 이상의 위험물을 저장 또는 취급하는 장소에서 위험물을 유출·방출 또는 확산시켜 사람의 생명·신체 또는 재산에 대하여 위험을 발생시킨 자는 1년 이상 10년 이하의 징역에 처한다.

② 제①항의 규정에 따른 죄를 범하여 사람을 상해에 이르게 한 때에는 무기 또는 3년 이상의 징역에 처하며, 사망에 이르게 한 때에는 무기 또는 5년 이상의 징역에 처한다.

2 7년 이하의 금고 또는 7천만원 이하의 벌금 → (위험물안전관리법 제34조)

① 업무상 과실로 제33조제①항의 죄를 범한 자는 7년 이하의 금고 또는 7천만원 이하의 벌금에 처한다.

② 제①항의 죄를 범하여 사람을 사상에 이르게 한 자는 10년 이하의 징역 또는 금고나 1억원 이하의 벌금에 처한다.

3 5년 이하의 징역 또는 1억원 이하의 벌금 → (위험물안전관리법 제34조의2)

제조소 등의 설치허가를 받지 아니하고 제조소 등을 설치한 자는 5년 이하의 징역 또는 1억원 이하의 벌금에 처한다.

4 3년 이하의 징역 또는 3천만원 이하의 벌금 → (위험물안전관리법 제34조의3)

저장소 또는 제조소등이 아닌 장소에서 지정수량 이상의 위험물을 저장 또는 취급한 자는 3년 이하의 징역 또는 3천만원 이하의 벌금에 처한다.

5 1년 이하의 징역 또는 1천만원 이하의 벌금 → (위험물안전관리법 제35조)

① 탱크시험자로 등록하지 아니하고 탱크시험자의 업무를 한 자

② 정기점검을 하지 아니하거나 점검기록을 허위로 작성한 관계인으로서 제6조제1항의 규정에 따른 허가를 받은 자

③ 정기검사를 받지 아니한 관계인으로서 제6조제1항에 따른 허가를 받은 자

④ 자체소방대를 두지 아니한 관계인으로서 제6조제1항의 규정에 따른 허가를 받은 자

⑤ 운반용기에 대한 검사를 받지 아니하고 운반용기를 사용하거나 유통시킨 자

⑥ 명령을 위반하여 보고 또는 자료제출을 하지 아니하거나 허위의 보고 또는 자료제출을 한 자 또는 관계공무원의 출입 · 검사 또는 수거를 거부 · 방해 또는 기피한 자
⑦ 제조소 등에 대한 긴급 사용정지 · 제한명령을 위반한 자

6 1천500만원 이하의 벌금 → (위험물안전관리법 제36조)

① 위험물의 저장 또는 취급에 관한 중요기준에 따르지 아니한 자
② 변경허가를 받지 아니하고 제조소등을 변경한 자
③ 제조소 등의 완공검사를 받지 아니하고 위험물을 저장 · 취급한 자
④ 안전조치 이행명령을 따르지 아니한 자
⑤ 제조소 등의 사용정지명령을 위반한 자
⑥ 수리 · 개조 또는 이전의 명령에 따르지 아니한 자
⑦ 안전관리자를 선임하지 아니한 관계인으로서 제6조제1항의 규정에 따른 허가를 받은 자
⑧ 대리자를 지정하지 아니한 관계인으로서 제6조제1항의 규정에 따른 허가를 받은 자
⑨ 업무정지명령을 위반한 자
⑩ 탱크 안전성능시험 또는 점검에 관한 업무를 허위로 하거나 그 결과를 증명하는 서류를 허위로 교부한 자
⑪ 시 · 도지사에게 예방규정을 제출하지 아니하거나 동조제2항의 규정에 따른 변경명령을 위반한 관계인으로서 제6조제1항의 규정에 따른 허가를 받은 자
⑫ 소방공무원 또는 국가경찰공무원은 위험물의 운송자격을 확인하기 위하여 필요하다고 인정하는 경우에는 주행 중의 이동탱크저장소를 정지시킬 수 있다. 이때 정지지시를 거부하거나 국가기술자격증, 교육수료증 · 신원확인을 위한 증명서의 제시 요구 또는 신원확인을 위한 질문에 응하지 아니한 사람
⑬ 시 · 도지사, 소방본부장 또는 소방서장의 탱크시험자에 대하여 필요한 보고 또는 자료재출의 명령을 위반하여 보고 또는 자료제출을 하지 아니하거나 허위의 보고 또는 자료제출을 한 자 및 관계공무원의 출입 또는 조사 · 검사를 거부 · 방해 또는 기피한 자
⑭ 시 · 도지사, 소방본부장 또는 소방서장의 탱크시험자에 대한 감독상 명령에 따르지 아니한 자
⑮ 무허가장소의 위험물에 대한 조치명령에 따르지 아니한 자
⑯ 저장 · 취급기준 준수명령 또는 응급조치명령을 위반한 자

7 1천만원 이하의 벌금 → (위험물안전관리법 제37조)

① 위험물의 취급에 관한 안전관리와 감독을 하지 아니한 자
② 안전관리자 또는 그 대리자가 참여하지 아니한 상태에서 위험물을 취급한 자
③ 변경한 예방규정을 제출하지 아니한 관계인으로서 제조소 등의 설치허가를 받은 자
④ 위반하여 위험물의 운반에 관한 중요기준에 따르지 아니한 자
⑤ 요건을 갖추지 아니한 위험물운반자
⑥ 규정을 위반(위험물운송책임자 없이 운송)한 위험물운송자
⑦ 출입 · 검사 등을 행하는 관계공무원이 관계인의 정당한 업무를 방해하거나 출입 · 검사 등을 수행하면서 알게 된 비밀을 누설한 자

8 500만원 이하의 과태료 → (위험물안전관리법 제39조)

① 시 · 도의 조례가 정하는 바에 따라 관할소방서장의 승인을 받아 지정수량 이상의 위험물을 90일 이내의 기간동안 임시로 저장 또는 취급하는 경우 관할소방서장의 승인을 받지 아니한 자
② 제조소 등에서의 위험물의 저장 또는 취급에 관한 세부기준을 위반한 자
③ 위험물의 품명 등의 변경신고를 기간 이내에 하지 아니하거나 허위로 한 자
④ 지위승계신고를 기간 이내에 하지 아니하거나 허위로 한 자
⑤ 제조소 등의 폐지신고 안전관리자의 선임신고를 기간 이내에 하지 아니하거나 허위로 한 자
⑥ 사용 중지신고 또는 재개신고를 기간 이내에 하지 아니하거나 거짓으로 한 자
⑦ 제조소등의 관계인과 그 종업원이 예방규정을 충분히 잘 익히고 준수하지 아니 한 자
⑧ 제조소 등에 대하여 점검결과를 기록 · 보존하지 아니한 자
⑨ 기간 이내에 점검결과를 제출하지 아니한 자
⑩ 위험물의 운반에 관한 세부기준을 위반한 자
⑪ 위험물의 운송에 관한 기준을 따르지 아니한 자

※ 과태료는 대통령령이 정하는 바에 따라 시 · 도지사, 소방본부장 또는 소방서장(부과권자)이 부과 · 징수한다.

※법 제4조 및 제5조제2항 각 호 외의 부분 후단의 규정에 따른 조례에는 200만원 이하의 과태료를 정할 수 있다. 이 경우 과태료는 부과권자가 부과 · 징수한다.

Memo

최근 8개년 기출문제

(2022~2015)

2022_1 위험물기능사 필기

01. 위험물 제조소 등에 설치하는 옥외소화전 설비의 기준에서 옥외소화전함은 옥외소화전으로부터 보행거리 몇 m 이하의 장소에 설치하여야 하는가?

① 1.5 ② 5

③ 7.5 ④ 10

|문|제|풀|이|

[옥외소화전 설비의 기타 주요 특성]

방수량	450L/min 이상
비상전원	45분 이상 작동할 것
방수압력	350kPa 이상
방수구(호스)의 구경	650mm
소화전과 소화전함과의 거리	5m 이내

【정답】 ②

02. 다음 중 질식소화 효과를 주로 이용하는 소화기는?

① 포소화기

② 강화액소화기

③ 수(물)소화기

④ 할로겐화합물소화기

|문|제|풀|이|

[소화기]

① **포소화기 : 질식소화**

② 강화액소화기 : 냉각소화

③ 수(물)소화기 : 냉각소화

④ 할로겐화합물소화기 : 억제소화(부촉매 효과)

【정답】 ①

03. 주유취급소 중 건축물의 2층에 휴게음식점의 용도로 사용하는 것에 있어 해당 건축물의 2층으로부터 직접 주유취급소의 부지 밖으로 통하는 출입구와 해당 출입구로 통하는 통로 · 계단에 설치하여야 하는 것은?

① 비상경보설비 ② 유도등

③ 비상조명등 ④ 확성장치

|문|제|풀|이|

[피난설비의 설치기준] 주유취급소 중 건축물의 2층 이상의 부분을 점포 · 휴게음식점 또는 전시장의 용도로 사용하는 것에 있어서는 당해 건축물의 2층 이상으로부터 주유취급소의 부지 밖으로 통하는 출입구와 당해 출입구로 통하는 통로 · 계단 및 출입구에 **유도등**을 설치하여야 한다. 【정답】 ②

04. 높이 15m, 지름 20m인 옥외저장탱크에 보유공지의 단축을 위해서 물분무설비로 방호조치를 하는 경우 수원의 양은 약 몇 L 이상으로 하여야 하는가?

① 46,472 ② 58,090

③ 70,259 ④ 95,880

|문|제|풀|이|

[보유공지 단축을 위한 물분무설비의 조건]

1. 탱크의 표면에 방사하는 물의 양은 탱크의 원주길이 1m에 대하여 분당 37L 이상으로 할 것
2. 수원의 양은 1의 규정에 의한 수량으로 20분 이상 방사할 수 있는 수량으로 할 것

∴수원=원주길이$\times$37L/min·$m\times$20min

$=(2\pi r)\times$37L/min·$m\times$20min

$=(2\times\pi\times 10m)\times$37L/min·$m\times$20min$=46,472$L

→ (지름 20m, 반지름(r)=10m, $\pi=3.14$)

【정답】 ①

05. 이산화탄소 소화설비의 소화약제 저장용기 설치장소로 적합하지 않은 곳은?

① 방호구역 외의 장소
② 온도가 40℃ 이하이고 온도 변화가 적은 장소
③ 빗물이 침투할 우려가 적은 장소
④ 직사일광이 잘 들어오는 장소

|문|제|풀|이|

[이산화탄소 소화설비의 소화약제 저장용기 설치장소]
1. 방호구역 외의 장소
2. 온도가 40℃ 이하이고 온도 변화가 적은 장소
3. 직사광선 및 빗물이 침투할 우려가 적은 장소

【정답】 ④

06. 알루미늄 분말 화재 시 주수소화 하여서는 안 되는 가장 큰 이유는?

① 수소가 발생하여 연소가 확대되기 때문에
② 유독 가스가 발생하여 연소가 확대되기 때문에
③ 산소의 발생으로 연소가 확대되기 때문에
④ 분말의 독성이 강하기 때문에

|문|제|풀|이|

[알루미늄 분(Al)]
수증기와의 반응식: $2Al + 6H_2O \rightarrow 2Al(OH)_3 + 3H_2 \uparrow$
(알루미늄) (물) (수산화알루미늄) (수소)
→ 주수소화는 수소가스가 발생하므로 위험하다.

【정답】 ①

07. 탄화알루미늄이 물과 반응하면 폭발의 위험이 있다. 어떤 가스 때문인가?

① 수소 ② 메탄
③ 아세틸렌 ④ 암모니아

|문|제|풀|이|

[탄화알루미늄(Al_4C_3)] → 제3류 위험물(칼슘, 알루미늄의 탄화물)
·물과 반응하여 수산화알루미늄과 메탄(3몰)가스를 발생한다.
·물과 반응식 : $Al_4C_3 + 12H_2O \rightarrow 4Al(OH)_3 \uparrow + 3CH_4 + 360kcal$
(탄화알루미늄) (물) (수산화알루미늄) (메탄) (반응열)

【정답】 ②

08. 위험물 제조소에 설치하는 분말소화설비의 기준에서 분말소화약제의 가압용 가스로 사용할 수 있는 것은?

① 헬륨 또는 산소
② 네온 또는 염소
③ 아르곤 또는 산소
④ 질소 또는 이산화탄소

|문|제|풀|이|

[분말 소화설비]
분말소화약제의 가압용 가스: 이산화탄소(탄산가스), 질소

【정답】 ④

09. 니트로셀룰로오스의 자연 발화는 일반적으로 무엇에 기인한 것인가?

① 산화열 ② 중합열
③ 흡착열 ④ 분해열

|문|제|풀|이|

[자연발화] 자연발화를 일으키는 원인에는 물질의 산화열, 분해열, 흡착열, 중합열, 발효열 등이 있다.

산화열에 의한 발화	석탄, 고무분말, 건성유 등에 의한 발화
분해열에 의한 발화	셀룰로이드, **니트로셀룰로오스** 등에 의한 발화
흡착열에 의한 발화	목탄, 활성탄 등에 의한 발화
중합열에 의한 발화	시안화수소, 산화에틸렌 등에 의한 발화
미생물에 의한 발화	퇴비, 먼지 속에 들어 있는 혐기성 미생물에 의한 발화

【정답】 ④

10. 제1종 판매취급소에 설치하는 위험물 배합실의 기준으로 틀린 것은?

① 바닥면적은 $6m^2$ 이상 $15m^2$ 이하로 할 것

② 내화구조 또는 불연 재료로 된 벽으로 구획할 것

③ 출입구에는 수시로 열 수 있는 자동폐쇄식의 갑종방화문을 설치할 것

④ 출입구 문턱의 높이는 바닥면으로부터 0.2m 이상으로 할 것

|문|제|풀|이|

[제1종 판매 취급소 (배합실의 기준)]

1. 바닥면적은 $6m^2$ 이상 $15m^2$ 이하로 할 것
2. 내화구조 또는 불연 재료로 된 벽으로 구획할 것
3. 바닥은 위험물이 침투하지 아니하는 구조로 하여 적당한 경사를 두고 집유설비를 할 것
4. 출입구에는 수시로 열 수 있는 자동폐쇄식의 갑종방화문을 설치할 것
5. 출입구 문턱의 높이는 **바닥면으로부터 0.1m 이상**으로 할 것
6. 내부에 체류한 가연성의 증기 또는 가연성의 미분을 지붕 위로 방출하는 설비를 할 것

【정답】 ④

11. $NaClO_2$를 수납하는 운반 용기의 외부에 표기하여야 할 주의사항으로 옳은 것은?

① "화기엄금" 및 "충격주의"

② "화기엄금" 및 "물기엄금"

③ "화기·충격주의" "가연물 접촉주의"

④ "화기엄금" 및 "공기 접촉 엄금"

|문|제|풀|이|

[수납하는 용기의 외부에 표시하여야 하는 주의사항(제1류 위험물)]

종류	주의사항
알칼리금속의 과산화물 또는 이를 함유한 것	화기·충격주의 물기엄금 및 가연물접촉주의 ① 게시판 : 물기엄금 ② 피복 : 방수성, 차광성
그 밖의 것	화기·충격주의 및 가연물접촉주의 ① 게시판 : 없음 ② 피복 : 차광성

※$NaClO_2$(아염소산나트륨)은 그 밖의 것에 해당된다.

【정답】 ③

12. 알루미늄분의 위험성에 대한 설명 중 틀린 것은?

① 뜨거운 물과 접촉 시 격렬하게 반응한다.

② 산화제와 혼합하면 가열, 충격 등으로 발화할 수 있다.

③ 연소 시 수산화알루미늄과 수소를 발생한다.

④ 염산과 반응하여 수소를 발생한다.

|문|제|풀|이|

[알루미늄분(Al) → 제2류 위험물(금속분)]

- 은백색의 광택을 띤 경금속
- 열전도율 및 전기전도도가 크며, 진성·연성이 풍부하다.
- 염산, 황산, 묽은 질산에 침식당하기 쉬우며, 진한 질산에는 부동태가 된다.
- 끓는 물, 산, 알칼리수용액에 녹아 수소를 발생한다.
- 수증기와의 반응식 : $2Al + 6H_2O \rightarrow 2Al(OH)_3 + 3H_2 \uparrow$
  (알루미늄) (물) (수산화알루미늄) (수소)
- 염산의 반응식 : $2Al + 6HCl \rightarrow 2AlCl_3 + 3H_2 \uparrow$
  (알루미늄) (염산) (염화알루미늄) (수소)
- 연소 반응식 : $4Al + 3O_2 \rightarrow 2Al_2O_3$
  (알루미늄) (산소) (산화알루미늄)
- 습기와 수분에 의해 자연발화하기도 한다.
- 산화제와의 혼합물은 가열, 충격, 마찰로 인해 발화할 수 있다.
- 유리병(밀폐용기)에 넣어 건조한 곳에 저장하고, 분진 폭발할 위험이 있으므로 화기에 주의해야 한다.
- 소화방법으로는 마른모래, 명석 등으로 피복소화가 효과적이다.
  → (주수소화는 수소가스를 발생하므로 위험하다.)

【정답】 ③

13. 메틸알코올의 위험성으로 옳지 않은 것은?

① 나트륨과 반응하여 수소기체를 발생한다.

② 휘발성이 강하다.

③ 연소범위가 알코올류 중 가장 좁다.

④ 인화점이 상온(25℃)보다 낮다.

|문|제|풀|이|

[제4류 위험물 알코올류의 성상 비교]

1. 메틸알코올(CH_3OH, 메탄올, 목정) : 인화점 11℃, 착화점 464℃, 비점 65℃, 비중 0.8(증기비중 1.1), 연소범위 **7.3~36%**
2. 에틸알코올(C_2H_5OH, 주정) : 인화점 13℃, 착화점 423℃, 비점 79℃, 비중 0.8(증기비중 1.59), 연소범위 **4.3~19%**
3. 프로필알코올(C_3H_7OH) : 인화점 15℃, 비점 97.2℃, 연소범위 **2.1~13.5%**

【정답】 ③

14. 오황화린과 칠황화린이 물과 반응하였을 때 공통적으로 나오는 물질은?

① 이산화황 ② 황화수소
③ 산화수소 ④ 삼산화황

|문|제|풀|이|

[황화린(제2류 위험물) 성상 비교]

1. 삼황화린(P_4S_3)
   - ·담황색 결정으로 조해성이 없다.
   - ·차가운 물, 염산, 황산에 녹지 않으며 끓는 물에서 분해한다.
   - ·질산, 알칼리, 이황화탄소에는 잘 녹는다.
   - ·과산화물, 과망간산염, 금속분과 공존하고 있을 때 자연발화한다.
   - ·연소 반응식 : $P_4S_3 + 8O_2 \rightarrow 2P_2O_5 + 3SO_2$
     (삼황화린) (산소) (오산화인) (이산화황)
2. 오황화린(P_2S_5)
   - ·담황색 결정으로 조해성, 흡습성이 있는 물질
   - ·알코올 및 이황화탄소(CS_2)에 잘 녹는다.
   - ·물, 알칼리와 분해하여 유독성인 황화수소(H_2S), 인산(H_3PO_4)이 된다.
   - ·물과 분해반응식 : $P_2S_5 + 8H_2O \rightarrow 5H_2S + 2H_3PO_4$
     (오황화린) (물) (황화수소) (인산)
3. 칠황화린(P_4S_7)
   - ·착화점 250℃, 융점 310℃, 비점 523℃, 비중 2.19
   - ·담황색 결정으로 조해성이 있는 물질
   - ·이황화탄소에(CS_2)에 약간 녹는다.
   - ·냉수에서는 서서히, 온수에서는 급격히 분해하여 유독성인 황화수소(H_2S), 인산(H_3PO_4)을 발생한다.
   - ·물과 분해반응식 : $P_4S_7 + 13H_2O \rightarrow 7H_2S + H_3PO_4 + 3H_3PO_3$
     (칠황화린) (물) (황화수소) (인산) (아인산)

【정답】 ②

15. 제3류 위험물에 대한 설명으로 옳지 않은 것은?

① 황린은 공기 중에 노출되면 자연 발화하므로 물속에 저장하여야 한다.
② 나트륨은 물보다 무거우며 석유 등의 보호액 속에 저장하여야 한다.
③ 트리에틸알루미늄은 상온에서 액체 상태로 존재한다.
④ 인화칼슘은 물과 반응하여 유독성의 포스핀을 발생한다.

|문|제|풀|이|

[나트륨(Na) → 제3류 위험물]

- ·융점 97.8℃, 비점 880℃, **비중 0.97**
  → (물(비중 1)보다 가볍다.)
- ·은백색 광택의 무른 경금속으로 불꽃반응은 노란색
- ·공기 중에서 수분과 반응하여 수소를 발생한다.
- ·비중이 작으므로 석유(파라핀, 경유, 등유) 속에 저장한다.
- ·흡습성, 조해성이 있다.
- ·소화방법에는 마른모래, 건조된 소금, 탄산칼슘 분말의 혼합물로 피복하여 질식소화가 효과적이다. → (주수소화 절대 금한다.)

【정답】 ②

16. 위험물안전관리법령상의 위험물 운반에 관한 기준에서 액체위험물은 운반용기 내용적의 몇 % 이하의 수납률로 수납하여야 하는가?

① 80 ② 85
③ 90 ④ 98

|문|제|풀|이|

[위험물 적재방법]

1. 고체위험물은 운반용기 내용적의 95% 이하의 수납률로 수납할 것
2. 액체위험물은 운반용기 내용적의 98% 이하의 수납률로 수납하되, 55℃의 온도에서 누설되지 아니하도록 충분한 공간용적을 유지하도록 할 것
3. 자연발화성 물질 중 알킬알루미늄 등은 운반용기의 내용적의 90% 이하의 수납률로 수납하되, 50℃의 온도에서 5% 이상의 공간용적을 유지하도록 할 것
4. 제1류 위험물, 제3류 위험물 중 자연발화성 물질, 제4류 위험물 중 특수 인화물, 제5류 위험물 또는 제6류 위험물은 차광성이 있는 피복으로 가릴 것
5. 제1류 위험물 중 알칼리금속의 과산화물 또는 이를 함유한 것, 제2류 위험물 중 철분, 금속분, 마그네슘 또는 이들 중 어느 하나 이상을 함유한 것 또는 제3류 위험물 중 금수성물질은 방수성이 있는 피복으로 덮을 것

【정답】 ④

17. 과산화칼륨이 물 또는 이산화탄소와 반응할 경우 공통적으로 발생하는 물질은?

① 산소 ② 과산화수소
③ 수산화칼륨 ④ 수소

|문|제|풀|이|

[과산화칼륨(K_2O_2) → 제1류 위험물(무기과산화물)]

- 분해온도 490℃, 융점 490℃, 비중 2.9
- 무색 또는 오렌지색의 비정계 분말, 불연성 물질
- 물에 쉽게 분해된다.
- 공기 중에서 탄산가스를 흡수하여 탄산염이 된다.
- 에틸알코올에 용해되고, 양이 많을 경우 주수에 의하여 폭발 위험
- 가연물과 혼합되어 있을 경우 마찰 또는 약간의 물의 접촉으로 발화한다.
- 소화방법으로는 마른모래, 암분, 소다회, 탄산수소염류분말소화제
- 물과 반응식 : $2K_2O_2 + 2H_2O \rightarrow 4KOH + O_2 \uparrow$
  (과산화칼륨) (물) (수산화칼륨) (산소)
- 탄산가스와의 반응식 : $2K_2O_2 + 2CO_2 \rightarrow 2K_2CO_3 + O_2 \uparrow$
  (과산화칼륨) (이산화탄소) (탄산칼륨) (산소)

【정답】 ①

18. 1몰의 에틸알코올이 완전 연소하였을 때 생성되는 이산화탄소는 몇 몰인가?

① 1몰 ② 2몰
③ 3몰 ④ 4몰

|문|제|풀|이|

[에틸알코올(C_2H_5OH, 에탄올) → (분자량 46)]

인화점(℃)	착화점(℃)	비중	증기비중	비점(℃)	연소범위(%)
13	423	0.8	1.59	79	4.3~19

1. 무색투명한 휘발성 액체로 수용성, 술에 포함되어 있어 주정이라고도 한다.
2. 유기 용제로 연소 시 주간에는 불꽃이 잘 보이지 않는다.
3. 검출법으로 요오드(아이오딘)폼 반응으로 황색침전이 생성
4. 산화되면 아세트알데히드를 거쳐 최종적으로 아세트산(초산)이 된다.
5. 진한 황산과 혼합하여 140℃로 가열하면 디에틸에테르와 물이 나오며, 160℃로 가열하면 에틸렌가스와 물이 생성된다.
6. 위험성 : 인화의 위험성이 강하다.
7. 저장법 : 직사광선을 피하고 통풍이 잘 되는 서늘한 곳에 저장
8. 소화방법 : 질식소화(이산화탄소 소화설비, 포·분말 소화설비)
9. 연소반응식 : $C_2H_5OH + 3O_2 \rightarrow 2CO_2 \uparrow + 3H_2O$
   (에틸알코올) (산소) (이산화탄소) (물)

【정답】 ②

19. 위험물안전관리법령상 제5류 위험물의 위험등급에 대한 설명으로 틀린 것은?

① 유기과산화물과 질산에스테르류는 위험등급 Ⅰ에 해당된다.
② 지정수량 100kg인 히드록실아민과 히드록실아민염류는 위험등급Ⅱ에 해당된다.
③ 지정수량 200kg에 해당되는 품명은 모두 위험등급Ⅲ에 해당된다.
④ 지정수량 10kg인 품명만 위험등급Ⅰ에 해당한다.

|문|제|풀|이|

[제5류 위험물(반응성물질)의 품명 및 위험등급]

위험등급	품명	지정수량
Ⅰ	1. 유기과산화물 : 과산화벤조일, 과산화메틸에틸케톤 2. 질산에스테르류 : : 질산메틸, 질산에틸, 니트로글리세린, 니트로글리콜, 셀룰로이드, 니트로셀룰로오스, 펜트리트	10kg
Ⅱ	3. 니트로화합물 : 트리니트로톨루엔, 트리니트로페놀, 디니트로톨루엔 4. 니트로소화합물 : 파라디니트로소벤젠, 디니트로소레조르신 5. 아조화합물 : 아조벤젠, 히드록시아조벤젠 6. 디아조화합물 : 디아조메탄, 디아조카르복실산에틸 7. 히드라진 유도체 : 페닐히드라진, 히드라조벤젠	200kg
	8. 히드록실아민 9. 히드록실아민염류	100kg
Ⅰ Ⅱ	10. 그 밖의 행정안전부령으로 정하는 것 ① 금속의 아지드화합물 : 아지드화나트륨(NaN_3), 아지드화납(질산납)($Pb(N_3)_2$), 아지드화은(AgN_3) ② 질산구아니딘[$HNO_3 \cdot C(NH)(NH_2)_2$] 11. 제1호 내지 제10호 1에 해당하는 어느 하나 이상을 함유한 것	·10kg (위험등급 Ⅰ) ·100kg 또는 200kg (위험등급 Ⅱ)

【정답】 ③

20. 건성유에 해당되지 않는 것은?

① 들기름 ② 오동유
③ 아마인유 ④ 피자마유

|문|제|풀|이|

[건성유(요오드(아이오딘)값 130 이상)]
·건조성이 강하며 요오드값 130 이상인 것을 말한다.
→ (건성유 중 요오드값이 가장 큰 것은 들기름(192~208))
·종이, 섬유류 등에 흡수되어 공기 중에서 자연발화의 위험이 있다.
·다공성 가연물은 발화할 수 있으므로 접촉을 피한다.
·공기 중에서 단단한 피막을 만든다.
1. 동물유 : 정어리유, 대구유, 상어유
2. 식물유 : 해바라기유, 오동유, 아마인유, 들기름

※④ 피자마유 : 불건성유(식물유) 【정답】 ④

21. 제조소등에 있어서 위험물의 저장하는 기준으로 잘못된 것은?

① 황린은 제3류 위험물이므로 물기가 없는 건조한 장소에 저장하여야 한다.
② 덩어리 상태의 유황과 화약류에 해당하는 위험물은 위험물용기에 수납하지 않고 저장할 수 있다.
③ 옥내저장소에서는 용기에 수납하여 저장하는 위험물의 온도가 55℃를 넘지 아니하도록 필요한 조치를 강구하여야 한다.
④ 이동저장탱크에는 저장 또는 취급하는 위험물의 유별, 품명, 최대수량 및 적재중량을 표시하고 잘 보일 수 있도록 관리하여야 한다.

|문|제|풀|이|

[황린(P_4) → 제3류 위험물(자연발화성 물질 및 금수성물질)]
·환원력이 강한 백색 또는 담황색 고체로 백린이라고도 한다.
·물에 녹지 않으며, 자연 발화성이므로 반드시 **물속에 저장**한다.
·벤젠, 알코올에 적게 녹고, 이황화탄소, 염화황, 염화화인에 잘 녹는다.
·공기를 차단하고 약 260℃ 정도로 가열하면 적린(제2류 위험물)이 된다.
·마늘 냄새가 나는 맹독성 물질이다. →(대인 치사량 0.02~0.05g)
·연소 반응식 : $P_4 + 5O_2 \rightarrow 2P_2O_5$
(황린) (산소) (오산화인(백색))
·소화방법에는 마른모래, 주수소화가 효과적이다.
→ (소화 시 유독가스(오산화인(P_2O_5))에 대비하여 보호장구 및 공기호흡기를 착용한다.) 【정답】 ①

22. 제4류 위험물의 설명으로 가장 옳은 것은?

① 물과 접촉하여 발열하는 것
② 자기연소성 물질
③ 많은 산소를 함유하는 강산화제
④ 상온에서 액상인 가연성 액체

|문|제|풀|이|

[제4류 위험물(인화성 액체)]
·**상온에서 액상인 가연성 액체**
·대부분이 유기화합물이다.
·물보다 가볍고 물에 녹기 어렵다.
·증기비중은 1보다 커서 증기가 낮은 곳에 체류한다.
【정답】 ④

23. 염소산나트륨의 저장 및 취급 시 주의할 사항으로 틀린 것은?

① 철제용기에 저장할 수 없다.
② 열분해 시 이산화탄소가 발생하므로 질식에 유의한다.
③ 조해성이 있으므로 방습에 유의한다.
④ 용기에 밀전하여 보관한다.

|문|제|풀|이|

[염소산나트륨($NaClO_3$) → 제1류 위험물 중 염소산염류]
·분해온도 300℃, 비중 2.5, 융점 248℃, 용해도 101(20℃)
·무색무취의 입방정계 주상결정
·인체에 유독하다.
·산과 반응하여 유독한 폭발성 이산화염소(ClO_2)를 발생하고 폭발 위험이 있다.
·알콜, 에테르, 물에는 잘 녹으며 조해성이 크다.
·철제를 부식시키므로 철제용기 사용금지
·소화방법으로는 주수소화가 가장 좋다.
·300℃ 분해 반응식 : $2NaClO_3 \rightarrow 2NaCl + 3O_2 \uparrow$
(염소산나트륨) (염화나트륨) (산소)
【정답】 ②

24. 폭발 시 연소파의 전파속도 범위에 가장 가까운 것은?

① 0.1 ~ 10m/s

② 100 ~ 1000m/s

③ 2000 ~ 3500m/s

④ 5000 ~ 10000m/s

|문|제|풀|이|

[폭발 폭굉의 화염 전파속도]

1. 폭발의 화염 전파속도: 0.1 ~ 10m/sec
2. 폭굉의 화염 전파속도: 1,000~3,500m/sec

【정답】 ①

25. 과염소산에 대한 설명 중 틀린 것은?

① 증기비중은 약 3.5이다.

② 물과 접촉하면 발열한다.

③ 가열하면 분해될 위험이 있다.

④ 산화제이므로 쉽게 산화할 수 있다.

|문|제|풀|이|

[과염소산($HClO_4$) → 제6류 위험물]

1. 융점 -112℃, 비점 39℃, 비중 1.76, 증기비중 1.47
2. 무색의 염소 냄새가 나는 액체로 공기 중에서 강하게 연기를 낸다.
3. 흡습성이 강하며 휘발성이 있고 독성이 강하다.
4. 수용성으로 물과 접촉 시 심한 열이 발생하며 과염소산의 고체 수화물(6종류)을 만든다.
5. 강산으로 산화력이 강하고 종이, 나무조각 등 유기물과 접촉하면 연소와 동시 폭발한다.
6. 물과의 접촉을 피하고 강산화제, 환원제, 알코올류, 염화바륨, 알칼리와 격리하여 저장한다.

※산화제 : 다른 물질을 산화시킬 수 있는, 혹은 상대 물질의 전자를 잃게 하는 능력을 갖는 물질 → (자신은 환원)

【정답】 ④

26. 제조소등에서 위험물을 유출, 방출 또는 확산시켜 사람의 생명, 신체 또는 재산에 대하여 위험을 발생시킨 자에 대한 벌칙 기준으로 옳은 것은?

① 1년 이상 3년 이하의 징역

② 1년 이상 5년 이하의 징역

③ 1년 이상 7년 이하의 징역

④ 1년 이상 10년 이하의 징역

|문|제|풀|이|

[10년 이하의 징역 등 → (위험물안전관리법 제33조)]

1. 제조소 등에서 위험물을 유출·방출 또는 확산시켜 사람의 생명·신체 또는 재산에 대하여 위험을 발생시킨 자는 1년 이상 10년 이하의 징역에 처한다.
2. 제1항의 규정에 따른 죄를 범하여 사람을 상해에 이르게 한 때에는 무기 또는 3년 이상의 징역에 처하며, 사망에 이르게 한 때에는 무기 또는 5년 이상의 징역에 처한다.

【정답】 ④

27. 다음과 같은 성상을 갖는 물질은?

- 보라색 불꽃을 내면서 연소하는 제3류 위험물
- 은백색 광택의 무른 경금속으로 포타슘이라고도 부른다.
- 공기 중에서 수분과 반응하여 수소가 발생한다.
- 용점이 약 63.5℃이고, 비중은 약 0.86이다.

① 칼륨 ② 나트륨

③ 부틸리튬 ④ 트리메틸알루미늄

|문|제|풀|이|

[칼륨(K) → 제3류 위험물, 금수성]

- 융점 63.5℃, 비점 762℃, 비중 0.857
- 은백색 광택의 무른 경금속으로 불꽃반응은 보라색
- 공기 중에서 수분과 반응하여 수소를 발생한다.
- 물과 반응식 : $2K + 2H_2O \rightarrow 2KOH + H_2\uparrow + 92.8kcal$
  (칼륨) (물) (수산화칼륨) (수소) (반응열)
- 비중이 작으므로 석유(파라핀, 경유, 등유) 속에 저장한다.
- 흡습성, 조해성이 있다.
- 소화방법에는 마른모래 및 탄산수소염류 분말소화약제가 효과적 → (주수소화와 사염화탄소(CCl_4)와는 폭발반응을 하므로 절대 금한다.)

【정답】 ①

28. 이황화탄소에 대한 설명으로 틀린 것은?

① 비교적 무거운 무색의 고체이다.

② 인화점이 0℃ 이하이다.

③ 약 100℃에서 발화할 수 있다.

④ 이황화탄소의 증기는 유독하다.

|문|제|풀|이|

[이황화탄소(CS_2, 2유화탄소) → 제4류 위험물 중 특수인화물]

- 인화점 -30℃, 착화점 100℃, 비점 46.25℃, 비중 1.26, 증기비중 2.62, 연소범위 1~44%
- **무색투명한 휘발성 액체**(불쾌한 냄새)이나 일광을 쬐이면 황색으로 변색한다.
- 물에 녹지 않고 물보다 무거워 물속(물탱크, 수조)에 저장한다.
- 저장 시 물속에 넣어 가연성 증기의 발생을 억제한다.
- 알코올, 에테르, 벤젠 등의 유기용제에는 잘 녹는다.
- 황, 황린, 수지, 고무 등을 잘 녹인다.
- 소화방법에는 포말, 분말, CO_2. 할로겐화합물 소화기 등을 사용해 질식소화 한다.
- 연소 반응식(100℃) : $CS_2 + 3O_3 \rightarrow CO_2 \uparrow + 2SO_2 \uparrow$

(이황화탄소) (산소) (이산화탄소) (이황산가스(이산화황))

【정답】 ①

29. 위험물제조소의 연면적이 몇 m^2 이상이 되면 경보설비 중 자동화재탐지설비를 설치하여야 하는가?

① 400 ② 500 ③ 600 ④ 800

|문|제|풀|이|

[제조소등 별로 설치하여야 하는 경보설비의 종류]

시설	저장·취급하는 위험물 종류 및 수량	해당 경보설비
1. 제조소 일반취급소	·연면적 $500m^2$ 이상인 곳 ·옥내에서 지정수량 100배 이상의 위험물을 저장·취급하는 곳	자동화재탐지설비
2. 옥내 저장소	·저장창고의 연면적 $150m^2$를 초과하는 곳 ·지정수량 100배 이상의 위험물을 저장·취급하는 곳 ·처마높이 6m 이상인 단층건물	
3. 옥내탱크 저장소	단층 건물 외의 건축물에 설치된 옥내탱크저장소로서 소화난이도 등급 1에 해당하는 것	
4. 주유취급소	옥내 주유취급소	
제1호 내지 제4호의 자동화재탐지설비 설치 대상에 해당하지 아니하는 제조소 등	지정수량 10배 이상의 위험물을 저장·취급하는 곳	·자동화재탐지설비 ·비상경보설비 ·확장장치(휴대용확성기) ·비상방송설비 중 1종 이상

【정답】 ②

30. 위험물안전관리법령상 위험물제조소 등에서 전기설비가 있는 곳에 적응하는 소화설비는?

① 옥내소화전설비

② 스프링클러설비

③ 포소화설비

④ 할로겐화합물소화설비

|문|제|풀|이|

[위험물의 성질에 따른 소화설비의 적응성(전기설비)]

구분 \ 대상			전기설비
옥내소화전 또는 옥외소화전설비			
스프링클러설비			
물분무등 소화설비	물분무소화설비		○
	포소화설비		
	불활성가스소화설비		○
	할로겐화합물소화설비		○
	분말소화설비	인산염류등	○
		탄산수소염류등	○
		그 밖의 것	
대형소형 수동식 소화기	봉상수(棒狀水)소화기		
	무상수(霧狀水)소화기		○
	봉상강화액소화기		
	무상강화액소화기		○
	포소화기		
	이산화탄소소화기		○
	할로겐화합물소화기		○
	분말소화기	인산염류소화기	○
		탄산수소염류소화기	○
		그 밖의 것	
기타	물통 또는 수조		
	건조사		
	팽창질석 또는 팽창진주암		

1. 적응성 없는 설비 : 옥내소화전 또는 옥외소화전설비, 스프링클러설비, 포소화설비
2. 적응성 있는 설비 : 물분무소화설비, 불활성가스소화설비, **할로겐화합물소화설비**, 이산화탄소소화설비, 탄산수소염류 등

【정답】 ④

31. 1몰의 이황화탄소와 고온의 물이 반응하여 생성되는 유독한 기체물질의 부피는 표준상태에서 얼마인가?

① 22.4L ② 44.8L

③ 67.2L ④ 134.4L

|문|제|풀|이|

[이황화탄소(CS_2, 2유화탄소) → 제4류 위험물 중 특수인화물]

- 인화점 -30℃, 착화점 100℃, 비점 46.25℃, 비중 1.26, 증기비중 2.62, 연소범위 1~44%
- 물과 가열 반응식(150℃) : $CS_2 + 2H_2O \rightarrow CO_2\uparrow + 2H_2S\uparrow$
  (이황화탄소) (물) (이산화탄소) (황화수소)

$\therefore 2H_2S$의 부피: $2 \times 22.4 = 44.8L$

※기체 1몰의 부피 : 0℃, 1기압에서 22.4L를 차지한다.

【정답】 ②

32. 포소화약제에 의한 소화방법으로 다음 중 가장 주된 소화효과는?

① 희석소화 ② 질식소화

③ 제거소화 ④ 자기소화

|문|제|풀|이|

[포소화약제] 물과 포소화약제를 일정한 비율로 혼합한 수용액을 공기로 발포시켜 형성된 미세한 기포의 집합체가 연소물의 표면을 차단하는 방법이다.

① 장점
- 인체에 무해하다.
- 방사 후 독성가스의 발생 우려가 없다.
- 유류화재 시 **질식·냉각효과**를 나타낸다.

② 단점
- 동절기에는 유동성을 상실하여 소화효과가 저하된다.
- 정기적으로 교체 충전해야 한다.
- 약제 방사 후 약제의 잔유물이 남는다.

【정답】 ②

33. 위험물제조소의 안전거리 기준으로 틀린 것은?

① 초·중등교육법 및 고등교육법에 의한 학교 - 20m 이상

② 의료법에 의한 병원급 의료기관 - 30m 이상

③ 문화재보호법 규정에 의한 지정문화재 - 50m 이상

④ 사용전압이 35,000V를 초과하는 특고압가공전선 - 5m 이상

|문|제|풀|이|

[위험물 제조소와의 안전거리]

1. 주거용으로 사용되는 것 : 10m 이상
2. 학교, 병원, 극장 그 밖에 다수인을 수용하는 시설 : **30m 이상**
3. 유형문화재와 기념물 중 지정문화재 : 50m 이상
4. 고압가스, 액화석유가스, 도시가스를 저장·취급하는 시설 : 20m 이상
5. 7,000V 초과 35,000V 이하의 특고압가공전선 : 3m 이상
6. 35,000V를 초과하는 특고압가공전선 : 5m 이상

【정답】 ①

34. 다음 위험물의 화재 시 주수소화가 가능한 것은?

① 철분 ② 마그네슘

③ 나트륨 ④ 황

|문|제|풀|이|

[위험물의 소화방법]

① 철분(Fe) → 제2류 위험물
- 소화방법으로는 주수소화를 금하고 마른모래 등으로 피복소화한다.
- 철분과 물의 반응식 : $3Fe + 4H_2O \rightarrow Fe_3O_4 + 4H_2\uparrow$
  (철) (물) (자철광) (수소)

② 마그네슘(Mg) → 제2류 위험물
- 소화방법으로는 마른모래나 금속화재용 분말소화약제(탄산수소염류) 등을 사용한다.
- 온수와의 반응식 : $Mg + 2H_2O \rightarrow Mg(OH)_2 + H_2\uparrow$
  (마그네슘) (물) (수산화마그네슘) (수소)

③ 나트륨(Na) → 제3류 위험물
- 소화방법에는 마른모래, 건조된 소금, 탄산칼슘 분말의 혼합물로 피복하여 질식소화가 효과적이다.
- 물과의 반응식 : $2Na + 2H_2O \rightarrow 2NaOH + H_2\uparrow + 88.2kcal$
  (나트륨) (물) (수산화나트륨) (수소) (반응열)

④ 황(S) → 제2류 위험물
- 소화방법으로는 다량의 **주수소화가 효과적**이다.

【정답】 ④

35. 위험물제조소에 옥외소화전이 5개가 설치 되어있다. 이 경우 확보하여야 하는 수원의 법정 최소량은 몇 m^3인가?

① 28 ② 35

③ 54 ③ 67.5

|문|제|풀|이|

[옥외소화전설비의 설치기준] 수원의 수량은 옥외소화전의 설치개수(설치개수가 4개 이상인 경우는 4개의 옥외소화전)에 $13.5m^3$를 곱한 양 이상이 되도록 설치할 것

즉, $Q = N \times 13.5m^3$

여기서, Q : 수원의 수량

N: 옥외소화전 설치 개수(설치개수가 4이상인 경우에는 4)

∴수원의 수량 $Q = N \times 13.5m^3 = 4 \times 13.5 = 54m^3$

※각 설비의 수원의 양

구분	규정 방수압	규정 방수량	수원의 양	수평거리	배관 호스
옥내 소화전	350kPa 이상	260L/분 이상	$7.8m^3$×개수 (최대 5개)	층마다 25m 이하	
옥외 소화전	350kPa 이상	450L/분 이상	$13.5m^3$×개수(최대 4개)	40m 이하	
스프링 클러	100kPa 이상	80L/분 이상	$2.4m^3$×개수 (폐쇄형 최대 30개)	헤드간격 1.7m 이하	방사구역 $150m^2$ 이상
물분무 소화	350kPa 이상	당해 소화 설비의 헤드의 설계 압력에 의한 방사량	$1m^2$당 분당 20L의 비율로 계산한 양으로 30분간 방사할 수 있는 양	-	-

【정답】 ③

36. 다음의 위험물 중에서 이동탱크저장소에 의하여 위험물을 운송할 때 운송책임자의 감독 · 지원을 받아야 하는 위험물은?

① 알킬리튬

② 아세트알데히드

③ 금속의 수소화물

④ 마그네슘

|문|제|풀|이|

[위험물의 운송 기준] 대통령령이 정하는 위험물(**알킬알루미늄, 알킬리튬 또는 이 두 물질을 함유하는 위험물**)의 운송에 있어서는 운송책임자(위험물 운송의 감독 또는 지원을 하는 자를 말한다.)의 감독 또는 지원을 받아 이를 운송하여야 한다. 운송책임자의 범위, 감독 또는 지원의 방법 등에 관한 구체적인 기준은 행정안전부령으로 정한다. 【정답】 ①

37. 금속나트륨에 대한 설명으로 옳지 않은 것은?

① 물과 격렬히 반응하여 발열하고 수소가스를 발생한다.

② 에틸알코올과 반응하여 나트륨에틸라이트와 수소가스를 발생한다.

③ 할로겐화합물 소화약제는 사용할 수 없다.

④ 은백색의 광택이 있는 중금속이다.

|문|제|풀|이|

[금속나트륨(Na) : 제3류 위험물]

- 융점 97.8℃, 비점 880℃, 비중 0.97
- 은백색 광택의 **무른 경금속**으로 불꽃반응은 노란색
- 공기중에서 수분과 반응하여 수소를 발생한다.
- 알코올과 반응하여 알코올레이트를 만든다.
- 비중이 작으므로 석유(파라핀, 경유, 등유) 속에 저장한다.
- 흡습성, 조해성이 있다.
- 피부와 접촉하면 화상을 입는다.
- 소화방법에는 마른모래, 건조된 소금, 탄산칼슘 분말의 혼합물로 피복하여 질식소화가 효과적이다. → (주수소화와 절대 금한다.)
- 물과 반응식 : $2Na + 2H_2O \rightarrow 2NaOH + H_2 \uparrow + 88.2kcal$
  (나트륨) (물) (수산화나트륨) (수소) (반응열)

※금속 나트륨과 에틸알코올의 다음 반응으로 나트륨에틸라이트와 수소가 생성된다.

$2Na + 2C_2H_5OH \rightarrow 2C_2H_5Na + H_2$

(나트륨)(에틸알코올) (나트륨에틸라이트) (수소)

【정답】 ④

38. 황의 성질에 대한 설명 중 틀린 것은?

① 물에 녹지 않으나, 이황화탄소에 녹는다.

② 공기 중에서 연소하여 아황산가스를 발생한다.

③ 전도성 물질이므로 정전기 발생에 유의하여야 한다.

④ 분진폭발의 위험성에 주의하여야 한다.

|문|제|풀|이|

[황(유황(S) → 제2류 위험물]

- 황색의 결정 또는 분말로 물에 잘 녹지 않는다.
- **전기절연재료로 사용**되며, 사방정계, 단사정계, 비정계 등 3종류가 있다.
- 순도 60wt% 이상의 것이 위험물이다.
- 분말 상태인 경우 분진폭발의 위험성이 있다.
- 공기 중에서 푸른색 불꽃을 내며 타서 이산화황을 생성한다.
- 황은 환원성 물질이므로 산화성 물질과 접촉을 피해야 한다.
- 황의 연소 반응식 (푸른 불꽃을 내며 연소한다.)

$S + O_2 \rightarrow SO_2$

(황) (산소) (아황산가스)

【정답】 ③

39. 제2류 위험물의 일반적 성질에 대한 설명으로 가장 거리가 먼 것은?

① 가연성 고체 물질이다.

② 연소 시 연소열이 크고 연소속도가 빠르다.

③ 산소를 포함하여 조연성 가스의 공급이 없이 연소가 가능하다.

④ 비중이 1보다 크고 물에 녹지 않는다.

|문|제|풀|이|

[제2류 위험물 → (가연성 고체)]

- 가연성 고체로 비교적 낮은 온도에서 착화하기 쉬운 가연물(환원성)이다.
- 비중이 1보다 크다.
- 물에 녹지 않는다.
- 산화되기 쉽고 산소와 쉽게 결합을 이룬다.
- 연소속도가 대단히 빠른 고체(이연성, 속연성)이다.
- 분진 폭발의 위험이 있다.
- 철, 마그네슘, 금속분은 물 또는 산과 접촉 시 발열한다.

※제5류 위험물(자기반응성물질): 물질 자체에 산소를 포함하고 있다.

【정답】 ③

40. 옥외탱크저장소의 소화설비를 검토 및 적용할 때에 소화난이도 등급 Ⅰ에 해당되는지를 검토하는 탱크 높이의 측정 기준으로서 적합한 것은?

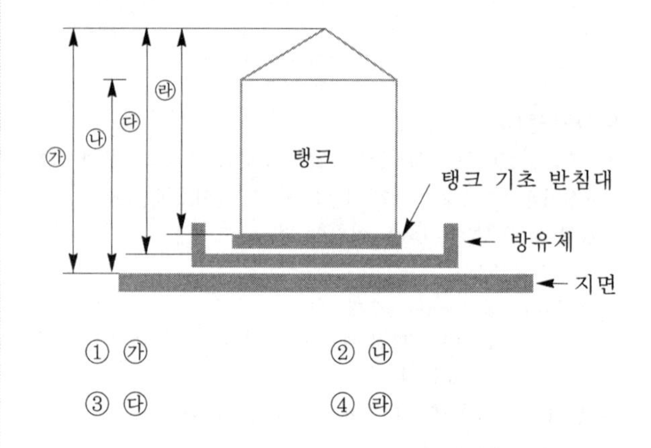

① ㉮ ② ㉯

③ ㉰ ④ ㉱

|문|제|풀|이|

[소화난이등급 Ⅰ에 해당하는 제조소 등]

제조소 등의 구분	제조소등의 규모, 저장 또는 취급하는 위험물의 품명 및 최대수량 등
제조소 일반취급소	연면적 1,000m^2 이상인 것
	지정수량의 100배 이상인 것(고인화점 위험물만을 100℃ 미만의 온도에서 취급하는 것은 제외)
	지반면으로부터 6m 이상의 높이에 위험물 취급설비가 있는 것(고인화점 위험물만을 100℃ 미만의 온도에서 취급하는 것은 제외)
	일반취급소로 사용되는 부분 외의 부분을 갖는 건축물에 설치된 것(내화구조로 개구부 없이 구획 된 것, 고인화점 위험물만을 100℃ 미만의 온도에서 취급하는 것은 제외)
주유취급소	면적의 합이 500m^2를 초과하는 것
옥내 저장소	지정수량의 150배 이상인 것(고인화점 위험물만을 저장하는 것은 제외)
	연면적 150m^2를 초과하는 것(150m^2 이내마다 불연재료로 개구부없이 구획된 것 및 인화성고체 외의 제2류 위험물 또는 인화점 70℃ 이상의 제4류 위험물만을 저장하는 것은 제외)
	처마높이가 6m 이상인 단층 건물의 것
	옥내저장소로 사용되는 부분 외의 부분이 있는 건축물에 설치된 것(내화구조로 개구부 없이 구획된 것 및 인화성고체 외의 제2류 위험물 또는 인화점 70℃ 이상의 제4류 위험물만을 저장하는 것은 제외)

제조소 등의 구분	제조소등의 규모, 저장 또는 취급하는 위험물의 품명 및 최대수량 등
옥외 탱크 저장소	액표면적이 $40m^2$ 이상인 것(제6류 위험물을 저장하는 것 및 고인화점 위험물만을 100℃ 미만의 온도에서 저장하는 것은 제외)
	지반면으로부터 탱크 옆판의 상단까지 높이가 6m 이상인 것(제6류 위험물을 저장하는 것 및 고인화점 위험물만을 100℃ 미만의 온도에서 저장하는 것은 제외)
	지중탱크 또는 해상탱크로서 지정수량의 100배 이상인 것(제6류 위험물을 저장하는 것 및 고인화점 위험물만을 100℃ 미만의 온도에서 저장하는 것은 제외)
	고체위험물을 저장하는 것으로서 지정수량의 100배 이상인 것

【정답】 ②

41. 벤젠 1몰을 충분한 산소가 공급되는 표준상태에서 완전연소 시켰을 때 발생하는 이산화탄소의 양은 몇 L인가?

① 22.4 ② 134.4

③ 168.8 ④ 224.0

|문|제|풀|이|

[벤젠(C_6H_6, 벤졸) → 제4위험물(제1석유류), 분자량 78]

연소반응식 : $\cdot 2C_6H_6 + 15O_2 \rightarrow 12CO_2\uparrow + 6H_2O$

(벤젠) (산소) (이산화탄소) (물)

$\cdot C_6H_6 + 7.5O_2 \rightarrow 6CO_2\uparrow + 3H_2O$

$\therefore 6CO_2$의 부피: $6 \times 22.4 = 134.4L$

※기체 1몰의 부피 : 0℃, 1기압에서 22.4L를 차지한다.

【정답】 ②

42. 위험물 분류에서 제1석유류에 대한 설명으로 옳은 것은?

① 아세톤, 휘발유 그밖에 1기압에서 인화점이 섭씨 21도 미만인 것

② 등유, 경유 그 밖에 액체로서 인화점이 섭씨 21도 이상 70도 미만의 것

③ 중유, 도료류로서 인화점이 섭씨 70도 이상 200도 미만의 것

④ 기계유, 실린더유 그 밖의 액체로서 인화점이 섭씨 200도 이상 250도 미만인 것

|문|제|풀|이|

[제4류 위험물(제1석유류)]

품명	성질	
제1석유류	1기압 상온에서 액체로 인화점이 21℃ 미만인 것	
	비수용성	휘발유, 메틸에틸케톤, 톨루엔, 벤젠
	수용성	시안화수소, 아세톤, 피리딘

【정답】 ①

43. 옥내저장소의 저장창고에 $150m^2$ 이내마다 일정 규격의 격벽을 설치하여 저장하여야 하는 위험물은?

① 제5류 위험물 중 지정과산화물

② 알킬알루미늄 등

③ 아세트알데히드 등

④ 히드록실아민 등

|문|제|풀|이|

[위험물의 성질에 따른 옥내저장소의 특례(지정과산화물)]

1. 저장창고는 **$150m^2$ 이내마다 격벽**으로 완전하게 구획할 것. 이 경우 당해 격벽은 두께 30㎝ 이상의 철근콘크리트조 또는 철골철근콘크리트조로 하거나 두께 40㎝ 이상의 보강콘크리트블록조로 하고, 당해 저장창고의 양측의 외벽으로부터 1m 이상, 상부의 지붕으로부터 50㎝ 이상 돌출하게 하여야 한다.
2. 저장창고의 외벽은 두께 20㎝ 이상의 철근콘크리트조나 철골철근콘크리트조 또는 두께 30㎝ 이상의 보강콘크리트블록조로 하고, 당해 저장창고의 양측의 외벽으로부터 1m 이상, 상부의 지붕으로부터 50cm 이상 돌출하게 하여야 한다.
3. 저장창고의 출입구에는 갑종방화문을 설치할 것
4. 저장창고의 창은 바닥면으로부터 2m 이상의 높이에 두되, 하나의 벽면에 두는 창의 면적의 합계를 당해 벽면의 면적의 80분의 1 이내로 하고, 하나의 창의 면적을 $0.4m^2$ 이내로 할 것

【정답】 ①

44. 황화린에 대한 설명 중 옳지 않은 것은?

① 삼황화린은 황색 결정으로 공기 중 약 100℃에서 발화할 수 있다.

② 오황화린은 담황색 결정으로 조해성이 있다.

③ 오황화린은 물과 접촉하여 황화수소를 발생할 위험이 있다.

④ 삼황화린은 연소하여 황화수소 가스를 발생할 위험이 있다.

|문|제|풀|이|

[황화린(제2류 위험물)]

1. 삼황화린(P_4S_3)
   - ·착화점 100℃, 융점 172.5℃, 비점 407℃, 비중 2.03
   - ·담황색 결정으로 조해성이 없다.
   - ·차가운 물, 염산, 황산에 녹지 않으며 끓는 물에서 분해한다.
   - ·질산, 알칼리, 이황화탄소에는 잘 녹는다.
   - ·과산화물, 과망간산염, 금속분과 공존하고 있을 때 자연발화한다.
   - ·연소 반응식 : $P_4S_3 + 8O_2 \rightarrow 2P_2O_5 + 3SO_2$
     (삼황화린) (산소) (오산화인) (이산화황)

2. 오황화린(P_2S_5)
   - ·착화점 142℃, 융점 290℃, 비점 514℃, 비중 2.09
   - ·담황색 결정으로 조해성, 흡습성이 있는 물질
   - ·알코올 및 이황화탄소(CS_2)에 잘 녹는다.
   - ·물, 알칼리와 분해하여 유독성인 황화수소(H_2S), 인산(H_3PO_4)이 된다.
   - ·물과 분해반응식 : $P_2S_5 + 8H_2O \rightarrow 5H_2S + 2H_3PO_4$
     (오황화린) (물) (황화수소) (인산)

3. 칠황화린(P_4S_7)
   - ·착화점 250℃, 융점 310℃, 비점 523℃, 비중 2.19
   - ·담황색 결정으로 조해성이 있는 물질
   - ·이황화탄소에(CS_2)에 약간 녹는다.
   - ·냉수에서는 서서히, 온수에서는 급격히 분해하여 유독성인 황화수소(H_2S), 인산(H_3PO_4)을 발생한다.
   - ·물과 분해반응식 : $P_4S_7 + 13H_2O \rightarrow 7H_2S + H_3PO_4 + 3H_3PO_3$
     (칠황화린) (물) (황화수소) (인산) (아인산)

【정답】 ④

45. 아염소산염류의 운반용기 중 적응성 있는 내장용기의 종류와 최대 용적이나 중량을 옳게 나타낸 것은? (단, 외장용기의 종류는 나무상자 또는 플라스틱상자이고, 외장용기의 최대 중량은 125kg으로 한다.)

① 금속제 용기 : 20L

② 플라스틱 필름 포대 : 60kg

③ 종이 포대 : 55kg

④ 유리용기 : 10L

|문|제|풀|이|

[운반용기의 최대용적 또는 중량(고체 위험물)]

운반 용기				수납 위험물의 종류									
내장용기		외장용기		제1류			제2류		제3류			제5류	
용기의 종류	최대 용적 또는 중량	용기의 종류	최대 용적 또는 중량	Ⅰ	Ⅱ	Ⅲ	Ⅱ	Ⅲ	Ⅰ	Ⅱ	Ⅲ	Ⅰ	Ⅱ
유리 용기 또는 플라스틱용기	10L	나무 상자 또는 플라 스틱	125kg	O	O	O	O	O	O	O	O	O	O
			225kg		O	O		O		O	O		O
		파이버 판상자	40kg	O	O	O	O	O	O	O	O	O	O
			55kg		O	O		O		O	O		O
금속제 용기	30L	나무 상자 또는 플라스 틱상자	125kg	O	O	O	O	O	O	O	O	O	O
			225kg		O	O		O		O	O		O
		파이버 판상자	40kg	O	O	O	O	O	O	O	O	O	O
			55kg		O	O		O		O	O		O
플라스 틱필름 포대 또는 종이 포대	5kg	나무 상자 또는 플라 스틱 상자	50kg	O	O	O	O	O		O	O	O	O
	50kg		50kg	O	O	O	O						O
	125kg		125kg		O	O	O	O					
	225kg		225kg			O		O					
	5kg	파이버 판상자	40kg	O	O	O	O	O		O	O	O	O
	40kg		40kg	O	O	O	O	O					O
	55kg		55kg			O		O					

【정답】 ④

46. 아세트알데히드의 저장 · 취급 시 주의사항으로 틀린 것은?

① 강산화제와의 접촉을 피한다.

② 취급설비에는 구리합금의 사용을 피한다.

③ 수용성이기 때문에 화재 시 물로 희석 소화가 가능하다.

④ 옥외저장 탱크에 저장 시 조연성 가스를 주입한다.

|문|제|풀|이|

[아세트알데히드 등을 취급하는 제조소의 특례]

1. 아세트알데히드 등을 취급하는 설비는 은, 수은, 동(구리), 마그네슘 또는 이들을 성분으로 하는 합금으로 만들지 아니할 것
2. 아세트알데히드 등을 취급하는 설비에는 연소성 혼합기체의 생성에 의한 폭발을 방지하기 위한 불활성기체 또는 수증기를 봉입하는 장치를 갖출 것
3. 아세트알데히드 등을 취급하는 탱크에는 냉각장치 또는 저온을 유지하기 위한 장치 및 연소성 혼합기체의 생성에 의한 폭발을 방지하기 위한 **불활성기체를 봉입하는 장치**를 갖출 것

【정답】 ④

47. 질산메틸의 성질에 대한 설명으로 틀린 것은?

① 비점은 약 66℃이다.

② 증기는 공기보다 가볍다.

③ 무색투명한 액체이다.

④ 자기반응성 물질이다.

|문|제|풀|이|

[질산메틸(CH_3ONO_2) → (분자량 77)]

비중	증기비중	융점(℃)	비점(℃)
1.22	2.65	-82.3	66

· 무색, 투명하고 향긋한 냄새가 나는 액체로 단맛이 난다.
· 비수용성, 인화성, 방향성이 있다.
· 물에 녹지 않고 알코올, 에테르에는 녹는다.
· 용제, 폭약 등에 이용된다.

1. 위험성 : 비점 이상 가열하면 위험하며, 제4류 위험물과 같은 위험성을 갖는다.
2. 소화방법 : 분무상의 물, 알코올폼 등을 사용한다.

【정답】 ②

48. 다음에 설명하는 위험물에 해당하는 것은?

> 1. 지정수량 300kg이다.
> 2. 산화성 액체 위험물이다.
> 3. 가열하면 분해하여 유독성 가스를 발생한다.
> 4. 증기 비중은 약 3.5이다.

① 브롬산칼륨 ② 클로로벤젠

③ 질산 ④ 과염소산

|문|제|풀|이|

[과염소산($HClO_4$) → 제6류 위험물(지정수량 : 300kg)]

1. 융점 -112℃, 비점 39℃, 비중 1.76, 증기비중 3.46
2. 무색의 염소 냄새가 나는 불연성 액체로 공기 중에서 강하게 연기를 낸다.
3. 흡습성이 강하며 휘발성이 있고 독성이 강하다.
4. 수용성으로 물과 접촉 시 심한 열이 발생하며 과염소산의 고체 수화물(6종류)을 만든다.
5. 강산으로 산화력이 강하고 종이, 나무조각 등 유기물과 접촉하면 연소와 동시 폭발한다.
6. 분해 반응식 : $HClO_4 \rightarrow HCl + 2O_2$
   (과염소산) (염화수소) (산소)

【정답】 ④

49. 과산화나트륨 78g과 충분한 양의 물이 반응하여 생성되는 기체의 종류와 생성량을 옳게 나타낸 것은?

① 수소, 1g ② 산소, 16g

③ 수소, 2g ④ 산소, 32g

|문|제|풀|이|

[과산화나트륨(Na_2O_2) → 제1류 위험물 중 무기과산화물(금수성)]

물과 반응식 : $2Na_2O_2 + 2H_2O \rightarrow 4NaOH + O_2 \uparrow$ + 발열
(과산화나트륨) (물) (수산화나트륨) (산소)

1. 생성기체 : 산소(O_2)
2. 생성량 : 과산화나트륨 2×78g → 산소 2×16g생성된다.
   과산화나트륨 78g → 산소 몇(x) g이 생성되는가?

$\therefore 2\times78 : 2\times16 = 78 : x \rightarrow x = 16g$

【정답】 ②

50. 다음 중 니트로글리세린을 다공질의 규조토에 흡수시키기 위해 제조한 물질은?

① 흑색화약 ② 니트로셀룰로오스
③ 다이너마이트 ④ 연화약

|문|제|풀|이|

[니트로글리세린($C_3H_5(ONO_2)_3$) → 제5류 위험물 중 질산에스테르류]
- 라빌형의 융점 2.8℃, 스타빌형의 융점 13.5℃, 비점 160℃, 비중 1.6, 증기비중 7.84
- 상온에서 무색, 투명한 기름 형태의 액체 → (겨울철에는 동결)
- 비수용성이며 메탄올, 에테르에 잘 녹는다.
- 가열, 마찰, 충격에 민감하여 폭발하기 쉽다.
- 규조토에 흡수시켜 다이너마이트를 제조한다.

【정답】 ③

51. 위험물제조소등의 허가에 관계된 설명으로 옳은 것은?

① 제조소등을 변경하고자 하는 경우에는 언제나 허가를 받아야 한다.
② 위험물의 품명을 변경하고자 하는 경우에는 언제나 허가를 받아야 한다.
③ 농예용으로 필요한 난방시설을 위한 지정수량 20배 이하의 저장소는 허가대상이 아니다.
④ 저장하는 위험물의 변경으로 지정수량의 배수가 달라지는 경우는 언제나 허가대상이 아니다.

|문|제|풀|이|

[제조소 등 허가 및 신고]
1. 제조소등을 설치하고자 하는 자는 대통령령이 정하는 바에 따라 그 설치장소를 관할하는 특별시장 · 광역시장 · 특별자치시장 · 도지사 또는 특별자치도지사의 허가를 받아야 한다. 제조소등의 위치 · 구조 또는 설비 가운데 행정안전부령이 정하는 사항을 변경하고자 하는 때에도 또한 같다.
2. 제조소등의 위치 · 구조 또는 설비의 변경 없이 당해 제조소등에서 저장하거나 취급하는 위험물의 품명 · 수량 또는 지정수량의 배수를 변경하고자 하는 자는 변경하고자 하는 날의 1일 전까지 행정안전부령이 정하는 바에 따라 시 · 도지사에게 신고하여야 한다.
3. 제1항 및 제2항의 규정에 불구하고 다음 각 호의 어느 하나에 해당하는 제조소등의 경우에는 허가를 받지 아니하고 당해 제조소등을 설치하거나 그 위치 · 구조 또는 설비를 변경할 수 있으며, 신고를 하지 아니하고 위험물의 품명 · 수량 또는 지정수량의 배수를 변경할 수 있다.
   ㉮ 주택의 난방시설(공동주택의 중앙난방시설을 제외한다)을 위한 저장소 또는 취급소
   ㉯ 농예용 · 축산용 또는 수산용으로 필요한 난방시설 또는 건조시설을 위한 지정수량 **20배 이하**의 저장소

【정답】 ③

52. 위험물제조소등에 옥내소화전설비를 설치할 때 옥내소화전이 가장 많이 설치된 층의 소화전의 개수가 4개일 때 확보하여야 할 수원의 수량은?

① $10.4m^3$ ② $20.8m^3$
③ $31.2m^3$ ④ $41.6m^3$

|문|제|풀|이|

[옥내소화전설비의 설치기준]
수원의 수량은 옥내소화전이 가장 많이 설치된 층의 옥내소화전 설치개수(설치개수가 5개 이상인 경우는 5개)에 **$7.8m^3$**를 곱한 양 이상이 되도록 설치할 것
∴수원의 수량 $Q = N \times 7.8m^3 = 4 \times 7.8 = 31.2m^3$
여기서, N: 옥내소화전설비 설치 개수(설치개수가 5개 이상인 경우는 5개)

※각 설비의 수원의 양

구분	규정 방수압	규정 방수량	수원의 양	수평거리	배관 호스
옥내 소화전	350kPa 이상	260L/분 이상	$7.8m^3$×개수 (최대 5개)	층마다 25m 이하	
옥외 소화전	350kPa 이상	450L/분 이상	$13.5m^3$×개수(최대 4개)	40m 이하	
스프링클러	100kPa 이상	80L/분 이상	$2.4m^3$×개수 (폐쇄형 최대 30개)	헤드간격 1.7m 이하	방사구역 $150m^2$ 이상
물분무 소화	350kPa 이상	당해 소화 설비의 헤드의 설계압력에 의한 방사량	$1m^2$당 분당 20L의 비율로 계산한 양으로 30분간 방사할 수 있는 양	-	-

【정답】 ③

53. 과염소산나트륨에 대한 설명으로 옳지 않은 것은?

① 가열하면 분해하여 산소를 방출한다.
② 환원제이며 수용액은 강한 환원성이 있다.
③ 수용성이며 조해성이 있다.
④ 제1류 위험물이다.

|문|제|풀|이|

[과염소산나트륨($NaClO_3$) → 제1류 위험물, 산화성고체]
- 분해온도 400℃, 융점 482℃, 용해도 170(20℃), 비중 2.50
- 무색무취의 조해되기 쉬운 결정으로 물보다 무겁다.
- 물, 알코올, 아세톤에 잘 녹고, 에테르에 녹지 않는다.

·산화제이며, 수용액은 **강한 산화성**이 있다.
·수용성이며, 조해성이 있다.
·열분해하면 산소를 방출, 진한 황산과 접촉 시 폭발
·분해 반응식 : $NaClO_4 \rightarrow NaCl + 2O_2 \uparrow$

(과염소산나트륨) (염화나트륨) (산소)

·소화방법으로는 주수소화가 가장 좋다. 【정답】 ②

54. 위험물안전관리법령상 동 · 식물유류의 경우 1기압에서 인화점은 섭씨 몇 도 미만으로 규정하고 있는가?

① 150℃ ② 250℃

③ 450℃ ④ 600℃

|문|제|풀|이|

[동 · 식물유류 → 제4류 위험물] 동물의 지육 등 또는 식물의 종자나 과육으로부터 추출한 것으로서 1기압에서 **인화점이 200℃ 이상 250℃ 미만**인 것을 말한다. 【정답】 ②

55. 물과 접촉 시, 발열하면서 폭발 위험성이 증가하는 것은?

① 과산화칼륨 ② 과망간산나트륨

③ 요오드산칼륨 ④ 과염소산칼륨

|문|제|풀|이|

[과산화칼륨(K_2O_2) → 제1류 위험물(무기과산화물)]
·분해온도 490℃, 융점 490℃, 비중 2.9
·무색 또는 오렌지색의 비정계 분말, 불연성 물질
·물에 쉽게 분해된다.
·공기 중에서 탄산가스를 흡수하여 탄산염이 된다.
·에틸알코올에 용해되고, 양이 많을 경우 주수에 의하여 폭발 위험
·가연물과 혼합되어 있을 경우 마찰 또는 약간의 물의 접촉으로 발화한다.
·물과 반응식 : $2K_2O_2 + 2H_2O \rightarrow 4KOH + O_2 \uparrow$

(과산화칼륨) (물) (수산화칼륨) (산소)

·소화방법으로는 마른모래, 암분, 소다회, 탄산수소염류분말소화제 【정답】 ①

56. 과산화수소의 위험성으로 옳지 않은 것은?

① 산화제로서 불연성 물질이지만 산소를 함유하고 있다.

② 이산화망간 촉매 하에서 분해가 촉진된다.

③ 분해를 막기 위해 히드라진을 안정제로 사용할 수 있다.

④ 고농도의 것은 피부에 닿으면 화상의 위험이 있다.

|문|제|풀|이|

[과산화수소(H_2O_2) → 제6류 위험물]
·착화점 80.2℃, 융점 -0.89℃, 비중 1.465, 증기비중 1.17, 비점 80.2℃
·순수한 것은 무색투명한 점성이 있는 액체이다.
·분해 시 산소(O_2)를 발생하므로 안정제로 **인산, 요산, 글리세린, 인산나트륨** 등을 사용한다.
·분해 반응식 : $4H_2O_2 \rightarrow H_2O + [O]$ (발생기 산소 : 표백작용)

(과산화수소) (물) (산소)

·물, 알코올, 에테르에는 녹고, 벤젠, 석유에는 녹지 않는다.
·강산화제 및 환원제로 사용되며 표백 및 살균작용을 한다.
·저장용기는 밀폐하지 말고 구멍이 있는 마개를 사용한다.
·**히드라진(N_2H_4)과 접촉 시 분해 작용으로 폭발위험**이 있다.
·농도가 36wt% 이상은 위험물에 속한다. 【정답】 ③

57. 위험물안전관리법에서 규정하고 있는 사항으로 옳지 않은 것은?

① 위험물저장소를 경매에 의해 시설의 전부를 인수한 경우에는 30일 이내에, 저장소의 용도를 폐지한 경우에는 14일 이내에 시 · 도지사에게 그 사실을 신고하여야 한다.

② 제조소등의 위치 · 구조 및 설비기준을 위반하여 사용한 때에는 시 · 도지사는 허가취소, 전부 또는 일부의 사용 정지를 명할 수 있다.

③ 경유 20,000L를 수산용 건조시설에 사용하는 경우에는 위험물법의 허가는 받지 아니하고 저장소를 설치할 수 있다.

④ 위치 · 구조 또는 설비의 변경 없이 저장소에서 저장하는 위험물 지정수량의 배수를 변경하고자 하는 경우에는 변경하고자 하는 날의 7일전까지 시 · 도지사에게 신고하여야 한다.

|문|제|풀|이|

[제조소 등 설치허가의 취소와 사용정지] 제조소등의 위치 · 구조 및 설비기준을 위반하여 사용한 때에는 시 · 도지사는 허가를 취소하거나 **6월 이내의 기간**을 정하여 제조소등의 전부 또는 일부의 사용정지를 명할 수 있다. 【정답】 ②

58. 제조소등의 소화설비 설치 시 소요단위 산정에서 제조소 또는 취급소의 건축물은 외벽이 내화구조인 것은 연면적 (　) m^2를 1소요단위로 하며, 외벽이 내화구조가 아닌 것은 연면적 (　) m^2를 1소요단위로 한다. 괄호 안에 알맞은 수치를 차례대로 나열한 것은?

① 200, 100　② 150, 100
③ 150, 50　④ 100, 50

|문|제|풀|이|

[1소요단위] 소화설비의 설치대상이 되는 건축물 그 밖의 공작물의 규모 또는 위험물의 양의 기준단위

종류	내화구조	비내화구조
위험물 제조소 및 취급소	$100m^2$	$50m^2$
위험물 저장소	$150m^2$	$75m^2$
위험물	지정수량×10	

【정답】 ④

59. 탄화칼슘의 취급방법에 대한 설명으로 옳지 않은 것은?

① 물, 습기와의 접촉을 피한다.
② 건조한 장소에 밀봉·밀전하여 보관한다.
③ 습기와 작용하여 다량의 메탄이 발생하므로 저장 중에 메탄가스의 발생 유무를 조사한다.
④ 저장용기에 질소가스 등 불활성가스를 충전하여 저장한다.

|문|제|풀|이|

[탄화칼슘(CaC_2) → 제3류 위험물, 칼슘 또는 알루미늄의 탄화물]

- 착화온도 335℃, 융점(녹는점) 2160℃, 비점(끓는점) 2300℃, 비중 2.28, 연소범위 2.5~81%
- 백색 입방체의 결정
- 낮은 온도에서는 정방체계이며 시판품은 회색 또는 회흑색의 불규칙한 괴상으로 카바이트라고도 부른다.
- 물과 반응하여 수산화칼슘(소석회)과 아세틸렌가스를 발생한다.
- 물과 반응식 : $CaC_2 + 2H_2O \rightarrow Ca(OH)_2 \uparrow + C_2H_2 + 27.8kcal$
  (탄화칼슘) (물) (수산화칼슘) (아세틸렌) (반응열)
- 밀폐용기에 저장하는 것이 가장 좋으며, 장기간 저장 시에는 불연성 가스(질소가스, 아르곤가스 등)를 충전한다.
- 소화방법에는 마른모래, 탄산가스, 소화분말, 사염화탄소 등으로 한다. → (주수소화는 금한다.)

【정답】 ③

60. 제5류 위험물의 일반적 성질에 관한 설명으로 옳지 않은 것은?

① 화재발생 시 소화가 곤란하므로 적은 양으로 나누어 저장한다.
② 운반용기 외부에 충격주의, 화기엄금의 주의사항을 표시한다.
③ 자기연소를 일으키며 연소속도가 대단히 빠르다.
④ 가연성물질이므로 질식소화 하는 것이 가장 좋다.

|문|제|풀|이|

[제5류 위험물의 일반성질]

1. **자기연소성(내부연소) 물질**이다.
2. 연소속도가 매우 빠르고
3. 대부분 물에 불용이며 물과의 반응성도 없다.
4. 대부분 유기화합물이므로 가열, 마찰, 충격에 의해 폭발의 위험이 있으므로 장기 저장하는 것은 위험하다.
5. 대부분 물질 자체에 산소를 포함하고 있다.
6. 시간의 경과에 따라 자연발화의 위험성을 갖는다.
7. 연소 시 소화가 어렵다. 다량의 물로 주수소화하는 것이 가장 좋다.
8. 비중이 1보다 크다.
9. 운반용기 외부에 "화기엄금", "충격주의"를 표시한다.

【정답】 ④

2022_2 위험물기능사 필기

01. 화재 시 이산화탄소를 방출하여 산소의 농도를 21vol%에서 13vol%로 낮추어 소화를 하려면 공기 중의 이산화탄소는 몇 vol%가 되어야 하는가?

① 28.1 ② 38.1
③ 42.86 ④ 48.36

|문|제|풀|이|

[이산화탄소의 농도(vol%)] $CO_2(vol\%) = \frac{21 - O_2(vol\%)}{21} \times 100$

여기서, $CO_2(vol\%)$ → 이론소화농도 : 밀폐된 실내의 화재를 진압하기 위한 CO_2의 농도

$O_2(vol\%)$ → 한계산소농도(연소한계농도) : 불활성가스 첨가 시 산소농도가 떨어져 연소 · 폭발이 일어나지 않을 때의 산소농도

21 : 공기 중의 산소 비율

$\therefore CO_2(vol\%) = \frac{21 - 13}{21} \times 100 = 38.1vol\%$ 【정답】 ②

02. 위험물안전관리법령에 따른 대형수동식 소화기의 설치기준에서 방호대상물의 각 부분으로부터 하나의 대형수동식 소화기까지의 보행거리는 몇 m 이하가 되도록 설치하여야 하는가? (단, 옥내소화전설비, 옥외소화전설비, 스프링클러설비 또는 물분무 등 소화설비와 함께 설치하는 경우는 제외한다.)

① 10 ② 15 ③ 20 ④ 30

|문|제|풀|이|

[소화기의 설치 기준]

1. 수동식 소화기는 각 층마다 설치
2. 소방대상물의 각 부분으로부터 1개의 수동식 소화기까지의 보행거리
   ㉮ 소형 수동식 소화기 : 보행거리 20m 이내가 되도록 배치
   ㉯ 대형 소화기 : 보행거리 **30m 이내**가 되도록 배치
3. 바닥으로부터 설치 높이는 1.5m 【정답】 ④

03. 어떤 소화기에 "ABC"라고 표시되어 있다. 다음 중 사용할 수 없는 화재는?

① 금속화재 ② 유류화재
③ 전기화재 ④ 일반화재

|문|제|풀|이|

[화재의 분류]

급수	종류	색상	소화방법	가연물
A급	일반화재	백색	냉각소화	일반가연물(목재, 종이, 섬유, 석탄, 플라스틱 등)
B급	유류 가스 화재	황색	질식소화	가연성 액체(각종 유류 및 가스, 페인트)
C급	전기화재	청색	질식소화	전기기기, 기계, 전선 등
D급	금속화재	무색	피복에 의한 질식소화	가연성 금속(철분, 마그네슘, 나트륨, 금속분, AI분말 등)

※ E급 : 가스화재, F급 : 식용유화재 【정답】 ①

04. 소화전용 물통 3개를 포함한 수조 80L의 능력단위는?

① 0.3 ② 0.5
③ 1.0 ④ 1.5

|문|제|풀|이|

[소화설비의 능력단위]

소화설비	용량	능력단위
소화전용 물통	8L	0.3
수조(소화전용 물통 3개 포함)	80L	1.5
수조(소화전용 물통 6개 포함)	190L	2.5
마른 모래(삽 1개 포함)	50L	0.5
팽창질석 또는 팽창진주암 (삽 1개 포함)	160L	1.0

【정답】 ④

05. 위험물안전관리법령상 제5류 위험물에 적응성이 있는 소화설비는?

① 포소화설비
② 이산화탄소 소화설비
③ 할로겐화합물 소화설비
④ 탄산수소염류 소화설비

|문|제|풀|이|

[제5류 위험물의 성질에 따른 소화설비의 적응성]

소화설비의 구분 \ 대상			제5류 위험물
옥내소화전 또는 옥외소화전설비			○
스프링클러설비			○
물분무등 소화설비	물분무소화설비		○
	포소화설비		**○**
	불활성가스소화설비		
	할로겐화합물소화설비		
	분말소화설비	인산염류등	
		탄산수소염류등	
		그 밖의 것	
대형소형 수동식 소화기	봉상수(棒狀水)소화기		○
	무상수(霧狀水)소화기		○
	봉상강화액소화기		○
	무상강화액소화기		○
	포소화기		○
	이산화탄소소화기		
	할로겐화합물소화기		
	분말소화기	인산염류소화기	
		탄산수소염류소화기	
		그 밖의 것	
기타	물통 또는 수조		○
	건조사		○
	팽창질석 또는 팽창진주암		○

【정답】 ①

06. 금속은 덩어리 상태보다 분말 상태일 때 연소위험성이 증가하기 때문에 금속분을 제2류 위험물로 분류하고 있다. 연소위험성이 증가하는 이유로 잘못된 것은?

① 비표면적이 증가하여 반응면적이 증대되기 때문에
② 비열이 증가하여 열의 축적이 용이하기 때문에
③ 복사열의 흡수율이 증가하여 열의 축적이 용이하기 때문에
④ 대전성이 증가하여 정전기가 발생되기 쉽기 때문에

|문|제|풀|이|

[금속이 덩어리 상태보다 분말상태일 때 연소위험성이 증가하는 이유]

· 비표면적이 증가 → 반응 면적의 증가
· **비열의 감소** → 적은 열로 고온 형성
· **복사열의 흡수율 증가** → 열의 축적이 용이
· 대전성이 증가 → 정전기가 발생
· 체적의 증가 → 인화, 발화의 위험성 증가
· 보온성의 증가 → 발생열의 축적이 용이
· 유동성의 증가 → 공기와 혼합 가스 생성
· 부유성의 증가 → 분진운의 형성

*비표면적 : 어떤 입자의 단위질량 또는 단위부피당 전표면적

【정답】 ②

07. 영하 20℃ 이하의 겨울철이나 한랭지에서 사용하기에 적합한 소화기는?

① 분무주수소화기　② 봉상주수소화기
③ 물주수소화기　④ 강화액소화기

|문|제|풀|이|

[강화액소화기] 물의 소화능력을 향상 시키고, 겨울철에 사용할 수 있도록 어는점을 낮추기 위해 물에 탄산칼륨(K_2CO_3)를 보강시켜 만든 소화기. 강알칼리성, 냉각소화원리
· 점성을 갖는다.
· 알칼리성(pH 12)으로 응고점이 낮아 잘 얼지 않는다.
· 물보다 1.4배 무겁다
· 영하 20℃ 이하의 **겨울철**이나 **한랭지역**에 많이 쓰인다.

【정답】 ④

08. 다음 중 화재 발생 시 물을 이용한 소화가 효과적인 물질은?

① 트리메틸알루미늄　② 황린
③ 나트륨　④ 인화칼슘

|문|제|풀|이|

[황린(P_4) → 제3류 위험물(자연발화성 물질 및 금수성물질)]
·소화방법에는 **마른모래, 주수소화가 효과적**이다.

*물과 반응식
① 트리메틸알루미늄
$(CH_3)_3Al + 3H_2O \rightarrow Al(OH)_3 + 3CH_4 \uparrow$
(트리메틸알루미늄) (물) (수산화알루미늄) (메탄)
③ 나트륨
$2Na + 2H_2O \rightarrow 2NaOH + H_2 \uparrow + 88.2kcal$
(나트륨) (물) (수산화나트륨) (수소) (반응열)
④ 인화칼슘
$Ca_3P_2 + 6H_2O \rightarrow 3Ca(OH)_2 + 2PH_3 \uparrow$
(인화칼슘) (물) (수산화칼슘) (인화수소(포스핀))

【정답】 ②

09. 다음 중 기체연료가 완전 연소하기에 유리한 이유로 가장 거리가 먼 것은?

① 활성화 에너지가 크다.

② 공기 중에서 확산되기 쉽다.

③ 산소를 충분히 공급 받을 수 있다.

④ 분자의 운동이 활발하다.

|문|제|풀|이|

[기체 연료가 완전 연소하기 유리한 조건]
1. **활성에너지가 작다.**
2. 공기 중에서 확산되기 쉽다.
3. 산소를 충분히 공급 받을 수 있다.
4. 분자의 운동이 활발하다.

【정답】 ①

10. 위험물안전법령에서 정한 소화설비의 소요단위 산정방법에 대한 설명 중 옳은 것은?

① 위험물은 지정수량의 100배를 1소요단위로 함

② 저장소용 건축물로 외벽이 내화구조인 것은 연면적 $100m^2$를 1소요단위로 함

③ 제조소용 건축물로 외벽이 내화구조가 아닌 것은 연면적 $50m^2$를 1소요단위로 함

④ 저장소용 건축물로 외벽이 내화구조가 아닌 것은 연면적 $25m^2$를 1소요단위로 함

|문|제|풀|이|

[소요단위(제조소, 취급소, 저장소)] $\text{소요단위}=\frac{\text{연면적}}{\text{기준면적}}$

[1소요단위] 소화설비의 설치대상이 되는 건축물 그 밖의 공작물의 규모 또는 위험물의 양의 기준단위

종류	내화구조	비내화구조
위험물 제조소 및 취급소	$100m^2$	$50m^2$
위험물 저장소	$150m^2$	$75m^2$
위험물	지정수량×10	

※$\text{소요단위(위험물)}=\frac{\text{저장수량}}{\text{1소요단위}}=\frac{\text{저장수량}}{\text{지정수량}\times 10}$

【정답】 ③

11. 질화면을 강면약과 약면약으로 구분하는 기준은?

① 물질의 경화도　② 수산기의 수

③ 질산기의 수　④ 탄소 함유량

|문|제|풀|이|

[질화도] 니트로셀룰로오스 속에 함유된 질소의 함유량
1. 강면약 : 질화도 N 〉 12.76%
2. 약면약 : 질화도 N 〈 10.86~12.76%

【정답】 ③

12. 다음 중 제1류 위험물에 속하지 않는 것은?

① 질산구아니딘

② 과요오드산

③ 납 또는 요오드의 산화물

④ 염소화이소시아눌산

|문|제|풀|이|

[제1류 위험물(산화성 고체)]

위험등급	품명	지정수량
Ⅰ	1. 아염소산염류 2. 염소산염류 3. 과염소산염류 4. 무기과산화물	50kg
Ⅱ	5. 브롬산염류 6. 요오드산염류 7. 질산염류	300kg
Ⅲ	8. 과망간산염류 9. 중크롬산염류	1000kg
Ⅰ~Ⅲ	10. 그 밖의 행정안전부령이 정하는 것 ① 과요오드산염 ② 과요오드산 ③ 크로뮴, 납 또는 요오드의 산화물 ④ 아질산염류 ⑤ 차아염소산염류 ⑥ 염소화이소시아눌산 ⑦ 퍼옥소이황산염류 ⑧ 퍼옥소붕산염류	50kg-Ⅰ등급 300kg-Ⅱ등급 1000kg-Ⅲ등급

※① 질산구아니딘 : 제5류 위험물

【정답】 ①

13. 주유취급소의 고정주유설비에서 펌프기기의 주유관 선단에서 최대토출량으로 틀린 것은?

① 휘발유는 분당 50리터 이하

② 경유는 분당 180리터 이하

③ 등유는 분당 80리터 이하

④ 제1석유류(휘발유 제외)는 분당 50리터 이하

|문|제|풀|이|

[펌프기기의 주유관 선단에서 최대 토출량]

1. 제1석유류(휘발유): 분당 **50리터 이하**
2. 경유: 분당 180리터 이하
3. 등유: 분당 80리터 이하
4. 이동탱크: 분당 300L 이하
   → 다만, 분당 토출량이 200L 이상일 경우 주유설비에 관계된 모든 배관의 안지름을 40mm 이상 【정답】 ④

14. 위험물 이동저장탱크의 외부도장 색상으로 적합하지 않은 것은?

① 제2류 - 적색 ② 제3류 - 청색

③ 제5류 - 황색 ④ 제6류 - 회색

|문|제|풀|이|

[이동저장탱크의 외부도장]

유별	도장의 색상	비고
제1류	회색	1. 탱크의 앞면과 뒷면을 제외한 면적의 40% 이내의 면적은 다른 유별의 색상 외의 색상으로 도장하는 것이 가능하다. 2. 제4류에 대해서는 도장의 색상 제한이 없으나 적색을 권장한다.
제2류	적색	
제3류	청색	
제5류	황색	
제6류	청색	

【정답】 ④

15. 벤젠에 대한 설명으로 옳은 것은?

① 휘발성이 강한 액체이다.

② 물에 매우 잘 녹는다.

③ 증기의 비중은 1.5이다.

④ 순수한 것의 융점은 30℃이다.

|문|제|풀|이|

[벤젠(C_6H_6, 벤졸) → 제4류 위험물 (제1석유류)]

- 분자량 78, 지정수량(비수용성) 200L, 인화점 -11℃, 착화점 562℃, **융점 5.5℃**, 비점 80℃, 비중 0.879, **증기비중 2.8**, 연소범위 1.4~7.1%
- 무색 투명한 휘발성 액체
- **물에 잘 녹지 않고** 알코올, 아세톤, 에테르에 잘 녹는다.
- 수지 및 고무 등을 잘 녹인다.
- 증기는 공기보다 무거워 낮은 곳에 체류하므로 주의한다.
- 소화방법으로 대량일 경우 포말소화기가 가장 좋고, 질식소화기(CO_2, 분말)도 좋다. 【정답】 ①

16. 다음 위험물 중 발화점이 가장 낮은 것은?

① 피크린산 ② TNT

③ 과산화벤조일 ④ 니트로셀룰로오스

|문|제|풀|이|

[위험물의 발화점(착화점=발화온도)]

물질명	발화점℃	물질명	발화점℃
마그네슘	482	아세트알데히드	185
아세톤	465	**니트로셀룰로오스** 에테르	**180**
아세트산	427	**과산화벤조일**	**125**
가솔린 **피크린산** **TNT**	**300**	이황화탄소 삼황화린	100
적린	260	황린	34
유황	232.2		

【정답】 ③

17. 건축물 외벽이 내화구조이며, 연면적 300m^2인 위험물 옥내저장소의 건축물에 대하여 소화설비의 소화능력단위는 최소한 몇 단위 이상이 되어야 하는가?

① 1단위 ② 2단위

③ 3단위 ④ 4단위

|문|제|풀|이|

[소요단위(제조소, 취급소, 저장소)] 소요단위=$\frac{연면적}{기준면적}$

[1소요단위] 소화설비의 설치대상이 되는 건축물 그 밖의 공작물의 규모 또는 위험물의 양의 기준단위

종류	내화구조	비내화구조
위험물 제조소 및 취급소	$100m^2$	$50m^2$
위험물 저장소	**$150m^2$**	$75m^2$
위험물	지정수량×10	

$\therefore$소요단위$=\frac{연면적}{기준면적}=\frac{300}{150}=2$단위

※소요단위(위험물)$=\frac{저장수량}{1소요단위}=\frac{저장수량}{지정수량\times10}$

【정답】 ②

18. 다음 위험물 중 지정수량이 가장 작은 것은?

① 니트로글리세린 ② 과산화수소

③ 트리니트로톨루엔 ④ 피크르산

|문|제|풀|이|

[위험물의 지정수량]

① 니트로글리세린: 제5류 위험물(질산에스테르류, 지정수량 10kg)

② 과산화수소: 제6류 위험물(지정수량 300kg)

③ 트리니트로톨루엔: 제5류 위험물(니트로화합물, 지정수량 200kg)

④ 피크르산: 제5류 위험물(니트로화합물, 지정수량 200kg)

【정답】 ①

19. 질산메틸에 대한 설명 중 틀린 것은?

① 액체 형태이다.

② 물보다 무겁다.

③ 알코올에 녹는다.

④ 증기는 공기보다 가볍다.

|문|제|풀|이|

[질산메틸(CH_3ONO_2) → 제5류 위험물 (질산에스테르류)]

비중	증기비중	융점(℃)	비점(℃)
1.22	**2.65**	-82.3	66

·무색, 투명하고 향긋한 냄새가 나는 액체로 단맛이 난다.

·비수용성, 인화성, 방향성이 있다.

·물에 녹지 않고 알코올, 에테르에는 녹는다.

·용제, 폭약 등에 이용된다.

㉮ 위험성 : 비점 이상 가열하면 위험하며, 제4류 위험물과 같은 위험성을 갖는다.

㉯ 소화방법 : 분무상의 물, 알코올폼 등을 사용한다.

【정답】 ④

20. 과망간산칼륨의 위험성에 대한 설명으로 틀린 것은?

① 목탄, 황 등 환원성 물질과 격리하여 저장해야 한다.

② 유기물과 혼합 시 위험성이 증가한다.

③ 고온으로 가열하면 분해하여 산소와 수소를 방출한다.

④ 황산과 격렬하게 반응한다.

|문|제|풀|이|

[과망간산칼륨($KMnO_4$) → 제1류 위험물(과망간산염류)]

·분해온도 240℃, 비중 2.7

·흑자색 결정

·물, 알코올에 녹아 진한 보라색을 나타낸다.

·강한 산화력과 살균력이 있다.

→ (수용액은 무좀 등의 치료재로 사용된다.)

·알코올, 에테르, 글리세린 등 유기물과 접촉을 금한다.

·목탄, 황 등의 환원성 물질과 접촉 시 충격에 의해 폭발 위험성

·가열에 의한 분해 반응식 : $2KMnO_4 \rightarrow K_2MnO_4 + MnO_2 + O_2\uparrow$

(과망간산칼륨) (망간산칼륨) (이산화망간) (산소)

·묽은 황산과의 반응식 : $4KMnO_4 + 6H_2SO_4$

(과망간산칼륨) (황산)

$\rightarrow 2K_2SO_4 + 4MnSO_4 + 6H_2O + 5O_2\uparrow$

(황산칼륨) (황산망간) (물) (산소)

·소화방법에는 다량의 주수소화 또는 마른모래에 의한 피복소화가 효과적이다.

【정답】 ③

21. 삼황화린의 연소 시 발생하는 가스에 해당하는 것은?

① 이산화황 ② 황화수소

③ 산소 ④ 인산

|문|제|풀|이|

[삼황화린(P_4S_3) → 제2류 위험물(황화인)]

·착화점 100℃, 융점 172.5℃, 비점 407℃, 비중 2.03

·담황색 결정으로 조해성이 없다.

·차가운 물, 염산, 황산에 녹지 않으며 끓는 물에서 분해한다.

·질산, 알칼리, 이황화탄소에는 잘 녹는다.

·과산화물, 과망간산염, 금속분과 공존하고 있을 때 자연발화

·연소 반응식 : $P_4S_3 + 8O_2 \rightarrow 2P_2O_5\uparrow + 3SO_2\uparrow$

(삼황화린) (산소) (오산화인) (이산화황)

【정답】 ①

22. 질산의 비중이 1.5 일 때, 1소요단위는 몇 L인가?

① 150　　② 200

③ 1500　　④ 2000

|문|제|풀|이|

[질산(HNO_3) → 제6류 위험물]

1. 질산의 지정수량 300kg
2. 위험물의 1소유단위: 지정수량×10 → 질산1소유단위=300×10
3. 질산의 비중 1.5

∴질산의 1소요단위=3,000kg, 여기에 비중이 1.5이므로

→ $\frac{3,000}{1.5}=2,000L$

※[1소요단위] 소화설비의 설치대상이 되는 건축물 그 밖의 공작물의 규모 또는 위험물의 양의 기준단위

종류	내화구조	비내화구조
위험물 제조소 및 취급소	$100m^2$	$50m^2$
위험물 저장소	$150m^2$	$75m^2$
위험물	지정수량×10	

【정답】 ④

23. HNO_3에 대한 설명으로 틀린 것은?

① Al, Fe은 진한 질산에서 부동태를 생성해 녹지 않는다.

② 질산과 염산을 3:1 비율로 제조한 것을 왕수라고 한다.

③ 부식성이 강하고 흡습성이 있다.

④ 직사광선에서 분해하여 NO_2를 발생한다.

|문|제|풀|이|

[질산(HNO_3) → 제6류 위험물]

- 융점 -42℃, 비점 86℃, 비중 1.49, 증기비중 2.17 용해열 7.8kcal/mol
- 무색의 무거운 액체 → (보관 중 담황색으로 변한다.)
- 흡습성이 강하여 습한 공기 중에서 발열한다.
- 수용성으로 물과 반응하여 발열, 강산 산성을 나타낸다.
- 진한 질산은 Fe(철), Ni(니켈), Cr(크롬), Al(알루미늄), Co(코발트) 등과 반응하여 부동태를 형성한다.
- **질산과 염산을 1:3** 비율로 제조한 것을 왕수라고 한다.
- 자극성, 부식성이 강한 강산이다.
  → 다만, 백금, 금, 이리듐, 로듐만은 부식시키지 못한다.
- 환원성 물질(탄화수소, 황화수소, 이황화수소 등)과 반응하여 발화, 폭발한다.
- 비점이 낮아 휘발성이고 햇빛에 의해 일부 분해한다.
- 분해 반응식 : $4HNO_3 \rightarrow 4NO_2\uparrow + O_2\uparrow + 2H_2O$
  (질산) (이산화질소) (산소) (물)

【정답】 ②

24. 적린의 일반적인 성질에 대한 설명으로 틀린 것은?

① 비금속 원소이다.

② 암적색의 분말이다.

③ 승화온도가 약 260℃이다.

④ 이황화탄소에 녹지 않는다.

|문|제|풀|이|

[적린(P) : 제2류 위험물 (가연성 고체)]

- 착화점 260℃, 융점 600℃, 비점 514℃, 비중 2.2, **승화온도 400℃**
- 암적색 무취의 분말
- 황린의 동소체, 황린에 비해 안정하며 독성이 없다.
- 산화제인 염소산염류와의 혼합을 절대 금한다.
- 물, 알칼리, 이황화탄소, 에테르, 암모니아에 녹지 않는다.
- 소화방법으로는 다량의 주수소화가 효과적이다.
- 연소 생성물은 오산화인(P_2O_5)이다.
- 연소 반응식 : $4P + 5O_2 \rightarrow 2P_2O_5$
  (적린) (산소) (오산화인)

【정답】 ③

25. 위험물안전관리법령에 따라 위험물 운반을 위해 적재하는 경우 제4류 위험물과 혼재가 가능한 액화석유가스 또는 압축천연가스의 용기 내용적은 몇 L 미만인가?

① 120　　② 150

③ 180　　④ 200

|문|제|풀|이|

[위험물의 내용적] 위험물안전관리법령에 따라 위험물 운반을 위해 적재하는 경우 제4류 위험물과 혼재가 가능한 액화석유가스 또는 압축천연가스의 용기 내용적은 **120L 미만**이다.

【정답】 ①

26. 물과 반응하여 가연성 가스를 발생하지 않는 것은?

① 칼륨　　② 과산화칼륨

③ 탄화알루미늄　　④ 트리에틸알루미늄

|문|제|풀|이|

[위험물의 물과의 반응]

① 칼륨 : $2K + 2H_2O \rightarrow 2KOH + H_2\uparrow + 92.8kcal$
(칼륨) (물) (수산화칼륨) (수소) (반응열)

② 과산화칼륨 : $2K_2O_2 + 2H_2O \rightarrow 4KOH + O_2\uparrow$
(과산화칼륨) (물) (수산화칼륨) (산소)

③ 탄화알루미늄 : $Al_4C_3 + 12H_2O \rightarrow 4Al(OH)_3 + 3CH_4 \uparrow + 360kcal$
(탄화알루미늄) (물) (수산화알루미늄) (메탄) (반응열)

④ 트리에틸알루미늄 :
$(C_2H_5)_3Al + 3H_2O \rightarrow Al(OH)_3 + 3C_2H_6 \uparrow$
(트리에틸알루미늄) (물) (수산화알루미늄) (에테인(에탄))

※1. 가연성가스 : 자기 자신이 타는 가스들이다.
수소(H_2), 메탄(CH_4), 일산화탄소(CO), 에탄(C_2H_6), 암모니아(NH_3), 부탄(C_4H_{10})
2. 조연성가스 : 자신은 타지 않고 연소를 도와주는 가스
산소(O_2), 공기, 오존(O_3), 불소(F), 염소(Cl)
3. 불연성가스 : 스스로 연소하지 못하며, 다른 물질을 연소시키는 성질도 갖지 않는 가스, 즉 연소와 무관한 가스
수증기(H_2O), 질소(N_2), 아르곤(Ar), 이산화탄소(CO_2), 프레온

【정답】 ②

27. 위험물을 저장할 때 필요한 보호물질을 옳게 연결한 것은?

① 황린-석유 ② 금속칼륨-에탄올
③ 이황화탄소-물 ④ 금속나트륨-산소

|문|제|풀|이|
[위험물의 보호물질]
① 황린-물
② 금속칼륨-등유
③ 이황화탄소-물
④ 금속나트륨-등유

【정답】 ③

28. 다음 제1류 위험물의 지정수량이 틀린 것은?

① 과산화칼륨 : 50kg
② 질산나트륨 : 50kg
③ 과망간산나트륨 : 1000kg
④ 중크롬산암모늄 : 1000kg

|문|제|풀|이|
[위험물의 지정수량]
① 과산화칼륨 → 제1류 위험물(무기과산화물) : 50kg
② 질산나트륨 → 제1류 위험물(질산염류) : **300kg**
③ 과망간산나트륨 → 제1류 위험물(과망간산염류) : 1000kg
④ 중크롬산암모늄 → 제1류 위험물(중크롬산염류) : 1000kg

【정답】 ②

29. 위험물안전관리법령상 위험물 운송 시 제1류 위험물과 혼재 가능한 위험물은? (단, 지정수량의 10배를 초과하는 경우이다.)

① 제2류 위험물 ② 제3류 위험물
③ 제5류 위험물 ④ 제6류 위험물

|문|제|풀|이|
[유별을 달리하는 위험물의 혼재기준]

위험물의 구분	제1류	제2류	제3류	제4류	제5류	제6류
제1류		X	X	X	X	O
제2류	X		X	O	O	X
제3류	X	X		O	X	X
제4류	X	O	O		O	X
제5류	X	O	X	O		X
제6류	O	X	X	X	X	

【비고】 1. 'X'표시는 혼재할 수 없음을 표시한다.
2. 'O'표시는 혼재할 수 있음을 표시한다.
3. 이 표는 지정수량의 $\frac{1}{10}$ 이하의 위험물에 대하여는 적용하지 아니한다.

【정답】 ④

30. 다음은 어떤 화합물의 구조식 인가?

① 할론2402
② 할론1301
③ 할론1011
④ 할론1201

Cl
|
H－C－H
|
Br

|문|제|풀|이|
[할론(Halon)의 구조]
1. 할론은 지방족 탄화수소인 메탄(C_2H_4)이나 에탄(C_2H_6) 등의 수소 원자 일부 또는 전부가 할로겐원소(F, Cl, Br, I)로 치환된 화합물로 이들의 물리, 화학적 성질은 메탄이나 에탄과는 다르다.
2. 할론 번호의 숫자는 탄소(C), 불소(F), 염소(Cl), 브롬(Br)의 개수를 나타낸다.

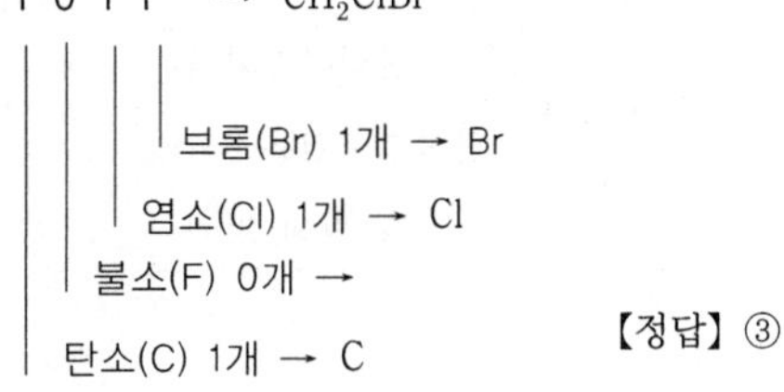

【정답】 ③

31. 위험물 옥외저장탱크 중 압력탱크에 저장하는 디에틸에테르등의 저장온도는 몇 ℃ 이하 이어야 하는가?

① 60 ② 40
③ 30 ④ 15

|문|제|풀|이|

[위험물 저장의 기준]

1. 옥외저장탱크·옥내저장탱크 또는 지하저장탱크 중 압력탱크에 저장하는 아세트알데히드등 또는 디에틸에테르등의 온도는 **40℃ 이하**로 유지할 것
2. 옥외저장탱크·옥내저장탱크 또는 지하저장탱크 중 압력탱크 외의 탱크에 저장하는 디에틸에테르등 또는 아세트알데히드등의 온도는 산화프로필랜과 이를 함유한 것 또는 디에틸에테르등에 있어서는 30℃ 이하로, 아세트알데히드 또는 이를 함유한 것에 있어서는 15℃ 이하로 각각 유지할 것

【정답】 ②

32. 위험물안전관리법령상 제5류 위험물에 적응성이 있는 소화설비는?

① 포소화설비
② 이산화탄소 소화설비
③ 할로겐화합물 소화설비
④ 탄산수소염류 소화설비

|문|제|풀|이|

[위험물의 성질에 따른 소화설비의 적응성(대·소형 수동식소화기)]

구분 \ 대상			제5류 위험물
대형 소형 수동식 소화기	봉상수(棒狀水)소화기		○
	무상수(霧狀水)소화기		○
	봉상강화액소화기		○
	무상강화액소화기		○
	포소화기		○
	이산화탄소소화기		
	할로겐화합물소화기		
	분말소화기	인산염류소화기	
		탄산수소염류소화기	
		그 밖의 것	

【정답】 ①

33. 분진폭발의 위험이 가장 낮은 것은?

① 아연분 ② 시멘트
③ 밀가루 ④ 커피

|문|제|풀|이|

[분진폭발을 일으키지 않는 물질] 석회석가루(생석회), 시멘트가루, 대리석가루, 탄산칼슘, 규사(모래)

[분진폭발하는 물질] 황(유황), 알루미늄분, 마그네슘분, 금속분, 밀가루 등

【정답】 ②

34. 위험물안전관리법령상 자동화재탐지설비의 경계구역 하나의 면적은 몇 m^2 이하이어야 하는가? (단, 원칙적인 경우에 한한다.)

① 250 ② 300
③ 400 ④ 600

|문|제|풀|이|

[자동화재탐지설비의 설치기준]

1. 자동화재탐지설비의 경계구역은 건축물 그 밖의 공작물의 2 이상의 층에 걸치지 아니하도록 할 것.
2. 하나의 **경계구역의 면적은 600m^2 이하**로 하고 그 한 변의 길이는 50m(광전식분리형 감지기를 설치할 경우에는 100m) 이하로 할 것
3. 자동화재탐지설비에는 비상전원을 설치할 것

【정답】 ④

35. 다음 중 분말소화약제를 방출시키기 위해 주로 사용되는 가압용 가스는?

① 헬륨 ② 질소
③ 아르곤 ④ 산소

|문|제|풀|이|

[분말소화약제의 가압용 가스 : 질소, 이산화탄소]

1. 질소 : 소화약제 1kg 마다 40L(35℃에서 1기압의 압력상태로 환산한 것) 이상으로 할 것
2. 이산화탄소 : 소화약제 1kg에 대하여 20g에 배관의 청소에 필요한 양을 가산한 양 이상으로 할 것

【정답】 ②

36. 위험물안전관리법령상 위험등급 I 의 위험물로 옳은 것은?

① 무기과산화물 ② 제1석유류

③ 황화린, 적린, 유황 ④ 알코올류

|문|제|풀|이|

[위험등급 분류]

① 무기과산화물: 위험등급 Ⅰ(지정수량 50kg)

② 제1석유류: 위험등급 Ⅱ(지정수량(비수용성 200L, 수용성 400L))

③ 황화린, 적린, 유황: 위험등급 Ⅱ(지정수량 100kg)

④ 알코올류: 위험등급 Ⅱ(지정수량 400L) 【정답】 ①

37. 다음 ( )안에 적합한 숫자를 차례대로 나열한 것은?

> 자연발화성 물질 중 알킬알루미늄 등은 운반용기의 내용적의 ( )% 이하의 수납률로 수납하되 50℃의 온도에서 ( )% 이상의 공간용적을 유지하도록 할 것

① 90, 5 ② 90, 10

③ 95, 5 ④ 95, 10

|문|제|풀|이|

[위험물 적재방법]

1. 고체위험물은 운반용기 내용적의 95% 이하의 수납률로 수납할 것
2. 액체위험물은 운반용기 내용적의 98% 이하의 수납률로 수납하되, 55℃의 온도에서 누설되지 아니하도록 충분한 공간용적을 유지하도록 할 것
3. 자연발화성 물질 중 알킬알루미늄 등은 운반용기의 내용적의 **90%** 이하의 수납률로 수납하되, 50℃ 온도에서 **5%** 이상의 공간용적을 유지하도록 할 것
4. 제1류 위험물, 제3류 위험물 중 자연발화성 물질, 제4류 위험물 중 특수 인화물, 제5류 위험물 또는 제6류 위험물은 차광성이 있는 피복으로 가릴 것
5. 제1류 위험물 중 알칼리금속의 과산화물 또는 이를 함유한 것, 제2류 위험물 중 철분, 금속분, 마그네슘 또는 이들 중 어느 하나 이상을 함유한 것 또는 제3류 위험물 중 금수성 물질은 방수성이 있는 피복으로 덮을 것 【정답】 ①

38. 위험물안전관리법령상 자동화재탐지설비를 설치하지 않고 비상경보설비로 대신할 수 있는 것은?

① 일반취급소로서 연면적 600㎡인 것

② 지정수량 20배를 저장하는 옥내저장소로서 처마높이가 8m인 단층건물

③ 단층건물 외에 건축물에 설치된 지정수량 15배의 옥내탱크저장소로서 소화난이도등급 Ⅱ에 속하는 것

④ 지정수량 20배를 저장·취급하는 옥내주유취급소

|문|제|풀|이|

[제조소등 별로 설치하여야 하는 경보설비의 종류]

시설	저장·취급하는 위험물 종류 및 수량	해당 경보설비
1. 제조소 일반취급소	·연면적 500m^2 이상인 곳 ·옥내에서 지정수량 100배 이상의 위험물을 저장·취급하는 곳	자동화재탐지설비
2. 옥내 저장소	·저장창고의 연면적 150m^2를 초과하는 곳 ·지정수량 100배 이상의 위험물을 저장·취급하는 곳 ·처마높이 6m 이상인 단층건물	
3. 옥내탱크 저장소	단층 건물 외의 건축물에 설치된 옥내탱크저장소로서 소화난이도등급 1에 해당하는 것	
4. 주유취급소	옥내 주유취급소	
제1호 내지 제4호의 자동화재탐지설비 설치 대상에 해당하지 아니하는 제조소 등	**지정수량 10배 이상**의 **위험물을 저장·취급**하는 곳	·자동화재탐지설비 ·비상경보설비 ·확장장치(휴대용확성기) ·비상방송설비 중 1종 이상

【정답】 ③

39. BCF(Bromochlorodifluoromethane) 소화약제의 화학식으로 옳은 것은?

① CF_3Br　② CCl_4
③ CH_2ClBr　④ CF_2ClBr

|문|제|풀|이|

[할론(Halon)의 종류 및 특징]

Halon의 번호	분자식	소화기	적용 화재
1001	CH_3Br	MTB	
1011	CH_2ClBr	CB	BC급
1211	CF_2ClBr	BCF	ABC급
1301	CF_3Br	BTM	BC급
104	CCl_4	CTC	BC급
2402	$C_2F_4Br_2$	FB	BC급

【정답】 ④

40. 제5류 위험물 중 니트로화합물의 지정수량을 옳게 나타낸 것은?

① 10kg　② 100kg
③ 150kg　④ 200kg

|문|제|풀|이|

[제5류 위험물 → (자기반응성 물질)]

위험등급	품명	지정수량
I	1. 유기과산화물 : 과산화벤조일, 과산화메틸에틸케톤 2. 질산에스테르류 : 질산메틸, 질산에틸, 니트로글리세린, 니트로글리콜, 니트로셀룰로오스	10kg
II	3. **니트로화합물** : 트리니트로톨루엔, 트리니트로페놀(피크르산) 4. 니트로소화합물 : 파라디니트로소벤젠, 디니트로소레조르신 5. 아조화합물 : 아조벤젠, 히드록시아조벤젠 6. 디아조화합물 : 디아조메탄, 디아조카르복실산에틸 7. 히드라진 유도체 : 페닐히드라진, 히드라조벤젠	200kg
	8. 히드록실아민 9. 히드록실아민염류	100kg

【정답】 ④

41. 0.99atm, 55℃ 에서 이산화탄소의 밀도는 약 몇 g/L 인가?

① 0.62　② 1.62
③ 9.65　④ 12.65

|문|제|풀|이|

[이상기체상태방정식] 이상기체의 상태를 나타내는 양들, 즉 압력 P, 부피 V, 온도 T 간의 상관관계를 기술하는 방정식

$PV=\frac{W}{M}RT \rightarrow W=\frac{PVM}{RT}$

여기서, P : 기체의 압력(kg/m^2), V : 기체의 체적(m^3)
M : 분자량, W : 무게, R : 기체상수(0.082)
T : 절대온도(k) → (T=273+℃)

[이산화탄소의 밀도]

$\text{밀도}=\frac{\text{질량}}{\text{부피}}=\frac{W}{V}=\frac{PM}{RT}=\frac{0.99\times 44}{0.082\times(273+55)}=1.62g/L$

→ (이산화탄소의 분자량 44.01)

【정답】 ②

42. 제조소등의 관계인이 예방규정을 정하여야 하는 제조소등이 아닌 것은?

① 지정수량 100배의 위험물을 저장하는 옥외탱크저장소
② 지정수량 150배의 위험물을 저장하는 옥내저장소
③ 지정수량 10배의 위험물을 취급하는 제조소
④ 지정수량 5배의 위험물을 취급하는 이송취급소

|문|제|풀|이|

[관계인이 예방규정을 정하여야 하는 제조소 등]

1. 지정수량의 10배 이상의 위험물을 취급하는 제조소
2. 지정수량의 100배 이상의 위험물을 저장하는 옥외저장소
3. 지정수량의 150배 이상의 위험물을 저장하는 옥내저장소
4. 지정수량의 200배 이상의 위험물을 저장하는 옥외탱크저장소
5. 암반탱크저장소
6. **이송취급소**
7. 지정수량의 10배 이상의 위험물을 취급하는 일반취급소

【정답】 ④

43. 다음 중 황 분말과 혼합했을 때 가열 또는 충격에 의해서 폭발할 위험이 가장 높은 것은?

① 질산암모늄 ② 마른모래

③ 이산화탄소 ④ 물

|문|제|풀|이|

[유황(황)(S)]

- 황색의 결정 또는 분말로 물에 잘 녹지 않는다.
- 순도 60wt% 이상의 것이 위험물이다.
- 분말 상태인 경우 분진폭발의 위험성이 있다.
- 공기 중에서 푸른색 불꽃을 내며 타서 이산화황(유독성)을 생성한다.
- 황은 환원성 물질이므로 **산화성 물질과 접촉을 피해야 한다.**

※① 질산암모늄: 제1류 위험물(산화성 고체) 【정답】 ①

44. 유별을 달리하는 위험물을 운반할 때 혼재할 수 있는 것은? (단, 지정수량의 1/10을 넘는 양을 운반하는 경우이다.)

① 제1류와 제3류 ② 제2류와 제4류

③ 제3류와 제5류 ④ 제4류와 제6류

|문|제|풀|이|

[유별을 달리하는 위험물의 혼재기준]

구분	제1류	제2류	제3류	제4류	제5류	제6류
제1류		X	X	X	X	O
제2류	X		X	O	O	X
제3류	X	X		O	X	X
제4류	X	O	O		O	X
제5류	X	O	X	O		X
제6류	O	X	X	X	X	

【비고】 1. 'X'표시는 혼재할 수 없음을 표시한다.
2. 'O'표시는 혼재할 수 있음을 표시한다.
3. 이 표는 지정수량의 $\frac{1}{10}$ 이하의 위험물에 대하여는 적용하지 아니한다. 【정답】 ②

45. 제4류 위험물에 속하지 않는 것은?

① 니트로벤젠 ② 실린더유

③ 트리니트로톨루엔 ④ 아세톤

|문|제|풀|이|

[위험물의 분류]

① 니트로벤젠: 제4류 위험물(제3석유류)
② 실린더유: 제4류 위험물(제4석유류)
③ 트리니트로톨루엔: 제5류 위험물
④ 아세톤: 제4류 위험물(제1석유류) 【정답】 ③

46. 경유 2000L, 글리세린 2000L를 같은 장소에 저장하려한다. 지정수량의 배수의 합은 얼마인가?

① 2.5 ② 3.0

③ 3.5 ④ 4.0

|문|제|풀|이|

[지정수량 계산값(배수)]

$$배수(계산값) = \frac{A품명의\ 저장수량}{A품명의\ 지정수량} + \frac{B품명의\ 저장수량}{B품명의\ 지정수량} + \cdots\cdots$$

1. 지정수량 :
   - 경유 → 제4류 위험물(제2석유류), 지정수량(비수용성) 1000L
   - 글리세린→제4류 위험물(제3석유류), 지정수량(수용성) 4000L
2. 저장수량 : 경유 → 2000L, 글리세린→2000L

$$\therefore 배수 = \frac{2000L}{1000L} + \frac{2000L}{4000L} = 2.5배$$

※계산값 ≥1 : 위험물 (위험물 안전관리법 규제)
계산값 〈 1 : 소량 위험물 (시·도 조례 규제) 【정답】 ①

47. 유기과산화물의 저장 또는 운반 시 주의사항으로 옳은 것은?

① 산화제이므로 다른 강산화제와 같이 저장해야 좋다.

② 일광이 드는 건조한 곳에 저장한다.

③ 알코올류 등 제4류 위험물과 혼재하여 운반할 수 있다.

④ 가능한 한 대용량으로 저장한다.

|문|제|풀|이|

[유기과산화물(제5류 위험물)의 저장 또는 운반 시 주의사항]

1. **직사광선을 피하고** 냉암소에 저장한다.
2. 가능한 한 **소량으로 저장**한다.
3. 불티, 불꽃 등의 화재 및 열원으로부터 멀리하고 **산화제 또는 환원제와도 격리**시킨다.
4. 제5류 위험물이므로 제2류, 제4류 위험물과 혼재하여 운반할 수 있다. 【정답】 ③

48. 위험물안전관리법령상 염소화이소시아눌산은 제몇 류 위험물인가?

① 제1류　　② 제2류

③ 제5류　　④ 제6류

|문|제|풀|이|

[제1류 위험물(산화성 고체)]

위험등급	품명		지정수량
Ⅰ	1. 아염소산염류 2. 염소산염류 3. 과염소산염류 4. 무기과산화물		50kg
Ⅱ	5. 브롬산염류 6. 요오드산염류 7. 질산염류		300kg
Ⅲ	8. 과망간산염류 9. 중크롬산염류		1000kg
Ⅰ~Ⅲ	10. 그 밖의 행정안전부령이 정하는 것	① 과요오드산염 ② 과요오드산 ③ 크로뮴, 납 또는 요오드의 산화물 ④ 아질산염류 ⑤ 차아염소산염류 ⑥ **염소화이소시아눌산** ⑦ 퍼옥소이황산염류 ⑧ 퍼옥소붕산염류	50kg-Ⅰ등급 300kg-Ⅱ등급 1000kg-Ⅲ등급

【정답】 ①

49. 위험물의 품명이 질산염류에 속하지 않는 것은?

① 질산메틸　　② 질산암모늄

③ 질산나트륨　　④ 질산칼륨

|문|제|풀|이|

[질산염류(제1류 위험물)] 질산칼륨, 질산나트륨, 질산암모늄, 질산은 등이 있다.

※제5류 위험물

·질산에스테르류 : 질산메틸, 질산에틸, 니트로글리세린, 니트로글리콜, 셀룰로이드, 니트로셀룰로오스, 펜트리트

【정답】 ①

50. 과망간산칼륨의 위험성에 대한 설명으로 틀린 것은?

① 목탄, 황 등 환원성 물질과 격리하여 저장해야 한다.

② 유기물과 혼합 시 위험성이 증가한다.

③ 고온으로 가열하면 분해하여 산소와 수소를 방출한다.

④ 황산과 격렬하게 반응한다.

|문|제|풀|이|

[과망간산칼륨($KMnO_4$) → 제1류 위험물(과망간산염류)]

·분해온도 240℃, 비중 2.7, 흑자색 결정

·물, 알코올에 녹아 진한 보라색을 나타낸다.

·강한 산화력과 살균력이 있다.

→ (수용액은 무좀 등의 치료재로 사용된다.)

·알코올, 에테르, 글리세린 등 유기물과 접촉을 금한다.

·목탄, 황 등의 환원성 물질과 접촉 시 충격에 의해 폭발 위험성

·가열에 의한 분해 반응식 : $2KMnO_4 \rightarrow K_2MnO_4 + MnO_2 + O_2 \uparrow$

(과망간산칼륨) (망간산칼륨) (이산화망간) (산소)

·묽은 황산과의 반응식 : $4KMnO_4 + 6H_2SO_4$

(과망간산칼륨) (황산)

$\rightarrow 2K_2SO_4 + 4MnSO_4 + 6H_2O + 5O_2 \uparrow$

(황산칼륨) (황산망간) (물) (산소)

·소화방법에는 다량의 주수소화 또는 마른모래에 의한 피복소화가 효과적이다.

【정답】 ③

51. 니트로셀룰로오스 5kg과 트리니트로페놀을 함께 저장하려고 한다. 이때 지정수량 1배로 저장하려면 트리니트로페놀을 몇 kg 저장하여야 하는가?

① 5　　② 10

③ 50　　④ 100

|문|제|풀|이|

[지정수량 계산값(배수)]

$$배수(계산값) = \frac{A품명의\ 저장수량}{A품명의\ 지정수량} + \frac{B품명의\ 저장수량}{B품명의\ 지정수량} + \cdots\cdots$$

1. 니트로셀룰로오스의 지정수량 10kg
   트리니트로페놀의 지정수량 200kg
2. 니트로셀룰로오스의 저장수량 5kg
   트리니트로페놀의 저장수량 $x$kg
3. 지정수량 배수 1배로 저장

$\therefore$ 배수 $1 = \frac{5}{10} + \frac{x}{200} \rightarrow x = 100kg$

【정답】 ④

52. 다음 위험물 중 인화점이 0℃보다 낮은 것은 모두 몇 개 인가?

$C_2H_5OC_2H_5$, CS_2, CH_3CHO

① 0개 ② 1개

③ 2개 ④ 3개

|문|제|풀|이|

[주요 가연물의 인화점]

물질명	인화점(℃)	물질명	인화점(℃)
아이소펜탄	-51	에틸벤젠	15
디에틸에테르 ($C_2H_5OC_2H_5$)	**-45**	피리딘 (C_5H_5N)	20
가솔린(휘발유)	-43~-21	클로로벤젠 (C_6H_5Cl)	32
아세트알데히드 (CH_3CHO)	**-38**	테레핀유	35
산화프로필렌	-37	클로로아세톤	35
이황화탄소(CS_2)	**-30**	초산	40
아세톤 (CH_3COCH_3) 트리메틸알루미늄	-18	등유	30~60
벤젠(C_6H_6)	-11	경유	50~70
메틸에틸케톤 ($CH_3COC_2H_5$)	-1	아닐린	70
톨루엔 ($C_6H_5CH_3$)	4.5	니트로벤젠 ($C_6H_5NO_2$)	88
메틸알코올 (메탄올)	11	에틸렌글리콜 ($C_2H_4(OH)_2$)	111
에틸알코(에탄올)	13	중유	60~150

【정답】 ④

53. 질산암모늄의 일반적 성질에 대한 설명으로 옳은 것은?

① 조해성을 가진 물질이다.

② 물에 대한 용해도 값이 매우 작다.

③ 가열 시 분해하여 수소를 발생한다.

④ 과일향의 냄새가 나는 백색 결정체이다.

|문|제|풀|이|

[질산암모늄(NH_4NO_3, 제1류 위험물, 산화성 고체)의 성질]

1. 분해온도 220℃, 융점 169.5℃, **용해도 118.3(0℃)**, 비중 1.72
2. **무색무취**의 백색 결정 고체
3. 조해성 및 흡수성이 크다.
4. 물, 알코올, 알칼리에 에 잘 녹는다.
   → (물에 용해 시 흡열반응)
5. 단독으로 급격한 가열, 충격으로 분해, 폭발한다.
6. 경유와 혼합하여 안포(ANFO)폭약을 제조한다.
7. 소화방법에는 주수소화가 효과적이다.
8. 열분해 반응식 : $NH_4NO_3 \rightarrow N_2O + 2H_2O \uparrow$
   (질산암모늄) (아산화질소) (물)

【정답】 ①

54. 아염소산염류 500kg과 질산염류 3000kg을 함께 저장하는 경우 위험물의 소요단위는 얼마인가?

① 2 ② 4

③ 6 ④ 8

|문|제|풀|이|

[소요단위(위험물)] 소요단위$= \frac{\text{저장수량}}{\text{1소요단위}} = \frac{\text{저장수량}}{\text{지정수량} \times 10}$

1. 지정수량 :
   - 아염소산염류 : 제1류 위험물(지정수량 50kg)
   - 질산염류 : 제1류 위험물(지정수량 300kg)

저장수량 : 아염소산염류 500kg, 질산염류 3000kg

$\therefore$소요단위$= \frac{\text{저장수량}}{\text{지정수량} \times 10} = \frac{500}{50 \times 10} + \frac{3000}{300 \times 10} = 2$단위

※소요단위(제조소, 취급소, 저장소)$= \frac{\text{연면적}(m^2)}{\text{기준면적}(m^2)}$

[1소요단위] 소화설비의 설치대상이 되는 건축물 그 밖의 공작물의 규모 또는 위험물의 양의 기준단위

종류	내화구조	비내화구조
위험물 제조소 및 취급소	$100m^2$	$50m^2$
위험물 저장소	$150m^2$	$75m^2$
위험물	지정수량×10	

【정답】 ①

55. 다음 중 위험물안전관리법령에서 정한 제3류 위험물 금수성 물질의 소화설비로 적응성이 있는 것은?

① 인산염류 등 분말소화설비

② 이산화탄소소화설비

③ 할로겐화합물소화설비

④ 탄산수소염류 등 분말소화설비

|문|제|풀|이|

[소화설비의 적응성(제3류 위험물)]

구분 \ 대상			제3류 위험물 금수성 물품	제3류 위험물 그 밖의 것
옥내소화전 또는 옥외소화전설비				○
스프링클러설비				○
물분무등 소화설비	물분무소화설비			○
	포소화설비			○
	불활성가스소화설비			
	할로겐화합물소화설비			
	분말소화설비	인산염류등		
		탄산수소염류등	○	
		그 밖의 것	○	
대형소형 수동식 소화기	봉상수(棒狀水)소화기			○
	무상수(霧狀水)소화기			○
	봉상강화액소화기			○
	무상강화액소화기			○
	포소화기			○
	이산화탄소소화기			
	할로겐화합물소화기			
	분말소화기	인산염류소화기		
		탄산수소염류소화기	○	
		그 밖의 것	○	
기타	물통 또는 수조			○
	건조사		○	○
	팽창질석 또는 팽창진주암		○	○

【정답】 ④

56. 다음 설명 중 제2석유류에 해당하는 것은? (단, 1기압 상태이다.)

① 착화점이 21℃ 미만인 것

② 착화점이 30℃ 이상 50℃ 미만인 것

③ 인화점이 21℃ 이상 70℃ 미만인 것

④ 인화점이 21℃ 이상 90℃ 미만인 것

|문|제|풀|이|

[제4류 위험물(인화성 액체)의 품명 및 성질]

품명	성질	
특수인화물	1기압에서 액체로 되는 것으로서 인화점이 -20℃ 이하, 비점이 40℃ 이하이거나 착화점이 100℃ 이하인 것	
	이황화탄소, 디에틸에테르, 아세트알데히드 산화프로필렌	
제1석유류	1기압 상온에서 액체로 인화점이 21℃ 미만인 것	
	비수용성	휘발유, 메틸에틸케톤, 톨루엔, 벤젠
	수용성	시안화수소, 아세톤, 피리딘
알코올류	1분자를 구성하는 탄소원자수가 $C_1 \sim C_3$인 포화 1가 알코올을 말한다.	
	메틸알코올, 에틸알코올, 프로필알코올	
제2석유류	1기압 상온에서 액체로 **인화점이 21℃ 이상 70℃ 미만**인 것 → (가연성 액체량이 40wt% 이하이면서 인화점이 40℃ 이상인 동시에 연소점이 60℃ 이상인 것은 제외)	
	비수용성	등유, 경유, 스틸렌, 크실렌(자일렌), 클로로벤젠
	수용성	아세트산, 포름산(폼산), 히드라진
제3석유류	1기압 상온에서 액체로 인화점이 70℃ 이상 200℃ 미만인 것 → (가연성 액체량이 40wt% 이하인 것은 제외)	
	비수용성	크레오소트유, 중유, 아닐린, 니트로벤젠
	수용성	글리세린, 에틸렌글리콜
제4석유류	1기압 상온에서 액체로 인화점이 200°C 이상인 것 → (가연성 액체량이 40wt% 이하인 것은 제외)	
	윤활유, 기어유, 실린더유	
동·식물유류	동물의 지육 등 또는 식물의 종자나 과육으로부터 추출한 것으로서 1기압에서 인화점이 250℃ 미만인 것 → (건성유, 반건성유, 불건성유)	

【정답】 ③

57. 유황에 대한 설명으로 옳지 않은 것은?

① 연소 시 황색 불꽃을 보이며 유독한 이황화탄소를 발생한다.

② 고온에서 용융된 유황은 수소와 반응한다.

③ 미세한 분말상태에서 부유하면 분진폭발의 위험이 있다.

④ 마찰에 의해 정전기가 발생할 우려가 있다.

|문|제|풀|이|

[유황(황)(S) → 제2류 위험물]

- 황색의 결정 또는 분말로 물에 잘 녹지 않는다.
- 전기 절연 재료로 사용되며, 사방정계, 단사정계, 비정계 등 3종류가 있다.
- 순도 60wt% 이상의 것이 위험물이다.
- 연소하기 쉬우며 분진폭발의 위험이 있다.
- 공기 중에서 **푸른색 불꽃**을 내며 타서 이산화황을 생성한다.
- 연소 반응식(100℃) : $S + O_2 \rightarrow SO_2 \uparrow$
  (황) (산소) (이산화황(아황산가스))
- 탄소와의 반응식 : $2S + C \rightarrow CS_2$ +발열↑
  (황) (탄소) (이황화탄소)

【정답】 ①

58. 위험물의 저장 및 취급방법에 대한 설명으로 틀린 것은?

① 마그네슘은 산화제와 혼합되지 않도록 취급한다.

② 적린은 화기와 멀리하고 가열, 충격이 가해지지 않도록 한다.

③ 이황화탄소는 발화점이 낮으므로 물속에 저장한다.

④ 알루미늄분은 분진폭발의 위험이 있으므로 분무 주수하여 저장한다.

|문|제|풀|이|

[알루미늄분(Al) → 제2류 위험물(금속분)]

- 은백색의 광택을 띤 경금속
- 열전도율 및 전기전도도가 크며, 진성·연성이 풍부하다.
- 염산, 황산, 묽은 질산에 침식당하기 쉬우며, 진한 질산에는 부동태가 된다.
- 끓는 물, 산, 알칼리수용액에 녹아 수소를 발생한다.
- 수증기와의 반응식 : $2Al + 6H_2O \rightarrow 2Al(OH)_3 + 3H_2 \uparrow$
  (알루미늄) (물) (수산화알루미늄) (수소)
- 습기와 수분에 의해 자연발화하기도 한다.
- 산화제와의 혼합물은 가열, 충격, 마찰로 인해 발화할 수 있다.
- 유리병(밀폐용기)에 넣어 건조한 곳에 저장하고, **분진폭발할 위험이 있으므로 산, 물 또는 습기와의 접촉을 피하고** 화기에 주의해야 한다.
- 소화방법으로는 마른모래, 멍석 등으로 피복소화가 효과적이다.
  → (주수소화는 수소가스를 발생하므로 위험하다.)

【정답】 ④

59. 과산화벤조일(벤조일퍼옥사이드)에 대한 설명 중 틀린 것은?

① 결정성의 분말형태이다.

② 환원성 물질과 격리하여 저장한다.

③ 희석제로 묽은 질산을 사용한다.

④ 물에 녹지 않으나 유기용매에 녹는다.

|문|제|풀|이|

[과산화벤조일($(C_6H_5CO)_2O_2$) → 제5류 위험물(유기과산화물)]

- 착화점 125℃, 융점 103~105℃, 비중 1.33, 함유율(석유를 함유한 비율) 35.5wt% 이상
- 무색무취의 백색 분말 또는 결정, 비수용성이다.
- 상온에서 안정된 물질로 강한 산화성 물질이다.
  → (산화제이므로 유기물, 환원성 물질과의 접촉을 피한다.)
- 물에 녹지 않고 알코올에는 약간 녹으며 에테르 등 유기용제에는 잘 녹는다.
- **희석제로는 프탈산디메틸, 프탈산디부틸**
- 건조한 상태에서 마찰, 충격 등으로 폭발 위험성이 있다.
- 70~80℃에서 오래 있으면 분해의 위험이 있으므로 직사광선을 피해 냉암소에 보관한다.
- 가열하면 100℃에서 흰연기를 내며 분해한다.

【정답】 ③

60. 위험물안전관리법령에 따른 위험물의 운송에 관한 설명 중 틀린 것은?

① 알킬리튬과 알킬알루미늄 또는 이 중 어느 하나 이상을 함유한 것은 운송책임자의 감독·지원을 받아야 한다.

② 이동탱크저장소에 의하여 위험물 운송할 때의 운송책임자에는 법정의 교육을 이수하고 관련 업무에 2년 이상 경력이 있는 자도 포함된다.

③ 서울에서 부산까지 금속의 인화물 300kg을 1명의 운전자가 휴식 없이 운송해도 규정위반이 아니다.

④ 운송책임자의 감독 또는 지원의 방법에는 동승하는 방법과 별도의 사무실에서 대기하면서 규정된 사항을 이행하는 방법이 있다.

|문|제|풀|이|

[이동탱크저장소에 의한 위험물의 운송 시에 준수하여야 하는 기준]
위험물운송자는 장거리(고속도로에 있어서는 **340km 이상,** 그 밖에 있어서는 200km 이상을 말한다)에 걸치는 운송을 하는 때에는 **2명 이상의 운전자로 할 것**

→ 다만, 다음의 1에 해당하는 경우에는 그러하지 아니하다.

1. 운송책임자가 함께 동승하는 경우
2. 운송하는 위험물이 제2류 위험물, 제3류 위험물(칼슘 또는 알루미늄의 탄화물과 이것만을 함유한 것에 한한다.) 또는 제4류 위험물(특수인화물 제외)인 경우
3. 운송도중에 2시간마다 20분 이상씩 휴식하는 경우

【정답】 ③

2022_3 위험물기능사 필기

01. 제3종 분말소화약제의 열분해 반응식을 옳게 나타낸 것은?

① $NH_4H_2PO_4 \rightarrow HPO_3 + NH_3 + H_2O$

② $2KNO_3 \rightarrow 2KNO_2 + O_3$

③ $KClO_4 \rightarrow KCl + 2O_2$

④ $2CaHCO_3 \rightarrow 2CaO + H_2CO_3$

|문|제|풀|이|

[분말소화약제의 열분해 반응식]

종류	주성분	착색	적용 화재
제1종 분말	탄산수소나트륨 ($NaHCO_3$)	백색	B, C급
	분해반응식: $2NaHCO_3 \rightarrow Na_2CO_3 + H_2O + CO_2$ (탄산수소나트륨)(탄산나트륨)(물) (이산화탄소)		
제2종 분말	탄산수소칼륨 ($KHCO_3$)	담회색 (보라색)	B, C급
	분해반응식: $2KHCO_3 \rightarrow K_2CO_3 + H_2O + CO_2$ (탄산수소칼륨)(탄산칼륨) (물) (이산화탄소)		
제3종 분말	인산암모늄 ($NH_4H_2PO_4$)	담홍색, 황색	A, B, C급
	분해반응식: $NH_4H_2PO_4 \rightarrow HPO_3 + NH_3 + H_2O$ (인산암모늄) (메타인산) (암모니아) (물)		
제4종 분말	제2종과 요소를 혼합한 것, $KHCO_3 + (NH_2)_2CO$	회색	B, C급
	분해반응식: $2KHCO_3 + (NH_2)_2CO \rightarrow K_2CO_3 + 2NH_3 + 2CO_2$ (탄산수소칼륨) (요소) (탄산칼륨) (암모니아) (이산화탄소)		

【정답】 ①

02. 플래시오버에 대한 설명으로 틀린 것은?

① 국소화재에서 실내의 가연물들이 연소하는 대화재로의 전이

② 환기지배형 화재에서 연료지배형 화재로의 전이

③ 실내의 천정 쪽에 축적된 미연소 가연성 증기나 가스를 통한 화염의 급격한 전파

④ 내화건축물의 실내 화재 온도 상황으로 보아 성장기에서 최성기로의 진입

|문|제|풀|이|

[플래시오버]

· 화재로 발생한 가연성 분해가스가 천장 부근에 모이고 갑자기 불꽃이 폭발적으로 확산하여 창문이나 방문으로부터 연기나 불꽃이 뿜어 나오는 현상

· **연료지배형 화재에서 환기지배형 화재로의 전이**

· 내장재의 종류와 개구부의 크기에 영향을 받는다.

【정답】 ②

03. 다음 중 수소, 아세틸렌과 같은 가연성 가스가 공기 중 누출되어 연소하는 형식에 가장 가까운 것은?

① 확산연소 ② 증발연소

③ 분해연소 ④ 표면연소

|문|제|풀|이|

[연소의 형태 (기체의 연소)]

구분	내용
확산연소 (불꽃연소)	공기보다 가벼운 수소, 아세틸렌, 부탄, 매탄 등의 가연성 가스가 확산하여 생성된 혼합가스가 연소하는 것으로 위험이 없는 연소현상이다.
정상연소	가연성 기체가 산소와 혼합되어 연소하는 형태
비정상연소 (폭발연소)	가연성 기체와 공기의 혼합가스가 밀폐용기 중에 있을 때 점화되며 연소 온도가 급격하게 증가하여 일시에 폭발적으로 연소하는 형태

※ ② 증발연소, ③ 분해연소, ④ 표면연소 → 고체의 연소형태

【정답】 ①

04. 위험물안전관리법령상 제2류 위험물 중 지정수량이 500kg인 물질에 의한 화재는?

① A급 화재　　② B급 화재
③ C급 화재　　④ D급 화재

|문|제|풀|이|

[화재의 분류]

급수	종류	색상	소화방법	가연물
A급	일반화재	백색	냉각소화	일반가연물(목재, 종이, 섬유, 석탄, 플라스틱 등)
B급	유류 가스 화재	황색	질식소화	가연성 액체(각종 유류 및 가스, 페인트)
C급	전기화재	청색	질식소화	전기기기, 기계, 전선 등
D급	금속화재	무색	피복에 의한 질식소화	가연성 금속(철분, 마그네슘, 나트륨, 금속분, Al분말 등)

※제2류 위험물(가연성 고체)에서 지정수량 500kg인 물질 : 마그네슘, 철분, 금속분(알루미늄분, 아연분, 안티몬)

【정답】 ④

05. 위험물안전관리법령에 의해 옥외저장소에 저장을 허가받을 수 없는 위험물은?

① 제2류 위험물 중 유황(금속제드럼에 수납)
② 제2류 위험물 중 가솔린(금속제드럼에 수납)
③ 제6류 위험물
④ 국제해상위험물규칙(IMDG Code)에 적합한 용기에 수납된 위험물

|문|제|풀|이|

[옥외저장소에 저장할 수 있는 위험물]

1. 제2류 위험물중 유황 또는 인화성고체(인화점이 섭씨 0도 이상인 것에 한한다)
2. 제4류 위험물중 제1석유류(**인화점이 섭씨 0도 이상인 것**에 한한다) · 알코올류 · 제2석유류 · 제3석유류 · 제4석유류 및 동식물유류
3. 제6류 위험물
4. 제2류 위험물 및 제4류 위험물중 특별시 · 광역시 또는 도의 조례에서 정하는 위험물
5. 「국제해사기구에 관한 협약」에 의하여 설치된 국제해사기구가 채택한 「국제해상위험물규칙」(IMDG Code)에 적합한 용기에 수납된 위험물

#가솔린 : 제4류 위험물(제1석유류), 인화점 -43~-20℃, 착화점 300℃

【정답】 ②

06. 가연성액화가스의 탱크 주위에서 화재가 발생한 경우에 탱크의 가열로 인하여 그 부분의 강도가 약해져 탱크가 파열됨으로써 내부의 가열된 액화가스가 급속히 팽창하면서 폭발하는 현상은?

① 블레비(BLEVE) 현상
② 보일오버(Boil Over) 현상
③ 플래시백(Flash Back) 현상
④ 백드래프트(Back Draft) 현상

|문|제|풀|이|

[화재 시의 현상]

① 블레비(BLEVE) 현상 : 가연성 액화가스 저장탱크 주위에 화재가 발생하여 누설로 부유 또는 확산 된 액화가스가 착화원과 접촉하여 액화가스가 공기 중으로 확산, 폭발하는 현상
② 보일오버(Boil Over) 현상 : 고온층이 형성된 유류화재의 탱크 저부로 침강하여 저부에 물이 고여 있는 경우, 화재의 진행에 따라 바닥의 물이 급격히 증발하여 대량의 수증기가 상층의 유류를 밀어 올려 다량의 기름을 분출시키는 위험현상
③ 플래시백(Flash Back) 현상 : 가스 연소에 있어서 전 예혼합 연소 방식을 이용하는 경우에 가스버너의 선단에서 연소하고 있던 화염이 버너 내부의 가스, 공기와 혼합하여 혼합기를 만드는 혼합기에까지 되돌아오는 현상
④ 백드래프트(Back Draft) 현상 : 연소에 필요한 산소가 부족하여 훈소상태에 있는 실내에 산소가 갑자기 다량 공급될 때 연소가스가 순간적으로 발화하는 현상

【정답】 ①

07. 위험물안전관리법령상 위험물 운반 시 차광성이 있는 피복으로 덮지 않아도 되는 것은?

① 제1류 위험물
② 제2류 위험물
③ 제3류 위험물 중 자연발화성물질
④ 제4류 위험물

|문|제|풀|이|

[위험물 적재방법]

1. 제1류 위험물, 제3류 위험물 중 자연발화성 물질, 제4류 위험물 중 특수 인화물, 제5류 위험물 또는 제6류 위험물은 차광성이 있는 피복으로 가릴 것
2. 제1류 위험물 중 알칼리금속의 과산화물 또는 이를 함유한 것, 제2류 위험물 중 철분, 금속분, 마그네슘 또는 이들 중 어느 하나 이상을 함유한 것 또는 제3류 위험물 중 금수성 물질은 방수성이 있는 피복으로 덮을 것

【정답】 ②

08. 금속칼륨과 금속나트륨은 어떻게 보관하여야 하는가?

① 공기 중에 노출하여 보관

② 물속에 넣어서 밀봉하여 보관

③ 석유 속에 넣어서 밀봉하여 보관

④ 그늘지고 통풍이 잘되는 곳에 산소 분위기에서 보관

|문|제|풀|이|

[위험물의 성상]

1. 칼륨(K) → 제3류 위험물
   - ·융점 63.5℃, 비점 762℃, 비중 0.857
   - ·은백색 광택의 무른 경금속으로 불꽃반응은 보라색
   - ·공기 중에서 수분과 반응하여 수소를 발생한다.
   - ·에틸알코올과 반응하여 칼륨에틸레이트를 만든다.
   - ·비중이 작으므로 **석유(파라핀, 경유, 등유) 속에 저장**한다.
2. 나트륨(Na) → 제3류 위험물
   - ·융점 97.8℃, 비점 880℃, 비중 0.97
   - ·은백색 광택의 무른 경금속으로 불꽃반응은 노란색
   - ·공기중에서 수분과 반응하여 수소를 발생한다.
   - ·알코올과 반응하여 알코올레이트를 만든다.
   - ·비중이 작으므로 **석유(파라핀, 경유, 등유) 속에 저장**한다.

【정답】 ③

09. 위험물안전관리법령에 따른 스프링클러헤드의 설치방법에 대한 설명으로 옳지 않은 것은?

① 개방형헤드는 반사판으로부터 하방으로 0.45m, 수평으로 0.3m 공간을 보유할 것

② 폐쇄형헤드는 가연성물질 수납부분에 설치 시 반사판으로부터 하방으로 0.9m, 수평방향으로 0.4m의 공간을 확보할 것

③ 폐쇄형헤드 중 개구부에 설치하는 것은 당해 개구부의 상단으로부터 높이 0.15m 이내의 벽면에 설치할 것

④ 폐쇄형헤드 설치 시 급배기용 덕트의 긴 변의 길이가 1.2m를 초과하는 것이 있는 경우에는 당해 덕트의 윗부분에도 헤드를 설치할 것

|문|제|풀|이|

[스프링클러설비의 기준] 급배기용 덕트 등의 긴 변의 길이가 1.2m를 초과하는 것이 있는 경우에는 당해 **덕트 등의 아랫면**에도 헤드를 설치할 것

【정답】 ④

10. 다음 중 위험성이 더욱 증가하는 경우는?

① 황린을 수산화칼슘 수용액에 넣었다.

② 나트륨을 등유 속에 넣었다.

③ 트리에틸알류미늄 보관용기 내에 가스를 봉입시켰다.

④ 니트로셀룰로오스를 알코올 수용액에 넣었다.

|문|제|풀|이|

[황린(P_4) → 제3류 위험물(자연발화성 물질)]

- ·착화점(미분상) 34℃, 착화점(고형상) 60℃, 융점 44℃, 비점 280℃, 비중 1.82, 증기비중 4.4
- ·황린은 **알칼리(NaOH, KOH, $Ca(OH)_2$)와 반응하여 유독성 포스핀 가스를 발생**한다.

$P_4 + 3KOH + 3H_2O \rightarrow PH_3 + 3KH_2PO_2$

(황린)(수산화칼슘(물) (포스핀) (아인산칼륨)

【정답】 ①

11. 과산화칼륨과 과산화마그네슘이 염산과 각각 반응했을 때 공통으로 나오는 물질의 지정수량은?

① 50L ② 100kg

③ 300kg ④ 1000L

|문|제|풀|이|

[위험물의 반응]

1. 과산화칼륨(K_2O_2) → 제1류 위험물(무기과산화물)
   - ·분해온도 381℃, 융점 490℃, 비중 2.9
   - ·염산과 반응식 : $K_2O_2 + 2HCl \rightarrow 2KCl + H_2O_2$

     (과산화칼륨) (염산) (염화칼륨)(과산화수소)
2. 과산화마그네슘(MgO_2) → 재1류 위험물 (무기과산화물)
   - ·분자량 56.3g/mol, 밀도 3g/㎤, 녹는점 223℃, 끓는점 350℃
   - ·염산과 반응식 : $MgO_2 + 2HCl \rightarrow MgCl_2 + H_2O_2 \uparrow$

     (과산화마그네슘) (염산) (염화마그네슘) (과산화수소)
3. 과산화수소(H_2O_2) → 제6류 위험물, **지정수량 300kg**
   - ·착화점 80.2℃, 융점 -0.89℃, 비중 1.465, 증기비중 1.17

【정답】 ③

12. 이동탱크저장소에 의한 위험물의 운송 시 준수하여야 하는 기준에서 다음 중 어떤 위험물을 운송할 때 위험물 운송자는 위험물안전카드를 휴대하여야 하는가?

① 특수인화물 및 제1석유류

② 알코올류 및 제2석유류

③ 제3석유류 및 동식물류

④ 제4석유류

|문|제|풀|이|

[이동탱크저장소에 의한 위험물의 운송 시에 준수하여야 하는 기준]

1. 위험물운송자는 운송의 개시 전에 이동저장탱크의 배출밸브 등의 밸브와 폐쇄장치, 맨홀 및 주입구의 뚜껑, 소화기 등의 점검을 충분히 실시할 것
2. 위험물운송자는 장거리(고속도로에 있어서는 340km 이상, 그 밖에 있어서는 200km 이상을 말한다)에 걸치는 운송을 하는 때에는 2명 이상의 운전자로 할 것

→ 다만, 다음의 1에 해당하는 경우에는 그러하지 아니하다.

1. 운송책임자가 함께 동승하는 경우
2. 운송하는 위험물이 제2류 위험물, 제3류 위험물(칼슘 또는 알루미늄의 탄화물과 이것만을 함유한 것에 한한다.) 또는 제4류 위험물(특수인화물 제외)인 경우
3. 운송도중에 2시간마다 20분 이상씩 휴식하는 경우

3. 위험물(**제4류 위험물에 있어서는 특수인화물 및 제1석유류**에 한한다)을 운송하게 하는 자는 위험물안전카드를 위험물운송자로 하여금 휴대하게 할 것 【정답】 ①

13. 위험물제조소에 설치하는 안전장치 중 위험물의 성질에 따라 안전밸브의 작동이 곤란한 가압설비에 한하여 설치하는 것은?

① 파괴판

② 안전밸브를 병용하는 경보장치

③ 감압 측에 안전밸브를 부착한 감압밸브

④ 연성계

|문|제|풀|이|

[압력계 및 안전장치]

위험물을 가압하는 설비 또는 그 취급하는 위험물의 압력이 상승할 우려가 있는 설비에는 압력계 및 다음의 1에 해당하는 안전장치를 설치하여야 한다.

1. 자동적으로 압력의 상승을 정지시키는 장치
2. 감압 측에 안전밸브를 부착한 감압밸브
3. 안전밸브를 겸하는 경보장치
4. 파괴판 : 위험물의 성질에 따라 **안전밸브의 작동이 곤란한 가압설비**에 한한다. 【정답】 ①

14. 과염소산칼륨과 가연성 고체 위험물이 혼합되는 것은 위험하다. 그 주된 이유는 무엇인가?

① 전기가 발생하고 자연 가열되기 때문이다.

② 중합반응을 하여 열이 발생되기 때문이다.

③ 혼합하면 과염소산칼륨이 연소하기 쉬운 액체로 변하기 때문이다.

④ 가열, 충격 및 마찰에 의하여 발화·폭발 위험이 높아지기 때문이다.

|문|제|풀|이|

[과염소산칼륨($KClO_3$) : 제1류 위험물(과염소산염류)]

- 분해온도 400℃, 융점 610℃, 용해도 1.8(20℃), 비중 2.52
- 무색무취의 사방정계 결정
- 물, 알코올, 에테르에 잘 녹지 않는다.
- 진한 황산과 접촉하면 폭발한다.
- **인, 황, 탄소(목탄), 유기물 등과 혼합되었을 때 가열, 충격, 마찰에 의하여 폭발**한다. →(인, 황 : 제2류 위험물 (가연성 고체))
- 소화방법으로는 주수소화가 가장 좋다.
- 분해 반응식 : $KClO_4 \rightarrow KCl + 2O_2 \uparrow$

(과염소산칼륨) (염화칼륨) (산소) 【정답】 ④

15. 과산화나트륨이 물과 반응하면 어떤 물질과 산소를 발생하는가?

① 수산화나트륨 ② 수산화칼륨

③ 질산나트륨 ④ 아염소산나트륨

|문|제|풀|이|

[과산화나트륨(Na_2O_2) → 제1류 위험물(무기과산화물)]

- 분해온도 460℃, 융점 460℃, 비점 657℃, 비중 2.8
- 순수한 것은 백색의 정방전계 분말, 조해성 물질
- 에틸알코올(에탄올)에는 잘 녹지 않는다.
- 물과 반응하여 수산화나트륨과 산소를 발생한다.
- 물과 반응식 : $2Na_2O_2 + 2H_2O \rightarrow 4NaOH + O_2 \uparrow$ + 발열

(과산화나트륨) (물) (수산화나트륨) (산소)

【정답】 ①

16. 위험물안전관리법령상 행정안전부령으로 정하는 제1류 위험물에 해당하지 않는 것은?

① 과요오드산 ② 질산구아니딘

③ 차아염소산염류 ④ 염소화이소시아눌산

|문|제|풀|이|

[제1류 위험물(산화성 고체)]

위험등급	품명		지정수량
Ⅰ	1. 아염소산염류 2. 염소산염류 3. 과염소산염류 4. 무기과산화물		50kg
Ⅱ	5. 브롬산염류 6. 요오드(아이오딘)산염류 7. 질산염류		300kg
Ⅲ	8. 과망간산염류 9. 중크롬산염류		1000kg
Ⅰ~Ⅲ	10. 그 밖의 행정안전부령이 정하는 것	① 과요오드산염 ② 과요오드산 ③ 크로뮴, 납 또는 요오드의 산화물 ④ 아질산염류 ⑤ 차아염소산염류 ⑥ 염소화이소시아눌산 ⑦ 퍼옥소이황산염류 ⑧ 퍼옥소붕산염류	50kg-Ⅰ등급 300kg-Ⅱ등급 1000kg-Ⅲ등급

※② 질산구아니딘[$HNO_3 \cdot C(NH)(NH_2)_2$] → 제6류 위험물

【정답】 ②

17. 위험물의 품명 분류가 잘못된 것은?

① 제1석유류 : 휘발유

② 제2석유류 : 경유

③ 제3석유류 : 폼산

④ 제4석유류 : 기어유

|문|제|풀|이|

[제4류 위험물(인화성 액체)의 품명 및 성질]

품명	성질	
특수인화물	1기압에서 액체로 되는 것으로서 인화점이 -20℃ 이하, 비점이 40℃ 이하이거나 착화점이 100℃ 이하인 것	
	이황화탄소, 디에틸에테르, 아세트알데히드 산화프로필렌	
제1석유류	1기압 상온에서 액체로 인화점이 21℃ 미만인 것	
	비수용성	휘발유, 메틸에틸케톤, 톨루엔, 벤젠
	수용성	시안화수소, 아세톤, 피리딘
알코올류	1분자를 구성하는 탄소원자수가 $C_1 \sim C_3$인 포화 1가 알코올을 말한다.	
	메틸알코올, 에틸알코올, 프로필알코올	
제2석유류	1기압 상온에서 액체로 인화점이 21℃ 이상 70℃ 미만인 것 →(가연성 액체량이 40wt% 이하이면서 인화점이 40℃ 이상인 동시에 연소점이 60℃ 이상인 것은 제외)	
	비수용성	등유, 경유, 스틸렌, 크실렌(자일렌), 클로로벤젠
	수용성	아세트산, <u>폼산(개미산)</u>, 히드라진
제3석유류	1기압 상온에서 액체로 인화점이 70℃ 이상 200℃ 미만인 것 →(가연성 액체량이 40wt% 이하인 것은 제외)	
	비수용성	크레오소트유, 중유, 아닐린, 니트로벤젠
	수용성	글리세린, 에틸렌글리콜
제4석유류	1기압 상온에서 액체로 인화점이 200 ° C 이상인 것 → (가연성 액체량이 40wt% 이하인 것은 제외)	
	윤활유, 기어유, 실린더유	
동·식물유류	동물의 지육 등 또는 식물의 종자나 과육으로부터 추출한 것으로서 1기압에서 인화점이 250℃ 미만인 것 → (건성유, 반건성유, 불건성유)	

※폼산 : 제2석유류

【정답】 ③

18. 제5류 위험물의 위험성에 대한 설명으로 옳지 않은 것은?

① 가연성 물질이다.

② 대부분 외부의 산소 없이도 연소하며 연소속도가 빠르다.

③ 물에 잘 녹지 않으며 물과의 반응위험성이 크다.

④ 가열, 충격, 타격 등에 민감하며 강산화제 또는 강산류와 접촉 시 위험하다.

|문|제|풀|이|

[제5류 위험물(자기반응성 물질)의 일반성질]

1. 자기연소성(내부연소)성 물질이다.
2. 연소속도가 매우 빠르고
3. 대부분 물에 불용성이며 물과의 반응성도 없다.
4. 대부분 유기화합물이므로 가열, 마찰, 충격에 의해 폭발의 위험이 있으므로 장기 저장하는 것은 위험하다.
5. 대부분 물질 자체에 산소를 포함하고 있다.
6. 시간의 경과에 따라 자연발화의 위험성을 갖는다.
7. 연소 시 소화가 어렵다.
8. 비중이 1보다 크다.

【정답】 ③

19. 소화난이도등급 Ⅰ의 옥내저장소에 설치하여야 하는 소화설비에 해당하지 않는 것은?

① 옥외소화전설비　② 연결살수설비

③ 스프링클러설비　④ 물분무소화설비

|문|제|풀|이|

[소화난이도등급 Ⅰ에 해당하는 제조소 등에 설치하여야 하는 소화설비]

제조소 등의 구분		소화설비
옥내저장소	처마높이가 6m 이상인 단층건물 또는 다른 용도의 부분이 있는 건축물에 설치한 옥내저장소	스프링클러설비 또는 이동식 외의 물분무등소화설비
	그 밖의 것	옥외소화전설비, 스프링클러설비, 이동식 외의 물분무등소화설비 또는 이동식 포소화설비(포소화전을 옥외에 설치하는 것에 한한다)

【정답】 ②

20. 【보기】에서 설명하는 물질은 무엇인가?

> 【보기】
> - 살균제 및 소독제로도 사용된다.
> - 분해할 때 발생하는 발생기산소 [O]는 난분해성 유기물질을 산화시킬 수 있다.

① $HClO_4$　② CH_3OH

③ H_2O_2　④ H_2SO_4

|문|제|풀|이|

[과산화수소(H_2O_2) → 제6류 위험물]

- 착화점 80.2℃, 융점 -0.89℃, 비중 1.465, 증기비중 1.17, 비점 80.2℃
- 순수한 것은 무색투명한 점성이 있는 액체이다.
- 분해 시 산소(O_2)를 발생하므로 안정제로 인산, 요산 등을 사용
- 분해 반응식 : $4H_2O_2 \rightarrow H_2O + [O]$ (발생기 산소 : 표백작용)
  (과산화수소)　(물)　(산소)
- 물, 알코올, 에테르에는 녹고, 벤젠, 석유에는 녹지 않는다.
- 강산화제 및 환원제로 사용되며 표백 및 살균작용을 한다.
- 저장용기는 밀폐하지 말고 구멍이 있는 마개를 사용한다.
- 히드라진(N_2H_4)과 접촉 시 분해 작용으로 폭발위험이 있다.
- 농도가 30wt% 이상은 위험물에 속한다.

【정답】 ③

21. 다음 중 위험물안전관리법령상 위험물제조소와의 안전거리가 가장 먼 것은?

① 「고동교육법」에서 정하는 학교

② 「의료법」에 따른 병원급 의료기관

③ 「고압가스 안전관리법」에 의하여 허가를 받은 고압가스제조시설

④ 「문화재보호법」에 의한 유형문화재와 기념물 중 지정문화재

|문|제|풀|이|

[위험물 제조소와의 안전거리]

1. 주거용으로 사용되는 것 : 10m 이상
2. 학교, 병원, 극장 그 밖에 다수인을 수용하는 시설 : 30m 이상
3. **유형문화재와 기념물 중 지정문화재 : 50m 이상**
4. 고압가스, 액화석유가스, 도시가스를 저장·취급하는 시설 : 20m 이상
5. 7000V 초과 35000V 이하의 특고압가공전선 : 3m 이상
6. 35000V를 초과하는 특고압가공전선 : 5m 이상

【정답】 ④

22. 위험물안전관리법령상의 위험물 운반에 관한 기준에서 액체위험물은 운반용기 내용적의 몇 % 이하의 수납률로 수납하여야 하는가?

① 80 ② 85

③ 90 ④ 98

|문|제|풀|이|

[위험물 적재방법]

1. 고체위험물은 운반용기 내용적의 95% 이하의 수납률로 수납할 것
2. **액체위험물**은 운반용기 **내용적의 98% 이하**의 수납률로 수납하되, 55℃의 온도에서 누설되지 아니하도록 충분한 공간용적을 유지하도록 할 것
3. 자연발화성 물질 중 알킬알루미늄 등은 운반용기의 내용적의 90% 이하의 수납률로 수납하되, 50℃의 온도에서 5% 이상의 공간용적을 유지하도록 할 것
4. 제1류 위험물, 제3류 위험물 중 자연발화성 물질, 제4류 위험물 중 특수 인화물, 제5류 위험물 또는 제6류 위험물은 차광성이 있는 피복으로 가릴 것
5. 제1류 위험물 중 알칼리금속의 과산화물 또는 이를 함유한 것, 제2류 위험물 중 철분, 금속분, 마그네슘 또는 이들 중 어느 하나 이상을 함유한 것 또는 제3류 위험물 중 금수성물질은 방수성이 있는 피복으로 덮을 것 【정답】 ④

23. 위험물제조소의 건축물 구조기준 중 연소의 우려가 있는 외벽은 출입구 외의 개구부가 없는 내화구조의 벽으로 하여야 한다. 이때 연소의 우려가 있는 외벽은 제조소가 설치된 부지의 경계선에서 몇 m 이내에 있는 외벽을 말하는가? (단, 단층 건물일 경우이다.)

① 3 ② 4

③ 5 ④ 6

|문|제|풀|이|

[연소의 우려가 있는 외벽] 연소의 우려가 있는 외벽은 다음 각 호의 1에 정한 선을 기산점으로 하여 **3m**(2층 이상의 층에 대해서는 5m) 이내에 있는 제조소등의 외벽을 말한다. 다만, 방화상 유효한 공터, 광장, 하천, 수면 등에 면한 외벽은 제외한다.

1. 제조소등이 설치된 부지의 경계선
2. 제조소등에 인접한 도로의 중심선
3. 제조소등의 외벽과 동일부지 내의 다른 건축물의 외벽간의 중심선

【정답】 ①

24. 다음 중 위험물안전관리법령상 제6류 위험물에 해당하는 것은?

① 황산 ② 염산

③ 질산염류 ④ 할로겐간화합물

|문|제|풀|이|

[위험물의 분류]

① 황산 : 유독물
② 염산 : 유독물
③ 질산염류 → 제1류 위험물(산화성 고체)
④ 할로겐간화합물 → 제6류 위험물(산화성 액체)

【정답】 ④

25. 위험물안전관리법령상 제2류 위험물의 위험등급에 대한 설명으로 옳은 것은?

① 제2류 위험물은 위험등급 Ⅰ에 해당되는 품명이 없다.

② 제2류 위험물은 위험등급 Ⅲ에 해당되는 품명은 지정수량이 500kg인 품명만 해당된다.

③ 제2류 위험물 중 황화린, 적린, 유황 등 지정수량이 100kg인 품명은 위험등급 Ⅰ에 해당한다.

④ 제2류 위험물 중 지정수량이 1000kg인 인화성고체는 위험등급 Ⅱ에 해당한다.

|문|제|풀|이|

[제2류 위험물의 위험등급]

유별 및 성질	위험 등급	품명	지정 수량
제2류 가연성 고체	Ⅱ	1. 황화린 : 삼황화린, 오황화린, 칠황화린 2. 적린 3. 유황(황) : 사방정계, 단사정계, 비정계	100kg
	Ⅲ	4. 마그네슘 5. 철분 6. 금속분 : 알루미늄분, 아연분, 안티몬	500kg
	Ⅱ~Ⅲ	7. 그 밖에 행정안전부령이 정하는 것 8. 제1호 내지 제7호에 해당하는 어느 하나 이상을 함유한 것	100kg 또는 500kg
	Ⅲ	9. 인화성 고체 : 락카퍼티, 고무풀	1000kg

【정답】 ①

26. 칼륨이 에틸알코올과 반응 할 때 나타나는 현상은?

① 산소가스를 생성한다.

② 칼륨에틸레이트를 생성한다.

③ 칼륨과 물이 반응할 때와 동일한 생성물이 나온다.

④ 에틸알코올이 산화되어 아세트알데히드를 생성한다.

|문|제|풀|이|

[칼륨(K) → 제3류 위험물(금수성)]

· 융점 63.5℃, 비점 762℃, 비중 0.857
· 은백색 광택의 무른 경금속으로 불꽃반응은 보라색
· 공기 중에서 수분과 반응하여 수소를 발생한다.
· 비중이 작으므로 석유(파라핀, 경유, 등유) 속에 저장한다.
· 흡습성, 조해성이 있다.
· 물과 반응식 : $2K + 2H_2O \rightarrow 2KOH + H_2 \uparrow + 92.8kcal$
(칼륨) (물) (수산화칼륨) (수소) (반응열)
· 에틸알코올과 반응식 : $2K + 2C_2H_5OH \rightarrow 2C_2H_5OK + H_2 \uparrow$
(칼륨) (에틸알코올) (칼륨에틸레이트) (수소)
· 소화방법에는 마른모래 및 탄산수소염류 분말소화약제가 효과적 → (주수소화와 사염화탄소(CCl_4)와는 폭발반응을 하므로 절대 금한다.)

【정답】 ②

27. 니트로셀룰로오스의 저장 · 취급방법으로 틀린 것은?

① 직사광선을 피해 저장한다.

② 되도록 장기간 보관하여 안정화된 후에 사용한다.

③ 유기과산화물류, 강산화제와의 접촉을 피한다.

④ 건조 상태에 이르면 위험하므로 습한 상태를 유지한다.

|문|제|풀|이|

[니트로셀룰로오스$[C_6H_7O_2(ONO_2)_3]_n$ → 제5류 위험물, 질산에스테르류]

· 비중 1.5, 분해온도 130℃, 착화점 180℃
· 셀룰로오스에 진한 질산과 진한 황산을 3:1의 비율로 혼합 작용시켜 제조한 것으로 약칭은 NC이다.
· 니트로글리세린(NG)과 융합한 것을 교질 다이너마이트라 한다.
· 비수용성이며 초산에틸, 초산아밀, 아세톤에 잘 녹는다.
· 건조 상태에서는 폭발 위험이 크므로 저장 중에 물(20%) 또는 알코올(30%)로 습윤시켜 저장한다. 따라서 **장기보관하면 위험하다**.
· 가열, 마찰, 충격에 연소, 폭발하기 쉽다.

【정답】 ②

28. 제5류 위험물 중 유기과산화물 30kg과 히드록실아민 500kg을 함께 보관하는 경우 지정수량의 몇 배인가?

① 3배 ② 8배

③ 10배 ④ 18배

|문|제|풀|이|

[지정수량 계산값(배수)]

$$배수(계산값) = \frac{A품명의\ 저장수량}{A품명의\ 지정수량} + \frac{B품명의\ 저장수량}{B품명의\ 지정수량} + \cdots\cdots$$

1. 위험물의 지정수량 : 유기과산화물 10kg, 히드록실아민 100kg
2. 위험물의 저장수량 : 유기과산화물 30kg, 히드록실아민 500kg

$\therefore 배수 = \frac{30}{10} + \frac{500}{100} = 8배$

【정답】 ②

29. 유류화재 시 발생하는 이상 현상인 보일오버(Boil over)의 방지대책으로 가장 거리가 먼 것은?

① 탱크 하부에 배수관을 설치하여 탱크 저면의 수층을 방지한다.

② 적당한 시기에 모래나 팽창질석, 비등석을 넣어 물의 과열을 방지한다.

③ 냉각수를 대량 첨가하여 유류와 물의 과열을 방지한다.

④ 탱크 내용물의 기계적 교반을 통하여 에멀션 상태로 하여 수층형성을 방지한다.

|문|제|풀|이|

[보일오버(boil over)] 고온층이 형성된 유류화재의 탱크저부로 침강하여 저부에 물이 고여 있는 경우, 화재의 진행에 따라 바닥의 물이 급격히 증발하여 대량의 수증기가 상층의 유류를 밀어 올려 다량의 기름을 분출시키는 위험현상

[방지대책]

1. 탱크 하부에 배수관을 설치하여 탱크 밑면의 수층을 방지한다.
2. 적당한 시기에 모래나 팽창 질석, 비등석을 넣어 물의 과열을 방지한다.
3. 탱크 내용물의 기계적 교반을 통하여 에멀션 상태로 하여 수층 형성을 방지한다.

※ 탱크 바닥에 물 또는 기름의 에멀션 층이 있는 경우 발생하는 현상이므로 냉각수를 첨가하면 더 위험하다.

【정답】 ③

30. 위험물안전관리법에서 정한 정전기를 유효하게 제거할 수 있는 방법에 해당하지 않는 것은?

① 위험물 이송 시 배관 내 유속을 빠르게 하는 방법

② 공기를 이온화하는 방법

③ 접지에 의한 방법

④ 공기 중의 상대습도를 70% 이상으로 하는 방법

|문|제|풀|이|

[위험물 제조소의 정전기 제거설비]

1. 접지에 의한 방법
2. 공기 중의 상대습도를 70% 이상으로 하는 방법
3. 공기를 이온화하는 방법
4. 위험물 이송 시 **유속 1m/s 이하**로 할 것

【정답】 ①

31. 다음 중 물이 소화약제로 쓰이는 이유로 가장 거리가 먼 것은?

① 쉽게 구할 수 있다.

② 제거소화가 잘 된다.

③ 취급이 간편하다.

④ 기화잠열이 크다.

|문|제|풀|이|

[물을 소화약제로 사용하는 이유]

·구입이 용이하고, 사용하기가 쉬우며, 인체에 무해하다.
·기화열을 이용한 **냉각효과**가 크다.
·비열과 잠열이 크다.
·장기간 보관할 수 있고, 가격이 저렴하다.

【정답】 ②

32. 위험물안전관리법령상 전기설비에 적응성이 없는 소화설비는?

① 포소화설비

② 이산화탄소소화설비

③ 할로겐화합물소화설비

④ 물분무소화설비

|문|제|풀|이|

[위험물의 성질에 따른 소화설비의 적응성(전기설비)]

구분 \ 대상			전기설비
옥내소화전 또는 옥외소화전설비			
스프링클러설비			
물분무등 소화설비	물분무소화설비		○
	포소화설비		
	불활성가스소화설비		○
	할로겐화합물소화설비		○
	분말소화설비	인산염류등	○
		탄산수소염류등	○
		그 밖의 것	
대형소형 수동식 소화기	봉상수(棒狀水)소화기		
	무상수(霧狀水)소화기		○
	봉상강화액소화기		
	무상강화액소화기		○
	포소화기		
	이산화탄소소화기		○
	할로겐화합물소화기		○
	분말소화기	인산염류소화기	○
		탄산수소염류소화기	○
		그 밖의 것	
기타	물통 또는 수조		
	건조사		
	팽창질석 또는 팽창진주암		

1. 적응성 없는 설비 : 옥내소화전 또는 옥외소화전설비, 스프링클러설비, 포소화설비
2. 적응성 있는 설비 : 물분무소화설비, 불활성가스소화설비, 할로겐화합물소화설비, 이산화탄소소화설비, 탄산수소염류 등

【정답】 ①

33. 다음 중 산화성 물질이 아닌 것은?

① 무기과산화물 ② 과염소산

③ 질산염류 ④ 마그네슘

|문|제|풀|이|

[위험물의 분류]

① 무기과산화물 : 제1류 위험물 (산화성 고체)
② 과염소산 : 제6류 위험물 (산화성 액체)
③ 질산염류 : 제1류 위험물 (산화성 고체)
④ 마그네슘 : 제2류 위험물 (가연성 고체)

【정답】 ④

34. A급, B급, C급 화재에 모두 적용이 가능한 소화약제는?

① 제1종 분말소화약제

② 제2종 분말소화약제

③ 제3종 분말소화약제

④ 제4종 분말소화약제

|문|제|풀|이|

[분말소화약제의 종류 및 특성]

종류	주성분	착색	적용 화재
제1종 분말	탄산수소나트륨을 주성분으로 한 것, ($NaHCO_3$)	백색	B, C급
	분해반응식: $2NaHCO_3 \rightarrow Na_2CO_3 + H_2O + CO_2$ (탄산수소나트륨) (탄산나트륨) (물) (이산화탄소)		
제2종 분말	탄산수소칼륨을 주성분으로 한 것, ($KHCO_3$)	담회색 (보라색)	B, C급
	분해반응식: $2KHCO_3 \rightarrow K_2CO_3 + H_2O + CO_2$ (탄산수소칼륨) (탄산칼륨) (물) (이산화탄소)		
제3종 분말	인산암모늄을 주성분으로 한 것, ($NH_4H_2PO_4$)	담홍색, 황색	A, B, C급
	분해반응식: $NH_4H_2PO_4 \rightarrow HPO_3 + NH_3 + H_2O$ (인산암모늄) (메타인산) (암모니아)(물)		
제4종 분말	제2종과 요소를 혼합한 것, $KHCO_3 + (NH_2)_2CO$	회색	B, C급
	분해반응식: $2KHCO_3 + (NH_2)_2CO \rightarrow K_2CO_3 + 2NH_3 + 2CO_2$ (탄산수소칼륨) (요소) (탄산칼륨)(암모니아)(이산화탄소)		

【정답】 ③

35. 20℃의 물 100kg이 100℃ 수증기로 증발하면 몇 kcal의 열량을 흡수할 수 있는가? (단, 물의 증발잠열은 540kcal이다)

① 540　　② 7800

③ 62000　　④ 108000

|문|제|풀|이|

[열량(Q)] 0℃물 → 100℃물 → 100℃ 수증기를 만드는데 필요한 열량 $Q = mC_p\Delta_t + r \cdot m$ → (열량(Q)=현열+잠열)

여기서, m : 무게, C_p : 물의 비열(1kcal/kg·℃), Δ_t : 온도차

r : 물의 증발잠열(540kcal/kg)

$\therefore Q = mC_p\Delta_t + r \cdot m$

=[1kcal/kg·℃×100kg×(100℃−20℃)]+(100kg×540kcal/kg)

=62000kcal

※1. 현열 : 상태변화(물→ 수증기) 시 온도 변화에 쓰인 열
현열=[1kcal/kg·℃×100kg×(100℃−20℃)]

2. 잠열 : 상태변화(물→ 수증기) 시 변화 (상변화)에 쓰인 열
잠열=(100kg×540kcal/kg)

【정답】 ③

36. 제5류 위험물의 화재 시 적응성이 있는 소화설비는?

① 분말소화설비

② 할로겐화합물소화설비

③ 물분무소화설비

④ 이산화탄소소화설비

|문|제|풀|이|

[위험물의 성질에 따른 소화설비의 적응성]

소화설비의 구분			대상: 제5류 위험물
옥내소화전 또는 옥외소화전설비			○
스프링클러설비			○
물분무등 소화설비	물분무소화설비		○
	포소화설비		○
	불활성가스소화설비		
	할로겐화합물소화설비		
	분말소화설비	인산염류등	
		탄산수소염류등	
		그 밖의 것	
대형소형수동식소화기	봉상수(棒狀水)소화기		○
	무상수(霧狀水)소화기		○
	봉상강화액소화기		○
	무상강화액소화기		○
	포소화기		○
	이산화탄소소화기		
	할로겐화합물소화기		
	분말소화기	인산염류소화기	
		탄산수소염류소화기	
		그 밖의 것	
기타	물통 또는 수조		○
	건조사		○
	팽창질석 또는 팽창진주암		○

【정답】 ③

37. 위험물안전관리법령상 간이탱크저장소에 대한 설명 중 틀린 것은?

① 간이저장탱크의 용량은 600리터 이하여야 한다.

② 하나의 간이탱크저장소에 설치하는 간이저장탱크는 5개 이하여야 한다.

③ 간이저장탱크는 두께 3.2㎜ 이상의 강판으로 흠이 없도록 제작하여야 한다.

④ 간이저장탱크는 70kPa의 압력으로 10분간의 수압시험을 실시하여 새거나 변형되지 않아야 한다.

|문|제|풀|이|

[위험물 간이탱크저장소의 설치기준]

1. **하나의 간이탱크저장소에 설치하는 간이저장탱크는 그 수를 3 이하**로 하고, 동일한 품질의 위험물의 간이저장탱크를 2 이상 설치하지 아니하여야 한다.
2. 간이탱크저장소에는 보기 쉬운 곳에 「위험물 간이탱크저장소」라는 표시를 한 표지와 방화에 관하여 필요한 사항을 게시한 게시판을 설치하여야 한다.
3. 간이저장탱크는 움직이거나 넘어지지 아니하도록 지면 또는 가설대에 고정시키되, 옥외에 설치하는 경우에는 그 탱크의 주위에 너비 1m 이상의 공지를 두고, 전용실 안에 설치하는 경우에는 탱크와 전용실의 벽과의 사이에 0.5m 이상의 간격을 유지하여야 한다.
4. 간이저장탱크의 용량은 600L 이하이어야 한다.
5. 간이저장탱크는 두께 3.2㎜ 이상의 강판으로 흠이 없도록 제작하여야 하며, 70kPa 압력으로 10분간의 수압시험을 실시하여 새거나 변형되지 아니하여야 한다. 【정답】 ②

38. 다음 위험물의 지정수량 배수의 총합은 얼마인가?

질산 150kg, 과산화수소수 420kg, 과염소산 300kg

① 2.5　② 2.9

③ 3.4　④ 3.9

|문|제|풀|이|

[지정수량 계산값(배수)]

배수(계산값)$=\frac{A\text{품명의 저장수량}}{A\text{품명의 지장수량}}+\frac{B\text{품명의 저장수량}}{B\text{품명의 지장수량}}+\cdots\cdots$

1. 지정수량
   - ·질산(HNO_3) : 제6류 위험물, 지정수량 300kg
   - ·과산화수소(H_2O_2) : 제6류 위험물, 지정수량 300kg
   - ·과염소산($HClO_4$) : 제6류 위험물, 지정수량 300kg
2. 저장수량
   - ·질산(HNO_3) : 150kg
   - ·과산화수소(H_2O_2) : 420kg
   - ·과염소산($HClO_4$) : 300

$\therefore$ 배수$=\frac{150kg}{300kg}+\frac{420kg}{300kg}+\frac{300kg}{300kg}=2.9$배 【정답】 ②

39. 위험물안전관리법령상 혼재할 수 없는 위험물은? (단, 위험물은 지정수량의 1/10을 초과하는 경우이다.)

① 적린과 황린

② 질산염류와 질산

③ 칼륨과 특수인화물

④ 유기과산화물과 유황

|문|제|풀|이|

[유별을 달리하는 위험물의 혼재기준]

위험물의 구분	제1류	제2류	제3류	제4류	제5류	제6류
제1류		X	X	X	X	O
제2류	X		X	O	O	X
제3류	X	X		O	X	X
제4류	X	O	O		O	X
제5류	X	O	X	O		X
제6류	O	X	X	X	X	

【비고】 1. 'X'표시는 혼재할 수 없음을 표시한다.
2. 'O'표시는 혼재할 수 있음을 표시한다.
3. 이 표는 지정수량의 $\frac{1}{10}$ 이하의 위험물에 대하여는 적용하지 아니한다.

※① 적린(제2류 위험물)과 황린(제3류 위험물)
② 질산염류(제1류 위험물)와 질산(제6류 위험물)
③ 칼륨(제3류 위험물)과 특수인화물(제4류 위험물)
④ 유기과산화물(제5류 위험물)과 유황(제2류 위험물)

【정답】 ①

40. 다음 반응식과 같이 벤젠 1kg이 연소할 때 발생되는 CO_2의 양은 약 몇 ㎥인가? (단, 27℃, 750㎜Hg 기준이다.)

$$C_6H_6 + 7.5O_2 \rightarrow 6CO_2\uparrow + 3H_2O$$

① 0.72 ② 1.22

③ 1.92 ④ 2.42

|문|제|풀|이|

[벤젠(C_6H_6, 벤졸) → 제4위험물(제1석유류), 분자량 78]

1. 연소반응식 : $2C_6H_6 + 15O_2 \rightarrow 12CO_2\uparrow + 6H_2O$
(벤젠) (산소) (이산화탄소) (물)
2. 1kg 연소 시 CO_2의 양 → (CO_2의 분자량 44)
$2\times78 : 12\times44 = 1kg : x \rightarrow x = 3.38kg$
3. CO_2의 부피(m^3)는? → (이상기체 상태방정식을 이용)
$PV = \frac{W}{M}RT$에서 → 부피 $V = \frac{WRT}{PM}$
여기서, P : 기체의 압력(kg/m^2), V : 기체의 체적(m^3)
M : 분자량, W : 무게, R : 기체정수
→ (R=0.08205L·atm/k_mol · K)
T : 절대온도(K) → (T=273+℃)

$$\therefore V = \frac{WRT}{PM}$$

$$= \frac{3.38kg \times 0.08205L\cdot atm/kg\_mol\cdot K \times (273+27)K}{\left(\frac{750mmHg}{760mmHg}\times 1atm\right)\times 44}$$

$=1.92m^3$ 【정답】 ③

41. 위험물의 품명과 지정수량이 잘못 짝지어진 것은?

① 황화린 – 50kg

② 마그네슘 – 500kg

③ 알킬알루미늄 – 10kg

④ 황린 – 20kg

|문|제|풀|이|

[위험물의 성상]

① 황화린 : 제2류 위험물, 지정수량 100kg
② 마그네슘(Mg) : 제2류 위험물, 지정수량 500kg
③ 알킬알루미늄(R_3Al) : 제3류 위험물, 지정수량 10kg
④ 황린(P_4) : 제3류 위험물, 지정수량 20kg

【정답】 ①

42. 「자동화재탐지설비 일반점검표」의 점검내용이 "변형 · 손상의 유무, 표시의 적부, 경계구역일람도의 적부, 기능의 적부"인 점검항목은?

① 감지기 ② 중계기

③ 수신기 ④ 발신기

|문|제|풀|이|

[자동화재 탐지 설비 일반 점검표]

점검항목	점검내용	점검방법
감지기	변형 · 손상의 유무	육안
	감지장해의 유무	육안
	기능의 적부	작동확인
중계기	변형 · 손상의 유무	육안
	표시의 적부	육안
	기능의 적부	작동확인
수신기 (통합조작반)	**변형 · 손상의 유무**	**육안**
	표시의 적부	**육안**
	경계구역일람도의 적부	**육안**
	기능의 적부	**작동확인**
주음향장치 지구음향장치	변형 · 손상의 유무	육안
	기능의 적부	작동확인
발신기	변형 · 손상의 유무	육안
	기능의 적부	작동확인
비상전원	변형 · 손상의 유무	육안
	전환의 적부	작동확인
배선	변형 · 손상의 유무	육안
	접속단자의 풀림 · 탈락의 유무	육안

【정답】 ③

43. 다음 물질 중 위험물 유별에 따른 구분이 나머지 셋과 다른 하나는?

① 질산은 ② 질산메틸

③ 무수크롬산 ④ 질산암모늄

|문|제|풀|이|

[위험물의 구분]

① 질산은($AgNO_3$) → 제1류 위험물(질산염류)
② 질산메틸(CH_3ONO_2) → 제5류 위험물 (질산에스테르류)
③ 무수크롬산(CrO_3) → 제1류 위험물 (크롬, 납, 요오드의 산화물)
④ 질산암모늄(NH_4NO_3) → 제1류 위험물(질산염류)

【정답】 ②

44. 【보기】에서 나열한 위험물의 공통 성질을 옳게 설명한 것은?

【보기】 나트륨, 황린, 트리에틸알루미늄

① 상온, 상압에서 고체의 형태를 나타낸다.
② 상온, 상압에서 액체의 형태를 나타낸다.
③ 금수성 물질이다.
④ 자연발화의 위험이 있다.

|문|제|풀|이|

[위험물의 성상]

1. 나트륨(Na) → 제3류 위험물(**자연발화성 물질** 및 금수성 물질)
   - ·은백색 광택의 무른 경금속으로 불꽃반응은 노란색
   - ·공기 중에서 수분과 반응하여 수소를 발생한다.
   - ·비중이 작으므로 석유(파라핀, 경유, 등유) 속에 저장한다.
   - ·흡습성, 조해성이 있다.
2. 황린(P_4) → 제3류 위험물(**자연발화성 물질**)
   - ·환원력이 강한 백색 또는 담황색 고체로 백린이라고도 한다.
   - ·물에 녹지 않으며, 자연 발화성이므로 반드시 물속에 저장한다.
   - ·마늘 냄새가 나는 맹독성 물질이다.
3. 트리에틸알루미늄($(C_2H_5)_3Al$) → 제3류 위험물(알킬알루미늄)
   - ·**자연발화성 물질** 및 금수성 물질
   - ·무색 투명한 액체 【정답】 ④

45. 휘발유의 일반적인 성질에 관한 설명으로 틀린 것은?

① 인화점이 0℃보다 낮다.
② 위험물안전관리법령상 제1석유류에 해당한다.
③ 전기에 대해 비전도성 물질이다.
④ 순수한 것은 청색이나 안전을 위해 검은색으로 착색해서 사용해야 한다.

|문|제|풀|이|

[휘발유(가솔린) → 제4류 위험물(제1석유류)]

·지정수량(비수용성) 200L, 인화점 -43~-20℃, 착화점 300℃, 비점 30~210℃, 비중 0.65~0.80(증기비중 3~4), 연소범위 1.4~7.6%
·포화·불포화탄화가스가 주성분
→ (주성분은 알케인(C_nH_{2n+2}) 또는 알켄(C_nH_{2n})계 탄화수소)
·물보다 가볍고 물에 잘 녹지 않는다.
·전기의 불량도체로서 정전기 축적이 용이하다.
·공업용은 무색, 자동차용은 노란색(무연), 고급은 녹색이다.
·증기는 공기보다 무거워 낮은 곳에 체류하기 쉽다.
·소화방법에는 포소화약제, 분말소화약제에 의한 소화가 효과적
·연소반응식 : $2C_8H_{18} + 25O_2 \rightarrow 16CO_2\uparrow + 18H_2O$
(옥탄) (산소) (이산화탄소) (물)

【정답】 ④

46. 과산화수소의 성질에 대한 설명으로 옳지 않은 것은?

① 산화성이 강한 무색투명한 액체이다.
② 위험물안전관리법령상 일정 비중 이상일 때 위험물로 취급한다.
③ 가열에 의해 분해하면 산소가 발생한다.
④ 소독약으로 사용할 수 있다.

|문|제|풀|이|

[과산화수소(H_2O_2) → 제6류 위험물]

·착화점 80.2℃, 융점 -0.89℃, 비중 1.465, 증기비중 1.17, 비점 80.2℃
·순수한 것은 무색투명한 점성이 있는 액체이다.
→ (양이 많을 경우 청색)
·분해 시 산소(O_2)를 발생하므로 안정제로 인산, 요산 등을 사용
·분해 반응식 : $4H_2O_2 \rightarrow H_2O + [O]$ (발생기 산소 : 표백작용)
(과산화수소) (물) (산소)
·물, 알코올, 에테르에는 녹고, 벤젠, 석유에는 녹지 않는다.
·강산화제 및 환원제로 사용되며 표백 및 살균작용을 한다.
·저장용기는 밀폐하지 말고 구멍이 있는 마개를 사용한다.
·히드라진(N_2H_4)과 접촉 시 분해 작용으로 폭발위험이 있다.
·**농도가 36wt% 이상은 위험물**에 속한다. 【정답】 ②

47. 니트로셀룰로오스의 안전한 저장을 위해 사용하는 물질은?

① 페놀 ② 황산
③ 에탄올 ④ 아닐린

|문|제|풀|이|

[니트로셀룰로오스$[C_6H_7O_2(ONO_2)_3]_n$ → 제5류 위험물, 질산에스테르류]

·비중 1.5, 분해온도 130℃, 착화점 180℃
·셀룰로오스에 진한 질산과 진한 황산을 3:1의 비율로 혼합 작용시켜 제조한 것으로 약칭은 NC이다.
·니트로글리세린(NG)과 융합한 것을 교질 다이너마이트라 한다.
·비수용성이며 초산에틸, 초산아밀, 아세톤에 잘 녹는다.
·건조 상태에서는 폭발 위험이 크므로 저장 중에 **물(20%) 또는 알코올(30%)로 습윤시켜 저장**한다.
·가열, 마찰, 충격에 연소, 폭발하기 쉽다. 【정답】 ③

48. 벤조일퍼옥사이드에 대한 설명으로 틀린 것은?

① 무색무취의 투명한 액체이다.

② 가급적 소분하여 저장한다.

③ 제5류 위험물에 해당한다.

④ 품명은 유기과산화물이다.

|문|제|풀|이|

[과산화벤조일[$(C_6H_5CO)_2O_2$, 벤조일퍼옥사이드 → 제5류 위험물(유기과산화물)]

- 발화점 125℃, 융점 103~105℃, 비중 1.33, 함유율(석유를 함유한 비율) 35.5wt% 이상
- **무색무취의 백색 분말 또는 결정**, 비수용성이다.
- 상온에서 안정된 물질로 강한 산화성 물질이다.
- 물에 녹지 않고 알코올에는 약간 녹으며 에테르 등 유기용제에는 잘 녹는다.
- 건조한 상태에서 마찰, 충격 등으로 폭발 위험성이 있다.
- 70~80℃에서 오래 있으면 분해의 위험이 있으므로 직사광선을 피해 소분하여 냉암소에 보관한다.
- 소화방법으로는 소량일 경우에는 마른모래, 분말, 탄산가스가 효과적이며, 대량일 경우에는 주수소화가 효과적이다.

【정답】 ①

49. 위험물안전관리법령에서 정한 아세트알데히드 등을 취급하는 제조소의 특례에 관한 내용이다. (　) 안에 해당하는 물질이 아닌 것은?

> 아세트알데히드 등을 취급하는 설비는 (　)·(　)·(　)·(　) 또는 이들을 성분으로 하는 합금으로 만들지 아니할 것

① 동　　② 은

③ 금　　④ 마그네슘

|문|제|풀|이|

[아세트알데히드 등을 취급하는 제조소의 특례]

1. 아세트알데히드 등을 취급하는 설비는 **은, 수은, 동, 마그네슘** 또는 이들을 성분으로 하는 합금으로 만들지 아니할 것
2. 아세트알데히드 등을 취급하는 설비에는 연소성 혼합기체의 생성에 의한 폭발을 방지하기 위한 불활성기체 또는 수증기를 봉입하는 장치를 갖출 것
3. 아세트알데히드 등을 취급하는 탱크에는 냉각장치 또는 저온을 유지하기 위한 장치 및 연소성 혼합기체의 생성에 의한 폭발을 방지하기 위한 불활성기체를 봉입하는 장치를 갖출 것

【정답】 ③

50. 다음 물질 중 인화점이 가장 낮은 것은?

① CH_3COCH_3　　② $C_2H_5OC_2H_5$

③ $CH_3(CH_2)_3OH$　　④ CH_3OH

|문|제|풀|이|

[위험물의 성상]

① 아세톤(CH_3COCH_3) → 제4류 위험물(제1석유류) : **인화점 -18℃**, 착화점 538℃, 비점 56.5℃, 비중 0.79(증기비중 2.0), 연소범위 2.6~12.8%

② 디에틸에테르($C_2H_5OC_2H_5$, 에틸에테르/에테르) → 제4류 위험물(특수인화물) : **인화점 -45℃**, 착화점 180℃, 비점 34.6℃, 비중 0.72(증기비중 2.6), 연소범위 1.9~48%

③ 부틸알코올($CH_3(CH_2)_3OH$) → 제4류 위험물(제2석유류) : **인화점 35℃**

④ 메틸알코올(CH_3OH, 메탄올, 목정) → 제4류 위험물(알코올류) : **인화점 11℃**, 착화점 464℃, 비점 65℃, 비중 0.8(증기비중 1.1), 연소범위 7.3~36[%]

【정답】 ②

51. 위험물안전관리법령상 제3류 위험물에 해당하지 않는 것은?

① 적린　　② 나트륨

③ 칼륨　　④ 황린

|문|제|풀|이|

[제3류 위험물 (자연발화성 물질 및 금수성 물질)]

위험등급	품명	지정수량
Ⅰ	1. 칼륨 2. 나트륨 3. 알킬알루미늄 4. 알킬리튬	10kg
	5. 황린	20kg
Ⅱ	6. 알칼리금속(칼륨 및 나트륨 제외) 및 알칼리토금속 7. 유기금속화합물(알킬알루미늄 및 알킬리튬 제외)	50kg
Ⅲ	8. 금속의 수소화물 9. 금속의 인화물 10. 칼슘 또는 알루미늄의 탄화물	300kg

※① 적린 : 제2류 위험물(가연성 고체)

【정답】 ①

52. 위험물안전관리법령에 의한 위험물에 속하지 않는 것은?

① CaC_2 ② S

③ P_2O_5 ④ K

|문|제|풀|이|

[위험물의 분류]

① 탄화칼슘(CaC_2) → 제3류 위험물(칼슘 또는 알루미늄의 탄화물)

② 유황(황)(S) → 제2류 위험물

③ 오산화인(P_2O_5)→ 적린의 연소 반응에서 생성되는 물질
적린의 연소반응 : $4P + 5O_2 \rightarrow 2P_2O_5$
(적린) (산소) (오산화인)

④ 칼륨(K) → 제3류 위험물, 금수성 【정답】 ③

53. 톨루엔에 대한 설명으로 틀린 것은?

① 휘발성이 있고 가연성 액체이다.

② 증기는 마취성이 있다.

③ 알코올, 에테르, 벤젠 등과 잘 섞인다.

④ 노란색 액체로 냄새가 없다.

|문|제|풀|이|

[톨루엔($C_6H_5CH_3$) → 제4류 위험물(제1석유류)]

1. 지정수량(비수용성) 200L, 인화점 4℃, 착화점 552℃, 비점 110.6℃, 비중 0.871(증기비중 3.14), 연소범위 1.4~6.7%
2. **무색투명**한 휘발성 액체로 **벤젠향**과 같은 독특한 냄새
3. 물에 잘 녹지 않는다.
4. 증기는 공기보다 무거워 낮은 곳에 체류하므로 주의한다.
5. 벤젠보다 독성이 약하다. → (벤젠의 $\frac{1}{10}$)
6. T.N.T(트리니트로톨루엔, 제5류 위험물)의 원료

【정답】 ④

54. 위험물안전관리법령상 지정수량 10배 이상의 위험물을 저장하는 제조소에 설치하여야 하는 경보설비의 종류가 아닌 것은?

① 자동화재탐지설비 ② 자동화재속보설비

③ 휴대용 확성기 ④ 비상방송설비

|문|제|풀|이|

[경보설비의 종류 및 설치기준] 지정수량 10배 이상의 위험물을 저장·취급하는 곳은 자동화재탐지설비, 비상경보설비, 확장장치, 비상방송설비 중 1종 이상

시설	저장·취급하는 위험물 종류 및 수량	해당 경보설비
1. 제조소 일반취급소	·연면적 $500m^2$ 이상인 곳 ·옥내에서 지정수량 100배 이상의 위험물을 저장·취급하는 곳	자동화재 탐지설비
2. 옥내 저장소	·저장창고의 연면적 $150m^2$를 초과하는 곳 ·지정수량 100배 이상의 위험물을 저장·취급하는 곳 ·처마높이 6m 이상인 단층건물	
3. 옥내탱크 저장소	단층 건물 외의 건축물에 설치된 옥내탱크저장소로서 소화난이도 등급 1에 해당하는 것	
4. 주유취급소	옥내 주유취급소	
제1호 내지 제4호의 자동화재탐지설비 설치 대상에 해당하지 아니하는 제조소 등	**지정수량 10배 이상**의 위험물을 저장·취급하는 곳	·자동화재 탐지설비 ·비상경보설비 ·확장장치 (휴대용확성기) ·비상방송설비 중 1종 이상

【정답】 ②

55. 위험물안전관리법령상 제4류 위험물 운반용기의 외부에 표시해야 하는 사항이 아닌 것은?

① 규정에 의한 주의사항

② 위험물의 품명 및 위험등급

③ 위험물의 관리자 및 지정수량

④ 위험물의 화학명

|문|제|풀|이|

[위험물 운반용기의 외부 표시 사항]

1. 위험물의 품명, 위험등급, 화학명 및 수용성(제4류 위험물의 수용성인 것에 한함)
2. 위험물의 수량
3. 주의사항

【정답】 ③

56. 산화성액체인 질산의 분자식으로 옳은 것은?

① HNO_2　② HNO_3

③ NO_2　④ NO_3

|문|제|풀|이|

[질산(HNO_3) → 제6류 위험물] 융점 -42℃, 비점 86℃, 비중 1.49, 증기비중 2.17, 용해열 7.8kcal/mol

- 무색의 무거운 액체 → (보관 중 담황색으로 변한다.)
- 흡습성이 강하여 습한 공기 중에서 발열한다.
- 자극성, 부식성이 강한 강산이다.
- 소량 화재 시 다량의 물로 희석 소화한다.

【정답】 ②

57. 제4류 위험물의 옥외저장탱크에 설치하는 밸브 없는 통기관은 직경이 얼마 이상인 것으로 설치해야 되는가? (단, 압력탱크는 제외한다.)

① 10mm　② 20mm

③ 30mm　④ 40mm

|문|제|풀|이|

[통기관 설치기준]

1. 밸브 없는 통기관 (옥외저장탱크, 옥내저장탱크, 지하저장탱크)
   ㉠ **지름은 30*mm* 이상**일 것
   → (간이지하저장탱크의 통기관의 직경 : 25mm 이상)
   ㉡ 끝부분은 수평면보다 45도 이상 구부려 빗물 등의 침투를 막는 구조로 할 것
2. 대기밸브부착 통기관
   ㉠ 평소에는 닫혀있지만, 5kPa 이하의 압력차이로 작동할 수 있을 것
   ㉡ 밸브 없는 통기관의 인화방지장치 기준에 적합할 것

【정답】 ③

58. 다음 중 위험물안전관리법령에 따라 정한 지정수량이 나머지 셋과 다른 것은?

① 황화린　② 적린

③ 유황　④ 철분

|문|제|풀|이|

[위험물의 지정수량]

① 황화린 : 제2류 위험물, 지정수량 100kg
② 적린 : 제2류 위험물, 지정수량 100kg
③ 유황 : 제2류 위험물, 지정수량 100kg
④ 철분 : 제2류 위험물, 지정수량 500kg

【정답】 ④

59. 벤젠(C_6H_6)의 일반 성질로서 틀린 것은?

① 휘발성이 강한 액체이다.

② 인화점은 가솔린보다 낮다.

③ 물에 녹지 않는다.

④ 화학적으로 공명구조를 이루고 있다.

|문|제|풀|이|

[벤젠(C_6H_6, 벤졸) → 제4류 위험물 (제1석유류)]

- 분자량 78, 지정수량(비수용성) 200L, **인화점 -11℃**, 착화점 562℃, 비점 80℃, 비중 0.879, 연소범위 1.4~7.1%
- 무색 투명한 휘발성 액체
- 물에 잘 녹지 않고 알코올, 아세톤, 에테르에 잘 녹는다.
- 수지 및 고무 등을 잘 녹인다.
- 증기는 공기보다 무거워 낮은 곳에 체류하므로 주의한다.
- 소화방법으로 대량일 경우 포말소화기가 가장 좋고, 질식소화기(CO_2, 분말)도 좋다.

※휘발유(가솔린) → 제4류 위험물(제1석유류)
지정수량(비수용성) 200L, **인화점 -43~-20℃**
착화점 300℃, 비점 30~210℃, 비중 0.65~0.80(증기비중 3~4), 연소범위 1.4~7.6%

【정답】 ②

60. 위험물안전관리법령상 제1류 위험물의 질산염류가 아닌 것은?

① 질산은　② 질산암모늄

③ 질산섬유소　④ 질산나트륨

|문|제|풀|이|

[제1류 위험물의 질산염류] 질산칼륨(KNO_3), 질산나트륨($NaNO_3$), 질산암모늄(NH_4NO_3), 질산은($AgNO_3$)

※③ 질산섬유소(니트로셀룰로오스($[C_6H_7O_2(ONO_2)_3]_n$) : 제5류 위험물(질산에스테르류)

【정답】 ③

2022_4 위험물기능사 필기

01. 팽창진주암(삽 1개 포함)의 능력단위 1은 용량이 몇 L인가?

① 70　　② 100
③ 130　　④ 160

|문|제|풀|이|

[소화설비의 소화능력의 기준단위]

소화설비	용량	능력단위
소화전용 물통	8L	0.3
수조+물통3개	80L	1.5
수조+물통6개	190L	2.5
마른모래 (삽 1개 포함)	50L	0.5
팽창질석, 팽창진주암 (삽 1개 포함)	160L	1.0

【정답】 ④

02. 다음 위험물의 저장 창고에 화재가 발생하였을 때 주수(注水)에 의한 소화가 오히려 더 위험한 것은?

① 염소산칼륨　　② 과염소산나트륨
③ 질산암모늄　　④ 탄화칼슘

|문|제|풀|이|

[탄화칼슘(CaC_2) → 제3류 위험물(칼슘 또는 알루미늄의 탄화물]

- 백색 입방체의 결정
- 물과 반응하여 수산화칼슘(소석회)과 아세틸렌가스를 발생한다.
- 물과 반응식 : $CaC_2 + 2H_2O \rightarrow Ca(OH)_2 \uparrow + C_2H_2 + 27.8kcal$
  (탄화칼슘) (물) (수산화칼슘) (아세틸렌) (반응열)
- 밀폐용기에 저장하는 것이 가장 좋으며, 장기간 저장 시에는 불연성 가스(질소가스, 아르곤가스 등)를 충전한다.
- 소화방법에는 마른모래, 탄산가스, 소화분말, 사염화탄소 등으로 한다. → (주수소화는 금한다.)

【정답】 ④

03. 제3류 위험물 중 금수성 물질에 적응성이 있는 소화설비는?

① 할로겐화합물소화설비
② 포소화설비
③ 이산화탄소소화설비
④ 탄산수소염류등 분말소화설비

|문|제|풀|이|

[소화설비의 적응성(제3류 위험물)]

구분 \ 대상			제3류 위험물	
			금수성 물품	그 밖의 것
옥내소화전 또는 옥외소화전설비				○
스프링클러설비				○
물분무등 소화설비	물분무소화설비			○
	포소화설비			○
	불활성가스소화설비			
	할로겐화합물소화설비			
	분말 소화 설비	인산염류등		
		탄산수소염류등	○	
		그 밖의 것	○	
대형소형 수동식 소화기	봉상수(棒狀水)소화기			○
	무상수(霧狀水)소화기			○
	봉상강화액소화기			○
	무상강화액소화기			○
	포소화기			○
	이산화탄소소화기			
	할로겐화합물소화기			
	분말소화기	인산염류소화기		
		탄산수소염류소화기	○	
		그 밖의 것	○	
기타	물통 또는 수조			○
	건조사		○	○
	팽창질석 또는 팽창진주암		○	○

※금수성 물질의 소화설비 : 탄산수소염류 분말소화약제, 마른 모래, 팽창질석, 팽창진주암 → (물에 의한 소화는 절대 금지)

【정답】 ④

04. 피난설비를 설치하여야 하는 위험물 제조소 등에 해당하는 것은?

① 건축물의 2층 부분을 자동차 정비소로 사용하는 주유취급소

② 건축물의 2층 부분을 전시장으로 사용하는 주유취급소

③ 건축물의 1층 부분을 주유사무소로 사용하는 주유취급소

④ 건축물의 1층 부분을 관계자의 주거시설로 사용하는 주유취급소

|문|제|풀|이|

[피난설비의 설치기준]

1. 주유취급소 중 건축물의 2층 이상의 부분을 **점포** · **휴게음식점** 또는 **전시장**의 용도로 사용하는 것에 있어서는 당해 건축물의 2층 이상으로부터 주유취급소의 부지 밖으로 통하는 출입구와 당해 출입구로 통하는 통로 · 계단 및 출입구에 유도등을 설치하여야 한다.
2. 옥내주유취급소에 있어서는 당해 사무소 등의 출입구 및 피난구와 당해 피난구로 통하는 통로 · 계단 및 출입구에 유도등을 설치하여야 한다.
3. 유도등에는 비상전원을 설치하여야 한다.

【정답】 ②

05. 위험물안전관리법령상 위험물을 유별로 정리하여 저장 하면서 서로 1m 이상의 간격을 두면 동일한 옥내저장소에 저장할 수 있는 경우는?

① 제1류 위험물과 제3류 위험물 중 금수성 물질을 저장하는 경우

② 제1류 위험물과 제4류 위험물을 저장하는 경우

③ 제1류 위험물과 제6류 위험물을 저장하는 경우

④ 제2류 위험물 중 금속분과 제4류 위험물 중 동 · 식물유류를 저장하는 경우

|문|제|풀|이|

[위험물의 저장의 기준] 유별을 달리하는 위험물을 동일한 저장소(내화구조의 격벽으로 완전히 구획된 실이 2 이상 있는 저장소에 있어서는 동일한 실)에 저장하지 아니하여야 한다.

→ 다만, 옥내저장소 또는 옥외저장소에 있어서 다음의 각목의 규정에 의한 위험물을 저장하는 경우로서 위험물을 유별로 정리하여 저장하는 한편, 1m 이상의 간격을 두는 경우에는 그러하지 아니하다.

1. 제1류 위험물(알칼리금속의 과산화물 또는 이를 함유한 것을 제외한다)과 제5류 위험물을 저장하는 경우
2. **제1류 위험물과 제6류 위험물을 저장**하는 경우
3. 제1류 위험물과 제3류 위험물 중 자연발화성물질(황린 또는 이를 함유한 것에 한한다)을 저장하는 경우
4. 제2류 위험물 중 인화성고체와 제4류 위험물을 저장하는 경우
5. 제3류 위험물 중 알킬알루미늄등과 제4류 위험물(알킬알루미늄 또는 알킬리튬을 함유한 것에 한한다)을 저장하는 경우
6. 제4류 위험물 중 유기과산화물 또는 이를 함유하는 것과 제5류 위험물 중 유기과산화물 또는 이를 함유한 것을 저장하는 경우

【정답】 ③

06. 위험물안전관리법령에서 정한 "물분무 등 소화설비"의 종류에 속하지 않는 것은?

① 스프링클러설비　② 포소화설비

③ 분말소화설비　④ 이산화탄소소화설비

|문|제|풀|이|

[물분무등 소화설비의 종류]

· 물분무소화설비　· 미분무소화설비
· 포소화설비　· 불활성카스소화설비
· 할로겐화합물소화설비　· 청정소화약제소화설비
· 분말소화설비　· 강화액소화설비

【정답】 ④

07. 위험물안전관리법령상 위험물의 운송에 있어서 운송책임자의 감독 또는 지원을 받아 운송하여야 하는 위험물에 속하지 않는 것은?

① $Al(CH_3)_3$　② CH_3Li

③ $Cd(CH_3)_2$　④ $Al(C_4H_9)_3$

|문|제|풀|이|

[위험물의 운송 기준] 대통령령이 정하는 위험물(알킬알루미늄($Al(CH_3)_3$, $(C_2H_5)_3Al$, $(C_4H_9)_3Al$, $(C_2H_5)_2AlCl$), 알킬리튬(CH_3Li, C_2H_5Li, C_4H_9Li) 또는 이 두 물질을 함유하는 위험물)의 운송에 있어서는 운송책임자(위험물 운송의 감독 또는 지원을 하는 자를 말한다.)의 감독 또는 지원을 받아 이를 운송하여야 한다. 운송책임자의 범위, 감독 또는 지원의 방법 등에 관한 구체적인 기준은 행정안전부령으로 정한다.

【정답】 ③

08. $NH_4H_2PO_4$이 열분해하여 생성되는 물질 중 암모니아와 수증기의 부피 비율은?

① 1 : 1　　② 1 : 2
③ 2 : 1　　④ 3 : 2

|문|제|풀|이|

[분말소화약제의 열분해 반응식]

종류	주성분	착색	적용 화재
제1종 분말	탄산수소나트륨을 주성분으로 한 것, ($NaHCO_3$)	백색	B, C급
	분해반응식: $2NaHCO_3 \rightarrow Na_2CO_3 + H_2O + CO_2$ (탄산수소나트륨) (탄산나트륨) (물) (이산화탄소)		
제2종 분말	탄산수소칼륨을 주성분으로 한 것, ($KHCO_3$)	담회색 (보라색)	B, C급
	분해반응식: $2KHCO_3 \rightarrow K_2CO_3 + H_2O + CO_2$ (탄산수소칼륨) (탄산칼륨) (물) (이산화탄소)		
제3종 분말	인산암모늄을 주성분으로 한 것, ($NH_4H_2PO_4$)	담홍색, 황색	A, B, C급
	분해반응식: $NH_4H_2PO_4 \rightarrow HPO_3 + NH_3 + H_2O$ (인산암모늄) (메타인산) (암모니아) (물)		
제4종 분말	제2종과 요소를 혼합한 것, $KHCO_3 + (NH_2)_2CO$	회색	B, C급
	분해반응식: $2KHCO_3 + (NH_2)_2CO \rightarrow K_2CO_3 + 2NH_3 + 2CO_2$ (탄산수소칼륨) (요소) (탄산칼륨)(암모니아)(이산화탄소)		

【정답】 ①

09. 위험물안전관리법령상 옥외저장소 중 덩어리상태의 유황만을 지반면에 설치한 경계표시의 안쪽에서 저장 또는 취급할 때 경계표시의 내부면적은 몇 m^2 이하로 하여야 하는가?

① 75　　② 100
③ 300　　④ 500

|문|제|풀|이|

[덩어리 유황을 저장 또는 취급하는 것]

1. 하나의 **경계표시의 내부의 면적은 100m^2 이하**일 것
2. 2 이상의 경계표시를 설치하는 경우에 있어서는 각각의 경계표시 내부의 면적을 합산한 면적은 1,000m^2 이하
3. 경계표시는 불연재료로 만드는 동시에 유황이 새지 아니하는 구조로 할 것
4. 경계표시의 높이는 1.5m 이하로 할 것
5. 경계표시에는 유황이 넘치거나 비산하는 것을 방지하기 위한 천막 등을 고정하는 장치를 설치하되, 천막 등을 고정하는 장치는 경계표시의 길이 2m마다 한 개 이상 설치할 것
6. 유황을 저장 또는 취급하는 장소의 주위에는 배수구와 분리장치를 설치할 것

【정답】 ②

10. 위험물안전관리법령에서 정한 탱크안전성능 검사의 구분에 해당하지 않는 것은?

① 기초 · 지반검사　　② 충수 · 수압검사
③ 용접부검사　　④ 배관검사

|문|제|풀|이|

[탱크안전성능검사]

1. 기초 · 지반검사 : 옥외탱크저장소의 액체위험물탱크 중 그 용량이 100,000L 이상인 탱크
2. 충수(充水) · 수압검사 : 액체위험물을 저장 또는 취급하는 탱크
3. 용접부검사 : 1의 규정에 의한 탱크
4. 암반탱크검사 : 액체위험물을 저장 또는 취급하는 암반 내의 공간을 이용한 탱크

【정답】 ④

11. 위험물탱크의 용량은 탱크의 내용적에서 공간용적을 뺀 용적으로 한다. 이 경우 소화약제 방출구를 탱크 안의 윗부분에 설치하는 탱크의 공간용적은 당해 소화설비의 소화약제방출구 아래의 어느 범위의 면으로부터 윗부분의 용적으로 하는가?

① 0.1m 이상 0.5m 미만 사이의 면
② 0.3m 이상 1m 미만 사이의 면
③ 0.5m 이상 1m 미만 사이의 면
④ 0.5m 이상 1.5m 미만 사이의 면

|문|제|풀|이|

[탱크의 공간용적]

1. 탱크의 공간용적은 탱크의 내용적의 $\frac{5}{100}$ 이상, $\frac{10}{100}$ 이하의 용적으로 한다.
   → 다만, 소화설비를 설치하는 탱크의 공간용적은 당해 소화설비의 **소화약제방출구 아래의 0.3m 이상 1m 미만** 사이의 면으로부터 윗부분의 용적으로 한다.
2. 암반탱크에 있어서는 용출하는 7일간의 지하수의 양에 상당하는 용적과 당해 탱크 내용적의 $\frac{1}{100}$의 용적 중에서 보다 큰 용적을 공간용적으로 한다.

【정답】 ②

12. 위험물 옥내저장소에 과염소산 300kg, 과산화수소 300kg 을 저장하고 있다. 저장창고에는 지정수량 몇 배의 위험물을 저장하고 있는가?

① 4 ② 3

③ 2 ④ 1

|문|제|풀|이|

[지정수량 계산값(배수)]

$$배수(계산값) = \frac{A품명의\ 저장수량}{A품명의\ 지장수량} + \frac{B품명의\ 저장수량}{B품명의\ 지장수량} + \cdots\cdots$$

1. 과염소산의 지정수량 300kg, 과산화수소의 지장수량 300kg
2. 저장수량은 각각 300kg

$$\therefore 배수 = \frac{300}{300} + \frac{300}{300} = 2배$$

【정답】 ③

13. 위험물안전관리법령상 판매취급소에 관한 설명으로 옳지 않은 것은?

① 건축물의 1층에 설치하여야 한다.

② 위험물을 저장하는 탱크시설을 갖추어야 한다.

③ 건축물의 다른 부분과는 내화구조의 격벽으로 구획하여야 한다.

④ 제조소와 달리 안전거리 또는 보유공지에 관한 규제를 받지 않는다.

|문|제|풀|이|

[판매취급소]

② 용기에 수납하여 위험물을 판매하므로 위험물을 저장하는 탱크시설을 갖추지 않아도 된다. 【정답】 ②

14. 위험물안전관리법령상 품명이 "유기과산화물"인 것으로만 나열된 것은?

① 과산화벤조일, 과산화메틸에틸케톤

② 과산화벤조일, 과산화마그네슘

③ 과산화마그네슘, 과산화메틸에틸케톤

④ 과산화초산, 과산화수소

|문|제|풀|이|

[제5류 위험물 → (자기반응성 물질)]

위험등급	품명	지정수량
Ⅰ	1. 유기과산화물 : 과산화벤조일, 과산화메틸에틸케톤 2. 질산에스테르류 : 질산메틸, 질산에틸, 니트로글리세린, 니트로글리콜, 니트로셀룰로오스	10kg
Ⅱ	3. 니트로화합물 : 트리니트로톨루엔, 트리니트로페놀(피크르산) 4. 니트로소화합물 : 파라디니트로소벤젠, 디니트로소레조르신 5. 아조화합물 : 아조벤젠, 히드록시아조벤젠 6. 디아조화합물 : 디아조메탄, 디아조카르복실산에틸 7. 히드라진 유도체 : 페닐히드라진, 히드라조벤젠	200kg
	8. 히드록실아민 9. 히드록실아민염류	100kg

【정답】 ①

15. $C_6H_2CH_3(NO_2)_3$을 녹이는 용제가 아닌 것은?

① 물 ② 벤젠

③ 에테르 ④ 아세톤

|문|제|풀|이|

[트리니트로톨루엔[T.N.T, $C_6H_2CH_3(NO_2)_3$] → 제5류 위험물(니트로화합물)]

- 인화점 167℃, 착화점 약 300℃, 융점 81℃, 비점 280℃, 비중 1.66, 폭발속도 7000m/s
- 담황색의 결정이며, 일광에 다갈색으로 변한다.
- 약칭은 T.N.T 이다.
- 강력한 폭약이며 폭발력의 표준으로 사용된다.
- 충격 감도는 피크르산(PA)보다 약하며, 폭성도 약간 떨어진다.
- 비수용성으로 조해성과 흡습성이 없다.
- 물에 녹지 않고 아세톤, 벤젠, 알코올, 에테르에는 잘 녹고 중성 물질이므로 중금속과는 작용하지 않는다.
- 연소속도가 매우 빨라 소화가 불가능하여 주위 소화를 생각하는 것이 좋다.

【정답】 ①

16. 그림의 시험장치는 제 몇 류 위험물의 위험성 판정을 위한 것인가? (단, 고체물질의 위험성 판정이다.)

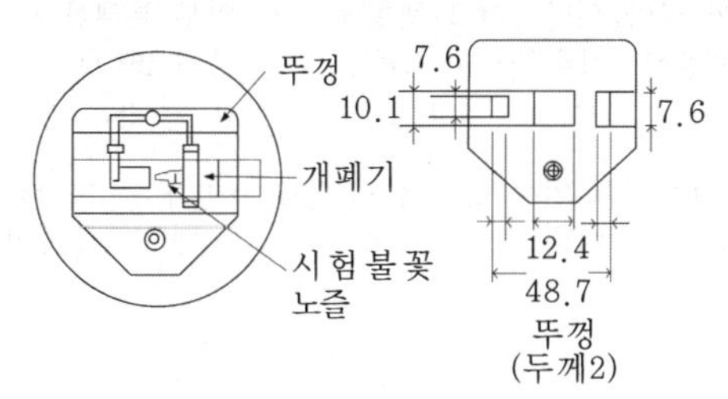

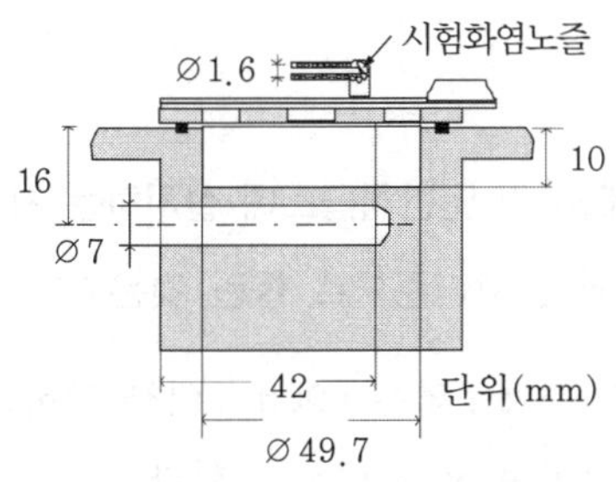

① 제1류 ② 제2류

③ 제3류 ④ 제4류

|문|제|풀|이|

[시험장치] 제2류 위험물의 시험방법

시험 중에 한 번이라도 착화하고 또 불꽃을 뗀 후에도 유염 연소 또는 무염 연소를 계속한 시험 물품 중에서 3초 이내에 착화하면 연소를 계속 유지하는 것(T-1)과 10초 이내에 착화하고 연소를 계속 유지하는 것(T-2)을 착화성이라 하고 이들을 위험물로 보며 이 위험도는 T-1 〉 T-2이다. 【정답】 ②

17. 금속나트륨, 금속칼륨 등을 보호액 속에 저장하는 이유를 가장 옳게 설명한 것은?

① 온도를 낮추기 위하여

② 승화하는 것을 막기 위하여

③ 공기와의 접촉을 막기 위하여

④ 운반 시 충격을 적게 하기 위하여

|문|제|풀|이|

[보호액(위험물 저장 시)] 금속나트륨, 금속칼륨 등을 보호액(등유, 경유, 유동파라핀) 속에 저장하는 가장 큰 이유는 공기화의 접촉을 막기 위함이다. 【정답】 ③

18. 위험물안전관리법령상 에틸렌글리콜과 혼재하여 운반할 수 없는 위험물은? (단, 지정수량의 10배일 경우이다.)

① 유황 ② 과망간산나트륨

③ 알루미늄분 ④ 트리니트로톨루엔

|문|제|풀|이|

[유별을 달리하는 위험물의 혼재기준]

위험물의 구분	제1류	제2류	제3류	제4류	제5류	제6류
제1류		X	X	X	X	O
제2류	X		X	O	O	X
제3류	X	X		O	X	X
제4류	X	O	O		O	X
제5류	X	O	X	O		X
제6류	O	X	X	X	X	

【비고】 1. 'X'표시는 혼재할 수 없음을 표시한다.
2. 'O'표시는 혼재할 수 있음을 표시한다.
3. 이 표는 지정수량의 $\frac{1}{10}$ 이하의 위험물에 대하여는 적용하지 아니한다.

※에틸렌글리콜($C_2H_4(OH)_2$) → 제4위험물(제3석유류)

① 유황(황)(S) → 제2류 위험물

② 과망간산나트륨($NaMnO_4 \cdot 3H_2O$)→ 제1류 위험물

③ 알루미늄분→ 제2류 위험물

④ 트리니트로톨루엔→ 제5류 위험물 【정답】 ②

19. 위험물의 지정수량이 잘못된 것은?

① $(C_2H_5)_3Al$: 10kg

② Ca : 50kg

③ LiH : 300kg

④ Al_4C_3 : 500kg

|문|제|풀|이|

[위험물의 성상]

① 트리에틸알루미늄($(C_2H_5)_3Al$) : 제3류 위험물, 지정수량 10kg

② 칼슘(Ca) : 제3류 위험물, 지정수량 50kg

③ 수소화리튬(LiH) : 제3류 위험물, 지정수량 300kg

④ 알루미늄의 탄화물(Al_4C_3) : 제3류 위험물, 지정수량 300kg

【정답】 ④

20. 탄소 80%, 수소 14%, 황 6% 인 물질 1kg이 완전연소 하기 위해 필요한 이론 공기량은 약 몇 kg 인가? (단, 공기 중 산소는 23wt%이다.)

① 3.31 ② 7.05
③ 11.62 ④ 14.41

|문|제|풀|이|

[완전 연소 시의 공기량]

1. 원소의 질량
   ㉮ 탄소: 80% → 0.8kg
   ㉯ 수소: 14% → 0.14kg
   ㉰ 황: 6% → 0.06kg
2. 각 원소 완전 연소 시의 산소량
   ㉮ 탄소: $C+O_2 \rightarrow CO_2$
   → 12 : 32 = 0.8 : x → $x=2.13$kg
   ㉯ 수소: $4H+O_2 \rightarrow 2H_2O$
   → 4 : 32 = 0.14 : x → $x=1.12$kg
   ㉰ 황: $S+O_2 \rightarrow SO_2$
   → 32 : 32 = 0.06 : x → $x=0.06$kg
3. 완전 연소 시의 산소량
   2.13+1.12+0.06=3.31kg
4. 필요한 이론 공기량
   0.23 : 3.31=1 : x → (공기 중 산소는 23wt%)
   $\therefore x=\frac{3.31}{0.23} \fallingdotseq 14.39$kg

【정답】 ④

21. 질산의 저장 및 취급법이 아닌 것은?

① 직사광선을 차단한다.
② 분해방지를 위해 요산, 인산 등을 가한다.
③ 유기물과 접촉을 피한다.
④ 갈색병에 넣어 보관한다.

|문|제|풀|이|

[질산(HNO_3) → 제6류 위험물]

- 융점 -42℃, 비점 86℃, 비중 1.49, 증기비중 2.17, 용해열 7.8kcal/mol
- 무색의 무거운 액체 → (보관 중 담황색으로 변한다.)
- 흡습성이 강하여 습한 공기 중에서 발열한다.
- 물과 반응하여 발열한다.
- 수용성으로 물과 반응하여 강산 산성을 나타낸다.
- 진한 질산은 Fe(철), Ni(니켈), Cr(크롬), Al(알루미늄), Co(코발트) 등과 반응하여 부동태를 형성한다.
- 질산과 염산을 1:3 비율로 제조한 것을 왕수라고 한다.
- 자극성, 부식성이 강한 강산이다.
  → 다만, 백금, 금, 이리듐, 로듐만은 부식시키지 못한다.
- 환원성 물질(탄화수소, 황화수소, 이황화수소 등)과 반응하여 발화, 폭발한다.
- 비점이 낮아 휘발성이고 햇빛에 의해 일부 분해한다.
- 분해 반응식 : $4HNO_3 \rightarrow 4NO_2\uparrow + O_2\uparrow + 2H_2O$
  (질산) (이산화질소) (산소) (물)

※② 분해방지를 위해 요산, 인산 등을 가한다. → 과산화수소의 저장 및 취급법

【정답】 ②

22. 위험물제조소 및 일반취급소에 설치하는 자동화재 탐지설비의 설치기준으로 틀린 것은?

① 하나의 경계구역은 600m^2 이하로 하고, 한 변의 길이는 50m 이하로 한다.
② 주요한 출입구에서 내부 전체를 볼 수 있는 경우 경계구역은 1,000m^2 이하로 할 수 있다.
③ 광전식분리형 감지기를 설치한 경우에는 하나의 경계구역을 1000m^2 이하로 할 수 있다.
④ 비상전원을 설치하여야 한다.

|문|제|풀|이|

[자동화재탐지 설비의 설치기준]

1. 자동화재탐지설비의 경계구역(화재가 발생한 구역을 다른 구역과 구분하여 식별할 수 있는 최소 단위의 구역을 말한다.)은 건축물 그 밖의 공작물의 2 이상의 층에 걸치지 아니하도록 할 것
   → 다만, 하나의 경계구역의 면적이 500m^2 이하이면서 당해 경계구역이 두개의 층에 걸치는 경우이거나 계단 · 경사로 · 승강기의 승강로 그 밖에 이와 유사한 장소에 연기감지기를 설치하는 경우에는 그러하지 아니하다.
2. 하나의 **경계구역의 면적은 600m^2 이하**로 하고 그 한 변의 길이는 50m(**광전식분리형 감지기**를 설치할 경우에는 100m)이하로 할 것
   → 다만, 당해 건축물 그 밖의 공작물의 주요한 출입구에서 그 내부의 전체를 볼 수 있는 경우에 있어서는 그 면적을 1,000m^2 이하로 할 수 있다.

【정답】 ③

23. 시클로헥산에 관한 설명으로 가장 거리가 먼 것은?

① 고리형 분자구조를 가진 방향족 탄화수소화합물이다.

② 화학식은 C_6H_{12}이다.

③ 비수용성 위험물이다.

④ 제4류 위험물 제1석유류에 속한다.

|문|제|풀|이|

[시클로헥산(C_6H_{12}) → 제4류(제1석유류)]

1. 분자식 C_6H_{12}, 분자량 84.15948g/mol
2. 비수용성 위험물이다.
3. 고리형 불포화 탄화수소

【정답】 ①

24. 시약(고체)의 명칭이 불분명한 시약병의 내용물을 확인하려고 뚜껑을 열어 시계접시에 소량을 담아놓고 공기 중에서 햇빛을 받는 곳에 방치하던 중 시계접시에서 갑자기 연소현상이 일어났다. 다음 물질 중 이 시약의 명칭으로 예상할 수 있는 것은?

① 황　　② 황린

③ 적린　　④ 질산암모늄

|문|제|풀|이|

[황린(P_4) → 제3류 위험물(자연발화성 물질 및 금수성물질)]

- 환원력이 강한 백색 또는 담황색 고체로 백린이라고도 한다.
- 물에 녹지 않으며, **자연발화성**이므로 반드시 물속에 저장한다.
- 벤젠, 알코올에 적게 녹고, 이황화탄소, 염화황, 염화화인에 잘 녹는다.
- 공기를 차단하고 약 260℃ 정도로 가열하면 적린(제2류 위험물)이 된다.
- 마늘 냄새가 나는 맹독성 물질이다. → (대인 치사량 0.02~0.05g)
- 연소 반응식 : $P_4 + 5O_2 \rightarrow 2P_2O_5$
  (황린) (산소) (오산화인(백색))
- 소화방법에는 마른모래, 주수소화가 효과적이다.
  → (소화 시 유독가스(오산화인(P_2O_5))에 대비하여 보호장구 및 공기호흡기를 착용한다.)

【정답】 ②

25. 이황화탄소를 화재예방 상 물속에 저장하는 이유는?

① 불순물을 물에 용해시키기 위해

② 가연성 증기의 발생을 억제하기 위해

③ 상온에서 수소가스를 발생시키기 때문에

④ 공기와 접촉하면 즉시 폭발하기 때문에

|문|제|풀|이|

[이황화탄소(CS_2, 2유화탄소) → 제4류 위험물 중 특수인화물]

- 인화점 -30℃, 착화점 100℃, 비점 46.25℃, 비중 1.26, 증기비중 2.62, 연소범위 1~44%
- 무색투명한 휘발성 액체(불쾌한 냄새)이나 일광을 쬐이면 황색으로 변색한다.
- 제4류 위험물 중 착화온도가 가장 낮다.
- 물에 녹지 않고 물보다 무거워 물속(물탱크, 수조)에 저장한다.
  → (독성이 있음)
- 저장 시 물속에 넣어 **가연성 증기의 발생을 억제**한다.
- 알코올, 에테르, 벤젠 등의 유기용제에는 잘 녹는다.
- 황, 황린, 수지, 고무 등을 잘 녹인다.
- 소화방법에는 포말, 분말, CO_2, 할로겐화합물 소화기 등을 사용해 질식소화 한다.
- 연소 반응식(100℃) : $CS_2 + 3O_3 \rightarrow CO_2\uparrow + 2SO_2\uparrow$
  (이황화탄소) (산소) (이산화탄소) (이황산가스(이산화황))

【정답】 ②

26. 과산화바륨과 물이 반응하였을 때 발생하는 것은?

① 수소　　② 산소

③ 탄산가스　　④ 수성가스

|문|제|풀|이|

[과산화바륨(BaO_2) 제1류 위험물(무기과산화물), 지정수량 50kg

1. **온수와 반응식** : $2BaO_2 + 2H_2O \rightarrow 2Ba(OH)_2 + O_2\uparrow$
   (과산화바륨) (물) (수산화바륨) (산소)
2. **가열분해 반응식** : $2BaO_2 \rightarrow 2BaO + O_2\uparrow$
   (과산화바륨) (산화바륨) (산소)
3. **탄산가스와의 반응식** : $2BaO_2 + 2CO_2 \rightarrow 2BaCO_3 + O_2\uparrow$
   (과산화바륨) (이산화탄소) (탄산바륨) (산소)
4. **염산과 반응식** : $Ba_2O_2 + 2HCl \rightarrow BaCl_2 + H_2O_2$
   (과산화바륨) (염산) (염화바륨) (과산화수소)
5. **황산과 반응식** : $BaO_2 + H_2SO_4 \rightarrow BaSO_4 + H_2O_2$
   (과산화바륨) (황산) (황산바륨) (과산화수소)

【정답】 ②

27. 알칼알루미늄등 또는 아세트알데히드등을 취급하는 제조소의 특례기준으로서 옳은 것은?

① 알킬알루미늄등을 취급하는 설비에는 불활성기체 또는 수증기를 봉입하는 장치를 설치한다.

② 알킬리알류미늄등을 취급하는 설비는 은 · 수은 · 동 · 마그네슘을 성분으로 하는 것으로 만들지 않는다.

③ 아세트알데히드 등을 취급하는 탱크에는 냉각장치 또는 보냉장치 및 불활성기체 봉압장치를 설치한다.

④ 아세트알데히드 등을 취급하는 설비의 주위에는 누설범위를 국한하기 위한 설비와 누설되었을 때 안정한 장소에 설치된 저장실에 유입시킬 수 있는 설비를 갖춘다.

|문|제|풀|이|

[위험물의 성질에 따른 제조소의 특례]

① 알킬알루미늄 등을 취급하는 설비에는 **불활성기체**를 봉입하는 장치를 갖출 것

② **아세트알데히드** 등을 취급하는 설비는 은, 수은, 동, 마그네슘 또는 이들을 성분으로 하는 합금으로 만들지 아니할 것

④ **알킬알루미늄** 등을 취급하는 설비의 주위에는 누설범위를 국한하기 위한 설비와 누설된 알킬알루미늄 등을 안전한 장소에 설치된 저장실에 유입시킬 수 있는 설비를 갖출 것

【정답】 ③

28. 위험물안전관리법령에 따라 위험물을 유별로 정리하여 서로 1m 이상의 간격을 두었을 때 옥내저장소에서 함께 저장하는 것이 가능한 경우가 아닌 것은?

① 제1류 위험물(알칼리금속의 과산화물 또는 이를 함유한 것을 제외한다)과 제5류 위험물을 저장하는 경우

② 제3류 위험물 중 알킬알루미늄과 제4류 위험물(알킬알루미늄 또는 알킬리튬을 함유한 것에 한한다)을 저장하는 경우

③ 제1류 위험물과 제3류 위험물 중 금수성물질을 저장하는 경우

④ 제2류 위험물 중 인화성고체와 제4류 위험물을 저장하는 경우

|문|제|풀|이|

[위험물의 저장의 기준] 유별을 달리하는 위험물을 동일한 저장소(내화구조의 격벽으로 완전히 구획된 실이 2 이상 있는 저장소에 있어서는 동일한 실)에 저장하지 아니하여야 한다.

→ 다만, 옥내저장소 또는 옥외저장소에 있어서 다음의 각목의 규정에 의한 위험물을 저장하는 경우로서 위험물을 유별로 정리하여 저장하는 한편, 1m 이상의 간격을 두는 경우에는 그러하지 아니하다.

1. 제1류 위험물(알칼리금속의 과산화물 또는 이를 함유한 것을 제외한다)과 제5류 위험물을 저장하는 경우
2. 제1류 위험물과 제6류 위험물을 저장하는 경우
3. **제1류 위험물과 제3류 위험물 중 자연발화성물질**(황린 또는 이를 함유한 것에 한한다)을 저장하는 경우
4. 제2류 위험물 중 인화성고체와 제4류 위험물을 저장하는 경우
5. 제3류 위험물 중 알킬알루미늄등과 제4류 위험물(알킬알루미늄 또는 알킬리튬을 함유한 것에 한한다)을 저장하는 경우
6. 제4류 위험물 중 유기과산화물 또는 이를 함유하는 것과 제5류 위험물 중 유기과산화물 또는 이를 함유한 것을 저장하는 경우

【정답】 ③

29. 금속화재를 옳게 설명한 것은?

① C급 화재이고, 표시색상은 황색이다.

② C급 화재이고, 표시색상은 없다.

③ D급 화재이고, 표시색상은 청색이다.

④ D급 화재이고, 표시색상은 없다.

|문|제|풀|이|

[화재의 분류]

급수	종류	색상	소화방법	가연물
A급	일반화재	백색	냉각소화	일반가연물(목재, 종이, 섬유, 석탄, 플라스틱 등)
B급	유류 가스 화재	황색	질식소화	가연성 액체(각종 유류 및 가스, 페인트)
C급	전기화재	청색	질식소화	전기기기, 기계, 전선 등
D급	금속화재	무색	피복에 의한 질식소화	가연성 금속(철분, 마그네슘, 나트륨, 금속분, AI분말 등)

※ E급 : 가스화재, F급 : 식용유화재

【정답】 ④

30. 다음 중 할로겐화합물 소화약제의 가장 주된 소화효과에 해당하는 것은?

① 제거효과　　② 억제효과
③ 냉각효과　　④ 질식효과

|문|제|풀|이|

[할로겐화합물 소화약제의 소화원리]

- 할로겐화합물은 연소의 4요소 중의 하나인 연쇄반응을 차단시켜 화재를 소화한다.
- 이러한 소화를 **부촉매소화 또는 억제소화**라 하며 이는 화학적 소화에 해당된다.
- 각종 할론(Halon)은 상온, 상압에서 기체 또는 액체 상태로 존재하나 저장하는 경우는 액화시켜 저장한다.
- 유류화재(B급 화재), 전기화재(C급 화재)에 적합하다.

【정답】 ②

31. 위험물 안전관리자에 대한 설명 중 옳지 않은 것은?

① 이동탱크 저장소는 위험물 안전관리자 선임 대상에 해당하지 않는다.
② 위험물 안전관리자가 퇴직한 경우 퇴직한 날부터 30일 이내에 다시 안전관리자를 선임해야 한다.
③ 위험물 안전관리자를 선임한 경우에는 선임한 날로부터 14일 이내에 소방본부장 또는 소방서장에게 신고하여야 한다.
④ 위험물 안전관리자가 일시적으로 직무를 수행할 수 없는 경우는 안전 교육을 받고 6개월 이상 실무 경력이 있는 사람을 대리자로 지정할 수 있다.

|문|제|풀|이|

[위험물안전관리자 → (위험물안전관리법 제15조)]

안전관리자가 여행·질병 그 밖의 사유로 인하여 일시적으로 직무를 수행할 수 없거나 안전관리자의 해임 또는 퇴직과 동시에 다른 안전관리자를 선임하지 못하는 경우에는 국가기술자격법에 따른 위험물의 취급에 관한 **자격취득자** 또는 위험물안전에 관한 기본지식과 경험이 있는 자로서 **행정안전부령이 정하는 자**를 대리자로 지정하여 그 직무를 대행하게 하여야 한다.

【정답】 ④

32. 철분, 금속분, 마그네슘의 화재에 적응성이 있는 소화약제는?

① 탄산수소염류분말　　② 할로겐화합물
③ 물　　④ 이산화탄소

|문|제|풀|이|

[위험물의 성질에 따른 소화설비의 적응성(제2류 위험물)]

소화설비의 구분 ＼ 대상			제2류 위험물		
			철분 금속분 마그네슘 등	인화성 고체	그 밖의 것
옥내소화전 또는 옥외소화전설비				○	○
스프링클러설비				○	○
물분무등 소화설비	물분무소화설비			○	○
	포소화설비			○	○
	불활성가스소화설비			○	
	할로겐화합물소화설비			○	
	분말 소화 설비	인산염류등		○	○
		탄산수소염류등	○	○	
		그 밖의 것	○		
대형소형 수동식 소화기	봉상수(棒狀水)소화기			○	○
	무상수(霧狀水)소화기			○	○
	봉상강화액소화기			○	○
	무상강화액소화기			○	○
	포소화기			○	○
	이산화탄소소화기			○	
	할로겐화합물소화기			○	
	분말소화기	인산염류소화기		○	○
		탄산수소염류소화기	○	○	
		그 밖의 것	○		
기타	물통 또는 수조			○	○
	건조사		○	○	○
	팽창질석 또는 팽창진주암		○	○	○

【정답】 ①

33. 소화설비의 설치기준에서 유기과산화물 1,000kg은 몇 소요단위에 해당하는가?

① 10 ② 20 ③ 100 ④ 200

|문|제|풀|이|

[유기과산화물 → 제5류 위험물, 지정수량 10kg]

[소요단위] 소요단위(위험물) $= \frac{저장수량}{1소요단위} = \frac{저장수량}{지정수량 \times 10}$

지정수량 10kg, 저장수량 1000kg

$\therefore$ 소요단위(위험물) $= \frac{저장수량}{지정수량 \times 10} = \frac{1000}{10 \times 10} = 10$

※[1소요단위] 소화설비의 설치대상이 되는 건축물 그 밖의 공작물의 규모 또는 위험물의 양의 기준단위

종류	내화구조	비내화구조
위험물 제조소 및 취급소	$100m^2$	$50m^2$
위험물 저장소	$150m^2$	$75m^2$
위험물	지정수량×10	

※소요단위(제조소, 취급소, 저장소) $= \frac{연면적}{기준면적}$

【정답】 ①

34. 주유취급소의 벽(담)에 유리를 부착할 수 있는 기준에 대한 설명으로 옳은 것은?

① 유리 부착 위치는 주입구, 고정주유설비로부터 2m 이상 이격되어야 한다.

② 지반면으로부터 50cm를 초과하는 부분에 한하여 설치하여야 한다.

③ 하나의 유리판 가로의 길이는 2m 이내로 한다.

④ 유리의 구조는 기준에 맞는 강화유리로 하여야 한다.

|문|제|풀|이|

[주유 취급소의 담 또는 벽]

① 유리를 부착하는 위치는 주입구, 고정주유설비 및 고정급유설비로부터 **4m 이상 거리**를 둘 것

② 주유취급소 내의 지반면으로부터 **70cm를 초과**하는 부분에 한하여 유리를 부착할 것

④ 유리의 구조는 **접합유리**(두 장의 유리를 두께 0.76mm 이상의 폴리비닐부티랄 필름으로 접합한 구조를 말한다)로 하되, 「유리구획 부분의 내화시험방법(KS F 2845)」에 따라 시험하여 비차열 30분 이상의 방화성능이 인정될 것

【정답】 ③

35. 제3류 위험물을 취급하는 제조소는 300명 이상을 수용할 수 있는 극장으로부터 몇 m 이상의 안전거리를 유지하여야 하는가?

① 5 ② 10

③ 30 ④ 70

|문|제|풀|이|

[제조소의 안전거리]

1. 주거용으로 사용되는 것 : 10m 이상
   → (제조소가 설치된 부지 내에 있는 것을 제외)
2. 학교, 병원, 극장 및 이와 유사한 **300명 이상 인원을 수용**할 수 있는 것, 복지지설 및 그 밖에 이와 유사한 20명 이상 인원을 수용할 수 있는 것 : **30m 이상**
3. 유형문화재와 기념물 중 지정문화재 : 50m 이상
4. 고압가스, 액화석유가스, 도시가스를 저장·취급하는 시설 : 20m 이상
5. 7000V 초과 35000V 이하의 특고압가공전선 : 3m 이상
6. 35000V를 초과하는 특고압가공전선 : 5m 이상

【정답】 ③

36. 위험물안전관리법령상 이동탱크저장소에 의한 위험물의 운송 시 장거리에 걸친 운송을 하는 때에는 2명 이상의 운전자로 하는 것이 원칙이다. 다음 중 예외적으로 1명의 운전자가 운송하여도 되는 경우의 기준으로 옳은 것은?

① 운송도중에 2시간 이내마다 10분 이상씩 휴식하는 경우

② 운송도중에 2시간 이내마다 20분 이상씩 휴식하는 경우

③ 운송도중에 4시간 이내마다 10분 이상씩 휴식하는 경우

④ 운송도중에 4시간 이내마다 20분 이상씩 휴식하는 경우

|문|제|풀|이|

[이동탱크저장소에 의한 위험물의 운송 시에 준수하여야 하는 기준]

위험물운송자는 장거리(고속도로에 있어서는 340km 이상, 그 밖에 있어서는 200km 이상을 말한다)에 걸치는 운송을 하는 때에는 2명 이상의 운전자로 할 것

→ 다만, 다음의 1에 해당하는 경우에는 그러하지 아니하다.

1. 운송책임자가 함께 동승하는 경우
2. 운송하는 위험물이 제2류 위험물, 제3류 위험물(칼슘 또는 알루미늄의 탄화물과 이것만을 함유한 것에 한한다.) 또는 제4류 위험물(특수인화물 제외)인 경우
3. 운송도중에 **2시간마다 20분 이상씩 휴식**하는 경우

【정답】 ②

37. 위험물안전관리법령에서 정한 알킬알루미늄 등을 저장 또는 취급하는 이동탱크 저장소에 비치해야 하는 물품이 아닌 것은?

① 방호복　　② 고무장갑
③ 비상조명등　　④ 휴대용확성기

|문|제|풀|이|

[이동탱크 저장소의 비치품목]

1. 완공검사필증 및 정기점검기록
2. 알킬알루미늄 등을 저장 또는 취급하는 이동탱크저장소의 비치 품목
   - ·긴급시의 연락처　·응급조치에 필요한 사항을 기재한 서류
   - ·방호복　·고무장갑
   - ·밸브 등을 죄는 결합공구 및 휴대용 확성기

【정답】 ③

38. 공기를 차단하고 황린을 약 몇 ℃로 가열하면 적린이 생성되는가?

① 60　　② 100
③ 150　　④ 260

|문|제|풀|이|

[황린(P_4) → 제3류 위험물(자연발화성 물질 및 금수성물질)]

·환원력이 강한 백색 또는 담황색 고체로 백린이라고도 한다.
·물에 녹지 않으며, 자연 발화성이므로 반드시 물속에 저장한다.
·벤젠, 알코올에 적게 녹고, 이황화탄소, 염화황, 염화화인에 잘 녹는다.
·공기를 차단하고 약 260℃ 정도로 가열하면 적린(제2류 위험물)이 된다.
·마늘 냄새가 나는 맹독성 물질이다. → (대인 치사량 0.02~0.05g)
·연소 반응식 : $P_4 + 5O_2 \rightarrow 2P_2O_5$
(황린) (산소) (오산화인(백색))
·소화방법에는 마른모래, 주수소화가 효과적이다.
→ (소화시 유독가스(오산화인(P_2O_5))에 대비하여 보호장구 및 공기호흡기를 착용한다.)

【정답】 ④

39. $CH_3COC_2H_5$의 명칭 및 지정수량을 옳게 나타낸 것은?

① 메틸에틸케톤, 50L
② 메틸에틸케톤, 200L
③ 메틸에틸에테르, 50L
④ 메틸에틸에테르, 200L

|문|제|풀|이|

[메틸에틸케톤($CH_3COC_2H_5$, MEK) → 제4류 위험물(제1석유류)]

·**지정수량(비수용성) 200L**, 인화점 -1℃, 착화점 516℃, 비점 80℃, 비중 0.81, 증기비중 2.48, 연소범위 1.8~11.5%
·냄새가 나는 휘발성 액체다.
·액체는 물보다 가볍다.
·피부에 닿으면 탈지작용을 일으킨다.
·물, 알코올, 에테르에 잘 녹는다.
·인화점이 0℃보다 낮아 화재 위험이 크다.
·저장은 밀봉하여 건조하고 서늘한 장소에 저장한다.
·소화방법에는 수용성이므로 분무소화가 가장 효과적

【정답】 ②

40. 나트륨에 관한 설명으로 옳은 것은?

① 물보다 무겁다.
② 융점이 100℃ 보다 높다.
③ 물과 격렬히 반응하여 산소를 발생시키고 발열한다.
④ 등유는 반응이 일어나지 않아 저장에 사용된다.

|문|제|풀|이|

[나트륨(Na) → 제3류 위험물]

·**융점 97.8℃**, 비점 880℃, **비중 0.97**
·은백색 광택의 무른 경금속으로 불꽃반응은 노란색
·공기 중에서 수분과 반응하여 수소를 발생한다.
·물과 반응식 : $2Na + 2H_2O \rightarrow 2NaOH + H_2 \uparrow + 88.2kcal$
(나트륨) (물) (수산화나트륨) (수소) (반응열)
·비중이 작으므로 **석유(파라핀, 경유, 등유) 속에 저장**한다.
·흡습성, 조해성이 있다.
·소화방법에는 마른모래, 건조된 소금, 탄산칼슘 분말의 혼합물로 피복하여 질식소화가 효과적이다. → (주수소화와 절대 금한다.)

【정답】 ④

41. 위험물제조소의 환기설비 중 급기구는 급기구가 설치된 실의 바닥면적 몇 m^2마다 1개 이상으로 설치하여야 하는가?

① 100　② 150
③ 200　④ 800

|문|제|풀|이|

[환기설비]
1. 환기는 자연배기방식으로 할 것
2. 급기구는 당해 급기구가 설치된 실의 바닥면적 $150m^2$ 마다 1개 이상으로 하되, 급기구의 크기는 $800cm^2$ 이상으로 할 것.
→ 다만, 바닥면적이 $150m^2$ 미만인 경우에는 다음의 크기로 하여야 한다.

바닥면적	급기구의 면적
$60m^2$ 미만	$150cm^2$ 이상
$60m^2$ 이상 $90m^2$ 미만	$300cm^2$ 이상
$90m^2$ 이상 $120m^2$ 미만	$450cm^2$ 이상
$120m^2$ 이상 $150m^2$ 미만	$600cm^2$ 이상

【정답】 ②

42. 위험물안전관리법령상 예방규정을 정하여야 하는 제조소 등의 관계인은 위험물제조소 등에 대하여 기술기준에 적합한지의 여부를 정기적으로 점검을 하여야 한다. 법적 최소 점검주기에 해당하는 것은? (단, 100만 리터 이상의 옥외탱크저장소는 제외한다)

① 월 1회 이상　② 6개월 1회 이상
③ 연 1회 이상　④ 2년 1회 이상

|문|제|풀|이|

[정기점검 및 정기검사] 대통령령이 정하는 제조소 등의 관계인은 그 제조소 등에 대하여 **연 1회** 행정안전부령이 정하는 바에 따라 규정에 따른 기술기준에 적합한지의 여부를 정기적으로 점검하고 점검결과를 기록하여 보존하여야 한다. 【정답】 ③

43. 다음 중 지정수량이 가장 큰 것은?

① 과염소산칼륨　② 트리니트로톨루엔
③ 황린　④ 유황

|문|제|풀|이|

[위험물의 지정수량]
① 과염소산칼륨($KClO_3$) : 제1류 위험물, 1등급, 지정수량 50kg
② 트리니트로톨루엔($C_6H_2CH_3(NO_2)_3$) : 제5류 위험물, 2등급, 지정수량 200kg
③ 황린(P_4) : 제3류 위험물, 1등급, 지정수량 20kg
④ 유황(S) : 제2류 위험물, 2등급, 지정수량 100kg

【정답】 ②

44. 다음 물질 중 물에 대한 용해도가 가장 낮은 것은?

① 아크릴산　② 아세트알데히드
③ 벤젠　④ 글리세린

|문|제|풀|이|

[위험물의 용해도]
① 아크릴산($C_3H_4O_2$): 제4류 위험물(제2석유류), 지정수량(수용성) 2000L, 물과 알코올에 녹는다.
② 아세트알데히드(CH_3CHO)제4류 위험물(특수인화물), 지정수량 50L, 물, 알코올, 에테르에 잘 녹는다.
③ 벤젠(C_6H_6): 제4위험물(제1석유류), 지정수량(비수용성) $200l$, **물에 잘 녹지 않고** 알코올, 아세톤, 에테르에 잘 녹는다.
④ 글리세린($C_6H_5(OH)_3$): 제4류 위험물(제3석유류), 지정수량(수용성) 4000L, 물, 알코올에 잘 녹는다.

【정답】 ③

45. 1차 알코올에 대한 설명으로 가장 적절한 것은?

① OH기의 수가 하나이다.
② OH기가 결합된 탄소 원자에 붙은 알킬기의 수가 하나이다.
③ 가장 간단한 알코올이다.
④ 탄소의 수가 하나인 알코올이다.

|문|제|풀|이|

[1차, 2차, 3차 알코올]
1. 1차 알코올: 히드록실기(-OH기)가 연결된 탄소에 직접 붙어있는 알킬기(R-)의 수가 1개
2. 2차 알코올: 히드록실기(-OH기)가 연결된 탄소에 직접 붙어있는 알킬기(R-)의 수가 2개
3. 3차 알코올: 히드록실기(-OH기)가 연결된 탄소에 직접 붙어있는 알킬기(R-)의 수가 3개 【정답】 ②

46. 위험물안전관리법령상 산화성 액체에 대한 설명으로 옳은 것은?

① 과산화수소는 농도와 밀도가 비례한다.

② 과산화수소는 농도가 높을수록 끓는점이 낮아진다.

③ 질산은 상온에서 불연성이지만 고온으로 가열하면 스스로 발화한다.

④ 질산을 황산과 일정 비율로 혼합하여 왕수를 제조할 수 있다.

|문|제|풀|이|

[위험물의 성상]

1. 과산화수소(H_2O_2) → 제6류 위험물

·착화점 80.2℃, 융점 -0.89℃, 비중 1.465, 증기비중 1.17, 비점 80.2℃,

·농도와 밀도가 비례 → (**농도가 높을수록 끓는점이 높다.**)

·순수한 것은 무색투명한 점성이 있는 액체이다.
→ (양이 많을 경우 청색)

·분해 시 산소(O_2)를 발생하므로 안정제로 인산, 요산, 글리세린, 인산나트륨 등을 사용한다.

·분해 반응식 : $4H_2O_2$ → H_2O + [O] (발생기 산소 : 표백작용)
(과산화수소) (물) (산소)

·물, 알코올, 에테르에는 녹고, 벤젠, 석유에는 녹지 않는다.

·강산화제 및 환원제로 사용되며 표백 및 살균작용을 한다.

·저장용기는 밀폐하지 말고 구멍이 있는 마개를 사용한다.

·히드라진(N_2H_4)과 접촉 시 분해 작용으로 폭발위험이 있다.

·농도가 36wt% 이상은 위험물에 속한다.

2. 질산(HNO_3) → 제6류 위험물

·융점 -42℃, 비점 86℃, 비중 1.49, 증기비중 2.17, 용해열 7.8kcal/mol

·무색의 무거운 액체 → (보관 중 담황색으로 변한다.)

·흡습성이 강하여 습한 공기 중에서 발열한다.

·물과 반응하여 발열한다.

·수용성으로 물과 반응하여 강산 산성을 나타낸다.

·진한 질산은 Fe(철), Ni(니켈), Cr(크롬), Al(알루미늄), Co(코발트) 등과 반응하여 부동태를 형성한다.

·**질산과 염산을 1:3** 비율로 제조한 것을 왕수라고 한다.

·자극성, 부식성이 강한 강산이다.
→ 다만, 백금, 금, 이리듐, 로듐만은 부식시키지 못한다.

·환원성 물질(탄화수소, 황화수소, 이황화수소 등)과 반응하여 발화, 폭발한다.

·비점이 낮아 휘발성이고 햇빛에 의해 일부 분해한다.

·**상온에서 불연성**이지만 고온으로 가열하면 **산소를 발생**한다.

·분해 반응식 : $4HNO_3$ → $4NO_2$↑ + O_2↑ + $2H_2O$
(질산) (이산화질소) (산소) (물)

【정답】 ①

47. 위험물안전관리법령상 제4류 위험물 운반용기의 외부에 표시하는 주의사항을 옳게 나타낸 것은?

① 화기엄금 및 충격주의

② 가연물 접촉주의

③ 화기엄금

④ 화기주의 및 충격주의

|문|제|풀|이|

[운반용기의 수납하는 위험물에 따라 다음의 규정에 의한 주의사항]

유별	종류	주의사항
제1류 위험물	알칼리금속의 과산화물 또는 이를 함유한 것	① 주위 : 화기·충격주의 물기엄금 및 가연물접촉주의 ② 게시판 : 물기엄금 ③ 피복 : 방수성, 차광성
	그 밖의 것	① 주위 : 화기·충격주의 및 가연물 접촉주의 ② 게시판 : 없음 ③ 피복 : 차광성
제2류 위험물	철분, 금속분, 마그네슘 또는 이들 중 어느 하나 이상을 함유한 것	① 주위 : 화기주의 및 물기엄금 ② 게시판 : 화기주의 ③ 피복 : 방수성
	인화성 고체	① 게시판 : 화기엄금
	그 밖의 것	① 게시판 : 화기주의
제3류 위험물	자연발화성 물질	① 주위 : 화기엄금 및 공기접촉엄금 ② 게시판 : 화기엄금 ③ 피복 : 차광성
	금수성 물질	① 게시판 : 물기엄금 ② 피복 : 방수성
제4류 위험물		① **게시판 : 화기엄금** ② 피복 : 차광성
제5류 위험물		① 주위 : 화기엄금 및 충격주의 ② 게시판 : 화기엄금 ③ 피복 : 차광성
제6류 위험물		① 주위 : 가연물접촉주의 ② 게시판 : 없음 ③ 피복 : 차광성

【정답】 ③

48. 위험물안전관리법령에서 정한 주유취급소의 고정주유설비 주위에 보유하여야 하는 주유공지의 기준은?

① 너비 10m 이상, 길이 6m 이상
② 너비 15m 이상, 길이 6m 이상
③ 너비 10m 이상, 길이 10m 이상
④ 너비 15m 이상, 길이 10m 이상

|문|제|풀|이|

[주유공지 및 급유공지] 주유취급소의 고정주유설비의 주위에는 주유를 받으려는 자동차 등이 출입할 수 있도록 **너비 15m 이상, 길이 6m 이상**의 콘크리트 등으로 포장한 공지(주유공지)를 보유하여야 하고, 고정급유설비를 설치하는 경우에는 고정급유설비의 호스기기의 주위에 필요한 공지(급유공지)를 보유하여야 한다.

【정답】 ②

49. 휘발유의 성질 및 취급시의 주의사항에 관한 설명 중 틀린 것은?

① 증기가 모여 있지 않도록 통풍을 잘 시킨다.
② 인화점이 상온이므로 상온 이상에서는 취급 시 각별한 주의가 필요하다.
③ 정전기 발생에 주의해야 한다.
④ 강산화제 등과 혼촉 시 발화할 위험이 있다.

|문|제|풀|이|

[휘발유(가솔린) → 제4류 위험물(제1석유류)]

- 지정수량(비수용성) 200L, **인화점 -43~-20℃**, 착화점 300℃, 비점 30~210℃, 비중 0.65~0.80(증기비중 3~4), 연소범위 1.4~7.6%
- 포화·불포화탄화가스가 주성분
- 물보다 가볍고 물에 잘 녹지 않는다.
- 전기의 불량도체로서 정전기 축적이 용이하다.
- 공업용은 무색, 자동차용은 노란색(무연), 고급은 녹색이다.
- 증기는 공기보다 무거워 낮은 곳에 체류하기 쉽다.
- 강산화제 등과 혼촉 시 발화할 위험이 있다.
- 소화방법에는 포소화약제, 분말소화약제에 의한 소화가 효과적
- 연소반응식 : $2C_8H_{18}$ + $25O_2$ → $16CO_2$↑ + $18H_2O$
  (옥탄) (산소) (이산화탄소) (물)

【정답】 ②

50. 위험물안전관리법령상 벌칙의 기준이 나머지 셋과 다른 하나는?

① 제조소등에 대한 긴급 사용정지 제한 명령을 위반한 자
② 탱크시험자로 등록하지 아니하고 탱크시험자의 업무를 한 자
③ 저장소 또는 제조소 등이 아닌 장소에서 지정수량 이상의 위험물을 저장 또는 취급한 자
④ 운반용기에 대한 검사를 받지 아니하고 운반용기를 사용하거나 유통시킨 자

|문|제|풀|이|

[위험물안전관리법령상 벌칙의 기준]

① 제조소등에 대한 긴급 사용정지 제한 명령을 위반한 자
 → 1년 이하의 징역 또는 1천만 원 이하의 벌금
② 탱크시험자로 등록하지 아니하고 탱크시험자의 업무를 한 자
 → 1년 이하의 징역 또는 1천만 원 이하의 벌금
③ 저장소 또는 제조소 등이 아닌 장소에서 지정수량 이상의 위험물을 저장 또는 취급한 자
 → 3년 이하의 징역 또는 3천만 원 이하의 벌금
④ 운반용기에 대한 검사를 받지 아니하고 운반용기를 사용하거나 유통시킨 자
 → 1년 이하의 징역 또는 1천만 원 이하의 벌금

【정답】 ③

51. 니트로셀룰로오스의 위험성에 대하여 옳게 설명한 것은?

① 물과 혼합하면 위험성이 감소한다.
② 공기 중에서 산화되지만 자연발화의 위험은 없다.
③ 건조할수록 발화의 위험성이 낮다.
④ 알코올과 반응하여 발화한다.

|문|제|풀|이|

[니트로셀룰로오스$[C_6H_7O_2(ONO_2)_3]_n$ → 제5류 위험물, 질산에스테르류]

- 비중 1.5, 분해온도 130℃, 착화점 180℃
- 셀룰로오스에 진한 질산과 진한 황산을 3:1의 비율로 혼합 작용시켜 제조한 것으로 약칭은 NC이다.

·니트로글리세린(NG)과 융합한 것을 교질 다이너마이트라 한다.
·비수용성이며 초산에틸, 초산아밀, 아세톤에 잘 녹는다.
·건조 상태에서는 폭발 위험이 크므로 저장 중에 물(20%) 또는 알코올(30%)로 습윤시켜 저장한다. 따라서 장기보관하면 위험하다.
·가열, 마찰, 충격에 연소, 폭발하기 쉽다.

【정답】 ①

52. $C_6H_2(NO_2)_3OH$와 $C_2H_5ONO_2$의 공통성질에 해당하는 것은?

① 니트로화합물이다.

② 인화성과 폭발성이 있는 액체이다.

③ 무색의 방향성 액체이다.

④ 에탄올에 녹는다.

|문|제|풀|이|

[피크린산과 질산에틸의 비교]

항목 \ 종류	피크린산 $C_6H_2(NO_2)_3OH$	질산에틸 $C_2H_5ONO_2$
분류	제5류 위험물 니트로화합물	제5류 위험물 질산에스테르류
주요 특징	인화점 150℃ 융점 122.5℃ 비점 255℃, 비중 1.8	인화점 10℃ 융점 -94.6℃ 비점 88℃, 비중 1.11
위험성	금속염과 혼합은 폭발 가솔린, 알코올, 요오드, 황과 혼합하면 마찰, 충격에 의하여 폭발	증기의 인화성에 주의
외관	광택이 있는 황색의 침상 결상	무색, 투명한 액체
용해도	찬물에는 약간 녹으나 더운물, 알코올, 에테르, 벤젠에는 잘 녹는다.	비수용성, 방향성 알코올, 에테르에 녹는다.

【정답】 ④

53. 위험물안전관리법령에서 정한 소화설비의 설치기준에 따라 다음 ( )에 알맞은 숫자를 차례대로 나타낸 것은?

> 제조소 등에 전기설비(전기배선, 조명기구 등은 제외한다)가 설치된 경우에는 당해 장소의 면적 ( )m^2마다 소형수동식소화기를 ( )개 이상 설치할 것

① 50, 1　　② 50, 2

③ 100, 1　　④ 100, 2

|문|제|풀|이|

[소화설비의 설치기준(전기설비의 소화설비)] 제조소 등에 전기설비(전기배선, 조명기구 등은 제외한다)가 설치된 경우에는 당해 장소의 면적 $100m^2$마다 소형수동식소화기를 1개 이상 설치할 것

【정답】 ③

54. 알루미늄 분말의 저장 방법 중 옳은 것은?

① 에틸알코올 수용액에 넣어 보관한다.

② 밀폐 용기에 넣어 건조한 것에 보관한다.

③ 폴리에틸렌 병에 넣어 수분이 많은 곳에 보관한다.

④ 염산 수용액에 넣어 보관한다.

|문|제|풀|이|

[알루미늄분(Al) → 제2류 위험물(금속분)]
·은백색의 광택을 띤 경금속
·열전도율 및 전기전도도가 크며, 진성·연성이 풍부하다.
·염산, 황산, 묽은 질산에 침식당하기 쉬우며, 진한 질산에는 부동태가 된다.
·끓는 물, 산, 알칼리수용액에 녹아 수소를 발생한다.
·수증기와의 반응식 : $2Al + 6H_2O \rightarrow 2Al(OH)_3 + 3H_2 \uparrow$
(알루미늄) (물) (수산화알루미늄) (수소)
·습기와 수분에 의해 자연발화하기도 한다.
·산화제와의 혼합물은 가열, 충격, 마찰로 인해 발화할 수 있다.
·**유리병(밀폐용기)에 넣어 건조한 곳에 저장**하고, 분진 폭발할 위험이 있으므로 화기에 주의해야 한다.
·소화방법으로는 마른모래, 멍석 등으로 피복소화가 효과적이다.
→ (주수소화는 수소가스를 발생하므로 위험하다.)

【정답】 ②

55. 니트로글리세린에 관한 설명으로 틀린 것은?

① 상온에서 액체 상태이다.

② 물에는 잘 녹지만 유기용제에는 녹지 않는다.

③ 충격 및 마찰에 민감하므로 주의해야 한다.

④ 다이너마이트의 원료로 쓰인다.

|문|제|풀|이|

[니트로글리세린[$C_3H_5(ONO_2)_3$] → 제5류 위험물 중 질산에스테르류]

- 라빌형의 융점 2.8℃, 스타빌형의 융점 13.5℃, 비점 160℃, 비중 1.6, 증기비중 7.84
- 상온에서 무색, 투명한 기름 형태의 액체 → (겨울철에는 동결)
- **비수용성이며 메탄올, 에테르에 잘 녹는다.**
- 가열, 마찰, 충격에 민감하여 폭발하기 쉽다.
- 규조토에 흡수시켜 다이너마이트를 제조한다.

【정답】 ②

56. 아세트산에틸의 일반성질 중 틀린 것은?

① 과일냄새를 가진 휘발성 액체이다.

② 증기는 공기보다 무거워 낮은 곳에 체류한다.

③ 강산화제와의 혼촉은 위험하다.

④ 인화점은 −20℃ 이하이다.

|문|제|풀|이|

[초산에틸($CH_3COOC_2H_5$, 아세트산에틸) → (분자량 88.11)

인화점(℃)	착화점(℃)	비중	비점(℃)	연소범위(%)
−4	427	0.9	77	2.5~9.6

- 지정수량(비수용성) 200L
- 무색투명한 휘발성, 인화성이 강한 액체로 과일향기가 난다. → (과일에센스(파인애플)로 사용)
- 알코올, 에테르, 아세톤과 잘 섞이며 물에 약간 녹는다.
- 유지, 수지, 셀룰로스 유도체 등을 잘 녹인다.

【정답】 ④

57. 위험물안전관리법령상 다음 ( )에 알맞은 수치를 모두 합한 것은?

- 과염소산의 지정수량은 ( )kg이다.
- 과산화수소는 농도가 ( )wt% 미만인 것은 위험물에 해당하지 않는다.
- 질산은 비중이 ( ) 이상인 것만 위험물로 규정한다.

① 349.36 ② 549.36

③ 337.49 ④ 537.49

|문|제|풀|이|

[제6류 위험물(산화성 액체)]

- 과염소산의 지정수량은 **300kg**이다.
- 과산화수소는 농도가 **36wt%** 미만인 것은 위험물에 해당하지 않는다.
- 질산은 비중이 **1.49** 이상인 것만 위험물로 규정한다.

∴합계=300+36+1.49=337.49

【정답】 ③

58. 위험물안전관리법령상 운송책임자의 감독, 지원을 받아 운송하여야 하는 위험물에 해당하는 것은?

① 알킬알루미늄, 산화프로필렌, 알킬리튬

② 알킬알루미늄, 산화프로필렌

③ 알킬알루미늄, 알킬리튬

④ 산화프로필렌, 알킬리튬

|문|제|풀|이|

[운송책임자의 감독·지원을 받아 운송하여야 하는 위험물 (제3류 위험물]

1. 알킬알루미늄
2. 알킬리튬
3. 알킬알루미늄 또는 알킬리튬의 물질을 함유하는 위험물

【정답】 ③

59. 유황의 특성 및 위험성에 대한 설명 중 틀린 것은?

① 산화성 물질이므로 환원성 물질과 접촉을 피해야 한다.

② 전기의 부도체이므로 전기절연체로 쓰인다.

③ 공기 중 연소 시 유해가스를 발생한다.

④ 일반상태의 경우 분진폭발의 위험성이 있다.

|문|제|풀|이|

[유황(황)(S) → 제2류 위험물]

- 황색의 결정 또는 분말로 물에 잘 녹지 않는다.
- 전기절연재료로 사용되며, 사방정계, 단사정계, 비정계 등 3종류가 있다.
- 순도 60wt% 이상의 것이 위험물이다.
- 분말 상태인 경우 분진폭발의 위험성이 있다.
- 황은 환원성 물질이므로 **산화성 물질과 접촉을 피해야 한다.**
- 공기 중에서 푸른색 불꽃을 내며 타서 이산화황(유독성)을 생성한다.
- 연소 반응식(100℃) : $S + O_2 \rightarrow SO_2 \uparrow$

(황) (산소) (이산화황(아황산가스))

【정답】 ①

60. 과산화벤조일 취급 시 주의사항에 대한 설명 중 틀린 것은?

① 수분을 포함하고 있으면 폭발하기 쉽다.

② 가열, 충격, 마찰을 피해야 한다.

③ 저장용기는 차고 어두운 곳에 보관한다.

④ 희석제를 첨가하여 폭발성을 낮출 수 있다.

|문|제|풀|이|

[과산화벤조일($(C_6H_5CO)_2O_2$) → 제5류 위험물(유기과산화물)]

- 무색무취의 백색 분말 또는 결정, 비수용성이다.
- 상온에서 안정된 물질로 강한 산화성 물질이다.
- 물에 녹지 않고 알코올에는 약간 녹으며 에테르 등 유기용제에는 잘 녹는다.
- **건조한 상태에서 마찰, 충격 등으로 폭발 위험성**이 있다.
- 70~80℃에서 오래 있으면 분해의 위험이 있으므로 직사광선을 피해 냉암소에 보관한다.
- 가열하면 100℃에서 흰연기를 내며 분해한다.

【정답】 ①

2021_1 위험물기능사 필기

01. 물질의 발화온도가 낮아지는 경우는?

① 발열량이 작을 때

② 산소의 농도가 작을 때

③ 화학적 활성도가 클 때

④ 산소와 친화력이 작을 때

|문|제|풀|이|

[발화점(착화점=발화온도)] 가연성 물질이 점화원 없이 발화하거나 폭발을 일으키는 최저온도. 발화점이 낮아진다는 것은 낮은 온도에서도 불이 잘 붙는다는 의미이다.

[발화점이 낮아지는 조건]

1. 산소와 친화력이 클 때
2. 산소의 농도가 높을 때
3. 발열량이 클 때
4. 압력이 클 때
5. 화학적 활성도가 클 때
6. 분자구조가 복잡할 때
7. 습도 및 가스압이 낮을 때
8. 열전도율이 낮을 때

【정답】 ③

02. 1몰의 이황화탄소와 고온의 물이 반응하여 생성되는 유독한 기체물질의 부피는 표준상태에서 얼마인가?

① 22.4L ② 44.8L

③ 67.2L ④ 134.4L

|문|제|풀|이|

[이황화탄소(CS_2, 2유화탄소) → 제4류 위험물 중 특수인화물]

·인화점 -30℃, 착화점 100℃, 비점 46.25℃, 비중 1.26, 증기비중 2.62, 연소범위 1~44%

·물과 가열 반응식(150℃) : $CS_2 + 2H_2O \rightarrow CO_2 \uparrow + 2H_2S \uparrow$
(이황화탄소) (물) (이산화탄소) (황화수소)

$\therefore 2H_2S$의 부피: $2 \times 22.4 = 44.8L$

※기체 1몰의 부피 : 0℃, 1기압에서 22.4L를 차지한다.

【정답】 ②

03. 어떤 소화기에 "ABC"라고 표시되어 있다. 다음 중 사용할 수 없는 화재는?

① 금속화재 ② 유류화재

③ 전기화재 ④ 일반화재

|문|제|풀|이|

[화재의 분류]

급수	종류	색상	소화방법	가연물
A급	일반화재	백색	냉각소화	일반가연물(목재, 종이, 섬유, 석탄, 플라스틱 등)
B급	유류 가스 화재	황색	질식소화	가연성 액체(각종 유류 및 가스, 페인트)
C급	전기화재	청색	질식소화	전기기기, 기계, 전선 등
D급	금속화재	무색	피복에 의한 질식소화	가연성 금속(철분, 마그네슘, 나트륨, 금속분, Al분말 등)

※ E급 : 가스화재, F급 : 식용유화재

【정답】 ①

04. 위험물안전관리법령상 자동화재탐지설비를 설치하지 않고 비상경보설비로 대신할 수 있는 것은?

① 지정수량 20배를 저장하는 옥내저장소로서 처마높이가 8m인 단층건물

② 지정수량 20배를 저장 취급하는 옥내주유취급소

③ 단층건물 외에 건축물에 설치된 지정수량 15배의 옥내 탱크저장소로서 소화난이도등급 Ⅱ에 속하는 것

④ 일반취급소로서 연면적 600m²인 것

|문|제|풀|이|

[경보설비의 종류 및 설치기준] **지정수량 10배 이상**의 위험물을 저장·취급하는 곳은 자동화재탐지설비, 비상경보설비, 확장장치, 비상방송설비 중 1종 이상

【정답】 ②

05. 다음은 어떤 화합물의 구조식 인가?

① 할론2402
② 할론1301
③ 할론1011
④ 할론1201

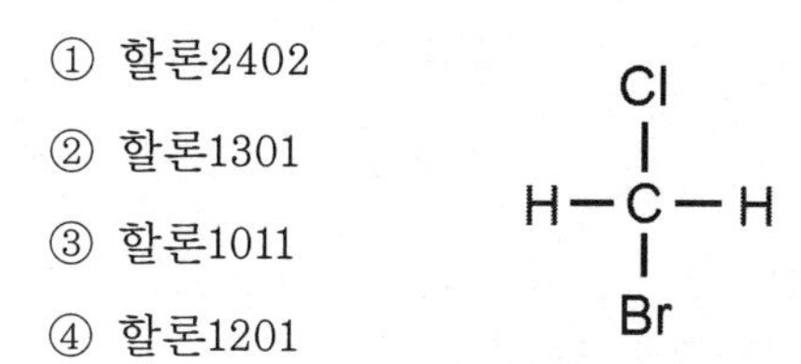

|문|제|풀|이|

[할론(Halon)의 구조]

1. 할론은 지방족 탄화수소인 메탄(C_2H_4)이나 에탄(C_2H_6) 등의 수소 원자 일부 또는 전부가 할로겐원소(F, Cl, Br, I)로 치환된 화합물로 이들의 물리, 화학적 성질은 메탄이나 에탄과는 다르다.
2. 할론 번호의 숫자는 탄소(C), 불소(F), 염소(Cl), 브롬(Br)의 개수를 나타낸다.

【예】 Halon 1 0 1 1 → CH_2ClBr

- 브롬(Br) 1개 → Br
- 염소(Cl) 1개 → Cl
- 불소(F) 0개 →
- 탄소(C) 1개 → C

【정답】 ③

07. 위험물안전관리법령상 제5류 위험물의 공통된 취급 방법으로 옳지 않은 것은?

① 불티, 불꽃, 고온체와의 접근을 피한다.
② 용기의 파손 및 균열에 주의한다.
③ 운반용기 외부에 주의사항으로 '화기주의' 및 '물기엄금'을 표기한다.
④ 저장 시 과열, 충격, 마찰을 피한다.

|문|제|풀|이|

[운반용기의 수납하는 위험물에 따라 다음의 규정에 의한 주의사항]

위험물의 종류		주의사항
제1류 위험물	알칼리금속의 과산화물 또는 이를 함유한 것	화기·충격주의 물기엄금 및 가연물접촉주의
	그 밖의 것	화기·충격주의 및 가연물 접촉주의
제2류 위험물	철분, 금속분, 마그네슘 또는 이들 중 어느 하나 이상을 함유한 것	화기주의 및 물기엄금
	인화성 고체	화기엄금
	그 밖의 것	화기주의
제3류 위험물	자연발화성 물질	화기엄금 및 공기접촉엄금
	금수성 물질	물기엄금
제4류 위험물		화기엄금
제5류 위험물		**화기엄금 및 충격주의**
제6류 위험물		가연물접촉주의

【정답】 ③

06. 화재 시 이산화탄소를 방출하여 산소의 농도를 21vol%에서 13vol%로 낮추어 소화를 하려면 공기 중의 이산화탄소는 몇 vol%가 되어야 하는가?

① 28.1 ② 38.1
③ 42.86 ④ 48.36

|문|제|풀|이|

[이산화탄소의 농도(vol%)] $CO_2(vol\%) = \frac{21 - O_2(vol\%)}{21} \times 100$

여기서, $CO_2(vol\%)$ → 이론소화농도 : 밀폐된 실내의 화재를 진압하기 위한 CO_2의 농도

$O_2(vol\%)$ → 한계산소농도(연소한계농도) : 불활성가스 첨가 시 산소농도가 떨어져 연소 · 폭발이 일어나지 않을 때의 산소농도

21 : 공기 중의 산소 비율

$\therefore CO_2(vol\%) = \frac{21-13}{21} \times 100 = 38.1 vol\%$

【정답】 ②

08. 플래시오버(Flash Over)에 대한 설명으로 옳은 것은?

① 산소의 공급이 주요 요인이 되어 발생한다.
② 대부분 화재 종기(쇠퇴기)에 발생한다.
③ 내장재의 종류와 개구부의 크기에 영향을 받는다.
④ 대부분 화재 초기(발화기)에 발생한다.

|문|제|풀|이|

[플래시 오버]

- 화재로 발생한 가연성 분해가스가 천장 부근에 모이고 갑자기 불꽃이 폭발적으로 확산하여 창문이나 방문으로부터 연기나 불꽃이 뿜어 나오는 현상
- 내장재의 종류와 개구부의 크기에 영향을 받는다.

【정답】 ③

09. 다음 중 유류저장탱크 화재에서 일어나는 현상으로 거리가 먼 것은?

① 보일오버 ② 플래시오버
③ 슬롭오버 ④ 프로스오버

|문|제|풀|이|

[유류저장탱크에서 일어나는 현상]

보일오버	고온층이 형성된 유류화재의 탱크저부로 침강하여 에 저부에 물이 고여 있는 경우, 화재의 진행에 따라 바닥의 물이 급격히 증발하여 대량의 수증기가 상층의 유류를 밀어 올려 다량의 기름을 분출시키는 위험현상
슬롭오버	· 유류화재 발생시 유류의 액표면 온도가 물의 비점 이상으로 상승할 때 소화용수가 연소유의 뜨거운 액표면에 유입되면서 탱크의 잔존 기름이 갑자기 외부로 분출하는 현상 · 유류화재 시 물이나 포소화약재를 방사할 경우 발생한다.
프로스오버	탱크속의 물이 점성이 뜨거운 기름 표면 아래서 끓을 때 화재를 수반하지 않고 기름이 용기에서 넘쳐흐르는 현상

※플래시오버(가스저장탱크에서 일어나는 현상)
· 화재로 발생한 가연성 분해가스가 천장 부근에 모이고 갑자기 불꽃이 폭발적으로 확산하여 창문이나 방문으로부터 연기나 불꽃이 뿜어 나오는 현상
· 내장재의 종류와 개구부의 크기에 영향을 받는다.

【정답】 ②

10. 지하탱크저장소에 대한 설명으로 옳지 않은 것은?

① 지하저장탱크와 탱크전용실 안쪽과의 간격은 0.1m 이상의 간격을 유지한다.
② 지하저장탱크의 윗부분은 지면으로부터 0.6m 이상 아래에 있어야 한다.
③ 탱크전용실 벽의 두께는 0.3m 이상이어야 한다.
④ 지하저장탱크에는 두께 0.1m 이상의 철근콘크리트조로 된 뚜껑을 설치한다.

|문|제|풀|이|

[지하탱크저장소의 기준] 당해 탱크를 그 수평투영의 세로 및 가로보다 각각 0.6m 이상 크고 **두께가 0.3m 이상**인 철근콘크리트조의 뚜껑으로 덮을 것

【정답】 ④

11. 팽창질석(삽 1개 포함) 160리터의 소화 능력단위는?

① 0.5 ② 1.0
③ 1.5 ④ 2.0

|문|제|풀|이|

[소화설비의 소화능력의 기준단위]

소화설비	용량	능력단위
소화전용 물통	8L	0.3
수조+물통3개	80L	1.5
수조+물통6개	190L	2.5
마른모래 (삽 1개 포함)	50L	0.5
팽창질석, 팽창진주암 (삽 1개 포함)	160L	**1.0**

【정답】 ②

12. 위험물안전관리법령에 따라 다음 ( ) 안에 알맞은 용어는?

> 주유취급소 중 건축물의 2층 이상의 부분을 점포 · 휴게음식점 또는 전시장의 용도로 사용하는 것에 있어서는 당해 건축물의 2층 이상으로부터 주유취급소의 부지 밖으로 통하는 출입구와 당해 출입구로 통하는 통로 · 계단 및 출입구에 ( )을(를) 설치하여야 한다.

① 피난사다리 ② 경보기
③ 유도등 ④ CCTV

|문|제|풀|이|

[피난설비의 설치기준]

1. 주유취급소 중 건축물의 2층 이상의 부분을 점포 · 휴게음식점 또는 전시장의 용도로 사용하는 것에 있어서는 당해 건축물의 2층 이상으로부터 주유취급소의 부지 밖으로 통하는 출입구와 당해 출입구로 통하는 통로 · 계단 및 출입구에 **유도등**을 설치하여야 한다.
2. 옥내주유취급소에 있어서는 당해 사무소 등의 출입구 및 피난구와 당해 피난구로 통하는 통로 · 계단 및 출입구에 유도등을 설치하여야 한다.
3. 유도등에는 비상전원을 설치하여야 한다.

【정답】 ③

13. 무색 또는 옅은 청색의 액체로 농도가 36wt% 이상인 것을 위험물로 간주하는 것은?

① 과산화수소 ② 과염소산
③ 질산 ④ 초산

|문|제|풀|이|

[과산화수소(H_2O_2) → 제6류 위험물]
·착화점 80.2℃, 융점 -0.89℃, 비중 1.465, 증기비중 1.17, 비점 80.2℃
·순수한 것은 **무색**투명한 점성이 있는 액체이다.
→ (양이 많을 경우 **청색**)
·분해 시 산소(O_2)를 발생하므로 안정제로 인산, 요산 등을 사용
·분해 반응식 : $4H_2O_2$ → H_2O + [O] (발생기 산소 : 표백작용)
(과산화수소) (물) (산소)
·물, 알코올, 에테르에는 녹고, 벤젠, 석유에는 녹지 않는다.
·강산화제 및 환원제로 사용되며 표백 및 살균작용을 한다.
·저장용기는 밀폐하지 말고 구멍이 있는 마개를 사용한다.
·히드라진(N_2H_4)과 접촉 시 분해 작용으로 폭발위험이 있다.
·농도가 **30wt% 이상**은 위험물에 속한다. 【정답】 ①

14. 과산화마그네슘에 대한 설명으로 옳은 것은?

① 산화제, 표백제, 살균제 등으로 사용된다.
② 물에 녹지 않기 때문에 습기와 접촉해도 무방하다.
③ 물과 반응하여 금속마그네슘을 생성한다.
④ 염산과 반응하면 산소와 수소를 발생한다.

|문|제|풀|이|

[과산화마그네슘(MgO_2) → 재1류 위험물 (무기과산화물)]
·무색무취의 백색 분말
·시판품의 MgO_2 함유량은 15~25% 정도이다.
·물에 녹지 않는다.
·산과 반응하여 과산화수소를 발생한다.
·산화제, 표백제, 살균제 등으로 사용된다.
·소화방법으로는 마른모래에 의한 피복소화가 적절하다.
·물과 반응식 : MgO_2 + $2H_2O$→ $2Mg(OH)_2$ + O_2 ↑
(과산화마그네슘) (물) (수산화마그네슘) (산소)
·염산과 반응식 : MgO_2+2HCl → $MgCl_2$ + H_2O_2 ↑
(과산화마그네슘) (염산) (염화마그네슘) (과산화수소)
【정답】 ①

15. 위험물에 대한 유별 구분이 잘못된 것은?

① 브롬산염류 - 제1류 위험물
② 유황 - 제2류 위험물
③ 금속의 인화물 - 제3류 위험물
④ 무기과산화물 - 제5류 위험물

|문|제|풀|이|

[위험물의 구분]
① 브롬산염류 : 제1류 위험물(2등급, 지정수량 300kg)
② 유황 : 제2류 위험물(2등급, 지정수량 1000kg)
③ 금속의 인화물 : 제3류 위험물(3등급, 지정수량 300kg)
④ **무기과산화물 : 제1류 위험물**(1등급, 지정수량 50kg)
【정답】 ④

16. 다음 위험물 중 지정수량이 가장 큰 것은?

① 질산에틸 ② 과산화수소
③ 트리니트로톨루엔 ④ 피크르산

|문|제|풀|이|

[위험물의 지정수량]
① 질산에틸(($C_2H_5ONO_2$)) : 제6류 위험물, 지정수량 10kg
② 과산화수소(H_2O_2) : 제6류 위험물, **지정수량 300kg**
③ 트리니트로톨루엔(CH_3ONO_2) : 제5류 위험물, 지정수량 200kg
④ 피크르산(트리니트로페놀$C_6H_2OH(NO_2)_3$) : 제5류 위험물, 지정수량 200kg 【정답】 ②

17. 위험물탱크 성능 시험자가 갖추어야 할 등록기준에 해당되지 않은 것은?

① 기술능력 ② 시설
③ 장비 ④ 경력

|문|제|풀|이|

[탱크시험자의 등록신청 서류]
1. 기술능력자 연명부 및 기술자격증
2. 안전성능시험장비의 명세서
3. 보유장비 및 시험방법에 대한 기술검토를 기술원으로부터 받은 경우에는 그에 대한 자료
4. 「원자력안전법」에 따른 방사성동위원소이동사용허가증 또는 방사선발생장치이동사용허가증의 사본 1부
5. 사무실의 확보를 증명할 수 있는 서류 【정답】 ④

18. 위험물안전관리법령상 위험물안전관리자의 책무에 해당하지 않는 것은?

① 화재 등의 재난이 발생할 경우 소방관서 등에 대한 연락 업무
② 화재 등의 재난 발생할 경우 응급조치
③ 위험물 취급에 관한 일지작성 · 기록
④ 위험물안전관리자의 선임 · 신고

|문|제|풀|이|

[위험물안전관리자 → (위험물안전관리법 제15조)]

1. **제조소 등의 관계인**은 위험물의 안전관리에 관한 직무를 수행하게 하기 위하여 제조소 등마다 대통령령이 정하는 위험물의 취급에 관한 자격이 있는 자(위험물취급자격자)를 위험물안전관리자(안전관리자)로 **선임**하여야 한다.
2. **제조소 등의 관계인**은 제1항에 따라 안전관리자를 선임한 경우에는 선임한 날부터 14일 이내에 행정안전부령으로 정하는 바에 따라 소방본부장 또는 소방서장에게 **신고**하여야 한다.

【정답】 ④

19. 다음 중 연소반응이 일어날 수 있는 가능성이 가장 큰 물질은?

① 산소와 친화력이 작고, 활성화 에너지가 작은 물질
② 산소와 친화력이 크고, 활성화 에너지가 큰 물질
③ 산소와 친화력이 작고, 활성화 에너지가 큰 물질
④ 산소와 친화력이 크고, 활성화 에너지가 작은 물질

|문|제|풀|이|

[가연물의 조건]

· **산소와의 친화력이 클 것**
· 발열량이 클 것
· 열전도율(열을 전달하는 정도)이 적을 것
→ (기체 〉 액체 〉 고체)
· 표면적이 넓을 것 (공기와의 접촉면이 크다)
→ (기체 〉 액체 〉 고체)
· **활성에너지(화학반응을 이루는데 필요한 에너지)가 작을 것**
· 연쇄반응을 일으킬 수 있을 것

【정답】 ④

20. 다음 중 할로겐화합물 소화약제의 가장 주된 소화효과에 해당하는 것은?

① 제거효과　② 억제효과
③ 냉각효과　④ 질식효과

|문|제|풀|이|

[할로겐화합물 소화약제의 소화원리]

· 할로겐화합물은 연소의 4요소 중의 하나인 연쇄반응을 차단시켜 화재를 소화한다.
· 이러한 소화를 **부촉매소화 또는 억제소화**라 하며 이는 화학적 소화에 해당된다.
· 각종 할론(Halon)은 상온, 상압에서 기체 또는 액체 상태로 존재하나 저장하는 경우는 액화시켜 저장한다.
· 유류화재(B급 화재), 전기화재(C급 화재)에 적합하다.

【정답】 ②

21. 메틸알코올 8000리터에 대한 소화능력으로 삽을 포함한 마른모래를 몇 리터 설치하여야 하는가?

① 100　② 200
③ 300　④ 400

|문|제|풀|이|

[소화설비의 능력단위]

1. 소화설비의 능력단위

소화설비	용량	능력단위
소화전용 물통	8L	0.3
수조(소화전용 물통 3개 포함)	80L	1.5
수조(소화전용 물통 6개 포함)	190L	2.5
마른 모래(삽 1개 포함)	**50L**	**0.5**
팽창질석 또는 팽창진주암 (삽 1개 포함)	160L	1.0

2. 메틸알코올 지정수량 : 400L
3. 위험물의 1소요단위 : 지정수량의 10배이므로 $400 \times 10 = 4000$

메틸알코올 8000L이므로 → 소요단위 $= \frac{저장수량}{지정수량 \times 10} = \frac{8000L}{4000L} = 2$단위

4. 용량별 능력단위 : $0.5x = 2 \rightarrow x = 4$

$\therefore$ $x \times$ 용량 → $4 \times 50 = 200L$

【정답】 ②

22. 위험물안전관리법령상 위험물에 해당하는 것은?

① 황산

② 비중이 1.41인 질산

③ 53마이크로미터의 표준체를 통과하는 것이 50wt% 미만인 철의 분말

④ 농도가 40wt%인 과산화수소

|문|제|풀|이|

[위험물판단기준]

① 황산H_2SO_4) : 비위험물

② 질산(HNO_3, 제6류 위험물) : **비중 1.49 이상**

③ 철분(Fe) : 위험물로서 철분은 53마이크로미터 표준체를 통과하는 것이 **50wt% 이상**일 것

④ 과산화수소(H_2O_2) : 농도가 **30wt% 이상**은 위험물에 속한다.

【정답】 ④

23. 다음 중 원자량이 가장 높은 것은?

① H　　② C

③ K　　④ B

|문|제|풀|이|

[원소의 원자량]

① H : 수소, 원자량 1　　② C : 탄소, 원자량 12

③ K : 칼륨, 원자량 39　　④ B : 붕소, 원자량 10

【정답】 ③

24. 아염소산나트륨의 저장 및 취급 시 주의사항으로 가장 거리가 먼 것은?

① 물속에 넣어 냉암소에 저장한다.

② 강산류와의 접촉을 피한다.

③ 취급 시 충격, 마찰을 피한다.

④ 가연성 물질과 접촉을 피한다.

|문|제|풀|이|

[아염소산나트륨($NaClO_2$) → 제1류 위험물(아염소산염류)]

·수용액은 산성인 상태에서 분해하여 이산화염소를 생성하는데, 이 때문에 표백작용이 있다.

·무색의 결정성 분말로 **물에 잘 녹는다**.

·펄프, 섬유제품(특히 합성섬유), 식품의 표백, 수돗물의 살균에 사용된다.

·**온도가 낮고 어두운 장소에 보관**해야 한다.

·산을 가할 경우 유독가스(이산화염소, ClO_2)가 발생한다.

【정답】 ①

25. 다음 중 지정수량이 가장 큰 것은?

① 과염소산칼륨　　② 트리니트로톨루엔

③ 황린　　④ 유황

|문|제|풀|이|

[위험물의 지정수량]

① 과염소산칼륨($KClO_3$) : 제1류 위험물, 1등급, 지정수량 50kg

② 트리니트로톨루엔($C_6H_2CH_3(NO_2)_3$) : 제5류 위험물, 2등급, 지정수량 200kg

③ 황린(P_4) : 제3류 위험물, 1등급, 지정수량 20kg

④ 유황(S) : 제2류 위험물, 2등급, 지정수량 100kg

【정답】 ②

26. 금속분의 화재 시 주수해서는 안 되는 이유로 가장 옳은 것은?

① 산소가 발생하기 때문에

② 수소가 발생하기 때문에

③ 질소가 발생하기 때문에

④ 유독가스가 발생하기 때문에

|문|제|풀|이|

[금속분(알루미늄분, 아연분, 안티몬) → 제2류 위험물, 지정수량 500kg

소화방법으로는 마른모래, 명석 등으로 피복소화가 효과적이다.

→ (주수소화는 **수소가스를 발생**하므로 위험하다.)

※금속분 물과의 반응식

1. 알루미늄분과 수증기와의 반응식

$2Al + 6H_2O \rightarrow 2Al(OH)_3 + 3H_2 \uparrow$

(알루미늄) (물)　(수산화알루미늄) (수소)

2. 아연분과 물과의 반응식

$Zn + 2H_2O \rightarrow Zn(OH)_2 + H_2 \uparrow$

(아연)　(물)　(수산화아연)　(수소)

【정답】 ②

27. 위험물안전관리자를 해임한 후 며칠 이내에 후임자를 선임하여야 하는가?

① 14일 ② 15일
③ 20일 ④ 30일

|문|제|풀|이|

[위험물안전관리자 → (위험물안전관리법 제15조)]

1. 제조소 등의 관계인은 위험물의 안전관리에 관한 직무를 수행하게 하기 위하여 제조소 등마다 대통령령이 정하는 위험물의 취급에 관한 자격이 있는 자(위험물취급자격자)를 위험물안전관리자(안전관리자)로 선임하여야 한다.
2. 제1항의 규정에 따라 안전관리자를 선임한 제조소 등의 관계인은 그 안전관리자를 해임하거나 안전관리자가 퇴직한 때에는 해임하거나 퇴직한 날부터 **30일 이내**에 다시 안전관리자를 선임하여야 한다.
3. 선임한 경우에는 선임한 날부터 14일 이내에 행정안전부령으로 정하는 바에 따라 소방본부장 또는 소방서장에게 신고하여야 한다.

【정답】 ④

28. 위험물안전관리법령상 예방규정을 정하여야 하는 제조소등에 해당하지 않는 것은?

① 지정수량 10배 이상의 위험물을 취급하는 제조소
② 이송취급소
③ 암반탱크저장소
④ 지정수량의 200배 이상의 위험물을 저장하는 옥내탱크저장소

|문|제|풀|이|

[관계인이 예방규정을 정하여야 하는 제조소 등]

1. 지정수량의 10배 이상의 위험물을 취급하는 제조소
2. 지정수량의 100배 이상의 위험물을 저장하는 옥외저장소
3. 지정수량의 **150배** 이상의 위험물을 저장하는 **옥내저장소**
4. 지정수량의 **200배 이상**의 위험물을 저장하는 **옥외탱크저장소**
5. 암반탱크저장소
6. 이송취급소
7. 지정수량의 10배 이상의 위험물을 취급하는 일반취급소

【정답】 ④

29. A급, B급, C급 화재에 모두 적용이 가능한 소화약제는?

① 제1종 분말소화약제
② 제2종 분말소화약제
③ 제3종 분말소화약제
④ 제4종 분말소화약제

|문|제|풀|이|

[분말소화약제의 종류 및 특성]

종류	주성분	착색	적용 화재
제1종 분말	탄산수소나트륨을 주성분으로 한 것, ($NaHCO_3$)	백색	B, C급
	분해반응식: $2NaHCO_3 \rightarrow Na_2CO_3 + H_2O + CO_2$ (탄산수소나트륨) (탄산나트륨) (물) (이산화탄소)		
제2종 분말	탄산수소칼륨을 주성분으로 한 것, ($KHCO_3$)	담회색 (보라색)	B, C급
	분해반응식: $2KHCO_3 \rightarrow K_2CO_3 + H_2O + CO_2$ (탄산수소칼륨) (탄산칼륨) (물) (이산화탄소)		
제3종 분말	인산암모늄을 주성분으로 한 것, ($NH_4H_2PO_4$)	담홍색, 황색	**A, B, C급**
	분해반응식: $NH_4H_2PO_4 \rightarrow HPO_3 + NH_3 + H_2O$ (인산암모늄) (메타인산) (암모니아)(물)		
제4종 분말	제2종과 요소를 혼합한 것, $KHCO_3 + (NH_2)_2CO$	회색	B, C급
	분해반응식: $2KHCO_3 + (NH_2)_2CO \rightarrow K_2CO_3 + 2NH_3 + 2CO_2$ (탄산수소칼륨) (요소) (탄산칼륨)(암모니아)(이산화탄소)		

【정답】 ③

30. 질산메틸(CH_3ONO_2)의 소화방법에 대한 설명으로 옳은 것은?

① 물을 주수하여 냉각소화 한다.
② 이산화탄소소화기로 질식소화를 한다.
③ 할로겐화합물소화기로 질식소화를 한다.
④ 건조사로 냉각소화 한다.

|문|제|풀|이|

[질산메틸(CH_3ONO_2) : 제5류 위험물 (질산에스테르류)] 소화방법으로는 분무상의 물, 알코올폼 등을 사용한다.

【정답】 ①

31. 소화기에 "A-2"로 표시되어 있었다면 숫자 "2"가 의미하는 것은 무엇인가?

① 소화기의 제조번호　② 소화기의 소요단위
③ 소화기의 능력단위　④ 소화기의 사용 순위

|문|제|풀|이|

[소화기 표시 의미]

A - 2
↓ ↓
적용화재 능력단위

【정답】 ③

32. 열의 이동 원리 중 복사에 관한 예로 적당하지 않은 것은?

① 그늘이 시원한 이유
② 보온병 내부를 거울벽으로 만드는 것
③ 더러운 눈이 빨리 녹는 현상
④ 해풍과 육풍이 일어나는 원리

|문|제|풀|이|

[열전달의 방법]

1. 전도 : 물체의 내부 에너지가 물체 내에서 또는 접촉해 있는 다른 물체로 이동하는 것
2. 대류 : 태양열에 의해 지면 가까운 공기가 가열되어 상승하면서 발생하는 대류현상이다.
3. 복사 : 물체에서 방출하는 전자기파를 직접 물체가 흡수하여 열로 변했을 때의 에너지

※④ 해풍과 육풍이 일어나는 원리 → 대류　【정답】 ④

33. 위험물옥외저장탱크의 통기관에 관한 사항으로 옳지 않은 것은?

① 밸브 없는 통기관의 직경은 30㎜ 이상으로 한다.
② 대기밸브 부착 통기관은 항시 열려 있어야 한다.
③ 밸브 없는 통기관의 선단은 수평면보다 45도 이상 구부려 빗물 등의 침투를 막는 구조로 한다.
④ 대기밸브 부착 통기관은 5kPa 이하의 압력차로 작동할 수 있어야 한다.

|문|제|풀|이|

[통기관 설치기준]

1. 밸브 없는 통기관 (옥외저장탱크, 옥내저장탱크, 지하저장탱크)
   ㉠ 지름은 30*mm* 이상일 것
   → (간이지하저장탱크의 통기관의 직경 : 25mm 이상)
2. 대기밸브부착 통기관
   ㉠ **평소에는 닫혀있지만**, 5kPa 이하의 압력차이로 작동할 수 있을 것
   ㉡ 밸브 없는 통기관의 인화방지장치 기준에 적합할 것

【정답】 ②

34. 제1류 위험물인 과산화나트륨의 보관용기에 화재가 발생하였다. 소화약제로 가장 적당한 것은?

① 포소화약제　② 물
③ 마른모래　④ 이산화탄소

|문|제|풀|이|

[과산화나트륨(Na_2O_2) → 제1류 위험물(무기과산화물)]

· 소화방법으로는 **마른모래**, 분말소화제, 소다회, 석회 등 사용 → (주수소화는 위험)

· 물과 반응식 : $2Na_2O_2 + 2H_2O \rightarrow 4NaOH + O_2 \uparrow$ + 발열
(과산화나트륨) (물) (수산화나트륨) (산소)

【정답】 ③

35. 소화기의 사용방법으로 잘못된 것은?

① 적응 화재에 따라 사용할 것
② 성능에 따라 방출거리 내에서 사용할 것
③ 바람을 마주보며 소화할 것
④ 양옆으로 비로 쓸 듯이 방사할 것

|문|제|풀|이|

[소화기의 사용방법]

1. 적응 화재에 따라 사용할 것
2. 불과 가까이 가서 사용할 것
3. 성능에 따라 방출거리 내에서 사용할 것
4. **바람을 등지고** 풍상에서 풍하의 방향으로 사용할 것
5. 양옆으로 비로 쓸 듯이 방사할 것　【정답】 ③

36. 연소의 종류와 가연물을 잘못 연결한 것은?

① 증발연소 – 가솔린, 알코올

② 표면연소 – 코크스, 목탄

③ 분해연소 – 목재, 종이

④ 자기연소 – 에테르, 나프탈렌

|문|제|풀|이|

[연소의 형태]

1. 기체의 연소

확산연소 (불꽃연소)	공기보다 가벼운 수소, 아세틸렌, 부탄, 매탄 등의 가연성 가스가 확산하여 생성된 혼합가스가 연소하는 것으로 위험이 없는 연소현상이다.
정상연소	가연성 기체가 산소와 혼합되어 연소하는 형태
비정상연소 (폭발연소)	가연성 기체와 공기의 혼합가스가 밀폐용기 중에 있을 때 점화되며 연소 온도가 급격하게 증가하여 일시에 폭발적으로 연소하는 형태

2. 액체의 연소(액체가 타는 것이 아니라 발생된 증기가 연소하는 형태)

증발연소	아세톤, 알코올, **에테르**, 휘발유(가솔린), 석유, 등유, 경유 등과 같은 액체표면에서 증발하는 가연성증기와 공기가 혼합되어 연소하는 형태
액적연소 (분무연소)	점도가 높은 벙커C유에서 연소를 일으키는 형태로 가열하면 점도가 낮아져 버너 등을 사용하여 액체의 입자를 안개 모양으로 분출하며 액체의 표면적을 넓혀 연소하는 형태

3. 고체의 연소

표면연소	가연성물질 표면에서 산소와 반응해서 연소하는 것이며, 목탄, 코크스, 금속 등
분해연소	분해열로서 발생하는 가연성가스가 공기 중의 산소와 화합해서 일어나는 연소이며 석탄, 목재, 종이, 섬유, 플라스틱 등
증발연소	가연성물질을 가열했을 때 분해열을 일으키지 않고 그대로 증발한 증기가 연소하는 것이며 유황, 알코올, 파라핀(양초), **나프탈렌** 등
자기연소	화약, 폭약의 원료인 제5류 위험물 **TNT, 니트로셀룰로우즈, 질화면** 등 그 물질이 가연물과 산소를 동시에 가지고 있는 가연물이 연소하는 형태

【정답】④

37. 위험물제조소에 설치하는 안전장치 중 위험물의 성질에 따라 안전밸브의 작동이 곤란한 가압설비에 한하여 설치하는 것은?

① 파괴판

② 안전밸브를 병용하는 경보장치

③ 감압 측에 안전밸브를 부착한 감압밸브

④ 연성계

|문|제|풀|이|

[압력계 및 안전장치]

위험물을 가압하는 설비 또는 그 취급하는 위험물의 압력이 상승할 우려가 있는 설비에는 압력계 및 다음의 1에 해당하는 안전장치를 설치하여야 한다.

1. 자동적으로 압력의 상승을 정지시키는 장치
2. 감압측에 안전밸브를 부착한 감압밸브
3. 안전밸브를 겸하는 경보장치
4. **파괴판** : 위험물의 성질에 따라 안전밸브의 **작동이 곤란한 가압설비**에 한한다.

【정답】①

38. 적린에 관한 설명 중 틀린 것은?

① 물에 잘 녹는다.

② 화재 시 물로 냉각소화 할 수 있다.

③ 황린에 비해 안정하다.

④ 황린과 동소체이다.

|문|제|풀|이|

[적린(P) : 제2류 위험물 (가연성 고체)]

- 착화점 260℃, 융점 600℃, 비점 514℃, 비중 2.2
- 암적색 무취의 분말
- 황린의 동소체, 황린에 비해 안정하며 독성이 없다.
- 산화제인 염소산염류와의 혼합을 절대 금한다.
  → (강산화제(제1류 위험물)와 혼합하면 충격, 마찰에 의해 발화할 수 있다.)
- **물**, 알칼리, 이황화탄소, 에테르, 암모니아에 **녹지 않는다**.
- 소화방법으로는 다량의 주수소화가 효과적이다.
- 연소 생성물은 흰색의 오산화인(P_2O_5)이다.
  → 연소 반응식 : $4P + 5O_2 \rightarrow 2P_2O_5$
  (적린) (산소) (오산화인)

【정답】①

39. 제1류 위험물에 해당하지 않는 것은?

① 납의산화물

② 질산구아니딘

③ 퍼옥소이황산염류

④ 염소화이소시아눌산

|문|제|풀|이|

[제1류 위험물(산화성 고체)]

위험등급	품명		지정수량
Ⅰ	아염소산염류/염소산염류/과염소산염류/무기과산화물		50kg
Ⅱ	브롬산염류/요오드산염류/질산염류		300kg
Ⅲ	과망간산염류/중크롬산염류		1000kg
Ⅰ~Ⅲ	그 밖의 행정안전부령이 정하는 것	① 과요오드산염 ② 과요오드산 ③ 크로뮴, 납 또는 요오드의 산화물 ④ 아질산염류 ⑤ 차아염소산염류 ⑥ 염소화이소시아눌산 ⑦ 퍼옥소이황산염류 ⑧ 퍼옥소붕산염류	50kg-Ⅰ등급 300kg-Ⅱ등급 1000kg-Ⅲ등급

※② 질산구아니딘 : 제5류 위험물 【정답】 ②

40. 옥내저장소에 질산 600L를 저장하고 있다. 저장하고 있는 질산은 지정수량의 몇 배인가? (단, 질산의 비중은 1.5이다.)

① 1　　② 2

③ 3　　④ 4

|문|제|풀|이|

[지정수량 계산값(배수)]

배수(계산값)$=\dfrac{A\text{품명의 저장수량}}{A\text{품명의 지정수량}}+\dfrac{B\text{품명의 저장수량}}{B\text{품명의 지정수량}}+\cdots\cdots$

1. 질산의 지정수량 300kg
2. 질산의 저장수량

　밀도(d)$=\dfrac{\text{질량}(M)}{\text{부피}(V)}$ → 질량(M)=밀도(d)×부피(V)

　저장수량(M)=$600L\times1.5kg/L$ → (L(부피)×비중=kg(질량))

∴배수$=\dfrac{600L\times1.5kg/L}{300kg}=3$배

※계산값 ≥1 : 위험물 (위험물 안전관리법 규제)
　계산값 〈 1 : 소량 위험물 (시·도 조례 규제) 【정답】 ③

41. 강화액소화기에 대한 설명이 아닌 것은?

① 알칼리 금속염류가 포함된 고농도의 수용액이다.

② A급 화재에 적응성이 있다.

③ 어는점이 낮아서 동절기에도 사용이 가능하다.

④ 물의 표면장력을 강화시킨 것으로 심부화재에 효과적이다.

|문|제|풀|이|

[강화액소화기] 물의 소화능력을 향상 시키고, 겨울철에 사용할 수 있도록 어는점을 낮추기 위해 물에 탄산칼륨(K_2CO_3)를 보강시켜 만든 소화기. 강알칼리성. 냉각소화원리

· 점성을 갖는다.
· 알칼리성(pH 12)으로 응고점이 낮아 잘 얼지 않는다.
· 물보다 1.4배 무겁고, 한랭지역에 많이 쓰인다.

※④ 물의 표면장력을 감소시킨 것으로 심부화재에 효과적이다. 【정답】 ④

42. 위험물안전관리법령상 혼재할 수 없는 위험물은? (단, 위험물은 지정수량의 1/10을 초과하는 경우이다.)

① 적린과 황린

② 질산염류와 질산

③ 칼륨과 특수인화물

④ 유기과산화물과 유황

|문|제|풀|이|

[유별을 달리하는 위험물의 혼재기준]

구분	제1류	제2류	제3류	제4류	제5류	제6류
제1류		X	X	X	X	O
제2류	X		X	O	O	X
제3류	X	X		O	X	X
제4류	X	O	O		O	X
제5류	X	O	X	O		X
제6류	O	X	X	X	X	

【비고】 1. 'X'표시는 혼재할 수 없음을 표시한다.
2. 'O'표시는 혼재할 수 있음을 표시한다.
3. 이 표는 지정수량의 $\frac{1}{10}$ 이하의 위험물에 대하여는 적용하지 아니한다.

※ ① 적린(2류)과 황린(3류)
② 질산염류(1류)와 질산(6류)
③ 칼륨(3류)과 특수인화물(4류)
④ 유기과산화물(5류)과 유황(2류) 【정답】 ①

43. 소화난이도등급 Ⅰ의 옥내저장소에 설치하여야 하는 소화설비에 해당하지 않는 것은?

① 옥외소화전설비 ② 연결살수설비
③ 스프링클러설비 ④ 물분무소화설비

|문|제|풀|이|

[소화난이등급 Ⅰ에 해당하는 제조소 등에 설치하여야 하는 소화설비]

제조소 등의 구분		소화설비
옥내 저장소	처마높이가 6m 이상인 단층건물 또는 다른 용도의 부분이 있는 건축물에 설치한 옥내저장소	스프링클러설비 또는 이동식 외의 물분무등소화설비
	그 밖의 것	옥외소화전설비, 스프링클러설비, 이동식 외의 물분무등소화설비 또는 이동식 포소화설비(포소화전을 옥외에 설치하는 것에 한한다)

【정답】 ②

44. 디에틸에테르에 대한 설명으로 옳은 것은?

① 연소하면 아황산가스를 발생하고, 마취제로 사용한다.
② 증기는 공기보다 무거우므로 물속에 보관한다.
③ 에탄올을 진한 황산을 이용해 축합반응 시켜 제조할 수 있다.
④ 제4류 위험물 중 연소범위가 좁은 편에 속한다.

|문|제|풀|이|

[디에틸에테르($C_2H_5OC_2H_5$, 에틸에테르/에테르) → 제4류 위험물, 특수인화물]

·인화점 -45℃, 착화점 180℃, 비점 34.6℃, 비중 0.72(15℃), 증기비중 2.6, **연소범위 1.9~48%**
·무색투명한 휘발성이 강한 액체, 증기는 마취성이 있다.
·인화성이 강하고 **물에 약간 녹으며**, 알코올에는 잘 녹는다.
·전기의 부도체로서 정전기를 발생한다.
·제조법(에테르)

$$C_2H_5OH + C_2H_5OH \xrightarrow{C-H_2SO_4(\text{황산})} C_2H_5OC_2H_5 \uparrow + H_2O \uparrow$$

(에틸알코올) (에틸알코올) (축합반응) (디에틸에테르) (물)

·연소 반응식 : $C_2H_5OC_2H_5 + 6O_2 \rightarrow 4CO_2 \uparrow + 5H_2O \uparrow$

(디에틸에테르) (산소) (이산화탄소) (물)

【정답】 ③

45. 위험물안전관리법령상 옥외저장소 중 덩어리상태의 유황만을 지반면에 설치한 경계표시의 안쪽에서 저장 또는 취급할 때 경계표시의 높이는 몇 m 이하로 하여야 하는가?

① 1 ② 1.5
③ 2 ④ 2.5

|문|제|풀|이|

[덩어리 유황을 저장 또는 취급하는 것]

1. 하나의 경계표시의 내부의 면적은 $100m^2$ 이하일 것
2. 2 이상의 경계표시를 설치하는 경우에 있어서는 각각의 경계표시 내부의 면적을 합산한 면적은 $1,000m^2$ 이하
3. 경계표시는 불연재료로 만드는 동시에 유황이 새지 아니하는 구조로 할 것
4. **경계표시의 높이는 1.5m 이하**로 할 것
5. 경계표시에는 유황이 넘치거나 비산하는 것을 방지하기 위한 천막 등을 고정하는 장치를 설치하되, 천막 등을 고정하는 장치는 경계표시의 길이 2m마다 한 개 이상 설치할 것
6. 유황을 저장 또는 취급하는 장소의 주위에는 배수구와 분리장치를 설치할 것

【정답】 ②

46. 다음 중 위험물안전관리법에서 정의한 "제조소"의 의미로 가장 옳은 것은?

① "제조소"라 함은 위험물을 제조할 목적으로 지정수량 이상의 위험물을 취급하기 위하여 허가를 받은 장소임
② "제조소"라 함은 지정수량 이상의 위험물을 제조할 목적으로 위험물을 취급하기 위하여 허가를 받은 장소임
③ "제조소"라 함은 지정수량 이상의 위험물을 제조할 목직으로 지정수량 이상의 위험물을 취급하기 위하여 허가를 받은 장소임
④ "제조소"라 함은 위험물을 제조할 목적으로 위험물을 취급하기 위하여 허가를 받은 장소임

|문|제|풀|이|

[제조소] 위험물을 제조할 목적으로 지정수량 이상의 위험물을 취급하기 위하여 허가를 받은 장소를 말한다. 【정답】 ①

47. 위험물 제조소의 경우 연면적이 최소 몇 m^2이면 자동화재탐지설비를 설치해야 하는가? (단, 원칙적인 경우에 의한다.)

① 100 ② 300
③ 500 ④ 1000

|문|제|풀|이|

[자동화재탐지설비의 설치기준(제조소 및 일반취급소)]
- **연면적이 $500m^2$ 이상**인 것
- 옥내에서 지정수량의 100배 이상을 취급하는 것(고인화점 위험물만을 100℃ 미만의 온도에서 취급하는 것은 제외한다)
- 일반취급소로 사용되는 부분 외의 부분이 있는 건축물에 설치된 일반취급소(일반취급소와 일반취급소 외의 부분이 내화구조의 바닥 또는 벽으로 개구부 없이 구획된 것은 제외한다)

【정답】 ③

48. 동·식물유류에 대한 설명으로 틀린 것은?

① 연소하면 열에 의해 액온이 상승하여 화재가 커질 위험이 있다.
② 요오드값이 낮을수록 자연발화의 위험이 높다.
③ 동유는 건성유이므로 자연발화의 위험이 있다.
④ 요오드값이 100~130인 것을 반건성유라고 한다.

|문|제|풀|이|

[동·식물유류 : 위험물 제4류, 인화성 액체]
1. 건성유 : 요오드(아이오딘)값 130 이상 → (동유(오동유))
2. 반건성유 : 요오드(아이오딘)값 100~130
3. 불건성유 : 요오드(아이오딘)값 100 이하

※요오드(아이오딘)값이 높을수록 자연발화의 위험이 높다.

【정답】 ②

49. 정전기로 인한 재해방지대책 중 틀린 것은?

① 공기를 이온화 한다.
② 실내를 건조하게 유지한다.
③ 공기 중의 상대습도를 70% 이상으로 유지한다.
④ 접지를 한다.

|문|제|풀|이|

[위험물 제조소의 정전기 제거설비]
1. 접지에 의한 방법
2. 공기 중의 **상대습도를 70% 이상**으로 하는 방법
3. 공기를 이온화하는 방법
4. 위험물 이송 시 유속 1m/s 이하로 할 것

【정답】 ②

50. 인화칼슘, 탄화알루미늄, 나트륨이 물과 반응하였을 때 발생하는 가스에 혜당하지 않는 것은?

① 포스핀가스 ② 수소
③ 이황화탄소 ④ 메탄

|문|제|풀|이|

[위험물의 물과 반응식]
1. 인화칼슘(Ca_3P_2)의 물과 반응식
   $Ca_3P_2 + 6H_2O \rightarrow 2PH_3 \uparrow + 3Ca(OH)_2$
   (인화칼슘) (물) (포스핀) (수산화칼슘)
2. 탄화알루미늄(Al_4C_3)의 물과 반응식
   $Al_4C_3 + 12H_2O \rightarrow 4Al(OH)_3 \uparrow + 3CH_4 + 360kcal$
   (탄화알루미늄)(물) (수산화알루미늄) (메탄) (반응열)
3. 나트륨(Na)의 물과 반응식물과 반응식 :
   $2Na + 2H_2O \rightarrow 2NaOH + H_2 \uparrow + 88.2kcal$
   (나트륨) (물) (수산화나트륨) (수소) (반응열)

【정답】 ③

51. 다음 중 위험물안전관리법령에 따라 정한 지정수량이 나머지 셋과 다른 것은?

① 황화린 ② 적린
③ 유황 ④ 철분

|문|제|풀|이|

[위험물의 지정수량]
① 황화린 : 제2류 위험물, 지정수량 100kg
② 적린 : 제2류 위험물, 지정수량 100kg
③ 유황 : 제2류 위험물, 지정수량 100kg
④ **철분** : 제2류 위험물, 지정수량 **500kg**

【정답】 ④

52. 아닐린에 대한 설명으로 옳은 것은?

① 특유의 냄새를 가진 기름상 액체이다.

② 인화점이 0℃ 이하이어서 상온에서 인화의 위험이 높다.

③ 황산과 같은 강산화제와 접촉하면 중화되어 안정하게 된다.

④ 증기는 공기와 혼합하여 인화, 폭발의 위험은 없는 안정한 상태가 된다.

|문|제|풀|이|

[아닐린($C_6H_5NH_2$, 아미노벤젠) →제4류 위험물(제3석유류)]

- 지정수량(비수용성) 2000L, **인화점 75℃**, 착화점 538℃, 비점 184℃, 비중 1.002, 증기비중 1.59
- 황색 또는 담황색의 액체로 **특유의 냄새**를 가진다.
- 물에는 약간 녹고, 에탄올, 에테르, 벤젠 등 유기용매에는 잘 녹는다.
- 물보다 무겁고 독성이 강하다.
- 알칼리금속 및 알칼리토금속과 반응하여 수소(H_2) 및 아닐리드를 발생한다.
- 니트로벤젠을 주석(철)과 염산으로 환원하여 만든다.
- 인화점보다 높은 상태에서 **공기와 혼합하여 폭발성 가스를 생성**한다.

※제4류 위험물과 강산화제(제1류, 제6류)는 혼재 금지

【정답】 ①

53. 횡으로 설치한 원통형 위험물 저장탱크의 내용적이 500L일 때 공간용적은 최소 몇 L 이어야 하는가? (단, 원칙적인 경우에 한한다.)

① 15 ② 25

③ 35 ④ 50

|문|제|풀|이|

[탱크의 내용적 및 공간용적]

1. 내용적 : 500L
2. 공간용적 : 탱크의 공간용적은 탱크의 내용적의 $\frac{5}{100}$ 이상, $\frac{10}{100}$ 이하의 용적으로 한다.

∴공간용적(최소) $= 500 \times \frac{5}{100} = 25L$

【정답】 ②

54. 다음 중 연소속도와 의미가 가장 가까운 것은?

① 기화열의 발생속도 ② 환원속도

③ 착화속도 ④ 산화속도

|문|제|풀|이|

[연소속도(=산화속도)]

1. 정의 : 가연료가 착화하여 연소하고, 화염이 미연 가스와 화학반응을 일으키면서 차례로 퍼져 나가는 속도를 말한다.
2. 연소속도에 영향을 미치는 요인으로는 가연물의 온도, 산소가 가연물질과 접촉하는 속도, **산화반응을 일으키는 속도**, 촉매, 압력 등이 있다.

【정답】 ④

55. 위험물 옥외탱크저장소와 병원과는 안전거리를 얼마 이상 두어야 하는가?

① 10m ② 20m

③ 30m ④ 50m

|문|제|풀|이|

[위험물 옥외탱크저장소의 안전거리]

1. 주거용으로 사용되는 것 : 10m 이상
2. 학교, **병원**, 극장 그 밖에 다수인을 수용하는 시설 : **30m** 이상
3. 유형문화재와 기념물 중 지정문화재 : 50m 이상
4. 고압가스, 액화석유가스, 도시가스를 저장 · 취급하는 시설 : 20m 이상
5. 7000V 초과 35000V 이하의 특고압가공전선 : 3m 이상
6. 35000V를 초과하는 특고압가공전선 : 5m 이상

【정답】 ③

56. 위험물안전관리법령상 옥외탱크저장소의 기준에 따라 다음의 인화성 액체 위험물을 저장하는 옥외저장탱크 1~4호를 동일의 방유제 내에 설치하는 경우 방유제에 필요한 최소 용량으로서 옳은 것은? (단, 암반탱크 또는 특수액체위험물탱크의 경우는 제외한다.)

1호 탱크 – 등유 1500kL
2호 탱크 – 가솔린 1000kL
3호 탱크 – 경유 500kL
4호 탱크 – 중유 250kL

① 1650kL ② 1500kL

③ 500kL ④ 250kL

|문|제|풀|이|

[옥외탱크저장소의 방유제 설치]

1. 방유제안에 설치된 탱크가 하나인 때 : 그 탱크 용량의 110% 이상
2. 2기 이상인 때 : 그 탱크 중 용량이 최대인 것의 용량의 110% 이상

∴2호 이상 탱크 최대(1500kL) → $1500kL \times 1.1 = 1650kL$

【정답】 ①

57. 디에틸에테르에 대한 설명으로 틀린 것은?

① 일반식은 R-CO-R'이다.

② 연소범위는 약 1.9~48% 이다.

③ 증기비중 값이 비중 값보다 크다.

④ 휘발성이 높고 마취성을 가진다.

|문|제|풀|이|

[디에틸에테르($C_2H_5OC_2H_5$, 에틸에테르/에테르) → 제4류 위험물, 특수인화물]

- 인화점 -45℃, 착화점 180℃, 비점 34.6℃, 비중 0.72(15℃), 증기비중 2.6, 연소범위 1.9~48%
- 무색투명한 휘발성이 강한 액체, 증기는 마취성이 있다.
- 인화성이 강하고 물에 약간 녹으며, 알코올에는 잘 녹는다.
- 일반식 : R-O-R'(R 및 R'는 알칼리를 의미)
- 구조식 :

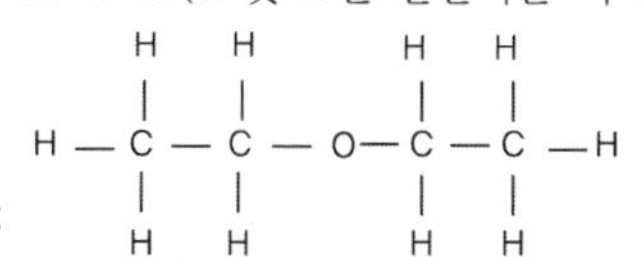

【정답】 ①

58. 위험물안전관리법령상 제3류 위험물 중 금수성물질의 제조소에 설치하는 주의사항 게시판의 바탕색과 문자색을 옳게 나타낸 것은?

① 청색바탕에 황색문자

② 황색바탕에 청색문자

③ 청색바탕에 백색문자

④ 백색바탕에 청색문자

|문|제|풀|이|

[위험물 게시판의 주의사항]

1. 제1류 위험물 중 알칼리금속의 과산화물과 이를 함유한 것 또는 **제3류 위험물 중 금수성 물질에 있어서는「물기엄금」**
   → (바탕 : 청색, 문자 : 백색 (0.6m×0.3m))
2. 제2류 위험물(인화성고체를 제외한다)에 있어서는「화기주의」
   → (바탕 : 적색, 문자 : 백색)
3. 제2류 위험물 중 인화성고체, 제3류 위험물 중 자연발화물질, 제4류 위험물 또는 제5류 위험물에 있어서는「화기엄금」
   → (바탕 : 적색, 문자 : 백색)

【정답】 ③

59. 다음과 같은 반응에서 $5m^3$의 탄산가스를 만들기 위해 필요한 탄산수소나트륨의 양은 약 몇 kg인가? (단, 표준상태이고, 나트륨의 원자량은 23이다.)

$$2NaHCO_3 \rightarrow Na_2CO_3 + CO_2 + H_2O$$

① 18.75 ② 37.5

③ 56.25 ④ 75

|문|제|풀|이|

[이상기체상태방정식] 이상기체의 상태를 나타내는 양들, 즉 압력 P, 부피 V, 온도 T 간의 상관관계를 기술하는 방정식

$PV = \frac{W}{M}RT \rightarrow W = \frac{PVM}{RT}$

여기서, P : 기체의 압력(kg/m^2), V : 기체의 체적(m^3)

M : 분자량, W : 무게, R : 기체상수

T : 절대온도(k) → (T=273+℃)

[탄산수소나트륨의 양]

탄산수소나트륨의 분해에서 이산화탄소의 생성은 2:1 반응이므로 이상기체상태방정식을 통해 이산화탄소의 양(kg)을 구하고 2의 배수를 취한다.

$W = \frac{PVM}{RT} \times 2 = \frac{1 \times 5 \times 84}{0.082 \times (0+273)} \times 2 = 37.52$

※표준상태 : 0℃, 1기압(atm), $NaHCO_3$ 분자량 : 84kg/kmol

R : 0.08205·atm · m^3/kmol · K

【정답】 ②

60. 트리니트로톨루엔의 작용기에 해당하는 것은?

① $-NO$　　② $-NO_2$

③ $-NO_3$　　④ $-NO_4$

|문|제|풀|이|

[트리니트로톨루엔[$C_6H_2CH_3(NO_2)_3$] → 제5류 위험물(니트로화합물)]

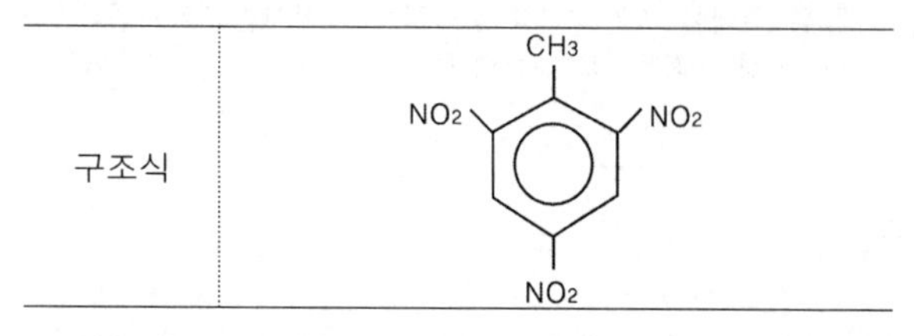

※[작용기] 분자 내에서 비슷한 성질을 띠는 원자 그룹들을 묶어서 분류해 놓은 것이다. 【정답】 ②

2021_2 위험물기능사 필기

01. 휘발유 연소범위는 얼마인가?

① 2~13% ② 3~78%

③ 2.5~81% ④ 1.4~7.6%

|문|제|풀|이|

[주요 위험물의 연소범위]

물질명	연소범위(Vol%)	물질명	연소범위(Vol%)
아세틸렌(C_2H_2)	2.5~82	암모니아(NH_3)	15.7~27.4
수소(H_2)	4.1~75	아세톤(CH_3COCH_3)	2~13
이황화탄소(CS_2)	1.0~44	메탄(CH_4)	5.0~15
일산화탄소(CO)	12.5~75	에탄(C_2H_6)	3.0~12.5
에틸에테르($C_4H_{10}O$)	1.7~48	프로판(C_3H_8)	2.1~9.5
에틸렌(C_2H_4)	3.0~33.5	부탄(C_4H_{10})	1.8~8.4
메틸알코올(CH_4O)	7~37	**휘발유**	**1.4~7.6**
에틸알코올(C_2H_6O)	3.5~20	시안화수소(HCN)	12.8~27

【정답】 ④

02. 이송취급소의 배관이 하천을 횡단하는 경우 하천 밑에 매설하는 배관의 외면과 계획하상[계획하상이 최심하상(하천의 가장 깊은 곳)보다 높은 경우에는 최심하상]과의 거리는?

① 1.2m 이상 ② 2.5m 이상

③ 3.0m 이상 ④ 4.0m 이상

|문|제|풀|이|

[이송취급소의 배관]

1. **하천**을 횡단하는 경우 : **4.0m** 이상

2. 수로를 횡단하는 경우

㉠ 하수도(상부가 개방되는 구조로 된 것에 한한다) 또는 운하 : 2.5m

㉡ ㉠의 규정에 의한 수로에 해당되지 아니하는 좁은 수로(용수로 그 밖에 유사한 것을 제외한다) : 1.2m 이상 【정답】 ④

03. 다음 중 과산화칼륨의 소화로 알맞은 것은?

① 주수소화 ② 할로겐화합물소화설비

③ 건조사 ④ 이산화탄소 소화

|문|제|풀|이|

[과산화칼륨의 소화방법]

· 마른모래(건조사), 암분, 소다회, 탄산수소염류분말소화제

· 물과 반응식 : $2K_2O_2$ + $2H_2O$→ $4KOH+O_2$ ↑

(과산화칼륨) (물) (수산화칼륨) (산소)

※과산화칼륨 : 제1류 위험물, 물과 접촉 시 산소발생과 동시 폭발 위험이 있으므로 주수소화는 금물 【정답】 ③

04. 다음 중 지정수량이 다른 하나는?

① 염소산나트륨 ② 리튬

③ 과산화나트륨 ④ 나트륨

|문|제|풀|이|

[지정수량] 제조소 등의 설치허가 등에 있어서 최저의 기준이 되는 수량

① 염소산나트륨($NaClO_3$) → 제1류 위험물(염소산염류), 지정수량 50kg

② 리튬(Li) → 제3류 위험물(알칼리금속), 지정수량 50kg

③ 과산화나트륨(Na_2O_2) → 제1류 위험물(무기과산화물), 지정수량 50kg

④ 나트륨(Na) → 제3류 위험물, 지정수량 10kg

【정답】 ④

05. 지하탱크저장소에서 안전한 2개의 지하저장탱크 용량의 합계가 지정수량의 100배압일 경우 탱크 상호간의 최소거리는?

① 0.1m ② 0.3m

③ 0.5m ④ 1m

|문|제|풀|이|

[지하저장탱크저장소] 지하저장탱크를 2 이상 인접해 설치하는 경우에는 그 상호간에 1m(**당해 2 이상의 지하저장탱크의 용량의 합계가 지정수량의 100배 이하인 때에는 0.5m**) 이상의 간격을 유지하여야 한다. 【정답】 ③

06. 정기점검 대상 제조소 등에 해당하지 않는 것은?

① 이동탱크저장소

② 지정수량 100배의 위험물을 저장하는 옥외저장소

③ 지정수량 50배의 위험물을 저장하는 옥내저장소

④ 이송취급소

|문|제|풀|이|

[정기점검 대상]

1. 지정수량의 10배 이상의 위험물을 취급하는 제조소
2. 지정수량의 100배 이상의 위험물을 저장하는 옥외저장소
3. **지정수량의 150배 이상의 위험물을 저장하는 옥내저장소**
4. 지정수량의 200배 이상의 위험물을 저장하는 옥외탱크저장소
5. 암반탱크저장소
6. 이송취급소
7. 지정수량의 10배 이상의 위험물을 취급하는 일반취급소
8. 지하탱크저장소
9. 이동탱크저장소
10. 지하에 매설된 탱크가 있는 제조소·주유취급소 또는 일반취급소

【정답】 ③

07. 위험물관리법령에 따른 소화설비의 적용성에 관한 다음 내용 중 ( ) 안에 적합한 내용은?

제6류 위험물을 저장 또는 취급하는 장소로서 폭발의 위험이 없는 장소에 한하여 ( )가(이) 제6류 위험물에 대하여 적응성이 있다.

① 할로겐화합물 소화기

② 분말소화기 - 탄산수소염류 소화기

③ 분말소화기 - 그 밖의 것

④ 이산화탄소소화기

|문|제|풀|이|

[위험물의 성질에 따른 소화설비의 적응성] 제6류 위험물을 저장 또는 취급하는 장소로서 **폭발의 위험이 없는 장소에 한하여 이산화탄소소화기가** 제6류 위험물에 대하여 적응성이 있음을 각각 표시한다.

【정답】 ④

08. 염소산칼륨 250kg과 아염소산나트륨 100kg, 과염소산칼륨 150kg과 함께 저장하는 경우 지정수량 몇 배로 저장할 수 있는가?

① 10배 ② 15배

③ 1배 ④ 5배

|문|제|풀|이|

[지정수량 계산값(배수)]

$$\text{배수(계산값)} = \frac{A\text{품명의 저장수량}}{A\text{품명의 지정수량}} + \frac{B\text{품명의 저장수량}}{B\text{품명의 지정수량}} + \cdots\cdots$$

1. 지정수량 : 염소산칼륨 50kg, 아염소산나트륨 50kg
 과염소산칼륨 50kg
2. 저장수량 : 염소산칼륨 250kg, 아염소산나트륨 100kg, 과염소산칼륨 150kg

$$\therefore \text{배수} = \frac{250kg}{50kg} + \frac{100kg}{50kg} + \frac{150kg}{50kg} = 10\text{배}$$

※계산값 ≥1 : 위험물 (위험물 안전관리법 규제)
 계산값 〈 1 : 소량 위험물 (시·도 조례 규제) 【정답】 ①

09. 위험물과 그 위험물이 물과 반응하여 발생하는 가스를 잘못 연결한 것은?

① 탄화알루미늄-메탄

② 탄화칼슘-아세틸렌

③ 인화칼슘-메탄

④ 수소화칼슘-수소

|문|제|풀|이|

[위험물이 물과 반응하여 발생하는 가스]

① 탄화알루미늄

$Al_4C_3 + 12H_2O \rightarrow 4Al(OH)_3 \uparrow + 3CH_4 + 360kcal$
(탄화알루미늄) (물) (수산화알루미늄) (메탄) (반응열)

② 탄화칼슘

$CaC_2 + 2H_2O \rightarrow Ca(OH)_2 \uparrow + C_2H_2 + 27.8kcal$
(탄화칼슘) (물) (수산화칼슘) (아세틸렌) (반응열)

③ 인화칼슘
$Ca_3P_2 + 6H_2O \rightarrow 2PH_3\uparrow + 3Ca(OH)_2$
(인화칼슘) (물) (포스핀) (수산화칼슘)

④ 수소화칼슘
$CaH_2 + 2H_2O \rightarrow Ca(OH)_2 + 2H_2\uparrow + 48kcal$
(수소화칼슘) (물) (수산화칼슘) (수소) (반응열)

【정답】 ③

10. 다음 중 위험물의 일반적인 성질이 아닌 것은?

① 제2류 위험물 - 가연성 고체

② 제3류 위험물 - 자연발화성 물질

③ 제5류 위험물 - 자기반응성 물질

④ 제6류 위험물 - 산화성 고체

|문|제|풀|이|

[위험물의 일반적인 성질]
1. 제1류 위험물 - 산화성 고체
2. 제2류 위험물 - 가연성 고체
3. 제3류 위험물 - 자연발화성 물질 및 금수성 물질
4. 제4류 위험물 - 인화성 액체
5. 제5류 위험물 - 자기반응성 물질
6. **제6류 위험물 - 산화성 액체**

※일반적인 성질의 첫 자만 외운다. → 산가자 인자산

【정답】 ④

11. 다음 중 제1석유류가 아닌 것은?

① 클로로벤젠 ② 시안화수소

③ 벤젠 ④ 톨루엔

|문|제|풀|이|

[위험물의 품명 및 위험등급(제4류 위험물(제1석유류)]
벤젠, 에틸벤젠, 시안화수소, 톨루앤, 메틸에틸케톤, 피리딘, 콜로디온, 초산메틸, 의산메틸 등

※① 클로로벤젠 : 제4류 위험물(제2석유류) 【정답】 ①

12. 유류화재의 급수로 올바른 것은?

① B급화재 ② C급화재

③ A급화재 ④ D급화재

|문|제|풀|이|

[화재의 분류]

급수	종류	색상	소화방법	가연물
A급	일반화재	백색	냉각소화	일반가연물(목재, 종이, 섬유, 석탄, 플라스틱 등)
B급	유류 가스 화재	황색	질식소화	가연성 액체(각종 유류 및 가스, 페인트)
C급	전기화재	청색	질식소화	전기기기, 기계, 전선 등
D급	금속화재	무색	피복에 의한 질식소화	가연성 금속(철분, 마그네슘, 나트륨, 금속분, Al분말 등)

【정답】 ①

13. 그림과 같이 횡으로 설치한 원통형 위험물탱크에 대하여 탱크의 용량을 구하면 약 몇 m^3인가? (단, 공간용적은 탱크 내용적의 100분의 5로 한다.)

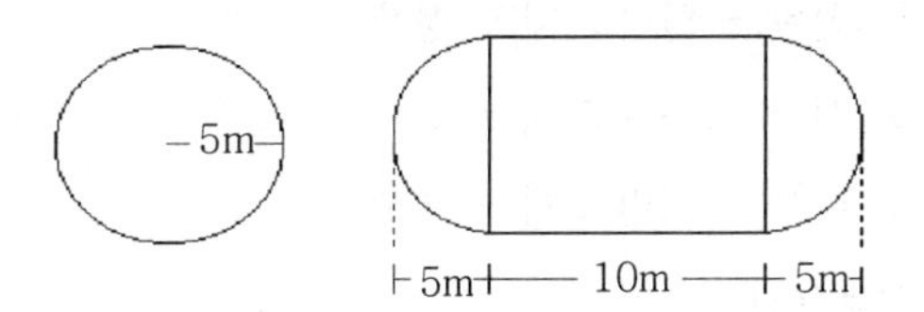

① 196.3 ② 261.6

③ 785.0 ④ 994.06

|문|제|풀|이|

[탱크의 용량] 탱크의 용량=탱크의 내용적-공간용적
→ (공간용적=내용적×($\frac{5}{100} \sim \frac{10}{100}$)

1. 원통형 탱크의 내용적(횡으로 설치)

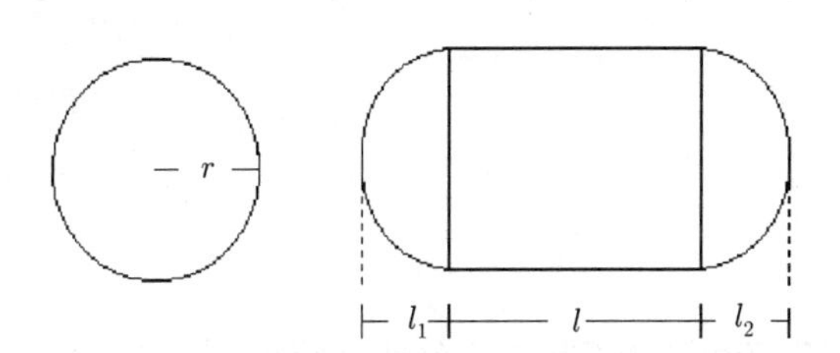

$$내용적 = \pi r^2\left(l + \frac{l_1 + l_2}{3}\right)$$
$$= 3.14 \times 5^2\left(10 + \frac{5+5}{3}\right) = 1046.41$$

2. 공간용적=내용적×$\frac{5}{100}$=1046.41×$\frac{5}{100}$=52.35m^3

∴탱크의 용량=내용적-공간용적=1046.41-52.35=994.06

【정답】 ④

14. 황린 연소 시 발생기체의 색으로 올바른 것은?

① 흑색 ② 백색

③ 황색 ④ 무색

|문|제|풀|이|

[황린(P_4) → 제3류 위험물(자연발화성 물질)]

· 착화점(미분상) 34℃, 착화점(고형상) 60℃, 융점 44℃, 비점 280℃, 비중 1.82, 증기비중 4.4

· 환원력이 강한 백색 또는 담황색 고체로 백린이라고도 한다.

· 연소 반응식 : P_4 + $5O_2$ → $2P_2O_5$

(황린) (산소) (오산화인(백색))

【정답】 ②

15. 가연물에 따른 화재의 종류 및 표시색의 연결이 옳은 것은?

① 폴리에틸렌 - 유류화재 - 백색

② 석탄 - 일반화재 - 청색

③ 시너 - 유류화재 - 청색

④ 나무 - 일반화재 - 백색

|문|제|풀|이|

[화재의 분류]

급수	종류	색상	소화방법	가연물
A급	일반화재	백색	냉각소화	일반가연물(**목재**, 종이, 섬유, **석탄**, 플라스틱 등)
B급	유류 가스 화재	황색	질식소화	가연성 액체(각종 유류 및 가스, 페인트)
C급	전기화재	청색	질식소화	전기기기, 기계, 전선 등
D급	금속화재	무색	피복에 의한 질식소화	가연성 금속(철분, 마그네슘, 나트륨, 금속분, Al분말 등)

【정답】 ④

16. 위험물안전관리법령상의 규제에 관한 설명 중 틀린 것은?

① 자가용에 의한 위험물의 저장·취급 및 운반은 시·도 조례에 의하여 규제하지 않는다.

② 항공기에 의한 위험물의 저장·취급 및 운반은 위험물안전관리법의 규제대상이 아니다.

③ 궤도에 의한 위험물의 저장·취급 및 운반은 위험물안전관리법의 규제대상이 아니다.

④ 선박법의 선박에 의한 위험물의 저장·취급 및 운반은 위험물안전관리법의 규제대상이 아니다.

|문|제|풀|이|

[위험물안전관리법의 적용제외] 이 법은 **항공기·선박·철도 및 궤도**에 의한 위험물의 저장·취급 및 운반에 있어서는 위험물안전관리법을 **적용하지 아니**한다.

【정답】 ①

17. 제1류 위험물인 과산화나트륨의 보관용기에 화재가 발생하였다. 소화약제로 가장 적당한 것은?

① 포소화약제 ② 물

③ 마른모래 ④ 이산화탄소

|문|제|풀|이|

[과산화나트륨(Na_2O_2) → 제1류 위험물, 무기과산화물]

· 소화방법으로는 마른모래, 분말소화제, 소다회, 석회 등 사용 → (주수소화는 위험)

· 물과 반응식 : $2Na_2O_2$ + $2H_2O$ → $4NaOH$ + O_2 ↑+ 발열

(과산화나트륨) (물) (수산화나트륨) (산소)

【정답】 ③

18. 위험물안전관리법령상 고정주유설비는 주유설비의 중심선을 기점으로 하여 도로경계선까지 몇 m 이상의 거리를 유지해야 하는가?

① 1 ② 3

③ 4 ④ 6

|문|제|풀|이|

[고정주유설비] 고정주유설비의 중심선을 기점으로 하여 도로경계선까지 **4m 이상**, 부지경계선·담 및 건축물의 벽까지 2m(개구부가 없는 벽까지는 1m) 이상의 거리를 유지

【정답】 ③

19. 위험물제조소의 연면적이 몇 m^2 이상이 되면 경보설비 중 자동화재 탐지설비를 설치하여야 하는가?

① 400 ② 500 ③ 600 ④ 800

|문|제|풀|이|

[제조소등 별로 설치하여야 하는 경보설비의 종류]

시설	저장·취급하는 위험물 종류 및 수량	해당 경보설비
1. 제조소 일반취급소	·**연면적 500m^2 이상인 곳** ·옥내에서 지정수량 100배 이상의 위험물을 저장·취급하는 곳	자동화재탐지설비
2. 옥내 저장소	·저장창고의 연면적 150m^2를 초과하는 곳 ·지정수량 100배 이상의 위험물을 저장·취급하는 곳 ·처마높이 6m 이상인 단층건물	
3. 옥내탱크 저장소	단층 건물 외의 건축물에 설치된 옥내탱크저장소로서 소화난이도 등급 1에 해당하는 것	
4. 주유취급소	옥내 주유취급소	
제1호 내지 제4호의 자동화재탐지설비 설치 대상에 해당하지 아니하는 제조소 등	지정수량 10배 이상의 위험물을 저장·취급하는 곳	·자동화재탐지설비 ·비상경보설비 ·확장장치(휴대용확성기) ·비상방송설비 중 1종 이상

【정답】 ②

20. 다음 중 수용성 용제에 병용하여 사용하면 가장 효과적인 포소화약제는?

① 단백포소화약제

② 수성막포소화약제

③ 알코올형포소화약제

④ 합성계면활성제포소화약제

|문|제|풀|이|

[알코올형포소화약제]

·수용성 액체 위험물의 소화에 효과적이다.

·알코올, 에스테르류 같이 **수용성인 용제에 적합**하다.

【정답】 ③

21. 분말소화약제의 식별 색을 옳게 나타낸 것은?

① $KHCO_3$: 백색 ② $KHCO_3$: 보라색

③ $NaHCO_3$: 담홍색 ④ $NaHCO_3$: 보라색

|문|제|풀|이|

[분말소화약제 종류 및 특성]

종류	주성분	착색	적용 화재
제1종 분말	주성분 탄산수소나트륨 ($NaHCO_3$)	백색	B, C급
	분해반응식: $2NaHCO_3 \rightarrow Na_2CO_3 + H_2O + CO_2$ (탄산수소나트륨) (탄산나트륨) (물) (이산화탄소)		
제2종 분말	주성분 탄산수소칼륨, ($KHCO_3$)	담회색 (보라색)	B, C급
	분해반응식: $2KHCO_3 \rightarrow K_2CO_3 + H_2O + CO_2$ (탄산수소칼륨) (탄산칼륨) (물) (이산화탄소)		
제3종 분말	주성분 인산암모늄 ($NH_4H_2PO_4$)	담홍색, 황색	A, B, C급
	분해반응식: $NH_4H_2PO_4 \rightarrow HPO_3 + NH_3 + H_2O$ (인산암모늄) (메타인산) (암모니아)(물)		
제4종 분말	제2종과 요소를 혼합한 것, $KHCO_3 + (NH_2)_2CO$	회색	B, C급
	분해반응식: $2KHCO_3 + (NH_2)_2CO \rightarrow K_2CO_3 + 2NH_3 + 2CO_2$ (탄산수소칼륨) (요소) (탄산칼륨)(암모니아)(이산화탄소)		

【정답】 ②

22. 위험물제조소 내의 위험물을 취급하는 배관에 대한 설명으로 옳지 않은 것은?

① 배관을 지하에 매설하는 경우 접합부분에는 점검구를 설치하여야 한다.

② 배관을 지하에 매설하는 경우 금속성 배관의 외면에는 부식 방지 조치를 하여야 한다.

③ 최대상용압력의 1.5배 이상의 압력으로 수압시험을 실시하여 이상이 없어야 한다.

④ 지상에 설치하는 경우에는 안전한 구조의 지지물로 지면에 밀착하여 설치하여야 한다.

|문|제|풀|이|

[위험물 제조소의 배관] 배관을 지상에 설치하는 경우에는 **지면에 닿지 아니하도록 하고** 배관의 외면에 부식방지를 위한 도장을 하여야 한다.

【정답】 ④

23. 유류화재 소화 시 분말소화약제를 사용할 경우 소화 후에 재 발화 현상이 가끔씩 발생할 수 있다. 다음 중 이러한 현상을 예방하기 위하여 병용하여 사용하면 가장 효과적인 포소화약제는?

① 단백포소화약제

② 수성막포소화약제

③ 알코올형포소화약제

④ 합성계면활성제포소화약제

|문|제|풀|이|

[수성막포소화약제]
- 보존성 및 내약품성이 우수하다.
- 성능은 단백포소화약제에 비해 300% 효과가 있다.
- 수성막이 장기간 지속되므로 **재착화방지에 효과적**이다.
- 내약품성이 좋아 **다른 소화약제와 겸용이 가능**하다.
- 대형화재 또는 고온화재 표면막 생성이 곤란한 단점이 있다.

【정답】 ②

24. 이송취급소의 교체밸브, 제어밸브 등의 설치기준으로 틀린 것은?

① 밸브는 원칙적으로 이송기지 또는 전용부지 내에 설치할 것

② 밸브는 그 개폐상태를 설치장소에서 쉽게 확인할 수 있도록 할 것

③ 밸브를 지하에 설치하는 경우에는 점검상자 안에 설치할 것

④ 밸브는 해당 밸브의 관리에 관계하는 자가 아니면 수동으로만 개폐할 수 있도록 할 것

|문|제|풀|이|

[이송취급소의 밸브 설치] 밸브는 당해 밸브의 관리에 관계하는 자가 아니면 수동으로 개폐할 수 없도록 할 것

【정답】 ④

25. 다음 위험물 중 인화점이 가장 낮은 위험물로 알맞은 것은?

① 경유　② 톨루엔

③ 아세톤　④ 이황화탄소

|문|제|풀|이|

[주요 가연물의 인화점]

물질명	인화점(℃)	물질명	인화점(℃)
아이소펜탄	-51	에틸벤젠	15
디에틸에테르 ($C_2H_5OC_2H_5$)	-45	피리딘 (C_5H_5N)	20
가솔린(휘발유)	-43~-21	클로로벤젠 (C_6H_5Cl)	32
아세트알데히드 (CH_3CHO)	-38	테레핀유	35
산화프로필렌	-37	클로로아세톤	35
이황화탄소(CS_2)	**-30**	초산	40
아세톤 (CH_3COCH_3) 트리메틸알루미늄	**-18**	등유	30~60
벤젠(C_6H_6)	-11	**경유**	**50~70**
메틸에틸케톤 ($CH_3COC_2H_5$)	-1	아닐린	70
톨루엔 ($C_6H_5CH_3$)	**4.5**	니트로벤젠 ($C_6H_5NO_2$)	88
메틸알코올 (메탄올)	11	에틸렌글리콜 ($C_2H_4(OH)_2$)	111
에틸알코(에탄올)	13	중유	60~150

【정답】 ④

26. 다음 중 질식소화 효과를 주로 이용하는 소화기는?

① 포소화기

② 강화액소화기

③ 수(물)소화기

④ 할로겐화합물소화기

|문|제|풀|이|

[소화기]

① **포소화기 : 질식소화**

② 강화액소화기 : 냉각소화

③ 수(물)소화기 : 냉각소화

④ 할로겐화합물소화기 : 억제소화

【정답】 ①

27. 다음은 위험물을 저장하는 탱크의 공간용적 산정기준이다. ( )에 알맞은 수치로 옳은 것은?

> 암반탱크에 있어서는 당해 탱크 내에 용출하는 ( )일간의 지하수의 양에 상당하는 용적과 탱크 내용적의 ( )의 용적 중에서 보다 큰 용적을 공간용적으로 한다.

① 1, $\frac{1}{100}$ ② 5, $\frac{1}{100}$

③ 3, $\frac{1}{100}$ ④ 7, $\frac{1}{100}$

|문|제|풀|이|

[탱크의 공간용적 산정기준]

1. 탱크의 공간용적은 탱크의 내용적의 $\frac{5}{100}$ 이상, $\frac{10}{100}$ 이하의 용적으로 한다.
2. 암반탱크에 있어서는 용출하는 7일간의 지하수의 양에 상당하는 용적과 당해 탱크 내용적의 $\frac{1}{100}$의 용적 중에서 보다 큰 용적을 공간용적으로 한다.

【정답】 ④

28. 황의 성질로 옳은 것은?

① 전기 양도체이다.

② 물에는 매우 잘 녹는다.

③ 이산화탄소와 반응한다.

④ 미분은 분진폭발의 위험성이 있다.

|문|제|풀|이|

[유황(황)(S) → 제2류 위험물]

① 전기의 **불량도체**이다.
② 물에 잘 **녹지 않는다**.
③ 황(S)은 산소(O_2)와 반응하여 아황산가스(SO_2)를 발생한다.

【정답】 ④

29. 위험물 제조소 등에 설치하는 옥외소화전 설비의 기준에서 옥외소화전함은 옥외소화전으로부터 보행거리 몇 m 이하의 장소에 설치하여야 하는가?

① 1.5 ② 5

③ 7.5 ④ 10

|문|제|풀|이|

[옥외소화전 설비의 주요 특성]

항목	기준
방수량	450l/min 이상
비상전원	45분 이상 작동할 것
방수압력	350kPa 이상
방수구(호스)의 구경	650mm
소화전과 소화전함과의 거리	5m 이내

【정답】 ②

30. 위험물제조소 등에 설치해야 하는 각 소화설비의 설치기준에 있어서 각 노즐 또는 헤드선단의 방사압력 기준이 나머지 셋과 다른 설비는?

① 옥내소화전설비 ② 옥외소화전설비

③ 스프링클러설비 ④ 물분무소화설비

|문|제|풀|이|

[방사압력]

① 옥내소화전설비 : 350kPa
② 옥외소화전설비 : 350kPa
③ **스프링클러설비 : 100kPa**
④ 물분무소화설비 : 350kPa

【정답】 ③

31. 규조토에 흡수시켜 다이너마이트를 제조할 때 사용되는 위험물은?

① 디니트로톨루엔 ② 질산에틸

③ 니트로글리세린 ④ 니트로셀룰로오스

|문|제|풀|이|

[니트로글리세린[$C_3H_5(ONO_2)_3$] → 제5류 위험물(질산에스테르류)]

- 라빌형의 융점 2.8℃, 스타빌형의 융점 13.5℃, 비점 160℃, 비중 1.6, 증기비중 7.84
- 상온에서 무색, 투명한 기름 형태의 액체 → (겨울철에는 동결)
- 비수용성이며 메탄올, 에테르에 잘 녹는다.
- 가열, 마찰, 충격에 민감하여 폭발하기 쉽다.
- **규조토에 흡수시켜 다이너마이트를 제조**한다.

【정답】 ③

32. 아세톤의 위험도를 구하면 얼마인가? (단, 아세톤의 연소범위는 2~13vol%이다)

① 0.846　② 1.23
③ 5.5　④ 7.5

|문|제|풀|이|

[위험도] $H=\frac{U-L}{L}$　→ (U : 연소범위 상한계, L : 연소범위 하한계)

$=\frac{13-2}{2}=\frac{11}{2}=5.5$　【정답】 ③

33. 다음 중 질산과 페놀을 일정한 비율로 혼합하여 만드는 위험물로 알맞은 것은?

① 피크린산　② 트리니트로톨루앤
③ 왕수　④ 테트릴

|문|제|풀|이|

[피크르산(피크린산)] 페놀에 황산을 작용시켜 얻은 물질을 다시 진한 질산과 반응 시켜 만든 누런색 고체로 급한 열이나 충격에는 폭발한다.　【정답】 ①

34. 다음 제6류 위험물의 특징으로 알맞은 것은?

① 질산과 황산이 일정한 비율로 혼합하면 왕수가 된다.
② 과산화수소는 농도가 높아질수록 끓는점이 낮아진다.
③ 과염소산을 가열하면 산소가 발생한다.
④ 할로겐 화합물은 제6류 위험물이 아니다.

|문|제|풀|이|

[제6류 위험물]
① **질산과 염산**이 일정한 비율로 혼합하면 왕수가 된다.
③ 과염소산($HClO_4$)을 가열하면 **염화수소**(HCl)**와 산소**(O_2)가 발생한다. → 분해 반응식 : $4HClO_4$ → $HCl + 2O_2$
(과염소산) (염화수소) (산소)
④ 할로겐 화합물(BrF_3, BrF_5, IF_5, ICI, IBr 등)은 제6류 위험물이다.　【정답】 ②

35. 과산화나트륨 대한 설명으로 틀린 것은?

① 알코올에 잘 녹아서 산소와 수소를 발생시킨다.
② 상온에서 물과 격렬하게 반응한다.
③ 비중이 약 2.8이다.
④ 조해성 물질이다.

|문|제|풀|이|

[과산화나트륨(Na_2O_2) → 제1류 위험물(무기과산화물)]
·분해온도 460℃, 융점 460℃, 비점 657℃, 비중 2.8
·순수한 것은 백색의 정방전계 분말, 조해성 물질
·**에틸알코올(에탄올)에는 잘 녹지 않는다.**
·물과 반응하여 수산화나트륨과 산소를 발생한다.
·물과 반응식 : $2Na_2O_2 + 2H_2O$ → $4NaOH + O_2$ ↑+ 발열
(과산화나트륨) (물) (수산화나트륨) (산소)
·소화방법으로는 마른모래, 분말소화제, 소다회, 석회 등 사용 → (주수소화는 위험)　【정답】 ①

36. 제4류 위험물의 옥외저장탱크에 대기밸브 부착 통기관을 설치할 때 몇 kPa 이하의 압력 차이로 작동하여야 하는가?

① 5kPa 이하　② 10kPa 이하
③ 15kPa 이하　④ 20kPa 이하

|문|제|풀|이|

[제4류 위험물의 옥외저장탱크] 제4류 위험물의 옥외저장탱크에 대기밸브 부착 통기관을 설치할 때 **5kPa 이하의 압력 차**이로 작동　【정답】 ①

37. 메틸알코올의 위험성에 대한 설명으로 틀린 것은?

① 겨울에는 인화의 위험이 여름보다 작다.
② 증기비중은 가솔린보다 크다.
③ 독성이 있다.
④ 연소범위는 에틸알코올보다 넓다.

|문|제|풀|이|

[메틸알코올] 인화점 11℃, 착화점 464℃, 비중 0.8, 증기비중 1.1, 연소범위 7.3~36　→ (에틸알코올 연소범위 4.3~19)
② 증기비중는 가솔린보다 작다.　→ (가솔린 증기비중 3~4)
【정답】 ②

38. 위험물안전관리법상 옥내소화전설비의 기준에 따르면 펌프를 이용한 가압송수장치에서 펌프의 토출량은 옥내소화전의 설치개수가 가장 많은 층에 대해 해당 설치개수(5개 이상인 경우에는 5개)에 얼마를 곱한 양 이상이 되도록 하여야 하는가?

① 260L/min ② 360L/min

③ 460L/min ④ 560L/min

|문|제|풀|이|

[옥내소화전 설비의 주요 특성]

방수량	260*L*/min 이상
토출량	N(최대 5개)×260*L*/min 이상
비상전원	45분 이상 작동할 것
방수압력	350kPa(0.35MPa) 이상
방수구(호스)의 구경	40mm
표시등	적색으로 소화전함 상부에 부착 (부착 면에서 15℃ 이상 범위 안에서 10m 이내의 어느 곳에서도 식별될 것)

※토출량 : 펌프에서 단위 시간 동안 끌어 올릴 수 있는 물의 양

【정답】 ①

39. 탄화알루미늄 1몰을 물과 반응시킬 때 발생하는 가연성가스의 종류와 양은?

① 에탄, 4몰 ② 에탄, 3몰

③ 메탄, 4몰 ④ 메탄, 3몰

|문|제|풀|이|

[탄화알루미늄(Al_4C_3)] → 제3류 위험물(칼슘, 알루미늄의 탄화물)

- 분해온도 1400℃, 비중 2.36
- 무색 또는 황색의 단단한 결정
- 물과 반응하여 수산화알루미늄과 메탄(3몰)가스를 발생한다.
- 물과 반응식 :

$Al_4C_3 + 12H_2O \rightarrow 4Al(OH)_3 + 3CH_4 \uparrow + 360kcal$

(탄화알루미늄) (물) (수산화알루미늄) (메탄) (반응열)

- 소화방법에는 마른모래 등으로 피복소화 한다.

→ (물 및 포약제의 소화는 금한다.)

【정답】 ④

40. 부틸에틸케톤은 제 몇 류 위험물인가?

① 제1류 위험물 ② 제2류 위험물

③ 제3류 위험물 ④ 제4류 위험물

|문|제|풀|이|

[부틸에틸케톤($C_7H_{14}O$)] 제4류 위험물, 분자량 114

- 캄퍼 냄새가 나는 액체
- 끓는점 125~126℃
- 에탄올, 에테르에 녹는다.
- 물에 잘 안 녹는다.

【정답】 ④

41. 위험물이 빠른 유속으로 흐를 때 생기는 에너지는 어떤 에너지인가?

① 정전기에너지 ② 전기에너지

③ 화학에너지 ④ 운동에너지

|문|제|풀|이|

[정전기에너지] 위험물이 빠른 유속으로 흐를 때는 정전기가 발생하므로 정전기에너지이다.

② 전기에너지 : 전하의 위치에너지나 운동에너지로부터 파생된 에너지이다.

③ 화학에너지 : 물질마다 가지고 있는 에너지 중 화합물의 화학결합이나 원자 배열 등의 형태로 물질 내에 보존(저장) 되어 있는 에너지를 의미한다.

④ 운동에너지 : 일을 할 수 있는 능력의 에너지, 단위 : J(줄), N·m 등 (일의 단위와 같다.)

【정답】 ①

42. 액화이산화탄소 1kg이 25℃, 2atm에서 방출되어 모두 기체가 되었다. 방출된 기체상의 이산화탄소 부피는 약 몇 L인가?

① 278 ② 556

③ 1111 ④ 1985

|문|제|풀|이|

[이상기체상태방정식] 이상기체의 상태를 나타내는 양들, 즉 압력 P, 부피 V, 온도 T 간의 상관관계를 기술하는 방정식

$PV = nRT = \frac{W}{M}RT \rightarrow V = \frac{W}{PM}RT$

여기서, P : 기체의 압력(kg/m^2), V : 기체의 체적(m^3)

M : 분자량, W : 무게, R : 기체상수(0.082)

T : 절대온도(k) → (T=273+℃)

질량 $W = 1kg = 1000g$, 기체상수 R=0.082

절대온도 $T = 273 + 25 = 298k$, 기압 $P = 2atm$

이산화탄소 분자량 $M = 44$

$\therefore V = \frac{1000 \times 0.082 \times 298}{2 \times 44} = 277.85 \fallingdotseq 278L$

【정답】 ①

43. 자기반응성 물질의 화재 예방법으로 가장 거리가 먼 것은?

① 마찰을 피한다.

② 불꽃의 접근을 피한다.

③ 물에 습윤 시켜 보관한다.

④ 운반용기 외부에 "화기엄금"만 표시한다.

|문|제|풀|이|

[제5류 위험물 → (자기반응성 물질)]
④ 운반용기 외부에 "**화기엄금**", **충격주의**"를 표시한다.

【정답】 ④

44. 위험물의 운반에 관한 기준에서 적재방법 기준으로 틀린 것은?

① 고체 위험물은 운반용기의 내용적 95% 이하의 수납률로 수납할 것

② 액체 위험물은 운반용기의 내용적 90% 이하의 수납률로 수납할 것

③ 자연발화성 물질 중 알킬알루미늄 등은 운반용기의 내용적의 90% 이하의 수납률로 수납

④ 알킬알루미늄 등은 운반용기의 내용적의 90% 이하의 수납률로 수납하되, 50℃의 온도에서 5% 이상의 공간용적을 유지하도록 할 것

|문|제|풀|이|

[위험물 적재방법]

1. 고체위험물은 운반용기 내용적의 95% 이하의 수납률로 수납할 것
2. 액체위험물은 운반용기 **내용적의 98% 이하**의 수납률로 수납하되, 55도의 온도에서 누설되지 아니하도록 충분한 공간용적을 유지하도록 할 것
3. 자연발화성 물질 중 알킬알루미늄 등은 운반용기의 내용적의 90% 이하의 수납률로 수납하되, 50℃의 온도에서 5% 이상의 공간용적을 유지하도록 할 것
4. 제1류 위험물, 제3류 위험물 중 자연발화성 물질, 제4류 위험물 중 특수 인화물, 제5류 위험물 또는 제6류 위험물은 차광성이 있는 피복으로 가릴 것
5. 제1류 위험물 중 알칼리금속의 과산화물 또는 이를 함유한 것, 제2류 위험물 중 철분, 금속분, 마그네슘 또는 이들 중 어느 하나 이상을 함유한 것 또는 제3류 위험물 중 금수성물질은 방수성이 있는 피복으로 덮을 것

【정답】 ②

45. 위험물안전관리법령에 따른 위험물의 운송에 관한 설명 중 틀린 것은?

① 알킬리튬과 알킬알루미늄 또는 이 중 어느 하나 이상을 함유한 것은 운송책임자의 감독·지원을 받아야 한다.

② 이동탱크저장소에 의하여 위험물 운송할 때의 운송책임자에는 법정의 교육을 이수하고 관련 업무에 2년 이상 경력이 있는 자도 포함된다.

③ 서울에서 부산까지 금속의 인화물 300kg을 1명의 운전자가 휴식 없이 운송해도 규정위반이 아니다.

④ 운송책임자의 감독 또는 지원의 방법에는 동승하는 방법과 별도의 사무실에서 대기하면서 규정된 사항을 이행하는 방법이 있다.

|문|제|풀|이|

[이동탱크저장소에 의한 위험물의 운송 시에 준수하여야 하는 기준]
위험물운송자는 장거리(고속도로에 있어서는 **340km 이상**, 그 밖에 있어서는 200km 이상을 말한다)에 걸치는 운송을 하는 때에는 **2명 이상**의 운전자로 할 것
→ 다만, 다음의 1에 해당하는 경우에는 그러하지 아니하다.

1. 운송책임자가 함께 동승하는 경우
2. 운송하는 위험물이 제2류 위험물, 제3류 위험물(칼슘 또는 알루미늄의 탄화물과 이것만을 함유한 것에 한한다.) 또는 제4류 위험물(특수인화물 제외)인 경우
3. 운송도중에 2시간마다 20분 이상씩 휴식하는 경우

【정답】 ③

46. 지정과산화물 옥내저장소의 저장창고 출입구 및 창의 설치기준으로 틀린 것은?

① 창은 바닥면으로부터 2m 이상의 높이에 설치한다.

② 하나의 창의 면적을 $0.4m^2$ 이내로 한다.

③ 하나의 벽면에 두는 창의 면적의 합계를 해당 벽면의 면적의 80분의 1로 초과되도록 한다.

④ 출입구에는 갑종방화문을 설치한다.

|문|제|풀|이|

[위험물의 성질에 따른 옥내저장소의 특례(지정과산화물)] 저장창고의 창은 바닥면으로부터 2m 이상의 높이에 두되, 하나의 벽면에 두는 창의 면적의 합계를 당해 벽면의 **면적의 80분의 1 이내**로 하고, 하나의 창의 면적을 $0.4m^2$ 이내로 할 것

【정답】 ③

47. 아염소산나트륨의 저장 및 취급 시 주의사항으로 가장 거리가 먼 것은?

① 물속에 넣어 냉암소에 저장한다.

② 강산류와의 접촉을 피한다.

③ 취급 시 충격, 마찰을 피한다.

④ 가연성 물질과 접촉을 피한다.

|문|제|풀|이|

[아염소산나트륨($NaClO_2$) → 제1류 위험물(아염소산염류)]

- 수용액은 산성인 상태에서 분해하여 이산화염소를 생성하는데, 이 때문에 표백작용이 있다.
- 펄프, 섬유제품(특히 합성섬유), 식품의 표백, 수돗물의 살균에 사용된다.
- **온도가 낮고 어두운 장소에 보관**해야 한다.
- 산을 가할 경우 유독가스(이산화염소, ClO_2)가 발생한다.

【정답】 ①

48. 위험물을 운반용기에 수납하여 적재할 때 차광성이 있는 피복으로 가려야 하는 위험물이 아닌 것은?

① 제1류 위험물 ② 제2류 위험물

③ 제5류 위험물 ④ 제6류 위험물

|문|제|풀|이|

[위험물 적재방법]

1. 고체위험물은 운반용기 내용적의 95% 이하의 수납률로 수납할 것
2. 액체위험물은 운반용기 내용적의 98% 이하의 수납률로 수납하되, 55도의 온도에서 누설되지 아니하도록 충분한 공간용적을 유지하도록 할 것
3. 자연발화성 물질 중 알킬알루미늄 등은 운반용기의 내용적의 90% 이하의 수납률로 수납하되, 50℃의 온도에서 5% 이상의 공간용적을 유지하도록 할 것
4. 제1류 위험물, 제3류 위험물 중 자연발화성 물질, 제4류 위험물 중 특수 인화물, 제5류 위험물 또는 제6류 위험물은 차광성이 있는 피복으로 가릴 것
5. 제1류 위험물 중 알칼리금속의 과산화물 또는 이를 함유한 것, **제2류 위험물** 중 철분, 금속분, 마그네슘 또는 이들 중 어느 하나 이상을 함유한 것 또는 제3류 위험물 중 금수성물질은 **방수성이 있는 피복**으로 덮을 것

【정답】 ②

49. 위험물안전관리법령에 따른 스프링클러헤드의 설치 방법에 대한 설명으로 옳지 않은 것은?

① 개방형헤드는 반사판으로부터 하방으로 0.45m, 수평으로 0.3m 공간을 보유할 것

② 폐쇄형헤드는 가연성물질 수납부분에 설치 시 반사판으로부터 하방으로 0.9m, 수평방향으로 0.4m의 공간을 확보할 것

③ 폐쇄형헤드 중 개구부에 설치하는 것은 당해 개구부의 상단으로부터 높이 0.15m 이내의 벽면에 설치할 것

④ 폐쇄형헤드 설치 시 급배기용 덕트의 긴 변의 길이가 1.2m를 초과하는 것이 있는 경우에는 당해 덕트의 윗부분에도 헤드를 설치할 것

|문|제|풀|이|

[스프링클러설비의 기준] 급배기용 덕트 등의 긴 변의 길이가 1.2m를 초과하는 것이 있는 경우에는 당해 **덕트 등의 아랫면**에도 헤드를 설치할 것

【정답】 ④

50. 위험물안전관리법령상 위험물안전관리자의 책무에 해당하지 않는 것은?

① 화재 등의 재난이 발생할 경우 소방관서 등에 대한 연락 업무

② 화재 등의 재난 발생할 경우 응급조치

③ 위험물 취급에 관한 일지작성·기록

④ 위험물안전관리자의 선임·신고

|문|제|풀|이|

[위험물안전관리자 → (위험물안전관리법 제15조)]

1. **제조소 등의 관계인**은 위험물의 안전관리에 관한 직무를 수행하게 하기 위하여 제조소 등마다 대통령령이 정하는 위험물의 취급에 관한 자격이 있는 자(위험물취급자격자)를 **위험물안전관리자(안전관리자)로 선임**하여야 한다.
2. 제조소 등의 관계인은 제1항에 따라 안전관리자를 선임한 경우에는 선임한 날부터 14일 이내에 행정안전부령으로 정하는 바에 따라 소방본부장 또는 **소방서장에게 신고**하여야 한다.

【정답】 ④

51. 20℃의 물 100kg이 100℃ 수증기로 증발하면 몇 kcal의 열량을 흡수할 수 있는가? (단, 물의 증발잠열은 540kcal/kg이다)

① 540 ② 7800

③ 62000 ④ 108000

|문|제|풀|이|

[열량(Q)] 0℃물 → 100℃물 → 100℃ 수증기를 만드는데 필요한 열량 $Q=mC_p\Delta_t+r\cdot m$ → (열량(Q)=현열+잠열)

여기서, m : 무게, C_p : 물의 비열(1kcal/kg·℃), Δ_t : 온도차

r : 물의 증발잠열(540kcal/kg)

$\therefore Q=mC_p\Delta_t+r\cdot m$

=[1kcal/kg·℃×100kg×(100℃−20℃)]+(100kg×540kcal/kg)

=62000kcal

※1. 현열 : 상태변화(물→ 수증기) 시 온도 변화에 쓰인 열

현열=[1kcal/kg·℃×100kg×(100℃−20℃)]

2. 잠열 : 상태변화(물→ 수증기) 시 변화 (상변화)에 쓰인 열

잠열=(100kg×540kcal/kg) 【정답】 ③

52. 다음 중 위험물안전관리법령상 지정수량의 1/10을 초과하는 위험물을 운반할 때 혼재할 수 없는 경우는?

① 제1류 위험물과 제6류 위험물

② 제2류 위험물과 제4류 위험물

③ 제4류 위험물과 제5류 위험물

④ 제5류 위험물과 제3류 위험물

|문|제|풀|이|

[유별을 달리하는 위험물의 혼재기준]

위험물의 구분	제1류	제2류	제3류	제4류	제5류	제6류
제1류		X	X	X	X	O
제2류	X		X	O	O	X
제3류	X	X		O	X	X
제4류	X	O	O		O	X
제5류	X	O	X	O		X
제6류	O	X	X	X	X	

【비고】 1. 'X'표시는 혼재할 수 없음을 표시한다.

2. 'O'표시는 혼재할 수 있음을 표시한다.

3. 이 표는 지정수량의 $\frac{1}{10}$ 이하의 위험물에 대하여는 적용하지 아니한다. 【정답】 ④

53. 과산화칼륨을 저장하는 방법으로 옳은 것은?

① 용기를 밀전한 투명한 용기에 보관

② 구멍 뚫린 갈색용기에 보관

③ 물속에 넣어 보관

④ 석유 속에 넣어 밀봉하여 보관

|문|제|풀|이|

[과산화칼륨(K_2O_2) → 제1류 위험물(무기과산화물)]

[저장 및 취급방법]

·조해성이 있으므로 **습기에 주의**한다.

·다른 약품류 및 **가연물과 접촉 및 혼합을 피한다**.

·용기는 **밀폐**하여 투명한 용기에 서늘하고 환기가 잘 되는 곳에 보관한다.

·알칼리금속의 과산화물은 물과 접촉을 피한다.

·강산류와 접촉을 절대 금한다.

·가열, 충격, 마찰 등을 금한다, 【정답】 ①

54. 다음은 위험물안전관리법령에 따른 이동탱크저장소에 대한 기준이다. ( )안에 알맞은 수치를 차례대로 나열한 것은?

> 이동저장탱크는 그 내부에 ( )L 이하마다 ( )mm 이상의 강철판 또는 이와 동등 이상의 강도 · 내열성 및 내식성이 있는 금속성의 것으로 칸막이를 설치하여야 한다.

① 2500, 3.2 ② 2500, 4.8

③ 4000, 3.2 ④ 4000, 4.8

|문|제|풀|이|

[이동저장탱크] 이동저장탱크는 그 내부에 **(4,000)L** 이하마다 **(3.2)㎜** 이상의 강철판 또는 이와 동등 이상의 강도·내열성 및 내식성이 있는 금속성의 것으로 칸막이를 설치하여야 한다. 【정답】 ③

55. 다음 중 오존층 파괴지수가 가장 큰 것은?

① Halon 104 ② Halon 1211

③ Halon 1301 ④ Halon 2402

|문|제|풀|이|

[오존층 파괴지수]

1. Halon 1301 → 10
2. Halon 2402 → 6
3. Halon 1211 → 3

【정답】 ③

56. 과산화벤조일의 일반적인 성질로 옳은 것은?

① 비중은 약 0.33이다.

② 무미, 무취의 고체이다.

③ 물에는 잘 녹지만 디에틸에테르에는 녹지 않는다.

④ 녹는점은 약 300℃이다.

|문|제|풀|이|

[과산화벤조일($(C_6H_5CO)_2O_2$) → 제5류 위험물(유기과산화물)]

① 비중은 약 1.33이다.

③ 무색무취의 백색 분말 또는 결정, **비수용성**이다.

④ 녹는점(융점)은 **103~105℃**이다.

【정답】 ②

57. 위험물안전관리법령에 의한 위험물 운송에 관한 규정으로 틀린 것은?

① 이동탱크저장소에 의하여 위험물을 운송하는 자는 당해 위험물을 취급할 수 있는 국가기술자격자 또는 안전교육을 받은 자이어야 한다.

② 안전관리자 · 탱크시험자 · 위험물운송자 등 위험물의 안전관리와 관련된 업무를 수행하는 자는 시 · 도지사가 실시하는 안전교육을 받아야 한다.

③ 운송책임자의 범위, 감독 또는 지원의 방법 등에 관한 구체적인 기준은 총리령으로 정한다.

④ 위험물운송자는 이동탱크저장소에 의하여 위험물을 운송하는 때에는 총리령으로 정하는 기준을 준수하는 등 당해 위험물의 안전확보를 위하여 세심한 주의를 기울여야 한다.

|문|제|풀|이|

[위험물 운송에 관한 규정] 안전관리자 · 탱크시험자 · 위험물운송자 등 위험물의 안전관리와 관련된 업무를 수행하는 자는 **소방청장이 실시하는 안전교육**을 받아야 한다.

【정답】 ②

58. 위험물 옥외저장소에서 지정수량 200배 초과의 위험물을 저장할 경우 경계표시 주위의 보유공지 너비는 몇 m 이상으로 하여야 하는가? (단, 제4류 위험물과 제6류 위험물이 아닌 경우이다.)

① 0.5 ② 2.5 ③ 10 ④ 15

|문|제|풀|이|

[옥외저장소의 보유공지]

저장 또는 취급하는 위험물의 최대수량	공지의 너비
지정수량의 10배 이하	3m 이상
지정수량의 10배 초과 20배 이하	5m 이상
지정수량의 20배 초과 50배 이하	9m 이상
지정수량의 50배 초과 200배 이하	12m 이상
지정수량의 **200배 초과**	**15m 이상**

【정답】 ④

59. 주유취급소 중 건축물의 2층에 휴게음식점의 용도로 사용하는 것에 있어 해당 건축물의 2층으로부터 직접 주유취급소의 부지 밖으로 통하는 출입구와 해당 출입구로 통하는 통로 · 계단에 설치하여야 하는 것은?

① 비상경보설비 ② 유도등

③ 비상조명등 ④ 확성장치

|문|제|풀|이|

[피난설비의 설치기준] 주유취급소 중 건축물의 2층 이상의 부분을 점포 · 휴게음식점 또는 전시장의 용도로 사용하는 것에 있어서는 당해 건축물의 2층 이상으로부터 주유취급소의 부지 밖으로 통하는 출입구와 당해 출입구로 통하는 통로 · 계단 및 출입구에 **유도등을 설치**하여야 한다.

【정답】 ②

60. 다음 중 등유의 지정수량으로 옳은 것을 고르시오.

① 50L ② 400L

③ 1000L ④ 2000L

|문|제|풀|이|

[등유(제4류 위험물(제2석유류)] **지정수량(비수용성) 1000L**

인화점 40~70℃, 착화점 220℃, 비중 0.79~0.85(증기비중 4.5), 연소범위 1.1~6.0%

【정답】 ③

2021_3 위험물기능사 필기

01. 동식물유류에 대한 설명으로 틀린 것은?

① 아마인유는 건성유이므로 자연발화의 위험이 있다.
② 요오드값이 클수록 포화지방산이 많으므로 자연발화의 위험이 적다.
③ 요오드값이 100 이하인 것을 불건성유라 한다.
④ 건성유는 공기 중 산화중합으로 생긴 고체가 도막을 형성할 수 있다.

|문|제|풀|이|

[동·식물유류 : 위험물 제4류(인화성 액체)]

1. 건성유 : 요오드(아이오딘)값 130 이상
2. 반건성유 : 요오드(아이오딘)값 100~130
3. 불건성유 : 요오드(아이오딘)값 100 이하
4. 요오드(아이오딘)값이 높을수록 자연발화의 위험이 높다.

【정답】 ②

02. 과망간산칼륨 2몰이 240℃에서 분해했을 때 생성되는 물질이 아닌 것은?

① O_2 ② MnO_2
③ K_2O ④ K_2MnO_4

|문|제|풀|이|

[과망간산칼륨($KMnO_4$) → 제1류 위험물(과망간산염류)]

·분해온도 240℃, 비중 2.7
·흑자색 결정
·가열(240℃)에 의한 분해 반응식

$2KMnO_4 \rightarrow K_2MnO_4 + MnO_2 + O_2\uparrow$
(과망간산칼륨) (망간산칼륨) (이산화망간) (산소)

【정답】 ③

03. 과산화마그네슘에 대한 설명으로 옳은 것은?

① 산화제, 표백제, 살균제 등으로 사용된다.
② 물에 녹지 않기 때문에 습기와 접촉해도 무방하다.
③ 물과 반응하여 금속마그네슘을 생성한다.
④ 염산과 반응하면 산소와 수소를 발생한다.

|문|제|풀|이|

[과산화마그네슘(MgO_2) → 재1류 위험물(무기과산화물)]

·무색무취의 백색 분말
·시판품의 MgO_2 함유량은 15~25% 정도이다.
·물에 녹지 않는다.
·산과 반응하여 과산화수소를 발생한다.
·가열하면 분해된다.
·산화제, 표백제, 살균제 등으로 사용된다.
·소화방법으로는 마른모래에 의한 피복소화가 적절하다.
·물과 반응식 : $MgO_2 + 2H_2O \rightarrow 2Mg(OH)_2 + O_2\uparrow$
(과산화마그네슘) (물) (수산화마그네슘) (산소)
·염산과 반응식 : $MgO_2 + 2HCl \rightarrow MgCl_2 + H_2O_2\uparrow$
(과산화마그네슘) (염산) (염화마그네슘) (과산화수소)

【정답】 ①

04. 제1류 위험물과 제6류 위험물의 공통 성상은?

① 금수성 ② 가연성
③ 산화성 ④ 자기반응성

|문|제|풀|이|

[제1류 위험물 → 산화성 고체]

1. 무색결정 또는 백색 분말의 고체이다
2. 자신은 **불연성(인화점 없음)**, 조연성(지연성), 강산화제(강한 산화성), 조해성이다.
3. 비중이 1보다 크다.

[제6류 위험물 → 산화성 액체]
1. **불연성 물질**이며, 무기화합물로서 부식성 및 유독성이 강한 강산화제이다.
2. 비중이 1보다 커서 물보다 무거우며 물에 잘 녹는다.
3. 물과 접촉 시 발열한다.
4. 가연물 및 분해를 촉진하는 약품과 접촉하면 분해 폭발한다.

【정답】 ③

05. 위험물안전관리법령에 따른 스프링클러 헤드의 설치방법에 대한 설명으로 옳지 않은 것은?

① 개방형헤드는 반사판으로부터 하방으로 0.45m, 수평으로 0.3m 공간을 보유할 것
② 폐쇄형헤드는 가연성물질 수납부분에 설치 시 반사판으로부터 하방으로 0.9m, 수평방향으로 0.4m의 공간을 확보할 것
③ 폐쇄형헤드 중 개구부에 설치하는 것은 당해 개구부의 상단으로부터 높이 0.15m 이내의 벽면에 설치할 것
④ 폐쇄형헤드 설치 시 급배기용 덕트의 긴 변의 길이가 1.2m를 초과하는 것이 있는 경우에는 당해 덕트의 윗부분에도 헤드를 설치할 것

|문|제|풀|이|

[스프링클러설비의 기준] 급배기용 덕트 등의 긴 변의 길이가 1.2m를 초과하는 것이 있는 경우에는 당해 **덕트 등의 아랫면**에도 헤드를 설치할 것

【정답】 ④

06. 제3류 위험물인 인화칼슘의 화재별 소화방법으로 옳지 않은 것은?

① 물　② CO_2
③ 건조석회　④ 금속화재용 분말소화약제

|문|제|풀|이|

[인화석회/인화칼슘(Ca_3P_2) → 제3류 위험물(금속의 인화물)]
·소화방법에는 마른모래 등으로 피복하여 자연 진화를 기다린다. → (물 및 포약제의 소화는 금한다.)
·물, 약산과 반응하여 유독한 인화수소(포스핀가스(PH_3)) 발생
·물과 반응식 : $Ca_3P_2 + 6H_2O \rightarrow 2PH_3\uparrow + 3Ca(OH)_2$
(인화칼슘) (물) (포스핀) (수산화칼슘)

【정답】 ①

07. 화학포의 소화약제인 탄산수소나트륨 6몰과 반응하여 생성되는 이산화탄소는 표준상태에서 몇 L인가?

① 22.4　② 44.8
③ 89.6　④ 134.4

|문|제|풀|이|

[화학포소화약제]

황산알루미늄	·혼합 시 이산화탄소를 발생하여 거품 생성 ·내약제
탄산수소나트륨	·혼합 시 이산화탄소를 발생하여 거품 생성 ·외약제
기포안정제	·가수분해단백질, 사포닌, 계면활성제, 젤라틴, 카제인 ·외약제

화학식 : $6NaHCO_2 + Al_2(SO_4)_3 + 18H_2O$
(탄산수소나트륨) (황산알루미늄) (물)
$\rightarrow 6CO_2 + 3Na_2SO_4 + 2Al(OH)_3 + 18H_2O$
(이산화탄소)(황산나트륨)(수산화알루미늄)(물)

1. 화학식에서 탄산수소나트륨 6몰이 반응하여 이산화탄소 6몰을 생성한다.
2. 기체 1몰의 부피 : 0℃, 1기압에서 22.4L를 차지한다.

$\therefore 6 \times 22.4 = 134.4L$

【정답】 ④

08. 위험물에 관한 표시사항 중 "물기엄금"에 관한 표지판으로 옳은 것은?

① 청색바탕에 적색문자
② 청색바탕에 백색문자
③ 적색바탕에 백색문자
④ 백색바탕에 청색문자

|문|제|풀|이|

[위험물 게시판의 주의사항]

위험물의 종류	주의사항(게시판)
· 제1류 위험물 : 알칼리금속의 과산화물과 이를 함유한 것 · 제3류 위험물 중 금수성 물질	**「물기엄금」** (바탕 : 청색, 문자 : 백색)
제2류 위험물(인화성고체를 제외한다)	「화기주의」 (바탕 : 적색, 문자 : 백색)
· 제2류 위험물 중 인화성고체 · 제3류 위험물 중 자연발화물질 · 제4류 위험물 · 제5류 위험물	「화기엄금」 (바탕 : 적색, 문자 : 백색)

【정답】 ②

09. 염소산나트륨에 대한 설명으로 틀린 것은?

① 조해성이 크므로 보관용기는 밀봉하는 것이 좋다.

② 무색, 무취의 고체이다.

③ 산과 반응하여 유독성의 이산화나트륨 가스가 발생한다.

④ 물, 알코올, 에테르에 녹는다.

|문|제|풀|이|

[염소산나트륨($NaClO_3$) → 제1류 위험물, 염소산염류]

- 분해온도 300℃, 비중 2.5, 융점 248℃, 용해도 101(20℃)
- 무색무취의 입방정계 주상결정
- 인체에 유독하다.
- 산과 반응하여 유독한 폭발성 이산화염소(ClO_2)를 발생하고 폭발 위험이 있다.
- 산과의 반응식 : $2NaClO_3$ + $2HCl$

(염소산나트륨) (염화수소)

→ $2NaCl$ + H_2O_2 + $2ClO_2$ ↑

(염화나트륨) (과산화수소) (이산화염소)

- 알코올, 에테르, 물에는 잘 녹으며 조해성이 크다.
- 철제를 부식시키므로 철제용기 사용금지

【정답】 ③

10. 탄화칼슘의 저장 및 취급에 대한 설명으로 틀린 것은?

① 물, 습기와의 접촉을 피한다.

② 석유 속에 저장해 둔다.

③ 장기 저장할 때는 질소가스를 충전한다.

④ 화기로부터 먼 곳에 저장한다.

|문|제|풀|이|

[탄화칼슘(CaC_2) → 제3류 위험물(칼슘 또는 알루미늄의 탄화물]

- 백색 입방체의 결정
- 물과 반응하여 수산화칼슘(소석회)과 아세틸렌가스를 발생한다.
- 물과 반응식 : CaC_2 + $2H_2O$ → $Ca(OH)_2$ ↑ + C_2H_2 + 27.8kcal

(탄화칼슘) (물) (수산화칼슘) (아세틸렌) (반응열)

- 밀폐용기에 저장하는 것이 가장 좋으며, 장기간 저장 시에는 불연성 가스(질소가스, 아르곤가스 등)를 충전한다.
- 소화방법에는 마른모래, 탄산가스, 소화분말, 사염화탄소 등으로 한다. → (주수소화는 금한다.)

※석유 속에 저장 : 칼륨(K), 나트륨(Na)

【정답】 ②

11. 과염소산의 일반적인 특징 중 옳은 것은?

① 흡습성이 강한 고체이다.

② 매우 불안한 강산류이다.

③ 물과 반응하여 조연성 가스를 발생한다.

④ 공기 중 증기는 점화원에 의해 폭발한다.

|문|제|풀|이|

[과염소산($HClO_4$) → 제6류 위험물]

1. 융점 -112℃, 비점 39℃, 비중 1.76, 증기비중 3.46
2. 무색의 염소 냄새가 나는 액체로 공기 중에서 강하게 연기를 낸다.
3. 흡습성이 강하며 휘발성이 있고 독성이 강하다.
4. 수용성으로 물과 접촉 시 심한 열이 발생하며 과염소산의 고체 수화물(6종류)을 만든다.
5. 강산으로 산화력이 강하고 종이, 나무조각 등 유기물과 접촉하면 연소와 동시 폭발한다.

【정답】 ②

12. 제조소 또는 취급소용 건축물로서 외벽이 내화구조로 된 것의 1소요단위는?

① $50m^2$　　② $75m^2$

③ $100m^2$　　④ $150m^2$

|문|제|풀|이|

[소요단위(제조소, 취급소, 저장소)] 소요단위$=\frac{연면적}{기준면적}$

[1소요단위] 소화설비의 설치대상이 되는 건축물 그 밖의 공작물의 규모 또는 위험물의 양의 기준단위

종류	내화구조	비내화구조
위험물 제조소 및 취급소	$100m^2$	$50m^2$
위험물 저장소	$150m^2$	$75m^2$
위험물	지정수량×10	

※소요단위(위험물)$=\frac{저장수량}{1소요단위}=\frac{저장수량}{지정수량\times 10}$

【정답】 ③

13. 제2류 위험물에 대한 설명 중 틀린 것은?

① 유황은 물에 녹지 않는다.

② 오황화린은 CS_2에 녹는다.

③ 삼황화린은 가연성 물질이다.

④ 칠황화린은 더운물에 분해되어 이산화황을 발생한다.

|문|제|풀|이|

[황화린(제2류 위험물, 가연성 고체)의 종류]

1. 삼황화린(P_4S_3)
   - ·담황색 결정으로 조해성이 없다.
   - ·차가운 물, 염산, 황산에 녹지 않으며 끓는 물에서 분해한다.
   - ·질산, 알칼리, 이황화탄소에는 잘 녹는다.
   - ·과산화물, 과망간산염, 금속분과 공존하고 있을 때 자연발화한다.
   - ·연소 반응식 : $P_4S_3 + 8O_2 \rightarrow 2P_2O_5 + 3SO_2$

     (삼황화린) (산소) (오산화인) (이산화황)
2. 오황화린(P_2S_5)
   - ·담황색 결정으로 조해성, 흡습성이 있는 물질
   - ·알코올 및 이황화탄소(CS_2)에 잘 녹는다.
   - ·물, 알칼리와 분해하여 유독성인 황화수소(H_2S), 인산(H_3PO_4)이 된다.
   - ·물과 분해반응식 : $P_2S_5 + 8H_2O \rightarrow 5H_2S + 2H_3PO_4$

     (오황화린) (물) (황화수소) (인산)
3. 칠황화린(P_4S_7)
   - ·착화점 250℃, 융점 310℃, 비점 523℃, 비중 2.19
   - ·담황색 결정으로 조해성이 있는 물질
   - ·이황화탄소에(CS_2)에 약간 녹는다.
   - ·냉수에서는 서서히, 온수에서는 급격히 분해하여 유독성인 황화수소(H_2S), 인산(H_3PO_4)을 발생한다.
   - ·물과 분해반응식 : $P_4S_7 + 13H_2O \rightarrow 7H_2S + H_3PO_4 + 3H_3PO_3$

     (칠황화린) (물) (황화수소) (인산) (아인산)

【정답】 ④

14. 가연성 물질을 공기 중에서 연소시키고 공기 중 산소의 농도를 증가시켰을 때 나타나는 현상은?

① 발화온도가 높아진다.

② 연소범위가 좁아진다.

③ 화염온도가 낮아진다.

④ 점화에너지가 감소한다.

|문|제|풀|이|

[공기 중의 산소 농도]

1. 공기 중 산소가 21%, 질소가 78%, 수증기 및 기타 성분이 1%로 구성
2. 공기 중 산소 농도가 21%로 유지되면 항상 상쾌
3. 공기 중 산소의 농도를 증가시키면
   - · 발화온도가 낮아진다.
   - · 점화에너지가 낮아진다.
   - · 화염의 온도는 높아진다.

【정답】 ④

15. 다음 중 소화약제가 아닌 것은?

① CH_2ClBr ② CHF_2Br_4

③ CF_3Br ④ $C_2F_4Br_2$

|문|제|풀|이|

[할론(Halon)의 종류 및 특징]

Halon의 번호	분자식	소화기	적용 화재
1001	CH_3Br	MTB	
10001	CH_3I		
1011	CH_2ClBr	CB	BC급
1202	CF_2Br_2		
1211	CF_2ClBr	BCF	ABC급
1301	CF_3Br	BTM	BC급
104	CCl_4	CTC	BC급
2402	$C_2F_4Br_2$	FB	BC급

【정답】 ②

16. 제1석유류 중에서 인화점이 -18℃, 분자량이 58.08이고 햇빛에 분해되며 착화온도가 538℃인 위험물은 다음 중 어느 것인가?

① 가솔린 ② 아세톤

③ 에틸알코올 ④ 벤젠

|문|제|풀|이|

[위험물의 성상(제4류 위험물(제1석유류))]

① 가솔린 : 제1석유류, 분자량 58, 인화점 -43~-20℃, 착화점 300℃

② 아세톤(CH_3COCH_3) : 제1석유류, 분자량 58, 인화점 -18℃, 착화점 538℃

③ 에틸알코올(C_2H_5OH) : 제1석유류(알코올류), 분자량 46), 인화점 13℃, 착화점 423℃

④ 벤젠(C_6H_6, 벤졸) : 분자량 78, 인화점 -11℃, 착화점 562℃

【정답】 ②

17. 탄화수소에서 탄소의 수가 증가할수록 나타나는 현상들로 옳게 짝 지워 놓은 것은?

> ㉠ 연소속도가 늦어진다.
> ㉡ 발화온도가 낮아진다.
> ㉢ 발열량이 커진다.
> ㉣ 연소범위가 넓어진다.

① ㉠ ② ㉠, ㉡
③ ㉠, ㉡, ㉢ ④ ㉠, ㉡, ㉢, ㉣

|문|제|풀|이|

[탄화수소] 탄화수소는 탄소(C)와 수소(H) 만으로 이루어진 유기 화합물을 말한다. 가장 간단한 탄화수소는 탄소 하나와 수소 넷으로 이뤄진 메테인(CH_4)이다.

[탄화수소에서 탄소의 수(분자량)가 증가할수록 나타나는 현상]

1. 증기비중, 점도, 발열량이 커진다.
2. 인화점, 비점이 높아진다.
3. 착화점(착화온도, 발화점, 발화온도)이 낮아지고, 수용성, 휘발성, 연소범위, 비중이 감소한다.
4. 이성질체가 많아지다.
5. 연소속도가 늦어진다. 【정답】 ③

18. 18mol 농도의 황산에서 9N의 황산 60ml를 만드는데 약 몇 ml의 물이 필요한가?

① 30 ② 45
③ 60 ④ 75

|문|제|풀|이|

[황산] 황산 1mol은 2N이다. 따라서 18mol=36N이다.

1. NV=N'V' → 36N×$x$mol=9N×60mol → x = 15ml
2. 60ml−15ml=45ml

∴18mol(36N)의 황산으로 9N 황산 60ml를 제조하려면 물 45ml가 필요하다. 【정답】 ②

19. 일반적인 석유난로의 연소형태로, 점도가 높고 비휘발성인 액체를 안개상으로 분사하여 액체의 표면적을 넓혀 연소시키는 방법은?

① 액적연소 ② 증발연소
③ 분해연소 ④ 표면연소

|문|제|풀|이|

[연소형태]

① 액적연소(분무연소) : 점도가 높은 벙커C유에서 연소를 일으키는 형태로 가열하면 점도가 낮아져 버너 등을 사용하여 액체의 입자를 안개 모양으로 분출하며 **액체의 표면적을 넓혀 연소하는 형태**
② 증발연소 : 아세톤, 알코올, 에테르, 휘발유, 석유, 등유, 경유 등과 같은 액체 표면에서 증발하는 가연성 증기와 공기가 혼합되어 연소하는 형태
③ 분해연소 : 분해열로서 발생하는 가연성 가스가 공기 중의 산소와 화합해서 일어나는 연소이며 석탄, 목재, 종이, 섬유, 플라스틱 등
④ 표면연소 : 가연성 물질 표면에서 산소와 반응해서 연소하는 것이며, 목탄, 코크스, 금속 등 【정답】 ①

20. 제3류 위험물의 공통적인 성질을 설명한 것 중 옳은 것은? (단, 황린은 제외)

① 모두 무기화합물이다.
② 저장액으로 석유를 이용한다.
③ 햇빛에 노출되는 순간 발화한다.
④ 물과 반응 시 발열 또는 발화한다.

|문|제|풀|이|

[제3류 위험물(자연발화성 및 금수성 물질)]

1. 대부분 무기물의 고체 → (알킬알루미늄은 액체 위험물)
2. 금수성 물질은 물과 접촉 시 발열반응 및 가연성 가스를 발생한다. → (황린 제외)
3. 대부분 금수성 및 불연성 물질(황린, 칼슘, 나트륨, 알킬알루미늄 제외)이다.
4. 황린, 칼륨, 나트륨, 알킬알루미늄은 연소하고 나머지는 연소하지 않는다.

※석유 속에 저장 : 칼륨(K), 나트륨(Na) 【정답】 ④

21. 벤젠의 일반적인 성질로서 틀린 것은?

① 증기는 유독하다.
② 수지 및 고무 등에 잘 녹는다.
③ 휘발성이 있는 무취의 노란색 액체이다.
④ 인화점 -11℃이고, 분자량은 78.1이다.

|문|제|풀|이|

[벤젠(C_6H_6, 벤졸) → 제4류 위험물 (제1석유류)]

·분자량 78, 지정수량(비수용성) 200L, 인화점 -11℃, 착화점 562℃, 비점 80℃, 비중 0.879, 연소범위 1.4~7.1%

·무색투명한 휘발성 액체

·물에 잘 녹지 않고 알코올, 아세톤, 에테르에 잘 녹는다.

·수지 및 고무 등을 잘 녹인다.

·증기는 공기보다 무거워 낮은 곳에 체류하므로 주의한다.

·소화방법으로 대량일 경우 포말소화기가 가장 좋고, 질식소화기(CO_2, 분말)도 좋다. 【정답】 ③

22. 위험물에 관한 표시사항 중 "화기엄금", "화기주의"에 관한 표지판으로 옳은 것은?

① 청색바탕에 적색문자

② 청색바탕에 백색문자

③ 적색바탕에 백색문자

④ 백색바탕에 청색문자

|문|제|풀|이|

[위험물 게시판의 주의사항]

1. 제1류 위험물 중 알칼리금속의 과산화물과 이를 함유한 것 또는 제3류 위험물 중 금수성 물질에 있어서는「물기엄금」
→ 0.6m×0.3m, 바탕 : 청색, 문자 : 백색
2. 제2류 위험물(인화성고체를 제외한다)에 있어서는「화기주의」
→ 0.6m×0.3m, 바탕 : 적색, 문자 : 백색
3. 제2류 위험물 중 인화성고체, 제3류 위험물 중 자연발화물질, 제4류 위험물 또는 제5류 위험물에 있어서는「화기엄금」
→ 0.6m×0.3m, 바탕 : 적색, 문자 : 백색 【정답】 ③

23. 과산화나트륨의 화재 시 가장 적당한 소화제는?

① 포소화제 ② 마른모래

③ 소화분말 ④ 젖은 피복물

|문|제|풀|이|

[과산화나트륨(Na_2O_2) → 제1류 위험물(무기과산화물)]

·분해온도 460℃, 융점 460℃, 비점 657℃, 비중 2.8

·순수한 것은 백색의 정방전계 분말, 조해성 물질

·물과 반응하여 수산화나트륨과 산소를 발생한다.

·물과 반응식 : $2Na_2O_2 + 2H_2O \rightarrow 4NaOH + O_2 \uparrow$ + 발열

(과산화나트륨) (물) (수산화나트륨) (산소)

·소화방법으로는 마른모래, 분말소화제, 소다회, 석회 등 사용 → (주수소화는 위험) 【정답】 ②

24. 과산화벤조일 취급 시 주의사항에 대한 설명 중 틀린 것은?

① 수분을 포함하고 있으면 폭발하기 쉽다.

② 가열, 충격, 마찰을 피해야 한다.

③ 저장용기는 차고 어두운 곳에 보관한다.

④ 희석제를 첨가하여 폭발성을 낮출 수 있다.

|문|제|풀|이|

[과산화벤조일($(C_6H_5CO)_2O_2$) → 제5류 위험물(유기과산화물)]

·발화점 125℃, 융점 103~105℃, 비중 1.33, 함유율(석유를 함유한 비율) 35.5wt% 이상

·무색무취의 백색 분말 또는 결정, 비수용성이다.

·상온에서 안정된 물질로 강한 산화성 물질이다.

→ (산화제이므로 유기물, 환원성 물질과의 접촉을 피한다.)

·**물에 녹지 않고** 알코올에는 약간 녹으며 에테르 등 유기용제에는 잘 녹는다.

·**건조한 상태에서 마찰, 충격 등으로 폭발 위험성**이 있다.

·70~80℃에서 오래 있으면 분해의 위험이 있으므로 직사광선을 피해 냉암소에 보관한다.

·가열하면 100℃에서 흰연기를 내며 분해한다. 【정답】 ①

25. 다음 중 제5류 위험물이 아닌 것은?

① 질산에틸 ② 니트로글리세린

③ 초산메틸 ④ 피크르산

|문|제|풀|이|

[제5류 위험물(자기반응성 물질)]

위험등급	품명	지정수량
Ⅰ	1. 유기과산화물 : 과산화벤조일, 과산화메틸에틸케톤 2. 질산에스테르류 : 질산메틸, 질산에틸, 니트로글리세린, 니트로글리콜, 니트로셀룰로오스	10kg
Ⅱ	3. 니트로화합물 : 트리니트로톨루엔, 트리니트로페놀(피크르산) 4. 니트로소화합물 : 파라디니트로소벤젠, 디니트로소레조르신 5. 아조화합물 : 아조벤젠, 히드록시아조벤젠 6. 디아조화합물 : 디아조메탄, 디아조카르복실산에틸 7. 히드라진 유도체 : 페닐히드라진, 히드라조벤젠	200kg
	8. 히드록실아민 9. 히드록실아민염류	100kg

※③ 초산메틸(CH_3COOCH_3) : 제4류 위험물 (초산에스테르류)

【정답】 ③

26. 가연물 연소에 필요한 산소의 공급원을 단절하는 것은 소화이론 중 어떤 작용을 이용한 것인가?

① 가연물제거작용　　② 질식작용

③ 희석작용　　④ 냉각작용

|문|제|풀|이|

[소화 방법]

구분	내용
냉각소화	물을 주수하여 연소물로부터 열을 빼앗아 발화점 이하의 온도로 냉각하는 소화
제거소화	가연물을 연소구역에서 제거해 주는 소화 방법
질식소화	가연물이 연소할 때 공기 중 산소의 농도 약 21%를 15% 이하로 떨어뜨려 **산소 공급을 차단**하여 연소를 중단시키는 방법 · 대표적인 소화약제 : CO_2, 마른 모래 · 유류화재(제4루 위험물)에 효과적이다.
억제소화(부촉매 효과)	· 부촉매를 활용하여 활성에너지를 높여 반응 속도를 낮추어 연쇄반응을 느리게 한다. · 할론, 분말, 할로겐화합물, 산 알칼리

【정답】 ②

27. 금속의 수소화물이 물과 반응 할 때 생성되는 것은?

① 수소　　② 산소

③ 일산화탄소　　④ 에틸아세테이트

|문|제|풀|이|

[금속의 수소화물 → 제3류 위험물]

수소화나트륨(NaH) 물과 반응식

$$NaH + H_2O \rightarrow NaOH + H_2 \uparrow + 21kcal$$

(수소화나트륨) (물) (수산화라트륨)(수소) (반응열)

【정답】 ①

28. 제1류에서 제6류 위험물의 소화에 모두 사용될 수 있는 소화제는?

① 젖은모래　　② 마른모래

③ 중조톱밥　　④ 수증기

|문|제|풀|이|

[위험물의 소화방법] 제1류 위험물에서 제6류 위험물의 소화에 모두 사용될 수 있는 소화제는 **마른모래**, 팽창질석 또는 팽창진주암 등이다

【정답】 ②

29. 대형소화기 중 봉상수소화기에 적응성이 없는 것은?

① 제1류 위험물　　② 제4류 위험물

③ 제5류 위험물　　④ 제6류 위험물

|문|제|풀|이|

[위험물의 성질에 따른 소화설비의 적응성]

소화설비의 구분 \ 대상			건축물·그 밖의 공작물	전기설비	제1류 위험물: 알칼리금속과산화물 등	제1류 위험물: 그 밖의 것	제2류 위험물: 철분·금속분·마그네슘	제2류 위험물: 인화성고체	제2류 위험물: 그밖의것	제3류 위험물: 금수성물품	제3류 위험물: 그 밖의 것	**제4류 위험물**	제5류 위험물	제6류 위험물
옥내소화전 또는 옥외소화전설비			○			○		○	○		○		○	○
스프링클러설비			○			○		○	○		○	△	○	○
물분무등소화설비	물분무소화설비		○	○		○		○	○		○	○	○	○
물분무등소화설비	포소화설비		○			○		○	○		○	○	○	○
물분무등소화설비	불활성가스소화설비			○				○				○		
물분무등소화설비	할로겐화합물소화설비			○				○				○		
물분무등소화설비	분말소화설비	인산염류등	○	○		○		○	○			○		○
물분무등소화설비	분말소화설비	탄산수소염류등		○	○		○	○		○		○		
물분무등소화설비	분말소화설비	그 밖의 것			○		○			○				
대형소형수동식소화기	**봉상수(棒狀水)소화기**		○			○		○	○		○		○	○
대형소형수동식소화기	무상수(霧狀水)소화기		○	○		○		○	○		○		○	○
대형소형수동식소화기	봉상강화액소화기		○			○		○	○		○		○	○
대형소형수동식소화기	무상강화액소화기		○	○		○		○	○		○	○	○	○
대형소형수동식소화기	포소화기		○			○		○	○		○	○	○	○
대형소형수동식소화기	이산화탄소소화기			○				○				○		△
대형소형수동식소화기	할로겐화합물소화기			○				○				○		
대형소형수동식소화기	분말소화기	인산염류소화기	○	○		○		○	○			○		○
대형소형수동식소화기	분말소화기	탄산수소염류소화기		○	○		○	○		○		○		
대형소형수동식소화기	분말소화기	그 밖의 것			○		○			○				
기타	물통 또는 수조		○			○		○	○		○		○	○
기타	건조사				○	○	○	○	○	○	○	○	○	○
기타	팽창질석 또는 팽창진주암				○	○	○	○	○	○	○	○	○	○

【정답】 ②

30. 그림과 같이 종으로 설치한 원형탱크의 내용적을 구하는 공식이 올바른 것은?

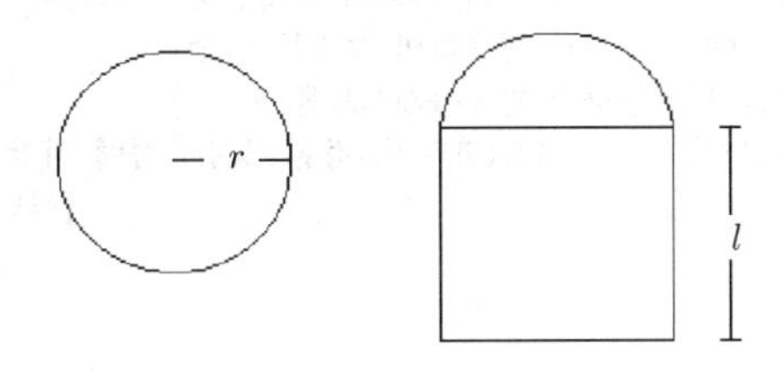

① $\pi r^2 l$　　② $\pi r^2\left(l+\frac{l_2}{3}\right)$

③ $\frac{\pi r^2 l}{3}$　　④ $\frac{\pi r^2(l+l_2)}{3}$

|문|제|풀|이|

[종으로 설치한 것(원형 탱크)의 내용적] 내용적 $=\pi r^2 l$

※횡으로 설치한 내용적 $=\pi r^2\left(l+\frac{l_1+l_2}{3}\right)$

【정답】 ①

31. 분말의 형태로서 150마이크로미터의 체를 통과하는 것이 50wt% 이상인 것만 위험물로 취급되는 것은?

① Zn　　② Fe

③ Ni　　④ Cu

|문|제|풀|이|

[위험물로서 금속분] 알칼리금속, 알칼리토금속, 철(Fe) 및 마그네슘(Mg) 이외의 금속분을 말하며, 구리(Cu), 니켈분(Ni) 및 150마이크로미터의 체를 통과하는 것이 50wt% 미만인 것은 위험물에서 제외한다. 【정답】 ①

32. 메틸에틸케톤의 저장 및 취급에 적당하지 않은 것은?

① 직사광선을 피할 것

② 찬 곳에 저장 할 것

③ 저장 용기에 가스 배출 구멍을 설치할 것

④ 통풍을 잘 시킬 것

|문|제|풀|이|

[메틸에틸케톤($CH_3COC_2H_5$, MEK) → 제4류 위험물(제1석유류)]

- 지정수량(비수용성) 200L, 인화점 -1℃, 착화점 516℃, 비점 80℃, 비중 0.81, 증기비중 2.48, 연소범위 1.8~11.5%
- 냄새가 나는 휘발성 액체다.
- 액체는 물보다 가볍다.
- 물, 알코올, 에테르에 잘 녹는다.
- 인화점이 0℃보다 낮아 화재 위험이 크다.
- 저장은 **밀봉하여 건조하고 서늘한 장소에 저장**한다.
- 소화방법에는 수용성이므로 분무소화가 가장 효과적

【정답】 ③

33. 축압식 소화기의 압력계의 지침이 녹색을 가리키고 있다. 이 소화기의 상태는?

① 과충전 된 상태

② 압력이 미달된 상태

③ 정상상태

④ 이상 고온 상태

|문|제|풀|이|

[축압식 분말소화기의 압력계의 지침]

1. 과충전(0.98MPa 이상) : 적색
2. 정상(0.7MPa~0.98MPa) : **녹색**
3. 재충전(0.70MPa 미만) : 적색

【정답】 ③

34. 위험물안전관리법령상 옥내소화전설비의 비상전원은 몇 분 이상 작동할 수 있어야 하는가?

① 45분　　② 30분

③ 20분　　④ 10분

|문|제|풀|이|

[위험물 제조소에 설치하는 소화설비의 비상전원 용량]

소화설비	비상전원
옥내소화설비	45분 이상 작동할 것
옥외소화설비	
스프링클러설비	

【정답】 ①

35. 다음은 위험물의 성질을 설명한 것이다. 옳은 것은?

① 황화린의 착화온도는 35℃이다.

② 황화린이 연소하면 O_2 가스가 발생한다.

③ 마그네슘은 알칼리수용액과 반응하여 H_2 가스가 발생한다.

④ 황은 전기의 절연재로 사용되며, 3종의 동소체가 존재한다.

|문|제|풀|이|

[위험물의 성질]

1. 황화린 : 제2류 위험물 → (가연성 고체)
   ㉠ 종류 : 삼황화린(P_4S_3), 오황화린(P_2S_5), 칠황화린(P_4S_7) 등 3종류가 있다.
   ㉡ 삼황화린의 연소 반응식 : $P_4S_3 + 8O_2 \rightarrow 2P_2O_5 + 3SO_2$
   (삼황화린) (산소) (오산화인) (이산화황)
2. 마그네슘((Mg)) : 제2류 위험물 → (가연성 고체)
   ㉠ 착화점 400℃(불순물 존재 시), 융점 650℃, 비점 1102℃, 비중 1.74
   ㉡ 온수와의 화학 반응식 : $Mg + 2H_2O \rightarrow Mg(OH)_2 + H_2 \uparrow$
   (마그네슘) (물) (수산화마그네슘) (수소)
3. 유황(황)(S) : 제2류 위험물 → (가연성 고체)
   - 황색의 결정 또는 분말
   - 전기절연재료로 사용되며, 사방정계, 단사정계, 비정계 등 3종류가 있다.
   - 순도 60wt% 이상의 것이 위험물이다.

※황화린 착화온도: 삼황화린(100℃), 오황화린(142℃), 칠황화린(250℃)

【정답】 ④

36. 금속칼륨과 금속나트륨은 어떻게 보관하여야 하는가?

① 공기 중에 노출하여 보관

② 물속에 넣어서 밀봉하여 보관

③ 석유 속에 넣어서 밀봉하여 보관

④ 그늘지고 통풍이 잘되는 곳에 산소 분위기에서 보관

|문|제|풀|이|

[제3류 위험물(자연발화성 및 금수성 물질)]

1. 칼륨(K) → 제3류 위험물
   - 융점 63.5℃, 비점 762℃, 비중 0.857
   - 은백색 광택의 무른 경금속으로 불꽃반응은 보라색
   - 공기중에서 수분과 반응하여 수소를 발생한다.
   - 에틸알코올과 반응하여 칼륨에틸레이트를 만든다.
   - 비중이 작으므로 **석유(파라핀, 경유, 등유) 속에 저장**한다.
2. 나트륨(Na) → 제3류 위험물
   - 융점 97.8℃, 비점 880℃, 비중 0.97
   - 은백색 광택의 무른 경금속으로 불꽃반응은 노란색
   - 공기중에서 수분과 반응하여 수소를 발생한다.
   - 알코올과 반응하여 알코올레이트를 만든다.
   - 비중이 작으므로 **석유(파라핀, 경유, 등유) 속에 저장**한다.

【정답】 ③

37. 다음 물질 중 연소 시 푸른 불꽃을 내며 타서 아황산가스를 발생하는 것은?

① 적린 ② 황

③ 황화린 ④ 황린

|문|제|풀|이|

[유황(황)(S) → 제2류 위험물]

- 황색의 결정 또는 분말
- 공기 중에서 **푸른색 불꽃을 내며 타서 이산화황**을 생성한다.
- 연소 반응식(100℃) : $S + O_2 \rightarrow SO_2 \uparrow$
  (황) (산소) (이산화황(아황산가스))

【정답】 ②

38. 소화기의 사용방법에 대한 설명으로 가장 옳은 것은?

① 소화기는 화재 초기에만 효과가 있다.

② 소화기는 대형 소화설비의 대용으로 사용할 수 있다.

③ 소화기는 어떠한 소화에도 만능으로 사용할 수 있다.

④ 소화기는 구조와 성능, 취급법을 명시하지 않아도 된다.

|문|제|풀|이|

[소화기의 사용방법] 화재가 났을 때 가장 중요한 것은 초기 진압이며 이 때 가장 큰 역할을 하는 것이 소화기이다.

1. 적응 화재에 따라 사용할 것
2. 불과 가까이 가서 사용할 것
3. 성능에 따라 방출거리 내에서 사용할 것
4. 바람을 등지고 풍상에서 풍하의 방향으로 사용할 것
5. 양옆으로 비로 쓸 듯이 방사할 것

【정답】 ①

39. 염소산칼륨의 성질에 대한 설명으로 옳은 것은?

① 가연성 고체이다.

② 강력한 산화제이다.

③ 물보다 가볍다.

④ 열분해하면 수소를 발생한다.

|문|제|풀|이|

[염소산칼륨($KClO_3$) → 제1류 위험물(산화성 고체), 염소산염류]

- 분해온도 400℃, **비중 2.34**, 융점 368.4℃, 용해도 7.3(20℃)
- 무색의 단사정계 판상결정 또는 **백색 분말**이다.
- 인체에 유독하다.
- 산과 반응하여 유독한 폭발성 이산화염소(ClO_2)를 발생하고 폭발 위험이 있다.
- 온수, 글리세린에는 잘 녹으나 냉수 및 알코올에는 녹기 어렵다.
- 소화방법으로는 주수소화가 가장 좋다.
- 400℃일 때의 분해 반응식 : $2KClO_3 \rightarrow KClO_4 + KCl + O_2\uparrow$
  (염소산칼륨) (과염소산칼륨)(염화칼륨)(산소)

【정답】 ②

40. 진한질산이 손이나 몸에 묻었을 때 응급처치 방법 중 가장 먼저 해야 할 일은?

① 묽은 황산으로 씻는다.

② 암모니아수로 중화시킨다.

③ 다량의 물로 충분히 씻는다.

④ 수산화나트륨용액으로 중화시킨다.

|문|제|풀|이|

[질산(HNO_3) → 제6류 위험물]

- 융점 -42℃, 비점 86℃, 비중 1.49, 증기비중 2.17, 용해열 7.8kcal/mol
- 무색의 무거운 액체 → (보관 중 담황색으로 변한다.)
- 흡습성이 강하여 습한 공기 중에서 발열한다.
- 자극성, 부식성이 강한 강산이다.
- 소량 화재 시 다량의 물로 희석 소화한다.

※질산(HNO_3)이 손이나 피부에 묻었을 때에는 다량의 물로 씻고, 바닥에 흘렀을 때에는 수산화나트륨(NaOH) 용액으로 중화시킨다.

【정답】 ③

41. 과산화칼륨의 화재현장에서 주수소화가 불가능한 이유는?

① 수소가 발생하기 때문에

② 산소가 발생하기 때문에

③ 이산화탄소가 발생하기 때문에

④ 일산화탄소가 발생하기 때문에

|문|제|풀|이|

[과산화칼륨(K_2O_2) → 제1류 위험물(무기과산화물)]

- 분해온도 490℃, 융점 490℃, 비중 2.9
- 무색 또는 오렌지색의 비정계 분말, 불연성 물질
- 물에 쉽게 분해된다.
- 에틸알코올에 용해되고, 양이 많을 경우 주수에 의하여 폭발 위험
- 가연물과 혼합되어 있을 경우 마찰 또는 약간의 물의 접촉으로 발화한다.
- 물과 반응식 : $2K_2O_2 + 2H_2O \rightarrow 4KOH + O_2\uparrow$
  (과산화칼륨) (물) (수산화칼륨) (산소)
- 소화방법으로는 마른모래, 암분, 소다회, 탄산수소염류분말소화제

【정답】 ②

42. 질산에틸에 관한 설명으로 옳은 것은?

① 인화점이 낮아 인화되기 쉽다.

② 증기는 공기보다 가볍다.

③ 물에 잘 녹는다.

④ 비점은 약 28℃ 정도이다.

|문|제|풀|이|

[질산에틸($C_2H_5ONO_2$) → 제5류 위험물(질산에스테르류)]

- **인화점 10℃**, 융점 -94.6℃, **비점 88℃**, 비중 1.11, **증기비중 3.14**
- 무색, 투명한 액체로 단맛이 난다.
- **비수용성**이며 방향성이 있고 알코올, 에테르에 녹는다.
- 아질산과 같이 있으면 폭발하며, 제4류 위험물 제1석유류와 같은 위험성을 갖는다. → (휘발성이 크므로 증기의 인화성에 주의해야 한다.)
- 소화방법으로는 분모상의 물, 알코올폼 등을 사용한다.
- 질산과 반응식 : $C_2H_5OH + HNO_3 \rightarrow C_2H_5ONO_2 + H_2O$
  (에탄올) (질산) (질산에틸) (물)

【정답】 ①

43. 진한 질산의 위험성과 저장에 대한 설명으로 적당하지 않은 것은?

① 부식성이 크고 산화성이 강하다.

② 황화수소와 접촉하면 폭발한다.

③ 일광에 쪼이면 분해되어 산소를 발생한다.

④ 저장 보호액으로 물이 안전하다.

|문|제|풀|이|

[질산(HNO_3) → 제6류 위험물(산화성 액체)]

- 융점 -42℃, 비점 86℃, 비중 1.49, 증기비중 2.17, 용해열 7.8kcal/mol
- 무색의 무거운 액체 → (보관 중 담황색으로 변한다.)
- 흡습성이 강하여 습한 공기 중에서 발열한다.
- 자극성, 부식성이 강한 강산이다.
- **수용성으로 물과 반응하여 강한 산성을 나타내며 발열**한다.
- 환원성 물질(탄화수소, 황화수소, 이황화수소 등)과 반응하여 발화, 폭발한다.
- 비점이 낮아 휘발성이고 햇빛에 의해 일부 분해한다.
- 분해 반응식 : $4HNO_3 \rightarrow 4NO_2\uparrow + O_2\uparrow + 2H_2O$

(질산) (이산화질소) (산소) (물)

【정답】 ④

44. 제3류 위험물 중 취급상 가장 주의해야 될 사항은?

① 석유류와 접촉을 피해야 한다.

② 수분과 접촉을 피해야 한다.

③ 마른모래와 접촉을 피해야 한다.

④ 충격을 방지해야 한다.

|문|제|풀|이|

[제3류 위험물(자연발화성 및 금수성 물질)]

[저장 및 취급방법]

- 저장 용기 파손 및 부식에 주의하며 완전 밀폐하여 공기와의 접촉을 방지하고 **물과 수분의 침투 및 접촉을 금하여야 한다.**
- 산화성 물질과 강산류와의 혼합을 방지한다.
- 보호액에 위험물을 저장할 경우 위험물이 보호액 표면에 노출되지 않게 한다.
- 대량을 저장할 경우 화재 발생에 대비하여 희석제를 혼합하거나 소분하여 저장한다.
- 가연성 가스가 발생하는 위험물은 화기에 주의할 것

※황린은 물속에 저장한다. 【정답】 ②

45. $C_6H_2(NO_2)_3OH$와 $C_2H_5ONO_2$의 공통성질에 해당하는 것은?

① 니트로화합물이다.

② 인화성과 폭발성이 있는 액체이다.

③ 무색의 방향성 액체이다.

④ 에탄올에 녹는다.

|문|제|풀|이|

[피크린산과 질산에틸의 비교]

항목 \ 종류	피크린산 $C_6H_2(NO_2)_3OH$	질산에틸 $C_2H_5ONO_2$
분류	제5류 위험물 니트로화합물	제5류 위험물 질산에스테르류
주요 특징	인화점 150℃ 융점 122.5℃ 비점 255℃, 비중 1.8	인화점 10℃ 융점 -94.6℃ 비점 88℃, 비중 1.11
위험성	금속염과 혼합은 폭발 가솔린, 알코올, 요오드, 황과 혼합하면 마찰, 충격에 의하여 폭발	증기의 인화성에 주의
외관	광택이 있는 황색의 침상결상	무색, 투명한 액체
용해도	찬물에는 약간 녹으나 더운물, **알코올**, 에테르, 벤젠에는 잘 **녹는다.**	비수용성, 방향성 **알코올**, 에테르에 **녹는다.**

【정답】 ④

46. 위험물안전관리법령상 다음 ( )에 알맞은 수치를 모두 합한 것은?

> – 과염소산의 지정수량은 ( )kg이다.
> – 과산화수소는 농도가 ( )wt% 미만인 것은 위험물에 해당하지 않는다.
> – 질산은 비중이 ( ) 이상인 것만 위험물로 규정한다.

① 349.36 ② 549.36

③ 337.49 ④ 537.49

|문|제|풀|이|

[제6류 위험물(산화성 액체)]

- 과염소산의 지정수량은 **300kg**이다.
- 과산화수소는 농도가 **36wt% 미만**인 것은 위험물에 해당하지 않는다.
- 질산은 비중이 **1.49 이상**인 것만 위험물로 규정한다.

∴합계=300+36+1.49=337.49 【정답】 ③

47. 위험물안전관리법령에서 정한 주유취급소의 고정주유설비 주위에 보유하여야 하는 주유공지의 기준은?

① 너비 10m 이상, 길이 6m 이상

② 너비 15m 이상, 길이 6m 이상

③ 너비 10m 이상, 길이 10m 이상

④ 너비 15m 이상, 길이 10m 이상

|문|제|풀|이|

[주유공지 및 급유공지] 주유취급소의 고정주유설비의 주위에는 주유를 받으려는 자동차 등이 출입할 수 있도록 **너비 15m 이상, 길이 6m 이상**의 콘크리트 등으로 포장한 공지(주유공지)를 보유하여야 하고, 고정급유설비를 설치하는 경우에는 고정급유설비의 호스기기의 주위에 필요한 공지(급유공지)를 보유하여야 한다.

【정답】 ②

48. 다음 설명 중 제2석유류에 해당하는 것은? (단, 1기압 상태이다.)

① 착화점이 21℃ 미만인 것

② 착화점이 30℃ 이상 50℃ 미만인 것

③ 인화점이 21℃ 이상 70℃ 미만인 것

④ 인화점이 21℃ 이상 90℃ 미만인 것

|문|제|풀|이|

[제4류 위험물(인화성 액체) 제2석유류의 품명 및 성질]

품명	성질	
제2석유류	1기압 상온에서 액체로 **인화점이 21℃ 이상 70℃ 미만**인 것 → (가연성 액체량이 40wt% 이하이면서 인화점이 40℃ 이상인 동시에 연소점이 60℃ 이상인 것은 제외)	
	비수용성	등유, 경유, 스티렌, 크실렌(자일렌), 클로로벤젠
	수용성	아세트산, 폼산, 히드라진

【정답】 ③

49. 다음 중 제1류 위험물로서 물과 반응하여 격렬하게 발열하는 것은?

① 염소산나트륨 ② 카바이드

③ 질산암모늄 ④ 과산화나트륨

|문|제|풀|이|

[과산화나트륨(Na_2O_2) → 제1류 위험물(산화성 고체), 무기과산화물]

- 분해온도 460℃, 융점 460℃, 비점 657℃, 비중 2.8
- 순수한 것은 백색의 정방전계 분말, 조해성 물질
- 에틸알코올(에탄올)에는 잘 녹지 않는다.
- CO 및 CO_2 제거제를 제조할 때 사용한다.
- 물과 반응하여 수산화나트륨과 산소를 발생한다.
- 물과 반응식 : $2Na_2O_2 + 2H_2O \rightarrow 4NaOH + O_2 \uparrow$ + 발열
  (과산화나트륨) (물) (수산화나트륨) (산소)
- 소화방법으로는 마른모래, 분말소화제, 소다회, 석회 등 사용 → (주수소화는 위험)

【정답】 ④

50. 금속나트륨의 저장 및 보호액으로 가장 적합한 것은?

① 아세톤 ② 메탄올

③ 식초 ④ 등유

|문|제|풀|이|

[나트륨(Na) → 제3류 위험물]

- 융점 97.8℃, 비점 880℃, 비중 0.97
- 은백색 광택의 무른 경금속으로 불꽃반응은 노란색
- 공기 중에서 수분과 반응하여 수소를 발생한다.
- 비중이 작으므로 **석유(파라핀, 경유, 등유) 속에 저장**한다.
- 흡습성, 조해성이 있다.
- 소화방법에는 마른모래, 건조된 소금, 탄산칼슘 분말의 혼합물로 피복하여 질식소화가 효과적이다. → (주수소화와 절대 금한다.)

【정답】 ④

51. 금속나트륨이 물과 반응하면 위험한 이유 중 알맞은 것은?

① 물과 반응해서 질산나트륨이 되기 때문에

② 물과 반응해서 산소를 발생하기 때문에

③ 물과 반응해서 높은 열과 수소를 발생하기 때문에

④ 물과 반응해서 수산화칼륨을 만들기 때문에

|문|제|풀|이|

[나트륨(Na) → 제3류 위험물]

1. 물과 반응식 : $2Na + 2H_2O \rightarrow 2NaOH + H_2 \uparrow$ + 88.2kcal
   (나트륨) (물) (수산화나트륨) (수소) (반응열)
2. 에틸알코올과 반응식 : $2Na + 2C_2H_5OH \rightarrow 2C_2H_5ONa + H_2 \uparrow$
   (나트륨) (에틸알코올) (나트륨에틸레이트) (수소)
3. 공기와의 반응식 : $2Na + O_2 \rightarrow Na_2O_2$
   (나트륨) (산소) (과산화나트륨)

【정답】 ③

52. 다음 중 제2석유류만으로 짝지어진 것은?

① 등유, 경유

② 등유, 중유

③ 기어류, 글리세린

④ 글리세린, 피리딘

|문|제|풀|이|

[제4류 위험물 → (인화성 액체)]

품명		종류
특수인화물		이황화탄소, 디에틸에테르, 아세트알데히드 산화프로필렌
제1석유류	비수용성	휘발유, 메틸에틸케톤, 톨루엔, 벤젠
	수용성	시안화수소, 아세톤, 피리딘
알코올류		메틸알코올, 에틸알코올, 프로필알코올
제2석유류	비수용성	**등유, 경유**, 스티렌, 크실렌(자일렌), 클로로벤젠
	수용성	아세트산, 폼산, 히드라진
제3석유류	비수용성	크레오소트유, 중유, 아닐린, 니트로벤젠
	수용성	글리세린, 에틸렌글리콜
제4석유류		윤활유, 기어유, 실린더유

【정답】 ①

53. 위험물안전관리법령상 스프링클러헤드는 부착장소의 평상시 최고주위온도가 39℃ 미만인 경우 몇 ℃의 표시온도를 갖는 것을 설치하여야 하는가?

① 79 미만

② 79 이상 121 미만

③ 121 이상 162 미만

④ 162 이상

|문|제|풀|이|

[스프링클러설비의 표시 온도]

부착장소의 최고 주위온도℃	표시온도℃
28 미만	58 미만
28 이상 39 미만	58 이상 79 미만
39 이상 64 미만	79 이상 121 미만
64 이상 106 미만	121 이상 162 미만
106 이상	162 이상

【정답】 ①

54. 건조하면 타격, 마찰에 의하여 폭발하므로 저장, 운반할 때 물(20%) 또는 알코올(30%)을 첨가 습윤 시키는 위험물은?

① 셀룰로이드

② 트리니트로톨루엔

③ 니트로셀룰로오스

④ 디니트로나프탈렌

|문|제|풀|이|

[니트로셀룰로오스$[C_6H_7O_2(ONO_2)_3]_n$ → 제5류 위험물(질산에스테르류)]

- 분해온도 130℃, 착화점 180℃, 비중 1.5
- 셀룰로오스에 진한 질산과 진한 황산을 3:1의 비율로 혼합 작용시켜 제조한 것으로 약칭은 NC이다.
- 니트로글리세린(NG)과 융합한 것을 교질 다이너마이트라 한다.
- 비수용성이며 초산에틸, 초산아밀, 아세톤에 잘 녹는다.
- 건조 상태에서는 폭발 위험이 크므로 저장 중에 **물(20%) 또는 알코올(30%)로 습윤시켜 저장**한다.
- 가열, 마찰, 충격에 연소, 폭발하기 쉽다.

【정답】 ③

55. 디에틸에테르의 성질에 대한 설명으로 옳은 것은?

① 발화온도는 400℃이다.

② 증기는 공기보다 가볍고, 액상은 물보다 무겁다.

③ 알코올에 용해되지 않지만 물에 잘 녹는다.

④ 연소범위는 1.9~48% 정도이다.

|문|제|풀|이|

[디에틸에테르($C_2H_5OC_2H_5$, 에틸에테르/에테르) → 제4류 위험물(특수인화물)]

- 인화점 -45℃, **착화점 180℃**, 비점 34.6℃, **비중 0.72(15℃)**, **증기비중 2.6**, 연소범위 1.9~48%
- 무색투명한 휘발성이 강한 액체, 증기는 마취성이 있다.
- 인화성이 강하고 **물에 약간 녹으며, 알코올에는 잘 녹는다.**
- 전기의 부도체로서 정전기를 발생한다.
- 장시간 공기와 접촉하면 과산물이 생성될 수 있고, 가열, 충격, 마찰에 의해 폭발할 수 있다.
- 용기는 밀봉하여 갈색병을 사용하여 냉암소에 저장한다.
- 보관 시 5~10% 이상의 공간용적을 확보한다.

【정답】 ④

56. 다음 화합물중 망간의 산화수가 +6인 것은?

① $KMnO_4$　② MnO_2

③ $MnSO_4$　④ K_2MnO_4

|문|제|풀|이|

[산화수] 화합물을 구성하는 각 원자에 전체 전자를 일정한 방법으로 배분하였을 때, 그 원자가 가진 전하의 수이다. 산화환원반응에 도입하여 편리하게 사용된다. **중성화합물의 산화수의 합은 0**이다.

① $KMnO_4$의 Mn의 산화수 : $1+x+(-2\times4)=0 \rightarrow x=+7$

② MnO_2의 산화수 : $x+(-2\times2)=0 \rightarrow x=+4$

③ $MnSO_4$의 산화수 : $x+(-2)+(-2\times4)=0 \rightarrow x=+10$

④ K_2MnO_4의 산화수 : $(1\times2)+x+(-2\times4)=0 \rightarrow x=+6$

【정답】 ④

57. 탄산수소나트륨과 황산알루미늄의 소화약제가 반응을 하여 생성되는 이산화탄소를 이용하여 화재를 진압하는 소화약제는?

① 단백포　② 수성막포

③ 화학포　④ 내알코올

|문|제|풀|이|

[화학포소화약제]

황산알루미늄	·혼합 시 이산화탄소를 발생하여 거품 생성 ·내약제
탄산수소나트륨	·혼합 시 이산화탄소를 발생하여 거품 생성 ·외약제
기포안정제	·가수분해단백질, 사포닌, 계면활성제, 젤라틴, 카제인 ·외약제

화학식 : $6NaHCO_2+Al_2(SO_4)_3+18H_2O$
(탄산수소나트륨) (황산알루미늄) (물)

$\rightarrow 6CO_2+3Na_2SO_4+2Al(OH)_3+18H_2O$
(이산화탄소)(황산나트륨)(수산화알루미늄) (물)

【정답】 ③

58. 탄산화칼슘의 성질에 대하여 옳게 설명한 것은?

① 공기 중에서 아르곤과 반응하여 불연성 기체를 발생한다.

② 공기 중에서 질소와 반응하이 유독한 기체를 낸다.

③ 물과 반응하면 탄소가 생성된다.

④ 물과 반응하여 아세틸렌 가스가 생성된다.

|문|제|풀|이|

[탄화칼슘(CaC_2) → 제3류 위험물, 칼슘 또는 알루미늄의 탄화물]

·백색 입방체의 결정

·낮은 온도에서서는 정방체계이며 시판품은 회색 또는 회흑색의 불규칙한 괴상으로 카바이드라고도 부른다.

·물과 반응하여 수산화칼슘(소석회)과 아세틸렌가스를 발생한다.

$\rightarrow CaC_2 + 2H_2O \rightarrow Ca(OH)_2\uparrow + C_2H_2 + 27.8kcal$
(탄화칼슘) (물) (수산화칼슘) (아세틸렌) (반응열)

·약 700℃에서 질소와의 반응식 :

$\rightarrow CaC_2 + N_2 \rightarrow CaCN_2\uparrow + C + 74.6kcal$
(탄화칼슘) (질소) (칼슘시안아마이드)(탄소) (반응열)

【정답】 ④

59. 위험물에 대한 유별 구분이 잘못된 것은?

① 브롬산염류 – 제1류 위험물

② 유황 – 제2류 위험물

③ 금속의 인화물 – 제3류 위험물

④ 무기과산화물 – 제5류 위험물

|문|제|풀|이|

[위험물의 구분]

① 브롬산염류 : 제1류 위험물(2등급, 지정수량 300kg)

② 유황 : 제2류 위험물(2등급, 지정수량 1000kg)

③ 금속의 인화물 : 제3류 위험물(3등급, 지정수량 300kg)

④ 무기과산화물 : 제1류 위험물(1등급, 지정수량 50kg)

【정답】 ④

60. 지정수량은 20kg이고, 백색 또는 담황색 고체이며, 비중은 약 1.82 이고, 융점은 약 44℃이며, 비점은 약 280℃이고, 증기비중은 약 4.3인 위험물은?

① 적린　② 황린

③ 유황　④ 마그네슘

|문|제|풀|이|

[황린(P_4) → 제3류 위험물(자연발화성 물질)]

착화점(미분상) 34℃, 착화점(고형상) 60℃, 융점 44℃, 비점 280℃, 비중 1.82, 증기비중 4.4

【정답】 ②

2020_1 위험물기능사 필기

01. 제1종 분말소화약제의 적용 화재 급수는?

① A급 ② BC급
③ AB급 ④ ABC급

|문|제|풀|이|

[분말소화약제의 종류 및 특성]

종류	주성분	착색	적용 화재
제1종 분말	탄산수소나트륨을 주성분으로 한 것, ($NaHCO_3$)	백색	B, C급
	분해반응식: $2NaHCO_3 \rightarrow Na_2CO_3 + H_2O + CO_2$ (탄산수소나트륨) (탄산나트륨) (물) (이산화탄소)		
제2종 분말	탄산수소칼륨을 주성분으로 한 것, ($KHCO_3$)	담회색 (보라색)	B, C급
	분해반응식: $2KHCO_3 \rightarrow K_2CO_3 + H_2O + CO_2$ (탄산수소칼륨) (탄산칼륨) (물) (이산화탄소)		
제3종 분말	인산암모늄을 주성분으로 한 것, ($NH_4H_2PO_4$)	담홍색, 황색	A, B, C급
	분해반응식: $NH_4H_2PO_4 \rightarrow HPO_3 + NH_3 + H_2O$ (인산암모늄) (메타인산) (암모니아)(물)		
제4종 분말	제2종과 요소를 혼합한 것, $KHCO_3 + (NH_2)_2CO$	회색	B, C급
	분해반응식: $2KHCO_3 + (NH_2)_2CO \rightarrow K_2CO_3 + 2NH_3 + 2CO_2$ (탄산수소칼륨) (요소) (탄산칼륨)(암모니아)(이산화탄소)		

【정답】 ②

02. 다음 물질 중 분진폭발의 위험성이 가장 낮은 것은?

① 밀가루 ② 알루미늄분말
③ 모래 ④ 석탄

|문|제|풀|이|

[분진 폭발]

1. 분진폭발을 일으키지 않는 물질 : 석회석가루(생석회), 시멘트가루, 대리석가루, 탄산칼슘, 규사(모래)
2. 분진 폭발하는 물질 : 황(유황), 알루미늄분, 마그네슘분, 금속분, 밀가루, 커피 등

【정답】 ③

03. 그림과 같이 횡으로 설치한 원통형 위험물탱크에 대하여 탱크의 용량을 구하면 약 몇 m^3인가?

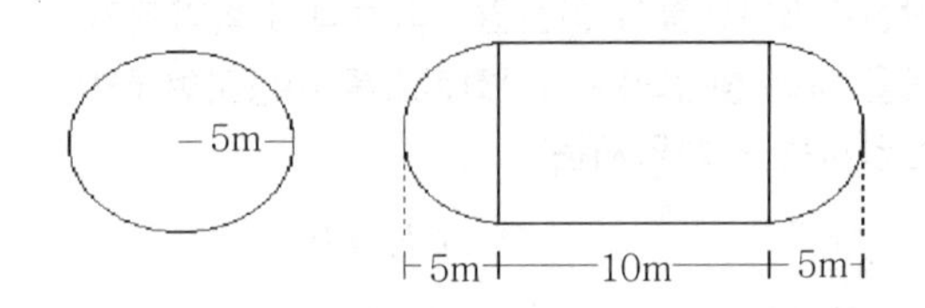

① 196.3 ② 261.6
③ 785.0 ④ 994.06

|문|제|풀|이|

[탱크의 용량] 탱크의 용량=탱크의 내용적-공간용적

→ (공간용적=내용적×($\frac{5}{100} \sim \frac{10}{100}$)

1. 원통형 탱크의 내용적(횡으로 설치)

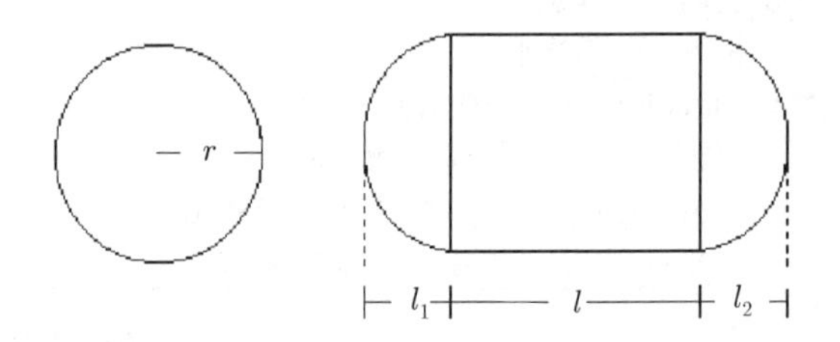

$$내용적 = \pi r^2 \left(l + \frac{l_1 + l_2}{3}\right) = 3.14 \times 5^2 \left(10 + \frac{5+5}{3}\right) = 1046.41$$

2. 공간용적=내용적×$\frac{5}{100}$=1046.41×$\frac{5}{100}$=52.35m^3

∴탱크의 용량=내용적-공간용적=1047-52.35=994.06

【정답】 ④

04. 제1류 위험물의 저장방법에 대한 설명으로 틀린 것은?

① 조해성 물질의 방습에 주의한다.

② 무기과산화물은 물속에 보관한다.

③ 분해를 촉진하는 물품과 접촉을 피하여 저장한다.

④ 복사열이 없고 환기가 잘 되는 서늘한 곳에 저장한다.

|문|제|풀|이|

[제1류 위험물의 저장 및 취급방법]

·조해성이 있으므로 **습기에 주의한다.**

·다른 약품류 및 가연물과 접촉 및 혼합을 피한다.

·용기는 밀폐하여 서늘하고 환기가 잘 되는 곳에 보관한다.

·알칼리금속의 과산화물은 물과 접촉을 피한다.

·강산류와 접촉을 절대 금한다.

·가열, 충격, 마찰 등을 금한다,

【정답】 ②

05. 유류화재의 급수와 표시색상으로 옳은 것은?

① A급, 청색　② B급, 백색

③ A급, 황색　④ B급, 황색

|문|제|풀|이|

[화재의 분류]

급수	종류	색상	소화방법	가연물
A급	일반화재	백색	냉각소화	일반가연물(목재, 종이, 섬유, 석탄, 플라스틱 등)
B급	유류 가스 화재	**황색**	질식소화	가연성 액체(각종 유류 및 가스, 페인트)
C급	전기화재	청색	질식소화	전기기기, 기계, 전선 등
D급	금속화재	무색	피복에 의한 질식소화	가연성 금속(철분, 마그네슘, 나트륨, 금속분, Al분말 등)

【정답】 ④

06. 소화기의 사용방법으로 잘못된 것은?

① 적응 화재에 따라 사용할 것

② 성능에 따라 방출거리 내에서 사용할 것

③ 바람을 마주보며 소화할 것

④ 양옆으로 비로 쓸 듯이 방사할 것

|문|제|풀|이|

[소화기의 사용방법]

1. 적응 화재에 따라 사용할 것
2. 불과 가까이 가서 사용할 것
3. 성능에 따라 방출거리 내에서 사용할 것
4. **바람을 등지고** 풍상에서 풍하의 방향으로 사용할 것
5. 양옆으로 비로 쓸 듯이 방사할 것

【정답】 ③

07. 열의 이동 원리 중 복사에 관한 예로 적당하지 않은 것은?

① 그늘이 시원한 이유

② 보온병 내부를 거울벽으로 만드는 것

③ 더러운 눈이 빨리 녹는 현상

④ 해풍과 육풍이 일어나는 원리

|문|제|풀|이|

[열전달의 방법]

1. 전도 : 물체의 내부에너지가 물체 내에서 또는 접촉해 있는 다른 물체로 이동하는 것
2. 대류 : 태양열에 의해 지면 가까운 공기가 가열되어 상승하면서 발생하는 대류현상이다.
3. 복사 : 물체에서 방출하는 전자기파를 직접 물체가 흡수하여 열로 변했을 때의 에너지

※④ 해풍과 육풍이 일어나는 원리 → 대류

【정답】 ④

08. 위험물안전관리법령에 따라 옥내소화전설비를 설치할 때 배관의 설치기준에 대한 설명으로 옳지 않은 것은?

① 배관용 탄소강관(KS D 3507)을 사용할 수 있다.

② 주 배관의 입상관 구경은 최소 60mm 이상으로 한다.

③ 펌프를 이용한 가압송수장치의 흡수관은 펌프마다 전용으로 설치한다.

④ 원칙적으로 급수배관은 생활용수배관과 같이 사용할 수 없으며 전용배관으로만 사용한다.

|문|제|풀|이|

[옥내소화전설비 전용설비의 방수구와 연결되는 배관]

1. 주배관 중 수직배관의 구경 : **50mm** 이상
2. 가지배관의 구경 : 40mm 이상

【정답】 ②

09. 위험물안전관리법령상의 규제에 관한 설명 중 틀린 것은?

① 지정수량 미만의 위험물의 저장 · 취급 및 운반은 시 · 도의 조례에 의하여 규제한다.

② 항공기에 의한 위험물의 저장 · 취급 및 운반은 위험물안전관리법의 규제대상이 아니다.

③ 궤도에 의한 위험물의 저장 · 취급 및 운반은 위험물안전관리법의 규제대상이 아니다.

④ 선박법에 의한 위험물의 저장 · 취급 및 운반은 위험물안전관리법의 규제대상이 아니다.

|문|제|풀|이|

[지정수량 미만인 위험물의 저장·취급] 지정수량 미만인 위험물의 **저장 또는 취급**에 관한 기술상의 기준은 특별시·광역시·특별자치시·도 및 특별자치도의 조례로 정한다. → (운반은 아님)

※[위험물안전관리법의 적용제외] 이 법은 항공기·선박·철도 및 궤도에 의한 위험물의 저장·취급 및 운반에 있어서는 위험물안전관리법을 적용하지 아니한다. 【정답】 ①

10. 위험물안전관리법령상 옥내소화전설비의 비상전원은 몇 분 이상 작동할 수 있어야 하는가?

① 45분 ② 30분

③ 20분 ④ 10분

|문|제|풀|이|

[위험물 제조소에 설치하는 소화설비의 비상전원 용량

소화설비	비상전원
옥내소화설비	45분 이상 작동할 것
옥외소화설비	
스프링클러설비	

【정답】 ①

11. 제4류 위험물로만 나열된 것은?

① 특수인화물, 황산, 질산

② 알코올, 황린, 니트로화합물

③ 동식물유류, 질산, 무기과산화물

④ 제1석유류, 알코올류, 특수인화물

|문|제|풀|이|

[제4류 위험물(인화성 액체)]

품명	종류	
특수인화물	이황화탄소, 디에틸에테르, 아세트알데히드 산화프로필렌	
제1석유류	비수용성	휘발유, 메틸에틸케톤, 톨루엔, 벤젠
	수용성	시안화수소, 아세톤, 피리딘
알코올류	메틸알코올, 에틸알코올, 프로필알코올	
제2석유류	비수용성	등유, 경유, 스티렌, 크실렌(자일렌), 클로로벤젠
	수용성	아세트산, 폼산, 히드라진
제3석유류	비수용성	크레오소트유, 중유, 아닐린, 니트로벤젠
	수용성	글리세린, 에틸렌글리콜
제4석유류	윤활유, 기어유, 실린더유	
동·식물유류	1. 건성유 : 정어리유, 대구유, 상어유, 해바라기유, 오동유, 아마인유, 들기름 2. 반건성유 : 채종유, 면실유, 참기름, 옥수수기름, 콩기름, 쌀겨기름, 청어유 등 3. 불건성유 : 쇠기름, 돼지기름, 고래기름, 피마자유, 올리브유, 팜유, 땅콩기름(낙화생유), 야자유	

【정답】 ④

12. 니트로화합물과 같은 가연성물질이 자체 내에 산소를 함유하고 있어 공기 중의 산소를 필요로 하지 않고 자체의 산소에 의해서 연소되는 현상은?

① 자기연소 ② 등심연소

③ 훈소연소 ④ 분해연소

|문|제|풀|이|

[자기연소(고체의 연소)] 화약, 폭약의 원료인 제5류 위험물 TNT, 니트로셀룰로우즈, 질화면 등 그 물질이 가연물과 산소를 동시에 가지고 있는 가연물이 연소하는 형태

※② 등심연소(액체의 연소) : 연료를 심지로 빨아올려 대류나 복사열에 의하여 발생한 증기가 등심(심지)의 상부나 측면에서 연소하는 것

③ 훈소연소 : 유염착화에 이르기에는 온도가 낮거나 산소가 부족하여 화염 없이 가연물의 표면에서 작열하며 소극적으로 연소하는 현상

④ 분해연소(고체의 연소) : 분해열로서 발생하는 가연성가스가 공기 중의 산소와 화합해서 일어나는 연소이며 석탄, 목재, 종이, 섬유, 플라스틱 등 【정답】 ①

13. 제1류 위험물인 과산화나트륨의 보관용기에 화재가 발생하였다. 소화약제로 가장 적당한 것은?

① 포소화약제　　② 물
③ 마른모래　　④ 이산화탄소

|문|제|풀|이|

[과산화나트륨(Na_2O_2) → 제1류 위험물(무기과산화물)] 소화방법으로는 마른모래, 분말소화제, 소다회, 석회 등 사용 →(주수소화는 위험)

※1. 물과 반응식 : $2Na_2O_2 + 2H_2O \rightarrow 4NaOH + O_2 \uparrow$ + 발열
→ 산소를 방출하고 폭발위험

2. 이산화탄소와의 반응식 : $2Na_2O_2 + 2CO_2 \rightarrow 2Na_2CO_3 + O_2 \uparrow$
→ 산소를 방출한다.

3. 초산과 반응식 : $Na_2O_2 + 2CH_3COOH \rightarrow 2CH_3COONa + H_2O_2 \uparrow$
→ 산과 반응하여 과산화수소를 생성한다.

4. 가열분해 반응식 : $2Na_2O_2 \rightarrow 2Na_2O + O_2 \uparrow$
→ 산소를 방출한다.

【정답】 ③

14. 위험물의 화재별 소화방법으로 옳지 않은 것은?

① 황린 - 분무주수에 의한 냉각소화
② 인화칼슘 - 분무주수에 의한 냉각소화
③ 톨루엔 - 포에 의한 질식소화
④ 질산메틸 - 주수에 의한 냉각소화

|문|제|풀|이|

[인화칼슘(Ca_3P_2) → 제3류 위험물(금수성 물질)]

· 소화방법에는 마른모래 등으로 피복하여 자연진화를 기다린다.
→ (물 및 포약제의 소화는 금한다.)

· 물과 반응식 : $Ca_3P_2 + 6H_2O \rightarrow 3Ca(OH)_2 + 2PH_3 \uparrow$
(인화칼슘) (물) (수산화칼슘) (인화수소(포스핀))

【정답】 ②

15. 옥내에서 지정수량 100배 이상을 취급하는 일반취급소에 설치하여야 하는 경보설비는? (단, 고인화점 위험물만을 취급하는 경우는 제외한다.)

① 비상경보설비
② 자동화재탐지설비
③ 비상방송설비
④ 비상벨브설비 및 확성장치

|문|제|풀|이|

[제조소 및 일반취급소의 경보설비]

제조소등의 구분	제조소등의 규모, 저장 또는 취급하는 위험물의 종류 및 최대수량 등	경보설비
제조소 및 일반취급소	· 연면적이 $500m^2$ 이상인 것 · 옥내에서 지정수량의 100배 이상을 취급하는 것(고인화점위험물만을 100℃ 미만의 온도에서 취급하는 것은 제외한다)	자동화재탐지설비

【정답】 ②

16. 강화액소화기에 대한 설명이 아닌 것은?

① 알칼리 금속염류가 포함된 고농도의 수용액이다.
② A급 화재에 적응성이 있다.
③ 어는점이 낮아서 동절기에도 사용이 가능하다.
④ 물의 표면장력을 강화시킨 것으로 심부화재에 효과적이다.

|문|제|풀|이|

[강화액소화기] 물의 소화능력을 향상 시키고, 겨울철에 사용할 수 있도록 어는점을 낮추기 위해 물에 탄산칼륨(K2CO3)를 보강시켜 만든 소화기. 강알칼리성. 냉각소화원리

※④ 물의 표면장력을 감소시킨 것으로 심부화재에 효과적이다.

【정답】 ④

17. 인화점이 섭씨 200℃ 미만인 위험물을 저장하기 위하여 높이가 15m이고 지름이 18m인 옥외저장탱크를 설치하는 경우 옥외저장탱크와 방유제와의 사이에 유지하여야 하는 거리는?

① 5.0m 이상　　② 6.0m 이상
③ 7.5m 이상　　④ 9.0m 이상

|문|제|풀|이|

[옥외저장탱크와 방유제 사이의 거리]

1. 지름이 15m 미만인 경우에는 탱크 높이의 3분의 1 이상
2. 지름이 15m 이상인 경우에는 탱크 높이의 2분의 1 이상

∴거리 $L = 15 \times \frac{1}{2} = 7.5m$ 이상

【정답】 ③

18. 금속칼륨에 대한 초기의 소화약제로서 적합한 것은?

① 물 ② 마른모래

③ CCl_4 ④ CO_2

|문|제|풀|이|

[칼륨(K) → 제3류 위험물]

· 소화방법에는 마른모래 및 탄산수소염류 분말소화약제가 효과적 → (주수소화와 사염화탄소(CCl_4)와는 폭발반응을 하므로 절대 금한다.)

· 물과 반응식 : $2K + 2H_2O \rightarrow 2KOH + H_2 \uparrow + 92.8kcal$
(칼륨) (물) (수산화칼륨) (수소) (반응열)

【정답】 ②

19. 위험물을 취급함에 있어서 정전기를 유효하게 제거하기 위한 설비를 설치하고자 한다. 위험물안전관리법령상 공기 중의 상대습도를 몇 % 이상 되게 하여야 하는가?

① 50 ② 60

③ 70 ④ 80

|문|제|풀|이|

[위험물 제조소의 정전기 제거설비]

1. 접지에 의한 방법
2. 공기 중의 상대습도를 **70% 이상**으로 하는 방법
3. 공기를 이온화하는 방법
4. 위험물 이송 시 유속 1m/s 이하로 할 것

【정답】 ③

20. 위험물안전관리법령에 따른 자동화재탐지설비의 설치기준에서 하나의 경계구역의 면적은 얼마 이하로 하여야 하는가? (단, 해당 건축물 그 밖의 공장물의 주요한 출입구에서 그 내부의 전체를 볼 수 없는 경우이다.)

① $500m^2$ ② $600m^2$

③ $800m^2$ ④ $1000m^2$

|문|제|풀|이|

[자동화재탐지설비의 설치기준] 하나의 경계구역의 면적은 **600 m^2 이하**로 하고 그 한 변의 길이는 50m(광전식분리형 감지기를 설치할 경우에는 100m)이하로 할 것

→ 다만, 당해 건축물 그 밖의 공작물의 주요한 출입구에서 그 내부의 전체를 볼 수 있는 경우에 있어서는 그 면적을 1,000 m^2이하로 할 수 있다.

【정답】 ②

21. 위험물안전관리법령상 위험물에 해당하는 것은?

① 황산

② 비중이 1.41인 질산

③ 53마이크로미터의 표준체를 통과하는 것이 50wt% 미만인 철의 분말

④ 농도가 40wt%인 과산화수소

|문|제|풀|이|

[위험물판단기준]

① 황산(H_2SO_4) : 비위험물

② 질산(HNO_3): 제6류 위험물, **비중 1.49 이상**

③ 철분(Fe) : 위험물로서 철분은 53마이크로미터 표준체를 통과하는 것이 **50wt% 이상**일 것

④ 과산화수소(H_2O_2) : 농도가 **30wt% 이상**은 위험물에 속한다.

【정답】 ④

22. 위험물안전관리법령에 의한 위험물 운송에 관한 규정으로 틀린 것은?

① 이동탱크저장소에 의하여 위험물을 운송하는 자는 당해 위험물을 취급할 수 있는 국가기술자격자 또는 안전교육을 받은 자이어야 한다.

② 안전관리자 · 탱크시험자 · 위험물운송자 등 위험물의 안전관리와 관련된 업무를 수행하는 자는 시 · 도지사가 실시하는 안전교육을 받아야 한다.

③ 운송책임자의 범위, 감독 또는 지원의 방법 등에 관한 구체적인 기준은 행정안전부령으로 정한다.

④ 위험물운송자는 행정안전부령이 정하는 기준을 준수하는 등 당해 위험물의 안전 확보를 위한 세심한 주의를 기울려야 한다.

|문|제|풀|이|

[위험물안전관리법 제23조 (안전교육)] 안전교육 대상자는 해당 업무에 관한 능력의 습득 또는 향상을 위하여 **소방청장이 실시하는 교육**을 받아야 한다.

【정답】 ②

23. 과산화바륨의 성질에 대한 설명 중 틀린 것은?

① 고온에서 열분해하여 산소를 발생한다.

② 황산과 반응하여 과산화수소를 만든다.

③ 비중은 약 4.96이다.

④ 온수와 접촉하여 수소가스를 발생한다.

|문|제|풀|이|

[과산화바륨(BaO_2)]

① 고온에서 열분해하여 산소를 발생한다.
$2BaO_2 \rightarrow 2BaO + O_2 \uparrow$

② 황산과 반응하여 과산화수소를 만든다.
$BaO_2 + H_2SO_4 \rightarrow BaSO_4 + H_2O_2$

③ 비중은 약 4.96이다.

④ 온수와 접촉하여 **산소를 발생**한다.
→ 온수와 반응식 : $2BaO_2 + 2H_2O \rightarrow 2Ba(OH)_2 + O_2 \uparrow$
(과산화바륨) (물) (수산화바륨) (산소)

【정답】 ④

24. 과염소산칼륨의 일반적인 성질에 대한 설명 중 틀린 것은?

① 강한 산화제이다.

② 불연성 물질이다.

③ 과일향이 나는 보라색 결정이다.

④ 가열하여 완전 분해시키면 산소를 발생한다.

|문|제|풀|이|

[과염소산칼륨($KClO_3$) : 제1류 위험물]

③ **무색무취**의 사방정계 결정의 강산화제이다.

④ 가열하여 완전 분해시키면 산소를 발생한다.
분해 반응식 : $KClO_4 \rightarrow KCl + 2O_2 \uparrow$
(과염소산칼륨) (염화칼륨) (산소)

【정답】 ③

25. 물과 접촉하면 위험성이 증가하므로 주수소화를 할 수 없는 물질은?

① $C_6H_2CH_3(NO_2)_3$ ② $NaNO_3$

③ $(C_2H_5)_3Al$ ④ $(C_6H_5CO)_2O_2$

|문|제|풀|이|

[위험물의 성질]

① $C_6H_2CH_3(NO_2)_3$ → T.N.T, 제5류 위험물(주수소화)

② $NaNO_3$: 질산나트륨 → 제1류 위험물(주수소화)

③ $(C_2H_5)_3Al$: 트리에틸알루미늄 → **제3류 위험물(금수성)**
→ (주수소화 절대 금한다)

물과의 반응식
$(C_2H_5)_3Al + 3H_2O \rightarrow Al(OH)_3 + 3C_2H_6 \uparrow$
(트리에틸알루미늄) (물) (수산화알루미늄) (에탄)

④ $(C_6H_5CO)_2O_2$: 벤조일퍼옥사이드 → 제5류 위험물(주수소화)

【정답】 ③

26. 제4류 위험물의 공통적인 성질이 아닌 것은?

① 대부분 물보다 가볍고 물에 녹기 어렵다.

② 공기와 혼합된 증기는 연소의 우려가 있다.

③ 인화되기 쉽다.

④ 증기는 공기보다 가볍다.

|문|제|풀|이|

[제4류 위험물의 일반적인 성질]

1. 인화되기 매우 쉬운 액체이다.
2. 착화온도가 낮은 것은 위험하다.
3. 물보다 가볍고 물에 녹기 어렵다.
→ (이황화탄소는 물보다 무겁고, 알코올은 물에 잘 녹는다.)
4. **증기는 공기보다 무거운 것이 대부분**이다.
→ (전기콘센트를 1.5m 이상 높이에 설치하는 이유)
5. 공기와 혼합된 증기는 연소의 우려가 있다.

【정답】 ④

27. 지정수량이 200kg인 물질은?

① 질산 ② 피크린산

③ 질산메틸 ④ 과산화벤조일

|문|제|풀|이|

[위험물의 지정수량]

① 질산(HNO_3) : 제6류 위험물, 지정수량 300kg

② 피크린산(피크르산) : 제5류 위험물, **지정수량 200kg**

③ 질산메틸(CH_3ONO_2) : 제5류 위험물, 지정수량 10kg

④ 과산화벤조일($(C_6H_5CO)_2O_2$) : 제5류 위험물, 지정수량 10kg

【정답】 ②

28. 위험물에 대한 설명으로 옳은 것은?

① 적린은 암적색의 분말로 조해성이 있는 자연 발화성 물질이다.

② 황화린은 황색의 액체이며 상온에서 자연 분해하여 이산화황과 오산화인을 발생한다.

③ 유황은 마황색의 고체 또는 분말이며 많은 이성질체를 갖고 있는 전기도체이다.

④ 황린은 가연성 물질이며 마늘냄새가 나는 맹독성 물질이다.

|문|제|풀|이|

[황린(P_4) → 제3류 위험물(자연발화성 물질)]

·환원력이 강한 백색 또는 담황색 고체로 백린이라고도 한다.

·물에 녹지 않으며, 자연 발화성이므로 반드시 물속에 저장한다.

·마늘 냄새가 나는 맹독성 물질이다. →(대인 치사량 0.02~0.05g)

※① 적린(P : 제2류 위험물)은 암적색 무취의 분말로 조해성이 없고 자연발화성 물질이 아니다.

② 황화린(제2류 위험물)은 가연성 고체

③ 유황(S : 제2류 위험물)은 마황색의 고체 또는 분말이며 이성질체가 없으며 전기도체가 아니다. 【정답】 ④

29. 위험물안전관리법령상 제6류 위험물이 아닌 것은?

① H_2PO_4 ② IF_5

③ BrF_5 ④ BrF_3

|문|제|풀|이|

[위험물의 종류]

① H_2PO_4(인산) : **비위험물**

②, ③, ④ : 할로겐간화합물(BrF_3, BrF_5, IF_5, ICI, IBr 등), 제6류 위험물 【정답】 ①

30. 수소화나트륨의 소화약제로 적당하지 않은 것은?

① 물 ② 건조사

③ 팽창질석 ④ 팽창진주암

|문|제|풀|이|

[수소화나트륨(NaH), 제3류 위험물, 금수성] 소화방법에는 마른 모래, 팽창질석, 팽창진주암 등으로 피복소화한다.

→(물 및 포약제의 소화는 금한다.)

물과 반응식 : $NaH + H_2O \rightarrow NaOH + H_2 \uparrow + 21kcal$

(수소화나트륨) (물) (수산화나트륨)(수소) (반응열)

【정답】 ①

31. 과염소산나트륨의 성질이 아닌 것은?

① 수용성이다.

② 조해성이 있다.

③ 분해온도는 약 400℃이다.

④ 물보다 가볍다.

|문|제|풀|이|

[과염소산나트륨($NaClO_3$) → 제1류 위험물(산화성고체)]

·분해온도 400℃, 융점 482℃, 비중 2.50

·무색무취의 조해되기 쉬운 결정으로 **물보다 무겁다**.

·물, 알코올, 아세톤에 잘 녹고, 에테르에 녹지 않는다.

·열분해하면 산소를 방출, 진한 황산과 접촉 시 폭발

·소화방법으로는 주수소화가 가장 좋다. 【정답】 ④

32. 위험물제조소의 위치·구조 및 설비의 기준에 대한 설명 중 틀린 것은?

① 벽, 기둥, 바닥, 보, 서까래는 내화재료로 하여야 한다.

② 제조소의 표지판은 한 변이 30cm, 다른 한 변이 60cm 이상의 크기로 한다.

③ "화기엄금"을 표시하는 게시판은 적색바탕에 백색문자로 한다.

④ 지정수량 10배를 초과한 위험물을 취급하는 제조소는 보유공지의 너비가 5m 이상이어야 한다.

|문|제|풀|이|

[위험물 제조소 건축물의 구조] **벽, 기둥, 바닥, 보, 서까래 및 계단을 불연 재료**로 하고, 연소의 우려가 있는 외벽은 출입구 외의 개구부가 없는 내화구조의 벽으로 하여야 한다. 이 경우 제6류 위험물을 취급하는 건축물에 있어서 위험물이 스며들 우려가 있는 부분에 대하여는 아스팔트 그 밖에 부식되지 아니하는 재료로 피복하여야 한다.

【정답】 ①

33. 트리니트로톨루엔의 작용기에 해당하는 것은?

① $-NO$ ② $-NO_2$

③ $-NO_3$ ④ $-NO_4$

|문|제|풀|이|

[트리니트로톨루엔[T.N.T, $C_6H_2CH_3(NO_2)_3$]

구조식	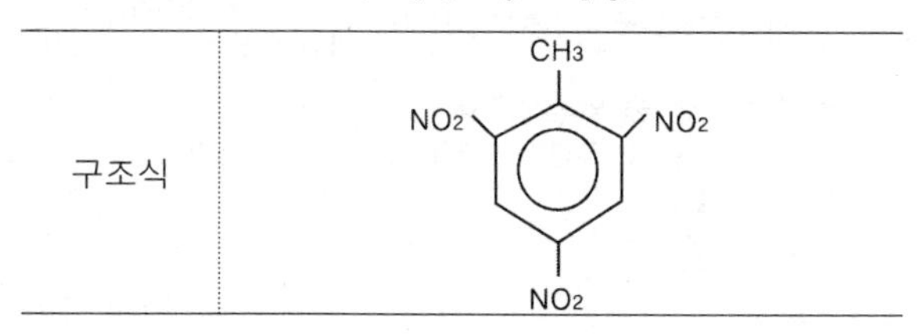

※[작용기] 분자 내에서 비슷한 성질을 띠는 원자 그룹들을 묶어서 분류해놓은 것이다. 【정답】 ②

34. 물과 작용하여 메탄과 수소를 발생시키는 것은?

① Al_4C_3 ② Mn_3C

③ Na_2C_2 ④ MgC_2

|문|제|풀|이|

[탄화망간(Mn_3C), 제3류 위험물]

물과 반응식 : $Mn_3C+6H_2O \rightarrow 3Mn(OH)_2\uparrow + CH_4+H_2\uparrow$

(탄화망간) (물) (수산화망간) (메탄) (수소)

※탄화물이 물과 반응 시 생성 가스

탄화물	가스명
탄화칼슘(CaC_2)	이세틸렌 가스(C_2H_2)
탄화칼륨(K_2C_2)	
탄화나트륨(Na_2C_2)	
탄화리튬(Ni_2C_2)	
탄화알루미늄(Al_4C_3)	메탄(CH_4)
탄화베릴륨(Be_2C)	
탄화망간(Mn_3C)	메탄(CH_4), 수소(H_2)

【정답】 ②

35. 연면적이 $1000m^2$이고 지정수량이 80배의 위험물을 취급하여 지반면으로부터 5m 높이에 위험물 취급설비가 있는 제조소의 소화난이도등급은?

① 소화난이도등급 Ⅰ ② 소화난이도등급 Ⅱ

③ 소화난이도등급 Ⅲ ④ 소화난이도등급 Ⅳ

|문|제|풀|이|

[소화난이도등급 Ⅰ에 해당하는 제조소 등]

제조소 등의 구분	제조소등의 규모, 저장 또는 취급하는 위험물의 품명 및 최대수량 등
제조소 일반취급소	**연면적 1,000m^2 이상**인 것
	지정수량의 100배 이상인 것(고인화점위험물만을 100℃ 미만의 온도에서 취급하는 것 및 제48조의 위험물을 취급하는 것은 제외)
	지반면으로부터 6m 이상의 높이에 위험물 취급설비가 있는 것(고인화점위험물만을 100℃ 미만의 온도에서 취급하는 것은 제외)
	일반취급소로 사용되는 부분 외의 부분을 갖는 건축물에 설치된 것(내화구조로 개구부 없이 구획 된 것, 고인화점위험물만을 100℃ 미만의 온도에서 취급하는 것은 제외)

※한 가지만 만족해도 Ⅰ등급에 해당된다. 【정답】 ①

36. 위험물안전관리법령상 운송책임자의 감독 · 지원을 받아 운송하여야 하는 위험물은?

① 특수인화물 ② 알킬리튬

③ 질산구아니딘 ④ 히드라진 유도체

|문|제|풀|이|

[운송책임자의 감독 · 지원을 받아 운송하여야 하는 위험물 (제3류 위험물)]

1. 알킬알루미늄(R_3Al), 알킬리튬(RLi)
2. 알킬알루미늄(R_3Al) 함유 : 트리에틸알루미늄($(C_2H_5)_3Al$), 트리메틸알루미늄($(CH_3)_3Al$), 트리부틸알루미늄($(C_4H_9)_3Al$)
3 알킬리튬(RLi) 함유 : 메틸리튬(CH_3Li), 에틸리튬(C_2H_5Li), 부틸리튬(C_4H_9Li) 【정답】 ②

37. 위험물안전관리법령상 위험등급이 나머지 셋과 다른 하나는?

① 알코올류 ② 제2석유류

③ 제3석유류 ④ 동식물유류

|문|제|풀|이|

[위험물의 위험등급]

① **알코올류 : 2등급** ② 제2석유류 : 3등급

③ 제3석유류 : 3등급 ④ 동식물유류 : 3등급

※[위험물의 위험등급]

위험등급	종류
위험등급 I	1. 제1류 위험물 중 아염소산염류, 염소산염류, 과염소산염류, 무기과산화물 그 밖에 지정수량이 50kg인 위험물
	2. 제3류 위험물 중 칼륨, 나트륨, 알킬알루미늄, 알킬리튬, 황린 그 밖에 지정수량 10kg 또는 20kg인 위험물
	3. 제4류 위험물 중 특수인화물
	4. 제5류 위험물 중 유기과산화물, 질산에스테르류 그 밖에 지정수량이 10kg인 위험물
	5. 제6류 위험물
위험등급 Ⅱ	1. 제1류 위험물 중 브롬산염류, 질산염류, 요오드산염류 그 밖에 지정수량 300kg인 위험물
	2. 제2류 위험물 중 황화린, 적린, 유황 그 밖에 지정수량 100kg인 위험물
	3. 제3류 위험물 중 알칼리금속(칼륨 및 나트륨을 제외한다) 및 알칼리토금속, 유기금속화합물(알킬알루미늄 및 알킬리튬을 제외한다) 그 밖에 지정수량 50kg인 위험물
	4. 제4류 위험물 중 **제1석유류 및 알코올류**
	5. 제5류 위험물 중 Ⅰ등급의 4에서 정하는 위험물 외의 것
위험등급 Ⅲ	위험등급 Ⅰ, Ⅱ를 제외한 위험물

【정답】 ①

38. 다음 위험물 중 상온에서 액체인 것은?

① 질산에틸　② 트리니트로톨루엔
③ 셀룰로이드　④ 피크린산

|문|제|풀|이|

[위험물의 성질]
① 질산에틸 : 제5류 위험물, 무색, 투명한 액체로 단맛이 난다.
② 트리니트로톨루엔(T.N.T) : 제5류 위험물, 고체
③ 셀룰로이드 : 제5류 위험물, 고체
④ 피크린산(T.N.T) : 제5류 위험물, 고체

【정답】 ①

39. 위험물제조소의 게시판에 '화기주의'라고 쓰여 있다. 제 몇 류 위험물 제조소인가?

① 제1류　② 제2류
③ 제3류　④ 제4류

|문|제|풀|이|

[위험물 게시판의 주의사항]

위험물의 종류	주의사항(게시판)
· 제1류 위험물 : 알칼리금속의 과산화물과 이를 함유한 것 · 제3류 위험물 중 금수성 물질	「물기엄금」 (바탕 : 청색, 문자 : 백색)
제2류 위험물(인화성고체를 제외한다)	**「화기주의」** (바탕 : 적색, 문자 : 백색)
· 제2류 위험물 중 인화성고체 · 제3류 위험물 중 자연발화물질 · 제4류 위험물 · 제5류 위험물	「화기엄금」 (바탕 : 적색, 문자 : 백색)

【정답】 ②

40. 위험물안전관리법령에서 제3류 위험물에 해당하지 않는 것은?

① 알칼리금속　② 칼륨
③ 황화린　④ 황린

|문|제|풀|이|

[제3류 위험물 (자연발화성 물질 및 금수성 물질)]

성질	품명	지정수량
자연발화성 및 금수성물질	칼륨, 나트륨, 알킬알루미늄, 알킬리튬	10kg
	황린	20kg
	·알칼리금속(칼륨 및 나트륨 제외) 및 알칼리토금속 : : 리튬(Li), 칼슘(Ca) ·유기금속화합물(알킬알루미늄 및 알킬리튬 제외) : 디메틸아연, 디에틸아연	50kg
	·금속의 수소화물 : 수소화리튬, 수소화나트륨, 수소화칼슘, 수소화칼륨, 수소화알루미늄리튬 ·금속의 인화물 : 인화석회/인화칼슘, 인화알루미늄 ·칼슘 또는 알루미늄의 탄화물 : 탄화칼슘, 탄화알루미늄, 탄화망간(망가니즈), 탄화마그네슘	300kg

※③ 황화린 : 제2류 위험물

【정답】 ③

41. 제6류 위험물에 대한 설명으로 옳은 것은?

① 과염소산은 특성은 없지만 폭발의 위험이 있으므로 밀폐하여 보관한다.

② 과산화수소는 농도가 3% 이상일 때 단독으로 폭발하므로 취급에 주의한다.

③ 질산은 자연발화의 위험이 높으므로 저온 보관한다.

④ 할로겐간화합물의 지정수량은 300kg이다.

|문|제|풀|이|

[제6류 위험물의 일반적인 성질]

① 과염소산은 특성은 없지만 **가열 시 폭발의 위험**이 있으므로 밀폐하여 보관한다.
② 과산화수소는 농도가 **60% 이상일 때** 단독으로 폭발하므로 취급에 주의한다.
③ 질산은 자연발화의 위험이 없다.
→ (제3류 위험물 : 자연발화성 물질)
④ 할로겐간화합물의 지정수량은 300kg이다.
→ (제6류 위험물 : 지정수량 300kg)

【정답】 ④

42. 적린의 성질에 대한 설명 중 틀린 것은?

① 물이나 이황화탄소에 녹지 않는다.

② 방화온도는 약 200℃ 정도이다.

③ 연소할 때 인화수소 가스가 발생한다.

④ 산화제가 섞여 있으며 마찰에 의해 착화하기 쉽다.

|문|제|풀|이|

[적린(P) : 제2류 위험물 (가연성 고체)]

- 착화점 260℃, 융점 600℃, 비점 514℃, 비중 2.2
- 암적색 무취의 분말
- 황린의 동소체, 황린에 비해 안정하며 독성이 없다.
- 산화제인 염소산염류와의 혼합을 절대 금한다.
  → (강산화제(제1류 위험물)와 혼합하면 충격, 마찰에 의해 발화할 수 있다.)
- 물, 알칼리, 이황화탄소, 에테르, 암모니아에 녹지 않는다.
- 소화방법으로는 다량의 주수소화가 효과적이다.
- **연소 시 생성물은 흰색의 오산화인**(P_2O_5)이다.

$4P + 5O_2 \rightarrow 2P_2O_5$
(적린) (산소) (오산화인)

【정답】 ③

43. Ca_3P_2 600kg을 저장하려 한다. 지정수량의 배수는 얼마인가?

① 2배 ② 3배
③ 4배 ④ 5배

|문|제|풀|이|

[지정수량의 배수(계산값)]

$$\text{계산값} = \frac{A\text{품명의 저장수량}}{A\text{품명의 지정수량}} + \frac{B\text{품명의 저장수량}}{B\text{품명의 지정수량}} + \cdots\cdots$$

1. 지정수량 : 인화석회(Ca_3P_2) → 제3류 위험물, 지정수량 300kg
2. 저장수량 : 인화석회(Ca_3P_2) 600kg

$\therefore$ 배수 $= \frac{600}{300} = 2$배

【정답】 ①

44. 트리니트로페놀의 성상에 대한 설명 중 틀린 것은?

① 융점은 약 61℃이고 비점은 약 120℃이다.

② 쓴맛이 있으며 독성이 있다.

③ 단독으로 마찰, 충격에 비교적 안정하다.

④ 알코올, 에테르, 벤젠에 녹는다.

|문|제|풀|이|

[트리니트로페놀[T.N.P, $C_6H_2OH(NO_2)_3$, 피크르산(PA) →제5류 위험물(니트로화합물)]

- 인화점 150℃, 착화점 약 300℃, **융점 122.5℃**, **비점 255℃**, 비중 1.8, 폭발속도 7000m/s
- 광택이 있는 황색의 침상결상으로 피크르산(PA)이라고도 하며 쓴맛과 독성이 있다.
- 단독으로 마찰, 가열, 충격에 안정하고 구리, 납, 아연과 피크르산염을 만든다.
- 금속염과 혼합은 폭발이 심하며 가솔린, 알코올, 요오드, 황과 혼합하면 마찰, 충격에 의하여 폭발한다.
- 찬물에는 약간 녹으나 더운물, 알코올, 에테르, 벤젠에는 잘 녹는다.
- 연소 시 검은 연기를 내지만 폭발하지는 않는다.
- 황색 염료로 사용되며 약칭은 T.N.P 이다.
- 소화방법으로는 주수소화가 효과적이다.

【정답】 ①

45. 위험물안전관리법령상 정기점검 대상인 제조소 등의 조건이 아닌 것은?

① 예방규정 작성 대상인 제조소 등

② 지하탱크저장소

③ 이동탱크저장소

④ 지정수량 5배의 위험물을 취급하는 옥외탱크를 둔 제조소

|문|제|풀|이|

[정기점검의 대상인 제조소 등]

1. 지정수량의 10배 이상의 위험물을 취급하는 제조소
2. 지정수량의 100배 이상의 위험물을 저장하는 옥외저장소
3. 지정수량의 150배 이상의 위험물을 저장하는 옥내저장소
4. 지정수량의 **200배 이상**의 위험물을 저장하는 **옥외탱크저장소**
5. 암반탱크저장소
6. 이송취급소
7. **지정수량의 10배 이상의 위험물을 취급**하는 일반취급소
8. 지하탱크저장소
9. 이동탱크저장소
10. 위험물을 취급하는 탱크로서 지하에 매설된 탱크가 있는 제조소 · 주유취급소 또는 일반취급소 【정답】 ④

46. 디에틸에테르의 보관 · 취급에 관한 설명으로 틀린 것은?

① 용기는 밀봉하여 보관한다.

② 환기가 잘 되는 곳에 보관한다.

③ 정전기가 발생하지 않도록 취급한다.

④ 전자용기에 빈 공간이 없게 가득 채워 보관한다.

|문|제|풀|이|

[디에틸에테르($C_2H_5OC_2H_5$, 에틸에테르/에테르) → 제4류 위험물(, 특수인화물)]

- 인화점 -45℃, 착화점 180℃, 비점 34.6℃, 비중 0.72(15℃), 증기비중 2.6, 연소범위 1.9~48%
- 무색투명한 휘발성이 강한 액체, 증기는 마취성이 있다.
- 인화성이 강하고 물에 약간 녹으며, 알코올에는 잘 녹는다.
- 전기의 부도체로서 정전기를 발생한다.
- 장시간 공기와 접촉하면 과산물이 생성될 수 있고, 가열, 충격, 마찰에 의해 폭발할 수 있다.
- 용기는 밀봉하여 갈색병을 사용하여 냉암소에 저장한다.
- **보관 시 5~10% 이상의 공간용적을 확보**한다.
- 보관시 정전기 생성 방지를 위하여 약간의 염화칼슘($CaCl_2$)을 넣어준다. 【정답】 ④

47. 아닐린에 대한 설명으로 옳은 것은?

① 특유의 냄새를 가진 기름상 액체이다.

② 인화점이 0℃ 이하이어서 상온에서 인화의 위험이 높다.

③ 황산과 같은 강산화제와 접촉하면 중화되어 안정하게 된다.

④ 증기는 공기와 혼합하여 인화, 폭발의 위험은 없는 안정한 상태가 된다.

|문|제|풀|이|

[아닐린($C_6H_5NH_2$, 아미노벤젠) → 제4류 위험물(제3석유류)]

- 지정수량(비수용성) 2000L, **인화점 75℃**, 착화점 538℃, 비점 184℃, 비중 1.002, 증기비중 1.59
- 황색 또는 담황색의 액체로 **특유의 냄새**를 가진다.
- 물에는 약간 녹고, 에탄올, 에테르, 벤젠 등 유기용매에는 잘 녹는다.
- 물보다 무겁고 독성이 강하다.
- 알칼리금속 및 알칼리토금속과 반응하여 수소(H_2) 및 아닐리드를 발생한다.
- 니트로벤젠을 주석(철)과 염산으로 환원하여 만든다.
- 인화점보다 높은 상태에서 **공기와 혼합하여 폭발성 가스를 생성**한다.

【정답】 ①

48. 벤젠의 저장 및 취급 시 주의사항에 대한 설명으로 틀린 것은?

① 정전기 발생에 주의한다.

② 피부에 닿지 않도록 주의한다.

③ 증기는 공기보다 가벼워 높은 곳에 체류하므로 환기에 주의한다.

④ 통풍이 잘되는 서늘하고 어두운 곳에 저장한다.

|문|제|풀|이|

[벤젠(C_6H_6, 벤졸) : 제4류 위험물 중 제1석유류]

- 지정수량(비수용성) 200L, 인화점 -11℃, 착화점 562℃, 비점 80℃, 비중 0.879, **증기비중 2.69**, 연소범위 1.4~7.1%
- 무색 투명한 휘발성 액체
- 물에 잘 녹지 않고 알코올, 아세톤, 에테르에 잘 녹는다.
- **증기는 공기보다 무거워 낮은 곳에 체류하므로 주의**한다.

→ (증기비중$=\dfrac{\text{기체의 분자량}}{\text{공기의 분자량}}=\dfrac{78}{29}=2.69>1$)

- 소화방법으로 대량일 경우 포말소화기가 가장 좋고, 질식소화기(CO_2, 분말)도 좋다. 【정답】 ③

49. 질산칼륨의 성질에 해당하는 것은?

① 무색 또는 흰색 결정이다.

② 물과 반응하면 폭발의 위험이 있다.

③ 물에 녹지 않으나 알코올에 잘 녹는다.

④ 황산, 목분과 혼합하여 흑색화약이 된다.

|문|제|풀|이|

[질산칼륨(KNO_3) : 제1류 위험물 (산화성고체)]

- 분해온도 400℃, 융점 336℃, 용해도 26(15℃), 비중 2.098
- 무색 또는 백색 결정 또는 분말로 초석이라고 부른다.
- **물, 글리세린에 잘 녹고 알코올에는 난용이나 흡습성은 없다**.
- 가연물과 접촉 또는 혼합되어 있으면 위험하다.
- **숯가루 유황가루**를 혼합하여 **흑색화약제조** 및 불꽃놀이 등에 사용된다.
- 소화방법에는 주수소화가 효과적이다.

【정답】 ①

50. 황린의 저장 및 취급에 있어서 주의할 사항 중 옳지 않은 것은?

① 독성이 있으므로 취급에 주의할 것

② 물과의 접촉을 피할 것

③ 산화제와의 접촉을 피할 것

④ 화기의 접근을 피할 것

|문|제|풀|이|

[황린(P_4) → 제3류 위험물(자연발화성 물질)]

- 착화점(미분상) 34℃, 착화점(고형상) 60℃, 융점 44℃, 비점 280℃, 비중 1.82, 증기비중 4.4
- 환원력이 강한 백색 또는 담황색 고체로 백린이라고도 한다.
- 어두운 곳에서 인광을 발한다.
- 마늘 냄새가 나는 **맹독성 물질**이다.
  → (대인 치사량 0.02~0.05g)
- 피부와 접촉하면 화상을 입는다.
- 물에 녹지 않으며, 자연 발화성이므로 반드시 **물속에 저장**한다.
- 벤젠, 알코올에 적게 녹고, 이황화탄소, 염화황, 염화화인에 잘 녹는다.
- 공기를 차단하고 약 260℃ 정도로 가열하면 적린(제2류 위험물)이 된다.
- 소화방법에는 마른모래, 주수소화가 효과적이다.

→ (**소화 시 유독가스(오산화인(P_2O_5))**에 대비하여 보호장구 및 공기호흡기를 착용한다.

【정답】 ②

51. 위험물제조소 등에 자체소방대를 두어야 할 대상의 위험물안전관리법령상 기준으로 옳은 것은? (단, 원칙적인 경우에 한한다.)

① 지정수량 3000배 이상의 위험물을 저장하는 저장소 또는 제조소

② 지정수량 3000배 이상의 위험물을 취급하는 제조소 또는 일반취급소

③ 지정수량 3000배 이상의 제4류 위험물을 저장하는 저장소 또는 제조소

④ 지정수량 3000배 이상의 제4류 위험물을 취급하는 제조소 또는 일반취급소

|문|제|풀|이|

[자체소방대를 설치하여야 하는 사업소]

1. 지정수량 3000배 이상의 제4류 위험물을 취급하는 제조소 또는 일반취급소
2. 지정수량 50만 배 이상의 제4류 위험물을 저장하는 옥외탱크저장소

【정답】 ④

52. 위험물 운반 시 동일한 트럭에 제1류 위험물과 함께 적재할 수 있는 유별은? (단, 지정수량의 5배 이상인 경우이다.)

① 제3류　　② 제4류

③ 제6류　　④ 없음

|문|제|풀|이|

[유별을 달리하는 위험물의 혼재기준]

위험물의 구분	제1류	제2류	제3류	제4류	제5류	제6류
제1류		X	X	X	X	O
제2류	X		X	O	O	X
제3류	X	X		O	X	X
제4류	X	O	O		O	X
제5류	X	O	X	O		X
제6류	O	X	X	X	X	

【비고】 1. 'X'표시는 혼재할 수 없음을 표시한다.
2. 'O'표시는 혼재할 수 있음을 표시한다.
3. 이 표는 지정수량의 $\frac{1}{10}$ 이하의 위험물에 대하여는 적용하지 아니한다.

【정답】 ③

53. 휘발유에 대한 설명으로 옳지 않은 것은?

① 지정수량은 200L이다.

② 전기의 불량도체로서 정전기 축적이 용이하다.

③ 원유의 성질 · 상태 · 처리방법에 따라 탄화수소의 혼합비율이 다르다.

④ 발화점은 -43~-20℃ 정도이다.

|문|제|풀|이|

[휘발유(가솔린) → 제4류 위험물(제1석유류)]

- 지정수량(비수용성) 200L
- **인화점 -43~-20℃**
  → (인화점이 낮아 상온에서도 매우 위험하다.)
- 착화점 300℃
- 비점 30~210℃
- 비중 0.65~0.80(증기비중 3~4)
- 연소범위 1.4~7.6%

【정답】 ④

54. 위험물안전관리법령상 제조소 등의 허가 · 취소 또는 사용정지의 사유에 해당하지 않는 것은?

① 안전교육 대상자가 교육을 받지 아니한 때

② 완공검사를 받지 않고 제조소 등을 사용한 때

③ 위험물안전관리자를 선임하지 아니한 때

④ 제조소 등의 정기검사를 받지 아니한 때

|문|제|풀|이|

[제조소 등 설치허가의 취소와 사용정지 등 _ (위험물안전관리법 제12조)]

시 · 도지사는 제조소 등의 관계인이 다음 각 호의 어느 하나에 해당하는 때에는 행정안전부령이 정하는 바에 따라 규정에 따른 **허가를 취소**하거나 6월 이내의 기간을 정하여 제조소등의 전부 또는 일부의 **사용정지**를 명할 수 있다.

1. 변경허가를 받지 아니하고 제조소 등의 위치 · 구조 또는 설비를 변경한 때
2. 완공검사를 받지 아니하고 제조소 등을 사용한 때
3. 수리 · 개조 또는 이전의 명령을 위반한 때
4. 위험물안전관리자를 선임하지 아니한 때
5. 대리자를 지정하지 아니한 때
6. 정기점검을 하지 아니한 때
7. 따른 정기검사를 받지 아니한 때
8. 저장 · 취급기준 준수명령을 위반한 때

【정답】 ①

55. 【보기】의 위험물을 위험등급 Ⅰ, 위험등급Ⅱ, 위험등급Ⅲ의 순서로 옳게 나열한 것은?

【보기】 황린, 인화칼슘, 리튬

① 황린, 인화칼슘, 리튬

② 황린, 리튬, 인화칼슘

③ 인화칼슘, 황린, 리튬

④ 인화칼슘, 리튬, 황린

|문|제|풀|이|

[위험물의 등급]

1. 황린(P_4) : 제3류 위험물, 위험등급 Ⅰ등급
2. 인화칼슘(Ca_3P_2) : 제3류 위험물(금속의 인화물), 위험등급 Ⅲ등급
3. 리튬(Li) : 제3류 위험물(알칼리금속), 위험등급Ⅱ

【정답】 ②

56. 위험물의 유별 구분이 나머지 셋과 다른 하나는?

① 니트로글리콜 ② 벤젠

③ 아조벤젠 ④ 디니트로벤젠

|문|제|풀|이|

[위험물의 구분]

① 니트로글리콜 : 제5류 위험물(질산에스테르류)

② 벤젠 : 제4류 위험물(제1석유류)

③ 아조벤젠 : 제5류 위험물(아조화합물)

④ 디니트로벤젠 : 제5류 위험물(니트로화합물)

【정답】 ②

57. 횡으로 설치한 원통형 위험물 저장탱크의 내용적이 500L일 때 공간용적은 최소 몇 L 이어야 하는가? (단, 원칙적인 경우에 한한다.)

① 15 ② 25

③ 35 ④ 50

|문|제|풀|이|

[탱크의 내용적 및 공간용적]

1. 내용적 : 500L
2. 공간용적 : 탱크의 공간용적은 탱크의 내용적의 $\frac{5}{100}$ 이상, $\frac{10}{100}$ 이하의 용적으로 한다.

∴공간용적(최소) $= 500 \times \frac{5}{100} = 25$

【정답】 ②

58. 제4류 위험물 중 제1석유류에 속하는 것은?

① 에틸렌글리콜　② 글리세린
③ 아세톤　④ n-부탄올

|문|제|풀|이|

[제4류 위험물(인화성 액체)의 품명 및 성질]

품명	성질	
특수인화물	1기압에서 액체로 되는 것으로서 인화점이 -20℃ 이하, 비점이 40℃ 이하이거나 착화점이 100℃ 이하인 것	
	이황화탄소, 디에틸에테르, 아세트알데히드 산화프로필렌	
제1석유류	1기압 상온에서 액체로 인화점이 21℃ 미만인 것	
	비수용성	휘발유, 메틸에틸케톤, 톨루엔, 벤젠
	수용성	시안화수소, **아세톤**, 피리딘
알코올류	1분자를 구성하는 탄소원자수가 $C_1 \sim C_3$인 포화 1가 알코올을 말한다.	
	메틸알코올, 에틸알코올, 프로필알코올	
제2석유류	1기압 상온에서 액체로 인화점이 21℃ 이상 70℃ 미만인 것 →(가연성 액체량이 40wt% 이하이면서 인화점이 40℃ 이상인 동시에 연소점이 60℃ 이상인 것은 제외)	
	비수용성	등유, 경유, 스틸렌, 크실렌(자일렌), 클로로벤젠
	수용성	아세트산, 포름산(폼산), 히드라진
제3석유류	1기압 상온에서 액체로 인화점이 70℃ 이상 200℃ 미만인 것 → (가연성 액체량이 40wt% 이하인 것은 제외)	
	비수용성	크레오소트유, 중유, 아닐린, 니트로벤젠
	수용성	**글리세린, 에틸렌글리콜**
제4석유류	1기압 상온에서 액체로 인화점이 200°C 이상인 것 → (가연성 액체량이 40wt% 이하인 것은 제외)	
	윤활유, 기어유, 실린더유	
동·식물유류	동물의 지육 등 또는 식물의 종자나 과육으로부터 추출한 것으로서 1기압에서 인화점이 250℃ 미만인 것 → (건성유, 반건성유, 불건성유)	

【정답】 ③

59. 인화성액체 위험물을 저장 또는 취급하는 옥외탱크저장소의 방유제 내에 용량 10만L와 5만L인 옥외저장탱크 2기를 설치하는 경우에 확보하여야 하는 방유제의 용량은?

① 50,000L 이상　② 80,000L 이상
③ 110,000L 이상　④ 150,000L 이상

|문|제|풀|이|

[위험물제조소의 옥외에 있는 위험물취급탱크의 방유제 설치]

1. 방유제안에 설치된 탱크가 하나인 때 : 그 탱크 용량의 110% 이상
2. 2기 이상인 때 : 그 탱크 중 용량이 최대인 것의 용량의 110% 이상

∴방유제 용량 = 100,000 × 1.1 = 110,000L　【정답】 ③

60. 탄화칼슘을 습한 공기 중에 보관하면 위험한 이유로 가장 옳은 것은?

① 아세틸렌과 공기가 혼합된 폭발성 가스가 생성될 수 있으므로
② 에틸렌과 공기 중 질소가 혼합된 폭발성 가스가 생성될 수 있으므로
③ 분진폭발의 위험성이 증가하기 때문에
④ 포스핀과 같은 독성 가스가 발생하기 때문에

|문|제|풀|이|

[탄화칼슘(CaC_2), 제3류 위험물(칼슘화합물)]

- 착화온도 335℃, 융점(녹는점) 2160℃, 비점(끓는점) 2300℃, 비중 2.28, 연소범위 2.5~81%
- 백색 입방체의 결정
- 낮은 온도에서는 정방체계이며 시판품은 회색 또는 회흑색의 불규칙한 괴상으로 카바이드라고도 부른다.
- **물과 반응하여 수산화칼슘(소석회)과 아세틸렌가스**를 발생한다.
  → $CaC_2 + 2H_2O \rightarrow Ca(OH)_2 \uparrow + C_2H_2 + 27.8kcal$
  (탄화칼슘) (물) (수산화칼슘) (아세틸렌) (반응열)
- 밀폐용기에 저장하는 것이 가장 좋으며, 장기간 저장 시에는 불연성 가스(질소가스, 아르곤가스 등)를 충전한다.
- 소화방법에는 마른모래, 탄산가스, 소화분말, 사염화탄소 등으로 한다. → (주수소화는 금한다.)　【정답】 ①

2020_2 위험물기능사 필기

01. 소화기에 "A-2", "B-3"로 표시되어 있었다면 숫자 "2"가 의미하는 것은 무엇인가?

① 소화기의 제조번호
② 소화기의 소요단위
③ 소화기의 능력단위
④ 소화기의 사용 순위

|문|제|풀|이|

[소화기 표시 의미]

A - 2
↓ ↓
적용화재 능력단위

※ A-2 : A급(일반)화재, 능력단위 2단위
B-3 : B급(유류)화재, 능력단위 3단위

【정답】 ③

02. 팽창진주암(삽 1개 포함)의 능력단위 1은 용량이 몇 L인가?

① 70 ② 100
③ 130 ④ 160

|문|제|풀|이|

[소화설비의 소화능력의 기준단위]

소화설비	용량	능력단위
소화전용 물통	8L	0.3
수조+물통3개	80L	1.5
수조+물통6개	190L	2.5
마른모래 (삽 1개 포함)	50L	0.5
팽창질석, 팽창진주암 (삽 1개 포함)	160L	1.0

【정답】 ④

03. 화학포소화약제의 반응에서 황산알루미늄과 탄산수소나트륨의 반응 몰비는? (단, 황산알루미늄 : 탄산수소나트륨의 비이다.)

① 1:4 ② 1:6
③ 4:1 ④ 6:1

|문|제|풀|이|

[화학포소화약제의 화학식]

$6NaHCO_2 + Al_2(SO_4)_3 + 18H_2O$
(탄산수소나트륨) (황산알루미늄) (물)

$\rightarrow 6CO_2 + 3Na_2SO_4 + 2Al(OH)_3 + 18H_2O$
(이산화탄소)(황산나트륨)(수산화알루미늄) (물)

【정답】 ②

04. 화학포의 소화기에서 기포 안정제로 사용되는 것은?

① 계면활성제 ② 질산
③ 황산알루미늄 ④ 질산칼륨

|문|제|풀|이|

[화학포소화약제]

황산알루미늄	·혼합 시 이산화탄소를 발생하여 거품 생성 ·내약제
탄산수소나트륨	·혼합 시 이산화탄소를 발생하여 거품 생성 ·외약제
기포안정제	·가수분해단백질, 사포닌, **계면활성제**, 젤라틴, 카제인 ·외약제

【정답】 ①

05. 인화성 액체의 증기가 공기보다 무거운 것은 다음 중 어떤 위험성과 가장 관계가 있는가?

① 인화점이 낮다.

② 발화점이 낮다.

③ 물에 의한 소화가 어렵다.

④ 예측하지 못한 장소에서 화재가 발생할 수 있다.

|문|제|풀|이|

[제4류 위험물(인화성 액체)] 증기는 공기보다 무거워 낮은 곳에 체류하기 쉽다. 따라서 예측할 수 없는 곳에서 화재가 발생할 수 있어 세심한 주의가 필요하다. 【정답】 ④

06. 제3종 분말소화약제의 적응 화재 종류는?

① A급, B급 ② B급, C급

③ A급, C급 ④ A급, B급, C급

|문|제|풀|이|

[분말소화약제의 종류 및 특성]

종류	주성분	착색	적용 화재
제1종 분말	탄산수소나트륨을 주성분으로 한 것, ($NaHCO_3$)	백색	B, C급
	분해반응식: $2NaHCO_3 \rightarrow Na_2CO_3 + H_2O + CO_2$ (탄산수소나트륨) (탄산나트륨) (물) (이산화탄소)		
제2종 분말	탄산수소칼륨을 주성분으로 한 것, ($KHCO_3$)	담회색 (보라색)	B, C급
	분해반응식: $2KHCO_3 \rightarrow K_2CO_3 + H_2O + CO_2$ (탄산수소칼륨) (탄산칼륨) (물) (이산화탄소)		
제3종 분말	인산암모늄을 주성분으로 한 것, ($NH_4H_2PO_4$)	담홍색, 황색	**A, B, C급**
	분해반응식: $NH_4H_2PO_4 \rightarrow HPO_3 + NH_3 + H_2O$ (인산암모늄) (메타인산) (암모니아)(물)		
제4종 분말	제2종과 요소를 혼합한 것, $KHCO_3 + (NH_2)_2CO$	회색	B, C급
	분해반응식: $2KHCO_3 + (NH_2)_2CO \rightarrow K_2CO_3 + 2NH_3 + 2CO_2$ (탄산수소칼륨) (요소) (탄산칼륨)(암모니아)(이산화탄소)		

【정답】 ④

07. 다음 위험물의 화재 시 주수소화가 가능한 것은?

① 철분 ② 마그네슘

③ 나트륨 ④ 황

|문|제|풀|이|

[위험물의 소화방법]

① 철분(Fe) → 제2류 위험물
- 소화방법으로는 주수소화를 금하고 마른모래 등으로 피복 소화한다.
- 철분과 물의 반응식 : $3Fe + 4H_2O \rightarrow Fe_3O_4 + 4H_2 \uparrow$
  (철) (물) (자철광) (수소)

② 마그네슘(Mg) → 제2류 위험물
- 소화방법으로는 마른모래나 금속화재용 분말소화약제(탄산수소염류) 등을 사용한다.
- 온수와의 반응식 : $Mg + 2H_2O \rightarrow Mg(OH)_2 + H_2 \uparrow$
  (마그네슘) (물) (수산화마그네슘) (수소)

③ 나트륨(Na) → 제3류 위험물
- 소화방법에는 마른모래, 건조된 소금, 탄산칼슘 분말의 혼합물로 피복하여 질식소화가 효과적이다.
- 물과의 반응식 : $2Na + 2H_2O \rightarrow 2NaOH + H_2 \uparrow + 88.2kcal$
  (나트륨) (물) (수산화나트륨) (수소) (반응열)

④ 황(S) → 제2류 위험물
- 소화방법으로는 다량의 **주수소화가 효과적**이다.

【정답】 ④

08. 물질의 발화온도가 낮아지는 경우는?

① 발열량이 작을 때

② 산소의 농도가 작을 때

③ 화학적 활성도가 클 때

④ 산소와 친화력이 작을 때

|문|제|풀|이|

[발화점(착화점=발화온도)] 가연성 물질이 점화원 없이 발화하거나 폭발을 일으키는 최저온도. 발화점이 낮아진다는 것은 낮은 온도에서도 불이 잘 붙는다는 의미이다.

[발화점이 낮아지는 조건]
1. 산소와 친화력이 클 때
2. 산소의 농도가 높을 때
3. 발열량이 클 때
4. 압력이 클 때
5. 화학적 활성도가 클 때
6. 분자구조가 복잡할 때
7. 습도 및 가스압이 낮을 때
8. 열전도율이 낮을 때

【정답】 ③

09. 소화약제의 분해반응식에서 다음 ( ) 안에 알맞은 것은?

$2NaHCO_3 \rightarrow Na_2CO_3 + H_2O + (\quad)$

① CO ② NH_3
③ CO_2 ④ H_2

|문|제|풀|이|

[소화약제의 열분해 반응식]

종류	주성분	착색	적용 화재
제1종 분말	탄산수소나트륨을 주성분으로 한 것, ($NaHCO_3$)	백색	B, C급
	$2NaHCO_3 \rightarrow Na_2CO_3 + H_2O + CO_2$ (탄산수소나트륨) (탄산나트륨) (물) (이산화탄소)		
제2종 분말	탄산수소칼륨을 주성분으로 한 것, ($KHCO_3$)	담회색 (보라색)	B, C급
	$2KHCO_3 \rightarrow K_2CO_3 + H_2O + CO_2$ (탄산수소칼륨) (탄산칼륨) (물) (이산화탄소)		
제3종 분말	인산암모늄을 주성분으로 한 것, ($NH_4H_2PO_4$)	담홍색, 황색	A, B, C급
	$NH_4H_2PO_4 \rightarrow HPO_3 + NH_3 + H_2O$ (인산암모늄) (메타인산) (암모니아)(물)		
제4종 분말	제2종과 요소를 혼합한 것, $KHCO_3 + (NH_2)_2CO$	회색	B, C급
	$2KHCO_3 + (NH_2)_2CO \rightarrow K_2CO_3 + 2NH_3 + 2CO_2$ (탄산수소칼륨) (요소) (탄산칼륨)(암모니아)(이산화탄소)		

【정답】 ③

10. 다음 중 탄산칼륨을 물에 용해시킨 강화액소화약제의 pH에 가장 가까운 값은?

① 1 ② 4
③ 7 ④ 12

|문|제|풀|이|

[강화액소화약제] 물의 소화능력을 향상 시키고, 겨울철에 사용할 수 있도록 어는점을 낮추기 위해 물에 탄산칼륨(K_2CO_3)을 보강시켜 만든 소화약제, **pH12** 【정답】 ④

11. 이송취급소의 소화난이도 등급에 관한 설명 중 옳은 것은?

① 모든 이송취급소는 소화난이도 등급 Ⅰ에 해당한다.
② 지정수량 100배 이상을 취급하는 이송취급소만 소화난이도 등급 Ⅰ에 해당한다.
③ 지정수량 200배 이상을 취급하는 이송취급소만 소화난이도 등급 Ⅰ에 해당한다.
④ 지정수량 10배 이상의 제4류 위험물을 취급하는 이송취급소만 소화난이도 등급 Ⅰ에 해당한다.

|문|제|풀|이|

[이송취급소의 소화난이도 등급 Ⅰ] 지정수량의 배수에 관계없이 모든 대상이 소화난이도 등급 Ⅰ에 해당한다. 【정답】 ①

12. 다음 중 제1종, 제2종, 제3종 분말소화약제의 주성분에 해당하지 않는 것은?

① 탄산수소나트륨 ② 황산마그네슘
③ 탄산수소칼륨 ④ 인산암모늄

|문|제|풀|이|

[분말소화약제의 종류 및 특성]

종류	주성분	착색	적용 화재
제1종 분말	탄산수소나트륨을 주성분으로 한 것, ($NaHCO_3$)	백색	B, C급
	분해반응식: $2NaHCO_3 \rightarrow Na_2CO_3 + H_2O + CO_2$ (탄산수소나트륨) (탄산나트륨) (물) (이산화탄소)		
제2종 분말	탄산수소칼륨을 주성분으로 한 것, ($KHCO_3$)	담회색 (보라색)	B, C급
	분해반응식: $2KHCO_3 \rightarrow K_2CO_3 + H_2O + CO_2$ (탄산수소칼륨) (탄산칼륨) (물) (이산화탄소)		
제3종 분말	인산암모늄을 주성분으로 한 것, ($NH_4H_2PO_4$)	담홍색, 황색	A, B, C급
	분해반응식: $NH_4H_2PO_4 \rightarrow HPO_3 + NH_3 + H_2O$ (인산암모늄) (메타인산) (암모니아)(물)		
제4종 분말	제2종과 요소를 혼합한 것, $KHCO_3 + (NH_2)_2CO$	회색	B, C급
	분해반응식: $2KHCO_3 + (NH_2)_2CO \rightarrow K_2CO_3 + 2NH_3 + 2CO_2$ (탄산수소칼륨) (요소) (탄산칼륨)(암모니아)(이산화탄소)		

※중탄산나트륨=탄산수소나트륨, 중탄산칼륨=탄산수소칼륨

【정답】 ②

13. 다음 중 증발연소를 하는 물질이 아닌 것은?

① 황　　② 석탄

③ 파라핀　　④ 나프탈렌

|문|제|풀|이|

[증발연소]

1. 액체의 증발연소 : **아세톤, 알코올, 에테르, 휘발유, 석유, 등유, 경유** 등과 같은 액체표면에서 증발하는 가연성 증기와 공기가 혼합되어 연소하는 형태
2. 고체의 증발연소 : 가연성물질을 가열했을 때 분해열을 일으키지 않고 그대로 증발한 증기가 연소하는 것이며 **유황(황), 파라핀(양초), 나프탈렌** 등 【정답】 ②

14. 다음 중 상온에서 고체인 것은?

① 질산메틸　　② 질산에틸

③ 니트로글리세린　　④ 디니트로톨루엔

|문|제|풀|이|

[위험물의 성질]

① 질산메틸(CH_3ONO_2) → 제5류 위험물 : 무색, 투명하고 향긋한 냄새가 나는 액체로 단맛이 난다.

② 질산에틸($C_2H_5ONO_2$) → 제5류 위험물 : 무색, 투명한 액체로 단맛이 난다.

③ 니트로글리세린[$C_3H_5(ONO_2)_3$] → 제5류 위험물 : 상온에서 무색, 투명한 기름 형태의 액체 → (겨울철에는 동결)

④ 디니트로톨루엔($C_6H_3CH_3(NO_2)_2$) → 제5류 위험물 : **황색결정**

【정답】 ④

15. 다음 위험물 중 분자식을 C_3H_6O로 나타내는 것은?

① 에틸알코올　　② 에틸에테르

③ 아세톤　　④ 아세트산

|문|제|풀|이|

[아세톤(CH_3COCH_3) → 제4류 위험물(제1석유류)]

·분자식 C_3H_6O

·지정수량(수용성) 400L, 인화점 -18℃, 착화점 538℃, 비점 56.5℃, 비중 0.79, 연소범위 2.6~12.8% 【정답】 ③

16. 분진폭발의 위험이 가장 낮은 것은?

① 아연분　　② 시멘트

③ 밀가루　　④ 커피

|문|제|풀|이|

[분진폭발을 일으키지 않는 물질] 석회석가루(생석회), 시멘트가루, 대리석가루, 탄산칼슘, 규사(모래)

[분진폭발하는 물질] 황(유황), 알루미늄분, 마그네슘분, 금속분, 밀가루 등 【정답】 ②

17. 다음 중 제2석유류만으로 짝지어진 것은?

① 등유, 경유

② 등유, 중유

③ 기어류, 글리세린

④ 글리세린, 피리딘

|문|제|풀|이|

[제4류 위험물(인화성 액체)]

품명	종류	
특수인화물	이황화탄소, 디에틸에테르, 아세트알데히드 산화프로필렌	
제1석유류	비수용성	휘발유, 메틸에틸케톤, 톨루엔, 벤젠
	수용성	시안화수소, 아세톤, 피리딘
알코올류	메틸알코올, 에틸알코올, 프로필알코올	
제2석유류	비수용성	등유, 경유, 스티렌, 크실렌(자일렌), 클로로벤젠
	수용성	아세트산, 폼산, 히드라진
제3석유류	비수용성	크레오소트유, 중유, 아닐린, 니트로벤젠
	수용성	글리세린, 에틸렌글리콜
제4석유류	윤활유, 기어유, 실린더유	

【정답】 ①

18. 다음 제4류 위험물 중 특수인화물에 해당하고 물에 잘 녹지 않으며 비중이 0.72, 비점이 약 34℃인 위험물은?

① 아세트알데히드　　② 산화프로필렌

③ 디에틸에테르　　④ 니트로벤젠

|문|제|풀|이|

[디에틸에테르($C_2H_5OC_2H_5$) → 제4류 위험물(특수인화물)]

·인화점 -45℃, 착화점 180℃, **비점 34.6℃, 비중 0.72(15℃)**, 증기비중 2.6, 연소범위 1.9~48%

·무색투명한 휘발성이 강한 액체, 증기는 마취성이 있다.

·인화성이 강하고 물에 약간 녹으며, 알코올에는 잘 녹는다.

·전기의 부도체로서 정전기를 발생한다.

·가열, 충격, 마찰에 의해 폭발할 수 있다.

·용기는 밀봉하여 갈색병을 사용하여 냉암소에 저장한다.

·보관 시 5~10% 이상의 공간용적을 확보한다. 【정답】 ③

19. 다음 위험물 중 인화점이 가장 낮은 위험물로 알맞은 것은?

① 경유 ② 톨루엔
③ 아세톤 ④ 이황화탄소

|문|제|풀|이|

[주요 가연물의 인화점]

물질명	인화점(℃)	물질명	인화점(℃)
아이소펜탄	-51	에틸벤젠	15
디에틸에테르 ($C_2H_5OC_2H_5$)	-45	피리딘 (C_5H_5N)	20
가솔린(휘발유)	-43~-21	클로로벤젠 (C_6H_5Cl)	32
아세트알데히드 (CH_3CHO)	-38	테레핀유	35
산화프로필렌	-37	클로로아세톤	35
이황화탄소(CS_2)	**-30**	초산	40
아세톤 (CH_3COCH_3) 트리메틸알루미늄	**-18**	등유	30~60
벤젠(C_6H_6)	-11	**경유**	**50~70**
메틸에틸케톤 ($CH_3COC_2H_5$)	-1	아닐린	70
톨루엔 ($C_6H_5CH_3$)	**4.5**	니트로벤젠 ($C_6H_5NO_2$)	88
메틸알코올 (메탄올)	11	에틸렌글리콜 ($C_2H_4(OH)_2$)	111
에틸알코(에탄올)	13	중유	60~150

【정답】 ④

20. 위험물의 성질에 대한 설명 중 틀린 것은?

① 초산메틸은 유기화합물이다.
② 초산에틸은 무색 투명한 액체이다.
③ 피리딘은 물에 녹지 않는다.
④ 이소프로필알코올은 물에 녹는다.

|문|제|풀|이|

[피리딘(C_5H_5N, 아딘) → 제4류 위험물(제1석유류)]

- 지정수량(수용성) 400L, 인화점 20℃, 착화점 482℃, 비중 0.98, 증기비중 2.73, 비점 115℃, 연소범위 1.8~12.4%
- 무색투명(순수한 것) 또는 담황색(불순물 포함)의 약 알칼리성 액체
- **물, 알코올, 에테르에 잘 녹는다.**
- 악취와 독성을 가진다.
- 공기보다 무겁고 증기폭발의 가능성이 있다.

【정답】 ③

21. 위험물 옥내저장소에서 지정수량의 몇 배 이상의 저장창고에는 피뢰침을 설치해야 하는가? (단, 제6류 위험물의 저장창고는 제외한다.)

① 10 ② 20
③ 50 ④ 100

|문|제|풀|이|

[옥내저장소 건축물의 구조(피뢰침)] **지정수량의 10배 이상**의 저장창고(제6류 위험물의 저장창고를 제외한다)에는 피뢰침을 설치하여야 한다.

【정답】 ①

22. 알킬리튬 10kg, 황린 100kg 및 탄화칼슘 300kg을 저장할 때 각 위험물의 지정수량 배수의 총합은 얼마인가?

① 5 ② 7 ③ 8 ④ 10

|문|제|풀|이|

[지정수량의 계산값(배수)]

$$\text{배수} = \frac{A\text{품명의 저장수량}}{A\text{품명의 지정수량}} + \frac{B\text{품명의 저장수량}}{B\text{품명의 지정수량}} + \cdots\cdots$$

1. 위험물의 지정수량 : 알킬리튬 10kg, 황린 20kg, 탄화칼슘 300kg
2. 위험물의 저장수량 : 알킬리튬 10kg, 황린 100kg, 탄화칼슘 300kg

$\therefore$ 지정수량 배수 $= \frac{10}{10} + \frac{100}{20} + \frac{300}{300} = 7$배

【정답】 ②

23. 위험물안전관리법령에 따른 제6류 위험물의 특성에 대한 설명으로 옳은 것은?

① 가연성 액체이다.
② 강력한 환원성 물질이다.
③ 물과 접촉하면 흡열반응을 한다.
④ 과산화수소를 제외하고 강산이다.

|문|제|풀|이|

[제6류 위험물(산화성 액체)]

- **불연성 물질**이며, 무기화합물로서 부식성 및 유독성이 **강한 강산화제**이다.
- 비중이 1보다 커서 물보다 무거우며 물에 잘 녹는다.
- **물과 접촉 시 발열**한다.
- 가연물 및 분해를 촉진하는 약품과 접촉하면 분해 폭발한다.

【정답】 ④

24. 위험물의 저장방법에 대한 설명 중 틀린 것은?

① 니트로셀룰로오스는 건조하면 발화 위험이 있으므로 물 또는 알코올로 습면시켜 저장한다.
② 황은 정전기의 축적을 방지하여 저장한다.
③ 칼륨은 유동파라핀 속에 저장한다.
④ 마그네슘은 차고 건조하면 분진 폭발하므로 온수 속에 저장한다.

| 문 | 제 | 풀 | 이 |

[마그네슘(Mg) → 제2류 위험물]

- 은백색의 광택이 나는 경금속 분말로 알칼리토금속에 속한다.
- 알루미늄보다 열전도율 및 전기전도도가 낮고, **산 및 더운물과 반응하여 수소를 발생**한다.
- 온수와의 반응식 : $2Mg + 2H_2O \rightarrow Mg(OH)_2 + H_2 \uparrow$
  (마그네슘) (물) (수산화마그네슘)(수소)
- 산화제 및 할로겐 원소와의 접촉을 피하고, 공기 중 습기에 발열되어 자연 발화의 위험성이 있다. 【정답】 ④

25. 위험물의 취급소를 구분할 때 제조 이외의 목적에 따른 구분으로 볼 수 없는 것은?

① 판매 취급소 ② 이송취급소
③ 옥외취급소 ④ 일반취급소

| 문 | 제 | 풀 | 이 |

[위험물 취급소의 구분 4가지]

위험물을 제조 외의 목적으로 취급하기 위한 장소	저장소의 구분
1. 고정된 주요설비	주유취급소
2. 점포에서 위험물을 용기에 담아 판매하기 위하여 지정수량의 40배 이하의 위험물을 취급하는 장소	판매취급소
3. 배관 및 이에 부속된 설비에 의하여 위험물을 이송하는 장소	이송취급소
4. 제1호 내지 제3호의 장소	일반취급소

【정답】 ③

26. 위험물안전관리법령에서 다음 설명 중 제2석유류의 인화점의 범위를 옳게 나타낸 것은? (단, 1기압 상태이다.)

① 21℃ 이상 70℃ 미만인 것
② 70℃ 이상 200℃ 미만인 것
③ 200℃ 이상 300℃ 미만인 것
④ 300℃ 이상 400℃ 미만인 것

| 문 | 제 | 풀 | 이 |

[제4류 위험물(인화성 액체)의 품명 및 종류]

품명	성질	
특수 인화물	1기압에서 액체로 되는 것으로서 인화점이 -20℃ 이하, 비점이 40℃ 이하이거나 착화점이 100℃ 이하인 것	
	이황화탄소, 디에틸에테르, 아세트알데히드 산화프로필렌	
제1 석유류	1기압 상온에서 액체로 인화점이 21℃ 미만인 것	
	비수용성	휘발유, 메틸에틸케톤, 톨루엔, 벤젠
	수용성	시안화수소, 아세톤, 피리딘
알코올류	1분자를 구성하는 탄소원자수가 $C_1 \sim C_3$인 포화 1가 알코올을 말한다.	
	메틸알코올, 에틸알코올, 프로필알코올	
제2 석유류	1기압 상온에서 액체로 **인화점이 21℃ 이상 70℃ 미만**인 것 → (가연성 액체량이 40wt% 이하이면서 인화점이 40℃ 이상인 동시에 연소점이 60℃ 이상인 것은 제외)	
	비수용성	등유, 경유, 스티렌, 크실렌(자일렌), 클로로벤젠
	수용성	아세트산, 폼산, 히드라진
제3 석유류	1기압 상온에서 액체로 인화점이 70℃ 이상 200℃ 미만인 것 → (가연성 액체량이 40wt% 이하인 것은 제외)	
	비수용성	크레오소트유, 중유, 아닐린, 니트로벤젠
	수용성	글리세린, 에틸렌글리콜
제4 석유류	1기압 상온에서 액체로 인화점이 200°C 이상인 것 → (가연성 액체량이 40wt% 이하인 것은 제외)	
	윤활유, 기어유, 실린더유	
동·식물유류	동물의 지육 등 또는 식물의 종자나 과육으로부터 추출한 것으로서 1기압에서 인화점이 250℃ 미만인 것 → (건성유, 반건성유, 불건성유)	

【정답】 ①

27. 다음 중 발화점이 가장 낮은 것은?

① 이황화탄소　　② 에테르
③ 휘발유　　④ 황린

|문|제|풀|이|

[위험물의 발화점(착화점=발화온도)]

물질명	발화점℃	물질명	발화점℃
마그네슘	482	유황	232.2
아세톤	465	아세트알데히드	185
아세트산	427	니트로셀룰로오스 에테르	180
가솔린 피크린산	300	이황화탄소, 삼황화린	100
적린	260	**황린**	**34**

【정답】 ④

28. 과염소산의 성질에 대한 설명으로 옳은 것은?

① 무색의 산화성 물질이다.
② 점화원에 의해 쉽게 단독으로 연소한다.
③ 흡습성이 강한 고체이다.
④ 증기는 공기보다 가볍다.

|문|제|풀|이|

[과염소산($HClO_4$) → 제6류 위험물]

- 융점 -112℃, 비점 39℃, 비중 1.76, **증기비중 3.46**
- 무색의 염소 냄새가 나는 **산화성 액체**로 공기 중에서 강하게 연기를 낸다.
- 흡습성이 강하며 휘발성이 있고 독성이 강하다.
- 수용성으로 물과 접촉 시 심한 열이 발생하며 과염소산의 고체 수화물(6종류)을 만든다.

【정답】 ①

29. 탄화칼슘의 취급방법에 대한 설명으로 옳지 않은 것은?

① 물, 습기와의 접촉을 피한다.
② 건조한 장소에 밀봉·밀전하여 보관한다.
③ 습기와 작용하여 다량의 메탄이 발생하므로 저장 중에 메탄가스의 발생유무를 조사한다.
④ 저장용기에 질소가스 등 불활성 가스를 충전하여 저장한다.

|문|제|풀|이|

[탄화칼슘(CaC_2) → 제3류 위험물(칼슘 또는 알루미늄의 탄화물)]

- 착화온도 335℃, 융점(녹는점) 2160℃, 비점(끓는점) 2300℃, 비중 2.28, 연소범위 2.5~81%
- 백색 입방체의 결정
- 낮은 온도에서는 정방체계이며 시판품은 회색 또는 회흑색의 불규칙한 괴상으로 카바이드라고도 부른다.
- 물과 반응하여 수산화칼슘(소석회)과 아세틸렌가스를 발생한다.
- 물과 반응식 : $CaC_2 + 2H_2O \rightarrow Ca(OH)_2 \uparrow + C_2H_2 + 27.8kcal$

  (탄화칼슘) (물) (수산화칼슘) (아세틸렌) (반응열)
- 밀폐용기에 저장하는 것이 가장 좋으며, 장기간 저장 시에는 불연성가스(질소가스, 아르곤가스 등)를 충전한다.
- 소화방법에는 마른모래, 탄산가스, 소화분말, 사염화탄소 등으로 한다. → (주수소화는 금한다.)

【정답】 ③

30. $C_6H_2CH_3(NO_2)_3$을 녹이는 용제가 아닌 것은?

① 물　　② 벤젠
③ 에테르　　④ 아세톤

|문|제|풀|이|

[트리니트로톨루엔[$C_6H_2CH_3(NO_2)_3$] → 제5류 위험물(니트로화합물)]

- 인화점 167℃, 착화점 약 300℃, 융점 81℃, 비점 280℃, 비중 1.66, 폭발속도 7000m/s
- 담황색의 결정이며, 일광에 다갈색으로 변한다.
- 약칭은 T.N.T 이다.
- 강력한 폭약이며 폭발력의 표준으로 사용된다.
- 충격 감도는 피크르산(PA)보다 약하며, 폭성도 약간 떨어진다.
- **비수용성**으로 조해성과 흡습성이 없다.
- 물에 녹지 않고 **아세톤, 벤젠, 알코올, 에테르에는 잘 녹고** 중성물질이므로 중금속과는 작용하지 않는다.
- 연소속도가 빨라 소화가 불가능하여 주위 소화를 생각하는 것이 좋다.

【정답】 ①

31. 다음 중 황린이 완전 연소할 때 발생하는 가스는?

① PH_3　　② SO_2
③ CO_2　　④ P_2O_5

|문|제|풀|이|

[황린(P_4) → 제3류 위험물(자연발화성 물질)]

· 착화점(미분상) 34℃, 착화점(고형상) 60℃, 융점 44℃, 비점 280℃, 비중 1.82, 증기비중 4.4
· 환원력이 강한 백색 또는 담황색 고체로 백린이라고도 한다.
· 연소 반응식 : P_4 + $5O_2$→ $2P_2O_5$
(황린) (산소) (오산화인(백색))

【정답】 ④

32. 다음 물질 중 물과 반응 시 독성이 강한 가연성가스가 생성되는 적갈색의 고체 위험물은?

① 수산화칼륨 ② 탄산칼슘
③ 탄산나트륨 ④ 인화칼슘

|문|제|풀|이|

[인화석회/인화칼슘(Ca_3P_2) → 제3류 위험물]

· 융점 1600℃, 비중 2.51
· **적갈색 괴상의 고체**
· 수중 조명등으로 사용한다.
· 물, 약산과 반응하여 유독한 인화수소(포스핀가스(PH_3))를 발생
물과 반응식 : Ca_3P_2 + $6H_2O$ → $2PH_3$↑ + $3Ca(OH)_2$
(인화칼슘) (물) (포스핀=인화수소) (수산화칼슘)
약산과의 반응식 : Ca_3P_2 + 6HCl → $3CaCl_2$↑ + $2PH_5$
(인화칼슘) (염산) (염화칼슘) (포스핀)
· 소화방법에는 마른모래 등으로 피복하여 자연진화를 기다린다.
→ (물 및 포약제의 소화는 금한다.)

【정답】 ④

33. 알루미늄분말의 저장 방법 중 옳은 것은?

① 에틸알코올 수용액에 넣어 보관한다.
② 밀폐 용기에 넣어 건조한 것에 보관한다.
③ 폴리에틸렌 병에 넣어 수분이 많은 곳에 보관한다.
④ 염산 수용액에 넣어 보관한다.

|문|제|풀|이|

[알루미늄분(Al) → 제2류 위험물(금속분)]

· 은백색의 광택을 띤 경금속
· 열전도율 및 전기전도도가 크며, 진성·연성이 풍부하다.
· 염산, 황산, 묽은 질산에 침식당하기 쉬우며, 진한 질산에는 부동태가 된다.
· 끓는 물, 산, 알칼리수용액에 녹아 수소를 발생한다.
· 수증기와의 반응식 : 2Al + $6H_2O$ → $2Al(OH)_3$ + $3H_2$ ↑
(알루미늄) (물) (수산화알루미늄) (수소)
· 염산의 반응식 : 2Al + 6HCl → $2AlCl_3$ + $3H_2$ ↑
(알루미늄) (염산) (염화알루미늄) (수소)
· 산화제와의 혼합물은 가열, 충격, 마찰로 인해 발화할 수 있다.
· 유리병(**밀폐용기**)에 넣어 **건조한 곳**에 저장하고, 분진 폭발할 위험이 있으므로 화기에 주의해야 한다.
· 소화방법으로는 마른모래, 명석 등으로 피복소화가 효과적이다.
→ (주수소화는 수소가스를 발생하므로 위험하다.)

【정답】 ②

34. 질산칼륨의 성질에 대한 설명 중 틀린 것은?

① 화약에서 산소공급제로 사용된다.
② 열분해하면 산소를 방출한다.
③ 물에 잘 녹는다.
④ 강력한 환원제이다.

|문|제|풀|이|

[질산칼륨(KNO_3) : 제1류 위험물(산화성고체)]

· 분해온도 400℃, 융점 336℃, 용해도 26(15℃), 비중 2.098
· 무색 또는 백색 결정 또는 분말로 초석이라고 부른다.
· 물, 글리세린에 잘 녹고 알코올에는 난용이나 흡습성은 없다.
· 가연물과 접촉 또는 혼합되어 있으면 위험하다.
· 숯가루 유황가루를 혼합하여 흑색화약제조 및 불꽃놀이 등에 사용된다.
· 열분해 반응식 : $2KNO_3$→ $2KNO_2$ + O_2 ↑
(질산칼륨) (아질산칼륨) (산소)
· 소화방법에는 주수소화가 효과적이다.

【정답】 ④

35. 과산화칼륨에 대한 설명으로 틀린 것은?

① 융점은 약 490℃이다.
② 가연성 물질이며 가열하면 격렬히 연소한다.
③ 비중은 약 2.9로 물보다 무겁다.
④ 물과 접촉하면 수산화칼륨과 산소가 발생한다.

|문|제|풀|이|

[과산화칼륨(K_2O_2) → 제1류 위험물(무기과산화물)]

· 분해온도 490℃, 융점 490℃, 비중 2.9
· 무색 또는 오렌지색의 비정계 분말, **불연성 물질**
· 물에 쉽게 분해된다.
· 공기 중에서 탄산가스를 흡수하여 탄산염이 된다.
· 에틸알코올에 용해되고, 양이 많을 경우 주수에 의하여 폭발 위험
· 가연물과 혼합되어 있을 경우 마찰 또는 약간의 물의 접촉으로 발화한다.
· 물과 반응식 : $2K_2O_2$ + $2H_2O$→ $4KOH+O_2$ ↑
(과산화칼륨) (물) (수산화칼륨) (산소)
· 소화방법으로는 마른모래, 암분, 소다회, 탄산수소염류분말소화제

【정답】 ②

36. 트리니트로톨루엔에 대한 설명으로 가장 거리가 먼 것은?

① 피크르산에 비하여 충격·마찰에 둔감하다.

② 발화점은 약 300℃다.

③ 자연분해의 위험성이 매우 높아 장기간 저장이 불가능하다.

④ 운반 시 10%의 물을 넣어 운반하면 안전하다.

|문|제|풀|이|

[트리니트로톨루엔[T.N.T, $C_6H_2CH_3(NO_2)_3$] → 제5류 위험물(니트로화합물)]

- 인화점 167℃, 착화점 약 300℃, 융점 81℃, 비점 280℃, 비중 1.66, 폭발속도 7000m/s
- 담황색의 결정이며, 일광에 다갈색으로 변한다.
- 강력한 폭약이며 폭발력의 표준으로 사용된다.
- 충격 감도는 피크르산(PA)보다 약하며, 폭성도 약간 떨어진다.
- 비수용성으로 조해성과 흡습성이 없다.
- 물에 녹지 않고 아세톤, 벤젠, 알코올, 에테르에는 잘 녹고 중성 물질이므로 중금속과는 작용하지 않는다.
- 가만히 저장하면 **장기저장이 가능**하다.

【정답】 ③

37. 이황화탄소의 성질에 대한 설명 중 틀린 것은?

① 순수한 것은 강한 자극성 냄새가 나고 적색 액체이다.

② 증기비중은 약 2.6이다.

③ 벤젠, 에테르에 녹는다.

④ 생고무를 용해시킨다.

|문|제|풀|이|

[이황화탄소(CS_2, 2유화탄소) → 제4류 위험물 중 특수인화물]

- 인화점 -30℃, 착화점 100℃, 비점 46.25℃, 비중 1.26, 증기비중 2.62, 연소범위 1~44%
- **무색투명한 휘발성 액체**(불쾌한 냄새)이나 일광을 쬐이면 황색으로 변색한다.
- 제4류 위험물 중 착화온도가 가장 낮다.
- 물에 녹지 않고 물보다 무거워 물속(물탱크, 수조)에 저장한다.
- 저장 시 물속에 넣어 가연성 증기의 발생을 억제한다.
- 알코올, 에테르, 벤젠 등의 유기용제에는 잘 녹는다.
- 황, 황린, 수지, 고무 등을 잘 녹인다.
- 소화방법에는 포말, 분말, CO_2, 할로겐화합물 소화기 등을 사용해 질식소화 한다.
- 연소 반응식(100℃) : $CS_2 + 3O_3 \rightarrow CO_2\uparrow + 2SO_2\uparrow$

(이황화탄소) (산소) (이산화탄소) (아황산가스(이산화황))

【정답】 ①

38. 제5류 위험물의 일반적 성질에 관한 설명으로 옳지 않은 것은?

① 가연성 물질이다.

② 대부분 유기화합물이다.

③ 점화원의 접근은 위험하다.

④ 대부분 오래 저장할수록 안정하게 된다.

|문|제|풀|이|

[제5류 위험물의 일반성질]

1. 자기연소성(내부연소) 물질이다.
2. 대부분 물에 불용이며 물과의 반응성도 없다.
3. 대부분 유기화합물이므로 가열, 마찰, 충격에 의해 폭발의 위험이 있으므로 **장기 저장하는 것은 위험**하다.
4. 대부분 물질 자체에 산소를 포함하고 있다.
5. 시간의 경과에 따라 자연발화의 위험성을 갖는다.
6. 비중이 1보다 크다.
7. 운반용기 외부에 "화기엄금", "충격주의"를 표시한다.

【정답】 ④

39. 화재의 제거소화의 적용이 잘못 된 것은?

① 가스화재 시 가스 공급을 차단하기 위해 밸브를 닫아 소화시킨다.

② 유전화재 시 폭약을 사용하여 폭풍에 의하여 가연성 증기를 날려 보내 소화시킨다.

③ 연소하는 가연물을 밀폐시켜 공기 공급을 차단하여 소화한다.

④ 촛불 소화 시 입으로 바람을 불어서 소화시킨다.

|문|제|풀|이|

[소화 방법(제거소화)] 가연물을 연소구역에서 제거해 주는 소화 방법

1. 소멸 : 불붙은 원유를 질소폭약 투하하여 화염을 소멸시키는 방법
2. 격리
   - 가스화재 시 가스용기의 중간 밸브 폐쇄
   - 산불화재 시 화재 진행방향의 나무 제거
   - 촛불화재 시 입김으로 가연성 증기를 날려 보냄
3. 희석 : 다량의 이산화탄소를 분사하여 가연물을 연소범위 이하로 낮추는 방법

※③ 연소하는 가연물을 밀폐시켜 공기 공급을 차단하여 소화한다. → (질식소화)

【정답】 ③

40. 다음 물질 중 제1류 위험물이 아닌 것은?

① Na_2O_2 ② $NaClO_3$

③ NH_4ClO_4 ④ $HClO_4$

|문|제|풀|이|

[위험물의 분류]

① Na_2O_2(과산한화나트륨) : 제1류 위험물(무기과산화물)

② $NaClO_3$(염소산나트륨) : 제1류 위험물(염소산염류)

③ NH_4ClO_4(과염소산암모늄) : 제1류 위험물(과염소산염류)

④ $HClO_4$(과염소산) : 제6류 위험물 【정답】 ④

41. 자연발화의 방지법이 아닌 것은?

① 수분이 높을수록 발생을 방지할 수 있다.

② 공기와의 접촉면이 큰 경우에 잘 일어난다.

③ 열전도율이 낮을 때 잘 일어난다.

④ 열의 축적을 막을수록 발생을 방지할 수 있다.

|문|제|풀|이|

[자연발화의 발생 조건]

·주위 온도가 높을 것 ·열전도율이 작을 것

·**습도가 높을 것** ·발열량이 클 것(열의 축적이 크다)

·표면적이 넓을 것

*습도가 높은 조건에서 미생물이 번식할 수 있고 미생물의 활동이 활발해지면서 열이 발생하여 발화할 수 있다.

【정답】 ①

42. 질소가 가연물이 될 수 없는 이유를 가장 옳게 설명한 것은?

① 산소와 반응하지만 반응 시 열을 방출하기 때문에

② 산소와 반응하지만 반응 시 열을 흡수하기 때문에

③ 산소와 반응하지 않고 열의 변화가 없기 때문에

④ 산소와 반응하지 않고 열을 방출하기 때문에

|문|제|풀|이|

[질소(N) → 원자량 14]

·녹는점 -210℃, 끓는점 -195.79, 밀도 1.251

·비금속

·기체상태

·강한 산성 산화물

·산소와의 반응 시 **흡열반응** 【정답】 ②

43. 다음 중 화재가 발생하였을 때 물로 소화하면 위험한 것은?

① KNO_3 ② $KaClO_3$

③ $KClO_3$ ④ K

|문|제|풀|이|

[칼륨(K) → 제3류 위험물(금수성)]

·융점 63.5℃, 비점 762℃, 비중 0.857

·은백색 광택의 무른 경금속으로 불꽃반응은 보라색

·공기 중에서 수분과 반응하여 수소를 발생한다.

·물과 반응식 : $2K + 2H_2O \rightarrow 2KOH + H_2 \uparrow + 92.8kcal$

(칼륨) (물) (수산화칼륨) (수소) (반응열)

·비중이 작으므로 석유(파라핀, 경유, 등유) 속에 저장한다.

·흡습성, 조해성이 있다.

·소화방법에는 마른모래 및 탄산수소염류 분말소화약제가 효과적 → (주수소화와 사염화탄소(CCl_4)와는 폭발반응을 하므로 절대 금한다.)

【정답】 ④

44. 화재별 급수에 따른 화재의 종류 및 표시색상을 모두 옳게 나타낸 것은?

① A급 : 유류화재, 황색

② B급 : 유류화재, 황색

③ A급 : 유류화재, 백색

④ B급 : 유류화재, 백색

|문|제|풀|이|

[화재의 분류]

급수	종류	색상	소화방법	가연물
A급	일반화재	백색	냉각소화	일반가연물(목재, 종이, 섬유, 석탄, 플라스틱 등)
B급	유류 가스화재	황색	질식소화	가연성 액체(각종 유류 및 가스, 페인트)
C급	전기화재	청색	질식소화	전기기기, 기계, 전선 등
D급	금속화재	무색	피복에 의한 질식소화	가연성 금속(철분, 마그네슘, 나트륨, 금속분, Al분말 등)

* E급 : 가스화재, F급 : 식용유화재 【정답】 ②

45. 이산화탄소소화기에서 수분의 중량은 일정량 이하 이어야 하는데 그 이유를 가장 옳게 설명한 것은?

① 줄·톰슨효과 때문에 수분이 동결되어 관이 막히므로

② 수분이 이산화탄소와 반응하여 폭발하기 때문에

③ 에너지보존의 법칙 때문에 압력 상승으로 관이 파손되므로

④ 액화탄산가스는 승화성이 있어서 관이 팽창하여 방사압력이 급격히 떨어지므로

|문|제|풀|이|

[이산화탄소소화기] 용기에 충전된 액화탄산가스를 줄·톰슨 효과에 의하여 드라이아이스를 방출하는 소화기이다.

→ (드라이아이스 온도 -80~-78℃

※이산화탄소소화기는 수분이 많으면 줄·톰슨효과 때문에 노즐이 폐쇄되므로 수분을 0.05% 이하로 규정하고 있다.

【정답】 ①

46. 다음 중 질산에스테르류에 속하지 않는 것은?

① 니트로셀룰로오스 ② 질산메틸

③ 트리니트로페놀 ④ 펜트리트

|문|제|풀|이|

[제5류 위험물 → (자기반응성 물질)]

위험등급	품명	지정수량
Ⅰ	1. 유기과산화물 : 과산화벤조일, 과산화메틸에틸케톤 2. 질산에스테르류 : 질산메틸, 질산에틸, 니트로글리세린, 니트로글리콜, 니트로셀룰로오스, 펜트리트	10kg
Ⅱ	3. **니트로화합물** : 트리니트로톨루엔, **트리니트로페놀**(피크르산) 4. 니트로소화합물 : 파라디니트로소벤젠, 디니트로소레조르신 5. 아조화합물 : 아조벤젠, 히드록시아조벤젠 6. 디아조화합물 : 디아조메탄, 디아조카르복실산에틸 7. 히드라진 유도체 : 페닐히드라진, 히드라조벤젠	200kg
	8. 히드록실아민 9. 히드록실아민염류	100kg

※③ 트리니트로페놀($C(CH_2ONO_2)_4$) → 제5류 위험물(니트로화합물)

【정답】 ③

47. 황화린에 대한 설명 중 옳지 않은 것은?

① 삼황화린은 황색 결정으로 공기 중 약 100℃에서 발화할 수 있다.

② 오황화린은 담황색 결정으로 조해성이 있다.

③ 오황화린은 물과 접촉하여 황화수소를 발생할 위험이 있다.

④ 삼황화린은 차가운 물에도 잘 녹으므로 주의해야 한다.

|문|제|풀|이|

[황화린(제2류 위험물)]

1. 삼황화린(P_4S_3)
   - ·착화점 100℃, 융점 172.5℃, 비점 407℃, 비중 2.03
   - ·담황색 결정으로 조해성이 없다.
   - **·차가운 물, 염산, 황산에 녹지 않으며** 끓는 물에서 분해한다.
   - ·질산, 알칼리, 이황화탄소에는 잘 녹는다.
   - ·과산화물, 과망간산염, 금속분과 공존하고 있을 때 자연발화한다.
   - ·연소 반응식 : $P_4S_3 + 8O_2 \rightarrow 2P_2O_5 + 3SO_2$

     (삼황화린) (산소) (오산화인) (이산화황)

2. 오황화린(P_2S_5)
   - ·착화점 142℃, 융점 290℃, 비점 514℃, 비중 2.09
   - ·담황색 결정으로 조해성, 흡습성이 있는 물질
   - ·알코올 및 이황화탄소(CS_2)에 잘 녹는다.
   - ·물, 알칼리와 분해하여 유독성인 황화수소(H_2S), 인산(H_3PO_4)이 된다.
   - ·물과 분해반응식 : $P_2S_5 + 8H_2O \rightarrow 5H_2S + 2H_3PO_4$

     (오황화린) (물) (황화수소) (인산)

3. 칠황화린(P_4S_7)
   - ·착화점 250℃, 융점 310℃, 비점 523℃, 비중 2.19
   - ·담황색 결정으로 조해성이 있는 물질
   - ·이황화탄소에(CS_2)에 약간 녹는다.
   - ·냉수에서는 서서히, 온수에서는 급격히 분해하여 유독성인 황화수소(H_2S), 인산(H_3PO_4)을 발생한다.
   - ·물과 분해반응식 : $P_4S_7 + 13H_2O \rightarrow 7H_2S + H_3PO_4 + 3H_3PO_3$

     (칠황화린) (물) (황화수소) (인산) (아인산)

【정답】 ④

48. 제5류 위험물의 화재 시 소화방법에 대한 설명으로 옳은 것은?

① 가연성 물질로서 연소속도가 빠르므로 질식소화가 효과적이다.

② 할로겐화합물 소화기가 적응성이 있다.

③ CO_2 및 분말소화기가 적응성이 있다.

④ 다량의 주수에 의한 냉각소화가 효과적이다

|문|제|풀|이|

[제5류 위험물 → (자기반응성 물질) : 소화방법]

- 화재 초기 또는 소형화재 이외에는 소화가 어렵다.
- 화재 초기 다량의 물로 냉각소화 하는 것이 가장 효과적이다.
  → (자기반응성 물질(물질 자체가 산소를 포함)이므로 질식소화는 적당하지 않다.)
- 밀폐 공간 내에서 화재가 발생했을 경우 공기호흡기를 착용하고 바람의 위쪽에서 소화 작업을 한다. 【정답】 ④

49. 제1석유류의 일반적인 성질로 틀린 것은?

① 물보다 가볍다.

② 가연성이다.

③ 증기는 공기보다 가볍다.

④ 인화점이 21℃ 미만이다.

|문|제|풀|이|

[제4류 위험물(제1석유류)의 일반성질]

- 인화되기 매우 쉬운 액체이다.
- 착화온도가 낮은 것은 위험하다.
- 물보다 가볍고 물에 녹기 어렵다.
  → (이황화탄소는 물보다 무겁고, 알코올은 물에 잘 녹는다.)
- **증기는 공기보다 무거운 것이 대부분이다.**
  → (전기콘센트를 1.5m 이상 높이에 설치하는 이유)
- 공기와 혼합된 증기는 연소의 우려가 있다. 【정답】 ③

50. 다음 위험물에 대한 설명 중 틀린 것은?

① $NaClO_3$은 조해성, 흡수성이 있다.

② H_2O_2은 알칼리 용액에서 안정화되어 분해가 어렵다.

③ $NaClO_3$의 분해온도는 약 380℃이다.

④ $KClO_3$은 화약류 제조에 쓰인다.

|문|제|풀|이|

[과산화수소(H_2O_2) → 제6류 위험물]

- 착화점 80.2℃, 융점 -0.89℃, 비중 1.465, 증기비중 1.17
- 순수한 것은 무색투명한 점성이 있는 액체이다.
- 분해 시 산소(O_2)를 발생하므로 **안정제로 인산, 요산 등을 사용**
- 분해 반응식 : $4H_2O_2 \rightarrow H_2O + [O]$ (발생기 산소 : 표백작용)
  (과산화수소) (물) (산소)
- 물, 알코올, 에테르에는 녹고, 벤젠, 석유에는 녹지 않는다.
- 강산화제 및 환원제로 사용되며 표백 및 살균작용을 한다.
- 저장용기는 밀폐하지 말고 구멍이 있는 마개를 사용한다.
- 히드라진(N_2H_4)과 접촉 시 분해 작용으로 폭발위험이 있다.
- 농도가 30wt% 이상은 위험물에 속한다.

※과산화수소(H_2O_2)는 불안정하여 안정제로 인산, 요산을 첨가한다.

【정답】 ②

51. 크레오소트유에 대한 설명으로 틀린 것은?

① 제3석유류에 속한다.

② 무취이고 증기는 독성이 없다.

③ 상온에서 액체이다.

④ 물보다 무겁고 물에 녹지 않는다.

|문|제|풀|이|

[크레오소트유(타르유) → 제4류 위험물(제3석유류)]

- 지정수량(비수용성) 2000 인화점 74℃, 착화점 336℃, 비점 194~400℃, 비중 1.05
- 황록색 또는 암갈색의 액체로 타르유, 액체 피치유라고도 한다.
- 비수용성으로 알코올, 에테르, 벤젠, 톨루엔에 잘 녹는다.
- 물보다 무겁고 **독성이 있다.**
- 타르산이 함유되어 용기를 부식하기 때문에 내산성 용기를 사용해야 한다.
- 방부제, 살충제의 원료로 사용된다.
- 소화방법에는 질식소화기를 사용하며 포말 및 수분함유 물질의 소화는 시간이 지연되면 안 좋다. 【정답】 ②

52. 가연성고체 위험물의 저장 및 취급방법으로 옳지 않은 것은?

① 환원성 물질이므로 산화제와 혼합하여 저장할 것
② 점화원으로부터 멀리하고 가열을 피할 것
③ 금속분은 물과의 접촉을 피할 것
④ 용기 파손으로 인한 위험물의 누설에 주의할 것

|문|제|풀|이|

[제2류 위험물(가연성 고체, 환원성 물질) → 저장 및 취급방법]
- 점화원으로부터 멀리하고 가열을 피한다.
- 용기 파손으로 위험물 유출에 주의할 것
- **산화제(제1류 위험물, 제6류 위험물)와의 접촉을 피한다.**
- 금속분, 철분, 마그네슘은 물, 습기, 산과 접촉을 피할 것

【정답】 ①

53. 황린을 취급할 때의 주의사항으로 틀린 것은?

① 피부에 닿지 않도록 주의할 것
② 산화제와의 접촉을 피할 것
③ 물의 접촉을 피할 것
④ 화기의 접근을 피할 것

|문|제|풀|이|

[황린(P_4) → 제3류 위험물(자연발화성 물질)]
- 착화점(미분상) 34℃, 착화점(고형상) 60℃, 융점 44℃, 비점 280℃, 비중 1.82, 증기비중 4.4
- 환원력이 강한 백색 또는 담황색 고체로 백린이라고도 한다.
- 물에 녹지 않으며, 자연 발화성이므로 반드시 **물(pH9)속에 저장**한다.
- 피부와 접촉하면 화상을 입는다.
- 마늘 냄새가 나는 맹독성 물질이다.
  → (대인 치사량 0.02~0.05g)

【정답】 ③

54. 고속도로 주유취급소의 특례기준에 따르면 고속도로 도로변에 설치된 주유취급소에 있어서 고정주유설비에 직접 접속하는 탱크의 용량은 몇 리터까지 할 수 있는가?

① 1만 ② 5만
③ 6만 ④ 8만

|문|제|풀|이|

[고속국도 주유취급소의 특례] 고속국도의 도로변에 설치된 주유취급소에 있어서는 탱크의 용량을 **60,000L**까지 할 수 있다.

【정답】 ③

55. 위험물에 물이 접촉하여 주로 발생되는 가스의 연결이 틀린 것은?

① 나트륨 - 수소
② 탄화칼슘 - 포스핀
③ 칼륨 - 수소
④ 인화석회 - 인화수소

|문|제|풀|이|

[제3류 위험물이 물과의 반응]

① 나트륨 : $2Na + 2H_2O \rightarrow 2NaOH + H_2 \uparrow + 88.2kcal$
(나트륨) (물) (수산화나트륨) (수소) (반응열)

② 탄화칼슘 : $CaC_2 + 2H_2O \rightarrow Ca(OH)_2 \uparrow + C_2H_2 + 27.8kcal$
(탄화칼슘) (물) (수산화칼슘) (아세틸렌) (반응열)

③ 칼륨 : $Ca + 2H_2O \rightarrow Ca(OH)_2 + H_2 \uparrow + 102kcal$
(칼슘) (물) (수산화칼슘) (수소) (반응열)

④ 인화석회 : $Ca_3P_2 + 6H_2O \rightarrow 2PH_3 \uparrow + 3Ca(OH)_2$
(인화칼슘) (물) (포스핀(인화수소)) (수산화칼슘)

【정답】 ②

56. 바스코스레이온 원료로서, 비중이 약 1.3, 인화점이 약 -30℃이고, 연소 시 유독한 아황산가스를 발생시키는 위험물은?

① 황린 ② 이황화탄소
③ 테레핀유 ④ 장뇌유

|문|제|풀|이|

[이황화탄소(CS_2) → 제4류 위험물(특수인화물)]
- 인화점 -30℃, 착화점 100℃, 비점 46.25℃, 비중 1.26, 증기비중 2.62, 연소범위 1~44%
- 무색투명한 휘발성 액체(불쾌한 냄새)이나 일광을 쬐이면 황색으로 변색한다.
- 제4류 위험물 중 착화온도가 가장 낮다.
- 물에 녹지 않고 물보다 무거워 물속(물탱크, 수조)에 저장한다.
- 알코올, 에테르, 벤젠 등의 유기용제에는 잘 녹는다.
- 연소 반응식(100℃) : $CS_2 + 3O_3 \rightarrow CO_2 \uparrow + 2SO_2 \uparrow$
(이황화탄소) (산소) (이산화탄소) (아황산가스(이산화황))

【정답】 ②

57. 다음 위험물 품명 중 지정수량이 나머지 셋과 다른 것은?

① 염소산염류 ② 질산염류
③ 무기과산화물 ④ 과염소산염류

|문|제|풀|이|

[제1류 위험물(산화성 고체)의 지정수량]
① 염소산염류(제1류 위험물) : 50kg
② 질산염류(제1류 위험물) : 300kg
③ 무기과산화물(제1류 위험물) : 50kg
④ 과염소산염류(제1류 위험물) : 50kg 【정답】 ②

58. 위험물의 취급 중 제조에 관한 기준으로 옳지 않은 것은?

① 증류 공정에 있어서는 위험물을 취급하는 설비의 내부압력의 변동 등에 의하여 액체 또는 증기가 새지 아니하도록 할 것
② 추출공정에 있어서는 추출관의 외부압력이 비정상으로 상승하지 아니하도록 할 것
③ 건조공정에 있어서는 위험물의 온도가 부분적으로 상승하지 아니하는 방법으로 가열 또는 건조할 것
④ 분쇄공정에 있어서는 위험물의 분말이 현저하게 부유하고 있거나 위험물의 분말이 현저하게 기계 · 기구 등에 부착하고 있는 상태로 그 기계 · 기구를 취급하지 아니할 것

|문|제|풀|이|

[위험물의 취급 중 제조에 관한 취급의 기준]
1. 증류공정에 있어서는 위험물을 취급하는 설비의 내부압력의 변동 등에 의하여 액체 또는 증기가 새지 아니하도록 할 것
2. 추출공정에 있어서는 **추출관의 내부압력**이 비정상으로 상승하지 아니하도록 할 것
3. 건조공정에 있어서는 위험물의 온도가 부분적으로 상승하지 아니하는 방법으로 가열 또는 건조할 것
4. 분쇄공정에 있어서는 위험물의 분말이 현저하게 부유하고 있거나 위험물의 분말이 현저하게 기계·기구 등에 부착하고 있는 상태로 그 기계·기구를 취급하지 아니할 것

【정답】 ②

59. 위험물안전관리법상 인화성 액체를 정의할 때 제3석유류의 액체상태의 판단기준은?

① 1기압과 섭씨 20도에서 액상인 것
② 1기압과 섭씨 25도에서 액상인 것
③ 기압에 무관하게 섭씨 20도에서 액상인 것
④ 기압에 무관하게 섭씨 25도에서 액상인 것

|문|제|풀|이|

[인화성 액체] 액체(제3석유류, 제4석유류, 동식물유류에 있어서 **1기압과 20℃에서 액상**인 것)로서 인화의 위험성이 있는 것
【정답】 ①

60. 과망간산칼륨의 위험성에 대한 설명으로 틀린 것은?

① 목탄, 황 등 환원성 물질과 격리하여 저장해야 한다.
② 유기물과 혼합 시 위험성이 증가한다.
③ 고온으로 가열하면 분해하여 산소와 수소를 방출한다.
④ 황산과 격렬하게 반응한다.

|문|제|풀|이|

[과망간산칼륨($KMnO_4$) → 제1류 위험물(과망간산염류)]
·분해온도 240℃, 비중 2.7
·흑자색 결정
·물, 알코올에 녹아 진한 보라색을 나타낸다.
·강한 산화력과 살균력이 있다.
→ (수용액은 무좀 등의 치료재로 사용된다.)
·알코올, 에테르, 글리세린 등 유기물과 접촉을 금한다.
·목탄, 황 등의 환원성 물질과 접촉 시 충격에 의해 폭발 위험성
·**가열에 의한 분해 반응식** : $2KMnO_4 \rightarrow K_2MnO_4 + MnO_2 + O_2 \uparrow$
(과망간산칼륨) (망간산칼륨) (이산화망간) (산소)
·묽은 황산과의 반응식 : $4KMnO_4 + 6H_2SO_4$
(과망간산칼륨) (황산)
$\rightarrow 2K_2SO_4 + 4MnSO_4 + 6H_2O + 5O_2 \uparrow$
(황산칼륨) (황산망간) (물) (산소)
·소화방법에는 다량의 주수소화 또는 마른모래에 의한 피복소화가 효과적이다. 【정답】 ③

2020_3 위험물기능사 필기

01. 다음 ( ) 안에 알맞은 색상을 차례대로 나열한 것은?

> "이동저장탱크 차량의 전면 및 후면 상단의 보기 쉬운 곳에 직사각형의 ( )바탕에 ( )의 반사도료로 "위험물"이라고 표시하여야 한다."

① 백색 - 적색 ② 백색 - 흑색
③ 황색 - 적색 ④ 흑색 - 황색

|문|제|풀|이|
[위험물의 운반에 관한 기준(운반방법)] 지정수량 이상의 위험물을 차량으로 운반하는 경우에는 해당 차량에 소방청장이 정하여 고시하는 바에 따라 운반하는 위험물의 위험성을 알리는 다음과 같은 표지를 설치하여야 한다.
1. 한 변의 길이가 0.3m 이상, 다른 한 변의 길이가 0.6m 이상인 직사각형의 판으로 할 것
2. 바탕은 **흑색**으로 하고, **황색**의 반사도료로 「위험물」이라고 표시할 것
3. 표지는 이동탱크저장소의 경우 전면 상단 및 후면 상단, 위험물운반차량의 경우 전면 및 후면 위치에 부착할 것 【정답】 ④

02. 어떤 물질을 비커에 넣고 알코올램프로 가열하였더니 어느 순간 비커 안에 있는 물질에 불이 붙었다. 이때 온도를 무엇이라고 하는가?

① 인화점 ② 발화점
③ 연소점 ④ 확산점

|문|제|풀|이|
[발화점(착화점=발화온도)] 가연성 물질이 점화원 없이 발화하거나 폭발을 일으키는 최저온도. 발화점이 낮아진다는 것은 낮은 온도에서도 불이 잘 붙는다는 의미이다. 【정답】 ②

03. 제1종 분말소화약제 주성분의 화학식과 색상이 옳게 연결된 것은?

① $NaHCO_3$ - 백색 ② $KHCO_3$ - 백색
③ $NaHCO_3$ - 담홍색 ④ $KHCO_3$ - 담홍색

|문|제|풀|이|
[분말소화약제의 종류 및 특성]

종류	주성분	착색	적용 화재
제1종 분말	탄산수소나트륨($NaHCO_3$)을 주성분으로 한 것	백색	B, C급
제2종 분말	탄산수소칼륨($KHCO_3$)을 주성분으로 한 것	담회색(보라색)	B, C급
제3종 분말	인산암모늄($NH_4H_2PO_4$)을 주성분으로 한 것	담홍색, 황색	A, B, C급
제4종 분말	제2종과 요소를 혼합한 것 → $KHCO_3 + (NH_2)_2CO$	회색	B, C급

※중탄산나트륨=탄산수소나트륨, 중탄산칼륨=탄산수소칼륨
【정답】 ①

04. 다음 중 화학포소화약제의 주된 소화효과에 해당하는 것은?

① 희석소화 ② 질식소화
③ 억제소화 ④ 제거소화

|문|제|풀|이|
[화학포소화약제]
1. 질식, 냉각작용
2. 화학식 : $6NaHCO_2 + Al_2(SO_4)_3 + 18H_2O$
(탄산수소나트륨) (황산알루미늄) (물)
$\rightarrow 6CO_2 + 3Na_2SO_4 + 2Al(OH)_3 + 18H_2O$
(이산화탄소)(황산나트륨)(수산화알루미늄) (물)
【정답】 ②

05. 니트로셀룰로오스의 저장 · 취급방법으로 틀린 것은?

① 직사광선을 피해 저장한다.

② 되도록 장기간 보관하여 안정화된 후에 사용한다.

③ 유기과산화물류, 강산화제와의 접촉을 피한다.

④ 건조 상태에 이르면 위험하므로 습한 상태를 유지한다.

|문|제|풀|이|

[니트로셀룰로오스$[C_6H_7O_2(ONO_2)_3]_n$ → 제5류 위험물, 질산에스테르류]

- 비중 1.5, 분해온도 130℃, 착화점 180℃
- 셀룰로오스에 진한 질산과 진한 황산을 3:1의 비율로 혼합 작용시켜 제조한 것으로 약칭은 NC이다.
- 니트로글리세린(NG)과 융합한 것을 교질 다이너마이트라 한다.
- 비수용성이며 초산에틸, 초산아밀, 아세톤에 잘 녹는다.
- 건조 상태에서는 폭발 위험이 크므로 저장 중에 물(20%) 또는 알코올(30%)로 습윤시켜 저장한다. 따라서 **장기보관하면 위험하다.**
- 가열, 마찰, 충격에 연소, 폭발하기 쉽다. 【정답】 ②

06. 탄화알루미늄이 물과 반응하면 폭발의 위험이 있다. 어떤 가스 때문인가?

① 수소 ② 메탄

③ 아세틸렌 ④ 암모니아

|문|제|풀|이|

[탄화알루미늄(Al_4C_3)] → 제3류 위험물(칼슘, 알루미늄의 탄화물)

- 분해온도 1400℃, 비중 2.36
- 무색 또는 황색의 단단한 결정
- 물과 반응하여 수산화알루미늄과 메탄(3몰)가스를 발생한다.
- 물과 반응식 :

$Al_4C_3 + 12H_2O \rightarrow 4Al(OH)_3 + 3CH_4\uparrow + 360kcal$

(탄화알루미늄) (물) (수산화알루미늄) (메탄) (반응열)

- 소화방법에는 마른모래 등으로 피복소화 한다.

→ (물 및 포약제의 소화는 금한다.) 【정답】 ②

07. 이산화탄소 소화약제에 관한 설명 중 틀린 것은?

① 소화약제에 의한 오손이 없다.

② 소화약제 중 증발잠열이 가장 크다.

③ 전기절연성이 있다.

④ 장기간 저장이 가능하다.

|문|제|풀|이|

[증발잠열] 온도 변화 없이 1g의 액체를 증기로 변화시키는데 필요한 열량

1. 물의 증발잠열 : 539cal/g
2. 이산화탄소의 증발잠열 : 137.8cal/g(576kJ/kg)
3. 할론1301의 증발잠열 : 28.4cal/g(119kJ/kg)

※물의 증발잠열이 가장 크다. 【정답】 ②

08. 위험물안전관리법령상 전기설비에 적응성이 없는 소화설비는?

① 포소화설비

② 이산화탄소소화설비

③ 할로겐화합물소화설비

④ 물분무소화설비

|문|제|풀|이|

[위험물의 성질에 따른 소화설비의 적응성(전기설비)]

구분 \ 대상			전기설비
옥내소화전 또는 옥외소화전설비			
스프링클러설비			
물분무등 소화설비	물분무소화설비		○
	포소화설비		
	불활성가스소화설비		○
	할로겐화합물소화설비		○
	분말소화설비	인산염류등	○
		탄산수소염류등	○
		그 밖의 것	
대형소형 수동식 소화기	봉상수(棒狀水)소화기		
	무상수(霧狀水)소화기		○
	봉상강화액소화기		
	무상강화액소화기		○
	포소화기		
	이산화탄소소화기		○
	할로겐화합물소화기		○
	분말소화기	인산염류소화기	○
		탄산수소염류소화기	○
		그 밖의 것	
기타	물통 또는 수조		
	건조사		
	팽창질석 또는 팽창진주암		

1. 적응성 없는 설비 : 옥내소화전 또는 옥외소화전설비, 스프링클러설비, 포소화설비
2. 적응성 있는 설비 : 물분무소화설비, 불활성가스소화설비, 할로겐화합물소화설비, 이산화탄소소화설비, 탄산수소염류 등

【정답】 ①

09. 제4류 위험물의 일반적 성질에 대한 설명으로 틀린 것은?

① 물보다 무거운 것이 많으며 대부분 물에 용해된다.

② 가연성 물질이다.

③ 상온에서 액체이다.

④ 증기는 대부분 공기보다 무겁다.

|문|제|풀|이|

[제4류 위험물(인화성 액체)의 일반적 성질]

1. 인화되기 매우 쉬운 액체이다.
2. 착화온도가 낮은 것은 위험하다.
3. **물보다 가볍고 물에 녹기 어렵다.**
→ (이황화탄소는 물보다 무겁고, 알코올은 물에 잘 녹는다.)
4. 증기는 공기보다 무거운 것이 대부분이다.
→ (전기콘센트를 1.5m 이상 높이에 설치하는 이유)
5. 공기와 혼합된 증기는 연소의 우려가 있다. 【정답】 ①

10. 위험물안전관리법령상 위험물 제조소 등에서 게시판에 기재하여야 하는 내용이 아닌 것은?

① 관리자의 성명 또는 직명

② 위험물의 저장 최대수량

③ 위험물의 유별, 품명

④ 위험물의 성분, 함량

|문|제|풀|이|

[위험물 제조소의 표지 및 게시판]

1. 게시판은 한 변의 길이가 0.3m 이상, 다른 한 변의 길이가 0.6m 이상인 직사각형으로 할 것
2. 게시판에는 저장 또는 취급하는 위험물의 유별·품명 및 저장최대수량 또는 취급최대수량, 지정수량의 배수 및 안전관리자의 성명 또는 직명을 기재할 것
3. 게시판의 바탕은 백색으로, 문자는 흑색으로 할 것

【정답】 ④

11. 다음 위험물 중 산·알칼리 수용액에 모두 반응해 수소를 발생하는 양쪽성 원소는?

① Pt ② Au

③ Al ④ Na

|문|제|풀|이|

[양쪽성 원소]

- 양쪽성 화합물이란 산에 대해서 염기로 작용하고, 염기에 대해서 산으로 작용하는 화합물이라고 정의된다.
- 아연(Zn), 주석(Sn), 납(Pb), 비소(As), 안티몬(Sb), 알루미늄(Al)과 같은 수산화물이나 산화물, 단백질, 아미노산 등이 양쪽성 화합물이다. 【정답】 ③

12. 산·알칼리소화기는 탄산수소나트륨과 황산의 화학반응을 이용한 소화기이다. 이때 탄산수소나트륨과 황산이 반응하여 나오는 물질이 아닌 것은?

① Na_2SO_4 ② Na_2O_2

③ CO_2 ④ H_2O

|문|제|풀|이|

[산·알칼리소화기] 탄산수소나트륨과 황산의 화학반응으로 생긴 탄산가스의 압력으로 물을 방출하는 소화기

반응식 $2NaHCO_3 + H_2SO_4 \rightarrow Na_2SO_4 + 2CO_2 + 2H_2O$

(탄산수소나트륨) (황산) (황산나트륨) (탄산가스) (물)

【정답】 ②

13. 소화기의 사용방법으로 잘못된 것은?

① 적응 화재에 따라 사용할 것

② 성능에 따라 방출거리 내에서 사용할 것

③ 바람을 마주보며 소화할 것

④ 양 옆으로 비로 쓸 듯이 방사할 것

|문|제|풀|이|

[소화기의 사용방법]

1. 적응 화재에 따라 사용할 것
2. 불과 가까이 가서 사용할 것
3. 성능에 따라 방출거리 내에서 사용할 것
4. **바람을 등지고** 풍상에서 풍하의 방향으로 사용할 것
5. 양옆으로 비로 쓸 듯이 방사할 것 【정답】 ③

14. 다음 물질 중 분진폭발의 위험성이 가장 낮은 것은?

① 밀가루 ② 알루미늄분말

③ 모래 ④ 석탄

|문|제|풀|이|

[분진 폭발을 일으키지 않는 물질] 석회석가루(생석회), 시멘트가루, 대리석가루, 탄산칼슘, 규사(모래)

[분진 폭발하는 물질] 황(유황), 알루미늄분, 마그네슘분, 금속분, 밀가루, 커피 등 【정답】 ③

15. 다음 중 "물분무등소화설비"의 종류에 속하지 않는 것은?

① 불활성가스소화설비

② 포소화설비

③ 분말소화설비

④ 스프링클러설비

|문|제|풀|이|

[물분무등소화설비] 물분무소화설비, 포소화설비, 불활성가스소화설비, 할로겐화합물소화설비, 분말소화설비 【정답】 ④

16. 분말소화약제에 관한 일반적인 특성에 대한 설명으로 틀린 것은?

① 분말소화약제 자체는 독성이 없다.

② 질식효과에 의한 소화효과가 있다.

③ 이산화탄소와는 달리 별도의 추진가스가 필요하다.

④ 칼륨, 나트륨 등에 대해서는 인산염류 소화기의 효과가 우수하다.

|문|제|풀|이|

[분말소화약제의 원리 및 일반적인 특성]

- 불꽃과 반응하여 열분해를 일으키며 이때 생성되는 물질에 의한 연소반응차단(부촉매효과, 억제), 질식, 냉각, 방진효과 등에 의해 소화하는 약제
- 약제의 주성분으로 제1종 분말, 제2종분말, 제3종분말, 제4종 분말로 분류된다.
- 질식효과, 냉각효과, 부촉매효과
- 온도 변화에 무관하다.
- 별도의 추진가스가 필요하다.

※칼륨(3류 위험물), 나트륨(3류 위험물)은 분말 소화기 중 탄산수소염류 소화기가 우수하다(적응성이 있다.). 【정답】 ④

17. 대형 수동식 소화기의 설치기준은 방호대상물의 각 부분으로부터 하나의 대형 수동식 소화기까지의 보행거리가 몇 m 이하가 되도록 설치하여야 하는가?

① 10 ② 20

③ 30 ④ 40

|문|제|풀|이|

[소화기의 설치 기준]

1. 수동식 소화기는 각층마다 설치
2. 소방대상물의 각 부분으로부터 1개의 수동식 소화기까지의 보행거리
   ㉮ 소형 수동식 소화기 : 보행거리 20m 이내가 되도록 배치
   ㉯ **대형 소화기** : 보행거리 **30m 이내**가 되도록 배치
3. 바닥으로부터 설치 높이는 1.5m 【정답】 ③

18. 칼륨에 물을 가했을 때 일어나는 반응은?

① 발열반응

② 에스테르화반응

③ 흡열반응

④ 부가반응

|문|제|풀|이|

[칼륨(K) → 제3류 위험물(금수성)]

- 융점 63.5℃, 비점 762℃, 비중 0.857
- 은백색 광택의 무른 경금속으로 불꽃반응은 보라색
- 공기 중에서 수분과 반응하여 수소를 발생한다.
- **물과 반응식** : $2K + 2H_2O \rightarrow 2KOH + H_2 \uparrow + 92.8kcal$
  (칼륨) (물) (수산화칼륨) (수소) (반응열)
- 비중이 작으므로 석유(파라핀, 경유, 등유) 속에 저장한다.
- 흡습성, 조해성이 있다.
- 소화방법에는 마른모래 및 탄산수소염류 분말소화약제가 효과적
  → (주수소화와 사염화탄소(CCl_4)와는 폭발반응을 하므로 절대 금한다.) 【정답】 ①

19. 피크르산의 위험성과 소화방법에 대한 설명으로 틀린 것은?

① 피크르산의 금속염은 위험하다.

② 운반 시 건조한 것보다는 물에 젖게 하는 것이 안전하다.

③ 알코올과 혼합된 것은 충격에 의한 폭발 위험이 있다.

④ 화재 시에는 질식소화가 효과적이다.

|문|제|풀|이|

[트리니트로페놀(피크르산)[$C_6H_2OH(NO_2)_3$ → 제5류 위험물]

- 인화점 150℃, 착화점 약 300℃, 융점 122.5℃, 비점 255℃, 비중 1.8, 폭발속도 7000m/s
- 광택이 있는 황색의 침상결상으로 피크르산(PA)이라고도 하며 쓴맛과 독성이 있다.
- 단독으로 마찰, 가열, 충격에 안정하고 구리, 납, 아연과 피크르산염을 만든다.
- **금속염과 혼합은 폭발**이 심하며 가솔린, 알코올, 요오드, 황과 혼합하면 마찰, 충격에 의하여 폭발한다.
- 찬물에는 약간 녹으나 더운물, 알코올, 에테르, 벤젠에는 잘 녹는다.
- 소화방법으로는 **주수소화가 효과적**이다.
  → (자기반응성 물질(물질 자체가 산소를 포함)이므로 질식소화는 적당하지 않다.) 【정답】 ④

20. 철과 아연분이 염산과 반응하여 공통적으로 발생하는 기체는?

① 산소　② 질소
③ 수소　④ 매탄

|문|제|풀|이|

[제2류 위험물의 반응식]

1. 철분과 염산과의 반응식 : $Fe + 2HCl \rightarrow FeCl_2 + H_2 \uparrow$
(철) (염산) (산화제1철) (수소)
2. 아연과 염산과의 반응식 : $Zn + 2HCl \rightarrow ZnCl_2 + H_2 \uparrow$
(아연) (염산) (무수염화아연) (수소)

【정답】 ③

21. 질화면을 강질화면과 약질화면으로 구분할 때 어떤 차이를 기준으로 하는가?

① 분자의 크기에 의한 차이
② 질소함유량에 의한 차이
③ 질화할 때의 온도에 의한 차이
④ 입자의 모양에 의한 차이

|문|제|풀|이|

[질화도] 니트로셀룰로오스 속에 함유된 질소의 함유량

1. 강면약 : 질화도 N 〉 12.76%
2. 약면약 : 질화도 N 〈 10.86~12.76%

【정답】 ②

22. 유류화재 시 물을 사용한 소화가 위험한 이유는?

① 화재 면이 확대되기 때문이다.
② 유독가스가 발생하기 때문이다.
③ 착화온도가 낮아지기 때문이다.
④ 폭발하기 때문이다.

|문|제|풀|이|

[냉각소화] 물을 주수하여 연소물로부터 열을 빼앗아 발화점 이하의 온도로 냉각하는 소화

→ · **유류화재 시 화재 면이 확대될 우려**가 있다.
· 금속화재 시 물과 반응하여 수소를 발생시킨다.

【정답】 ①

23. 우리나라에서 C급 화재의 표시 색상은?

① 백색　② 황색
③ 청색　④ 초록

|문|제|풀|이|

[화재의 분류]

급수	종류	색상	소화방법	가연물
A급	일반화재	백색	냉각소화	일반가연물(목재, 종이, 섬유, 석탄, 플라스틱 등)
B급	유류 가스 화재	황색	질식소화	가연성 액체(각종 유류 및 가스, 페인트)
C급	전기화재	청색	질식소화	전기기기, 기계, 전선 등
D급	금속화재	무색	피복에 의한 질식소화	가연성 금속(철분, 마그네슘, 나트륨, 금속분, Al분말 등)

※ E급 : 가스화재, F급 : 식용유화재

【정답】 ③

24. 위험물을 취급함에 있어서 정전기가 발생할 우려가 있는 설비에 정전기를 유효하게 제거할 수 있는 방법에 해당하지 않는 것은?

① 위험물의 유속을 높이는 방법
② 공기를 이온화하는 방법
③ 공기 중의 상대습도를 70% 이상으로 하는 방법
④ 접지에 의한 방법

|문|제|풀|이|

[위험물 제조소의 정전기 제거설비]

1. 접지에 의한 방법
2. 공기 중의 상대습도를 70% 이상으로 하는 방법
3. 공기를 이온화하는 방법
4. 위험물 이송 시 **유속 1m/s 이하**로 할 것

【정답】 ①

25. 에틸알코올은 몇 가 알코올인가?

① 1가　② 2가
③ 3가　④ 4가

|문|제|풀|이|

[에틸알코올(C_2H_5OH, 에탄올, 1가 알코올, 주정) → 제4류 위험물, 알코올류]

· 무색투명한 휘발성 액체로 수용성이다.
· 술 속에 포함되어 있어 주정이라고도 한다.
· 물에 잘 녹는다.

【정답】 ①

26. 다음 중 화학포소화약제의 구성성분이 아닌 것은?

① 탄산수소나트륨　　② 황산알루미늄

③ 수용성 단백질　　④ 제1인산암모늄

|문|제|풀|이|

[화학포소화약제]

황산알루미늄	·혼합 시 이산화탄소를 발생하여 거품 생성 ·내약제
탄산수소나트륨	·혼합 시 이산화탄소를 발생하여 거품 생성 ·외약제
기포안정제	·가수분해 단백질, 사포닌, 계면활성제, 젤라틴, 카제인 ·외약제

화학식 : $6NaHCO_2 + Al_2(SO_4)_3 + 18H_2O$
(탄산수소나트륨) (황산알루미늄) (물)
$\rightarrow 6CO_2 + 3Na_2SO_4 + 2Al(OH)_3 + 18H_2O$
(이산화탄소)(황산나트륨)(수산화알루미늄)(물)

※인산암모늄은 제3종 분말약제의 주성분이다.　【정답】 ④

27. 물의 소화능력을 강화시키기 위해 개발된 것으로 한랭지 또는 겨울철에 사용하는 소화기에 해당하는 것은?

① 산·알칼리 소화기

② 강화액소화기

③ 포소화기

④ 할로겐화합물 소화기

|문|제|풀|이|

[강화액소화기] 물의 소화능력을 향상 시키고, 겨울철에 사용할 수 있도록 어는점을 낮추기 위해 물에 탄산칼륨(K_2CO_3)를 보강시켜 만든 소화기. 강알칼리성. 냉각소화원리
· 점성을 갖는다.
· 알칼리성(pH 12)으로 응고점이 낮아 잘 얼지 않는다.
· 물보다 1.4배 무겁고, 한랭지역에 많이 쓰인다.

【정답】 ②

28. TNT의 성질에 대한 설명으로 틀린 것은?

① 담황색의 결정이다.

② 폭약으로 사용된다.

③ 자연분해의 위험성이 적어 장기간 저장이 가능하다.

④ 조해성과 흡수성이 매우 크다.

|문|제|풀|이|

[트리니트로톨루엔[T.N.T, $C_6H_2CH_3(NO_2)_3$] → 제5류 위험물(니트로화합물)]
·착화점 약 300℃, 융점 81℃, 비점 280℃, 비중 1.66, 폭발속도 7000m/s
·담황색의 결정이며, 일광에 다갈색으로 변한다.
·약칭은 T.N.T 이다.
·강력한 폭약이며 폭발력의 표준으로 사용된다.
·충격 감도는 피크르산(PA)보다 약하며, 폭성도 약간 떨어진다.
·비수용성으로 **조해성과 흡습성이 없다**.
·물에 녹지 않고 아세톤, 벤젠, 알코올, 에테르에는 잘 녹고 중성물질이므로 중금속과는 작용하지 않는다.
·자연분해의 위험성이 적어 장기간 저장이 가능하다.
·연소속도가 매우 빨라 소화가 불가능하여 주위 소화를 생각하는 것이 좋다.　【정답】 ④

29. 제2류 위험물 중 철분운반용기 외부에 표시하여야 하는 주의사항을 옳게 나타낸 것은?

① 화기주의 및 물기주의

② 화기엄금 및 물기엄금

③ 화기주의 및 물기엄금

④ 화기엄금 및 물기주의

|문|제|풀|이|

[운반용기의 수납하는 위험물에 따라 다음의 규정에 의한 주의사항]

위험물의 종류		주의사항
제1류 위험물	알칼리금속의 과산화물 또는 이를 함유한 것	화기·충격주의 물기엄금 및 가연물접촉주의
	그 밖의 것	화기·충격주의 및 가연물접촉주의
제2류 위험물	**철분**, 금속분, 마그네슘 또는 이들 중 어느 하나 이상을 함유한 것	**화기주의 및 물기엄금**
	인화성 고체	화기엄금
	그 밖의 것	화기주의
제3류 위험물	자연발화성 물질	화기엄금 및 공기접촉엄금
	금수성 물질	물기엄금
제4류 위험물		화기엄금
제5류 위험물		화기엄금 및 충격주의
제6류 위험물		가연물접촉주의

【정답】 ③

30. 마그네슘분의 성질에 대한 설명 중 틀린 것은?

① 산이나 염류에 침식당한다.

② 염산과 작용하여 산소를 발생한다.

③ 연소할 때 열이 발생한다.

④ 미분상태의 경우 공기 중 습기와 반응하여 자연발화 할 수 있다.

|문|제|풀|이|

[마그네슘(Mg) → 제2류 위험물]

- 은백색의 광택이 나는 경금속 분말로 알칼리토금속에 속한다.
- 알루미늄보다 열전도율 및 전기전도도가 낮고, 산 및 더운물과 반응하여 수소를 발생한다.
- 산화제 및 할로겐 원소와의 접촉을 피하고, 공기 중 습기에 발열되어 자연 발화의 위험성이 있다.
- 연소 반응식 : $2Mg + O_2 \rightarrow 2MgO + 2 \times 143.7kcal$
  (마그네슘) (산소) (산화마그네슘) (반응열)
- 염산과의 반응식 : $Mg + 2HCl \rightarrow MgCl_2 + H_2 \uparrow$
  (마그네슘) (염산) (염화마그네슘) (수소)

【정답】 ②

31. 과염소산에 대한 설명 중 틀린 것은?

① 비중은 물보다 크다.

② 부식성이 있어서 피부에 닿으면 위험하다.

③ 가열하면 분해될 위험이 있다.

④ 비휘발성 액체이고 에탄올을 저장하면 안전하다.

|문|제|풀|이|

[과염소산($HClO_4$) → 제6류 위험물]

1. 융점 -112℃, 비점 39℃, 비중 1.76, 증기비중 3.46
2. 무색의 염소 냄새가 나는 액체로 공기 중에서 강하게 연기를 낸다.
3. 흡습성이 강하며 **휘발성이 있고** 독성이 강하다.
4. 수용성으로 물과 접촉 시 심한 열이 발생하며 과염소산의 고체 수화물(6종류)을 만든다.
5. 강산으로 산화력이 강하고 종이, 나무조각 등 유기물과 접촉하면 연소와 동시 폭발한다.
6. 물과의 접촉을 피하고 강산화제, 환원제, 알코올류, 염화바륨, 알칼리와 격리하여 저장한다.

【정답】 ④

32. 다음 중 자기반응성 물질로만 나열된 것이 아닌 것은?

① 과산화벤조일, 질산메틸

② 숙신산퍼옥사이드, 디니트로 메틸

③ 아조디카본아마이드, 니트로글리콜,

④ 아세토니트릴, 트리니트로톨루엔

|문|제|풀|이|

[제5류 위험물 → (자기반응성 물질)]

위험등급	품명	지정수량
Ⅰ	1. 유기과산화물 : 과산화벤조일, 과산화메틸에틸케톤 2. 질산에스테르류 : 질산메틸, 질산에틸, 니트로글리세린, 니트로글리콜, 니트로셀룰로오스, 펜트리트	10kg
Ⅱ	3. 니트로화합물 : 트리니트로톨루엔, 트리니트로페놀(피크르산) 4. 니트로소화합물 : 파라디니트로소벤젠, 디니트로소레조르신 5. 아조화합물 : 아조벤젠, 히드록시아조벤젠 6. 디아조화합물 : 디아조메탄, 디아조카르복실산에틸 7. 히드라진 유도체 : 페닐히드라진, 히드라조벤젠	200kg
	8. 히드록실아민 9. 히드록실아민염류	100kg

※아세토니트릴(CH_3CN) → 제4류 위험물(제1석유류)

【정답】 ④

33. 과염소산칼륨의 성질에 관한 설명 중 틀린 것은?

① 무색무취의 결정이다.

② 알코올, 에테르에 잘 녹는다.

③ 진한 황산과 접촉하면 폭발할 위험이 있다.

④ 400℃ 이상으로 가열하면 분해하여 산소가 발생할 수 있다.

|문|제|풀|이|

[과염소산칼륨($KClO_3$) : 제1류 위험물]

- 분해온도 400℃, 융점 610℃, 용해도 1.8(20℃), 비중 2.52
- 무색무취의 사방정계 결정
- **물, 알코올, 에테르에 잘 녹지 않는다.**
- 진한 황산과 접촉하면 폭발한다.
- 인, 황, 탄소, 유기물 등과 혼합되었을 때 가열, 충격, 마찰에 의하여 폭발한다.
- 소화방법으로는 주수소화가 가장 좋다.
- 분해 반응식 : $KClO_4 \rightarrow KCl + 2O_2 \uparrow$
  (과염소산칼륨) (염화칼륨) (산소)

【정답】 ②

34. 과산화수소가 이산화망간 촉매 하에서 분해가 촉진될 때 발생하는 가스는?

① 수소 ② 산소
③ 아세틸렌 ④ 질소

|문|제|풀|이|

[과산화수소(H_2O_2) → 제6류 위험물]
- 착화점 80.2℃, 융점 -0.89℃, 비중 1.465, 증기비중 1.17, 비점 80.2℃
- 순수한 것은 무색투명한 점성이 있는 액체이다.
→ (양이 많을 경우 청색)
- 물, 알코올, 에테르에는 녹고, 벤젠, 석유에는 녹지 않는다.
- 분해 반응식 : $4H_2O_2$ → H_2O + [O] (발생기 산소 : 표백작용)
(과산화수소) (물) (산소)
- 강산화제 및 환원제로 사용되며 표백 및 살균작용을 한다.
- 저장용기는 밀폐하지 말고 구멍이 있는 마개를 사용한다.
- 히드라진(N_2H_4)과 접촉 시 분해 작용으로 폭발위험이 있다.
- 농도가 30wt% 이상은 위험물에 속한다. 【정답】 ②

35 다음과 같은 성상을 갖는 물질은?

- 은백색 광택의 무른 경금속으로 포타슘이라고도 부른다.
- 공기 중에서 수분과 반응하여 수소가 발생한다.
- 용점이 약 63.5℃이고, 비중은 약 0.86이다.

① 칼륨 ② 나트륨
③ 부틸리튬 ④ 트리메틸알루미늄

|문|제|풀|이|

[칼륨(K) → 제3류 위험물(금수성)]
- 융점 63.5℃, 비점 762℃, 비중 0.857
- 은백색 광택의 무른 경금속으로 불꽃반응은 보라색
- 공기 중에서 수분과 반응하여 수소를 발생한다.
- 물과 반응식 : 2K + $2H_2O$→ 2KOH + H_2 ↑ + 92.8kcal
(칼륨) (물) (수산화칼륨) (수소) (반응열)
- 비중이 작으므로 석유(파라핀, 경유, 등유) 속에 저장한다.
- 흡습성, 조해성이 있다.
- 소화방법에는 마른모래 및 탄산수소염류 분말소화약제가 효과적
→ (주수소화와 사염화탄소(CCl_4)와는 폭발반응을 하므로 절대 금한다.) 【정답】 ①

36 제5류 위험물의 연소에 관한 설명 중 틀린 것은?

① 연소 속도가 빠르다.
② CO_2 소화기에 의한 소화가 적응성이 있다.
③ 가열, 충격, 마찰 등에 의한 발화할 위험이 있는 물질이 있다.
④ 연소 시 유독성 가스가 발생할 수 있다.

|문|제|풀|이|

[제5류 위험물(자기반응성 물질)]
- 자기연소성(내부연소) 물질이다.
- 연소속도가 매우 빠르고
- 대부분 물에 불용이며 물과의 반응성도 없다.
- 대부분 유기화합물이므로 가열, 마찰, 충격에 의해 폭발의 위험이 있으므로 장기 저장하는 것은 위험하다.
- 시간의 경과에 따라 자연발화의 위험성을 갖는다.
- 화재 초기 다량의 물로 **냉각소화 하는 것이 가장 효과적**이다.
→ (자기반응성 물질(물질 자체가 산소를 포함)이므로 질식소화는 적당하지 않다.) 【정답】 ②

37. 피크르산의 성질에 대한 설명 중 틀린 것은?

① 착화온도는 약 300℃이고 비중은 약 1.8이다.
② 페놀을 원료로 제조할 수 있다.
③ 찬물에는 잘 녹지 않으나 온수, 에테르에는 잘 녹는다.
④ 단독으로도 충격, 마찰에 매우 민감하여 폭발한다.

|문|제|풀|이|

[트리니트로페놀[T.N.P, $C_6H_2OH(NO_2)_3$, 피크르산(PA) →제5류 위험물(니트로화합물)]
- 인화점 150℃, 착화점 약 300℃, 융점 122.5℃, 비점 255℃, 비중 1.8, 폭발속도 7000m/s
- 광택이 있는 황색의 침상결상으로 피크르산(PA)이라고도 하며 쓴맛과 독성이 있다.
- **단독으로 마찰, 가열, 충격에 안정**하고 구리, 납, 아연과 피크르산염을 만든다.
- 금속염과 혼합은 폭발이 심하며 가솔린, 알코올, 요오드, 황과 혼합하면 마찰, 충격에 의하여 폭발한다.
- 찬물에는 약간 녹으나 더운물, 알코올, 에테르, 벤젠에는 잘 녹는다.
- 연소 시 검은 연기를 내지만 폭발하지는 않는다.
- 황색 염료로 사용되며 약칭은 T.N.P 이다.
- 소화방법으로는 주수소화가 효과적이다. 【정답】 ④

38. 다음 중 제2류 위험물의 공통적인 성질에 대한 설명으로 옳은 것은?

① 가연성 고체 물질이다.

② 물에 용해된다.

③ 융점이 상온 이하로 낮다.

④ 유기화합물이다.

|문|제|풀|이|

[제2류 위험물 → (가연성 고체)]

· **가연성 고체**로 비교적 낮은 온도에서 착화하기 쉬운 가연물(환원성)이다.
· 비중이 1보다 크고 **융점이 상온 이상**이다.
· **물에 녹지 않는다.**
· 산화되기 쉽고 산소와 쉽게 결합을 이룬다.
· 연소속도가 대단히 빠른 고체(이연성, 속연성)이다.
· 분진폭발의 위험이 있다.
· 철, 마그네슘, 금속분은 물 또는 산과 접촉 시 발열한다.

【정답】 ①

39 제1류 위험물제조소의 게시판에 '물기엄금'라고 쓰여 있다. 다음 중 어떤 위험물의 제조소인가?

① 염소산나트륨 ② 요오드산나트륨

③ 중크롬산나트륨 ④ 과산화나트륨

|문|제|풀|이|

[게시판의 주의사항]

위험물의 종류	주의사항
· 제1류 위험물 : 알칼리금속의 과산화물과 이를 함유한 것 · 제3류 위험물 중 금수성 물질	**「물기엄금」** (바탕 : 청색, 문자 : 백색)
제2류 위험물(인화성고체를 제외한다)	「화기주의」 (바탕 : 적색, 문자 : 백색)
· 제2류 위험물 중 인화성고체 · 제3류 위험물 중 자연발화물질 · 제4류 위험물 · 제5류 위험물	「화기엄금」 (바탕 : 적색, 문자 : 백색)

*① 염소산나트륨 → 제1류 위험물 중 염소산염류

② 요오드산나트륨→ 제1류 위험물 중 요오드산염류

③ 중크롬산나트륨 → 제1류 위험물 중 중크롬산염류

④ 과산화나트륨 → 제1류 위험물 중 무기과산화물

【정답】 ④

40. 염소산칼륨의 성질에 대한 설명으로 옳은 것은?

① 가연성 고체이다.

② 강력한 산화제이다.

③ 물보다 가볍다.

④ 열분해하면 수소를 발생한다.

|문|제|풀|이|

[염소산칼륨($KClO_3$) → 제1류 위험물(산화성 고체), 염소산염류]

· 분해온도 400℃, **비중 2.34**, 융점 368.4℃, 용해도 7.3(20℃)
· 무색의 단사정계 판상결정 또는 백색 분말이다.
· 인체에 유독하다.
· 산과 반응하여 유독한 폭발성 이산화염소(ClO_2)를 발생하고 폭발 위험이 있다.
· 온수, 글리세린에는 잘 녹으나 냉수 및 알코올에는 녹기 어렵다.
· 소화방법으로는 주수소화가 가장 좋다.
· 400℃일 때의 분해 반응식 : $2KClO_3 \rightarrow KClO_4 + KCl + O_2 \uparrow$

(염소산칼륨) (과염소산칼륨)(염화칼륨)(산소)

【정답】 ②

41. 다음 중 물과 반응하여 발열하고 산소를 방출하는 위험물은?

① 과산화칼륨 ② 과망간산칼륨

③ 과산화수소 ④ 염소산칼륨

|문|제|풀|이|

[과산화칼륨(K_2O_2) → 제1류 위험물(무기과산화물)]

· 분해온도 490℃, 융점 490℃, 비중 2.9
· 무색 또는 오렌지색의 비정계 분말, 불연성 물질
· 물에 쉽게 분해된다.
· 공기 중에서 탄산가스를 흡수하여 탄산염이 된다.
· 에틸알코올에 용해되고, 양이 많을 경우 주수에 의하여 폭발 위험
· 물과 반응식 : $2K_2O_2 + 2H_2O \rightarrow 4KOH + O_2 \uparrow$

(과산화칼륨) (물) (수산화칼륨) (산소)

【정답】 ①

42. 금속나트륨, 금속칼륨 등을 보호액 속에 저장하는 이유를 가장 옳게 설명한 것은?

① 온도를 낮추기 위하여

② 승화하는 것을 막기 위하여

③ 공기와의 접촉을 막기 위하여

④ 운반 시 충격을 적게 하기 위하여

|문|제|풀|이|

[보호액(위험물 저장 시)] 금속나트륨, 금속칼륨 등을 보호액(등유, 경유, 유동파라핀) 속에 저장하는 가장 큰 이유는 공기화의 접촉을 막기 위함이다. 【정답】 ③

43. 질산에틸의 성질 및 취급방법에 관한 설명으로 틀린 것은?

① 인화점이 30℃이므로 여름에 특히 조심해야 한다.

② 액체는 물보다 무겁고 증기도 공기보다 무겁다.

③ 물에는 녹지 않으나 알코올에 녹는 무색 액체이다.

④ 통풍이 잘 되는 찬 곳에 저장한다.

|문|제|풀|이|

[질산에틸($C_2H_5ONO_2$) → 제5류 위험물 (질산에스테르류)]

·**인화점 10℃**, 융점 -94.6℃, 비점 88℃, 증기비중 3.14, 비중 1.11
·무색, 투명한 액체로 단맛이 난다.
·비수용성이며 방향성이 있고 알코올, 에테르에 녹는다.
·아질산과 같이 있으면 폭발하며, 제4류 위험물 제1석유류와 같은 위험성을 갖는다. →(휘발성이 크므로 증기의 인화성에 주의해야 한다.)
·소화방법으로는 분모상의 물, 알코올폼 등을 사용한다.
·질산과 반응식 : $C_2H_5OH + HNO_3 \rightarrow C_2H_5ONO_2 + H_2O$
(에탄올) (질산) (질산에틸) (물)

【정답】 ①

44 다음 중 요오드값이 가장 낮은 것은?

① 해바라기유 ② 오동유

③ 아마인유 ④ 낙화생유

|문|제|풀|이|

[동·식물유류 : 위험물 제4류, 인화성 액체]

1. 건성유 : 요오드(아이오딘)값 130 이상
→ ① 동물유 : 정어리유, 대구유, 상어유
② 식물유 : 해바라기유, 오동유, 아마인유, 들기름
2. 반건성유 : 요오드(아이오딘)값 100~130
→ 채종유, 면실유, 참기름, 옥수수기름, 콩기름, 쌀겨기름, 청어유 등이 있다.
3. 불건성유 : 요오드(아이오딘)값 100 이하
→ ① 동물유 : 쇠기름, 돼지기름, 고래기름
② 식물유 : 피마자유, 올리브유, 팜유, **땅콩기름(낙화생유)**, 야자유
4. 요오드(아이오딘)값이 높을수록 자연발화의 위험이 높다.

【정답】 ④

45. 위험물과 그 보호액 또는 안정제의 연결이 틀린 것은?

① 알킬알루미늄 - 헥산

② 인화석회 - 물

③ 금속칼륨 - 등유

④ 황린 - 물

|문|제|풀|이|

[인화석회/인화칼슘(Ca_3P_2) → 제3류 위험물(금수성물질)]

·융점 1600℃, 비중 2.51
·적갈색 괴상의 고체 →(인화칼슘이라고 한다.)
·수중 조명등으로 사용한다.
·물, 약산과 반응하여 유독한 인화수소(포스핀가스(PH_3))를 발생한다.
물과 반응식 : $Ca_3P_2 + 6H_2O \rightarrow 2PH_3\uparrow + 3Ca(OH)_2$
(인화칼슘) (물) (포스핀=인화수소) (수산화칼슘)
약산과의 반응식 : $Ca_3P_2 + 6HCl \rightarrow 3CaCl_2\uparrow + 2PH_5$
(인화칼슘) (염산) (염화칼슘) (포스핀)
·소화방법에는 마른모래 등으로 피복하여 자연진화를 기다린다. →(물 및 포약제의 소화는 금한다.)

【정답】 ②

46. 위험물안전관리법령상 위험물의 운반에 관한 기준에서 적재 시 혼재가 가능한 위험물을 옳게 나타낸 것은? (단, 각각 지정수량의 10배 이상인 경우이다.)

① 제1류와 제4류 ② 제3류와 제6류

③ 제1류와 제5류 ④ 제2류와 제4류

|문|제|풀|이|

[유별을 달리하는 위험물의 혼재기준]

위험물의 구분	제1류	제2류	제3류	제4류	제5류	제6류
제1류		X	X	X	X	O
제2류	X		X	O	O	X
제3류	X	X		O	X	X
제4류	X	O	O		O	X
제5류	X	O	X	O		X
제6류	O	X	X	X	X	

【비고】 1. 'X'표시는 혼재할 수 없음을 표시한다.
2. 'O'표시는 혼재할 수 있음을 표시한다.
3. 이 표는 지정수량의 $\frac{1}{10}$ 이하의 위험물에 대하여는 적용하지 아니한다.

【정답】 ④

47. 위험물안전관리법령에 따른 제6류 위험물의 특성에 대한 설명 중 틀린 것은?

① 산화성 액체이다.

② 무기화합물이며 물보다 무겁다.

③ 불연성 물질이다.

④ 물에 녹지 않는다.

|문|제|풀|이|

[제6류 위험물(산화성 액체)]

- 불연성 물질, 무기화합물로서 부식성 및 유독성이 강한 강산화제이다.
- 비중이 1보다 커서 물보다 무거우며 **물에 잘 녹는다**.
- 물과 접촉 시 발열한다.
- 가연물 및 분해를 촉진하는 약품과 접촉하면 분해 폭발한다.

【정답】 ④

48. 위험물안전관리법에서 정의하는 제1석유류의 인화점 범위에 해당하는 것은? (단, 1기압이다.)

① -20℃ 이하

② 21℃ 미만

③ 21℃ 이상 70℃미만

④ 70℃ 이상 200℃ 미만

|문|제|풀|이|

[제4류 위험물 → 제1석유류]

제1석유류	1기압 상온에서 액체로 **인화점이 21℃ 미만**인 것을 말한다.	
	비수용성	휘발유, 메틸에틸케톤, 톨루엔, 벤젠
	수용성	시안화수소, 아세톤, 피리딘

【정답】 ②

49. 메틸에틸케톤에 대한 설명 중 틀린 것은?

① 냄새가 있는 휘발성 무색 액체이다.

② 연소범위는 약 12~46%이다.

③ 탈지작용이 있으므로 피부 접촉을 금해야 한다.

④ 인화점은 0℃보다 낮으므로 주의하여야 한다.

|문|제|풀|이|

[메틸에틸케톤($CH_3COC_2H_5$, MEK) → 제4류 위험물(제1석유류)]

- 지정수량(비수용성) 200L, 인화점 -1℃, 착화점 516℃, 비점 80℃, 비중 0.81, 증기비중 2.48, **연소범위 1.8~11.5%**
- 냄새가 나는 휘발성 액체다.
- 액체는 물보다 가볍다.
- 피부에 닿으면 탈지작용을 일으킨다.
- 물, 알코올, 에테르에 잘 녹는다.
- 인화점이 0℃보다 낮아 화재 위험이 크다.
- 저장은 밀봉하여 건조하고 서늘한 장소에 저장한다.
- 소화방법에는 수용성이므로 분무소화가 가장 효과적

【정답】 ②

50. 위험물안전관리법령상 품명이 나머지 셋과 다른 하나는?

① 트리니트로톨루엔 ② 니트로글리세린

③ 니트로글리콜 ④ 셀룰로이드

|문|제|풀|이|

[위험물의 품명]

① 트리니트로톨루엔 : 제5류 위험물 → (니트로화합물)
② 니트로글리세린 : 제5류 위험물 → (질산에스테르류)
③ 니트로글리콜 : 제5류 위험물 → (질산에스테르류)
④ 셀룰로이드 : 제5류 위험물 → (질산에스테르류)

【정답】 ①

51. 다음 중 물에 가장 잘 용해되는 위험물은?

① 디에틸에테르 ② 가솔린

③ 톨루엔 ④ 아세트알데히드

|문|제|풀|이|

[물과 위험물과의 반응]

① 디에틸에테르(제4류 위험물(특수인화물)) : 물에 약간 녹는다.
② 가솔린(휘발유)(제4류 위험물(제1석유류)) : 비수용성
③ 톨루엔(제4류 위험물(제1석유류)) : 물에 잘 녹지 않는다.
④ 아세트알데히드(제4류 위험물(특수인화물)) : 물에 잘 녹는다.

【정답】 ④

52. 다음 중 니트로화합물은 어느 것인가?

① 트리니트로톨루엔　② 니트로글리세린

③ 니트로글리콜　④ 니트로셀룰로오스

|문|제|풀|이|

[제5류 위험물 → (자기반응성 물질)]

위험등급	품명	지정수량
Ⅰ	1. 유기과산화물 : 과산화벤조일, 과산화메틸에틸케톤 2. 질산에스테르류 : 질산메틸, 질산에틸, 니트로글리세린, 니트로글리콜, 니트로셀룰로오스	10kg
Ⅱ	3. 니트로화합물 : **트리니트로톨루엔**, 트리니트로페놀(피크르산) 4. 니트로소화합물 : 파라디니트로소벤젠, 디니트로소레조르신 5. 아조화합물 : 아조벤젠, 히드록시아조벤젠 6. 디아조화합물 : 디아조메탄, 디아조카르복실산에틸 7. 히드라진 유도체 : 페닐히드라진, 히드라조벤젠	200kg
	8. 히드록실아민 9. 히드록실아민염류	100kg

【정답】 ①

53. 수소화리튬이 물과 반응할 때 생성되는 것은?

① LiOH과 H_2　② LiOH과 O_2

③ Li과 H_2　④ Li과 O_2

|문|제|풀|이|

[수소화리튬(LiH) → 제2류 위험물(금속의 수소화물)]

·융점 680℃, 비중 0.82
·유리 모양의 투명한 고체
·물과 반응하여 수산화리튬과 수소를 발생한다.
·물과 반응식 : $LiH + H_2O \rightarrow LiOH + H_2 \uparrow$
(수소화리튬) (물) (수산화리튬) (수소)
·알코올에 녹지 않으며, 알칼리금속의 수소화물 중 안정성이 가장 크다.
·질소와 직접 결합하여 생성물로 질화리튬을 만든다.
·소화방법에는 마른모래 등으로 피복소화한다.
→ (물 및 포약제의 소화는 금한다.)

【정답】 ①

54. 다음 물질 중 끓는점이 가장 높은 것은?

① 벤젠　② 에테르

③ 메탄올　④ 아세트알데히드

|문|제|풀|이|

[위험물의 끓는점]

① 벤젠[(C_6H_6, 벤졸), 제4류 위험물 (제1석유류)] : 끓는점 80℃
② 에테르[($C_2H_5OC_2H_5$), 제4류 위험물 (특수인화물)] : 끓는점 34.5℃
③ 메탄올[(CH_3OH), 제4류 위험물 (알코올)] : 끓는점 65℃
④ 아세트알데히드[(CH_3CHO), 제4류 위험물 (특수인화물)] : 끓는점 21℃

【정답】 ①

55. 질산의 성상에 대한 설명으로 틀린 것은?

① 톱밥, 솜뭉치 등과 혼합하면 발화의 위험이 있다.

② 부식성이 강한 산성이다.

③ 백금, 금을 부식시키지 못한다.

④ 햇빛에 의해 분해하여 유독한 일산화탄소를 만든다.

|문|제|풀|이|

[질산(HNO_3) → 제6류 위험물]

·융점 -42℃, 비점 86℃, 비중 1.49, 증기비중 2.17, 용해열 7.8kcal/mol
·무색의 무거운 액체 → (보관 중 담황색으로 변한다.)
·흡습성이 강하여 습한 공기 중에서 발열한다.
·물과 반응하여 발열한다.
·수용성으로 물과 반응하여 강산 산성을 나타낸다.
·자극성, 부식성이 강한 강산이다.
→ 다만, 백금, 금, 이리듐, 로듐만은 부식시키지 못한다.
·환원성 물질(탄화수소, 황화수소, 이황화수소 등)과 반응하여 발화, 폭발한다.
·비점이 낮아 휘발성이고 햇빛에 의해 일부 분해한다.
·분해 반응식 : $4HNO_3 \rightarrow 4NO_2 \uparrow + O_2 \uparrow + 2H_2O$
(질산) (이산화질소) (산소) (물)

【정답】 ④

56. 이황화탄소에 대한 설명으로 틀린 것은?

① 순수한 것은 황색을 띠고 냄새가 없다.

② 증기는 유독하며 신경계통에 장애를 준다.

③ 물에 녹지 않는다.

④ 연소 시 유독성의 가스를 발생한다.

|문|제|풀|이|

[이황화탄소(CS_2, 2유화탄소) → 제4류 위험물 중 특수인화물]

- 인화점 -30℃, 착화점 100℃, 비점 46.25℃, 비중 1.26, 증기비중 2.62, 연소범위 1~44%
- 무색투명한 휘발성 액체(**불쾌한 냄새**)이나 **일광을 쬐이면 황색**으로 변색한다.
- 물에 녹지 않고 물보다 무거워 물속(물탱크, 수조)에 저장한다.
- 저장 시 물속에 넣어 가연성 증기의 발생을 억제한다.
- 알코올, 에테르, 벤젠 등의 유기용제에는 잘 녹는다.
- 황, 황린, 수지, 고무 등을 잘 녹인다.
- 소화방법에는 포말, 분말, CO_2, 할로겐화합물 소화기 등을 사용해 질식소화 한다.
- 연소 반응식(100℃) : $CS_2 + 3O_3 \rightarrow CO_2\uparrow + 2SO_2\uparrow$

(이황화탄소) (산소) (이산화탄소) (이황산가스(이산화황))

【정답】 ①

57. 다음의 제1류 위험물 중 과염소산염류에 속하는 것은?

① K_2O_2 ② $NaClO_3$

③ $NaClO_2$ ④ NH_4ClO_4

|문|제|풀|이|

[제1류 위험물(산화성 고체)]

위험등급	품명	지정수량
Ⅰ	1. 아염소산염류 : 아염소산나트륨, 아염소산칼륨 2. 염소산염류 : 염소산칼륨, 염소산나트륨, 염소산아모늄 3. **과염소산염류** : 과염소산칼륨, 과염소산나트륨, **과염소산암모늄** 4. 무기과산화물 : 과산화나트륨, 과산화칼륨, 과산화바륨, 과산화마그네슘	50kg
Ⅱ	5. 브롬산염류 : 브롬산칼륨, 브롬산나트륨 6. 요오드산염류 : 요오드산칼륨, 요오드산칼슘, 요오드산나트륨 7. 질산염류 : 질산칼륨, 질산나트륨, 질산암모늄	300kg
Ⅲ	8. 과망간산염류 : 과망간산칼륨, 과망간산나트륨, 과망간산칼슘 9. 중크롬산염류 : 중크롬산칼륨, 중크롬산나트륨, 중크롬산암모늄	1000kg

※① K_2O_2(과산화칼륨) : 제1류 위험물(무기과산화물)
② $NaClO_3$(염소산나트륨) : 제1류 위험물(염소산염류)
③ $NaClO_2$(아염소산나트륨) : 제1류 위험물(아염소산염류)
④ NH_4ClO_4(과염소산암모늄) : 제1류 위험물(과염소산염류)

【정답】 ④

58. 황의 특성 및 위험성에 대한 설명 중 틀린 것은?

① 산화성 물질이므로 환원성 물질과 접촉을 피해야 한다.

② 전기의 부도체이므로 전기절연체로 쓰인다.

③ 공기 중 연소 시 유해가스를 발생한다.

④ 일반상태의 경우 분진폭발의 위험성이 있다.

|문|제|풀|이|

[황(유황(S) → 제2류 위험물]

- 황색의 결정 또는 분말로 물에 잘 녹지 않는다.
- 전기절연재료로 사용되며, 사방정계, 단사정계, 비정계 등 3종류가 있다.
- 순도 60wt% 이상의 것이 위험물이다.
- 분말 상태인 경우 분진폭발의 위험성이 있다.
- 공기 중에서 푸른색 불꽃을 내며 타서 이산화황을 생성한다.
- 황은 **환원성 물질**이므로 **산화성 물질과 접촉을 피해야 한다**.
- 황의 연소 반응식 (푸른 불꽃을 내며 연소한다.)

$S + O_2 \rightarrow SO_2$

(황) (산소) (이황산가스)

【정답】 ①

59. 다음은 각 위험물의 인화점을 나타낸 것이다. 인화점을 틀리게 나타낸 것은?

① CH_3COCH_3 : -18℃

② C_6H_6 : -11℃

③ CS_2 : -30℃

④ C_5H_5N : -20℃

|문|제|풀|이|

[위험물의 인화점]

① 아세톤(CH_3COCH_3) → 제4류 위험물(제1석유류) : 인화점 -18℃
② 벤젠(C_6H_6) → 제4류 위험물 (제1석유류) : 인화점 -11℃
③ 이황화탄소(CS_2)→제4류 위험물(특수인화물) : 인화점-30℃
④ 피리딘(C_5H_5N)→제4류 위험물(제1석유류) : 인화점 20℃

※주요 가연물의 인화점

물질명	인화점 ℃	물질명	인화점 ℃
아이소펜탄(C_5H_{12})	-51	피리딘(C_5H_5N)	20
디에틸에테르 ($C_2H_5OC_2H_5$)	-45	클로로벤젠 (C_6H_5Cl)	32
아세트알데히드 (CH_3CHO)	-38	테레핀유($C_{10}H_{16}$)	35
산화프로필렌 (OCH_2CHCH_3)	-37	클로로아세톤 (C_3H_5ClO)	35
이황화탄소(CS_2)	-30	초산(CH_3COOH)	40
아세톤(CH_3COCH_3) 트리메틸알루미늄 [$(CH_3)_3Al$]	-18	등유(C_{10} ~ C_{15})	30~60
벤젠(C_6H_6)	-11	경유(C_{15} ~ C_{20})	50~70
메틸에틸케톤 ($CH_3COC_2H_5$)	-1	아닐린($C_6H_5NH_2$)	70
톨루엔($C_6H_5CH_3$)	4.5	니트로벤젠 ($4C_6H_5NO_2$)	88
메틸알코올(CH_4O) (메탄올)	11	에틸렌글리콜 ($C_2H_4(OH)_2$)	111
에틸알코(C_2H_6O) (에탄올)	13	중유(C_{20} ~ C_{50})	60~150
에틸벤젠(C_8H_{10})	15		

【정답】 ④

60. 다음 중 제3석유류에 속하는 것은?

① 벤즈알데히드 ② 등유
③ 글리세린 ④ 염화아세틸

|문|제|풀|이|

[제4류 위험물 → (인화성 액체)]

품명	성질	
특수인화물	1기압에서 액체로 되는 것으로서 인화점이 -20℃ 이하, 비점이 40℃ 이하이거나 착화점이 100℃ 이하인 것을 말한다.	
	이황화탄소, 디에틸에테르, 아세트알데히드 산화프로필렌	
제1석유류	1기압 상온에서 액체로 인화점이 21℃ 미만인 것을 말한다.	
	비수용성	휘발유, 메틸에틸케톤, 톨루엔, 벤젠
	수용성	시안화수소, 아세톤, 피리딘
알코올류	1분자를 구성하는 탄소원자수가 C_1 ~ C_3인 포화 1가 알코올을 말한다.	
	메틸알코올, 에틸알코올, 프로필알코올	
제2석유류	1기압 상온에서 액체로 인화점이 21℃ 이상 70℃ 미만인 것을 말한다. → (가연성 액체량이 40wt% 이하이면서 인화점이 40℃ 이상인 동시에 연소점이 60℃ 이상인 것은 제외)	
	비수용성	등유, 경유, 스티렌, 크실렌(자일렌), 클로로벤젠
	수용성	아세트산, 폼산, 히드라진
제3석유류	1기압 상온에서 액체로 인화점이 70℃ 이상 200℃ 미만인 것을 말한다. → (가연성 액체량이 40wt% 이하인 것은 제외)	
	비수용성	크레오소트유, 중유, 아닐린, 니트로벤젠
	수용성	**글리세린**, 에틸렌글리콜
제4석유류	1기압 상온에서 액체로 인화점이 200 ° C 이상인 것을 말한다. → (가연성 액체량이 40wt% 이하인 것은 제외)	
	윤활유, 기어유, 실린더유	
동·식물유류	동물의 지육 등 또는 식물의 종자나 과육으로부터 추출한 것으로서 1기압에서 인화점이 250℃ 미만인 것을 말한다. → (건성유, 반건성유, 불건성유)	

【정답】 ③

2019_1 위험물기능사 필기

01. 위험물제조소 등에 자동화재탐지설비를 설치하는 경우, 당해 건축물 그 밖의 공작물의 주요한 출입구에서 그 내부의 전부를 볼 수 있는 경우에 하나의 경계구역의 면적은 최대 몇 m^2까지 할 수 있는가?

① 300　② 600

③ 1000　④ 1200

|문|제|풀|이|

[자동화재탐지설비의 설치기준] 하나의 경계구역의 면적은 **600** m^2 이하로 하고 그 한 변의 길이는 50m(광전식분리형 감지기를 설치할 경우에는 100m)이하로 할 것

→ 다만, 당해 건축물 그 밖의 공작물의 주요한 출입구에서 그 내부의 전체를 볼 수 있는 경우에 있어서는 그 면적을 1,000 m^2이하로 할 수 있다. 【정답】 ③

02. 【보기】에서 소화기의 사용방법을 옳게 설명한 것을 모두 나열한 것은?

【보기】
㉠ 적응화재에만 사용할 것
㉡ 불과 최대한 멀리 떨어져서 사용할 것
㉢ 바람을 마주보고 풍하에서 풍상으로 사용할 것
㉣ 양옆으로 비로 쓸 듯이 골고루 사용할 것

① ㉠, ㉡　② ㉠, ㉢

③ ㉠, ㉣　④ ㉠, ㉢, ㉣

|문|제|풀|이|

[소화기의 사용방법]

1. 적응 화재에 따라 사용할 것
2. 불과 가까이 가서 사용할 것
3. 성능에 따라 방출거리 내에서 사용할 것
4. 바람을 등지고 풍상에서 풍하의 방향으로 사용할 것
5. 양옆으로 비로 쓸 듯이 방사할 것 【정답】 ③

03. 압력수조를 이용한 옥내소화전설비의 가압송수장치에서 압력수조의 최소압력(MPa)은? (단, 소방용 호스의 마찰손실 수두압은 3MPa, 배관의 마찰손실 수두압은 1MPa, 낙차의 환산 수두압은 1.35MPa이다)

① 5.35　② 5.70

③ 6.00　④ 6.35

|문|제|풀|이|

[압력수조를 이용한 가압송수장치의 필요 압력]

$P = p_1 + p_2 + p_3 + 0.35(MPa)$

여기서, P : 압력수조의 압력(MPa)

p_1 : 소방용 호스의 마찰실수두압력(MPa)

p_2 : 배관의 마찰손실수두압력(MPa)

p_3 : 낙차의 환산수두압(MPa)

0.35 : 노즐선단의 수두압(MPa)

$\therefore P = 3 + 1 + 1.35 + 0.35 = 5.70MPa$ 【정답】 ②

04. 자연발화가 잘 일어나는 경우와 거리가 먼 것은?

① 주변의 온도가 높을 것

② 습도가 높을 것

③ 표면적이 넓을 것

④ 열전도율이 클 것

|문|제|풀|이|

[자연발화의 발생 조건]

- 주위 온도가 높을 것
- **열전도율이 작을 것**
- 습도가 높을 것
- 발열량이 클 것
- 표면적이 넓을 것 【정답】 ④

05. 할로겐화합물 소화설비가 적응성이 있는 대상물은?

① 제1류 위험물　　② 제3류 위험물

③ 제4류 위험물　　④ 제5류 위험물

|문|제|풀|이|

[할로겐화합물 소화설비가 적응성이 있는 대상물] 전기설비, 인화성고체, 제4류 위험물

소화설비의 구분 \ 대상			대상물 구분											
			건축물·그 밖의 공작물	전기설비	제1류 위험물		제2류 위험물			제3류 위험물		제4류 위험물	제5류 위험물	제6류 위험물
					알칼리금속과산화물 등	그 밖의 것	철분·금속분·마그네슘	인화성고체	그 밖의 것	금수성물품	그 밖의 것			
옥내소화전 또는 옥외소화전설비			○			○		○	○		○		○	○
스프링클러설비			○			○		○	○		○	△	○	○
물분무등 소화설비	물분무소화설비		○	○		○		○	○		○	○	○	○
	포소화설비		○			○		○	○		○	○	○	○
	불활성가스소화설비			○				○				○		
	할로겐화합물소화설비			○				○				○		
	분말소화설비	인산염류등	○	○		○		○	○			○		○
		탄산수소염류등		○	○		○	○		○		○		
		그 밖의 것			○		○			○				
대형 소형 수동식 소화기	봉상수(棒狀水)소화기		○			○		○	○		○		○	○
	무상수(霧狀水)소화기		○	○		○		○	○		○		○	○
	봉상강화액소화기		○			○		○	○		○		○	○
	무상강화액소화기		○	○		○		○	○		○	○	○	○
	포소화기		○			○		○	○		○	○	○	○
	이산화탄소소화기			○				○				○		△
	할로겐화합물소화기			○				○				○		
	분말소화기	인산염류소화기	○	○		○		○	○			○		○
		탄산수소염류소화기		○	○		○	○		○		○		
		그 밖의 것			○		○			○				
기타	물통 또는 수조		○			○		○	○		○		○	○
	건조사				○	○	○	○	○	○	○	○	○	○
	팽창질석 또는 팽창진주암				○	○	○	○	○	○	○	○	○	○

【정답】 ③

06. 위험물안전관리에 관한 세부기준에 따르면 불활성가스 소화설비 저장용기는 온도가 몇 ℃ 이하인 장소에 설치하여야 하는가?

① 35　　② 40

③ 45　　④ 50

|문|제|풀|이|

[CO_2(불활성가스) 저장용기의 설치기준]

1. 보호구역 외의 장소에 설치할 것
2. **온도가 40℃ 이하**이고 온도 변화가 적은 장소에 설치할 것
3. 직사일광 및 빗물의 침투할 우려가 적은 장소에 설치할 것
4. 저장용기에는 안전장치를 설치할 것

【정답】 ②

07. 위험물안전관리법령에 따라 제조소 등의 관계인이 화재예방과 재해발생 시 비상조치를 위하여 작성하는 예방규정에 관한 설명으로 틀린 것은?

① 제조소의 관계인은 해당 제조소에서 지정수량 5배의 위험물을 취급하는 경우 예방 규정을 작성하여 제출하여야 한다.

② 지정수량 200배의 위험물을 저장하는 옥외저장소의 관계인은 예방 규정을 작성하여 제출하여야 한다.

③ 위험물시설의 운전 또는 조직에 관항 사항, 위험물 취급 작업의 기준에 관한 사항은 예방규정에 포함되어야 한다.

④ 제조소 등의 예방규정은 산업안전보건법의 규정에 의한 안전보건 관리규정과 통합하여 작성할 수 있다.

|문|제|풀|이|

[관계인이 예방규정을 정하여야 하는 제조소 등]

1. 지정수량의 **10배 이상**의 위험물을 취급하는 **제조소**
2. 지정수량의 100배 이상의 위험물을 저장하는 옥외저장소
3. 지정수량의 150배 이상의 위험물을 저장하는 옥내저장소
4. 지정수량의 200배 이상의 위험물을 저장하는 옥외탱크저장소
5. 암반탱크저장소
6. 이송취급소
7. 지정수량의 10배 이상의 위험물을 취급하는 일반취급소

【정답】 ①

08. 고온층(hot zone)이 형성된 유류화재의 탱크 밑면에 물이 고여 있는 경우, 화재의 진행에 따라 바닥의 물이 급격히 증발하여 불붙은 기름을 분출시키는 위험현상을 무엇이라 하는가?

① 화이어볼(fire ball)

② 플래시오버(flash over)

③ 슬롭오버(slop over)

④ 보일오버(boil over)

|문|제|풀|이|

[보일오버(boil over)] 고온층이 형성된 유류화재의 탱크 저부로 침강하여 저부에 물이 고여 있는 경우, 화재의 진행에 따라 바닥의 물이 급격히 증발하여 대량의 수증기가 상층의 유류를 밀어 올려 다량의 기름을 분출시키는 위험현상

→ 방지대책 : 탱크 하부에 배수관을 설치하여 탱크 밑면의 수층을 방지한다.

*[위험현상]

슬롭오버	· 유류화재 발생시 유류의 액표면 온도가 물의 비점 이상으로 상승할 때 소화용수가 연소유의 뜨거운 액표면에 유입되면서 탱크의 잔존 기름이 갑자기 외부로 분출하는 현상 · 유류화재 시 물이나 포소화약재를 방사할 경우 발생한다.
프로스오버	탱크속의 물이 점성이 뜨거운 기름 표면 아래서 끓을 때 화재를 수반하지 않고 기름이 용기에서 넘쳐흐르는 현상
블레비 현상 (BLEVE)	가연성 액화가스 저장탱크 주위에 화재가 발생하여 누설로 부유 또는 확산 된 액화가스가 착화원과 접촉하여 액화가스가 공기 중으로 확산, 폭발하는 현상 → 영향 인자 : 저장물의 종류, 저장용기의 재질, 내용물의 인화성 및 독성여부, 주위 온도와 압력상태
플래시 오버	화재로 발생한 가연성 분해 가스가 천장 부근에 모이고 갑자기 불꽃이 폭발적으로 확산하여 창문이나 방문으로부터 연기나 불꽃이 뿜어나오는 현상

【정답】 ④

09. 위험장소 중 0종 장소에 대한 설명으로 올바른 것은?

① 정상상태에서 위험 분위기가 장시간 지속적으로 존재하는 장소

② 정상상태에서 위험 분위기가 주기적 또는 간헐적으로 생성될 우려가 있는 장소

③ 이상상태 하에서 위험 분위기가 단시간 동안 생성될 우려가 있는 장소

④ 이상상태 하에서 위험 분위기가 장시간 동안 생성될 우려가 있는 장소

|문|제|풀|이|

[폭발위험장소의 등급구분]

1. 0종 장소 : 상시 폭발한계 내의 농도가 되는 장소
2. 1종 장소 : 빈번하게 한계농도범위가 될 수 있는 장소
3. 2종 장소 : 사고로 또는 드물게 위험하게 되지만, 앞의 장소와 비교적 근접된 장소

【정답】 ①

10. 제5류 위험물에 대한 설명으로 틀린 것은?

① 대부분 물질 자체에 산소를 소유하고 있다.

② 대표적 성질이 자기반응성 물질이다.

③ 가열, 충격, 마찰로 위험성이 증가하므로 주의한다.

④ 불연성이지만 가연물과 혼합은 위험하므로 주의한다.

|문|제|풀|이|

[제5류 위험물(자기반응성 물질)의 일반적인 성질]

1. 자기연소(내부연소)성 물질이다.
2. 연소속도가 매우 빠르고
3. 대부분 유기화합물이므로 가열, 마찰, 충격에 의해 폭발의 위험이 있다.
4. 대부분 물질 자체에 산소를 포함하고 있다.
5. 시간의 경과에 따라 자연발화의 위험성을 갖는다.
6. 연소 시 소화가 어렵다.
7. 비중이 1보다 크다.

*불연성 위험물 : 제1류 위험물(산화성 고체), 제6류 위험물(산화성 액체)

【정답】 ④

11. 요리용 기름의 화재 시 비누화 반응을 일으켜 질식효과와 재 발화 방지효과를 나타내는 소화약제는?

① $NaHNO_3$ ② $KHCO_3$

③ $BaCl_2$ ④ $KH_4H_2PO_4$

|문|제|풀|이|

[식용유화재] 제1종 분말(탄산수소나트륨을 주성분으로 한 것 : $NaHCO_3$)의 비누화현상으로 질식소화

→ (Na^+ : 거품을 생성한다.)

【정답】 ①

12. 분말소화 약제 중 제1종과 제2종 분말이 각각 열분해될 때 공통적으로 생성되는 물질은?

① N_2, CO_2　　② N_2, O_2

③ H_2O, CO_2　　④ H_2O, N_2

|문|제|풀|이|

[분말소화약제의 종류 및 특성]

종류	주성분	착색	적용 화재
제1종 분말	탄산수소나트륨을 주성분으로 한 것, ($NaHCO_3$)	백색	B, C급
	분해반응식: $2NaHCO_3 \rightarrow Na_2CO_3 + H_2O + CO_2$ (탄산수소나트륨) (탄산나트륨) (물) (**이산화탄소**)		
제2종 분말	탄산수소칼륨을 주성분으로 한 것, ($KHCO_3$)	담회색 (보라색)	B, C급
	분해반응식: $2KHCO_3 \rightarrow K_2CO_3 + H_2O + CO_2$ (탄산수소칼륨) (탄산칼륨) (**물**) (**이산화탄소**)		
제3종 분말	인산암모늄을 주성분으로 한 것, ($NH_4H_2PO_4$)	담홍색, 황색	A, B, C급
	분해반응식: $NH_4H_2PO_4 \rightarrow HPO_3 + NH_3 + H_2O$ (인산암모늄) (메타인산) (암모니아)(물)		
제4종 분말	제2종과 요소를 혼합한 것, $KHCO_3 + (NH_2)_2CO$	회색	B, C급
	분해반응식: $2KHCO_3 + (NH_2)_2CO \rightarrow K_2CO_3 + 2NH_3 + 2CO_2$ (탄산수소칼륨) (요소) (탄산칼륨)(암모니아)(이산화탄소)		

※중탄산나트륨=탄산수소나트륨, 중탄산칼륨=탄산수소칼륨

【정답】 ③

13. 주유취급소에 설치할 수 있는 위험물 탱크는?

① 고정주유설비에 직접 접속하는 5기 이하의 간이탱크

② 보일러 등에 직접 접속하는 전용탱크로서 10,000L 이하의 것

③ 고정급유설비에 직접 접속하는 전용탱크로서 70,000L 이하의 것

④ 폐유, 윤활유 등의 위험물을 저장하는 탱크로서 4000L 이하의 것

|문|제|풀|이|

[주유취급소의 저장 또는 취급 가능한 탱크]

1. 자동차 등에 주유하기 위한 고정주유설비에 직접 접속하는 전용탱크로서 50,000L 이하의 것
2. **고정급유설비에 직접 접속하는 전용탱크로서 50,000L 이하**의 것
3. 보일러 등에 직접 접속하는 전용탱크로서 10,000L 이하의 것
4. **폐유, 윤활유** 등의 위험물을 저장하는 탱크로서 **2000L 이하**의 것
5. 고정주유설비 또는 고정급유설비에 직접 접속하는 **3기 이하**의 간이탱크

【정답】 ②

14. 제1종 분말소화약제의 화학식과 색상이 옳게 연결된 것은?

① $NaHCO_3$－백색　　② $KHCO_3$－백색

③ $NaHCO_3$－담홍색　　④ $KHCO_3$－담홍색

|문|제|풀|이|

[분말소화약제의 종류 및 특성]

종류	주성분	착색	적용 화재
제1종 분말	탄산수소나트륨을 주성분으로 한 것, ($NaHCO_3$)	백색	B, C급
	분해반응식: $2NaHCO_3 \rightarrow Na_2CO_3 + H_2O + CO_2$ (탄산수소나트륨) (탄산나트륨) (물) (이산화탄소)		
제2종 분말	탄산수소칼륨을 주성분으로 한 것, ($KHCO_3$)	담회색 (보라색)	B, C급
	분해반응식: $2KHCO_3 \rightarrow K_2CO_3 + H_2O + CO_2$ (탄산수소칼륨) (탄산칼륨) (물) (이산화탄소)		
제3종 분말	인산암모늄을 주성분으로 한 것, ($NH_4H_2PO_4$)	담홍색, 황색	A, B, C급
	분해반응식: $NH_4H_2PO_4 \rightarrow HPO_3 + NH_3 + H_2O$ (인산암모늄) (메타인산) (암모니아)(물)		
제4종 분말	제2종과 요소를 혼합한 것, $KHCO_3 + (NH_2)_2CO$	회색	B, C급
	분해반응식: $2KHCO_3 + (NH_2)_2CO \rightarrow K_2CO_3 + 2NH_3 + 2CO_2$ (탄산수소칼륨) (요소) (탄산칼륨)(암모니아)(이산화탄소)		

※중탄산나트륨=탄산수소나트륨, 중탄산칼륨=탄산수소칼륨

【정답】 ①

15. 제6류 위험물을 저장 또는 취급하는 장소로서 폭발의 위험이 없는 장소에 한하여 적응성이 있는 소화설비는?

① 건조사　② 포소화기
③ 이산화탄소소화기　④ 할로겐화합물소화기

|문|제|풀|이|

[제6류 위험물을 저장 또는 취급하는 장소로서 폭발의 위험이 없는 장소에 한하여 적응성이 있는 소화설비] 이산화탄소소화기

【정답】 ③

16. 알칼리금속의 화재 시 소화약제로 가장 적합한 것은?

① 물　② 마른모래
③ 이산화탄소　④ 할로겐화합물

|문|제|풀|이|

[소화설비의 적응성(제3류 위험물(금수성 물품)]

구분 \ 대상			제3류 위험물	
			금수성 물품	그 밖의 것
옥내소화전 또는 옥외소화전설비				○
스프링클러설비				○
물분무등 소화설비	물분무소화설비			○
	포소화설비			○
	불활성가스소화설비			
	할로겐화합물소화설비			
	분말 소화 설비	인산염류등		
		탄산수소염류등	○	
		그 밖의 것	○	
대형소형 수동식 소화기	봉상수(棒狀水)소화기			○
	무상수(霧狀水)소화기			○
	봉상강화액소화기			○
	무상강화액소화기			○
	포소화기			○
	이산화탄소소화기			
	할로겐화합물소화기			
	분말소화기	인산염류소화기		
		탄산수소염류소화기	○	
		그 밖의 것	○	
기타	물통 또는 수조			○
	건조사		○	○
	팽창질석 또는 팽창진주암		○	○

【정답】 ②

17. 인화점이 21℃ 미만의 액체위험물의 옥외저장탱크 주입구에 설치하는 "옥외저장탱크주입구"라고 표시한 게시판의 바탕 및 문자색을 옳게 나타낸 것은?

① 백색바탕-적색문자
② 적색바탕-백색문자
③ 백색바탕-흑색문자
④ 흑색바탕-백색문자

|문|제|풀|이|

[옥외저장탱크 게시판의 설치기준]

1. 게시판은 한 변의 길이가 0.3m 이상, 다른 한 변의 길이가 0.6m 이상인 직사각형으로 할 것
2. 게시판에는 "**옥외저장탱크 주입구**"라고 표시하는 것 외에 저장 또는 취급하는 위험물의 유별·품명 및 저장최대수량 또는 취급최대수량, 지정수량의 배수 및 안전관리자의 성명 또는 직명을 기재할 것
3. 게시판의 **바탕은 백색**으로, **문자는 흑색**으로 할 것

【정답】 ③

18. 주택, 학교 등의 보호대상물과의 안전거리를 두지 않아도 되는 위험물시설은?

① 옥내저장소　② 옥내탱크저장소
③ 옥외저장소　④ 일반취급소

|문|제|풀|이|

[안전거리 규제 대상 및 미대상]

1. 규제대상 : 제조소(제6류 위험물 제외), 일반취급소, 옥내저장소, 옥외저장소, 옥외탱크저장소
2. 미대상 : **옥내탱크저장소**, 지하탱크저장소, 이동탱크저장소, 간이탱크저장소, 암반탱크저장소, 판매취급소, 주유취급소, 이송취급소

【정답】 ②

19. 정기점검 대상에 해당하지 않는 것은?

① 지정수량 15배의 제조소
② 지정수량 40배의 옥내탱크저장소
③ 지정수량 50배의 이동탱크저장소
④ 지정수량 20배의 지하탱크저장소

|문|제|풀|이|

[정기점검의 대상인 제조소 등]

1. 지정수량의 10배 이상의 위험물을 취급하는 제조소
2. 지정수량의 100배 이상의 위험물을 저장하는 옥외저장소
3. **지정수량의 150배 이상의 위험물을 저장하는 옥내저장소**
4. 지정수량의 200배 이상의 위험물을 저장하는 옥외탱크저장소
5. 암반탱크저장소
6. 이송취급소
7. 지정수량의 10배 이상의 위험물을 취급하는 일반취급소

8. 지하탱크저장소　　　　　　9. 이동탱크저장소
10. 지하에 매설된 탱크가 있는 제조소 · 주유취급소 또는 일반취급소

【정답】 ②

20. B급 화재의 표시 색상은?

① 백색　　② 황색
③ 청색　　④ 초록

|문|제|풀|이|

[화재의 분류]

급수	종류	색상	소화방법	가연물
A급	일반화재	백색	냉각소화	일반가연물(목재, 종이, 섬유, 석탄, 플라스틱 등)
B급	유류 가스 화재	**황색**	질식소화	가연성 액체(각종 유류 및 가스, 페인트)
C급	전기화재	청색	질식소화	전기기기, 기계, 전선 등
D급	금속화재	무색	피복에 의한 질식소화	가연성 금속(철분, 마그네슘, 나트륨, 금속분, Al분말 등)

※ E급 : 가스화재, F급 : 식용유화재

【정답】 ②

21. 폭발의 종류에 따른 물질이 잘못된 것은?

① 분해폭발 - 아세틸렌, 산화에틸렌
② 분진폭발 - 금속분, 밀가루
③ 중합폭발 - 시안화수소, 염화비닐
④ 산화폭발 - 히드라진, 과산화수소

|문|제|풀|이|

[폭발의 유형]

1. 분진폭발(물리적 폭발) : 공기 중에 떠도는 농도 짙은 분진이 에너지를 받아 열과 압력을 발생하면서 갑자기 연소 · 폭발하는 현상. 먼지폭발, 분체폭발이라고도 한다.
   → 전분, 설탕, 밀가루, 금속분
2. 분해폭발 : 물질의 구성분자의 결합이 그다지 안정되지 못하기 때문에, 때로는 분해반응을 일으키며, 반응 자체에 의한 발열원에 의해서 진행하는 폭발현상을 말한다.
   → 산화에틸렌(C_2H_2O), 아세틸렌(C_2H_2), **히드라진(N_2H_4), 과산화수소(H_2O_2)**
3. 중합폭발 : 초산비닐, 염화비닐 등의 원료인 단량체, 시안화수소 등 중합열에 의해 폭발하는 현상이다.
   → 염화비닐, 시안화수소
4. 산화폭발 : 가연성 가스가 공기 중에 누설되거나 인화성 액체 저장탱크에 공기가 혼합되어 폭발성 혼합가스를 형성함으로써 점화원에 의해 착화되어 폭발하는 현상
   → LPG, LNG 등

【정답】 ④

22. 질산암모늄의 일반적 성질에 대한 설명으로 옳은 것은?

① 조해성을 가진 물질이다.
② 물에 대한 용해도 값이 매우 작다.
③ 가열 시 분해하여 수소를 발생한다.
④ 과일향의 냄새가 나는 백색 결정체이다.

|문|제|풀|이|

[질산암모늄(NH_4NO_3, 제1류 위험물, 산화성 고체)의 성질]

1. 분해온도 220℃, 융점 169.5℃, **용해도 118.3(0℃)**, 비중 1.72
2. **무색무취**의 백색 결정 고체
3. 조해성 및 흡수성이 크다.
4. 물, 알코올, 알칼리에 에 잘 녹는다.
   → (물에 용해 시 흡열반응)
5. 단독으로 급격한 가열, 충격으로 분해, 폭발한다.
6. 경유와 혼합하여 안포(ANFO)폭약을 제조한다.
7. 소화방법에는 주수소화가 효과적이다.
8. 열분해 반응식 : $NH_4NO_3 \rightarrow N_2O + 2H_2O \uparrow$
   (질산암모늄) (아산화질소) (물)

【정답】 ①

23. 적갈색의 고체 위험물은?

① 칼슘　　② 탄화칼슘
③ 금속나트륨　　④ 인화칼슘

|문|제|풀|이|

[인화석회/인화칼슘(Ca_3P_2) → 제3류 위험물(금수성 물질)]

- 융점 1600℃, 비중 2.51
- 적갈색 괴상의 고체　→ (인화칼슘이라고 한다.)
- 수중 조명등으로 사용한다.
- 물, 약산과 반응하여 유독한 인화수소(포스핀가스(PH_3))를 발생한다.
  물과 반응식 : $Ca_3P_2 + 6H_2O \rightarrow 2PH_3 \uparrow + 3Ca(OH)_2$
  (인화칼슘) (물) (포스핀=인화수소) (수산화칼슘)
  약산과의 반응식 : $Ca_3P_2 + 6HCl \rightarrow 3CaCl_2 \uparrow + 2PH_5$
  (인화칼슘) (염산) (염화칼슘) (포스핀)
- 소화방법에는 마른모래 등으로 피복하여 자연진화를 기다린다.
  → (물 및 포약제의 소화는 금한다.)

【정답】 ④

24. $C_6H_5CH_3$의 일반적인 성질이 아닌 것은?

① 벤젠보다 독성이 강하다.

② 진한 질산과 진한 황산으로 니트로화하면 TNT가 된다.

③ 비중은 약 0.86이다.

④ 물에 녹지 않는다.

|문|제|풀|이|

[톨루엔($C_6H_5CH_3$) → 제4류 위험물(제1석유류)]

1. 지정수량(비수용성) 200L, 인화점 4℃, 착화점 552℃, 비점 110.6℃, 비중 0.871, 연소범위 1.4~6.7%
2. 무색 투명한 휘발성 액체
3. 물에 잘 녹지 않는다.
4. 증기는 공기보다 무거워 낮은 곳에 체류하므로 주의한다.
5. **벤젠보다 독성이 약하다.** → (벤젠의 $\frac{1}{10}$)
6. T.N.T(트리니트로톨루엔, 제5류 위험물)의 원료

【정답】 ①

25. 황화린에 대한 설명 중 옳지 않은 것은?

① 삼황화린은 황색 결정으로 공기 중 약 100℃에서 발화할 수 있다.

② 오황화린은 담황색 결정으로 조해성이 있다.

③ 오황화린은 물과 접촉하여 황화수소를 발생할 위험이 있다.

④ 삼황화린은 차가운 물에도 잘 녹으므로 주의해야 한다.

|문|제|풀|이|

[황화린(제2류 위험물)]

1. 삼황화린(P_4S_3)
   - 착화점 100℃, 융점 172.5℃, 비점 407℃, 비중 2.03
   - 담황색 결정으로 조해성이 없다.
   - **차가운 물, 염산, 황산에 녹지 않으며** 끓는 물에서 분해한다.
   - 질산, 알칼리, 이황화탄소에는 잘 녹는다.
   - 과산화물, 과망간산염, 금속분과 공존하고 있을 때 자연발화한다.
   - 연소 반응식 : $P_4S_3 + 8O_2 \rightarrow 2P_2O_5 + 3SO_2$
     (삼황화린) (산소) (오산화인) (이산화황)
2. 오황화린(P_2S_5)
   - 착화점 142℃, 융점 119.5℃, 비점 220.5℃, 비중 2.09
   - 담황색 결정으로 조해성, 흡습성이 있는 물질
   - 알코올 및 이황화탄소(CS_2)에 잘 녹는다.
   - 물, 알칼리와 분해하여 유독성인 황화수소(H_2S), 인산(H_3PO_4)이 된다.
   - 물과 분해반응식 : $P_2S_5 + 8H_2O \rightarrow 5H_2S + 2H_3PO_4$
     (오황화린) (물) (황화수소) (인산)
3. 칠황화린(P_4S_7)
   - 착화점 250℃, 융점 310℃, 비점 523℃, 비중 2.19
   - 담황색 결정으로 조해성이 있는 물질
   - 이황화탄소에(CS_2)에 약간 녹는다.
   - 냉수에서는 서서히, 온수에서는 급격히 분해하여 유독성인 황화수소(H_2S), 인산(H_3PO_4)을 발생한다.
   - 물과 분해반응식 : $P_4S_7 + 13H_2O \rightarrow 7H_2S + H_3PO_4 + 3H_3PO_3$
     (칠황화린) (물) (황화수소) (인산) (아인산)

【정답】 ④

26. 위험물안전관리법령상 인화성 액체의 인화점 시험방법이 아닌 것은?

① 태그(Tag)밀폐식 인화점 측정기에 의한 인화점 측정

② 신속평형법 인화점 측정기에 의한 인화점 측정

③ 클리브랜드 개방식 인화점 측정기에 의한 인화점 측정

④ 펜스키-마르텐식 인화점 측정기에 의한 인화점 측정

|문|제|풀|이|

[인화성 액체의 인화점 측정시험]

1. 태크(Tag)밀폐식 인화점측정기로 측정한다.
2. 신속평형법 인화점 측정방법 → (인화점이 0℃이상 80℃ 미만)
3. 클리브랜드 개방컵 인화점 측정
   → (인화점이 섭씨 80℃를 초과하는 경우)

【정답】 ④

27. 다음은 P_2S_5와 물의 화학반응이다. ( )에 알맞은 숫자를 차례대로 나열한 것은?

$$P_2S_5 + (\quad)H_2O \rightarrow (\quad)H_2S + (\quad)H_3PO_4$$

① 2, 8, 5　　② 2, 5, 8

③ 8, 5, 2　　④ 8, 2, 5

|문|제|풀|이|

[오황화린(P_2S_5)→ 제2류 위험물(황화린)]

- 착화점 142℃, 융점 290℃, 비점 514℃, 비중 2.09
- 담황색 결정으로 조해성, 흡습성이 있는 물질
- 알코올 및 이황화탄소(CS_2)에 잘 녹는다.
- 물, 알칼리와 분해하여 유독성인 황화수소(H_2S), 인산(H_3PO_4)이 된다.
- 물과 분해반응식 : $P_2S_5 + 8H_2O \rightarrow 5H_2S + 2H_3PO_4$
  (오황화린) (물) (황화수소) (인산)

【정답】 ③

28. 염소산칼륨에 대한 설명으로 옳은 것은?

① 흑색 분말이다.

② 비중은 4.32이다.

③ 글리세린과 에테르에 잘 녹는다.

④ 가열에 의해 분해하여 산소를 방출한다.

|문|제|풀|이|

[염소산칼륨($KClO_3$) → 제1류 위험물 중 염소산염류]

- 분해온도 400℃, **비중 2.34**, 융점 368.4℃, 용해도 7.3(20℃)
- 무색의 단사정계 판상결정 또는 **백색 분말**이다.
- 인체에 유독하다.
- 산과 반응하여 유독한 폭발성 이산화염소(ClO_2)를 발생하고 폭발 위험이 있다.
- 온수, 글리세린에는 잘 녹으나 냉수 및 **알코올에는 녹기 어렵다.**
- 불꽃놀이, 폭약제조, 의약품 등에 사용된다.
- 소화방법으로는 주수소화가 가장 좋다.
- 540~560℃일 때의 분해 반응식 : $KClO_4 \rightarrow KCl + 2O_2 \uparrow$

(과염소산칼륨) (염화칼륨) (산소)

【정답】 ④

29. 염소산나트륨의 저장 및 취급 시 주의할 사항으로 틀린 것은?

① 철제용기에 저장할 수 없다.

② 분해방지를 위해 암모니아를 넣어 저장하다.

③ 조해성이 있으므로 방습에 유의한다.

④ 용기에 밀전하여 보관한다.

|문|제|풀|이|

[염소산나트륨($NaClO_3$) → 제1류 위험물 중 염소산염류]

- 분해온도 300℃, 비중 2.5, 융점 248℃, 용해도 101(20℃)
- 무색무취의 입방정계 주상결정
- 인체에 유독하다.
- 산과 반응하여 유독한 폭발성 이산화염소(ClO_2)를 발생하고 폭발 위험이 있다.
- 알코올, 에테르, 물에는 잘 녹으며 조해성이 크다.
- 철제를 부식시키므로 저장 시 철제용기 사용금지
- 섬유, 나무조각, 먼지 등에 침투하기 쉽다.
- 소화방법으로는 주수소화가 가장 좋다.
- 300℃ 분해 반응식 : $2NaClO_3 \rightarrow 2NaCl + 3O_2 \uparrow$

(염소산나트륨) (염화나트륨) (산소)

※암모니아나 아민류와 접촉할 경우 폭발성 화합물을 생성한다.

【정답】 ②

30. 금속염을 불꽃반응 실험을 한 결과 보라색의 불꽃이 나타났다. 이 금속염에 포함된 금속은 무엇인가?

① Cu ② K

③ Na ④ Li

|문|제|풀|이|

[불꽃반응 시 색상]

1. 나트륨(Na) : 노란색
2. 칼륨(K) : 보라색
3. 칼슘(Ca) : 주황색
4. 구리(Cu) : 청록색
5. 바륨(Ba) : 황록색
6. 리튬(Li) : 빨간색

【정답】 ②

31. 위험물탱크의 용량은 탱크의 내용적에서 공간용적을 뺀 용적으로 한다. 이 경우 소화약제 방출구를 탱크 안의 윗부분에 설치하는 탱크의 공간용적은 당해 소화설비의 소화약제방출구 아래의 어느 범위의 면으로부터 윗부분의 용적으로 하는가?

① 0.1m 이상 0.5m 미만 사이의 면

② 0.3m 이상 1m 미만 사이의 면

③ 0.5m 이상 1m 미만 사이의 면

④ 0.5m 이상 1.5m 미만 사이의 면

|문|제|풀|이|

[탱크의 공간용적]

1. 탱크의 공간용적은 탱크의 내용적의 $\frac{5}{100}$ 이상, $\frac{10}{100}$ 이하의 용적으로 한다.
   → 다만, 소화설비를 설치하는 탱크의 공간용적은 당해 소화설비의 **소화약제방출구 아래의 0.3m 이상 1m 미만 사이의 면**으로부터 윗부분의 용적으로 한다.
2. 암반탱크에 있어서는 용출하는 7일간의 지하수의 양에 상당하는 용적과 당해 탱크 내용적의 $\frac{1}{100}$의 용적 중에서 보다 큰 용적을 공간용적으로 한다.

【정답】 ②

32. 과산화수소의 저장 및 취급 방법으로 옳지 않은 것은?

① 갈색 용기를 사용한다.

② 직사광선을 피하고 냉암소에 보관한다.

③ 농도가 클수록 위험성이 높아지므로 분해방지 안정제를 넣어 분해를 억제시킨다.

④ 장기간 보관 시 철분을 넣어 유리용기에 보관한다.

|문|제|풀|이|

[과산화수소(H_2O_2)의 일반적인 성질]

- 착화점 80.2℃, 융점 -0.89℃, 비중 1.465, 증기비중 1.17, 비점 80.2℃
- 순수한 것은 무색투명한 점성이 있는 액체이다.
  → (양이 많을 경우 청색)
- 분해 시 산소(O_2)를 발생하므로 **안정제로 인산, 요산 등을 사용**한다.
- 물, 알코올, 에테르에는 녹고, 벤젠, 석유에는 녹지 않는다.
- 강산화제 및 환원제로 사용되며 표백 및 살균작용을 한다.
- 농도가 30wt% 이상은 위험물에 속한다.
- 분해 반응식 : $4H_2O_2 \rightarrow H_2O + [O]$ (발생기 산소 : 표백작용)
  (과산화수소) (물) (산소)

【정답】 ④

33. 자기반응성 물질에 해당하는 물질은?

① 과산화칼륨 ② 벤조일퍼옥사이드

③ 트리에틸알루미늄 ④ 메틸에틸케톤

|문|제|풀|이|

[과산화벤조일[$(C_6H_5CO)_2O_2$, 벤젠퍼옥사이드, 벤조일퍼옥사이드 → 제5류 위험물(유기과산화물), 자기반응성 물질]

- 발화점 125℃, 융점 103~105℃, 비중 1.33, 함유율(석유를 함유한 비율) 35.5wt% 이상
- 무색무취의 백색 분말 또는 결정, 비수용성이다.
- 상온에서 안정된 물질로 강한 산화성 물질이다.
- 물에 녹지 않고 알코올에는 약간 녹으며 에테르 등 유기용제에는 잘 녹는다.
- 건조한 상태에서 마찰, 충격 등으로 폭발 위험성이 있다.
- 직사광선을 피해 냉암소에 보관한다.
- 가열하면 100℃에서 흰 연기를 내며 분해한다.
- 용도로는 소맥분 및 압맥의 표백제, 유지 등의 표백제, 의약, 화장품 등
- 소화방법으로는 소량일 경우에는 마른모래, 분말, 탄산가스가 효과적이며, 대량일 경우에는 주수소화가 효과적이다.

※ ① 과산화칼륨 → 제1류 위험물(산화성 고체)
③ 트리에틸알루미늄 → 제3류 위험물(자연발화성 및 금수성물질)
④ 메틸에틸케톤 → 제4류 위험물(인화성 액체)

【정답】 ②

34. 다음 ( )안에 적합한 숫자를 차례대로 나열한 것은?

> 자연발화성 물질 중 알킬알루미늄 등은 운반용기의 내용적의 ( )% 이하의 수납률로 수납하되 50℃의 온도에서 ( )% 이상의 공간용적을 유지하도록 할 것

① 90, 5 ② 90, 10

③ 95, 5 ④ 95, 10

|문|제|풀|이|

[위험물의 운반에 관한 기준] 자연발화성 물질 중 알킬알루미늄 등은 운반용기의 내용적의 **90%** 이하의 수납률로 수납하되, 50℃ 온도에서 **5%** 이상의 공간용적을 유지하도록 할 것

【정답】 ①

35. $KMnO_4$와 반응하여 위험성을 가지는 물질이 아닌 것은?

① H_2SO_4 ② H_2O

③ CH_3OH ④ $C_2H_5OC_2H_5$

|문|제|풀|이|

[과망간산칼륨($KMnO_4$) → 제1류 위험물(산화성고체)]

- 분해온도 240℃, 비중 2.7
- 흑자색 결정
- 물, 알코올에 녹아 진한 보라색을 나타낸다.
- 강한 산화력과 살균력이 있다.
  → (수용액은 무좀 등의 치료재로 사용된다.)
- **알코올, 에테르, 글리세린 등 유기물과 접촉을 금한다.**
- 목탄, 황 등의 환원성 물질과 접촉 시 충격에 의해 폭발 위험성
- 소화방법에는 다량의 주수소화 또는 마른모래에 의한 피복소화가 효과적이다.
- 가열에 의한 분해 반응식 : $2KMnO_4 \rightarrow K_2MnO_4 + MnO_2 + O_2 \uparrow$
  (과망간산칼륨) (망간산칼륨) (이산화망간) (산소)
- **묽은 황산과의 반응식** : $4KMnO_4 + 6H_2SO_4$
  (과망간산칼륨) (황산)
  $\rightarrow 2K_2SO_4 + 4MnSO_4 + 6H_2O + 5O_2 \uparrow$
  (황산칼륨)(황산망간) (물) (산소)

※황산(H_2SO_4), 메틸알코올(CH_3OH), 디에틸에테르($C_2H_5OC_2H_5$)

【정답】 ②

36. 과산화수소가 녹지 않는 것은?

① 물　　② 벤젠

③ 에테르　　④ 알코올

|문|제|풀|이|

[과산화수소(H_2O_2) 일반적인 성질]

- 착화점 80.2℃, 융점 -0.89℃, 비중 1.465, 증기비중 1.17, 비점 80.2℃
- 순수한 것은 무색투명한 점성이 있는 액체이다.
  → (양이 많을 경우 청색)
- 분해 시 산소(O_2)를 발생하므로 안정제로 인산, 요산 등을 사용한다.
- 물, 알코올, 에테르에는 녹고, **벤젠, 석유에는 녹지 않는다.**
- 강산화제 및 환원제로 사용되며 표백 및 살균작용을 한다.
- 저장용기는 밀폐하지 말고 구멍이 있는 마개를 사용한다.
- 히드라진(N_2H_4)과 접촉 시 분해 작용으로 폭발위험이 있다.
- 농도가 30wt% 이상은 위험물에 속한다.
- 분해 반응식 : $4H_2O_2 \rightarrow H_2O + [O]$ (발생기 산소 : 표백작용)
  (과산화수소) (물) (산소)

【정답】 ②

37. 지정수량이 50kg인 것은?

① 칼륨　　② 리튬

③ 나트륨　　④ 알킬알루미늄

|문|제|풀|이|

[위험물의 지정수량]

① 칼륨: 제3류 위험물, 지정수량 10kg
② **리튬**: 제3류 위험물, 지정수량 **50kg**
③ 나트륨: 제3류 위험물, 지정수량 10kg
④ 알킬알루미늄: 제3류 위험물, 지정수량 10kg

【정답】 ②

38. 지중탱크 누액방지판의 구조에 관한 기준으로 틀린 것은?

① 두께는 4.5mm 이상의 강판으로 할 것

② 용접은 맞대기 용접으로 할 것

③ 침하 등에 의한 지중탱크 본체를 변위영향을 흡수하지 아니할 것

④ 일사 등에 의한 열의 영향 등에 대하여 안전할 것

|문|제|풀|이|

[지중탱크 누액방지판의 구조] 규정에 의한 누액방지판의 구조는 다음 각 호와 같다.

1. 누액방지판은 두께는 4.5mm 이상의 강판으로 할 것
2. 용접은 맞대기 용접으로 할 것
3. 침하 등에 의한 지중탱크 본체를 **변위영향을 흡수할 수 있는 것**으로 할 것
4. 일사 등에 의한 열영향, 콘크리트의 건조 · 수축 등에 의한 응력에 대하여 안전한 것으로 할 것
5. 옆판에 설치하는 누액방지판은 옆판과 일체의 구조로 하고 옆판과 접하는 부분에는 부식을 방지하기 위한 조치를 강구할 것
6. 밑판에 설치하는 누액방지판에는 그 아래에 두께 50㎜ 이상의 아스팔트샌드 등을 설치할 것

【정답】 ③

39. 품명이 제4석유류인 위험물은?

① 중유　　② 기어유

③ 등유　　④ 크레오소트유

|문|제|풀|이|

[제4류 위험물(인화성 액체)]

품명	성질	
특수인화물	이황화탄소, 디에틸에테르, 아세트알데히드 산화프로필렌	
제1석유류	비수용성	휘발유, 메틸에틸케톤, 톨루엔, 벤젠
	수용성	시안화수소, 아세톤, 피리딘
알코올류	메틸알코올, 에틸알코올, 프로필알코올	
제2석유류	비수용성	등유, 경유, 스티렌, 크실렌(자일렌), 클로로벤젠
	수용성	아세트산, 폼산, 히드라진
제3석유류	비수용성	크레오소트유, 중유, 아닐린, 니트로벤젠
	수용성	글리세린, 에틸렌글리콜
제4석유류	윤활유, **기어유**, 실린더유	
동·식물유류	건성유, 반건성유, 불건성유	

【정답】 ②

40. 순수한 금속나트륨을 고온으로 건조한 공기 중에서 연소시켜 얻는 위험물질은 무엇인가?

① 아염소산나트륨 ② 염소산나트륨
③ 과산화나트륨 ④ 과염소산나트륨

|문|제|풀|이|

[금속나트륨 : 제3류 위험물]

- 융점 97.8℃, 비점 880℃, 비중 0.97
- 은백색 광택의 무른 경금속으로 불꽃반응은 노란색
- 물과 반응식 : $2Na + 2H_2O \rightarrow 2NaOH + H_2 \uparrow + 88.2kcal$
  (나트륨) (물) (수산화나트륨) (수소) (반응열)
- **공기와의 반응식** : $2Na + O_2 \rightarrow Na_2O_2$
  (나트륨) (산소) (과산화나트륨)
- 알코올과 반응하여 알코올레이트를 만든다.
- 비중이 작으므로 석유(파라핀, 경유, 등유) 속에 저장한다.
- 흡습성, 조해성이 있다.
- 소화방법에는 마른모래, 건조된 소금, 탄산칼슘 분말의 혼합물로 피복하여 질식소화가 효과적이다. → (주수소화와 절대 금한다.)

【정답】 ③

41. 이황화탄소를 화재예방 상 물속에 저장하는 이유는?

① 불순물을 물에 용해시키기 위해
② 가연성 증기의 발생을 억제하기 위해
③ 상온에서 수소가스를 발생시키기 때문에
④ 공기와 접촉하면 즉시 폭발하기 때문에

|문|제|풀|이|

[이황화탄소(CS_2, 2유화탄소) → 제4류 위험물(특수인화물)]

- 인화점 -30℃, 착화점 100℃, 비점 46.25℃, 비중 1.26, 증기비중 2.62, 연소범위 1~44%
- 무색투명한 휘발성 액체(불쾌한 냄새)이나 일광을 쬐이면 황색으로 변색한다.
- 제4류 위험물 중 착화온도가 가장 낮다.
- 물에 녹지 않고 물보다 무거워 물속(물탱크, 수조)에 저장한다. → (독성이 있음)
- 저장 시 물속에 넣어 **가연성 증기의 발생을 억제**한다.
- 알코올, 에테르, 벤젠 등의 유기용제에는 잘 녹는다.
- 황, 황린, 수지, 고무 등을 잘 녹인다.
- 소화방법에는 포말, 분말, CO_2, 할로겐화합물 소화기 등을 사용해 질식소화 한다.
- 연소 반응식(100℃) : $CS_2 + 3O_3 \rightarrow CO_2 \uparrow + 2SO_2 \uparrow$
  (이황화탄소) (산소) (이산화탄소) (이황산가스(이산화황))

【정답】 ②

42. 물과 반응으로 산소와 열이 발생하는 위험물은?

① 과염소산칼륨 ② 과산화나트륨
③ 질산칼륨 ④ 과망간산칼륨

|문|제|풀|이|

[과산화나트륨(Na_2O_2) → 제1류 위험물(무기과산화물, 금수성)]

1. 물(H_2O)과 반응하여 수산화나트륨과 산소(O_2)를 발생한다.
   $2Na_2O_2 + 2H_2O \rightarrow 4NaOH + O_2 \uparrow$ + 발열
   (과산화나트륨) (물) (수산화나트륨) (산소)
2. 공기중 이산화탄소(CO_2)와의 반응하여 산소(O_2)를 방출한다.
   $2Na_2O_2 + 2CO_2 \rightarrow 2Na_2CO_3 + O_2 \uparrow$
   (과산화나트륨)(이산화탄소) (탄산나트륨) (산소)
3. 산과 반응하여 과산화수소(H_2O_2)를 방출한다.
   $Na_2O_2 + 2CH_3COOH \rightarrow 2CH_3COONa + H_2O_2 \uparrow$
   (과산화나트륨) (초산) (초산나트륨) (과산화수소)

【정답】 ②

43. 과산화수소, 질산, 과염소산의 공통적인 특징이 아닌 것은?

① 산화성액체이다.
② pH 1 미만의 강한 산성 물질이다.
③ 불연성 물질이다.
④ 물보다 무겁다.

|문|제|풀|이|

[제6류 위험물의 일반적인 성질]

- 불연성 물질이며, 무기화합물로서 부식성 및 유독성이 **강한 강산화제**이다.
- 비중이 1보다 커서 물보다 무거우며 물에 잘 녹는다.
- 물과 접촉 시 발열한다.
- 가연물 및 분해를 촉진하는 약품과 접촉하면 분해 폭발한다.

※질산(HNO_3), 과산화수소(H_2O_2), 과염소산($HClO_4$)의 pH는 1 이상이다.

【정답】 ②

44. 벤조일퍼옥사이드, 피크린산, 히드록실아민이 각각 200kg 있을 경우 지정수량의 배수의 합은 얼마인가?

① 22 ② 23
③ 24 ④ 25

|문|제|풀|이|

[지정수량의 계산값(배수)]

$$\text{배수} = \frac{A\text{품명의 저장수량}}{A\text{품명의 지정수량}} + \frac{B\text{품명의 저장수량}}{B\text{품명의 지정수량}} + \cdots\cdots$$

1. 지정수량
   - ·벤조일퍼옥사이드 : 제5류 위험물, 지정수량 10kg
   - ·피크린산 : 제5류 위험물, 지정수량 200kg
   - ·히드록실아민 : 제5류 위험물, 지정수량 100kg
2. 저장수량 : 벤조일퍼옥사이드(유기과산화물), 피크린산, 히드록실아민이 각각 200kg

∴지정수량 배수 $= \frac{200}{10} + \frac{200}{200} + \frac{200}{100} = 23$ 【정답】 ②

45. 트리니트로페놀에 대한 설명으로 옳은 것은?

① 알코올, 벤젠 등에 녹는다.

② 구리용기에 넣어 보관한다.

③ 무색투명한 액체이다.

④ 발화 방지를 위해 휘발유에 저장한다.

|문|제|풀|이|

[트리니트로페놀[T.N.P, $C_6H_2OH(NO_2)_3$, 피크르산(PA) →제5류 위험물(니트로화합물)]

- ·인화점 150℃, 착화점 약 300℃, 융점 122.5℃, 비점 255℃, 비중 1.8, 폭발속도 7000m/s
- ·광택이 있는 **황색의 침상결상**으로 피크르산(PA)이라고도 하며 쓴맛과 독성이 있다.
- ·단독으로 마찰, 가열, 충격에 안정하고 구리, 납, 아연과 피크르산염을 만든다.
- ·금속염과 혼합은 폭발이 심하며 가솔린, 알코올, 요오드, 황과 혼합하면 마찰, 충격에 의하여 폭발한다.
- ·찬물에는 약간 녹으나 **더운물, 알코올, 에테르, 벤젠에는 잘 녹는다.**
- ·연소 시 검은 연기를 내지만 폭발하지는 않는다.
- ·황색 염료로 사용되며 약칭은 T.N.P 이다.
- ·소화방법으로는 주수소화가 효과적이다.

※위험물을 구리, 마그네슘, 은, 수은에 보관하는 것은 위험하다.

【정답】 ①

46. 물분무소화설비의 방사구역은 몇 m^2 이상이어야 하는가? (단, 방호대상물의 표면적이 $300m^2$이다)

① 100 ② 150

③ 300 ④ 450

|문|제|풀|이|

[물분무소화설비의 설치기준]

1. 물분무소화설비의 방사구역은 **150㎡ 이상**(방호대상물의 표면적이 150㎡ 미만인 경우에는 당해 표면적)으로 할 것
2. 수원의 수량은 분무헤드가 가장 많이 설치된 방사구역의 모든 분무헤드를 동시에 사용할 경우에 당해 방사구역의 표면적 $1m^2$당 1분당 20L의 비율로 계산한 양으로 30분간 방사할 수 있는 양 이상이 되도록 설치할 것
3. 물분무소화설비는 분무헤드를 동시에 사용할 경우에 각 끝부분의 방사압력이 350kPa 이상으로 표준방사량을 방사할 수 있는 성능이 되도록 할 것
4. 물분무소화설비에는 비상전원을 설치할 것 【정답】 ②

47. 일반적으로 【보기】에서 설명하는 성질을 가지고 있는 위험물은?

> 【보기】
> · 불안정하고 고체화합물로서 분해가 용이하여 산소를 방출한다.
> · 물과 격렬하게 반응하여 발열한다.

① 무기과산화물 ② 과망간산염류

③ 과염소산염류 ④ 중크롬산염류

|문|제|풀|이|

[제1류 위험물 무기과산화물의 일반적인 성질] 과산화수소의 수소이온이 떨어져 나가고 금속 또는 다른 원자단으로 치환된 화합물로 무기화합물 중 알칼리금속의 과산화물은 **물과 접촉하여 발열과 함께 산소 가스가 발생**하므로 주수소화는 적합하지 못하다.

【정답】 ①

48. 허가량이 1000만 L인 위험물옥외저장탱크의 바닥판 교체 시 법적절차 순서로 옳은 것은?

① 변경허가-기술검토-안전성능검사-완공검사

② 기술검토-변경허가-안전성능검사-완공검사

③ 변경허가-안전성능검사-기술검토-완공검사

④ 안전성능검사-변경허가-기술검토-완공검사

|문|제|풀|이|

[위험물 옥외저장탱크의 바닥판 교체 시 법적절차 순서]

1. 기술검토 2. 변경허가
3. 안전성능검사 4. 완공검사

※기술검토가 가장 우선해야 하며, 마지막에는 완공검사를 받아야 한다. 【정답】 ②

49. 다음 중 물에 가장 잘 용해되는 위험물은?

① 벤즈알데히드　　② 이소프로필알코올
③ 휘발유　　④ 에테르

|문|제|풀|이|

[물에 가장 잘 용해되는 위험물]
① 벤즈알데히드 : 제4류 위험물 중 제2석유류 → 비수용성
② 이소프로필알코올 : 제4류 위험물 중 알코올류 → **수용성**
③ 휘발유 : 제4류 위험물 중 제1석유류 → 비수용성
④ 에테르 : 제4류 위험물 중 특수인화물 → 비수용성

【정답】 ②

50. 위험물안전관리자를 선임한 제조소 등의 관계인은 그 안전관리자를 해임하거나 안전관리자가 퇴직한 때에는 해임하거나 퇴직한 날로부터 며칠 이내에 다시 안전관리자를 선임해야 하는가?

① 10일　　② 20일
③ 30일　　④ 40일

|문|제|풀|이|

[위험물안전관리자의 선임 및 해임]
1. 안전관리자를 선임한 제조소 등의 관계인은 그 안전관리자를 해임하거나 안전관리자가 퇴직한 때에는 **해임하거나 퇴직한 날부터 30일 이내**에 다시 안전관리자를 선임하여야 한다.
2. 안전관리자를 선임한 경우에는 선임한 날부터 14일 이내에 행정안전부령으로 정하는 바에 따라 소방본부장 또는 소방서장에게 신고하여야 한다.
3. 선임한 경우에는 선임한 날부터 14일 이내에 행정안전부령으로 정하는 바에 따라 소방본부장 또는 소방서장에게 신고하여야 한다.

【정답】 ③

51. 위험물의 화재예방 및 진압대책에 대한 설명 중 틀린 것은?

① 트리에틸알루미늄은 사염화탄소, 이산화탄소와 반응하여 발열하므로 화재 시 이들 소화약제는 사용할 수 없다.
② K, Na, 은, 등유 등의 산소가 함유되지 않은 석유류에 저장하여 물과의 접촉을 막는다.
③ 수소화리튬의 화재에는 소화약제로 Halon 1211, Halon 1301이 사용되며 특수방호복 및 공기호흡기를 착용하고 소화한다.
④ 탄화알루미늄은 물과 반응하여 가연성의 메탄가스를 발생하고 발열하므로 물과의 접촉을 금한다.

|문|제|풀|이|

[제3류 위험물(금속의 수소화물(수소화리튬(LiH))]
·유리 모양의 투명한 고체
·물과 반응하여 수산화리튬과 수소를 발생한다.
·물과 반응식 : $LiH + H_2O \rightarrow LiOH + H_2 \uparrow$
(수소화리튬) (물) (수산화리튬) (수소)
·알코올에 녹지 않으며, 알칼리금속의 수소화물 중 안정성이 가장 크다.
·소화방법에는 **마른모래 등으로 피복소화**한다.
→ (물 및 포약제의 소화는 금한다.)

【정답】 ③

52. 순수한 것은 무색, 투명한 기름상의 액체이고 공업용은 담황색인 위험물로 충격, 마찰에는 매우 예민하고 겨울철에는 동결할 우려가 있는 것은?

① 펜트리트　　② 트리니트로벤젠
③ 니트로글리세린　　④ 질산메틸

|문|제|풀|이|

[니트로글리세린[$C_3H_5(ONO_2)_3$] → 제5류 위험물 중 질산에스테르류]
·라빌형의 융점 2.8℃, 스타빌형의 융점 13.5℃, 비점 160℃, 비중 1.6, 증기비중 7.84
·상온에서 무색, 투명한 기름 형태의 액체 → (겨울철에는 동결)
·비수용성이며 메탄올, 에테르에 잘 녹는다.
·가열, 마찰, 충격에 민감하여 폭발하기 쉽다.
·규조토에 흡수시켜 다이너마이트를 제조한다.
·연소 시 폭굉을 일으키므로 접근하지 않도록 한다.
·소화방법으로는 주수소화가 효과적이다.
·분해 반응식: $4C_3H_5(ONO_2)_3 \rightarrow 12CO_2 \uparrow + 10H_2O \uparrow + 6N_2 \uparrow + O_2 \uparrow$
(니트로글리세린) (이산화탄소) (물) (질소) (산소)

【정답】 ③

53. 소화설비의 기준에서 용량 160L 팽창질석의 능력단위는?

① 0.5　② 1.0　③ 1.5　④ 2.5

|문|제|풀|이|

[소화설비의 소화능력의 기준단위]

소화설비	용량	능력단위
소화전용물통	8L	0.3
수조+물통3개	80L	1.5
수조+물통6개	190L	2.5
마른모래	50L	0.5
팽창질석, 팽창진주암	**160L**	**1.0**

【정답】 ②

54. 소화난이도등급 Ⅰ에 해당하는 위험물제조소는 연면적이 몇 m^2 이상인 것인가? (단, 면적 외의 조건은 무시한다.)

① 400　　② 600

③ 800　　④ 1000

|문|제|풀|이|

[소화난이등급 Ⅰ에 해당하는 제조소 등]

제조소 등의 구분	제조소등의 규모, 저장 또는 취급하는 위험물의 품명 및 최대수량 등
제조소 일반취급소	**연면적 1,000m^2 이상**인 것
	지정수량의 100배 이상인 것(고인화점위험물만을 100℃ 미만의 온도에서 취급하는 것 및 제48조의 위험물을 취급하는 것은 제외)
	지반면으로부터 6m 이상의 높이에 위험물 취급설비가 있는 것(고인화점위험물만을 100℃ 미만의 온도에서 취급하는 것은 제외)
	일반취급소로 사용되는 부분 외의 부분을 갖는 건축물에 설치된 것(내화구조로 개구부 없이 구획 된 것, 고인화점위험물만을 100℃ 미만의 온도에서 취급하는 것은 제외)

【정답】 ④

55. 위험물제조소 등에서 위험물안전관리법상 안전거리 규제 대상이 아닌 것은?

① 제6류 위험물을 취급하는 제조소를 제외한 모든 제조소

② 주유취급소

③ 옥외저장소

④ 옥외탱크저장소

|문|제|풀|이|

[안전거리 규제 대상 및 미대상]

1. 규제대상 : 제조소(제6류 위험물 제외), 일반취급소, 옥내저장소, 옥외저장소, 옥외탱크저장소
2. 미대상 : 옥내탱크저장소, 지하탱크저장소, 이동탱크저장소, 간이탱크저장소, 암반탱크저장소, 판매취급소, **주유취급소**, 이송취급소

[위험물 제조소와의 안전거리]

1. 주거용으로 사용되는 것 : 10m 이상
2. 학교, 병원, 극장 그 밖에 다수인을 수용하는 시설 : 30m 이상
3. 유형문화재와 기념물 중 지정문화재 : 50m 이상
4. 고압가스, 액화석유가스, 도시가스를 저장 · 취급하는 시설 : 20m 이상
5. 7000V 초과 35000V 이하의 특고압가공전선 : 3m 이상
6. 35000V를 초과하는 특고압가공전선 : 5m 이상

【정답】 ②

56. 황린의 저장 및 취급에 관한 주의사항으로 틀린 것은?

① 발화점이 낮으므로 화기에 주의한다.

② 백색 또는 담황색의 고체이며 물에 녹지 않는다.

③ 물과의 접촉을 피한다.

④ 자연발화성이므로 주의한다.

|문|제|풀|이|

[황린(P_4) → 제3류 위험물(자연발화성 물질)]

·착화점(미분상) 34℃, 착화점(고형상) 60℃, 융점 44℃, 비점 280℃, 비중 1.82

·환원력이 강한 백색 또는 담황색 고체로 백린이라고도 한다.

·마늘 냄새가 나는 맹독성 물질이다.

→ (대인 치사량 0.02~0.05g)

·물에 녹지 않으며, 자연 발화성이므로 **반드시 물속에 저장**한다.

·벤젠, 알코올에 적게 녹고, 이황화탄소, 염화황, 염화화인에 잘 녹는다.

·공기를 차단하고 약 260℃ 정도로 가열하면 적린(제2류 위험물)이 된다.

·연소 반응식 : $P_4 + 5O_2 \rightarrow 2P_2O_5$

(황린) (산소) (오산화인(백색))

·소화방법에는 마른모래, 주수소화가 효과적이다.

→ (소화시 유독가스(오산화인(P_2O_5))에 대비하여 보호장구 및 공기호흡기를 착용한다.)

【정답】 ③

57. 과산화나트륨 78g과 충분한 양의 물이 반응하여 생성되는 기체의 종류와 생성량을 옳게 나타낸 것은?

① 수소, 1g ② 산소, 16g

③ 수소, 2g ④ 산소, 32g

|문|제|풀|이|

[과산화나트륨(Na_2O_2) → 제1류 위험물 중 무기과산화물(금수성)]

물과 반응식 : $2Na_2O_2 + 2H_2O \rightarrow 4NaOH + O_2 \uparrow$ + 발열

(과산화나트륨) (물) (수산화나트륨) (산소)

1. 생성기체 : 산소(O_2)
2. 생성량 : 2×78g → 산소 2×16g생성된다.
   78g → 산소 몇(x) g이 생성되는가?

$\therefore 2\times78 : 2\times16 = 78 : x \rightarrow x = 16g$ 【정답】 ②

58. 특수인화물의 일반적인 성질에 대한 설명으로 가장 거리가 먼 것은?

① 비점이 높다.

② 인화점이 낮다.

③ 연소 하한 값이 낮다.

④ 증기압이 높다.

|문|제|풀|이|

[제4류 위험물 (특수인화물)]

1. 정의 : 1기압에서 액체로 되는 것으로서 인화점이 -20℃ 이하, 비점이 40℃ 이하이거나 착화점이 100℃ 이하인 것을 말한다.
2. 특성
   ㉠ 비점이 낮다.
   ㉡ 인화점이 낮다.
   ㉢ 연소 하한 값이 낮다.
   ㉣ 증기압이 높다. 【정답】 ①

59. 제2류 위험물에 해당하는 것은?

① 철분 ② 나트륨

③ 과산화칼륨 ④ 질산메틸

|문|제|풀|이|

[제2류 위험물(가연성 고체, 환원성 물질)]

성질	품명	지정수량
가연성 고체	황화린, 적린, 유황	100kg
	마그네슘, **철분**, 금속분	500kg
	인화성 고체	1000kg

※② 나트륨 : 제3류 위험물

③ 과산화칼륨 : 제1류 위험물

④ 질산메틸 : 제5류 위험물 【정답】 ①

60. 위험물안전관리법령상 위험물의 품명별 지정수량의 단위에 관한 설명 중 옳은 것은?

① 액체인 위험물은 지정수량 단위를 "리터"로 하고, 고체인 위험물은 지정수량의 단위를 "킬로그램"으로 한다.

② 액체만 포함된 유별은 "리터"로하고, 고체만 포함된 유별은 "킬로그램"으로 하고, 액체와 고체가 포함된 유별은 "리터"로 한다.

③ 산화성인 위험물은 "킬로그램"으로 하고, 가연성인 인화물은 "리터"로 한다.

④ 자기반응성물질과 산화성물질은 액체와 고체의 구분에 관계없이 "킬로그램"으로 한다.

|문|제|풀|이|

[지정수량의 단위]

1. kg 및 L를 사용한다.
2. 제4류 위험물은 인화성액체로써 "L"을 사용한다.
3. 자기반응성물질과 산화성물질은 액체와 고체의 구분에 관계없이 "kg"을 사용한다.

【정답】 ④

2019_2 위험물기능사 필기

01. 위험물을 유별로 정리하여 상호 1m 이상의 간격을 유지하는 경우에도 동일한 옥내저장소에 저장할 수 없는 것은?

① 제1류 위험물(알칼리금속의 과산화물 또는 이를 함유한 것을 제외한다.)과 제5류 위험물
② 제1류 위험물과 제6류 위험물
③ 제1류 위험물과 제3류 위험물 중 황린
④ 인화성 고체를 제외한 제2류 위험물과 제4류 위험물

|문|제|풀|이|

[위험물의 저장의 기준] 유별을 달리하는 위험물을 동일한 저장소(내화구조의 격벽으로 완전히 구획된 실이 2 이상 있는 저장소에 있어서는 동일한 실)에 저장하지 아니하여야 한다.

→ 다만, 옥내저장소 또는 옥외저장소에 있어서 다음의 각목의 규정에 의한 위험물을 저장하는 경우로서 위험물을 유별로 정리하여 저장하는 한편, 1m 이상의 간격을 두는 경우에는 그러하지 아니하다.

1. 제1류 위험물(알칼리금속의 과산화물 또는 이를 함유한 것을 제외한다)과 제5류 위험물을 저장하는 경우
2. 제1류 위험물과 제6류 위험물을 저장하는 경우
3. 제1류 위험물과 제3류 위험물 중 자연발화성물질(황린 또는 이를 함유한 것에 한한다)을 저장하는 경우
4. **제2류 위험물 중 인화성고체와 제4류 위험물을 저장하는 경우**
5. 제3류 위험물 중 알킬알루미늄등과 제4류 위험물(알킬알루미늄 또는 알킬리튬을 함유한 것에 한한다)을 저장하는 경우
6. 제4류 위험물 중 유기과산화물 또는 이를 함유하는 것과 제5류 위험물 중 유기과산화물 또는 이를 함유한 것을 저장하는 경우

【정답】 ④

02. 위험물의 운반에 관한 기준에서 적재방법 기준으로 틀린 것은?

① 고체 위험물은 운반용기의 내용적 95% 이하의 수납률로 수납할 것
② 액체 위험물은 운반용기의 내용적 90% 이하의 수납률로 수납할 것
③ 자연발화성 물질 중 알킬알루미늄 등은 운반용기의 내용적의 90% 이하의 수납률로 수납
④ 알킬알루미늄 등은 운반용기의 내용적의 90% 이하의 수납률로 수납하되, 50℃의 온도에서 5% 이상의 공간용적을 유지하도록 할 것

|문|제|풀|이|

[위험물 적재방법]

1. 고체위험물은 운반용기 내용적의 95% 이하의 수납률로 수납할 것
2. **액체 위험물**은 운반용기 **내용적의 98% 이하**의 수납률로 수납하되, 55도의 온도에서 누설되지 아니하도록 충분한 공간용적을 유지하도록 할 것
3. 자연발화성 물질 중 알킬알루미늄 등은 운반용기의 내용적의 90% 이하의 수납률로 수납하되, 50℃의 온도에서 5% 이상의 공간용적을 유지하도록 할 것
4. 제1류 위험물, 제3류 위험물 중 자연발화성 물질, 제4류 위험물 중 특수 인화물, 제5류 위험물 또는 제6류 위험물은 차광성이 있는 피복으로 가릴 것
5. 제1류 위험물 중 알칼리금속의 과산화물 또는 이를 함유한 것, 제2류 위험물 중 철분, 금속분, 마그네슘 또는 이들 중 어느 하나 이상을 함유한 것 또는 제3류 위험물 중 금수성물질은 방수성이 있는 피복으로 덮을 것

【정답】 ②

03. 열의 이동 원리 중 복사에 관한 예로 적당하지 않은 것은?

① 그늘이 시원한 이유

② 보온병 내부를 거울벽으로 만드는 것

③ 더러운 눈이 빨리 녹는 현상

④ 해풍과 육풍이 일어나는 원리

|문|제|풀|이|

[열전달의 방법]

1. 전도 : 물체의 내부에너지가 물체 내에서 또는 접촉해 있는 다른 물체로 이동하는 것
2. 대류 : 태양열에 의해 지면 가까운 공기가 가열되어 상승하면서 발생하는 대류현상이다.
3. 복사 : 물체에서 방출하는 전자기파를 직접 물체가 흡수하여 열로 변했을 때의 에너지

※④ 해풍과 육풍이 일어나는 원리 → 대류 【정답】 ④

04. 위험물 판매취급소에 대한 설명 중 틀린 것은?

① 제1종 판매취급소라 함은 저장 또는 취급하는 위험물의 수량이 지정수량의 20배 이하인 판매취급소를 말한다.

② 위험물을 배합하는 실의 바닥면적은 6㎡ 이상 15㎡ 이하이어야 한다.

③ 판매취급소에서는 도료류 외의 제1석유류를 배합하거나 옮겨 담는 작업을 할 수 있다.

④ 제1종 판매취급소는 건축물의 2층까지만 설치가 가능하다.

|문|제|풀|이|

[제1종 판매취급소(지정수량이 20배 이하)의 기준]

저장 또는 취급하는 위험물의 수량이 지정수량의 20배 이하인 판매취급소의 위치·구조 및 설비의 기준은 다음 각목과 같다.

1. **제1종 판매취급소는 건축물의 1층에 설치할 것**
2. 제1종 판매취급소의 용도로 사용하는 건축물의 부분은 보를 불연재료로 하고, 천장을 설치하는 경우에는 천장을 불연재료로 할 것
3. 제1종 판매취급소의 용도로 사용하는 부분의 창 및 출입구에는 갑종방화문 또는 을종방화문을 설치할 것
4. 위험물을 배합하는 실은 다음에 의할 것
   가. 바닥면적은 $6m^2$ 이상 $15m^2$ 이하로 할 것
   나. 내화구조 또는 불연재료로 된 벽으로 구획할 것
   다. 바닥은 위험물이 침투하지 아니하는 구조로 하여 적당한 경사를 두고 집유설비를 할 것
   라. 출입구에는 수시로 열 수 있는 자동폐쇄식의 갑종방화문을 설치할 것
   마. 출입구 문턱의 높이는 바닥면으로부터 0.1m 이상으로 할 것
   바. 내부에 체류한 가연성의 증기 또는 가연성의 미분을 지붕위로 방출하는 설비를 할 것 【정답】 ④

05. 화재 시 이산화탄소를 방출하여 산소의 농도를 21vol%에서 13vol%로 낮추어 소화를 하려면 공기 중의 이산화탄소는 몇 vol%가 되어야 하는가?

① 28.1 ② 38.1

③ 42.86 ④ 48.36

|문|제|풀|이|

[이산화탄소의 농도(vol%)] $CO_2(\text{vol\%}) = \dfrac{21 - O_2(\text{vol\%})}{21} \times 100$

여기서, $CO_2(\text{vol\%})$ → 이론소화농도 : 밀폐된 실내의 화재를 진압하기 위한 CO_2의 농도

$O_2(\text{vol\%})$ → 한계산소농도(연소한계농도) : 불활성가스 첨가 시 산소농도가 떨어져 연소·폭발이 일어나지 않을 때의 산소농도

21 : 공기 중의 산소 비율

$\therefore CO_2(\text{vol\%}) = \dfrac{21-13}{21} \times 100 = 38.1\text{vol\%}$ 【정답】 ②

06. 니트로셀룰로오스 5kg과 트리니트로페놀을 함께 저장하려고 한다. 이때 지정수량 1배로 저장하려면 트리니트로페놀을 몇 kg 저장하여야 하는가?

① 5 ② 10

③ 50 ④ 100

|문|제|풀|이|

[지정수량 계산값(배수)]

$\text{배수(계산값)} = \dfrac{A\text{품명의 저장수량}}{A\text{품명의 지정수량}} + \dfrac{B\text{품명의 저장수량}}{B\text{품명의 지정수량}} + \cdots\cdots$

1. 니트로셀룰로오스의 지정수량 10kg
   트리니트로페놀의 지정수량 200kg
2. 니트로셀룰로오스의 저장수량 5kg
   트리니트로페놀의 지정수량 $x$kg
3. 지정수량 배수 1배로 저장

$\therefore \text{배수 } 1 = \dfrac{5}{10} + \dfrac{x}{200} \rightarrow x = 100\text{kg}$ 【정답】 ④

07. 위험물안전관리법령상 간이탱크저장소에 대한 설명 중 틀린 것은?

① 간이저장탱크의 용량은 600리터 이하여야 한다.

② 하나의 간이탱크저장소에 설치하는 간이저장탱크는 5개 이하여야 한다.

③ 간이저장탱크는 두께 3.2㎜ 이상의 강판으로 흠이 없도록 제작하여야 한다.

④ 간이저장탱크는 70kPa의 압력으로 10분간의 수압시험을 실시하여 새거나 변형되지 않아야 한다.

|문|제|풀|이|

[위험물 간이탱크저장소의 설치기준]

1. **하나의 간이탱크저장소에 설치하는 간이저장탱크는 그 수를 3 이하**로 하고, 동일한 품질의 위험물의 간이저장탱크를 2 이상 설치하지 아니하여야 한다.
2. 간이탱크저장소에는 보기 쉬운 곳에 「위험물 간이탱크저장소」라는 표시를 한 표지와 방화에 관하여 필요한 사항을 게시한 게시판을 설치하여야 한다.
3. 간이저장탱크는 움직이거나 넘어지지 아니하도록 지면 또는 가설대에 고정시키되, 옥외에 설치하는 경우에는 그 탱크의 주위에 너비 1m 이상의 공지를 두고, 전용실 안에 설치하는 경우에는 탱크와 전용실의 벽과의 사이에 0.5m 이상의 간격을 유지하여야 한다.
4. 간이저장탱크의 용량은 600L 이하이어야 한다.
5. 간이저장탱크는 두께 3.2㎜ 이상의 강판으로 흠이 없도록 제작하여야 하며, 70kPa 압력으로 10분간의 수압시험을 실시하여 새거나 변형되지 아니하여야 한다.

【정답】 ②

08. 위험물안전관리자를 해임할 때에는 해임한 날로부터 며칠 이내에 위험물안전관리자를 다시 선임하여야 하는가?

① 7 ② 14

③ 30 ④ 60

|문|제|풀|이|

[위험물안전관리자 → (위험물안전관리법 제15조)]

1. 안전관리자를 선임한 제조소 등의 관계인은 그 안전관리자를 해임하거나 안전관리자가 퇴직한 때에는 **해임하거나 퇴직한 날부터 30일 이내에 다시 안전관리자를 선임**하여야 한다.
2. 선임한 경우에는 선임한 날부터 14일 이내에 행정안전부령으로 정하는 바에 따라 소방본부장 또는 소방서장에게 신고하여야 한다.

【정답】 ③

09. 위험물안전관리법령상 철분, 금속분, 마그네슘에 적응성이 있는 소화설비는?

① 불활성가스소화설비

② 할로겐화합물소화설비

③ 포소화설비

④ 탄산수소염류소화설비

|문|제|풀|이|

[제2류 위험물의 성질에 따른 소화설비의 적응성]

소화설비의 구분 \ 대상			제2류 위험물: 철분 금속분 마그네슘 등	제2류 위험물: 인화성고체	제2류 위험물: 그 밖의 것
옥내소화전 또는 옥외소화전설비				○	○
스프링클러설비				○	○
물분무등 소화설비	물분무소화설비			○	○
	포소화설비			○	○
	불활성가스소화설비			○	
	할로겐화합물소화설비			○	
	분말소화설비	인산염류등		○	○
		탄산수소염류등	○	○	
		그 밖의 것	○		
대형 소형 수동식 소화기	봉상수(棒狀水)소화기			○	○
	무상수(霧狀水)소화기			○	○
	봉상강화액소화기			○	○
	무상강화액소화기			○	○
	포소화기			○	○
	이산화탄소소화기			○	
	할로겐화합물소화기			○	
	분말소화기	인산염류소화기		○	○
		탄산수소염류소화기	○	○	
		그 밖의 것	○		
기타	물통 또는 수조			○	○
	건조사		○	○	○
	팽창질석 또는 팽창진주암		○	○	○

【정답】 ④

10 위험물의 저장방법에 대한 설명으로 옳은 것은?

① 황화린은 알코올 또는 과산화물 속에 저장하여 보관한다.

② 마그네슘은 건조하면 분진폭발의 위험성이 있으므로 물에 습윤하여 저장한다.

③ 적린은 화재예방을 위해 할로겐 원소와 혼합하여 저장한다.

④ 수소화리튬은 저장용기에 아르곤과 같은 불활성기체를 봉입한다.

|문|제|풀|이|

[위험물의 저장방법]

① 황화린은 산화제, 알칼리, 알코올, **과산화물**, 강산, 금속분과 접촉을 피한다.

② 마그네슘은 산 및 더운**물과 반응하여 수소**를 발생한다.
온수와의 화학 반응식 : $Mg + 2H_2O \rightarrow Mg(OH)_2 + H_2 \uparrow$
(마그네슘) (물) (수산화마그네슘) (수소)

③ 적린(위험물 2류)와 할로겐 원소(제6류 위험물)은 혼재할 수 없다.

【정답】 ④

11. 위험물을 취급함에 있어서 정전기가 발생할 우려가 있는 설비에 정전기를 유효하게 제거할 수 있는 방법에 해당하지 않는 것은?

① 위험물의 유속을 높이는 방법

② 공기를 이온화하는 방법

③ 공기 중의 상대습도를 70% 이상으로 하는 방법

④ 접지에 의한 방법

|문|제|풀|이|

[위험물 제조소의 정전기 제거설비]

1. 접지에 의한 방법
2. 공기 중의 상대습도를 70% 이상으로 하는 방법
3. 공기를 이온화하는 방법
4. 위험물 이송 시 **유속 1m/s 이하**로 할 것

【정답】 ①

12. 다음 위험물 중 인화점이 가장 낮은 위험물로 알맞은 것은?

① 아이소펜테인 ② 아세톤

③ 디에틸에테르 ④ 이황화탄소

|문|제|풀|이|

[주요 가연물의 인화점]

물질명	인화점(℃)	물질명	인화점(℃)
아이소펜테인	**-51**	에틸벤젠	15
디에틸에테르 ($C_2H_5OC_2H_5$)	**-45**	피리딘 (C_5H_5N)	20
가솔린(휘발유)	-43~-21	클로로벤젠 (C_6H_5Cl)	32
아세트알데히드 (CH_3CHO)	-38	테레핀유	35
산화프로필렌	-37	클로로아세톤	35
이황화탄소(CS_2)	**-30**	초산	40
아세톤 (CH_3COCH_3) **트리메틸알루미늄**	**-18**	등유	30~60
벤젠(C_6H_6)	-11	경유	50~70
메틸에틸케톤 ($CH_3COC_2H_5$)	-1	아닐린	70
톨루엔 ($C_6H_5CH_3$)	4.5	니트로벤젠 ($C_6H_5NO_2$)	88
메틸알코올 (메탄올)	11	에틸렌글리콜 ($C_2H_4(OH)_2$)	111
에틸알코(에탄올)	13	중유	60~150

【정답】 ①

13. 위험물 저장탱크의 내용적이 300L 일 때 탱크에 저장하는 위험물의 용량의 범위로 적합한 것은?

① 240 ~ 270L ② 270 ~ 285L

③ 290 ~ 295L ④ 295 ~ 298L

|문|제|풀|이|

[탱크의 공간용적] 탱크의 공간용적은 탱크의 내용적의 $\frac{5}{100}$ 이상, $\frac{10}{100}$ 이하의 용적으로 한다.

1. 내용적이 300L
2. 공간용적을 $\frac{5}{100}$ 일 경우 → $300 \times 0.05 = 15$

   공간용적을 $\frac{10}{100}$ 일 경우 → $300 \times 0.1 = 30$

∴탱크용량의 범위는 $(300-30) \sim (300-15)$ → 270~285L

【정답】 ②

14. 위험물안전관리법령에 따라 옥내소화전설비를 설치할 때 배관의 설치기준에 대한 설명으로 옳지 않은 것은?

① 배관용 탄소 강관(KS D 3507)을 사용할 수 있다.

② 주 배관의 입상관 구경은 최소 60mm 이상으로 한다.

③ 펌프를 이용한 가압송수장치의 흡수관은 펌프마다 전용으로 설치한다.

④ 원칙적으로 급수배관은 생활용수배관과 같이 사용할 수 없으며 전용배관으로만 사용한다.

|문|제|풀|이|

[옥내소화전설비 전용설비의 방수구와 연결되는 배관]

1. 주배관 중 입상 배관의 구경 : **50mm** 이상
2. 가지배관의 구경 : 40mm 이상 【정답】 ②

15. 다음 중 "인화점 50℃"의 의미를 가장 옳게 설명한 것은?

① 주변의 온도가 50℃ 이상이 되면 자발적으로 점화원 없이 발화한다.

② 액체의 온도가 50℃ 이상이 되면 가연성 증기를 발생하여 점화원에 의해 인화한다.

③ 액체를 50℃ 이상으로 가열하면 발화한다.

④ 주변의 온도가 50℃일 경우 액체가 발화한다.

|문|제|풀|이|

[인화점] 기체 또는 휘발성 액체에서 발생하는 증기가 공기와 섞여서 가연성 또는 완폭발성 혼합기체를 형성하고, **여기에 불꽃(점화원)을 가까이 댔을 때 순간적으로 섬광**을 내면서 연소하는, 즉 인화되는 최저의 온도를 말한다. 【정답】 ②

16. 위험물제조소에서 국소방식의 배출설비 배출능력은 1시간 당 배출장소 용적의 몇 배 이상인 것으로 하여야 하는가?

① 5 ② 10

③ 15 ④ 20

|문|제|풀|이|

[위험물제조소의 배출설비]

1. 배출설비는 **국소방식**으로 하여야 한다.
2. 배출설비는 배풍기(오염된 공기를 뽑아내는 통풍기)·배출 덕트(공기 배출 통로)·후드 등을 이용하여 강제적으로 배출하는 것으로 해야 한다.
3. 배출능력은 1시간당 배출장소 용적의 **20배 이상**인 것으로 하여야 한다. 다만, 전역방식의 경우에는 바닥면적 $1m^2$ 당 $18m^3$ 이상으로 할 수 있다. 【정답】 ④

17. 위험물안전관리법령상 운송책임자의 감독, 지원을 받아 운송하여야 하는 위험물에 해당하는 것은?

① 알킬알루미늄, 산화프로필렌, 알킬리튬

② 알킬알루미늄, 산화프로필렌

③ 알킬알루미늄, 알킬리튬

④ 산화프로필렌, 알킬리튬

|문|제|풀|이|

[운송책임자의 감독 · 지원을 받아 운송하여야 하는 위험물(제3류 위험물)]

1. 알킬알루미늄(R_3Al), 알킬리튬(RLi)
2. 알킬알루미늄(R_3Al) 함유 : 트리에틸알루미늄($(C_2H_5)_3Al$), 트리메틸알루미늄($(CH_3)_3Al$), 트리부틸알루미늄($(C_4H_9)_3Al$)

3 알킬리튬(RLi) 함유 : 메틸리튬(CH_3Li), 에틸리튬(C_2H_5Li), 부틸리튬(C_4H_9Li) 【정답】 ③

18. 탄화알루미늄이 물과 반응하면 폭발의 위험이 있다. 어떤 가스 때문인가?

① 수소 ② 메탄

③ 아세틸렌 ④ 암모니아

|문|제|풀|이|

[탄화알루미늄(Al_4C_3)] → 제3류 위험물(칼슘, 알루미늄의 탄화물)

·분해온도 1400℃, 비중 2.36

·무색 또는 황색의 단단한 결정

·물과 반응하여 수산화알루미늄과 메탄(3몰)가스를 발생한다.

·물과 반응식 :

$Al_4C_3 + 12H_2O \rightarrow 4Al(OH)_3 + 3CH_4 \uparrow + 360kcal$

(탄화알루미늄) (물) (수산화알루미늄) (메탄) (반응열)

·소화방법에는 마른모래 등으로 피복소화 한다.

→ (물 및 포약제의 소화는 금한다.) 【정답】 ②

19. 물과 친화력이 있는 수용성 용매의 화재에 보통의 포소화약제를 사용하면 포가 파괴되기 때문에 소화효과를 잃게 된다. 이와 같은 단점을 보완한 소화약제로 가연성인 수용성 용매의 화재에 유효한 효과를 가지고 있는 것은?

① 알코올형포소화약제

② 단백포소화약제

③ 합성계면활성제포소화약제

④ 수성막포소화약제

|문|제|풀|이|

[포소화약제의 종류 및 성상(기계포소화약제)]

단백포	·유류화재의 소화용으로 개발 ·포의 유동성이 작아서 소화속도가 늦은 반면 안정성이 커서 제연방지에 효과적이다.
불화단백포	·단백포에 불소계 계면활성제를 소량 첨가한 것 ·단백포의 단점인 유동성과 열안정성을 보완한 것 ·착화율이 낮고 가격이 비싸다.
합성계면활성제포	·팽창범위가 넓어 고체 및 기체 연료 등 사용범위가 넓다. ·유동성이 좋은 반면 내유성이 약하다. ·포가 빨리 소멸되는 것이 단점이다. ·고압가스, 액화가스, 위험물저장소에 적용된다.
수성막포	·보존성 및 내약품성이 우수하다. ·성능은 단백포소화약제에 비해 300% 효과가 있다. ·수성막이 장기간 지속되므로 재 착화 방지에 효과적이다. ·내약품성이 좋아 다른 소화약제와 겸용이 가능하다. ·대형화재 또는 고온화재 표면 막 생성이 곤란한 단점이
알코올포	·**수용성 액체 위험물의 소화에 효과적**이다. ·알코올, 에스테르류 같이 수용성인 용제에 적합하다.

【정답】 ①

20. 위험물안전관리법령상 제조소 등의 허가 · 취소 또는 사용정지의 사유에 해당하지 않는 것은?

① 안전교육 대상자가 교육을 받지 아니한 때

② 완공검사를 받지 않고 제조소 등을 사용한 때

③ 위험물안전관리자를 선임하지 아니한 때

④ 제조소 등의 정기검사를 받지 아니한 때

|문|제|풀|이|

[제조소 등 설치허가의 취소와 사용정지 등→ (위험물안전관리법 제12조)]

시 · 도지사는 제조소 등의 관계인이 다음 각 호의 어느 하나에 해당하는 때에는 행정안전부령이 정하는 바에 따라 규정에 따른 **허가를 취소**하거나 6월 이내의 기간을 정하여 제조소등의 전부 또는 일부의 **사용정지**를 명할 수 있다.

1. 변경허가를 받지 아니하고 제조소 등의 위치 · 구조 또는 설비를 변경한 때
2. 완공검사를 받지 아니하고 제조소 등을 사용한 때
3. 수리·개조 또는 이전의 명령을 위반한 때
4. 위험물안전관리자를 선임하지 아니한 때
5. 대리자를 지정하지 아니한 때
6. 정기점검을 하지 아니한 때
7. 따른 정기검사를 받지 아니한 때
8. 저장 · 취급기준 준수명령을 위반한 때

【정답】 ①

21. 제3류 위험물 중 금수성 물질에 적응성이 있는 소화설비는?

① 할로겐화합물소화설비

② 포소화설비

③ 이산화탄소소화설비

④ 탄산수소염류등 분말소화설비

|문|제|풀|이|

[소화설비의 적응성(제3류 위험물)]

구분 \ 대상			제3류 위험물 금수성 물품	제3류 위험물 그 밖의 것
옥내소화전 또는 옥외소화전설비				○
스프링클러설비				○
물분무등 소화설비	물분무소화설비			○
	포소화설비			○
	불활성가스소화설비			
	할로겐화합물소화설비			
	분말소화설비	인산염류등		
		탄산수소염류등	○	
		그 밖의 것	○	
대형소형 수동식 소화기	봉상수(棒狀水)소화기			○
	무상수(霧狀水)소화기			○
	봉상강화액소화기			○
	무상강화액소화기			○
	포소화기			○
	이산화탄소소화기			
	할로겐화합물소화기			
	분말소화기	인산염류소화기		
		탄산수소염류소화기	○	
		그 밖의 것	○	
기타	물통 또는 수조			○
	건조사		○	○
	팽창질석 또는 팽창진주암		○	○

※금수성 물질의 소화설비 : 건조사, 탄산수소염류 분말소화약제, 마른 모래, 팽창질석, 팽창진주암 → (물에 의한 소화는 절대 금지)

【정답】 ④

22. 메탄올과 에탄올의 공통점에 대한 설명으로 틀린 것은?

① 증기비중이 같다.

② 무색투명한 액체이다.

③ 비중이 1보다 작다.

④ 물에 잘 녹는다.

|문|제|풀|이|

[메틸알코올(CH_3OH, 메탄올, 목정) → 제4류 위험물(알코올류)]

- 인화점 11℃, 착화점 464℃, 비점 65℃, 비중 0.8(**증기비중 1.1**), 연소범위 7.3~36%
- 무색투명한 휘발성 액체로 물, 에테르에 잘 녹고 알코올류 중에서 수용성이 가장 높다.

[에틸알코올(C_2H_5OH, 에탄올, 주정)→ 제4류 위험물(알코올류)]

- 인화점 13℃, 착화점 423℃, 비점 79℃, 비중 0.8(**증기비중 1.59**), 연소범위 4.3~19%
- 무색투명한 휘발성 액체로 수용성이다. 【정답】 ①

23. 위험물안전관리법령상 품명이 질산에스테르류에 속하지 않는 것은?

① 질산에틸 ② 니트로글리세린

③ 니트로톨루엔 ④ 니트로셀룰로오스

|문|제|풀|이|

[제5류 위험물 → (자기반응성 물질)]

위험등급	품명	지정수량
Ⅰ	1. 유기과산화물 : 과산화벤조일, 과산화메틸에틸케톤 2. 질산에스테르류 : 질산메틸, 질산에틸, 니트로글리세린, 니트로글리콜, 니트로셀룰로오스	10kg
Ⅱ	3. 니트로화합물 : 트리니트로톨루엔, 트리니트로페놀(피크르산) 4. 니트로소화합물 : 파라디니트로소벤젠, 디니트로소레조르신 5. 아조화합물 : 아조벤젠, 히드록시아조벤젠 6. 디아조화합물 : 디아조메탄, 디아조카르복실산에틸 7. 히드라진 유도체 : 페닐히드라진, 히드라조벤젠	200kg
	8. 히드록실아민 9. 히드록실아민염류	100kg

※③ 니트로톨루엔($C_7H_7NO_2$) : 니트로화합물에 속하지만 위험물안전관리법령상 위험물에 속하지 않는다. 【정답】 ③

24. 과산화나트륨이 물과 반응하면 어떤 물질과 산소를 발생하는가?

① 수산화나트륨 ② 수산화칼륨

③ 질산나트륨 ④ 아염소산나트륨

|문|제|풀|이|

[과산화나트륨(Na_2O_2) → 제1류 위험물(무기과산화물)]

- 분해온도 460℃, 융점 460℃, 비점 657℃, 비중 2.8
- 순수한 것은 백색의 정방전계 분말, 조해성 물질
- 에틸알코올(에탄올)에는 잘 녹지 않는다.
- 물과 반응하여 수산화나트륨과 산소를 발생한다.
- 물과 반응식 : $2Na_2O_2 + 2H_2O \rightarrow 4NaOH + O_2 \uparrow$ + 발열

  (과산화나트륨) (물) (수산화나트륨) (산소)
- 소화방법으로는 마른모래, 분말소화제, 소다회, 석회 등 사용 → (주수소화는 위험) 【정답】 ①

25. 위험물안전관리법령에서 정한 아세트알데히드 등을 취급하는 제조소의 특례에 관한 내용이다. (   ) 안에 해당하는 물질이 아닌 것은?

> 아세트알데히드 등을 취급하는 설비는 ( )·( )·( )·( ) 또는 이들을 성분으로 하는 합금으로 만들지 아니할 것

① 동 ② 은

③ 금 ④ 마그네슘

|문|제|풀|이|

[아세트알데히드 등을 취급하는 제조소의 특례]

1. 아세트알데히드 등을 취급하는 설비는 **은, 수은, 동, 마그네슘** 또는 이들을 성분으로 하는 합금으로 만들지 아니할 것
2. 아세트알데히드 등을 취급하는 설비에는 연소성 혼합기체의 생성에 의한 폭발을 방지하기 위한 불활성기체 또는 수증기를 봉입하는 장치를 갖출 것
3. 아세트알데히드 등을 취급하는 탱크에는 냉각장치 또는 저온을 유지하기 위한 장치 및 연소성 혼합기체의 생성에 의한 폭발을 방지하기 위한 불활성기체를 봉입하는 장치를 갖출 것

【정답】 ③

26. 폭발의 종류에 따른 물질이 잘못된 것은?

① 분해폭발 - 아세틸렌, 산화에틸렌

② 분진폭발 - 금속분, 밀가루

③ 중합폭발 - 시안화수소, 염화비닐

④ 산화폭발 - 히드라진, 과산화수소

|문|제|풀|이|

[폭발의 유형]

1. 분진폭발(물리적 폭발) : 공기 중에 떠도는 농도 짙은 분진이 에너지를 받아 열과 압력을 발생하면서 갑자기 연소 · 폭발하는 현상. 먼지폭발, 분체폭발이라고도 한다.
   → 전분, 설탕, 밀가루, 금속분
2. 분해폭발 : 물질의 구성분자의 결합이 그다지 안정되지 못하기 때문에, 때로는 분해반응을 일으키며, 반응 자체에 의한 발열원에 의해서 진행하는 폭발현상을 말한다.
   → 산화에틸렌(C_2H_2O), 아세틸렌(C_2H_2), **히드라진(N_2H_4), 과산화수소(H_2O_2)**
3. 중합폭발 : 초산비닐, 염화비닐 등의 원료인 단량체, 시안화수소 등 중합열에 의해 폭발하는 현상이다.
   → 염화비닐, 시안화수소
4. 산화폭발 : 가연성 가스가 공기 중에 누설되거나 인화성 액체 저장탱크에 공기가 혼합되어 폭발성 혼합가스를 형성함으로써 점화원에 의해 착화되어 폭발하는 현상
   → LPG, LNG 등

【정답】 ④

27. 위험물안전관리법령상 위험물의 운반에 관한 기준에 따르면 지정수량 얼마 이하의 위험물에 대하여는 "유별을 달리하는 위험물의 혼재기준"을 적용하지 아니하여도 되는가?

① 1/2 ② 1/3

③ 1/5 ④ 1/10

|문|제|풀|이|

[유별을 달리하는 위험물의 혼재기준]

위험물의 구분	제1류	제2류	제3류	제4류	제5류	제6류
제1류		X	X	X	X	O
제2류	X		X	O	O	X
제3류	X	X		O	X	X
제4류	X	O	O		O	X
제5류	X	O	X	O		X
제6류	O	X	X	X	X	

【비고】 1. 'X'표시는 혼재할 수 없음을 표시한다.
2. 'O'표시는 혼재할 수 있음을 표시한다.
3. 이 표는 지정수량의 $\frac{1}{10}$ 이하의 위험물에 대하여는 적용하지 아니한다.

【정답】 ④

28. 휘발유의 일반적인 성질에 관한 설명으로 틀린 것은?

① 인화점이 0℃보다 낮다.

② 위험물안전관리법령상 제1석유류에 해당한다.

③ 전기에 대해 비전도성 물질이다.

④ 순수한 것은 청색이나 안전을 위해 검은색으로 착색해서 사용해야 한다.

|문|제|풀|이|

[휘발유(가솔린) → 제4류 위험물(제1석유류)]

- 지정수량(비수용성) 200L, 인화점 -43~-20℃, 착화점 300℃, 비점 30~210℃, 비중 0.65~0.80(증기비중 3~4), 연소범위 1.4~7.6%
- 포화·불포화탄화가스가 주성분
  → (주성분은 알케인(C_nH_{2n+2}) 또는 알켄(C_nH_{2n})계 탄화수소)
- 물보다 가볍고 물에 잘 녹지 않는다.
- 전기의 불량도체로서 정전기 축적이 용이하다.
- **공업용은 무색, 자동차용은 노란색(무연), 고급은 녹색**이다.
- 증기는 공기보다 무거워 낮은 곳에 체류하기 쉽다.
- 소화방법에는 포소화약제, 분말소화약제에 의한 소화가 효과적
- 연소반응식 : $2C_8H_{18}$ + $25O_2$ → $16CO_2$↑ + $18H_2O$
  (옥탄) (산소) (이산화탄소) (물)

【정답】 ④

29. 위험물안전관리법령상 소화전용 물통 8L의 능력단위는?

① 0.3 ② 0.5

③ 1.0 ④ 1.5

|문|제|풀|이|

[소화설비의 소화능력의 기준단위]

소화설비	용량	능력단위
소화전용 물통	**8L**	**0.3**
수조+물통3개	80L	1.5
수조+물통6개	190L	2.5
마른모래 (삽 1개 포함)	50L	0.5
팽창질석, 팽창진주암 (삽 1개 포함)	160L	1.0

【정답】 ①

30. 제2류 위험물이 아닌 것은?

① 황화린　　② 적린
③ 황린　　④ 철분

|문|제|풀|이|

[제2류 위험물(가연성 고체, 환원성 물질)]

성질	품명	지정수량
가연성 고체	황화린, 적린, 유황	100kg
	마그네슘, 철분, 금속분	500kg
	인화성 고체	1000kg

※③ 황린(P_4) : 제3류 위험물, 자연발화성 물질 및 금수성 물질

【정답】 ③

31. CH_3ONO_2의 소화방법에 대한 설명으로 옳은 것은?

① 물을 주수하여 냉각소화한다.
② 이산화탄소소화기로 질식소화를 한다.
③ 할로겐화합물소화기로 질식소화를 한다.
④ 건조사로 냉각소화한다.

|문|제|풀|이|

[질산메틸(CH_3ONO_2) : 제5류 위험물 (질산에스테르류)]
소화방법으로는 분무상의 물, 알코올폼 등을 사용한다.

【정답】 ①

32. 다음 중 화재 시 사용하면 독성의 $COCl_2$ 가스를 발생시킬 위험이 가장 높은 소화약제는?

① 액화이산화탄소　　② 제1종 분말
③ 사염화탄소　　④ 공기포

|문|제|풀|이|

[사염화탄소(CCl_4) 소화약제]

·연소반응 : $CCl_4 + 0.5O_2 \rightarrow COCl_2 + Cl_2$
(사염화탄소) (산소) (포스겐) (염소)

·물과의 반응 : $CCl_4 + H_2O \rightarrow COCl_2 + 2HCl$
(사염화탄소) (물) (포스겐) (염산)

【정답】 ③

33. $KMnO_4$의 지정수량은 몇 kg인가?

① 50　　② 100
③ 300　　④ 1000

|문|제|풀|이|

[과망간산칼륨($KMnO_4$) → 제1류 위험물(과망간산염류)]

·**지정수량 1000kg**
·분해온도 240℃, 비중 2.7
·흑자색 결정
·물, 알코올에 녹아 진한 보라색을 나타낸다.
·강한 산화력과 살균력이 있다.
→ (수용액은 무좀 등의 치료재로 사용된다.)
·알코올, 에테르, 글리세린 등 유기물과 접촉을 금한다.
·목탄, 황 등의 환원성 물질과 접촉 시 충격에 의해 폭발 위험성
·소화방법에는 다량의 주수소화 또는 마른모래에 의한 피복소화가 효과적이다.

【정답】 ④

34. 위험물안전관리법령에 따라 다음 ( ) 안에 알맞은 용어는?

> 주유취급소 중 건축물의 2층 이상의 부분을 점포·휴게음식점 또는 전시장의 용도로 사용하는 것에 있어서는 당해 건축물의 2층 이상으로부터 주유취급소의 부지 밖으로 통하는 출입구와 당해 출입구로 통하는 통로·계단 및 출입구에 ( )을(를) 설치하여야 한다.

① 피난사다리　　② 경보기
③ 유도등　　④ CCTV

|문|제|풀|이|

[피난설비의 설치기준]

1. 주유취급소 중 건축물의 2층 이상의 부분을 점포·휴게음식점 또는 전시장의 용도로 사용하는 것에 있어서는 당해 건축물의 2층 이상으로부터 주유취급소의 부지 밖으로 통하는 출입구와 당해 출입구로 통하는 통로·계단 및 출입구에 **유도등**을 설치하여야 한다.
2. 옥내주유취급소에 있어서는 당해 사무소 등의 출입구 및 피난구와 당해 피난구로 통하는 통로·계단 및 출입구에 **유도등**을 설치하여야 한다.
3. 유도등에는 비상전원을 설치하여야 한다.

【정답】 ③

35. 금속칼륨의 보호액으로서 적당하지 않은 것은?

① 등유　　② 유동파라핀
③ 경유　　④ 에탄올

|문|제|풀|이|

[칼륨(K) → 제3류 위험물(금수성)]
- 융점 63.5℃, 비점 762℃, 비중 0.857
- 은백색 광택의 무른 경금속으로 불꽃반응은 보라색
- 공기 중에서 수분과 반응하여 수소를 발생한다.
- 비중이 작으므로 **석유(파라핀, 경유, 등유)** 속에 저장한다.
- 흡습성, 조해성이 있다.
- 물과 반응식 : $2K + 2H_2O \rightarrow 2KOH + H_2 \uparrow + 92.8kcal$
  (칼륨) (물) (수산화칼륨) (수소) (반응열)
- 에틸알코올과 반응식 : $2K + 2C_2H_5OH \rightarrow 2C_2H_5OK + H_2 \uparrow$
  (칼륨) (에틸알코올) (칼륨에틸레이트) (수소)
- 소화방법에는 마른모래 및 탄산수소염류 분말소화약제가 효과적
  → (주수소화와 사염화탄소(CCl_4)와는 폭발반응을 하므로 절대 금한다.)

【정답】 ④

36. 할로겐 화합물의 소화약제 중 할론 2402의 화학식은?

① $C_2Br_4F_2$　　② $C_2Cl_4F_2$
③ $C_2Cl_4Br_2$　　④ $C_2F_4Br_2$

|문|제|풀|이|

[할론(Halon)의 구조] 할론 번호의 숫자는 탄소(C), 불소(F), 염소(Cl), 브롬(Br)의 개수를 나타낸다.

【예】 Halon 2 4 0 2 → $C_2F_4Br_2$

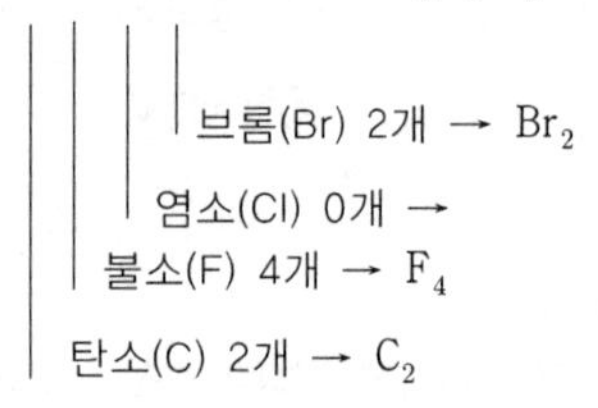

∴ 할론 2402 → $C_2F_4Br_2$

【정답】 ④

37. 위험물제조소에 옥외소화전이 5개가 설치 되어있다. 이 경우 확보하여야 하는 수원의 법정 최소량은 몇 m^3인가?

① 28　　② 35
③ 54　　③ 67.5

|문|제|풀|이|

[옥외소화전설비의 설치기준] 수원의 수량은 옥외소화전의 설치개수(설치개수가 **4개 이상인 경우는 4개의 옥외소화전**)에 $13.5m^3$를 곱한 양 이상이 되도록 설치할 것

즉, $Q = N \times 13.5m^3$

여기서, Q : 수원의 수량
N: 옥외소화전 설치 개수(설치개수가 4이상인 경우에는 4)

∴ 수원의 수량 $Q = N \times 13.5m^3 = 4 \times 13.5 = 54m^3$

※각 설비의 수원의 양

구분	규정 방수압	규정 방수량	수원의 양	수평거리	배관 호스
옥내 소화전	350kPa 이상	260L/분 이상	$7.8m^3$ × 개수 (최대 5개)	층마다 25m 이하	
옥외 소화전	350kPa 이상	450L/분 이상	$13.5m^3$ × 개수(최대 4개)	40m 이하	
스프링 클러	100kPa 이상	80L/분 이상	$2.4m^3$ × 개수 (폐쇄형 최대 30개)	헤드간격 1.7m 이하	방사구역 $150m^2$ 이상
물분무 소화	350kPa 이상	당해 소화설비의 헤드의 설계압력에 의한 방사량	$1m^2$당 분당 20L의 비율로 계산한 양으로 30분간 방사할 수 있는 양	–	–

【정답】 ③

38. 비중은 0.86이고 은백색의 무른 경금속으로 보라색 불꽃을 내면서 연소하는 제3류 위험물은?

① 칼슘　　② 나트륨
③ 칼륨　　④ 리튬

|문|제|풀|이|

[불꽃반응 시 색상]

1. 나트륨(Na) : 노란색　　2. 칼륨(K) : 보라색
3. 칼슘(Ca) : 주황색　　4. 구리(Cu) : 청록색
5. 바륨(Ba) : 황록색　　6. 리튬(Li) : 빨간색

※[칼륨(K) → 제3류 위험물(금수성)]
- 융점 63.5℃, 비점 762℃, 비중 0.857
- 은백색 광택의 무른 경금속으로 불꽃반응은 보라색

【정답】 ③

39. 위험물저장소에 해당하지 않는 것은?

① 옥외저장소　② 지하탱크저장소

③ 이동탱크저장소　④ 판매저장소

|문|제|풀|이|

[위험물 저장소의 구분(8가지)]

지장수량 이상의 위험물을 저장하기 위한 장소	저장소의 구분
1. 옥내에 저장하는 장소	옥내저장소
2. 옥외에 있는 탱크에 위험물을 저장하는 장소	옥외탱크저장소
3. 옥내에 있는 탱크에 위험물을 저장하는 장소	옥내탱크저장소
4. 지하에 매설한 탱크에 위험물을 저장하는 장소	지하탱크저장소
5. 간이탱크에 위험물을 저장하는 장소	간이탱크저장소
6. 차량에 고정된 탱크에 위험물을 저장하는 장소	이동탱크저장소
7. 옥외에 다음 각목의 1에 해당하는 위험물을 저장하는 장소 가, 제2류 위험물 중 유황 또는 인화성고체 나. 제4류 위험물 중 제1석유류·알코올류·제2석유류·제3석유류·제4석유류 및 동식물유류 다. 제6류 위험물 라. 제2류 위험물 및 제4류 위험물중 특별시·광역시 또는 도의 조례에서 정하는 위험물 마. 「국제해사 기구에 관한 협약」에 의하여 설치된 국제해사기구가 채택한 「국제해상위험물규칙」(IMDG Code)에 적합한 용기에 수납된 위험물	옥외저장소
8. 암반 내의 공간을 이용한 탱크에 액체의 위험물을 저장하는 장소	암반탱크저장소

【정답】 ④

40. 위험물안전관리법령상 제5류 위험물에 적응성이 있는 소화설비는?

① 포소화설비

② 이산화탄소 소화설비

③ 할로겐화합물 소화설비

④ 탄산수소염류 소화설비

|문|제|풀|이|

[위험물의 성질에 따른 소화설비의 적응성]

소화설비의 구분 \ 대상			제5류 위험물
옥내소화전 또는 옥외소화전설비			○
스프링클러설비			○
물분무등 소화설비	물분무소화설비		○
	포소화설비		○
	불활성가스소화설비		
	할로겐화합물소화설비		
	분말소화설비	인산염류등	
		탄산수소염류등	
		그 밖의 것	
대형소형 수동식소화기	봉상수(棒狀水)소화기		○
	무상수(霧狀水)소화기		○
	봉상강화액소화기		○
	무상강화액소화기		○
	포소화기		○
	이산화탄소소화기		
	할로겐화합물소화기		
	분말소화기	인산염류소화기	
		탄산수소염류소화기	
		그 밖의 것	
기타	물통 또는 수조		○
	건조사		○
	팽창질석 또는 팽창진주암		○

【정답】 ①

41. 0.99atm, 55℃ 에서 이산화탄소의 밀도는 약 몇 g/L 인가?

① 0.62　② 1.62

③ 9.65　④ 12.65

|문|제|풀|이|

[이상기체상태방정식] 이상기체의 상태를 나타내는 양들, 즉 압력 P, 부피 V, 온도 T 간의 상관관계를 기술하는 방정식

$$PV=\frac{W}{M}RT \rightarrow W=\frac{PVM}{RT}$$

여기서, P : 기체의 압력(kg/m^2), V : 기체의 체적(m^3)

M : 분자량, W : 무게, R : 기체상수

T : 절대온도(k) → (T=273+℃)

[이산화탄소의 밀도]

$$\text{밀도}=\frac{\text{질량}}{\text{부피}}=\frac{W}{V}=\frac{PM}{RT}=\frac{0.99\times 44}{0.082\times(273+55)}=1.62g/L$$

【정답】 ②

42. 위험물안전관리법령상 품명이 나머지 셋과 다른 하나는?

① 트리니트로톨루엔 ② 니트로글리세린

③ 니트로글리콜 ④ 셀룰로이드

|문|제|풀|이|

[위험물의 품명]

① 트리니트로톨루엔 : 제5류 위험물 → (니트로화합물)

② 니트로글리세린 : 제5류 위험물 → (질산에스테르류)

③ 니트로글리콜 : 제5류 위험물 → (질산에스테르류)

④ 셀룰로이드 : 제5류 위험물 → (질산에스테르류)

【정답】 ①

43. 위험물안전관리법령상 지정수량 10배 이상의 위험물을 저장하는 제조소에 설치하여야 하는 경보설비의 종류가 아닌 것은?

① 자동화재탐지설비 ② 자동화재속보설비

③ 휴대용 확성기 ④ 비상방송설비

|문|제|풀|이|

[경보설비의 종류 및 설치기준] 지정수량 10배 이상의 위험물을 저장·취급하는 곳은 자동화재탐지설비, 비상경보설비, 확장장치, 비상방송설비 중 1종 이상 【정답】 ②

44. 위험물안전관리법령상 옥내저장소에서 기계에 의하여 하역하는 구조로 된 용기만을 겹쳐 쌓아 위험물을 저장하는 경우 그 높이는 몇 m를 초과하지 않아야 하는가?

① 2 ② 4

③ 6 ④ 8

|문|제|풀|이|

[저장의 기준] 옥내저장소에서 위험물을 저장하는 경우에는 다음 각 목의 규정에 의한 높이를 초과하여 용기를 겹쳐 쌓지 아니하여야 한다.

1. **기계에 의하여 하역하는 구조**로 된 용기만을 겹쳐 쌓는 경우에 있어서는 **6m**
2. 제4류 위험물 중 제3석유류, 제4석유류 및 동식물유류를 수납하는 용기만을 겹쳐 쌓는 경우에 있어서는 4m
3. 그 밖의 경우에 있어서는 3m 【정답】 ③

45. 인화칼슘이 물과 반응하였을 때 발생하는 가스는?

① 수소 ② 포스겐

③ 포스핀 ④ 아세틸렌

|문|제|풀|이|

[인화칼슘(Ca_3P_2) → 제3류 위험물(금수성 물질)]

·융점 1600℃, 비중 2.51

·적갈색 괴상의 고체 → (인화칼슘이라고 한다.)

·수중 조명등으로 사용한다.

·물, 약산과 반응하여 유독한 인화수소(포스핀가스(PH_3)) 발생

·물과 반응식 : $Ca_3P_2 + 6H_2O \rightarrow 2PH_3\uparrow + 3Ca(OH)_2$

(인화칼슘) (물) (포스핀) (수산화칼슘)

·소화방법에는 마른모래 등으로 피복하여 자연 진화를 기다린다. → (물 및 포약제의 소화는 금한다.) 【정답】 ③

46. 과염소산($HClO_4$)과 염화바륨($BaCl_2$)을 혼합하여 가열할 때 발생하는 유해기체의 명칭은?

① 질산(HNO_3) ② 황산(H_2SO_4)

③ 염산(HCl) ④ 포스핀(PH_3)

|문|제|풀|이|

[과염소산($HClO_4$) → 제6류 위험물(산화성 액체)]

염화바륨($BaCl_2$)과의 반응식

$HClO_4 + BaCl_2 \rightarrow Ba(ClO_4)_2 + 2HCl\uparrow$

(과염소산) (염화바륨) (과염소산바륨) (염화수소) 【정답】 ③

47. 다음 중 제6류 위험물에 해당하는 것은?

① IF_5 ② $HClO_3$

③ NO_3 ④ H_2O

|문|제|풀|이|

[제6류 위험물(산화성 액체)]

유별	품명	지정수량
제6류 산화성 액체	1. 질산(HNO_3) 2. 과산화수소(H_2O_2) 3. 과염소산($HClO_4$) 4. 그 밖에 행정안전부령이 정하는 것 ① 할로겐간화합물(BrF_3, BrF_5, IF_5, ICI, IBr 등) 5. 1내지 4의 ①에 해당하는 어느 하나 이상을 함유한 것	300kg

【정답】 ①

48. 위험물을 저장하는 간이탱크 저장소의 구조 및 설비의 기준으로 옳은 것은?

① 탱크의 두께 2.5㎜ 이상, 용량600L 이하

② 탱크의 두께 2.5㎜ 이상, 용량800L 이하

③ 탱크의 두께 3.2㎜ 이상, 용량600L 이하

④ 탱크의 두께 3.2㎜ 이상, 용량800L 이하

|문|제|풀|이|

[간이탱크저장소의 설치기준]

1. 하나의 간이탱크저장소에 설치하는 간이저장탱크는 그 수를 3 이하로 하고, 동일한 품질의 위험물의 간이저장탱크를 2 이상 설치하지 아니하여야 한다.
2. 간이탱크저장소에는 보기 쉬운 곳에 「위험물 간이탱크저장소」라는 표시를 한 표지와 방화에 관하여 필요한 사항을 게시한 게시판을 설치하여야 한다.
3. 간이저장탱크는 움직이거나 넘어지지 아니하도록 지면 또는 가설대에 고정시키되, 옥외에 설치하는 경우에는 그 탱크의 주위에 너비 1m 이상의 공지를 두고, 전용실 안에 설치하는 경우에는 탱크와 전용실의 벽과의 사이에 0.5m 이상의 간격을 유지하여야 한다.
4. **간이저장탱크의 용량은 600L 이하**이어야 한다.
5. **간이저장탱크는 두께 3.2㎜ 이상**의 강판으로 흠이 없도록 제작하여야 하며, 70kPa 압력으로 10분간의 수압시험을 실시하여 새거나 변형되지 아니하여야 한다. 【정답】 ③

49. 위험물안전관리법령상 예방규정을 정하여야 하는 제조소등에 해당하지 않는 것은?

① 지정수량 10배 이상의 위험물을 취급하는 제조소

② 이송취급소

③ 암반탱크저장소

④ 지정수량의 200배 이상의 위험물을 저장하는 옥내탱크저장소

|문|제|풀|이|

[관계인이 예방규정을 정하여야 하는 제조소 등]

1. 지정수량의 10배 이상의 위험물을 취급하는 제조소
2. 지정수량의 100배 이상의 위험물을 저장하는 옥외저장소
3. 지정수량의 150배 이상의 위험물을 저장하는 옥내저장소
4. 지정수량의 **200배 이상의 위험물을 저장하는 옥외탱크저장소**
5. 암반탱크저장소 6. 이송취급소
7. 지정수량의 10배 이상의 위험물을 취급하는 일반취급소

【정답】 ④

50. 위험물제조소에서 지정수량 이상의 위험물을 취급하는 건축물(시설)에는 원칙상 최소 몇 미터 이상의 보유공지를 확보하여야 하는가? (단, 최대수량은 지정수량의 10배이다.)

① 1m 이상 ② 3m 이상

③ 5m 이상 ④ 7m 이상

|문|제|풀|이|

[제조소의 보유공지]

취급하는 위험물의 초대수량	공지의 너비
지정수량 10배 이하	3m 이상
지정수량 10배 초과	5m 이상

【정답】 ②

51. 분말소화 약제 중 제1종과 제2종 분말이 각각 열분해 될 때 공통적으로 생성되는 물질은?

① N_2, CO_2 ② N_2, O_2

③ H_2O, CO_2 ④ H_2O, N_2

|문|제|풀|이|

[분말소화약제의 종류 및 특성]

종류	주성분	착색	적용 화재
제1종 분말	탄산수소나트륨을 주성분으로 한 것, ($NaHCO_3$)	백색	B, C급
	분해반응식: $2NaHCO_3 \rightarrow Na_2CO_3 + H_2O + CO_2$ (탄산수소나트륨) (탄산나트륨) (물) (이산화탄소)		
제2종 분말	탄산수소칼륨을 주성분으로 한 것, ($KHCO_3$)	담회색 (보라색)	B, C급
	분해반응식: $2KHCO_3 \rightarrow K_2CO_3 + H_2O + CO_2$ (탄산수소칼륨) (탄산칼륨) (물) (이산화탄소)		
제3종 분말	인산암모늄을 주성분으로 한 것, ($NH_4H_2PO_4$)	담홍색, 황색	A, B, C급
	분해반응식: $NH_4H_2PO_4 \rightarrow HPO_3 + NH_3 + H_2O$ (인산암모늄) (메타인산) (암모니아)(물)		
제4종 분말	제2종과 요소를 혼합한 것, $KHCO_3 + (NH_2)_2CO$	회색	B, C급
	분해반응식: $2KHCO_3 + (NH_2)_2CO \rightarrow K_2CO_3 + 2NH_3 + 2CO_2$ (탄산수소칼륨) (요소) (탄산칼륨)(암모니아)(이산화탄소)		

※중탄산나트륨=탄산수소나트륨, 중탄산칼륨=탄산수소칼륨

【정답】 ③

52. 메탄 1g이 완전연소하면 발생되는 이산화탄소는 몇 g인가?

① 1.25 ② 2.75

③ 14 ④ 44

|문|제|풀|이|

[메탄 연소 반응식] CH_4 + $2O_2$→ CO_2 + $2H_2O$

(메탄)(산소) (이산화탄소)(물)

· 1몰의 메탄으로 1몰의 이산화탄소 발생

· 메탄 1g으로 이산화탄소 $\frac{1}{16}$mol 생성

→ (메탄 1g의 몰수 : $1g \times 1mol/16g = \frac{1}{16}mol$)

· 발생된 이산화탄소의 질량 : $\frac{1}{16}mol \times 44g/mol = 2.75g$

→ (메탄 분자량 : 16g/mol, 이산화탄소 분자량 : 44g/mol)

【정답】 ②

53. 그림과 같은 위험물 저장탱크의 내용적은 약 몇 m^3인가?

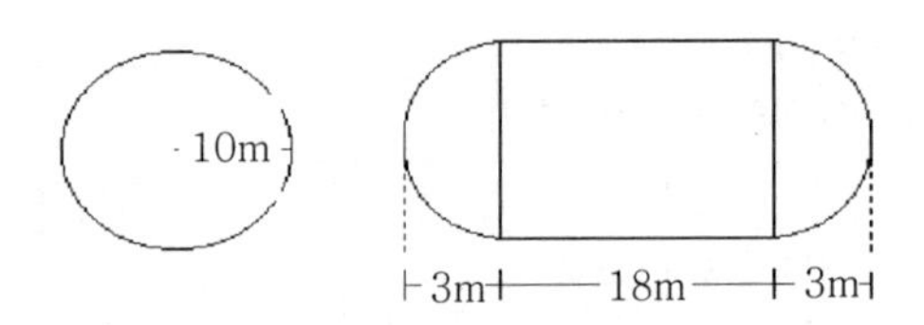

① 4681 ② 5482

③ 6283 ④ 7080

|문|제|풀|이|

[원통형 탱크의 내용적(횡으로 설치)]

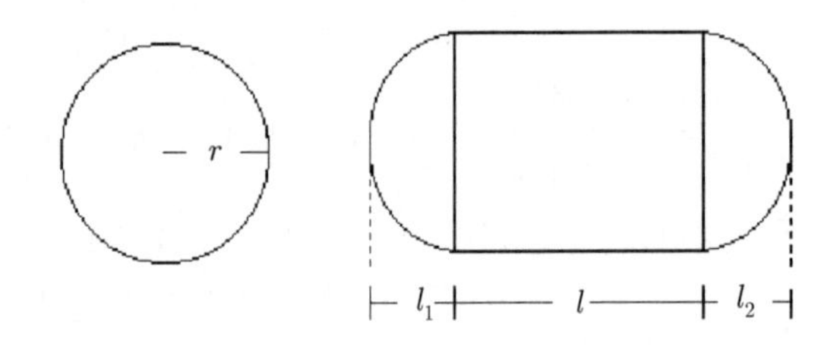

$$내용적 = \pi r^2\left(l + \frac{l_1 + l_2}{3}\right)$$

$$= 3.14 \times 10^2\left(18 + \frac{3+3}{3}\right) = 6283m^3$$

【정답】 ③

54. 제4류 위험물인 클로로벤젠의 지정수량으로 옳은 것은?

① 200L ② 400L

③ 1000L ④ 2000L

|문|제|풀|이|

[클로로벤젠(C_6H_5Cl) → 제4류 위험물(인화성 액체),제2석유류]

· **지정수량(비수용성) 1000L**, 인화점 32℃, 착화점 593℃, 비점 132℃, 비중 1.11, 연소범위 1.3~7.1%

· 무색의 액체로 물보다 무겁다.

· 증기는 공기보다 무겁고 마취성이 있다.

· 물에 녹지 않으며 알코올 등 유기용제에는 녹는다.

· DDT의 원료로 사용된다.

· 연소를 하면 염화수소가스를 발생한다.

· 연소반응식 : $2C_6HCl + 14O_2 \rightarrow 6CO_2\uparrow + 2H_2O + HCl\uparrow$

(클로로벤젠) (산소) (이산화탄소) (물) (염화수소)

【정답】 ③

55. 트리니트로톨루엔의 작용기에 해당하는 것은?

① $-NO$ ② $-NO_2$

③ $-NO_3$ ④ $-NO_4$

|문|제|풀|이|

[트리니트로톨루엔[T.N.T, $C_6H_2CH_3(NO_2)_3$]

구조식	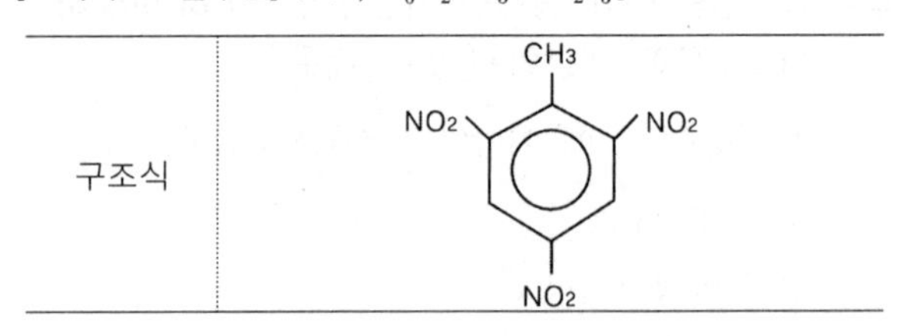

※[작용기] 분자 내에서 비슷한 성질을 띠는 원자 그룹들을 묶어서 분류해 놓은 것이다. 【정답】 ②

56. 디에틸에테르에 대한 설명으로 틀린 것은?

① 일반식은 R-CO-R'이다.

② 연소범위는 약 1.9~48%이다.

③ 증기비중 값이 비중 값보다 크다.

④ 휘발성이 높고 마취성을 가진다.

|문|제|풀|이|

[디에틸에테르($C_2H_5OC_2H_5$, 에틸에테르/에테르) → 제4류 위험물, 특수인화물]

- 인화점 -45℃, 착화점 180℃, 비점 34.6℃, 비중 0.72(15℃), 증기비중 2.6, 연소범위 1.9~48%
- 무색투명한 휘발성이 강한 액체, 증기는 마취성이 있다.
- 인화성이 강하고 물에 약간 녹으며, 알코올에는 잘 녹는다.
- 일반식 : **R-O-R'**(R 및 R'는 알칼리를 의미)
- 구조식 :

```
      H   H       H   H
      |   |       |   |
  H — C — C — O — C — C — H
      |   |       |   |
      H   H       H   H
```

【정답】 ①

57. 위험물안전관리법령상 위험물을 운반하기 위해 적재할 때 예를 들어 제6류 위험물은 1가지 유별(제1류 위험물)하고만 혼재할 수 있다. 다음 중 가장 많은 유별과 혼재가 가능한 것은? (단, 지정수량의 1/10을 초과하는 위험물이다.)

① 제1류　　② 제2류
③ 제3류　　④ 제4류

|문|제|풀|이|

[유별을 달리하는 위험물의 혼재기준]

위험물의 구분	제1류	제2류	제3류	제4류	제5류	제6류
제1류		X	X	X	X	O
제2류	X		X	O	O	X
제3류	X	X		O	X	X
제4류	X	O	O		O	X
제5류	X	O	X	O		X
제6류	O	X	X	X	X	

【비고】 1. 'X'표시는 혼재할 수 없음을 표시한다.
2. 'O'표시는 혼재할 수 있음을 표시한다.
3. 이 표는 지정수량의 $\frac{1}{10}$ 이하의 위험물에 대하여는 적용하지 아니한다.

【정답】 ④

58. 다음은 P_2S_5와 물의 화학반응이다. (　)에 알맞은 숫자를 차례대로 나열한 것은?

P_2S_5 + (　)H_2O → (　)H_2S + (　)H_3PO_4

① 2, 8, 5　　② 2, 5, 8
③ 8, 5, 2　　④ 8, 2, 5

|문|제|풀|이|

[오황화린(P_2S_5) → 제2류 위험물(황화린)]

- 착화점 142℃, 융점 290℃, 비점 514℃, 비중 2.09
- 담황색 결정으로 조해성, 흡습성이 있는 물질
- 알코올 및 이황화탄소(CS_2)에 잘 녹는다.
- 물, 알칼리와 분해하여 유독성인 황화수소(H_2S), 인산(H_3PO_4)이 된다.
- 물과 분해반응식 : P_2S_5 + $8H_2O$ → $5H_2S$ + $2H_3PO_4$
(오황화인) (물) (황화수소) (인산)

【정답】 ③

59. 아세톤의 성질에 대한 설명으로 옳은 것은?

① 자연발화성 때문에 유기용제로서 사용할 수 없다.
② 무색무취이고 겨울철에 쉽게 응고한다.
③ 증기비중은 약 0.79이고 요오드폼반응을 한다.
④ 물에 잘 녹으며 끓는점이 60℃보다 낮다.

|문|제|풀|이|

[아세톤(CH_3COCH_3) → 제4류 위험물/인화성액체(제1석유류)]

- 지정수량(수용성) 400L, 인화점 -18℃, 착화점 538℃, **비점(끓는점) 56.5℃**, 비중 0.79, **증기비중 2.0**, 연소범위 2.6~12.8%
- 무색투명하고 요오드(아이오딘)포름 반응을 하는 **독특한 냄새**가 나는 휘발성 액체다.
- 액체는 물보다 가볍고, 증기는 공기보다 무겁다.
- 물, 알코올, 에테르에 잘 녹는다.
- 일광에 분해되고, 보관 중 황색으로 변한다.
- **자연발화성이 없으므로 유기용제로 사용**된다.
- 저장은 밀봉하여 건조하고 서늘한 장소에 저장한다.
- 소화방법에는 수용성이므로 분무소화가 가장 효과적이며 질식소화기가 좋고, 화학포는 소포되므로 알코올포소화기를 사용한다.
- 연소반응식 : CH_3COCH_3 + $4O_2$ → $3CO_2$↑ + $3H_2O$
(디메틸케톤) (산소) (이산화탄소) (물)

※ 【요오드폼반응】 아세틸기를 가진 물질에 요오드와 수산화나트륨 수용액을 가하면 요오드폼의 노란색 침전물이 생기는 반응. 아세톤, 에틸알코올, 아세트알데히드 등을 검출할 때 이용한다.

【정답】 ④

60. 다음 중 유류저장탱크화재에서 일어나는 현상으로 거리가 먼 것은?

① 보일오버　　② 플래시오버
③ 슬롭오버　　④ 프로스오버

|문|제|풀|이|

[유류저장탱크에서 일어나는 현상]

구분	내용
보일오버	고온층이 형성된 유류화재의 탱크저부로 침강하여 에 저부에 물이 고여 있는 경우, 화재의 진행에 따라 바닥의 물이 급격히 증발하여 대량의 수증기가 상층의 유류를 밀어 올려 다량의 기름을 분출시키는 위험현상
슬롭오버	· 유류화재 발생시 유류의 액표면 온도가 물의 비점 이상으로 상승할 때 소화용수가 연소유의 뜨거운 액표면에 유입되면서 탱크의 잔존 기름이 갑자기 외부로 분출하는 현상 · 유류화재 시 물이나 포소화약재를 방사할 경우 발생한다.
프로스오버	탱크속의 물이 점성이 뜨거운 기름 표면 아래서 끓을 때 화재를 수반하지 않고 기름이 용기에서 넘쳐흐르는 현상

[가스저장탱크에서 일어나는 현상]

구분	내용
블레비 현상 (BLEVE)	가연성 액화가스 저장탱크 주위에 화재가 발생하여 누설로 부유 또는 확산 된 액화가스가 착화원과 접촉하여 액화가스가 공기 중으로 확산, 폭발하는 현상
플래시오버	· 화재로 발생한 가연성 분해가스가 천장 부근에 모이고 갑자기 불꽃이 폭발적으로 확산하여 창문이나 방문으로부터 연기나 불꽃이 뿜어 나오는 현상 · 내장재의 종류와 개구부의 크기에 영향을 받는다.

【정답】 ②

2019_3 위험물기능사 필기

01. 전역방출방식의 할로겐화합물소화설비의 분사헤드에서 할론 1211을 방사하는 경우의 방사압력은 몇 MPa 이상으로 하는가?

① 0.1　② 0.2
③ 0.3　④ 0.9

|문|제|풀|이|

[전역·국소방출방식 분사헤드의 방사압력 및 방사시간]

약제	방사압력	방사시간
할론 2402	0.1MPa 이상	30초 이내
할론 1211	**0.2MPa 이상**	
할론 1301	0.9MPa 이상	
HFC-227ea	0.3MPa 이상	10초 이내
HFC-23	0.9MPa 이상	
HFC-125	0.9MPa 이상	

【정답】②

02. 10℃의 물 2g을 100℃의 수증기로 만드는데 필요한 열량은?

① 180cal　② 340cal
③ 719cal　④ 1258cal

|문|제|풀|이|

[열량(Q)] 0℃물 → 100℃물 → 100℃ 수증기를 만드는데 필요한 열량 $Q=mC_p\Delta_t+r\cdot m$ → (열량(Q)=현열+잠열)

여기서, m : 무게, C_p : 물의 비열(1cal/g・℃), Δ_t : 온도차

r : 물의 증발잠열(539cal/g)

$\therefore Q=mC_p\Delta_t+r\cdot m$

=(2g×1cal/g×(100℃-90℃)+(539cal/g×2g)=1258cal

※1. 현열 : 상태변화(물→ 수증기) 시 온도 변화에 쓰인 열
현열=[1cal/g·℃×2g×(100℃-10℃)]

2. 잠열 : 상태변화(물→ 수증기) 시 변화 (상변화)에 쓰인 열
잠열=(2g×539cal/g)

【정답】④

03. 위험물안전관리 법령상 위험물의 지정수량으로 옳지 않은 것은?

① 니트로셀룰로오스 : 10kg
② 히드록실아민 : 100kg
③ 아조벤젠 : 50kg
④ 트리니트로페놀 : 200kg

|문|제|풀|이|

[제5류 위험물 → (자기반응성 물질)]

위험등급	품명	지정수량
Ⅰ	1. 유기과산화물 : 과산화벤조일, 과산화메틸에틸케톤 2. 질산에스테르류 : 질산메틸, 질산에틸, 니트로글리세린, 니트로글리콜, 니트로셀룰로오스	10kg
Ⅱ	3. 니트로화합물 : 트리니트로톨루엔, 트리니트로페놀(피크르산) 4. 니트로소화합물 : 파라디니트로소벤젠, 디니트로소레조르신 5. 아조화합물 : **아조벤젠**, 히드록시아조벤젠 6. 디아조화합물 : 디아조메탄, 디아조카르복실산에틸 7. 히드라진 유도체 : 페닐히드라진, 히드라조벤젠	200kg
	8. 히드록실아민 9. 히드록실아민염류	100kg

※③ 아조벤젠 : 200kg

【정답】③

04. 위험물안전관리자를 해임한 후 며칠 이내에 후임자를 선임하여야 하는가?

① 14일　② 15일
③ 20일　④ 30일

|문|제|풀|이|

[위험물안전관리자 → (위험물안전관리법 제15조)]

1. 제조소 등의 관계인은 위험물의 안전관리에 관한 직무를 수행하게 하기 위하여 제조소 등마다 대통령령이 정하는 위험물의 취급에 관한 자격이 있는 자(위험물취급자격자)를 위험물안전관리자(안전관리자)로 선임하여야 한다.
2. 제1항의 규정에 따라 안전관리자를 선임한 제조소 등의 관계인은 그 안전관리자를 해임하거나 안전관리자가 퇴직한 때에는 **해임하거나 퇴직한 날부터 30일 이내에 다시 안전관리자를 선임**하여야 한다.
3. 선임한 경우에는 선임한 날부터 14일 이내에 행정안전부령으로 정하는 바에 따라 소방본부장 또는 소방서장에게 신고하여야 한다.

【정답】 ④

05. 불활성가스 소화약제 중 IG-541의 구성성분이 아닌 것은?

① N_2　② Ar
③ Ne　④ CO_2

|문|제|풀|이|

[불활성가스 소화약제]

종류	화학식
IG-01	Ar
IG-55	N_2 : 50%, Ar : 50%
IG-100	N_2
IG-541	N_2 : 52%, Ar : 40%, CO_2 : 8%

【정답】 ③

06. 다음 중 자연발화의 원인으로 가장 거리가 먼 것은?

① 기화열에 의한 발열
② 산화열에 의한 발열
③ 분해열에 의한 발열
④ 흡착열에 의한 발열

|문|제|풀|이|

[자연발화의 원인] 자연발화를 일으키는 원인에는 물질의 **산화열, 분해열, 흡착열, 중합열, 발효열** 등이 있다.

산화열에 의한 발화	석탄, 고무분말, 건성유 등에 의한 발화
분해열에 의한 발화	셀룰로이드, 니트로셀룰로오스 등에 의한 발화
흡착열에 의한 발화	목탄, 활성탄 등에 의한 발화
중합열에 의한 발화	시안화수소, 산화에프틸렌 등에 의한 발화
미생물에 의한 발화	퇴비, 먼지 속에 들어 있는 혐기성 미생물에 의한 발화

[자연발화의 발생 조건]

- 주위 온도가 높을 것
- 열전도율이 작을 것
- 습도가 높을 것
- 발열량이 클 것(열의 축적이 크다)
- 표면적이 넓을 것

【정답】 ①

07. 인화성액체 위험물을 저장하는 옥외탱크저장소에 설치하는 방유제의 높이 기준은?

① 0.5m 이상 1m 이하
② 0.5m 이상 3m 이하
③ 0.3m 이상 1m 이하
④ 0.3m 이상 3m 이하

|문|제|풀|이|

[옥외탱크저장소의 탱크의 방유제 설치 기준]

1. 방유제의 용량
   가. 방유제안에 설치된 탱크가 하나인 때 : 그 탱크 용량의 110% 이상
   나. 2기 이상인 때 : 그 탱크 중 용량이 최대인 것의 용량의 110% 이상
   다. 인화성이 없는 액체위험물(제6류 위험물)의 옥외저장탱크의 주위에 설치하는 방유제의 기술기준에 대하여 준용한다. 이 경우에 있어서 110%를 100%로 본다.
2. **방유제는 높이 0.5m 이상 3m 이하, 두께 0.2m 이상**, 지하매설깊이 1m 이상으로 할 것.

【정답】 ②

08. 다음 중 물에 가장 잘 용해되는 위험물은?

① 디에틸에테르 ② 가솔린

③ 톨루엔 ④ 아세트알데히드

|문|제|풀|이|

[물과 위험물과의 반응]

① 디에틸에테르(제4류 위험물(특수인화물)) : 물에 약간 녹는다.

② 가솔린(휘발유)(제4류 위험물(제1석유류)) : 비수용성

③ 톨루엔(제4류 위험물(제1석유류)) : 물에 잘 녹지 않는다.

④ 아세트알데히드(제4류 위험물(특수인화물)) : 물에 잘 녹는다.

【정답】 ④

09. 착화점이 232℃에 가장 가까운 위험물은?

① 삼황화린 ② 오황화린

③ 적린 ④ 유황

|문|제|풀|이|

[위험물의 발화점(착화점=발화온도)]

물질명	발화점(℃)	물질명	발화점(℃)
마그네슘	482	아세트알데히드	185
아세톤	465	니트로셀룰로오스 에테르	180
아세트산	427	오황화린	142
가솔린, 피크린산	300	이황화탄소, 삼황화린	100
적린	260	황린	34
유황	**232.2**		

【정답】 ④

10. 위험물안전관리법령상 제조소의 위치·구조 및 설비의 기준에 따르면 가연성 증기가 체류할 우려가 있는 건축물은 배출장소의 용적이 $500m^3$일 때 시간당 배출능력(국소방식)을 얼마 이상인 것으로 하여야 하는가?

① $5,000m^3$ ② $10,000m^3$

③ $20,000m^3$ ④ $40,000m^3$

|문|제|풀|이|

[위험물제조소의 배출설비]

1. 배출설비는 국소방식으로 하여야 한다.
   → 다만, 다음 각 목의 1에 해당하는 경우에는 전역방식으로 할 수 있다.
   ① 위험물취급설비가 배관이음 등으로만 된 경우
   ② 건축물의 구조·작업장소의 분포 등의 조건에 의하여 전역방식이 유효한 경우
2. 배출설비는 배풍기(오염된 공기를 뽑아내는 통풍기)·배출 덕트(공기 배출 통로)·후드 등을 이용하여 강제적으로 배출하는 것으로 해야 한다.
3. 배출능력은 1시간당 배출장소 용적의 **20배 이상**인 것으로 하여야 한다.
   → 다만, 전역방식의 경우에는 바닥면적 $1m^2$ 당 $18m^3$ 이상으로 할 수 있다.

$\therefore 500m^3 \times 20 = 10,000m^3$

【정답】 ②

11. 포소화설비의 가압송수장치에서 압력수조의 압력산출 시 필요 없는 것은?

① 낙차의 환산 수두압

② 배관의 마찰손실 수두압

③ 노즐선의 마찰손실 수두압

④ 소방용 호스의 마찰손실 수두압

|문|제|풀|이|

[압력수조를 이용한 가압송수장치의 필요 압력(포소화설비)]

$P = p_1 + p_2 + p_3 + p_4$ (MPa)

여기서, P : 압력수조의 압력(MPa)

p_1 : 방출구의 설계압력 또는 노즐 선단의 방사압력(MPa)

p_2 : 배관의 마찰손실 수두압(MPa)

p_3 : 낙차의 환산 수두압(MPa)

p_4 : 소방용 호스의 마찰손실 수두압(MPa)

【정답】 ③

12. 칼륨의 저장 시 사용하는 보호물질로 다음 중 가장 적합한 것은?

① 에탄올 ② 사염화탄소

③ 등유 ④ 이산화탄소

|문|제|풀|이|

[칼륨(K) → 제3류 위험물(금수성)]

- 융점 63.5℃, 비점 762℃, 비중 0.857
- 은백색 광택의 무른 경금속으로 불꽃반응은 보라색
- 공기 중에서 수분과 반응하여 수소를 발생한다.
- 물과 반응식 : $2K + 2H_2O \rightarrow 2KOH + H_2 \uparrow + 92.8kcal$
  (칼륨) (물) (수산화칼륨) (수소) (반응열)
- 비중이 작으므로 **석유(파라핀, 경유, 등유)** 속에 저장한다.
- 흡습성, 조해성이 있다.
- 소화방법에는 마른모래 및 탄산수소염류 분말소화약제가 효과적
  → (주수소화와 사염화탄소(CCl_4)와는 폭발반응을 하므로 절대 금한다.)

【정답】 ③

13. 다음 위험물 중 지정수량이 가장 큰 것은?

① 질산에틸 ② 과산화수소
③ 트리니트로톨루엔 ④ 피크르산

|문|제|풀|이|

[위험물의 지정수량]

① 질산에틸(($C_2H_5ONO_2$)) : 제6류 위험물, 지정수량 10kg
② 과산화수소(H_2O_2) : 제6류 위험물, 지정수량 300kg
③ 트리니트로톨루엔(CH_3ONO_2) : 제5류 위험물, 지정수량 200kg
④ 피크르산(트리니트로페놀 $C_6H_2OH(NO_2)_3$) : 제5류 위험물, 지정수량 200kg

【정답】 ②

14. 저장 또는 취급하는 위험물의 최대수량이 지정수량의 1,000배 이하일 때 옥외저장탱크의 측면으로부터 몇 m 이상의 보유공지를 유지하여야 하는가? (단, 제6류 위험물은 제외한다.)

① 1 ② 2 ③ 3 ④ 5

|문|제|풀|이|

[옥외탱크저장소의 위치·구조 설비기준(보유공지)]

저장 또는 취급하는 위험물의 최대수량	공지의 너비
지정수량의 500배 이하	3m 이상
지정수량의 500배 초과 1,000배 이하	5m 이상
지정수량의 1,000배 초과 2,000배 이하	9m 이상
지정수량의 2,000배 초과 3,000배 이하	12m 이상
지정수량의 3,000배 초과 4,000배 이하	15m 이상
지정수량의 4,000배 초과	당해 탱크의 수평단면의 최대지름(가로형인 경우에는 긴 변)과 높이 중 큰 것과 같은 거리 이상. 다만, 30m 초과의 경우에는 30m 이상으로 할 수 있고, 15m 미만의 경우에는 15m 이상으로 하여야 한다.

【정답】 ④

15. 위험물안전관리법령에서 정한 제조소 등의 자동화재탐지설비에 대한 기준으로 틀린 것은? (단, 원칙적인 경우에 한한다.)

① 경계구역은 건축물 그 밖의 공작물의 2 이상의 층에 걸치지 아니하도록 할 것
② 하나의 경계구역의 면적은 $600m^2$ 이하로 할 것
③ 하나의 경계구역의 한 변 길이는 30m 이하로 할 것
④ 자동화재탐지설비에는 비상전원을 설치할 것

|문|제|풀|이|

[자동화재탐지설비의 설치기준]

1. 자동화재탐지설비의 경계구역은 건축물 그 밖의 공작물의 2 이상의 층에 걸치지 아니하도록 할 것.
2. 하나의 경계구역의 면적은 $600m^2$ 이하로 하고 그 **한 변의 길이는 50m**(광전식분리형 감지기를 설치할 경우에는 100m)이하로 할 것
3. 자동화재탐지설비에는 비상전원을 설치할 것

【정답】 ③

16. 연소범위가 2.5~38.5로 구리, 은, 마그네슘과 접촉 시 아세틸라이더를 생성하는 물질은?

① 아세트알데히드 ② 알킬알루미늄
③ 산화프로필렌 ④ 콜로디온

|문|제|풀|이|

[산화프로필렌(OCH_2CHCH_3) → 제4류 위험물(특수인화물)

- 인화점 -37℃, 착화점 465℃, 비점 34℃, 비중 0.83, **연소범위 2.5~38.5%**
- 무색투명한 액체 → (에테르 향)
- 물, 알코올, 에테르, 벤젠에 잘 녹는다.
- 증기 및 액체는 인체에 해롭다.
  → (증기 흡입 시 폐부종, 액체가 피부 접촉 시 동상 증상)
- 제4류 위험물 중 증기압이 가장 크고, 기화되기 쉽다.
  → (증기압 45[mmHg])
- **구리(Cu), 마그네슘(Mg), 은(Ag), 수은(Hg) 또는 이들의 합금과 반응하여 아세틸라이더 생성**
- 용기는 폭발 방지를 위하여 불연성 가스(N_2) 또는 수증기를 봉입시켜야 한다.
- 소화방법에는 CO_2, 분말, 할로겐화합물 소화기를 사용한다.
  → (포말은 소포되므로 사용하지 못한다.)
- 연소반응식 : $OCH_2CHCH_3 + 4O_2 \rightarrow 3CO_2\uparrow + 3H_2O$
  (산화프로필렌) (산소) (이산화탄소) (물)

【정답】 ③

17. 위험물안전관리법령에 따른 제4류 위험물 중 제1석유류에 속하지 않는 것은?

① 등유 ② 벤젠
③ 메틸에틸케톤 ④ 톨루엔

|문|제|풀|이|

[제4류 위험물의 지정품목]

1. 특수인화물 : 이황화탄소, 디에틸에테르
2. 제1석유류 : 벤젠, 아세톤, 휘발유, 톨루엔, 메틸에틸케톤
3. 제2석유류 : **등유**, 경유
4. 제3석유류 : 중유, 그레오소오트유
5. 제4석유류 : 기어유, 실린더유

【정답】 ①

18. 위험물안전관리법령상 옥내소화전설비의 비상전원은 몇 분 이상 작동할 수 있어야 하는가?

① 45분 ② 30분

③ 20분 ④ 10분

|문|제|풀|이|

[위험물 제조소에 설치하는 소화설비의 비상전원 용량]

소화설비	비상전원
옥내소화설비	45분 이상 작동할 것
옥외소화설비	
스프링클러설비	

【정답】 ①

19. 다음 물질 중 분진폭발의 위험성이 가장 낮은 것은?

① 밀가루 ② 알루미늄분말

③ 모래 ④ 석탄

|문|제|풀|이|

[분진 폭발을 일으키지 않는 물질] 석회석 가루(생석회), 시멘트 가루, 대리석 가루, 탄산칼슘, 규사(모래)

[분진 폭발하는 물질] 황(유황), 알루미늄분, 마그네슘분, 금속분, 밀가루, 커피 등

【정답】 ③

20. 연면적 $1000m^2$이고 외벽이 내화구조인 위험물취급소의 소화설비 소요단위는 얼마인가?

① 50 ② 10 ③ 20 ④ 100

|문|제|풀|이|

[소요단위(제조소, 취급소, 저장소)] 소요단위$=\frac{연면적}{기준면적}$

[건축물의 1소요단위] 소화설비의 설치대상이 되는 건축물 그 밖의 공작물의 규모 또는 위험물의 양의 기준단위

종류	내화구조	비내화구조
위험물 제조소 및 취급소	$100m^2$	$50m^2$
위험물 저장소	$150m^2$	$75m^2$
위험물	지정수량×10	

$\therefore$소요단위$=\frac{연면적}{기준면적}=\frac{1000m^2}{100m^2}=10$단위

※소요단위(위험물)$=\frac{저장수량}{1소요단위}=\frac{저장수량}{지정수량\times 10}$

【정답】 ②

21. 옥내저장소에서 위험물 용기를 겹쳐 쌓는 경우에 있어서 제4류 위험물 제3석유류만을 수납하는 용기를 겹쳐 쌓을 수 있는 높이는 최대 몇 m인가?

① 3 ② 4 ③ 5 ④ 8

|문|제|풀|이|

[저장의 기준] 옥내저장소에서 위험물을 저장하는 경우에는 다음 각목의 규정에 의한 높이를 초과하여 용기를 겹쳐 쌓지 아니하여야 한다.

1. 기계에 의하여 하역하는 구조로 된 용기만을 겹쳐 쌓는 경우에 있어서는 6m
2. **제4류 위험물 중 제3석유류, 제4석유류 및 동식물유류를 수납하는 용기만을 겹쳐 쌓는 경우에 있어서는 4m**
3. 그 밖의 경우에 있어서는 3m

【정답】 ②

22. 금속분의 화재 시 주수소화해서는 안 되는 이유로 가장 옳은 것은?

① 산소가 발생하기 때문에

② 수소가 발생하기 때문에

③ 질소가 발생하기 때문에

④ 유독가스가 발생하기 때문에

|문|제|풀|이|

[금속분 → 제2류 위험물]

· 소화방법으로는 마른모래, 멍석 등으로 피복소화가 효과적이다.
→ (주수소화는 **수소가스를 발생**하므로 위험하다.)

· 알루미늄과 수증기와의 반응식: $2Al+6H_2O\rightarrow 2Al(OH)_3+3H_2\uparrow$
(알루미늄)(물) (수산화알루미늄) (수소)

【정답】 ②

23. 주된 소화효과가 산소공급원의 차단에 의한 소화가 아닌 것은?

① 포소화기　　② 건조사

③ CO_2소화기　　④ Halon 1211 소화기

| 문 | 제 | 풀 | 이 |

[질식소화]

1. 가연물이 연소할 때 공기 중 산소의 농도가 약 21%를 15% 이하로 떨어뜨려 산소공급을 차단하여 연소를 중단시키는 방법
2. 대표적인 소화약제로는 포, 수성막포, CO_2, 마른모래 등이 있다.

※④ Halon 1211 : 부촉매효과(억제효과)　【정답】 ④

24. 위험물안전관리법령상 과산화수소가 제6류 위험물에 해당하는 농도 기준으로 옳은 것은?

① 36wt% 이상　　② 36vol% 이상

③ 1.49wt% 이상　　④ 1.49vol% 이상

| 문 | 제 | 풀 | 이 |

[과산화수소(H_2O_2) → 제6류 위험물(산화성 액체)]

- 착화점 80.2℃, 융점 -0.89℃, 비중 1.465, 증기비중 1.17, 비점 80.2℃
- 순수한 것은 무색투명한 점성이 있는 액체이다.
- 분해 시 산소(O_2)를 발생하므로 안정제로 인산, 요산 등을 사용한다.
- 물, 알코올, 에테르에는 녹고, 벤젠, 석유에는 녹지 않는다.
- 강산화제 및 환원제로 사용되며 표백 및 살균작용을 한다.
- 저장용기는 밀폐하지 말고 구멍이 있는 마개를 사용한다.
- 히드라진(N_2H_4)과 접촉 시 분해 작용으로 폭발위험이 있다.
- **농도가 30wt% 이상은 위험물에 속한다.**　【정답】 ①

25. 위험물안전관리법령상 소화설비의 적응성에서 제6류 위험물에 적응성이 있는 소화설비는?

① 옥외소화설비

② 불활성가스소화설비

③ 할로겐화합물소화설비

④ 분말소화설비(탄산수소염류)

| 문 | 제 | 풀 | 이 |

[위험물의 성질에 따른 소화설비의 적응성]

소화설비의 구분 (대상)			제6류 위험물
옥내소화전 또는 옥외소화전설비			○
스프링클러설비			○
물분무등 소화설비	물분무소화설비		○
	포소화설비		○
	불활성가스소화설비		
	할로겐화합물소화설비		
	분말소화설비	인산염류등	○
		탄산수소염류등	
		그 밖의 것	
대형소형 수동식 소화기	봉상수(棒狀水)소화기		○
	무상수(霧狀水)소화기		○
	봉상강화액소화기		○
	무상강화액소화기		○
	포소화기		○
	이산화탄소소화기		△
	할로겐화합물소화기		
	분말소화기	인산염류소화기	○
		탄산수소염류소화기	
		그 밖의 것	

【정답】 ①

26. 알코올 화재 시 보통의 포소화약제는 알코올형 포소화약제에 비하여 소화효과가 낮다. 그 이유로서 가장 타당한 것은?

① 소화약제와 섞이지 않아서 연소면을 확대하기 때문에

② 알코올은 포와 반응하여 가연성가스를 발생하기 때문에

③ 알코올이 연료로 사용되어 불꽃의 온도가 올라가기 때문에

④ 수용성 알코올로 인해 포가 파괴되기 때문에

|문|제|풀|이|

[포소화약제의 종류 및 성상(기계포소화약제)]

단백포	·**유류화재의 소화용으로 개발** ·포의 유동성이 작아서 소화속도가 늦은 반면 안정성이 커서 제연방지에 효과적이다.
불화 단백포	·단백포에 불소계 계면활성제를 소량 첨가한 것 ·단백포의 단점인 유동성과 열안정성을 보완한 것 ·착화율이 낮고 가격이 비싸다.
합성계면 활성제포	·팽창범위가 넓어 고체 및 기체 연료 등 사용범위가 넓다. ·유동성이 좋은 반면 내유성이 약하다. ·포가 빨리 소멸되는 것이 단점이다. ·고압가스, 액화가스, 위험물저장소에 적용된다.
수성막포	·보존성 및 내약품성이 우수하다. ·성능은 단백포소화약제에 비해 300% 효과가 있다. ·수성막이 장기간 지속되므로 재 착화 방지에 효과적이다. ·내약품성이 좋아 다른 소화약제와 겸용이 가능하다. ·대형화재 또는 고온화재 표면 막 생성이 곤란한 단점이
알코올포	·**수용성 액체 위험물의 소화에 효과적**이다. ·알코올, 에스테르류 같이 수용성인 용제에 적합하다.

※알코올형포소화약제는 수용성 액체에 적합하고 다른 포소화약제는 수용성 액체에 사용하면 **포가 소포(거품이 꺼짐)**되므로 적합하지 않다. 【정답】 ④

27. 동·식물유류의 일반적인 성질로 옳은 것은?

① 자연발화의 위험은 없지만 점화원에 의해 쉽게 인화된다.

② 대부분 비중 값이 물보다 크다.

③ 인화점이 100℃보다 높은 물질이 많다.

④ 요오드값이 50 이하인 건성유는 자연발화 위험이 높다.

|문|제|풀|이|

[동·식물유류 → 제4류 위험물] 동물의 지육 등 또는 식물의 종자나 과육으로부터 추출한 것으로서 1기압에서 인화점이 200도 이상 250℃ 미만인 것을 말한다.

1. 인화점은 200도 이상 250도 미만
2. 비중은 물보다 약간 가볍다.
3. 요오드값이 크면 자연발화하기 쉽다. 【정답】 ③

28. 인화칼슘이 물 또는 염산과 반응하였을 때 공통적으로 발생하는 물질은?

① Ca_3Cl_2 ② $Ca(OH)_2$

③ PH_3 ④ H_2

|문|제|풀|이|

[인화칼슘(Ca_3P_2) → 제3류 위험물(금수성 물질)]

·융점 1600℃, 비중 2.51
·적갈색 괴상의 고체 → (인화칼슘이라고 한다.)
·수중 조명등으로 사용한다.
·물, 약산과 반응하여 유독한 인화수소(포스핀가스(PH_3)) 발생
·물과 반응식 : $Ca_3P_2 + 6H_2O \rightarrow 2PH_3 + 3Ca(OH)_2 \uparrow$
(인화칼슘) (물) (포스핀) (수산화칼슘)
·약산과의 반응식 : $Ca_3P_2 + 6HCl \rightarrow 3CaCl_2 + 2PH_3 \uparrow$
(인화칼슘) (염산) (염화칼슘) (포스핀)
·소화방법에는 마른모래 등으로 피복하여 자연 진화를 기다린다.
→ (물 및 포약제의 소화는 금한다.) 【정답】 ③

29. 질산나트륨 90kg, 유황 70kg 및 클로로벤젠 2000L를 저장할 때 각 위험물의 지정수량 배수의 총합은 얼마인가?

① 2 ② 3

③ 4 ④ 5

|문|제|풀|이|

[지정수량의 계산값(배수)]

$$\text{배수} = \frac{A\text{품명의 저장수량}}{A\text{품명의 지정수량}} + \frac{B\text{품명의 저장수량}}{B\text{품명의 지정수량}} + \cdots\cdots$$

1. 위험물의 지정수량 : 질산나트륨 300kg, 유황 100kg, 클로로벤젠 1000L
2. 위험물의 저장수량 : 질산나트륨 90kg, 유황 70kg, 클로로벤젠 2000L

$$\therefore \text{지정수량 배수} = \frac{90kg}{300kg} + \frac{70kg}{100kg} + \frac{2000L}{1000L} = 3.0\text{배}$$

【정답】 ②

30. 휘발유를 저장하던 이동저장탱크에 등유나 경유를 탱크 상부로부터 주입할 때 액 표면이 일정 높이가 될 때까지 위험물의 주입관내 유속을 몇 m/s 이하로 하여야 하는가?

① 1 ② 2

③ 3 ④ 5

|문|제|풀|이|

[위험물의 저장의 기준] 위험물 이송 시 유속 1m/s 이하로 할 것
→ (이상의 경우 정전기 발생 위험) 【정답】 ①

31. 위험물안전관리법령상 위험물의 운반에 관한 기준에 따르면 지정수량 얼마 이하의 위험물에 대하여는 "유별을 달리하는 위험물의 혼재기준"을 적용하지 아니하여도 되는가?

① 1/2　　② 1/3

③ 1/5　　④ 1/10

|문|제|풀|이|

[유별을 달리하는 위험물의 혼재기준]

위험물의 구분	제1류	제2류	제3류	제4류	제5류	제6류
제1류		X	X	X	X	O
제2류	X		X	O	O	X
제3류	X	X		O	X	X
제4류	X	O	O		O	X
제5류	X	O	X	O		X
제6류	O	X	X	X	X	

【비고】 1. 'X'표시는 혼재할 수 없음을 표시한다.
2. 'O'표시는 혼재할 수 있음을 표시한다.
3. 이 표는 **지정수량의 $\frac{1}{10}$ 이하의 위험물**에 대하여는 적용하지 아니한다.

【정답】 ④

32. 위험물제조소에서 국소방식의 배출설비 배출능력은 1시간 당 배출장소 용적의 몇 배 이상인 것으로 하여야 하는가?

① 5　② 10　③ 15　④ 20

|문|제|풀|이|

[위험물제조소의 배출설비]

1. 배출설비는 **국소방식**으로 하여야 한다.
2. 배출설비는 배풍기(오염된 공기를 뽑아내는 통풍기)·배출 덕트(공기 배출 통로)·후드 등을 이용하여 강제적으로 배출하는 것으로 해야 한다.
3. 배출능력은 1시간당 배출장소 용적의 **20배 이상**인 것으로 하여야 한다. 다만, 전역방식의 경우에는 바닥면적 $1m^2$ 당 $18m^3$ 이상으로 할 수 있다.

【정답】 ④

33. 질산의 비중이 1.5 일 때, 1소요단위는 몇 L인가?

① 150　　② 200

③ 1500　　④ 2000

|문|제|풀|이|

[질산(HNO_3) → 제6류 위험물]

1. 질산의 지정수량 300kg
2. 위험물의 1소유단위: 지정수량×10 → 질산1소유단위=300×10
3. 질산의 비중 1.5

∴질산의 1소요단위=3,000kg, 여기에 비중이 1.5이므로

$\rightarrow \frac{3000}{1.5} = 2000\text{L}$

※[1소요단위] 소화설비의 설치대상이 되는 건축물 그 밖의 공작물의 규모 또는 위험물의 양의 기준단위

종류	내화구조	비내화구조
위험물 제조소 및 취급소	$100m^2$	$50m^2$
위험물 저장소	$150m^2$	$75m^2$
위험물	지정수량×10	

【정답】 ④

34. 제조소의 옥외에 모두 3기의 휘발유 취급탱크를 설치하고 그 주위에 방유제를 설치하고자 한다. 방유제 안에 설치하는 각 취급탱크의 용량이 5만L, 3만L, 2만L 일 때 필요한 방유제의 용량은 몇 L 이상인가?

① 66000　　② 60000

③ 33000　　④ 30000

|문|제|풀|이|

[위험물제조소의 옥외에 있는 위험물취급탱크의 방유제 설치]

1. 하나의 취급탱크 주위에 설치하는 방유제의 용량은 당해 탱크용량의 50% 이상
2. 2 이상의 취급탱크 주위에 방유제를 설치하는 경우 그 방유제의 용량은 당해 탱크 중 용량이 최대인 것의 50%에 나머지 탱크용량 합계의 10%를 가산한 양 이상이 되게 할 것.

∴방유제 용량$=(50,000\text{L}\times 0.5)+(30,000\text{L}\times 0.1)+(20,000\text{L}\times 0.1)$
$=30,000L$

【정답】 ④

35. 다음 중 메탄올의 연소범위에 가장 가까운 것은?

① 약 1.4~5.6vol%

② 약 7.3~36vol%

③ 약 20.3~66vol%

④ 약 42.0.4~77vol%

|문|제|풀|이|

[연소범위]

물질명	연소범위(Vol%)	물질명	연소범위(Vol%)
아세틸렌(C_2H_2)	2.5~82	암모니아(NH_3)	15.7~27.4
수소(H_2)	4.1~75	아세톤(CH_3COCH_3)	2~13
이황화탄소(CS_2)	1.0~44	메탄(CH_4)	5.0~15
일산화탄소(CO)	12.5~75	에탄(C_2H_6)	3.0~12.5
에틸에테르(CH_4O)	1.7~48	프로판(C_3H_8)	2.1~9.5
에틸렌(C_2H_4)	3.0~33.5	부탄(C_4H_{10})	1.8~8.4
메틸알코올(CH_4O)	**7~37**	휘발유	1.4~7.6
에틸알코올(C_2H_6O)	3.5~20	시안화수소(HCN)	12.8~27

【정답】 ②

36. 시 · 도의 조례가 정하는 바에 따라 관할소방서장의 승인을 받아 지정수량 이상의 위험물을 제조소 등이 아닌 장소에서 임시로 저장 또는 취급하는 기간은 최대 며칠 이내인가?

① 30 ② 60

③ 90 ④ 120

|문|제|풀|이|

[위험물의 저장 및 취급의 제한]

1. 원칙 :지정수량 이상의 위험물을 저장소가 아닌 장소에서 저장하거나 제조소 등이 아닌 장소에서 취급하여서는 아니 된다.
2. 예외 : 다음 각 호의 어느 하나에 해당하는 경우에는 제조소 등이 아닌 장소에서 지정수량 이상의 위험물을 취급할 수 있다. 이 경우 임시로 저장 또는 취급하는 장소에서의 저장 또는 취급의 기준과 임시로 저장 또는 취급하는 장소의 위치·구조 및 설비의 기준은 시·도의 조례로 정한다.
   가. 시·도의 조례가 정하는 바에 따라 관할소방서장의 승인을 받아 지정수량 이상의 위험물을 **90일 이내**의 기간 동안 임시로 저장 또는 취급하는 경우
   나. 군부대가 지정수량 이상의 위험물을 군사목적으로 임시로 저장 또는 취급하는 경우

【정답】 ③

37. 위험물의 운반에 관한 기준에서 제4석유류와 혼재할 수 없는 위험물은? (단, 위험물은 각각 지정수량의 2배인 경우이다.)

① 황화린 ② 칼륨

③ 유기과산화물 ④ 과염소산

|문|제|풀|이|

[유별을 달리하는 위험물의 혼재기준]

위험물의 구분	제1류	제2류	제3류	제4류	제5류	제6류
제1류		X	X	X	X	O
제2류	X		X	O	O	X
제3류	X	X		O	X	X
제4류	X	O	O		O	X
제5류	X	O	X	O		X
제6류	O	X	X	X	X	

【비고】 1. 'X'표시는 혼재할 수 없음을 표시한다.
2. 'O'표시는 혼재할 수 있음을 표시한다.
3. 이 표는 지정수량의 $\frac{1}{10}$ 이하의 위험물에 대하여는 적용하지 아니한다.

※제4석유류 → 제4류 위험물

① 황화린 : (제2류 위험물)
② 칼륨 : 제3류 위험물
③ 유기과산화물 : 제5류 위험물
④ 과염소산 : 제6류 위험물

【정답】 ④

38. 지정수량 10배의 위험물을 운반할 때 혼재가 가능한 것은?

① 제1류 위험물과 제2류 위험물

② 제1류 위험물과 제4류 위험물

③ 제4류 위험물과 제5류 위험물

④ 제5류 위험물과 제3류 위험물

|문|제|풀|이|

[유별을 달리하는 위험물의 혼재기준]

위험물의 구분	제1류	제2류	제3류	제4류	제5류	제6류
제1류		X	X	X	X	O
제2류	X		X	O	O	X
제3류	X	X		O	X	X
제4류	X	O	O		O	X
제5류	X	O	X	O		X
제6류	O	X	X	X	X	

【정답】 ③

39. 연면적이 1000m^2이고 지정수량이 100배의 위험물을 취급하여 지반면으로부터 6m 높이에 위험물 취급설비가 있는 제조소의 소화난이도등급은?

① 소화난이도등급 Ⅰ ② 소화난이도등급 Ⅱ

③ 소화난이도등급 Ⅲ ④ 소화난이도등급 Ⅳ

|문|제|풀|이|

[소화난이도등급 Ⅰ에 해당하는 제조소 등]

제조소 등의 구분	제조소등의 규모, 저장 또는 취급하는 위험물의 품명 및 최대수량 등
제조소 일반취급소	**연면적 1,000m^2 이상**인 것
	지정수량의 100배 이상인 것(고인화점위험물만을 100℃ 미만의 온도에서 취급하는 것 및 제48조의 위험물을 취급하는 것은 제외)
	지반면으로부터 6m 이상의 높이에 위험물 취급설비가 있는 것(고인화점위험물만을 100℃ 미만의 온도에서 취급하는 것은 제외)
	일반취급소로 사용되는 부분 외의 부분을 갖는 건축물에 설치된 것(내화구조로 개구부 없이 구획 된 것, 고인화점위험물만을 100℃ 미만의 온도에서 취급하는 것은 제외)

【정답】 ①

40. 연소생성물로 이산화황이 생성되지 않는 것은?

① 황린 ② 삼황화린

③ 오황화린 ④ 황

|문|제|풀|이|

[위험물의 연소 반응식]

① 황린 : P_4 + $5O_2 \rightarrow$ $2P_2O_5$
(황린) (산소) (오산화인(백색))

② 삼황화린 : P_4S_3 + $8O_2 \rightarrow$ $2P_2O_5$ + $3SO_2$
(삼황화린) (산소) (오산화인) (이산화황)

③ 오황화린 : P_2S_5 + $15O_2 \rightarrow$ $2P_2O_5$ + $5SO_2$
(오황화린) (산소) (오산화인) (이산화황)

④ 황 : S + $O_2 \rightarrow$ SO_2
(황) (산소) (이산화황)

【정답】 ①

41. 위험물안전관리법령상 제6류 위험물이 아닌 것은?

① H_2PO_4 ② IF_5

③ BrF_5 ④ BrF_3

|문|제|풀|이|

[위험물]

① H_2PO_4(인산) : **비위험물** → (유독물)

②, ③ , ④ : 할로겐간화합물(BrF_3, BrF_5, IF_5, ICI, IBr 등), 제6류 위험물

【정답】 ①

42. 염소산나트륨과 반응하여 ClO_2 가스를 발생시키는 것은?

① 글리세린 ② 질소

③ 염산 ④ 산소

|문|제|풀|이|

[염소산나트륨($NaClO_3$) → 제1류 위험물, 염소산염류]

·분해온도 300℃, 비중 2.5, 융점 248℃, 용해도 101(20℃)
·무색무취의 입방정계 주상결정
·인체에 유독하다.
·산과 반응하여 유독한 폭발성 이산화염소(ClO_2)를 발생하고 폭발 위험이 있다.
·산과의 반응식 : $2NaClO_3$ + 2HCl
(염소산나트륨) (염화수소(염산))
→ 2NaCl + H_2O_2 + $2ClO_2$ ↑
(염화나트륨) (과산화수소) (이산화염소)
·알코올, 에테르, 물에는 잘 녹으며 조해성이 크다.
·철제를 부식시키므로 철제용기 사용금지

【정답】 ③

43. 횡으로 설치한 원통형 위험물 저장탱크의 내용적이 500L일 때 공간용적은 최소 몇 L 이어야 하는가? (단, 원칙적인 경우에 한한다.)

① 15 ② 25

③ 35 ④ 50

|문|제|풀|이|

[탱크의 내용적 및 공간용적]

1. 내용적 : 500L

2. 공간용적 : 탱크의 공간용적은 탱크의 내용적의 $\frac{5}{100}$ 이상, $\frac{10}{100}$ 이하의 용적으로 한다.

∴공간용적(최소) $= 500 \times \frac{5}{100} = 25L$

【정답】 ②

44. 가연물이 연소할 때 공기 중의 산소농도를 떨어뜨려 연소를 중단시키는 소화 방법은?

① 제거소화　② 질식소화
③ 냉각소화　④ 억제소화

|문|제|풀|이|

[소화 방법]

냉각소화	물을 주수하여 연소물로부터 열을 빼앗아 발화점 이하의 온도로 냉각하는 소화
제거소화	가연물을 연소구역에서 제거해 주는 소화 방법
질식소화	가연물이 연소할 때 공기 중 **산소의 농도 약 21%를 15% 이하로 떨어뜨려** 산소공급을 차단하여 연소를 중단시키는 방법 · 대표적인 소화약제 : CO_2, 마른 모래 · 유류화재(제4루 위험물)에 효과적이다.
억제소화 (부촉매 효과)	· 부촉매를 활용하여 활성에너지를 높여 반응속도를 낮추어 연쇄반응을 느리게 한다. · 할론, 분말, 할로겐화합물, 산 알칼리

【정답】 ②

45. 내용적이 20000L인 옥내저장탱크에 대하여 저장 또는 취급의 허가를 받을 수 있는 최대용량은? (단, 원칙적인 경우에 한한다.)

① 18000L　② 19000L
③ 19400L　④ 20000L

|문|제|풀|이|

[탱크의 용량] 탱크의 용량=탱크의 내용적-공간용적

→ (공간용적=내용적×($\frac{5}{100}$~$\frac{10}{100}$)

1. 공간용적 : $20000L \times 0.1 = 2000L$　→ ($\frac{10}{100}$ 적용)
   → 탱크용량$= 20000 - 2000 = 18000L$
2. 공간용적 : $20000L \times 0.05 = 1000L$　→ ($\frac{5}{100}$ 적용)
   → 탱크용량$= 20000 - 1000 = 19000L$

【정답】 ②

46. 이산화탄소소화기 사용 시 줄 · 톰슨 효과에 의해서 생성되는 물질은?

① 포스겐　② 일산화탄소
③ 드라이아이스　④ 수성가스

|문|제|풀|이|

[이산화탄소소화기]

1. 용기에 충전된 액화탄산가스를 줄·톰슨 효과에 의하여 드라이아이스를 방출하는 소화기이다.
   → (드라이아이스 온도 -80~-78℃
2. 질식 및 냉각효과이며 유류화재, 전기화재에 적당하다.
3. 종류로는 소형(레버식), 대형(핸들식)이 있다.　【정답】 ③

47. 지정수량의 10배 이상의 위험물을 취급하는 제조소에는 피뢰침을 설치하여야 하지만 제 몇 류 위험물을 취급하는 경우는 이를 제외할 수 있는가?

① 제2류 위험물　② 제4류 위험물
③ 제5류 위험물　④ 제6류 위험물

|문|제|풀|이|

[피뢰설비] 지정수량 10배 이상 의 위험물을 취급하는 제조소(**제6류 위험물을 취급하는 위험물제조소를 제외**한다)에는 피뢰침을 설치하여야 한다.　【정답】 ④

48. 이동탱크저장소에 의한 위험물의 운송 시 준수하여야 하는 기준에서 다음 중 어떤 위험물을 운송할 때 위험물 운송자는 위험물안전카드를 휴대하여야 하는가?

① 특수인화물 및 제1석유류
② 알코올류 및 제2석유류
③ 제3석유류 및 동식물류
④ 제4석유류

|문|제|풀|이|

[이동탱크저장소에 의한 위험물의 운송 시에 준수하여야 하는 기준]

1. 위험물운송자는 운송의 개시 전에 이동저장탱크의 배출밸브 등의 밸브와 폐쇄장치, 맨홀 및 주입구의 뚜껑, 소화기 등의 점검을 충분히 실시할 것
2. 위험물운송자는 장거리(고속도로에 있어서는 340km 이상, 그 밖에 있어서는 200km 이상을 말한다)에 걸치는 운송을 하는 때에는 2명 이상의 운전자로 할 것
3. 위험물(**제4류 위험물에 있어서는 특수인화물 및 제1석유류**에 한한다)을 운송하게 하는 자는 위험물안전카드를 위험물운송자로 하여금 휴대하게 할 것　【정답】 ①

49. 과산화벤조일의 지정수량은 얼마인가?

① 10kg ② 50L

③ 100kg ④ 1000L

|문|제|풀|이|

[과산화벤조일($(C_6H_5CO)_2O_2$) → 제5류 위험물(유기과산화물), 지정수량 10kg

- 발화점 125℃, 융점 103~105℃, 비중 1.33, 함유율(석유를 함유한 비율) 35.5wt% 이상
- 무색무취의 백색 분말 또는 결정, 비수용성이다.
- 상온에서 안정된 물질로 강한 산화성 물질이다.
- 물에 녹지 않고 알코올에는 약간 녹으며 에테르 등 유기용제에는 잘 녹는다.
- 건조한 상태에서 마찰, 충격 등으로 폭발 위험성이 있다.
- 70~80℃에서 오래 있으면 분해의 위험이 있으므로 직사광선을 피해 냉암소에 보관한다.
- 가열하면 100℃에서 흰연기를 내며 분해한다. 【정답】 ①

50. 다음은 위험물안전관리법령에 따른 이동탱크저장소에 대한 기준이다. ( )안에 알맞은 수치를 차례대로 나열한 것은?

> 이동저장탱크는 그 내부에 ( )L 이하마다 ( )mm 이상의 강철판 또는 이와 동등 이상의 강도 · 내열성 및 내식성이 있는 금속성의 것으로 칸막이를 설치하여야 한다.

① 2500, 3.2 ② 2500, 4.8

③ 4000, 3.2 ④ 4000, 4.8

|문|제|풀|이|

[이동저장탱크] 이동저장탱크는 그 내부에 **(4,000)L** 이하마다 **(3.2)㎜** 이상의 강철판 또는 이와 동등 이상의 강도·내열성 및 내식성이 있는 금속성의 것으로 칸막이를 설치하여야 한다.

【정답】 ③

51. 위험물제조소의 게시판에 "물기엄금"라고 쓰여 있다. 제 몇 류 위험물 제조소인가?

① 제2류 위험물 ② 제3류 위험물

③ 제4류 위험물 ④ 제6류 위험물

|문|제|풀|이|

[위험물 제조소의 표지 및 게시판] 제1류 위험물 중 알칼리금속의 과산화물과 이를 함유한 것 또는 제3류 위험물 중 금수성 물질에 있어서는 「물기엄금」 → (바탕 : 청색, 문자 : 백색)

【정답】 ②

52. 위험물안전관리법령상 운송책임자의 감독 · 지원을 받아 운송하여야 하는 위험물은?

① 특수인화물 ② 알킬리튬

③ 질산구아니딘 ④ 히드라진 유도체

|문|제|풀|이|

[운송책임자의 감독 · 지원을 받아 운송하여야 하는 위험물 (제3류 위험물)]

1. 알킬알루미늄(R_3Al), 알킬리튬(RLi)
2. 알킬알루미늄(R_3Al) 함유 : 트리에틸알루미늄($(C_2H_5)_3Al$), 트리메틸알루미늄($(CH_3)_3Al$), 트리부틸알루미늄($(C_4H_9)_3Al$)
3. 알킬리튬(RLi) 함유 : 메틸리튬(CH_3Li), 에틸리튬(C_2H_5Li), 부틸리튬(C_4H_9Li) 【정답】 ②

53. 위험물안전관리법령상 예방규정을 정하여야 하는 제조소등에 해당하지 않는 것은?

① 지정수량 10배 이상의 위험물을 취급하는 제조소

② 이송취급소

③ 암반탱크저장소

④ 지정수량의 200배 이상의 위험물을 저장하는 옥내탱크저장소

|문|제|풀|이|

[관계인이 예방규정을 정하여야 하는 제조소 등]

1. 지정수량의 10배 이상의 위험물을 취급하는 제조소
2. 지정수량의 100배 이상의 위험물을 저장하는 옥외저장소
3. 지정수량의 150배 이상의 위험물을 저장하는 옥내저장소
4. 지정수량의 **200배 이상의 위험물을 저장하는 옥외탱크저장소**
5. 암반탱크저장소
6. 이송취급소
7. 지정수량의 10배 이상의 위험물을 취급하는 일반취급소

【정답】 ④

54. 질산이 공기 중에서 분해되어 발생하는 유독한 갈색 증기의 분자량은?

① 16 ② 40

③ 46 ④ 71

|문|제|풀|이|

[질산(HNO_3) → 제6류 위험물]

분해 반응식 : $4HNO_3 \rightarrow 4NO_2\uparrow + O_2\uparrow + 2H_2O$

(질산) (이산화질소) (산소) (물)

∴이산화질소(NO_2)의 분자량=14+(16×2)=46

*분자량은 각 원자량의 합(N : 14, O : 16) 【정답】 ③

55. 위험물안전관리법령상 고정주유설비는 주유설비의 중심선을 기점으로 하여 도로경계선까지 몇 m 이상의 거리를 유지해야 하는가?

① 1 ② 3 ③ 4 ④ 6

|문|제|풀|이|

[고정주유설비] 고정주유설비의 중심선을 기점으로 하여 **도로경계선까지 4m 이상**, 부지경계선·담 및 건축물의 벽까지 2m(개구부가 없는 벽까지는 1m) 이상의 거리를 유지 【정답】 ③

56. 금속칼륨의 보호액으로서 적당하지 않은 것은?

① 등유 ② 유동파라핀

③ 경유 ④ 에탄올

|문|제|풀|이|

[칼륨(K) → 제3류 위험물(금수성)]

- 융점 63.5℃, 비점 762℃, 비중 0.857
- 은백색 광택의 무른 경금속으로 불꽃반응은 보라색
- 공기 중에서 수분과 반응하여 수소를 발생한다.
- 비중이 작으므로 **석유(파라핀, 경유, 등유)** 속에 저장한다.
- 흡습성, 조해성이 있다.
- 물과 반응식 : $2K + 2H_2O \rightarrow 2KOH + H_2\uparrow + 92.8kcal$

  (칼륨) (물) (수산화칼륨) (수소) (반응열)
- 에틸알코올과 반응식 : $2K + 2C_2H_5OH \rightarrow 2C_2H_5OK + H_2\uparrow$

  (칼륨) (에틸알코올) (칼륨에틸레이트) (수소)
- 소화방법에는 마른모래 및 탄산수소염류 분말소화약제가 효과적

  → (주수소화와 사염화탄소(CCl_4)와는 폭발반응을 하므로 절대 금한다.)

【정답】 ④

57. 위험물안전관리법령에 근거하여 자체소방대에 두어야하는 제독차의 경우 가성소오다 및 규조토를 각각 몇 kg 이상 비치하여야 하는가?

① 30 ② 50

③ 60 ④ 100

|문|제|풀|이|

[화학소방자동차에 갖추어야 하는 소화능력 및 설비의 기준]

화학소방자동차의 구분	소화능력 및 설비의 기준
포수용액 방사차	포수용액의 방사능력이 매분 2,000L 이상일 것
	소화약액탱크 및 소화약액혼합장치를 비치할 것
	10만L 이상의 포수용액을 방사할 수 있는 양의 소화약제를 비치할 것
분말 방사차	분말의 방사능력이 매초 35kg 이상일 것
	분말탱크 및 가압용 가스설비를 비치할 것
	1,400kg 이상의 분말을 비치할 것
할로겐화합물 방사차	할로겐화합물의 방사능력이 매초 40kg 이상일 것
	할로겐화합물탱크 및 가압용 가스설비를 비치할 것
	1,000kg 이상의 할로겐화합물을 비치할 것
이산화탄소 방사차	이산화탄소의 방사능력이 매초 40kg 이상일 것
	이산화탄소저장용기를 비치할 것
	3,000kg 이상의 이산화탄소를 비치할 것
제독차	**가성소오다 및 규조토를 각각 50kg 이상 비치**할 것

【정답】 ②

58. 위험물제조소에 설치하는 안전장치 중 위험물의 성질에 따라 안전밸브의 작동이 곤란한 가압설비에 한하여 설치하는 것은?

① 파괴판

② 안전밸브를 병용하는 경보장치

③ 감압 측에 안전밸브를 부착한 감압밸브

④ 연성계

|문|제|풀|이|

[압력계 및 안전장치]

위험물을 가압하는 설비 또는 그 취급하는 위험물의 압력이 상승할 우려가 있는 설비에는 압력계 및 다음의 1에 해당하는 안전장치를 설치하여야 한다.

1. 자동적으로 압력의 상승을 정지시키는 장치
2. 감압측에 안전밸브를 부착한 감압밸브
3. 안전밸브를 겸하는 경보장치
4. 파괴판 : 위험물의 성질에 따라 안전밸브의 **작동이 곤란한 가압설비**에 한한다.

※연성계 : 대기압 이상의 압력과 이하의 압력을 계측하는 양쪽의 계측 장치를 장착한 압력계이다. 【정답】 ①

59. 지하탱크저장소에 대한 설명으로 옳지 않은 것은?

① 지하저장탱크와 탱크전용실 안쪽과의 간격은 0.1m 이상의 간격을 유지한다.

② 지하저장탱크의 윗부분은 지면으로부터 0.6m 이상 아래에 있어야 한다.

③ 탱크전용실 벽의 두께는 0.3m 이상이어야 한다.

④ 지하저장탱크에는 두께 0.1m 이상의 철근콘크리트조로 된 뚜껑을 설치한다.

|문|제|풀|이|

[지하탱크저장소의 기준]

1. 위험물을 저장 또는 취급하는 지하탱크는 지면 하에 설치된 탱크전용실에 설치하여야 한다.
2. 탱크전용실은 지하의 가장 가까운 벽 · 피트 · 가스관 등의 시설물 및 대지경계선으로부터 0.1m 이상 떨어진 곳에 설치하고, 지하저장탱크와 **탱크전용실의 안쪽과의 사이는 0.1m 이상**의 간격을 유지하도록 하며, 당해 탱크의 주위에 마른 모래 또는 습기 등에 의하여 응고되지 아니하는 입자지름 5㎜ 이하의 마른 자갈분을 채워야 한다.
3. 지하저장탱크의 윗부분은 **지면으로부터 0.6m 이상** 아래에 있어야 한다.
4. 지하저장탱크를 2 이상 인접해 설치하는 경우에는 그 상호간에 1m(당해 2 이상의 지하저장탱크의 용량의 합계가 지정수량의 100배 이하인 때에는 0.5m) 이상의 간격을 유지하여야 한다.
5. 탱크전용실은 벽 · 바닥 및 뚜껑을 다음 각 목에 정한 기준에 적합한 철근콘크리트구조 또는 이와 동등 이상의 강도가 있는 구조로 설치하여야 한다.
   가. 벽 · 바닥 및 **뚜껑의 두께는 0.3m 이상**일 것
   나. 벽 · 바닥 및 뚜껑의 내부에는 지름 9㎜부터 13㎜까지의 철근을 가로 및 세로로 5㎝부터 20㎝까지의 간격으로 배치할 것
   다. 벽 · 바닥 및 뚜껑의 재료에 수밀콘크리트를 혼입하거나 벽 · 바닥 및 뚜껑의 중간에 아스팔트층을 만드는 방법으로 적정한 방수조치를 할 것

【정답】 ④

60. 위험물제조소등의 화재예방 등 위험물 안전관리에 관한 직무를 수행하는 위험물안전관리자의 선임 시기는?

① 위험물제조소등의 완공검사를 받은 후 즉시

② 위험물제조소등의 허가 신청 전

③ 위험물제조소등의 설치를 마치고 완공검사를 신청하기 전

④ 위험물제조소등에서 위험물을 저장 또는 취급하기 전

|문|제|풀|이|

[위험물안전관리자의 선임 시기] 제조소 등의 위험물을 **저장 또는 취급하기 전**에 위험물안전관리자를 선임하여야 한다.

【정답】 ④

2018_1 위험물기능사 필기

01. 제2류 위험물의 취급상 주의사항에 대한 설명으로 옳지 않은 것은?

① 적린은 공기 중에서 방치하면 자연발화 한다.

② 유황은 정전기가 발생하지 않도록 주의해야 한다.

③ 마그네슘의 화재 시 물, 이산화탄소 소화약제 등은 사용 할 수 없다

④ 삼황화린은 100℃ 이상 가열하면 발화할 위험이 있다.

|문|제|풀|이|

[적린(P) : 제2류 위험물 (가연성 고체)]

- **착화점 260℃**, 융점 600℃, 비점 514℃, 비중 2.2
- 암적색 무취의 분말
- 황린의 동소체, 황린에 비해 안정하며 독성이 없다.
- 산화제인 염소산염류와의 혼합을 절대 금한다.
  → (강산화제(제1류 위험물)와 혼합하면 충격, 마찰에 의해 발화 할 수 있다.)
- 물, 알칼리, 이황화탄소, 에테르, 암모니아에 녹지 않는다.
- 소화방법으로는 다량의 주수소화가 효과적이다.
- 연소 생성물은 흰색의 오산화인(P_2O_5)이다.
  → 연소 반응식 : $4P + 5O_2 \rightarrow 2P_2O_5$
  (적린) (산소) (오산화인)

【정답】 ①

02. 폭굉 유도거리 (DID)가 짧아지는 조건이 아닌 것은?

① 관경이 클수록 짧아진다.

② 압력이 높을수록 짧아진다.

③ 점화원의 에너지가 클수록 짧아진다.

④ 관속에 이물질이 있을 경우 짧아진다.

|문|제|풀|이|

[폭굉 유도거리(DID)가 짧아지는 요건]

- 정상의 연소속도가 큰 혼합가스일 경우.
- **관경이 가늘수록**
- 압력이 높을수록
- 점화원에 에너지가 강할수록 짧다.
- 관속에 방해물이 있을 경우

【정답】 ①

03. 가솔린의 연소범위(vol%)에 가장 가까운 것은?

① 1.4~7.6 ② 8.3~11.4

③ 12.5~19.7 ④ 22.3~32.8

|문|제|풀|이|

[연소범위]

물질명	연소범위 (Vol%)	물질명	연소범위 (Vol%)
아세틸렌(C_2H_2)	2.5~82	암모니아(NH_3)	15.7~27.4
수소(H_2)	4.1~75	아세톤 (CH_3COCH_3)	2~13
이황화탄소(CS_2)	1.0~44	메탄(CH_4)	5.0~15
일산화탄소(CO)	12.5~75	에탄(C_2H_6)	3.0~12.5
에틸에테르 (CH_4O)	1.7~48	프로판(C_3H_8)	2.1~9.5
에틸렌(C_2H_4)	3.0~33.5	부탄(C_4H_{10})	1.8~8.4
메틸알코올 (CH_4O)	7~37	**휘발유**	**1.4~7.6**
에틸알코올 (C_2H_6O)	3.5~20	시안화수소 (HCN)	12.8~27

【정답】 ①

04. 위험물안전관리법에서 정의하는 "인화성 또는 발화성 등의 성질을 가지는 것으로서 대통령령이 정하는 물품"을 말하는 용어는 무엇인가?

① 위험물　② 인화성물질
③ 자연발화성물질　④ 가연물

|문|제|풀|이|

[위험물의 정의] 위험물이라 함은 인화성 또는 발화성 등의 성질을 가지는 것으로서 대통령령이 정하는 물품 【정답】 ①

05. 과망간산칼륨에 대한 설명으로 옳은 것은?

① 물에 잘 녹는 흑자색의 결정이다.
② 에탄올, 아세톤에 녹지 않는다.
③ 물에 녹았을 때는 진한 노란색을 띤다.
④ 강알칼리와 반응하여 수소를 방출하며 폭발한다.

|문|제|풀|이|

[과망간산칼륨($KMnO_4$) → 제1류 위험물(과망간산염류)]

- 분해온도 240℃, 비중 2.7
- 흑자색 결정
- **물, 알코올에 녹아 진한 보라색**을 나타낸다.
- 강한 산화력과 살균력이 있다.
  → (수용액은 무좀 등의 치료재로 사용된다.)
- 알코올, 에테르, 글리세린 등 유기물과 접촉을 금한다.
- 목탄, 황 등의 환원성 물질과 접촉 시 충격에 의해 폭발 위험성
- 가열에 의한 분해 반응식 : $2KMnO_4 \rightarrow K_2MnO_4 + MnO_2 + O_2 \uparrow$
  (과망간산칼륨) (망간산칼륨) (이산화망간) (산소)
- 묽은 **황산**과의 반응식 : $4KMnO_4 + 6H_2SO_4$
  (과망간산칼륨) (황산)
  $\rightarrow 2K_2SO_4 + 4MnSO_4 + 6H_2O + 5O_2 \uparrow$
  (황산칼륨) (황산망간) (물) (산소)
- 소화방법에는 다량의 주수소화 또는 마른모래에 의한 피복소화가 효과적이다. 【정답】 ①

06. 과산화나트륨의 화재 시 물을 사용한 소화가 위험한 이유는?

① 수소와 열을 발생하므로
② 산소와 열을 발생하므로
③ 수소를 발생하고 열을 흡수하므로
④ 산소를 발생하고 열을 흡수하므로

|문|제|풀|이|

[과산화나트륨(Na_2O_2) → 제1류 위험물(무기과산화물)]

- 분해온도 460℃, 융점 460℃, 비점 657℃, 비중 2.8
- 순수한 것은 백색의 정방전계 분말, 조해성 물질
- 물과 반응하여 수산화나트륨과 산소를 발생한다.
- 물과 반응식 : $2Na_2O_2 + 2H_2O \rightarrow 4NaOH + O_2 \uparrow$ + 발열
  (과산화나트륨) (물) (수산화나트륨) (산소)
- 소화방법으로는 마른모래, 분말소화제, 소다회, 석회 등 사용 → (주수소화는 위험) 【정답】 ②

07. 20℃의 물 100kg이 100℃ 수증기로 증발하면 몇 kcal의 열량을 흡수할 수 있는가? (단, 물의 증발잠열은 540kcal/kg이다)

① 540　② 7800
③ 62000　④ 108000

|문|제|풀|이|

[열량(Q)] 0℃물 → 100℃물 → 100℃ 수증기를 만드는데 필요한 열량 $Q = mC_p\Delta_t + r \cdot m$ → (열량(Q)=현열+잠열)

여기서, m : 무게, C_p : 물의 비열(1kcal/kg · ℃), Δ_t : 온도차
r : 물의 증발잠열(540kcal/kg)

$\therefore Q = mC_p\Delta_t + r \cdot m$

=[1kcal/kg·℃×100kg×(100℃−20℃)]+(100kg×540kcal/kg)
=62000kcal

※1. 현열 : 상태변화(물→ 수증기) 시 온도 변화에 쓰인 열
현열=[1kcal/kg·℃×100kg×(100℃−20℃)]
2. 잠열 : 상태변화(물→ 수증기) 시 변화 (상변화)에 쓰인 열
잠열=(100kg×540kcal/kg) 【정답】 ③

08. 식용유 화재 시 제1종 분말소화약제를 이용하여 화재의 제어가 가능하다. 이때의 소화원리에 가장 가까운 것은?

① 촉매효과에 의한 질식소화
② 비누화 반응에 의한 질식소화
③ 요오드화에 의한 냉각소화
④ 가수분해 반응에 의한 냉각소화

|문|제|풀|이|

[식용유화재] 제1종 분말(탄산수소나트륨을 주성분으로 한 것 : $NaHCO_3$)의 비누화현상에 의한 질식소화

→ (Na^+ : 거품을 생성한다.)
【정답】 ②

09. 유류화재에 해당하는 표시 색상은?

① 백색 ② 황색
③ 청색 ④ 흑색

|문|제|풀|이|

[화재의 분류]

급수	종류	색상	소화방법	가연물
A급	일반화재	백색	냉각소화	일반가연물(목재, 종이, 섬유, 석탄, 플라스틱 등)
B급	**유류 가스 화재**	**황색**	질식소화	가연성 액체(각종 유류 및 가스, 페인트)
C급	전기화재	청색	질식소화	전기기기, 기계, 전선 등
D급	금속화재	무색	피복에 의한 질식소화	가연성 금속(철분, 마그네슘, 나트륨, 금속분, Al분말 등)

【정답】 ②

10. 탄산수소나트륨과 황산알루미늄의 소화약제가 반응을 하여 생성되는 이산화탄소를 이용하여 화재를 진압하는 소화약제는?

① 단백포 ② 수성막포
③ 화학포 ④ 내알코올

|문|제|풀|이|

[화학포소화약제]

황산알루미늄	·혼합 시 이산화탄소를 발생하여 거품 생성 ·내약제
탄산수소나트륨	·혼합 시 이산화탄소를 발생하여 거품 생성 ·외약제
기포안정제	·가수분해단백질, 사포닌, 계면활성제, 젤라틴, 카제인 ·외약제

화학식 : $6NaHCO_2 + Al_2(SO_4)_3 + 18H_2O$
(탄산수소나트륨) (황산알루미늄) (물)
$\rightarrow 6CO_2 + 3Na_2SO_4 + 2Al(OH)_3 + 18H_2O$
(이산화탄소)(황산나트륨)(수산화알루미늄) (물)

【정답】 ③

11. 위험물안전관리법령에 의한 지정수량이 나머지 셋과 다른 하나는?

① 과염소산칼륨 ② 과산화나트륨
③ 유황 ④ 금속칼슘

|문|제|풀|이|

[위험물의 지정수량]

① 과염소산칼륨($KClO_3$) : 제1류 위험물, 지정수량 50kg
② 과산화나트륨(Na_2O_2) : 제1류 위험물, 지정수량 50kg
③ 유황(황)(S) : 제2류 위험물, 지정수량 100kg
④ 금속칼슘(Ca) : 제3류 위험물(알칼리금속), 지정수량 50kg

【정답】 ③

12. 제5류 위험물의 화재의 예방과 진압 대책으로 옳지 않은 것은?

① 서로 1m 이상의 간격을 두고 유별로 정리한 경우라도 제3류 위험물과는 동일한 옥내저장소에 저장할 수 없다.
② 위험물제조소의 주의사항 게시판에는 주의사항으로 "화기엄금"만 표기하면 된다.
③ 이산화탄소소화기와 할로겐화합물소화기는 모두 적응성이 없다.
④ 운반용기의 외부에는 주의사항으로 "화기엄금"만 표시하면 된다.

|문|제|풀|이|

[운반용기의 수납하는 위험물에 따라 다음의 규정에 의한 주의사항]

위험물의 종류		주의사항
제1류 위험물	알칼리금속의 과산화물 또는 이를 함유한 것	화기·충격주의 물기엄금 및 가연물접촉주의
	그 밖의 것	화기·충격주의 및 가연물 접촉주의
제2류 위험물	철분, 금속분, 마그네슘 또는 이들 중 어느 하나 이상을 함유한 것	화기주의
	인화성 고체	화기엄금
	그 밖의 것	화기주의
제3류 위험물	자연발화성 물질	화기엄금 및 공기접촉엄금
	금수성 물질	물기엄금
제4류 위험물		화기엄금
제5류 위험물		**화기엄금 및 충격주의**
제6류 위험물		가연물접촉주의

【정답】 ④

13. 고정 지붕 구조를 가진 높이 15m의 원통종형 옥외저장탱크안의 탱크 상부로부터 아래로 1m지점에 포방출구가 설치되어 있다. 이 조건의 탱크를 신설하는 경우 최대 허가량은 얼마인가? (단, 탱크의 단면적은 $100m^2$이고, 탱크 내부에는 별다른 구조물이 없으며, 공간용적 기준은 만족하는 것으로 가정한다.)

① $1400m^3$　　② $1370m^3$

③ $1350m^3$　　④ $1300m^3$

|문|제|풀|이|

[허가량]

1. 공간용적 : 탱크의 공간용적은 탱크의 내용적의 $\frac{5}{100}$ 이상, $\frac{10}{100}$ 이하의 용적으로 한다.

→ 다만, 소화설비를 설치하는 탱크의 공간용적은 당해 소화설비의 소화약제방출구 아래의 0.3m 이상 1m 미만 사이의 면으로부터 윗부분의 용적으로 한다.

2. 탱크의 높이 : $15m-(1+0.3m)=13.7m$

∴ 허가량 $=13.7m \times 100m^2 = 1370m^3$ 【정답】 ②

14. 제5류 위험물인 트리니트로톨루엔 분해 시 주 생성물에 해당하지 않는 것은?

① CO　　② N_2

③ NH_3　　④ H_2

|문|제|풀|이|

[트리니트로톨루엔[T.N.T, $C_6H_2CH_3(NO_2)_3$] → 제5류 위험물(니트로화합물)]

- 착화점 약 300℃, 융점 81℃, 비점 280℃, 비중 1.66, 폭발속도 7000m/s
- 담황색의 결정이며, 일광에 다갈색으로 변한다.
- 비수용성으로 조해성과 흡습성이 없다.
- 물에 녹지 않고 아세톤, 벤젠, 알코올, 에테르에는 잘 녹고 중성물질이므로 중금속과는 작용하지 않는다.
- 분해 반응식 : $2C_6H_2CH_3(NO_2)_3 \xrightarrow{\Delta} 12CO\uparrow + 5H_2\uparrow + 2C\uparrow + 3N_2\uparrow$
  (T.N.T) (일산화탄소)(수소)(탄소) (질소)

【정답】 ③

15. 옥외탱크저장소의 방유제 내에 화재가 발생한 경우의 소화활동으로 적당하지 않은 것은?

① 탱크화재로 번지는 것을 방지하는데 중점을 둔다.

② 포에 의하여 덮어진 부분은 포의 막이 파괴되지 않도록 한다.

③ 방유제가 큰 경우에는 방유제 내의 화재를 제압한 후 탱크화재의 방어에 임한다.

④ 포를 방사할 때에는 방유제에서 부터 가운데 쪽으로 포를 흘러 보내듯이 방사하는 것이 원칙이다.

|문|제|풀|이|

[옥외탱크저장소의 방유제 내에 화재] 포를 방사할 때에는 방유제의 바깥쪽부터 방사한다. 【정답】 ④

16. $NH_4H_2PO_4$이 열분해하여 생성되는 물질 중 암모니아와 수증기의 부피 비율은?

① 1 : 1　　② 1 : 2

③ 2 : 1　　④ 3 : 2

|문|제|풀|이|

[분말소화약제의 열분해 반응식]

종류	주성분	착색	적용 화재
제1종 분말	탄산수소나트륨 ($NaHCO_3$)	백색	B, C급
	분해반응식: $2NaHCO_3 \rightarrow Na_2CO_3 + H_2O + CO_2$ (탄산수소나트륨)(탄산나트륨)(물) (이산화탄소)		
제2종 분말	탄산수소칼륨 ($KHCO_3$)	담회색 (보라색)	B, C급
	분해반응식: $2KHCO_3 \rightarrow K_2CO_3 + H_2O + CO_2$ (탄산수소칼륨)(탄산칼륨) (물) (이산화탄소)		
제3종 분말	인산암모늄 ($NH_4H_2PO_4$)	담홍색, 황색	A, B, C급
	분해반응식: $NH_4H_2PO_4 \rightarrow HPO_3 + NH_3 + H_2O$ (인산암모늄) (메타인산) (암모니아) (물)		
제4종 분말	제2종과 요소를 혼합한 것, $KHCO_3 + (NH_2)_2CO$	회색	B, C급
	분해반응식: $2KHCO_3 + (NH_2)_2CO \rightarrow K_2CO_3 + 2NH_3 + 2CO_2$ (탄산수소칼륨) (요소) (탄산칼륨) (암모니아) (이산화탄소)		

【정답】 ①

17. 위험물제조소등의 전기설비에 적응성이 있는 소화설비는?

① 봉상수소화기　② 포소화설비
③ 옥외소화전설비　④ 물분무소화설비

|문|제|풀|이|

[위험물의 성질에 따른 소화설비의 적응성(전기설비)]

구분		대상	전기설비
옥내소화전 또는 옥외소화전설비			
스프링클러설비			
물분무등 소화설비	물분무소화설비		○
	포소화설비		
	불활성가스소화설비		○
	할로겐화합물소화설비		○
	분말소화 설비	인산염류등	○
		탄산수소염류등	○
		그 밖의 것	
대형소형 수동식 소화기	봉상수(棒狀水)소화기		
	무상수(霧狀水)소화기		○
	봉상강화액소화기		
	무상강화액소화기		○
	포소화기		
	이산화탄소소화기		○
	할로겐화합물소화기		○
	분말소화기	인산염류소화기	○
		탄산수소염류소화기	○
		그 밖의 것	
기타	물통 또는 수조		
	건조사		
	팽창질석 또는 팽창진주암		

1. 적응성 없는 설비 : 옥내소화전 또는 옥외소화전설비, 스프링클러설비, 포소화설비
2. 적응성 있는 설비 : **물분무소화설비**, 불활성가스소화설비, 할로겐화합물소화설비, 이산화탄소소화설비, 탄산수소염류 등

【정답】 ④

18. 위험물안전관리법령상의 위험물 운반에 관한 기준에서 액체위험물은 운반용기 내용적의 몇 % 이하의 수납률로 수납하여야 하는가?

① 80　② 85
③ 90　④ 98

|문|제|풀|이|

[위험물 적재방법]

1. 위험물이 온도변화 등에 의하여 누설되지 아니하도록 운반용기를 밀봉하여 수납할 것
2. 수납하는 위험물과 위험한 반응을 일으키지 아니하는 등 당해 위험물의 성질에 적합한 재질의 운반용기에 수납할 것
3. 고체위험물은 운반용기 내용적의 95% 이하의 수납률로 수납할 것
4. 액체위험물은 운반용기 **내용적의 98% 이하**의 수납률로 수납하되, 55도의 온도에서 누설되지 아니하도록 충분한 공간용적을 유지하도록 할 것
5. 자연발화성 물질 중 알킬알루미늄 등은 운반용기의 내용적의 90% 이하의 수납률로 수납하되, 50℃의 온도에서 5% 이상의 공간용적을 유지하도록 할 것

【정답】 ④

19. 다음 중 가연물이 될 수 없는 것은?

① 질소
② 나트륨
③ 니트로셀룰로오스
④ 나프탈렌

|문|제|풀|이|

[질소(N) → 원자량 14]

- 녹는점 -210℃, 끓는점 -195.79, 밀도 1.251
- 비금속
- 기체상태
- 강한 산성 산화물
- **산소와의 반응 시 흡열반응**

【정답】 ①

20. 위험물관리법령의 소화설비의 적응성에서 소화설비의 종류가 아닌 것은?

① 물분무소화설비
② 방화설비
③ 옥내소화전설비
④ 물통

|문|제|풀|이|

[소화설비]

- 건물 내 초기적 단계의 화재를 소화하는 설비
- 소화기구, 옥내소화전설비, 옥외소화전설비, 스프링클러설비, 물분무등소화설비 등

【정답】 ②

21. 소화기 속에 압축되어 있는 이산화탄소 1.1kg을 표준상태에서 분사하였다. 이산화탄소의 부피는 몇 m^3가 되는가?

① 0.56　　② 5.6
③ 11.2　　④ 24.6

|문|제|풀|이|

[이산화탄소의 부피]

1. 표준상태에서 기체 1kg-mol의 부피 : 0℃, 1기압에서 $22.4m^3$를 차지한다.

2. 몰수$=\frac{질량}{분자량}=\frac{1.1kg}{44kg}$

∴이산화탄소의 부피$=\frac{1.1kg}{44kg}\times 22.4m^3 = 0.56m^3$

【정답】 ①

22. 히드라진의 지정수량은 얼마인가?

① 200kg　　② 200L
③ 2000kg　　④ 2000L

|문|제|풀|이|

[히드라진(N_2H_4) → 제4류 위험물(제2석유류)]

- **지정수량(수용성) 2000L**, 인화점 38℃, 비중 1.01, 증기비중 1.59
- 무색의 맹독성 발연성 액체로 히드라진 기체가 물에 용해된 것
- 로켓연료 등으로 사용된다.
- 약알칼리성으로 180℃에서 암모니아와 질소로 분해된다.
- 연소반응식 : $N_2H_4 + O_2 \rightarrow N_2\uparrow + 2H_2O$
  (히드라진) (산소) (질소) (물)

【정답】 ④

23. 분진폭발 시 소화방법에 대한 설명으로 틀린 것은?

① 금속분에 대하여는 물을 사용하지 말아야 한다.
② 분진폭발 시 직사주수에 의하여 순간적으로 소화하여야 한다.
③ 분진폭발은 보통 단 한번으로 끝나지 않을 수 있으므로 제2차, 3차의 폭발에 대비하여야 한다.
④ 이산화탄소와 할로겐화합물의 소화약제는 금속분에 대하여 적절하지 않다.

|문|제|풀|이|

[폭발성 분진의 분류]

구분	내용
탄소제품	석탄, 목탄, 코크스, 활성탄
비료	생선가루, 혈분 등
식료품	전분, 설탕, 밀가루, 분유, 곡분, 건조 효모 등
금속류	Al, Mg, Zn, Fe, Ni, Si, Ti, V, Zr

→ 금속류 소화방법으로 주수소화는 적절하지 않다.

【정답】 ②

24. 일반 건축물 화재에서 내장재로 사용한 폴리스틸렌 폼(polystyrene foam)이 화재 중 연소를 했다면 이 플라스틱의 연소형태는?

① 증발연소　　② 자기연소
③ 분해연소　　④ 표면연소

|문|제|풀|이|

[고체의 연소의 형태]

구분	내용
표면연소	가연성물질 표면에서 산소와 반응해서 연소하는 것이며, 목탄, 코크스, 금속 등
분해연소	분해열로서 발생하는 가연성가스가 공기 중의 산소와 화합해서 일어나는 연소이며 석탄, 목재, 종이, 섬유, **플라스틱** 등
증발연소	가연성물질을 가열했을 때 분해열을 일으키지 않고 그대로 증발한 증기가 연소하는 것이며 유황, 알코올, 파라핀(양초), 나프탈렌 등
자기연소	화약, 폭약의 원료인 제5류 위험물 TNT, 니트로셀룰로우즈, 질화면 등 그 물질이 가연물과 산소를 동시에 가지고 있는 가연물이 연소하는 형태

【정답】 ③

25. 연소 시 아황산가스를 발생하는 것은?

① 황　　② 적린
③ 황린　　④ 인화칼슘

|문|제|풀|이|

[위험물의 연소반응]

① 황(유황(S) → 제2류 위험물
연소 반응식 (푸른 불꽃을 내며 연소한다.)
$S + O_2 \rightarrow SO_2$
(황) (산소) (아황산가스)

② 적린(P) → 제2류 위험물(가연성 고체)
연소 생성물은 오산화인(P_2O_5)이다.
→ 연소 반응식 : $4P + 5O_2 \rightarrow 2P_2O_5$
(적린) (산소) (오산화인)

③ 황린(P_4)
→ 연소 반응식 : $P_4 + 5O_2 \rightarrow 2P_2O_5$
(황린) (산소) (오산화인(백색))

④ 인화칼슘(Ca_3P_2) → 제3류 위험물(금수성 물질)
→ 물과 반응식 : $Ca_3P_2 + 6H_2O \rightarrow 3Ca(OH)_2 + 2PH_3 \uparrow$
(인화칼슘) (물) (수산화칼슘) (포스핀)
→ 포스핀의 연소 반응식 : $2PH_3 + 4O_2 \rightarrow P_2O_5 + 3H_2O$
(포스핀) (산소) (오산화인) (물)

【정답】 ①

26. 위험물안전관리법의 규정상 운반차량에 혼재해서 적재할 수 없는 것은? (단, 지정수량의 10배인 경우이다.)

① 염소화규소화합물 - 특수인화물
② 고형알코올 - 니트로화합물
③ 염소산염류 - 질산
④ 질산구아니딘 - 황린

|문|제|풀|이|

[유별을 달리하는 위험물의 혼재기준]

위험물의 구분	제1류	제2류	제3류	제4류	제5류	제6류
제1류		X	X	X	X	O
제2류	X		X	O	O	X
제3류	X	X		O	X	X
제4류	X	O	O		O	X
제5류	X	O	X	O		X
제6류	O	X	X	X	X	

【비고】 1. 'X'표시는 혼재할 수 없음을 표시한다.
2. 'O'표시는 혼재할 수 있음을 표시한다.
3. 이 표는 지정수량의 $\frac{1}{10}$ 이하의 위험물에 대하여는 적용하지 아니한다.

※ ① 염소화규소화합물(3류) - 특수인화물(4류)
② 고형알코올(2류) - 니트로화합물(5류)
③ 염소산염류(1류) - 질산(6류)
④ 질산구아니딘(5류) - 황린(3류)

【정답】 ④

27. 탄화칼슘을 물과 반응시키면 무슨 가스가 발생하는가?

① 에탄 ② 에틸렌
③ 메탄 ④ 아세틸렌

|문|제|풀|이|

탄화칼슘(CaC_2) → 제3류 위험물(칼슘 또는 알루미늄의 탄화물]

- 백색 입방체의 결정
- 물과 반응하여 수산화칼슘(소석회)과 아세틸렌가스를 발생한다.
- 물과 반응식 : $CaC_2 + 2H_2O \rightarrow Ca(OH)_2 \uparrow + C_2H_2 + 27.8kcal$
(탄화칼슘) (물) (수산화칼슘) (아세틸렌) (반응열)
- 밀폐용기에 저장하는 것이 가장 좋으며, 장기간 저장 시에는 불연성 가스(질소가스, 아르곤가스 등)를 충전한다.
- 소화방법에는 마른모래, 탄산가스, 소화분말, 사염화탄소 등으로 한다. → (주수소화는 금한다.)

【정답】 ④

28. 지정수량의 10배 이상의 벤조일퍼옥사이드 운송 시 혼재할 수 있는 위험물류로 옳은 것은?

① 제1류 ② 제2류
③ 제3류 ④ 제6류

|문|제|풀|이|

[유별을 달리하는 위험물의 혼재기준]

위험물의 구분	제1류	제2류	제3류	제4류	제5류	제6류
제1류		X	X	X	X	O
제2류	X		X	O	O	X
제3류	X	X		O	X	X
제4류	X	O	O		O	X
제5류	X	O	X	O		X
제6류	O	X	X	X	X	

【비고】 1. 'X'표시는 혼재할 수 없음을 표시한다.
2. 'O'표시는 혼재할 수 있음을 표시한다.
3. 이 표는 지정수량의 $\frac{1}{10}$ 이하의 위험물에 대하여는 적용하지 아니한다.

※과산화벤조일[$(C_6H_5CO)_2O_2$, 벤젠퍼옥사이드, 벤조일퍼옥사이드] → 제5류 위험물(유기과산화물)

【정답】 ②

29. 물과 반응하여 발열하면서 위험성이 증가하는 것은?

① 과산화칼륨 ② 과망간산나트륨

③ 요오드산칼륨 ④ 과염소산칼륨

|문|제|풀|이|

[과산화칼륨(K_2O_2) → 제1류 위험물(무기과산화물)]

- 분해온도 490℃, 융점 490℃, 비중 2.9
- 무색 또는 오렌지색의 비정계 분말, **불연성 물질**
- 물에 쉽게 분해된다.
- 공기 중에서 탄산가스를 흡수하여 탄산염이 된다.
- 에틸알코올에 용해되고, 양이 많을 경우 주수에 의하여 폭발 위험
- 가연물과 혼합되어 있을 경우 마찰 또는 약간의 물의 접촉으로 발화한다.
- 물과 반응식 : $2K_2O_2 + 2H_2O \rightarrow 4KOH + O_2 \uparrow$

(과산화칼륨) (물) (수산화칼륨) (산소)

- 소화방법으로는 마른모래, 암분, 소다회, 탄산수소염류분말소화제

【정답】 ①

30. 물분무소화설비의 설치기준으로 적합하지 않은 것은?

① 고압의 전기설비가 있는 장소에는 당해 전기설비와 분무헤드 및 배관과의 사이에 전기절연을 위하여 필요한 공간을 보유한다.

② 스트레이너 및 일제개방밸브는 제어밸브의 하류 측 부근에 스터레이너, 일제개방밸브의 순으로 설치한다.

③ 물분무소화설비에 2 이상의 방사구역을 두는 경우에는 화재를 유효하게 소화할 수 있도록 인접하는 방사구역이 상호 중복되도록 한다.

④ 수원의 수위가 수평회전식 펌프보다 낮은 위치에 있는 가압송수장치의 물올림장치의 물올림장치는 타설비와 겸용하여 설치한다.

|문|제|풀|이|

[물분무소화설비의 설치기준] 수원의 수위가 수평회전식 펌프보다 낮은 위치에 있는 가압송수장치의 물올림장치의 물올림장치는 다음 각 목에 정한 것에 의하여 물올림장치를 설치할 것

1. 물올림장치에는 **전용의 물올림탱크를 설치할 것**
2. 물올림탱크의 용량은 가압송수장치를 유효하게 작동할 수 있도록 할 것
3. 물올림탱크에는 감수경보장치 및 물올림탱크에 물을 자공으로 보급하기 위한 장치가 설치되어 있을 것

【정답】 ④

31. 종별 분말소화약제의 주성분이 잘못 연결된 것은?

① 제1종 분말 - 중탄산수소나트륨

② 제2종 분말 - 중탄산수소칼륨

③ 제3종 분말 - 인산암모늄

④ 제4종 분말 - 탄산수소나트륨과 요소의 반응 생성물

|문|제|풀|이|

[분말소화약제의 종류 및 특성]

종류	주성분	착색	적용 화재
제1종 분말	탄산수소나트륨을 주성분으로 한 것, ($NaHCO_3$)	백색	B, C급
	분해반응식: $2NaHCO_3 \rightarrow Na_2CO_3 + H_2O + CO_2$ (탄산수소나트륨) (탄산나트륨) (물) (이산화탄소)		
제2종 분말	탄산수소칼륨을 주성분으로 한 것, ($KHCO_3$)	담회색 (보라색)	B, C급
	분해반응식: $2KHCO_3 \rightarrow K_2CO_3 + H_2O + CO_2$ (탄산수소칼륨) (탄산칼륨) (물) (이산화탄소)		
제3종 분말	인산암모늄을 주성분으로 한 것, ($NH_4H_2PO_4$)	담홍색, 황색	A, B, C급
	분해반응식: $NH_4H_2PO_4 \rightarrow HPO_3 + NH_3 + H_2O$ (인산암모늄) (메타인산) (암모니아)(물)		
제4종 분말	제2종과 요소를 혼합한 것, $KHCO_3 + (NH_2)_2CO$	회색	B, C급
	분해반응식: $2KHCO_3 + (NH_2)_2CO \rightarrow K_2CO_3 + 2NH_3 + 2CO_2$ (탄산수소칼륨) (요소) (탄산칼륨)(암모니아)(이산화탄소)		

※중탄산나트륨=탄산수소나트륨, 중탄산칼륨=탄산수소칼륨

【정답】 ④

32. 소화난이도 등급 I의 옥내탱크저장소에 설치하는 소화설비가 아닌 것은? (단, 인화점이 70℃ 이상인 제4류 위험물만을 저장·취급 하는 장소이다.)

① 물분무소화설비, 고정식포소화설비

② 이동식외의 이산화탄소소화설비, 고정식포소화설비

③ 이동식의 분말소화설비, 스프링클러설비

④ 이동식외의 할로겐화합물소화설비, 물분무소화설비

|문|제|풀|이|

[소화난이도등급 I 의 옥내탱크저장소에 설치하여야 하는 소화설비]

제조소 등의 구분	소화설비
유황만을 저장취급하는 것	물분무소화설비
인화점 70℃ 이상의 제4류 위험물만을 저장·취급하는 것	물분무소화설비, 고정식 포소화설비, 이동식 이외의 불활성가스소화설비, 이동식 이외의 할로겐화합물소화설비 또는 **이동식 이외의 분말소화설비**
그 밖의 것	고정식 포소화설비, 이동식 이외의 불활성가스(헬륨, 네온, 알곤, 크립톤, 크세논(제논), 라돈, 질소, 이산화탄소, 프레온 및 공기)소화설비, 이동식 이외의 할로겐화합물소화설비 또는 이동식 이외의 분말소화설비

【정답】 ③

33. 이동탱크저장소의 위험물 운송에 있어서 운송책임자의 감독, 지원을 받아 운송하여야 하는 위험물의 종류에 해당 하는 것은?

① 칼륨　② 알킬알루미늄

③ 질산에스테르류　④ 아염소산염류

|문|제|풀|이|

[운송책임자의 감독 · 지원을 받아 운송하여야 하는 위험물 (제3류 위험물)]

1. 알킬알루미늄(R_3Al), 알킬리튬(RLi)
2. 알킬알루미늄(R_3Al) 함유 : 트리에틸알루미늄($(C_2H_5)_3Al$), 트리메틸알루미늄($(CH_3)_3Al$), 트리부틸알루미늄($(C_4H_9)_3Al$)
3 알킬리튬(RLi) 함유 : 메틸리튬(CH_3Li), 에틸리튬(C_2H_5Li), 부틸리튬(C_4H_9Li)

【정답】 ②

34. 위험물안전관리법령에서 정한 위험물의 운반에 관한 다음 내용 중 ( ) 안에 들어갈 용어가 아닌 것은?

> 위험물의 운반은 그 ( )·( ) 및 ( )에 관한 법에서 정한 중요기준과 세부기준에 따라 행하여야 한다.

① 용기　② 적재방법

③ 운반방법　④ 검사방법

|문|제|풀|이|

[위험물의 운반에 관한 기준] 위험물의 운반은 그 **용기·적재방법 및 운반방법**에 관한 기준에 따라 행하여야 한다.

【정답】 ④

35. 경유에 관한 설명으로 옳은 것은?

① 증기비중은 1 이하이다.

② 제3석유류에 속한다.

③ 착화온도는 가솔린보다 낮다.

④ 무색의 액체로서 원유 증류 시 가장 먼저 유출되는 유분이다.

|문|제|풀|이|

[경유($C_{15} \sim C_{20}$), 디젤유 → 제4류 위험물(제2석유류)]

- 지정수량(비수용성) 1000L, 인화점 50~70℃, **착화점 200℃**, 비중 0.83~0.88(**증기비중 4.5**), 연소범위 1~6%
- 비수용성의 **담황색 액체**로 등유와 비슷하다.
- 원유 증류 시 가장 먼저 유출되는 유분이다.
- 물에 잘 녹지 않고 유기용제에 잘 녹는다.
- 탄소수 $C_{15} \sim C_{20}$가 되는 포화·불포화탄화수소가 주성분인 혼합물
- 소화방법에는 포소화약제, 분말소화약제에 의한 소화가 효과적

#가솔린의 착화점은 약 300℃

【정답】 ③

36. 경유 2000L, 글리세린 2000L를 같은 장소에 저장하려한다. 지정수량의 배수의 합은 얼마인가?

① 2.5　② 3.0

③ 3.5　④ 4.0

|문|제|풀|이|

[지정수량 계산값(배수)]

$$배수(계산값) = \frac{A품명의\ 저장수량}{A품명의\ 지정수량} + \frac{B품명의\ 저장수량}{B품명의\ 지정수량} + \cdots\cdots$$

1. 지정수량 :
   - 경유 → 제4류 위험물(제2석유류), 지정수량(비수용성) 1000L
   - 글리세린→제4류 위험물(제3석유류), 지정수량(수용성) 4000L
2. 저장수량 : 경유 → 2000L, 글리세린→2000L

$$\therefore 배수 = \frac{2000L}{1000L} + \frac{2000L}{4000L} = 2.5배$$

※계산값 ≥1 : 위험물 (위험물 안전관리법 규제)
계산값 < 1 : 소량 위험물 (시·도 조례 규제)

【정답】 ①

37. 다음 물질 중 분진폭발의 위험성이 가장 낮은 것은?

① 아연분 ② 시멘트

③ 밀가루 ④ 커피

|문|제|풀|이|

[분진 폭발을 일으키지 않는 물질] 석회석가루(생석회), 시멘트가루, 대리석가루, 탄산칼슘, 규사(모래)

[분진 폭발하는 물질] 황(유황), 알루미늄분, 마그네슘분, 금속분, 밀가루, 커피 등 【정답】 ②

38. 오황화린이 물과 반응하였을 때 생성된 가스를 연소시키면 발생하는 독성이 있는 가스는?

① 이산화질소 ② 포스핀

③ 염화수소 ④ 이산화황

|문|제|풀|이|

[오황화린(P_2S_5)]

- 착화점 142℃, 융점 290℃, 비점 514℃, 비중 2.09
- 담황색 결정으로 조해성, 흡습성이 있는 물질
- 알코올 및 이황화탄소(CS_2)에 잘 녹는다.
- 물, 알칼리와 분해하여 유독성인 황화수소(H_2S), 인산(H_3PO_4)이 된다.
- 물과 분해반응식 : $P_2S_5 + 8H_2O \rightarrow 5H_2S + 2H_3PO_4$
  (오황화린) (물) (황화수소) (인산)

→ 황화수소($5H_2S$)의 연소반응
$2H_2S + 3O_2 \rightarrow 2SO_2 + 2H_2O$
(황화수소) (산소) (이산화황) (물) 【정답】 ④

39. 연소 시 아황산가스를 발생하는 것은?

① 황 ② 적린

③ 황린 ④ 인화칼슘

|문|제|풀|이|

[위험물의 연소반응]

① 황(유황(S) → 제2류 위험물
연소 반응식 (푸른 불꽃을 내며 연소한다.)
$S + O_2 \rightarrow SO_2$
(황) (산소) (아황산가스)

② 적린(P) → 제2류 위험물(가연성 고체)
연소 생성물은 오산화인(P_2O_5)이다.
연소 반응식 : $4P + 5O_2 \rightarrow 2P_2O_5$
(적린) (산소) (오산화인)

③ 황린(P_4)
연소 반응식 : $P_4 + 5O_2 \rightarrow 2P_2O_5$
(황린) (산소) (오산화인(백색))

④ 인화칼슘(Ca_3P_2)→제3류 위험물(자연발화성 물질 및 금수성 물질)
- 물과 반응식 : $Ca_3P_2 + 6H_2O \rightarrow 3Ca(OH)_2 + 2PH_3 \uparrow$
  (인화칼슘) (물) (수산화칼슘) (포스핀)
- 포스핀의 연소 반응식 : $2PH_3 + 4O_2 \rightarrow P_2O_5 + 3H_2O$
  (포스핀) (산소) (오산화인) (물)

【정답】 ①

40. 적재 시 일광의 직사를 피하기 위하여 차광성 있는 피복으로 가려야 하는 위험물은?

① 아세트알데히드 ② 아세톤

③ 메틸알코올 ④ 아세트산

|문|제|풀|이|

[위험물 적재방법]

1. 고체위험물은 운반용기 내용적의 95% 이하의 수납률로 수납할 것
2. 액체위험물은 운반용기 내용적의 98% 이하의 수납률로 수납하되, 55도의 온도에서 누설되지 아니하도록 충분한 공간용적을 유지하도록 할 것
3. 자연발화성 물질 중 알킬알루미늄 등은 운반용기의 내용적의 90% 이하의 수납률로 수납하되, 50℃의 온도에서 5% 이상의 공간용적을 유지하도록 할 것
4. 제1류 위험물, 제3류 위험물 중 자연발화성 물질, **제4류 위험물 중 특수 인화물**, 제5류 위험물 또는 제6류 위험물은 **차광성이 있는 피복으로 가릴 것**
5. 제1류 위험물 중 알칼리금속의 과산화물 또는 이를 함유한 것, 제2류 위험물 중 철분, 금속분, 마그네슘 또는 이들 중 어느 하나 이상을 함유한 것 또는 제3류 위험물 중 금수성물질은 방수성이 있는 피복으로 덮을 것

※① 아세트알데히드 : 제4류 위험물(특수인화물)
② 아세톤 : 제4류 위험물(제1석유류)
③ 메틸알코올 : 제4류 위험물(알코올류)
④ 아세트산 : 제4류 위험물(제2석유류) 【정답】 ①

41. 물과 반응하여 수소를 발생하는 물질로 불꽃 반응 시 노란색을 나타내는 것은?

① 칼륨 ② 과산화칼륨

③ 과산화나트륨 ④ 나트륨

|문|제|풀|이|

[나트륨(Na) → 제3류 위험물]

·융점 97.8℃, 비점 880℃, 비중 0.97
·은백색 광택의 무른 경금속으로 **불꽃반응은 노란색**
·공기 중에서 수분과 반응하여 수소를 발생한다.
·비중이 작으므로 석유(파라핀, 경유, 등유) 속에 저장한다.
·흡습성, 조해성이 있다.
·물과 반응식 : $2Na + 2H_2O \rightarrow 2NaOH + H_2 \uparrow + 88.2kcal$
(나트륨) (물) (수산화나트륨) (수소) (반응열)
·소화방법에는 마른모래, 건조된 소금, 탄산칼슘 분말의 혼합물로 피복하여 질식소화가 효과적이다. → (주수소화와 절대 금한다.)

※[불꽃반응 시 색상]

1. 나트륨(Na) : 노란색　　2. 칼륨(K) : 보라색
3. 칼슘(Ca) : 주황색　　4. 구리(Cu) : 청록색
5. 바륨(Ba) : 황록색　　6. 리튬(Li) : 빨간색

【정답】 ④

42. 제조소등에 있어서 위험물의 저장하는 기준으로 잘못된 것은?

① 황린은 제3류 위험물이므로 물기가 없는 건조한 장소에 저장하여야 한다.
② 덩어리상태의 유황과 화약류에 해당하는 위험물은 위험물용기에 수납하지 않고 저장할 수 있다.
③ 옥내저장소에서는 용기에 수납하여 저장하는 위험물의 온도가 55℃를 넘지 아니하도록 필요한 조치를 강구하여야 한다.
④ 이동저장탱크에는 저장 또는 취급하는 위험물의 유별, 품명, 최대수량 및 적재중량을 표시하고 잘 보일 수 있도록 관리하여야 한다.

|문|제|풀|이|

[황린(P_4) → 제3류 위험물(자연발화성 물질)]

·환원력이 강한 백색 또는 담황색 고체로 백린이라고도 한다.
·물에 녹지 않으며, 자연 발화성이므로 **반드시 물속에 저장**한다.
·벤젠, 알코올에 적게 녹고, 이황화탄소, 염화황, 염화화인에 잘 녹는다.
·공기를 차단하고 약 260℃ 정도로 가열하면 적린(제2류 위험물)이 된다.
·마늘 냄새가 나는 맹독성 물질이다. → (대인 치사량 0.02~0.05g)
·연소 반응식 : $P_4 + 5O_2 \rightarrow 2P_2O_5$
(황린) (산소) (오산화인(백색))
·소화방법에는 마른모래, 주수소화가 효과적이다.
→ (소화시 유독가스(오산화인(P_2O_5))에 대비하여 보호장구 및 공기호흡기를 착용한다.)

【정답】 ①

43. 위험물안전관리법령에서 규정하고 있는 옥내소화전설비의 설치기준에 관한 내용 중 옳은 것은?

① 제조소등 건축물의 층마다 당해 층마다 당해 층의 각 부분에서 하나의 호스접속구까지의 수평거리가 25m 이하가 되도록 설치한다.
② 수원의 수량은 옥내소화전이 가장 많이 설치된 층의 옥내소화전 설치개수(설치개수가 5개 이상인 경우는 5개)에 $18.6m^3$를 곱한 양 이상이 되도록 설치한다.
③ 옥내소화전설비는 각 층을 기준으로 하여 당해 층의 모든 옥내소화전(설치개수가 5개 이상인 경우는 5개의 옥내소화전)을 동시에 사용할 경우에 각 노즐선단의 방수압력이 170kPa 이상의 성능이 되도록 한다.
④ 옥내소화전설비는 각 층을 기준으로 하여 당해 층의 모든 옥내소화전(설치개수가 5개 이상인 경우는 5개의 옥내소화전)을 동시에 사용할 경우에 각 노즐선단의 방수량이 1분당 130L 이상의 성능이 되도록 한다.

|문|제|풀|이|

[옥내소화전 설비의 설치기준]

항목	기준
방수량	260L/min 이상
방수압력	350kPa(0.35MPa) 이상
토출량	N(최대 5개)×260L/min
수원	N(최대 5개)×$7.8m^3$ (260L/min×30min)
방수구(호스)의 구경	40mm
비상전원	45분 이상 작동할 것
표시등	적색으로 소화전함 상부에 부착 (부착 면에서 15℃ 이상 범위 안에서 10m 이내의 어느 곳에서도 식별될 것)

【정답】 ①

44. 【보기】의 위험물 중 비중이 물보다 큰 것은 모두 몇 개인가?

> 【보기】 과염소산, 과산화수소, 질산

① 0　　② 1

③ 2　　④ 3

|문|제|풀|이|

[위험물의 비중]

- 과염소산($HClO_4$) : 제6류 위험물, 비중 1.76,
- 과산화수소(H_2O_2) : 제6류 위험물, 비중 1.465
- 질산(HNO_3) : 제6류 위험물, 비중 1.49

【정답】 ④

45. 제2류 위험물에 속하지 않는 것은?

① 구리분　　② 알루미늄분

③ 크롬분　　④ 몰리브덴분

|문|제|풀|이|

[제2류 위험물]

성질	품명	지정수량
가연성 고체	황화린(삼황화린, 오황화린, 칠황화린), 적린, 유황(사방정계, 단사정계, 비정계)	100kg
	마그네슘, 철분, 금속분(알루미늄분(Al), 아연분(Zn), 안티몬(Sb))	500kg
	인화성 고체(락카퍼티, 고무풀)	1000kg

※【제2류 위험물의 금속분】 구리분, 니켈분 제외하고 150마이크로미터의 체를 통과하는 것이 50wt% 이상인 것

【정답】 ①

46. 다음 중 삼황화린이 가장 잘 녹는 물질은?

① 차가운 물　　② 이황화탄소

③ 염산　　④ 황산

|문|제|풀|이|

[삼황화린(P_4S_3) → 제2류 위험물(황화인)]

- 착화점 100℃, 융점 172.5℃, 비점 407℃, 비중 2.03
- 담황색 결정으로 조해성이 없다.
- 차가운 물, 염산, 황산에 녹지 않으며 끓는 물에서 분해한다.
- **질산, 알칼리, 이황화탄소에는 잘 녹는다.**
- 과산화물, 과망간산염, 금속분과 공존하고 있을 때 자연발화
- 연소 반응식 : $P_4S_3 + 8O_2 \rightarrow 2P_2O_5 + 3SO_2$

  (삼황화린) (산소) (오산화인) (이산화황)

【정답】 ②

47. 알루미늄분의 위험성에 대한 설명 중 틀린 것은?

① 뜨거운 물과 접촉 시 격렬하게 반응한다.

② 산화제와 혼합하면 가열, 충격 등으로 발화할 수 있다.

③ 연소 시 수산화알루미늄과 수소를 발생한다.

④ 염산과 반응하여 수소를 발생한다.

|문|제|풀|이|

[알루미늄분(Al) → 제2류 위험물(금속분)]

- 은백색의 광택을 띤 경금속
- 열전도율 및 전기전도도가 크며, 진성·연성이 풍부하다.
- 염산, 황산, 묽은 질산에 침식당하기 쉬우며, 진한 질산에는 부동태가 된다.
- 끓는 물, 산, 알칼리수용액에 녹아 수소를 발생한다.
- 수증기와의 반응식 : $2Al + 6H_2O \rightarrow 2Al(OH)_3 + 3H_2 \uparrow$

  (알루미늄) (물) (수산화알루미늄) (수소)
- 염산의 반응식 : $2Al + 6HCl \rightarrow 2AlCl_3 + 3H_2 \uparrow$

  (알루미늄) (염산) (염화알루미늄) (수소)
- 연소 반응식 : $4Al + 3O_2 \rightarrow 2Al_2O_3$

  (알루미늄)(산소) (산화알루미늄)
- 습기와 수분에 의해 자연발화하기도 한다.
- 산화제와의 혼합물은 가열, 충격, 마찰로 인해 발화할 수 있다.
- 유리병(밀폐용기)에 넣어 건조한 곳에 저장하고, 분진 폭발할 위험이 있으므로 화기에 주의해야 한다.
- 소화방법으로는 마른모래, 명석 등으로 피복소화가 효과적이다.

  → (주수소화는 수소가스를 발생하므로 위험하다.)

【정답】 ③

48. 위험물안전관리법령에서 정의하는 "특수인화물"에 대한 설명으로 올바른 것은?

① 1기압에서 발화점이 150℃ 이상인 것

② 1기압에서 인화점이 40℃미만인 고체물질인 것

③ 1기압에서 인화점이 -20℃ 이하이고, 비점 40℃ 이하 인 것

④ 1기압에서 인화점이 21℃ 이상, 70℃ 미만인 가연성 물질인 것

|문|제|풀|이|

[제4류 위험물(인화성 액체) 중 특수인하물의 성질]

품명	성질
특수 인화물	1기압에서 액체로 되는 것으로서 인화점이 -20℃ 이하, 비점이 40℃ 이하이거나 착화점이 100℃ 이하인 것
	이황화탄소, 디에틸에테르, 아세트알데히드 산화프로필렌

【정답】 ③

49. 제6류 위험물의 성질로 알맞은 것은?

① 금수성 물질　　② 산화성 액체

③ 산화성 고체　　④ 자연발화성 물질

|문|제|풀|이|

[위험물의 일반적인 성질]

1. 제1류 위험물 – 산화성 고체
2. 제2류 위험물 – 가연성 고체
3. 제3류 위험물 – 자연발화성 물질 및 금수성 물질
4. 제4류 위험물 – 인화성 액체
5. 제5류 위험물 – 자기반응성 물질
6. **제6류 위험물 – 산화성 액체**

【정답】 ②

50. 제3류 위험물이 아닌 것은?

① 마그네슘　　② 나트륨

③ 칼륨　　④ 칼슘

|문|제|풀|이|

[제3류 위험물 (자연발화성 물질 및 금수성 물질)]

성질	품명	지정수량
자연발화성 및 금수성물질	칼륨, 나트륨, 알킬알루미늄, 알킬리튬	10kg
	황린	20kg
	·알칼리금속(칼륨 및 나트륨 제외) 및 알칼리토금속 : : 리튬(Li), 칼슘(Ca) ·유기금속화합물(알킬알루미늄 및 알킬리튬 제외) : 디메틸아연, 디에틸아연	50kg
	·금속의 수소화물 : 수소화리튬, 수소화나트륨, 수소화칼슘, 수소화칼륨, 수소화알루미늄리튬 ·금속의 인화물 : 인화석회/인화칼슘, 인화알루미늄 ·칼슘 또는 알루미늄의 탄화물 : 탄화칼슘, 탄화알루미늄, 탄화망간(망가니즈), 탄화마그네슘	300kg

※① 마그네슘 : 제2류 위험물

【정답】 ①

51. 물과 친화력이 있는 수용성 용매의 화재에 보통의 포소화약제를 사용하면 포가 파괴되기 때문에 소화효과를 잃게 된다. 이와 같은 단점을 보완한 소화약제로 가연성인 수용성 용매의 화재에 유효한 효과를 가지고 있는 것은?

① 알코올형포소화약제

② 단백포소화약제

③ 합성계면활성제포소화약제

④ 수성막포소화약제

|문|제|풀|이|

[포소화약제의 종류 및 성상(기계포소화약제)]

단백포	·유류화재의 소화용으로 개발 ·포의 유동성이 작아서 소화속도가 늦은 반면 안정성이 커서 제연방지에 효과적이다.
불화 단백포	·단백포에 불소계 계면활성제를 소량 첨가한 것 ·단백포의 단점인 유동성과 열안정성을 보완한 것 ·착화율이 낮고 가격이 비싸다.
합성계면 활성제포	·팽창범위가 넓어 고체 및 기체 연료 등 사용범위가 넓다. ·유동성이 좋은 반면 내유성이 약하다. ·포가 빨리 소멸되는 것이 단점이다. ·고압가스, 액화가스, 위험물저장소에 적용된다.
수성막포	·보존성 및 내약품성이 우수하다. ·성능은 단백포소화약제에 비해 300% 효과가 있다. ·수성막이 장기간 지속되므로 재 착화 방지에 효과적이다. ·내약품성이 좋아 다른 소화약제와 겸용이 가능하다. ·대형화재 또는 고온화재 표면 막 생성이 곤란한 단점이
알코올포	·**수용성 액체 위험물의 소화에 효과적**이다. ·알코올, 에스테르류 같이 수용성인 용제에 적합하다.

【정답】 ①

52. 다음 중 산화반응이 일어날 가능성이 가장 큰 화합물은?

① 아르곤　　② 질소

② 일산화탄소　　④ 이산화탄소

|문|제|풀|이|

[가연성] 산소와 화합해야 한다. 즉, 산화반응을 일으킬 수 있는 물질

[불연성] 환원제

※불연성 : ① 아르곤 ② 질소 ④ 이산화탄소

가연성 : ③ 일산화탄소

【정답】 ③

53. 화재 시 물을 이용한 냉각소화를 할 경우 오히려 위험성이 증가하는 물질은?

① 황린　　② 적린

③ 탄화알루미늄　　④ 니트로셀룰로오스

|문|제|풀|이|

[탄화알루미늄(Al_4C_3)] → 제3류 위험물(칼슘, 알루미늄의 탄화물)

- 분해온도 1400℃, 비중 2.36
- 무색 또는 황색의 단단한 결정
- 물과 반응하여 수산화알루미늄과 메탄(3몰)가스를 발생한다.
- 물과 반응식 :

$$Al_4C_3 + 12H_2O \rightarrow 4Al(OH)_3 + 3CH_4\uparrow + 360kcal$$

(탄화알루미늄) (물) (수산화알루미늄) (메탄) (반응열)

- 소화방법에는 마른모래 등으로 피복소화 한다.
  → (물 및 포약제의 소화는 금한다.)

【정답】 ③

54. 톨루엔의 위험성에 대한 설명으로 틀린 것은?

① 증기비중은 약 0.87이므로 높은 곳에 체류하기 쉽다.

② 독성이 있으나 벤젠보다는 약하다.

③ 약 4℃의 인화점을 갖는다.

④ 유체 마찰 등으로 정전기가 생겨 인화하기도 한다.

|문|제|풀|이|

[톨루엔($C_6H_5CH_3$) → 제4류 위험물(제1석유류)]

1. 지정수량(비수용성) 200L, 인화점 4℃, 착화점 552℃, 비점 110.6℃, 비중 0.871, **증기비중 3.17**, 연소범위 1.4~6.7%
2. 무색 투명한 휘발성 액체
3. 물에 잘 녹지 않는다.
4. 증기는 공기보다 무거워 **낮은 곳에 체류**하므로 주의한다.
5. 벤젠보다 독성이 약하다. → (벤젠의 $\frac{1}{10}$)
6. T.N.T(트리니트로톨루엔, 제5류 위험물)의 원료

【정답】 ①

55. 제1류 위험물이 아닌 경우?

① 과요오드산염류

② 퍼옥소붕산염류

③ 요오드의 산화물

④ 금속의 아지드화합물

|문|제|풀|이|

[제1류 위험물(산화성 고체)]

위험등급	품명	지정수량
Ⅰ	1. 아염소산염류 : 아염소산나트륨, 아염소산칼륨 2. 염소산염류 : 염소산칼륨, 염소산나트륨, 염소산아모늄 3. 과염소산염류 : 과염소산칼륨, 과염소산나트륨, 과염소산암모늄 4. 무기과산화물 : 과산화나트륨, 과산화칼륨, 과산화바륨, 과산화마그네슘	50kg
Ⅱ	5. 브롬산염류 : 브롬산칼륨, 브롬산나트륨 6. 요오드산염류 : 요오드산칼륨, 요오드산칼슘, 요오드산나트륨 7. 질산염류 : 질산칼륨, 질산나트륨, 질산암모늄	300kg
Ⅲ	8. 과망간산염류 : 과망간산칼륨, 과망간산나트륨, 과망간산칼슘 9. 중크롬산염류 : 중크롬산칼륨, 중크롬산나트륨, 중크롬산암모늄	1000kg
Ⅰ~Ⅲ	10. 그 밖의 행정안전부령이 정하는 것 ① 과요오드산염 ② 과요오드산 ③ 크로뮴, 납 또는 요오드의 산화물 ④ 아질산염류 ⑤ 차아염소산염류 ⑥ 염소화이소시아눌산 ⑦ 퍼옥소이황산염류 ⑧ 퍼옥소붕산염류	50kg-Ⅰ등급 300kg-Ⅱ등급 1000kg-Ⅲ등급

※④ 금속의 아지드화합물(NaN_3) : 제5류 위험물

【정답】 ④

56. 가연성 액체의 연소형태를 옳게 설명한 것은?

① 연소범위의 하한보다 낮은 범위에서라도 점화원이 있으면 연소한다.

② 가연성 증기의 농도가 높으면 높을수록 연소가 쉽다.

③ 가연성 액체의 증발연소는 액면에서 발생하는 증기가 공기와 혼합하여 타기 시작한다.

④ 증발성이 낮은 액체일수록 연소가 쉽고, 연소속도는 빠르다.

|문|제|풀|이|

[가연성 액체의 연소 형태]

1. 연소범위의 범위 안에 점화원이 있어야 한다.
2. 가연성 증기의 농도가 낮을수록 연소가 쉽다.
3. 증발성이 높은 액체일수록 연소가 쉽고, 연소속도는 빠르다.

【정답】 ③

57. 마그네슘분의 일반적인 성질에 대한 설명 중 틀린 것은?

① 은백색의 광택이 있는 금속분말이다.

② 더운물과 반응하여 산소를 발생한다.

③ 열전도율 및 전기전도도가 큰 금속이다.

④ 황산과 반응하여 수소가스를 발생한다.

|문|제|풀|이|

[마그네슘(Mg) → 제2류 위험물]

- 은백색의 광택이 나는 경금속 분말로 알칼리토금속에 속한다.
- 열전도율 및 전기전도도가 크고, 산 및 더운물과 반응하여 수소를 발생한다. → (알루미늄보다 열전도율 및 전기전도도가 낮다)
- 산화제 및 할로겐 원소와의 접촉을 피하고, 공기 중 습기에 발열되어 자연 발화의 위험성이 있다.
- 온수와의 화학 반응식 : $Mg + 2H_2O \rightarrow Mg(OH)_2 + H_2 \uparrow$
  (마그네슘) (물) (수산화마그네슘) (수소)
- 연소 반응식 : $2Mg + O_2 \rightarrow 2MgO + 2 \times 143.7kcal$
  (마그네슘) (산소) (산화마그네슘) (반응열)
- 염산과의 반응식 : $Mg + 2HCl \rightarrow MgCl_2 + H_2 \uparrow$
  (마그네슘) (염산) (염화마그네슘) (수소)

【정답】 ②

58. 위험물안전관리법령상 "연소의 우려가 있는 외벽" 은 기산점이 되는 선으로부터 3m(2층 이상의 층에 대해서는 5m) 이내에 있는 제조소등의 외벽을 말하는데 이 기산점이 되는 선에 해당하지 않는 것은?

① 동일 부지내의 다른 건축물과 제조소 부지 간의 중심선

② 재조소 등에 인접한 도로의 중심선

③ 제조소 등이 설치된 부지의 경계선

④ 제조소 등의 외벽과 동일 부지내의 다른 건축물의 외벽간의 중심선

|문|제|풀|이|

[연소의 우려가 있는 외벽의 기산점] 위험물안전관리법령상 "연소의 우려가 있는 외벽" 은 기산점이 되는 선으로부터 3m(2층 이상의 층에 대해서는 5m) 이내에 있는 제조소등의 외벽을 말하는데 이 기산점이 되는 선은 다음과 같다.

1. 재조소 등에 인접한 도로의 중심선
2. 제조소 등이 설치된 부지의 경계선
3. 제조소 등의 외벽과 동일 부지내의 다른 건축물의 외벽간의 중심선

【정답】 ①

59. 제5류 위험물의 화재에 적응성이 없는 소화설비는?

① 옥외소화전설비

② 스프링클러설비

③ 물분무소화설비

④ 할로겐화물소화설비

|문|제|풀|이|

[위험물의 성질에 따른 소화설비의 적응성]

대상 / 소화설비의 구분			제5류 위험물
옥내소화전 또는 **옥외소화전설비**			○
스프링클러설비			○
물분무등 소화설비	**물분무소화설비**		○
	포소화설비		○
	불활성가스소화설비		
	할로겐화합물소화설비		
	분말소화설비	인산염류등	
		탄산수소염류등	
		그 밖의 것	
대형소형 수동식 소화기	봉상수(棒狀水)소화기		○
	무상수(霧狀水)소화기		○
	봉상강화액소화기		○
	무상강화액소화기		○
	포소화기		○
	이산화탄소소화기		
	할로겐화합물소화기		
	분말소화기	인산염류소화기	
		탄산수소염류소화기	
		그 밖의 것	
기타	물통 또는 수조		○
	건조사		○
	팽창질석 또는 팽창진주암		○

【정답】 ④

60. 금속칼륨에 화재가 발생했을 때 사용할 수 없는 소화약제는?

① 이산화탄소　　② 건조사

③ 팽창질석　　④ 팽창진주암

|문|제|풀|이|

[칼륨(K) → 제3류 위험물(금수성)]

· 융점 63.5℃, 비점 762℃, 비중 0.857
· 은백색 광택의 무른 경금속으로 불꽃반응은 보라색
· 공기 중에서 수분과 반응하여 수소를 발생한다.
· 물과 반응식 : $2K + 2H_2O \rightarrow 2KOH + H_2 \uparrow + 92.8kcal$

(칼륨) (물) (수산화칼륨) (수소) (반응열)

· 비중이 작으므로 석유(파라핀, 경유, 등유) 속에 저장한다.
· 흡습성, 조해성이 있다.
· 이산화탄소와 반응하면 연소 폭발한다.
반응식 : $K + 3CO_2 \rightarrow 2K_2CO_3 + C$ (연소 폭발)

(칼륨) (이산화탄소) (탄산칼륨) (탄소)

· 소화방법에는 마른모래 및 탄산수소염류 분말소화약제가 효과적 → (주수소화와 사염화탄소(CCl_4)와는 폭발반응을 하므로 절대 금한다.)

【정답】 ①

2018_2 위험물기능사 필기

01. 위험물안전관리법령상 스프링클러헤드는 부착장소의 평상시 최고주위온도가 28℃ 미만인 경우 몇 ℃의 표시온도를 갖는 것을 설치하여야 하는가?

① 58 미만

② 58 이상 79 미만

③ 79 이상 121 미만

④ 121 이상 162 미만

|문|제|풀|이|

[스프링클러설비의 표시 온도]

부착장소의 최고 주위온도℃	표시온도℃
28 미만	**58 미만**
28 이상 39 미만	58 이상 79 미만
39 이상 64 미만	79 이상 121 미만
64 이상 106 미만	121 이상 162 미만
106 이상	162 이상

【정답】 ①

02. 가연물이 되기 쉬운 조건이 아닌 것은?

① 산소와 친화력이 클 것

② 열전도율이 클 것

③ 발열량이 클 것

④ 활성화에너지가 작을 것

|문|제|풀|이|

[가연물의 조건]

·산소와의 친화력이 클 것

·발열량이 클 것

·**열전도율(열을 전달하는 정도)이 적을 것**

→ (기체 〉 액체 〉 고체)

·표면적이 넓을 것 (공기와의 접촉면이 크다)

→ (기체 〉 액체 〉 고체)

·활성에너지(화학반응을 이루는데 필요한 에너지)가 작을 것

·연쇄반응을 일으킬 수 있을 것 【정답】 ②

03. 산화열에 의한 발열이 자연발화의 주된 요인으로 작용하는 것은?

① 건성유 ② 퇴비

③ 목탄 ④ 셀룰로이드

|문|제|풀|이|

[자연발화의 원인] 자연발화를 일으키는 원인에는 물질의 산화열, 분해열, 흡착열, 중합열, 발효열 등이 있다.

산화열에 의한 발화	석탄, 고무분말, **건성유** 등에 의한 발화
분해열에 의한 발화	셀룰로이드, 니트로셀룰로오스 등에 의한 발화
흡착열에 의한 발화	목탄, 활성탄 등에 의한 발화
중합열에 의한 발화	시안화수소, 산화에프틸렌 등에 의한 발화
미생물에 의한 발화	퇴비, 먼지 속에 들어 있는 혐기성 미생물에 의한 발화

【정답】 ①

04. 유기과산화물의 화재 시 적응성이 있는 소화설비는?

① 물분무소화설비

② 이산화탄소소화설비

③ 할로겐화합물소화설비

④ 분말소화설비

|문|제|풀|이|

[위험물의 성질에 따른 소화설비의 적응성]

유기과산화물 → 제5류 위험물

소화설비의 구분 (대상)			제5류 위험물
옥내소화전 또는 옥외소화전설비			○
스프링클러설비			○
물분무등 소화설비	**물분무소화설비**		○
	포소화설비		○
	불활성가스소화설비		
	할로겐화합물소화설비		
	분말 소화설비	인산염류등	
		탄산수소염류등	
		그 밖의 것	
대형소형 수동식 소화기	봉상수(棒狀水)소화기		○
	무상수(霧狀水)소화기		○
	봉상강화액소화기		○
	무상강화액소화기		○
	포소화기		○
	이산화탄소소화기		
	할로겐화합물소화기		
	분말소화기	인산염류소화기	
		탄산수소염류소화기	
		그 밖의 것	
기타	물통 또는 수조		○
	건조사		○
	팽창질석 또는 팽창진주암		○

【정답】 ①

05. 주수소화가 적합하지 않은 물질은?

① 과산화벤조일 ② 과산화나트륨

③ 피크린산 ④ 염소산나트륨

|문|제|풀|이|

[위험물의 소화방법]

① 과산화벤조일($(C_6H_5CO)_2O_2$) → 제5류 위험물(유기과산화물) : 소량일 경우에는 마른모래, 분말, 탄산가스가 효과적이며, 대량일 경우에는 주수소화가 효과적이다.

② **과산화나트륨**(Na_2O_2) → 제1류 위험물, 무기과산화물] : 소화방법으로는 마른모래, 분말소화제, 소다회, 석회 등 사용 → (**주수소화는 위험**)

③ 트리니트로페놀(피크린산)[T.N.P, $C_6H_2OH(NO_2)_3$]→ 제5류 위험물(니트로화합물)] : 소화방법으로는 주수소화가 효과적

④ 염소산나트륨($NaClO_3$) → 제1류 위험물, 염소산염류 : 소화방법으로는 주수소화가 가장 좋다.

【정답】 ②

06. A, B, C급 화재에 모두 적응성이 있는 소화약제는?

① 제1종 분말소화약제

② 제2종 분말소화약제

③ 제3종 분말소화약제

④ 제4종 분말소화약제

|문|제|풀|이|

[분말소화약제의 종류 및 특성]

종류	주성분	착색	적용 화재
제1종 분말	탄산수소나트륨을 주성분으로 한 것, ($NaHCO_3$)	백색	B, C급
	분해반응식: $2NaHCO_3 \rightarrow Na_2CO_3 + H_2O + CO_2$ (탄산수소나트륨) (탄산나트륨) (물) (이산화탄소)		
제2종 분말	탄산수소칼륨을 주성분으로 한 것, ($KHCO_3$)	담회색 (보라색)	B, C급
	분해반응식: $2KHCO_3 \rightarrow K_2CO_3 + H_2O + CO_2$ (탄산수소칼륨) (탄산칼륨) (물) (이산화탄소)		
제3종 분말	인산암모늄을 주성분으로 한 것, ($NH_4H_2PO_4$)	담홍색, 황색	**A, B, C급**
	분해반응식: $NH_4H_2PO_4 \rightarrow HPO_3 + NH_3 + H_2O$ (인산암모늄) (메타인산) (암모니아)(물)		
제4종 분말	제2종과 요소를 혼합한 것, $KHCO_3 + (NH_2)_2CO$	회색	B, C급
	분해반응식: $2KHCO_3 + (NH_2)_2CO \rightarrow K_2CO_3 + 2NH_3 + 2CO_2$ (탄산수소칼륨) (요소) (탄산칼륨)(암모니아)(이산화탄소)		

【정답】 ③

07. 위험물제조소등에 설치하는 고정식의 포소화설비의 기준에서 포헤드방식의 포헤드는 방호대상물의 표면적 몇 m^2 당 1개 이상의 헤드를 설치하여야 하는가?

① 5 ② 9

③ 15 ④ 30

|문|제|풀|이|

[포소화설비의 기준에서 포헤드방식]

1. 포헤드 방호대상물의 표면적 $9m^2$당 1개 이상의 헤드
2. 방사구역은 $100m^2$ 이상으로 할 것 【정답】 ②

08. 디에틸에테르의 저장 시 소량의 염화칼슘을 넣어 주는 목적은?

① 정전기 발생 방지

② 과산화물 생성 방지

③ 저장용기의 부식방지

④ 동결 방지

|문|제|풀|이|

[디에틸에테르($C_2H_5OC_2H_5$, 에틸에테르/에테르) → 제4류 위험물, 특수인화물]

- 인화점 -45℃, 착화점 180℃, 비점 34.6℃, 비중 0.72(15℃), 연소범위 1.9~48%
- 무색투명한 휘발성이 강한 액체, 증기는 마취성이 있다.
- 인화성이 강하고 물에 약간 녹으며, 알코올에는 잘 녹는다.
- 전기의 부도체로서 정전기를 발생한다.
- 장시간 공기와 접촉하면 과산물이 생성될 수 있고, 가열, 충격, 마찰에 의해 폭발할 수 있다.
- 용기는 밀봉하여 갈색병을 사용하여 냉암소에 저장한다.
- 보관 시 5~10% 이상의 공간용적을 확보한다.
- **보관시 정전기 생성 방지를 위하여 약간의 염화칼슘**($CaCl_2$)**을 넣어 준다.** 【정답】 ①

09. 제조소등의 관계인이 예방규정을 정하여야 하는 제조소등이 아닌 것은?

① 지정수량 100배의 위험물을 저장하는 옥외탱크저장소

② 지정수량 150배의 위험물을 저장하는 옥내저장소

③ 지정수량 10배의 위험물을 취급하는 제조소

④ 지정수량 5배의 위험물을 취급하는 이송취급소

|문|제|풀|이|

[관계인이 예방규정을 정하여야 하는 제조소 등]

1. 지정수량의 10배 이상의 위험물을 취급하는 제조소
2. 지정수량의 100배 이상의 위험물을 저장하는 옥외저장소
3. 지정수량의 150배 이상의 위험물을 저장하는 옥내저장소
4. 지정수량의 **200배** 이상의 위험물을 저장하는 **옥외탱크저장소**
5. 암반탱크저장소
6. 이송취급소
7. 지정수량의 10배 이상의 위험물을 취급하는 일반취급소

【정답】 ①

10. 지정수량의 100배 이상을 저장 또는 취급하는 옥내저장소에 설치하여야 하는 경보설비는? (단, 고인화점 위험물만을 취급하는 경우는 제외한다.)

① 비상경보설비 ② 자동화재탐지설비

③ 비상방송설비 ④ 비상조명등설비

|문|제|풀|이|

[제조소 등별로 설치하여야 하는 경보설비의 종류 (옥내저장소)]

저장·취급하는 위험물 종류 및 수량	경보설비
지정수량의 10배 이상 100배 미만을 저장 또는 취급하는 것	자동화재탐지설비, 비상경보설비, 확성장치 또는 비상방송설비 중 1종 이상
·저장창고의 연면적 $150m^2$를 초과하는 곳 ·**지정수량 100배 이상**의 위험물을 저장·취급하는 곳(고인화점위험물만을 저장 또는 취급하는 것은 제외한다) ·처마높이 6m 이상인 단층건물	**자동화재탐지설비**

【정답】 ②

11. 대형수동식소화기의 설치기준은 방호대상물의 각 부분으로부터 하나의 대형수동식소화기까지의 보행 거리가 몇 m 이하가 되도록 설치하여야 하는가?

① 10 ② 20 ③ 30 ④ 40

|문|제|풀|이|

[소화기의 설치 기준]

1. 수동식 소화기는 각층마다 설치
2. 소방대상물의 각 부분으로부터 1개의 수동식 소화기까지의 보행거리
   ㉮ 소형수동식 소화기 : 보행거리 20m 이내가 되도록 배치
   ㉯ **대형소화기** : 보행거리 **30m 이내**가 되도록 배치
3. 바닥으로부터 설치 높이는 1.5m 【정답】 ③

12. 알루미늄분에 대한 설명으로 옳지 않은 것은?

① 알칼리수용액에서 수소를 발생한다.

② 산과 반응하여 수소를 발생한다.

③ 물보다 무겁다.

④ 할로겐 원소와는 반응하지 않는다.

|문|제|풀|이|

[알루미늄분(Al) → 제2류 위험물(금속분)]

- 융점 660℃, 비점 2000℃, 융점 600℃, 비중 2.7
- 은백색의 광택을 띤 경금속
- 열전도율 및 전기전도도가 크며, 진성·연성이 풍부하다.
- 끓는 물, 산, 알칼리수용액에 녹아 수소를 발생한다.
- 습기와 수분에 의해 자연발화하기도 한다.
- 수증기와의 반응식 : $2Al + 6H_2O \rightarrow 2Al(OH)_3 + 3H_2 \uparrow$
  (알루미늄) (물) (수산화알루미늄) (수소)
- 염산의 반응식 : $2Al + 6HCl \rightarrow 2AlCl_3 + 3H_2 \uparrow$
  (알루미늄) (염산) (염화알루미늄) (수소)
- 산화제와의 혼합물은 가열, 충격, 마찰로 인해 발화할 수 있다.
- **할로겐 원소(F, Cl, Br, I)와 접촉하면 자연발화의 위험**이 있다.
- 유리병(밀폐용기)에 넣어 건조한 곳에 저장하고, 분진 폭발할 위험이 있으므로 화기에 주의해야 한다.
- 소화방법으로는 마른모래, 멍석 등으로 피복소화가 효과적이다.

→ (주수소화는 위험하다.) 【정답】 ④

13. 다음 제6류 위험물에 속하는 것은?

① 염소화이소시아눌산

② 퍼옥소이황산염류

③ 질산구아니딘

④ 할로겐간화합물

|문|제|풀|이|

[제6류 위험물]

유별 및 성질	위험등급	품명	지정수량
제6류 산화성 액체	I	1. 질산 2. 과산화수소 3. 과염소산	300kg
	I	4. 그 밖에 행정안전부령이 정하는 것 ① **할로겐간화합물**(BrF_3, BrF_5, IF_5, ICI, IBr 등) 5. 1내지 4의 ①에 해당하는 어느 하나 이상을 함유한 것	300kg

※① 염소화이소시아눌산 : 제1류 위험물(산화성 고체)
② 퍼옥소이황산염류 : 제1류 위험물(산화성 고체)
③ 질산구아니딘 : 제5류 위험물(자기반응성물질)

【정답】 ④

14. 다음 중 인화점이 가장 높은 것은?

① 니트로벤젠　② 클로로벤젠

③ 톨루엔　④ 에틸벤젠

|문|제|풀|이|

[주요 가연물의 인화점]

물질명	인화점℃	물질명	인화점℃
이소펜탄	-51	피리딘	20
디에틸에테르	-45	**클로로벤젠**	**32**
아세트알데히드	-38	테레핀유	35
산화프로필렌	-37	클로로아세톤	35
이황화탄소	-30	초산	40
아세톤 트리메틸알루미늄	-18	등유	30~60
벤젠	-11	경유	50~70
메틸에틸케톤	-1	아닐린	70
톨루엔	**4.5**	**니트로벤젠**	**88**
메틸알코올 (메탄올)	11	에틸렌글리콜	111
에틸알코 (에탄올)	13	중유	60~150
에틸벤젠	**15**		

【정답】 ①

15. 이산화탄소소화기 사용 시 줄 · 톰슨 효과에 의해서 생성되는 물질은?

① 포스겐　② 일산화탄소

③ 드라이아이스　④ 수성가스

|문|제|풀|이|

[이산화탄소소화기]

1. 용기에 충전된 액화탄산가스를 줄·톰슨 효과에 의하여 **드라이아이스**를 방출하는 소화기이다.
   → (드라이아이스 온도 -80~-78℃
2. 질식 및 냉각효과이며 유류화재, 전기화재에 적당하다.
3. 종류로는 소형(레버식), 대형(핸들식)이 있다.

【정답】 ③

16. 알코올류 20000L에 대한 소화설비 설치 시 소요단위는?

① 5 ② 10 ③ 15 ④ 20

|문|제|풀|이|

[위험물의 소요단위] 소요단위= $\frac{저장수량}{1소요단위} = \frac{저장수량}{지정수량 \times 10}$

[1소요단위] 소화설비의 설치대상이 되는 건축물 그 밖의 공작물의 규모 또는 위험물의 양의 기준단위

종류	내화구조	비내화구조
위험물 제조소 및 취급소	$100m^2$	$50m^2$
위험물 저장소	$150m^2$	$75m^2$
위험물	지정수량×10	

∴소요단위= $\frac{저장수량}{지정수량 \times 10} = \frac{20000}{400 \times 10} = 5$단위

→ (알코올류 : 제4류 위험물, 지정수량 400L)

※소요단위(제조소, 취급소, 저장소)] 소요단위= $\frac{연면적}{기준면적}$

【정답】 ①

17. 위험물안전관리법령상 옥내주유취급소의 소화난이도 등급은?

① Ⅰ ② Ⅱ ③ Ⅲ ④ Ⅳ

|문|제|풀|이|

[옥내주유취급소의 소화난이도 등급]

1. 옥내주유취급소 : 소화난이도 등급 Ⅱ
2. 지하탱크저장소, 간이탱크저장소, 이동탱크저장소, 제1종 판매취급소 : 소화난이도 등급 Ⅲ

【정답】 ②

18. 제조소등의 완공검사신청서는 어디에 제출해야 하는가?

① 소방방재청장
② 소방방재청장 또는 시·도지사
③ 소방방재청장, 소방서장 또는 한국소방산업기술원
④ 시·도지사, 소방서장 또는 한국소방산업기술원

|문|제|풀|이|

[제조소 등 완공검사 신청] 제조소등에 대한 완공검사를 받으려는 자는 다음 각 호의 서류를 첨부하여 **시·도지사 또는 소방서장**(완공검사를 기술원에 위탁하는 제조소등의 경우에는 **기술원**)에게 제출해야 한다.

1. 배관에 관한 내압시험, 비파괴시험 등에 합격하였음을 증명하는 서류
2. 소방서장, 기술원 또는 탱크시험자가 교부한 탱크검사합격확인증 또는 탱크시험합격확인증
3. 재료의 성능을 증명하는 서류(이중벽탱크에 한한다)

【정답】 ④

19. 액체 위험물의 운반용기 중 금속제 내장 용기의 최대 용적은 몇 L인가?

① 5 ② 10 ③ 20 ④ 30

|문|제|풀|이|

[위험물의 운반에 관한 기준(액체 위험물)]

운반 용기			
내장용기		외장용기	
용기의 종류	최대 용적 또는 중량	용기의 종류	최대 용적 또는 중량
유리 용기	5L	나무 상자 또는 플라스틱	75kg
	10L		125kg
			225kg
		파이버판상자	40kg
			55kg
플라스틱용기	10L	나무 상자 또는 플라스틱상자	75kg
			125kg
			225kg
		파이버판상자	40kg
			55kg
금속제용기	**30L**	나무 상자 또는 플라스틱상자	125kg
			225kg
		파이버판상자	40kg
			55kg

【정답】 ④

20. 연소범위에 대한 설명으로 옳지 않은 것은?

① 연소범위는 연소 하한 값부터 연소 상한 값까지이다.
② 연소범위의 단위는 공기 또는 산소에 대한 가스의 % 농도이다.
③ 연소 하한이 낮을수록 위험이 크다.
④ 온도가 높아지면 연소범위가 좁아진다.

|문|제|풀|이|

[연소범위] 온도나 압력이 높아지면 연소범위가 넓어진다.

【정답】 ④

21. 위험물안전관리법령상 제5류 위험물의 공통된 취급 방법으로 옳지 않은 것은?

① 불티, 불꽃, 고온체와의 접근을 피한다.

② 용기의 파손 및 균열에 주의한다.

③ 운반용기 외부에 주의사항으로 '화기주의' 및 '물기엄금'을 표기한다.

④ 저장 시 과열, 충격, 마찰을 피한다.

|문|제|풀|이|

[운반용기의 수납하는 위험물에 따라 다음의 규정에 의한 주의사항]

위험물의 종류		주의사항
제1류 위험물	알칼리금속의 과산화물 또는 이를 함유한 것	화기·충격주의 물기엄금 및 가연물접촉주의
	그 밖의 것	화기·충격주의 및 가연물 접촉주의
제2류 위험물	철분, 금속분, 마그네슘 또는 이들 중 어느 하나 이상을 함유한 것	화기주의
	인화성 고체	화기엄금
	그 밖의 것	화기주의
제3류 위험물	자연발화성 물질	화기엄금 및 공기접촉엄금
	금수성 물질	물기엄금
제4류 위험물		화기엄금
제5류 위험물		**화기엄금 및 충격주의**
제6류 위험물		가연물접촉주의

【정답】 ③

22. B급 화재의 표시 색상은?

① 백색 ② 황색

③ 청색 ④ 초록

|문|제|풀|이|

[화재의 분류]

급수	종류	색상	소화방법	가연물
A급	일반화재	백색	냉각소화	일반가연물(목재, 종이, 섬유, 석탄, 플라스틱 등)
B급	유류 가스 화재	황색	질식소화	가연성 액체(각종 유류 및 가스, 페인트)
C급	전기화재	청색	질식소화	전기기기, 기계, 전선 등
D급	금속화재	무색	피복에 의한 질식소화	가연성 금속(철분, 마그네슘, 나트륨, 금속분, Al분말 등)

※ E급 : 가스화재, F급 : 식용유화재

【정답】 ②

23. 제3류 위험물 중 금수성물질을 취급하는 제조소에 설치하는 주의사항 게시판의 내용과 색상으로 옳은 것은?

① 물기엄금 : 백색바탕에 청색문자

② 물기엄금 : 청색바탕에 백색문자

③ 물기주의 : 백색바탕에 청색문자

④ 물기주의 : 청색바탕에 백색문자

|문|제|풀|이|

[위험물 제조소의 표지 및 게시판] 제1류 위험물 중 알칼리금속의 과산화물과 이를 함유한 것 또는 제3류 위험물 중 금수성 물질에 있어서는「물기엄금」→ (바탕 : 청색, 문자 : 백색)

【정답】 ②

24. 소화난이도등급 Ⅱ의 옥내탱크저장소에는 대형수동식 소화기 및 소형수동식소화기를 각각 몇 개 이상 설치하여야 하는가?

① 4 ② 3 ③ 2 ④ 1

|문|제|풀|이|

[소화난이도등급Ⅱ의 제조소등에 설치하여야 하는 소화설비]

구분	소화설비
제조소등에 설치하여야 하는 소화설비	방사능력 범위 내에 당해 건축물, 그 밖의 공작물 및 위험물이 포함되도록 대형수동식소화기를 설치하고, 당해 위험물의 소요단위의 1/5 이상에 해당되는 능력단위의 소형수동식소화기 등을 설치할 것
옥외탱크저장소 **옥내탱크저장소**	대형수동식소화기 및 소형수동식소화기 등을 **각각 1개 이상** 설치할 것

【정답】 ④

25. 위험물안전관리법령상 제4류 위험물의 품명이 나머지 셋과 다른 하나는?

① 산화프로필렌 ② 아세톤

③ 이황화탄소 ④ 디에틸에테르

|문|제|풀|이|

[위험물의 품명]

① 산화프로필렌 : 제4류 위험물 → (특수인화물)

② 아세톤 : 제4류 위험물 → (제1석유류)

③ 이황화탄소 : 제4류 위험물 → (특수인화물)

④ 디에틸에테르 : 제4류 위험물 → (특수인화물)

【정답】 ②

26. 질산에 대한 설명으로 옳은 것은?

① 산화력은 없고 강한 환원력이 있다.

② 자체 연소성이 있다.

③ 크산토프로테인 반응을 한다.

④ 조연성과 부식성이 없다.

|문|제|풀|이|

[질산(HNO_3) → 제6류 위험물(산화성 액체)]

·융점 -42℃, 비점 86℃, 비중 1.49, 증기비중 2.17, 용해열 7.8kcal/mol

·무색의 무거운 액체 → (보관 중 담황색으로 변한다.)

·흡습성이 강하여 습한 공기 중에서 발열한다.

·자극성, 조연성, 부식성이 강한 강산이다.

·물과 반응하여 발열한다.

·환원성 물질(탄화수소, 황화수소, 이황화수소 등)과 반응하여 발화, 폭발한다.

·비점이 낮아 휘발성이고 햇빛에 의해 일부 분해한다.

·분해 반응식 : $4HNO_3 \rightarrow 4NO_2\uparrow + O_2\uparrow + 2H_2O$

(질산) (이산화질소) (산소) (물)

·수용성으로 물과 반응하여 강산 산성을 나타낸다.

·**크산토프로테인 반응**을 한다. 【정답】 ③

27. 지정수량 20배의 알코올류를 저장하는 옥외탱크저장소의 경우 펌프실 외의 장소에 설치하는 펌프설비의 기준으로 옳지 않은 것은?

① 펌프설비 주위에는 3m 이상의 공지를 보유한다.

② 펌프설비 그 직하의 지반면 주위에 높이 0.15m 이상의 턱을 만든다.

③ 펌프설비 그 직하의 지반면의 최저부에는 집유설비를 만든다.

④ 집유설비에는 위험물이 배수구에 유입되지 않도록 유분리장치를 만든다.

|문|제|풀|이|

[집유설비] **알코올류**는 물에 잘 녹는 수용액이므로 **유분리장치는 필요없다**, 그러나 온도 20℃의 물 100g에 용해되는 양이 1g 미만인 위험물을 취급하는 설비에 있어서는 당해 위험물이 직접 배수구에 흘러들어가지 아니하도록 집유설비에 유분리장치를 설치하여야 한다. 【정답】 ④

28. 【보기】의 위험물을 위험등급 Ⅰ, 위험등급Ⅱ, 위험등급Ⅲ의 순서로 옳게 나열한 것은?

【보기】 황린, 인화칼슘, 리튬

① 황린, 인화칼슘, 리튬

② 황린, 리튬, 인화칼슘

③ 인화칼슘, 황린, 리튬

④ 인화칼슘, 리튬, 황린

|문|제|풀|이|

[위험물의 위험등급]

1. 황린(P_4) : 제3류 위험물, 위험등급 Ⅰ등급

2. 인화칼슘(Ca_3P_2) : 제3류 위험물(금속의 인화물), 위험등급 Ⅲ등급

3. 리튬(Li) : 제3류 위험물(알칼리금속), 위험등급Ⅱ

【정답】 ②

29. 과망간산칼륨의 성질에 대한 설명 중 옳은 것은?

① 강력한 산화제이다.

② 물에 녹아서 연한 분홍색을 나타낸다.

③ 물에는 용해하나 에탄올에 불용이다.

④ 묽은 황산과는 반응을 하지 않지만 진한 황산과 접촉하면 서서히 반응한다.

|문|제|풀|이|

[과망간산칼륨($KMnO_4$) → 제1류 위험물(과망간산염류)]

·분해온도 240℃, 비중 2.7

·흑자색 결정

·**물, 알코올에 녹아** 진한 **보라색**을 나타낸다.

·강한 산화력과 살균력이 있다.
→ (수용액은 무좀 등의 치료재로 사용된다.)

·알코올, 에테르, 글리세린 등 유기물과 접촉을 금한다.

·목탄, 황 등의 환원성 물질과 접촉 시 충격에 의해 폭발 위험성

·가열에 의한 분해 반응식 : $2KMnO_4 \rightarrow K_2MnO_4 + MnO_2 + O_2\uparrow$

(과망간산칼륨) (망간산칼륨) (이산화망간) (산소)

·묽은 황산과의 반응식 : $4KMnO_4 + 6H_2SO_4$

(과망간산칼륨) (황산)

$\rightarrow 2K_2SO_4 + 4MnSO_4 + 6H_2O + 5O_2\uparrow$

(황산칼륨) (황산망간) (물) (산소)

·소화방법에는 다량의 주수소화 또는 마른모래에 의한 피복소화가 효과적이다. 【정답】 ①

30. 수납하는 위험물에 따라 위험물의 운반용기 외부에 표시하는 주의사항이 잘못된 것은?

① 제1류 위험물 중 알칼리금속의 과산화물 : 화기·충격주의, 물기엄금, 가연물접촉주의

② 제4류 위험물 : 화기엄금

③ 제3류 위험물 중 자연발화성물질 : 화기엄금, 공기접촉 엄금

④ 제2류 위험물 중 철분 : 화기엄금

|문|제|풀|이|

[운반용기의 수납하는 위험물에 따라 다음의 규정에 의한 주의사항]

위험물의 종류		주의사항
제1류 위험물	알칼리금속의 과산화물 또는 이를 함유한 것	화기·충격주의 물기엄금 및 가연물접촉주의
	그 밖의 것	화기·충격주의 및 가연물 접촉주의
제2류 위험물	**철분**, 금속분, 마그네슘 또는 이들 중 어느 하나 이상을 함유한 것	**화기주의**
	인화성 고체	화기엄금
	그 밖의 것	화기주의
제3류 위험물	자연발화성 물질	화기엄금 및 공기접촉엄금
	금수성 물질	물기엄금
제4류 위험물		화기엄금
제5류 위험물		화기엄금 및 충격주의
제6류 위험물		가연물접촉주의

【정답】 ④

31. 적린의 위험성에 대한 설명으로 옳은 것은?

① 물과 반응하여 발화 및 폭발한다.

② 공기 중에 방치하면 자연발화 한다.

③ 염소산칼륨과 혼합하면 마찰에 의한 발화의 위험이 있다.

④ 황린보다 불안정하다.

|문|제|풀|이|

[적린(P) : 제2류 위험물 (가연성 고체)]

- 착화점 260℃, 융점 600℃, 비점 514℃, 비중 2.2
- 암적색 무취의 분말
- 황린의 동소체, **황린에 비해 안정**하며 독성이 없다.
- 산화제인 염소산염류와의 혼합을 절대 금한다.
  → (강산화제(제1류 위험물)와 혼합하면 충격, 마찰에 의해 발화할 수 있다.)
- 물, 알칼리, 이황화탄소, 에테르, 암모니아에 녹지 않는다.
- 소화방법으로는 다량의 주수소화가 효과적이다.
- 염산염류(**염소산칼륨**), 질산염류, 이황화탄소, 유황과 접촉하면 **발화**한다.
- 연소 생성물은 흰색의 오산화인(P_2O_5)이다.

$4P + 5O_2 \rightarrow 2P_2O_5$

(적린) (산소) (오산화인)

【정답】 ③

32. 니트로글리세린에 대한 설명으로 가장 거리가 먼 것은?

① 규조토에 흡수시킨 것을 다이너마이트라고 한다.

② 충격, 마찰에 매우 둔감하나 동결품은 민감해진다.

③ 비중은 약 1.6이다.

④ 알코올, 벤젠 등에 녹는다.

|문|제|풀|이|

[니트로글리세린[$C_3H_5(ONO_2)_3$] → 제5류 위험물 중 질산에스테르류]

- 라빌형의 융점 2.8℃, 스타빌형의 융점 13.5℃, 비점 160℃, 비중 1.6, 증기비중 7.84
- 상온에서 무색, 투명한 기름 형태의 액체 → (겨울철에는 동결)
- 비수용성이며 메탄올, 에테르에 잘 녹는다.
- **가열, 마찰, 충격에 민감**하여 폭발하기 쉽다.
- 규조토에 흡수시켜 다이너마이트를 제조한다.
- 연소 시 폭굉을 일으키므로 접근하지 않도록 한다.
- 소화방법으로는 주수소화가 효과적이다.
- 분해 반응식: $4C_3H_5(ONO_2)_3 \rightarrow 12CO_2\uparrow + 10H_2O\uparrow + 6N_2\uparrow + O_2\uparrow$

(니트로글리세린) (이산화탄소) (물) (질소) (산소)

【정답】 ②

33. 물과 접촉하면 발열하면서 산소를 방출하는 것은?

① 과산화칼륨 ② 염소산암모늄

③ 염소산칼륨 ④ 과망간산칼륨

|문|제|풀|이|

[과산화칼륨(K_2O_2) → 제1류 위험물(무기과산화물)]

물과 반응식 : $2K_2O_2 + 2H_2O \rightarrow 4KOH + O_2\uparrow$

(과산화칼륨) (물) (수산화칼륨) (산소)

【정답】 ①

34. 연소범위가 약 1.4~7.6vol%인 제4류 위험물은?

① 가솔린　　② 에테르

③ 이황화탄소　　④ 아세톤

|문|제|풀|이|

[위험물의 연소범위] 휘발유 : 1.4~7.6vol%

물질명	연소범위 (vol%)	물질명	연소범위 (vol%)
아세틸렌(C_2H_2)	2.5~82	암모니아(NH_3)	15.7~27.4
수소(H_2)	4.1~75	아세톤 (CH_3COCH_3)	2~13
이황화탄소(CS_2)	1.0~44	메탄(CH_4)	5.0~15
일산화탄소(CO)	12.5~75	에탄(C_2H_6)	3.0~12.5
에틸에테르 ($C_4H_{10}O$)	1.7~48	프로판(C_3H_8)	2.1~9.5
에틸렌(C_2H_4)	3.0~33.5	부탄(C_4H_{10})	1.8~8.4
메틸알코올(CH_4O)	7~37	**휘발유**	**1.4~7.6**
에틸알코올 (C_2H_6O)	3.5~20	시안화수소 (HCN)	12.8~27

【정답】 ①

35. 알킬알루미늄의 저장 및 취급방법으로 옳은 것은?

① 용기는 완전 밀봉하고 CH_4, C_3H_8 등을 봉입한다.

② C_6H_6 등의 희석제를 넣어 준다.

③ 용기의 마개에 다수의 미세한 구멍을 뚫는다.

④ 통기구가 달린 용기를 사용하여 압력상승을 방지한다.

|문|제|풀|이|

[알킬알루미늄(R_3Al) → 제3류 위험물]

·알킬기(C_nH_{2n+1})와 알루미늄(Al)이 결합된 화합물
·무색의 액체
·공기 또는 물과 접촉하여 자연 발화한다.
·탄소는 C_1 ~ C_4까지는 자연 발화의 위험성이 있다.
→ (탄소가 5가 이상인 것은 점화하지 않으면 연소하지 않는다.)
·저장 시 용기는 완전 **밀봉**하고 공기 및 물과의 접촉을 피한다.
·저장 시 용기 상부는 불연성 가스로 봉입한다.
·**희석제로는 벤젠(C_6H_6), 헥산(I 석유류) 등이 있다.**
·소화방법에는 팽창질석, 팽창진주암, 마른모래가 효과적이다.

※CH_4 : 메탄, C_3H_8 : 프로페인　　【정답】 ②

36. 제4류 위험물의 일반적 성질이 아닌 것은?

① 대부분 유기화합물이다.

② 전기의 양도체로서 정전기 축적이 용이하다.

③ 발생증기는 가연성이며 증기비중은 공기보다 무거운 것이 대부분이다.

④ 모두 인화성 액체이다.

|문|제|풀|이|

[제4류 위험물의 일반적인 성질]

1. 인화되기 매우 쉬운 액체이다.
2. 착화온도가 낮은 것은 위험하다.
3. 물보다 가볍고 물에 녹기 어렵다.
→ (이황화탄소는 물보다 무겁고, 알코올은 물에 잘 녹는다.)
4. 증기는 공기보다 무거운 것이 대부분이다.
→ (전기콘센트를 1.5m 이상 높이에 설치하는 이유)
5. 공기와 혼합된 증기는 연소의 우려가 있다.
6. **전기의 부도체**로서 정전기 축적이 용이하다.

【정답】 ②

37. 【보기】에서 설명하는 물질은 무엇인가?

【보기】
- 살균제 및 소독제로도 사용된다.
- 분해할 때 발생하는 발생기산소 [O]는 난분해성 유기물질을 산화시킬 수 있다.

① $HClO_4$　　② CH_3OH

③ H_2O_2　　④ H_2SO_4

|문|제|풀|이|

[과산화수소(H_2O_2) → 제6류 위험물]

·착화점 80.2℃, 융점 -0.89℃, 비중 1.465, 증기비중 1.17, 비점 80.2℃
·순수한 것은 무색투명한 점성이 있는 액체이다.
→ (양이 많을 경우 청색)
·분해 시 산소(O_2)를 발생하므로 안정제로 인산, 요산 등을 사용한다.
·분해 반응식 : $4H_2O_2 \rightarrow H_2O + [O]$ (발생기 산소 : 표백작용)
(과산화수소) (물) (산소)
·물, 알코올, 에테르에는 녹고, 벤젠, 석유에는 녹지 않는다.
·강산화제 및 환원제로 사용되며 표백 및 살균작용을 한다.
·저장용기는 밀폐하지 말고 구멍이 있는 마개를 사용한다.
·히드라진(N_2H_4)과 접촉 시 분해 작용으로 폭발위험이 있다.
·농도가 30wt% 이상은 위험물에 속한다.　　【정답】 ③

38. 위험물제조소등에 설치하는 옥내소화전설비의 설치기준으로 옳은 것은?

① 옥내소화전은 건축물의 층마다 당해 층의 각 부분에서 하나의 호스접속구까지의 수평거리가 25m 이하가 되도록 설치하여야 한다.

② 당해 층의 모든 옥내소화전(5개 이상인 경우는 5개)을 동시에 사용할 경우 각 노즐선단에서의 방수량은 130L/min 이상이어야 한다.

③ 당해 층의 모든 옥내소화전(5개 이상인 경우는 5개)을 동시에 사용할 경우 각 노즐선단에서의 방수압력은 250kPa 이상이어야 한다.

④ 수원의 수량은 옥내소화전이 가장 많이 설치된 층의 옥내소화전 설치개수(5개 이상인 경우는 5개)에 $2.6m^3$를 곱한 양 이상이 되도록 설치하여야 한다.

|문|제|풀|이|

[옥내소화전설비의 설치기준]

1. 옥내소화전은 제조소등의 건축물의 층마다 당해 층의 각 부분에서 하나의 호스접속구까지의 수평거리가 25m 이하가 되도록 설치할 것. 이 경우 옥내소화전은 각층의 출입구 부근에 1개 이상 설치하여야 한다.
2. 수원의 수량은 옥내소화전이 가장 많이 설치된 층의 옥내소화전 설치개수(설치개수가 5개 이상인 경우는 5개)에 **$7.8m^3$**를 곱한 양 이상이 되도록 설치할 것
3. 옥내소화전설비는 각층을 기준으로 하여 당해 층의 모든 옥내소화전(설치개수가 5개 이상인 경우는 5개의 옥내소화전)을 동시에 사용할 경우에 각 노즐끝부분의 **방수압력이 350kPa** 이상이고 **방수량이 1분당 260L 이상**의 성능이 되도록 할 것
4. 옥내소화전설비에는 비상전원을 설치할 것

【정답】 ①

39. 지정수량이 50킬로그램이 아닌 위험물은?

① 염소산나트륨 ② 리튬

③ 과산화나트륨 ④ 나트륨

|문|제|풀|이|

[위험물의 지정수량]

① 염소산나트륨($NaClO_3$) → 제1류 위험물(염소산염류), 지정수량 50kg

② 리튬(Li) → 제3류 위험물(알칼리금속), 지정수량 50kg

③ 과산화나트륨(Na_2O_2) → 제1류 위험물(무기과산화물), 지정수량 50kg

④ 나트륨(Na) → 제3류 위험물, 지정수량 10kg

【정답】 ④

40. 소화기에 "A-2", "B-3"로 표시되어 있었다면 숫자 "2"가 의미하는 것은 무엇인가?

① 소화기의 제조번호

② 소화기의 소요단위

③ 소화기의 능력단위

④ 소화기의 사용 순위

|문|제|풀|이|

[소화기 표시 의미]

A - 2

↓ ↓

적용화재 능력단위

※ A-2 : A급(일반)화재, 능력단위 2단위

B-3 : B급(유류)화재, 능력단위 3단위

【정답】 ③

41. 아염소산염류 100kg, 질산염류 3000kg 및 과망간산염류 1000kg을 같은 장소에 저장하려 한다. 각각의 지정수량 배수의 합은 얼마인가?

① 5배 ② 10배

③ 13배 ④ 15배

|문|제|풀|이|

[지정수량 계산값(배수)]

$$배수(계산값) = \frac{A품명의\ 저장수량}{A품명의\ 지정수량} + \frac{B품명의\ 저장수량}{B품명의\ 지정수량} + \cdots\cdots$$

1. 저장수량 : 아염소산염류 100kg, 질산염류 3000kg
과망간산염류 1000kg
2. 지정수량 : 아염소산염류 50kg, 질산염류 300kg
과망간산염류 1000kg

$$\therefore 배수(계산값) = \frac{100}{50} + \frac{3000}{300} + \frac{1000}{1000} = 13배$$

※배수 ≥1 : 위험물 (위험물 안전관리법 규제)

배수 〈 1 : 소량 위험물 (시·도 조례 규제)

【정답】 ③

42. 질산에틸에 관한 설명으로 옳은 것은?

① 인화점이 낮아 인화되기 쉽다.

② 증기는 공기보다 가볍다.

③ 물에 잘 녹는다.

④ 비점은 약 28℃ 정도이다.

|문|제|풀|이|

[질산에틸($C_2H_5ONO_2$) → 제5류 위험물 (질산에스테르류)]

- 인화점 10℃, 융점 -94.6℃, **비점 88℃**, **증기비중 3.14**, 비중 1.11
- 무색, 투명한 액체로 단맛이 난다.
- **비수용성**이며 방향성이 있고 알코올, 에테르에 녹는다.
- 아질산과 같이 있으면 폭발하며, 제4류 위험물 제1석유류와 같은 위험성을 갖는다. → (휘발성이 크므로 증기의 인화성에 주의해야 한다.)
- 소화방법으로는 분무상의 물, 알코올폼 등을 사용한다.
- 질산과 반응식 : $C_2H_5OH + HNO_3 \rightarrow C_2H_5ONO_2 + H_2O$
  (에탄올) (질산) (질산에틸) (물)

【정답】 ①

43. 비중은 약 2.5, 무취이며 알코올, 물에 잘 녹고 조해성이 있으며 산과 반응하여 유독한 ClO_2를 발생하는 위험물은?

① 염소산칼륨 ② 과염소산암모늄

③ 염소산나트륨 ④ 과염소산칼륨

|문|제|풀|이|

[염소산나트륨($NaClO_3$) → 제1류 위험물, 염소산염류]

- 분해온도 300℃, 비중 2.5, 융점 248℃, 용해도 101(20℃)
- 무색무취의 입방정계 주상결정
- 인체에 유독하다.
- 산과 반응하여 유독한 폭발성 이산화염소(ClO_2)를 발생하고 폭발 위험이 있다.
- 산과의 반응식 : $2NaClO_3 + 2HCl$
  (염소산나트륨) (염화수소)
  $\rightarrow 2NaCl + H_2O_2 + 2ClO_2 \uparrow$
  (염화나트륨) (과산화수소) (이산화염소)
- 알코올, 에테르, 물에는 잘 녹으며 조해성이 크다.
- 철제를 부식시키므로 철제용기 사용금지

【정답】 ③

44. 어떤 소화기에 "A_3, B_5, C 적용"라고 표시되어 있다. 여기에서 알 수 있는 것이 아닌 것은?

① 일반화재인 경우 이 소화기의 능력단위는 5단위이다.

② 유류화재에 적용할 수 있는 소화기이다.

③ 전기화재에 적용할 수 있는 소화기이다.

④ ABC소화기이다.

|문|제|풀|이|

[소화기 표시] A_3, B_5, C 적용

1. A_3 : A급화재(일반화재)는 능력단위 3단위
2. B_5 : B급화재(유류화재)는 능력단위 5단위
3. C급화재(전기화재)에 적용된다. → (능력단위가 없다.)

【정답】 ①

45. 제조소등의 위치 · 구조 또는 설비의 변경 없이 당해 제조소등에서 취급하는 위험물의 품명을 변경하고자 하는 자는 변경하고자 하는 날의 몇 일(개월) 전까지 신고하여야 하는가?

① 1일 ② 7일

③ 1개월 ④ 6개월

|문|제|풀|이|

[위험물시설의 설치 및 변경 등] 제조소등의 위치 · 구조 또는 설비의 변경 없이 당해 제조소등에서 저장하거나 취급하는 위험물의 **품명 · 수량 또는 지정수량의 배수를 변경**하고자 하는 자는 **변경하고자 하는 날의 1일 전까지** 행정안전부령이 정하는 바에 따라 시 · 도지사에게 신고하여야 한다.

【정답】 ①

46. 위험물의 유별 구분이 나머지 셋가 다른 하나는?

① 니트로글리콜 ② 벤젠

③ 아조벤젠 ④ 디니트로벤젠

|문|제|풀|이|

[위험물의 구분]

① 니트로글리콜 : 제5류 위험물(질산에스테르류)
② 벤젠 : 제4류 위험물(제1석유류)
③ 아조벤젠 : 제5류 위험물(아조화합물)
④ 디니트로벤젠 : 제5류 위험물(니트로화합물)

【정답】 ②

47. 벤젠의 위험성에 대한 설명으로 틀린 것은?

① 휘발성이 있다.

② 인화점이 0℃ 보다 낮다.

③ 증기는 유독하여 흡입하면 위험하다.

④ 이황화탄소보다 착화온도가 낮다.

|문|제|풀|이|

[벤젠(C_6H_6, 벤졸) : 제4류 위험물 중 제1석유류]

- 지정수량(비수용성) 200L, 인화점 -11℃, **착화점 562℃**, 비점 80℃, 비중 0.879, 연소범위 1.4~7.1vol%
- 무색 투명한 휘발성 액체
- 물에 잘 녹지 않고 알코올, 아세톤, 에테르에 잘 녹는다.
- 증기는 공기보다 무거워 낮은 곳에 체류하므로 주의한다.

→ (증기비중= $\frac{\text{기체의 분자량}}{\text{공기의 분자량}} = \frac{78}{29} = 2.69 > 1$)

- 소화방법으로 대량일 경우 포말소화기가 가장 좋고, 질식소화기(CO_2, 분말)도 좋다.

※이황화탄소(CS_2, 2유화탄소) → 제4류 위험물 중 특수인화물]

→ 인화점 -30℃, **착화점 100℃**, 비점 46.25℃, 비중 1.26 증기비중 2.62, 연소범위 1~44vol%

【정답】 ④

48. 탄화칼슘이 물과 반응했을 때 생성되는 것은?

① 산화칼슘+아세틸렌

② 수산화칼슘+아세틸렌

③ 산화칼슘+메탄

④ 수산화칼슘+메탄

|문|제|풀|이|

[탄화칼슘(CaC_2) → 제3류 위험물(칼슘 또는 알루미늄의 탄화물]

- 백색 입방체의 결정
- 물과 반응하여 수산화칼슘(소석회)과 아세틸렌가스를 발생한다.
- 물과 반응식 : $CaC_2 + 2H_2O \rightarrow Ca(OH)_2 \uparrow + C_2H_2 + 27.8kcal$

(탄화칼슘) (물) (수산화칼슘) (아세틸렌) (반응열)

- 밀폐용기에 저장하는 것이 가장 좋으며, 장기간 저장 시에는 불연성 가스(질소가스, 아르곤가스 등)를 충전한다.
- 소화방법에는 마른모래, 탄산가스, 소화분말, 사염화탄소 등으로 한다. → (주수소화는 금한다.)

【정답】 ②

49. 에테르(ether)의 일반식으로 옳은 것은?

① ROR ② RCHO

③ RCOR ④ RCOOH

|문|제|풀|이|

[디에틸에테르($C_4H_{10}O$, 에테르) → 제4류 위험물(특수인화물)]

일반식	구조식
R-O-R' (R 및 R'는 알칼리를 의미)	H—C(H)(H)—C(H)(H)—O—C(H)(H)—C(H)(H)—H

【정답】 ①

50. 무취의 결정이며 분자량이 약 122, 녹는점이 약 482℃ 이고 산화제, 폭약 등에 사용되는 위험물은?

① 염소산바륨 ② 과염소산나트륨

③ 아염소산나트륨 ④ 과산화바륨

|문|제|풀|이|

[과염소산나트륨($NaClO_3$) → 제1류 위험물(산화성고체), 분자량 122.4]

- 분해온도 400℃, **융점 482℃**, 용해도 170(20℃), 비중 2.50
- **무색무취**의 조해되기 쉬운 **결정**으로 물보다 무겁다.
- 물, 알코올, 아세톤에 잘 녹고, 에테르에 녹지 않는다.
- 열분해하면 산소를 방출, 진한 황산과 접촉 시 폭발
- 분해 반응식 : $NaClO_4 \rightarrow NaCl + 2O_2 \uparrow$

(과염소산나트륨) (염화나트륨) (산소)

- 소화방법으로는 주수소화가 가장 좋다.

【정답】 ②

51. 니트로화합물, 니트로소화합물, 질산에스테르류, 히드록실아민을 각각 50킬로그램씩 저장하고 있을 때 지정수량의 배수가 가장 큰 것은?

① 니트로화합물 ② 니트로소화합물

③ 질산에스테르류 ④ 히드록실아민

|문|제|풀|이|

[지정수량의 배수(계산값)]

$$\text{계산값(배수)} = \frac{A\text{품명의 저장수량}}{A\text{품명의 지정수량}} + \frac{B\text{품명의 저장수량}}{B\text{품명의 지정수량}} + \cdots\cdots$$

① 니트로화합물(지정수량 200)의 배수= $\frac{50}{200}$

② 니트로소화합물(지정수량 200)의 배수= $\frac{50}{200}$

③ 질산에스테르류(지정수량 10)의 배수= $\frac{50}{10}$

④ 히드록실아민(지정수량 100)의 배수= $\frac{50}{100}$

【정답】 ③

52. 다음 그림은 옥외저장탱크와 흙방유제를 나타낸 것이다. 탱크의 지름이 10m이고 높이가 15m라고 할 때 방유제는 탱크의 옆판으로부터 몇 m 이상의 거리를 유지하여야 하는가? (단, 인화점 200℃ 미만의 위험물을 저장한다.)

① 2

② 3

③ 4

④ 5

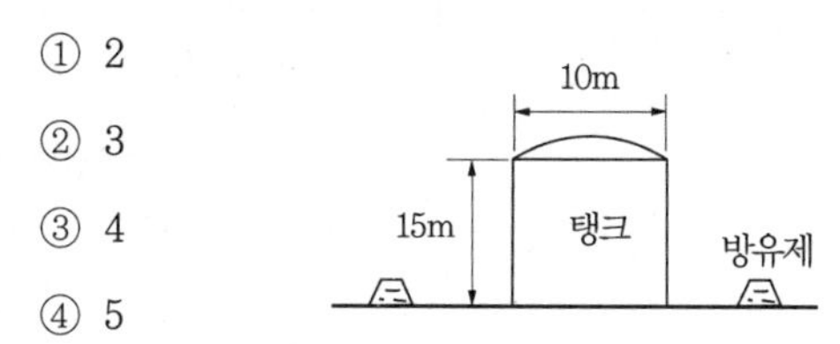

|문|제|풀|이|

[옥외저장탱크의 방유제] 방유제는 옥외저장탱크의 지름에 따라 그 탱크의 옆판으로부터 다음에 정하는 거리를 유지할 것. 다만, 인화점이 200℃ 이상인 위험물을 저장 또는 취급하는 것에 있어서는 그러하지 아니하다.

1. 지름이 15m 미만인 경우에는 탱크 높이의 3분의 1 이상
2. 지름이 15m 이상인 경우에는 탱크 높이의 2분의 1 이상

$\therefore$거리$= 15\text{m} \times \frac{1}{3} = 5\text{m}$

【정답】 ④

53. 적린과 황린의 공통적인 사항을 옳은 것은?

① 연소할 때는 오산화인의 흰 연기를 낸다.

② 냄새가 없는 적색 가루이다.

③ 물, 이황화탄소에 녹는다.

④ 맹독성이다.

|문|제|풀|이|

[황린과 적린의 비교]

구분	황린(P_4)	적린(P)
분류	제3류 위험물	제2류 위험물
외관	백색 또는 담황색의 자연발화성 고체	암적색 무취의 분말
안정성	불안정하다.	안정하다.
착화온도	34℃ → (pH 9 물속에 저장)	260℃ → (산화제 접촉 금지)
자연발화유무	자연 발화한다.	자연 발화하지 않는다.
화학적 활성	화학적 활성이 크다.	화학적 활성이 작다.
물 용해	불용해(×)	불용해(×)
연소반응식	$P_4 + 5O_2 \rightarrow 2P_2O_5$ (황린) (산소) (오산화인(백색))	$4P + 5O_2 \rightarrow 2P_2O_5$ (황린) (산소) (오산화인)

【정답】 ①

54. 금속칼륨의 보호액으로 가장 적합한 것은?

① 물　　② 아세트산

③ 등유　　④ 에틸알코올

|문|제|풀|이|

[칼륨(K) → 제3류 위험물(금수성)]

- 융점 63.5℃, 비점 762℃, 비중 0.857
- 은백색 광택의 무른 경금속으로 불꽃반응은 보라색
- 공기 중에서 수분과 반응하여 수소를 발생한다.
- 물과 반응식 : $2K + 2H_2O \rightarrow 2KOH + H_2 \uparrow + 92.8\text{kcal}$

　(칼륨) (물) (수산화칼륨) (수소) (반응열)

- 비중이 작으므로 석유(**파라핀, 경유, 등유**) 속에 저장한다.
- 흡습성, 조해성이 있다.
- 소화방법에는 마른모래 및 탄산수소염류 분말소화약제가 효과적
  → (주수소화와 사염화탄소(CCl_4)와는 폭발반응을 하므로 절대 금한다.)

【정답】 ③

55. 산화프로필렌에 대한 설명 중 틀린 것은?

① 연소범위는 가솔린보다 넓다.

② 물에는 잘 녹지만 알코올, 벤젠에는 녹지 않는다.

③ 비중은 1보다 작고, 증기비중은 1보다 크다.

④ 증기압이 높으므로 상온에서 위험한 농도까지 도달할 수 있다.

|문|제|풀|이|

[산화프로필렌(OCH_2CHCH_3) → 제4류 위험물(특수인화물)

- 인화점 -37℃, 착화점 465℃, 비점 34℃, 비중 0.83, 증기비중 2, 연소범위 2.5~38.5vol%
- 무색 투명한 액체 → (에테르향)
- **물, 알코올, 에테르, 벤젠에 잘 녹는다.**
- 증기 및 액체는 인체에 해롭다.
  → (증기 흡입 시 폐부종, 액체가 피부 접촉 시 동상 증상)
- 제4류 위험물 중 증기압이 가장 크고, 기화되기 쉽다.
  → (증기압 45[mmHg])
- 구리, 마그네슘, 은, 수은 또는 이의 합금으로 된 용기는 절대 사용을 금한다.
- 용기는 폭발 방지를 위하여 불연성 가스(N_2) 또는 수증기를 봉입시켜야 한다.
- 소화방법에는 CO_2, 분말, 할로겐화합물 소화기를 사용한다.
  → (포말은 소포되므로 사용하지 못한다.)
- 연소반응식 : $OCH_2CHCH_3 + 4O_2 \rightarrow 3CO_2 \uparrow + 3H_2O$

　(산화프로필렌) (산소) (이산화탄소) (물)

※휘발유의 연소범위 1.4~7.6vol%

【정답】 ②

56. 그림과 같은 타원형 위험물 탱크의 내용적을 구하는 식을 옳게 나타낸 것은?

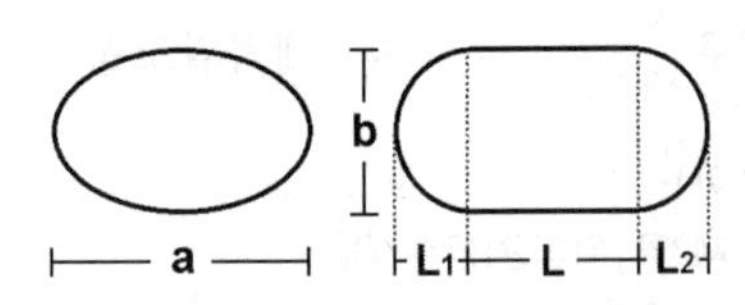

① $\frac{\pi ab}{4}(L+\frac{L_1+L_2}{3})$

② $\frac{\pi ab}{4}(L+\frac{L_1-L_2}{3})$

③ $\pi ab\,(L+\frac{L_1+L_2}{3})$

④ πabL^2

|문|제|풀|이|

[탱크의 내용적 계산방법]

1. 타원형 탱크의 내용적

가. 양쪽이 볼록한 것 → 내용적$=\frac{\pi ab}{4}\left(l+\frac{l_1+l_2}{3}\right)$

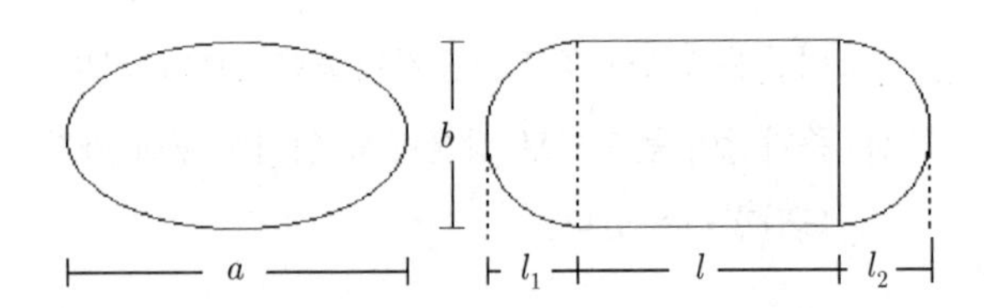

나. 한쪽은 볼록하고 다른 한쪽은 오목한 것

→ 내용적$=\frac{\pi ab}{4}\left(l+\frac{l_1-l_2}{3}\right)$

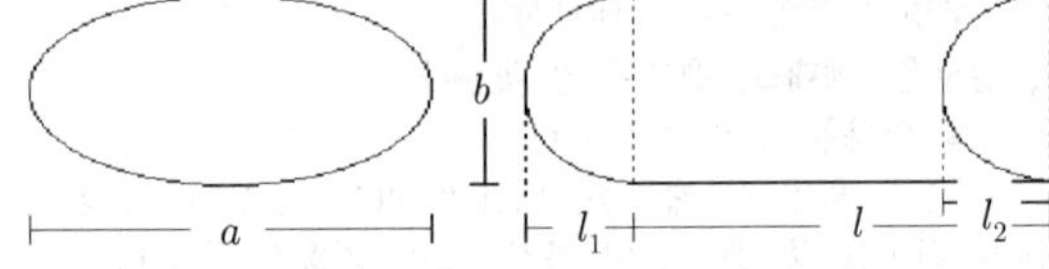

2. 원통형 탱크의 내용적

가. 횡으로 설치한 것 → 내용적$=\pi r^2\left(l+\frac{l_1+l_2}{3}\right)$

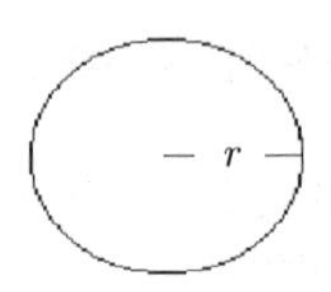

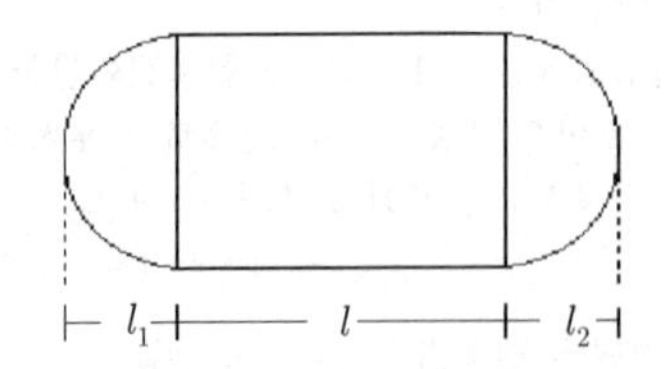

나. 종으로 설치한 것 → 내용적$=\pi r^2 l$

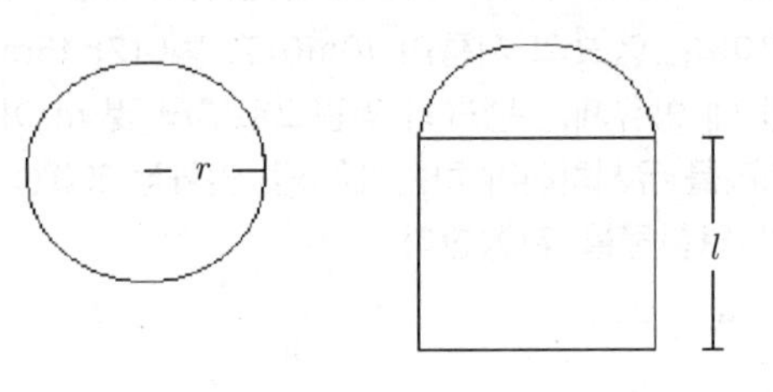

【정답】 ①

57. 다음 중 제5류 위험물이 아닌 것은?

① $Pb(N_3)_2$　　② CH_3ONO_2

③ N_2H_4　　④ NH_2OH

|문|제|풀|이|

[위험물의 분류]

① 질화납($Pb(N_3)_2$) : 제5류 위험물(금속의 아지드화합물)

② 질산메틸(CH_3ONO_2) : 제5류 위험물(질산에스테르류)

③ 히드라진(N_2H_4) : 제4류 위험물(제2석유류)

④ 히드록실아민(NH_2OH) : 제5류 위험물(히드록실아민)

【정답】 ③

58. 다음 중 제6류 위험물에 해당하는 것은?

① IF_5　　② H_2PO_4

③ H_2SO_4　　④ HCl

|문|제|풀|이|

[제6류 위험물(산화성 액체)]

유별	품명	지정수량
제6류 산화성 액체	1. 질산(HNO_3) 2. 과산화수소(H_2O_2) 3. 과염소산($HClO_4$) 4. 그 밖에 행정안전부령이 정하는 것 ① 할로겐간화합물(BrF_3, BrF_5, IF_5, ICl, IBr 등) 5. 1내지 4의 ①에 해당하는 어느 하나 이상을 함유한 것	300kg

※② 인산(H_2PO_4) : 비위험물

③ 황산(H_2SO_4) : 비위험물

④ 염산(HCl) : 비위험물

【정답】 ①

59. 글리세린은 제 몇 석유류에 해당하는가?

① 제1석유류　　② 제2석유류
③ 제3석유류　　④ 제4석유류

|문|제|풀|이|

[글리세린($C_6H_5(OH)_3$) → 제4류 위험물(제3석유류)]

- 지정수량(수용성) 4000L, 인화점 160℃, 착화점 393℃, 비점 290℃, 비중 1.26, 증기비중 3.17, 융점 17℃
- 무색무취의 흡습성이 강한 수용성 액체로 단맛이 있어 감유라고도 한다.
- 3가 알코올로 물보다 무겁다.
- 물, 알코올에 잘 녹는다.
- 인체에 독성이 없어 화장품, 세척제 등의 원료로 사용된다.
- 소화방법에는 질식소화기를 사용하며 포말 및 수분함유 물질의 소화는 시간이 지연되면 안 좋다.
- 연소반응식 : $2C_3H_5(OH)_3 + 7O_2 \rightarrow 6CO_2\uparrow + 8H_2O$
  (글리세린) (산소) (이산화탄소) (물)

【정답】 ③

60. 다음 중 지정수량이 다른 물질은?

① 황화린　　② 적린
③ 철분　　④ 유황

|문|제|풀|이|

[위험물의 지정수량]

① 황화린 : 제2류 위험물, 지정수량 100k
② 적린(P) : 제2류 위험물, 지정수량 100k
③ 철분(Fe) : 제2류 위험물, 지정수량 500k
④ 유황 : 제2류 위험물, 지정수량 100k

【정답】 ③

2018_3 위험물기능사 필기

01. 위험물안전관리법령상 운송책임자의 감독 · 지원을 받아 운송하여야 하는 위험물은?

① 칼륨, 나트륨

② 알킬알루미늄, 알킬리튬

③ 제1석유류, 제2석유류

④ 니트로글리세린, 트리니트로톨루엔

|문|제|풀|이|

[운송책임자의 감독 · 지원을 받아 운송하여야 하는 위험물 (제3류 위험물)]

1. 알킬알루미늄(R_3Al), 알킬리튬(RLi)
2. 알킬알루미늄(R_3Al) 함유 : 트리에틸알루미늄($(C_2H_5)_3Al$), 트리메틸알루미늄($(CH_3)_3Al$), 트리부틸알루미늄($(C_4H_9)_3Al$)

3 알킬리튬(RLi) 함유 : 메틸리튬(CH_3Li), 에틸리튬(C_2H_5Li), 부틸리튬(C_4H_9Li)

【정답】 ②

02. 위험물안전관리법령상 제2류 위험물 중 지정수량이 500kg인 물질에 의한 화재는?

① A급 화재 ② B급 화재

③ C급 화재 ④ D급 화재

|문|제|풀|이|

[화재의 분류]

급수	종류	색상	소화방법	가연물
A급	일반화재	백색	냉각소화	일반가연물(목재, 종이, 섬유, 석탄, 플라스틱 등)
B급	유류 가스 화재	황색	질식소화	가연성 액체(각종 유류 및 가스, 페인트)
C급	전기화재	청색	질식소화	전기기기, 기계, 전선 등
D급	금속화재	무색	피복에 의한 질식소화	가연성 금속(철분, 마그네슘, 나트륨, 금속분, Al분말 등)

※제2류 위험물(가연성 고체)에서 지정수량 500kg인 물질 : 마그네슘, 철분, 금속분(알루미늄분, 아연분, 안티몬)

【정답】 ④

03. 다음 위험물 중 화재가 발생하였을 때 물을 사용할 수 없는 것은?

① 황(S) ② 황린

③ 적린(P) ④ 알루미늄 분말(Al)

|문|제|풀|이|

[위험물의 분류]

① 유황(황(S)) → 제2류 위험물(주수소화가 효과적)

② 황린(P_4) → 제3류 위험물(마른모래, 주수소화가 효과적)

③ 적린(P) → 제2류 위험물(금속분)(주수소화가 효과적)

④ 알루미늄 분말(Al) →제2류 위험물(금속분)

소화방법으로는 마른모래, 멍석 등으로 **피복소화가 효과적**

→ (주수소화는 수소가스를 발생하므로 위험하다.)

수증기와의 반응식 : $2Al+6H_2O \rightarrow 2Al(OH)_3 + 3H_2\uparrow$

(알루미늄) (물) (수산화알루미늄) (수소)

【정답】 ④

04. 위험물을 취급함에 있어서 정전기를 유효하게 제거하기 위한 설비를 설치하고자 한다. 위험물안전관리법령상 공기 중의 상대습도를 몇 % 이상 되게 하여야 하는가?

① 50 ② 60

③ 70 ④ 80

|문|제|풀|이|

[위험물 제조소의 정전기 제거설비]

1. 접지에 의한 방법
2. 공기 중의 상대습도를 **70% 이상**으로 하는 방법
3. 공기를 이온화하는 방법
4. 위험물 이송 시 유속 1m/s 이하로 할 것

【정답】 ③

05. 위험물안전관리법령에서 정하는 용어의 정의로 옳지 않은 것은?

① "위험물"이라 함은 인화성 또는 발화성 등의 성질을 가지는 것으로서 대통령령이 정하는 물품을 말한다.

② "제조소"라 함은 위험물을 제조할 목적으로 지정수량 이상의 위험물을 취급하기 위하여 규정에 따른 허가를 받은 장소를 말한다.

③ "저장소"라 함은 지정수량 이상의 위험물을 저장하기 위한 대통령령이 정하는 장소로서 규정에 따른 허가를 받은 장소를 말한다.

④ "취급소"라 함은 지정수량 이상의 위험물을 제조 외의 목적으로 취급하기 위한 관할 지자체장이 정하는 장소로서 허가를 받은 장소를 말한다.

|문|제|풀|이|

[취급소] 지정수량 이상의 위험물을 제조 외의 목적으로 취급하기 위한 **대통령령이 정하는** 장소로서 허가를 받은 장소를 말한다.

【정답】 ④

06. 위험물안전관리법령에서 정한 제조소 등의 자동화재탐지설비에 대한 기준으로 틀린 것은? (단, 원칙적인 경우에 한한다.)

① 경계구역은 건축물 그 밖의 공작물의 2 이상의 층에 걸치지 아니하도록 할 것

② 하나의 경계구역의 면적은 $600m^2$ 이하로 할 것

③ 하나의 경계구역의 한 변 길이는 30m 이하로 할 것

④ 자동화재탐지설비에는 비상전원을 설치할 것

|문|제|풀|이|

[자동화재탐지설비의 설치기준]

1. 자동화재탐지설비의 경계구역은 건축물 그 밖의 공작물의 2 이상의 층에 걸치지 아니하도록 할 것.
2. 하나의 경계구역의 면적은 $600m^2$ 이하로 하고 그 **한 변의 길이는 50m**(광전식분리형 감지기를 설치할 경우에는 100m)이하로 할 것
3. 자동화재탐지설비에는 비상전원을 설치할 것

【정답】 ③

07. 제3종 분말소화약제의 열분해 반응식을 옳게 나타낸 것은?

① $NH_4H_2PO_4 \rightarrow HPO_3 + NH_3 + H_2O$

② $2KNO_3 \rightarrow 2KNO_2 + O_2$

③ $KClO_4 \rightarrow KCl + 2O_2$

④ $2CaHCO_3 \rightarrow 2CaO + H_2CO_3$

|문|제|풀|이|

[분말소화약제의 종류 및 특성]

종류	주성분	착색	적용 화재
제1종 분말	탄산수소나트륨을 주성분으로 한 것, ($NaHCO_3$)	백색	B, C급
	분해반응식: $2NaHCO_3 \rightarrow Na_2CO_3 + H_2O + CO_2$ (탄산수소나트륨) (탄산나트륨) (물) (이산화탄소)		
제2종 분말	탄산수소칼륨을 주성분으로 한 것, ($KHCO_3$)	담회색 (보라색)	B, C급
	분해반응식: $2KHCO_3 \rightarrow K_2CO_3 + H_2O + CO_2$ (탄산수소칼륨) (탄산칼륨) (물) (이산화탄소)		
제3종 분말	인산암모늄을 주성분으로 한 것, ($NH_4H_2PO_4$)	담홍색, 황색	A, B, C급
	분해반응식: $NH_4H_2PO_4 \rightarrow HPO_3 + NH_3 + H_2O$ (인산암모늄) (메타인산) (암모니아)(물)		
제4종 분말	제2종과 요소를 혼합한 것, $KHCO_3 + (NH_2)_2CO$	회색	B, C급
	분해반응식: $2KHCO_3 + (NH_2)_2CO \rightarrow K_2CO_3 + 2NH_3 + 2CO_2$ (탄산수소칼륨) (요소) (탄산칼륨)(암모니아)(이산화탄소)		

【정답】 ①

08. 할론 1301의 증기비중은? (단, 불소의 원자량은 19, 브롬의 원자량은 80, 염소의 원자량은 35.5이고 공기의 분자량은 29이다.)

① 2.14 ② 4.15

③ 5.14 ④ 6.15

|문|제|풀|이|

[증기비중] 증기비중$=\dfrac{\text{기체의 분자량}}{\text{공기의 분자량}}=\dfrac{\text{기체의 분자량}}{29}$

할론 1301(CF_3Br) → 분자량=12+19×3+80=149

∴증기비중$=\dfrac{149}{29}=5.14$

【정답】 ③

09. 제조소등의 허가청이 제조소등의 관계인에게 제조소등의 사용정지처분 또는 허가취소처분을 할 수 있는 사유가 아닌 것은?

① 소방서장으로부터 변경허가를 받지 아니하고 제조소등의 위치구조 또는 설비를 변경한 때

② 소방서장의 수리 개조 또는 이전의 명령을 위반한 때

③ 정기점검을 하지 아니한 때

④ 소방서장의 출입검사를 정당한 사유 없이 거부한 때

|문|제|풀|이|

[제조소 등 설치허가의 취소와 사용정지 등 → (위험물안전관리법 제12조)]

1. 변경허가를 받지 아니하고 제조소 등의 위치 · 구조 또는 설비를 변경한 때
2. 완공검사를 받지 아니하고 제조소 등을 사용한 때
3. 수리 · 개조 또는 이전의 명령을 위반한 때
4. 위험물안전관리자를 선임하지 아니한 때
5. 대리자를 지정하지 아니한 때
6. 정기점검을 하지 아니한 때
7. 따른 정기검사를 받지 아니한 때
8. 저장 · 취급기준 준수명령을 위반한 때

【정답】 ④

10. 옥내저장소에서 지정수량의 몇 배 이상을 저장 또는 취급할 때 자동화재탐지설비를 설치하여야 하는가? (단, 원칙적인 경우에 한한다.)

① 지정수량의 10배 이상을 저장 또는 취급할 때

② 지정수량의 50배 이상을 저장 또는 취급할 때

③ 지정수량의 100배 이상을 저장 또는 취급할 때

④ 지정수량의 150배 이상을 저장 또는 취급할 때

|문|제|풀|이|

[제조소 등별로 설치하여야 하는 경보설비 → (옥내저장소)]

제조소등의 규모, 저장 또는 취급하는 위험물의 종류 및 최대수량 등	경보설비
· **지정수량의 100배 이상을 저장 또는 취급하는 것**(고인화점위험물만을 저장 또는 취급하는 것은 제외한다) · 저장창고의 연면적이 $150m^2$를 초과하는 것 · 처마 높이가 6m 이상인 단층 건물의 것	**자동화재탐지설비**

【정답】 ③

11. 위험물안전관리법령에서 정한 이산화탄소 소화약제의 저장용기 설치기준으로 옳은 것은?

① 저압식 저장용기의 충전비 : 1.0 이상 1.3 이하

② 고압식 저장용기의 충전비 : 1.3 이상 1.7 이하

③ 저압식 저장용기의 충전비 : 1.1 이상 1.4 이하

④ 고압식 저장용기의 충전비 : 1.7 이상 2.1 이하

|문|제|풀|이|

[이산화탄소 소화약제 저장용기의 충전비]

1. 고압식 : 1.5 이상 1.9이하
2. 저압식 : 1.1 이상 1.4 이하

【정답】 ③

12. A, B, C급에 모두 적응할 수 있는 분말소화약제는?

① 제1종 분말　② 제2종 분말

③ 제3종 분말　④ 제4종 분말

|문|제|풀|이|

[분말소화약제의 종류 및 특성]

종류	주성분	착색	적용 화재
제1종 분말	탄산수소나트륨을 주성분으로 한 것, ($NaHCO_3$)	백색	B, C급
	분해반응식: $2NaHCO_3 \rightarrow Na_2CO_3 + H_2O + CO_2$ (탄산수소나트륨) (탄산나트륨) (물) (이산화탄소)		
제2종 분말	탄산수소칼륨을 주성분으로 한 것, ($KHCO_3$)	담회색 (보라색)	B, C급
	분해반응식: $2KHCO_3 \rightarrow K_2CO_3 + H_2O + CO_2$ (탄산수소칼륨) (탄산칼륨) (물) (이산화탄소)		
제3종 분말	인산암모늄을 주성분으로 한 것, ($NH_4H_2PO_4$)	담홍색, 황색	A, B, C급
	분해반응식: $NH_4H_2PO_4 \rightarrow HPO_3 + NH_3 + H_2O$ (인산암모늄) (메타인산) (암모니아)(물)		
제4종 분말	제2종과 요소를 혼합한 것, $KHCO_3 + (NH_2)_2CO$	회색	B, C급
	분해반응식: $2KHCO_3 + (NH_2)_2CO \rightarrow K_2CO_3 + 2NH_3 + 2CO_2$ (탄산수소칼륨) (요소) (탄산칼륨)(암모니아)(이산화탄소)		

【정답】 ③

13. 옥외탱크저장소에 보유공지를 두는 목적과 가장 거리가 먼 것은?

① 위험물시설의 화염이 인근의 시설이나 건축물 등으로의 연소 확대 방지를 위한 완충 공간 기능을 하기 위함

② 위험물시설의 주변에 장애물이 없도록 공간을 확보함으로 소화활동이 쉽도록 하기 위함

③ 위험물시설의 주변에 있는 시설과 50m 이상을 이격하여 폭발 발생 시 피해를 방지하기 위함

④ 위험물시설의 주변에 장애물이 없도록 공간을 확보함으로써 피난자가 피난이 쉽도록 하기 위함

| 문 | 제 | 풀 | 이 |

[보유공지]

1. 의미 : 위험물제조소의 주변에 확보해야 하는 절대공간을 말한다. 절대공간이란 어떤 물건 등도 놓여 있어서는 안 되는 공간이라는 의미이다.
2. 목적
   ㉮ 연소 확대 방지를 위한 완충 공간 기능
   ㉯ 화재, 폭발 시 소방 활동을 원활하게 하기 위한 공간
   ㉰ 재해 시 피난을 용이하게 하기 위한 공간

※옥외탱크저장소에 보유공지

저장 또는 취급하는 위험물의 최대수량	공지의 너비
지정수량의 500배 이하	3m 이상
지정수량의 500배 초과 1,000배 이하	5m 이상
지정수량의 1,000배 초과 2,000배 이하	9m 이상
지정수량의 2,000배 초과 3,000배 이하	12m 이상
지정수량의 3,000배 초과 4,000배 이하	15m 이상
지정수량의 4,000배 초과	당해 탱크의 수평단면의 최대지름(가로형인 경우에는 긴 변)과 높이 중 큰 것과 같은 거리 이상. 다만, 30m 초과의 경우에는 30m 이상으로 할 수 있고, 15m 미만의 경우에는 15m 이상으로 하여야 한다.

【정답】 ③

14. 톨루엔의 화재 시 가장 적합한 소화방법은?

① 산, 알칼리 소화기에 의한 소화

② 포에 의한 소화

③ 다량의 강화액에 의한 소화

④ 다량의 주수에 의한 냉각소화

| 문 | 제 | 풀 | 이 |

[톨루엔($C_6H_5CH_3$) → 제4류 위험물(제1석유류)]

1. 지정수량(비수용성) 200L, 인화점 4℃, 착화점 552℃, 비점 110.6℃, 비중 0.871, 연소범위 1.4~6.7vol%
2. 무색 투명한 휘발성 액체
3. 물에 잘 녹지 않는다.
4. 증기는 공기보다 무거워 낮은 곳에 체류하므로 주의한다.
5. 벤젠보다 독성이 약하다. → (벤젠의 $\frac{1}{10}$)
6. 소화방법으로 소화분말, **포에 의한 질식소화가 효과적**이다.

【정답】 ②

15. 지정과산화물을 저장하는 옥내저장소의 저장창고를 일정면적마다 구획하는 격벽의 설치기준에 해당하지 않는 것은?

① 저장창고 상부의 지붕으로부터 50cm 이상 돌출하게 하여야 한다.

② 저장창고 양측의 외벽으로부터 1m 이상 돌출하게 하여야 한다.

③ 철근콘크리트조의 경우 두께가 30cm 이상 이어야 한다.

④ 바닥면적 $250m^2$ 이내 마다 완전하게 구획하여야 한다.

| 문 | 제 | 풀 | 이 |

[위험물의 성질에 따른 옥내저장소의 특례(지정과산화물)]

지정과산화물의 담 또는 토제는 저장창고의 외벽으로부터 2m 이상 떨어진 장소에 설치할 것. 다만, 담 또는 토제와 당해 저장창고와의 간격은 당해 옥내저장소의 공지의 너비의 5분의 1을 초과할 수 없다.

1. 저장창고는 **$150m^2$ 이내 마다 격벽으로 완전하게 구획할 것**. 이 경우 당해 격벽은 두께 30㎝ 이상의 철근콘크리트조 또는 철골철근콘크리트조로 하거나 두께 40㎝ 이상의 보강콘크리트블록조로 하고, 당해 저장창고의 양측의 외벽으로부터 1m 이상, 상부의 지붕으로부터 50㎝ 이상 돌출하게 하여야 한다.
2. 저장창고의 외벽은 두께 20㎝ 이상의 철근콘크리트조나 철골철근콘크리트조 또는 두께 30㎝ 이상의 보강콘크리트블록조로 하고, 당해 저장창고의 양측의 외벽으로부터 1m 이상, 상부의 지붕으로부터 50cm 이상 돌출하게 하여야 한다.
3. 저장창고의 출입구에는 갑종방화문을 설치할 것
4. 저장창고의 창은 바닥면으로부터 2m 이상의 높이에 두되, 하나의 벽면에 두는 창의 면적의 합계를 당해 벽면의 면적의 80분의 1 이내로 하고, 하나의 창의 면적을 $0.4m^2$ 이내로 할 것

【정답】 ④

16. 탄화알루미늄을 저장하는 저장고에 스프링클러소화 설비를 하면 되지 않는 이유는?

① 물과 반응 시 메탄가스를 발생하기 때문에

② 물과 반응 시 수소가스를 발생하기 때문에

③ 물과 반응 시 에탄가스를 발생하기 때문에

④ 물과 반응 시 프로판가스를 발생하기 때문에

|문|제|풀|이|

[탄화알루미늄(Al_4C_3)] → 제3류 위험물(칼슘, 알루미늄의 탄화물)

- 분해온도 1400℃, 비중 2.36
- 무색 또는 황색의 단단한 결정
- 물과 반응하여 수산화알루미늄과 메탄(3몰)가스를 발생한다.
- 물과 반응식 : $Al_4C_3 + 12H_2O \rightarrow 4Al(OH)_3 + 3CH_4\uparrow + 360kcal$
  (탄화알루미늄) (물) (수산화알루미늄) (메탄) (반응열)
- 소화방법에는 마른모래 등으로 피복소화 한다.
  → (물 및 포약제의 소화는 금한다.)

【정답】 ①

17. 정전기의 발생요인에 대한 설명으로 틀린 것은?

① 접촉 면적이 클수록 정전기의 발생량은 많아진다.

② 분리속도가 빠를수록 정전기의 발생량은 많아진다.

③ 대전서열에서 먼 위치에 있을수록 정전기의 발생량은 많아진다.

④ 접촉과 분리가 반복됨에 따라 정전기의 발생량은 증가한다.

|문|제|풀|이|

[정전기 발생원인] 접촉과 분리가 반복됨에 따라 정전기의 발생량은 **감소**한다.

【정답】 ④

18. 화재의 제거소화의 적용이 잘못 된 것은?

① 가스 화재 시 가스 공급을 차단하기 위해 밸브를 닫아 소화시킨다.

② 유전 화재 시 폭약을 사용하여 폭풍에 의하여 가연성 증기를 날려 보내 소화시킨다.

③ 연소하는 가연물을 밀폐시켜 공기 공급을 차단하여 소화한다.

④ 촛불 소화 시 입으로 바람을 불어서 소화시킨다.

|문|제|풀|이|

[소화 방법(제거소화)] 가연물을 연소구역에서 제거해 주는 소화 방법

1. 소멸 : 불붙은 원유를 질소폭약 투하하여 화염을 소멸시키는 방법
2. 격리
   - 가스화재 시 가스용기의 중간 밸브 폐쇄
   - 산불화재 시 화재 진행방향의 나무 제거
   - 촛불화재 시 입김으로 가연성 증기를 날려 보냄
3. 희석 : 다량의 이산화탄소를 분사하여 가연물을 연소범위 이하로 낮추는 방법

※③ 연소하는 가연물을 밀폐시켜 공기 공급을 차단하여 소화한다.
→ (질식소화)

【정답】 ③

19. 디에틸에테르의 안전관리에 관한 설명 중 틀린 것은?

① 증기는 마취성이 있으므로 증기 흡입에 주의하여야 한다.

② 폭발성의 과산화물 생성을 요오드화칼륨 수용액으로 확인하다.

③ 물에 잘 녹으므로 대규모 화재 시 집중 주수하여 소화한다.

④ 정전기 불꽃에 의한 발화에 주의하여야 한다.

|문|제|풀|이|

[디에틸에테르($C_2H_5OC_2H_5$, 에틸에테르/에테르) → 제4류 위험물, 특수인화물]

- 인화점 -45℃, 착화점 180℃, 비점 34.6℃, 비중 0.72(15℃), 연소범위 1.9~48vol%
- 무색투명한 휘발성이 강한 액체, 증기는 마취성이 있다.
- 인화성이 강하고 **물에 잘 녹지 않으며**, 알코올에는 잘 녹는다.
- 전기의 부도체로서 정전기를 발생한다.
- 소화방법에는 이산화탄소에 의한 질식소화가 가장 효과적이다.
  → (주수소화 시 연소면이 확대되어 위험하다)
- 연소 반응식 : $C_2H_5OC_2H_5 + 6O_2 \rightarrow 4CO_2\uparrow + 5H_2O\uparrow$
  (디에틸에테르) (산소) (이산화탄소) (물)

【정답】 ③

20. 제3류 위험물인 황린의 지정수량은?

① 10kg ② 20kg

③ 50kg ④ 100kg

|문|제|풀|이|

[황린(P_4) → 제3류 위험물(자연발화성 물질), 지정수량 20kg
- 착화점(미분상) 34℃, 착화점(고형상) 60℃, 융점 44℃, 비점 280℃, 비중 1.82
- 환원력이 강한 백색 또는 담황색 고체로 백린이라고도 한다.
- 어두운 곳에서 인광을 발한다.
- 마늘 냄새가 나는 맹독성 물질이다. 【정답】 ②

21. 소화효과를 증대시키기 위하여 분말소화약제와 병용하여 사용할 수 있는 것은?

① 단백포 ② 알코올형포

③ 합성계면활성제포 ④ 수성막포

|문|제|풀|이|

[소화효과 증대] 수성막포와 분말소화약제를 병용하면 소화효과를 증대시킬 수 있다. 【정답】 ④

22. 제6류 위험물을 수납한 용기에 표시하여야 하는 주의사항은?

① 가연물접촉주의 ② 화기엄금

③ 화기 · 충격주의 ④ 물기엄금

|문|제|풀|이|

[운반용기의 수납하는 위험물에 따라 다음의 규정에 의한 주의사항]

위험물의 종류		주의사항
제1류 위험물	알칼리금속의 과산화물 또는 이를 함유한 것	화기·충격주의 물기엄금 및 가연물접촉주의
	그 밖의 것	화기·충격주의 및 가연물접촉주의
제2류 위험물	철분, 금속분, 마그네슘 또는 이들 중 어느 하나 이상을 함유한 것	화기주의
	인화성 고체	화기엄금
	그 밖의 것	화기주의
제3류 위험물	자연발화성 물질	화기엄금 및 공기접촉엄금
	금수성 물질	물기엄금
제4류 위험물		화기엄금
제5류 위험물		화기엄금 및 충격주의
제6류 위험물		**가연물접촉주의**

【정답】 ①

23. 경유 옥외탱크저장소에서 10000리터 탱크 1기가 설치된 곳의 방유제 용량은 얼마 이상이 되어야 하는가?

① 5000리터 ② 10000리터

③ 11000리터 ④ 20000리터

|문|제|풀|이|

[방유제(인화성액체위험물(경유))]
1. 방유제안에 설치된 탱크가 하나인 때 : 그 탱크 용량의 110% 이상
2. 2기 이상인 때 : 그 탱크 중 용량이 최대인 것의 용량의 110% 이상

∴방유제 용량$=100,000\times1.1=110,000L$ 【정답】 ③

24. 질산과 과염소산의 공통 성질에 대한 설명 중 틀린 것은?

① 산소를 포함한다. ② 산화제이다.

③ 물보다 무겁다. ④ 쉽게 연소한다.

|문|제|풀|이|

[제6류 위험물 → 산화성 액체]

1. 질산(HNO_3)
   - 융점 -42℃, 비점 86℃, 비중 1.49, 증기비중 2.17, 용해열 7.8kcal/mol
   - 무색의 무거운 **불연성 액체** →(보관 중 담황색으로 변한다.)
   - 흡습성이 강하여 습한 공기 중에서 발열한다.
   - 자극성, 부식성이 강한 강산이다.
   - 소량 화재 시 다량의 물로 희석 소화한다.
2. 과염소산($HClO_4$)
   - 융점 -112℃, 비점 39℃, 비중 1.76, 증기비중 3.46, 불연성
   - 무색의 염소 냄새가 나는 **불연성 액체**로 공기 중에서 강하게 연기를 낸다.
   - 흡습성이 강하며 휘발성이 있고 독성이 강하다.
   - 수용성으로 물과 접촉 시 심한 열이 발생하며 과염소산의 고체 수화물(6종류)을 만든다.
   - 강산으로 산화력이 강하고 종이, 나무조각 등 유기물과 접촉하면 연소와 동시 폭발한다. 【정답】 ④

25. 위험물은 지정수량의 몇 배를 1소요 단위로 하는가?

① 1 ② 10

③ 50 ④ 100

|문|제|풀|이|

[1소요단위] 소화설비의 설치대상이 되는 건축물 그 밖의 공작물의 규모 또는 위험물의 양의 기준단위

종류	내화구조	비내화구조
위험물 제조소 및 취급소	$100m^2$	$50m^2$
위험물 저장소	$150m^2$	$75m^2$
위험물	**지정수량×10**	

【정답】 ②

26. 낮은 온도에서도 잘 얼지 않는 다이너마이트를 제조하기 위해 니트로글리세린의 일부를 대체하여 첨가하는 물질은?

① 니트로셀룰로오스 ② 니트로글리콜

③ 트리니트로톨루엔 ④ 디니트로벤젠

|문|제|풀|이|

[니트로글리콜[$C_2H_4(ONO_2)_2$]→제5류 위험물(질산에스테르류)]
- 융점 -22℃, 비점 75℃, 비중 1.49, 증기비중 7.84, 발화점 217℃
- 순수한 것은 무색의 액체, 공업용은 담황색 또는 분홍색의 액체
- 독성이 매우 강하다.
- 비수용성이며 메탄올, 에테르에 잘 녹는다.
- 니트로글리세린과 혼합하여 다이너마이트의 원료로 상용된다.
  →(**잘 얼지 않는 다이너마이트를 제조**하기 위해)
- 알코올, 아세톤, 벤젠에 잘 녹는다.
- 소화방법으로는 주수소화가 효과적이다. 【정답】 ②

27. 위험물에 대한 설명으로 옳은 것은?

① 칼륨은 수은과 격렬하게 반응하며 가열하면 청색의 불꽃을 내며 연소하고 열과 전기의 부도체이다.

② 나트륨은 액체 암모니아와 반응하여 수소를 발생하고 공기 중 연소 시 황색 불꽃을 발생한다.

③ 칼슘은 보호액인 물속에 저장하고 알코올과 반응하여 수소를 발생한다.

④ 리튬은 고온의 물과 격렬하게 반응해서 산소를 발생한다.

|문|제|풀|이|

[위험물의 특징]

① 칼륨(K)
- 은백색 광택의 무른 경금속으로 불꽃반응은 보라색
- 공기 중에서 수분과 반응하여 수소를 발생한다.

③ 칼슘(Ca)
- 물, 산, 알코올과 반응하여 수소를 발생한다.
- 물이 닿지 않도록 건조한 냉소에 저장한다.
- 물과 반응식 : $Ca + 2H_2O \rightarrow Ca(OH)_2 + H_2 \uparrow + 102kcal$
  (칼슘) (물) (수산화칼슘) (수소) (반응열)

④ 리튬(Li)
물과 반응식 : $2Li + 2H_2O \rightarrow 2LiOH + H_2 \uparrow + 105.4kcal$
(리튬) (물) (수산화리튬) (수소) (반응열)

【정답】 ②

28. 황린에 대한 설명으로 틀린 것은?

① 환원력이 강하다.

② 담황색 또는 백색의 고체이다.

③ 벤젠에는 불용이나 물에 잘 녹는다.

④ 마늘 냄새와 같은 자극적인 냄새가 난다.

|문|제|풀|이|

[황린(P_4) → 제3류 위험물(자연발화성 물질)]
- 착화점(미분상) 34℃, 착화점(고형상) 60℃, 융점 44℃, 비점 280℃, 비중 1.82
- 환원력이 강한 백색 또는 담황색 고체로 백린이라고도 한다.
- 어두운 곳에서 인광을 발한다.
- 마늘 냄새가 나는 맹독성 물질이다.
  → (대인 치사량 0.02~0.05g)
- 피부와 접촉하면 화상을 입는다.
- **물에 녹지 않으며**, 자연 발화성이므로 반드시 물속에 저장한다.
- 벤젠, 알코올에 적게 녹고, 이황화탄소, 염화황, 염화화인에 잘 녹는다.
- 공기를 차단하고 약 260℃ 정도로 가열하면 적린(제2류 위험물)이 된다.
- 소화방법에는 마른모래, 주수소화가 효과적이다.
  → (소화 시 유독가스(오산화인(P_2O_5))에 대비하여 보호장구 및 공기호흡기를 착용한다.

【정답】 ③

29. 제2류 위험물의 위험성에 대한 설명 중 틀린 것은?

① 삼황화린은 약 100℃에서 발화한다.

② 적린은 공기 중에 방치하면 상온에서 자연발화한다.

③ 마그네슘은 과열수증기와 접촉하면 격렬하게 반응하여 수소를 발생한다.

④ 은(Ag)분은 고농도의 과산화수소와 접촉하면 폭발 위험이 있다.

|문|제|풀|이|

[적린(P) : 제2류 위험물 (가연성 고체)]
- **착화점 260℃**, 융점 600℃, 비점 514℃, 비중 2.2
- 암적색 무취의 분말
- 황린의 동소체, 황린에 비해 안정하며 독성이 없다.
- 산화제인 염소산염류와의 혼합을 절대 금한다.
  → (강산화제(제1류 위험물)와 혼합하면 충격, 마찰에 의해 발화할 수 있다.)
- 물, 알칼리, 이황화탄소, 에테르, 암모니아에 녹지 않는다.
- 소화방법으로는 다량의 주수소화가 효과적이다.
- 연소 생성물은 흰색의 오산화인(P_2O_5)이다.
  → 연소 반응식 : $4P + 5O_2 \rightarrow 2P_2O_5$
  (적린) (산소) (오산화인)

【정답】 ②

30. 옥내저장소에서 위험물을 유별로 정리하고 서로 1m 이상의 간격을 두는 경우 유별을 달리하는 위험물을 동일한 저장소에 저장할 수 있는 것은?

① 과산화나트륨과 벤조일퍼옥사이드

② 과염소산나트륨과 질산

③ 황린과 트리에틸알루미늄

④ 유황과 아세톤

|문|제|풀|이|

[유별을 달리하는 위험물의 저장 기준] 유별을 달리하는 위험물은 동일한 저장소에 저장하지 아니하여야 한다. 다만, 옥내저장소 또는 옥외저장소에 있어서 다음의 각목의 규정에 의한 위험물을 저장하는 경우로서 위험물을 유별로 정리하고 서로 1m 이상의 간격을 두는 경우에는 그러하지 아니하다.

1. 제1류 위험물(알칼리금속의 과산화물 또는 이를 함유한 것을 제외한다)과 제5류 위험물을 저장하는 경우
2. **제1류 위험물**과 **제6류 위험물**을 저장하는 경우
3. 제1류 위험물과 제3류 위험물 중 자연발화성물질(황린 또는 이를 함유한 것에 한한다)을 저장하는 경우
4. 제2류 위험물 중 인화성고체와 제4류 위험물을 저장하는 경우
5. 제3류 위험물 중 알킬알루미늄등과 제4류 위험물(알킬알루미늄 또는 알킬리튬을 함유한 것에 한한다)을 저장하는 경우
6. 제4류 위험물 중 유기과산화물 또는 이를 함유하는 것과 제5류 위험물 중 유기과산화물 또는 이를 함유한 것을 저장하는 경우

※① 과산화나트륨(1류 위험물, 무기과산화물)과 벤조일퍼옥사이드(5류 위험물, 유기과산화물)
② 과염소산나트륨(1류 위험물)과 질산(6류 위험물)
③ 황린(3류 위험물)과 트리에틸알루미늄(제3류 위험물, 알킬알루미늄))
④ 유황(2류 위험물)과 아세톤(4류 위험물)

【정답】 ②

31. 이산화탄소소화설비의 기준에서 저장용기 설치 기준에 관한 내용으로 틀린 것은?

① 방호구역 외의 장소에 설치할 것

② 온도가 50℃ 이하이고 온도 변화가 적은 장소에 설치할 것

③ 직사일광 및 빗물이 침투할 우려가 적은 장소에 설치할 것

④ 저장용기에는 안전장치를 설치할 것

|문|제|풀|이|

[이산화탄소소화설비의 기준]

② 온도가 **40℃ 이하**이고 온도 변화가 적은 장소에 설치할 것

【정답】 ①

31. 벤젠, 톨루엔의 공통된 성상이 아닌 것은?

① 비수용성의 무색 액체이다.

② 인화점은 0℃ 이하이다.

③ 액체의 비중은 1보다 작다.

④ 증기의 비중은 1보다 크다.

|문|제|풀|이|

[위험물의 성상 비교]

종류	성상	인화점	착화점	비중	증기 비중	소화방법
벤젠	무색 액체 비수용성	**-11℃**	562℃	0.879	2.69	포말소화기 질식소화기
톨루엔	무색 액체 비수용성	**4℃**	552℃	0.871	3.17	포말소화기 질식소화기

【정답】 ②

33. 위험물의 운반에 관한 기준에서 다음 위험물 중 혼재 가능한 것끼리 연결된 것은? (단, 지정수량의 10배 이다.)

① 제1류 - 제6류　　② 제2류 - 제3류

③ 제3류 - 제5류　　④ 제5류 - 제1류

|문|제|풀|이|

[유별을 달리하는 위험물의 혼재기준]

위험물의 구분	제1류	제2류	제3류	제4류	제5류	제6류
제1류		X	X	X	X	O
제2류	X		X	O	O	X
제3류	X	X		O	X	X
제4류	X	O	O		O	X
제5류	X	O	X	O		X
제6류	O	X	X	X	X	

【비고】 1. 'X'표시는 혼재할 수 없음을 표시한다.
2. 'O'표시는 혼재할 수 있음을 표시한다.
3. 이 표는 지정수량의 $\frac{1}{10}$ 이하의 위험물에 대하여는 적용하지 아니한다.

【정답】 ①

34. 서로 접촉하였을 때 발화하기 쉬운 물질을 연결한 것은?

① 무수크롬산과 아세트산

② 금속나트륨과 석유

③ 니트로셀룰로오스와 알코올

④ 과산화수소와 물

|문|제|풀|이|

[위험물의 접촉]

① 무수크롬산(1류 위험물)과 아세트산(4류 위험물)이 **접촉하면 위험**하다.

② 나트륨(Na)는 비중이 작으므로 석유(파라핀, 경유, 등유) 속에 저장한다.

③ 니트로셀룰로오스($[C_6H_7O_2(ONO_2)_3]_n$)는 건조 상태에서는 폭발 위험이 크므로 저장 중에 물(20%) 또는 알코올(30%)로 습윤시켜 저장한다.

④ 과산화수소(H_2O_2)는 물, 알코올, 에테르에는 녹고, 벤젠, 석유에는 녹지 않는다. 【정답】 ①

35. 니트로셀룰로오스에 대한 설명으로 옳은 것은?

① 물에 녹지 않으며 물보다 무겁다.

② 수분과 접촉하는 것은 위험하다.

③ 질화도와 폭발위험성은 무관하다.

④ 질화도가 높을수록 폭발 위험성이 낮다.

|문|제|풀|이|

[니트로셀룰로오스$[C_6H_7O_2(ONO_2)_3]_n$ → 제5류 위험물, 질산에스테르류]

- 분해온도 130℃, 착화점 180℃, **비중 1.5**
- 셀룰로오스에 진한 질산과 진한 황산을 3:1의 비율로 혼합 작용시켜 제조한 것으로 약칭은 NC이다.
- 니트로글리세린(NG)과 융합한 것을 교질 다이너마이트라 한다.
- **비수용성**이며 초산에틸, 초산아밀, 아세톤에 잘 녹는다.
- **질화도가 클수록 폭발 위험성**이 높다.
- 건조 상태에서는 폭발 위험이 크므로 저장 중에 물(20%) 또는 알코올(30%)로 **습윤시켜 저장**한다.
- 가열, 마찰, 충격에 연소, 폭발하기 쉽다.

※질화도 : 니트로셀룰로오스 속에 함유된 질소의 함유량

㉠ 강면약 : 질화도 N > 12.76%

㉡ 약면약 : 질화도 N < 10.86~12.76% 【정답】 ①

36. 다음은 위험물을 저장하는 탱크의 공간용적 산정기준이다. ( )에 알맞은 수치로 옳은 것은?

> 암반탱크에 있어서는 당해 탱크 내에 용출하는 ( )일간의 지하수의 양에 상당하는 용적과 탱크 내용적의 ( )의 용적 중에서 보다 큰 용적을 공간용적으로 한다.

① 1, $\frac{1}{100}$　② 5, $\frac{1}{100}$

③ 3, $\frac{1}{100}$　④ 7, $\frac{1}{100}$

|문|제|풀|이|

[탱크의 공간용적 산정기준]

1. 탱크의 공간용적은 탱크의 내용적의 $\frac{5}{100}$ 이상, $\frac{10}{100}$ 이하
2. 암반탱크에 있어서는 용출하는 7일간의 지하수의 양에 상당하는 용적과 당해 탱크 내용적의 $\frac{1}{100}$의 용적 중에서 보다 큰 용적을 공간용적으로 한다. 【정답】 ④

37. HNO_3에 대한 설명으로 틀린 것은?

① Al, Fe은 진한 질산에서 부동태를 생성해 녹지 않는다.

② 질산과 염산을 3:1 비율로 제조한 것을 왕수라고 한다.

③ 부식성이 강하고 흡습성이 있다.

④ 직사광선에서 분해하여 NO_2를 발생한다.

|문|제|풀|이|

[질산(HNO_3) → 제6류 위험물]

- 융점 -42℃, 비점 86℃, 비중 1.49, 증기비중 2.17, 용해열 7.8kcal/mol
- 무색의 무거운 액체 → (보관 중 담황색으로 변한다.)
- 흡습성이 강하여 습한 공기 중에서 발열한다.
- 수용성으로 물과 반응하여 강산 산성을 나타내며, 발열한다.
- 진한 질산은 Fe(철), Ni(니켈), Cr(크롬), Al(알루미늄), Co(코발트) 등과 반응하여 부동태를 형성한다.
- **질산과 염산을 1:3** 비율로 제조한 것을 왕수라고 한다.
- 자극성, 부식성이 강한 강산이다.
  → 다만, 백금, 금, 이리듐, 로듐만은 부식시키지 못한다.
- 환원성 물질(탄화수소, 황화수소, 이황화수소 등)과 반응하여 발화, 폭발한다.
- 비점이 낮아 휘발성이고 햇빛에 의해 일부 분해한다.
- 분해 반응식 : $4HNO_3 \rightarrow 4NO_2\uparrow + O_2\uparrow + 2H_2O$
  (질산)　(이산화질소)　(산소)　(물)

【정답】 ②

38. 다음 중 위험등급이 다른 하나는?

① 아염소산염류　② 알킬리튬

③ 질산에스테르류　④ 질산염류

|문|제|풀|이|

[위험물의 위험등급]

① 아염소산염류 : 제1류 위험물, 위험등급 Ⅰ, 지정수량 50kg
② 알킬리튬 : 제3류 위험물, 위험등급 Ⅰ, 지정수량 10kg
③ 질산에스테르류 : 제5류 위험물, 위험등급 Ⅰ, 지정수량 10kg
④ 질산염류 : 제1류 위험물, **위험등급 Ⅱ**, 지정수량 300kg

【정답】④

39. 제5류 위험물에 대한 설명으로 옳지 않은 것은?

① 대표적인 성질은 자기반응성 물질이다.

② 피크린산은 니트로화합물이다.

③ 모두 산소를 포함하고 있다.

④ 니트로화합물은 니트로기가 많을수록 폭발력이 커진다.

|문|제|풀|이|

[제5류 위험물(자기반응성 물질)의 일반적인 성질]

1. 자기연소(내부연소)성 물질이다.
2. 연소속도가 매우 빠르고
3. 대부분 유기화합물이므로 가열, 마찰, 충격에 의해 폭발의 위험
4. 대부분 물질 자체에 산소를 포함하고 있다.

→ (**아조화합물, 디아조화합물의 일부는 산소를 함유하지 않는다.**)

5. 시간의 경과에 따라 자연발화의 위험성을 갖는다.
6. 연소 시 소화가 어렵다.
7. 비중이 1보다 크다.
9. 운반용기 외부에 "화기엄금", "충격주의"를 표시한다.

【정답】③

40. 다음 중 과산화수소의 저장용기로 가장 적합한 것은?

① 뚜껑에 작은 구멍을 뚫은 갈색 용기

② 뚜껑을 밀전한 투명 용기

③ 구리로 만든 용기

④ 요오드화칼륨을 첨가한 종이 용기

|문|제|풀|이|

[과산화수소(H_2O_2) → 제6류 위험물]

·착화점 80.2℃, 융점 -0.89℃, 비중 1.465, 증기비중 1.17, 비점 80.2℃
·순수한 것은 무색투명한 점성이 있는 액체이다.
→ (양이 많을 경우 청색)
·분해 시 산소(O_2)를 발생하므로 안정제로 인산, 요산 등을 사용한다.
·분해 반응식 : $4H_2O_2$ → H_2O + [O] (발생기 산소 : 표백작용)
(과산화수소) (물) (산소)
·물, 알코올, 에테르에는 녹고, 벤젠, 석유에는 녹지 않는다.
·강산화제 및 환원제로 사용되며 표백 및 살균작용을 한다.
·저장용기는 **밀폐하지 말고 구멍이 있는 마개를 사용**한다.
·히드라진(N_2H_4)과 접촉 시 분해 작용으로 폭발위험이 있다.
·농도가 30wt% 이상은 위험물에 속한다.

【정답】①

41. 위험물안전관리법상 품명이 유기금속화합물에 속하지 않는 것은?

① 트리에틸칼륨　② 트리에틸알루미늄

③ 트리에틸인듐　④ 디에틸아연

|문|제|풀|이|

[유기금속화합물 → 제3류 위험물] 알킬알루미늄(**트리에틸알루미늄**, 트리메틸알루미늄) 및 알킬리튬 제외

【정답】②

42. 제2류 위험물의 화재 발생 시 소화방법 또는 주의할 점으로 적합하지 않은 것은?

① 마그네슘의 경우 이산화탄소를 이용한 질식소화는 위험하다.

② 황은 비산에 주의하여 분무주수로 냉각소화 한다.

③ 적린의 경우 물을 이용한 냉각소화는 위험하다.

④ 인화성고체는 이산화탄소로 질식소화 할 수 있다.

|문|제|풀|이|

[적린(P) → 제2류 위험물 (가연성 고체)]]

·착화점 260℃, 융점 600℃, 비점 514℃, 비중 2.2
·암적색 무취의 분말
·황린의 동소체, 황린에 비해 안정하며 독성이 없다.
·산화제인 염소산염류와의 혼합을 절대 금한다.
→ (강산화제(제1류 위험물)와 혼합하면 충격, 마찰에 의해 발화할 수 있다.)
·물, 알칼리, 이황화탄소, 에테르, 암모니아에 녹지 않는다.
·**소화방법으로는 다량의 주수소화가 효과적**이다.
·연소 생성물은 흰색의 오산화인(P_2O_5)이다.
→ 연소 반응식 : 4P + $5O_2$ → $2P_2O_5$
(적린) (산소) (오산화인)

【정답】③

43. 다음 중 물에 가장 잘 녹는 물질은?

① 아닐린　　② 벤젠

③ 이황화탄소　　④ 아세트알데히드

|문|제|풀|이|

[물과 위험물과의 반응]

① 아닐린(제4류 위험물(제3석유류)) : 물에 약간 녹는다.
② 벤젠(제4류 위험물(제1석유류)) : 비수용성
③ 이황화탄소(제4류 위험물(특수인화물)) : 물에 녹지 않는다.
④ 아세트알데히드(제4류 위험물(특수인화물)) : **물에 잘 녹는다.**

【정답】 ④

44. 다음 위험물 중 저장할 때 보호액으로 물을 사용하는 것은?

① 삼산화크롬　　② 아연

③ 나트륨　　④ 황린

|문|제|풀|이|

[위험물의 보호액]

1. 나트륨, 칼륨 : 등유, 경유, 유동파라핀
2. 황린 : 물

【정답】 ④

45. $OH-CH_2CH_2-OH$의 지정수량은 몇 L인가?

① 1000　　② 2000

③ 4000　　④ 6000

|문|제|풀|이|

[에틸렌글리콜($C_2H_4(OH)_2$) → 제4위험물(제3석유류)]

- **지정수량(수용성) 4000L**, 인화점 111℃, 착화점 413℃, 비점 197℃, 비중 1.113, 증기비중 2.14, 융점 -12℃
- 단맛이 나는 무색의 수용성 액체이다.
- 2가 알코올로 독성이 있으며, 물, 알코올, 아세톤에 잘 녹는다.
- 물과 혼합하여 자동차용 부동액의 주원료 니트로글리콜의 원료 등으로 사용
- 소화방법에는 질식소화기를 사용하며 포말 및 수분함유 물질의 소화는 시간이 지연되면 안 좋다.

【정답】 ③

46. 다음 중 인화점이 가장 낮은 것은?

① 산화프로필렌　　② 벤젠

③ 디에틸에테르　　④ 이황화탄소

|문|제|풀|이|

[위험물의 성상]

① 산화프로필렌(OCH_2CHCH_3), 제4류 위험물(특수인화물)
→ **인화점 -37℃**, 착화점 465℃, 비점 34℃, 비중 0.83, 연소범위 2.5~38.5%
② 벤젠(C_6H_6, 벤졸), 제4류 위험물(제1석유류)
→ **인화점 -11℃**, 착화점 562℃, 비점 80℃, 비중 0.879, 연소범위 1.4~7.1%
③ 디에틸에테르($C_2H_5OC_2H_5$), 제4류 위험물(특수인화물)
→ **인화점 -45℃**, 착화점 180℃, 비점 34.6℃, 비중 0.72(15℃), 연소범위 1.9~48%
④ 이황화탄소(CS_2, 2유화탄소), 제4류 위험물(특수인화물)
→ **인화점 -30℃**, 착화점 100℃, 비점 46.25℃, 비중 1.26, 증기비중 2.62, 연소범위 1~44%

【정답】 ③

47. 위험물의 운반기준에 있어서 차량 등에 적재하는 위험물의 성질에 따라 강구하여야 하는 조치로 적합하지 않은 것은?

① 제5류 위험물 또는 제6류 위험물은 방수성이 있는 피복으로 덮는다.

② 제2류 위험물 중 철분, 금속분, 마그네슘은 방수성이 있는 피복으로 덮는다.

③ 제1류 위험물 중 알칼리금속의 과산화물 또는 이를 함유한 것은 차광성과 방수성이 모두 있는 피복으로 덮는다.

④ 제5류 위험물 중 55℃ 이하의 온도에서 분해될 우려가 있는 것은 보냉 컨테이너에 수납하는 등의 방법으로 적정한 온도관리를 한다.

|문|제|풀|이|

[위험물의 운반 시 성질에 따른 조치]

1. **차광성이 있는 것으로 피복**
   - 제1류 위험물
   - 제3류 위험물 중 자연발화성 물질
   - 제4류 위험물 중 특수 인화물
   - **제5류 위험물 또는 제6류 위험물**
2. 방수성이 있는 것으로 피복
   - 제1류 위험물 중 알칼리금속의 과산화물 또는 이를 함유한 것
   - 제2류 위험물 중 철분, 금속분, 마그네슘 또는 이들 중 어느 하나 이상을 함유한 것
   - 제3류 위험물 중 금수성물질
3. 제5류 위험물 중 55℃ 이하의 온도에서 분해될 우려가 있는 것은 보냉 컨테이너에 수납하는 등 적정한 온도관리를 할 것

【정답】 ①

48. 위험물 제1종 판매취급소의 위치, 구조 및 설비의 기준으로 틀린 것은?

① 천장을 설치하는 경우에는 천장을 불연재료로 할 것
② 창 및 출입구에는 갑종방화문 또는 을종방화문을 설치할 것
③ 건축물의 지하 또는 1층에 설치할 것
④ 위험물을 배합하는 실의 바닥면적은 $6m^2$ 이상, $15m^2$ 이하로 할 것

|문|제|풀|이|

[제1종 판매취급소(지정수량이 20배 이하)의 기준]
저장 또는 취급하는 위험물의 수량이 지정수량의 20배 이하인 판매취급소의 위치·구조 및 설비의 기준은 다음 각목과 같다.

1. **제1종 판매취급소는 건축물의 1층에 설치할 것**
2. 제1종 판매취급소의 용도로 사용하는 건축물의 부분은 보를 불연재료로 하고, 천장을 설치하는 경우에는 천장을 불연재료로 할 것
3. 제1종 판매취급소의 용도로 사용하는 부분의 창 및 출입구에는 갑종방화문 또는 을종방화문을 설치할 것
4. 위험물을 배합하는 실은 다음에 의할 것
   가. 바닥면적은 $6m^2$ 이상 $15m^2$ 이하로 할 것
   나. 내화구조 또는 불연재료로 된 벽으로 구획할 것
   다. 바닥은 위험물이 침투하지 아니하는 구조로 하여 적당한 경사를 두고 집유설비를 할 것
   라. 출입구에는 수시로 열 수 있는 자동폐쇄식의 갑종방화문을 설치할 것
   마. 출입구 문턱의 높이는 바닥면으로부터 0.1m 이상으로 할 것
   바. 내부에 체류한 가연성의 증기 또는 가연성의 미분을 지붕위로 방출하는 설비를 할 것 【정답】 ③

49. 다음 중 제5류 위험물이 아닌 것은?

① 염화벤조일 ② 아지드화나트륨
③ 질산구아니딘 ④ 아세틸퍼옥사이드

|문|제|풀|이|

[염화벤조일 → 제4류 위험물(제3석유류)] 【정답】 ①

50. 0.99atm, 55℃ 에서 이산화탄소의 밀도는 약 몇 g/L 인가?

① 0.62 ② 1.62
③ 9.65 ④ 12.65

|문|제|풀|이|

[이상기체상태방정식] 이상기체의 상태를 나타내는 양들, 즉 압력 P, 부피 V, 온도 T 간의 상관관계를 기술하는 방정식

$$PV = \frac{W}{M}RT \rightarrow W = \frac{PVM}{RT}$$

여기서, P : 기체의 압력(kg/m^2), V : 기체의 체적(m^3)
M : 분자량, W : 무게, R : 기체상수
T : 절대온도(k) → (T=273+℃)

[이산화탄소의 밀도]

$$\text{밀도} = \frac{\text{질량}}{\text{부피}} = \frac{W}{V} = \frac{PM}{RT} = \frac{0.99\times 44}{0.082\times(273+55)} = 1.62g/L$$

【정답】 ②

51. 위험물저장소에서 제4류 위험물 "디에틸에테르 : 50L, 이황화탄소 : 150L, 아세톤 : 800L"을 저장하고 있는 경우 지정수량의 몇 배가 보관되어 있는가?

① 4배 ② 5배
③ 6배 ④ 8배

|문|제|풀|이|

[지정수량 계산값(배수)]

$$\text{배수(계산값)} = \frac{A\text{품명의 저장수량}}{A\text{품명의 지정수량}} + \frac{B\text{품명의 저장수량}}{B\text{품명의 지정수량}} + \cdots\cdots$$

1. 지정수량
   - 디에틸에테르 → 4류 위험물(특수인화물), 지정수량 50L
   - 이황화탄소 → 4류 위험물(특수인화물), 지정수량 50L
   - 아세톤 → 4류 위험물(제1석유류(수용성)), 지정수량 400L
2. 저장수량 : 디에틸에테르 50L, 이황화탄소 150L, 아세톤 800L

$$\therefore \text{배수(계산값)} = \frac{50L}{50L} + \frac{150L}{50L} + \frac{800L}{400L} = 6\text{배}$$

【정답】 ③

52. 다음 중 증발연소를 하는 물질은?

① 목탄 ② 나무
③ 양초 ④ 니트로셀룰로오스

|문|제|풀|이|

[증발연소]

1. 액체의 증발연소 : 아세톤, 알코올, 에테르, 휘발유, 석유, 등유, 경유 등과 같은 액체표면에서 증발하는 가연성증기와 공기가 혼합되어 연소하는 형태
2. 고체의 증발연소 : 가연성물질을 가열했을 때 분해열을 일으키지 않고 그대로 증발한 증기가 연소하는 것이며 유황, 파라핀(양초), 나프탈렌 등 【정답】 ③

53. 제6류 위험물의 화재예방 및 진압 대책으로 옳은 것은?

① 과산화수소는 화재 시 주수소화를 절대 금한다.

② 질산은 소량의 화재 시 다량의 물로 희석한다.

③ 과염소산은 폭발 방지를 위해 철제 용기에 저장한다.

④ 제6류 위험물의 화재에는 건조사만 사용하여 진압할 수 있다.

|문|제|풀|이|

[제6류 위험물의 소화방법]

① 과산화수소는 화재 시 다량의 물로 주수소화 하는 것이 좋다.
③ 통풍이 잘 되는 곳에 밀폐용기(내산성용기)에 저장
④ 제6류 위험물의 화재에는 마른모래, 탄산가스, 팽창질석으로 소화한다.

【정답】 ②

54. 중크롬산칼륨의 화재예방 및 진압대책에 관한 설명 중 틀린 것은?

① 가열, 충격, 마찰을 피한다.

② 유기물, 가연물과 격리하여 저장한다.

③ 화재 시 물과 반응하여 폭발하므로 주수소화를 금한다.

④ 소화작업 시 폭발 우려가 있으므로 충분한 안전거리를 확보한다.

|문|제|풀|이|

[중크롬산칼륨($K_2Cr_2O_7$) → 제1류 위험물(중크롬산염류)]

- 분해온도 500℃, 융점 398℃, 용해도 8.89(15℃), 비중 2.69
- 동적색의 판상결정
- 물에 잘 녹고 알코올, 에테르에는 녹지 않는다.
- 가열, 충격, 마찰을 피한다.
- 소화방법에는 **주수소화가 효과적**이다.
- 분해 반응식 : $4K_2Cr_2O_7 \rightarrow 4K_2CrO_4 + 2Cr_2O_3 + 3O_2 \uparrow$
  (중크롬산칼륨) (크롬산칼륨) (산화크롬) (산소)

【정답】 ③

55. 1기압 20℃에서 액체인 미상의 위험물에 대하여 인화점과 발화점을 측정한 결과 인화점이 32.2℃, 발화점이 257℃로 측정되었다. 위험물안전관리법상 이 위험물의 유별과 품명의 지정으로 옳은 것은?

① 제4류 특수인화물 ② 제4류 제1석유류

③ 제4류 제2석유류 ④ 제4류 제3석유류

|문|제|풀|이|

[제4류 위험물(인화성 액체)의 품명 및 성질]

품명	성질	
특수인화물	1기압에서 액체로 되는 것으로서 인화점이 -20℃ 이하, 비점이 40℃ 이하이거나 착화점이 100℃ 이하인 것	
	이황화탄소, 디에틸에테르, 아세트알데히드 산화프로필렌	
제1석유류	1기압 상온에서 액체로 인화점이 21℃ 미만인 것	
	비수용성	휘발유, 메틸에틸케톤, 톨루엔, 벤젠
	수용성	시안화수소, 아세톤, 피리딘
알코올류	1분자를 구성하는 탄소원자수가 $C_1 \sim C_3$인 포화 1가 알코올을 말한다.	
	메틸알코올, 에틸알코올, 프로필알코올	
제2석유류	1기압 상온에서 액체로 **인화점이 21℃ 이상 70℃ 미만**인 것 → (가연성 액체량이 40wt% 이하이면서 인화점이 40℃ 이상인 동시에 연소점이 60℃ 이상인 것은 제외)	
	비수용성	등유, 경유, 스티렌, 크실렌(자일렌), 클로로벤젠
	수용성	아세트산, 폼산, 히드라진
제3석유류	1기압 상온에서 액체로 인화점이 70℃ 이상 200℃ 미만인 것 → (가연성 액체량이 40wt% 이하인 것은 제외)	
	비수용성	크레오소트유, 중유, 아닐린, 니트로벤젠
	수용성	글리세린, 에틸렌글리콜
제4석유류	1기압 상온에서 액체로 인화점이 200°C 이상인 것 → (가연성 액체량이 40wt% 이하인 것은 제외)	
	윤활유, 기어유, 실린더유	
동·식물유류	동물의 지육 등 또는 식물의 종자나 과육으로부터 추출한 것으로서 1기압에서 인화점이 250℃ 미만인 것 → (건성유, 반건성유, 불건성유)	

【정답】 ③

56. 마그네슘이 염산과 반응할 때 발생하는 기체는?

① 수소 ② 산소

③ 이산화탄소 ④ 염소

|문|제|풀|이|

[마그네슘(Mg) → 제2류 위험물]

- 연소 반응식 : $2Mg + O_2 \rightarrow 2MgO + 2 \times 143.7kcal$
  (마그네슘) (산소) (산화마그네슘) (반응열)
- 염산과의 반응식 : $Mg + 2HCl \rightarrow MgCl_2 + H_2 \uparrow$
  (마그네슘) (염산) (염화마그네슘) (수소)

【정답】 ②

57. 위험물안전관리법령상 니트로셀룰로오스의 품명과 지정수량을 옳게 연결한 것은?

① 니트로화합물 - 200kg

② 니트로화합물 - 10kg

③ 질산에스테르류 - 200kg

④ 질산에스테르류 - 10kg

|문|제|풀|이|

[니트로셀룰로오스$[C_6H_7O_2(ONO_2)_3]_n$ → 제5류 위험물(질산에스테르류), 지정수량 10kg

- 비중 1.5, 분해온도 130℃, 착화점 180℃
- 셀룰로오스에 진한 질산과 진한 황산을 3:1의 비율로 혼합 작용시켜 제조한 것으로 약칭은 NC이다.
- 니트로글리세린(NG)과 융합한 것을 교질 다이너마이트라 한다.
- 비수용성이며 초산에틸, 초산아밀, 아세톤에 잘 녹는다.
- 건조 상태에서는 폭발 위험이 크므로 저장 중에 물(20%) 또는 알코올(30%)로 습윤시켜 저장한다.
- 가열, 마찰, 충격에 연소, 폭발하기 쉽다. 【정답】 ④

58. 과산화나트륨에 대한 설명으로 틀린 것은?

① 알코올에 잘 녹아서 산소와 수소를 발생시킨다.

② 상온에서 물과 격렬하게 반응한다.

③ 비중이 약 2.8이다.

④ 조해성 물질이다.

|문|제|풀|이|

[과산화나트륨(Na_2O_2) → 제1류 위험물(산화성 고체), 무기과산화물]

- 분해온도 460℃, 융점 460℃, 비점 657℃, 비중 2.8
- 순수한 것은 백색의 정방전계 분말, 조해성 물질
- 에틸알코올(에탄올)에는 잘 녹지 않는다.
- 알코올과의 반응식

$2Na_2O_2 + 2C_2H_5OH \rightarrow 2C_2H_5ONa + H_2O_2 \uparrow$ + 발열

(과산화나트륨) (알코올) (나트륨에톡시드) (과산화수소)

- 물과 반응하여 수산화나트륨과 산소를 발생한다.
- 물과 반응식 : $2Na_2O_2 + 2H_2O \rightarrow 4NaOH + O_2 \uparrow$ + 발열

(과산화나트륨) (물) (수산화나트륨) (산소)

- 소화방법으로는 마른모래, 분말소화제, 소다회, 석회 등 사용 → (주수소화는 위험) 【정답】 ①

59. 제조소등의 소화설비 설치 시 소요단위 산정에서 제조소 또는 취급소의 건축물은 외벽이 내화구조인 것은 연면적 ( )m^2를 1소요단위로 하며, 외벽이 내화구조가 아닌 것은 연면적 ( )m^2를 1소요단위로 한다. 괄호 안에 알맞은 수치를 차례대로 나열한 것은?

① 200, 100 ② 150, 100

③ 150, 50 ④ 100, 50

|문|제|풀|이|

[1소요단위] 소화설비의 설치대상이 되는 건축물 그 밖의 공작물의 규모 또는 위험물의 양의 기준단위

종류	내화구조	비내화구조
위험물 제조소 및 취급소	$100m^2$	$50m^2$
위험물 저장소	$150m^2$	$75m^2$
위험물	지정수량×10	

【정답】 ④

60. 2몰의 브롬산칼륨이 모두 열분해 되어 생긴 산소의 양은 2기압 27℃에서 약 몇 L인가?

① 32.42 ② 36.92

③ 41.34 ④ 45.64

|문|제|풀|이|

[이상기체상태방정식] 이상기체의 상태를 나타내는 양들, 즉 압력 P, 부피 V, 온도 T 간의 상관관계를 기술하는 방정식

$$PV = \frac{W}{M}RT \rightarrow W = \frac{PVM}{RT}$$

여기서, P : 기체의 압력(kg/m^2), V : 기체의 체적(m^3)

M : 분자량, W : 무게, R : 기체상수

T : 절대온도(K) → (T=273+℃)

[브롬산칼륨의 분해반응식] $2KBrO_3 \rightarrow 2KBr + 3O_2 \uparrow$

(브롬산칼륨) (브롬화칼륨) (산소)

2×107g 3×32g

$$\therefore V = \frac{WRT}{PM} = \frac{96g \times 0.08205L\cdot atm/g-mol\cdot K \times 300K}{2atm \times 32} = 36.92L$$

※표준상태 : 0℃, 1기압(atm), O_2 분자량 : 32g/mol

R : 0.08205L·atm/g-mol·K

【정답】 ②

2017_1 위험물기능사 필기

01. 다음 위험물의 화재 시 주수소화에 대한 위험성이 증가하는 것은?

① 황　　② 염소산칼륨
③ 인화칼슘　　④ 질산칼륨

|문|제|풀|이|

[인화칼슘(Ca_3P_2) → 제3류 위험물(금수성 물질)]

- 융점 1600℃, 비중 2.51
- 적갈색 괴상의 고체 → (인화칼슘이라고 한다.)
- 수중 조명등으로 사용한다.
- 물, 약산과 반응하여 유독한 인화수소(포스핀가스(PH_3)) 발생
- 물과 반응식 : $Ca_3P_2 + 6H_2O \rightarrow 2PH_3 \uparrow + 3Ca(OH)_2$
  (인화칼슘) (물) (포스핀) (수산화칼슘)
- 소화방법에는 마른모래 등으로 피복하여 자연 진화를 기다린다.
  → (물 및 포약제의 소화는 금한다.)

【정답】 ③

02. 제1류 위험물 중의 과산화칼륨을 다음과 같이 반응시켰을 때 공통적으로 발생되는 기체는?

> ㉠ 물과 반응을 시켰다.
> ㉡ 가열하였다.
> ㉢ 탄산가스와 반응시켰다.

① 수소　　② 이산화탄소
③ 산소　　④ 이산화황

|문|제|풀|이|

[과산화칼륨(K_2O_2) → 제1류 위험물(무기과산화물)]

1. 물과 반응식 : $2K_2O_2 + 2H_2O \rightarrow 4KOH + O_2 \uparrow$
   (과산화칼륨) (물) (수산화칼륨) (산소)
2. 탄산가스와의 반응식 : $2K_2O_2 + 2CO_2 \rightarrow 2K_2CO_3 + O_2 \uparrow$
   (과산화칼륨) (이산화탄소) (탄산칼륨) (산소)
3. 가열분해 반응식 : $2K_2O_2 \rightarrow 2K_2O + O_2 \uparrow$
   (과산화칼륨) (산화칼륨) (산소)

【정답】 ③

03. 착화온도 400℃가 의미하는 것은?

① 400℃로 가열 시 점화원이 있으면 연소한다.
② 400℃로 가열하면 비로소 연소된다.
③ 400℃ 이하에서는 점화원이 있어도 인화되지 않는다.
④ 400℃로 가열하면 가열된 열만 가지고 스스로 연소가 시작된다.

|문|제|풀|이|

[발화점(착화점=발화온도)] 가연성 물질이 점화원 없이 발화하거나 폭발을 일으키는 최저온도

【정답】 ④

04. 다음 중 이동탱크저장소에 설치하는 자동차용 소화기에 해당하지 않는 것은?

① CFClBr　　② CF_2Br
③ $C_2F_4Br_2$　　④ CO_2

|문|제|풀|이|

[이동탱크저장소에 설치하는 자동차용 소화기]

자동차용 소화기	무상의 강화액 8L 이상	2개 이상
	이산화탄소(CO_2) 3.2킬로그램 이상	
	일브롬화일염화이플루오르화메탄 (CF_2ClBr) 2L 이상	
	일브롬화삼플루오르화메탄 (CF_3Br) 2L 이상	
	이브롬화사플루오르화에탄 ($C_2F_4Br_2$) 1L 이상	
	소화분말 3.3킬로그램 이상	

【정답】 ①

05. 요오드값의 정의를 올바르게 설명한 것은?

① 유지 100kg에 흡수되는 요오드의 g수
② 유지 10kg에 흡수되는 요오드의 g수
③ 유지 100g에 흡수되는 요오드의 g수
④ 유지 10g에 흡수되는 요오드의 g수

|문|제|풀|이|

[요오드(아이오딘)값]
1. 기름, 지방, 왁스의 불포화도를 측정하는 분석화학적 방법
2. 100g의 기름, 지방, 왁스에 흡수되는 요오드의 양(g 단위로 표시)으로 표시한다.
3. 요오드값이 높을수록 자연발화의 위험이 높다. 【정답】 ③

06. 다음 중 특수인화물의 분류에 속하지 않는 것은?

① $C_2H_5OC_2H_5$
② CS_2
③ 1기압에서 발화점이 100℃ 이하인 물질
④ 니트로글리세린

|문|제|풀|이|

[제4류 위험물 중 특수인화물]
·1기압에서 액체로 되는 것으로서 인화점이 -20℃ 이하, 비점이 40℃ 이하이거나 착화점이 100℃ 이하인 것을 말한다.
·이황화탄소(CS_2), 디에틸에테르($C_2H_5OC_2H_5$), 아세트알데히드(CH_3CHO), 산화프로필렌(OCH_2CHCH_3) 등
※④ 니트로글리세린($C_3H_5(ONO_2)_3$) → 제5류 위험물(질산에스테르류)
【정답】 ④

07. 다음 화재의 종류 중 유류화재에 해당하는 것은?

① B급 ② C급
③ D급 ④ E급

|문|제|풀|이|

[화재의 분류]

급수	종류	색상	소화방법	가연물
A급	일반화재	백색	냉각소화	일반가연물(목재, 종이, 섬유, 석탄, 플라스틱 등)
B급	유류 가스 화재	황색	질식소화	가연성 액체(각종 유류 및 가스, 페인트)
C급	전기화재	청색	질식소화	전기기기, 기계, 전선 등
D급	금속화재	무색	피복에 의한 질식소화	가연성 금속(철분, 마그네슘, 나트륨, 금속분, Al분말 등)

【정답】 ①

08. 위험물안전관리법령상 고정주유설비는 주유설비의 중심선을 기점으로 하여 도로경계선까지 몇 m 이상의 거리를 유지해야 하는가?

① 1 ② 3
③ 4 ④ 6

|문|제|풀|이|

[고정주유설비] 고정주유설비의 중심선을 기점으로 하여 도로경계선까지 **4m 이상**, 부지경계선·담 및 건축물의 벽까지 2m(개구부가 없는 벽까지는 1m) 이상의 거리를 유지 【정답】 ③

09. 알루미늄분이 염산과 반응하였을 경우 생성되는 가연성가스는?

① 산소 ② 질소
③ 메탄 ④ 수소

|문|제|풀|이|

[알루미늄분(Al) → 제2류 위험물(금속분)]
·은백색의 광택을 띤 경금속
·열전도율 및 전기전도도가 크며, 진성·연성이 풍부하다.
·염산, 황산, 묽은 질산에 침식당하기 쉬우며, 진한 질산에는 부동태가 된다.
·끓는 물, 산, 알칼리수용액에 녹아 수소를 발생한다.
·수증기와의 반응식 : $2Al + 6H_2O \rightarrow 2Al(OH)_3 + 3H_2 \uparrow$
(알루미늄) (물) (수산화알루미늄) (수소)
·염산의 반응식 : $2Al + 6HCl \rightarrow 2AlCl_3 + 3H_2 \uparrow$
(알루미늄) (염산) (염화알루미늄) (수소)
·유리병(밀폐용기)에 넣어 건조한 곳에 저장
·소화방법으로는 마른모래, 멍석 등으로 피복소화가 효과적이다.
→ (주수소화는 수소가스를 발생하므로 위험하다.)
【정답】 ④

10. 석유 속에 저장되어 있는 금속조각을 떼어 불꽃반응을 하였더니 노란 불꽃을 나타내었다. 어떤 금속인가?

① 칼슘 ② 나트륨
③ 칼륨 ④ 리튬

|문|제|풀|이|

[불꽃반응 시 색상]
1. 나트륨(Na) : 노란색 2. 칼륨(K) : 보라색
3. 칼슘(Ca) : 주황색 4. 구리(Cu) : 청록색
5. 바륨(Ba) : 황록색 6. 리튬(Li) : 빨간색
【정답】 ②

11. 옥내저장소에 황린 20kg, 적린 100kg, 유황 100kg을 저장하고 있다. 각 물질의 지정수량의 배수의 합은 얼마인가?

① 1　　② 2

③ 3　　④ 4

|문|제|풀|이|

[지정수량의 계산값(배수)]

$$배수 = \frac{A품명의\ 저장수량}{A품명의\ 지정수량} + \frac{B품명의\ 저장수량}{B품명의\ 지정수량} + \cdots\cdots$$

1. 지정수량
   - ·황린(P_4) : 제3류 위험물, 지정수량 20kg
   - ·적린(P) : 제2류 위험물, 지정수량 100kg
   - ·유황(S) : 제2류 위험물, 지정수량 100kg
2. 저장수량 : 황린 20kg, 적린 100kg, 유황 100kg

$$\therefore 지정수량\ 배수 = \frac{20kg}{20kg} + \frac{100kg}{100kg} + \frac{100kg}{100kg} = 3배$$

【정답】 ③

12. 위험물안전관리법령상 제6류 위험물 운반용기의 외부에 표시하는 주의사항은?

① 화기주의　　② 충격주의

③ 물기엄금　　④ 가연물 접촉주의

|문|제|풀|이|

[운반용기의 수납하는 위험물에 따라 다음의 규정에 의한 주의사항]

위험물의 종류		주의사항
제1류 위험물	알칼리금속의 과산화물 또는 이를 함유한 것	화기·충격주의 물기엄금 및 가연물접촉주의
	그 밖의 것	화기·충격주의 및 가연물 접촉주의
제2류 위험물	철분, 금속분, 마그네슘 또는 이들 중 어느 하나 이상을 함유한 것	화기주의
	인화성 고체	화기엄금
	그 밖의 것	화기주의
제3류 위험물	자연발화성 물질	화기엄금 및 공기접촉엄금
	금수성 물질	물기엄금
제4류 위험물		화기엄금
제5류 위험물		화기엄금 및 충격주의
제6류 위험물		**가연물접촉주의**

【정답】 ④

13. 다음 위험물의 저장 창고에 화재가 발생하였을 때 주수(注水)에 의한 소화가 오히려 더 위험한 것은?

① 염소산칼륨　　② 과염소산나트륨

③ 질산암모늄　　④ 탄화칼슘

|문|제|풀|이|

[탄화칼슘(CaC_2) → 제3류 위험물(칼슘 또는 알루미늄의 탄화물)]

·백색 입방체의 결정

·물과 반응하여 수산화칼슘(소석회)과 아세틸렌가스를 발생한다.

·물과 반응식 : $CaC_2 + 2H_2O \rightarrow Ca(OH)_2 \uparrow + C_2H_2 + 27.8kcal$

(탄화칼슘) (물) (수산화칼슘) (아세틸렌) (반응열)

·밀폐용기에 저장하는 것이 가장 좋으며, 장기간 저장 시에는 불연성 가스(질소가스, 아르곤가스 등)를 충전한다.

·소화방법에는 마른모래, 탄산가스, 소화분말, 사염화탄소 등으로 한다. → (주수소화는 금한다.) 【정답】 ④

14. 위험물안전관리법령상 제5류 위험물의 공통된 취급 방법으로 옳지 않은 것은?

① 불티, 불꽃, 고온체와의 접근을 피한다.

② 용기의 파손 및 균열에 주의한다.

③ 운반용기 외부에 주의사항으로 '화기주의' 및 '물기엄금'을 표기한다.

④ 저장 시 과열, 충격, 마찰을 피한다.

|문|제|풀|이|

[제5류 위험물의 일반성질 및 주의사항]

·자기연소성(내부연소)성 물질이다.

·비중이 1보다 크고, 연소속도가 매우 빠르다.

·대부분 물에 불용이며 물과의 반응성도 없다.

·대부분 유기화합물이므로 가열, 마찰, 충격에 의해 폭발의 위험이 있으므로 장기 저장하는 것은 위험하다.

·대부분 물질 자체에 산소를 포함하고 있다.

→ (아조화합물, 디아조화합물의 일부는 산소를 함유하지 않는다.)

·시간의 경과에 따라 자연발화의 위험성을 갖는다.

·연소 시 소화가 어렵다.

·제5류 위험물 운반용기의 외부 표시: **화기엄금 및 충격주의**

【정답】 ③

15. 금속분, 목탄, 코크스 등의 연소형태에 해당하는 것은?

① 자기연소 ② 증발연소

③ 분해연소 ④ 표면연소

|문|제|풀|이|

[고체의 연소형태]

표면연소	가연성물질 표면에서 산소와 반응해서 연소하는 것이며, **목탄, 코크스, 금속** 등
분해연소	분해열로서 발생하는 가연성가스가 공기 중의 산소와 화합해서 일어나는 연소이며 석탄, 목재, 종이, 섬유, 플라스틱 등
증발연소	가연성물질을 가열했을 때 분해열을 일으키지 않고 그대로 증발한 증기가 연소하는 것이며 유황, 알코올, 파라핀(양초), 나프탈렌 등
자기연소	화약, 폭약의 원료인 제5류 위험물 TNT, 니트로셀룰로우즈, 질화면 등 그 물질이 가연물과 산소를 동시에 가지고 있는 가연물이 연소하는 형태

【정답】 ④

16. 위험물안전관리법령상 스프링클러헤드는 부착장소의 평상시 최고주위온도가 28℃ 이상 39℃ 미만인 경우 몇 ℃의 표시온도를 갖는 것을 설치하여야 하는가?

① 58 이상 79 미만

② 79 이상 121 미만

③ 121 이상 162 미만

④ 162 이상

|문|제|풀|이|

[스프링클러설비의 표시 온도]

부착장소의 최고 주위온도℃	표시온도℃
28 미만	58 미만
28 이상 39 미만	58 이상 79 미만
39 이상 64 미만	79 이상 121 미만
64 이상 106 미만	121 이상 162 미만
106 이상	162 이상

【정답】 ①

17. 액화 이산화탄소 1kg이 25℃, 1atm에서 방출되어 모두 기체가 되었다. 방출된 기체상의 이산화탄소 부피는 약 몇 L인가? (단, 이산화탄소의 분자량은 44이다.)

① 509 ② 555.7

③ 1111 ④ 1985.6

|문|제|풀|이|

[이상기체상태방정식] 이상기체의 상태를 나타내는 양들, 즉 압력 P, 부피 V, 온도 T 간의 상관관계를 기술하는 방정식

$PV=nRT=\frac{W}{M}RT \rightarrow V=\frac{W}{PM}RT \rightarrow (R$: 기체정수)

여기서, P : 기체의 압력(kg/m^2), V : 기체의 체적(m^3)

M : 분자량, W : 무게, R : 기체정수(0.082)

T : 절대온도(k) → (T=273+℃)

1. 질량 $W=1kg=1000g$
2. 기체상수 R=0.08205L·atm/gmol·K
3. 절대온도 $T=273+25=298K$
4. 기압 P = 1atm
5. 이산화탄소 분자량 $M=44$

∴부피 $V=\frac{W}{PM}RT=\frac{1000\times 0.08205\times 298}{1\times 44}=555.7L$

【정답】 ②

18. 다음 중 할로겐화합물 소화기에서 사용되는 할론 명칭과 화학식이 옳게 짝지어진 것은?

① CBr_2F_2-1202 ② $C_2Br_2F_2$ − 2422

③ $CBrClF_2-1102$ ④ $C_2Br_2F_4-1242$

|문|제|풀|이|

[할론(Halon)의 구조]

1. 할론은 지방족 탄화수소인 메탄(C_2H_4)이나 에탄(C_2H_6) 등의 수소 원자 일부 또는 전부가 할로겐원소(F, Cl, Br, I)로 치환된 화합물로 이들의 물리, 화학적 성질은 메탄이나 에탄과는 다르다.
2. 할론 번호의 숫자는 탄소(C), 불소(F), 염소(Cl), 브롬(Br)의 개수를 나타낸다.

【예】 Halon 1 2 0 2 → CBr_2F_2

브롬(Br) 2개 → Br_2

염소(Cl) 0개 →

불소(F) 2개 → F_2

탄소(C) 1개 → C

【정답】 ①

19. 산 · 알칼리 소화기는 탄산수소나트륨과 황산의 화학 반응을 이용한 소화기이다. 이때 탄산수소나트륨과 황산이 반응하여 나오는 물질이 아닌 것은?

① Na_2SO_4 ② Na_2O_2

③ CO_2 ④ H_2O

|문|제|풀|이|

[산·알칼리 소화기] 탄산수소나트륨과 황산의 화학반응으로 생긴 탄산가스의 압력으로 물을 방출하는 소화기

반응식 $2NaHCO_3 + H_2SO_4 \rightarrow Na_2SO_4 + 2CO_2 + 2H_2O$

(탄산수소나트륨) (황산) (황산나트륨) (탄산가스) (물)

【정답】 ②

20. 다음 중 축축한 상태로 안정제를 가하여 찬 곳에 저장하는 것은?

① 질산에틸 ② 니트로셀룰로오스

③ 니트로글리세린 ④ 피크르산

|문|제|풀|이|

[니트로셀룰로오스 $[C_6H_7O_2(ONO_2)_3]_n$ → 제5류 위험물(질산에스테르류)]

- 비중 1.5, 분해온도 130℃, 착화점 180℃
- 셀룰로오스에 진한 질산과 진한 황산을 3:1의 비율로 혼합 작용시켜 제조한 것으로 약칭은 NC이다.
- 니트로글리세린(NG)과 융합한 것을 교질 다이너마이트라 한다.
- 비수용성이며 초산에틸, 초산아밀, 아세톤에 잘 녹는다.
- 건조 상태에서는 폭발 위험이 크므로 저장 중에 **물(20%) 또는 알코올(30%)로 습윤시켜 저장**한다.
- 가열, 마찰, 충격에 연소, 폭발하기 쉽다. 【정답】 ②

21. 폭굉유도거리(DID)가 짧아지는 경우는?

① 정상 연소속도가 작은 혼합가스일수록 짧아진다.

② 압력이 높을수록 짧아진다.

③ 관지름이 넓을수록 짧아진다.

④ 점화원 에너지가 약할수록 짧아진다.

|문|제|풀|이|

[폭굉유도거리(DID)가 짧아지는 요건]

- 정상의 연소속도가 큰 혼합가스일 경우.
- 관경이 가늘수록
- **압력이 높을수록**
- 점화원에 에너지가 강할수록 짧다.
- 관속에 방해물이 있을 경우 【정답】 ②

22. 탱크화재 현상 중 BLEVE(Boiling Liquid Expanding Vapor Explosion)에 대한 설명으로 옳은 것은?

① 기름탱크에서의 수증기 폭발현상이다.

② 비등상태의 액화가스가 기화하여 팽창하고 폭발하는 현상이다.

③ 화재 시 기름 속의 수분이 급격히 증발하여 기름거품이 되고 팽창해서 기름 탱크에서 밖으로 내뿜어져 나오는 현상이다.

④ 고점도의 기름 속에 수증기를 포함한 볼 형태의 물방울이 형성되어 탱크 밖으로 넘치는 현상이다.

|문|제|풀|이|

[블레비 현상(BLEVE)] 가연성 액화가스 저장탱크 주위에 화재가 발생하여 누설로 부유 또는 확산 된 액화가스가 착화원과 접촉하여 액화가스가 공기 중으로 확산, 폭발하는 현상 【정답】 ②

23. 위험물안전관리법령상 옥외저장소 중 덩어리상태의 유황만을 지반면에 설치한 경계표시의 안쪽에서 저장 또는 취급할 때 경계표시의 내부면적은 몇 m^2 이하로 하여야 하는가?

① 75 ② 100

③ 300 ④ 500

|문|제|풀|이|

[덩어리 유황을 저장 또는 취급하는 것]

1. 하나의 **경계표시의 내부의 면적은 100m^2 이하**일 것
2. 2 이상의 경계표시를 설치하는 경우에 있어서는 각각의 경계표시 내부의 면적을 합산한 면적은 1,000m^2 이하
3. 경계표시는 불연재료로 만드는 동시에 유황이 새지 아니하는 구조로 할 것
4. 경계표시의 높이는 1.5m 이하로 할 것
5. 경계표시에는 유황이 넘치거나 비산하는 것을 방지하기 위한 천막 등을 고정하는 장치를 설치하되, 천막 등을 고정하는 장치는 경계표시의 길이 2m마다 한 개 이상 설치할 것
6. 유황을 저장 또는 취급하는 장소의 주위에는 배수구와 분리장치를 설치할 것 【정답】 ②

24. 다음 중 제2류 위험물의 일반적인 취급 및 소화방법에 대한 설명으로 옳은 것은?

① 비교적 낮은 온도에서 착화되기 쉬우므로 고온체와 접촉시킨다.

② 인화성 액체(4류)와의 혼합을 피하고, 산화성 물질(1류, 6류)과 혼합하여 저장한다.

③ 금속분, 철분, 마그네슘, 황화린은 물에 의한 냉각소화가 적당하다.

④ 저장용기를 밀봉하고 위험물의 누출을 방지하여 통풍이 잘 되는 냉암소에 저장한다.

|문|제|풀|이|

[제2류 위험물 → (가연성 고체)]

- 가연성 고체로 비교적 낮은 온도에서 착화하기 쉬운 가연물(환원성)이다. → (고온체와 접촉을 피한다.).
- 비중이 1보다 크고 물에 녹지 않는다.
- 산화되기 쉽고 산소와 쉽게 결합을 이룬다.
- 연소속도가 대단히 빠른 고체(이연성, 속연성)이다.
- 분진 폭발의 위험이 있다.
- 철, 마그네슘, 금속분은 물 또는 산과 접촉 시 발열한다.
- 산화제(제1류 위험물, 제6류 위험물)와의 접촉을 피한다.
- 금속분, 철분, 마그네슘은 물, 습기, 산과 접촉을 피할 것
- 저장용기를 밀봉하고 통풍에 잘 되는 냉암소에 보관·저장할 것
- 소화방법
  - **황화린, 철분, 금속분, 마그네슘** : 주수하면 급격한 수증기 또는 물과 반응 시 발생하는 수소에 의한 폭발위험이 있으므로 마른모래, 건조분말, 이산화탄소 등을 이용한 **질식소화가 효과적**이다.
  - 적린, 유황 : 물에 의한 냉각소화가 효과적이다.

【정답】 ④

25. 연소가 잘 이루어지는 조건으로 거리가 먼 것은?

① 가연물의 발열량이 클 것

② 가연물의 열전도율이 클 것

③ 가연물과 산소와의 접촉 면적이 클 것

④ 가연물의 활성화 에너지가 작을 것

|문|제|풀|이|

[가연물의 조건]

- 산소와의 친화력이 클 것
- 발열량이 클 것
- **열전도율(열을 전달하는 정도)이 적을 것** → (기체 〉 액체 〉 고체)
- 표면적이 넓을 것(공기와의 접촉면이 크다) → (기체 〉 액체 〉 고체)
- 활성에너지(화학반응을 이루는데 필요한 에너지)가 작을 것
- 연쇄반응을 일으킬 수 있을 것

【정답】 ②

26. 제3류 위험물 중 금수성 물질에 적응할 수 있는 소화설비는?

① 포소화설비

② 이산화탄소소화설비

③ 탄산수소염류 분말소화설비

④ 할로겐화합물소화설비

|문|제|풀|이|

[위험물의 성질에 따른 소화설비의 적응성]

소화설비의 구분 \ 대상			제3류 위험물	
			금수성물품	그 밖의 것
옥내소화전 또는 옥외소화전설비				○
스프링클러설비				○
물분무등 소화설비	물분무소화설비			○
	포소화설비			○
	불활성가스소화설비			
	할로겐화합물소화설비			
	분말소화설비	인산염류등		
		탄산수소염류등	○	
		그 밖의 것	○	
대형소형 수동식 소화기	봉상수(棒狀水)소화기			○
	무상수(霧狀水)소화기			○
	봉상강화액소화기			○
	무상강화액소화기			○
	포소화기			○
	이산화탄소소화기			
	할로겐화합물소화기			
	분말소화기	인산염류소화기		
		탄산수소염류소화기	○	
		그 밖의 것	○	
기타	물통 또는 수조			○
	건조사		○	○
	팽창질석 또는 팽창진주암		○	○

【정답】 ③

27. 다음 제1류 위험물의 지정수량이 틀린 것은?

① 과산화칼륨 : 50kg

② 질산나트륨 : 50kg

③ 과망간산나트륨 : 1000kg

④ 중크롬산암모늄 : 1000kg

|문|제|풀|이|

[위험물의 지정수량]

① 과산화칼륨 → 제1류 위험물(무기과산화물) : 50kg

② **질산나트륨** → 제1류 위험물(질산염류) : **300kg**

③ 과망간산나트륨 → 제1류 위험물(과망간산염류) : 1000kg

④ 중크롬산암모늄 → 제1류 위험물(중크롬산염류) : 1000kg

【정답】 ②

28. 위험물안전관리법령상 위험물을 운반하기 위해 적재할 때 혼재가 가능한 것끼리 짝 지워진 것은? (단, 지정수량의 1/5을 초과하는 위험물이다.)

① 제2류와 제5류　② 제2류와 제6류

③ 제2류와 제3류　④ 제2류와 제1류

|문|제|풀|이|

[유별을 달리하는 위험물의 혼재기준]

위험물의 구분	제1류	제2류	제3류	제4류	제5류	제6류
제1류		X	X	X	X	O
제2류	X		X	O	O	X
제3류	X	X		O	X	X
제4류	X	O	O		O	X
제5류	X	O	X	O		X
제6류	O	X	X	X	X	

【비고】 1. 'X'표시는 혼재할 수 없음을 표시한다.
2. 'O'표시는 혼재할 수 있음을 표시한다.
3. 이 표는 지정수량의 $\frac{1}{10}$ 이하의 위험물에 대하여는 적용하지 아니한다.

【정답】 ①

29. 제3류 위험물을 취급하는 제조소는 300명 이상을 수용할 수 있는 극장으로부터 몇 m 이상의 안전거리를 유지하여야 하는가?

① 5　② 10

③ 30　④ 70

|문|제|풀|이|

[위험물 제조소와의 안전거리]

1. 주거용으로 사용되는 것 : 10m 이상
→ (제조소가 설치된 부지 내에 있는 것을 제외)
2. 학교, 병원, 극장 및 **이와 유사한 300명 이상 인원을 수용**할 수 있는 것, 복지지설 및 그 밖에 이와 유사한 20명 이상 인원을 수용할 수 있는 것 : **30m 이상**
3. 유형문화재와 기념물 중 지정문화재 : 50m 이상
4. 고압가스, 액화석유가스, 도시가스를 저장 · 취급하는 시설 : 20m 이상
5. 7000V 초과 35000V 이하의 특고압가공전선 : 3m 이상
6. 35000V를 초과하는 특고압가공전선 : 5m 이상

【정답】 ③

30. 위험물제조소 등에 자체소방대를 두어야 할 대상의 위험물안전관리법령상 기준으로 옳은 것은? (단, 원칙적인 경우에 한한다.)

① 지정수량 3000배 이상의 위험물을 저장하는 저장소 또는 제조소

② 지정수량 3000배 이상의 위험물을 취급하는 제조소 또는 일반취급소

③ 지정수량 3000배 이상의 제4류 위험물을 저장하는 저장소 또는 제조소

④ 지정수량 3000배 이상의 제4류 위험물을 취급하는 제조소 또는 일반취급소

|문|제|풀|이|

[자체소방대를 설치하여야 하는 사업소]

1. 지정수량 3000배 이상의 제4류 위험물을 취급하는 제조소 또는 일반취급소
2. 지정수량 50만 배 이상의 제4류 위험물을 저장하는 옥외탱크저장소

【정답】 ④

31. 이산화탄소가 소화약제로 사용되는 이유에 대한 설명으로 가장 옳은 것은?

① 산소와의 반응이 느리기 때문이다.

② 산소와 반응하지 않기 때문이다.

③ 착화되어도 곧 불이 꺼지기 때문이다.

④ 산화반응이 되어도 열 발생이 없기 때문이다.

|문|제|풀|이|

[이산화탄소의 특징]

1. 무색무취의 불연성 기체
2. 비전도성
3. 냉각, 압축에 의해 액화가 용이
4. 과량 존재 시 질식할 수 있다.
5. **더 이상 산소와 반응하지 않는다.**

【정답】 ②

32. 제3석유류 40,000L를 저장하고 있는 곳에 소화설비를 설치할 때 소요단위는 몇 단위인가? (단, 비수용성이다)

① 1단위 ② 2단위
③ 3단위 ④ 4단위

|문|제|풀|이|

[위험물의 소요단위] 소요단위= $\frac{\text{저장수량}}{\text{1소유단위}} = \frac{\text{저장수량}}{\text{지정수량} \times 10}$

1. 제4류 위험물 중 제3석유류의 지정수량(비수용성) : 2,000L
2. 저장수량 : 40,000L

∴소요단위(위험물)= $\frac{\text{저장수량}}{\text{지정수량} \times 10} = \frac{40000}{2000 \times 10} = 2\text{단위}$

※[1소요단위] 소화설비의 설치대상이 되는 건축물 그 밖의 공작물의 규모 또는 위험물의 양의 기준단위

종류	내화구조	비내화구조
위험물 제조소 및 취급소	$100m^2$	$50m^2$
위험물 저장소	$150m^2$	$75m^2$
위험물	지정수량×10	

소요단위(제조소, 취급소, 저장소)= $\frac{\text{연면적}}{\text{기준면적}}$

【정답】 ②

33. 고속도로 주유취급소의 특례기준에 따르면 고속도로 도로변에 설치된 주유취급소에 있어서 고정주유설비에 직접 접속하는 탱크의 용량은 몇 리터까지 할 수 있는가?

① 1만 ② 5만
③ 6만 ④ 8만

|문|제|풀|이|

[고속국도 주유취급소의 특례] 고속국도의 도로변에 설치된 주유취급소에 있어서는 탱크의 용량을 **60,000L**까지 할 수 있다.

【정답】 ③

34. 위험물의 운반에 관한 기준에서 적재방법 기준으로 틀린 것은?

① 고체 위험물은 운반용기의 내용적 95% 이하의 수납률로 수납할 것
② 액체 위험물은 운반용기의 내용적 90% 이하의 수납률로 수납할 것
③ 자연발화성 물질 중 알킬알루미늄 등은 운반용기의 내용적의 90% 이하의 수납률로 수납
④ 알킬알루미늄 등은 운반용기의 내용적의 90% 이하의 수납률로 수납하되, 50℃의 온도에서 5% 이상의 공간용적을 유지하도록 할 것

|문|제|풀|이|

[위험물 적재방법]

1. 고체위험물은 운반용기 내용적의 95% 이하의 수납률로 수납할 것
2. 액체위험물은 운반용기 **내용적의 98% 이하**의 수납률로 수납하되, 55도의 온도에서 누설되지 아니하도록 충분한 공간용적을 유지하도록 할 것
3. 자연발화성 물질 중 알킬알루미늄 등은 운반용기의 내용적의 90% 이하의 수납률로 수납하되, 50℃의 온도에서 5% 이상의 공간용적을 유지하도록 할 것
4. 제1류 위험물, 제3류 위험물 중 자연발화성 물질, 제4류 위험물 중 특수 인화물, 제5류 위험물 또는 제6류 위험물은 차광성이 있는 피복으로 가릴 것
5. 제1류 위험물 중 알칼리금속의 과산화물 또는 이를 함유한 것, 제2류 위험물 중 철분, 금속분, 마그네슘 또는 이들 중 어느 하나 이상을 함유한 것 또는 제3류 위험물 중 금수성물질은 방수성이 있는 피복으로 덮을 것

【정답】 ②

35. 탄화알루미늄이 물과 반응하면 폭발의 위험이 있다. 어떤 가스 때문인가?

① 수소 ② 메탄
③ 아세틸렌 ④ 암모니아

|문|제|풀|이|

[탄화알루미늄(Al_4C_3)] → 제3류 위험물(칼슘, 알루미늄의 탄화물)

·물과 반응하여 수산화알루미늄과 메탄(3몰)가스를 발생한다.

·물과 반응식 : $Al_4C_3 + 12H_2O \rightarrow 4Al(OH)_3 \uparrow + 3CH_4 + 360kcal$
(탄화알루미늄) (물) (수산화알루미늄) (메탄) (반응열)

【정답】 ②

36. 다량의 주수에 의한 냉각소화가 효과적인 위험물은?

① CH_3ONO_2　② Al_4C_3

③ Na_2O_2　④ Mg

|문|제|풀|이|

[질산메틸(CH_3ONO_2) → 제5류 위험물 (질산에스테르류)]
소화방법으로는 분무상의 물, 알코올폼 등을 사용한다.

※② Al_4C_3(탄화알루미늄) 물과의 반응식

$Al_4C_3 + 12H_2O \rightarrow 4Al(OH)_3 + 3CH_4 \uparrow + 360kcal$
(탄화알루미늄) (물) (수산화알루미늄) (메탄) (반응열)

③ Na_2O_2(과산화나트륨) 물과 반응식

$2Na_2O_2 + 2H_2O \rightarrow 4NaOH + O_2 \uparrow$ + 발열
(과산화나트륨) (물) (수산화나트륨) (산소)

④ Mg(마그네슘) 물과 반응식

$Mg + 2H_2O \rightarrow Mg(OH)_2 + H_2 \uparrow$
(마그네슘) (물) (수산화마그네슘) (수소)

【정답】 ①

37. 다음 반응식과 같이 벤젠 1kg이 연소할 때 발생되는 CO_2의 양은 약 몇 m³인가? (단, 27℃, 750mmHg 기준이다.)

$$C_6H_6 + 7.5O_2 \rightarrow 6CO_2 \uparrow + 3H_2O$$

① 0.72　② 1.22

③ 1.92　④ 2.42

|문|제|풀|이|

[벤젠(C_6H_6, 벤졸) → 제4위험물(제1석유류), 분자량 78]

1. 연소반응식 : $2C_6H_6 + 15O_2 \rightarrow 12CO_2 \uparrow + 6H_2O$
(벤젠) (산소) (이산화탄소) (물)
2. 1kg 연소 시 CO_2의 양 → (CO_2의 분자량 44)
$2\times78 : 12\times44 = 1kg : x \rightarrow x = 3.38kg$
3. CO_2의 부피(m^3)는? → (이상기체 상태방정식을 이용)
$PV=\frac{W}{M}RT$에서 → 부피 $V=\frac{WRT}{PM}$
여기서, P : 기체의 압력(kg/m^2), V : 기체의 체적(m^3)
M : 분자량, W : 무게, R : 기체상수
→ (R=0.08205L·atm/kg_mol · K)
T : 절대온도(K) → (T=273+℃)

$\therefore V=\frac{WRT}{PM}$

$=\frac{3.8kg\times0.08205L\cdot atm/kg\_mol\cdot K\times(273+27)K}{\left(\frac{750mmHg}{760mmHg}\times1atm\right)\times44}$

$=1.92m^3$

【정답】 ③

38. 인화점이 21℃ 미만의 액체위험물의 옥외저장탱크 주입구에 설치하는 "옥외저장탱크 주입구"라고 표시한 게시판의 바탕 및 문자색을 옳게 나타낸 것은?

① 백색바탕-적색문자

② 적색바탕-백색문자

③ 백색바탕-흑색문자

④ 흑색바탕-백색문자

|문|제|풀|이|

[옥외탱크저장소 표시 및 게시판]

1. 게시판은 한 변의 길이가 0.3m 이상, 다른 한 변의 길이가 0.6m 이상인 직사각형으로 할 것
2. 게시판에는 "**옥외저장탱크 주입구**"라고 표시하는 것 외에 저장 또는 취급하는 위험물의 유별·품명 및 저장최대수량 또는 취급최대수량, 지정수량의 배수 및 안전관리자의 성명 또는 직명을 기재할 것
3. 게시판의 **바탕은 백색**으로, **문자는 흑색**으로 할 것

【정답】 ③

39. 질산의 성상에 대한 설명으로 틀린 것은?

① 톱밥, 솜뭉치 등과 혼합하면 발화의 위험이 있다.

② 부식성이 강한 산성이다.

③ 백금, 금을 부식시키지 못한다.

④ 햇빛에 의해 분해하여 유독한 일산화탄소를 만든다.

|문|제|풀|이|

[질산(HNO_3) → 제6류 위험물]

- 융점 -42℃, 비점 86℃, 비중 1.49, 증기비중 2.17, 용해열 7.8kcal/mol
- 무색의 무거운 액체 → (보관 중 담황색으로 변한다.)
- 흡습성이 강하여 습한 공기 중에서 발열한다.
- 물과 반응하여 발열한다.
- 수용성으로 물과 반응하여 강산 산성을 나타낸다.
- 자극성, 부식성이 강한 강산이다.
→ 다만, 백금, 금, 이리듐, 로듐만은 부식시키지 못한다.
- 환원성 물질(탄화수소, 황화수소, 이황화수소 등)과 반응하여 발화, 폭발한다.
- 비점이 낮아 휘발성이고 햇빛에 의해 일부 분해한다.
- 분해 반응식 : $4HNO_3 \rightarrow 4NO_2 \uparrow + O_2 \uparrow + 2H_2O$
(질산) (이산화질소) (산소) (물)

【정답】 ④

40. 니트로셀룰로오스의 안전한 저장을 위해 사용하는 물질은?

① 페놀 ② 황산

③ 에탄올 ④ 아닐린

|문|제|풀|이|

[니트로셀룰로오스$[C_6H_7O_2(ONO_2)_3]_n$ → 제5류 위험물, 질산에스테르류]

·비중 1.5, 분해온도 130℃, 착화점 180℃

·셀룰로오스에 진한 질산과 진한 황산을 3:1의 비율로 혼합 작용시켜 제조한 것으로 약칭은 NC이다.

·니트로글리세린(NG)과 융합한 것을 교질 다이너마이트라 한다.

·비수용성이며 초산에틸, 초산아밀, 아세톤에 잘 녹는다.

·건조 상태에서는 폭발 위험이 크므로 저장 중에 **물(20%) 또는 알코올(30%)로 습윤시켜 저장**한다.

·가열, 마찰, 충격에 연소, 폭발하기 쉽다. 【정답】 ③

41. 질소가 가연물이 될 수 없는 이유를 가장 옳게 설명한 것은?

① 산소와 반응하지만 반응 시 열을 방출하기 때문에

② 산소와 반응하지만 반응 시 열을 흡수하기 때문에

③ 산소와 반응하지 않고 열의 변화가 없기 때문에

④ 산소와 반응하지 않고 열을 방출하기 때문에

|문|제|풀|이|

[질소(N) → 원자량 14]

·녹는점 -210℃, 끓는점 -195.79, 밀도 1.251

·비금속

·기체상태

·강한 산성 산화물

·산소와의 반응 시 흡열반응 【정답】 ②

42. 과염소산이 물과 접촉한 경우 일어나는 반응은?

① 중합반응 ② 연소반응

③ 흡열반응 ④ 발열반응

|문|제|풀|이|

[과염소산($HClO_4$) → 제6류 위험물]

1. 융점 -112℃, 비점 39℃, 비중 1.76, 증기비중 3.46
2. 무색의 염소 냄새가 나는 액체로 공기 중에서 강하게 연기를 낸다.
3. 흡습성이 강하며 휘발성이 있고 독성이 강하다.
4. 수용성으로 **물과 접촉 시 심한 열이 발생**하며 과염소산의 고체 수화물(6종류)을 만든다.
5. 강산으로 산화력이 강하고 종이, 나무조각 등 유기물과 접촉하면 연소와 동시 폭발한다. 【정답】 ④

43. 적린의 성질 및 취급방법에 대한 설명으로 틀린 것은?

① 화재발생 시 냉각소화가 가능하다.

② 공기 중에 방치하면 자연발화 한다.

③ 산화제와 격리하여 저장한다.

④ 비금속 원소이다.

|문|제|풀|이|

[적린(P) : 제2류 위험물 (가연성 고체)]

·**착화점 260℃**, 융점 600℃, 비점 514℃, 비중 2.2

·암적색 무취 분말의 비금속 원소

·황린의 동소체, 황린에 비해 안정하며 독성이 없다.

·산화제인 염소산염류와의 혼합을 절대 금한다.

·물, 알칼리, 이황화탄소, 에테르, 암모니아에 녹지 않는다.

·소화방법으로는 다량의 주수소화가 효과적이다.

·연소 생성물은 흰색의 오산화인(P_2O_5)이다.

·연소 반응식 : $4P + 5O_2 \rightarrow 2P_2O_5$

(적린) (산소) (오산화인)

【정답】 ②

44. 다음 위험물의 화재 시 주수소화가 가능한 것은?

① 철분 ② 마그네슘

③ 나트륨 ④ 황

|문|제|풀|이|

[위험물의 소화방법]

① 철분(Fe) → 제2류 위험물

·소화방법으로는 주수소화를 금하고 마른모래 등으로 피복소화한다.

·철분과 물의 반응식 : $3Fe + 4H_2O \rightarrow Fe_3O_4 + 4H_2\uparrow$

(철) (물) (자철광) (수소)

② 마그네슘(Mg) → 제2류 위험물

·소화방법으로는 마른모래나 금속화재용 분말소화약제(탄산수소염류) 등을 사용한다.

·온수와의 반응식 : $Mg + 2H_2O \rightarrow Mg(OH)_2 + H_2\uparrow$

(마그네슘) (물) (수산화마그네슘) (수소)

③ 나트륨(Na) → 제3류 위험물

·소화방법에는 마른모래, 건조된 소금, 탄산칼슘 분말의 혼합물로 피복하여 질식소화가 효과적이다.

·물과의 반응식 : $2Na+2H_2O \rightarrow 2NaOH+H_2\uparrow +88.2kcal$

(나트륨) (물) (수산화나트륨) (수소) (반응열)

④ 황(S) → 제2류 위험물

·소화방법으로는 다량의 **주수소화가 효과적**이다.

【정답】 ④

45. 화학포의 소화기에서 기포 안정제로 사용되는 것은?

① 계면활성제 ② 질산

③ 황산알루미늄 ④ 질산칼륨

|문|제|풀|이|

[화학포소화약제]

황산알루미늄	·혼합 시 이산화탄소를 발생하여 거품 생성 ·내약제
탄산수소나트륨	·혼합 시 이산화탄소를 발생하여 거품 생성 ·외약제
기포안정제	·가수분해단백질, 사포닌, **계면활성제**, 젤라틴, 카제인 ·외약제

【정답】 ①

46. 다음 위험물 중 산 · 알칼리 수용액에 모두 반응해 수소를 발생하는 양쪽성 원소는?

① Pt ② Au

③ Al ④ Na

|문|제|풀|이|

[양쪽성 원소]

·양쪽성 화합물이란 산에 대해서 염기로 작용하고, 염기에 대해서 산으로 작용하는 화합물이라고 정의된다.

·**아연(Zn), 주석(Sn), 납(Pb), 비소(As), 안티몬(Sb), 알루미늄(Al)**과 같은 수산화물이나 산화물, 단백질, 아미노산 등이 양쪽성 화합물이다. 【정답】 ③

47. 지하저장탱크에 경보음을 울리는 방법으로 과충전 방지장치를 설치하고자 한다. 탱크 용량의 최소 몇 %가 찰 대 경보음이 울리도록 하여야 하는가?

① 80 ② 85

③ 90 ④ 95

|문|제|풀|이|

[지하저장탱크의 과충전을 방지 장치]

1. 탱크용량을 초과하는 위험물이 주입될 때 자동으로 그 주입구를 폐쇄하거나 위험물의 공급을 자동으로 차단하는 방법
2. **탱크용량의 90%가 찰 때** 경보음을 울리는 방법

【정답】 ③

48. 다음은 각 위험물의 인화점을 나타낸 것이다. 인화점을 틀리게 나타낸 것은?

① CH_3COCH_3 : −18℃

② C_6H_6 : −11℃

③ CS_2 : −30℃

④ C_5H_5N : −20℃

|문|제|풀|이|

[위험물의 인화점]

① 아세톤(CH_3COCH_3) → 제4류 위험물(제1석유류) : 인화점 −18℃

② 벤젠(C_6H_6) → 제4류 위험물 (제1석유류) : 인화점 −11℃

③ 이황화탄소(CS_2)→제4류 위험물(특수인화물) : 인화점−30℃

④ **피리딘**(C_5H_5N)→제4류 위험물(제1석유류) : **인화점 20℃**

※주요 가연물의 인화점

물질명	인화점 ℃	물질명	인화점 ℃
이소펜탄(C_5H_{12})	−51	피리딘(C_5H_5N)	20
디에틸에테르($C_2H_5OC_2H_5$)	−45	클로로벤젠(C_6H_5Cl)	32
아세트알데히드(CH_3CHO)	−38	테레핀유($C_{10}H_{16}$)	35
산화프로필렌(OCH_2CHCH_3)	−37	클로로아세톤(C_3H_5ClO)	35
이황화탄소(CS_2)	−30	초산(CH_3COOH)	40
아세톤(CH_3COCH_3) 트리메틸알루미늄 [$(CH_3)_3Al$]	−18	등유(C_{10} ~ C_{15})	30~60
벤젠(C_6H_6)	−11	경유(C_{15} ~ C_{20})	50~70
메틸에틸케톤($CH_3COC_2H_5$)	−1	아닐린($C_6H_5NH_2$)	70
톨루엔($C_6H_5CH_3$)	4.5	니트로벤젠($4C_6H_5NO_2$)	88
메틸알코올(CH_4O) (메탄올)	11	에틸렌글리콜($C_2H_4(OH)_2$)	111
에틸알코(C_2H_6O) (에탄올)	13	중유(C_{20} ~ C_{50})	60~150
에틸벤젠(C_8H_{10})	15		

【정답】 ④

49. 지정수량 10배의 위험물을 저장 또는 취급하는 제조소에 있어서 연면적이 최소 몇 m^2이면 자동화재탐지설비를 설치해야 하는가?

① 100 ② 300

③ 500 ④ 1000

|문|제|풀|이|

[자동화재탐지설비의 설치기준(제조소 및 일반취급소)]

· **연면적이 $500m^2$ 이상**인 것
· 옥내에서 지정수량의 100배 이상을 취급하는 것(고인화점위험물만을 100℃ 미만의 온도에서 취급하는 것은 제외한다)
· 일반취급소로 사용되는 부분 외의 부분이 있는 건축물에 설치된 일반취급소(일반취급소와 일반취급소 외의 부분이 내화구조의 바닥 또는 벽으로 개구부 없이 구획된 것은 제외한다)

【정답】 ③

50. 다음 위험물 중 제3석유류에 속하고 지정수량이 2000L인 것은?

① 아세트산 ② 글리세린

③ 에틸렌글리콜 ④ 니트로벤젠

|문|제|풀|이|

[위험물의 지정수량]

① 아세트산 → 제4위험물(제2석유류), 지정수량(수용성) 2000L
② 글리세린→ 제4위험물(제3석유류), 지정수량(수용성) 4000L
③ 에틸렌글리콜→ 제4위험물(제3석유류), 지정수량(수용성) 4000L
④ 니트로벤젠→ 제4위험물(제3석유류), 지정수량(비수용성) 2000L

【정답】 ④

51. $(C_2H_5)_3Al$이 공기 중에 노출되어 연소할 때 발생하는 물질은?

① Al_2O_3 ② CH_4

③ $Al(OH)_3$ ④ C_2H_6

|문|제|풀|이|

[알킬알루미늄(R_3Al) → 제3류 위험물]

· 알킬기(C_nH_{2n+1})와 알루미늄(Al)이 결합된 화합물
· 종류로는 트리에틸알루미늄($(C_2H_5)_3Al$), 트리메틸알루미늄($(CH_3)_3Al$)
· **공기와 반응식**

$2(C_2H_5)_3Al + 21O_2 \rightarrow 12CO_2 + Al_2O_3 + 15H_2O + 1470.4kcal$

(트리메틸알루미늄) (산소) (탄산가스) (산화알루미늄)(물) (반응열)

· 물과 반응식

-트리메틸알루미늄

$(CH_3)_3Al + 3H_2O \rightarrow Al(OH)_3 + 3CH_4 \uparrow$

(트리메틸알루미늄) (물) (수산화알루미늄) (메테인(메탄))

-트리에틸알루미늄

$(C_2H_5)_3Al + 3H_2O \rightarrow Al(OH)_3 + 3C_2H_6 \uparrow$

(트리에틸알루미늄) (물) (수산화알루미늄) (에테인)

【정답】 ①

52. 제2류 위험물인 마그네슘분에 대한 설명으로 옳은 것은?

① 물보다 가벼운 금속이다.

② 분진 폭발이 없는 물질이다.

③ 황산과 반응하면 수소가스를 발생한다.

④ 소화방법으로 직접적인 주수소화가 가장 좋다.

|문|제|풀|이|

[마그네슘(Mg) → 제2류 위험물]

· 착화점 400℃(불순물 존재 시), 융점 650℃, 비점 1102℃, **비중 1.74**
· 은백색의 광택이 나는 경금속 분말로 알칼리토금속에 속한다.
· 알루미늄보다 열전도율 및 전기전도도가 낮고, 산 및 더운물과 반응하여 수소를 발생한다.
· 산화제 및 할로겐 원소와의 접촉을 피하고, 공기 중 **습기에 발열**되어 자연 발화의 위험성이 있다.
· 소화방법으로는 **마른모래**나 금속화재용 분말소화약제(탄산수소염류) 등을 사용한다.
→ (이산화탄소를 이용한 질식소화는 위험하다.)
· 연소 반응식 : $2Mg + O_2 \rightarrow 2MgO + 2 \times 143.7kcal$
(마그네슘) (산소) (산화마그네슘) (반응열)
· **황산과의 반응식** : $Mg + H_2SO_4 \rightarrow MgSO_4 + H_2 \uparrow$
(마그네슘) (황산) (황산마그네슘) (수소)

※· 분진 폭발을 일으키지 않는 물질 : 석회석 가루(생석회), 시멘트 가루, 대리석 가루, 탄산칼슘, 규사(모래)
· 분진 폭발하는 물질 : 황(유황), 알루미늄분, 마그네슘분, 금속분, 밀가루, 커피 등

【정답】 ③

53. 옥내주유취급소에 있어서는 당해 사무소 등의 출입구 및 피난구와 당해 피난구로 통하는 통로 · 계단 및 출입구에 무엇을 설치해야 하는가?

① 화재감지기 ② 스프링클러

③ 자동화재 탐지설비 ④ 유도등

|문|제|풀|이|

[피난설비의 설치기준]

1. 주유취급소 중 건축물의 2층 이상의 부분을 점포 · 휴게음식점 또는 전시장의 용도로 사용하는 것에 있어서는 당해 건축물의 2층 이상으로부터 주유취급소의 부지 밖으로 통하는 출입구와 당해 출입구로 통하는 통로 · 계단 및 출입구에 유도등을 설치하여야 한다.
2. 옥내주유취급소에 있어서는 당해 사무소 등의 **출입구 및 피난구**와 당해 피난구로 통하는 통로 · 계단 및 출입구에 **유도등**을 설치하여야 한다.
3. 유도등에는 비상전원을 설치하여야 한다.

【정답】 ④

54. 벤조일퍼옥사이드 10kg, 니트로글리세린 50kg, T.N.T 400kg을 저장하려 할 때 위험물의 지정수량의 배수의 총 합은 얼마인가?

① 5 ② 7

③ 8 ④ 10

|문|제|풀|이|

[지정수량의 계산값(배수)]

$$배수=\frac{A품명의\ 저장수량}{A품명의\ 지정수량}+\frac{B품명의\ 저장수량}{B품명의\ 지정수량}+\cdots\cdots$$

1. 지정수량
   - ·벤조일퍼옥사이드 : 제5류 위험물(유기과산화물), 지정수량 10kg
   - ·니트로글리세린 : 제5류 위험물(질산에스테르류), 지정수량 10kg
   - ·T.N.T(트리니트로톨루엔) : 제5류 위험물(니트로화합물), 지정수량 200kg
2. 저장수량 : 벤조일퍼옥사이드(10kg), 니트로글리세린(50kg), T.N.T((트리니트로톨루엔) 400kg)

$∴$지정수량 배수$=\frac{10kg}{10kg}+\frac{50kg}{10kg}+\frac{400kg}{200kg}=8.0$배

【정답】 ③

55. 다음은 위험물을 저장하는 탱크의 공간용적 산정기준이다. ( )에 알맞은 수치로 옳은 것은?

> 암반탱크에 있어서는 당해 탱크 내에 용출하는 ( )일간의 지하수의 양에 상당하는 용적과 탱크 내용적의 ( )의 용적 중에서 보다 큰 용적을 공간용적으로 한다.

① 1, $\frac{1}{100}$ ② 5, $\frac{1}{100}$

③ 3, $\frac{1}{100}$ ④ 7, $\frac{1}{100}$

|문|제|풀|이|

[탱크의 공간용적 산정기준]

1. 탱크의 공간용적은 탱크의 내용적의 $\frac{5}{100}$ 이상, $\frac{10}{100}$ 이하의 용적으로 한다.
2. 암반탱크에 있어서는 용출하는 7일간의 지하수의 양에 상당하는 용적과 당해 탱크 내용적의 $\frac{1}{100}$의 용적 중에서 보다 큰 용적을 공간용적으로 한다.

【정답】 ④

56. 위험물안전관리법령상 운송책임자의 감독 · 지원을 받아 운송하여야 하는 것으로 대통령령이 정하는 위험물에 해당하는 것은?

① 알킬리튬

② 디에틸에테르

③ 과산화나트륨

④ 과염소산

|문|제|풀|이|

[위험물의 운송]

- ·대통령령이 정하는 위험물(**알킬알루미늄, 알킬리튬 또는 이 두 물질을 함유하는 위험물**)의 운송에 있어서는 운송책임자(위험물 운송의 감독 또는 지원을 하는 자를 말한다.)의 감독 또는 지원을 받아 이를 운송하여야 한다.
- ·운송책임자의 범위, 감독 또는 지원의 방법 등에 관한 구체적인 기준은 행정안전부령으로 정한다.

【정답】 ①

57. 이동식 불활성가스 소화설비의 기준에서 온도 27℃에서 하나의 노즐마다 분당 몇 kg 이상의 소화약제를 방사할 수 있어야 하는가?

① 90kg ② 60kg

③ 50kg ④ 30kg

|문|제|풀|이|

[이동식불활성가스 소화설비]

1. 저장량 : 90kg 이상
2. 노즐의 **방사량 : 90kg/min 이상**

【정답】 ①

58. 다음 중 위험물에 관한 설명 중 틀린 것은?

① 할로겐간 화합물은 제6류 위험물이다.

② 할로겐간 화합물의 지정수량은 200kg이다.

③ 과염소산은 불연성이나 산화성이 강하다.

④ 과염소산은 산소를 함유하고 있으며 물보다 무겁다.

|문|제|풀|이|

[할로겐간 화합물 → 제6류 위험물]

- ·지정수량 300kg
- ·종류로는 BrF_3, BrF_5, IF_5, ICI, IBr 등

【정답】 ②

59. 제조소등의 용도를 폐지한 경우 제조소등의 관계인은 용도를 폐지한 날로부터 며칠 이내에 용도폐지 신고를 하여야 하는가?

① 3일 ② 7일

③ 14일 ④ 30일

|문|제|풀|이|

[제조소 등의 폐지 신고] 제조소 등의 관계인(소유자 · 점유자 또는 관리자)은 당해 제조소 등의 용도를 폐지한 때에는 행정안전부령이 정하는 바에 따라 제조소등의 **용도를 폐지**한 날부터 **14일 이내에 시 · 도지사에게 신고**하여야 한다.

【정답】 ③

60. 높이 15m, 지름 20m인 옥외저장탱크에 보유공지의 단축을 위해서 물분무설비로 방호조치를 하는 경우 수원의 양은 약 몇 L 이상으로 하여야 하는가?

① 46496 ② 58090

③ 70259 ④ 95880

|문|제|풀|이|

[보유공지 단축을 위한 물분무설비의 조건]

1. 탱크의 표면에 방사하는 물의 양은 탱크의 원주길이 1m에 대하여 분당 37L 이상으로 할 것
2. 수원의 양은 1의 규정에 의한 수량으로 20분 이상 방사할 수 있는 수량으로 할 것

∴수원= 원주길이 $\times$ 37L/min$\cdot m \times$ 20min

$= (2\pi r) \times 37L/min \cdot m \times 20min$

$= (2 \times \pi \times 10) \times 37L/min \cdot m \times 20min = 46496L$

→ (지름 20m, 반지름(r)=10m, $\pi = 3.14159$)

【정답】 ①

2017_2 위험물기능사 필기

01. 그림과 같은 위험물 저장탱크의 내용적은 약 몇 m^3인가?

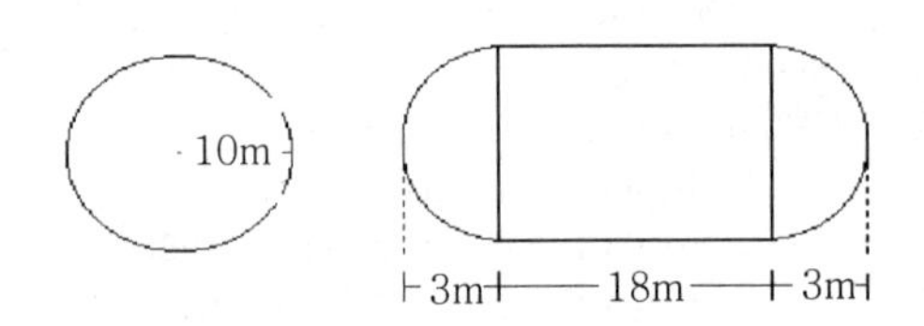

① 4681 ② 5482
③ 6283 ④ 7080

|문|제|풀|이|

[원통형 탱크의 내용적(횡으로 설치)]

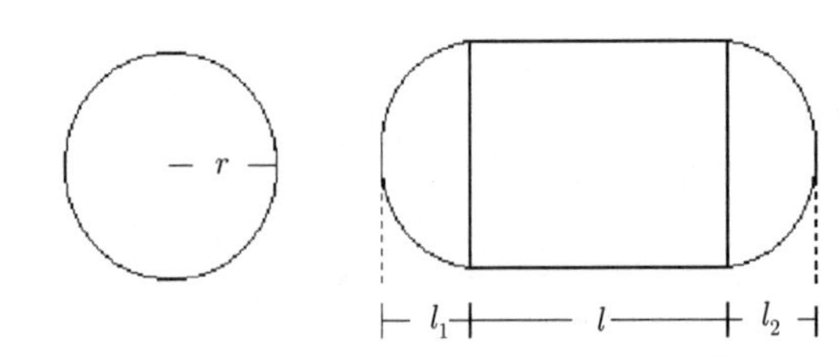

$$\text{내용적} = \pi r^2\left(l + \frac{l_1 + l_2}{3}\right)$$

$$= 3.14 \times 10^2\left(18 + \frac{3+3}{3}\right) = 6283m^3$$

【정답】 ③

02. 제1류 위험물에 해당하지 않는 것은?

① 납의산화물
② 질산구아니딘
③ 퍼옥소이황산염류
④ 염소화이소시아눌산

|문|제|풀|이|

[제1류 위험물(산화성 고체)]

위험등급	품명		지정수량
Ⅰ	1. 아염소산염류 : 아염소산나트륨, 아염소산칼륨 2. 염소산염류 : 염소산칼륨, 염소산나트륨, 염소산아모늄 3. 과염소산염류 : 과염소산칼륨, 과염소산나트륨, 과염소산암모늄 4. 무기과산화물 : 과산화나트륨, 과산화칼륨, 과산화바륨, 과산화마그네슘		50kg
Ⅱ	5. 브롬산염류 : 브롬산칼륨, 브롬산나트륨 6. 요오드산염류 : 요오드산칼륨, 요오드산칼슘, 요오드산나트륨 7. 질산염류 : 질산칼륨, 질산나트륨, 질산암모늄		300kg
Ⅲ	8. 과망간산염류 : 과망간산칼륨, 과망간산나트륨, 과망간산칼슘 9. 중크롬산염류 : 중크롬산칼륨, 중크롬산나트륨, 중크롬산암모늄		1000kg
Ⅰ~Ⅲ	10. 그 밖의 행정안전부령이 정하는 것	① 과요오드산염 ② 과요오드산 ③ 크로뮴, **납 또는 요오드의 산화물** ④ 아질산염류 ⑤ 차아염소산염류 ⑥ **염소화이소시아눌산** ⑦ **퍼옥소이황산염류** ⑧ 퍼옥소붕산염류	50kg-Ⅰ등급 300kg-Ⅱ등급 1000kg-Ⅲ등급

※② 질산구아니딘 : 제5류 위험물 【정답】 ②

03. 물과 반응하여 가연성 가스를 발생하지 않는 것은?

① 칼륨　　② 과산화칼륨

③ 탄화알루미늄　　④ 트리에틸알루미늄

|문|제|풀|이|

[위험물의 물과의 반응]

① 칼륨 : $2K + 2H_2O \rightarrow 2KOH + H_2 \uparrow + 92.8kcal$
(칼륨) (물) (수산화칼륨) (수소) (반응열)

② 과산화칼륨 : $2K_2O_2 + 2H_2O \rightarrow 4KOH + O_2 \uparrow$
(과산화칼륨) (물) (수산화칼륨) (산소)

③ 탄화알루미늄 : $Al_4C_3 + 12H_2O \rightarrow 4Al(OH)_3 + 3CH_4 \uparrow + 360kcal$
(탄화알루미늄) (물) (수산화알루미늄) (메탄) (반응열)

④ 트리에틸알루미늄 :
$(C_2H_5)_3Al + 3H_2O \rightarrow Al(OH)_3 + 3C_2H_6 \uparrow$
(트리에틸알루미늄) (물) (수산화알루미늄) (에테인)

※1. 가연성가스 : 자기 자신이 타는 가스들이다. 수소(H_2), 메탄(CH_4), 일산화탄소(CO), 에탄(C_2H_6), 암모니아(NH_3), 부탄(C_4H_{10})

2. 조연성가스 : 자신은 타지 않고 연소를 도와주는 가스 산소(O_2), 공기, 오존(O_3), 불소(F), 염소(Cl)

3. 불연성가스 : 스스로 연소하지 못하며, 다른 물질을 연소시키는 성질도 갖지 않는 가스, 즉 연소와 무관한 가스 수증기(H_2O), 질소(N_2), 아르곤(Ar), 이산화탄소(CO_2), 프레온

【정답】 ②

04. 다음 중 제5류 위험물로만 나열되지 않은 것은?

① 과산화벤조일, 질산메틸

② 과산화초산, 디니트로벤젠

③ 과산화요소, 니트로글리콜

④ 아세토니트릴, 트리니트로톨루엔

|문|제|풀|이|

[위험물의 분류]

① · 과산화벤조일 : 제5류 위험물(유기과산화물)
　· 질산메틸 : 제5류 위험물(질산에스테르류)

② · 과산화초산 : 제5류 위험물(유기과산화물)
　· 디니트로벤젠 : 제5류 위험물(니트로소화물)

③ · 과산화요소 : 제5류 위험물(유기과산화물)
　· 니트로글리콜 : 제5류 위험물(질산에스테르류)

④ · **아세토니트릴 : 제4류 위험물(제1석유류)**
　· 트리니트로톨루엔 : 제5류 위험물(니트로화합물)

【정답】 ④

05. 다음 중 강화액소화약제의 주된 소화원리에 해당하는 것은?

① 냉각소화　　② 절연소화

③ 제거소화　　④ 발포소화

|문|제|풀|이|

[강화액소화약제]

· 물의 소화능력을 향상 시키고, 겨울철에 사용할 수 있도록 어는점을 낮추기 위해 물에 탄산칼륨(K_2CO_3)을 보강시켜 만든 소화약제로 **냉각소화 원리**에 해당한다.

· 알칼리성(pH12)으로 응고점이 낮아 잘 얼지 않는다.

· 물보다 1.4배 무겁고, 한랭지역에 많이 쓰인다.　【정답】 ①

06. 다음과 같은 반응에서 $5m^3$의 탄산가스를 만들기 위해 필요한 탄산수소나트륨의 양은 약 몇 kg인가? (단, 표준상태이고, 나트륨의 원자량은 23이다.)

$$2NaHCO_3 \rightarrow Na_2CO_3 + CO_2 + H_2O$$

① 18.75　　② 37.5

③ 56.25　　④ 75

|문|제|풀|이|

[이상기체상태방정식] 이상기체의 상태를 나타내는 양들, 즉 압력 P, 부피 V, 온도 T 간의 상관관계를 기술하는 방정식

$$PV = \frac{W}{M}RT \rightarrow W = \frac{PVM}{RT}$$

여기서, P : 기체의 압력(kg/m^2), V : 기체의 체적(m^3)
M : 분자량, W : 무게, R : 기체정수(0.082)
T : 절대온도(k) → (T=273+℃)

[탄산수소나트륨의 양]

탄산수소나트륨의 분해에서 이산화탄소의 생성은 2:1 반응이므로 이상기체상태방정식을 통해 이산화탄소의 양(kg)을 구하고 2의 배수를 취한다.

$$\therefore W = \frac{PVM}{RT} \times 2 = \frac{1 \times 5 \times 84}{0.082 \times (0+273)} \times 2 = 37.52$$

＊표준상태 : 0℃, 1기압(atm), $NaHCO_3$ 분자량 : 84kg/kmol
R : 0.082atm · m^3/kmol · K

【정답】 ②

07. 다음 중 제4류 위험물에 해당하는 것은?

① $Pb(N_3)_2$　② CH_3ONO_2
③ N_2H_4　④ NH_2OH

|문|제|풀|이|

[위험물의 분류]
① 아지드화납(질산납)($Pb(N_3)_2$) → 제5류 위험물(금속아지드화합물)
② 질산메틸(CH_3ONO_2) : 제5류 위험물(질산에스테르류)
③ **히드라진**(N_2H_4) **: 제4류 위험물(제2석유류)**
④ 히드록실아민(NH_2OH) : 제5류 위험물(히드록실아민염류)

【정답】 ③

08. 다음 중 제6류 위험물에 해당하는 것은?

① IF_5　② $HClO_3$
③ NO_3　④ H_2O

|문|제|풀|이|

[제6류 위험물(산화성 액체)]

유별	품명	지정수량
제6류 산화성 액체	1. 질산(HNO_3) 2. 과산화수소(H_2O_2) 3. 과염소산($HClO_4$)	300kg
	4. 그 밖에 행정안전부령이 정하는 것 ① 할로겐간화합물(BrF_3, BrF_5, IF_5, ICI, IBr 등) 5. 1내지 4의 ①에 해당하는 어느 하나 이상을 함유한 것	

【정답】 ①

09. 다음 중 정전기 방지대책으로 가장 거리가 먼 것은?

① 접지를 한다.
② 공기를 이온화한다.
③ 21% 이상의 산소농도를 유지하도록 한다.
④ 공기의 상대습도를 70% 이상으로 한다.

|문|제|풀|이|

[위험물 제조소의 정전기 제거설비]
1. 접지에 의한 방법
2. 공기 중의 상대습도를 70% 이상으로 하는 방법
3. 공기를 이온화하는 방법
4. 위험물 이송 시 유속 1m/s 이하로 할 것

【정답】 ③

10. 다음 중 D급 화재에 해당하는 것은?

① 플라스틱화재　② 휘발유화재
③ 나트륨화재　④ 전기화재

|문|제|풀|이|

[화재의 분류]

급수	종류	색상	소화방법	가연물
A급	일반화재	백색	냉각소화	일반가연물(목재, 종이, 섬유, 석탄, 플라스틱 등)
B급	유류 가스 화재	황색	질식소화	가연성 액체(각종 유류 및 가스, 페인트)
C급	전기화재	청색	질식소화	전기기기, 기계, 전선 등
D급	금속화재	무색	피복에 의한 질식소화	가연성 금속(철분, 마그네슘, 나트륨, 금속분, Al분말 등)

※ E급 : 가스화재, F급 : 식용유화재

【정답】 ③

11. 위험물안전관리법령상 품명이 나머지 셋과 다른 하나는?

① 트리니트로톨루엔　② 니트로글리세린
③ 니트로글리콜　④ 셀룰로이드

|문|제|풀|이|

[위험물의 품명]
① 트리니트로톨루엔 : 제5류 위험물 → (니트로화합물)
② 니트로글리세린 : 제5류 위험물 → (질산에스테르류)
③ 니트로글리콜 : 제5류 위험물 → (질산에스테르류)
④ 셀룰로이드 : 제5류 위험물 → (질산에스테르류)

【정답】 ①

12. 석유류가 연소할 때 발생하는 가스로 강한 자극적인 냄새가 나며 취급하는 장치를 부식시키는 것은?

① H_2　② CH_4
③ NH_3　④ SO_2

|문|제|풀|이|

[이산화황(SO_2)]
- 분자량 64.07, 밀도 1.46, 녹는점 -75.5℃, 끓는점 -10.0℃, 비중 2.263
- 무색의 달걀 썩는 **자극성 냄새**가 나는 기체이다.
- **석유, 석탄 속에 들어 있는 유황화합물의 연소**로 인한 대기오염이 산성비와 이에 따른 호수와 늪의 산성화의 원인이 되고 있다.
- 액체는 여러 가지 무기화합물과 유기화합물을 녹일 수 있으며 용매로도 쓰일 수 있다.

【정답】 ④

13. 위험물의 저장방법에 대한 설명으로 옳은 것은?

① 황화린은 알코올 또는 과산화물 속에 저장하여 보관한다.

② 마그네슘은 건조하면 분진폭발의 위험성이 있으므로 물에 습윤하여 저장한다.

③ 적린은 화재예방을 위해 할로겐 원소와 혼합하여 저장한다.

④ 수소화리튬은 저장용기에 아르곤과 같은 불활성기체를 봉입한다.

|문|제|풀|이|

[위험물의 저장방법]

① 황화린은 산화제, 알칼리, 알코올, 과산화물, 강산, 금속분과 접촉을 피한다.

② 마그네슘은 산 및 더운물과 반응하여 수소를 발생한다.
온수와의 화학 반응식 : $Mg + 2H_2O \rightarrow Mg(OH)_2 + H_2 \uparrow$
(마그네슘) (물) (수산화마그네슘) (수소)

③ 적린(위험물 2류)와 할로겐 원소(제6류 위험물)은 혼재할 수 없다.

【정답】 ④

14. 위험물제조소의 경우 연면적이 최소 몇 m^2이면 자동화재탐지설비를 설치해야 하는가? (단, 원칙적인 경우에 의한다.)

① 100 ② 300

③ 500 ④ 1000

|문|제|풀|이|

[자동화재탐지설비의 설치기준(제조소 및 일반취급소)]

· **연면적이 $500m^2$ 이상**인 것

· 옥내에서 지정수량의 100배 이상을 취급하는 것(고인화점위험물만을 100℃ 미만의 온도에서 취급하는 것은 제외한다)

· 일반취급소로 사용되는 부분 외의 부분이 있는 건축물에 설치된 일반취급소(일반취급소와 일반취급소 외의 부분이 내화구조의 바닥 또는 벽으로 개구부 없이 구획된 것은 제외한다)

【정답】 ③

15. 위험물제조소 표지 및 게시판에 대한 설명이다. 위험물안전관리법령상 옳지 않은 것은?

① 표지는 한 변의 길이가 0.3m, 다른 한 변의 길이가 0.6m 이상으로 하여야 한다.

② 표지의 바탕은 백색, 문자는 흑색으로 하여야 한다.

③ 취급하는 위험물에 따라 규정에 의한 주의사항을 표시한 게시판을 설치하여야 한다.

④ 제2류 위험물(인화성고체)은 "물기엄금" 주의사항 게시판을 설치하여야 한다.

|문|제|풀|이|

[게시판의 설치기준]

1. 게시판은 한 변의 길이가 0.3m 이상, 다른 한 변의 길이가 0.6m 이상인 직사각형으로 할 것
2. 게시판에는 저장 또는 취급하는 위험물의 유별·품명 및 저장최대수량 또는 취급최대수량, 지정수량의 배수 및 안전관리자의 성명 또는 직명을 기재할 것
3. 게시판의 바탕은 백색으로, 문자는 흑색으로 할 것
4. 주의사항

위험물의 종류	주의사항
· 제1류 위험물 : 알칼리금속의 과산화물과 이를 함유한 것 · 제3류 위험물 중 금수성 물질	「물기엄금」 (바탕 : 청색, 문자 : 백색)
제2류 위험물(인화성고체를 제외한다)	「화기주의」 (바탕 : 적색, 문자 : 백색)
· 제2류 위험물 중 인화성고체 · 제3류 위험물 중 자연발화물질 · 제4류 위험물 · 제5류 위험물	**「화기엄금」** (바탕 : 적색, 문자 : 백색)

【정답】 ④

16. 위험물안전관리법령상 위험등급 Ⅰ의 위험물에 해당하는 것은?

① 무기과산화물 ② 황화린

③ 제1석유류 ④ 유황

|문|제|풀|이|

[위험물의 위험등급(Ⅰ)]

위험등급	종류
위험등급 Ⅰ의 위험물	1. 제1류 위험물 중 아염소산염류, 염소산염류, 과염소산염류, **무기과산화물** 그 밖에 지정수량이 50kg인 위험물
	2. 제3류 위험물 중 칼륨, 나트륨, 알킬알루미늄, 알킬리튬, 황린 그 밖에 지정수량 10kg 또는 20kg인 위험물
	3. 제4류 위험물 중 특수인화물
	4. 제5류 위험물 중 유기과산화물, 질산에스테르류 그 밖에 지정수량이 10kg인 위험물
	5. 제6류 위험물

【정답】 ①

17. 위험물안전관리법령상 운송책임자의 감독, 지원을 받아 운송하여야 하는 위험물에 해당하는 것은?

① 알킬알루미늄, 산화프로필렌, 알킬리튬

② 알킬알루미늄, 산화프로필렌

③ 알킬알루미늄, 알킬리튬

④ 산화프로필렌, 알킬리튬

|문|제|풀|이|

[운송책임자의 감독 · 지원을 받아 운송하여야 하는 위험물 (제3류 위험물)]

1. 알킬알루미늄(R_3Al)
2. 알킬리튬(RLi)
3. 알킬알루미늄 또는 알킬리튬의 물질을 함유하는 위험물
   ㉮ 알킬알루미늄을 함유한 위험물
   - 트리메틸알루미늄($(CH_3)_3Al$)
   - 트리에틸알루미늄($(C_2H_5)_3Al$)
   - 트리이소부틸알루미늄($(C_4H_9)_3Al$)
   - 디에틸알루미늄클로라이드($(C_2H_5)_2AlCl$)

   ㉯ 알킬리튬을 함유한 위험물
   - 메틸리튬(CH_3Li)
   - 에틸리튬(C_2H_5Li)
   - 부틸리튬(C_4H_9Li)

【정답】 ③

18. 다음 위험물 중 비중이 물보다 큰 것은?

① 디에틸에테르 ② 아세트알데히드

③ 산화프로필렌 ④ 이황화탄소

|문|제|풀|이|

[위험물의 성상]

① 디에틸에테르($C_2H_5OC_2H_5$, 에틸에테르/에테르) → 제4류 위험물, 특수인화물] : 인화점 -45℃, 착화점 180℃, 비점 34.6℃, **비중 0.72(15℃)**, 연소범위 1.9~48%

② 아세트알데히드(CH_3CHO) → 제4류 위험물, 특수인화물] : 인화점 -38℃, 착화점 185℃, 비점 21℃, **비중 0.78**, 연소범위 4.1~57%

③ 산화프로필렌(OCH_2CHCH_3) → 제4류 위험물(특수인화물) : 인화점 -37℃, 착화점 465℃, 비점 34℃, **비중 0.83**, 연소범위 2.5~38.5%

④ 이황화탄소(CS_2, 2유화탄소) → 제4류 위험물 중 특수인화물 : 인화점 -30℃, 착화점 100℃, 비점 46.25℃, **비중 1.26**, 증기비중 2.62, 연소범위 1~44%

【정답】 ④

19. 제3류 위험물 중 금수성 물질에 적응성이 있는 소화설비는?

① 할로겐화합물소화설비

② 포소화설비

③ 이산화탄소소화설비

④ 탄산수소염류등 분말소화설비

|문|제|풀|이|

[위험물의 성질에 따른 소화설비의 적응성]

소화설비의 구분 \ 대상			제3류 위험물	
			금수성물품	그 밖의 것
옥내소화전 또는 옥외소화전설비				○
스프링클러설비				○
물분무등 소화설비	물분무소화설비			○
	포소화설비			○
	불활성가스소화설비			
	할로겐화합물소화설비			
	분말소화설비	인산염류등		
		탄산수소염류등	○	
		그 밖의 것	○	
대형소형 수동식 소화기	봉상수(棒狀水)소화기			○
	무상수(霧狀水)소화기			○
	봉상강화액소화기			○
	무상강화액소화기			○
	포소화기			○
	이산화탄소소화기			
	할로겐화합물소화기			
	분말소화기	인산염류소화기		
		탄산수소염류소화기	○	
		그 밖의 것	○	
기타	물통 또는 수조			○
	건조사		○	○
	팽창질석 또는 팽창진주암		○	○

※금수성 물질의 소화설비 : 건조사, 탄산수소염류 분말소화약제, 마른 모래, 팽창질석, 팽창진주암 → (물에 의한 소화는 절대 금지)

【정답】 ④

20. 위험물안전관리법령에 의한 위험물에 속하지 않는 것은?

① CaC_2 ② S

③ P_2O_5 ④ K

|문|제|풀|이|

[위험물의 분류]

① 탄화칼슘(CaC_2) → 제3류 위험물(칼슘 또는 알루미늄의 탄화물)

② 유황(황)(S) → 제2류 위험물

③ 오산화인(P_2O_5)→ 적린의 연소 반응에서 생성되는 물질

적린의 연소반응 : $4P + 5O_2 \rightarrow 2P_2O_5$

(적린) (산소) (오산화인)

④ 칼륨(K) → 제3류 위험물, 금수성 【정답】 ③

21. 다음 물질 중 위험물 유별에 따른 구분이 나머지 셋과 다른 하나는?

① 질산은 ② 질산메틸

③ 무수크롬산 ④ 질산암모늄

|문|제|풀|이|

[위험물의 구분]

① 질산은($AgNO_3$) → 제1류 위험물(질산염류)

② 질산메틸(CH_3ONO_2) → 제5류 위험물 (질산에스테르류)

③ 무수크롬산(CrO_3) → 제1류 위험물 (크롬, 납, 요오드의 산화물)

④ 질산암모늄(NH_4NO_3) → 제1류 위험물(질산염류)

【정답】 ②

22. 다음 중 물이 소화약제로 쓰이는 이유로 가장 거리가 먼 것은?

① 쉽게 구할 수 있다.

② 제거소화가 잘 된다.

③ 취급이 간편하다.

④ 기화잠열이 크다.

|문|제|풀|이|

[물을 소화약제로 사용하는 이유]

·구입이 용이하고, 사용하기가 쉬우며, 인체에 무해하다.

·기화열을 이용한 **냉각효과**가 크다.

·비열과 잠열이 크다.

·장기간 보관할 수 있고, 가격이 저렴하다. 【정답】 ②

23. 위험물제조소등에 설치하여야 하는 자동화재탐지설비의 설치기준에 대한 설명 중 틀린 것은?

① 자동화재탐지설비의 경계구역은 건축물 그 밖의 공작물의 2 이상의 층에 걸치도록 할 것

② 하나의 경계구역에서 그 한 변의 길이는 50m (광전식분리형 감지기를 설치할 경우에는 100m) 이하로 할 것

③ 자동화재탐지설비의 감지기는 지붕 또는 벽의 옥내에 면한 부분에 유효하게 화재의 발생을 감지할 수 있도록 설치할 것

④ 자동화재탐지설비에는 비상전원을 설치할 것

|문|제|풀|이|

[자동화재탐지설비의 설치기준]

1. 자동화재탐지설비의 경계구역은 건축물 그 밖의 공작물의 2 **이상의 층에 걸치지 아니하도록 할 것.**
2. 하나의 경계구역의 면적은 $600m^2$ 이하로 하고 그 한 변의 길이는 50m(광전식분리형 감지기를 설치할 경우에는 100m)이하로 할 것
3. 자동화재탐지설비의 감지기(옥외탱크저장소에 설치하는 자동화재탐지설비의 감지기는 제외한다)는 지붕(상층이 있는 경우에는 상층의 바닥) 또는 벽의 옥내에 면한 부분(천장이 있는 경우에는 천장 또는 벽의 옥내에 면한 부분 및 천장의 뒷부분)에 유효하게 화재의 발생을 감지할 수 있도록 설치할 것
4. 자동화재탐지설비에는 비상전원을 설치할 것

【정답】 ①

24. 다음 중 위험물안전관리법령에 따라 정한 지정수량이 나머지 셋과 다른 것은?

① 황화린 ② 적린

③ 유황 ④ 칼슘

|문|제|풀|이|

[위험물의 지정수량]

① 황화린 : 제2류 위험물, 지정수량 100kg

② 적린 : 제2류 위험물, 지정수량 100kg

③ 유황 : 제2류 위험물, 지정수량 100kg

④ 칼슘 : 제3류 위험물, 지정수량 50kg

【정답】 ④

25. 메탄올과 에탄올의 공통점을 설명한 내용으로 틀린 것은?

① 휘발성의 무색 액체이다.

② 인화점이 0℃ 이하이다.

③ 증기는 공기보다 무겁다.

④ 비중이 물보다 작다.

|문|제|풀|이|

[메틸알코올(CH_3OH, 메탄올, 목정) → 제4류 위험물(알코올류)]

- **인화점 11℃**, 착화점 464℃, 비점 65℃, **비중 0.8(증기비중 1.1)**, 연소범위 7.3~36%
- 무색투명한 휘발성 액체로 물, 에테르에 잘 녹고 알코올류 중에서 수용성이 가장 높다.

[에틸알코올(C_2H_5OH, 에탄올, 주정)→ 제4류 위험물(알코올류)]

- **인화점 13℃**, 착화점 423℃, 비점 79℃, **비중 0.8(증기비중 1.59)**, 연소범위 4.3~19%
- 무색투명한 휘발성 액체로 수용성이다. 【정답】 ②

26. 다음 위험물 중 특수인화물이 아닌 것은?

① 메틸에틸케톤퍼옥사이드

② 산화프로필렌

③ 아세트알데히드

④ 이황화탄소

|문|제|풀|이|

[메틸에틸케톤퍼옥사이드($(CH_3COC_2H_5)_2O_2$) → 제5류 위험물(유기과산화물)]

- 발화점 205℃, 융점 -20℃, 비중 1.33, 함유율(석유를 함유한 비율) 60% 이상, 분해온도 40℃
- 무색의 독특한 냄새가 나는 기름 형태의 액체이다.
- 물에 약간 녹고, 알코올, 에테르, 케톤류에는 잘 녹는다.
- 40℃ 이상에서 분해가 시작되어 110℃ 이상이면 발열하고 분해가스가 연소한다.
- 희석제로는 프탈산디메틸, 프탈산디부틸 【정답】 ①

27. 다음 중 화학적 소화에 해당하는 것은?

① 냉각소화 ② 질식소화

③ 제거소화 ④ 억제소화

|문|제|풀|이|

[화재의 소화 방법]

1. 물리적 소화법 : 연소의 3요소(가연물, 산소, 점화원)을 제어하는 방법 → 냉각소화, 제거소화, 질식소화
2. 화화적 소화법 : 부촉매를 이용하여 화재의 연쇄반응을 중단시켜 소화하는 방법 → 억제소화 【정답】 ④

28. 소화효과 중 부촉매효과를 기대할 수 있는 소화약제는?

① 물소화약제 ② 포소화약제

③ 분말소화약제 ④ 이산화탄소소화약제

|문|제|풀|이|

[소화약제에 따른 주된 소화효과]

분말소화약제	**부촉매소화**, 질식소화
포소화약제	질식소화
이산화탄소 소화약제	질식소화
할론소화약제	질식, 부촉매효과(억제소화)
물소화약제	냉각소화
할로겐화합물 소화약제	부촉매효과(억제소화)
불활성기체 소화약제 (He, Ne, Ar, N_2 중 하나)	질식소화
강화액소화약제	억제소화(부촉매소화)
산·알칼리 소화약제	억제소화

【정답】 ③

29. 제4류 위험물 중 제1석유류에 속하는 것은?

① 에틸렌글리콜 ② 글리세린

③ 아세톤 ④ n-부탄올

|문|제|풀|이|

[제4류 위험물의 지정품목]

1. 특수인화물 : 이황화탄소, 디에틸에테르
2. 제1석유류 : 아세톤, 휘발유
3. 제2석유류 : 등유, 경유
4. 제3석유류 : 주유, 그레오소오트유
5. 제4석유류 : 기어유, 실린더유 【정답】 ③

30. 분말소화약제의 식별 색을 옳게 나타낸 것은?

① $KHCO_3$: 백색 ② $KHCO_3$: 보라색

③ $NaHCO_3$: 담홍색 ④ $NaHCO_3$: 보라색

|문|제|풀|이|

[분말소화약제 종류 및 특성]

종류	주성분	착색	적용 화재
제1종 분말	탄산수소나트륨을 주성분으로 한 것, ($NaHCO_3$)	백색	B, C급
	분해반응식: $2NaHCO_3 \rightarrow Na_2CO_3 + H_2O + CO_2$ (탄산수소나트륨) (탄산나트륨) (물) (이산화탄소)		
제2종 분말	탄산수소칼륨을 주성분으로 한 것, ($KHCO_3$)	담회색 (보라색)	B, C급
	분해반응식: $2KHCO_3 \rightarrow K_2CO_3 + H_2O + CO_2$ (탄산수소칼륨) (탄산칼륨) (물) (이산화탄소)		
제3종 분말	인산암모늄을 주성분으로 한 것, ($NH_4H_2PO_4$)	담홍색, 황색	A, B, C급
	분해반응식: $NH_4H_2PO_4 \rightarrow HPO_3 + NH_3 + H_2O$ (인산암모늄) (메타인산) (암모니아)(물)		
제4종 분말	제2종과 요소를 혼합한 것, $KHCO_3 + (NH_2)_2CO$	회색	B, C급
	분해반응식: $2KHCO_3 + (NH_2)_2CO \rightarrow K_2CO_3 + 2NH_3 + 2CO_2$ (탄산수소칼륨) (요소) (탄산칼륨)(암모니아)(이산화탄소)		

【정답】 ②

31. 인화점이 낮은 것부터 높은 순서로 나열된 것은?

① 톨루엔-아세톤-벤젠

② 아세톤-톨루엔-벤젠

③ 톨루엔-벤젠-아세톤

④ 아세톤-벤젠-톨루엔

|문|제|풀|이|

[위험물의 성상]

1. 톨루엔($C_6H_5CH_3$) → 제4류 위험물(제1석유류)]
   인화점 4℃, 착화점 552℃, 비점 110.6℃, 비중 0.871, 연소범위 1.4~6.7%
2. 아세톤(CH_3COCH_3) → 제4위험물(제1석유류)]
   인화점 -18℃, 착화점 538℃, 비점 56.5℃, 비중 0.79, 연소범위 2.6~12.8%
3. 벤젠(C_6H_6, 벤졸) → 제4류 위험물 (제1석유류)]
   인화점 -11℃, 착화점 562℃, 비점 80℃, 비중 0.879, 연소범위 1.4~7.1%

【정답】 ④

32. 위험물 제조소 등에 설치하는 옥외소화전 설비의 기준에서 옥외소화전함은 옥외소화전으로부터 보행거리 몇 m 이하의 장소에 설치하여야 하는가?

① 1.5 ② 5

③ 7.5 ④ 10

|문|제|풀|이|

[옥외소화전 설비의 기타 주요 특성]

방수량	450L/min 이상
비상전원	45분 이상 작동할 것
방수압력	350kPa 이상
방수구(호스)의 구경	650mm
소화전과 소화전함과의 거리	**5m 이내**

【정답】 ②

33. 위험물의 품명 분류가 잘못된 것은?

① 제1석유류 : 휘발유

② 제2석유류 : 경유

③ 제3석유류 : 폼산

④ 제4석유류 : 기어유

|문|제|풀|이|

[제4류 위험물(인화성 액체)의 품명 및 종류]

품명	종류	
특수인화물	이황화탄소, 디에틸에테르, 아세트알데히드 산화프로필렌	
제1석유류	비수용성	휘발유, 메틸에틸케톤, 톨루엔, 벤젠
	수용성	시안화수소, 아세톤, 피리딘
알코올류	메틸알코올, 에틸알코올, 프로필알코올	
제2석유류	비수용성	등유, 경유, 스티렌, 크실렌(자일렌), 클로로벤젠
	수용성	아세트산, 폼산, 히드라진
제3석유류	비수용성	크레오소트유, 중유, 아닐린, 니트로벤젠
	수용성	글리세린, 에틸렌글리콜
제4석유류	윤활유, 기어유, 실린더유	

※폼산 : 제4류 위험물(제2석유류)

【정답】 ②

34. 위험물안전관리법상 소화설비에 해당하지 않는 것은?

① 옥외소화전설비

② 스프링클러설비

③ 할로겐화합물 소화설비

④ 연결살수설비

|문|제|풀|이|

[소화설비]

·건물 내 초기적 단계의 화재를 소화하는 설비

·소화기구, 옥내소화전설비, 옥외소화전설비, 스프링클러설비, 물 분무 등 소화설비 등

※④ 연결살수설비 : 지하층에서 화재 발생 시 소방차로부터 송수구를 통해 압력수를 보내고 살수 헤드로 소화하는 소화활동설비이다. 【정답】 ④

35. 다음 위험물의 저장 창고에 화재가 발생하였을 때 주수(注水)에 의한 소화가 오히려 더 위험한 것은?

① 염소산칼륨 ② 과염소산나트륨

③ 질산암모늄 ④ 탄화칼슘

|문|제|풀|이|

[탄화칼슘(CaC_2) → 제3류 위험물(칼슘 또는 알루미늄의 탄화물)]

·백색 입방체의 결정

·물과 반응하여 수산화칼슘(소석회)과 아세틸렌가스를 발생한다.

·물과 반응식 : $CaC_2 + 2H_2O \rightarrow Ca(OH)_2 \uparrow + C_2H_2 + 27.8kcal$

(탄화칼슘) (물) (수산화칼슘) (아세틸렌) (반응열)

·밀폐용기에 저장하는 것이 가장 좋으며, 장기간 저장 시에는 불연성 가스(질소가스, 아르곤가스 등)를 충전한다.

·소화방법에는 마른모래, 탄산가스, 소화분말, 사염화탄소 등으로 한다. → (**주수소화는 금한다.**) 【정답】 ④

36. 과산화나트륨이 물과 반응하면 어떤 물질과 산소를 발생하는가?

① 수산화나트륨 ② 수산화칼륨

③ 질산나트륨 ④ 아염소산나트륨

|문|제|풀|이|

[과산화나트륨(Na_2O_2) → 제1류 위험물(무기과산화물)]

·분해온도 460℃, 융점 460℃, 비점 657℃, 비중 2.8

·순수한 것은 백색의 정방전계 분말, 조해성 물질

·에틸알코올(에탄올)에는 잘 녹지 않는다.

·물과 반응하여 수산화나트륨과 산소를 발생한다.

·물과 반응식 : $2Na_2O_2 + 2H_2O \rightarrow 4NaOH + O_2 \uparrow$ + 발열

(과산화나트륨) (물) (수산화나트륨) (산소)

·소화방법으로는 마른모래, 분말소화제, 소다회, 석회 등 사용 → (주수소화는 위험) 【정답】 ①

37. 지하탱크저장소에 대한 설명으로 옳지 않은 것은?

① 지하저장탱크와 탱크전용실 안쪽과의 간격은 0.1m 이상의 간격을 유지한다.

② 지하저장탱크의 윗부분은 지면으로부터 0.6m 이상 아래에 있어야 한다.

③ 탱크전용실 벽의 두께는 0.3m 이상이어야 한다.

④ 지하저장탱크에는 두께 0.1m 이상의 철근콘크리트조로 된 뚜껑을 설치한다.

|문|제|풀|이|

[지하탱크저장소의 기준] 당해 탱크를 그 수평투영의 세로 및 가로보다 각각 0.6m 이상 크고 **두께가 0.3m 이상**인 철근콘크리트조의 뚜껑으로 덮을 것 【정답】 ④

38. 과산화칼륨과 물이 반응하여 생성되는 것은?

① 산소 ② 수소

③ 과산화수소 ④ 이산화탄소

|문|제|풀|이|

[과산화칼륨(K_2O_2) → 제1류 위험물(무기과산화물)]

·분해온도 490℃, 융점 490℃, 비중 2.9

·무색 또는 오렌지색의 비정계 분말, 불연성 물질

·물에 쉽게 분해된다.

·공기 중에서 탄산가스를 흡수하여 탄산염이 된다.

·에틸알코올에 용해되고, 양이 많을 경우 주수에 의하여 폭발 위험

·가연물과 혼합되어 있을 경우 마찰 또는 약간의 물의 접촉으로 발화한다.

·물과 반응식 : $2K_2O_2 + 2H_2O \rightarrow 4KOH + O_2 \uparrow$

(과산화칼륨) (물) (수산화칼륨) (산소)

·소화방법으로는 마른모래, 암분, 소다회, 탄산수소염류분말소화제 【정답】 ①

39. 다음 중 등유의 지정수량으로 옳은 것을 고르시오.

① 50L ② 400L

③ 1000L ④ 2000L

|문|제|풀|이|

[등유 → 제4류 위험물 (제2석유류)]

지정수량(비수용성) 1000L, 인화점 40~70℃, 착화점 220℃, 비중 0.79~0.85(증기비중 4.5), 연소범위 1.1~6.0%

【정답】 ③

40. 이산화탄소가 소화약제로 사용되는 이유에 대한 설명으로 가장 옳은 것은?

① 억제효과 ② 다목적용 약제

③ 전기절연성 ④ 부촉매효과

|문|제|풀|이|

[이산화탄소 소화약제] 주된 소화효과는 질식효과이며 약간의 냉각효과가 있어 보통 유류화재(B급화재), 전기화재(C급화재)에 사용된다.

[장점]

1. 증발잠열이 커서증발 시 많은 열량 흡수
2. 가스 상태로 분사되므로 침투·확산이 유리
3. 진화 후 소화약제에 의한 오손이 없음
4. **전기절연성**이 있음

[단점]

1. 불연성 가스에 의한 질식위험
2. 기화열에 의한 냉각작용으로 동상 우려
3. 대표적 온실가스로 지구온난화 유발물질

【정답】 ③

41. 제3종 분말소화약제의 소화효과가 아닌 것은?

① 방진효과 ② 질식효과

③ 냉각효과 ④ 절연효과

|문|제|풀|이|

[제3종 분말소화약제의 효과]

종류	주성분	착색	적용 화재
제3종 분말	인산암모늄을 주성분으로 한 것, ($NH_4H_2PO_4$)	담홍색, 황색	A, B, C급
	분해반응식 : $NH_4H_2PO_4 \rightarrow HPO_3 + NH_3 + H_2O$ (인산암모늄) (메타인산) (암모니아)(물)		

※ ① 방진효과 : HPO_3(메타인선)의 방진효과

② 질식효과 : 불연성 가스(NH_3(암모니아))에 의한 질식효과

③ 냉각효과 : 물(H_2O)에 의한 냉각효과

※종별 소화효과

종류	소화 효과
제1종 분말	질식, 냉각, 부촉매 효과
제2종 분말	질식, 냉각, 부촉매 효과
제3종 분말	질식, 냉각, 방진효과
제4종 분말	질식, 냉각, 부촉매효과

【정답】 ④

42. 과염소산과 혼재가 가능한 위험물은?

① 제1류 ② 제2류

③ 제3류 ④ 제5류

|문|제|풀|이|

[과염소산($HClO_4$) → 제6류 위험물]

[유별을 달리하는 위험물의 혼재기준]

구분	제1류	제2류	제3류	제4류	제5류	제6류
제1류		X	X	X	X	O
제2류	X		X	O	O	X
제3류	X	X		O	X	X
제4류	X	O	O		O	X
제5류	X	O	X	O		X
제6류	O	X	X	X	X	

【비고】 1. 'X'표시는 혼재할 수 없음을 표시한다.
2. 'O'표시는 혼재할 수 있음을 표시한다.
3. 이 표는 지정수량의 $\frac{1}{10}$ 이하의 위험물에 대하여는 적용하지 아니한다.

【정답】 ①

43. 금속 나트륨의 저장방법으로 적절한 것은?

① pH9를 물속에 저장한다.

② 저장용기에 불활성기체를 봉입한다.

③ 비중이 작으므로 석유 속에 저장한다.

④ 에탄올 등 알코올에 넣고 밀봉한다.

|문|제|풀|이|

[나트륨(Na) → 제3류 위험물]

- 융점 97.8℃, 비점 880℃, 비중 0.97
- 은백색 광택의 무른 경금속으로 불꽃반응은 노란색
- 공기 중에서 수분과 반응하여 수소를 발생한다.
- 비중이 작으므로 **석유(파라핀, 경유, 등유) 속에 저장**한다.
- 흡습성, 조해성이 있다.
- 소화방법에는 마른모래, 건조된 소금, 탄산칼슘 분말의 혼합물로 피복하여 질식소화가 효과적이다. → (주수소화와 절대 금한다.)

【정답】 ③

44. 염소산나트륨에 대한 설명으로 틀린 것은?

① 조해성이 크므로 보관용기는 밀봉하는 것이 좋다.

② 무색, 무취의 고체이다.

③ 산과 반응하여 유독성의 이산화나트륨 가스가 발생한다.

④ 물, 알코올, 에테르에 녹는다.

|문|제|풀|이|

[염소산나트륨($NaClO_3$) → 제1류 위험물, 염소산염류]

- 분해온도 300℃, 비중 2.5, 융점 248℃, 용해도 101(20℃)
- 무색무취의 입방정계 주상결정
- 인체에 유독하다.
- 산과 반응하여 유독한 폭발성 이산화염소(ClO_2)를 발생하고 폭발 위험이 있다.
- 산과의 반응식 : $2NaClO_3 + 2HCl$ (염소산나트륨) (염화수소) → $2NaCl + H_2O_2 + 2ClO_2 \uparrow$ (염화나트륨) (과산화수소) (이산화염소)
- 알코올, 에테르, 물에는 잘 녹으며 조해성이 크다.
- 철제를 부식시키므로 철제용기 사용금지

【정답】 ③

45. 제4류 위험물 중 연소범위가 1.4~7.6vol%에 해당하는 것은?

① 휘발유 ② 경유

③ 등유 ④ 메틸알코올

|문|제|풀|이|

[주요 위험물의 연소범위]

물질명	연소범위(vol%)	물질명	연소범위(vol%)
아세틸렌(C_2H_2)	2.5~82	암모니아(NH_3)	15.7~27.4
수소(H_2)	4.1~75	아세톤(CH_3COCH_3)	2~13
이황화탄소(CS_2)	1.0~44	메탄(CH_4)	5.0~15
일산화탄소(CO)	12.5~75	에탄(C_2H_6)	3.0~12.5
에틸에테르($C_4H_{10}O$)	1.7~48	프로판(C_3H_8)	2.1~9.5
에틸렌(C_2H_4)	3.0~33.5	부탄(C_4H_{10})	1.8~8.4
메틸알코올(CH_4O)	7~37	**휘발유**	**1.4~7.6**
에틸알코올(C_2H_6O)	3.5~20	시안화수소(HCN)	12.8~27

【정답】 ①

46. 제4류 위험물 중 제1석유류에 해당하는 것은?

① 피리딘 ② 글리세린

③ 폼산 ④ 기어류

|문|제|풀|이|

[제4류 위험물(인화성 액체)의 품명 및 성질]

품명	종류	
특수인화물	이황화탄소, 디에틸에테르, 아세트알데히드 산화프로필렌	
제1석유류	비수용성	휘발유, 메틸에틸케톤, 톨루엔, 벤젠
	수용성	시안화수소, 아세톤, **피리딘**
알코올류	메틸알코올, 에틸알코올, 프로필알코올	
제2석유류	비수용성	등유, 경유, 스티렌, 크실렌(자일렌), 클로로벤젠
	수용성	아세트산, **폼산**, 히드라진
제3석유류	비수용성	크레오소트유, 중유, 아닐린, 니트로벤젠
	수용성	**글리세린**, 에틸렌글리콜
제4석유류	윤활유, **기어유**, 실린더유	
동·식물유류	1. 건성유 : 정어리유, 대구유, 상어유, 해바라기유, 오동유, 아마인유, 들기름 2. 반건성유 : 채종유, 면실유, 참기름, 옥수수기름, 콩기름, 쌀겨기름, 청어유 등 3. 불건성유 : 쇠기름, 돼지기름, 고래기름, 피마자유, 올리브유, 팜유, 땅콩기름(낙화생유), 야자유	

【정답】 ①

47. 다음 ( ) 안에 알맞은 것은?

$$2NaHCO_3 \rightarrow Na_2O + H_2O + (\quad)$$

① CO_2 ② $2CO_2$

③ CO ④ $2CO$

|문|제|풀|이|

[1종 분말소화약제 열분해 반응식]

1. 270℃ : $2NaHCO_3 \rightarrow Na_2CO_3 + H_2O + CO_2$
   (탄산수소나트륨) (탄산나트륨) (물) (이산화탄소)
2. 850℃ 이상 : $2NaHCO_3 \rightarrow Na_2O + H_2O + 2CO_2$
   (탄산수소나트륨) (산화나트륨)(물) (이산화탄소)

【정답】 ②

48. 위험물안전관리법령에서 제3류 위험물에 해당하지 않는 것은?

① 적린　② 나트륨
③ 칼륨　④ 황린

|문|제|풀|이|

[제3류 위험물 (자연발화성 물질 및 금수성 물질)]

성질	품명	지정수량
자연발화성 및 금수성물질	**칼륨, 나트륨**, 알킬알루미늄, 알킬리튬	10kg
	황린	20kg
	·알칼리금속(칼륨 및 나트륨 제외) 및 알칼리토금속 : : 리튬(Li), 칼슘(Ca) ·유기금속화합물(알킬알루미늄 및 알킬리튬 제외) : 디메틸아연, 디에틸아연	50kg
	·금속의 수소화물 : 수소화리튬, 수소화나트륨, 수소화칼슘, 수소화칼륨, 수소화알루미늄리튬 ·금속의 인화물 : 인화석회/인화칼슘, 인화알루미늄 ·칼슘 또는 알루미늄의 탄화물 : 탄화칼슘, 탄화알루미늄, 탄화망간(망가니즈), 탄화마그네슘	300kg

※① 적린 : 제2류 위험물(지정수량 100kg, 위험등급 II)

【정답】 ①

49. 내부가 2층으로 되어 있는 다층 건물의 옥내저장소에 적린을 저장한다면 이 옥내저장소의 바닥면적의 합은 몇 m^2 이하로 해야 하는가?

① 100　② 1,000
③ 1,500　④ 2,000

|문|제|풀|이|

[다층건물의 옥내저장소의 기준]

옥내저장소중 제2류 위험물(인화성고체는 제외한다) 또는 제4류 위험물(인화점이 70℃ 미만인 것은 제외한다)만을 저장 또는 취급하는 저장창고가 다층건물인 옥내저장소의 위치·구조 및 설비의 기술기준은 다음 기준에 의하여야 한다.

1. 저장창고는 각층의 바닥을 지면보다 높게 하고, 바닥면으로부터 상층의 바닥까지의 높이를 6m 미만으로 하여야 한다.
2. 하나의 **저장창고의 바닥면적 합계는 1,000m^2 이하**로 하여야 한다.
3. 저장창고의 벽·기둥·바닥 및 보를 내화구조로 하고, 계단을 불연재료로 하며, 연소의 우려가 있는 외벽은 출입구외의 개구부를 갖지 아니하는 벽으로 하여야 한다.
4. 2층 이상의 층의 바닥에는 개구부를 두지 아니하여야 한다.

【정답】 ②

50. 자동차 등에 주유하기 위한 고정주유설비에 직접 접속하는 전용탱크의 용량은 몇 L 이하인가?

① 2,000　② 10,000
③ 50,000　④ 60,000

|문|제|풀|이|

[주유취급소의 저장 또는 취급 가능한 탱크]

1. **자동차 등에 주유하기 위한 고정주유설비**에 직접 접속하는 전용탱크로서 **50,000L 이하**의 것
2. 고정급유설비에 직접 접속하는 전용탱크로서 50,000L 이하의 것
3. 보일러 등에 직접 접속하는 전용탱크로서 10,000L 이하의 것
4. 폐유, 윤활유 등의 위험물을 저장하는 탱크로서 2000L 이하의 것
5. 고정주유설비 또는 고정급유설비에 직접 접속하는 3기 이하의 간이탱크

【정답】 ③

51. 옥외저장탱크에 위험물을 저장·취급하는 설비 중 불활성기체를 봉입하는 장치를 갖추어야 하는 위험물은?

① 황린　② 탄화칼슘
③ 탄화알루미늄　④ 알킬알루미늄

|문|제|풀|이|

[위험물의 성질에 따른 옥외탱크저장소의 특례]

1. 알킬알루미늄등의 저장소
   ㉠ 누설범위를 국한하기 위한 설비 및 누설된 알킬알루미늄등을 안전한 장소에 설치된 조에 이끌어 들일 수 있는 설비를 설치할 것
   ㉡ **불활성의 기체를 봉입하는 장치를 설치할 것**
2. 아세트알데히드등의 저장소
   ㉠ 동·마그네슘·은·수은 또는 이들을 성분으로 하는 합금으로 만들지 아니할 것
   ㉡ 냉각장치 또는 보냉장치, 그리고 연소성 혼합기체의 생성에 의한 폭발을 방지하기 위한 불활성의 기체를 **봉입하는 장치**를 설치할 것
3. 히드록실아민등의 저장소
   ㉠ 히드록실아민등의 온도의 상승에 의한 위험한 반응을 방지하기 위한 조치를 강구할 것
   ㉡ 옥외탱크저장소에는 철 이온 등의 혼입에 의한 위험한 반응을 방지하기 위한 조치를 강구할 것

【정답】 ④

52. 나트륨과 에틸알코올이 반응할 때 생성되는 물질은?

① 에틸레이트　　② 산소
③ 에틸렌　　④ 수소

|문|제|풀|이|

[나트륨(Na) → 제3류 위험물]

1. 물과 반응식 : $2Na + 2H_2O \rightarrow 2NaOH + H_2 \uparrow + 88.2kcal$
 (나트륨) (물) (수산화나트륨) (수소) (반응열)
2. 에틸알코올과 반응식 : $2Na + 2C_2H_5OH \rightarrow 2C_2H_5ONa + H_2 \uparrow$
 (나트륨) (에틸알코올) (나트륨에틸레이트) (수소)
3. 공기와의 반응식 : $4Na + O_2 \rightarrow 2Na_2O$
 (칼륨) (산소) (산화나트륨)

【정답】 ④

53. 트리니트로톨루엔(T.N.T)의 분자량은 얼마인가? (단, C : 12, O : 16, N : 14)

① 217　　② 227
③ 289　　④ 265

|문|제|풀|이|

[트리니트로톨루엔[T.N.T, $C_6H_2CH_3(NO_2)_3$] → 제5류 위험물(니트로화합물)]

착화점 약 300℃, 융점 81℃, 비점 280℃, 비중 1.66, 폭발속도 7000m/s

분자량=(12×7)+(1×5)+(14×1)+(16×2)=227

*분자량은 각 원자량의 합(C : 12, O : 16, N : 14)

【정답】 ②

54. 위험물제조소의 환기설비 중 바닥면적 $150m^2$의 경우 급기구의 크기는 몇 cm^2 이상으로 해야 하는가?

① 100　　② 150
③ 200　　④ 800

|문|제|풀|이|

[환기설비]

1. 환기는 자연배기방식으로 할 것
2. 급기구는 당해 급기구가 설치된 실의 바닥면적 **$150m^2$** 마다 1개 이상으로 하되, 급기구의 크기는 **$800cm^2$** 이상으로 할 것.
 → 다만, 바닥면적이 $150m^2$ 미만인 경우에는 다음의 크기로 하여야 한다.

바닥면적	급기구의 면적
$60m^2$ 미만	$150cm^2$ 이상
$60m^2$ 이상 $90m^2$ 미만	$300cm^2$ 이상
$90m^2$ 이상 $120m^2$ 미만	$450cm^2$ 이상
$120m^2$ 이상 $150m^2$ 미만	$600cm^2$ 이상

【정답】 ④

55. 다음 위험물 중 물보다 무겁고 비수용성 물질은?

① 이황화탄소　　② 글리세린
③ 에틸렌글리콜　　④ 벤젠

|문|제|풀|이|

[위험물의 성상]

① 이황화탄소(CS_2) → 제4류 위험물(특수인화물)
 ·인화점 -30℃, 착화점 100℃, 비점 46.25℃, **비중 1.26**
 증기비중 2.62, 연소범위 1~44%
 ·**물에 녹지 않고** 물보다 무겁다.
② 글리세린($C_6H_5(OH)_3$) → 제4류 위험물(제3석유류)]
 ·인화점 160℃, 착화점 393℃, 비점 290℃, 비중 1.26
 증기비중 3.17, 융점 17℃
 ·물, 알코올에 잘 녹는다.
③ 에틸렌글리콜($C_2H_4(OH)_2$ → 제4위험물(제3석유류)
 ·인화점 111℃, 착화점 413℃, 비점 197℃, 비중 1.113
 증기비중 2.14, 융점 -12℃
 ·물, 알코올, 아세톤에 잘 녹는다.
④ 벤젠(C_6H_6, 벤졸) → 제4류 위험물 (제1석유류)]
 ·인화점 -11℃, 착화점 562℃, 비점 80℃, 비중 0.879
 연소범위 1.4~7.1%
 ·물에 잘 녹지 않고 알코올, 아세톤, 에테르에 잘 녹는다.

【정답】 ①

56. 고압가스시설과 위험물제조소와의 안전거리는 몇 m 이상으로 해야 하는가?

① 10　　② 20
③ 30　　④ 50

|문|제|풀|이|

[위험물 제조소와의 안전거리]

1. 주거용으로 사용되는 것 : 10m 이상
2. 학교, 병원, 극장 그 밖에 다수인을 수용하는 시설 : 30m 이상
3. 유형문화재와 기념물 중 지정문화재 : 50m 이상
4. **고압가스**, 액화석유가스, 도시가스를 저장·취급하는 시설 : **20m 이상**
5. 7000V 초과 35000V 이하의 특고압가공전선 : 3m 이상
6. 35000V를 초과하는 특고압가공전선 : 5m 이상

【정답】 ②

57. 제1종 판매취급소에서 취급할 수 있는 위험물의 양은 지정수량의 몇 배 이하인가?

① 10　　② 20

③ 30　　④ 40

|문|제|풀|이|

[판매 취급소에서 취급하는 위험물의 양]

1. **제1종** 판매취급소 : 지정수량이 **20배** 이하
2. 제2종 판매취급소 : 지정수량이 40배 이하

【정답】 ②

58. 표준상태에서 탄소 100kg을 완전히 연소시키면 몇 m^3의 산소가 생성되는가?

① 186.67　　② 187.24

③ 188.62　　④ 193.28

|문|제|풀|이|

[탄소의 연소 반응]

1. $C+O_2 \rightarrow CO_2$: 탄소와 산소의 반응은 1:1
2. 표준상태(0℃ 1기압)에서 탄소와 반응하는 산소의 몰수는 1mol이기 때문에 22.4L의 산소가 필요하다.
3. 즉, 탄소가 12g/mol일 때 22.4L이므로 탄소 100kg일 때의 산소의 부피를 비례식을 이용해서 푼다.

$\rightarrow$ 12g : 22.4L = 100kg : xm^3 $\rightarrow$ $\therefore x = 186.67\text{m}^3$

※1L=0.001m^3, 1g=0.001kg이므로 따로 단위계산은 필요 없음

【정답】 ①

59. 유류화재의 급수와 표시색상으로 옳은 것은?

① C급, 백색　　② B급, 백색

③ C급, 황색　　④ B급, 황색

|문|제|풀|이|

[화재의 분류]

급수	종류	색상	소화방법	가연물
A급	일반화재	백색	냉각소화	일반가연물(목재, 종이, 섬유, 석탄, 플라스틱 등)
B급	유류 가스 화재	황색	질식소화	가연성 액체(각종 유류 및 가스, 페인트)
C급	전기화재	청색	질식소화	전기기기, 기계, 전선 등
D급	금속화재	무색	피복에 의한 질식소화	가연성 금속(철분, 마그네슘, 나트륨, 금속분, Al분말 등)

【정답】 ④

60. 제5류 위험물의 화재에 대해 소화 가능한 소화설비는?

① 할론 1301　　② 분말소화기

③ 이산화탄소소화기　　④ 마른모래

|문|제|풀|이|

[위험물의 성질에 따른 소화설비의 적응성]

소화설비의 구분 \ 대상			제5류 위험물
옥내소화전 또는 옥외소화전설비			○
스프링클러설비			○
물분무등 소화설비	물분무소화설비		○
	포소화설비		○
	불활성가스소화설비		
	할로겐화합물소화설비		
	분말소화설비	인산염류등	
		탄산수소염류등	
		그 밖의 것	
대형소형 수동식소화기	봉상수(棒狀水)소화기		○
	무상수(霧狀水)소화기		○
	봉상강화액소화기		○
	무상강화액소화기		○
	포소화기		○
	이산화탄소소화기		
	할로겐화합물소화기		
	분말소화기	인산염류소화기	
		탄산수소염류소화기	
		그 밖의 것	
기타	물통 또는 수조		○
	건조사		○
	팽창질석 또는 팽창진주암		○

【정답】 ④

2017_3 위험물기능사 필기

01. 위험물안전관리법령상 연면적이 450㎡인 저장소의 건축물 외벽이 내화구조가 아닌 경우 이 저장소의 소화기 소요단위는?

① 3 ② 4.5
③ 6 ④ 9

|문|제|풀|이|

[소요단위(제조소, 취급소, 저장소)] 소요단위$=\frac{연면적(m^2)}{기준면적(m^2)}$

[1소요단위] 소화설비의 설치대상이 되는 건축물 그 밖의 공작물의 규모 또는 위험물의 양의 기준단위

종류	내화구조	비내화구조
위험물 제조소 및 취급소	$100m^2$	$50m^2$
위험물 저장소	$150m^2$	$75m^2$
위험물	지정수량×10	

$\therefore 소요단위=\frac{연면적}{기준면적}=\frac{450m^2}{75m^2}=6단위$

※[소요단위(위험물)] 소요단위$=\frac{저장수량}{1소요단위}=\frac{저장수량}{지정수량\times 10}$

【정답】 ③

02. 제6류 위험물의 공통적인 성질 중 틀린 것은?

① 산소를 함유하고 있다.
② 산화성 액체이다.
③ 대부분 물보다 가볍다.
④ 물에 녹는다.

|문|제|풀|이|

[제6류 위험물(산화성 액체) 일반적인 성질]

- 불연성 물질이며, 무기화합물로서 부식성 및 유독성이 강한 강산화제이다.
- **비중이 1보다 커서 물보다 무거우며** 물에 잘 녹는다.
- 물과 접촉 시 발열한다.
- 가연물 및 분해를 촉진하는 약품과 접촉하면 분해 폭발한다.

【정답】 ③

03. 위험물안전관리법령에 의해 옥외저장소에 저장을 허가받을 수 없는 위험물은?

① 인화성고체(인화점이 20℃인 것)
② 피리딘
③ 아세톤
④ 질산

|문|제|풀|이|

[옥외저장소에 저장할 수 있는 위험물]

1. 제2류 위험물중 유황 또는 **인화성고체(인화점이 섭씨 0도 이상**인 것에 한한다)
2. 제4류 위험물중 **제1석유류(인화점이 섭씨 0도 이상**인 것에 한한다) · 알코올류 · 제2석유류 · 제3석유류 · 제4석유류 및 동식물유류
3. **제6류 위험물**
4. 제2류 위험물 및 제4류 위험물중 특별시 · 광역시 또는 도의 조례에서 정하는 위험물
5. 「국제해사기구에 관한 협약」에 의하여 설치된 국제해사기구가 채택한 「국제해상위험물규칙」(IMDG Code)에 적합한 용기에 수납된 위험물

※② 피리딘: 제4류 위험물 제1석유류, 인화점 20℃
③ 아세톤: 제4류 위험물 제1석유류, 인화점 -18℃
④ 질산: 제6류 위험물

【정답】 ③

04. 다음 중 위험물의 위험등급이 다른 하나는?

① 알칼리금속 ② 아염소산염류
③ 질산에스테르류 ④ 제6류 위험물

|문|제|풀|이|

[위험물의 위험등급]

① 알칼리금속 → 제3류 위험물, 위험등급Ⅱ, 지정수량 50kg
② 아염소산염류 → 제1류 위험물, 위험등급Ⅰ, 지정수량 50kg
③ 질산에스테르류 → 제5류 위험물, 위험등급Ⅰ, 지정수량 10kg
④ 제6류 위험물 → 위험등급Ⅰ, 지정수량 300kg

【정답】 ①

05. 촛불의 연소형태는?

① 분해연소 ② 표면연소
③ 내부연소 ④ 증발연소

|문|제|풀|이|

[고체의 연소의 형태]

표면연소	가연성물질 표면에서 산소와 반응해서 연소하는 것이며, 목탄, 코크스, 금속 등
분해연소	분해열로서 발생하는 가연성가스가 공기 중의 산소와 화합해서 일어나는 연소이며 석탄, 목재, 종이, 섬유, 플라스틱 등
증발연소	가연성물질을 가열했을 때 분해열을 일으키지 않고 그대로 증발한 증기가 연소하는 것이며 유황, 알코올, **파라핀(양초)**, 나프탈렌 등
자기연소	화약, 폭약의 원료인 제5류 위험물 TNT, 니트로셀룰로우즈, 질화면 등 그 물질이 가연물과 산소를 동시에 가지고 있는 가연물이 연소하는 형태

【정답】 ④

06. 화재 발생 시 주수소화가 가장 적당한 것은?

① 마그네슘 ② 철분
③ 칼슘 ④ 적린

|문|제|풀|이|

[위험물의 소화방법]

① 마그네슘(Mg) → 제2류 위험물
온수와의 화학 반응식 : $Mg + 2H_2O \rightarrow Mg(OH)_2 + H_2 \uparrow$
(마그네슘) (물) (수산화마그네슘) (수소)

② 철분(Fe) → 제2류 위험물
물의 반응식 : $3Fe + 4H_2O \rightarrow Fe_3O_4 + 4H_2 \uparrow$
(철) (물) (자철광) (수소)

③ 칼슘(Ca) → 제3류 위험물(알칼리금속)
물과 반응식 : $Ca + 2H_2O \rightarrow Ca(OH)_2 + H_2 \uparrow + 102kcal$
(칼슘) (물) (수산화칼슘) (수소) (반응열)

④ 적린(P) : 제2류 위험물 (가연성 고체)
·물, 알칼리, 이황화탄소, 에테르, 암모니아에 녹지 않는다.
·소화방법으로는 다량의 **주수소화가 효과적**이다.

【정답】 ④

07. 분말소화약제의 종류와 주성분이 바르게 연결된 것은?

① 제1종 분말약제 : $KHCO_3$
② 제2종 분말약제 : $KHCO_3 + (NH_2)_2CO$
③ 제3종 분말약제 : $NH_4H_2PO_4$
④ 제4종 분말약제 : $NaHCO_3$

|문|제|풀|이|

[분말소화약제의 종류 및 특성]

종류	주성분	착색	적용 화재
제1종 분말	탄산수소나트륨을 주성분으로 한 것, ($NaHCO_3$)	백색	B, C급
	분해반응식: $2NaHCO_3 \rightarrow Na_2CO_3 + H_2O + CO_2$ (탄산수소나트륨) (탄산나트륨) (물) (이산화탄소)		
제2종 분말	탄산수소칼륨을 주성분으로 한 것, ($KHCO_3$)	담회색 (보라색)	B, C급
	분해반응식: $2KHCO_3 \rightarrow K_2CO_3 + H_2O + CO_2$ (탄산수소칼륨) (탄산칼륨) (물) (이산화탄소)		
제3종 분말	인산암모늄을 주성분으로 한 것, ($NH_4H_2PO_4$)	담홍색, 황색	A, B, C급
	분해반응식: $NH_4H_2PO_4 \rightarrow HPO_3 + NH_3 + H_2O$ (인산암모늄) (메타인산) (암모니아)(물)		
제4종 분말	제2종과 요소를 혼합한 것, $KHCO_3 + (NH_2)_2CO$	회색	B, C급
	분해반응식: $2KHCO_3 + (NH_2)_2CO \rightarrow K_2CO_3 + 2NH_3 + 2CO_2$ (탄산수소칼륨) (요소) (탄산칼륨)(암모니아)(이산화탄소)		

【정답】 ③

08. 다음 중 위험물 제조소의 안전거리를 20m 이상으로 하여야 하는 곳은?

① 학교 ② 유형문화재
③ 고압가스시설 ④ 병원

|문|제|풀|이|

[안전거리 규제 대상 및 미대상]

1. 규제대상 : 제조소(제6류 위험물 제외), 일반취급소, 옥내저장소, 옥외저장소, 옥외탱크저장소
2. 미대상 : 옥내탱크저장소, 지하탱크저장소, 이동탱크저장소, 간이탱크저장소, 암반탱크저장소, 판매취급소, 주유취급소, 이송취급소

[위험물 제조소와의 안전거리]

1. 주거용으로 사용되는 것 : 10m 이상
2. 학교, 병원, 극장 그 밖에 다수인을 수용하는 시설 : 30m 이상
3. 유형문화재와 기념물 중 지정문화재 : 50m 이상
4. **고압가스, 액화석유가스, 도시가스를 저장·취급하는 시설 : 20m 이상**
5. 7000V 초과 35000V 이하의 특고압가공전선 : 3m 이상
6. 35000V를 초과하는 특고압가공전선 : 5m 이상

【정답】 ③

09. 다음 중 일반적으로 트리니트로톨루엔을 녹일 수 없는 것은?

① 물 ② 벤젠

③ 아세톤 ④ 알코올

|문|제|풀|이|

[트리니트로톨루엔[$C_6H_2CH_3(NO_2)_3$] → 제5류 위험물(니트로화합물)]

- 착화점 약 300℃, 융점 81℃, 비점 280℃, 비중 1.66, 폭발속도 7000m/s
- 담황색의 결정이며, 일광에 다갈색으로 변한다.
- 약칭은 T.N.T 이다.
- 강력한 폭약이며 폭발력의 표준으로 사용된다.
- 충격 감도는 피크르산(PA)보다 약하며, 폭성도 약간 떨어진다.
- **비수용성**으로 조해성과 흡습성이 없다.
- 물에 녹지 않고 **아세톤, 벤젠, 알코올, 에테르에는 잘 녹고** 중성물질이므로 중금속과는 작용하지 않는다.
- 연소속도가 매우 빨라 소화가 불가능하여 주위 소화를 생각하는 것이 좋다. 【정답】 ①

10. 분무소화기에서 나온 물 18kg이 100℃, 2atm에서 차지하는 부피는 얼마인가? (단, 기체상수 값은 0.082m^3·atm/kgmol·K이고, 이상기체임을 가정한다)

① $10.29m^3$ ② $15.29m^3$

③ $20.29m^3$ ④ $25.29m^3$

|문|제|풀|이|

[물의 부피]

1. 이상기체상태방정식 : 이상기체의 상태를 나타내는 양들, 즉 압력 P, 부피 V, 온도 T 간의 상관관계를 기술하는 방정식

$$PV=nRT=\frac{W}{M}RT \rightarrow V=\frac{W}{PM}RT$$

여기서, P : 기체의 압력(kg/m^2), V : 기체의 체적(m^3)
M : 분자량, W : 무게, R : 기체정수(0.082)
T : 절대온도(k) → (T=273+℃)

2. 질량 $W=18kg$, 기체상수 R=0.082m^3·atm/kgmol·K
절대온도 $T=273+100=373K$, 기압 P = 2atm
물의 분자량 $M=18$

$$\therefore 부피\ V=\frac{18kg\times 0.082m^3\cdot atm/kgmol\cdot K\times(273+100)K}{2atm\times 18kg}=15.3m^3$$

【정답】 ②

11. 옥외탱크저장소에서 제4류 위험물의 탱크에 설치하는 통기장치 중 밸브 없는 통기관은 지름이 얼마 이상인 것으로 설치해야 하는가? (단, 압력탱크는 제외한다.)

① 10mm ② 20mm

③ 30mm ④ 40mm

|문|제|풀|이|

[옥외저장탱크의 외부구조 및 설비(밸브 없는 통기관)] 옥외저장탱크 중 압력탱크(최대상용압력이 부압 또는 정압 5kPa을 초과하는 탱크를 말한다) 외의 탱크(제4류 위험물의 옥외저장탱크에 한한다)에 있어서는 밸브없는 통기관을 다음과 같이 설치하여야 한다.

1. **지름은 30**mm **이상**일 것
→ (간이지하저장탱크의 통기관의 직경 :25mm 이상)
2. 끝부분은 수평면보다 45도 이상 구부려 빗물 등의 침투를 막는 구조로 할 것 【정답】 ③

12. 다음 중 착화온도가 가장 낮은 것은?

① 등유 ② 가솔린

③ 아세톤 ④ 톨루엔

|문|제|풀|이|

[위험물의 성상]

① 등유 → 제4류 위험물 (제2석유류)
인화점 40~70℃, **착화점 220℃**, 비중 0.79~0.85(증기비중 4.5), 연소범위 1.1~6.0%

② 휘발유(가솔린) → 제4류 위험물(제1석유류)
인화점 -43~-20℃, **착화점 300℃**, 비점 30~210℃, 비중 0.65~0.80(증기비중 3~4), 연소범위 1.4~7.6%

③ 아세톤(CH_3COCH_3) → 제4위험물(제1석유류)
인화점 -18℃, **착화점 538**℃, 비점 56.5℃, 비중 0.79, 연소범위 2.6~12.8%

④ 톨루엔($C_6H_5CH_3$) → 제4류 위험물(제1석유류)
인화점 4℃, **착화점 552**℃, 비점 110.6℃, 비중 0.871(증기비중 3.14), 연소범위 1.4~6.7% 【정답】 ①

13. 질산에틸의 분자량은?

① 76 ② 82

③ 91 ④ 105

|문|제|풀|이|

[질산에틸($C_2H_5ONO_2$) → 제5류 위험물 (질산에스테르류)]

- 인화점 10℃, 융점 -94.6℃, 비점 88℃, 증기비중 3.14, 비중 1.11
- 분자량($C_2H_5ONO_2$)=(12×2)+(1×5)+16+14+(16×2)=91

※분자량은 각 원자량의 합(C : 12, H : 1, O : 16, N : 14)

【정답】 ③

14. 유기과산화물을 저장할 때 일반적인 주의사항에 대한 설명으로 틀린 것은?

① 인화성 액체와 접촉을 피하여 저장한다.

② 다른 산화제와 격리하여 저장한다.

③ 습기 방지를 위해 건조한 상태로 저장한다.

④ 필요한 경우 물질의 특성에 맞는 적당한 희석제를 첨가하여 저장한다.

|문|제|풀|이|

[유기과산화물 → 제5류 위험물]
- 일반적으로 -O-O-기를 가진 산화물을 말한다.
- **건조한 상태에서 마찰, 충격 등으로 폭발 위험성**이 있다.
- 직사광선을 피해 냉암소에 보관한다.
- 인화성 액체, 산화제와 환원제 물질과의 접촉을 피한다.
- 희석제로는 프탈산디메틸, 프탈산디부틸를 사용한다.

【정답】 ③

15. 질산의 비중과 과산화수소의 농도를 기본으로 할 때 제6류 위험물로 볼 수 없는 것은?

① 비중이 1.2인 질산

② 비중이 1.5인 질산

③ 농도가 36중량 퍼센트인 과산화수소

④ 농도가 40중량 퍼센트인 과산화수소

|문|제|풀|이|

[제6류 위험물]
1. 질산 : 질산의 비중 1.49 이상은 위험물에 속한다.
2. 과산화수소 : 과산화수소의 농도가 36중량퍼센트(wt%) 이상은 위험물에 속한다.

【정답】 ①

16. 위험물 옥외저장탱크 중 압력탱크에 저장하는 디에틸에테르등의 저장온도는 몇 ℃ 이하 이어야 하는가?

① 60　　② 40

③ 30　　④ 15

|문|제|풀|이|

[위험물 저장의 기준]
1. 옥외저장탱크·옥내저장탱크 또는 지하저장탱크 중 **압력탱크에 저장**하는 아세트알데히드등 또는 디에틸에테르등의 **온도는 40℃ 이하**로 유지할 것
2. 옥외저장탱크·옥내저장탱크 또는 지하저장탱크 중 압력탱크 외의 탱크에 저장하는 디에틸에테르등 또는 아세트알데히드 등의 온도는 산화프로필랜과 이를 함유한 것 또는 디에틸에테르등에 있어서는 30℃ 이하로, 아세트알데히드 또는 이를 함유한 것에 있어서는 15℃ 이하로 각각 유지할 것

【정답】 ②

17. 물과 탄화칼슘이 반응해서 생성되는 것은?

① 소석회+공기+수소

② 생석회+일산화탄소

③ 생석회+인화수소

④ 소석회+아세틸렌

|문|제|풀|이|

[탄화칼슘(CaC_2) → 제3류 위험물(칼슘 또는 알루미늄의 탄화물]
- 백색 입방체의 결정
- 물과 반응하여 수산화칼슘(소석회)과 아세틸렌가스를 발생한다.
- 물과 반응식 : $CaC_2 + 2H_2O \rightarrow Ca(OH)_2 \uparrow + C_2H_2 + 27.8kcal$
  (탄화칼슘) (물) (수산화칼슘) (아세틸렌) (반응열)
- 밀폐용기에 저장하는 것이 가장 좋으며, 장기간 저장 시에는 불연성 가스(질소가스, 아르곤가스 등)를 충전한다.
- 소화방법에는 마른모래, 탄산가스, 소화분말, 사염화탄소 등으로 한다. → (주수소화는 금한다.)

※$Ca(OH)_2$(수산화칼슘)=소석회

【정답】 ④

18. 점화원을 가까이 했을 때 연소형태가 시작되는 최저 온도는?

① 연소점　　② 발화점

③ 인화점　　④ 분해점

|문|제|풀|이|

[용어]
① 연소점 : 공기 중에서 열을 받아 연소가 계속되기 위한 온도를 말하며 대략 인화점보다 5~10℃ 정도 높은 온도를 말한다.
② 발화점(착화점=발화온도) : 가연성 물질이 점화원 없이 발화하거나 폭발을 일으키는 최저온도
③ 인화점 : 기체 또는 휘발성 액체에서 발생하는 증기가 공기와 섞여서 가연성 또는 완폭발성 혼합기체를 형성하고, 여기에 **불꽃을 가까이 댔을 때 순간적으로 섬광을 내면서 연소**하는, 즉 인화되는 최저의 온도를 말한다.
④ 분해점 : 열분해가 시작되는 온도

【정답】 ③

19. 이동저장탱크는 그 내부에 4,000L 이하마다 몇 mm 이상의 강철판 칸막이를 설치하여야 하는가?

① 0.7 ② 1.2

③ 2.4 ④ 3.2

|문|제|풀|이|

[이동저장탱크의 구조] 이동저장탱크는 그 내부에 **4,000L 이하마다 3.2㎜ 이상의 강철**판 또는 이와 동등 이상의 강도·내열성 및 내식성이 있는 금속성의 것으로 칸막이를 설치하여야 한다.

【정답】 ④

20. 소화기에 "A-2, B-4"로 표시되어 있었다면 숫자가 의미하는 것은 무엇인가?

① 소화기의 제조번호

② 소화기의 소요단위

③ 소화기의 능력단위

④ 소화기의 사용순위

|문|제|풀|이|

[소화기 표시 의미]

A - 2

↓ ↓

적용화재 능력단위

【정답】 ③

21. 다음 그림은 옥외저장탱크와 흙방유제를 나타낸 것이다. 탱크의 지름이 10m이고 높이가 15m라고 할 때 방유제는 탱크의 옆판으로부터 몇 m 이상의 거리를 유지하여야 하는가? (단, 인화점 200℃ 미만의 위험물을 저장한다.)

① 2

② 3

③ 4

④ 5

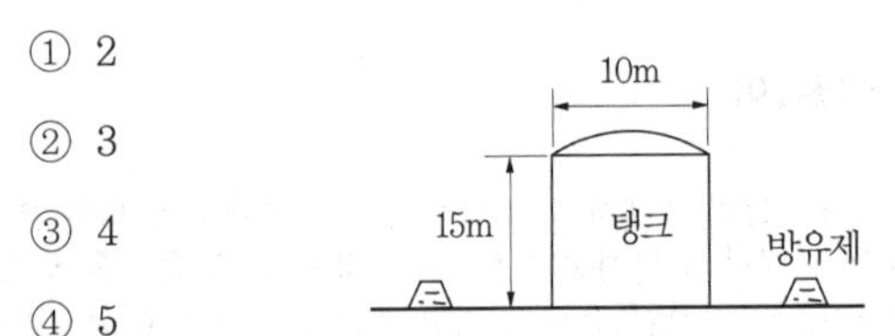

|문|제|풀|이|

[옥외저장탱크의 방유제] 방유제는 옥외저장탱크의 지름에 따라 그 탱크의 옆판으로부터 다음에 정하는 거리를 유지할 것. 다만, 인화점이 200℃ 이상인 위험물을 저장 또는 취급하는 것에 있어서는 그러하지 아니하다.

1. **지름이 15m 미만**인 경우에는 탱크 **높이의 3분의 1 이상**

2. 지름이 15m 이상인 경우에는 탱크 높이의 2분의 1 이상

$\therefore$거리 $= 15m \times \frac{1}{3} = 5m$

【정답】 ④

22. 위험물안전관리법령에서 정한 메틸알코올의 지정수량을 Kg 단위로 환산하면 얼마인가? (단, 메틸알코올의 비중은 0.8이다.)

① 200 ② 320

③ 400 ④ 450

|문|제|풀|이|

[단위 환산]

1. 메틸알코올(CH_3OH) → 제4류 위험물(알코올류), 지정수량 400L

2. 비중 $= \frac{무게}{부피} = \frac{kg}{L}$ → $0.8kg/L = \frac{xkg}{400L}$ $\therefore x = 320kg$

【정답】 ②

23. 표준상태에서 탄소 1몰을 완전히 연소시키면 몇 L의 이산화탄소가 생성되는가?

① 11.2 ② 22.4

③ 44.8 ④ 56.8

|문|제|풀|이|

[탄소의 연소 반응]

1. $C + O_2 \rightarrow CO_2$: 탄소와 이산화탄소의 반응은 1:1

2. 표준상태(0℃ 1기압)에서 탄소와 반응하는 산소의 몰수는 1mol, 생성되는 이산화탄소도 1몰이기 때문에 22.4L의 이산화탄가 생성된다.

즉, 1몰 : 22.4L = 1몰 : x → $\therefore x = 22.4L$

【정답】 ②

24. 위험물안전관리법령상 제4류 위험물의 품명이 나머지 셋과 다른 하나는?

① 산화프로필렌 ② 아세톤

③ 이황화탄소 ④ 디에틸에테르

|문|제|풀|이|

[위험물의 품명]

① 산화프로필렌 : 제4류 위험물 → (특수인화물)

② 아세톤 : 제4류 위험물 → (제1석유류)

③ 이황화탄소 : 제4류 위험물 → (특수인화물)

④ 디에틸에테르 : 제4류 위험물 → (특수인화물)

【정답】 ②

25. 물이 소화약제로 사용되는 주된 이유는?

① 물의 기화열로 가연물을 냉각하기 때문이다.

② 물이 공기를 차단하기 때문이다.

③ 물은 환원성이 있기 때문이다.

④ 물이 가연물을 제거하기 때문이다.

|문|제|풀|이|

[물 소화약제] 냉각소화, 질식소화, 유화소화, 희석소화 등이 사용

1. 장점
  - 구입이 용이하고, 사용하기가 쉬우며, 인체에 무해하다.
  - **기화열**을 이용한 **냉각효과**가 크다.
  - 비열과 잠열이 크다.
  - 장기간 보관할 수 있고, 가격이 저렴하다.
2. 단점
  - 0℃ 이하에서 동파의 위험이 있다.
  - 전기가 통하는 도체이며 방사 후 2차 피해의 우려가 있다.
  - 표면장력이 커 심부화재에는 비효과적이다.
  - 유류화재 시 화재 면이 확대되기 때문에 위험하다.
  - 소화소요 시간이 길다.

【정답】 ①

26. 제3류 위험물인 인화칼슘(Ca_3P_2)의 화재별 소화방법으로 옳지 않은 것은?

① 물 ② CO_2

③ 건조석회 ④ 금속화재용 분말소화약제

|문|제|풀|이|

[인화석회/인화칼슘(Ca_3P_2) → 제3류 위험물(금속의 인화물)]

- 소화방법에는 마른모래 등으로 피복하여 자연진화를 기다린다. → (물 및 포약제의 소화는 금한다.)
- 물, 약산과 반응하여 인화수소(포스핀가스(PH_3))를 발생
- 물과 반응식 : $Ca_3P_2 + 6H_2O \rightarrow 2PH_3\uparrow + 3Ca(OH)_2$
  (인화칼슘) (물) (포스핀) (수산화칼슘)

【정답】 ①

27. 다음 중 제4류 위험물에 해당되지 않는 것은?

① 휘발유 ② 아세톤

③ 아세트알데히드 ④ 니트로글리세린

|문|제|풀|이|

[위험물의 분류]

① 휘발유(가솔린) → 제4류 위험물(제1석유류)

② 아세톤(CH_3COCH_3) → 제4류 위험물(제1석유류)

③ 아세트알데히드(CH_3CHO) : 제4류 위험물(특수인화물)

④ **니트로글리세린**[$C_3H_5(ONO_2)_3$] → **제5류 위험물**(질산에스테르류)

【정답】 ④

28. 다음 중 니트로글리세린의 성상 및 용도에 관한 설명으로 맞지 않는 것은?

① 시판공업용 제품은 담황색이다.

② 물에는 녹지만 유기용매에는 녹지 않는다.

③ 연소가 폭발적이므로 소화하기 힘들다.

④ 다이니마이트의 원료로 쓰인다.

|문|제|풀|이|

[니트로글리세린[$C_3H_5(ONO_2)_3$] → 제5류 위험물 중 질산에스테르류]

- 라빌형의 융점 2.8℃, 스타빌형의 융점 13.5℃, 비점 160℃ 비중 1.6, 증기비중 7.84
- 상온에서 무색(공업용 담황색), 투명한 기름 형태의 액체 → (겨울철에는 동결)
- **비수용성**이며 알코올, 메탄올, 에테르 등 유기용제에는 잘 녹는다.
- 가열, 마찰, 충격에 민감하여 폭발하기 쉽다.
- 규조토에 흡수시켜 다이너마이트를 제조한다.
- 연소 시 폭굉을 일으키므로 접근하지 않도록 한다.
- 소화방법으로는 주수소화가 효과적이다.
- 분해 반응식: $4C_3H_5(ONO_2)_3 \rightarrow 12CO_2\uparrow + 10H_2O\uparrow + 6N_2\uparrow + O_2\uparrow$
  (니트로글리세린) (이산화탄소) (물) (질소) (산소)

【정답】 ②

29. 위험물과 그 보호액의 연결이 틀린 것은?

① 나트륨 - 유동파라핀

② 이황화탄소 - 물

③ 칼륨 - 에탄올

④ 황린 - 물

|문|제|풀|이|

[위험물의 저장방법]

1. 물에 저장
   ㉠ 황린 : 공기와의 접촉 방지를 위해
   ㉡ 이황화탄소 : 가연성 증기 발생을 억제하기 위해
2. **등유(석유), 경유, 유동파라핀** : **칼륨**, 나트륨
3. 물 또는 알코올 : 니트로셀룰로오스

【정답】 ③

30. 위험물 운반차량의 어느 곳에 '위험물'이라는 표지를 게시하여야 하는가?

① 전면 및 후면의 보기 쉬운 곳

② 운전석 옆유리

③ 이동저장탱크의 좌우 측면 보기 쉬운 곳

④ 차량의 좌우 문

|문|제|풀|이|

[위험물 운반방법] 지정수량 이상의 위험물을 차량으로 운반하는 경우에는 해당 차량에 소방청장이 정하여 고시하는 바에 따라 운반하는 위험물의 위험성을 알리는 표지를 설치하여야 한다.

1. 한 변의 길이가 0.3m 이상, 다른 한 변의 길이가 0.6m 이상인 직사각형의 판으로 할 것
2. 바탕은 흑색으로 하고, 황색의 반사도료로 「위험물」이라고 표시할 것
3. 표지는 이동탱크저장소의 경우 전면 상단 및 후면 상단, **위험물 운반차량의 경우 전면 및 후면 위치**에 부착할 것

【정답】 ①

31. 화재 시 물을 이용한 냉각소화를 할 경우 오히려 위험성이 증가하는 물질은?

① 황린 ② 적린

③ 칼륨 ④ 니트로셀룰로오스

|문|제|풀|이|

[칼륨(K) → 제3류 위험물(금수성)]

·융점 63.5℃, 비점 762℃, 비중 0.857

·은백색 광택의 무른 경금속으로 불꽃반응은 보라색

·공기 중에서 수분과 반응하여 수소를 발생한다.

·물과 반응식 : $2K + 2H_2O \rightarrow 2KOH + H_2 \uparrow + 92.8kcal$

(칼륨) (물) (수산화칼륨) (수소) (반응열)

·비중이 작으므로 석유(파라핀, 경유, 등유) 속에 저장한다.

·소화방법에는 마른모래 및 탄산수소염류 분말소화약제가 효과적 → (**주수소화**와 사염화탄소(CCl_4)와는 폭발반응을 하므로 **절대 금한다.**)

【정답】 ③

32. 할론 1301의 증기비중은? (단, 불소의 원자량은 19, 브롬의 원자량은 80, 염소의 원자량은 35.5이고 공기의 분자량은 29이다.)

① 2.14 ② 4.15

③ 5.14 ④ 6.15

|문|제|풀|이|

[증기비중] 증기비중$=\frac{\text{기체의 분자량}}{\text{공기의 분자량}}=\frac{\text{기체의 분자량}}{29}$

할론 1301(CF_3Br) → 분자량=12+19×3+80=149

∴증기비중$=\frac{149}{29}=5.14$

【정답】 ③

33. 제6류 위험물에 해당하지 않는 것은?

① 염산 ② 질산

③ 과염소산 ④ 과산화수소

|문|제|풀|이|

[제6류 위험물(산화성 액체)]

유별	품명	지정수량
제6류 산화성 액체	1. 질산(HNO_3) 2. 과산화수소(H_2O_2) 3. 과염소산($HClO_4$) 4. 그 밖에 행정안전부령이 정하는 것 ① 할로겐간화합물(BrF_3, BrF_5, IF_5, ICI, IBr 등) 5. 1내지 4의 ①에 해당하는 어느 하나 이상을 함유한 것	300kg

※염산(HCl) : 위험물이 아니고 유독물이다.

【정답】 ①

34. 위험물의 취급소를 구분할 때 제조 이외의 목적에 따른 구분으로 볼 수 없는 것은?

① 판매취급소 ② 이송취급소

③ 옥외취급소 ④ 일반취급소

|문|제|풀|이|

[위험물 취급소의 구분 4가지]

위험물을 제조외의 목적으로 취급하기 위한 장소	저장소의 구분
1. 고정된 주요설비	주유취급소
2. 점포에서 위험물을 용기에 담아 판매하기 위하여 지정수량의 40배 이하의 위험물을 취급하는 장소	판매취급소
3. 배관 및 이에 부속된 설비에 의하여 위험물을 이송하는 장소	이송취급소
4. 제1호 내지 제3호의 장소	일반취급소

【정답】 ③

35. 다음 중 각 석유류의 분류가 잘못된 것은?

① 제1석유류 : 초산에틸, 휘발유

② 제2석유류 : 등유, 경유

③ 제3석유류 : 폼산, 테레핀유

④ 제4석유류 : 기어유, DOA(가소제)

|문|제|풀|이|

[제4류 위험물(인화성 액체)의 품명 및 종류]

품명		종류
특수인화물		이황화탄소, 디에틸에테르, 아세트알데히드 산화프로필렌
제1석유류	비수용성	휘발유, 메틸에틸케톤, 톨루엔, 벤젠, 초산에스테르류(초산메틸, 초산에틸)
	수용성	시안화수소, 아세톤, 피리딘
알코올류		메틸알코올, 에틸알코올, 프로필알코올
제2석유류	비수용성	등유, 경유, 스티렌, 크실렌(자일렌), 클로로벤젠, **테레핀유(송정유)**
	수용성	아세트산, **폼산**, 히드라진
제3석유류	비수용성	크레오소트유, 중유, 아닐린, 니트로벤젠
	수용성	글리세린, 에틸렌글리콜
제4석유류		윤활유, 기어유, 실린더유, 가소제(DOA)
동·식물유류		1. 건성유 : 정어리유, 대구유, 상어유, 해바라기유, 오동유, 아마인유, 들기름 2. 반건성유 : 채종유, 면실유, 참기름, 옥수수기름, 콩기름, 쌀겨기름, 청어유 등 3. 불건성유 : 쇠기름, 돼지기름, 고래기름, 피마자유, 올리브유, 팜유, 땅콩기름(낙화생유), 야자유

【정답】 ③

36. 산화성액체인 질산의 분자식으로 옳은 것은?

① HNO_2　② HNO_3

③ NO_2　④ NO_3

|문|제|풀|이|

[질산(HNO_3) → 제6류 위험물] 융점 -42℃, 비점 86℃, 비중 1.49, 증기비중 2.17, 용해열 7.8kcal/mol

·무색의 무거운 액체 → (보관 중 담황색으로 변한다.)

·흡습성이 강하여 습한 공기 중에서 발열한다.

·자극성, 부식성이 강한 강산이다.

·소량 화재 시 다량의 물로 희석 소화한다. 【정답】 ②

37. 수소화리튬이 물과 반응할 때 생성되는 것은?

① LiOH과 H_2　② LiOH과 O_2

③ Li과 H_2　④ Li과 O_2

|문|제|풀|이|

[수소화리튬(LiH) → 제2류 위험물(금속의 수소화물)]

·융점 680℃, 비중 0.82

·유리 모양의 투명한 고체

·물과 반응하여 수산화리튬과 수소를 발생한다.

·물과 반응식 : $LiH + H_2O \rightarrow LiOH + H_2 \uparrow$

(수소화리튬) (물) (수산화리튬) (수소)

·알코올에 녹지 않으며, 알칼리금속의 수소화물 중 안정성이 가장 크다.

·질소와 직접 결합하여 생성물로 질화리튬을 만든다.

·소화방법에는 마른모래 등으로 피복소화한다.

→ (물 및 포약제의 소화는 금한다.) 【정답】 ①

38. 이황화탄소가 완전 연소 하였을 때 발생하는 물질은?

① CO_2, O_2　② CO_2, SO_2

③ CO, S　④ CO_2, H_2O

|문|제|풀|이|

[이황화탄소(CS_2, 2유화탄소) → 제4류 위험물 중 특수인화물]

·인화점 -30℃, 착화점 100℃, 비점 46.25℃, 비중 1.26, 증기비중 2.62, 연소범위 1~44%

·무색투명한 휘발성 액체(불쾌한 냄새)이나 빛을 쬐이면 황색으로 변색

·물에 녹지 않고 물보다 무거워 물속(물탱크, 수조)에 저장한다.

·저장 시 물속에 넣어 가연성 증기의 발생을 억제한다.

·알코올, 에테르, 벤젠 등의 유기용제에는 잘 녹는다.

·황, 황린, 수지, 고무 등을 잘 녹인다.

·소화방법에는 포말, 분말, CO_2, 할로겐화합물 소화기 등을 사용해 질식소화

·연소 반응식(100℃) : $CS_2 + 3O_3 \rightarrow CO_2 \uparrow + 2SO_2 \uparrow$

(이황화탄소) (산소) (이산화탄소) (이황산가스(이산화황))

【정답】 ②

39. 트리에틸알루미늄이 물과 반응할 때 생성되는 물질은?

① CH_4　② C_2H_6

③ C_3H_8　④ C_4H_{10}

|문|제|풀|이|

[트리에틸알루미늄($(C_2H_5)_3Al$) → 제3류 위험물]

물과의 반응식 $(C_2H_5)_3Al + 3H_2O \rightarrow Al(OH)_3 + 3C_2H_6 \uparrow$

(트리에틸알루미늄) (물) (수산화알루미늄) (에테인)

【정답】 ②

40. 화재 시 이산화탄소를 방출하여 산소의 농도를 12.5vol%로 낮추어 소화를 하려면 공기 중의 이산화탄소는 몇 vol%가 되어야 하는가?

① 30.7 ② 32.8

③ 40.5 ④ 68.5

|문|제|풀|이|

[이산화탄소의 농도(vol%)] $CO_2(vol\%) = \frac{21 - O_2(vol\%)}{21} \times 100$

여기서, $CO_2(vol\%)$ → 이론소화농도 : 밀폐된 실내의 화재를 진압하기 위한 CO_2의 농도

$O_2(vol\%)$ → 한계산소농도(연소한계농도) : 불활성가스 첨가 시 산소농도가 떨어져 연소·폭발이 일어나지 않을 때의 산소농도

21 : 공기 중의 산소 비율

$\therefore CO_2(vol\%) = \frac{21-12.5}{21} \times 100 = 40.5vol\%$

【정답】 ③

41. 위험물안전관리법령상 위험등급 Ⅰ의 위험물에 해당하지 않는 것은?

① 아염소산칼륨 ② 황화린

③ 황린 ④ 과염소산

|문|제|풀|이|

[위험물의 위험등급]

위험등급	종류
위험등급Ⅰ의 위험물	1. 제1류 위험물 중 **아염소산염류**, 염소산염류, 과염소산염류, 무기과산화물 그 밖에 지정수량이 50kg인 위험물
	2. 제3류 위험물 중 칼륨, 나트륨, 알킬알루미늄, 알킬리튬, **황린** 그 밖에 지정수량 10kg 또는 20kg인 위험물
	3. 제4류 위험물 중 특수인화물
	4. 제5류 위험물 중 유기과산화물, 질산에스테르류 그 밖에 지정수량이 10kg인 위험물
	5. 제6류 위험물(**과염소산**)
위험등급Ⅱ의 위험물	1. 제1류 위험물 중 브롬산염류, 질산염류, 요오드산염류 그 밖에 지정수량 300kg인 위험물
	2. 제2류 위험물 중 **황화린**, 적린, 유황 그 밖에 지정수량 100kg인 위험물
	3. 제3류 위험물 중 알칼리금속(칼륨 및 나트륨을 제외한다) 및 알칼리토금속, 유기금속화합물(알킬알루미늄 및 알킬리튬을 제외한다) 그 밖에 지정수량 50kg인 위험물
	4. 제4류 위험물 중 제1석유류 및 알코올류
	5. 제5류 위험물 중 Ⅰ등급의 4에서 정하는 위험물 외의 것
위험등급Ⅲ의 위험물	위험등급 Ⅰ, Ⅱ를 제외한 위험물

【정답】 ②

42. T.N.T가 폭발했을 때 발생하는 유독기체는?

① Na ② CO_2

③ O_2 ④ CO

|문|제|풀|이|

[트리니트로톨루엔[T.N.T, $C_6H_2CH_3(NO_2)_3$] → 제5류 위험물(니트로화합물)]

- 착화점 약 300℃, 융점 81℃, 비점 280℃, 비중 1.66, 폭발속도 7000m/s
- 담황색의 결정이며, 일광에 다갈색으로 변한다.
- 비수용성으로 조해성과 흡습성이 없다.
- 물에 녹지 않고 아세톤, 벤젠, 알코올, 에테르에는 잘 녹고 중성 물질이므로 중금속과는 작용하지 않는다.
- **분해 반응식** : $2C_6H_2CH_3(NO_2)_3 \rightarrow 12CO\uparrow + 5H_2\uparrow + 2C\uparrow + 3N_2\uparrow$

(T.N.T) △ (일산화탄소)(수소) (탄소) (질소)

【정답】 ④

43. 소화난이도등급 Ⅰ의 옥내탱크저장소에 유황만을 저장할 경우 설치하여야 하는 소화설비는?

① 물분무소화설비

② 스프링클러설비

③ 포소화설비

④ 이산화탄소소화설비

|문|제|풀|이|

[소화난이도등급Ⅰ의 제조소등에 설치하여야 하는 소화설비]

제조소 등의 구분			소화설비
옥외탱크저장소	지중탱크 또는 해상탱크 외의 것	**유황만을 저장취급하는 것**	**물분무소화설비**
		인화점 70℃ 이상의 제4류 위험물만을 저장취급하는 것	물분부소화설비 또는 고정식 포소화설비
		그 밖의 것	고정식 포소화설비(포소화설비가 적응성이 없는 경우에는 분말소화설비)
	지중탱크		고정식 포소화설비, 이동식 이외의 불활성가스소화설비 또는 이동식 이외의 할로겐화합물소화설비
	해상탱크		고정식 포소화설비, 물분무소화설비, 이동식이외의 불활성가스소화설비 또는 이동식 이외의 할로겐화합물소화설비

【정답】 ①

44. 위험물의 운반에 관한 기준에 따라 다음의 (㉠)과 (㉡)에 적합한 것은?

> 액체위험물은 운반용기 내용적의 (㉠) 이하의 수납률로 수납하되, (㉡)의 온도에서 누설되지 아니하도록 충분한 공간용적을 유지하도록 할 것

① ㉠ 98%, ㉡ 40℃

② ㉠ 98%, ㉡ 55℃

③ ㉠ 95%, ㉡ 40℃

④ ㉠ 95%, ㉡ 55℃

|문|제|풀|이|

[위험물의 적재방법] 액체위험물은 운반용기 내용적의 **98%** 이하의 수납률로 수납하되, **55℃**의 온도에서 누설되지 아니하도록 충분한 공간용적을 유지하도록 할 것 【정답】 ②

45. 위험물안전관리법령에서 정한 소화설비의 설치기준에 따라 다음 ( )에 알맞은 숫자를 차례대로 나타낸 것은?

> 제조소 등에 전기설비(전기배선, 조명기구 등은 제외한다)가 설치된 경우에는 당해 장소의 면적 ( )m^2 마다 소형수동식소화기를 ( )개 이상 설치할 것

① 50, 1　　② 50, 2

③ 100, 1　　④ 100, 2

|문|제|풀|이|

[소화설비의 설치기준(전기설비의 소화설비)] 제조소 등에 전기설비(전기배선, 조명기구 등은 제외한다)가 설치된 경우에는 당해 장소의 면적 **100m^2 마다** 소형수동식소화기를 **1개 이상** 설치할 것

【정답】 ③

46. 다음 물질 중 제1류 위험물이 아닌 것은?

① Na_2O_2　　② $NaClO_3$

③ NH_4ClO_4　　④ $HClO_4$

|문|제|풀|이|

[위험물의 분류]

① Na_2O_2(과산한화나트륨) : 제1류 위험물(무기과산화물)

② $NaClO_3$(염소산나트륨) : 제1류 위험물(염소산염류)

③ NH_4ClO_4(과염소산암모늄) : 제1류 위험물(과염소산염류)

④ $HClO_4$(과염소산) : 제6류 위험물 【정답】 ④

47. 옥내저장탱크의 상호 간에는 특별한 경우를 제외하고 최소 몇 m 이상의 간격을 유지하여야 하는가?

① 0.1　　② 0.2

③ 0.3　　④ 0.5

|문|제|풀|이|

[옥내탱크저장소의 기준]

1. 위험물을 저장 또는 취급하는 옥내탱크는 단층건축물에 설치된 탱크전용실에 설치할 것
2. 옥내저장탱크와 탱크전용실의 **벽과의 사이 및 옥내저장탱크의 상호간에는 0.5m 이상의 간격**을 유지할 것. 다만, 탱크의 점검 및 보수에 지장이 없는 경우에는 그러하지 아니하다.
3. 옥내저장탱크의 용량은 지정수량의 40배(제4석유류 및 동식물유류 외의 제4류 위험물에 있어서 당해 수량이 20,000L를 초과할 때에는 20,000L) 이하일 것 【정답】 ④

48. 2몰의 브롬산칼륨이 모두 열분해 되어 생긴 산소의 양은 2기압 27℃에서 약 몇 L인가?

① 32.42　　② 36.92

③ 41.34　　④ 45.64

|문|제|풀|이|

[이상기체상태방정식] 이상기체의 상태를 나타내는 양들, 즉 압력 P, 부피 V, 온도 T 간의 상관관계를 기술하는 방정식

$PV = \frac{W}{M}RT \rightarrow W = \frac{PVM}{RT}$

여기서, P : 기체의 압력(kg/m^2), V : 기체의 체적(m^3)

M : 분자량, W : 무게, R : 기체상수

T : 절대온도(K) → (T=273+℃)

[브롬산칼륨의 분해반응식] $2KBrO_3 \rightarrow 2KBr + 3O_2 \uparrow$

(브롬산칼륨) (브롬화칼륨) (산소)

2×107g　　3×32g

$\therefore V = \frac{WRT}{PM} = \frac{96g \times 0.08205L \cdot atm/g-mol \cdot K \times 300K}{2atm \times 32} = 36.92L$

※표준상태 : 0℃, 1기압(atm), O_2 분자량 : 32g/mol

R : 0.08205L·atm/g-mol·K 【정답】 ②

49. 다음 중 벤젠의 증기비중에 가장 가까운 값은?

① 0.7　　② 0.9
③ 2.7　　④ 3.9

|문|제|풀|이|

[벤젠(C_6H_6, 벤졸) → 제4류 위험물 (제1석유류)]

- **분자량 78**, 지정수량(비수용성) 200L, 인화점 -11℃, 착화점 562℃, 비점 80℃, 비중 0.879, 연소범위 1.4~7.1%
- 무색 투명한 휘발성 액체
- 물에 잘 녹지 않고 알코올, 아세톤, 에테르에 잘 녹는다.
- 수지 및 고무 등을 잘 녹인다.
- 증기는 공기보다 무거워 낮은 곳에 체류하므로 주의한다.
  → 증기비중 $= \frac{\text{기체의 분자량}}{\text{공기의 분자량}} = \frac{78}{29} = 2.69 > 1$)
- 소화방법으로 대량일 경우 포말소화기가 가장 좋고, 질식소화기(CO_2, 분말)도 좋다.　【정답】③

50. 메틸에틸케톤퍼옥사이드의 위험성에 대한 설명으로 옳은 것은?

① 상온 이하의 온도에서도 매우 불안정하다.
② 20℃에서 분해하여 50℃에서 가스를 심하게 발생한다.
③ 40℃ 이상에서 무명, 탈지면 등과 접촉하면 발화의 위험이 있다.
④ 대량 연소 시에 폭발할 위험이 있다.

|문|제|풀|이|

[메틸에틸케톤퍼옥사이드($(CH_3COC_2H_5)_2O_2$) → 제5류 위험물 (유기과산화물)]

- 발화점 205℃, 융점 -20℃, 비중 1.33, 함유율(석유를 함유한 비율) 60% 이상, 분해온도 40℃
- 무색의 독특한 냄새가 나는 기름 형태의 액체이다.
- 물에 약간 녹고, 알코올, 에테르, 케톤류에는 잘 녹는다.
- **40℃ 이상에서 분해가 시작**되어 110℃ 이상이면 발열하고 분해가스가 연소한다.
- 희석제로는 프탈산디메틸, 프탈산디부틸　【정답】③

51. 위험물의 저장방법에 대한 설명 중 틀린 것은?

① 니트로셀룰로오스는 건조하면 발화 위험이 있으므로 물 또는 알코올로 습면시켜 저장한다.
② 황은 정전기의 축적을 방지하여 저장한다.
③ 칼륨은 유동파라핀 속에 저장한다.
④ 마그네슘은 차고 건조하면 분진 폭발하므로 온수 속에 저장한다.

|문|제|풀|이|

[마그네슘(Mg) → 제2류 위험물]

- 착화점 400℃(불순물 존재 시), 융점 650℃, 비점 1102℃, 비중 1.74
- 은백색의 광택이 나는 경금속 분말로 알칼리토금속에 속한다.
- 알루미늄보다 열전도율 및 전기전도도가 낮고, **산 및 더운물과 반응하여 수소를 발생**한다.
- 온수와의 반응식 : $2Mg + 2H_2O \rightarrow Mg(OH)_2 + H_2 \uparrow$
  (마그네슘)　(물)　(수산화마그네슘)　(수소)
- 산화제 및 할로겐 원소와의 접촉을 피하고, **공기 중 습기에 발열되어 자연 발화의 위험성**이 있다.
- 물과 닿지 않도록 건조한 냉소에 보관　【정답】④

52. 위험물제조소등에 설치하는 고정식의 포소화설비의 기준에서 포헤드방식의 포헤드는 방호대상물의 표면적 몇 m^2 당 1개 이상의 헤드를 설치하여야 하는가?

① 5　　② 9
③ 15　　④ 30

|문|제|풀|이|

[포소화설비의 기준에서 포헤드방식]

1. 포헤드 방호대상물의 표면적 $9m^3$당 1개 이상의 헤드
2. 방사구역은 $100m^3$ 이상으로 할 것　【정답】②

53. 위험물안전관리법령에 의한 위험물에 속하지 않는 것은?

① CaC_2　　② S
③ P_2O_5　　④ K

|문|제|풀|이|

[위험물의 분류]

① 탄화칼슘(CaC_2) → 제3류 위험물(칼슘 또는 알루미늄의 탄화물)
② 유황(황)(S) → 제2류 위험물
③ 오산화인(P_2O_5) → 적린의 연소 반응에서 생성되는 물질 → (비위험물)

적린의 연소반응 : $4P + 5O_2 \rightarrow 2P_2O_5$
(적린)　(산소)　(오산화인)

④ 칼륨(K) → 제3류 위험물, 금수성　【정답】③

54. 제3류 위험물 중 금수성 물질에 적응성이 있는 소화설비는?

① 할로겐화합물소화설비

② 포소화설비

③ 이산화탄소소화설비

④ 탄산수소염류등 분말소화설비

|문|제|풀|이|

[위험물의 성질에 따른 소화설비의 적응성]

소화설비의 구분 \ 대상			제3류 위험물	
			금수성물품	그 밖의 것
옥내소화전 또는 옥외소화전설비				○
스프링클러설비				○
물분무등 소화설비	물분무소화설비			○
	포소화설비			○
	불활성가스소화설비			
	할로겐화합물소화설비			
	분말소화설비	인산염류등		
		탄산수소염류등	○	
		그 밖의 것	○	
대형소형 수동식 소화기	봉상수(棒狀水)소화기			○
	무상수(霧狀水)소화기			○
	봉상강화액소화기			○
	무상강화액소화기			○
	포소화기			○
	이산화탄소소화기			
	할로겐화합물소화기			
	분말소화기	인산염류소화기		
		탄산수소염류소화기	○	
		그 밖의 것	○	
기타	물통 또는 수조			○
	건조사		○	○
	팽창질석 또는 팽창진주암		○	○

※금수성 물질의 소화설비 : 건조사, 탄산수소염류 분말소화약제, 마른 모래, 팽창질석, 팽창진주암 → (물에 의한 소화는 절대 금지)

【정답】 ④

55. 위험물안전관리법령상 품명이 나머지 셋과 다른 하나는?

① 스티렌 ② 산화프로필렌

③ 황화디메틸 ④ 이소프로필아민

|문|제|풀|이|

[위험물의 품명]

① 스티렌 : 제4류 위험물 → (제2석유류)

② 산화프로필렌 : 제4류 위험물 → (특수인화물)

③ 황화디메틸 : 제4류 위험물 → (특수인화물)

④ 이소프로필아민 : 제4류 위험물 → (특수인화물)

【정답】 ①

56. 휘발유의 일반적인 성질에 관한 설명으로 틀린 것은?

① 물에 녹지 않는다.

② 전기에 대해 전도성 물질이다.

③ 주성분은 알케인 또는 알켄계 탄화수소이다.

④ 물보다 가볍다.

|문|제|풀|이|

[휘발유(가솔린) → 제4류 위험물(제1석유류)]

- 지정수량(비수용성) 200L, 인화점 -43~-20℃, 착화점 300℃, 비점 30~210℃, 비중 0.65~0.80(증기비중 3~4), 연소범위 1.4~7.6%
- 포화·불포화탄화가스가 주성분
  → (주성분은 알케인(C_nH_{2n+2}) 또는 알켄(C_nH_{2n})계 탄화수소)
- 물보다 가볍고 물에 잘 녹지 않는다.
- **전기의 불량도체**로서 정전기 축적이 용이하다.
- 공업용은 무색, 자동차용은 노란색(무연), 고급은 녹색이다.
- 증기는 공기보다 무거워 낮은 곳에 체류하기 쉽다.
- 소화방법에는 포소화약제, 분말소화약제에 의한 소화가 효과적
- 연소반응식 : $2C_8H_{18} + 25O_2 \rightarrow 16CO_2\uparrow + 18H_2O$
  (옥탄) (산소) (이산화탄소) (물)

【정답】 ②

57. 1분자 내에 포함된 탄소의 수가 가장 많은 것은?

① 아세톤 ② 톨루엔

③ 아세트산 ④ 이황화탄소

|문|제|풀|이|

[위험물의 성분]

① 아세톤(CH_3COCH_3) → 제4류 위험물(제1석유류) : 탄소 수(3개)

② 톨루엔($C_6H_5CH_3$) → 제4류 위험물(제1석유류) : 탄소 수(7개)

③ 아세트산(CH_3COOH) → 제4류 위험물(제2석유류) : 탄소 수(2개)

④ 이황화탄소(CS_2, 2유화탄소) → 제4류 위험물 중 특수인화물 : 탄소 수(1개)

【정답】 ②

58. 위험물의 성질에 대한 설명으로 틀린 것은?

① 인화칼슘은 물과 반응하여 유독한 가스를 발생한다.

② 금속나트륨은 물과 반응하여 산소를 발생시키고 발열한다.

③ 칼륨은 물과 반응하여 수소가스를 발생한다.

④ 탄화칼슘은 물과 반응하여 발열하고 아세틸렌 가스를 발생한다.

|문|제|풀|이|

[위험물과 물과의 반응]

① 인화칼슘(Ca_3P_2) → 제3류 위험물(금수성 물질)

물과 반응식 : $Ca_3P_2 + 6H_2O \rightarrow 2PH_3\uparrow + 3Ca(OH)_2$

(인화칼슘) (물) (포스핀) (수산화칼슘)

② 금속나트륨(Na) → 제3류 위험물

물과 반응식 : $2Na + 2H_2O \rightarrow 2NaOH + H_2\uparrow$ + 88.2kcal

(나트륨) (물) (수산화나트륨) (수소) (반응열)

③ 칼륨(K) → 제3류 위험물(금수성)

물과 반응식 : $2K + 2H_2O \rightarrow 2KOH + H_2\uparrow$ + 92.8kcal

(칼륨) (물) (수산화칼륨) (수소) (반응열)

④ 탄화칼슘(CaC_2) → 제3류 위험물(칼슘 또는 알루미늄의 탄화물)

물과 반응식 : $CaC_2 + 2H_2O \rightarrow Ca(OH)_2\uparrow + C_2H_2$ + 27.8kcal

(탄화칼슘) (물) (수산화칼슘) (아세틸렌) (반응열)

【정답】 ②

59. 위험물안전관리법령상 이동탱크저장소에 의한 위험물운송 시 위험물운송자는 장거리에 걸치는 운송을 하는 때에는 2명 이상의 운전자로 하여야 한다. 다음 중 그러하지 않아도 되는 경우가 아닌 것은?

① 적린을 운송하는 경우

② 알루미늄의 탄화물을 운송하는 경우

③ 이황화탄소를 운송하는 경우

④ 운송도중에 2시간 이내마다 20분 이상씩 휴식하는 경우

|문|제|풀|이|

[이동탱크저장소에 의한 위험물의 운송 시에 준수하여야 하는 기준]

1. 위험물운송자는 운송의 개시 전에 이동저장탱크의 배출밸브 등의 밸브와 폐쇄장치, 맨홀 및 주입구의 뚜껑, 소화기 등의 점검을 충분히 실시할 것
2. 위험물운송자는 장거리(고속도로에 있어서는 340km 이상, 그 밖에 있어서는 200km 이상을 말한다)에 걸치는 운송을 하는 때에는 2명 이상의 운전자로 할 것

→ 다만, 다음의 경우는 그러하지 아니하다.

1. 운송책임자동승 : 운송책임자가 함께 동승하는 경우
2. 운송하는 위험물이 제2류 위험물, 제3류 위험물(칼슘 또는 알루미늄의 탄화물과 이것만을 함유한 것에 한한다.) 또는 제4류 위험물(**특수인화물 제외**)인 경우
3. 운송도중에 **2시간마다 20분 이상씩 휴식**하는 경우

3. 위험물(제4류 위험물에 있어서는 특수인화물 및 제1석유류에 한한다)을 운송하게 하는 자는 위험물안전카드를 위험물운송자로 하여금 휴대하게 할 것

※① 적린(P) : 제2류 위험물(가연성 고체)

② 알루미늄의 탄화물 : 제3류 위험물 (금수성물질)

③ 이황화탄소(CS_2, 2유화탄소) → 제4류 위험물(특수인화물)

【정답】 ④

60. 유류화재 시 발생하는 이상 현상인 보일오버(Boil over)와 가장 거리가 먼 것은?

① 기름이 열의 공급을 받지 아니하고 온도가 상승하는 현상

② 기름의 표면에서 조용히 연소하다 탱크 내의 기름이 갑자기 분출하는 현상

③ 탱크 바닥에 물 또는 기름이 에멀션 층이 있는 경우 발생하는 현상

④ 열유층이 탱크 아래로 이동하여 발생하는 현상

|문|제|풀|이|

[보일오버(boil over)]

1. 고온층이 형성된 유류화재의 탱크저부로 침강하여 저부에 물이 고여 있는 경우, 화재의 진행에 따라 바닥의 물이 급격히 증발하여 대량의 수증기가 상층의 유류를 밀어 올려 다량의 기름을 분출시키는 위험현상
2. 탱크 바닥에 물 또는 기름의 에멀션 층이 있는 경우 발생
3. 방지대책 : 탱크 하부에 배수관을 설치하여 탱크 밑면의 수층을 방지한다.

【정답】 ①

2016_1 위험물기능사 필기

01. 다음 중 연소의 3요소를 모두 갖춘 것은?

① 휘발유+공기+수소

② 적린+수소+성냥불

③ 성냥불+황+염소산암모늄

④ 알코올+수소+염소산암모늄

|문|제|풀|이|

[연소의 3요소] 가연물, 산소 공급원, 점화원

1. 가산물 : 산소와 반응하여 발열하는 물질, 목재, 종이, **황** 등
2. 산소공급원 : 산소, 공기, 산화제, 자기반응성 물질(내부 연소성 물질) → **염소산암모늄**
3. 점화원 : 화기는 물론, 전기불꽃, 정전기불꽃, 충격에 의한 불꽃, 마찰에 의한 불꽃(마찰열), 단열 압축열, 나화 및 고온 표면, **성냥불** 등

【정답】 ③

02. 피크린산의 위험성과 소화방법에 대한 설명으로 틀린 것은?

① 금속과 화합하여 예민한 금속염이 만들어질 수 있다.

② 운반 시 건조한 것보다는 물에 젖게 하는 것이 안전하다.

③ 알코올과 혼합된 것은 충격에 의한 폭발 위험이 있다.

④ 화재 시에는 질식소화가 효과적이다.

|문|제|풀|이|

[피크르산(피크린산)($C_6H_3N_3O_7$)]

- 분자량 229.11, 끓는점 255℃, 녹는점 122.5℃, 비중 1.767(19℃)
- 페놀에 황산을 작용시켜 얻은 물질을 다시 진한 질산과 반응 시켜 만든 누런색 고체로 급한 열이나 충격에는 폭발한다.
- 소화방법으로는 **주수소화**가 효과적이다.

【정답】 ④

03. 위험물안전관리법령상 위험등급 Ⅰ의 위험물에 해당하는 것은?

① 무기과산화물 ② 황화린

③ 제1석유류 ④ 유황

|문|제|풀|이|

[위험물의 위험등급(Ⅰ)]

위험등급	종류
위험등급 Ⅰ의 위험물	1. 제1류 위험물 중 아염소산염류, 염소산염류, 과염소산염류, **무기과산화물** 그 밖에 지정수량이 50kg인 위험물
	2. 제3류 위험물 중 칼륨, 나트륨, 알킬알루미늄, 알킬리튬, 황린 그 밖에 지정수량 10kg 또는 20kg인 위험물
	3. 제4류 위험물 중 특수인화물
	4. 제5류 위험물 중 유기과산화물, 질산에스테르류 그 밖에 지정수량이 10kg인 위험물
	5. 제6류 위험물

【정답】 ①

04. 석유류가 연소할 때 발생하는 가스로 강한 자극적인 냄새가 나며 취급하는 장치를 부식시키는 것은?

① H_2 ② CH_4

③ NH_3 ④ SO_2

|문|제|풀|이|

[이산화황(SO_2)]

- 분자량 64.07, 밀도 1.46, 녹는점 -75.5℃, 끓는점 -10.0℃, 비중 2.263
- 무색의 달걀 썩는 **자극성 냄새**가 나는 기체이다.
- **석유, 석탄 속에 들어 있는 유황화합물의 연소**로 인한 대기오염이 산성비와 이에 따른 호수와 늪의 산성화의 원인이 되고 있다.
- 액체는 여러 가지 무기화합물과 유기화합물을 녹일 수 있으며 용매로도 쓰일 수 있다.

【정답】 ④

05. 위험물안전관리법령상 위험물옥외탱크저장소의 방화에 관하여 필요한 사항을 게시한 게시판에 기재하여야 하는 내용이 아닌 것은?

① 위험물의 지정수량의 배수

② 위험물의 저장최대수량

③ 위험물의 품명

④ 위험물의 성질

|문|제|풀|이|

[위험물 옥외탱크저장소 표지 및 게시판]

1. 표지는 한 변의 길이가 0.3m 이상, 다른 한 변의 길이가 0.6m 이상인 직사각형으로 할 것
2. 표지의 바탕은 백색으로, 문자는 흑색으로 할 것
3. 게시판에는 저장 또는 취급하는 위험물의 **유별·품명 및 저장최대수량 또는 취급최대수량, 지정수량의 배수 및 안전관리자의 성명 또는 직명**을 기재할 것 【정답】④

06. 연소가 잘 이루어지는 조건으로 거리가 먼 것은?

① 가연물의 발열량이 클 것

② 가연물의 열전도율이 클 것

③ 가연물과 산소와의 접촉 면적이 클 것

④ 가연물의 활성화 에너지가 작을 것

|문|제|풀|이|

[가연물의 조건]

·산소와의 친화력이 클 것

·발열량이 클 것

·**열전도율(열을 전달하는 정도)이 적을 것**

→ (기체 〉 액체 〉 고체)

·표면적이 넓을 것 (공기와의 접촉면이 크다)

→ (기체 〉 액체 〉 고체)

·활성에너지(화학반응을 이루는데 필요한 에너지)가 작을 것

·연쇄반응을 일으킬 수 있을 것 【정답】②

07. 위험물안전관리법령상 제6류 위험물에 적응성이 없는 것은?

① 스프링클러설비

② 포소화설비

③ 불활성가스소화설비

④ 물분무소화설비

|문|제|풀|이|

[제6류 위험물에 적응성 있는 것]

·옥내소화전 또는 옥외소화전설비

·스프링클러설비

·물분무 등 소화설비 (물분무소화설비, 포소화설비)

·인산염류등

[제6류 위험물에 적응성 없는 것]

·불활성가스소화설비

·할로겐화합물소화설비

·탄산수소염류 등 【정답】③

08. 위험물제조소의 경우 연면적이 최소 몇 m^2이면 자동화재탐지설비를 설치해야 하는가? (단, 원칙적인 경우에 의한다.)

① 100 ② 300

③ 500 ④ 1000

|문|제|풀|이|

[자동화재탐지설비의 설치기준(제조소 및 일반취급소)]

· **연면적이 500m^2 이상**인 것

· 옥내에서 지정수량의 100배 이상을 취급하는 것(고인화점위험물만을 100℃ 미만의 온도에서 취급하는 것은 제외한다)

· 일반취급소로 사용되는 부분 외의 부분이 있는 건축물에 설치된 일반취급소(일반취급소와 일반취급소 외의 부분이 내화구조의 바닥 또는 벽으로 개구부 없이 구획된 것은 제외한다)

【정답】③

09 위험물을 취급함에 있어서 정전기를 유효하게 제거하기 위한 설비를 설치하고자 한다. 위험물안전관리법령상 공기 중의 상대습도를 몇 % 이상 되게 하여야 하는가?

① 50 ② 60

③ 70 ④ 80

|문|제|풀|이|

[위험물 제조소의 정전기 제거설비]

1. 접지에 의한 방법
2. 공기 중의 상대습도를 **70% 이상**으로 하는 방법
3. 공기를 이온화하는 방법
4. 위험물 이송 시 유속 1m/s 이하로 할 것 【정답】③

10. 그림과 같이 횡으로 설치한 원통형 위험물탱크에 대하여 탱크의 용량을 구하면 약 몇 m^3인가? (단, 공간용적의 100분의 5로 한다.)

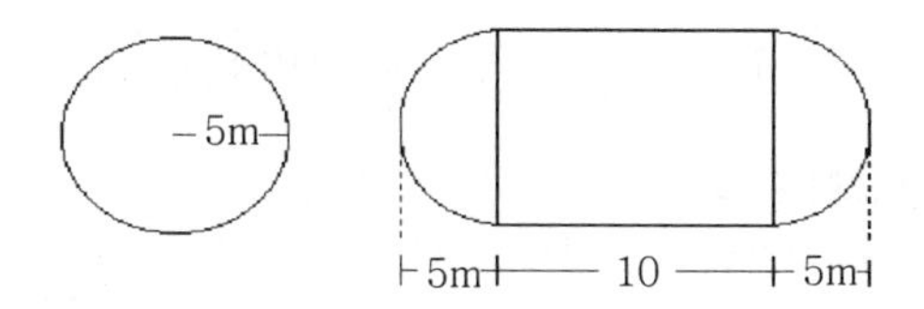

① 52.4　　② 261.6

③ 994.1　　④ 1047.2

|문|제|풀|이|

[탱크의 용량] 탱크의 용량=탱크의 내용적-공간용적

→ (공간용적=내용적×($\frac{5}{100}$ ~ $\frac{10}{100}$)

1. 원통형 탱크의 내용적

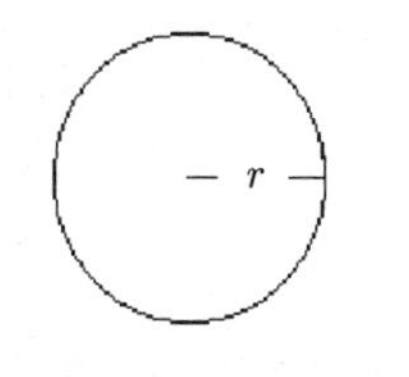

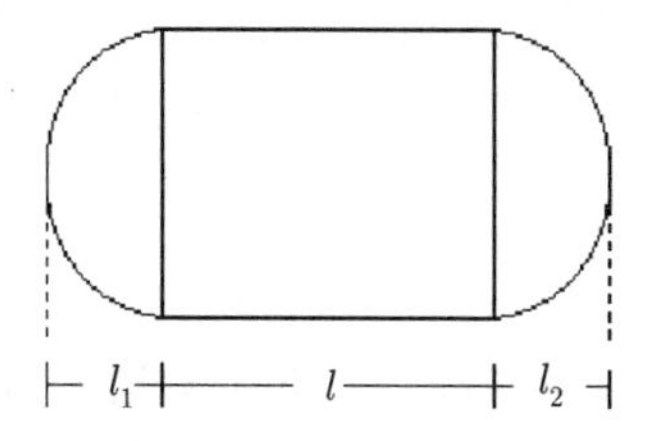

$$내용적 = \pi r^2\left(l + \frac{l_1 + l_2}{3}\right)$$
$$= 3.14 \times 5^2\left(10 + \frac{5+5}{3}\right) = 1046.41$$

2. 공간용적=내용적×$\frac{5}{100}$ =1046.41×$\frac{5}{100}$=52.35m^3

∴탱크의 용량=내용적-공간용적=1046.41-52.35=994.06

【정답】 ③

11. 위험물제조소 표지 및 게시판에 대한 설명이다. 위험물안전관리법령상 옳지 않은 것은?

① 표지는 한 변의 길이가 0.3m, 다른 한 변의 길이가 0.6m 이상으로 하여야 한다.

② 표지의 바탕은 백색, 문자는 흑색으로 하여야 한다.

③ 취급하는 위험물에 따라 규정에 의한 주의사항을 표시한 게시판을 설치하여야 한다.

④ 제2류 위험물(인화성고체)은 "물기엄금" 주의사항 게시판을 설치하여야 한다.

|문|제|풀|이|

[게시판의 설치기준]

1. 게시판은 한 변의 길이가 0.3m 이상, 다른 한 변의 길이가 0.6m 이상인 직사각형으로 할 것
2. 게시판에는 저장 또는 취급하는 위험물의 유별·품명 및 저장최대수량 또는 취급최대수량, 지정수량의 배수 및 안전관리자의 성명 또는 직명을 기재할 것
3. 게시판의 바탕은 백색으로, 문자는 흑색으로 할 것
4. 주의사항

위험물의 종류	주의사항
· 제1류 위험물 : 알칼리금속의 과산화물과 이를 함유한 것 · 제3류 위험물 중 금수성 물질	「물기엄금」 (바탕 : 청색, 문자 : 백색)
제2류 위험물(인화성고체를 제외한다)	「화기주의」 (바탕 : 적색, 문자 : 백색)
· 제2류 위험물 중 인화성고체 · 제3류 위험물 중 자연발화물질 · 제4류 위험물 · 제5류 위험물	**「화기엄금」** (바탕 : 적색, 문자 : 백색)

【정답】 ④

12. 단층건물에 설치하는 옥내탱크저장소의 탱크전용실에 비수용성의 제2석유류 위험물을 저장하는 탱크 1개를 설치할 경우, 설치할 수 있는 탱크의 최대용량은?

① 10,000L　　② 20,000L

③ 40,000L　　④ 80,000L

|문|제|풀|이|

[옥내탱크저장소의 위치·구조 설비기준]

1. 위험물을 저장 또는 취급하는 옥내탱크는 단층 건축물에 설치된 탱크 전용실에 설치할 것
2. 옥내저장탱크와 탱크전용실의 벽과의 사이 및 옥내저장탱크의 상호간에는 0.5m 이상의 간격을 유지할 것
3. 옥내저장탱크의 용량은 지정수량의 40배(제4석유류 및 동식물유류 외의 제4류 위험물에 있어서 당해 수량이 20,000L를 초과할 때에는 20,000L) 이하일 것

【정답】 ②

13. 위험물안전관리법령상 제조소등의 관계인은 예방규정을 정하여 누구에게 제출하여야 하는가?

① 행정자치부장관

② 국민안전처장관

③ 시 · 도지사

④ 한국소방안전협회장

|문|제|풀|이|

[예방규정 → (위험물안전관리법 제17조)]

대통령령이 정하는 제조소 등의 관계인은 당해 제조소 등의 화재예방과 화재 등 재해발생시의 비상조치를 위하여 행정안전부령이 정하는 바에 따라 예방규정을 정하여 당해 제조소 등의 사용을 시작하기 전에 **시 · 도지사에게 제출**하여야 한다.

【정답】 ③

14. 금속화재에 마른모래를 피복하여 소화하는 방법은?

① 제거소화 ② 질식소화

③ 냉각소화 ④ 억제소화

|문|제|풀|이|

[소화 방법]

구분	내용
냉각소화	물을 주수하여 연소물로부터 열을 빼앗아 발화점 이하의 온도로 냉각하는 소화 → · 유류화재 시 화재면이 확대될 우려가 있다. · 금속화재 시 물과 반응하여 수소를 발생시킨다.
제거소화	가연물을 연소구역에서 제거해 주는 소화 방법 ① 소멸 : 불붙은 원유를 질소폭약 투하하여 화염을 소멸시키는 방법 ② 격리 · 가스화재 시 가스용기의 중간 밸브 폐쇄 · 산불화재 시 화재 진행방향의 나무 제거 · 촛불화재 시 입김으로 가연성 증기를 날려보냄 ③ 희석 : 다량의 이산화탄소를 분사하여 가연물을 연소범위 이하로 낮추는 방법
질식소화	· 가연물이 연소할 때 공기 중 산소의 농도가 약 21%를 15% 이하로 떨어뜨려 산소공급을 차단하여 연소를 중단시키는 방법 · 대표적인 소화약제 : CO_2, **마른모래** · 유류화재(제4루 위험물)에 효과적이다.
억제소화 (부촉매 효과)	· 연속적 관계(가연물, 산소공급원, 점화원, 연쇄반응)의 차단에 의한 소화법으로 부촉매 효과, 즉 억제소화라 한다. · 소화약제 : 할론 1301, 할론 1211, 할론 2402 등

【정답】 ②

15. 제3종 분말소화약제의 열분해 시 생성 되는 메타인산의 화학식은?

① H_3PO_4 ② HPO_3

③ $H_4P_2O_7$ ④ $CO(NH_2)_2$

|문|제|풀|이|

[분말소화약제의 열분해 반응식]

종류	열분해 반응식
제1종 분말	$2NaHCO_3 \rightarrow Na_2CO_3 + H_2O + CO_2$ (탄산수소나트륨) (탄산나트륨) (물) (이산화탄소)
제2종 분말	$2KHCO_3 \rightarrow K_2CO_3 + H_2O + CO_2$ (탄산수소칼륨) (탄산칼륨) (물) (이산화탄소)
제3종 분말	$NH_4H_2PO_4 \rightarrow HPO_3 + NH_3 + H_2O$ (인산암모늄) (메타인산) (암모니아)(물)
제4종 분말	$2KHCO_3 + (NH_2)_2CO \rightarrow K_2CO_3 + 2NH_3 + 2CO_2$ (탄산수소칼륨) (요소) (탄산칼륨)(암모니아)(이산화탄소)

【정답】 ②

16. 메틸알코올 8000리터에 대한 소화능력으로 삽을 포함한 마른모래를 몇 리터 설치하여야 하는가?

① 100 ② 200

③ 300 ④ 400

|문|제|풀|이|

[소화설비의 능력단위]

1. 소화설비의 능력단위

소화설비	용량	능력단위
소화전용 물통	8L	0.3
수조(소화전용 물통 3개 포함)	80L	1.5
수조(소화전용 물통 6개 포함)	190L	2.5
마른 모래(삽 1개 포함)	50L	0.5
팽창질석 또는 팽창진주암 (삽 1개 포함)	160L	1.0

2. 메틸알코올 지정수량 : 400L

3. 1소요단위 : 지정수량의 10배이므로 $400 \times 10 = 4000$

메틸알코올 8000L이므로

→ 소요단위(위험물) $= \frac{저장수량}{지정수량 \times 10} = \frac{8000}{4000} = 2$소요단위

4. 용량별 능력단위 : $0.5x = 2 \rightarrow x = 4$

∴ $x \times$ 용량 $\rightarrow 4 \times 50 = 200$

※[1소요단위] 소화설비의 설치대상이 되는 건축물 그 밖의 공작물의 규모 또는 위험물의 양의 기준단위

종류	내화구조	비내화구조
위험물 제조소 및 취급소	$100m^2$	$50m^2$
위험물 저장소	$150m^2$	$75m^2$
위험물	지정수량×10	

【정답】 ②

17. 위험물안전관리법령상 옥내저장소에서 기계에 의하여 하역하는 구조로 된 용기만을 겹쳐 쌓아 위험물을 저장하는 경우 그 높이는 몇 미터를 초과하지 않아야 하는가?

① 2 ② 4

③ 6 ④ 8

|문|제|풀|이|

[저장의 기준] 옥내저장소에서 위험물을 저장하는 경우에는 다음 각목의 규정에 의한 높이를 초과하여 용기를 겹쳐 쌓지 아니하여야 한다.

1. **기계에 의하여 하역하는 구조**로 된 용기만을 겹쳐 쌓는 경우에 있어서는 **6m**
2. 제4류 위험물 중 제3석유류, 제4석유류 및 동식물유류를 수납하는 용기만을 겹쳐 쌓는 경우에 있어서는 4m
3. 그 밖의 경우에 있어서는 3m

【정답】 ③

18. 주된 연소형태가 증발연소인 것은?

① 나트륨 ② 코크스

③ 양초 ④ 니트로셀룰로오스

|문|제|풀|이|

[증발연소]

액체	아세톤, 알코올, 에테르, 휘발유, 석유, 등유, 경유 등과 같은 액체표면에서 증발하는 가연성증기와 공기가 혼합되어 연소하는 형태
고체	가연성물질을 가열했을 때 분해열을 일으키지 않고 그대로 증발한 증기가 연소하는 것이며 유황, **파라핀(양초)**, 나프탈렌 등

【정답】 ③

19. 지정수량의 몇 배 이상의 위험물을 취급하는 제조소에는 화재발생 시 이를 알릴 수 있는 경보설비를 설치하여야 하는가?

① 5 ② 10

③ 20 ④ 100

|문|제|풀|이|

[경보설비의 설치기준] 「위험물관리법」의 규정에 의한 지정수량의 **10배 이상**의 위험물을 저장 또는 취급하는 제조소등(이동탱크저장소를 제외한다)에는 화재발생시 이를 알릴 수 있는 경보설비를 설치하여야 한다.

【정답】 ②

20. 위험물안전관리법령상 위험물의 운반에 관한 기준에서 적재 시 혼재가 가능한 위험물을 옳게 나타낸 것은? (단, 각각 지정수량의 10배 이상인 경우이다.)

① 제1류와 제4류 ② 제3류와 제6류

③ 제1류와 제5류 ④ 제2류와 제4류

|문|제|풀|이|

[유별을 달리하는 위험물의 혼재기준]

위험물의 구분	제1류	제2류	제3류	제4류	제5류	제6류
제1류		X	X	X	X	O
제2류	X		X	O	O	X
제3류	X	X		O	X	X
제4류	X	O	O		O	X
제5류	X	O	X	O		X
제6류	O	X	X	X	X	

【비고】 1. 'X'표시는 혼재할 수 없음을 표시한다.
2. 'O'표시는 혼재할 수 있음을 표시한다.
3. 이 표는 지정수량의 $\frac{1}{10}$ 이하의 위험물에 대하여는 적용하지 아니한다.

【정답】 ④

21. 연소할 때 연기가 거의 나지 않아 밝은 곳에서 연소상태를 잘 느끼지 못하는 물질로 독성이 매우 강해 먹으면 실명 또는 사망에 이를 수 있는 것은?

① 메틸알코올 ② 에틸알코올

③ 등유 ④ 경유

|문|제|풀|이|

[메틸알코올(CH_3OH, 메탄올, 목정) → 제4류 위험물 중 알코올류]

- 인화점 11℃, 착화점 464℃, 비점 65℃, 비중 0.8(증기비중 1.1), 연소범위 7.3~36%
- 무색투명한 휘발성 액체로 물, 에테르에 잘 녹고 알코올류 중에서 수용성이 가장 높다.
- 목재 건류의 유출액으로 목정이라고도 한다.
- 독성이 있어 30~100ml 복용 시 **실명 또는 치사**에 이른다.
- 탄소와 수소비 중 탄소가 작아서 **연소 시 불꽃이 잘 안 보이므로 취급 시 주의 해야 한다.**
- 산화되면 폼알데히드를 거쳐 최종적으로 폼산(개미산)이 된다.
- 소화방법에는 각종 소화기를 사용, 만약 포말소화기를 사용할 경우 화학포·기계포는 소포되므로 특수포인 알코올포를 사용한다.

【정답】 ①

22. 가솔린의 연소범위(vol%)에 가장 가까운 것은?

① 1.4~7.6 ② 8.3~11.4

③ 12.5~19.7 ④ 22.3~32.8

|문|제|풀|이|

[연소범위]

물질명	연소범위 (Vol%)	물질명	연소범위 (Vol%)
아세틸렌(C_2H_2)	2.5~82	암모니아(NH_3)	15.7~27.4
수소(H_2)	4.1~75	아세톤 (CH_3COCH_3)	2~13
이황화탄소(CS_2)	1.0~44	메탄(CH_4)	5.0~15
일산화탄소(CO)	12.5~75	에탄(C_2H_6)	3.0~12.5
에틸에테르 (CH_4O)	1.7~48	프로판(C_3H_8)	2.1~9.5
에틸렌(C_2H_4)	3.0~33.5	부탄(C_4H_{10})	1.8~8.4
메틸알코올 (CH_4O)	7~37	**가솔린(휘발유)**	**1.4~7.6**
에틸알코올 (C_2H_6O)	3.5~20	시안화수소 (HCN)	12.8~27

【정답】 ①

23. 위험물안전관리법령상 옥내저장소 저장창고의 바닥은 물이 스며 나오거나 스며들지 아니하는 구조로 하여야 한다. 다음 중 반드시 이 구조로 하지 않아도 되는 위험물은?

① 제1류 위험물 중 알칼리금속의 과산화물

② 제4류 위험물

③ 제5류 위험물

④ 제2류 위험물 중 철분

|문|제|풀|이|

[제5류 위험물의 일반적인 성질]

1. 자기연소성(내부연소)성 물질이다.
2. 연소속도가 매우 빠르고
3. **대부분 물에 불용이며 물과의 반응성도 없다.**
4. 대부분 유기화합물이므로 가열, 마찰, 충격에 의해 폭발의 위험
5. 대부분 물질 자체에 산소를 포함하고 있다.
6. 시간의 경과에 따라 자연발화의 위험성을 갖는다.
7. 연소 시 소화가 어렵다.
8. 비중이 1보다 크다.
9. 운반용기 외부에 "화기엄금", "충격주의"를 표시한다.

【정답】 ③

24. 위험물안전관리법령상 위험물 운반 시 방수성 덮개를 하지 않아도 되는 위험물은?

① 나트륨 ② 적린

③ 철분 ④ 과산화칼륨

|문|제|풀|이|

[위험물의 적재방법]

1. 차광성이 있는 피복 : 제1류 위험물, 제3류 위험물 중 자연발화성 물질, 제4류 위험물 중 특수 인화물, 제5류 위험물 또는 제6류 위험물은 차광성이 있는 피복으로 가릴 것
2. **방수성이 있는 피복** : 제1류 위험물 중 알칼리금속의 과산화물 또는 이를 함유한 것, 제2류 위험물 중 철분, 금속분, 마그네슘 또는 이들 중 어느 하나 이상을 함유한 것 또는 제3류 위험물 중 금수성물질은 방수성이 있는 피복으로 덮을 것

*① 나트륨 : 제3류 위험물(금수성 물질)
② 적린 : 제2류 위험물(가연성 고체)
③ 철분 : 제2류 위험물(가연성 고체)
④ 과산화칼륨 : 제1류 위험물(무기과산화물)

【정답】 ②

25. 위험물안전관리법령상 제조소에서 취급하는 제4류 위험물의 최대수량의 합이 지정수량의 12만 배 미만인 사업소에 두어야 하는 화학소방자동차 및 자체소방대원의 수의 기준으로 옳은 것은?

① 1대 - 5인 ② 2대 - 10인

③ 3대 - 15인 ④ 4대 - 20인

|문|제|풀|이|

[자체소방대에 두는 화학소방자동차 및 인원]

사업소의 구분	화학소방 자동차	자체소방 대원의 수
1. 제조소 또는 일반취급소에서 취급하는 제4류 위험물의 최대수량의 합이 **지정수량의 3천배 이상 12만배 미만**인 사업소	**1대**	**5인**
2. 제조소 또는 일반취급소에서 취급하는 제4류 위험물의 최대수량의 합이 지정수량의 12만배 이상 24만배 미만인 사업소	2대	10인
3. 제조소 또는 일반취급소에서 취급하는 제4류 위험물의 최대수량의 합이 지정수량의 24만배 이상 48만배 미만인 사업소	3대	15인
4. 제조소 또는 일반취급소에서 취급하는 제4류 위험물의 최대수량의 합이 지정수량의 48만배 이상인 사업소	4대	20인
5. 옥외탱크저장소에 저장하는 제4류 위험물의 최대수량이 지정수량의 50만배 이상인 사업소	2대	10인

【정답】 ①

26. 위험물안전관리법령상 자동화재탐지설비의 설치기준으로 옳지 않은 것은?

① 경계구역은 건축물의 최소 2개 이상의 층에 걸치도록 할 것

② 하나의 경개구역의 면적은 600㎡ 이하로 할 것

③ 감지기는 지붕 또는 벽의 옥내에 면한 부분에 유효하게 화재의 발생을 감지할 수 있도록 설치할 것

④ 비상전원을 설치할 것

|문|제|풀|이|

[자동화재탐지설비의 설치기준]

1. 자동화재탐지설비의 경계구역(화재가 발생한 구역을 다른 구역과 구분하여 식별할 수 있는 최소단위의 구역을 말한다.)은 건축물 그 밖의 **공작물의 2 이상의 층에 걸치지 아니하도록 할 것**
2. 하나의 경계구역의 면적은 $600m^2$ 이하로 하고 그 한 변의 길이는 50m(광전식분리형 감지기를 설치할 경우에는 100m)이하로 할 것
3. 자동화재탐지설비의 감지기(옥외탱크저장소에 설치하는 자동화재탐지설비의 감지기는 제외한다)는 지붕(상층이 있는 경우에는 상층의 바닥) 또는 벽의 옥내에 면한 부분(천장이 있는 경우에는 천장 또는 벽의 옥내에 면한 부분 및 천장의 뒷부분)에 유효하게 화재의 발생을 감지할 수 있도록 설치할 것
4. 자동화재탐지설비에는 비상전원을 설치할 것

【정답】 ①

27. 위험물 안전관리법의 규정상 운반차량에 혼재해서 적재할 수 없는 것은? (단, 지정수량의 10배인 경우이다.)

① 염소화규소화합물 - 특수인화물

② 고형알코올 - 니트로화합물

③ 염소산 염류 - 질산

④ 질산구아니딘 - 황린

|문|제|풀|이|

[유별을 달리하는 위험물의 혼재기준]

위험물의 구분	제1류	제2류	제3류	제4류	제5류	제6류
제1류		X	X	X	X	O
제2류	X		X	O	O	X
제3류	X	X		O	X	X
제4류	X	O	O		O	X
제5류	X	O	X	O		X
제6류	O	X	X	X	X	

【비고】 1. 'X'표시는 혼재할 수 없음을 표시한다.
2. 'O'표시는 혼재할 수 있음을 표시한다.
3. 이 표는 지정수량의 $\frac{1}{10}$ 이하의 위험물에 대하여는 적용하지 아니한다.

※① 염소화규소화합물(3류) - 특수인화물(4류)
② 고형알코올(2류) - 니트로화합물(5류)
③ 염소산염류(1류) - 질산(6류)
④ 질산구아니딘(5류) - 황린(3류)

【정답】 ④

28. 제4류 위험물의 화재예방 및 취급방법으로 옳지 않은 것은?

① 이황화탄소는 물속에 저장한다.

② 아세톤은 일광에 의해 분해될 수 있으므로 갈색병에 보관한다.

③ 초산은 내산성 용기에 저장하여야 한다.

④ 건성유는 다공성 가연물과 함께 보관한다.

|문|제|풀|이|

[제4류 위험물의 일반적인 성질]

1. 인화되기 매우 쉬운 액체이다.
2. 착화온도가 낮은 것은 위험하다.
3. 물보다 가볍고 물에 녹기 어렵다.

→ (이황화탄소는 물보다 무겁고, 알코올은 물에 잘 녹는다.)

4. 증기는 공기보다 무거운 것이 대부분이다.

→ (전기콘센트를 1.5m 이상 높이에 설치하는 이유)

5. 공기와 혼합된 증기는 연소의 우려가 있다.
6. 인화점 이하로 유지한 상태로 화기 및 점화원으로부터 멀리 저장 및 취급한다.

※건성유(제4류 위험물) : 다공성 가연물은 발화할 수 있으므로 접촉을 피한다. 【정답】 ④

29. 위험물안전관리법령상 품명이 나머지 셋과 다른 하나는?

① 트리니트로톨루엔 ② 니트로글리세린

③ 니트로글리콜 ④ 셀룰로이드

|문|제|풀|이|

[위험물의 품명]

① 트리니트로톨루엔 : 제5류 위험물 → (니트로화합물)

② 니트로글리세린 : 제5류 위험물 → (질산에스테르류)

③ 니트로글리콜 : 제5류 위험물 → (질산에스테르류)

④ 셀룰로이드 : 제5류 위험물 → (질산에스테르류)

【정답】 ①

30. 다음 중 위험물안전관리법에서 정의한 "제조소"의 의미로 가장 옳은 것은?

① "제조소"라 함은 위험물을 제조할 목적으로 지정수량 이상의 위험물을 취급하기 위하여 허가를 받은 장소임

② "제조소"라 함은 지정수량 이상의 위험물을 제조할 목적으로 위험물을 취급하기 위하여 허가를 받은 장소임

③ "제조소"라 함은 지정수량 이상의 위험물을 제조할 목직으로 지정수량 이상의 위험물을 취급하기 위하여 허가를 받은 장소임

④ "제조소"라 함은 위험물을 제조할 목적으로 위험물을 취급하기 위하여 허가를 받은 장소임

|문|제|풀|이|

[제조소] 위험물을 제조할 목적으로 **지정수량 이상의 위험물**을 **취급하기 위하여 허가**를 받은 장소를 말한다. 【정답】 ①

31. 다음 중 산화성고체 위험물에 속하지 않는 것은?

① Na_2O_2 ② $HCLO_4$

③ NH_4ClO_4 ④ $KClO_3$

|문|제|풀|이|

[제1류 위험물 (산화성 고체)]

① Na_2O_2 : 과산화나트륨 → 무기과산화물

③ NH_4ClO_4 : 아염소산나트륨 → 아염소산염류

④ $KClO_3$: 과염소산칼륨 → 과염소산염류

※② $HCLO_4$: 과염소산 → 제6류 위험물(산화성 액체)

【정답】 ②

32. 질산암모늄에 대한 설명으로 옳은 것은?

① 물에 녹을 때 발열반응을 한다.

② 가열하면 폭발적으로 분해하여 산소와 암모니아를 생성한다.

③ 소화방법으로 질식소화가 좋다.

④ 단독으로도 급격한 가열, 충격으로 분해 · 폭발할 수 있다.

|문|제|풀|이|

[질산암모늄(NH_4NO_3, 제1류 위험물, 산화성 고체)의 성질]

1. 분해온도 220℃, 융점 169.5℃, 용해도 118.3(0℃), 비중 1.72
2. 무색무취의 백색 결정 고체

3. 조해성 및 흡수성이 크다.
4. 물, 알코올, 알칼리에 에 잘 녹는다.
→ (**물에 용해 시 흡열반응**)
5. 단독으로 급격한 가열, 충격으로 분해, 폭발한다.
6. 경유와 혼합하여 안포(ANFO)폭약을 제조한다.
7. 소화방법에는 **주수소화**가 효과적이다.
8. 열분해 반응식 : $NH_4NO_3 \rightarrow N_2O + 2H_2O \uparrow$
(질산암모늄) (아산화질소) (물)

【정답】 ④

33. 위험물안전관리법령상 위험물 운반용기의 외부에 표시하여야 하는 사항에 해당하지 않는 것은?

① 위험물에 따라 규정된 주의사항
② 위험물의 지정수량
③ 위험물의 수량
④ 위험물의 품명

|문|제|풀|이|

[위험물 운반용기의 외부 표시] 위험물을 그 운반용기의 외부에 다음 각목에 정하는 바에 따라 위험물의 품명, 수량 등을 표시하여 적재하여야 한다.
1. 위험물의 품명, 위험등급, 화학명 및 수용성
2. 위험물의 수량
3. 수납하는 위험물의 규정에 의한 주의사항 【정답】 ②

34. 동·식물유류에 대한 설명으로 틀린 것은?

① 연소하면 열에 의해 액온이 상승하여 화재가 커질 위험이 있다.
② 요오드값이 낮을수록 자연발화의 위험이 높다.
③ 동유는 건성유이므로 자연발화의 위험이 있다.
④ 요오드값이 100~130인 것을 반건성유라고 한다.

|문|제|풀|이|

[동·식물유류 : 위험물 제4류, 인화성 액체]
1. 건성유 : 요오드(아이오딘)값 130 이상 → (동유(오동유))
2. 반건성유 : 요오드(아이오딘)값 100~130
3. 불건성유 : 요오드(아이오딘)값 100 이하
※요오드(아이오딘)값이 높을수록 자연발화의 위험이 높다.
【정답】 ②

35. 위험물안전관리법령상 운송책임자의 감독 · 지원을 받아 운송하여야 하는 위험물은?

① 특수인화물 ② 알킬리튬
③ 질산구아니딘 ④ 히드라진 유도체

|문|제|풀|이|

[운송책임자의 감독 · 지원을 받아 운송하여야 하는 위험물 (제3류 위험물)]
1. 알킬알루미늄
2. 알킬리튬
3. 알킬알루미늄 또는 알킬리튬의 물질을 함유하는 위험물
㉮ 알킬알루미늄을 함유한 위험물
· 트리메틸알루미늄($(CH_3)_3Al$)
· 트리에틸알루미늄($(C_2H_5)_3Al$)
· 트리이소부틸알루미늄($(C_4H_9)_3Al$)
· 디에틸알루미늄클로라이드($(C_2H_5)_2AlCl$)
㉯ 알킬리튬을 함유한 위험물
· 메틸리튬(CH_3Li)
· 에틸리튬(C_2H_5Li)
· 부틸리튬(C_4H_9Li) 【정답】 ②

36. 상온에서 액체인 물질로만 조합된 것은?

① 질산에틸, 니트로글리세린
② 피크린산, 질산메틸
③ 트리니트로톨루엔, 디니트로벤젠
④ 니트로글리콜, 테트릴

|문|제|풀|이|

[위험물의 성질]
① · 질산에틸($(C_2H_5ONO_2)$) : 제5류 위험물, 무색, **투명한 액체**
· 니트로글리세린[$C_3H_5(ONO_2)_3$] : 제5류 위험물, 상온에서 무색, **투명한 기름 형태의 액체**
② · 피크린산(T.N.T) : 제5류 위험물, 고체
· 질산메틸(CH_3ONO_2) : 제5류 위험물, 무색, 투명한 액체
③ · 트리니트로톨루엔(T.N.T) : 제5류 위험물, 고체
· 디니트로벤젠($C_6H_4(NO_2)_2$) : 제5류 위험물, 황색결정
④ · 니트로글리콜[$C_2H_4(ONO_2)_2$] : 제5류 위험물, 액체
· 테트릴($C_7H_5N_5O_8$) : 제5류 위험물, 연한 노란색 결정

【정답】 ①

37. 탄산칼슘의 성질에 대하여 옳게 설명한 것은?

① 공기 중에서 아르곤과 반응하여 불연성 기체를 발생한다.

② 공기 중에서 질소와 반응하이 유독한 기체를 낸다.

③ 물과 반응하면 탄소가 생성된다.

④ 물과 반응하여 아세틸렌가스가 생성된다.

|문|제|풀|이|

[탄화칼슘(CaC_2) → 제3류 위험물, 칼슘 또는 알루미늄의 탄화물]

- 백색 입방체의 결정
- 낮은 온도에서서는 정방체계이며 시판품은 회색 또는 회흑색의 불규칙한 괴상으로 카바이드라고도 부른다.
- 물과 반응하여 수산화칼슘(소석회)과 아세틸렌가스를 발생한다.
  → $CaC_2 + 2H_2O \rightarrow Ca(OH)_2 \uparrow + C_2H_2 + 27.8kcal$
  (탄화칼슘) (물) (수산화칼슘) (아세틸렌) (반응열)
- 약 700℃에서 질소와의 반응식 :
  → $CaC_2 + N_2 \rightarrow CaCN_2 \uparrow + C + 74.6kcal$
  (탄화칼슘) (질소) (칼슘시안아마이드) (탄소) (반응열)

【정답】 ④

38. 다음 위험물 중 착화온도가 가장 높은 것은?

① 이황화탄소 ② 디에틸에테르

③ 아세트알데히드 ④ 산화프로필렌

|문|제|풀|이|

[위험물의 착화온도]

① 이황화탄소 : 착화온도 100℃
② 디에틸에테르 : 착화온도 180℃
③ 아세트알데히드 : 착화온도 185℃
④ **산화프로필렌 : 착화온도 465℃** 【정답】 ④

39. 니트로화합물, 니트로소화합물, 질산에스테르류, 히드록실아민을 각각 50킬로그램씩 저장하고 있을 때 지정수량의 배수가 가장 큰 것은?

① 니트로화합물 ② 니트로소화합물

③ 질산에스테르류 ④ 히드록실아민

|문|제|풀|이|

[지정수량의 배수(계산값)]

$$\text{계산값(배수)} = \frac{A\text{품명의 저장수량}}{A\text{품명의 지정수량}} + \frac{B\text{품명의 저장수량}}{B\text{품명의 지정수량}} + \cdots\cdots$$

① 니트로화합물(지정수량 200)의 배수$=\frac{50}{200}$
② 니트로소화합물(지정수량 200)의 배수$=\frac{50}{200}$
③ 질산에스테르류(지정수량 10)의 배수$=\frac{50}{10}$
④ 히드록실아민(지정수량 100)의 배수$=\frac{50}{100}$ 【정답】 ③

40. 저장 또는 취급하는 위험물의 최대수량이 지정수량의 500배 이하일 때 옥외저장탱크의 측면으로부터 몇 m 이상의 보유공지를 유지하여야 하는가? (단, 제6류 위험물은 제외한다.)

① 1 ② 2

③ 3 ④ 4

|문|제|풀|이|

[옥외탱크저장소의 위치·구조 설비기준 : 보유공지]

저장 또는 취급하는 위험물의 최대수량	공지의 너비
지정수량의 500배 이하	**3m 이상**
지정수량의 500배 초과 1,000배 이하	5m 이상
지정수량의 1,000배 초과 2,000배 이하	9m 이상
지정수량의 2,000배 초과 3,000배 이하	12m 이상
지정수량의 3,000배 초과 4,000배 이하	15m 이상
지정수량의 4,000배 초과	당해 탱크의 수평단면의 최대지름(가로형인 경우에는 긴 변)과 높이 중 큰 것과 같은 거리 이상. 다만, 30m 초과의 경우에는 30m 이상으로 할 수 있고, 15m 미만의 경우에는 15m 이상으로 하여야 한다.

【정답】 ③

41. 적린이 연소하였을 때 발생하는 물질은?

① 인화수소 ② 포스겐

③ 오산화인 ④ 이산화황

|문|제|풀|이|

[적린(P) : 제2류 위험물 (가연성 고체)]

- 착화점 260℃, 융점 600℃, 비점 514℃, 비중 2.2
- 암적색 무취의 분말
- 황린의 동소체, 황린에 비해 안정하며 독성이 없다.
- 산화제인 염소산염류와의 혼합을 절대 금한다.
  → (강산화제(제1류 위험물)와 혼합하면 충격, 마찰에 의해 발화할 수 있다.)

·물, 알칼리, 이황화탄소, 에테르, 암모니아에 녹지 않는다.
·연소 생성물은 흰색의 오산화인(P_2O_5)이다.
→ 연소 반응식 : $4P + 5O_2 \rightarrow 2P_2O_5$
(적린) (산소) (오산화인)
【정답】 ③

42. 니트로글리세린은 여름철(30℃)과 겨울철(0℃)에 어떤 상태인가?

① 여름-기체, 겨울-액체
② 여름-액체, 겨울-액체
③ 여름-액체, 겨울-고체
④ 여름-고체, 겨울-고체

|문|제|풀|이|
[니트로글리세린[$C_3H_5(ONO_2)_3$] → 제5류 위험물, 질산에스테르류]
·라빌형의 융점 2.8℃, 스타빌형의 융점 13.5℃, 비점 160℃, 비중 1.6, 증기비중 7.84
·**상온**에서 무색, 투명한 기름 형태의 **액체** → (**겨울철에는 동결**)
·비수용성이며 메탄올, 에테르에 잘 녹는다.
·가열, 마찰, 충격에 민감하여 폭발하기 쉽다.
·규조토에 흡수시켜 다이너마이트를 제조한다.
·연소 시 폭굉을 일으키므로 접근하지 않도록 한다.
·소화방법으로는 주수소화가 효과적이다.
·분해반응식 : $4C_3H_5(ONO_2)_3 \rightarrow 12CO_2 \uparrow + 10H_2O \uparrow + 6N_2 \uparrow + O_2 \uparrow$
(니트로글리세린) (이산화탄소) (물) (질소) (산소)
【정답】 ③

43. 위험물안전관리법령상 지정수량이 50kg인 것은?

① $KMnO_4$　② $KClO_2$
③ $NaIO_3$　④ NH_4NO_3

|문|제|풀|이|
[위험물의 지정수량]
① 과망간산칼륨($KMnO_4$) : 제1류 위험물(과망간산염류)
지정수량 1000kg
② 아염소산칼륨($KClO_2$) : 제1류 위험물(아염소산염류)
지정수량 50kg
③ 요오드산염류($NaIO_3$) : 제1류 위험물(요오드산염류)
지정수량 300kg
④ 질산암모늄(NH_4NO_3) : 제1류 위험물(질산염류)
지정수량 300kg
【정답】 ②

44. 저장하는 위험물의 최대수량이 지정수량의 15배 일 경우, 건축물의 벽 · 기둥 내화구조로 된 위험물옥내저장소의 보유공지는 몇 m 이상이어야 하는가?

① 0.5　② 1
③ 2　④ 3

|문|제|풀|이|
[옥내저장소의 보유공지]

저장 또는 취급하는 위험물의 최대수량	공지의 너비	
	벽 · 기둥 및 바닥이 내화구조로 된 건축물	그 밖의 건축물
지정수량의 5배 이하		0.5m 이상
지정수량의 5배 초과 10배 이하	1m 이상	1.5m 이상
지정수량의 10배 초과 20배 이하	**2m 이상**	3m 이상
지정수량의 20배 초과 50배 이하	3m 이상	5m 이상
지정수량의 50배 초과 200배 이하	5m 이상	10m 이상
지정수량의 200배 초과	10m 이상	15m 이상

【정답】 ③

45. 위험물의 저장방법에 대한 설명으로 옳은 것은?

① 황화린은 알코올 또는 과산화물 속에 저장하여 보관한다.
② 마그네슘은 건조하면 분진폭발의 위험성이 있으므로 물에 습윤하여 저장한다.
③ 적린은 화재예방을 위해 할로겐 원소와 혼합하여 저장한다.
④ 수소화리튬은 저장용기에 아르곤과 같은 불활성기체를 봉입한다.

|문|제|풀|이|
[위험물의 저장방법]
① 황화린은 산화제, 알칼리, 알코올, 과산화물, 강산, 금속분과 접촉을 피한다.
② 마그네슘은 산 및 더운물과 반응하여 수소를 발생한다.
온수와의 화학 반응식 : $Mg + 2H_2O \rightarrow Mg(OH)_2 + H_2 \uparrow$
(마그네슘) (물) (수산화마그네슘) (수소)
③ 적린(위험물 2류)와 할로겐 원소(제6류 위험물)은 혼재할 수 없다.
【정답】 ④

46. 위험물의 인화점에 대한 설명으로 옳은 것은?

① 톨루엔이 벤젠보다 낮다.
② 피리딘이 톨루엔보다 낮다.
③ 벤젠이 아세톤보다 낮다.
④ 아세톤이 피리딘보다 낮다.

|문|제|풀|이|

[위험물의 인화점] 인화되는 최저의 온도

물질명	인화점 ℃	물질명	인화점 ℃
아이소펜탄	-51	**피리딘**	**20**
디에틸에테르	-45	클로로벤젠	32
아세트알데히드	-38	테레핀유	35
산화프로필렌	-37	클로로아세톤	35
이황화탄소	-30	초산	40
아세톤 트리메틸알루미늄	**-18**	등유	30~60
벤젠	**-11**	경유	50~70
메틸에틸케톤	-1	아닐린	70
톨루엔	**4.5**	니트로벤젠	88
메틸알코올 (메탄올)	11	에틸렌글리콜	111
에틸알코(에탄올)	13	중유	60~150
에틸벤젠	15		

※④ 아세톤(-18)이 피리딘(20)보다 낮다. 【정답】 ④

47. 제조소등의 위치 · 구조 또는 설비의 변경 없이 해당 제조소등에서 저장하거나 취급하는 위험물의 품명 · 수량 또는 지정수량의 배수를 변경하고자 하는 자는 변경하고자 하는 날의 며칠 전 까지 행정안전부령이 정하는 바에 따라 시 · 도지사에게 신고하여야 하는가?

① 1일　　② 14일
③ 21일　　④ 30일

|문|제|풀|이|

[위험물시설의 설치 및 변경 등] 제조소등의 위치 · 구조 또는 설비의 변경 없이 당해 제조소등에서 저장하거나 취급하는 위험물의 품명 · 수량 또는 지정수량의 배수를 변경하고자 하는 자는 변경하고자 하는 날의 **1일 전까지** 행정안전부령이 정하는 바에 따라 시 · 도지사에게 신고하여야 한다. 【정답】 ①

48. 특수인화물 200L와 제4석유류 12000L를 저장할 때 각각의 지정수량 배수의 합은 얼마인가?

① 3　　② 4
③ 5　　④ 6

|문|제|풀|이|

[지정수량 계산값(배수)]

$$\text{배수(계산값)} = \frac{A\text{품명의 저장수량}}{A\text{품명의 지정수량}} + \frac{B\text{품명의 저장수량}}{B\text{품명의 지정수량}} + \cdots\cdots$$

1. 특수인화물 200L와 제4석유류 12000L
2. 지정수량 : 특수인화물 50, 제4석유류 6000

$$\therefore \text{배수(계산값)} = \frac{200}{50} + \frac{12000}{6000} = 6\text{배}$$

※배수 ≥1 : 위험물 (위험물 안전관리법 규제)
배수 〈 1 : 소량 위험물 (시·도 조례 규제)

【정답】 ④

49. 질산과 과산화수소의 공통적인 성질을 옳게 설명한 것은?

① 물보다 가볍다.
② 물에 녹는다.
③ 점성이 큰 액체로서 환원제이다.
④ 연소가 매우 잘 된다.

|문|제|풀|이|

[질산(HNO_3) → 제6류 위험물] **비중 1.49**, 증기비중 2.17

- 무색의 무거운 액체 → (보관 중 담황색으로 변한다.)
- 흡습성이 강하여 습한 공기 중에서 발열한다.
- 자극성, 부식성이 **강한 강산**이다.
- 비점이 낮아 휘발성이고 햇빛에 의해 일부 분해한다.
- **수용성**으로 물과 반응하여 강산 산성을 나타낸다.
- 분해 반응식 : $4HNO_3 \rightarrow 4NO_2\uparrow + O_2\uparrow + 2H_2O$
  (질산) (이산화질소) (수소) (물)

[과산화수소(H_2O_2) → 제6류 위험물] **비중 1.47**, 증기비중 1.17

- 순수한 것은 무색투명한 점성이 있는 액체이다.
- 분해 시 산소(O_2)를 발생하므로 안정제로 인산, 요산 등을 사용한다.
- 분해 반응식 : $4H_2O_2 \rightarrow H_2O + [O]$ (발생기 산소 : 표백작용)
  (과산화수소) (물) (산소)
- **물, 알코올, 에테르에는 녹고**, 벤젠, 석유에는 녹지 않는다.
- **강산화제** 및 환원제로 사용되며 표백 및 살균작용을 한다.
- 히드라진(N_2H_4)과 접촉 시 분해 작용으로 폭발위험이 있다.

【정답】 ②

50. 부틸리튬(n-Butyl lithium)에 대한 설명으로 옳은 것은?

① 무색의 가연성고체이며 자극성이 있다.

② 증기는 공기보다 가볍고 점화원에 의해 선화의 위험이 있다.

③ 화재발생 시 이산화탄소 소화설비는 적응성이 없다.

④ 탄화수소나 다른 극성의 액체에 용해가 잘 되며 휘발성은 없다.

|문|제|풀|이|

[알킬리튬(RLi) → 제3류 위험물(금수성)]

· 알킬기(C_nH_{2n+1})와 리튬(Li)이 결합된 화합물
· 금수성이며 자연 발화성 물질
· 가연성의 액체로 물보다 가볍고 증기는 공기보다 무겁다.
· 리튬과 물의 접촉 시 심한 발열과 가연성 수소가스를 발생한다.
· 대표적으로 메틸리튬, 에틸리튬, **부틸리튬** 등이 있다.

※부틸리튬 증기비중 $= \frac{\text{기체의 분자량}}{\text{공기의 분자량(29)}} = \frac{64}{29} = 2.2$

※[소화설비의 적응성(제3류 위험물)]

구분 \ 대상			제3류 위험물 금수성 물품	제3류 위험물 그 밖의 것
옥내소화전 또는 옥외소화전설비				○
스프링클러설비				○
물분무등 소화설비	물분무소화설비			○
	포소화설비			○
	불활성가스소화설비			
	할로겐화합물소화설비			
	분말 소화 설비	인산염류등		
		탄산수소염류등	○	
		그 밖의 것	○	
대형소형 수동식 소화기	봉상수(棒狀水)소화기			○
	무상수(霧狀水)소화기			○
	봉상강화액소화기			○
	무상강화액소화기			○
	포소화기			○
	이산화탄소소화기			
	할로겐화합물소화기			
	분말소화기	인산염류소화기		
		탄산수소염류소화기	○	
		그 밖의 것	○	
기타	물통 또는 수조			○
	건조사		○	○
	팽창질석 또는 팽창진주암		○	○

【정답】 ③

51. 제3류 위험물 중 금수성 물질을 제외한 위험물에 적응성이 있는 소화설비가 아닌 것은?

① 분말소화설비 ② 스프링클러설비

③ 옥내소화전설비 ④ 포소화설비

|문|제|풀|이|

[소화설비의 적응성(제3류 위험물)]

구분 \ 대상			제3류 위험물 금수성 물품	제3류 위험물 그 밖의 것
옥내소화전 또는 옥외소화전설비				○
스프링클러설비				○
물분무등 소화설비	물분무소화설비			○
	포소화설비			○
	불활성가스소화설비			
	할로겐화합물소화설비			
	분말 소화 설비	인산염류등		
		탄산수소염류등	○	
		그 밖의 것	○	
대형소형 수동식 소화기	봉상수(棒狀水)소화기			○
	무상수(霧狀水)소화기			○
	봉상강화액소화기			○
	무상강화액소화기			○
	포소화기			○
	이산화탄소소화기			
	할로겐화합물소화기			
	분말소화기	인산염류소화기		
		탄산수소염류소화기	○	
		그 밖의 것	○	
기타	물통 또는 수조			○
	건조사		○	○
	팽창질석 또는 팽창진주암		○	○

【정답】 ①

52. 위험물에 대한 설명으로 틀린 것은?

① 과산화나트륨은 산화성이 있다.

② 과산화나트륨은 인화점이 매우 낮다.

③ 과산화바륨과 염산을 반응시키면 과산화수소가 생긴다.

④ 과산화바륨의 비중은 물보다 크다.

|문|제|풀|이|

[과산화나트륨(Na_2O_2) 제1류 위험물(산화성고체), 무기과산화물]

·분해온도 460℃, 융점 460℃, 비점 657℃, 비중 2.8

·인화성이 없다.

· 순수한 것은 백색의 정방전계 분말, 조해성 물질

·에틸알코올(에탄올)에는 잘 녹지 않는다.

·물과 반응하여 수산화나트륨과 산소를 발생한다.

·염산과 반응식 : $Na_2O_2 + 2HCl \rightarrow 2NaCl + H_2O_2$

(과산화나트륨) (염산) (염화나트륨) (과산화수소)

[과산화바륨(BaO_2) 제1류 위험물(산화성고체), 무기과산화물]

·분해온도 840℃, 융점 450℃, **비중 4.96**

·염산과 반응식 : $Ba_2O_2 + 2HCl \rightarrow BaCl_2 + H_2O_2$

(과산화바륨) (염산) (염화바륨) (과산화수소)

【정답】 ②

53. 과산화벤조일과 과염소산의 지정수량의 합은 몇 kg인가?

① 310 ② 350

③ 400 ④ 500

|문|제|풀|이|

[지정수량]

1. 과산화벤조일(제5류)의 지정수량(유기과산화물) : 10kg
2. 과염소산(제6류)의 지정수량 : 300kg

【정답】 ①

54. 위험물안전관리법령상 "연소의 우려가 있는 외벽"은 기산점이 되는 선으로부터 3m(2층 이상의 층에 대해서는 5m) 이내에 있는 제조소등의 외벽을 말하는데 이 기산점이 되는 선에 해당하지 않는 것은?

① 동일 부지 내의 다른 건축물과 제조소 부지 간의 중심선

② 재조소 등에 인접한 도로의 중심선

③ 제조소 등이 설치된 부지의 경계선

④ 제조소 등의 외벽과 동일 부지 내의 다른 건축물의 외벽간의 중심선

|문|제|풀|이|

[연소의 우려가 있는 외벽의 기산점] 위험물안전관리법령상 "연소의 우려가 있는 외벽"은 기산점이 되는 선으로부터 3m(2층 이상의 층에 대해서는 5m) 이내에 있는 제조소등의 외벽을 말하는데 이 기산점이 되는 선은 다음과 같다.

1. 재조소 등에 인접한 도로의 중심선
2. 제조소 등이 설치된 부지의 경계선
3. 제조소 등의 외벽과 동일 부지내의 다른 건축물의 외벽간의 중심선

【정답】 ①

55. 다음은 P_2S_5와 물의 화학반응이다. ( )에 알맞은 숫자를 차례대로 나열한 것은?

$$P_2S_5 + (\quad)H_2O \rightarrow (\quad)H_2S + (\quad)H_3PO_4$$

① 2, 8, 5 ② 2, 5, 8

③ 8, 5, 2 ④ 8, 2, 5

|문|제|풀|이|

[오황화린(P_2S_5)→ 제2류 위험물(황화린)]

·착화점 142℃, 융점 290℃, 비점 514℃, 비중 2.09

·담황색 결정으로 조해성, 흡습성이 있는 물질

·알코올 및 이황화탄소(CS_2)에 잘 녹는다.

·물, 알칼리와 분해하여 유독성인 황화수소(H_2S), 인산(H_3PO_4)이 된다.

·물과 분해반응식 : $P_2S_5 + 8H_2O \rightarrow 5H_2S + 2H_3PO_4$

(오황화린) (물) (황화수소) (인산)

【정답】 ③

56. 염소산칼륨의 성질에 대한 설명으로 옳은 것은?

① 가연성 고체이다.

② 강력한 산화제이다.

③ 물보다 가볍다.

④ 열분해하면 수소를 발생한다.

|문|제|풀|이|

[염소산칼륨($KClO_3$) → 제1류 위험물(산화성 고체) 중 염소산염류]

·분해온도 400℃, **비중 2.34**, 융점 368.4℃, 용해도 7.3(20℃)

·무색의 단사정계 판상결정 또는 백색 분말로 인체에 유독하다.

·산과 반응하여 유독한 폭발성 이산화염소(ClO_2)를 발생하고 폭발 위험
·온수, 글리세린에는 잘 녹으나 냉수 및 알코올에는 녹기 어렵다.
·불꽃놀이, 폭약제조, 의약품 등에 사용된다.
·소화방법으로는 주수소화가 가장 좋다.
·540~560℃일 때의 분해 반응식 : $KClO_4 \rightarrow KCl + 2O_2 \uparrow$

(과염소산칼륨) (염화칼륨) (산소)

【정답】 ②

57. 정기점검 대상 제조소 등에 해당하지 않는 것은?

① 이동탱크저장소
② 지정수량 120배의 위험물을 저장하는 옥외저장소
③ 지정수량 120배의 위험물을 저장하는 옥내저장소
④ 이송취급소

|문|제|풀|이|

[정기점검 대상]
1. 지정수량의 10배 이상의 위험물을 취급하는 제조소
2. 지정수량의 100배 이상의 위험물을 저장하는 옥외저장소
3. 지정수량의 150배 이상의 위험물을 저장하는 옥내저장소
4. 지정수량의 200배 이상의 위험물을 저장하는 옥외탱크저장소
5. 암반탱크저장소
6. 이송취급소
7. 지정수량의 10배 이상의 위험물을 취급하는 일반취급소
8. 지하탱크저장소
9. 이동탱크저장소
10. 지하에 매설된 탱크가 있는 제조소 · 주유취급소 또는 일반취급소

【정답】 ③

58. 위험물의 저장방법에 대한 설명 중 틀린 것은?

① 황린은 공기와의 접촉을 피해 물속에 저장한다.
② 황은 정전기의 축적을 방지하여 저장한다.
③ 알루미늄 분말은 건조한 공기 중에서 분진폭발의 위험이 있으므로 정기적으로 분무상의 물을 뿌려야 한다.
④ 황화린은 산화제와의 혼합을 피해 격리해야 한다.

|문|제|풀|이|

[알루미늄분(Al) → 제2류 위험물 금속분]
·은백색의 광택을 띤 경금속
·열전도율 및 전기전도도가 크며, 진성·연성이 풍부하다.
·**끓는 물, 산, 알칼리수용액에 녹아 수소를 발생**한다.
·습기와 수분에 의해 자연발화하기도 한다.
·수증기와의 반응식 : $2Al + 6H_2O \rightarrow 2Al(OH)_3 + 3H_2 \uparrow$

(알루미늄) (물) (수산화알루미늄) (수소)

【정답】 ③

59. 위험물안전관리법령에 명기된 위험물의 운반용기 재질에 포함되지 않는 것은?

① 고무류 ② 유리
③ 도자기 ④ 종이

|문|제|풀|이|

[운반용기의 재질] 운반용기의 재질은 **강판·알루미늄판·양철판·유리·금속·종이·플라스틱·섬유판·고무류·합성섬유·삼·짚 또는 나무**로 한다.

【정답】 ③

60. 황가루가 공기 중에 떠 있을 때의 주된 위험성에 해당하는 것은?

① 수증기 발생 ② 전기감전
③ 분진폭발 ④ 인화성 가스 발생

|문|제|풀|이|

[분진폭발(물리적 폭발)]
·공기 중에 떠도는 농도 짙은 분진이 에너지를 받아 열과 압력을 발생하면서 갑자기 연소 · 폭발하는 현상.
·먼지폭발, 분체폭발이라고도 한다.
1. 분진 폭발을 일으키지 않는 물질 : 석회석 가루(생석회), 시멘트 가루, 대리석 가루, 탄산칼슘, 규사(모래)
2. 분진 폭발하는 물질 : **황(유황)**, 알루미늄분, 마그네슘분, 금속분, 밀가루 등

【정답】 ③

2016_2 위험물기능사 필기

01. 다음 중 제4류 위험물의 화재 시 물을 이용한 소화를 시도하기 전에 고려해야 하는 위험물의 성질로 가장 옳은 것은?

① 수용성, 비중　② 증기비중, 끓는점
③ 색상, 발화점　④ 분해온도, 녹는점

|문|제|풀|이|
[제4류 위험물의 소화방법]
1. 일반적으로 포약제에 의한 소화방법이 가장 효과적이다.
→ (제4류 위험물은 **비중이 물보다 작기** 때문에 주수소화는 유증기 발생 우려 및 화재 면을 확대시킬 수 있으므로 절대 금한다.)
2. **수용성** 위험물에는 알코올포를 사용하거나 다량의 물로 희석시켜 가연성 증기의 발생을 억제하여 소화한다.
3. 소량의 위험물의 연소 시에는 물을 제외한 소화약제로 CO_2, 분말, 할로겐 화합물로 질식소화 하는 것이 효과적이다.
대량의 경우에는 포에 의한 질식소화가 효과적이다.

※제4류 위험물 화재의 주수소화 시 수용성과 비중에 영향을 받는다.

【정답】 ①

02. 다음 점화에너지 중 물리적 변화에서 얻어지는 것은?

① 압축열　② 산화열
③ 중합열　④ 분해열

|문|제|풀|이|
[점화원의 종류]

구분	종류
화학적 에너지	연소열, 산화열, 분해열, 용해열, 중합열
전기적 에너지	저항열, 유도열, 유전열, 아크열, 정전기불꽃 낙뢰 아크
기계적(물리적) 에너지	마찰열, **압축열**, 마찰 스파크
원자력 에너지	핵분열, 핵융합

【정답】 ①

03. 금속분의 연소 시 주수소화 하면 위험한 원인으로 옳은 것은?

① 물에 녹아 산이 된다.
② 물과 작용하여 유독가스를 발생한다.
③ 물과 작용하여 수소가스를 발생한다.
④ 물과 작용하여 산소가스를 발생한다.

|문|제|풀|이|
[금속분 → 제2류 위험물]
·소화방법으로는 마른모래, 멍석 등으로 피복소화가 효과적이다.
→ (주수소화는 **수소가스를 발생**하므로 위험하다.)
·알루미늄과 수증기와의 반응식 : $2Al + 6H_2O \rightarrow 2Al(OH)_3 + 3H_2 \uparrow$
(알루미늄) (물) (수산화알루미늄) (수소)

【정답】 ③

04. 착화온도가 낮아지는 원인과 가장 관계가 있는 것은?

① 발열량이 적을 때
② 압력이 높을 때
③ 습도가 높을 때
④ 산소와의 결합력이 나쁠 때

|문|제|풀|이|
[발화점(착화점)이 낮아지는 조건]
·**산소와 친화력이 클 때**
·산소의 농도가 높을 때
·**발열량이 클 때**
·압력이 클 때
·화학적 활성도가 클 때
·분자구조가 복잡할 때
·**습도 및 가스압이 낮을 때**

【정답】 ②

05. 폭발의 종류에 따른 물질이 잘못된 것은?

① 분해폭발 - 아세틸렌, 산화에틸렌

② 분진폭발 - 금속분, 밀가루

③ 중합폭발 - 시안화수소, 염화비닐

④ 산화폭발 - 히드라진, 과산화수소

|문|제|풀|이|

[폭발의 유형]

1. 분진폭발(물리적 폭발) : 공기 중에 떠도는 농도 짙은 분진이 에너지를 받아 열과 압력을 발생하면서 갑자기 연소 · 폭발하는 현상. 먼지폭발, 분체폭발이라고도 한다.
   → 전분, 설탕, 밀가루, 금속분
2. 분해폭발 : 물질의 구성분자의 결합이 그다지 안정되지 못하기 때문에, 때로는 분해반응을 일으키며, 반응 자체에 의한 발열원에 의해서 진행하는 폭발현상을 말한다.
   → 산화에틸렌(C_2H_2O), 아세틸렌(C_2H_2), **히드라진(N_2H_4), 과산화수소(H_2O_2)**
3. 중합폭발 : 초산비닐, 염화비닐 등의 원료인 단량체, 시안화수소 등 중합열에 의해 폭발하는 현상이다.
   → 염화비닐, 시안화수소
4. 산화폭발 : 가연성 가스가 공기 중에 누설되거나 인화성 액체 저장탱크에 공기가 혼합되어 폭발성 혼합가스를 형성함으로써 점화원에 의해 착화되어 폭발하는 현상
   → LPG, LNG 등

【정답】 ④

06. 다음 중 유류저장 탱크화재에서 일어나는 현상으로 거리가 먼 것은?

① 보일오버 ② 플래시오버

③ 슬롭오버 ④ 프로스오버

|문|제|풀|이|

[유류저장탱크에서 일어나는 현상]

보일오버	고온층이 형성된 유류화재의 탱크저부로 침강하여 에 저부에 물이 고여 있는 경우, 화재의 진행에 따라 바닥의 물이 급격히 증발하여 대량의 수증기가 상층의 유류를 밀어 올려 다량의 기름을 분출시키는 위험현상
슬롭오버	· 유류화재 발생시 유류의 액표면 온도가 물의 비점 이상으로 상승할 때 소화용수가 연소유의 뜨거운 액표면에 유입되면서 탱크의 잔존 기름이 갑자기 외부로 분출하는 현상 · 유류화재 시 물이나 포소화약재를 방사할 경우 발생한다.
프로스오버	탱크속의 물이 점성이 뜨거운 기름 표면 아래서 끓을 때 화재를 수반하지 않고 기름이 용기에서 넘쳐흐르는 현상

[가스저장탱크에서 일어나는 현상]

블레비 현상 (BLEVE)	가연성 액화가스 저장탱크 주위에 화재가 발생하여 누설로 부유 또는 확산 된 액화가스가 착화원과 접촉하여 액화가스가 공기 중으로 확산, 폭발하는 현상
플래시오버	· **건축물 화재**로 발생한 가연성 분해가스가 천장 부근에 모이고 갑자기 불꽃이 폭발적으로 확산하여 창문이나 방문으로부터 연기나 불꽃이 뿜어 나오는 현상 · 내장재의 종류와 개구부의 크기에 영향을 받는다.

【정답】 ②

07. 다음 중 정전기 방지대책으로 가장 거리가 먼 것은?

① 접지를 한다.

② 공기를 이온화한다.

③ 21% 이상의 산소농도를 유지하도록 한다.

④ 공기의 상대습도를 70% 이상으로 한다.

|문|제|풀|이|

[위험물 제조소의 정전기 제거설비]

1. 접지에 의한 방법
2. 공기 중의 상대습도를 70% 이상으로 하는 방법
3. 공기를 이온화하는 방법
4. 위험물 이송 시 유속 1m/s 이하로 할 것

【정답】 ③

08. 과염소산의 화재 예방에 요구되는 주의사항에 대한 설명으로 옳은 것은?

① 유기물과 접촉 시 발화의 위험이 있기 때문에 가연물과 접촉시키지 않는다.

② 자연발화의 위험이 높으므로 냉각시켜 보관한다.

③ 공기 중 발화하므로 공기와의 접촉을 피해야 한다.

④ 액체 상태는 위험하므로 고체 상태로 보관한다.

|문|제|풀|이|

[과염소산($HClO_4$) → 제6류 위험물(산화성 액체)]

1. 융점 -112℃, 비점 39℃, 비중 1.76, 증기비중 3.46
2. 무색의 염소 냄새가 나는 액체로 공기 중에서 강하게 연기를 낸다.
3. 흡습성이 강하며 휘발성이 있고 독성이 강하다.
4. 수용성으로 물과 접촉 시 심한 열이 발생하며 과염소산의 고체 수화물(6종류)을 만든다.
5. 강산으로 산화력이 강하고 종이, 나무조각 등 **유기물과 접촉하면 연소와 동시 폭발**한다.
6. 물과의 접촉을 피하고 강산화제, 환원제, 알코올류, 염화바륨, 알칼리와 격리하여 저장한다.

【정답】 ①

09. 제5류 위험물의 화재 예방 상 유의사항 및 화재 시 소화방법에 관한 설명으로 옳지 않은 것은?

① 대량의 주수에 의한 소화가 좋다.

② 화재 초기에는 질식소화가 효과적이다.

③ 일부 물질의 경우 운반 또는 저장 시 안정제를 사용해야 한다.

④ 가연물과 산소공급원이 같이 있는 상태이므로 점화원의 방지에 유의하여야 한다.

|문|제|풀|이|

[제5류 위험물 → (자기반응성 물질) : 소화방법]

- 화재 초기 또는 소형화재 이외에는 소화가 어렵다.
- **화재 초기 다량의 물로 냉각소화** 하는 것이 가장 효과적이다.
  → (자기반응성 물질(물질 자체가 산소를 포함)이므로 **질식소화는 적당하지 않다**.)
- 밀폐 공간 내에서 화재가 발생했을 경우 공기호흡기를 착용하고 바람의 위쪽에서 소화 작업을 한다.

【정답】 ②

10. 소화약제로서 물의 단점인 동결현상을 방지하기 위하여 주로 사용되는 물질은?

① 에틸알콜 ② 글리세린

③ 에틸렌글리콜 ④ 탄산칼슘

|문|제|풀|이|

[에틸렌글린콜($C_2H_4(OH)_2$) → 제4류 위험물(제3석유류)]

- 지정수량(수용성) 4000L, 인화점 111℃, 착화점 413℃, 비점 197℃, 비중 1.113, 증기비중 2.14, 융점 -12℃
- 단맛이 나는 무색의 수용성 액체이다.
- 2가 알코올로 독성이 있다.
- 물, 알코올, 아세톤에 잘 녹는다.
- 물과 혼합하여 **자동차용 부동액의 주원료** 니트로글리콜의 원료 등으로 사용된다.
- 소화방법에는 질식소화기를 사용하며 포말 및 수분함유 물질의 소화는 시간이 지연되면 안 좋다.
- 연소반응식 : $2C_3H_4(OH)_2 + 5O_2 \rightarrow 4CO_2\uparrow + 6H_2O$

  (에틸렌글리콜) (산소) (이산화탄소) (물)

【정답】 ③

11. 15℃의 기름 100g에 8000J의 열량을 주면 기름의 온도는 몇 ℃가 되겠는가? (단, 기름의 비열은 2J/g · ℃이다.)

① 25 ② 45 ③ 50 ④ 55

|문|제|풀|이|

[열량(Q)] $Q = mC_p\Delta_t$

여기서, m : 무게, C_p : 물의 비열(1kcal/kg · ℃), Δ_t : 온도차

온도차 $\Delta_t = \frac{Q}{mC_p} \rightarrow (t-15)℃ = \frac{8000J}{100g \times 2J/g \cdot ℃}$ $\therefore t = 55℃$

【정답】 ④

12. 제6류 위험물의 화재에 적응성이 없는 소화설비는?

① 옥내소화전설비

② 스프링클러설비

③ 포소화설비

④ 불활성가스소화설비

|문|제|풀|이|

[위험물의 성질에 따른 소화설비의 적응성 (제5류 위험물)]

소화설비의 구분 \ 대상			제6류 위험물
옥내소화전 또는 옥외소화전설비			○
스프링클러설비			○
물분무등 소화설비	물분무소화설비		○
	포소화설비		○
	불활성가스소화설비		
	할로겐화합물소화설비		
	분말소화설비	인산염류등	○
		탄산수소염류등	
		그 밖의 것	
대형소형 수동식 소화기	봉상수(棒狀水)소화기		○
	무상수(霧狀水)소화기		○
	봉상강화액소화기		○
	무상강화액소화기		○
	포소화기		○
	이산화탄소소화기		△
	할로겐화합물소화기		
	분말소화기	인산염류소화기	○
		탄산수소염류소화기	
		그 밖의 것	
기타	물통 또는 수조		○
	건조사		○
	팽창질석 또는 팽창진주암		○

【정답】 ④

13. 다음 중 D급 화재에 해당하는 것은?

① 플라스틱화재　② 휘발유화재
③ 나트륨화재　④ 전기화재

| 문 | 제 | 풀 | 이 |

[화재의 분류]

급수	종류	색상	소화방법	가연물
A급	일반화재	백색	냉각소화	일반가연물(목재, 종이, 섬유, 석탄, 플라스틱 등)
B급	유류 가스 화재	황색	질식소화	가연성 액체(각종 유류 및 가스, 페인트)
C급	전기화재	청색	질식소화	전기기기, 기계, 전선 등
D급	금속화재	무색	피복에 의한 질식소화	가연성 금속(철분, 마그네슘, **나트륨**, 금속분, Al분말 등)

※ E급 : 가스화재, F급 : 식용유화재　【정답】 ③

14. 물은 냉각소화가 주된 대표적인 소화약제이다. 물의 소화효과를 높이기 위하여 무상주수를 함으로써 부가적으로 작용하는 소화효과로 이루어진 것은?

① 질식소화작용, 제거소화작용
② 질식소화작용, 유화소화작용
③ 타격소화작용, 유화소화작용
④ 타격소화작용, 피복소화작용

| 문 | 제 | 풀 | 이 |

[무상주수]

- 물소화약제의 한 종류
  → (물소화약제는 냉각소화, 질식소화, 유화소화, 희석소화 등이 사용된다.
- 물분무 소화설비 헤드나 고압으로 방수할 때 나타나는 안개형태의 주수형태
- 미세한 물방울 형태로 분사, 다른 방식에 비해 냉각소화가 우수하며, 중류 화재 때 공기 중의 산소를 차단하는 효과가 있습니다.
- 분무노즐을 사용하는 물소화기, 옥내소화전, 옥외소화전
- **질식소화작용, 유화소화작용**　【정답】 ②

15. 위험물안전관리법령상 철분, 금속분, 마그네슘에 적응성이 있는 소화설비는?

① 불활성가스소화설비
② 할로겐화합물소화설비
③ 포소화설비
④ 탄산수소염류소화설비

| 문 | 제 | 풀 | 이 |

[위험물의 성질에 따른 소화설비의 적응성]

소화설비의 구분 \ 대상			제2류 위험물		
			철분 금속분 마그네슘 등	인화성 고체	그 밖의 것
옥내소화전 또는 옥외소화전설비				○	○
스프링클러설비				○	○
물분무등 소화설비	물분무소화설비			○	○
	포소화설비			○	○
	불활성가스소화설비			○	
	할로겐화합물소화설비			○	
	분말 소화 설비	인산염류등		○	○
		탄산수소염류등	○	○	
		그 밖의 것	○		
대형소형 수동식 소화기	봉상수(棒狀水)소화기			○	○
	무상수(霧狀水)소화기			○	○
	봉상강화액소화기			○	○
	무상강화액소화기			○	○
	포소화기			○	○
	이산화탄소소화기			○	
	할로겐화합물소화기			○	
	분말 소화 기	인산염류소화기		○	○
		탄산수소염류소화기	○	○	
		그 밖의 것	○		
기타	물통 또는 수조			○	○
	건조사		○	○	○
	팽창질석 또는 팽창진주암		○	○	○

【정답】 ④

16. 위험물안전관리법령상 제4류 위험물에 적응성이 없는 소화설비는?

① 옥내소화전설비
② 포소화설비
③ 불활성가스소화설비
④ 할로겐화합물소화설비

|문|제|풀|이|

[제4류 위험물의 적응성 소화설비]

소화설비의 구분			대상: 제4류 위험물
옥내소화전 또는 옥외소화전설비			
스프링클러설비			△
물분무등소화설비	물분무소화설비		○
물분무등소화설비	**포소화설비**		○
물분무등소화설비	**불활성가스소화설비**		○
물분무등소화설비	**할로겐화합물소화설비**		○
물분무등소화설비	분말소화설비	인산염류등	○
물분무등소화설비	분말소화설비	탄산수소염류등	○
물분무등소화설비	분말소화설비	그 밖의 것	
대형소형수동식소화기	봉상수(棒狀水)소화기		
대형소형수동식소화기	무상수(霧狀水)소화기		
대형소형수동식소화기	봉상강화액소화기		
대형소형수동식소화기	무상강화액소화기		○
대형소형수동식소화기	포소화기		○
대형소형수동식소화기	이산화탄소소화기		○
대형소형수동식소화기	할로겐화합물소화기		○
대형소형수동식소화기	분말소화기	인산염류소화기	○
대형소형수동식소화기	분말소화기	탄산수소염류소화기	○
대형소형수동식소화기	분말소화기	그 밖의 것	
기타	물통 또는 수조		
기타	건조사		○
기타	팽창질석 또는 팽창진주암		○

【정답】 ①

17. 다음 중 강화액소화약제의 주성분에 해당하는 것은?

① K_2CO_3
② K_2O_2
③ CaO_2
④ $KBrO_3$

|문|제|풀|이|

[강화액소화약제]

- 물의 소화능력을 향상 시키고, 겨울철에 사용할 수 있도록 어는점을 낮추기 위해 물에 **탄산칼륨**(K_2CO_3)을 보강시켜 만든 소화약제로 냉각소화 원리에 해당한다.
- 알칼리성(pH12)으로 응고점이 낮아 잘 얼지 않는다.
- 물보다 1.4배 무겁고, 한랭지역에 많이 쓰인다.

【정답】 ①

18. 분말소화 약제 중 제1종과 제2종 분말이 각각 열분해 될 때 공통적으로 생성되는 물질은?

① N_2, CO_2
② N_2, O_2
③ H_2O, CO_2
④ H_2O, N_2

|문|제|풀|이|

[분말소화약제의 종류 및 특성]

종류	주성분	착색	적용 화재
제1종 분말	탄산수소나트륨을 주성분으로 한 것, ($NaHCO_3$)	백색	B, C급
	분해반응식: $2NaHCO_3 \rightarrow Na_2CO_3 + H_2O + CO_2$ (탄산수소나트륨) (탄산나트륨) (물) (이산화탄소)		
제2종 분말	탄산수소칼륨을 주성분으로 한 것, ($KHCO_3$)	담회색 (보라색)	B, C급
	분해반응식: $2KHCO_3 \rightarrow K_2CO_3 + H_2O + CO_2$ (탄산수소칼륨) (탄산칼륨) (물) (이산화탄소)		
제3종 분말	인산암모늄을 주성분으로 한 것, ($NH_4H_2PO_4$)	담홍색, 황색	A, B, C급
	분해반응식: $NH_4H_2PO_4 \rightarrow HPO_3 + NH_3 + H_2O$ (인산암모늄) (메타인산) (암모니아)(물)		
제4종 분말	제2종과 요소를 혼합한 것, $KHCO_3 + (NH_2)_2CO$	회색	B, C급
	분해반응식: $2KHCO_3 + (NH_2)_2CO \rightarrow K_2CO_3 + 2NH_3 + 2CO_2$ (탄산수소칼륨) (요소) (탄산칼륨)(암모니아)(이산화탄소)		

【정답】 ③

19. 폼산에 대한 설명으로 옳지 않은 것은?

① 물, 알코올, 에테르에 잘 녹는다.

② 개미산이라고도 한다.

③ 강한 산화제이다.

④ 녹는점이 상온보다 낮다.

|문|제|풀|이|

[의산(CHOOH, 개미산, 폼산) → 제4류 위험물(제2석유류)]

- 지정수량(수용성) 2000L, 인화점 69℃, 착화점 601℃, 비중 1.128, 연소범위 18~51%, 끓는점 100.5℃, 녹는점 8.4℃
- 무색투명한 자극성은 갖는 액체
- 물, 알코올, 에테르에 잘 녹으며 물보다 무겁다.
- 초산보다 강산이며 알데히드와 같은 **강한 환원력을 가진다**.
- 저장 시 산성이므로 내산성 용기를 사용한다.
- 은거울반응을 하며, 펠링용액을 환원시킨다.
- 소화방법에는 CO_2, 분말, 할로겐화합물소화기 및 알코올폼 소화기를 사용한다.
- 연소반응식 : $2CHCOOH + O_2 \rightarrow 2CO_2\uparrow + 2H_2O$

(의산) (산소) (이산화탄소) (물)

【정답】 ③

20. 제3류 위험물에 해당하는 것은?

① NaH ② Al

③ Mg ④ P_4S_3

|문|제|풀|이|

[위험물의 분류]

① 수소화나트륨(NaH) → 제3류 위험물(금속의 수소화물)

② 알루미늄(Al) → 제2류 위험물(금속분)

③ 마그네슘(Mg) → 제2류 위험물

④ 삼황화린(P_4S_3) → 제2류 위험물(황화린)

【정답】 ①

21. 위험물안전관리법령상 소화설비의 적응성에 관한 내용이다. 옳은 것은?

① 마른모래는 대상물 중 제1류 ~ 제6류 위험물에 적응성이 있다.

② 팽창질석은 전기설비를 포함한 모든 대상물에 적응성이 있다.

③ 분말소화약제는 셀룰로이드류의 화재에 가장 적당하다.

④ 물분무소화설비는 전기설비에 사용할 수 없다.

|문|제|풀|이|

[소화설비의 적응성]

② 팽창질석은 전기설비를 포함한 모든 대상물에 **적응성이 없다**.

③ 분말소화약제는 셀룰로이드류(5류 위험물)의 화재에 **적응성이 없다**.

④ 물분무소화설비는 전기설비에 사용할 수 **있다.**

※[위험물의 성질에 따른 소화설비의 적응성]

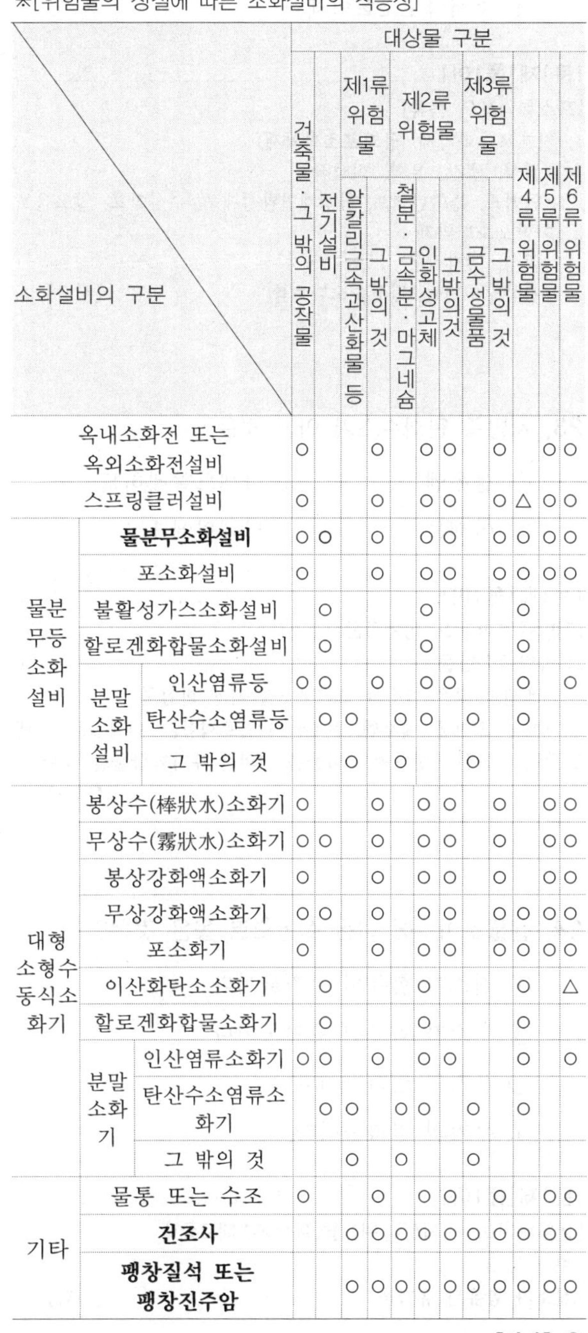

소화설비의 구분 \ 대상물 구분			건축물·그 밖의 공작물	전기설비	제1류 위험물: 알칼리금속과산화물 등	제1류 위험물: 그 밖의 것	제2류 위험물: 철분·금속분·마그네슘	제2류 위험물: 인화성고체	제2류 위험물: 그 밖의 것	제3류 위험물: 금수성물품	제3류 위험물: 그 밖의 것	제4류 위험물	제5류 위험물	제6류 위험물
옥내소화전 또는 옥외소화전설비			○			○		○	○		○		○	○
스프링클러설비			○			○		○	○		○	△	○	○
물분무등 소화설비	**물분무소화설비**		○	○		○		○	○		○	○	○	○
	포소화설비		○			○		○	○		○	○	○	○
	불활성가스소화설비			○				○				○		
	할로겐화합물소화설비			○				○				○		
	분말소화설비	인산염류등	○	○		○		○	○			○		○
		탄산수소염류등		○	○		○	○		○		○		
		그 밖의 것			○		○			○				
대형 소형수동식소화기	봉상수(棒狀水)소화기		○			○		○	○		○		○	○
	무상수(霧狀水)소화기		○	○		○		○	○		○		○	○
	봉상강화액소화기		○			○		○	○		○		○	○
	무상강화액소화기		○	○		○		○	○		○	○	○	○
	포소화기		○			○		○	○		○	○	○	○
	이산화탄소소화기			○				○				○		△
	할로겐화합물소화기			○				○				○		
	분말소화기	인산염류소화기	○	○		○		○	○			○		○
		탄산수소염류소화기		○	○		○	○		○		○		
		그 밖의 것			○		○			○				
기타	물통 또는 수조		○			○		○	○		○		○	○
	건조사				○	○	○	○	○	○	○	○	○	○
	팽창질석 또는 팽창진주암				○	○	○	○	○	○	○	○	○	○

【정답】 ①

22. 다음 중 공기포소화약제가 아닌 것은?

① 단백포소화약제
② 합성계면활성제포소화약제
③ 화학포소화약제
④ 수성막포소화약제

|문|제|풀|이|

[포소화약제의 종류]
1. 기계포소화약제 (**공기포소화약제**)
 ·질식, 냉각, 유화, 희석작용
 ·단백포, 불화단백포, 합성계면활성제포, 수성막포, 알코올포
2. 화학포소화약제
 ·질식, 냉각작용
 ·황산알루미늄, 탄산수소나트륨

【정답】 ③

23. 지방족 탄화수소가 아닌 것은?

① 톨루엔 ② 아세트알데히드
③ 아세톤 ④ 디에틸에테르

|문|제|풀|이|

[지방족탄화수소, 방향족탄화수소]
1. 방향족화합물
 ·벤젠과 같은 안정한 고리구조를 가진 화합물
 ·페놀, 크레졸, **톨루엔**, 벤조산, 니트로화합물, 아날린, 자일렌
2. 지방족화합 : 방향족 화합물을 제외한 유기화합물을 말한다.

【정답】 ①

24. 셀룰로이드에 대한 설명으로 옳은 것은?

① 질소가 함유된 무기물이다
② 질소가 함유된 유기물이다.
③ 유기의 염화물이다.
④ 무기의 염화물이다.

|문|제|풀|이|

[셀룰로이드 → 제5류 위험물(질산에스테르류)]
·비중 1.32
·질소가 함유된 유기물

【정답】 ②

25. 위험물안전관리 법령상 위험물의 지정수량으로 옳지 않은 것은?

① 니트로셀룰로오스 : 10kg
② 히드록실아민 : 100kg
③ 아조벤젠 : 50kg
④ 트리니트로페놀 : 200kg

|문|제|풀|이|

[제5류 위험물 → (자기반응성 물질)]

위험등급	품명	지정수량
Ⅰ	1. 유기 과산화물 : 과산화벤조일, 과산화메틸에틸케톤 2. 질산에스테르류 : 질산메틸, 질산에틸, 니트로글리세린, 니트로글리콜, **니트로셀룰로오스**	10kg
Ⅱ	3. 니트로화합물 : 트리니트로톨루엔, **트리니트로페놀(피크르산)** 4. 니트로소화합물 : 파라디니트로소벤젠, 디니트로소레조르신 5. 아조화합물 : **아조벤젠**, 히드록시아조벤젠 6. 디아조화합물 : 디아조메탄, 디아조카르복실산에틸 7. 히드라진 유도체 : 페닐히드라진, 히드라조벤젠	200kg
	8. **히드록실아민** 9. 히드록실아민염류	100kg

※③ 아조벤젠 : 200kg

【정답】 ③

26. 에틸알코올의 증기비중은 약 얼마인가?

① 0.72 ② 0.91
③ 1.13 ④ 1.59

|문|제|풀|이|

[에틸알코올(C_2H_5OH), 에탄올, 1가 알코올, 주정 → 제4류 위험물, 알코올류, 분자량 46]
1. 증기비중 : 대기 중에서 공기와의 무게의 비

$$증기비중 = \frac{기체의\ 분자량}{공기의\ 분자량(29)}$$

2. 에틸알코올(C_2H_5OH)의 분자량=(12×2)+(1×5)+16+1=46

$$\therefore 증기비중 = \frac{기체의\ 분자량}{공기의\ 분자량(29)} = \frac{46}{29} = 1.59$$

【정답】 ④

27. 과염소산나트륨의 성질이 아닌 것은?

① 물과 급격히 반응하여 산소를 발생한다.

② 가열하면 분해되어 조연성 가스를 방출한다.

③ 융점은 400℃보다 높다.

④ 비중은 물보다 무겁다.

|문|제|풀|이|

[과염소산나트륨($NaClO_3$) → 제1류 위험물, 산화성고체]

- 분해온도 400℃, **융점 482℃**, 용해도 170(20℃), **비중 2.50**
- 무색무취의 조해되기 쉬운 결정으로 물보다 무겁다.
- **물, 알코올, 아세톤에 잘 녹고**, 에테르에 녹지 않는다.
- 열분해하면 **산소(조연성)**를 방출, 진한 황산과 접촉 시 폭발
- 소화방법으로는 주수소화가 가장 좋다.
- 분해 반응식 : $KClO_4 \rightarrow KCl + 2O_2 \uparrow$

(과염소산칼륨) (염화칼륨) (산소)

【정답】 ①

28. 인화칼슘이 물과 반응할 경우에 대한 설명 중 틀린 것은?

① 발생 가스는 가연성이다.

② 포스겐 가스가 발생한다.

③ 발생 가스는 독성이 강하다

④ $Ca(OH)_2$가 생성된다.

|문|제|풀|이|

[인화칼슘(Ca_3P_2) → 제3류 위험물(금수성 물질)]

- 융점 1600℃, 비중 2.51
- 적갈색 괴상의 고체 → (인화칼슘이라고 한다.)
- 수중 조명등으로 사용한다.
- 물, 약산과 반응하여 유독한 인화수소(포스핀가스(PH_3)) 발생
- 물과 반응식 : $Ca_3P_2 + 6H_2O \rightarrow 2PH_3 \uparrow + 3Ca(OH)_2$

(인화칼슘) (물) (포스핀) (수산화칼슘)

- 소화방법에는 마른모래 등으로 피복하여 자연 진화를 기다린다.
  → (물 및 포약제의 소화는 금한다.)

*포스핀($2PH_3$) : 가연성, 폭발성 가스로 마늘 냄새

【정답】 ②

29. 화학적으로 알코올을 분류할 때 3가 알코올에 해당하는 것은?

① 에탄올 ② 메탄올

③ 에틸렌글리콜 ④ 글리세린

|문|제|풀|이|

[알코올의 분류] 히드록시기(-OH)를 1개 가진 것을 1가알코올, 2개 가진 것을 2가알코올, 3개 가진 것을 3가알코올이라 한다.

1. 1가알코올 : 메탄올(CH_3OH), 에탄올(C_2H_5OH)
2. 2가알코올 : 에틸렌글리콜(CH_2OHCH_2OH)
3. 3가알콜올 : 글리세린($C_2H_5(OH)_3$)

【정답】 ④

30. 위험물안전관리법령상 품명이 다른 하나는?

① 니트로글리콜 ② 니트로글리세린

③ 셀룰로이드 ④ 테트릴

|문|제|풀|이|

[위험물의 분류]

① 니트로글리콜[$C_2H_4(ONO_2)_2$]→제5류 위험물(질산에스테르류)

② 니트로글리세린[$C_3H_5(ONO_2)_3$] → 제5류 위험물(질산에스테르류)

③ 셀룰로이드 → 제5류 위험물(질산에스테르류)

④ 테트릴($C_6H_2(NO_2)_4NCH_3$) → 제5류 위험물(니트로화합물)

【정답】 ④

31. 주수소화를 할 수 없는 위험물은?

① 금속분 ② 적린

③ 유황 ④ 과망간산칼륨

|문|제|풀|이|

[금속분 → 제2류 위험물]

- 소화방법으로는 마른모래, 멍석 등으로 피복소화가 효과적이다.
  → (주수소화는 **수소가스를 발생**하므로 위험하다.)
- 알루미늄과 수증기와의 반응식: $2Al+6H_2O \rightarrow 2Al(OH)_3+3H_2 \uparrow$

(알루미늄)(물) (수산화알루미늄) (수소)

【정답】 ①

32. 제1류 위험물 중 흑색화약의 원료로 사용되는 것은?

① KNO_3 ② $NaNO_3$

③ BaO_2 ④ NH_4NO_3

|문|제|풀|이|

[질산칼륨(KNO_3) : 제1류 위험물 (산화성고체)]

- 분해온도 400℃, 융점 336℃, 용해도 26(15℃), 비중 2.098
- 무색 또는 백색 결정 또는 분말로 초석이라고 부른다.
- 물, 글리세린에 잘 녹고 알코올에는 난용이나 흡습성은 없다.
- 가연물과 접촉 또는 혼합되어 있으면 위험하다.
- 숯가루 유황가루를 혼합하여 **흑색화약제조** 및 **불꽃놀이** 등에 사용된다.
- 소화방법에는 주수소화가 효과적이다.

【정답】 ①

33. 다음 중 제6류 위험물에 해당하는 것은?

① IF_5 ② $HClO_3$

③ NO_3 ④ H_2O

|문|제|풀|이|

[제6류 위험물(산화성 액체)]

유별	품명	지정수량
제6류 산화성 액체	1. 질산(HNO_3) 2. 과산화수소(H_2O_2) 3. 과염소산($HClO_4$)	300kg
	4. 그 밖에 행정안전부령이 정하는 것 ① 할로겐간화합물(BrF_3, BrF_5, IF_5, ICI, IBr 등) 5. 1내지 4의 ①에 해당하는 어느 하나 이상을 함유한 것	

【정답】 ①

34. 다음 중 제4류 위험물에 해당하는 것은?

① $Pb(N_3)_2$ ② CH_3ONO_2

③ N_2H_4 ④ NH_2OH

|문|제|풀|이|

[위험물의 분류]

① 아지드화납(질산납)($Pb(N_3)_2$) → 제5류 위험물(금속아지드화합물)

② 질산메틸(CH_3ONO_2) : 제5류 위험물(질산에스테르류)

③ **히드라진**(N_2H_4) : **제4류 위험물(제2석유류)**

④ 히드록실아민(NH_2OH) : 제5류 위험물(히드록실아민염류)

【정답】 ③

35. 다음의 분말은 모두 150마이크로미터의 체를 통과하는 것이 50중량퍼센트 이상이 된다. 이들 분말 중 위험물안전관리법령상 품명이 "금속분"으로 분류되는 것은?

① 철분 ② 구리분

③ 알루미늄분 ④ 니켈분

|문|제|풀|이|

[위험물로서 금속분] 알칼리금속, 알칼리토금속, 철 및 마그네슘 이외의 금속분을 말하며, 구리분, 니켈분 및 150마이크로미터의 체를 통과하는 것이 50wt% 미만인 것은 위험물에서 제외한다.

*[금속분 → 제2류 위험물] : **알루미늄분**(Al), 아연분(Zn), 안티몬(Sb), 티탄(Ti, 타이타늄) 등

【정답】 ③

36. 다음 중 분자량이 가장 큰 위험물은?

① 과염소산 ② 과산화수소

③ 질산 ④ 히드라진

|문|제|풀|이|

[위험물의 분류]

① 과염소산($HClO_4$) → 제6류 위험물, 분자량 100.5

② 과산화수소(H_2O_2) → 제6류 위험물, 분자량 34

③ 질산(HNO_3) → 제6류 위험물, 분자량 63

④ 히드라진(N_2H_4) → 제4류 위험물(제2석유류), 분자량 32

【정답】 ①

37. 염소산나트륨에 대한 설명으로 틀린 것은?

① 조해성이 크므로 보관용기는 밀봉하는 것이 좋다.

② 무색, 무취의 고체이다.

③ 산과 반응하여 유독성의 이산화나트륨 가스가 발생한다.

④ 물, 알코올, 에테르에 녹는다.

|문|제|풀|이|

[염소산나트륨($NaClO_3$) → 제1류 위험물, 염소산염류]

- 분해온도 300℃, 비중 2.5, 융점 248℃, 용해도 101(20℃)
- 무색무취의 입방정계 주상결정
- 인체에 유독하다.
- 산과 반응하여 유독한 폭발성 이산화염소(ClO_2)를 발생하고 폭발 위험이 있다.
- 산과의 반응식 : $2NaClO_3 + 2HCl$ (염소산나트륨) (염화수소)

  $\rightarrow 2NaCl + H_2O_2 + 2ClO_2 \uparrow$ (염화나트륨) (과산화수소) (이산화염소)
- 알코올, 에테르, 물에는 잘 녹으며 조해성이 크다.
- 철제를 부식시키므로 철제용기 사용금지

【정답】 ③

38. 인화칼슘, 탄화알루미늄, 나트륨이 물과 반응하였을 때 발생하는 가스에 해당하지 않는 것은?

① 포스핀가스 ② 수소

③ 이황화탄소 ④ 메탄

|문|제|풀|이|

[위험물의 물과 반응식]

1. 인화칼슘(Ca_3P_2)의 물과 반응식

$Ca_3P_2 + 6H_2O \rightarrow 2PH_3\uparrow + 3Ca(OH)_2$

(인화칼슘) (물) (포스핀) (수산화칼슘)

2. 탄화알루미늄(Al_4C_3)의 물과 반응식

$Al_4C_3 + 12H_2O \rightarrow 4Al(OH)_3\uparrow + 3CH_4 + 360kcal$

(탄화알루미늄)(물) (수산화알루미늄) (메탄) (반응열)

3. 나트륨(Na)의 물과 반응식물과 반응식 :

$2Na + 2H_2O \rightarrow 2NaOH + H_2\uparrow + 88.2kcal$

(나트륨) (물) (수산화나트륨) (수소) (반응열)

【정답】 ③

39. 연소 시 발생하는 가스를 옳게 나타낸 것은?

① 황린 – 황산가스

② 황 – 무수인산가스

③ 적린 – 아황산가스

④ 삼황화사인(삼황화린) – 아황산가스

|문|제|풀|이|

[위험물의 연소 시 발생하는 가스]

① 황린(P_4) → 제3류 위험물(자연발화성 물질 및 금수성물질)

연소반응식 : $P_4 + 5O_2 \rightarrow 2P_2O_5$

(황린) (산소) (오산화인(백색))

② 황(유황(S) → 제2류 위험물

연소 반응식 (푸른 불꽃을 내며 연소한다.)

$S + O_2 \rightarrow SO_2$

(황) (산소) (아황산가스)

③ 적린(P) : 제2류 위험물 (가연성 고체)]

연소 반응식 : $4P + 5O_2 \rightarrow 2P_2O_5$

(적린) (산소) (오산화인)

④ 삼황화사인(삼황화린)(P_4S_3) → 제2류 위험물(황화린)

연소 반응식 : $P_4S_3 + 8O_2 \rightarrow 2P_2O_5 + 3SO_2$

(삼황화린) (산소) (오산화인) (이산화황(아황산가스))

【정답】 ④

40. 질산칼륨을 약 400℃에서 가열하여 열분해시킬 때 주로 생성되는 물질은?

① 질산과 산소

② 질산과 칼륨

③ 아질산칼륨과 산소

④ 아질산칼륨과 질소

|문|제|풀|이|

[질산칼륨(KNO_3) : 제1류 위험물 (산화성고체), 분자량 101.1]

- 분해온도 400℃, 융점 336℃, 용해도 26(15℃), 비중 2.098
- 무색 또는 백색 결정 또는 분말로 초석이라고 부른다.
- 물, 글리세린에 잘 녹고 알코올에는 난용성이나 흡습성은 없다.
- 가연물과 접촉 또는 혼합되어 있으면 위험하다.
- 숯가루 유황가루를 혼합하여 흑색화약제조 및 불꽃놀이 등에 사용된다.
- 열분해 반응식 : $2KNO_3 \rightarrow 2KNO_2 + O_2\uparrow$

(질산칼륨) (아질산칼륨) (산소)

- 소화방법에는 주수소화가 효과적이다. 【정답】 ③

41. 위험물안전관리법령에서 정한 피난시설에 관한 내용이다. (   )에 알맞은 것은?

> 주유취급소 중 건축물의 2층 이상의 부분을 점포·휴게음식점 또는 전시장의 용도로 사용하는 것에 있어서는 당해 건축물의 2층 이상으로부터 주유취급소의 부지 밖으로 통하는 출입구와 당해 출입구로 통하는 통로·계단 및 출입구에 (   )을(를) 설치하여야 한다.

① 피난사다리 ② 공기호흡기

③ 유도등 ④ 사각경보기

|문|제|풀|이|

[피난설비의 설치기준]

1. 주유취급소 중 건축물의 2층 이상의 부분을 점포·휴게음식점 또는 전시장의 용도로 사용하는 것에 있어서는 당해 건축물의 2층 이상으로부터 주유취급소의 부지 밖으로 통하는 출입구와 당해 출입구로 통하는 통로·계단 및 출입구에 **유도등**을 설치하여야 한다.
2. 옥내주유취급소에 있어서는 당해 사무소 등의 출입구 및 피난구와 당해 피난구로 통하는 통로·계단 및 출입구에 유도등을 설치하여야 한다.
3. 유도등에는 비상전원을 설치하여야 한다. 【정답】 ③

42. 옥내저장소에 제3류 위험물인 황린을 저장하면서 위험물안전관리 법령에 의한 최소한의 보유공지로 3m를 옥내저장소 주위에 확보하였다. 이 옥내저장소에 저장하고 있는 황린의 수량은? (단, 옥내저장소의 구조는 벽 · 기둥 및 바닥이 내화구조로 되어 있고 그 외의 다른 사항은 고려하지 않는다.)

① 100kg 초과 500kg 이하

② 400kg 초과 1000kg 이하

③ 500kg 초과 5000kg 이하

④ 1000kg 초과 40000kg 이하

| 문 | 제 | 풀 | 이 |

[옥내저장소의 보유 공지]

저장 또는 취급하는 위험물의 최대수량	공지의 너비	
	벽 · 기둥 및 바닥이 내화구조로 된 건축물	그 밖의 건축물
지정수량의 5배 이하		0.5m 이상
지정수량의 5배 초과 10배 이하	1m 이상	1.5m 이상
지정수량의 10배 초과 20배 이하	2m 이상	3m 이상
지정수량의 **20배 초과 50배 이하**	**3m 이상**	5m 이상
지정수량의 50배 초과 200배 이하	5m 이상	10m 이상
지정수량의 200배 초과	10m 이상	15m 이상

황린(P_4) → 제3류 위험물, 지정수량 20kg

∴황린의 수량은 400kg 초과 1000kg 이하 【정답】 ②

43. 위험물안전관리법령상 이동탱크저장소에 의한 위험물운송 시 위험물운송자는 장거리에 걸치는 운송을 하는 때에는 2명 이상의 운전자로 하여야 한다. 다음 중 그러하지 않아도 되는 경우가 아닌 것은?

① 적린을 운송하는 경우

② 알루미늄의 탄화물을 운송하는 경우

③ 이황화탄소를 운송하는 경우

④ 운송도중에 2시간 이내마다 20분 이상씩 휴식하는 경우

| 문 | 제 | 풀 | 이 |

[이동탱크저장소에 의한 위험물의 운송 시에 준수하여야 하는 기준]

1. 위험물운송자는 운송의 개시 전에 이동저장탱크의 배출밸브 등의 밸브와 폐쇄장치, 맨홀 및 주입구의 뚜껑, 소화기 등의 점검을 충분히 실시할 것
2. 위험물운송자는 장거리(고속도로에 있어서는 340km 이상, 그 밖에 있어서는 200km 이상을 말한다)에 걸치는 운송을 하는 때에는 2명 이상의 운전자로 할 것
   → 다만, 다음의 경우는 그러하지 아니하다.
   1. 운송책임자동승 : 운송책임자가 함께 동승하는 경우
   2. 운송하는 위험물이 제2류 위험물, 제3류 위험물(칼슘 또는 알루미늄의 탄화물과 이것만을 함유한 것에 한한다.) 또는 제4류 위험물(**특수인화물 제외**)인 경우
   3. 운송도중에 2시간마다 20분 이상씩 휴식하는 경우
3. 위험물(제4류 위험물에 있어서는 특수인화물 및 제1석유류에 한한다)을 운송하게 하는 자는 위험물안전카드를 위험물운송자로 하여금 휴대하게 할 것

※① 적린(P) : 제2류 위험물(가연성 고체)
② 알루미늄의 탄화물 : 제3류 위험물 (금수성물질)
③ 이황화탄소(CS_2, 2유화탄소) → 제4류 위험물(특수인화물)

【정답】 ③

44. 각각 지정수량의 10배인 위험물을 운반할 경우 제5류 위험물과 혼재 가능한 위험물에 해당하는 것은?

① 제1류 위험물 ② 제2류 위험물

③ 제3류 위험물 ④ 제6류 위험물

| 문 | 제 | 풀 | 이 |

[유별을 달리하는 위험물의 혼재기준]

위험물의 구분	제1류	**제2류**	제3류	**제4류**	제5류	제6류
제1류		X	X	X	X	O
제2류	X		X	O	O	X
제3류	X	X		O	X	X
제4류	X	O	O		O	X
제5류	**X**	**O**	**X**	**O**		**X**
제6류	O	X	X	X	X	

【비고】 1. 'X'표시는 혼재할 수 없음을 표시한다.
2. 'O'표시는 혼재할 수 있음을 표시한다.
3. 이 표는 지정수량의 $\frac{1}{10}$ 이하의 위험물에 대하여는 적용하지 아니한다.

【정답】 ②

45. 위험물안전관리법령상 옥외탱크저장소의 기준에 따라 다음의 인화성 액체 위험물을 저장하는 옥외저장탱크 1~4호를 동일의 방유제 내에 설치하는 경우 방유제에 필요한 최소 용량으로서 옳은 것은? (단, 암반탱크 또는 특수액체위험물탱크의 경우는 제외한다.)

> 1호 탱크 - 등유 1500kL
> 2호 탱크 - 가솔린 1000kL
> 3호 탱크 - 경유 500kL
> 4호 탱크 - 중유 250kL

① 1650kL ② 1500kL
③ 500kL ④ 250kL

|문|제|풀|이|

[옥외탱크저장소의 방유제 설치]
1. 방유제 안에 설치된 탱크가 하나인 때 : 그 탱크 용량의 110% 이상
2. 2기 이상인 때 : 그 탱크 중 용량이 최대인 것의 용량의 110% 이상
∴2호 탱크 최대(1500kL) → $1500 \times 1.1 = 1650$kL

【정답】 ①

46. 위험물안전관리법령상 사업소의 관계인이 자체소방대를 설치 하여야할 제조소등의 기준으로 옳은 것은?

① 제4류 위험물을 지정수량의 3천배 이상 취급하는 제조소 또는 일반취급소
② 제4류 위험물을 지정수량의 5천배 이상 취급하는 제조소 또는 일반취급소
③ 제4류 위험물 중 특수인화물을 지정수량의 3천배 이상 취급하는 제조소 또는 일반취급소
④ 제4류 위험물 중 특수인화물을 지정수량의 5천배 이상 취급하는 제조소 또는 일반취급소

|문|제|풀|이|

[자체소방대를 설치하여야 하는 사업소]
1. 지정수량 3000배 이상의 제4류 위험물을 취급하는 제조소 또는 일반취급소
2. 지정수량 50만 배 이상의 제4류 위험물을 저장하는 옥외탱크저장소

【정답】 ①

47. 소화난이도등급Ⅱ의 제조소에 소화설비를 설치할 때 대형수동식소화기와 함께 설치하여야 하는 소형수동식소화기 등의 능력단위에 관한 설명으로 옳은 것은?

① 위험물의 소요단위에 해당하는 능력단위의 소형수동식소화기 등을 설치할 것
② 위험물의 소요단위의 1/2 이상에 해당하는 능력단위의 소형수동식소화기 등을 설치할 것
③ 위험물의 소요단위의 1/5 이상에 해당하는 능력단위의 소형수동식소화기 등을 설치할 것
④ 위험물의 소요단위의 10배 이상에 해당하는 능력단위의 소형수동식소화기 등을 설치할 것

|문|제|풀|이|

[소화난이도등급Ⅱ의 제조소등에 설치하여야 하는 소화설비]

제조소 등의 구분	소화설비
소화난이도등급 Ⅱ의 제조소등에 설치하여야 하는 소화설비	방사능력 범위 내에 당해 건축물, 그 밖의 공작물 및 위험물이 포함되도록 대형수동식소화기를 설치하고, 당해 위험물의 **소요단위의 1/5 이상에 해당**되는 능력단위의 소형수동식소화기 등을 설치할 것
옥외탱크저장소 옥내탱크저장소	대형수동식소화기 및 소형수동식소화기 등을 각각 1개 이상 설치할 것

【정답】 ③

48. 다음 중 위험물안전관리법이 적용되는 영역은?

① 항공기에 의한 대한민국 영공에서의 위험물의 저장, 취급 및 운반
② 궤도에 의한 위험물의 저장, 취급 및 운반
③ 철도에 의한 위험물의 저장, 취급 및 운반
④ 자가용승용차에 의한 지정수량 이하의 ' 위험물의 저장, 취급 및 운반

|문|제|풀|이|

[위험물안전관리법의 적용제외] 이 법은 항공기·선박·철도 및 궤도에 의한 위험물의 저장·취급 및 운반에 있어서는 위험물안전관리법을 적용하지 아니한다.

【정답】 ④

49. 위험물안전관리법령상 위험물의 운반 시 운반용기는 다음의 기준에 따라 수납 적재하여야 한다. 다음 중 틀린 것은?

① 수납하는 위험물과 위험한 반응을 일으키지 않아야 한다.

② 고체 위험물은 운반용기 내용적의 95% 이하로 수납하여야 한다.

③ 액체위험물은 운반용기 내용적의 95% 이하로 수납하여야 한다.

④ 하나의 외장용기에는 다른 종류의 위험물을 수납하지 않는다.

|문|제|풀|이|

[위험물의 적재방법(액체)] **액체위험물은 운반용기 내용적의 98% 이하**의 수납률로 수납하되, 55도의 온도에서 누설되지 아니하도록 충분한 공간용적을 유지하도록 할 것 【정답】 ③

50. 위험물안전관리법령상 위험물을 운반하기 위해 적재할 때 예를 들어 제6류 위험물은 1가지 유별(제1류 위험물)하고만 혼재할 수 있다. 다음 중 가장 많은 유별과 혼재가 가능한 것은? (단, 지정수량의 1/10을 초과하는 위험물이다.)

① 제1류 ② 제2류

③ 제3류 ④ 제4류

|문|제|풀|이|

[유별을 달리하는 위험물의 혼재기준]

위험물의 구분	제1류	제2류	제3류	제4류	제5류	제6류
제1류		X	X	X	X	O
제2류	X		X	O	O	X
제3류	X	X		O	X	X
제4류	X	O	O		O	X
제5류	X	O	X	O		X
제6류	O	X	X	X	X	

【비고】 1. 'X'표시는 혼재할 수 없음을 표시한다.
2. 'O'표시는 혼재할 수 있음을 표시한다.
3. 이 표는 지정수량의 $\frac{1}{10}$ 이하의 위험물에 대하여는 적용하지 아니한다. 【정답】 ④

51. 다음 위험물 중에서 옥외저장소에서 저장 · 취급할 수 없는 것은? (단, 특별시 · 광역시 또는 도의 조례에서 정하는 위험물과 IMDG Code에 적합한 용기에 수납된 위험물의 경우는 제외한다.)

① 아세트산 ② 에틸렌글리콜

③ 크레오소트유 ④ 아세톤

|문|제|풀|이|

[옥외저장소에 저장할 수 있는 위험물]

1. 제2류 위험물중 유황 또는 인화성고체(인화점이 섭씨 0도 이상인 것에 한한다)
2. **제4류 위험물중 제1석유류(인화점이 섭씨 0도 이상**인 것에 한한다) · 알코올류 · 제2석유류 · 제3석유류 · 제4석유류 및 동식물유류
3. 제6류 위험물
4. 제2류 위험물 및 제4류 위험물중 특별시 · 광역시 또는 도의 조례에서 정하는 위험물
5. 「국제해사기구에 관한 협약」에 의하여 설치된 국제해사기구가 채택한 「국제해상위험물규칙」(IMDG Code)에 적합한 용기에 수납된 위험물

※아세톤(CH_3COCH_3) → 제4류 위험물(제1석유류) : 지정수량(수용성) 400L, 인화점 -18℃, 착화점 538℃, 비점 56.5℃, 비중 0.79, 연소범위 2.6~12.8% 【정답】 ④

52. 디에틸에테르에 대한 설명으로 틀린 것은?

① 일반식은 R-CO-R'이다.

② 연소범위는 약 1.9~48% 이다.

③ 증기비중 값이 비중 값보다 크다.

④ 휘발성이 높고 마취성을 가진다.

|문|제|풀|이|

[디에틸에테르($C_2H_5OC_2H_5$, 에틸에테르/에테르) → 제4류 위험물, 특수인화물]

- 인화점 -45℃, 착화점 180℃, 비점 34.6℃, **비중 0.72(15℃), 증기비중 2.6**, 연소범위 1.9~48%
- 무색투명한 휘발성이 강한 액체, 증기는 마취성이 있다.
- 인화성이 강하고 물에 약간 녹으며, 알코올에는 잘 녹는다.
- **일반식** : **R-O-R'**(R 및 R'는 알칼리를 의미)
- 구조식 :

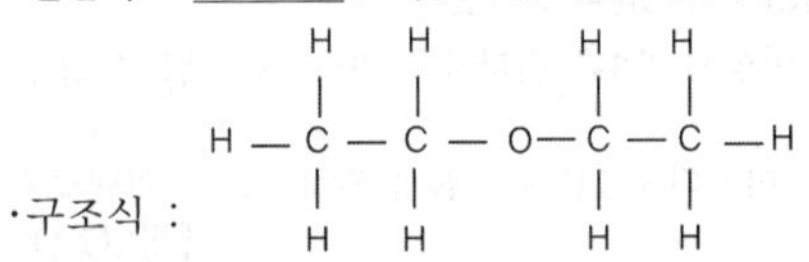

※케톤 : 두 개의 알킬기(혹은 아릴기)가 결합된 카보닐기를 갖는 유기화합물이다. R-CO-R'의 일반식으로 표현한다. 아세톤(CH_3COCH_3)이 대표적이다. 【정답】 ①

53. 위험물안전관리상 지하탱크저장소 탱크전용실의 안쪽과 지하저장탱크와의 사이는 몇 m 이상의 간격을 유지하여야 하는가?

① 0.1 ② 0.2

③ 0.3 ④ 0.5

|문|제|풀|이|

[지하탱크저장소] 탱크전용실은 지하의 가장 가까운 벽 · 피트 · 가스관 등의 시설물 및 대지경계선으로부터 0.1m 이상 떨어진 곳에 설치하고, 지하저장탱크와 **탱크전용실의 안쪽과의 사이는 0.1m 이상의 간격을 유지**하도록 하며, 당해 탱크의 주위에 마른 모래 또는 습기 등에 의하여 응고되지 아니하는 입자지름 5mm 이하의 마른 자갈분을 채워야 한다. 【정답】 ①

54. 다음 ( ) 안에 들어갈 수치를 순서대로 바르게 나열한 것은? (단, 제4류 위험물에 적응성을 갖기 위한 살수밀도기준을 적용하는 경우를 제외한다.)

> 위험물제조소등에 설치하는 폐쇄형 헤드의 스프링클러설비는 30개의 헤드를 동시에 사용할 경우 각 선단의 방사 압력이 ( )kPa 이상이고 방수량이 1분당 ( )L 이상이어야 한다.

① 100, 80 ② 120, 80

③ 100, 100 ④ 120, 100

|문|제|풀|이|

[스프링클러설비의 주요 특성]

헤드 1개의 방수량	80*L*/min 이상
비상전원	45분 이상 작동할 것
헤드 1개의 방수압력	100kPa 이상
제어밸브의 높이	바닥으로부터 0.8m 이상 1.5m 이하
개방조작에 필요한 힘	15kg

【정답】 ①

55. 위험물안전관리법령상 제조소등의 위치 · 구조 또는 설비 가운데 행정안전부령이 정하는 사항을 변경허가를 받지 아니하고 제조소등의 위치 · 구조 또는 설비를 변경한 때 1차 행정처분기준으로 옳은 것은?

① 사용정지 15일

② 경고 또는 사용정지 15일

③ 사용정지 30일

④ 경고 또는 업무정지 30일

|문|제|풀|이|

[행정처분] 변경허가를 받지 아니하고 제조소 등의 위치 · 구조 또는 설비를 변경한 때

→ [행정처분] 1차 : 경고 또는 사용정지 15일

2차 : 사용정지 60일

3차 : 허가 취소 【정답】 ①

56. 위험물안전관리법령상 제조소등의 관계인이 정기적으로 점검하여야 할 대상이 아닌 것은?

① 지정수량의 10배 이상의 위험물을 취급하는 제조소

② 지하탱크저장소

③ 이동탱크저장소

④ 지정수량의 100배 이상의 위험물은 저장하는 옥외탱크저장소

|문|제|풀|이|

[정기점검의 대상인 제조소 등]

1. 지정수량의 10배 이상의 위험물을 취급하는 제조소
2. 지정수량의 100배 이상의 위험물을 저장하는 옥외저장소
3. 지정수량의 150배 이상의 위험물을 저장하는 옥내저장소
4. **지정수량의 200배 이상**의 위험물을 저장하는 **옥외탱크저장소**
5. 암반탱크저장소
6. 이송취급소
7. 지정수량의 10배 이상의 위험물을 취급하는 일반취급소
8. 지하탱크저장소
9. 이동탱크저장소
10. 위험물을 취급하는 탱크로서 지하에 매설된 탱크가 있는 제조소 · 주유취급소 또는 일반취급소 【정답】 ④

57. 위험물안전관리법령상 위험물제조소의 옥외에 있는 하나의 액체위험물 취급탱크 주위에 설치하는 방유제의 용량은 해당 탱크용량의 몇 % 이상으로 하여야 하는가?

① 50%　　② 60%

③ 100%　　④ 110%

|문|제|풀|이|

[위험물제조소의 옥외에 있는 위험물취급탱크의 방유제 설치]

1. 하나의 취급탱크 주위에 설치하는 방유제의 용량은 당해 탱크용량의 **50% 이상** → 탱크용량×0.5
2. 2 이상의 취급탱크 주위에 방유제를 설치하는 경우 그 방유제의 용량은 당해 탱크 중 용량이 최대인 것의 50%에 나머지 탱크용량 합계의 10%를 가산한 양 이상이 되게 할 것
   → (최대탱크용량×0.5)+(나머지탱크용량 합계×0.1)

【정답】 ①

58. 위험물안전관리법령상 위험물의 탱크 내용적 및 공간용적에 관한 기준으로 틀린 것은?

① 위험물을 저장 또는 취급하는 탱크의 용량은 해당 탱크의 내용적에서 공간용적을 뺀 용적으로 한다.

② 탱크의 공간용적은 탱크의 내용적의 100분의 5 이상 100분의 10 이하의 용적으로 한다.

③ 소화설비(소화약제 방출구를 탱크안의 윗부분에 설치하는 것에 한한다)를 설치하는 탱크의 공간용적은 해당 소화설비의 소화약제방출구 아래의 0.3m 이상 1m 미만 사이의 면으로부터 윗부분의 용적으로 한다.

④ 암반탱크에 있어서는 해당 탱크 내에 용출하는 30일 간의 지하수의 양에 상당하는 용적과 해당 탱크의 내용적의 100분의 1의 용적 중에서 보다 큰 용적을 공간용적으로 한다.

|문|제|풀|이|

[탱크의 공간용적]

1. 탱크의 공간용적은 탱크의 내용적의 $\frac{5}{100}$ 이상, $\frac{10}{100}$ 이하의 용적으로 한다.
   → 다만, 소화설비를 설치하는 탱크의 공간용적은 당해 소화설비의 소화약제방출구 아래의 0.3m 이상 1m 미만 사이의 면으로부터 윗부분의 용적으로 한다.

② 암반탱크에 있어서는 **용출하는 7일간의 지하수의 양**에 상당하는 용적과 당해 탱크 내용적의 $\frac{1}{100}$ 의 용적 중에서 보다 큰 용적을 공간용적으로 한다.

【정답】 ④

59. 위험물안전관리법령상 이송취급소에 설치하는 경보설비의 기준에 따라 이송기지에 설치하여야 하는 경보설비로만 이루어진 것은?

① 확성장치, 비상벨장치

② 비상방송설비, 비상경보설비

③ 확성장치, 비상방송설비

④ 비상방송설비, 자동화재탐지설비

|문|제|풀|이|

[이송취급소의 경보설비

1. 이송기지에는 **비상벨장치 및 확성장치**를 설치할 것
2. 가연성증기를 발생하는 위험물을 취급하는 펌프실 등에는 가연성증기 경보설비를 설치할 것

【정답】 ①

60. 위험물안전관리법령상 위험등급의 종류가 나머지 셋과 다른 하나는?

① 제1류 위험물 중 중크롬산염류

② 제2류 위험물 중 인화성고체

③ 제3류 위험물 중 금속의 인화물

④ 저4류 위험물 중 알코올류

|문|제|풀|이|

[위험물의 위험등급]

① 제1류 위험물 중 중크롬산염류 → 위험등급 Ⅲ
② 제2류 위험물 중 인화성고체 → 위험등급 Ⅲ
③ 제3류 위험물 중 금속의 인화물 → 위험등급 Ⅲ
④ 저4류 위험물 중 알코올류→ 위험등급 Ⅱ

【정답】 ④

2016_3 위험물기능사 필기

01. 다음과 같은 반응에서 $5m^3$의 탄산가스를 만들기 위해 필요한 탄산수소나트륨의 양은 약 몇 ㎏인가? (단, 표준상태이고, 나트륨의 원자량은 23이다.)

$$2NaHCO_3 \rightarrow Na_2CO_3 + CO_2 + H_2O$$

① 18.75 ② 37.5
③ 56.25 ④ 75

|문|제|풀|이|

[이상기체상태방정식] 이상기체의 상태를 나타내는 양들, 즉 압력 P, 부피 V, 온도 T 간의 상관관계를 기술하는 방정식

$PV = \frac{W}{M}RT \rightarrow W = \frac{PVM}{RT}$

여기서, P : 기체의 압력(kg/m^2), V : 기체의 체적(m^3)
M : 분자량, W : 무게, R : 기체정수
T : 절대온도(k) → (T=273+℃)

[탄산수소나트륨의 양]
탄산수소나트륨의 분해에서 이산화탄소의 생성은 2:1 반응이므로 이상기체상태방정식을 통해 이산화탄소의 양(kg)을 구하고 2의 배수를 취한다.

$\therefore W = \frac{PVM}{RT} \times 2 = \frac{1 \times 5 \times 84}{0.082 \times (0+273)} \times 2 = 37.52$

＊표준상태 : 0℃, 1기압(atm), $NaHCO_3$ 분자량 : 84kg/kmol
R : 0.082atm · m^3/kmol · K 【정답】 ②

02. 연소에 대한 설명으로 옳지 않은 것은?

① 산화되기 쉬운 것일수록 타기 쉽다.
② 산소와의 접촉 면적이 큰 것일수록 타기 쉽다.
③ 충분한 산소가 있어야 타기 쉽다.
④ 열전도율이 큰 것일수록 타기 쉽다.

|문|제|풀|이|

[가연물의 조건]
·산소와의 친화력이 클 것
·발열량이 클 것
·**열전도율(열을 전달하는 정도)이 적을 것**
→ (기체 〉 액체 〉 고체)
·표면적이 넓을 것 (공기와의 접촉면이 크다)
→ (기체 〉 액체 〉 고체)
·활성에너지(화학반응을 이루는데 필요한 에너지)가 작을 것
·연쇄반응을 일으킬 수 있을 것 【정답】 ④

03. 위험물의 자연발화를 방지하는 방법으로 가장 거리가 먼 것은?

① 통풍을 잘 시킬 것
② 저장실의 온도를 낮출 것
③ 습도가 높은 곳에서 저장할 것
④ 정촉매 작용을 하는 물질과의 접촉을 피할 것

|문|제|풀|이|

[자연발화의 방지법]
1. **습도를 낮게 유지**한다.
2. 저장실의 온도를 낮출 것
3. 통풍을 잘 시킬 것
4. 퇴적 및 수납할 때에 열이 쌓이지 않게 할 것 (열의 축적을 방지한다.)
5. 정촉매 작용을 하는 물질을 피한다.

＊습도가 높으면 한 곳에 열이 축적되어 자연발화가 잘 일어난다.
【정답】 ③

04. 탄화칼슘은 물과 반응 시 위험성이 증가하는 물질이다. 주수소화 시 물과 반응하면 어떤 가스가 발생하는가?

① 수소 ② 메탄
③ 에탄 ④ 아세틸렌

|문|제|풀|이|

[탄화칼슘(CaC_2) → 제3류 위험물(칼슘 또는 알루미늄의 탄화물]
·물과 반응하여 수산화칼슘(소석회)과 아세틸렌가스를 발생한다.
·물과 반응식 : $CaC_2 + 2H_2O \rightarrow Ca(OH)_2 + C_2H_2 \uparrow + 27.8kcal$
(탄화칼슘) (물) (수산화칼슘) (아세틸렌) (반응열)
·소화방법에는 마른모래, 탄산가스, 소화분말, 사염화탄소 등으로 한다. → (주수소화는 금한다.) 【정답】 ④

05. 위험물안전관리법령상 제3류 위험물 중 금수성물질의 제조소에 설치하는 주의사항 게시판의 바탕색과 문자색을 옳게 나타낸 것은?

① 청색바탕에 황색문자

② 황색바탕에 청색문자

③ 청색바탕에 백색문자

④ 백색바탕에 청색문자

|문|제|풀|이|

[위험물 게시판의 주의사항]

위험물의 종류	주의사항(게시판)
· 제1류 위험물 : 알칼리금속의 과산화물과 이를 함유한 것 · 제3류 위험물 중 금수성 물질	**「물기엄금」** **(바탕 : 청색, 문자 : 백색)**
제2류 위험물(인화성고체를 제외한다)	「화기주의」 (바탕 : 적색, 문자 : 백색)
· 제2류 위험물 중 인화성고체 · 제3류 위험물 중 자연발화물질 · 제4류 위험물 · 제5류 위험물	「화기엄금」 (바탕 : 적색, 문자 : 백색)

【정답】 ③

06. 다음 중 제5류 위험물의 화재 시에 가장 적당한 소화방법은?

① 물에 의한 냉각소화

② 질소에 의한 질식소화

③ 사염화탄소에 의한 부촉매소화

④ 이산화탄소에 의한 질식소화

|문|제|풀|이|

[제5류 위험물의 소화방법]

·화재 초기 또는 소형화재 이외에는 소화가 어렵다.

·화재 초기 다량의 **물로 냉각소화 하는 것이 가장 효과적**이다.

→ (자기반응성 물질(물질 자체가 산소 포함)이므로 질식소화는 적당하지 않다.)

·밀폐 공간 내에서 화재가 발생했을 경우 공기호흡기를 착용하고 바람의 위쪽에서 소화 작업을 한다. 【정답】 ①

07. 공기 중의 산소농도를 한계산소량 이하로 낮추어 연소를 중지시키는 소화방법은?

① 냉각소화　　② 제거소화

③ 억제소화　　④ 질식소화

|문|제|풀|이|

[소화 방법]

냉각소화	물을 주수하여 연소물로부터 열을 빼앗아 발화점 이하의 온도로 냉각하는 소화
제거소화	가연물을 연소구역에서 제거해 주는 소화 방법
질식소화	가연물이 연소할 때 공기 중 산소의 농도가 약 21%를 15% 이하로 떨어뜨려 **산소공급을 차단**하여 연소를 중단시키는 방법 · 대표적인 소화약제 : CO_2, 마른 모래 · 유류화재(제4루 위험물)에 효과적이다.
억제소화 (부촉매 효과)	연속적 관계(가연물, 산소공급원, 점화원, 연쇄반응)의 차단에 의한 소화법으로 부촉매 효과, 즉 억제소화라 한다.

【정답】 ④

08. 폭굉유도거리(DID)가 짧아지는 경우는?

① 정상 연소속도가 작은 혼합가스일수록 짧아진다.

② 압력이 높을수록 짧아진다.

③ 관지름이 넓을수록 짧아진다.

④ 점화원 에너지가 약할수록 짧아진다.

|문|제|풀|이|

[폭굉 유도거리(DID)가 짧아지는 요건]

·정상의 연소속도가 큰 혼합가스일 경우.

·관경이 가늘수록

·압력이 높을수록

·점화원에 에너지가 강할수록 짧다.

·관속에 방해물이 있을 경우 【정답】 ②

09. 연소의 3요소인 산소의 공급원이 될 수 없는 것은?

① H_2O_2　　② KNO_3

③ HNO_3　　④ CO_2

|문|제|풀|이|

[연소의 3요소]

1. 가연물 : 산소와 반응하여 발열하는 물질, 목재, 종이 등
2. 산소공급원 : 산소, 공기, 산화제(제1류 위험물(산화성 액체), 제6류 위험물(산화성 고체), 자기반응성 물질(제5류 위험물).
3. 점화원 : 화기는 물론, 전기불꽃, 정전기불꽃, 충격에 의한 불꽃, 마찰에 의한 불꽃(마찰열), 단열 압축열, 나화 및 고온 표면 등

※① H_2O_2(과산화수소) → 제6류 위험물

② KNO_3(질산칼륨) → 제1류 위험물

③ HNO_3(질산) → 제6류 위험물 【정답】 ④

10. 인화칼슘이 물과 반응하였을 때 발생하는 가스는?

① 수소 ② 포스겐
③ 포스핀 ④ 아세틸렌

|문|제|풀|이|

[인화칼슘(Ca_3P_2) → 제3류 위험물(금수성 물질)]
- 융점 1600℃, 비중 2.51
- 적갈색 괴상의 고체 → (인화칼슘이라고 한다.)
- 수중 조명등으로 사용한다.
- 물, 약산과 반응하여 유독한 인화수소(포스핀가스(PH_3)) 발생
- 물과 반응식 : $Ca_3P_2 + 6H_2O \rightarrow 2PH_3\uparrow + 3Ca(OH)_2$
  (인화칼슘) (물) (포스핀) (수산화칼슘)
- 소화방법에는 마른모래 등으로 피복하여 자연 진화를 기다린다.
  → (물 및 포약제의 소화는 금한다.) 【정답】 ③

11. 수성막포소화약제에 사용되는 계면활성제는?

① 염화단백포 계면활성제
② 산소계 계면활성제
③ 황산계 계면활성제
④ 불소계 계면활성제

|문|제|풀|이|

[수성막포소화약제]
- **불소계 계면활성제**를 바탕으로 한다.
- 보존성 및 내약품성이 우수하다.
- 성능은 단백포소화약제에 비해 300% 효과가 있다.
- 수성막이 장기간 지속되므로 재 착화 방지에 효과적이다.
- 내약품성이 좋아 다른 소화약제와 겸용이 가능하다.
- 대형화재 또는 고온화재 표면 막 생성이 곤란한 단점이 있다.

【정답】 ④

12. Halon 1001의 화학식에서 수소 원자의 수는?

① 0 ② 1
③ 2 ④ 3

|문|제|풀|이|

[Halon 1 0 0 1] → CH_3Br
- 브롬(Br) 1개 → Br
- 염소(Cl) 0개 →
- 불소(F) 0개 →
- 탄소(C) 1개 → C

【정답】 ④

13. 질소와 아르곤과 이산화탄소의 용량비가 52대 40대 8인 혼합물 소화약제에 해당하는 것은?

① IG-541 ② HCFC-BLEND A
③ HFC-125 ④ HFC-23

|문|제|풀|이|

[불활성기체 소화약제의 종류 및 화학식]

종류	화학식
IG-01	Ar : 100%
IG-55	N_2 : 50%, Ar : 50%
IG-100	N_2 : 100%
IG-541	**N_2 : 52%, Ar : 40%, CO_2 : 8%**

【정답】 ①

14. 이산화탄소 소화약제에 관한 설명 중 틀린 것은?

① 소화약제에 의한 오손이 없다.
② 소화약제 중 증발잠열이 가장 크다.
③ 전기절연성이 있다.
④ 장기간 저장이 가능하다.

|문|제|풀|이|

[증발잠열] 온도 변화 없이 1g의 액체를 증기로 변화시키는데 필요한 열량
1. 물의 증발잠열 : 539cal/g
2. 이산화탄소의 증발잠열 : 137.8cal/g(576kJ/kg)
3. 할론1301의 증발잠열 : 28.4cal/g(119kJ/kg)

*물의 증발잠열이 가장 크다. 【정답】 ②

15. 다음 중 강화액소화약제의 주된 소화원리에 해당하는 것은?

① 냉각소화 ② 절연소화
③ 제거소화 ④ 발포소화

|문|제|풀|이|

[강화액소화약제]
- 물의 소화능력을 향상 시키고, 겨울철에 사용할 수 있도록 어는점을 낮추기 위해 물에 탄산칼륨(K_2CO_3)을 보강시켜 만든 소화약제로 **냉각소화 원리**에 해당한다.
- 알칼리성(pH12)으로 응고점이 낮아 잘 얼지 않는다.
- 물보다 1.4배 무겁고, 한랭지역에 많이 쓰인다. 【정답】 ①

16. 위험물안전관리법령상 알칼리금속 과산화물에 적응성이 있는 소화설비는?

① 할로겐화합물소화설비

② 탄산수소염류분말소화설비

③ 물분무소화설비

④ 스프링클러설비

|문|제|풀|이|

[위험물의 성질에 따른 소화설비의 적응성]

소화설비의 구분 \ 대상			제1류 위험물: 알칼리금속과산화물 등	제1류 위험물: 그 밖의 것
옥내소화전 또는 옥외소화전설비				○
스프링클러설비				○
물분무등 소화설비	물분무소화설비			○
	포소화설비			○
	불활성가스소화설비			
	할로겐화합물소화설비			
	분말소화설비	인산염류등		○
		탄산수소염류등	○	
		그 밖의 것	○	
대형 소형수동식소화기	봉상수(棒狀水)소화기			○
	무상수(霧狀水)소화기			○
	봉상강화액소화기			○
	무상강화액소화기			○
	포소화기			○
	이산화탄소소화기			
	할로겐화합물소화기			
	분말소화기	인산염류소화기		○
		탄산수소염류소화기	○	
		그 밖의 것	○	

【정답】 ②

17. 다음 중 탄산칼륨을 물에 용해시킨 강화액소화약제의 pH에 가장 가까운 값은?

① 1　　② 4

③ 7　　④ 12

|문|제|풀|이|

[강화액소화약제]

- 물의 소화능력을 향상 시키고, 겨울철에 사용할 수 있도록 어는점을 낮추기 위해 물에 탄산칼륨(K_2CO_3)을 보강시켜 만든 소화약제로 냉각소화 원리에 해당한다.
- 알칼리성(**pH12**)으로 응고점이 낮아 잘 얼지 않는다.
- 물보다 1.4배 무겁고, 한랭지역에 많이 쓰인다. 【정답】 ④

18. 위험물안전관리법령상 제4류 위험물에 적응성이 있는 소화기가 아닌 것은?

① 이산화탄소소화기

② 봉상강화액소화기

③ 포소화기

④ 인산염류분말소화기

|문|제|풀|이|

[위험물의 성질에 따른 소화설비의 적응성]

소화설비의 구분 \ 대상			제4류 위험물
옥내소화전 또는 옥외소화전설비			
스프링클러설비			△
물분무등 소화설비	물분무소화설비		○
	포소화설비		○
	불활성가스소화설비		○
	할로겐화합물소화설비		○
	분말소화설비	인산염류등	○
		탄산수소염류등	○
		그 밖의 것	
대형 소형수동식소화기	**봉상수(棒狀水)소화기**		
	무상수(霧狀水)소화기		
	봉상강화액소화기		
	무상강화액소화기		○
	포소화기		○
	이산화탄소소화기		○
	할로겐화합물소화기		○
	분말소화기	인산염류소화기	○
		탄산수소염류소화기	○
		그 밖의 것	

【정답】 ②

19. 불활성기체소화약제의 기본 성분이 아닌 것은?

① 헬륨 ② 질소

③ 불소 ④ 아르곤

|문|제|풀|이|

[불활성기체소화약제] He(**헬륨**), Ne(**네온**), Ar(**아르곤**), N_2(**질소**) 중 하나 이상의 원소를 기본 성분으로 한다. 질식, 냉각효과로 소화한다. 【정답】 ③

20. 위험물안전관리법령에서는 특수인화물을 1기압에서 발화점이 100℃ 이하인 것 또는 인화점은 얼마 이하이고 비점이 40℃ 이하인 것으로 정의하는가?

① -10℃ ② -20℃

③ -30℃ ④ -40℃

|문|제|풀|이|

[제4류 위험물(특수인화물)]

1. 정의 : 1기압에서 액체로 되는 것으로서 **인화점이 -20℃ 이하**, 비점이 40℃ 이하이거나 착화점이 100℃ 이하인 것을 말한다.
2. 특성
   ㉠ 비점이 낮다.
   ㉡ 인화점이 낮다.
   ㉢ 연소 하한 값이 낮다.
   ㉣ 증기압이 높다. 【정답】 ②

21. 물과 친화력이 있는 수용성 용매의 화재에 보통의 포소화약제를 사용하면 포가 파괴되기 때문에 소화 효과를 잃게 된다. 이와 같은 단점을 보완한 소화약제로 가연성인 수용성 용매의 화재에 유효한 효과를 가지고 있는 것은?

① 알코올형포소화약제

② 단백포소화약제

③ 합성계면활성제포소화약제

④ 수성막포소화약제

|문|제|풀|이|

[포소화약제의 종류 및 성상(기계포소화약제)]

종류	성상
단백포	·유류화재의 소화용으로 개발 ·포의 유동성이 작아서 소화속도가 늦은 반면 안정성이 커서 제연방지에 효과적이다.
불화 단백포	·단백포에 불소계 계면활성제를 소량 첨가한 것 ·단백포의 단점인 유동성과 열안정성을 보완한 것 ·착화율이 낮고 가격이 비싸다.
합성계면 활성제포	·팽창범위가 넓어 고체 및 기체 연료 등 사용범위가 넓다. ·유동성이 좋은 반면 내유성이 약하다. ·포가 빨리 소멸되는 것이 단점이다. ·고압가스, 액화가스, 위험물저장소에 적용된다.
수성막포	·보존성 및 내약품성이 우수하다. ·성능은 단백포소화약제에 비해 300% 효과가 있다. ·수성막이 장기간 지속되므로 재 착화 방지에 효과적이다. ·내약품성이 좋아 다른 소화약제와 겸용이 가능하다. ·대형화재 또는 고온화재 표면 막 생성이 곤란한 단점이
알코올포	·**수용성 액체 위험물의 소화에 효과적**이다. ·알코올, 에스테르류 같이 수용성인 용제에 적합하다.

【정답】 ①

22. 알루미늄분의 성질에 대한 설명으로 옳은 것은?

① 금속 중에서 연소열량이 가장 작다.

② 끓는 물과 반응해서 수소를 발생한다.

③ 수산화나트륨 수용액과 반응해서 산소를 발생한다.

④ 안전한 저장을 위해 할로겐 원소와 혼합한다.

|문|제|풀|이|

[알루미늄분(Al) → 제2류 위험물(금속분)]

·은백색의 광택을 띤 경금속
·열전도율 및 전기전도도가 크며, 진성·연성이 풍부하다.
·염산, 황산, 묽은 질산에 침식당하기 쉬우며, 진한 질산에는 부동태가 된다.
·**할로겐 원소(F, Cl, Br, I)와 접촉하면 자연발화의 위험**이 있다.
·끓는 물, 산, 알칼리수용액에 녹아 수소를 발생한다.
·**수증기와의 반응식** : $2Al + 6H_2O \rightarrow 2Al(OH)_3 + 3H_2 \uparrow$
(알루미늄) (물) (수산화알루미늄) (수소)
·염산의 반응식 : $2Al + 6HCl \rightarrow 2AlCl_3 + 3H_2 \uparrow$
(알루미늄) (염산) (염화알루미늄) (수소)
·습기와 수분에 의해 자연발화하기도 한다.
·산화제와의 혼합물은 가열, 충격, 마찰로 인해 발화할 수 있다.
·유리병(밀폐용기)에 넣어 건조한 곳에 저장하고, 분진 폭발할 위험이 있으므로 화기에 주의해야 한다.
·소화방법으로는 마른모래, 명석 등으로 피복소화가 효과적이다.
→ (주수소화는 수소가스를 발생하므로 위험하다.)

【정답】 ②

23. 트리니트로톨루엔의 작용기에 해당하는 것은?

① $-NO$　　② $-NO_2$

③ $-NO_3$　　④ $-NO_4$

|문|제|풀|이|

[트리니트로톨루엔[T.N.T, $C_6H_2CH_3(NO_2)_3$]

구조식	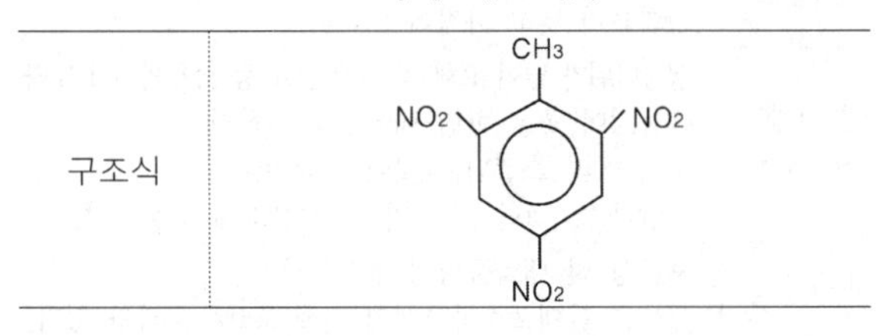

※[작용기] 분자 내에서 비슷한 성질을 띠는 원자 그룹들을 묶어서 분류해 놓은 것이다. 【정답】 ②

24. 위험물의 성질에 대한 설명 중 틀린 것은?

① 황린은 공기 중에서 산화할 수 있다.

② 적린은 $KClO_3$와 혼합하면 위험하다.

③ 황은 물에 매우 잘 녹는다.

④ 황화인은 가연성 고체이다.

|문|제|풀|이|

[유황(황)(S) → 제2류 위험물]

- 황색의 결정 또는 분말로 **물에 잘 녹지 않는다**.
- 전기절연재료로 사용되며, 사방정계, 단사정계, 비정계 등 3종류가 있다.
- 순도 60wt% 이상의 것이 위험물이다.
- 공기 중에서 푸른색 불꽃을 내며 타서 이산화황을 생성한다.
- 연소 반응식(100℃) : $S + O_2 \rightarrow SO_2 \uparrow$

(황) (산소) (이산화황(아황산가스))

【정답】 ③

25. 피리딘의 일반적인 성질에 대한 설명 중 틀린 것은?

① 순수한 것은 무색 액체이다.

② 약알칼리성을 나타낸다.

③ 물보다 가볍고, 증기는 공기보다 무겁다.

④ 흡습성이 없고, 비수용성이다.

|문|제|풀|이|

[피리딘(C_5H_5N, 아딘) → 제4류 위험물(제1석유류)]

- 지정수량(수용성) 400L, 인화점 20℃, 착화점 482℃, 비중 0.98, 비점 115℃, 연소범위 1.8~12.4%
- 무색투명(순수한 것) 또는 담황색(불순물 포함)의 약 알칼리성 액체
- **물, 알코올, 에테르에 잘 녹는다**.
- 악취와 독성을 가진다.
- 공기보다 무겁고 증기폭발의 가능성이 있다. 【정답】 ④

26. 니트로글리세린에 대한 설명으로 옳은 것은?

① 물에 매우 잘 녹는다.

② 공기 중에서 점화하면 연소하나 폭발의 위험은 없다.

③ 충격에 대하여 민감하여 폭발을 일으키기 쉽다.

④ 제5류 위험물의 니트로화합물에 속한다.

|문|제|풀|이|

[니트로글리세린[$C_3H_5(ONO_2)_3$] → 제5류 위험물 중 질산에스테르류]

- 라빌형의 융점 2.8℃, 스타빌형의 융점 13.5℃, 비점 160℃, 비중 1.6, 증기비중 7.84
- 상온에서 무색, 투명한 기름 형태의 액체 → (겨울철에는 동결)
- **비수용성**이며 메탄올, 에테르에 잘 녹는다.
- 가열, 마찰, 충격에 민감하여 폭발하기 쉽다.
- 규조토에 흡수시켜 다이너마이트를 제조한다. 【정답】 ③

27. 질산과 과염소산의 공통성질이 아닌 것은?

① 가연성이며 강산화제이다.

② 비중이 1보다 크다.

③ 가연물과 혼합으로 발화의 위험이 있다.

④ 물과 접촉하면 발열한다.

|문|제|풀|이|

[위험물의 성질]

1. 질산(HNO_3) → 제6류 위험물(산화성 액체)
   - 융점 -42℃, 비점 86℃, **비중 1.49**, 증기비중 2.17, 용해열 7.8kcal/mol
   - 무색의 무거운 **불연성 액체** → (보관 중 담황색으로 변한다.)
   - 흡습성이 강하여 습한 공기 중에서 발열한다.
   - 자극성, 부식성이 강한 **강산**이다.
   - 소량 화재 시 다량의 물로 희석 소화한다.
2. 과염소산($HClO_4$) → 제6류 위험물(산화성 액체)
   - 융점 -112℃, 비점 39℃, **비중 1.76**, 증기비중 3.46
   - 무색의 염소 냄새가 나는 **불연성 액체**로 공기 중에서 강하게 연기를 낸다.
   - 흡습성이 강하며 휘발성이 있고 독성이 강하다.
   - 수용성으로 물과 접촉 시 심한 열이 발생하며 과염소산의 고체 수화물(6종류)을 만든다.
   - **강산**으로 산화력이 강하고 종이, 나무조각 등 유기물과 접촉하면 연소와 동시 폭발한다. 【정답】 ①

28. 다음 물질 중 과염소산칼륨과 혼합하였을 때 발화폭발의 위험이 가장 높은 것은?

① 석면　② 금

③ 유리　④ 목탄

|문|제|풀|이|

[과염소산칼륨($KClO_3$) : 제1류 위험물]

- 분해온도 400℃, 융점 610℃, 용해도 1.8(20℃), 비중 2.52
- 무색무취의 사방정계 결정
- 물, 알코올, 에테르에 잘 녹지 않는다.
- 진한 황산과 접촉하면 폭발한다.
- **인, 황, 탄소(목탄), 유기물 등과 혼합되었을 때 가열, 충격, 마찰에 의하여 폭발**
- 소화방법으로는 주수소화가 가장 좋다.
- 분해 반응식 : $KClO_4 \rightarrow KCl + 2O_2 \uparrow$

(과염소산칼륨) (염화칼륨) (산소)

【정답】 ④

29. 메틸리튬과 물의 반응 생성물로 옳은 것은?

① 메탄, 수소화리튬

② 메탄, 수산화리튬

③ 에탄, 수소화리튬

④ 에탄, 수산화리튬

|문|제|풀|이|

[알킬리튬(RLi), 제3류 위험물] 종류로는 메틸리튬, 에틸리튬, 부틸리튬 등이 있다.

[물과 반응식]

① $2CH_3Li + H_2O \rightarrow LiOH + CH_4 \uparrow$

(메틸리튬) (물) (수산화리튬) (메탄)

② $C_2H_5Li + H_2O \rightarrow LiOH + C_2H_6 \uparrow$

(에틸리튬) (물) (수산화리튬) (에탄)

③ $C_4H_9Li + H_2O \rightarrow LiOH + C_4H_{10} \uparrow$

(부틸리튬) (물) (수산화리튬) (에탄)

【정답】 ②

30. 다음 위험물 중 물보다 가벼운 것은?

① 메틸에틸케톤　② 니트로벤젠

③ 에틸렌글리콜　④ 글리세린

|문|제|풀|이|

[위험물의 성상]

① 메틸에틸케톤($CH_3COC_2H_5$, MEK) → 제4류 위험물(제1석유류)]

지정수량(비수용성) 200L, 인화점 -1℃, 착화점 516℃, 비점 80℃, **비중 0.81**, 증기비중 2.48, 연소범위 1.8~11.5%

② 니트로벤젠($C_6H_5NO_2$, 니트로벤졸)

지정수량(비수용성) 2000L, 인화점 88℃, 착화점 482℃, 비점 211℃, **비중 1.2**, 증기비중 1.59

③ 에틸렌글리콜($C_2H_4(OH)_2$) → 제4위험물(제3석유류)]

지정수량(수용성) 4000L, 인화점 111℃, 착화점 413℃, 비점 197℃, **비중 1.113**, 증기비중 2.14, 융점 -12℃

④ 글리세린($C_6H_5(OH)_3$) → 제4류 위험물(제3석유류)]

지정수량(수용성) 4000L, 인화점 160℃, 착화점 393℃, 비점 290℃, **비중 1.26**, 증기비중 3.17, 융점 17℃

【정답】 ①

31. 제4류 위험물의 일반적 성질에 대한 설명으로 틀린 것은?

① 대부분 유기화합물이다.

② 액체 상태이다.

③ 대부분 물보다 가볍다.

④ 대부분 물에 녹기 쉽다.

|문|제|풀|이|

[제4류 위험물(인화성 액체)의 일반적 성질]

1. 인화되기 매우 쉬운 액체이다.
2. 착화온도가 낮은 것은 위험하다.
3. **물보다 가볍고 물에 녹기 어렵다.**

→ (이황화탄소는 물보다 무겁고, 알코올은 물에 잘 녹는다.)

4. 증기는 공기보다 무거운 것이 대부분이다.

→ (전기콘센트를 1.5m 이상 높이에 설치하는 이유)

5. 공기와 혼합된 증기는 연소의 우려가 있다.

【정답】 ④

32. 과산화나트륨에 대한 설명으로 틀린 것은?

① 알코올에 잘 녹아서 산소와 수소를 발생시킨다.

② 상온에서 물과 격렬하게 반응한다.

③ 비중이 약 2.8이다.

④ 조해성 물질이다.

|문|제|풀|이|

[과산화나트륨(Na_2O_2) → 제1류 위험물(산화성 고체), 무기과산화물]

- 분해온도 460℃, 융점 460℃, 비점 657℃, 비중 2.8
- 순수한 것은 백색의 정방전계 분말, 조해성 물질
- 에틸알코올(에탄올)에는 잘 녹지 않는다.
- 알코올과의 반응식

$2Na_2O_2 + 2C_2H_5OH \rightarrow 2C_2H_5ONaNa + H_2O_2 \uparrow$ + 발열

- 물과 반응하여 수산화나트륨과 산소를 발생한다.
- 물과 반응식 : $2Na_2O_2 + 2H_2O \rightarrow 4NaOH + O_2 \uparrow$ + 발열

(과산화나트륨) (물) (수산화나트륨) (산소)

- 소화방법으로는 마른모래, 분말소화제, 소다회, 석회 등 사용 → (주수소화는 위험)

【정답】 ①

33. 다음 중 제5류 위험물로만 나열되지 않은 것은?

① 과산화벤조일, 질산메틸

② 과산화초산, 디니트로벤젠

③ 과산화요소, 니트로글리콜

④ 아세토니트릴, 트리니트로톨루엔

|문|제|풀|이|

[위험물의 분류]

① · 과산화벤조일 : 제5류 위험물(유기과산화물)
 · 질산메틸 : 제5류 위험물(질산에스테르류)

② · 과산화초산 : 제5류 위험물(유기과산화물)
 · 디니트로벤젠 : 제5류 위험물(니트로소화물)

③ · 과산화요소 : 제5류 위험물(유기과산화물)
 · 니트로글리콜 : 제5류 위험물(질산에스테르류)

④ · **아세토니트릴 : 제4류 위험물(제1석유류)**
 · 트리니트로톨루엔 : 제5류 위험물(니트로화합물)

【정답】 ④

34. 아조화합물 800kg, 히드록실아민 300kg, 유기과산화물 40kg의 총 양은 지정수량의 몇 배에 해당하는가?

① 7배 ② 9배

③ 10배 ④ 11배

|문|제|풀|이|

[지정수량의 계산값(배수)]

$$배수 = \frac{A품명의\ 저장수량}{A품명의\ 지정수량} + \frac{B품명의\ 저장수량}{B품명의\ 지정수량} + \cdots\cdots$$

1. 지정수량
 · 아조 화합물 : 제5류 위험물, 지정수량 200kg
 · 히드록실아민 : 제5류 위험물, 지정수량 100kg
 · 유기과산화물 : 제5류 위험물, 지정수량 10kg

2. 저장수량
 · 아조 화합물 : 800kg
 · 히드록실아민 : 300kg
 · 유기과산화물 : 40kg

$$\therefore 지정수량\ 배수 = \frac{800kg}{200kg} + \frac{300kg}{100kg} + \frac{40kg}{10kg} = 11배$$

【정답】 ④

35. 물과 반응하여 가연성 가스를 발생하지 않는 것은?

① 칼륨 ② 과산화칼륨

③ 탄화알루미늄 ④ 트리에틸알루미늄

|문|제|풀|이|

[위험물의 물과의 반응]

① 칼륨 : $2K + 2H_2O \rightarrow 2KOH + H_2 \uparrow + 92.8kcal$
 (칼륨) (물) (수산화칼륨) (수소) (반응열)

② 과산화칼륨 : $2K_2O_2 + 2H_2O \rightarrow 4KOH + O_2 \uparrow$
 (과산화칼륨) (물) (수산화칼륨) (산소)

③ 탄화알루미늄 : $Al_4C_3 + 12H_2O \rightarrow 4Al(OH)_3 + 3CH_4 \uparrow + 360kcal$
 (탄화알루미늄) (물) (수산화알루미늄) (메탄) (반응열)

④ 트리에틸알루미늄 :
 $(C_2H_5)_3Al + 3H_2O \rightarrow Al(OH)_3 + 3C_2H_6 \uparrow$
 (트리에틸알루미늄) (물) (수산화알루미늄) (에테인)

※1. 가연성가스 : 자기 자신이 타는 가스들이다.
 수소(H_2), 메탄(CH_4), 일산화탄소(CO), 에탄(C_2H_6), 암모니아(NH_3), 부탄(C_4H_{10})

2. 조연성가스 : 자신은 타지 않고 연소를 도와주는 가스
 산소(O_2), 공기, 오존(O_3), 불소(F), 염소(Cl)

3. 불연성가스 : 스스로 연소하지 못하며, 다른 물질을 연소시키는 성질도 갖지 않는 가스, 즉 연소와 무관한 가스
 수증기(H_2O), 질소(N_2), 아르곤(Ar), 이산화탄소(CO_2), 프레온

【정답】 ②

36. 위험물안전관리법령상 제6류 위험물이 아닌 것은?

① 할로겐화합물 ② 과염소산

③ 아염소산 ④ 과산화수소

|문|제|풀|이|

[제6류 위험물(산화성 액체)]

유별	품명	지정수량
제6류 산화성 액체	1. 질산(HNO_3) 2. 과산화수소(H_2O_2) 3. 과염소산($HClO_4$) 4. 그 밖에 행정안전부령이 정하는 것 ① 할로겐간화합물(BrF_3, BrF_5, IF_5, ICI, IBr 등) 5. 1내지 4의 ①에 해당하는 어느 하나 이상을 함유한 것	300kg

【정답】 ③

37. 다음 중 제1류 위험물에 해당되지 않는 것은?

① 염소산칼륨 ② 과염소산암모늄
③ 과산화바륨 ④ 질산구아니딘

|문|제|풀|이|

[위험물의 분류]
① 염소산칼륨($KClO_3$) → 제1류 위험물, 염소산염류
② 과염소산암모늄(NH_4ClO_4) → 제1류 위험물, 과염소산염류
③ 과산화바륨(BaO_2) → 제1류 위험물, 무기과산화물
④ 질산구아니딘[$HNO_3 \cdot C(NH)(NH_2)_2$] → 제5류 위험물

【정답】 ④

38. 다음 중 인화점이 가장 높은 것은?

① 등유 ② 벤젠
③ 아세톤 ④ 아세트알데히드

|문|제|풀|이|

[위험물의 성상]
① 등유 → 제4류 위험물 (제2석유류)]
지정수량(비수용성) 1000L, **인화점 40~70℃**, 착화점 220℃, 비중 0.79~0.85(증기비중 4.5), 연소범위 1.1~6.0%
② 벤젠(C_6H_6, 벤졸) → 제4류 위험물 (제1석유류)]
분자량 78, 지정수량(비수용성) 200L, **인화점 -11℃**, 착화점 562℃, 비점 80℃, 비중 0.879, 연소범위 1.4~7.1%
③ 아세톤(CH_3COCH_3) → 제4류 위험물(제1석유류)]
지정수량(수용성) 400L, **인화점 -18℃**, 착화점 538℃, 비점 56.5℃, 비중 0.79, 연소범위 2.6~12.8%
④ 아세트알데히드(CH_3CHO → 제4류 위험물(특수인화물)]
인화점 -38℃, 착화점 185℃, 비점 21℃, 비중 0.78, 연소범위 4.1~57%

【정답】 ①

39. 제4류 위험물인 클로로벤젠의 지정수량으로 옳은 것은?

① 200L ② 400L
③ 1000L ④ 2000L

|문|제|풀|이|

[클로로벤젠(C_6H_5Cl) → 제4류 위험물(인화성 액체),제2석유류]
- **지정수량(비수용성) 1000L**, 인화점 32℃, 착화점 593℃, 비점 132℃, 비중 1.11, 연소범위 1.3~7.1%
- 무색의 액체로 물보다 무겁다.
- 증기는 공기보다 무겁고 마취성이 있다.
- 물에 녹지 않으며 알코올 등 유기용제에는 녹는다.
- DDT의 원료로 사용된다.
- 연소를 하면 염화수소가스를 발생한다.
- 연소반응식 : $2C_6HCl + 14O_2 \rightarrow 6CO_2\uparrow + 2H_2O + HCl\uparrow$
(클로로벤젠) (산소) (이산화탄소) (물) (염화수소)

【정답】 ③

40. 다음 위험물 중 지정수량이 나머지 셋과 다른 하나는?

① 마그네슘 ② 금속분
③ 철분 ④ 유황

|문|제|풀|이|

[위험물의 지정수량]
① 마그네슘(Mg) → 제2류 위험물, 지정수량 500kg
② 금속분 → 제2류 위험물, 지정수량 500kg
③ 철분(Fe) → 제2류 위험물, 지정수량 500kg
④ 유황(황)(S) → 제2류 위험물, 지정수량 100kg

【정답】 ④

41. 아염소산나트륨의 저장 및 취급 시 주의사항으로 가장 거리가 먼 것은?

① 물속에 넣어 냉암소에 저장한다.
② 강산류와의 접촉을 피한다.
③ 취급 시 충격, 마찰을 피한다.
④ 가연성 물질과 접촉을 피한다.

|문|제|풀|이|

[아염소산나트륨($NaClO_2$) → 제1류 위험물(아염소산염류)]
- 무색의 결정성 분말로 **물에 잘 녹는다**.
- 수용액은 산성인 상태에서 분해하여 이산화염소를 생성하는데, 이 때문에 표백작용이 있다.
- 펄프, 섬유제품(특히 합성섬유), 식품의 표백, 수돗물의 살균에 사용된다.
- **온도가 낮고 어두운 장소에 보관**해야 한다.
- 산을 가할 경우 유독가스(이산화염소, ClO_2)가 발생한다.

【정답】 ①

42. 위험물안전관리법령상 연면적이 450m^2인 저장소의 건축물 외벽이 내화구조가 아닌 경우 이 저장소의 소화기 소요단위는?

① 3 ② 4.5
③ 6 ④ 9

|문|제|풀|이|

[소요단위(제조소, 취급소, 저장소)] 소요단위= $\frac{연면적(m^2)}{기준면적(m^2)}$

[1소요단위] 소화설비의 설치대상이 되는 건축물 그 밖의 공작물의 규모 또는 위험물의 양의 기준단위

종류	내화구조	비내화구조
위험물 제조소 및 취급소	100m^2	50m^2
위험물 저장소	150m^2	75m^2
위험물	지정수량×10	

$\therefore$ 소요단위= $\frac{연면적}{기준면적} = \frac{450m^2}{75m^2} = 6$단위

※[소요단위(위험물)] 소요단위= $\frac{저장수량}{1소요단위} = \frac{저장수량}{지정수량 \times 10}$

【정답】 ③

43. 위험물안전관리법령상 주유취급소에 설치·운영할 수 없는 건축물 또는 시설은?

① 주유취급소를 출입하는 사람을 대상으로 하는 그림전시장
② 주유취급소를 출입하는 사람을 대상으로 하는 일반음식점
③ 주유원 주거시설
④ 주유취급소를 출입하는 사람을 대상으로 하는 휴게음식점

|문|제|풀|이|

[주유취급소 건축물 등의 제한 등] 다음 각목의 건축물 또는 시설 외에는 다른 건축물 그 밖의 공작물을 설치할 수 없다.

1. 주유 또는 등유·경유를 옮겨 담기 위한 작업장
2. 주유취급소의 업무를 행하기 위한 사무소
3. 자동차 등의 점검 및 간이정비를 위한 작업장
4. 자동차 등의 세정을 위한 작업장
5. 주유취급소에 출입하는 사람을 대상으로 한 **점포·휴게음식점 또는 전시장**
6. 주유취급소의 관계자가 거주하는 **주거시설**
7. 전기자동차용 충전설비

【정답】 ②

44. 위험물안전관리법령상 옥외저장소 중 덩어리상태의 유황만을 지반면에 설치한 경계표시의 안쪽에서 저장 또는 취급할 때 경계표시의 높이는 몇 m 이하로 하여야 하는가?

① 1 ② 1.5
③ 2 ④ 2.5

|문|제|풀|이|

[덩어리 유황을 저장 또는 취급하는 것]

1. 하나의 경계표시의 내부의 면적은 100m^2 이하일 것
2. 2 이상의 경계표시를 설치하는 경우에 있어서는 각각의 경계표시 내부의 면적을 합산한 면적은 1,000m^2 이하
3. 경계표시는 불연재료로 만드는 동시에 유황이 새지 아니하는 구조로 할 것
4. **경계표시의 높이는 1.5m 이하**로 할 것
5. 경계표시에는 유황이 넘치거나 비산하는 것을 방지하기 위한 천막 등을 고정하는 장치를 설치하되, 천막 등을 고정하는 장치는 경계표시의 길이 2m마다 한 개 이상 설치할 것
6. 유황을 저장 또는 취급하는 장소의 주위에는 배수구와 분리장치를 설치할 것

【정답】 ②

45. 위험물옥외저장탱크의 통기관에 관한 사항으로 옳지 않은 것은?

① 밸브 없는 통기관의 직경은 30mm 이상으로 한다.
② 대기밸브 부착 통기관은 항시 열려 있어야 한다.
③ 밸브 없는 통기관의 선단은 수평면보다 45도 이상 구부려 빗물 등의 침투를 막는 구조로 한다.
④ 대기밸브 부착 통기관은 5kPa 이하의 압력차로 작동할 수 있어야 한다.

|문|제|풀|이|

[통기관 설치기준]

1. 밸브 없는 통기관 (옥외저장탱크, 옥내저장탱크, 지하저장탱크)
   ㉠ **지름은 30*mm* 이상**일 것
   → (간이지하저장탱크의 통기관의 직경 : 25mm 이상)
   ㉡ 끝부분은 수평면보다 45도 이상 구부려 빗물 등의 침투를 막는 구조로 할 것
2. 대기밸브부착 통기관
   ㉠ **평소에는 닫혀있지만**, 5kPa 이하의 압력차이로 작동할 수 있을 것
   ㉡ 밸브 없는 통기관의 인화방지장치 기준에 적합할 것

【정답】 ②

46. 위험물안전관리법령상 주유취급소 중 건축물의 2층을 휴게음식점의 용도로 사용하는 것에 있어 해당 건물의 2층으로부터 직접 주유 취급소의 부지 밖으로 통하는 출입구와 해당 출입구로 통하는 통로·계단에 설치하여야 하는 것은?

① 비상경보설비 ② 유도등

③ 비상조명등 ④ 확성장치

|문|제|풀|이|

[피난설비의 설치기준]

1. 주유취급소 중 건축물의 2층 이상의 부분을 점포 · 휴게음식점 또는 전시장의 용도로 사용하는 것에 있어서는 당해 건축물의 2층 이상으로부터 주유취급소의 부지 밖으로 통하는 출입구와 당해 출입구로 통하는 통로 · 계단 및 출입구에 **유도등**을 설치하여야 한다.
2. 옥내주유취급소에 있어서는 당해 사무소 등의 출입구 및 피난구와 당해 피난구로 통하는 통로 · 계단 및 출입구에 유도등을 설치하여야 한다.
3. 유도등에는 비상전원을 설치하여야 한다.

【정답】 ②

47. 위험물안전관리법령상 소화전용 물통 8L의 능력단위는?

① 0.3 ② 0.5

③ 1.0 ④ 1.5

|문|제|풀|이|

[소화설비의 소화능력의 기준단위]

소화설비	용량	능력단위
소화전용 물통	**8L**	**0.3**
수조+물통3개	80L	1.5
수조+물통6개	190L	2.5
마른모래 (삽 1개 포함)	50L	0.5
팽창질석, 팽창진주암 (삽 1개 포함)	160L	1.0

【정답】 ①

48. 위험물안전관리법령상 위험물제조소에 설치하는 배출설비에 대한 내용으로 틀린 것은?

① 배출설비는 예외적인 경우를 제외하고는 국소방식으로 하여야 한다.

② 배출설비는 강제배출 방식으로 한다.

③ 급기구는 낮은 장소에서 설치하고 인화방지망을 설치한다.

④ 배출구는 지상 2m 이상 높이에 연소의 우려가 없는 곳에 설치한다.

|문|제|풀|이|

[위험물제조소의 배출설비] 가연성의 증기 또는 미분이 체류할 우려가 있는 건축물에는 그 증기 또는 미분을 옥외의 높은 곳으로 배출할 수 있도록 다음 각 호의 기준에 의하여 배출설비를 설치하여야 한다.

1. 배출설비는 국소방식으로 하여야 한다.
2. 배출설비는 배풍기(오염된 공기를 뽑아내는 통풍기)·배출 덕트(공기 배출 통로)·후드 등을 이용하여 강제적으로 배출하는 것으로 해야 한다.
3. 배출능력은 1시간당 배출장소 용적의 20배 이상인 것으로 하여야 한다. 다만, 전역방식의 경우에는 바닥면적 $1m^2$ 당 $18m^3$ 이상으로 할 수 있다.
4. 배출설비의 급기구 및 배출구의 설치 기준
   가. **급기구는 높은 곳에 설치**하고, 가는 눈의 구리망 등으로 인화방지망을 설치할 것
   나. 배출구는 지상 2m 이상으로서 연소의 우려가 없는 장소에 설치하고, 배출 덕트가 관통하는 벽부분의 바로 가까이에 화재 시 자동으로 폐쇄되는 방화댐퍼(화재 시 연기 등을 차단하는 장치)를 설치할 것
5. 배풍기는 강제배기방식으로 하고, 옥내 덕트의 내압이 대기압 이상이 되지 아니하는 위치에 설치하여야 한다.

【정답】 ③

49. 위험물안전관리법상 옥내소화전설비의 기준에 따르면 펌프를 이용한 가압송수 장치에서 펌프의 토출량은 옥내소화전의 설치개수가 가장 많은 층에 대해 해당 설치개수(5개 이상인 경우에는 5개)에 얼마를 곱한 양 이상이 되도록 하여야 하는가?

① 260L/min ② 360L/min

③ 460L/min ④ 560L/min

|문|제|풀|이|

[옥내소화전 설비의 주요 특성]

항목	내용
방수량	260*L*/min 이상
토출량	N(최대 5개)×260*L*/min 이상
비상전원	45분 이상 작동할 것
방수압력	350kPa(0.35MPa) 이상
방수구의 구경	40mm
표시등	적색으로 소화전함 상부에 부착 (부착 면에서 15℃ 이상 범위 안에서 10m 이내의 어느 곳에서도 식별될 것)

※토출량 : 펌프에서 단위 시간 동안 끌어 올릴 수 있는 물의 양

【정답】 ①

50. 위험물안전관리법령상 제4류 위험물의 품명에 따른 위험등급과 옥내저장소 하나의 저장창고 바닥면적 기준을 옳게 나열한 것은? (단, 전용의 독립된 단층 건물에 설치하며, 구획된 실이 없는 하나의 저장창고인 경우에 한한다.)

① 제1석유류 : 위험등급 Ⅰ, 최대 바닥면적 $1000m^2$

② 제2석유류 : 위험등급 Ⅰ, 최대 바닥면적 $2000m^2$

③ 제3석유류 : 위험등급 Ⅱ, 최대 바닥면적 $2000m^2$

④ 알코올류 : 위험등급 Ⅱ, 최대 바닥면적 $1000m^2$

|문|제|풀|이|

[옥내저장소 위험등급 및 창고의 바닥면적(제4류 위험물)]

종류	위험등급	저장창고 바닥면적
제1석유류	Ⅱ	$1000m^2$ 이하
제2석유류	Ⅲ	$2000m^2$ 이하
제3석유류	Ⅲ	$2000m^2$ 이하
알코올류	Ⅱ	$1000m^2$ 이하

【정답】 ④

51. 위험물의 운반에 관한 기준에서 다음 ( )에 알맞은 온도는 몇 ℃인가?

> 적재하는 제5류 위험물 ( )℃ 이하의 온도에서 분해될 우려가 있는 것은 보냉 컨테이너에 수납하는 등 적정한 온도관리를 유지하여야 한다.

① 40　　② 50

③ 55　　④ 60

|문|제|풀|이|

[위험물의 적재방법 (제5류 위험물)] 제5류 위험물 중 **55℃ 이하**의 온도에서 분해될 우려가 있는 것은 보냉 컨테이너에 수납하는 등 적정한 온도관리를 할 것 【정답】 ③

52. 인화점이 21℃ 미만의 액체위험물의 옥외저장탱크 주입구에 설치하는 "옥외저장탱크 주입구"라고 표시한 게시판의 바탕 및 문자색을 옳게 나타낸 것은?

① 백색바탕-적색문자

② 적색바탕-백색문자

③ 백색바탕-흑색문자

④ 흑색바탕-백색문자

|문|제|풀|이|

[옥외탱크저장소 게시판의 설치기준]

1. 게시판은 한 변의 길이가 0.3m 이상, 다른 한 변의 길이가 0.6m 이상인 직사각형으로 할 것
2. 게시판에는 "**옥외저장탱크 주입구**"라고 표시하는 것 외에 저장 또는 취급하는 위험물의 유별 · 품명 및 저장최대수량 또는 취급최대수량, 지정수량의 배수 및 안전관리자의 성명 또는 직명을 기재할 것
3. 게시판의 **바탕은 백색**으로, **문자는 흑색**으로 할 것

【정답】 ③

53. 위험물안전관리법령상 위험물안전관리자의 책무에 해당하지 않는 것은?

① 화재 등의 재난이 발생할 경우 소방관서 등에 대한 연락 업무

② 화재 등의 재난 발생할 경우 응급조치

③ 위험물 취급에 관한 일지작성 · 기록

④ 위험물안전관리자의 선임 · 신고

|문|제|풀|이|

[위험물안전관리자의 선임 및 신고]

1. **제조소 등의 관계인**은 위험물의 안전관리에 관한 직무를 수행하게 하기 위하여 제조소 등마다 대통령령이 정하는 위험물의 취급에 관한 자격이 있는 자(위험물취급자격자)를 위험물안전관리자(안전관리자)로 **선임**하여야 한다.
2. **제조소 등의 관계인은** 제1항에 따라 **안전관리자를 선임한 경우에는 선임한 날부터 14일 이내**에 행정안전부령으로 정하는 바에 따라 소방본부장 또는 소방서장에게 **신고**하여야 한다. 【정답】 ④

54. 위험물안전관리법령상 옥내탱크저장소의 기준에서 옥내저장탱크 상호 간에는 몇 m 이상의 간격을 유지하여야 하는가?

① 0.3　　② 0.5

③ 0.7　　④ 1.0

|문|제|풀|이|

[옥내탱크저장소의 기준]

1. 위험물을 저장 또는 취급하는 옥내탱크는 단층 건축물에 설치된 탱크전용실에 설치할 것
2. 옥내저장탱크와 탱크전용실의 **벽과의 사이 및 옥내저장탱크의 상호간에는 0.5m 이상의 간격**을 유지할 것. 다만, 탱크의 점검 및 보수에 지장이 없는 경우에는 그러하지 아니하다.
3. 옥내저장탱크의 용량은 지정수량의 40배(제4석유류 및 동식물유류 외의 제4류 위험물에 있어서 당해 수량이 20,000L를 초과할 때에는 20,000L) 이하일 것

【정답】 ②

55. 제2류 위험물 중 인화성 고체의 제조소에 설치하는 주의사항 게시판에 표시할 내용을 옳게 나타낸 것은?

① 적색 바탕에 백색 문자로 "화기엄금" 표시

② 적색 바탕에 백색 문자로 "화기주의" 표시

③ 백색 바탕에 적색 문자로 "화기엄금" 표시

④ 백색 바탕에 적색 문자로 "화기주의" 표시

|문|제|풀|이|

[위험물 제조소의 표지 및 게시판]

1. 제2류 위험물 중 인화성고체, 제3류 위험물 중 자연발화물질, 제4류 위험물 또는 제5류 위험물에 있어서는 「화기엄금」
2. 바탕 : 적색, 문자 : 백색
3. 크기 : 0.6m×0.3m

【정답】 ①

56. 위험물안전관리법령상 배출설비를 설치하여야 하는 옥내저장소의 기준에 해당하는 것은?

① 가연성 증기가 액화할 우려가 있는 장소

② 모든 장소의 옥내저장소

③ 가연성 미분이 체류할 우려가 있는 장소

④ 인화점이 70℃ 미만인 위험물의 옥내저장소

|문|제|풀|이|

[내부저장소의 배출설비] 저장창고에는 채광·조명 및 환기의 설비를 갖추어야 하고, **인화점이 70℃ 미만인 위험물**의 저장창고에 있어서는 내부에 체류한 가연성의 증기를 지붕 위로 배출하는 설비를 갖추어야 한다.

【정답】 ④

57. 이동저장탱크에 알킬알루미늄을 저장하는 경우에 불활성기체를 봉입하는데 이때의 압력은 몇 kPa 이하이어야 하는가?

① 10 ② 20

③ 30 ④ 40

|문|제|풀|이|

[이동저장탱크] 알킬알루미늄 등을 저장 또는 취급할 때의 압력

1. **저장하는 경우 : 20kPa 이하**의 압력으로 불활성기체 봉입
2. 꺼낼 경우 : 200kPa 이하의 압력으로 불활성기체 봉입

【정답】 ②

58. 다음 중 위험물안전관리법령상 지정수량의 1/10을 초과하는 위험물을 운반할 때 혼재할 수 없는 경우는?

① 제1류 위험물과 제6류 위험물

② 제2류 위험물과 제4류 위험물

③ 제4류 위험물과 제5류 위험물

④ 제5류 위험물과 제3류 위험물

|문|제|풀|이|

[유별을 달리하는 위험물의 혼재기준]

위험물의 구분	제1류	제2류	제3류	제4류	제5류	제6류
제1류		X	X	X	X	O
제2류	X		X	O	O	X
제3류	X	X		O	X	X
제4류	X	O	O		O	X
제5류	X	O	X	O		X
제6류	O	X	X	X	X	

【비고】 1. 'X'표시는 혼재할 수 없음을 표시한다.
2. 'O'표시는 혼재할 수 있음을 표시한다.
3. 이 표는 지정수량의 $\frac{1}{10}$ 이하의 위험물에 대하여는 적용하지 아니한다.

【정답】 ④

59. 위험물 옥외저장소에서 지정수량 200배 초과의 위험물을 저장할 경우 경계표시 주위의 보유 공지 너비는 몇 m 이상으로 하여야 하는가? (단, 제4류 위험물과 제6류 위험물이 아닌 경우이다.)

① 0.5 ② 2.5

③ 10 ④ 15

|문|제|풀|이|

[옥외저장소의 보유 공지]

저장 또는 취급하는 위험물의 최대수량	공지의 너비
지정수량의 10배 이하	3m 이상
지정수량의 10배 초과 20배 이하	5m 이상
지정수량의 20배 초과 50배 이하	9m 이상
지정수량의 50배 초과 200배 이하	12m 이상
지정수량의 **200배 초과**	**15m 이상**

【정답】 ④

60. 그림과 같은 위험물 저장탱크의 내용적은 약 몇 m^3인가?

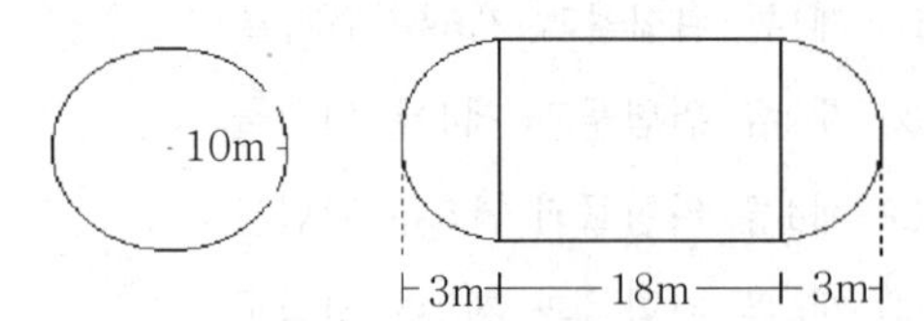

① 4681 ② 5482

③ 6283 ④ 7080

|문|제|풀|이|

[원통형 탱크의 내용적(횡으로 설치)]

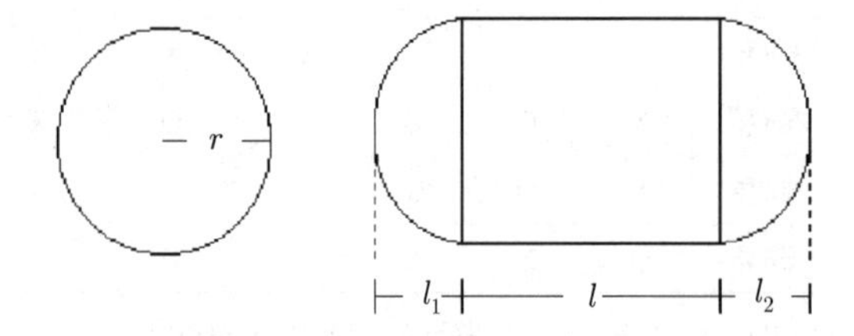

$$내용적 = \pi r^2 \left(l + \frac{l_1 + l_2}{3} \right)$$

$$= 3.14 \times 10^2 \left(18 + \frac{3+3}{3} \right) = 6283 m^3$$

【정답】 ③

2015_1 위험물기능사 필기

01. 제3종 분말소화약제의 열분해 반응식을 옳게 나타낸 것은?

① $NH_4H_2PO_4 \rightarrow HPO_3 + NH_3 + H_2O$

② $2KNO_3 \rightarrow 2KNO_2 + O_2$

③ $KClO_4 \rightarrow KCl + 2O_2$

④ $2CaHCO_3 \rightarrow 2CaO + H_2CO_3$

|문|제|풀|이|

[분말소화약제의 종류 및 특성]

종류	주성분	착색	적용 화재
제1종 분말	탄산수소나트륨을 주성분으로 한 것, ($NaHCO_3$)	백색	B, C급
	분해반응식: $2NaHCO_3 \rightarrow Na_2CO_3 + H_2O + CO_2$ (탄산수소나트륨) (탄산나트륨) (물) (이산화탄소)		
제2종 분말	탄산수소칼륨을 주성분으로 한 것, ($KHCO_3$)	담회색 (보라색)	B, C급
	분해반응식: $2KHCO_3 \rightarrow K_2CO_3 + H_2O + CO_2$ (탄산수소칼륨) (탄산칼륨) (물) (이산화탄소)		
제3종 분말	인산암모늄을 주성분으로 한 것, ($NH_4H_2PO_4$)	담홍색, 황색	A, B, C급
	분해반응식: $NH_4H_2PO_4 \rightarrow HPO_3 + NH_3 + H_2O$ (인산암모늄) (메타인산) (암모니아)(물)		
제4종 분말	제2종과 요소를 혼합한 것, $KHCO_3 + (NH_2)_2CO$	회색	B, C급
	분해반응식: $2KHCO_3 + (NH_2)_2CO \rightarrow K_2CO_3 + 2NH_3 + 2CO_2$ (탄산수소칼륨) (요소) (탄산칼륨)(암모니아)(이산화탄소)		

【정답】 ①

02. 위험물안전관리법령상 제2류 위험물 중 지정수량이 500kg인 물질에 의한 화재는?

① A급 화재 ② B급 화재

③ C급 화재 ④ D급 화재

|문|제|풀|이|

[화재의 분류]

급수	종류	색상	소화방법	가연물
A급	일반화재	백색	냉각소화	일반가연물(목재, 종이, 섬유, 석탄, 플라스틱 등)
B급	유류 가스 화재	황색	질식소화	가연성 액체(각종 유류 및 가스, 페인트)
C급	전기화재	청색	질식소화	전기기기, 기계, 전선 등
D급	금속화재	무색	피복에 의한 질식소화	가연성 금속(철분, 마그네슘, 나트륨, 금속분, Al분말 등)

※제2류 위험물(가연성 고체)에서 지정수량 500kg인 물질 : 마그네슘, 철분, 금속분(알루미늄분, 아연분, 안티몬)

【정답】 ④

03. 할로겐 화합물의 소화약제 중 할론 2402의 화학식은?

① $C_2Br_4F_2$ ② $C_2Cl_4F_2$

③ $C_2Cl_4Br_2$ ④ $C_2F_4Br_2$

|문|제|풀|이|

[할론(Halon)의 구조] 할론 번호의 숫자는 탄소(C), 불소(F), 염소(Cl), 브롬(Br)의 개수를 나타낸다.

【예】 Halon 2 4 0 2 → $C_2F_4Br_2$

- 브롬(Br) 2개 → Br_2
- 염소(Cl) 0개 →
- 불소(F) 4개 → F_4
- 탄소(C) 2개 → C_2

【정답】 ④

04. 위험물제조소등의 용도폐지신고에 대한 설명으로 옳지 않은 것은?

① 용도폐지 후 30일 이내에 신고하여야 한다.
② 완공검사필증을 첨부한 용도폐지신고서를 제출하는 방법으로 신고한다.
③ 전자문서로 된 용도폐지신고서를 제출하는 경우에도 완공검사필증을 제출하여야 한다.
④ 신고의무의 주체는 해당 제조소등의 관계인이다.

|문|제|풀|이|

[제조소등의 용도폐지 및 신고]

1. 제조소 등의 관계인(소유자 · 점유자 또는 관리자)은 당해 제조소 등의 용도를 폐지한 때에는 행정안전부령이 정하는 바에 따라 제조소등의 용도를 **폐지한 날부터 14일 이내에 시 · 도지사에게 신고**하여야 한다.
2. 제조소 등의 용도폐지신고를 하려는 자는 신고서(전자문서로 된 신고서를 포함한다)에 제조소 등의 완공검사합격확인증을 첨부하여 시 · 도지사 또는 소방서장에게 제출해야 한다.
3. 신고서를 접수한 시 · 도지사 또는 소방서장은 당해 제조소 등을 확인하여 위험물시설의 철거 등 용도폐지에 필요한 안전조치를 한 것으로 인정하는 경우에는 당해 신고서의 사본에 수리사실을 표시하여 용도폐지신고를 한 자에게 통보하여야 한다.

【정답】 ①

05. 위험물제조소등에 설치하여야 하는 자동화재탐지설비의 설치기준에 대한 설명 중 틀린 것은?

① 자동화재탐지설비의 경계구역은 건축물 그 밖의 공작물의 2 이상의 층에 걸치도록 할 것
② 하나의 경계구역에서 그 한 변의 길이는 50m (광전식분리형 감지기를 설치할 경우에는 100m) 이하로 할 것
③ 자동화재탐지설비의 감지기는 지붕 또는 벽의 옥내에 면한 부분에 유효하게 화재의 발생을 감지할 수 있도록 설치할 것
④ 자동화재탐지설비에는 비상전원을 설치할 것

|문|제|풀|이|

[자동화재탐지설비의 설치기준]

1. 자동화재탐지설비의 경계구역은 건축물 그 밖의 공작물의 **2 이상의 층에 걸치지 아니하도록 할 것.**
2. 하나의 경계구역의 면적은 $600m^2$ 이하로 하고 그 한 변의 길이는 50m(광전식분리형 감지기를 설치할 경우에는 100m)이하로 할 것
3. 자동화재탐지설비의 감지기(옥외탱크저장소에 설치하는 자동화재탐지설비의 감지기는 제외한다)는 지붕(상층이 있는 경우에는 상층의 바닥) 또는 벽의 옥내에 면한 부분(천장이 있는 경우에는 천장 또는 벽의 옥내에 면한 부분 및 천장의 뒷부분)에 유효하게 화재의 발생을 감지할 수 있도록 설치할 것
4. 자동화재탐지설비에는 비상전원을 설치할 것

【정답】 ①

06. 다음 중 수소, 아세틸렌과 같은 가연성 가스가 공기 중 누출되어 연소하는 형식에 가장 가까운 것은?

① 확산연소 ② 증발연소
③ 분해연소 ④ 표면연소

|문|제|풀|이|

[연소의 형태 (기체의 연소)]

확산연소 (불꽃연소)	공기보다 가벼운 수소, 아세틸렌, 부탄, 매탄 등의 가연성 가스가 확산하여 생성된 혼합가스가 연소하는 것으로 위험이 없는 연소현상이다.
정상연소	가연성 기체가 산소와 혼합되어 연소하는 형태
비정상연소 (폭발연소)	가연성 기체와 공기의 혼합가스가 밀폐용기 중에 있을 때 점화되며 연소 온도가 급격하게 증가하여 일시에 폭발적으로 연소하는 형태

※ ② 증발연소, ③ 분해연소, ④ 표면연소 → 고체의 연소형태

【정답】 ①

07. 위험물안전관리법령상 분말소화설비의 기준에서 규정한 전역방출방식 또는 국소방출방식 분말소화설비의 가압용 또는 축압용 가스에 해당하는 것은?

① 네온가스 ② 아르곤가스
③ 수소가스 ④ 이산화탄소가스

|문|제|풀|이|

[분말소화설비] 분말소화설비의 기준에서 규정한 전역방출방식 또는 국소방출방식 분말소화설비의 **가압용 또는 축압용 가스는 이산화탄소가스**이다.

【정답】 ④

08. 알코올류 20,000L에 대한 소화설비 설치 시 소요단위는?

① 5 ② 10
③ 15 ④ 20

|문|제|풀|이|

[위험물의 소요단위] 소요단위$=\frac{\text{저장수량}}{\text{1소요단위}}=\frac{\text{저장수량}}{\text{지정수량}\times 10}$

[1소요단위] 소화설비의 설치대상이 되는 건축물 그 밖의 공작물의 규모 또는 위험물의 양의 기준단위

종류	내화구조	비내화구조
위험물 제조소 및 취급소	$100m^2$	$50m^2$
위험물 저장소	$150m^2$	$75m^2$
위험물	지정수량×10	

$\therefore$소요단위$=\frac{\text{저장수량}}{\text{지정수량}\times 10}=\frac{20000}{400\times 10}=5$단위

→ (알코올류 : 제4류 위험물, 지정수량 400L)

※소요단위(제조소, 취급소, 저장소)$=\frac{\text{연면적}}{\text{기준면적}}$

【정답】 ①

09. 과산화칼륨의 저장창고에서 화재가 발생하였다. 다음 중 가장 적합한 소화약제는?

① 물 ② 이산화탄소
③ 마른모래 ④ 염산

|문|제|풀|이|

[과산화칼륨(K_2O_2) → 제1류 위험물(무기과산화물)]

- 분해온도 490℃, 융점 490℃, 비중 2.9
- 무색 또는 오렌지색의 비정계 분말, 불연성 물질
- 물에 쉽게 분해된다.
- 공기 중에서 탄산가스를 흡수하여 탄산염이 된다.
- 에틸알코올에 용해되고, 양이 많을 경우 주수에 의하여 폭발 위험
- 가연물과 혼합되어 있을 경우 마찰 또는 약간의 물의 접촉으로 발화한다.
- 물과 반응식 : $2K_2O_2 + 2H_2O \rightarrow 4KOH + O_2 \uparrow$
  (과산화칼륨) (물) (수산화칼륨) (산소)
- 소화방법으로는 마른모래, 암분, 소다회, 탄산수소염류분말소화제

【정답】 ③

10. 위험물안전관리법령에 의해 옥외저장소에 저장을 허가받을 수 없는 위험물은?

① 제2류 위험물 중 유황(금속제드럼에 수납)
② 제4류 위험물 중 가솔린(금속제드럼에 수납)
③ 제6류 위험물
④ 국제해상위험물규칙(IMDG Code)에 적합한 용기에 수납된 위험물

|문|제|풀|이|

[옥외저장소에 저장할 수 있는 위험물]

1. 제2류 위험물중 유황 또는 인화성고체(인화점이 섭씨 0도 이상인 것에 한한다)
2. **제4류 위험물중 제1석유류(인화점이 섭씨 0도 이상**인 것에 한한다) · 알코올류 · 제2석유류 · 제3석유류 · 제4석유류 및 동식물유류
3. 제6류 위험물
4. 제2류 위험물 및 제4류 위험물중 특별시 · 광역시 또는 도의 조례에서 정하는 위험물
5. 「국제해사기구에 관한 협약」에 의하여 설치된 국제해사기구가 채택한 「국제해상위험물규칙」(IMDG Code)에 적합한 용기에 수납된 위험물

※가솔린 : 제4류 위험물(제1석유류), 인화점 -43~-20℃, 착화점 300℃

【정답】 ②

11. 플래시오버에 대한 설명으로 틀린 것은?

① 국소화재에서 실내의 가연물들이 연소하는 대화재로의 전이
② 환기지배형 화재에서 연료지배형 화재로의 전이
③ 실내의 천정 쪽에 축적된 미연소 가연성 증기나 가스를 통한 화염의 급격한 전파
④ 내화건축물의 실내화재 온도 상황으로 보아 성장기에서 최성기로의 진입

|문|제|풀|이|

[플래시오버]

- 화재로 발생한 가연성 분해가스가 천장 부근에 모이고 갑자기 불꽃이 폭발적으로 확산하여 창문이나 방문으로부터 연기나 불꽃이 뿜어 나오는 현상
- **연료지배형 화재에서 환기지배형 화재로의 전이**
- 내장재의 종류와 개구부의 크기에 영향을 받는다.

【정답】 ②

12. 위험물안전관리법령상 제3류 위험물 중 금수성물질의 화재에 적응성이 있는 소화설비는?

① 탄산수소염류의 분말소화설비
② 이산화탄소소화설비
③ 할로겐화합물소화설비
④ 인산염류의 분말소화설비

|문|제|풀|이|

[위험물의 성질에 따른 소화설비의 적응성]

소화설비의 구분 \ 대상			제3류 위험물	
			금수성물품	그 밖의 것
옥내소화전 또는 옥외소화전설비				○
스프링클러설비				○
물분무등소화설비	물분무소화설비			○
	포소화설비			○
	불활성가스소화설비			
	할로겐화합물소화설비			
	분말소화설비	인산염류등		
		탄산수소염류등	○	
		그 밖의 것	○	
대형 소형수동식소화기	봉상수(棒狀水)소화기			○
	무상수(霧狀水)소화기			○
	봉상강화액소화기			○
	무상강화액소화기			○
	포소화기			○
	이산화탄소소화기			
	할로겐화합물소화기			
	분말소화기	인산염류소화기		
		탄산수소염류소화기	○	
		그 밖의 것	○	
기타	물통 또는 수조			○
	건조사		○	○
	팽창질석 또는 팽창진주암		○	○

【정답】 ①

13. 금속칼륨과 금속나트륨은 어떻게 보관하여야 하는가?

① 공기 중에 노출하여 보관
② 물속에 넣어서 밀봉하여 보관
③ 석유 속에 넣어서 밀봉하여 보관
④ 그늘지고 통풍이 잘되는 곳에 산소 분위기에서 보관

|문|제|풀|이|

[위험물의 성상]

1. 칼륨(K) → 제3류 위험물
   - 융점 63.5℃, 비점 762℃, 비중 0.857
   - 은백색 광택의 무른 경금속으로 불꽃반응은 보라색
   - 공기 중에서 수분과 반응하여 수소를 발생한다.
   - 에틸알코올과 반응하여 칼륨에틸레이트를 만든다.
   - 비중이 작으므로 **석유(파라핀, 경유, 등유) 속에 저장**한다.
2. 나트륨(Na) → 제3류 위험물
   - 융점 97.8℃, 비점 880℃, 비중 0.97
   - 은백색 광택의 무른 경금속으로 불꽃반응은 노란색
   - 공기 중에서 수분과 반응하여 수소를 발생한다.
   - 알코올과 반응하여 알코올레이트를 만든다.
   - 비중이 작으므로 **석유(파라핀, 경유, 등유) 속에 저장**한다.

【정답】 ③

14. 소화효과에 대한 설명으로 틀린 것은?

① 기화잠열이 큰 소화약제를 사용할 경우 냉각소화 효과를 기대할 수 있다.
② 이산화탄소에 의한 소화는 주로 질식소화로 화재를 진압한다.
③ 할로겐화합물 소화약제는 주로 냉각소화를 한다.
④ 분말소화약제는 질식효과와 부촉매효과 등으로 화재를 진압한다.

|문|제|풀|이|

[할로겐화합물 소화약제의 소화원리]

- 할로겐화합물은 연소의 4요소 중의 하나인 연쇄반응을 차단시켜 화재를 소화한다.
- 이러한 소화를 **부촉매소화 또는 억제소화**라 하며 이는 화학적 소화에 해당된다.
- 유류화재(B급 화재), 전기화재(C급 화재)에 적합하다.

【정답】 ③

15. 다음 중 제1종, 제2종, 제3종 분말소화약제의 주성분에 해당하지 않는 것은?

① 탄산수소나트륨 ② 황산마그네슘
③ 탄산수소칼륨 ④ 인산암모늄

|문|제|풀|이|

[분말소화약제의 종류 및 특성]

종류	주성분	착색	적용 화재
제1종 분말	탄산수소나트륨을 주성분으로 한 것, ($NaHCO_3$)	백색	B, C급
	분해반응식: $2NaHCO_3 \rightarrow Na_2CO_3 + H_2O + CO_2$ (탄산수소나트륨) (탄산나트륨) (물) (이산화탄소)		
제2종 분말	탄산수소칼륨을 주성분으로 한 것, ($KHCO_3$)	담회색 (보라색)	B, C급
	분해반응식: $2KHCO_3 \rightarrow K_2CO_3 + H_2O + CO_2$ (탄산수소칼륨) (탄산칼륨) (물) (이산화탄소)		
제3종 분말	인산암모늄을 주성분으로 한 것, ($NH_4H_2PO_4$)	담홍색, 황색	A, B, C급
	분해반응식: $NH_4H_2PO_4 \rightarrow HPO_3 + NH_3 + H_2O$ (인산암모늄) (메타인산) (암모니아)(물)		
제4종 분말	제2종과 요소를 혼합한 것, $KHCO_3 + (NH_2)_2CO$	회색	B, C급
	분해반응식: $2KHCO_3 + (NH_2)_2CO \rightarrow K_2CO_3 + 2NH_3 + 2CO_2$ (탄산수소칼륨) (요소) (탄산칼륨)(암모니아)(이산화탄소)		

※ 중탄산나트륨=탄산수소나트륨, 중탄산칼륨=탄산수소칼륨

【정답】 ②

16. 가연성액화가스의 탱크 주위에서 화재가 발생한 경우에 탱크의 가열로 인하여 그 부분의 강도가 약해져 탱크가 파열됨으로써 내부의 가열된 액화가스가 급속히 팽창하면서 폭발하는 현상은?

① 블레비(BLEVE) 현상
② 보일오버(Boil Over) 현상
③ 플래시백(Flash Back) 현상
④ 백드래프트(Back Draft) 현상

|문|제|풀|이|

[화재 시의 현상]

① **블레비(BLEVE) 현상** : 가연성 액화가스 저장탱크 주위에 화재가 발생하여 누설로 부유 또는 확산 된 액화가스가 착화원과 접촉하여 액화가스가 공기 중으로 확산, 폭발하는 현상
② 보일오버(Boil Over) 현상 : 고온층이 형성된 유류화재의 탱크 저부로 침강하여 저부에 물이 고여 있는 경우, 화재의 진행에 따라 바닥의 물이 급격히 증발하여 대량의 수증기가 상층의 유류를 밀어 올려 다량의 기름을 분출시키는 위험현상
③ 플래시백(Flash Back) 현상 : 가스 연소에 있어서 전 예혼합 연소 방식을 이용하는 경우에 가스버너의 선단에서 연소하고 있던 화염이 버너 내부의 가스, 공기와 혼합하여 혼합기를 만드는 혼합기에까지 되돌아오는 현상
④ 백드래프트(Back Draft) 현상 : 연소에 필요한 산소가 부족하여 훈소상태에 있는 실내에 산소가 갑자기 다량 공급될 때 연소가스가 순간적으로 발화하는 현상

【정답】 ①

17. 건조사와 같은 불연성 고체로 가연물을 덮는 것은 어떤 소화에 해당하는가?

① 제거소화 ② 질식소화
③ 냉각소화 ④ 억제소화

|문|제|풀|이|

[소화 방법]

냉각소화	물을 주수하여 연소물로부터 열을 빼앗아 발화점 이하의 온도로 냉각하는 소화
제거소화	가연물을 연소구역에서 제거해 주는 소화 방법
질식소화	가연물이 연소할 때 공기 중 산소의 농도가 약 21%를 15% 이하로 떨어뜨려 산소공급을 차단하여 연소를 중단시키는 방법 · 대표적인 소화약제 : CO_2, **마른모래(건조사)** · 유류화재(제4류 위험물)에 효과적이다.
억제소화 (부촉매 효과)	연속적 관계(가연물, 산소공급원, 점화원, 연쇄반응)의 차단에 의한 소화법으로 부촉매 효과, 즉 억제소화라 한다.

【정답】 ②

18. 위험물제조소등에 설치하는 고정식의 포소화설비의 기준에서 포헤드방식의 포헤드는 방호대상물의 표면적 몇 m^2 당 1개 이상의 헤드를 설치하여야 하는가?

① 5 ② 9
③ 15 ④ 30

|문|제|풀|이|

[포소화설비의 기준에서 포헤드방식]

1. 포헤드 방호대상물의 표면적 $9m^3$당 1개 이상의 헤드
2. 방사구역은 $100m^3$ 이상으로 할 것

【정답】 ②

19. 위험물안전관리법령에 따른 스프링클러헤드의 설치 방법에 대한 설명으로 옳지 않은 것은?

① 개방형헤드는 반사판으로부터 하방으로 0.45m, 수평으로 0.3m 공간을 보유할 것
② 폐쇄형헤드는 가연성물질 수납부분에 설치 시 반사판으로부터 하방으로 0.9m, 수평방향으로 0.4m의 공간을 확보할 것
③ 폐쇄형헤드 중 개구부에 설치하는 것은 당해 개구부의 상단으로부터 높이 0.15m 이내의 벽면에 설치할 것
④ 폐쇄형헤드 설치 시 급배기용 덕트의 긴 변의 길이가 1.2m를 초과하는 것이 있는 경우에는 당해 덕트의 윗부분에도 헤드를 설치할 것

|문|제|풀|이|

[스프링클러설비의 기준] **급배기용 덕트** 등의 긴 변의 길이가 1.2m를 초과하는 것이 있는 경우에는 당해 **덕트 등의 아랫면**에도 헤드를 설치할 것

【정답】 ④

20. Mg, Na의 화재에 이산화탄소 소화기를 사용하였다. 화재현장에서 발생되는 현상은?

① 이산화탄소가 부착면을 만들어 질식소화 된다.
② 이산화탄소가 방출되어 냉각소화 된다.
③ 이산화탄소가 Mg, Na과 반응하여 화재가 확대 된다.
④ 부촉매효과에 의해 소화 된다.

|문|제|풀|이|

[위험물의 반응]

1. 마그네슘(Mg) : $Mg + CO_2 \rightarrow MgO + CO$
(마그네슘)(이산화탄소) (산화마그네슘)(일산화탄소)
2. 나트륨(Na) : $4Na + 3CO_2 \rightarrow 2Na_2CO_3 + C$
(나트륨) (이산화탄소) (탄산나트륨) (탄소)

∴Mg, Na은 CO_2와 반응하면 화재가 확대된다.

【정답】 ③

21. 위험물안전관리법령의 제3류 위험물 중 금수성물질에 해당하는 것은?

① 황린 ② 적린
③ 마그네슘 ④ 칼륨

|문|제|풀|이|

[위험물의 분류]

① 황린(P_4) → 제3류 위험물(자연발화성 물질)
② 적린(P) : 제2류 위험물 (가연성 고체)
③ 마그네슘(Mg) → 제2류 위험물
④ 칼륨(K) → 제3류 위험물(금수성 물질)

※1. 자연발화성 물질 : 공기 또는 물과 접촉하여 발화하거나 가연성 가스를 발생하는 물질
2. 금수성 물질 : 물과 접촉하여 발열하며 가연성 가스를 발생하는 물질

【정답】 ④

22. 적린의 성질에 대한 설명 중 옳지 않은 것은?

① 황린과 성분원소가 같다.
② 발화온도는 황린보다 낮다.
③ 물, 이황화탄소에 녹지 않는다.
④ 브롬화인에 녹는다.

|문|제|풀|이|

[위험물의 비교 (황린과 적린의 비교)]

구분	황린(P_4)	적린(P)
분류	제3류 위험물	제2류 위험물
외관	백색 또는 담황색의 자연발화성 고체	암적색 무취의 분말
안정성	불안정하다.	안정하다.
착화온도 (발화온도)	**34℃** → (pH 9 물속에 저장)	**260℃** → (산화제 접촉 금지)
융점(녹는점)	44℃	600℃
자연발화유무	자연 발화한다.	자연 발화하지 않는다.
화학적 활성	화학적 활성이 크다.	화학적 활성이 작다.
물 용해	불용해(×)	불용해(×)

【정답】 ②

23. 다음 중 위험성이 더욱 증가하는 경우는?

① 황린을 수산화칼슘 수용액에 넣었다.

② 나트륨을 등유 속에 넣었다.

③ 트리에틸알류미늄 보관용기 내에 가스를 봉입시켰다.

④ 니트로셀룰로오스를 알코올 수용액에 넣었다.

|문|제|풀|이|

[황린(P_4) → 제3류 위험물(자연발화성 물질)]

- 착화점(미분상) 34℃, 착화점(고형상) 60℃, 융점 44℃, 비점 280℃, 비중 1.82, 증기비중 4.4
- 황린은 알칼리(NaOH, KOH, $Ca(OH)_2$)와 반응하여 유독성 포스핀 가스를 발생한다.

$P_4 + 3KOH + 3H_2O \rightarrow PH_3 + 3KH_2PO_2$

(황린)(수산화칼슘)(물) (포스핀) (아인산칼륨)

【정답】 ①

24. 과산화칼륨과 과산화마그네슘이 염산과 각각 반응했을 때 공통으로 나오는 물질의 지정수량은?

① 50L ② 100kg

③ 300kg ④ 1000L

|문|제|풀|이|

[위험물의 반응]

1. 과산화칼륨(K_2O_2) → 제1류 위험물(무기과산화물)
   - 분해온도 381℃, 융점 490℃, 비중 2.9
   - 염산과 반응식 : $K_2O_2 + 2HCl \rightarrow 2KCl + H_2O_2$

   (과산화칼륨) (염산) (염화칼륨)(과산화수소)
2. 과산화마그네슘(MgO_2) → 재1류 위험물 (무기과산화물)
   - 분자량 56.3g/mol, 밀도 3g/cm^3, 녹는점 223℃, 끓는점 350℃
   - 염산과 반응식 : $MgO_2 + 2HCl \rightarrow MgCl_2 + H_2O_2 \uparrow$

   (과산화마그네슘) (염산) (염화마그네슘) (과산화수소)
3. 과산화수소(H_2O_2) → 제6류 위험물, **지정수량 300kg**
   - 착화점 80.2℃, 융점 -0.89℃, 비중 1.465, 증기비중 1.17

【정답】 ③

25. 트리에틸알루미늄이 물과 반응 시 생성되는 물질은?

① 산화알루미늄 ② 메탄

③ 메틸알코올 ④ 에탄

|문|제|풀|이|

[트리에틸알루미늄($(C_2H_5)_3Al$) → 제3류 위험물]

물과의 반응식 $(C_2H_5)_3Al + 3H_2O \rightarrow Al(OH)_3 + 3C_2H_6 \uparrow$

(트리에틸알루미늄) (물) (수산화알루미늄) (에테인(에탄))

【정답】 ④

26. 소화설비의 기준에서 용량 160L 팽창질석의 능력단위는?

① 0.5 ② 1.0

③ 1.5 ④ 2.5

|문|제|풀|이|

[소화설비의 소화능력의 기준단위]

소화설비	용량	능력단위
소화전용 물통	8L	0.3
수조+물통 3개	80L	1.5
수조+물통 6개	190L	2.5
마른모래	50L	0.5
팽창질석, 팽창진주암	160L	1.0

【정답】 ②

27. 위험물안전관리법령상 위험물 운반 시 차광성이 있는 피복으로 덮지 않아도 되는 것은?

① 제1류 위험물

② 제2류 위험물

③ 제3류 위험물 중 자연발화성물질

④ 제4류 위험물

|문|제|풀|이|

[위험물 적재방법]

1. 제1류 위험물, 제3류 위험물 중 자연발화성 물질, 제4류 위험물 중 특수 인화물, 제5류 위험물 또는 제6류 위험물은 차광성이 있는 피복으로 가릴 것
2. 제1류 위험물 중 알칼리금속의 과산화물 또는 이를 함유한 것, 제2류 위험물 중 철분, 금속분, 마그네슘 또는 이들 중 어느 하나 이상을 함유한 것 또는 제3류 위험물 중 금수성물질은 방수성이 있는 피복으로 덮을 것

【정답】 ②

28. 이동탱크저장소에 의한 위험물의 운송 시 준수하여야 하는 기준에서 다음 중 어떤 위험물을 운송할 때 위험물 운송자는 위험물안전카드를 휴대하여야 하는가?

① 특수인화물 및 제1석유류

② 알코올류 및 제2석유류

③ 제3석유류 및 동식물류

④ 제4석유류

|문|제|풀|이|

[이동탱크저장소에 의한 위험물의 운송 시에 준수하여야 하는 기준]

1. 위험물운송자는 운송의 개시 전에 이동저장탱크의 배출밸브 등의 밸브와 폐쇄장치, 맨홀 및 주입구의 뚜껑, 소화기 등의 점검을 충분히 실시할 것
2. 위험물운송자는 장거리(고속도로에 있어서는 340km 이상, 그 밖에 있어서는 200km 이상을 말한다)에 걸치는 운송을 하는 때에는 2명 이상의 운전자로 할 것
3. 위험물(**제4류 위험물에 있어서는 특수인화물 및 제1석유류**에 한한다)을 운송하게 하는 자는 **위험물안전카드**를 위험물운송자로 하여금 휴대하게 할 것 【정답】 ①

29. 위험물안전관리법령상 행정안전부령으로 정하는 제1류 위험물에 해당하지 않는 것은?

① 과요오드산

② 질산구아니딘

③ 차아염소산염류

④ 염소화이소시아눌산

|문|제|풀|이|

[위험물의 분류]

① 과요오드산(HIO_4) → 제1류 위험물

② 질산구아니딘[$HNO_3 \cdot C(NH)(NH_2)_2$] → 제5류 위험물

③ 차아염소산염류 → 제1류 위험물

④ 염소화이소시아눌산 → 제1류 위험물 【정답】 ②

30. 흑색화약의 원료로 사용되는 위험물의 유별을 옳게 나타낸 것은?

① 제1류, 제2류 ② 제1류, 제4류

③ 제2류, 제4류 ④ 제4류, 제5류

|문|제|풀|이|

[질산칼륨(KNO_3) → 제1류 위험물(질산염류)] 숯가루 유황가루를 혼합하여 흑색화약제조 및 불꽃놀이 등에 사용된다.

→ (유황(황)(S) : **제2류** 위험물)

【정답】 ①

31. 다음 물질 중 제1류 위험물이 아닌 것은?

① Na_2O_2 ② $NaClO_3$

③ NH_4ClO_4 ④ $HClO_4$

|문|제|풀|이|

[위험물의 분류]

① Na_2O_2(과산한화나트륨) : 제1류 위험물(무기과산화물)

② $NaClO_3$(염소산나트륨) : 제1류 위험물(염소산염류)

③ NH_4ClO_4(과염소산암모늄) : 제1류 위험물(과염소산염류)

④ $HClO_4$(과염소산) : 제6류 위험물 【정답】 ④

32. 소화난이도등급 I 의 옥내저장소에 설치하여야 하는 소화설비에 해당하지 않는 것은?

① 옥외소화전설비 ② 연결살수설비

③ 스프링클러설비 ④ 물분무소화설비

|문|제|풀|이|

[소화난이등급 I 에 해당하는 제조소 등에 설치하여야 하는 소화설비]

제조소 등의 구분		소화설비
옥내저장소	처마높이가 6m 이상인 단층건물 또는 다른 용도의 부분이 있는 건축물에 설치한 옥내저장소	스프링클러설비 또는 이동식 외의 물분무등소화설비
	그 밖의 것	**옥외소화전설비**, **스프링클러설비**, 이동식 외의 **물분무등소화설비** 또는 이동식 포소화설비(포소화전을 옥외에 설치하는 것에 한한다)

【정답】 ②

33. 적린의 위험성에 관한 설명 중 옳은 것은?

① 공기 중에 방치하면 폭발한다.

② 산소와 반응하여 포스핀가스를 발생한다.

③ 연소 시 적색의 오산화인이 발생한다.

④ 강산화제와 혼합하면 충격 · 마찰에 의해 발화할 수 있다.

|문|제|풀|이|

[적린(P) : 제2류 위험물 (가연성 고체)]

- **착화점 260℃**, 융점 600℃, 비점 514℃, 비중 2.2
- 암적색 무취의 분말
- 황린의 동소체, 황린에 비해 안정하며 독성이 없다.
- **산화제인 염소산염류와의 혼합을 절대 금한다.**
  → (강산화제(제1류)와 혼합하면 충격, 마찰에 의해 발화할 수 있다.)
- 물, 알칼리, 이황화탄소, 에테르, 암모니아에 녹지 않는다.
- 소화방법으로는 다량의 주수소화가 효과적이다.
- 연소 생성물은 흰색의 오산화인(P_2O_5)이다.
  → 연소 반응식 : $4P + 5O_2 \rightarrow 2P_2O_5$
  (적린) (산소) (오산화인(백색))

【정답】 ④

34. 디에틸에테르에 대한 설명으로 옳은 것은?

① 연소하면 아황산가스를 발생하고, 마취제로 사용한다.

② 증기는 공기보다 무거우므로 물속에 보관한다.

③ 에탄올을 진한 황산을 이용해 축합반응 시켜 제조할 수 있다.

④ 제4류 위험물 중 연소범위가 좁은 편에 속한다.

|문|제|풀|이|

[디에틸에테르($C_2H_5OC_2H_5$) → 제4류 위험물(특수인화물)]

- 인화점 -45℃, 착화점 180℃, 비점 34.6℃, 비중 0.72(15℃), **증기비중 2.6, 연소범위 1.9~48%**
- 무색투명한 휘발성이 강한 액체, 증기는 마취성이 있다.
- 인화성이 강하고 **물에 약간 녹으며,** 알코올에는 잘 녹는다.
- 전기의 부도체로서 정전기를 발생한다.
- 제조법(에테르)

$$C_2H_5OH + C_2H_5OH \xrightarrow{C-H_2SO_4(\text{황산})} C_2H_5OC_2H_5\uparrow + H_2O\uparrow$$

(에틸알코올) (에틸알코올) (축합반응) (디에틸에테르) (물)

- 연소 반응식 : $C_2H_5OC_2H_5 + 6O_2 \rightarrow 4CO_2\uparrow + 5H_2O\uparrow$
  (디에틸에테르) (산소) (이산화탄소) (물)

【정답】 ③

35. 위험물제조소에 설치하는 안전장치 중 위험물의 성질에 따라 안전밸브의 작동이 곤란한 가압설비에 한하여 설치하는 것은?

① 파괴판

② 안전밸브를 병용하는 경보장치

③ 감압 측에 안전밸브를 부착한 감압밸브

④ 연성계

|문|제|풀|이|

[압력계 및 안전장치] 위험물을 가압하는 설비 또는 그 취급하는 위험물의 압력이 상승할 우려가 있는 설비에는 압력계 및 다음의 1에 해당하는 안전장치를 설치하여야 한다.

1. 자동적으로 압력의 상승을 정지시키는 장치
2. 감압 측에 안전밸브를 부착한 감압밸브
3. 안전밸브를 겸하는 경보장치
4. 파괴판 : 위험물의 성질에 따라 안전밸브의 **작동이 곤란한 가압설비에 한한다.**

【정답】 ①

36. 트리니트로톨루엔의 성질에 대한 설명 중 옳지 않은 것은?

① 담황색의 결정이다.

② 폭약으로 사용된다.

③ 자연분해의 위험성이 적어 장기간 저장이 가능하다.

④ 조해성과 흡습성이 매우 크다.

|문|제|풀|이|

[트리니트로톨루엔[T.N.T, $C_6H_2CH_3(NO_2)_3$] → 제5류 위험물(니트로화합물)]

- 착화점 약 300℃, 융점 81℃, 비점 280℃, 비중 1.66, 폭발속도 7000m/s
- 담황색의 결정이며, 일광에 다갈색으로 변한다.
- 강력한 폭약이며 폭발력의 표준으로 사용된다.
- 비수용성으로 **조해성과 흡습성이 없다.**
- 물에 녹지 않고 아세톤, 벤젠, 알코올, 에테르에는 잘 녹고 중성물질이므로 중금속과는 작용하지 않는다.
- 자연분해의 위험성이 적어 장기간 저장이 가능하다.
- 연소속도가 매우 빨라 소화가 불가능하여 주위 소화를 생각하는 것이 좋다.
- 분해 반응식 : $2C_6H_2CH_3(NO_2)_3 \xrightarrow{\Delta} 12CO\uparrow + 5H_2\uparrow + 2C\uparrow + 3N_2\uparrow$
  (T.N.T) (일산화탄소)(수소)(탄소) (질소)

【정답】 ④

37. 과산화나트륨이 물과 반응하면 어떤 물질과 산소를 발생하는가?

① 수산화나트륨　　② 수산화칼륨
③ 질산나트륨　　④ 아염소산나트륨

|문|제|풀|이|

[과산화나트륨(Na_2O_2) → 제1류 위험물(무기과산화물)]

- ·분해온도 460℃, 융점 460℃, 비점 657℃, 비중 2.8
- ·순수한 것은 백색의 정방전계 분말, 조해성 물질
- ·에틸알코올(에탄올)에는 잘 녹지 않는다.
- ·물과 반응하여 수산화나트륨과 산소를 발생한다.
- ·물과 반응식 : $2Na_2O_2 + 2H_2O \rightarrow 4NaOH + O_2 \uparrow$ + 발열

(과산화나트륨)　(물)　(수산화나트륨)　(산소)

- ·소화방법으로는 마른모래, 분말소화제, 소다회, 석회 등 사용 → (주수소화는 위험)

【정답】 ①

38. 다음 중 물에 녹고 물보다 가벼운 물질로 인화점이 가장 낮은 것은?

① 아세톤　　② 이황화탄소
③ 벤젠　　④ 산화프로필렌

|문|제|풀|이|

[위험물의 성상]

① 아세톤(CH_3COCH_3) → 제4류 위험물(제1석유류) :
인화점 -18℃, 착화점 538℃, 비점 56.5℃, 비중 0.79, 연소범위 2.6~12.8%

② 이황화탄소(CS_2, 2유화탄소) → 제4류 위험물 중 특수인화물
인화점 -30℃, 착화점 100℃, 비점 46.25℃, 비중 1.26, 증기비중 2.62, 연소범위 1~44%

③ 벤젠(C_6H_6, 벤졸) : 제4류 위험물 중 제1석유류 :
인화점 -11℃, 착화점 562℃, 비점 80℃, 비중 0.879, 연소범위 1.4~7.1%

④ 산화프로필렌(OCH_2CHCH_3) → 제4류 위험물(특수인화물) :
인화점 -37℃, 착화점 465℃, 비점 34℃, **비중 0.83**, 증기비중 2, 연소범위 2.5~38.5%

【정답】 ④

39. 과염소산칼륨과 가연성 고체 위험물이 혼합되는 것은 위험하다. 그 주된 이유는 무엇인가?

① 전기가 발생하고 자연 가열되기 때문이다.
② 중합반응을 하여 열이 발생되기 때문이다.
③ 혼합하면 과염소산칼륨이 연소하기 쉬운 액체로 변하기 때문이다.
④ 가열, 충격 및 마찰에 의하여 발화·폭발 위험이 높아지기 때문이다.

|문|제|풀|이|

[과염소산칼륨($KClO_3$) : 제1류 위험물(과염소산염류)]

- ·분해온도 400℃, 융점 610℃, 용해도 1.8(20℃), 비중 2.52
- ·무색무취의 사방정계 결정
- ·물, 알코올, 에테르에 잘 녹지 않는다.
- ·진한 황산과 접촉하면 폭발한다.
- **·인, 황, 탄소(목탄), 유기물 등과 혼합되었을 때 가열, 충격, 마찰에 의하여 폭발**한다. → (인, 황 : 제2류 위험물 (가연성 고체))
- ·소화방법으로는 주수소화가 가장 좋다.
- ·분해 반응식 : $KClO_4 \rightarrow KCl + 2O_2 \uparrow$

(과염소산칼륨)　(염화칼륨)　(산소)

【정답】 ④

40. 위험물의 품명 분류가 잘못된 것은?

① 제1석유류 : 휘발유
② 제2석유류 : 경유
③ 제3석유류 : 폼산
④ 제4석유류 : 기어유

|문|제|풀|이|

[제4류 위험물(인화성 액체)의 품명 및 종류]

품명	종류	
특수인화물	이황화탄소, 디에틸에테르, 아세트알데히드 산화프로필렌	
제1석유류	비수용성	휘발유, 메틸에틸케톤, 톨루엔, 벤젠
	수용성	시안화수소, 아세톤, 피리딘
알코올류	메틸알코올, 에틸알코올, 프로필알코올	
제2석유류	비수용성	등유, 경유, 스티렌, 크실렌(자일렌), 클로로벤젠
	수용성	아세트산, **폼산**, 히드라진
제3석유류	비수용성	크레오소트유, 중유, 아닐린, 니트로벤젠
	수용성	글리세린, 에틸렌글리콜
제4석유류	윤활유, 기어유, 실린더유	
동·식물유류	1. 건성유 : 정어리유, 대구유, 상어유, 해바라기유, 오동유, 아마인유, 들기름 2. 반건성유 : 채종유, 면실유, 참기름, 옥수수기름, 콩기름, 쌀겨기름, 청어유 등 3. 불건성유 : 쇠기름, 돼지기름, 고래기름, 피마자유, 올리브유, 팜유, 땅콩기름(낙화생유), 야자유	

*폼산 : 제2석유류

【정답】 ③

41. 유황의 성질을 설명한 것으로 옳은 것은?

① 전기의 양도체이다.

② 물에 잘 녹는다.

③ 연소하기 어려워 분진 폭발의 위험성은 없다.

④ 높은 온도에서 탄소와 반응하여 이황화탄소가 생긴다.

|문|제|풀|이|

[유황(황)(S) → 제2류 위험물]

·황색의 결정 또는 분말로 **물에 잘 녹지 않는다**.

·**전기절연재료**로 사용되며, 사방정계, 단사정계, 비정계 등 3종류가 있다.

·순도 60wt% 이상의 것이 위험물이다.

·연소하기 쉬우며 **분진폭발의 위험**이 있다.

·공기 중에서 푸른색 불꽃을 내며 타서 이산화황을 생성한다.

·연소 반응식(100℃) : $S + O_2 \rightarrow SO_2 \uparrow$

(황) (산소) (이산화황(아황산가스))

·탄소와의 반응식 : $2S + C \rightarrow CS_2$ +발열↑

(황) (탄소) (이황화탄소)

【정답】 ④

42. 다음 중 발화점이 가장 낮은 것은?

① 이황화탄소 ② 산화프로필렌

③ 휘발유 ④ 메탄올

|문|제|풀|이|

[위험물의 성상]

① 이황화탄소(CS_2, 2유화탄소) → 제4류 위험물(특수인화물) : 인화점 -30℃, **착화점 100℃**, 비점 46.25℃, 비중 1.26, 증기비중 2.62, 연소범위 1~44% → (착화점=발화점)

② 산화프로필렌(OCH_2CHCH_3) → 제4류 위험물(특수인화물) : 인화점 -37℃, **착화점 465℃**, 비점 34℃, 비중 0.83, 연소범위 2.5~38.5%

③ 휘발유(가솔린) → 제4류 위험물(제1석유류) : 인화점 -43~-20℃, **착화점 300℃**, 비점 30~210℃, 비중 0.65~0.80(증기비중 3~4), 연소범위 1.4~7.6%

④ 메틸알코올(CH_3OH, 메탄올, 목정) → 제4류 위험물(알코올류) : 인화점 11℃, **착화점 464℃**, 비점 65℃, 비중 0.8(증기비중 1.1), 연소범위 7.3~36%

【정답】 ①

43. 제5류 위험물의 위험성에 대한 설명으로 옳지 않은 것은?

① 가연성 물질이다.

② 대부분 외부의 산소 없이도 연소하며 연소속도가 빠르다.

③ 물에 잘 녹지 않으며 물과의 반응위험성이 크다.

④ 가열, 충격, 타격 등에 민감하며 강산화제 또는 강산류와 접촉 시 위험하다.

|문|제|풀|이|

[제5류 위험물(자기반응성 물질)의 일반성질]

1. 자기연소성(내부연소)성 물질이다.
2. 연소속도가 매우 빠르고
3. 대부분 **물에 불용성**이며 **물과의 반응성도 없다**.
4. 대부분 유기화합물이므로 가열, 마찰, 충격에 의해 폭발의 위험이 있으므로 장기 저장하는 것은 위험하다.
5. 대부분 물질 자체에 산소를 포함하고 있다.
6. 시간의 경과에 따라 자연발화의 위험성을 갖는다.
7. 연소 시 소화가 어렵다.
8. 비중이 1보다 크다.
9. 운반용기 외부에 "화기엄금", "충격주의"를 표시한다.

【정답】 ③

44. 질산칼륨에 대한 설명 중 옳은 것은?

① 유기물 및 강산에 보관할 때 매우 안정하다.

② 열에 안정하여 1000℃를 넘는 고온에서도 분해되지 않는다.

③ 알코올에는 잘 녹으나 물, 글리세린에는 잘 녹지 않는다.

④ 무색무취의 결정 또는 분말로서 화약 원료로 사용된다.

|문|제|풀|이|

[질산칼륨(KNO_3) : 제1류 위험물(산화성고체)]

·**분해온도 400℃**, 융점 336℃, 용해도 26(15℃), 비중 2.098

·무색 또는 백색 결정 또는 분말로 초석이라고 부른다.

·물, 글리세린에 잘 녹고 알코올에는 난용이나 흡습성은 없다.

·가연물과 접촉 또는 혼합되어 있으면 위험하다.

·유기물 및 강산에 보관하면 위험하다.

·숯가루 유황가루를 혼합하여 흑색화약제조 및 불꽃놀이 등에 사용

·열분해 반응식 : $2KNO_3 \rightarrow 2KNO_2 + O_2 \uparrow$

(질산칼륨) (아질산칼륨) (산소)

·소화방법에는 주수소화가 효과적이다.

【정답】 ④

45. 【보기】에서 설명하는 물질은 무엇인가?

> 【보기】
> – 살균제 및 소독제로도 사용된다.
> – 분해할 때 발생하는 발생기산소 [O]는 난분해성 유기물질을 산화시킬 수 있다.

① $HClO_4$ ② CH_3OH

③ H_2O_2 ④ H_2SO_4

|문|제|풀|이|

[과산화수소(H_2O_2) → 제6류 위험물]

- 착화점 80.2℃, 융점 -0.89℃, 비중 1.465, 증기비중 1.17, 비점 80.2℃
- 순수한 것은 무색투명한 점성이 있는 액체이다. → (양이 많을 경우 청색)
- 분해 시 산소(O_2)를 발생하므로 안정제로 인산, 요산 등을 사용
- 분해 반응식 : $4H_2O_2$ → H_2O + [O] (발생기 산소 : 표백작용)
  (과산화수소) (물) (산소)
- 물, 알코올, 에테르에는 녹고, 벤젠, 석유에는 녹지 않는다.
- 강산화제 및 환원제로 사용되며 **표백 및 살균작용**을 한다.
- 저장용기는 밀폐하지 말고 구멍이 있는 마개를 사용한다.
- 히드라진(N_2H_4)과 접촉 시 분해작용으로 폭발위험이 있다.
- 농도가 30wt% 이상은 위험물에 속한다. 【정답】 ③

46. 【보기】의 위험물 중 비중이 물보다 큰 것은 모두 몇 개인가?

> 【보기】 과염소산, 과산화수소, 질산

① 0 ② 1

③ 2 ④ 3

|문|제|풀|이|

[위험물의 비중]

1. 과염소산($HClO_4$) : 제6류 위험물, 비중 1.76,
2. 과산화수소(H_2O_2) : 제6류 위험물, 비중 1.465
3. 질산(HNO_3) : 제6류 위험물, 비중 1.49

【정답】 ④

47. 다음 중 위험물안전관리법령상 위험물제조소와의 안전거리가 가장 먼 것은?

①「고등교육법」에서 정하는 학교

②「의료법」에 따른 병원급 의료기관

③「고압가스 안전관리법」에 의하여 허가를 받은 고압가스제조시설

④「문화재보호법」에 의한 유형문화재와 기념물 중 지정문화재

|문|제|풀|이|

[위험물 제조소와의 안전거리]

1. 주거용으로 사용되는 것 : 10m 이상
2. 학교, 병원, 극장 그 밖에 다수인을 수용하는 시설 : 30m 이상
3. **유형문화재와 기념물 중 지정문화재 : 50m 이상**
4. 고압가스, 액화석유가스, 도시가스를 저장·취급하는 시설 : 20m 이상
5. 7000V 초과 35000V 이하의 특고압가공전선 : 3m 이상
6. 35000V를 초과하는 특고압가공전선 : 5m 이상

【정답】 ④

48. 칼륨을 물에 반응시키면 격렬한 반응이 일어난다. 이때 발생하는 기체는 무엇인가?

① 산소 ② 수소

③ 질소 ④ 이산화탄소

|문|제|풀|이|

[칼륨(K) → 제3류 위험물(금수성)]

- 융점 63.5℃, 비점 762℃, 비중 0.857
- 은백색 광택의 무른 경금속으로 불꽃반응은 보라색
- 공기 중에서 수분과 반응하여 수소를 발생한다.
- 물과 반응식 : 2K + $2H_2O$→ 2KOH + H_2 ↑ + 92.8kcal
  (칼륨) (물) (수산화칼륨) (수소) (반응열)
- 비중이 작으므로 석유(파라핀, 경유, 등유) 속에 저장한다.
- 흡습성, 조해성이 있다.
- 소화방법에는 마른모래 및 탄산수소염류 분말소화약제가 효과적 → (주수소화와 사염화탄소(CCl_4)와는 폭발반응을 하므로 절대 금한다.)

【정답】 ②

49. 위험물안전관리법령상의 위험물 운반에 관한 기준에서 액체위험물은 운반용기 내용적의 몇 % 이하의 수납률로 수납하여야 하는가?

① 80 ② 85
③ 90 ④ 98

|문|제|풀|이|

[위험물 적재방법]
1. 고체위험물은 운반용기 내용적의 95% 이하의 수납률로 수납할 것
2. **액체위험물**은 운반용기 **내용적의 98% 이하**의 수납률로 수납하되, 55도의 온도에서 누설되지 아니하도록 충분한 공간용적을 유지하도록 할 것
3. 자연발화성 물질 중 알킬알루미늄 등은 운반용기의 내용적의 90% 이하의 수납률로 수납하되, 50℃의 온도에서 5% 이상의 공간용적을 유지하도록 할 것
4. 제1류 위험물, 제3류 위험물 중 자연발화성 물질, 제4류 위험물 중 특수 인화물, 제5류 위험물 또는 제6류 위험물은 차광성이 있는 피복으로 가릴 것
5. 제1류 위험물 중 알칼리금속의 과산화물 또는 이를 함유한 것, 제2류 위험물 중 철분, 금속분, 마그네슘 또는 이들 중 어느 하나 이상을 함유한 것 또는 제3류 위험물 중 금수성 물질은 방수성이 있는 피복으로 덮을 것

【정답】 ④

50. 메틸알코올의 위험성으로 옳지 않은 것은?

① 나트륨과 반응하여 수소기체를 발생한다.
② 휘발성이 강하다.
③ 연소범위가 알코올류 중 가장 좁다.
④ 인화점이 상온(25℃)보다 낮다.

|문|제|풀|이|

[제4류 위험물 알코올류의 성상 비교]
1. 메틸알코올(CH_3OH, 메탄올, 목정) : 인화점 11℃, 착화점 464℃, 비점 65℃, 비중 0.8(증기비중 1.1), **연소범위 7.3~36%**
2. 에틸알코올(C_2H_5OH, 주정) : 인화점 13℃, 착화점 423℃, 비점 79℃, 비중 0.8(증기비중 1.59), **연소범위 4.3~19%**
3. 프로필알코올(C_3H_7OH) : 인화점 15℃, 비점 97.2℃, **연소범위 2.1~13.5%**

【정답】 ③

51. 위험물제조소의 건축물 구조기준 중 연소의 우려가 있는 외벽은 출입구 외의 개구부가 없는 내화구조의 벽으로 하여야 한다. 이때 연소의 우려가 있는 외벽은 제조소가 설치된 부지의 경계선에서 몇 m 이내에 있는 외벽을 말하는가? (단, 단층 건물일 경우이다.)

① 3 ② 4
③ 5 ④ 6

|문|제|풀|이|

[연소의 우려가 있는 외벽] 연소의 우려가 있는 외벽은 다음 각 호의 1에 정한 선을 기산점으로 하여 **3m**(2층 이상의 층에 대해서는 5m) 이내에 있는 제조소등의 외벽을 말한다. 다만, 방화상 유효한 공터, 광장, 하천, 수면 등에 면한 외벽은 제외한다.
1. 제조소등이 설치된 부지의 경계선
2. 제조소등에 인접한 도로의 중심선
3. 제조소등의 외벽과 동일부지 내의 다른 건축물의 외벽간의 중심선

【정답】 ①

52. 질산이 직사일광에 노출될 때 어떻게 되는가?

① 분해되지는 않으나 붉은색으로 변한다.
② 분해되지는 않으나 녹색으로 변한다.
③ 분해되어 질소를 발생한다.
④ 분해되어 이산화질소를 발생한다.

|문|제|풀|이|

[질산(HNO_3) → 제6류 위험물]
- 융점 -42℃, 비점 86℃, 비중 1.49, 증기비중 2.17, 용해열 7.8kcal/mol
- 무색의 무거운 액체 → (보관 중 담황색으로 변한다.)
- 수용성으로 물과 반응하여 강산 산성을 나타낸다.
- 흡습성이 강하여 습한 공기 중에서 발열한다.
- 자극성, 부식성이 강한 강산이다.
- 환원성 물질(탄화수소, 황화수소, 이황화수소 등)과 반응하여 발화, 폭발한다.
- 비점이 낮아 휘발성이고 햇빛에 의해 일부 분해한다.
- 분해 반응식 : $4HNO_3 \rightarrow 4NO_2\uparrow + O_2\uparrow + 2H_2O$
  (질산) (이산화질소) (산소) (물)

【정답】 ④

53. 다음 중 위험물안전관리법령상 제6류 위험물에 해당하는 것은?

① 황산 ② 염산
③ 질산염류 ④ 할로겐간화합물

|문|제|풀|이|

[위험물의 분류]
① 황산 : 유독물
② 염산 : 유독물
③ 질산염류 → 제1류 위험물(산화성 고체)
④ 할로겐간화합물 → 제6류 위험물(산화성 액체)

【정답】 ④

54. 위험물안전관리법령상 제2류 위험물의 위험등급에 대한 설명으로 옳은 것은?

① 제2류 위험물은 위험등급 Ⅰ에 해당되는 품명이 없다.
② 제2류 위험물은 위험등급 Ⅲ에 해당되는 품명은 지정 수량이 500kg인 품명만 해당된다.
③ 제2류 위험물 중 황화린, 적린, 유황 등 지정수량이 100kg인 품명은 위험등급 Ⅰ에 해당한다.
④ 제2류 위험물 중 지정수량이 1000kg인 인화성고체는 위험등급 Ⅱ에 해당한다.

|문|제|풀|이|

[제2류 위험물의 위험등급]

유별 및 성질	위험등급	품명	지정수량
제2류 가연성 고체	Ⅱ	1. 황화린 : 삼황화린, 오황화린, 칠황화린 2. 적린 3. 유황(황) : 사방정계, 단사정계, 비정계	100kg
	Ⅲ	4. 마그네슘 5. 철분 6. 금속분 : 알루미늄분, 아연분, 안티몬	500kg
	Ⅱ~Ⅲ	7. 그 밖에 행정안전부령이 정하는 것 8. 제1호 내지 제7호에 해당하는 어느 하나 이상을 함유한 것	100kg 또는 500kg
	Ⅲ	9. 인화성 고체 : 락카퍼티, 고무풀	1000kg

【정답】 ①

55. 위험물 저장탱크의 공간용적은 탱크 내용적의 얼마 이상, 얼마 이하로 하는가?

① 2/100 이상, 3/100 이하
② 2/100 이상, 5/100 이하
③ 5/100 이상, 10/100 이하
④ 10/100 이상, 20/100 이하

|문|제|풀|이|

[탱크의 내용적 및 공간용적]
1. 내용적 : 500L
2. 공간용적 : 탱크의 공간용적은 탱크의 내용적의 $\frac{5}{100}$ 이상, $\frac{10}{100}$ 이하의 용적으로 한다.

【정답】 ③

56. 칼륨이 에틸알코올과 반응 할 때 나타나는 현상은?

① 산소가스를 생성한다.
② 칼륨에틸레이트를 생성한다.
③ 칼륨과 물이 반응할 때와 동일한 생성물이 나온다.
④ 에틸알코올이 산화되어 아세트알데히드를 생성한다.

|문|제|풀|이|

[칼륨(K) → 제3류 위험물(금수성)]
· 융점 63.5℃, 비점 762℃, 비중 0.857
· 은백색 광택의 무른 경금속으로 불꽃반응은 보라색
· 공기 중에서 수분과 반응하여 수소를 발생한다.
· 물과 반응식 : $2K + 2H_2O \rightarrow 2KOH + H_2 \uparrow + 92.8kcal$
(칼륨) (물) (수산화칼륨) (수소) (반응열)
· 비중이 작으므로 석유(파라핀, 경유, 등유) 속에 저장한다.
· 흡습성, 조해성이 있다.
· 에틸알코올과 반응식 : $2K + 2C_2H_5OH \rightarrow 2C_2H_5OK + H_2 \uparrow$
(칼륨) (에틸알코올) (칼륨에틸레이트) (수소)
· 소화방법에는 마른모래 및 탄산수소염류 분말소화약제가 효과적
→ (주수소화와 사염화탄소(CCl_4)와는 폭발반응을 하므로 절대 금한다.)

【정답】 ②

57. 지정수량 20배의 알코올류를 저장하는 옥외탱크저장소의 경우 펌프실 외의 장소에 설치하는 펌프설비의 기준으로 옳지 않은 것은?

① 펌프설비 주위에는 3m 이상의 공지를 보유한다.
② 펌프설비 그 직하의 지반면 주위에 높이 0.15m 이상의 턱을 만든다.
③ 펌프설비 그 직하의 지반면의 최저부에는 집유설비를 만든다.
④ 집유설비에는 위험물이 배수구에 유입되지 않도록 유분리장치를 만든다.

|문|제|풀|이|

[집유설비] **알코올류**는 물에 잘 녹는 수용액이므로 **유분리장치는 필요 없다**, 그러나 온도 20℃의 물 100g에 용해되는 양이 1g 미만인 위험물을 취급하는 설비에 있어서는 당해 위험물이 직접 배수구에 흘러들어가지 아니하도록 집유설비에 유분리장치를 설치하여야 한다. 【정답】 ④

58. 제5류 위험물 중 유기과산화물 30kg과 히드록실아민 500kg을 함께 보관하는 경우 지정수량의 몇 배인가?

① 3배 ② 8배
③ 10배 ④ 18배

|문|제|풀|이|

[지정수량 계산값(배수)]

$$배수(계산값) = \frac{A품명의\ 저장수량}{A품명의\ 지정수량} + \frac{B품명의\ 저장수량}{B품명의\ 지정수량} + \cdots\cdots$$

1. 위험물의 지정수량 : 유기과산화물 10kg, 히드록실아민 100kg
2. 위험물의 저장수량 : 유기과산화물 30kg, 히드록실아민 500kg

$\therefore 배수 = \frac{30}{10} + \frac{500}{100} = 8배$ 【정답】 ②

59. 위험물안전관리법령상 품명이 금속분에 해당하는 것은? (단, 150㎛의 체를 통과하는 것이 50wt% 이상인 경우이다.)

① 니켈분 ② 마그네슘분
③ 알루미늄분 ④ 구리분

|문|제|풀|이|

[위험물로서 금속분] 알칼리금속, 알칼리토금속, 철 및 마그네슘 이외의 금속분을 말하며, 구리분, 니켈분 및 150마이크로미터의 체를 통과하는 것이 50wt% 미만인 것은 위험물에서 제외한다.

*[금속분 → 제2류 위험물] : 알루미늄분(Al), 아연분(Zn), 안티몬(Sb), 티탄(Ti, 타이타늄) 등 【정답】 ③

60. 아세톤의 성질에 대한 설명으로 옳은 것은?

① 자연발화성 때문에 유기용제로서 사용할 수 없다.
② 무색무취이고 겨울철에 쉽게 응고한다.
③ 증기비중은 약 0.79이고 요오드폼반응을 한다.
④ 물에 잘 녹으며 끓는 점이 60℃보다 낮다.

|문|제|풀|이|

[아세톤(CH_3COCH_3) → 제4류 위험물(제1석유류)]

- 지정수량(수용성) 400L, 인화점 -18℃, 착화점 538℃, **비점(끓는점) 56.5℃**, 비중 0.79, **증기비중 2.0**
  연소범위 2.6~12.8%
- 무색투명하고 요오드(아이오딘)포름 반응을 하는 **독특한 냄새**가 나는 휘발성 액체다.
- 액체는 물보다 가볍고, 증기는 공기보다 무겁다.
- 물, 알코올, 에테르에 잘 녹는다.
- 일광에 분해되고, 보관 중 황색으로 변한다.
- 자연발화성이 없으므로 **유기용제로 사용**된다.
- 저장은 밀봉하여 건조하고 서늘한 장소에 저장한다.
- 소화방법에는 수용성이므로 분무소화가 가장 효과적이며 질식소화기가 좋고, 화학포는 소포되므로 알코올포소화기를 사용한다.
- 연소반응식 : $CH_3COCH_3 + 4O_2 \rightarrow 3CO_2 \uparrow + 3H_2O$
  (디메틸케톤) (산소) (이산화탄소) (물)

※ 【요오드폼반응】 아세틸기를 가진 물질에 요오드와 수산화나트륨 수용액을 가하면 요오드폼의 노란색 침전물이 생기는 반응. 아세톤, 에틸알코올, 아세트알데히드 등을 검출할 때 이용한다.

【정답】 ④

2015_2 위험물기능사 필기

01. 위험물안전관리법령에 따라 다음 ( ) 안에 알맞은 용어는?

> 주유취급소 중 건축물의 2층 이상의 부분을 점포·휴게음식점 또는 전시장의 용도로 사용하는 것에 있어서는 당해 건축물의 2층 이상으로부터 주유취급소의 부지 밖으로 통하는 출입구와 당해 출입구로 통하는 통로·계단 및 출입구에 ( )을(를) 설치하여야 한다.

① 피난사다리 ② 경보기
③ 유도등 ④ CCTV

|문|제|풀|이|

[피난설비의 설치기준]

1. 주유취급소 중 건축물의 2층 이상의 부분을 점포·휴게음식점 또는 전시장의 용도로 사용하는 것에 있어서는 당해 건축물의 2층 이상으로부터 주유취급소의 부지 밖으로 통하는 출입구와 당해 출입구로 통하는 통로·계단 및 출입구에 **유도등**을 설치하여야 한다.
2. 옥내주유취급소에 있어서는 당해 사무소 등의 출입구 및 피난구와 당해 피난구로 통하는 통로·계단 및 출입구에 유도등을 설치하여야 한다.
3. 유도등에는 비상전원을 설치하여야 한다. 【정답】 ③

02. 다음 중 물이 소화약제로 쓰이는 이유로 가장 거리가 먼 것은?

① 쉽게 구할 수 있다.
② 제거소화가 잘 된다.
③ 취급이 간편하다.
④ 기화잠열이 크다.

|문|제|풀|이|

[물을 소화약제로 사용하는 이유]

- 구입이 용이하고, 사용하기가 쉬우며, 인체에 무해하다.
- 기화열을 이용한 **냉각효과**가 크다.
- 비열과 잠열이 크다.
- 장기간 보관할 수 있고, 가격이 저렴하다.

※증발(기화)잠열 : 온도 변화 없이 1g의 액체를 증기로 변화시키는데 필요한 열량

1. 물 : 539cal/g → (물의 증발잠열이 가장 크다.)
2. 이산화탄소 : 137.8cal/g (576kJ/kg)
3. 할론1301 : 28.4cal/g (119kJ/kg) 【정답】 ②

03. 니트로셀룰로오스의 저장·취급방법으로 틀린 것은?

① 직사광선을 피해 저장한다.
② 되도록 장기간 보관하여 안정화된 후에 사용한다.
③ 유기과산화물류, 강산화제와의 접촉을 피한다.
④ 건조 상태에 이르면 위험하므로 습한 상태를 유지한다.

|문|제|풀|이|

[니트로셀룰로오스$[C_6H_7O_2(ONO_2)_3]_n$ → 제5류 위험물, 질산에스테르류]

- 비중 1.5, 분해온도 130℃, 착화점 180℃
- 셀룰로오스에 진한 질산과 진한 황산을 3:1의 비율로 혼합 작용시켜 제조한 것으로 약칭은 NC이다.
- 니트로글리세린(NG)과 융합한 것을 교질 다이너마이트라 한다.
- 비수용성이며 초산에틸, 초산아밀, 아세톤에 잘 녹는다.
- 건조 상태에서는 폭발 위험이 크므로 저장 중에 물(20%) 또는 알코올(30%)로 습윤시켜 저장한다. 따라서 **장기보관하면 위험하다.**
- 가열, 마찰, 충격에 연소, 폭발하기 쉽다. 【정답】 ②

04. 위험물안전관리법령상 전기설비에 적응성이 없는 소화설비는?

① 포소화설비
② 이산화탄소소화설비
③ 할로겐화합물소화설비
④ 물분무소화설비

|문|제|풀|이|

[위험물의 성질에 따른 소화설비의 적응성(전기설비)]

구분 \ 대상			전기설비
옥내소화전 또는 옥외소화전설비			
스프링클러설비			
물분무등 소화설비	**물분무소화설비**		○
	포소화설비		
	불활성가스소화설비		○
	할로겐화합물소화설비		○
	분말소화설비	인산염류등	○
		탄산수소염류등	○
		그 밖의 것	
대형소형 수동식 소화기	봉상수(棒狀水)소화기		
	무상수(霧狀水)소화기		○
	봉상강화액소화기		
	무상강화액소화기		○
	포소화기		
	이산화탄소소화기		○
	할로겐화합물소화기		○
	분말소화기	인산염류소화기	○
		탄산수소염류소화기	○
		그 밖의 것	
기타	물통 또는 수조		
	건조사		
	팽창질석 또는 팽창진주암		

【정답】 ①

05. 위험물안전관리법령상 간이탱크저장소에 대한 설명 중 틀린 것은?

① 간이저장탱크의 용량은 600리터 이하여야 한다.
② 하나의 간이탱크저장소에 설치하는 간이저장탱크는 5개 이하여야 한다.
③ 간이저장탱크는 두께 3.2mm 이상의 강판으로 흠이 없도록 제작하여야 한다.
④ 간이저장탱크는 70kPa의 압력으로 10분간의 수압시험을 실시하여 새거나 변형되지 않아야 한다.

|문|제|풀|이|

[위험물 간이탱크저장소의 설치기준]

1. **하나의 간이탱크저장소에 설치하는 간이저장탱크는 그 수를 3 이하**로 하고, 동일한 품질의 위험물의 간이저장탱크를 2 이상 설치하지 아니하여야 한다.
2. 간이탱크저장소에는 보기 쉬운 곳에 「위험물 간이탱크저장소」라는 표시를 한 표지와 방화에 관하여 필요한 사항을 게시한 게시판을 설치하여야 한다.
3. 간이저장탱크는 움직이거나 넘어지지 아니하도록 지면 또는 가설대에 고정시키되, 옥외에 설치하는 경우에는 그 탱크의 주위에 너비 1m 이상의 공지를 두고, 전용실 안에 설치하는 경우에는 탱크와 전용실의 벽과의 사이에 0.5m 이상의 간격을 유지하여야 한다.
4. 간이저장탱크의 용량은 600L 이하이어야 한다.
5. 간이저장탱크는 두께 3.2mm 이상의 강판으로 흠이 없도록 제작하여야 하며, 70kPa 압력으로 10분간의 수압시험을 실시하여 새거나 변형되지 아니하여야 한다.

【정답】 ②

06. 가연성 물질과 주된 연소형태의 연결이 틀린 것은?

① 종이, 섬유 - 분해연소
② 셀룰로이드, TNT - 자기연소
③ 목재, 석탄 - 표면연소
④ 유황, 알코올 - 증발연소

|문|제|풀|이|

[고체의 연소형태]

구분	내용
표면연소	가연성물질 표면에서 산소와 반응해서 연소하는 것이며, 숯, **목탄**, 코크스, 금속분 등
분해연소	분해열로서 발생하는 가연성가스가 공기 중의 산소와 화합해서 일어나는 연소이며 **석탄**, 목재, 종이, 섬유, 플라스틱 등
증발연소	가연성물질을 가열했을 때 분해열을 일으키지 않고 그대로 증발한 증기가 연소하는 것이며 유황, 알코올, 파라핀(양초), 나프탈렌 등
자기연소	화약, 폭약의 원료인 제5류 위험물 TNT, 니트로셀룰로우즈, 질화면 등 그 물질이 가연물과 산소를 동시에 가지고 있는 가연물이 연소하는 형태

【정답】 ③

07. 위험물안전관리법령상 제3류 위험물의 금수성물질 화재 시 적응성이 있는 소화약제는?

① 탄산수소염류분말

② 물

③ 이산화탄소

④ 할로겐화합물

|문|제|풀|이|

[위험물의 성질에 따른 소화설비의 적응성]

소화설비의 구분 (대상)			제3류 위험물	
			금수성물품	그 밖의 것
옥내소화전 또는 옥외소화전설비				○
스프링클러설비				○
물분무등소화설비	물분무소화설비			○
	포소화설비			○
	불활성가스소화설비			
	할로겐화합물소화설비			
	분말소화설비	인산염류등		
		탄산수소염류등	○	
		그 밖의 것	○	
대형소형수동식소화기	봉상수(棒狀水)소화기			○
	무상수(霧狀水)소화기			○
	봉상강화액소화기			○
	무상강화액소화기			○
	포소화기			○
	이산화탄소소화기			
	할로겐화합물소화기			
	분말소화기	인산염류소화기		
		탄산수소염류소화기	○	
		그 밖의 것	○	
기타	물통 또는 수조			○
	건조사		○	○
	팽창질석 또는 팽창진주암		○	○

【정답】 ①

08. 할론 1301의 증기 비중은? (단, 불소의 원자량은 19, 브롬의 원자량은 80, 염소의 원자량은 35.5이고 공기의 분자량은 29이다.)

① 2.14　　② 4.15

③ 5.14　　④ 6.15

|문|제|풀|이|

[증기비중] $\text{증기비중} = \frac{\text{기체의 분자량}}{\text{공기의 분자량}} = \frac{\text{기체의 분자량}}{29}$

할론 1301(CF_3Br) → 분자량=12+19×3+80=149

$\therefore \text{증기비중} = \frac{149}{29} = 5.14$

【정답】 ③

09. B, C급 화재뿐만 아니라 A급 화재까지도 사용이 가능한 분말소화약제는?

① 제1종 분말소화약제

② 제2종 분말소화약제

③ 제3종 분말소화약제

④ 제4종 분말소화약제

|문|제|풀|이|

[분말소화약제의 종류 및 특성]

종류	주성분	착색	적용 화재
제1종 분말	탄산수소나트륨을 주성분으로 한 것, ($NaHCO_3$)	백색	B, C급
	분해반응식: $2NaHCO_3 \rightarrow Na_2CO_3 + H_2O + CO_2$ (탄산수소나트륨) (탄산나트륨) (물) (이산화탄소)		
제2종 분말	탄산수소칼륨을 주성분으로 한 것, ($KHCO_3$)	담회색 (보라색)	B, C급
	분해반응식: $2KHCO_3 \rightarrow K_2CO_3 + H_2O + CO_2$ (탄산수소칼륨) (탄산칼륨) (물) (이산화탄소)		
제3종 분말	인산암모늄을 주성분으로 한 것, ($NH_4H_2PO_4$)	담홍색, 황색	**A, B, C급**
	분해반응식: $NH_4H_2PO_4 \rightarrow HPO_3 + NH_3 + H_2O$ (인산암모늄) (메타인산) (암모니아)(물)		
제4종 분말	제2종과 요소를 혼합한 것, $KHCO_3 + (NH_2)_2CO$	회색	B, C급
	분해반응식: $2KHCO_3 + (NH_2)_2CO \rightarrow K_2CO_3 + 2NH_3 + 2CO_2$ (탄산수소칼륨) (요소) (탄산칼륨)(암모니아)(이산화탄소)		

【정답】 ③

10. 식용유 화재 시 제1종 분말소화약제를 이용하여 화재의 제어가 가능하다. 이때의 소화원리에 가장 가까운 것은?

① 촉매효과에 의한 질식소화
② 비누화 반응에 의한 질식소화
③ 요오드화에 의한 냉각소화
④ 가수분해 반응에 의한 냉각소화

|문|제|풀|이|

[식용유화재] 제1종 분말(탄산수소나트륨을 주성분으로 한 것 : $NaHCO_3$)의 비누화현상에 의한 질식소화

→ (Na^+ : 거품을 생성한다.)

【정답】 ②

11. 위험물안전관리법령에서 정한 자동화재탐지설비에 대한 기준으로 틀린 것은? (단, 원칙적인 경우에 한한다.)

① 경계구역은 건축물 그 밖의 공작물의 2 이상의 층에 걸치지 아니하도록 할 것
② 하나의 경계구역의 면적은 $600m^2$ 이하로 할 것
③ 하나의 경계구역의 한 변 길이는 30m 이하로 할 것
④ 자동화재탐지설비에는 비상전원을 설치할 것

|문|제|풀|이|

[자동화재탐지설비의 설치기준]

1. 자동화재탐지설비의 경계구역은 건축물 그 밖의 공작물의 2 이상의 층에 걸치지 아니하도록 할 것
2. 하나의 경계구역의 면적은 $600m^2$ 이하로 하고 **그 한 변의 길이는 50m**(광전식분리형 감지기를 설치할 경우에는 100m)이하로 할 것
   → 다만, 당해 건축물 그 밖의 공작물의 주요한 출입구에서 그 내부의 전체를 볼 수 있는 경우에 있어서는 그 면적을 $1,000m^2$이하로 할 수 있다.

【정답】 ③

12. 다음 중 산화성 물질이 아닌 것은?

① 무기과산화물 ② 과염소산
③ 질산염류 ④ 마그네슘

|문|제|풀|이|

[위험물의 분류]

① 무기과산화물 : 제1류 위험물 (산화성 고체)
② 과염소산 : 제6류 위험물 (산화성 액체)
③ 질산염류 : 제1류 위험물 (산화성 고체)
④ 마그네슘 : 제2류 위험물 (가연성 고체)

【정답】 ④

13. 위험물제조소에서 국소방식의 배출설비 배출능력은 1시간 당 배출장소 용적의 몇 배 이상인 것으로 하여야 하는가?

① 5 ② 10
③ 15 ④ 20

|문|제|풀|이|

[위험물제조소의 배출설비]

1. 배출설비는 국소방식으로 하여야 한다.
2. 배출설비는 배풍기(오염된 공기를 뽑아내는 통풍기)·배출 덕트(공기 배출 통로)·후드 등을 이용하여 강제적으로 배출하는 것으로 해야 한다.
3. 배출능력은 **1시간당** 배출장소 용적의 **20배 이상**인 것으로 하여야 한다. 다만, 전역방식의 경우에는 바닥면적 $1m^2$ 당 $18m^3$ 이상으로 할 수 있다.

【정답】 ④

14. 소화약제로 사용할 수 없는 물질은?

① 이산화탄소 ② 제1인산암모늄
③ 탄산수소나트륨 ④ 브롬산암모늄

|문|제|풀|이|

[소화약제]

① 이산화탄소(CO_2) : 이산화탄소소화약제
② 제1인산암모늄($NH_4H_2PO_4$) : 제3종 분말
③ 탄산수소나트륨($NaHCO_3$) : 제1종 분말
④ 브롬산암모늄(NH_4BrO_3) : 제1류 위험물(브롬산염류)

【정답】 ④

15. 유류화재 시 발생하는 이상 현상인 보일오버(Boil over)의 방지대책으로 가장 거리가 먼 것은?

① 탱크 하부에 배수관을 설치하여 탱크 저면의 수층을 방지한다.

② 적당한 시기에 모래나 팽창질석, 비등석을 넣어 물의 과열을 방지한다.

③ 냉각수를 대량 첨가하여 유류와 물의 과열을 방지한다.

④ 탱크 내용물의 기계적 교반을 통하여 에멀션 상태로 하여 수층형성을 방지한다.

|문|제|풀|이|

[보일오버(boil over)] 고온층이 형성된 유류화재의 탱크저부로 침강하여 저부에 물이 고여 있는 경우, 화재의 진행에 따라 바닥의 물이 급격히 증발하여 대량의 수증기가 상층의 유류를 밀어 올려 다량의 기름을 분출시키는 위험현상

→ 방지대책으로는 탱크 하부에 배수관을 설치하여 탱크 밑면의 수층을 방지한다.

※ 탱크 바닥에 물 또는 기름의 에멀션 층이 있는 경우 발생하는 현상이므로 냉각수를 첨가하면 더 위험하다.

【정답】 ③

16. 20℃의 물 100kg이 100℃ 수증기로 증발하면 몇 kcal의 열량을 흡수할 수 있는가? (단, 물의 증발잠열은 540kcal이다)

① 540　　② 7800

③ 62000　　④ 108000

|문|제|풀|이|

[열량(Q)] 0℃물 → 100℃물 → 100℃ 수증기를 만드는데 필요한 열량 $Q=mC_p\Delta_t+r\cdot m$ → (열량(Q)=현열+잠열)

여기서, m : 무게, C_p : 물의 비열(1kcal/kg·℃), Δ_t : 온도차

r : 물의 증발잠열(540kcal/kg)

$\therefore Q=mC_p\Delta_t+r\cdot m$

=[1kcal/kg·℃×100kg×(100℃−20℃)]+(100kg×540kcal/kg)

=62000kcal

※1. 현열 : 상태변화(물→ 수증기) 시 온도 변화에 쓰인 열
현열=[1kcal/kg·℃×100kg×(100℃−20℃)]

2. 잠열 : 상태변화(물→ 수증기) 시 변화 (상변화)에 쓰인 열
잠열=(100kg×540kcal/kg)

【정답】 ③

17. 위험물안전관리법에서 정한 정전기를 유효하게 제거할 수 있는 방법에 해당하지 않는 것은?

① 위험물 이송 시 배관 내 유속을 빠르게 하는 방법

② 공기를 이온화하는 방법

③ 접지에 의한 방법

④ 공기 중의 상대습도를 70% 이상으로 하는 방법

|문|제|풀|이|

[위험물 제조소의 정전기 제거설비]

1. 접지에 의한 방법
2. 공기 중의 상대습도를 70% 이상으로 하는 방법
3. 공기를 이온화하는 방법
4. 위험물 이송 시 **유속 1m/s 이하**로 할 것

【정답】 ①

18. 다음 중 가연물이 고체 덩어리보다 분말 가루일 때 위험성이 큰 이유로 가장 옳은 것은?

① 공기와 접촉 면적이 크기 때문이다.

② 열전도율이 크기 때문이다.

③ 흡열반응을 하기 때문이다.

④ 활성에너지가 크기 때문이다.

|문|제|풀|이|

[가연물의 조건]

·산소와의 친화력이 클 것
·발열량이 클 것
·열전도율(열을 전달하는 정도)이 적을 것
→ (기체 〉 액체 〉 고체)
·**표면적이 넓을 것**(공기와의 접촉면이 크다)
→ (기체 〉 액체 〉 고체)
·활성에너지(화학반응을 이루는데 필요한 에너지)가 작을 것
·연쇄반응을 일으킬 수 있을 것

【정답】 ①

19. 제5류 위험물의 화재 시 적응성이 있는 소화설비는?

① 분말소화설비

② 할로겐화합물소화설비

③ 물분무소화설비

④ 이산화탄소소화설비

|문|제|풀|이|

[위험물의 성질에 따른 소화설비의 적응성]

소화설비의 구분			대상: 제5류 위험물
옥내소화전 또는 옥외소화전설비			○
스프링클러설비			○
물분무등 소화설비	물분무소화설비		○
	포소화설비		○
	불활성가스소화설비		
	할로겐화합물소화설비		
	분말소화설비	인산염류등	
		탄산수소염류등	
		그 밖의 것	
대형 소형수동식 소화기	봉상수(棒狀水)소화기		○
	무상수(霧狀水)소화기		○
	봉상강화액소화기		○
	무상강화액소화기		○
	포소화기		○
	이산화탄소소화기		
	할로겐화합물소화기		
	분말소화기	인산염류소화기	
		탄산수소염류소화기	
		그 밖의 것	
기타	물통 또는 수조		○
	건조사		○
	팽창질석 또는 팽창진주암		○

【정답】 ③

20. 물과 접촉하면 열과 산소가 발생하는 것은?

① $NaClO_2$ ② $NaClO_3$

③ $KMnO_4$ ④ Na_2O_2

|문|제|풀|이|

[물과 위험물의 반응]

① 아염소산나트륨($NaClO_2$) : 제1류 위험물(아염소산염류), 수용성

② 염소산나트륨($NaClO_3$) : 제1류 위험물(염소산염류), 수용성

③ 과망간산칼륨($KMnO_4$) : 제1류 위험물(과망간산염류), 수용성

④ 과산화나트륨(Na_2O_2) : 제1류 위험물(무기과산화물)

·물과 반응하여 수산화나트륨과 산소를 발생한다.

·물과 반응식 : $2Na_2O_2 + 2H_2O \rightarrow 4NaOH + O_2 \uparrow$ + 발열

(과산화나트륨) (물) (수산화나트륨) (산소)

·소화방법으로는 마른모래, 분말소화제, 소다회, 석회 등 사용 → (주수소화는 위험)

【정답】 ④

21. 위험물에 대한 설명으로 틀린 것은?

① 적린은 연소하면 유독성 물질이 발생한다.

② 마그네슘은 연소하면 가연성 수소가스가 발생한다.

③ 유황은 분진폭발의 위험이 있다.

④ 황화린에는 P_4S_3, P_2S_5, P_4S_7 등이 있다.

|문|제|풀|이|

[마그네슘(Mg) → 제2류 위험물]

·착화점 400℃(불순물 존재 시), 융점 650℃, 비점 1102℃, 비중 1.74

·연소 반응식 : $2Mg + O_2 \rightarrow 2MgO + 2 \times 143.7kcal$

(마그네슘) (산소) (산화마그네슘) (반응열)

【정답】 ②

22. 위험물안전관리법령상 옥내저장탱크와 탱크전용실의 벽과의 사이 및 옥내저장탱크의 상호 간에는 몇 m 이상의 간격을 유지하여야 하는가? (단, 탱크의 점검 및 보수에 지장이 없는 경우는 제외한다.)

① 0.5 ② 1

③ 1.5 ④ 2

|문|제|풀|이|

[옥내탱크저장소의 기준]

1. 위험물을 저장 또는 취급하는 옥내탱크는 단층 건축물에 설치된 탱크전용실에 설치할 것
2. 옥내저장탱크와 탱크전용실의 **벽과의 사이 및 옥내저장탱크의 상호간에는 0.5m 이상의 간격**을 유지할 것. 다만, 탱크의 점검 및 보수에 지장이 없는 경우에는 그러하지 아니하다.
3. 옥내저장탱크의 용량은 지정수량의 40배(제4석유류 및 동식물유류 외의 제4류 위험물에 있어서 당해 수량이 20,000L를 초과할 때에는 20,000L) 이하일 것

【정답】 ①

23. 벤조일퍼옥사이드에 대한 설명으로 틀린 것은?

① 무색무취의 투명한 액체이다.

② 가급적 소분하여 저장한다.

③ 제5류 위험물에 해당한다.

④ 품명은 유기과산화물이다.

|문|제|풀|이|

[벤조일퍼옥사이드[$(C_6H_5CO)_2O_2$, → 제5류 위험물(유기과산화물)]

- 발화점 125℃, 융점 103~105℃, 비중 1.33, 함유율(석유를 함유한 비율) 35.5wt% 이상
- **무색무취의 백색 분말 또는 결정**, 비수용성이다.
- 상온에서 안정된 물질로 강한 산화성 물질이다.
- 물에 녹지 않고 알코올에는 약간 녹으며 에테르 등 유기용제에는 잘 녹는다.
- 건조한 상태에서 마찰, 충격 등으로 폭발 위험성이 있다.
- 70~80℃에서 오래 있으면 분해의 위험이 있으므로 직사광선을 피해 소분하여 냉암소에 보관한다.
- 소화방법으로는 소량일 경우에는 마른모래, 분말, 탄산가스가 효과적이며, 대량일 경우에는 주수소화가 효과적이다.

【정답】 ①

24. 2가지 물질을 섞었을 때 수소가 발생하는 것은?

① 칼륨과 에탄올

② 과산화마그네슘과 염화수소

③ 과산화칼륨과 탄산가스

④ 오황화린과 물

|문|제|풀|이|

[위험물의 반응]

① 칼륨과 에탄올 : $2K + 2C_2H_5OH \rightarrow 2C_2H_5OK + H_2 \uparrow$

(칼륨) (에틸알코올) (칼륨에틸레이트) (수소)

② 과산화마그네슘과 염화수소 : $MgO_2 + 2HCl \rightarrow MgCl_2 + H_2O_2 \uparrow$

(과산화마그네슘) (염산) (염화마그네슘) (과산화수소)

③ 과산화칼륨과 탄산가스 : $2K_2O_2 + 2CO_2 \rightarrow 2K_2CO_3 + O_2 \uparrow$

(과산화칼륨) (이산화탄소) (탄산칼륨) (산소)

④ 오황화린과 물 : $P_2S_5 + 8H_2O \rightarrow 5H_2S + 2H_3PO_4$

(오황화린) (물) (황화수소) (인산)

【정답】 ①

25. 다음 위험물의 지정수량 배수의 총합은 얼마인가?

> 질산 150kg, 과산화수소수 420kg, 과염소산 300kg

① 2.5 ② 2.9

③ 3.4 ④ 3.9

|문|제|풀|이|

[지정수량 계산값(배수)]

$$\text{배수(계산값)} = \frac{A\text{품명의 저장수량}}{A\text{품명의 지장수량}} + \frac{B\text{품명의 저장수량}}{B\text{품명의 지장수량}} + \cdots\cdots$$

1. 지정수량
   - 질산(HNO_3) : 제6류 위험물, 지정수량 300kg
   - 과산화수소(H_2O_2) : 제6류 위험물, 지정수량 300kg
   - 과염소산($HClO_4$) : 제6류 위험물, 지정수량 300kg
2. 저장수량
   - 질산(HNO_3) : 150kg
   - 과산화수소(H_2O_2) : 420kg
   - 과염소산($HClO_4$) : 300

$$\therefore \text{배수} = \frac{150kg}{300kg} + \frac{420kg}{300kg} + \frac{300kg}{300kg} = 2.9\text{배}$$

【정답】 ②

26. 위험물안전관리법령상 운송책임자의 감독 · 지원을 받아 운송하여야 하는 위험물은?

① 알킬리튬 ② 과산화수소

③ 가솔린 ④ 경유

|문|제|풀|이|

1. 알킬알루미늄
2. 알킬리튬
3. 알킬알루미늄 또는 알킬리튬의 물질을 함유하는 위험물
   - ㉮ 알킬알루미늄을 함유한 위험물
     - 트리메틸알루미늄($(CH_3)_3Al$)
     - 트리에틸알루미늄($(C_2H_5)_3Al$)
     - 트리이소부틸알루미늄($(C_4H_9)_3Al$)
     - 디에틸알루미늄클로라이드($(C_2H_5)_2AlCl$)
   - ㉯ 알킬리튬을 함유한 위험물
     - 메틸리튬(CH_3Li)
     - 에틸리튬(C_2H_5Li)
     - 부틸리튬(C_4H_9Li)

【정답】 ①

27. 「자동화재탐지설비 일반점검표」의 점검내용이 "변형 · 손상의 유무, 표시의 적부, 경계구역일람도의 적부, 기능의 적부"인 점검항목은?

① 감지기 ② 중계기

③ 수신기 ④ 발신기

|문|제|풀|이|

[자동화재 탐지 설비 일반 점검표]

점검항목	점검내용	점검방법
감지기	변형 · 손상의 유무	육안
	감지장해의 유무	육안
	기능의 적부	작동확인
중계기	변형 · 손상의 유무	육안
	표시의 적부	육안
	기능의 적부	작동확인
수신기 (통합조작반)	**변형 · 손상의 유무**	**육안**
	표시의 적부	**육안**
	경계구역일람도의 적부	**육안**
	기능의 적부	**작동확인**
주음향장치 지구음향장치	변형 · 손상의 유무	육안
	기능의 적부	작동확인
발신기	변형 · 손상의 유무	육안
	기능의 적부	작동확인
비상전원	변형 · 손상의 유무	육안
	전환의 적부	작동확인
배선	변형 · 손상의 유무	육안
	접속단자의 풀림 · 탈락의 유무	육안

【정답】 ③

28. 페놀을 황산과 질산의 혼산으로 니트로화하여 제조하는 제5류 위험물은?

① 아세트산 ② 피크르산

③ 니트로글리콜 ④ 질산에틸

|문|제|풀|이|

[피크르산의 제조] 페놀을 황산과 질산의 혼산으로 니트로화하여 제조한다. 【정답】 ②

29. 위험물안전관리법령상 지정수량 10배 이상의 위험물을 저장하는 제조소에 설치하여야 하는 경보설비의 종류가 아닌 것은?

① 자동화재탐지설비 ② 자동화재속보설비

③ 휴대용 확성기 ④ 비상방송설비

|문|제|풀|이|

[경보설비의 종류 및 설치기준] 지정수량 10배 이상의 위험물을 저장·취급하는 곳은 **자동화재탐지설비, 비상경보설비, 확장장치, 비상방송설비 중 1종 이상** 설치 【정답】 ②

30. 위험물안전관리법령상 특수인화물의 정의에 관한 내용이다. ( )에 알맞은 수치를 차례대로 나타낸 것은?

> "특수인화물"이라 함은 이황화탄소, 디에틸에테르 그 밖에 1기압에서 발화점이 섭씨 ( )도 이하인 것 또는 인화점이 섭씨 영하 ( )도 이하이고 비점이 섭씨 40도 이하인 것을 말한다.

① 40, 20 ② 20, 40

③ 20, 100 ④ 40, 100

|문|제|풀|이|

[특수인화물]

1. 정의 : 1기압에서 액체로 되는 것으로서 **인화점이 -20℃** 이하, **비점이 40℃ 이하**이거나 **착화점이 100℃** 이하인 것을 말한다.
2. 특성
   ㉠ 비점이 낮다. ㉡ 인화점이 낮다.
   ㉢ 연소 하한 값이 낮다. ㉣ 증기압이 높다.

【정답】 ③

31. 제4류 위험물의 옥외저장탱크에 설치하는 밸브 없는 통기관은 직경이 얼마 이상인 것으로 설치해야 되는가? (단, 압력탱크는 제외한다.)

① 10mm ② 20mm

③ 30mm ④ 40mm

|문|제|풀|이|

[통기관 설치기준]

1. 밸브 없는 통기관 (옥외저장탱크, 옥내저장탱크, 지하저장탱크)
   ㉠ **지름은 30*mm* 이상**일 것
   → (간이지하저장탱크의 통기관의 직경 : 25mm 이상)
   ㉡ 끝부분은 수평면보다 45도 이상 구부려 빗물 등의 침투를 막는 구조로 할 것
2. 대기밸브부착 통기관
   ㉠ 평소에는 닫혀있지만, 5kPa 이하의 압력차이로 작동할 수 있을 것
   ㉡ 밸브 없는 통기관의 인화방지장치 기준에 적합할 것

【정답】 ③

32. 위험물안전관리법령상 위험등급 I 의 위험물에 해당하는 것은?

① 무기과산화물 ② 황화린, 적린, 유황

③ 제1석유류 ④ 알코올류

|문|제|풀|이|

[위험물의 위험등급]

① 무기과산화물 : 제1류 위험물, 위험등급 I

② 황화린, 적린, 유황 : 제2류 위험물, 위험등급 II

③ 제1석유류 : 제4류 위험물, 위험등급 II

④ 알코올류 : 제4류 위험물, 위험등급 II 【정답】 ①

33. 【보기】에서 나열한 위험물의 공통 성질을 옳게 설명한 것은?

【보기】 알킬리튬, 황린, 트리에틸알루미늄

① 상온, 상압에서 고체의 형태를 나타낸다.

② 상온, 상압에서 액체의 형태를 나타낸다.

③ 금수성 물질이다.

④ 자연발화의 위험이 있다.

|문|제|풀|이|

[위험물의 성상]

1. 알킬리튬(RLi) → 제3류 위험물(**자연발화성 물질** 및 금수성 물질)
   - ·알킬기(C_nH_{2n+1})와 리튬(Li)이 결합된 화합물
   - ·가연성의 액체
   - ·종류로는 메틸리튬, 에틸리튬, 부틸리튬
2. 황린(P_4) → 제3류 위험물(**자연발화성 물질**)
   - ·환원력이 강한 백색 또는 담황색 고체로 백린이라고도 한다.
   - ·물에 녹지 않으며, 자연 발화성이므로 반드시 물속에 저장한다.
   - ·마늘 냄새가 나는 맹독성 물질이다.
3. 트리에틸알루미늄($(C_2H_5)_3Al$) → 제3류 위험물(알킬알루미늄)
   - ·**자연발화성 물질** 및 금수성 물질
   - ·무색 투명한 액체

※황린 : 물속에 저장한다. 【정답】 ④

34. 금속염을 불꽃반응 실험을 한 결과 노란색의 불꽃이 나타났다. 이 금속염에 포함된 금속은 무엇인가?

① Cu ② K

③ Na ④ Li

|문|제|풀|이|

[불꽃반응 시 색상]

1. 나트륨(Na) : 노란색
2. 칼륨(K) : 보라색
3. 칼슘(Ca) : 주황색
4. 구리(Cu) : 청록색
5. 바륨(Ba) : 황록색
6. 리튬(Li) : 빨간색

【정답】 ③

35. 위험물안전관리법령에서 정한 메틸알코올의 지정수량을 Kg 단위로 환산하면 얼마인가? (단, 메틸알코올의 비중은 0.8이다.)

① 200 ② 320

③ 400 ④ 450

|문|제|풀|이|

[단위 환산]

1. 메틸알코올(CH_3OH) → 제4류 위험물(알코올류), 지정수량 400L
2. 비중 $= \frac{무게}{부피} = \frac{kg}{L} \quad \rightarrow \quad 0.8kg/L = \frac{x kg}{400L} \quad \therefore x = 320kg$

【정답】 ②

36. 위험물안전관리법령상 제1류 위험물의 질산염류가 아닌 것은?

① 질산은 ② 질산암모늄

③ 질산섬유소 ④ 질산나트륨

|문|제|풀|이|

[위험물의 분류]

① 질산은($AgNO_3$) : 제1류 위험물(질산염류)

② 질산암모늄(NH_4NO_3) : 제1류 위험물(질산염류)

③ 질산섬유소(니트로셀룰로오스($[C_6H_7O_2(ONO_2)_3]_n$) : 제5류 위험물(질산에스테르류)

④ 질산나트륨($NaNO_3$) : 제1류 위험물(질산염류)

【정답】 ③

37. 위험물안전관리법령에서 제3류 위험물에 해당하지 않는 것은?

① 적린 ② 나트륨

③ 칼륨 ④ 황린

|문|제|풀|이|

[위험물의 분류]

① 적린(P) : 제2류 위험물
② 나트륨(Na) : 제3류 위험물
③ 칼륨(K) : 제3류 위험물
④ 황린(P_4) : 제3류 위험물 【정답】 ①

38. 산화성액체인 질산의 분자식으로 옳은 것은?

① HNO_2 ② HNO_3
③ NO_2 ④ NO_3

|문|제|풀|이|

[질산(HNO_3) → 제6류 위험물] 융점 -42℃, 비점 86℃, 비중 1.49, 증기비중 2.17, 용해열 7.8kcal/mol

- 무색의 무거운 액체 → (보관 중 담황색으로 변한다.)
- 흡습성이 강하여 습한 공기 중에서 발열한다.
- 자극성, 부식성이 강한 강산이다.
- 소량 화재 시 다량의 물로 희석 소화한다. 【정답】 ②

39. 위험물안전관리법령상 제4류 위험물 운반용기의 외부에 표시해야 하는 사항이 아닌 것은?

① 규정에 의한 주의사항
② 위험물의 품명 및 위험등급
③ 위험물의 관리자 및 지정수량
④ 위험물의 화학명

|문|제|풀|이|

[위험물 운반용기의 외부 표시 사항]

1. 위험물의 품명, 위험등급, 화학명 및 수용성(제4류 위험물의 수용성인 것에 한함)
2. 위험물의 수량
3. 주의사항 【정답】 ③

40. 그림과 같이 횡으로 설치한 원통형 위험물탱크에 대하여 탱크의 용량을 구하면 약 몇 m^3인가? (단, 공간용적은 탱크 내 용적의 100분의 10로 한다.)

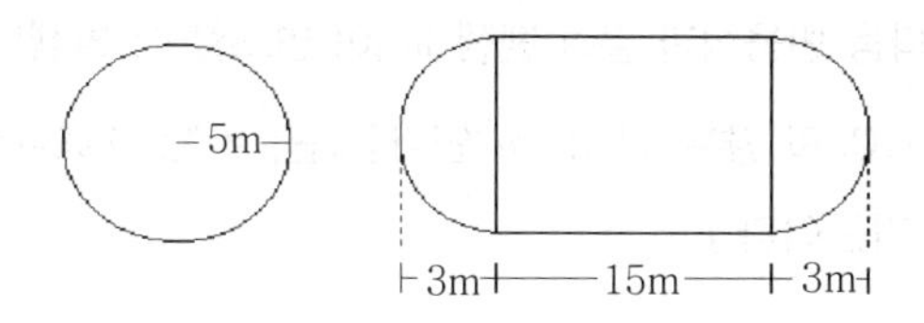

① 690.9 ② 1335.1
③ 1268.4 ④ 1201.1

|문|제|풀|이|

[탱크의 용량] 탱크의 용량=탱크의 내용적-공간용적

→ (공간용적=내용적×($\frac{5}{100}$ ~ $\frac{10}{100}$)

1. 원통형 탱크의 내용적(횡으로 설치)

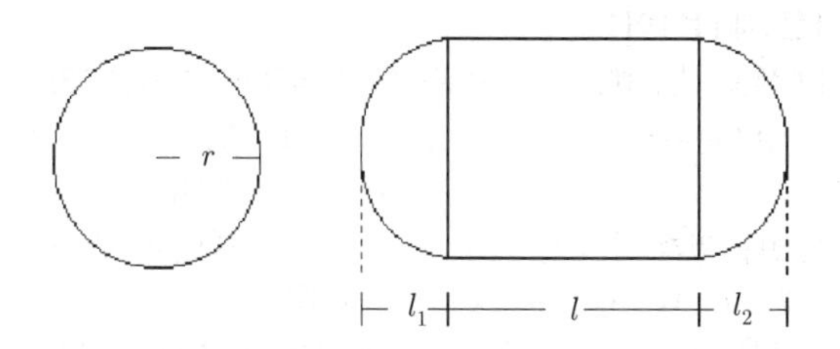

$$내용적=\pi r^2\left(l+\frac{l_1+l_2}{3}\right)$$
$$=3.14\times5^2\left(15+\frac{3+3}{3}\right)=1334.5$$

2. 공간용적=내용적× $\frac{10}{100}$ =1334.5× $\frac{10}{100}$ =133.45m^3

∴탱크의 용량=내용적-공간용적=1334.5-133.45=1201.05m^3

【정답】 ④

41. 위험물안전관리법령에서 정한 아세트알데히드 등을 취급하는 제조소의 특례에 관한 내용이다. ( ) 안에 해당하는 물질이 아닌 것은?

> 아세트알데히드 등을 취급하는 설비는 ( )·( )·( )·( ) 또는 이들을 성분으로 하는 합금으로 만들지 아니할 것

① 동 ② 은
③ 금 ④ 마그네슘

|문|제|풀|이|

[아세트알데히드 등을 취급하는 제조소의 특례] 아세트알데히드 등을 취급하는 설비는 **은(Ag), 수은(Hg), 동(Cu), 마그네슘(Mg)** 또는 이들을 성분으로 하는 합금으로 만들지 아니할 것

【정답】 ③

42. 다음 반응식과 같이 벤젠 1kg이 연소할 때 발생되는 CO_2의 양은 약 몇 m^3인가? (단, 27℃, 750㎜Hg 기준이다.)

$$C_6H_6 + 7.5O_2 \rightarrow 6CO_2\uparrow + 3H_2O$$

① 0.72 ② 1.22
③ 1.92 ④ 2.42

|문|제|풀|이|

[벤젠(C_6H_6, 벤졸) → 제4위험물(제1석유류), 분자량 78]

1. 연소반응식 : $2C_6H_6 + 15O_2 \rightarrow 12CO_2\uparrow + 6H_2O$
   (벤젠) (산소) (이산화탄소) (물)
2. 1kg 연소 시 CO_2의 양 → (CO_2의 분자량 44)
   $2\times78 : 12\times44 = 1kg : x \rightarrow x = 3.38kg$
3. CO_2의 부피(m^3)는? → (이상기체 상태방정식을 이용)
   $PV=\frac{W}{M}RT$에서 → 부피 $V=\frac{WRT}{PM}$
   여기서, P : 기체의 압력(kg/m^2), V : 기체의 체적(m^3)
   M : 분자량, W : 무게, R : 기체상수
   → (R=0.08205L·atm/k_mol · K)
   T : 절대온도(K) → (T=273+℃)

$\therefore V=\frac{WRT}{PM}$

$=\frac{3.8kg\times0.08205L\cdot atm/kg\_mol\cdot K\times(273+27)K}{\left(\frac{750mmHg}{760mmHg}\times1atm\right)\times44}$

$=1.92m^3$

【정답】 ③

43. 경유에 관한 설명으로 틀린 것은?

① 물보다 가볍다.
② 녹는점은 상온보다 높다
③ 발화점은 상온보다 높다
④ 증기는 공기보다 무겁다.

|문|제|풀|이|

[경유($C_{15} \sim C_{20}$), 디젤유 → 제4류 위험물(제2석유류)]

- 지정수량(비수용성) 1000L, 인화점 50~70℃, 착화점 200℃, 비중 0.83~0.88(증기비중 4.5), **융점 -10~-20℃**, 비점 250~350℃, 연소범위 1~6%
- 비수용성의 담황색 액체로 등유와 비슷하다.
- 원유 증류 시 가장 먼저 유출되는 유분이다.
- 물에 잘 녹지 않고 유기용제에 잘 녹는다.
- 탄소수 $C_{15} \sim C_{20}$가 되는 포화·불포화탄화수소가 주성분인 혼합물
- 소화방법에는 포소화약제, 분말소화약제에 의한 소화가 효과적이다.

【정답】 ②

44. 벤젠(C_6H_6)의 일반성질로서 틀린 것은?

① 휘발성이 강한 액체이다.
② 인화점은 가솔린보다 낮다.
③ 물에 녹지 않는다.
④ 화학적으로 공명구조를 이루고 있다.

|문|제|풀|이|

[벤젠(C_6H_6, 벤졸) → 제4류 위험물 (제1석유류)]

- 분자량 78, 지정수량(비수용성) 200L, **인화점 -11℃**, 착화점 562℃, 비점 80℃, 비중 0.879, 연소범위 1.4~7.1%
- 무색 투명한 휘발성 액체
- 물에 잘 녹지 않고 알코올, 아세톤, 에테르에 잘 녹는다.
- 수지 및 고무 등을 잘 녹인다.
- 증기는 공기보다 무거워 낮은 곳에 체류하므로 주의한다.
- 소화방법으로 대량일 경우 포말소화기가 가장 좋고, 질식소화기(CO_2, 분말)도 좋다.

※휘발유(가솔린) → 제4류 위험물(제1석유류)
지정수량(비수용성) 200L, 인화점 -43~-20℃
착화점 300℃, 비점 30~210℃, 비중 0.65~0.80(증기비중 3~4), 연소범위 1.4~7.6%

【정답】 ②

45. 위험물안전관리법령에 의한 위험물에 속하지 않는 것은?

① CaC_2 ② S
③ P_2O_5 ④ K

|문|제|풀|이|

[위험물의 분류]

① 탄화칼슘(CaC_2) → 제3류 위험물(칼슘 또는 알루미늄의 탄화물)
② 유황(황)(S) → 제2류 위험물
③ 오산화인(P_2O_5)→ **비위험물**, 적린의 연소 반응에서 생성되는 물질
   적린의 연소반응 : $4P + 5O_2 \rightarrow 2P_2O_5$
   (적린) (산소) (오산화인)
④ 칼륨(K) → 제3류 위험물(금수성)

【정답】 ③

46. 제4류 위험물을 저장 및 취급하는 위험물제조소에 설치한 "화기엄금" 게시판의 색상으로 올바른 것은?

① 적색바탕에 흑색문자

② 흑색바탕에 적색문자

③ 백색바탕에 적색문자

④ 적색바탕에 백색문자

|문|제|풀|이|

[위험물 게시판의 주의사항]

위험물의 종류	주의사항(게시판)
· 제1류 위험물 : 알칼리금속의 과산화물과 이를 함유한 것 · 제3류 위험물 중 금수성 물질	「물기엄금」 (바탕 : 청색, 문자 : 백색)
제2류 위험물(인화성고체를 제외한다)	「화기주의」 (바탕 : 적색, 문자 : 백색)
· 제2류 위험물 중 인화성고체 · 제3류 위험물 중 자연발화물질 · 제4류 위험물 · 제5류 위험물	**「화기엄금」** **(바탕 : 적색, 문자 : 백색)**

【정답】 ④

47. 과염소산암모늄에 대한 설명으로 옳은 것은?

① 물에 용해되지 않는다.

② 청녹색의 침상결정이다.

③ 130℃에서 분해하기 시작하여 CO_2 가스를 방출한다.

④ 아세톤, 알코올에 용해된다.

|문|제|풀|이|

[과염소산암모늄(NH_4ClO_4) → 제1류 위험물(과염소산염류)]

·분해온도 130℃, 비중 1.87

·**무색무취**의 **수용성** 결정

·물, 알코올, 아세톤에 잘 녹고, 에테르에 녹지 않는다.

·폭약이나 성냥의 원료로 사용된다.

·분해 반응식 : $2NH_4ClO_4 \rightarrow N_2 + Cl_2 + 2O_2 \uparrow + 4H_2O$

(과염소산암모늄) (질소) (염소) (산소) (물)

·열분해하면 산소를 방출한다.

·소화방법으로는 주수소화가 가장 좋다.

【정답】 ④

48. 휘발유의 일반적인 성질에 관한 설명으로 틀린 것은?

① 인화점이 0℃보다 낮다.

② 위험물안전관리법령상 제1석유류에 해당한다.

③ 전기에 대해 비전도성 물질이다.

④ 순수한 것은 청색이나 안전을 위해 검은색으로 착색해서 사용해야 한다.

|문|제|풀|이|

[휘발유(가솔린) → 제4류 위험물(제1석유류)]

·지정수량(비수용성) 200L, **인화점 -43~-20℃**, 착화점 300℃, 비점 30~210℃, 비중 0.65~0.80(증기비중 3~4), 연소범위 1.4~7.6%

·포화·불포화탄화가스가 주성분
→ (주성분은 알케인(C_nH_{2n+2}) 또는 알켄(C_nH_{2n})계 탄화수소)

·물보다 가볍고 물에 잘 녹지 않는다.

·전기의 **불량도체**로서 정전기 축적이 용이하다.

·공업용은 **무색**, 자동차용은 **노란색**(무연), 고급은 **녹색**이다.

·증기는 공기보다 무거워 낮은 곳에 체류하기 쉽다.

·소화방법에는 포소화약제, 분말소화약제에 의한 소화가 효과적

·연소반응식 : $2C_8H_{18} + 25O_2 \rightarrow 16CO_2 \uparrow + 18H_2O$

(옥탄) (산소) (이산화탄소) (물)

【정답】 ④

49. 톨루엔에 대한 설명으로 틀린 것은?

① 휘발성이 있고 가연성 액체이다.

② 증기는 마취성이 있다.

③ 알코올, 에테르, 벤젠 등과 잘 섞인다.

④ 노란색 액체로 냄새가 없다.

|문|제|풀|이|

[톨루엔($C_6H_5CH_3$) → 제4류 위험물(제1석유류)]

1. 지정수량(비수용성) 200L, 인화점 4℃, 착화점 552℃, 비점 110.6℃, 비중 0.871, 연소범위 1.4~6.7%
2. **무색투명한 휘발성 액체**
3. 물에 잘 녹지 않지만, 알코올, 에테르, 벤젠 등과 잘 섞인다.
4. 증기는 공기보다 무거워 낮은 곳에 체류하므로 주의한다.
5. 벤젠보다 독성이 약하다. → (벤젠의 $\frac{1}{10}$)
6. T.N.T(트리니트로톨루엔, 제5류 위험물)의 원료

【정답】 ④

50. 위험물안전관리법령상 혼재할 수 없는 위험물은? (단, 위험물은 지정수량의 1/10을 초과하는 경우이다.)

① 적린과 황린

② 질산염류와 질산

③ 칼륨과 특수인화물

④ 유기과산화물과 유황

|문|제|풀|이|

[유별을 달리하는 위험물의 혼재기준]

위험물의 구분	제1류	제2류	제3류	제4류	제5류	제6류
제1류		X	X	X	X	O
제2류	X		X	O	O	X
제3류	X	X		O	X	X
제4류	X	O	O		O	X
제5류	X	O	X	O		X
제6류	O	X	X	X	X	

【비고】 1. 'X'표시는 혼재할 수 없음을 표시한다.
2. 'O'표시는 혼재할 수 있음을 표시한다.
3. 이 표는 지정수량의 $\frac{1}{10}$ 이하의 위험물에 대하여는 적용하지 아니한다.

※ ① 적린(2류)과 황린(3류)
② 질산염류(1류)와 질산(6류)
③ 칼륨(3류)과 특수인화물(4류)
④ 유기과산화물(5류)과 유황(2류)

【정답】 ①

51. 위험물의 품명과 지정수량이 잘못 짝지어진 것은?

① 황화린 – 50kg

② 마그네슘 – 500kg

③ 알킬알루미늄 – 10kg

④ 황린 – 20kg

|문|제|풀|이|

[위험물의 성상]

① **황화린** : 제2류 위험물, **지정수량 100kg**
② 마그네슘(Mg) : 제2류 위험물, 지정수량 500kg
③ 알킬알루미늄(R_3Al) : 제3류 위험물, 지정수량 10kg
④ 황린(P_4) : 제3류 위험물, 지정수량 20kg

【정답】 ①

52. 디에틸에테르의 성질에 대한 설명으로 옳은 것은?

① 발화온도는 400℃이다.

② 증기는 공기보다 가볍고, 액상은 물보다 무겁다.

③ 알코올에 용해되지 않지만 물에 잘 녹는다.

④ 연소범위는 1.9~48% 정도이다.

|문|제|풀|이|

[디에틸에테르($C_2H_5OC_2H_5$, 에틸에테르/에테르) → 제4류 위험물(특수인화물)]

·인화점 -45℃, **착화점 180℃**, 비점 34.6℃, 비중 0.72(15℃), **증기비중 2.6**, 연소범위 1.9~48%
·무색투명한 휘발성이 강한 액체, 증기는 마취성이 있다.
·인화성이 강하고 물에 약간 녹으며, **알코올에는 잘 녹는다**.
·전기의 부도체로서 정전기를 발생한다.
·장시간 공기와 접촉하면 과산물이 생성될 수 있고, 가열, 충격, 마찰에 의해 폭발할 수 있다.
·용기는 밀봉하여 갈색병을 사용하여 냉암소에 저장한다.
·보관 시 5~10% 이상의 공간용적을 확보한다.

【정답】 ④

53. 질산과 과염소산의 공통성질에 해당하지 않는 것은?

① 산소를 함유하고 있다.

② 불연성 물질이다.

③ 강산이다.

④ 비점이 상온보다 낮다.

|문|제|풀|이|

[위험물의 성상]

1. 질산(HNO_3) → 제6류 위험물(산화성 액체)
·융점 -42℃, **비점 86℃**, 비중 1.49, 증기비중 2.17, 용해열 7.8kcal/mol
·무색의 무거운 액체 → (보관 중 담황색으로 변한다.)
·**흡습성**이 강하여 습한 공기 중에서 발열한다.
·자극성, 부식성이 강한 강산이다.
·소량 화재 시 다량의 물로 희석 소화한다.

2. 과염소산($HClO_4$) → 제6류 위험물(산화성 액체)
·융점 -112℃, **비점 39℃**, 비중 1.76, 증기비중 3.46
·무색의 염소 냄새가 나는 액체로 공기 중에서 강하게 연기를 낸다.
·**흡습성**이 강하며 휘발성이 있고 독성이 강하다.
·수용성으로 물과 접촉 시 심한 열이 발생하며 과염소산의 고체 수화물(6종류)을 만든다.
·강산으로 산화력이 강하고 종이, 나무조각 등 유기물과 접촉하면 연소와 동시 폭발한다.

【정답】 ④

54. 다음 물질 중 인화점이 가장 낮은 것은?

① CH_3COCH_3 ② $C_2H_5OC_2H_5$

③ $CH_3(CH_2)_3OH$ ④ CH_3OH

|문|제|풀|이|

[위험물의 성상]

① 아세톤(CH_3COCH_3) → 제4류 위험물(제1석유류) : **인화점 -18℃**, 착화점 538℃, 비점 56.5℃, 비중 0.79, 연소범위 2.6~12.8%

② 디에틸에테르($C_2H_5OC_2H_5$, 에틸에테르/에테르) → 제4류 위험물(특수인화물) : **인화점 -45℃**, 착화점 180℃, 비점 34.6℃, 비중 0.72(15℃), 연소범위 1.9~48%

③ 부틸알코올($CH_3(CH_2)_3OH$) → 제4류 위험물(제2석유류) : **인화점 35℃**

④ 메틸알코올(CH_3OH, 메탄올, 목정) → 제4류 위험물(알코올류) : **인화점 11℃**, 착화점 464℃, 비점 65℃, 비중 0.8(증기비중 1.1), 연소범위 7.3~36% 【정답】 ②

55. 과산화수소의 성질에 대한 설명으로 옳지 않은 것은?

① 산화성이 강한 무색투명한 액체이다.

② 위험물안전관리법령상 일정 비중 이상일 때 위험물로 취급한다.

③ 가열에 의해 분해하면 산소가 발생한다.

④ 소독약으로 사용할 수 있다.

|문|제|풀|이|

[과산화수소(H_2O_2) → 제6류 위험물]

- 착화점 80.2℃, 융점 -0.89℃, 비중 1.465, 증기비중 1.17, 비점 80.2℃
- 순수한 것은 무색투명한 점성이 있는 액체이다. → (양이 많을 경우 청색)
- 분해 시 산소(O_2)를 발생하므로 안정제로 인산, 요산 등을 사용
- 분해 반응식 : $4H_2O_2$ → H_2O + [O] (발생기 산소 : 표백작용)
  (과산화수소) (물) (산소)
- 물, 알코올, 에테르에는 녹고, 벤젠, 석유에는 녹지 않는다.
- 강산화제 및 환원제로 사용되며 표백 및 살균작용을 한다.
- 저장용기는 밀폐하지 말고 구멍이 있는 마개를 사용한다.
- 히드라진(N_2H_4)과 접촉 시 분해작용으로 폭발위험이 있다.
- **농도가 36wt% 이상**은 위험물에 속한다. 【정답】 ②

56. 다음 물질 중 위험물 유별에 따른 구분이 나머지 셋과 다른 하나는?

① 질산은 ② 질산메틸

③ 무수크롬산 ④ 질산암모늄

|문|제|풀|이|

[위험물의 구분]

① 질산은($AgNO_3$) → 제1류 위험물(질산염류)

② 질산메틸(CH_3ONO_2) → 제5류 위험물 (질산에스테르류)

③ 무수크롬산(CrO_3) → 제1류 위험물 (크롬, 납, 요오드의 산화물)

④ 질산암모늄(NH_4NO_3) → 제1류 위험물(질산염류)

【정답】 ②

57. 니트로셀룰로오스의 안전한 저장을 위해 사용하는 물질은?

① 페놀 ② 황산

③ 에탄올 ④ 아닐린

|문|제|풀|이|

[니트로셀룰로오스$[C_6H_7O_2(ONO_2)_3]_n$ → 제5류 위험물(질산에스테르류)]

- 비중 1.5, 분해온도 130℃, 착화점 180℃
- 셀룰로오스에 진한 질산과 진한 황산을 3:1의 비율로 혼합 작용시켜 제조한 것으로 약칭은 NC이다.
- 니트로글리세린(NG)과 융합한 것을 교질 다이너마이트라 한다.
- 비수용성이며 초산에틸, 초산아밀, 아세톤에 잘 녹는다.
- 건조 상태에서는 폭발 위험이 크므로 저장 중에 **물(20%) 또는 알코올(30%)로 습윤시켜 저장**한다.
- 가열, 마찰, 충격에 연소, 폭발하기 쉽다. 【정답】 ③

58. 1분자 내에 포함된 탄소의 수가 가장 많은 것은?

① 아세톤 ② 톨루엔

③ 아세트산 ④ 이황화탄소

|문|제|풀|이|

[위험물의 성분]

① 아세톤(CH_3COCH_3) → 제4류 위험물(제1석유류) : 탄소 수(3개)

② 톨루엔($C_6H_5CH_3$) → 제4류 위험물(제1석유류) : 탄소 수(7개)

③ 아세트산(CH_3COOH) → 제4류 위험물(제2석유류) : 탄소 수(2개)

④ 이황화탄소(CS_2, 2유화탄소) → 제4류 위험물 중 특수인화물 : 탄소 수(1개) 【정답】 ②

59. 다음 중 위험물안전관리법령에 따라 정한 지정수량이 나머지 셋과 다른 것은?

① 황화린 ② 적린
③ 유황 ④ 철분

|문|제|풀|이|

[위험물의 지정수량]
① 황화린 : 제2류 위험물, 지정수량 100kg
② 적린(P) : 제2류 위험물, 지정수량 100kg
③ 유황(S) : 제2류 위험물, 지정수량 100kg
④ 철분(Fe) : 제2류 위험물, 지정수량 500kg

【정답】 ④

60. 위험물안전관리법령상 해당하는 품명이 나머지 셋과 다른 것은?

① 트리니트로페놀
② 트리니트로톨루엔
③ 니트로셀룰로오스
④ 테트릴

|문|제|풀|이|

[위험물의 분류]
① 트리니트로페놀[$C_6H_2OH(NO_2)_3$] → 제5류 위험물(니트로화합물)
② 트리니트로톨루엔[$C_6H_2CH_3(NO_2)_3$] → 제5류 위험물(니트로화합물)
③ 니트로셀룰로오스[$C_6H_7O_2(ONO_2)_3$]$_n$ → 제5류 위험물(질산에스테르류)
④ 테트릴($C_6H_2(NO_2)_4NCH_3$) → 제5류 위험물(니트로화합물)

【정답】 ③

2015_3 위험물기능사 필기

01. 과산화나트륨의 화재 시 물을 사용한 소화가 위험한 이유는?

① 수소와 열을 발생하므로

② 산소와 열을 발생하므로

③ 수소를 발생하고 열을 흡수하므로

④ 산소를 발생하고 열을 흡수하므로

|문|제|풀|이|

[과산화나트륨(Na_2O_2) → 제1류 위험물(무기과산화물)]

- 분해온도 460℃, 융점 460℃, 비점 657℃, 비중 2.8
- 순수한 것은 백색의 정방전계 분말, 조해성 물질
- 에틸알코올(에탄올)에는 잘 녹지 않는다.
- CO 및 CO_2 제거제를 제조할 때 사용한다.
- 물과 반응하여 수산화나트륨과 산소를 발생한다.
- **물과 반응식** : $2Na_2O_2 + 2H_2O \rightarrow 4NaOH + O_2 \uparrow$ + 발열

  (과산화나트륨) (물) (수산화나트륨) (산소)
- 소화방법으로는 마른모래, 분말소화제, 소다회, 석회 등 사용 → (주수소화는 위험)

【정답】 ②

02. 위험물안전관리법령에서 정한 탱크안전성능 검사의 구분에 해당하지 않는 것은?

① 기초 · 지반검사 ② 충수 · 수압검사

③ 용접부검사 ④ 배관검사

|문|제|풀|이|

[탱크안전성능검사]

1. 기초 · 지반검사 : 옥외탱크저장소의 액체위험물탱크 중 그 용량이 100만리터 이상인 탱크
2. 충수(充水) · 수압검사 : 액체위험물을 저장 또는 취급하는 탱크
3. 용접부검사 : 1의 규정에 의한 탱크
4. 암반탱크검사 : 액체위험물을 저장 또는 취급하는 암반내의 공간을 이용한 탱크

【정답】 ④

03. 위험물안전관리법령상 경보설비로 자동화재탐지설비를 설치해야 할 위험물 제조소의 규모의 기준에 대한 설명으로 옳은 것은?

① 연면적 $500m^2$ 이상인 것

② 연면적 $1000m^2$ 이상인 것

③ 연면적 $1500m^2$ 이상인 것

④ 연면적 $2000m^2$ 이상인 것

|문|제|풀|이|

[제조소 및 일반취급소의 경보설비]

규모, 저장 또는 취급하는 위험물의 종류 및 최대수량 등	경보설비
· **연면적이 $500m^2$ 이상**인 것 · 옥내에서 지정수량의 100배 이상을 취급하는 것(고인화점위험물만을 100℃ 미만의 온도에서 취급하는 것은 제외한다)	자동화재 탐지설비

【정답】 ①

04. 제5류 위험물을 저장 또는 취급하는 장소에 적응성이 있는 소화설비는?

① 포소화설비

② 분말소화설비

③ 이산화탄소소화설비

④ 할로겐화합물소화설비

|문|제|풀|이|

[위험물의 성질에 따른 소화설비의 적응성 (제5류 위험물)]

1. 제5류 위험물과 적응성이 있는 설비 : 옥내소화전 또는 옥외소화전설비, 스프링클러설비, 물분무소화설비, **포소화설비**
2. 제5류 위험물과 적응성이 없는 설비 : 불활성가스소화설비, 할로겐화합물소화설비, 분말소화설비, 이산화탄소소화기

【정답】 ①

05. $NH_4H_2PO_4$이 열분해하여 생성되는 물질 중 암모니아와 수증기의 부피 비율은?

① 1 : 1 ② 1 : 2
③ 2 : 1 ④ 3 : 2

|문|제|풀|이|

[분말소화약제의 열분해 반응식]

종류	주성분	착색	적용 화재
제1종 분말	탄산수소나트륨을 주성분으로 한 것, ($NaHCO_3$)	백색	B, C급
	분해반응식: $2NaHCO_3 \rightarrow Na_2CO_3 + H_2O + CO_2$ (탄산수소나트륨) (탄산나트륨) (물) (이산화탄소)		
제2종 분말	탄산수소칼륨을 주성분으로 한 것, ($KHCO_3$)	담회색 (보라색)	B, C급
	분해반응식: $2KHCO_3 \rightarrow K_2CO_3 + H_2O + CO_2$ (탄산수소칼륨) (탄산칼륨) (물) (이산화탄소)		
제3종 분말	인산암모늄을 주성분으로 한 것, ($NH_4H_2PO_4$)	담홍색, 황색	A, B, C급
	분해반응식: $NH_4H_2PO_4 \rightarrow HPO_3 + NH_3 + H_2O$ (인산암모늄) (메타인산) (암모니아)(물)		
제4종 분말	제2종과 요소를 혼합한 것, $KHCO_3 + (NH_2)_2CO$	회색	B, C급
	분해반응식: $2KHCO_3 + (NH_2)_2CO \rightarrow K_2CO_3 + 2NH_3 + 2CO_2$ (탄산수소칼륨) (요소) (탄산칼륨)(암모니아)(이산화탄소)		

【정답】 ①

06. 제6류 위험물을 저장하는 장소에 적응성이 있는 소화설비가 아닌 것은?

① 물분무소화설비
② 포소화설비
③ 불활성가스소화설비
④ 옥내소화전설비

|문|제|풀|이|

[위험물의 성질에 따른 소화설비의 적응성 (제6류 위험물)

1. 제6류 위험물과 적응성이 있는 설비 : 옥내소화전 또는 옥외소화전설비, 스프링클러설비, 물분무소화설비, 포소화설비
2. 제6류 위험물과 적응성이 없는 설비 : **불활성가스소화설비**, 할로겐화합물소화설비, 탄산수소염류, 이산화탄소소화설비

【정답】 ③

07. 제3류 위험물 중 금수성 물질에 적응성이 있는 소화설비는?

① 할로겐화합물소화설비
② 포소화설비
③ 이산화탄소소화설비
④ 탄산수소염류등 분말소화설비

|문|제|풀|이|

[위험물의 성질에 따른 소화설비의 적응성]

소화설비의 구분 \ 대상			제3류 위험물	
			금수성물품	그 밖의 것
옥내소화전 또는 옥외소화전설비				○
스프링클러설비				○
물분무등 소화설비	물분무소화설비			○
	포소화설비			○
	불활성가스소화설비			
	할로겐화합물소화설비			
	분말소화설비	인산염류등		
		탄산수소염류등	○	
		그 밖의 것	○	
대형 소형수동식소화기	봉상수(棒狀水)소화기			○
	무상수(霧狀水)소화기			○
	봉상강화액소화기			○
	무상강화액소화기			○
	포소화기			○
	이산화탄소소화기			
	할로겐화합물소화기			
	분말소화기	인산염류소화기		
		탄산수소염류소화기	○	
		그 밖의 것	○	
기타	물통 또는 수조			○
	건조사		○	○
	팽창질석 또는 팽창진주암		○	○

※금수성 물질의 소화설비 : 건조사, 탄산수소염류 분말소화약제, 마른 모래, 팽창질석, 팽창진주암 → (물에 의한 소화는 절대 금지)

【정답】 ④

08. 화재의 종류와 가연물이 옳게 연결된 것은?

① A급 - 플라스틱　　② B급 - 섬유
③ A급 - 페인트　　④ B급 - 나무

|문|제|풀|이|

[화재의 분류]

급수	종류	색상	소화방법	가연물
A급	일반화재	백색	냉각소화	일반가연물(**목재**, 종이, **섬유**, 석탄, **플라스틱** 등)
B급	유류 가스 화재	황색	질식소화	가연성 액체(각종 유류 및 가스, **페인트**)
C급	전기화재	청색	질식소화	전기기기, 기계, 전선 등
D급	금속화재	무색	피복에 의한 질식소화	가연성 금속(철분, 마그네슘, 나트륨, 금속분, Al분말 등)

※ E급 : 가스화재, F급 : 식용유화재

【정답】 ①

09. 팽창진주암(삽 1개 포함)의 능력단위 1은 용량이 몇 L인가?

① 70　　② 100
③ 130　　④ 160

|문|제|풀|이|

[소화설비의 소화능력의 기준단위]

소화설비	용량	능력단위
소화전용 물통	8L	0.3
수조+물통3개	80L	1.5
수조+물통6개	190L	2.5
마른모래 (삽 1개 포함)	50L	0.5
팽창질석, 팽창진주암 (삽 1개 포함)	**160L**	1.0

【정답】 ④

10. 위험물안전관리법령상 위험물을 유별로 정리하여 저장 하면서 서로 1m 이상의 간격을 두면 동일한 옥내저장소에 저장할 수 있는 경우는?

① 제1류 위험물과 제3류 위험물 중 금수성 물질을 저장하는 경우
② 제1류 위험물과 제4류 위험물을 저장하는 경우
③ 제1류 위험물과 제6류 위험물을 저장하는 경우
④ 제2류 위험물 중 금속분과 제4류 위험물 중 동식물유류를 저장하는 경우

|문|제|풀|이|

[유별을 달리하는 위험물 동일한 저장소에 저장 기준]

유별을 달리하는 위험물은 동일한 저장소에 저장하지 아니하여야 한다. 다만, 옥내저장소 또는 옥외저장소에 있어서 다음의 각목의 규정에 의한 위험물을 저장하는 경우로서 위험물을 유별로 정리하여 저장하는 한편, 서로 1m 이상의 간격을 두는 경우에는 그러하지 아니하다.

1. 제1류 위험물(알칼리금속의 과산화물 또는 이를 함유한 것을 제외한다)과 제5류 위험물을 저장하는 경우
2. 제1류 위험물과 제6류 위험물을 저장하는 경우
3. **제1류 위험물**과 **제3류 위험물 중 자연발화성물질**(황린 또는 이를 함유한 것에 한한다)을 저장하는 경우
4. **제2류 위험물 중 인화성고체**와 **제4류 위험물을 저장**하는 경우
5. 제3류 위험물 중 알킬알루미늄등과 제4류 위험물(알킬알루미늄 또는 알킬리튬을 함유한 것에 한한다)을 저장하는 경우
6. 제4류 위험물 중 유기과산화물 또는 이를 함유하는 것과 제5류 위험물 중 유기과산화물 또는 이를 함유한 것을 저장하는 경우

【정답】 ③

11. 피난설비를 설치하여야 하는 위험물 제조소 등에 해당하는 것은?

① 건축물의 2층 부분을 자동차 정비소로 사용하는 주유취급소
② 건축물의 2층 부분을 전시장으로 사용하는 주유취급소
③ 건축물의 1층 부분을 주유사무소로 사용하는 주유취급소
④ 건축물의 1층 부분을 관계자의 주거시설로 사용하는 주유취급소

|문|제|풀|이|

[피난설비의 설치기준]

1. 주유취급소 중 건축물의 2층 이상의 부분을 **점포 · 휴게음식점 또는 전시장의 용도**로 사용하는 것에 있어서는 당해 건축물의 2층 이상으로부터 주유취급소의 부지 밖으로 통하는 출입구와 당해 출입구로 통하는 통로 · 계단 및 출입구에 유도등을 설치하여야 한다.
2. 옥내주유취급소에 있어서는 당해 사무소 등의 출입구 및 피난구와 당해 피난구로 통하는 통로 · 계단 및 출입구에 유도등을 설치하여야 한다.
3. 유도등에는 비상전원을 설치하여야 한다.

【정답】 ②

12. 제1종 분말소화약제의 적응 화재 종류는?

① A급 ② BC급
③ AB급 ④ ABC급

|문|제|풀|이|

[분말소화약제의 종류 및 특성]

종류	주성분	착색	적용 화재
제1종 분말	탄산수소나트륨을 주성분으로 한 것, ($NaHCO_3$)	백색	**B, C급**
	분해반응식: $2NaHCO_3 \rightarrow Na_2CO_3 + H_2O + CO_2$ (탄산수소나트륨) (탄산나트륨) (물) (이산화탄소)		
제2종 분말	탄산수소칼륨을 주성분으로 한 것, ($KHCO_3$)	담회색 (보라색)	B, C급
	분해반응식: $2KHCO_3 \rightarrow K_2CO_3 + H_2O + CO_2$ (탄산수소칼륨) (탄산칼륨) (물) (이산화탄소)		
제3종 분말	인산암모늄을 주성분으로 한 것, ($NH_4H_2PO_4$)	담홍색, 황색	A, B, C급
	분해반응식: $NH_4H_2PO_4 \rightarrow HPO_3 + NH_3 + H_2O$ (인산암모늄) (메타인산) (암모니아)(물)		
제4종 분말	제2종과 요소를 혼합한 것, $KHCO_3 + (NH_2)_2CO$	회색	B, C급
	분해반응식: $2KHCO_3 + (NH_2)_2CO \rightarrow K_2CO_3 + 2NH_3 + 2CO_2$ (탄산수소칼륨) (요소) (탄산칼륨)(암모니아)(이산화탄소)		

【정답】 ②

13. 연소의 3요소를 모두 포함하는 것은?

① 과염소산, 산소, 불꽃
② 마그네슘분말, 연소열, 수소
③ 아세톤, 수소, 산소
④ 불꽃, 아세톤, 질산암모늄

|문|제|풀|이|

[연소의 3요소]

1. 가연물 : 산소와 반응하여 발열하는 물질, 목재, 종이, **아세톤** 등
2. 산소 공급원 : 산소, 공기, 산화제, 자기반응성 물질(내부 연소성 물질) → (**질산암모늄**)
3. 점화원 : 화기는 물론, 전기불꽃, 정전기불꽃, 충격에 의한 **불꽃**, 마찰에 의한 불꽃(마찰열), 단열 압축열, 나화 및 고온 표면 등

【정답】 ④

14. 액화 이산화탄소 1kg이 25℃, 2atm에서 방출되어 모두 기체가 되었다. 방출된 기체상의 이산화탄소 부피는 약 몇 L인가?

① 278 ② 556
③ 1111 ④ 1985

|문|제|풀|이|

[이상기체상태방정식] 이상기체의 상태를 나타내는 양들, 즉 압력 P, 부피 V, 온도 T 간의 상관관계를 기술하는 방정식

$$PV = nRT = \frac{W}{M}RT \rightarrow V = \frac{W}{PM}RT$$

여기서, P : 기체의 압력(kg/m^2), V : 기체의 체적(m^3)
M : 분자량, W : 무게, R : 기체정수(0.082)
T : 절대온도(k) → (T=273+℃)

질량 $W = 1kg = 1000g$, 기체상수=0.082
절대온도 $T = 273 + 25 = 298\text{k}$, $P = 2atm$
이산화탄소 분자량 $M = 44$

$$\therefore V = \frac{1000 \times 0.082 \times 298}{2 \times 44} = 277.85 \doteqdot 278\text{L}$$

【정답】 ①

15. 소화약제에 따른 주된 소화효과로 틀린 것은?

① 수성막포소화약제 : 질식효과
② 제2종 분말소화약제 : 탈수탄화효과
③ 이산화탄소소화약제 : 질식효과
④ 할로겐화합물소화약제 : 화학억제효과

|문|제|풀|이|

[소화약제의 소화효과]

② 제2종 분말소화약제 : 질식 · 냉각 · 부촉매효과

【정답】 ②

16. 위험물안전관리법령에서 정한 "물분무등소화설비"의 종류에 속하지 않는 것은?

① 스프링클러설비 ② 포소화설비
③ 분말소화설비 ④ 불활성가스소화설비

|문|제|풀|이|

[물분무등소화설비] 물분무소화설비, 포소화설비, 불활성가스소화설비, 할로겐화합물소화설비, 분말소화설비

【정답】 ①

17. 혼합물인 위험물이 복수의 성상을 가지는 경우에 적용하는 품명에 관한 설명으로 틀린 것은?

① 산화성고체의 성상 및 가연성고체의 성상을 가지는 경우 : 산화성고체의 품명

② 산화성고체의 성상 및 자기반응성물질의 성상을 가지는 경우 : 자기반응성물질의 품명

③ 가연성고체의 성상과 자연발화성 물질의 성상 및 금수성 물질의 성상을 가지는 경우 : 자연발화성 물질 및 금수성 물질의 품명

④ 인화성 액체의 성상 및 자기반응성 물질의 성상을 가지는 경우 : 자기반응성 물질의 품명

|문|제|풀|이|

[복수 성상 물품]

① 산화성고체의 성상 및 가연성고체의 성상을 가지는 경우 : **가연성고체**

※ 복수성상 위험물

1. 제1류(산화성고체)+제2류(가연성고체) → 제2류
2. 제1류(산화성고체)+제5류(자기반응성물질) → 제5류
3. 제2류(가연성고체)+제3류(자연발화성, 금수성) → 제3류
4. 제3류(자연발화성, 금수성)+제4류(인화성액체) → 제3류
5. 제4류(인화성액체)+제5류(자기반응성) → 제5류

【정답】 ①

18. 위험물시설에 설비하는 자동화재탐지설비의 하나의 경제구역 면적과 그 한 변의 길이의 기준으로 옳은 것은? (단, 광전식분리형 감지기를 설치하지 않은 경우이다.)

① $300m^2$ 이하, 50m 이하

② $300m^2$ 이하, 100m 이하

③ $600m^2$ 이하, 50m 이하

④ $600m^2$ 이하, 100m 이하

|문|제|풀|이|

[자동화재탐지설비의 설치기준]

1. 자동화재탐지설비의 경계구역은 건축물 그 밖의 공작물의 2 이상의 층에 걸치지 아니하도록 할 것.
2. 하나의 경계구역의 면적은 **600**m^2 이하로 하고 그 **한 변의 길이는 50m**(광전식분리형 감지기를 설치할 경우에는 100m)이하로 할 것
3. 자동화재탐지설비에는 비상전원을 설치할 것

【정답】 ③

19. 과산화수소의 성질에 대한 설명 중 틀린 것은?

① 알칼리성 용액에 의해 분해될 수 있다.

② 산화제로 사용할 수 있다.

③ 농도가 높을수록 안정하다.

④ 열, 햇빛에 의해 분해될 수 있다.

|문|제|풀|이|

[과산화수소(H_2O_2) → 제6류 위험물]

- 착화점 80.2℃, 융점 -0.89℃, 비중 1.465, 증기비중 1.17, 비점 80.2℃
- 순수한 것은 무색투명한 점성이 있는 액체이다. → (양이 많을 경우 청색)
- 분해 시 산소(O_2)를 발생하므로 안정제로 인산, 요산 등을 사용한다.
- 분해 반응식 : $4H_2O_2$ → H_2O + [O] (발생기 산소 : 표백작용)
  (과산화수소) (물) (산소)
- 물, 알코올, 에테르에는 녹고, 벤젠, 석유에는 녹지 않는다.
- 강산화제 및 환원제로 사용되며 표백 및 살균작용을 한다.
- 저장용기는 밀폐하지 말고 구멍이 있는 마개를 사용한다.
- 히드라진(N_2H_4)과 접촉 시 분해 작용으로 폭발위험이 있다.
- **농도가 36wt% 이상은 위험물에 속한다.**

【정답】 ③

20. 위험물안전관리법령상 옥외저장소 중 덩어리상태의 유황만을 지반면에 설치한 경계표시의 안쪽에서 저장 또는 취급할 때 경계표시의 내부면적은 몇 m^2 이하로 하여야 하는가?

① 75 ② 100

③ 300 ④ 500

|문|제|풀|이|

[덩어리 유황을 저장 또는 취급하는 것]

1. 하나의 **경계표시의 내부의 면적은 100**m^2 **이하**일 것
2. 2 이상의 경계표시를 설치하는 경우에 있어서는 각각의 경계표시 내부의 면적을 합산한 면적은 1,000m^2 이하
3. 경계표시는 불연재료로 만드는 동시에 유황이 새지 아니하는 구조로 할 것
4. 경계표시의 높이는 1.5m 이하로 할 것
5. 경계표시에는 유황이 넘치거나 비산하는 것을 방지하기 위한 천막 등을 고정하는 장치를 설치하되, 천막 등을 고정하는 장치는 경계표시의 길이 2m마다 한 개 이상 설치할 것
6. 유황을 저장 또는 취급하는 장소의 주위에는 배수구와 분리장치를 설치할 것

【정답】 ②

21. 다음 위험물의 저장 창고에 화재가 발생하였을 때 주수(注水)에 의한 소화가 오히려 더 위험한 것은?

① 염소산칼륨　② 과염소산나트륨
③ 질산암모늄　④ 탄화칼슘

|문|제|풀|이|

[탄화칼슘(CaC_2) → 제3류 위험물(칼슘 또는 알루미늄의 탄화물]
- 백색 입방체의 결정
- 물과 반응하여 수산화칼슘(소석회)과 아세틸렌가스를 발생한다.
- 물과 반응식 : $CaC_2 + 2H_2O \rightarrow Ca(OH)_2 \uparrow + C_2H_2 + 27.8kcal$
  (탄화칼슘) (물) (수산화칼슘) (아세틸렌) (반응열)
- 밀폐용기에 저장하는 것이 가장 좋으며, 장기간 저장 시에는 불연성 가스(질소가스, 아르곤가스 등)를 충전한다.
- 소화방법에는 마른모래, 탄산가스, 소화분말, 사염화탄소 등으로 한다. → (주수소화는 금한다.) 【정답】 ④

22. 황의 성상에 관한 설명으로 틀린 것은?

① 연소할 때 발생하는 가스는 냄새를 가지고 있으나 인체에 무해하다.
② 미분이 공기 중에 떠 있을 때 분진 폭발의 우려가 있다.
③ 용융된 황을 물에서 급냉하면 고무상황을 얻을 수 있다.
④ 연소할 때 아황산가스를 발생한다.

|문|제|풀|이|

[유황(황)(S) → 제2류 위험물]
- 황색의 결정 또는 분말로 물에 잘 녹지 않는다.
- 전기절연재료로 사용되며, 사방정계, 단사정계, 비정계 등 3종류가 있다.
- 순도 60wt% 이상의 것이 위험물이다.
- 연소하기 쉬우며 분진폭발의 위험이 있다.
- 공기 중에서 푸른색 불꽃을 내며 타서 **이산화황(유독성)**을 생성한다.
- 연소 반응식(100℃) : $S + O_2 \rightarrow SO_2 \uparrow$
  (황) (산소) (이산화황(유독성 가스))
- 탄소와의 반응식 : $2S + C \rightarrow CS_2$ +발열↑
  (황) (탄소) (이황화탄소) 【정답】 ①

23. 위험물안전관리법령상 위험물의 운송에 있어서 운송책임자의 감독 또는 지원을 받아 운송하여야 하는 위험물에 속하지 않는 것은?

① $Al(CH_3)_3$　② CH_3Li
③ $Cd(CH_3)_2$　④ $Al(C_4H_9)_3$

|문|제|풀|이|

[운송책임자의 감독 · 지원을 받아 운송하여야 하는 위험물]
1. 알킬알루미늄(R_3Al)
2. 알킬리튬(RLi)
3. 알킬알루미늄 또는 알킬리튬의 물질을 함유하는 위험물
   ㉮ 알킬알루미늄을 함유한 위험물
   - 트리메틸알루미늄($(CH_3)_3Al$)
   - 트리에틸알루미늄($(C_2H_5)_3Al$)
   - 트리이소부틸알루미늄($(C_4H_9)_3Al$)
   - 디에틸알루미늄클로라이드($(C_2H_5)_2AlCl$)
   ㉯ 알킬리튬을 함유한 위험물
   - 메틸리튬(CH_3Li)
   - 에틸리튬(C_2H_5Li)
   - 부틸리튬(C_4H_9Li)

【정답】 ③

24. 무색의 액체로 융점이 −112℃ 이고 물과 접촉하면 심하게 발열하는 제6류 위험물은?

① 과산화수소　② 과염소산
③ 질산　④ 오불화요오드

|문|제|풀|이|

[과염소산($HClO_4$) → 제6류 위험물]
- **융점 −112℃**, 비점 39℃, 비중 1.76, 증기비중 3.46
- 무색의 염소 냄새가 나는 액체로 공기 중에서 강하게 연기를 낸다.
- 흡습성이 강하며 휘발성이 있고 독성이 강하다.
- 수용성으로 물과 접촉 시 심한 열이 발생하며 과염소산의 고체 수화물(6종류)을 만든다.
- 강산으로 산화력이 강하고 종이, 나무조각 등 유기물과 접촉하면 연소와 동시 폭발한다.
- 물과의 접촉을 피하고 강산화제, 환원제, 알코올류, 염화바륨, 알칼리와 격리하여 저장한다. 【정답】 ②

25. 위험물안전관리법령에서 정한 특수인화물의 발화점 기준으로 옳은 것은?

① 1기압에서 100℃이하
② 0기압에서 100℃이하
③ 1기압에서 25℃ 이하
④ 0기압에서 25℃ 이하

|문|제|풀|이|

[제4류 위험물(특수인화물)의 성상] **1기압**에서 액체로 되는 것으로서 인화점이 -20℃ 이하, 비점이 40℃ 이하이거나 **착화점이 100℃ 이하**인 것을 말한다. 【정답】 ①

26. 알킬알루미늄등 또는 아세트알데히드 등을 취급하는 제조소의 특례기준으로서 옳은 것은?

① 알킬알루미늄 등을 취급하는 설비에는 불활성기체 또는 수증기를 봉입하는 장치를 설치한다.
② 알킬알루미늄 등을 취급하는 설비는 은·수은·동·마그네슘을 성분으로 하는 것으로 만들지 않는다.
③ 아세트알데히드 등을 취급하는 탱크에는 냉각장치 또는 보냉장치 및 불활성기체 봉입장치를 설치한다.
④ 아세트알데히드 등을 취급하는 설비의 주의에는 누설범위를 국한하기 위한 설비와 누설되었을 때 안정한 장소에 설치된 저장실에 유입시킬 수 있는 설비를 갖춘다.

|문|제|풀|이|

[위험물의 성질에 따른 제조소의 특례]

1. 알킬알루미늄 등을 취급하는 제조소의 특례
   가. **알킬알루미늄** 등을 취급하는 설비의 주위에는 **누설범위를 국한하기 위한 설비**와 누설된 알킬알루미늄 등을 안전한 장소에 설치된 저장실에 유입시킬 수 있는 설비를 갖출 것
   나. 알킬알루미늄 등을 취급하는 설비에는 불활성기체를 봉입하는 장치를 갖출 것
2. 아세트알데히드 등을 취급하는 제조소의 특례
   가. **아세트알데히드** 등을 취급하는 설비는 **은, 수은, 동, 마그네슘** 또는 이들을 성분으로 하는 합금으로 만들지 아니할 것
   나. **아세트알데히드** 등을 취급하는 설비에는 연소성 혼합기체의 생성에 의한 폭발을 방지하기 위한 **불활성기체 또는 수증기를 봉입**하는 장치를 갖출 것
   다. 아세트알데히드 등을 취급하는 탱크에는 냉각장치 또는 저온을 유지하기 위한 장치 및 연소성 혼합기체의 생성에 의한 폭발을 방지하기 위한 불활성기체를 봉입하는 장치를 갖출 것 【정답】 ③

27. 그림의 시험장치는 제 몇 류 위험물의 위험성 판정을 위한 것인가? (단, 고체물질의 위험성 판정이다.)

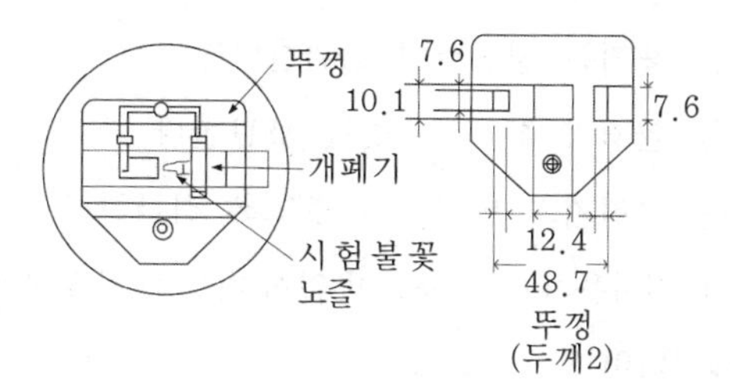

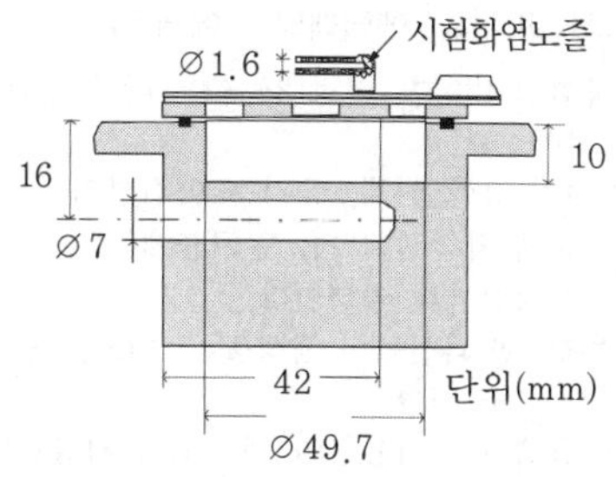

① 제1류 ② 제2류
③ 제3류 ④ 제4류

|문|제|풀|이|

[시험장치] 제2류 위험물의 시험방법
시험 중에 한 번이라도 착화하고 또 불꽃을 뗀 후에도 유염 연소 또는 무염 연소를 계속한 시험 물품 중에서 3초 이내에 착화하면 연소를 계속 유지하는 것(T-1)과 10초 이내에 착화하고 연소를 계속 유지하는 것(T-2)을 착화성이라 하고 이들을 위험물로 보며 이 위험도는 T-1 〉 T-2이다. 【정답】 ②

28. 염소산염류 250kg, 요오드산 염류 600kg, 질산염류 900kg을 저장하고 있는 경우 지정수량의 몇 배가 보관되어 있는가?

① 5배 ② 7배
③ 10배 ④ 12배

|문|제|풀|이|

[지정수량 계산값(배수)]

$$배수(계산값) = \frac{A품명의\ 저장수량}{A품명의\ 지정수량} + \frac{B품명의\ 저장수량}{B품명의\ 지정수량} + \cdots\cdots$$

1. 지정수량
   - 염소산염류 : 제1류 위험물, 지정수량 50kg
   - 요오드산 염류 : 제1류 위험물, 지정수량 300kg
   - 질산염류 : 제1류 위험물, 지정수량 300kg
2. 저장수량 : 염소산염류 250kg, 요오드산 염류 600kg, 질산염류 900kg

$$\therefore 배수 = \frac{250kg}{50kg} + \frac{600kg}{300kg} + \frac{900kg}{300kg} = 10배$$ 【정답】 ③

29. 디에틸에테르의 보관 · 취급에 관한 설명으로 틀린 것은?

① 용기는 밀봉하여 보관한다.

② 환기가 잘 되는 곳에 보관한다.

③ 정전기가 발생하지 않도록 취급한다.

④ 전자용기에 빈 공간이 없게 가득 채워 보관한다.

|문|제|풀|이|

[디에틸에테르($C_2H_5OC_2H_5$, 에틸에테르/에테르)]

- 인화점 -45℃, 착화점 180℃, 비점 34.6℃, 비중 0.72(15℃), 연소범위 1.9~48%
- 무색투명한 휘발성이 강한 액체, 증기는 마취성이 있다.
- 인화성이 강하고 물에 약간 녹으며, 알코올에는 잘 녹는다.
- 전기의 부도체로서 정전기를 발생한다.
- 장시간 공기와 접촉하면 과산물이 생성될 수 있고, 가열, 충격, 마찰에 의해 폭발할 수 있다.
- 용기는 밀봉하여 갈색병을 사용하여 냉암소에 저장한다.
- **보관 시 5~10% 이상의 공간용적을 확보**한다.
- 보관 시 정전기 생성 방지를 위하여 약간의 염화칼슘($CaCl_2$)을 넣어준다.

【정답】 ④

30. 과산화나트륨에 대한 설명 중 틀린 것은?

① 순수한 것은 백색이다.

② 상온에서 물과 반응하여 수소 가스를 발생한다.

③ 화재 발생 시 주수소화는 위험할 수 있다.

④ CO 및 CO_2 제거제를 제조할 때 사용된다.

|문|제|풀|이|

[과산화나트륨(Na_2O_2) → 제1류 위험물(산화성 고체), 무기과산화물]

- 분해온도 460℃, 융점 460℃, 비점 657℃, 비중 2.8
- 순수한 것은 백색의 정방전계 분말, 조해성 물질
- 에틸알코올(에탄올)에는 잘 녹지 않는다.
- CO 및 CO_2 제거제를 제조할 때 사용한다.
- 물과 반응하여 수산화나트륨과 산소를 발생한다.
- 물과 반응식 : $2Na_2O_2 + 2H_2O \rightarrow 4NaOH + O_2 \uparrow$ + 발열
  (과산화나트륨) (물) (수산화나트륨) (산소)
- 소화방법으로는 마른모래, 분말소화제, 소다회, 석회 등 사용 → (주수소화는 위험)

【정답】 ②

31. 위험물안전관리법령상 품명이 "유기과산화물"인 것으로만 나열된 것은?

① 과산화벤조일, 과산화메틸에틸케톤

② 과산화벤조일, 과산화마그네슘

③ 과산화마그네슘, 과산화메틸에틸케톤

④ 과산화초산, 과산화수소

|문|제|풀|이|

[제5류 위험물(유기과산화물) → 위험등급(Ⅰ등급), 지정수량(10kg)]

1. 과산화벤조일($(C_6H_5CO)_2O_2$) : 발화점 125℃, 융점 103~105℃, 비중 1.33, 함유율(석유를 함유한 비율) 35.5wt% 이상
2. 과산화메틸에틸케톤[$(CH_3COC_2H_5)_2O_2$] : 발화점 205℃, 융점 -20℃, 비중 1.33, 함유율(석유를 함유한 비율) 60% 이상, 분해온도 40℃
3. 과산화초산(CH_3COOOH)

※과산화마그네슘(MgO_2) → 재1류 위험물(무기과산화물)
과산화수소(H_2O_2) → 제6류 위험물

【정답】 ①

32. 옥외저장소에서 저장 또는 취급할 수 있는 위험물이 아닌 것은? (단, 국제해상위험물규칙에 적합한 용기에 수납된 위험물의 경우는 제외한다.)

① 제2류 위험물 중 유황

② 제1류 위험물 중 과염소산염류

③ 제6류 위험물

④ 제2류 위험물 중 인화점이 10℃ 인 인화성 고체

|문|제|풀|이|

[옥외저장소에서 저장 또는 취급할 수 있는 위험물]

1. 제2류 위험물 중 유황 또는 인화성고체
2. 제4류 위험물 중 제1석유류·알코올류·제2석유류·제3석유류·제4석유류 및 동식물유류
3. 제6류 위험물
4. 제2류 위험물 및 제4류 위험물중 특별시·광역시 또는 도의 조례에서 정하는 위험물
5. 「국제해사 기구에 관한 협약」에 의하여 설치된 국제해사기구가 채택한 「국제해상위험물규칙」(IMDG Code)에 적합한 용기에 수납된 위험물

【정답】 ②

33. 히드라진에 대한 설명으로 틀린 것은?

① 외관은 물과 같이 무색투명하다.

② 가열하면 분해하여 가스를 발생한다.

③ 위험물안전관리법령상 제4류 위험물에 해당한다.

④ 알코올, 물 등의 비극성 용매에 잘 녹는다.

|문|제|풀|이|

[히드라진(N_2H_4) → 제4류 위험물(제2석유류)]

- 지정수량(수용성) 2000L, 인화점 38℃, 비중 1.01
- 무색의 맹독성 발연성 액체로 히드라진 기체가 물에 용해된 것
- 알코올, 물 등의 용매에 잘 녹는다.
- 로켓연료 등으로 사용된다.
- 약알칼리성으로 180℃에서 암모니아와 질소로 분해된다.
- 연소반응식 : $N_2H_4 + O_2 \rightarrow N_2\uparrow + 2H_2O$
  (히드라진) (산소) (질소) (물)

※알코올 : 극성용매, 물 : 무기용매 【정답】 ④

34. 다음 중 제2석유류만으로 짝지어진 것은?

① 시클로헥산 - 피리딘

② 염화아세틸 - 휘발유

③ 시클로헥산 - 중유

④ 아크릴산 - 폼산

|문|제|풀|이|

[제4류 위험물(제2석유류)] 1기압 상온에서 액체로 인화점이 21℃ 이상 70℃ 미만인 것을 말한다.

→ (가연성 액체량이 40wt% 이하이면서 인화점이 40℃ 이상인 동시에 연소점이 60℃ 이상인 것은 제외)

1. 비수용성 : 등유, 경유, 스티렌, 크실렌(자일렌), 클로로벤젠, 테레핀유(송정유)
2. 수용성 : 아세트산, **아크릴산**, **폼산**, 히드라진

※시클로헥산 : 제4류 위험물(제1석유류, 비수용성)
피리딘 : 제4류 위험물(제1석유류, 수용성)
염화아세틸 : 제4류 위험물(제1석유류, 비수용성)
휘발유 : 제4류 위험물(제1석유류, 비수용성)
중유 : 제4류 위험물(제3석유류, 비수용성)

【정답】 ④

35. 시약(고체)의 명칭이 불분명한 시약병의 내용물을 확인하려고 뚜껑을 열어 시계접시에 소량을 담아놓고 공기 중에서 햇빛을 받는 곳에 방치하던 중 시계접시에서 갑자기 연소현상이 일어났다. 다음 물질 중 이 시약의 명칭으로 예상할 수 있는 것은?

① 황 ② 황린

③ 적린 ④ 질산암모늄

|문|제|풀|이|

[황린(P_4) → 제3류 위험물(자연발화성 물질 및 금수성 물질)]

- 착화점(미분상) 34℃, 착화점(고형상) 60℃, 융점 44℃, 비점 280℃, 비중 1.82
- 환원력이 강한 백색 또는 담황색 고체로 백린이라고도 한다.
- 마늘 냄새가 나는 맹독성 물질이다.
  → (대인 치사량 0.02~0.05g)
- 물에 녹지 않으며, **자연 발화성이므로 반드시 물속에 저장**한다.
- 벤젠, 알코올에 적게 녹고, 이황화탄소, 염화황, 염화화인에 잘 녹는다.
- 연소 반응식 : $P_4 + 5O_2 \rightarrow 2P_2O_5$
  (황린) (산소) (오산화인(백색))
- 소화방법에는 마른모래, 주수소화가 효과적이다.
  → (소화 시 유독가스(오산화인(P_2O_5))에 대비하여 보호장구 및 공기호흡기를 착용한다.) 【정답】 ②

36. 위험물제조소 및 일반취급소에 설치하는 자동화재탐지설비의 설치기준으로 틀린 것은?

① 하나의 경계구역은 600m^2 이하로 하고, 한 변의 길이는 50m 이하로 한다.

② 주요한 출입구에서 내부 전체를 볼 수 있는 경우 경계구역은 1000m^2 이하로 할 수 있다.

③ 광전식분리형 감지기를 설치한 경우에는 하나의 경계구역을 1000m^2 이하로 할 수 있다.

④ 비상전원을 설치하여야 한다.

|문|제|풀|이|

[자동화재탐지설비의 설치기준] 하나의 경계구역의 면적은 **600 m^2 이하**로 하고 그 한 변의 길이는 50m(**광전식분리형 감지기를 설치할 경우에는 100m**)이하로 할 것

→ 다만, 당해 건축물 그 밖의 공작물의 주요한 출입구에서 그 내부의 전체를 볼 수 있는 경우에 있어서는 그 면적을 1,000 m^2 이하로 할 수 있다. 【정답】 ③

37. 위험물안전관리자를 해임할 때에는 해임한 날로부터 며칠 이내에 위험물안전관리자를 다시 선임하여야 하는가?

① 7 ② 14
③ 30 ④ 60

|문|제|풀|이|

[위험물안전관리자 → (위험물안전관리법 제15조)] 안전관리자를 선임한 제조소 등의 관계인은 그 안전관리자를 해임하거나 안전관리자가 퇴직한 때에는 **해임하거나 퇴직한 날부터 30일 이내에 다시 안전관리자를 선임**하여야 한다. 【정답】 ③

38. 무기과산화물의 일반적인 성질에 대한 설명으로 틀린 것은?

① 과산화수소의 수소가 금속으로 치환된 화합물이다.
② 산화력이 강해 스스로 쉽게 산화한다.
③ 가열하면 분해되어 산소를 발생한다.
④ 물과의 반응성이 크다.

|문|제|풀|이|

[무기과산화물(제1류 위험물)의 일반적인 성질]

- 과산화수소의 수소이온이 떨어져 나가고 금속 또는 다른 원자단으로 치환된 화합물
- 산화성 고체이고 **결합력이 약해** 분리된 발생기 산소는 산화력이 강하다.
- 무기화합물 중 알칼리금속의 과산화물은 물과 접촉하여 발열과 함께 산소 가스가 발생하므로 주수소화는 적합하지 못하다.
- 분자속에 $-O-O-$를 갖는 물질을 말한다.
- 과산화나트륨(Na_2O_2)의 반응식
- 물과 반응식 : $2Na_2O_2 + 2H_2O \rightarrow 4NaOH + O_2 \uparrow$ + 발열
  (과산화나트륨) (물) (수산화나트륨) (산소)
- 가열분해 반응식 : $2Na_2O_2 \rightarrow 2Na_2O + O_2 \uparrow$
  (과산화나트륨) (수산화나트륨) (산소)

【정답】 ②

39. 다음 중 물과의 반응성이 가장 낮은 것은?

① 인화알루미늄 ② 트리에틸알루미늄
③ 오황화린 ④ 황린

|문|제|풀|이|

[황린(P_4) → 제3류 위험물(자연발화성 물질 및 금수성물질)]

- 환원력이 강한 백색 또는 담황색 고체로 백린이라고도 한다.
- 물에 녹지 않으며, 자연 발화성이므로 반드시 물속에 저장한다.
- 마늘 냄새가 나는 맹독성 물질이다. → (대인 치사량 0.02~0.05g)

※① 인화알루미늄(제3류 위험물(금속의 인화물)
물과 반응식 : $AlP + 3H_2O \rightarrow Al(OH)_3 + PH_3 \uparrow$
(인화알루미늄) (물) (수산화알루미늄) (포스핀)

② 트리에틸알루미늄(제3류 위험물)
물과의 반응식 $(C_2H_5)_3Al + 3H_2O \rightarrow Al(OH)_3 + 3C_2H_6 \uparrow$
(트리에틸알루미늄) (물) (수산화알루미늄) (에테인)

③ 오황화린(P_2S_5)(제2류 위험물(황화린))
물과 분해반응식 : $P_2S_5 + 8H_2O \rightarrow 5H_2S + 2H_3PO_4$
(오황화린) (물) (황화수소) (인산)

【정답】 ④

40. 위험물안전관리법령에 의한 위험물 운송에 관한 규정으로 틀린 것은?

① 이동탱크저장소에 의하여 위험물을 운송하는 자는 당해 위험물을 취급할 수 있는 국가기술자격자 또는 안전교육을 받은 자 이어야 한다.
② 안전관리자 · 탱크시험자 · 위험물운송자 등 위험물의 안전관리와 관련된 업무를 수행하는 자는 시 · 도지사가 실시하는 안전교육을 받아야 한다.
③ 운송책임자의 범위, 감독 또는 지원의 방법 등에 관한 구체적인 기준은 총리령으로 정한다.
④ 위험물운송자는 이동탱크저장소에 의하여 위험물을 운송하는 때에는 총리령으로 정하는 기준을 준수하는 등 당해 위험물의 안전확보를 위하여 세심한 주의를 기울여야 한다.

|문|제|풀|이|

[위험물 운송에 관한 규정] 안전관리자 · 탱크시험자 · 위험물운송자 등 위험물의 안전관리와 관련된 업무를 수행하는 자는 **소방청장이 실시하는 안전교육**을 받아야 한다. 【정답】 ②

41. 다음 위험물 중 비중이 물보다 큰 것은?

① 디에틸에테르 ② 아세트알데히드
③ 산화프로필렌 ④ 이황화탄소

|문|제|풀|이|

[위험물의 성상]

① 디에틸에테르($C_2H_5OC_2H_5$, 에틸에테르/에테르) → 제4류 위험물, 특수인화물] : 인화점 -45℃, 착화점 180℃, 비점 34.6℃, **비중 0.72(15℃)**, 연소범위 1.9~48%
② 아세트알데히드(CH_3CHO) → 제4류 위험물, 특수인화물] : 인화점 -38℃, 착화점 185℃, 비점 21℃, **비중 0.78**, 연소범위 4.1~57%
③ 산화프로필렌(OCH_2CHCH_3) → 제4류 위험물(특수인화물) : 인화점 -37℃, 착화점 465℃, 비점 34℃, **비중 0.83**, 연소범위 2.5~38.5%
④ 이황화탄소(CS_2, 2유화탄소) → 제4류 위험물 중 특수인화물 : 인화점 -30℃, 착화점 100℃, 비점 46.25℃, **비중 1.26**, 증기비중 2.62, 연소범위 1~44%

【정답】 ④

42. 황린에 관한 설명 중 틀린 것은?

① 물에 잘 녹는다.
② 화재 시 물로 냉각소화 할 수 있다.
③ 적린에 비해 불안정하다.
④ 적린과 동소체이다.

|문|제|풀|이|

[황린(P_4) → 제3류 위험물(자연발화성 물질 및 금수성물질)]

- 착화점(미분상) 34℃, 착화점(고형상) 60℃, 융점 44℃, 비점 280℃, 비중 1.82
- 환원력이 강한 백색 또는 담황색 고체로 백린이라고도 한다.
- 마늘 냄새가 나는 맹독성 물질이다.
  → (대인 치사량 0.02~0.05g)
- **물에 녹지 않으며**, 자연 발화성이므로 반드시 물속에 저장한다.
- 벤젠, 알코올에 적게 녹고, 이황화탄소, 염화황, 염화화인에 잘 녹는다.
- 공기를 차단하고 약 260℃ 정도로 가열하면 적린(동소체)이 된다.
- 소화방법에는 마른모래, 주수소화가 효과적이다.

→ (소화 시 유독가스(오산화인(P_2O_5))에 대비하여 보호장구 및 공기호흡기를 착용한다.

【정답】 ①

43. 위험물 옥내저장소에 과염소산 300kg, 과산화수소 300kg 을 저장하고 있다. 저장창고에는 지정수량 몇 배의 위험물을 저장하고 있는가?

① 4 ② 3
③ 2 ④ 1

|문|제|풀|이|

[지정수량의 계산값(배수)]

$$\text{배수} = \frac{A\text{품명의 저장수량}}{A\text{품명의 지정수량}} + \frac{B\text{품명의 저장수량}}{B\text{품명의 지정수량}} + \cdots\cdots$$

1. 위험물의 지정수량
   - 과염소산($HClO_4$) : 제6류 위험물, 지정수량 300kg,
   - 과산화수소(H_2O_2) : 제6류 위험물, 지정수량 300kg,
2. 위험물의 저장수량 : 과염소산 300kg, 과산화수소 300kg

$$\therefore \text{지정수량 배수} = \frac{300\text{kg}}{300\text{kg}} + \frac{300\text{kg}}{300\text{kg}} = 2\text{배}$$

【정답】 ③

44. 다음 아세톤의 완전 연소 반응식에서 ( )에 알맞은 계수를 차례대로 옳게 나타낸 것은?

$$CH_3COCH_3 + (\quad)O_2 \rightarrow (\quad)CO_2 + 3H_2O$$

① 3, 4 ② 4, 3
③ 6, 3 ④ 3, 6

|문|제|풀|이|

[아세톤(CH_3COCH_3) → 제4류 위험물(제1석유류)]

- 지정수량(수용성) 400L, 인화점 -18℃, 착화점 538℃, 비점 56.5℃, 비중 0.79, 증기비중 2.0, 연소범위 2.6~12.8%
- 무색투명하고 요오드(아이오딘)포름 반응을 하는 독특한 냄새가 나는 휘발성 액체다.
- 액체는 물보다 가볍고, 증기는 공기보다 무겁다.
- 물, 알코올, 에테르에 잘 녹는다.
- 일광에 분해되고, 보관 중 황색으로 변한다.
- 자연발화성이 없으므로 유기용제로 사용된다.
- 저장은 밀봉하여 건조하고 서늘한 장소에 저장한다.
- 소화방법에는 수용성이므로 분무소화가 가장 효과적이며 질식소화기가 좋고, 화학포는 소포되므로 알코올포소화기를 사용한다.
- 연소반응식 : $CH_3COCH_3 + \underline{4O_2} \rightarrow \underline{3CO_2}\uparrow + 3H_2O$
  (디메틸케톤) (산소) (이산화탄소) (물)

【정답】 ②

45. 금속나트륨, 금속칼륨 등을 보호액 속에 저장하는 이유를 가장 옳게 설명한 것은?

① 온도를 낮추기 위하여
② 승화하는 것을 막기 위하여
③ 공기와의 접촉을 막기 위하여
④ 운반 시 충격을 적게 하기 위하여

|문|제|풀|이|
[보호액(위험물 저장시)] 금속나트륨, 금속칼륨 등을 보호액(등유, 경유, 유동파라핀) 속에 저장하는 가장 큰 이유는 공기화의 접촉을 막기 위함이다. 【정답】 ③

46. 위험물안전관리법령에서 정한 품명이 서로 다른 물질을 나열한 것은?

① 이황화탄소, 디에틸에테르
② 에틸알코올, 고형알코올
③ 등유, 경유
④ 중유, 크레오소트유

|문|제|풀|이|
[위험물의 분류]
① ·이황화탄소(CS_2) → 제4류 위험물(특수인화물)
·디에틸에테르($C_2H_5OC_2H_5$) → 제4류 위험물(특수인화물)
② ·에틸알코올(C_2H_5OH) → 제4류 위험물(알코올류)
·고형알코올 → 제2류 위험물(인화성고체)
③ 등유, 경유 → 제4류 위험물(제2석유류)
④ 중유, 크레오소트유 → 제4류 위험물(제3석유류)
【정답】 ②

47. 위험물탱크의 용량은 탱크의 내용적에서 공간용적을 뺀 용적으로 한다. 이 경우 소화약제 방출구를 탱크 안의 윗부분에 설치하는 탱크의 공간용적은 당해 소화설비의 소화약제방출구 아래의 어느 범위의 면으로부터 윗부분의 용적으로 하는가?

① 0.1m 이상 0.5m 미만 사이의 면
② 0.3m 이상 1m 미만 사이의 면
③ 0.5m 이상 1m 미만 사이의 면
④ 0.5m 이상 1.5m 미만 사이의 면

|문|제|풀|이|
[탱크의 공간용적]
1. 탱크의 공간용적은 탱크의 내용적의 $\frac{5}{100}$ 이상, $\frac{10}{100}$ 이하의 용적으로 한다.
→ 다만, 소화설비를 설치하는 탱크의 공간용적은 당해 소화설비의 **소화약제방출구 아래의 0.3m 이상 1m 미만 사이의 면**으로부터 윗부분의 용적으로 한다.
2. 암반탱크에 있어서는 용출하는 7일간의 지하수의 양에 상당하는 용적과 당해 탱크 내용적의 $\frac{1}{100}$의 용적 중에서 보다 큰 용적을 공간용적으로 한다. 【정답】 ②

48. 위험물안전관리법령상 에틸렌글리콜과 혼재하여 운반할 수 없는 위험물은? (단, 지정수량의 10배일 경우이다.)

① 유황
② 과망간산나트륨
③ 알루미늄분
④ 트리니트로톨루엔

|문|제|풀|이|
[유별을 달리하는 위험물의 혼재기준]

위험물의 구분	제1류	제2류	제3류	제4류	제5류	제6류
제1류		X	X	X	X	O
제2류	X		X	O	O	X
제3류	X	X		O	X	X
제4류	X	O	O		O	X
제5류	X	O	X	O		X
제6류	O	X	X	X	X	

【비고】 1. 'X'표시는 혼재할 수 없음을 표시한다.
2. 'O'표시는 혼재할 수 있음을 표시한다.
3. 이 표는 지정수량의 $\frac{1}{10}$ 이하의 위험물에 대하여는 적용하지 아니한다.

※에틸렌글리콜($C_2H_4(OH)_2$) : 제4류 위험물
① 유황(S) : 제2류 위험물
② 과망간산나트륨($NaMnO_4$) : 제1류 위험물
③ 알루미늄분(Al) : 제2류 위험물
④ 트리니트로톨루엔($C_6H_2CH_3(NO_2)_3$) : 제5류 위험물
【정답】 ②

49. 위험물의 지정수량이 잘못된 것은?

① $(C_2H_5)_3Al$: 10kg

② Ca : 50kg

③ LiH : 300kg

④ Al_4C_3 : 500kg

|문|제|풀|이|

[위험물의 성상]

① 트리에틸알루미늄($(C_2H_5)_3Al$) : 제3류 위험물, 지정수량 10kg

② 칼슘(Ca) : 제3류 위험물, 지정수량 50kg

③ 수소화리튬(LiH) : 제3류 위험물, 지정수량 300kg

④ 알루미늄의 탄화물(Al_4C_3) : 300kg 【정답】 ④

50. 다음 중 위험등급 I의 위험물이 아닌 것은?

① 무기과산화물 ② 적린

③ 나트륨 ④ 과산화수소

|문|제|풀|이|

[위험물의 분류]

① 무기과산화물 : 제1류 위험물, 위험등급 I

② 적린 : 제2류 위험물, 위험등급 II

③ 나트륨 : 제3류 위험물, 위험등급 I

④ 과산화수소 : 제6류 위험물, 위험등급 I 【정답】 ②

51. 탄소 80%, 수소 14%, 황 6%인 물질 1kg이 완전연소하기 위해 필요한 이론 공기량은 약 몇 kg 인가? (단, 공기 중 산소는 23wt%이다.)

① 3.31 ② 7.05

③ 11.62 ④ 14.41

|문|제|풀|이|

[이론공기량] 연료의 이론공기량 $= \dfrac{\text{연료의 산소량(kg)}}{\text{공기중 산소량}}$

1. 고체연료 이론산소량

$O_0 = 2.667C + 8H + S$

$= (2.667 \times 0.8) + (8 \times 0.14) + 0.06 = 3.3136$

2. 연료의 이론공기량 $= \dfrac{3.31kg}{0.23} = 14.41kg$ 【정답】 ④

52. 다음 중 요오드값이 가장 낮은 것은?

① 해바라기유 ② 오동유

③ 아마인유 ④ 낙화생유

|문|제|풀|이|

[동·식물유류 : 위험물 제4류, 인화성 액체]

1. 건성유 : 요오드(아이오딘)값 130 이상
   → ㉠ 동물유 : 정어리유, 대구유, 상어유
   ㉡ 식물유 : **해바라기유, 오동유, 아마인유**, 들기름
2. 반건성유 : 요오드(아이오딘)값 100~130
   → 채종유, 면실유, 참기름, 옥수수기름, 콩기름, 쌀겨기름, 청어유 등이 있다.
3. 불건성유 : 요오드(아이오딘)값 100 이하
   → ㉠ 동물유 : 쇠기름, 돼지기름, 고래기름
   ㉡ 식물유 : 피마자유, 올리브유, 팜유, **땅콩기름(낙화생유)**, 야자유
4. 요오드(아이오딘)값이 높을수록 자연발화의 위험이 높다.

【정답】 ④

53. 제6류 위험물을 저장하는 옥내탱크저장소로서 단층 건물에 설치된 것의 소화난이도등급은?

① I등급 ② II등급

③ III등급 ④ 해당 없음

|문|제|풀|이|

[화난이도등급 II에 해당하는 제조소등(옥외탱크저장소, 옥내탱크저장소)] 소화난이도등급 I 의 제조소등 외의 것(고인화점위험물만을 100℃ 미만의 온도로 저장하는 것 및 **제6류 위험물만을 저장하는 것은 제외**) 【정답】 ④

54. $C_6H_2CH_3(NO_2)_3$을 녹이는 용제가 아닌 것은?

① 물 ② 벤젠

③ 에테르 ④ 아세톤

|문|제|풀|이|

[트리니트로톨루엔[T.N.T, $C_6H_2CH_3(NO_2)_3$] → 제5류 위험물(니트로화합물)]

- 착화점 약 300℃, 융점 81℃, 비점 280℃, 비중 1.66, 폭발속도 7000m/s
- **비수용성**으로 조해성과 흡습성이 없다.
- 물에 녹지 않고 **아세톤, 벤젠, 알코올, 에테르에는 잘 녹고** 중성물질이므로 중금속과는 작용하지 않는다.

【정답】 ①

55. 시클로헥산에 관한 설명으로 가장 거리가 먼 것은?

① 고리형 분자구조를 가진 방향족 탄화수소화합물이다.

② 화학식은 C_6H_{12}이다.

③ 비수용성 위험물이다.

④ 제4류 제1석유류에 속한다.

|문|제|풀|이|

[시클로헥산(C_6H_{12}) → 제4류 위험물(제1석유류), 비수용성]

- 인화점 -18℃, 비중 0.77, 녹는점 6℃
- 비수용성
- 시클로파라핀계 탄화수소 구조

※방향족 탄화수소화합물 : 방향족 탄화수소는 벤젠 고리, 즉 6개의 탄소원자가 둥글게 결합된 고리를 가지는 탄화수소다. 이들은 냄새가 나는 특성이 있어서 방향족이라는 이름을 붙였다.

① MAH : 페놀, 톨루엔, 자일렌, 아닐린

② PAH : 나프탈렌, 벤조피렌 【정답】 ①

56. 이황화탄소를 화재예방 상 물속에 저장하는 이유는?

① 불순물을 물에 용해시키기 위해

② 가연성 증기의 발생을 억제하기 위해

③ 상온에서 수소가스를 발생시키기 때문에

④ 공기와 접촉하면 즉시 폭발하기 때문에

|문|제|풀|이|

[이황화탄소(CS_2, 2유화탄소) → 제4류 위험물 중 특수인화물]

- 인화점 -30℃, 착화점 100℃, 비점 46.25℃, 비중 1.26, 연소범위 1~44%
- 무색투명한 휘발성 액체(불쾌한 냄새)이나 일광을 쬐이면 황색으로 변색
- 제4류 위험물 중 착화온도가 가장 낮다.
- 물에 녹지 않고 물보다 무거워 물속(물탱크, 수조)에 저장한다. → (독성이 있음)
- 저장 시 물속에 넣어 **가연성 증기의 발생을 억제**한다.
- 알코올, 에테르, 벤젠 등의 유기용제에는 잘 녹는다.
- 황, 황린, 수지, 고무 등을 잘 녹인다.
- 소화방법에는 포말, 분말, CO_2, 할로겐화합물 소화기 등을 사용해 질식소화
- 연소 반응식(100℃) : $CS_2 + 3O_3 \rightarrow CO_2\uparrow + 2SO_2\uparrow$

(이황화탄소) (산소) (이산화탄소) (이황산가스(이산화황))

【정답】 ②

57. 위험물안전관리법령상 판매취급소에 관한 설명으로 옳지 않은 것은?

① 건축물의 1층에 설치하여야 한다.

② 위험물을 저장하는 탱크시설을 갖추어야 한다.

③ 건축물의 다른 부분과는 내화구조의 격벽으로 구획하여야 한다.

④ 제조소와 달리 안전거리 또는 보유공지에 관한 규제를 받지 않는다.

|문|제|풀|이|

[위험물안전관리법령상 판매취급소의 설비 기준] 판매 취급소에는 탱크는 없고 배합실은 설치할 수 있다. 【정답】 ②

58. 질산의 저장 및 취급법이 아닌 것은?

① 직사광선을 차단한다.

② 분해방지를 위해 요산, 인산 등을 가한다.

③ 유기물과 접촉을 피한다.

④ 갈색병에 넣어 보관한다.

|문|제|풀|이|

[질산(HNO_3) → 제6류 위험물]

- 융점 -42℃, 비점 86℃, 비중 1.49, 증기비중 2.17, 용해열 7.8kcal/mol
- 무색의 무거운 액체 → (보관 중 담황색으로 변한다.)
- 흡습성이 강하여 습한 공기 중에서 발열한다.
- 자극성, 부식성이 강한 강산이다.
- 물과 반응하여 발열한다.
- 환원성 물질(탄화수소, 황화수소, 이황화수소 등)과 반응하여 발화, 폭발한다.
- 비점이 낮아 휘발성이고 햇빛에 의해 일부 분해한다.
- 유기물관의 접촉을 피하고 갈색 병에 보관한다.
- 분해 반응식 : $4HNO_3 \rightarrow 4NO_2\uparrow + O_2\uparrow + 2H_2O$

(질산) (이산화질소) (산소) (물)

- 수용성으로 물과 반응하여 강산 산성을 나타낸다.

※과산화수소(H_2O_2)의 분해방지 안정제로 인산, 요산 등의 분해방지 안정제를 넣어 분해를 억제시킨다. 【정답】 ②

59. 다음 중 위험물 운반용기의 외부에 "제4류"와 "위험등급 II"의 표시만 보이고 품명이 잘 보이지 않을 때 예상할 수 있는 수납 위험물의 품명은?

① 제1석유류 ② 제2석유류

③ 제3석유류 ④ 제4석유류

|문|제|풀|이|

[제4류 위험물(인화성 액체)]

위험등급	품명		지정수량
I	1. 특수인화물		50L
II	2. 제1석유류	비수용성 액체	200L
		수용성 액체	400L
	3. 알고올류		400L
III	4. 제2석유류	비수용성 액체	1000L
		비수용성 액체	2000L
	5. 제3석유류	비수용성 액체	2000L
		비수용성 액체	4000L
	6. 제4석유류		6000L
	7. 동·식물유류		10000L

【정답】 ①

60. 과염소산의 성질로 옳지 않은 것은?

① 산화성 액체이다.

② 무기화합물이며 물보다 무겁다.

③ 불연성 물질이다.

④ 증기는 공기보다 가볍다.

|문|제|풀|이|

[과염소산($HClO_4$) → 제6류 위험물(산화성 액체)]

- ·융점 -112℃, 비점 39℃, **비중 1.76**, **증기비중 3.46**
- ·무색의 염소 냄새가 나는 **불연성** 액체로 공기 중에서 강하게 연기를 낸다.
- ·흡습성이 강하며 휘발성이 있고 독성이 강하다.
- ·수용성으로 물과 접촉 시 심한 열이 발생하며 과염소산의 고체 수화물(6종류)을 만든다.
- ·강산으로 산화력이 강하고 종이, 나무조각 등 유기물과 접촉하면 연소와 동시 폭발한다.
- ·물과의 접촉을 피하고 강산화제, 환원제, 알코올류, 염화바륨, 알칼리와 격리하여 저장한다. 【정답】 ④

Memo